D1753416

MÄNNER DER TECHNIK

CONRAD MATSCHOSS

MÄNNER DER TECHNIK

EIN BIOGRAPHISCHES HANDBUCH

EINFÜHRUNG
ZUR REPRINTAUSGABE

WOLFGANG KÖNIG

KLASSIKER DER TECHNIK

VDI VERLAG

CIP-Kurztitelaufnahme der Deutschen Bibliothek
Matschoss, Conrad:
Männer der Technik: e. biograph. Handbuch/Conrad Matschoss. –
Reprint d. Ausg. Berlin, VDI-Verl., 1925/Einf. zur Reprintausg.
Wolfgang König. – Düsseldorf: VDI-Verlag, 1985.
  (Klassiker der Technik)
  ISBN 3-18-400662-X

Diese Reprint-Ausgabe in der Reihe „Klassiker der Technik" erschien erstmals 1925 im VDI-Verlag, Berlin.
Die Einführung schrieb Dr. Wolfgang König, Düsseldorf

Die Reihe „Klassiker der Technik" wird von C. G. Schmidt-Freytag betreut.

© VDI-Verlag GmbH, Düsseldorf 1985
  Gesamtherstellung: Weiß & Zimmer AG, Mönchengladbach
ISBN 3-18-400662-X

Wolfgang König

MÄNNER MACHEN TECHNIKGESCHICHTE

Die „Matschoß-Feldhaus-Kontroverse"
als Exempel früher Technikgeschichte zwischen Wissenschaft, Kommerz und Rivalität

Es ist leichter, ein gutes Buch in zwei Zeilen zu loben, als ein schlechtes in 500 Zeilen zu kritisieren. Das Buch von Matschoß gehört zu den minderwertigsten Veröffentlichungen innerhalb des Gesamtgebietes der Geschichte der technischen Fächer . . . voller Druckfehler, voller Sinnfehler, ohne Kenntnis der neueren Literatur und ohne historischen Geist[1].

Diese Sätze enthalten die Kernaussagen der Kritik des Technikhistorikers Franz Maria Feldhaus an dem von Conrad Matschoß herausgegebenen biographischen Nachschlagewerk *Männer der Technik*, die Feldhaus in den Jahren 1925 bis 1927 in mehrtausendfacher Ausfertigung in Form von Streitschriften, Rezensionen und Briefen der gelehrten und der weniger gelehrten Welt mitteilte. Damit wurde eine der schärfsten persönlichen Auseinandersetzungen in der jungen Geschichte der Technikgeschichte eröffnet, die – obwohl wissenschaftlich wenig ertragreich – doch Einblicke vermittelt in Probleme und Fragestellungen der frühen Technikgeschichte zwischen der Jahrhundertwende und dem Zweiten Weltkrieg.

In der Technikgeschichte lassen sich in den beiden Jahrzehnten vor dem Ersten Weltkrieg alle Merkmale einer sich entwickelnden neuen Disziplin feststellen. In einigen Monographien, wie z. B. Ludwig Becks *Geschichte des Eisens*[2] und Conrad Matschoß' *Entwicklung der Dampfmaschine*[3], wird versucht, programmatische Aussage über die Aufgaben der Technikgeschichte beispielhaft einzulösen. Verschiedene technisch-wissenschaftliche Vereine, besonders der Verein Deutscher Ingenieure (VDI), nehmen die Technikgeschichte in ihren Aufgabenbereich auf und schaffen damit eine institutionelle Basis. 1903 wird das Deutsche Museum gegründet, 1918 das Wiener Technische Museum eröffnet, welche zumindest mittel- und langfristig planen, Technikgeschichte auch wissenschaftlich zu betreiben. Zwischen 1909 und 1914 werden mit den von Conrad Matschoß herausgegebenen *Beiträgen zur Geschichte der Technik und Industrie*, dem *Archiv für die Geschichte der Naturwissenschaften und der Technik* und den von Graf Carl von Klinckowstroem und Franz Maria Feldhaus herausgegebenen *Geschichtsblätter für Technik, Industrie und Gewerbe* drei Zeitschriften bzw. Jahrbücher ins Leben gerufen, die sich der Technikgeschichte widmen.

Auch eine Institutionalisierung der Technikgeschichte an den wissenschaftlichen Hochschulen kommt in Gang[4]. 1909 erhält Matschoß für *Geschichte der Maschinentechnik* an der Maschinenbaufakultät der TH Berlin-Charlottenburg den ersten spezifisch technikgeschichtlichen Lehrauftrag an einer deutschen Hochschule. 1919 nimmt der Patentanwalt und Publizist Carl Weihe an der TH Darmstadt eine Lehrtätigkeit zur *Geschichte der Technik in ihrer Beziehung zur Entwicklung der Kultur* auf, die 1925 in einen festen Lehrauftrag einmündet. Die Lehrtätigkeit von Weihe ist wesentlich stärker kulturphilosophisch und kulturtheoretisch geprägt als die von Matschoß. Schließlich bewilligt 1935 das Reichsministerium für Wissenschaft, Erziehung und Volksbildung die Einrichtung eines Seminars für Geschichte der Technik an der Fakultät für Maschinenwesen der TH Berlin, für das Anfang 1936 ein Assistent eingestellt wird.

Diese beiden Ansätze in Berlin und Darmstadt konnten aber nicht ausreichen, um die Technikgeschichte als akademisches Lehr-, Prüfungs- und Forschungsfach zu verankern und zu sichern. Kennzeichnend blieb für diese ersten Jahrzehnte der Technikgeschichte, daß sie nicht professionell betrieben wurde. Matschoß und Weihe übten ihre Lehr- und Forschungstätigkeit im Nebenamt aus. Die meisten Mitarbeiter der technikgeschichtlichen Zeitschriften waren im Beruf stehende oder pensionierte Ingenieure, die Technikgeschichte als eine Art Hobby betrieben, oder Naturwissenschaftshistoriker, die sich sozusagen manchmal in die Technikgeschichte verirrten. Die beiden technischen Museen in München und Wien waren viel zu sehr mit dem Erwerb und dem Aufbau ihrer Sammlungen beschäftigt, als daß sie unter wissenschaftlichen Gesichtspunkten sich technikgeschichtlich hätten betätigen können. Von anderer Seite, so besonders von Franz Maria Feldhaus, der 1909 ein Institut *Quellenforschungen zur Geschichte der Technik und der Naturwissenschaften* gegründet hatte, wurde Technikgeschichte als Erwerbsquelle betrieben. Vielversprechende Ansatzpunkte für eine systematische Nachwuchspflege ergaben sich daraus, daß einzelne Ingenieure – häufig gefördert von Matschoß – mit einer technikgeschichtlichen Dissertation an einer ingenieurwissenschaftlichen Fakultät promovierten.

Berücksichtigt man diese eher schlechten institutionellen Rahmenbedingungen, so ist es erstaunlich, wie viele technikgeschichtliche Monographien und Aufsätze in diesen Jahrzehnten publiziert wurden, die auch heute noch relevante Grundlagen und Beiträge für die Forschung darstellen.

Die Praxis der durch die Ingenieure betriebenen Technikgeschichte war meistens positivistisch geprägt und schien dem Grundsatz der theoretischen Neugier, einer zweckfreien Wissenschaft, verpflichtet zu sein. Doch bekannten sich die Ingenieure in ihren programmatischen Äußerungen über Sinn und Aufgaben der Technikgeschichte kaum zu diesen Grundsätzen. Neben technisch-wissenschaftlichen Begründungen, wie z. B. daß man Elemente früherer ingenieurtechnischer Lösungen für die Bewältigung heutiger Konstruktionsprobleme verwenden könne, reklamierte man Technikgeschichte in erster Linie als Bildungsmittel[5]. Auf die Allgemeinheit bezogen, bedeutete dies, daß Technikgeschichte die Größe der Leistungen der Technik und der Ingenieure vermitteln sollte. Technikgeschichte und besonders technische Museen – wie wenig hat sich hier bis heute geändert – sollten Gefahren der Entstehung von Technikskepsis und Technikfeindschaft entgegenwirken.

Neben Monographien zur Erfolgsgeschichte von Erfindungen und Firmen betrachtete man Biographien von Erfinderpersönlichkeiten und Industriepionieren als geeignete didaktische Mittel. Den Ingenieuren – so Matschoß – werde Gelegenheit gegeben, sich am Vorbild der großen Männer und ihrer Leistungen zu orientieren. Durch ein so aufgefaßtes Studium der Technikgeschichte könnten charakterliche Werte und ethische Haltungen wie Begeisterung und Liebe zum Beruf und zur Arbeit, Sorgfalt und Tatkraft, Achtung vor der Größe und Bescheidenheit, Führungseigenschaften und darüber hinaus eine idealistische Lebensauffassung, staatsbürgerliche Bildung und Glauben an die Zukunft vermittelt werden. Im historiographischen Werk von Matschoß wird die hohe Bedeutung, die er der geschichtlichen Darstellung von Persönlichkeiten als Bildungsmittel beimaß, deutlich. Zu nennen sind hier u. a. seine Arbeiten über Ernst Alban, Werner Siemens, Robert Bosch, Julius Robert Mayer. Zwar spielte die geniale Erfinderpersönlichkeit in der Praxis der Matschoßschen Historiographie eine wichtige Rolle, doch verdichtete er diese Praxis nie zu einem theoretischen Prinzip für die Erklärung der technischen Entwicklung oder der Menschheitsgeschichte gemäß dem Motto *Männer machen Geschichte*[6]. Persönlichkeiten in der Geschichte könnten – so Matschoß – Entwicklungen vorantreiben, würden aber auch häufig von den Zeitströmungen mit fortgerissen.

Die Vorstellungen der meisten Ingenieure vom Ablauf technikgeschichtlicher Forschung waren in diesen Anfangsjahrzehnten der Technikgeschichte positivistisch-induktiv. Aus der Sammlung und Veröffentlichung technikgeschichtlich relevanten Materials und der Erstellung von Zeittafeln sollten Monographien über einzelne technische Erzeugnisse erwachsen und diese dann schließlich in eine zusammenfassende Geschichte der gesamten Technik münden. Die eigenen Beiträge wurden eher bescheiden als erste Vorarbeiten, als Materialsammlung eingeschätzt. Weit verbreitet war die Baustein-Metapher: Es gehe in der Technikgeschichte vorerst darum, Bausteine für das später zu errichtende große Gebäude einer umfassenden Technikgeschichte zusammenzutragen. Nur selten wurden solche Vorstellungen kritisiert und karikiert wie von dem Karlsruher Technikphilosophen Eberhard Zschimmer. Zschimmer mokierte sich über die Technikhistoriker, die schon immense Stoffmengen angesammelt hätten, vor der Inangriffnahme einer allgemeinen Geschichte der Technik aber zurückschreckten. *Abwarten wollen mit dem Geschichteschreiben, bis einmal alles im einzelnen und besonderen genau bekannt sei – es gibt auch solche Käuze in der Geschichte der Technik –, das würde bedeuten: man baut später ein Haus, weiß zwar noch nicht nach welchem Plan, türmt aber derweilen Unmassen von Baustoffen aller Art um sich auf*[7].

Bei diesen historiographischen Prinzipien kann es nicht verwundern, daß Zeittafeln oder Erfindungslexika als unentbehrliche Hilfsmittel und Voraussetzungen technikhistorischer Arbeit angesehen wurden. Das gleiche gilt für biographische Nachschlagewerke, wobei hier methodologische Gründe, das Sammeln von Material und die Dominanz von Daten, mit didaktischen Gründen, dem Herausstellen großer Männer der Technik als Vorbilder, zusammentrafen. Bereits 1915 waren Vorbereitungen für ein biographisches Lexikon *Männer der Technik* im Verein Deutscher Ingenieure so weit gediehen, daß eine gedruckte Ankündigung und der Andruck von drei Biographien fertiggestellt waren (Bild)[8]. Das Buch sollte etwa 500 Abbildungen von verstorbenen Technikern enthalten sowie nach einem bestimmten Schema verfaßte knappe Informationen über ihr Leben und ihre Arbeit mit Quellenangaben. Die Erlöse aus dem Werk waren für die Hinterbliebenen von im Kriege gefallenen Ingenieuren bestimmt. Obwohl man bereits eine Liste von Personen, die man in das Lexikon aufnehmen wollte, fertiggestellt hatte, konnte das Werk wegen des Krieges nicht zum Abschluß gebracht werden. In der Folgezeit sammelte man Ergänzungen zu dieser Liste, die von einzelnen Experten eingereicht worden waren.

Erst 1921 wurden die Pläne für Technikerbiographien wieder aufgenommen[9]. Diesmal ging die Anregung von Oskar von Miller, dem Gründer des Deutschen Museums, aus. Oskar von Miller schlug Conrad

Das Buch soll unter dem Titel

»Männer der Technik«

rd. 500 Bildnisse von verstorbenen hervorragenden Vertretern der Technik auf allen Gebieten nebst kurzen Angaben über ihr Leben und ihre Leistungen in alphabetischer Reihenfolge enthalten, wie die umstehende Seite zeigt. Eine ausführliche Quellenangabe, ausgedrückt in Zahlen, die sich auf ein am Schluß des Buches mit laufenden Nummern versehenes Quellenverzeichnis beziehen, wird unter jede Biographie gesetzt werden.

Das Werk wird unter Mitwirkung einer größeren Zahl von Mitarbeitern vom Verein deutscher Ingenieure herausgegeben.

Der gesamte Erlös ist ohne Abzug für die hinterbliebenen von im Kriege gefallenen Ingenieuren bestimmt. Um diesen Betrag so hoch wie möglich zu machen, verzichtet der Verein auf jede Berechnung der auf ihn entfallenden Arbeiten. Die Mitarbeiter, soweit solche schon gewonnen werden konnten, verzichten auf das Honorar. In sehr dankenswerter Weise haben auch die folgenden Firmen, mit denen der Verein seit langem bei der Herstellung der Zeitschrift zusammenarbeitet, sich bereit erklärt, Druck, Satz, Papier und Bildstöcke kostenlos für die erste Auflage zur Verfügung zu stellen:

für den Satz und Druck: A. W. Schade, Berlin, Schulzendorfer Str. 26,
für das Papier: Edmund Obst, Berlin und Papierfabrik Scheufelen, Oberlenningen-Teck, Württemberg.
für die Ätzungen:
für den Einband:

Es ist deshalb zu erwarten, daß dem genannten Zweck ein erheblicher Betrag wird zugeführt werden können.

Verein deutscher Ingenieure.
Abt.: Literarisches Bureau.
C. Matschoß.

Guericke, Otto von (1602–1686)

Als Sohn einer Magdeburgischen Patrizierfamilie widmete sich Guericke dem Studium der Rechtswissenschaften, den Naturwissenschaften sowie dem Ingenieurwesen und wurde Ratsbaumeister in Magdeburg. Nach der Zerstörung seiner Vaterstadt beteiligte er sich an ihrem Wiederaufbau und leistete ihr als regierender Bürgermeister große Dienste. Seine hervorragenden Leistungen als Forscher und Erfinder erstrecken sich vor allem auf die Konstruktion und Ausführung einer praktisch brauchbaren Luftpumpe und der Versuche mit dem Luftdruck. Bedeutung gewann ferner seine Erfindung der Elektrisiermaschine. Guericke, der sich selbst als Ingenieur bezeichnet hat, verband in vorbildlicher Weise durch Versuche planmäßig erworbene wissenschaftliche Erkenntnis mit großem technischem Können.

12 J. 1906 S. 214; 14 B. 1 S. 338.

Langen, Eugen (9. Oktober 1833 bis 2. Oktober 1895)

In Cöln geboren, genoß Langen eine sorgfältige Erziehung. Er besuchte das Polytechnikum in Karlsruhe. Auf der Friedrich-Wilhelmshütte in Troisdorf und in der väterlichen Zuckerfabrik erwarb er sich wertvolle praktische Erfahrungen, die ihn in Verbindung mit ausgezeichneter kaufmännischer Begabung zu erfolgreicher Betätigung auf den verschiedensten Gebieten führten. Der nach ihm benannte Stufenrost verschaffte ihm die ersten Geldmittel. Sehr erfolgreiche Erfindungen machte er in der Zuckerfabrikation. Zusammen mit N. A. Otto begründete er die Gasmotorenfabrik Deutz, und in harter Lebensarbeit gelang es beiden, die Gasmaschine zu einer für die Industrie höchst wertvollen Kraftmaschine zu entwickeln.

Mauser, Paul von (27. Juni 1838 bis 29. Mai 1914)

Sohn eines Büchsenmeisters in Oberndorf a. Neckar. Mauser arbeitete als Knabe bereits in der damals Kgl. Gewehrfabrik. 1857 zuerst mit dem Zündnadelgewehr bekannt geworden, beschäftigte er sich von da an mit der Hinterladewaffe. Zuerst schuf er mit seinem Bruder Wilhelm das Modell einer Hinterladekanone, und von 1863 an arbeiteten beide Brüder am Hinterladegewehr. Mit dem Amerikaner Norris, dem Vertreter Remingtons, siedelten sie nach Lüttich über. Das von beiden geschaffene Infanteriegewehr wurde 1872 von Deutschland angenommen, und nun konnten sie in Oberndorf eine Fabrik errichten. Wilhelm starb 1882. 1884 wurde das Magazingewehr geschaffen. 1896 entstand die Selbstladepistole, und mit besonderer Hingabe und großem Erfolge widmete sich Mauser von da an noch der Entwicklung kriegsbrauchbarer Selbstladegewehre.

Bild: Ankündigung und Andruck eines 1915 vom Verein Deutscher Ingenieure und vom Deutschen Museum geplanten Buches *Männer der Technik*, das aber nicht fertiggestellt wurde (Vor- und Rückseite).

Matschoß die Herausgabe verschiedener Einzelbände für getrennte Fachgebiete vor, in denen Biographien so aneinandergereiht werden sollten, daß quasi eine Geschichte des betreffenden Gebiets entstehen würde. Die Abteilungsleiter des Deutschen Museums könnten zwar bei der Erstellung mitwirken, die eigentliche Bearbeitung müsse aber von anderer Seite durchgeführt werden. Hierfür brachte von Miller Johann Friedrich Dannemann in Vorschlag, Verfasser verschiedener Arbeiten über die Geschichte der Naturwissenschaften, der später, 1927, eine außerplanmäßige Professur an der Universität Bonn erhielt. Matschoß griff diese Anregung sofort auf. Zwischen dem Deutschen Museum und dem VDI wurde eine Vereinbarung getroffen, daß man in Einzelschriften Biographien für zunächst folgende Fachgebiete herausgeben wollte:
– Männer des Maschinenbaus im 19. Jahrhundert
– Männer der Eisenbahn
– Männer der Technik vom Altertum bis zum 18. Jahrhundert
– Männer der Elektrotechnik
– Männer des Hüttenwesens
– Lehrer der Technik
– große deutsche Industriebegründer
– große Astronomen
– große Physiker
– große Chemiker
– große Mathematiker usw.

Jedes Bändchen sollte etwa 30 bis 40 Biographien im Umfang von je ein bis zwei Seiten enthalten. Das Werk zielte auf eine breitere Öffentlichkeit; im besonderen hoffte man, daß es eine weite Verbreitung in Arbeiterkreisen finden sollte. Matschoß sollte federführend für die Techniker und Industriellen, Dannemann für die Mathematiker und Naturwissenschaftler sein.

Aus den Akten geht nicht hervor, weswegen auch dieser zweite Anlauf für eine Zusammenstellung von Technikerbiographien scheiterte. Als schließlich das vorliegende Buch, Matschoß' *Männer der Technik*, 1925 erschien, griff man wieder auf die Konzeption von 1915 zurück, d. h. man entschied sich für ein alphabetisches Nachschlagewerk. Statt Fotos enthielt es 106 Zeichnungen des Berliner Malers und Radierers Julius C. Turner. Für das Buch zeichneten Conrad Matschoß und der VDI allein verantwortlich[10]. Da das Oskar von Miller gewidmete Buch 1925 rechtzeitig zur Eröffnung des Deutschen Museums vorliegen sollte, wurde es unter starkem Zeitdruck fertiggestellt.

Möglich wurde dies überhaupt nur, weil Matschoß einen Großteil der 852 Biographien durch Mitarbeiter des VDI, überwiegend Redakteure der VDI-Zeitschriften, aus dem beim VDI gesammelten biographischen Material zusammenstellen ließ. Matschoß war sich darüber im klaren, daß bei einem solchen Erstlingswerk die Auswahl subjektiv und vorläufig war und in späteren Auflagen Berichtigungen notwendig werden würden. In seinem Vorwort forderte er denn auch die Ingenieure auf, bei der Verbesserung des Buches für eine spätere Auflage mitzuwirken. Mit einem für die Emanzipationsbewegung der Ingenieure typischen Argument wurde die Notwendigkeit des Werkes damit begründet, daß die Leistungen der Ingenieure noch nicht die Anerkennung durch Mit- und Nachwelt gefunden hätten, die ihnen gebühre. Dies zeige sich auch darin, daß sie sowohl in den großen Enzyklopädien als auch in den Nationalbiographien und in Nachschlagewerken für einzelne Berufsgruppen zu wenig vertreten seien.

Das Buch wurde der Anlaß für einen wissenschaftlichen Skandal. Ausgangspunkt war die von dem Technikhistoriker Franz Maria Feldhaus an den *Männern der Technik* in einer derartigen Schärfe geübten Kritik, daß sich eine jahrzehntelange Auseinandersetzung zwischen dem VDI und Feldhaus entwickelte, die als *Matschoß-Feldhaus-Kontroverse* in die Geschichte der Technikgeschichte Eingang gefunden hat[11]. Wenn diese Auseinandersetzung auch wissenschaftstheoretisch und -methodologisch relativ unergiebig ist, so lassen sich an ihr doch sehr gut Probleme aufzeigen, mit denen sich die im Entstehen begriffene Disziplin Technikgeschichte auseinanderzusetzen hatte.

Franz Maria Feldhaus (1874–1957) hatte Vorlesungen zur Elektrotechnik gehört, ohne diese Studien mit einem Examen abzuschließen[12]. Nach kurzen Tätigkeiten in der Industrie, u. a. bei der AEG, verlegte er sich voll auf die Geschichte der Technik, wobei er 1908/09 eine Art Familienbetrieb *Quellenforschungen zur Geschichte der Technik und der Naturwissenschaften* gründete. Feldhaus machte damit die Technikgeschichte erfolgreich zur Erwerbsquelle für sich und seine Familie. Er erteilte Auskünfte an Museen, Kunsthändler und Antiquare über die Echtheit bzw. Entstehungszeit technischer Publikationen, Bilder oder Geräte. Für Patentanwälte und Firmen gutachtete er bei Prioritätsstreitigkeiten und gab mit den von ihm gesammelten technikgeschichtlichen Abbildungen Anregungen für die Schaffung von Warenzeichen[13]. Außerdem lieferte er Material für oder verfaßte Firmenfestschriften und schrieb technikgeschichtliche Darstellungen, die für das breite Publikum bestimmt waren. Er selbst spricht dabei von über 150 Büchern und Ausarbeitungen für die Industrie und etwa 3 000 Artikeln. Von seinen eher wissenschaftlichen Werken sind die lexikographische, 1914 erschienene Darstellung *Die Technik der Vorzeit, der geschichtlichen Zeit und der Naturvölker* und die im gleichen Jahr ins Leben gerufenen *Geschichtsblätter für Technik, Industrie und Gewerbe*, die allerdings nur bis 1927 erschienen, hervorzuheben. Leider steht eine wissenschaftliche Beurteilung des Feldhausschen Werkes noch aus. Über das rein Biographische hinaus – Feldhaus gehört sicher zu den ungewöhnlichsten und schillerndsten Persönlichkeiten der frühen Technikgeschichte – wäre eine solche Arbeit auch deswegen von Interesse, weil sie geeignet ist, den Zugang zur Technikgeschichte von der Seite der Rezipienten aus zu erschließen: der Industrie, den Ingenieuren und der breiten Öffentlichkeit. Immerhin erreichten einzelne Bücher von Feldhaus Auflagen von mehreren 10 000 Exemplaren.

Für Feldhaus besaßen Nachschlagewerke einen ähnlich hohen Stellenwert wie für Matschoß oder das Deutsche Museum. Auch er betonte immer die Notwendigkeit einer induktiven Vorgehensweise, die er in einem Brief an den Naturwissenschaftshistoriker Hans Schimank aus dem Jahre 1949 folgendermaßen erläuterte[14]: Die Grundlage für technikgeschichtliche Arbeiten müßten solide Karteien bilden, denn *die Karteiarbeit ist bei dem Durcheinander in unserm Fach unentbehrlich. Von hier aus muß zunächst ein Lexikon entstehen.* Schließlich müßten größere Arbeiten diese Daten auswerten und in sie tiefer eindringen. Entsprechend diesem Programm, das ganz dem auch von anderen Technikhistorikern betonten Prinzip der Priorität von Materialsammlungen entsprach, führte Feldhaus eine umfangreiche Personen- und Sachkartei zur Technikgeschichte.

Als Feldhaus 1904 die Gründung einer *Gesellschaft für Geschichte der Naturwissenschaften und der Technik* betrieb, bezeichnete er die Erstellung einer *Biographie der Erfinder etc.* als eine wichtige Aufgabe[15]. Bereits im gleichen Jahr schloß er mit dem Verlag Carl Winter in Heidelberg einen Verlagsvertrag für ein *Biographisches Lexikon der großen Männer des 19. Jahrhunderts auf den Gebieten der Naturwissenschaften und der Technik, des Handels und Verkehrs* ab[16]. Dafür versandte er einen Fragebogen mit 17 Punkten an zahlreiche Familien, Firmen und Personen und bat sie – wobei er eine extrem kurze Frist setzte –, die Fragen zu beantworten und Material über Personen, die er in das Lexikon aufnehmen wollte, einzusenden. Ein Bestellzettel für das noch in der Konzeptionsphase befindliche Buch wurde dem Schreiben beigelegt. Da das Ergebnis der Fragebogenaktion eher kläglich war, mußte Feldhaus diesen Plan vorerst zurückstellen.

Feldhaus begründete diesen Aufruf u. a. damit, daß er bei seiner Mitarbeit an den Nachtragsbänden der Allgemeinen Deutschen Biographie (ADB), des größten deutschen biographischen Nachschlagewerks, die Erfahrung gemacht habe, daß das gedruckte Material über die Techniker des 19. Jahrhunderts eher unzuverlässig und ungenügend sei. Seine Bemühungen, die Aufnahme von von ihm verfaßter etwa 75 Technikerbiographien in die ADB zu erreichen, waren wenig erfolgreich. Es kam zu Auseinandersetzungen mit der Redaktion, die bis hart an die Grenze eines Rechtsstreits gingen, so daß nur einige dieser Artikel erschienen.

Auch ein weiterer 1919 unternommener Anlauf für ein biographisches Lexikon kam nicht zum Abschluß. Feldhaus verwertete aber das von ihm gesammelte biographische Material auf ähnliche Weise, wie es die zwischen VDI und Deutschem Museum verabredete Konzeption im Jahre 1921 vorgesehen hatte, indem er populär gehaltene Bücher veröffentlichte, die mehr oder weniger eine Aneinanderreihung von Biographien großer Erfinder und Industrieller waren. So veröffentlichte er 1908 als Band 19 von *Lohmeyers Vaterländischer Jugendbücherei* ein Buch *Deutsche Erfinder*; 1912 erschien in der Sammlung Kösel *Deutsche Techniker und Ingenieure*; Teile seiner Sammlungen verwertete er in dem von ihm seit 1922 publizierten Kalender *Tage der Kultur* bzw. später *Tage der Technik*; und 1934 erschien schließlich mit einem Geleitwort des Nobelpreisträgers Friedrich Bergius *Männer deutscher Tat*.

Doch das von ihm angestrebte große biographische Lexikon der Techniker und Erfinder erschien weder in diesen Jahrzehnten noch später. Auch ein erneuter Anlauf im Jahre 1927, wobei Feldhaus schon einzelne Beispiele für Aufbau und Inhalt der biographischen Artikel abdruckte, blieb schließlich ohne Ergebnis. Sicher spielte dabei auch eine Rolle, daß er selbst die Maßstäbe durch seine scharfe Kritik an Matschoß' *Männer der Technik* schon überaus hoch gesteckt hatte: *Ein Technikerlexikon muß die technischen Leistungen der Männer kritisch und, weil der Stoff fast neu ist, mit peinlichster Genauigkeit so aufführen, daß der interessierte Leser die Leistung nachschlagen kann. Durch diese Forderung, um die ich nicht herumkomme, wächst die Aufgabe, die in einem solchen Buch steckt, aber fast bis ins riesenhafte*[17].

Die schon nahezu zwei Jahrzehnte bestehenden Differenzen zwischen Matschoß und Feldhaus brachen unmittelbar nach Erscheinen der *Männer der Technik* im Jahre 1925 aus. Zwischen August und Oktober schrieb Feldhaus mindestens vier Briefe an Matschoß, in denen er das Buch inhaltlich und Matschoß persönlich mit äußerster Schärfe angriff, gleichzeitig aber Möglichkeiten für eine friedliche, nichtöffentliche Bereinigung der Angelegenheit andeutete[18]. In der Interpretation von Matschoß, der sich in einem lapidaren Antwortschreiben weigerte, auf eine Diskussion in dieser Form einzugehen, stellte sich dieses Vorgehen so dar: *Auf Grund dessen, was er – zum Teil unter falschen Voraussetzungen – festgestellt haben will, spricht er in großer Überheblichkeit und Überschätzung dessen, was er Geschichtsforschung nennt, von Mangel an wissenschaftlicher Wahrhaftigkeit, von Spiegelfechterei, von Dokumenten absoluter Unwissenheit usw. Nachdem er mich so auf 26 Seiten mit 61 Punkten wissenschaftlich vollständig „vernichtet" hat, wobei er nicht versäumt, mir eingehend vor Augen zu führen, was die Öffentlichkeit des In- und Auslandes und die Universitäten sagen würden, wenn erst die von ihm festgestellte Fehlermasse gedruckt vorliegen werde, zeigt er mir den Weg, wie ich diese „öffentliche Blamage" vermeiden kann. Er schlägt mir gemeinsames Vorgehen vor, erwähnt, daß er noch das Geld für seine Studien verdienen müsse, und wenn er auch selbst neue Tätigkeit nicht übernehmen könne, so hofft er doch, sicher eine Form finden zu können, um das Material seiner Karteien für mich nutzbar zu machen*[19].

Als keine Gespräche mit Matschoß zustande kamen, sandte Feldhaus einzelne Artikel, die besonders problematisch waren, anerkannten Fachleuten bzw. Institutionen zu und bat sie um eine kritische Bewertung, die er in verschiedenen Fällen dann veröffentlichte. So schrieb ein Mitarbeiter des Gutenberg-Museums in Mainz über den von dem Berliner Baurat Nicolaus verfaßten Gutenberg-Artikel: *Wir teilen ihre Entrüstung nach Durchsicht des Gutenberg-Artikels aus Matschoß' Männern der Technik, und begreifen nicht, wie man ein solches Sammelsurium von Unrichtigkeiten, als Wahrheit hingestellten Mutmaßungen, falschen Datierungen, irrigen Angaben, das Lächerliche streifenden Urteilen und Behauptungen in Druck geben kann. Wenn Sie es wünschen, belegen wir's bis ins Einzelne! Gott segne es, wenn alles übrige dementsprechend ist! Das gewiß nicht deutschfreundliche Ausland beschämt uns ja in Wissenschaftlichkeit, Sachkenntnis und Urteilsreife gegenüber einem solchen Geschreibsel, wie es der Gutenberg-Aufsatz darstellt*[20]. Der Nestor der Deutschen Medizingeschichte, Karl Sudhoff, bezeichnete den Paracelsus-Artikel als *unglaublich dürftig und z. T. fehlerhaft*. Der Naturwissenschaftshistoriker Hans Schimank, der später ehrenamtlicher Leiter der technikgeschichtlichen Arbeiten im VDI wurde, zog das Fazit: *In Summe bin ich der Ansicht, daß die Art, wie der allmächtige, aber keineswegs allwissende VDI die Sache aufgezogen hat, nicht die richtige ist*. Des weiteren schrieb Feldhaus an Mitarbeiter der *Männer der Technik*, konfrontierte sie mit eigenen oder fremden Fehlern und forderte sie auf, sich von dem Buch zu distanzieren. Außerdem richtete er gleichlautende Schreiben an zahlreiche Zeitungen und Zeitschriften, in denen er gegen das Buch polemisierte und eine Rezension aus seiner Feder anbot.

Der Höhepunkt dieser Aktion war aber der Druck eines Offenen Briefes an Conrad Matschoß mit einer Auflage von 2 000 Exemplaren Ende 1925 und dessen Verbreitung in Fachkreisen und in der Presse[21]. Dieser Offene Brief enthielt die gleichen inhaltlichen Vorwürfe wie die persönlichen Schreiben von Feldhaus an Matschoß, die persönlichen Angriffe und die Angebote für eine Kooperation aber fehlten. Feldhaus' Vorwürfe stellten eine überaus redundant vorgetragene Mischung berechtigter Kritik im Bereich der Fakten und polemisch überzogener Punkte dar – überzogen z. B. indem er das Fehlen einzelner Personen bemängelte oder daß deren Denkmäler oder der Aufbewahrungsort von erhaltenen Originalapparaten nicht angegeben waren. Berechtigt war seine Kritik, wenn er auf zahlreiche Druck- und inhaltliche Fehler hinwies, unabhängig davon, ob die von ihm genannte Zahl von 400 – an anderer Stelle: 900 – Fehlern realistisch ist.

Feldhaus machte Matschoß für diese Fehler persönlich verantwortlich, da er seine *Stellung als Professor für Geschichte der Technik (mißbrauche), um in Ihrer arbeitsüberlasteten Hauptstellung als Direktor des Vereins deutscher Ingenieure ein Büro zu leiten, darin von Angestellten, die von der Geschichte der Technik keine Ahnung haben, Biographien der Männer der Technik in Massen angefertigt wurden.* Feldhaus rechnete vor, daß drei Redaktionsmitarbeiter des VDI, Witte, Calsow und Häneke, von Feldhaus als *Büroangestellte* bezeichnet, nahezu die Hälfte der Biographien verfaßt hatten. Als Feldhaus später erfuhr, daß zwei dieser Mitarbeiter, Witte und Calsow, Frauen waren, sprach Feldhaus in noch schärferer Polemik von *Bürohilfskräften, ahnungslosen und historisch wie literarisch ungebildeten Männern und versteckten Fräuleins,* die Matschoß *literarische Leichenbeschau treiben ließ*[22]. Feldhaus schloß seinen Offenen Brief: *Mit dem großen Stab der Büroangestellten des Vereins deutscher Ingenieure können Sie in dieser Weise noch eine lange Reihe fehlerhafter Bücher herausgeben, die von der Verlagsanstalt Ihres Vereins auf den Markt gebracht, von den gutgläubigen Lesern als wissenschaftliche Arbeiten hingenommen und gar als Unterlage zu Jugend- oder Schulbüchern verwendet werden. Das zu verhüten ist der Zweck dieser meiner Kritik.*

Matschoß hatte in seinem Vorwort kenntlich gemacht, daß an den *Männern der Technik* auch Mitarbeiter bzw. Redakteure des VDI beteiligt gewesen waren; jeder Artikel war namentlich gekennzeichnet. Richtig ist, daß diese Mitarbeiter bisher technikgeschichtlich nicht und literarisch wenig in Erscheinung getreten waren. Irene M. Witte war nach einem Aufenthalt in den USA, wo sie Kontakte zur Rationalisierungsbewegung hatte, 1916 in die Dienste des VDI getreten. In den 1920er Jahren verfaßte und übersetzte sie zahlreiche arbeits- und organisationswissenschaftliche Werke. Beim VDI betreute sie in der Zeit der Entstehung der *Männer der Technik* arbeitswissenschaftliche und psychotechnische Arbeitsgruppen und arbeitete als Schriftleiterin. Später machte sie sich selbständig und erlangte als Honorarprofessor auch akademische Ehren[23]. G. Calsow war vor ihrer Tätigkeit beim VDI nichtwissenschaftliche Mitarbeiterin bei dem Göttinger Historiker Karl Brandi. H. Häneke war auch später noch technikgeschichtlich tätig und publizierte u. a. 1927 einen Beitrag *Aus der Geschichte der Zylinderbohrmaschinen* in den *Beiträgen zur Geschichte der Technik und Industrie.*

Matschoß gestand in einer eigenen Beurteilung der *Männer der Technik* Fehler im Detail ein und erklärte sie einerseits damit, daß man einen Anfang machen wollte und die *Unrichtigkeiten, die jeder solchen Erstausgabe anzuhaften pflegen,* bei einer Neuauflage beseitigen werde[24]. Andererseits wies er darauf hin, daß es auf dem Gebiet der Technikgeschichte noch sehr wenige wissenschaftliche Fachleute gebe, die man als Mitarbeiter heranziehen könne. Gegen Feldhaus stellte der VDI Strafanzeige wegen versuchter Erpressung, in der Überzeugung, *daß das Vorgehen von Feldhaus nicht von dem Streben nach wissenschaftlicher Klarstellung geleitet ist, sondern einen Versuch darstellt, Matschoß und den Verein zur Zusammenarbeit mit ihm zu zwingen*[25]. In einer ähnlichen Weise wie gegen Matschoß – vom VDI als *literarisches Wegelagerertum* empfunden –, war Feldhaus bereits früher an das Deutsche Museum herangetreten und wandte diese Methode später noch häufiger an, ohne daß diese Angriffe in die Öffentlichkeit getragen wurden. Die vom VDI eingeleiteten juristischen Schritte gegen Feldhaus blieben letztendlich erfolglos, aber in diesem Zusammenhang wurden mehrere Vorstrafen von Feldhaus wegen Betrugs und Unterschlagung ausgegraben und publik gemacht.

Das öffentliche Vorgehen des VDI gegen Feldhaus wurde unterstützt durch eine Adresse bekannter Wissenschaftler, die sich vor Matschoß als *einen Exponenten des deutschen Ingenieurstandes* stellten[26]. Die Adresse trug die Unterschriften von W. von Dyck (TH München), E. Heidebroek (TH Darmstadt), Kammerer (TH Berlin), Oskar von Miller, A. Nägel (TH Dresden), L. Prandtl (Universität Göttingen) und anderen Professoren aus dem Bereich der Ingenieur- und Naturwissenschaften sowie von dem Göttinger Historiker Karl Brandi und F. Milkau, dem Generaldirektor der Preußischen Staatsbibliothek. Schon seit 1911 – worauf später noch einzugehen sein wird – hatten die Zeitschriften des VDI und auch die *Beiträge zur Geschichte der Technik und Industrie* keine Aufsätze von Feldhaus mehr angenommen und im allgemeinen auch die Schriften von Feldhaus weder zitiert noch rezensiert. Nach der Auseinandersetzung um die *Männer der Technik* dehnte man diesen Boykott aus, indem man die Briefe von Feldhaus nicht mehr beantwortete, auch andere Institutionen dazu aufforderte und sich manchmal bei anderen Zeitschriften über die Aufnahme von Beiträgen von Feldhaus beschwerte[27]. Feldhaus seinerseits blieb in Inhalt und Ton bei seinen Angriffen und klagte, daß der VDI seinen *wissenschaftlichen Angriff* nicht *mit wissenschaftlichen Waffen pariert* habe[28].

Versucht man, die Motive zu bestimmen, die Feldhaus in seinen Auseinandersetzungen mit Matschoß und mit anderen Technikhistorikern leiteten, so gewinnt man den Eindruck, daß sich hier persönliche, wirtschaftliche und wissenschaftliche Motive zu einem kaum entwirrbaren Knäuel verschlungen hatten. Solange gründliche Untersuchungen über Feldhaus fehlen, können hier nur einige Grundtendenzen seiner Persönlichkeit und seiner Arbeiten skizziert werden.

Feldhaus bekannte sich zu einer historischen Vorgehensweise, die vom Sammeln von Daten, von der Faktenklärung, ausgehen und allmählich in immer weiter umgreifende Arbeiten einmünden sollte. Damit unterschied er sich zwar nicht prinzipiell von den meisten seiner Fachkollegen, betonte aber in seinen wenigen programmatischen Aussagen zur Technikgeschichte dieses Prinzip schärfer und führte es in seinen eigenen Arbeiten konsequenter durch. Wegen seiner fehlenden Theoriekenntnisse konnten Zweifel an der Tragfähigkeit dieses auf das nackte Faktum gestützten Ansatzes (Abbildungsproblematik, Sprachgebundenheit usw.) oder an der Relevanz des Faktums für die Aufgaben der Geschichtsschreibung bei Feldhaus kaum aufkommen.

Sein Verständnis von Wissenschaft reduzierte sich insofern auf das Kriterium der faktischen Richtigkeit, was er häufig auch als Exaktheit bezeichnete. Gut illustriert wird diese Denkweise durch Feldhaus' Auseinandersetzung mit den technikgeschichtlichen Teilen von Werner Sombarts *Der moderne Kapitalismus*. Feldhaus kommt dabei zu dem Urteil, daß Sombart zwar sein Buch *Die Technik der Vorzeit ...* lobend zitiert, aber nicht benutzt habe und zählt eine Reihe von Detailfehlern auf, was letztendlich doch zu einer Verschiebung im wissenschaftlichen Endergebnis führen müsse. ... *Wenn die Wirtschaftshistoriker auf solchem Unsinn ihre Schlüsse aufbauen, kann doch das ganze System ihrer Wirtschaftsgeschichte letzten Endes nicht frei von Unsinn sein. Seit Jahren warne ich davor, eine zusammenhängende Geschichte der Technik in Angriff zu nehmen ... Sombart schreibt sich kritiklos Grundlagen für technische Fortschritte zusammen und behauptet aus diesen Grundlagen den Zustand des Wirtschaftslebens*[29]!

Es lag nahe, daß seine Fachkollegen die ausschließliche Faktenbezogenheit von Feldhaus' Wissenschaftsverständnis benutzten, um sich von ihm abzusetzen. Otto Johannsen, der Geschichtsschreiber des Eisens, sah in Feldhaus einen *Raritätensammler*, aber keinen Historiker[30]. Hans Schimank unterschied, in feiner Anspielung auf Feldhaus, zwischen dem *mit geschichtlichem Einfühlungsvermögen ausgestatteten echten Historiker* und dem *Fanatiker des Sammelns*[31]. Am deutlichsten werden diese Abgrenzungsversuche in der Charakterisierung von Feldhaus durch den technischen Publizisten Alfred Schlomann, der 1927 mit einem, in moderatem Ton gehaltenen Offenen Brief in die Auseinandersetzungen zwischen Matschoß und Feldhaus eingriff: *Sie, Herr Doktor, sind der unerschrockene und unentwegte Sammler und Anhäufer von Daten, Urkunden, Bildern, Dokumenten, Belegen usw., dem naturgemäß jede kleinste Unstimmigkeit in Tagen, Jahreszahlen, Geburts- und Sterbestunden, Doktor-Verleihungen und sonstigen Ehrenbezeugungen ein schlimmes Vergehen wider den heiligen Geist der Wissenschaft bedeutet, das Sie bei Ihren eigenen Arbeiten aber auch nicht vermeiden konnten, während es Matschoß (und vielen anderen) vor allem auf die große Linie, auf die Aufweisung wichtiger, historisch-technologisch erkennbarer Zusammenhänge ankommt*[32]. Wie Schlomann richtig bemerkte, wurde Feldhaus selbst den von ihm an andere gerichteten Ansprüchen an Exaktheit nicht gerecht. Schon eine flüchtige Durchsicht der von ihm in großen Teilen verfaßten *Geschichtsblätter* fördert eine solche Fülle von Druck- und Sachfehlern zu Tage, daß es fast verwunderlich erscheinen muß, daß seine Gegner nicht detailliert auf diesen Umstand eingingen. Unabhängig davon mußte er – aufgrund neuer Quellenfunde – die von ihm in seinen Lexika und Kalendern genannten Daten ständig revidieren.

Ein wichtiges Argument von Feldhaus gegen Matschoß' *Männer der Technik* war der Vorwurf mangelnder Professionalität. Ein solches Buch könne man nicht nebenher als überlasteter Vereinsdirektor durch *Bürohilfskräfte* erstellen lassen. Es ist interessant, daß Feldhaus hierbei – wenn ich es richtig sehe: erstmals in der Geschichte der Technikgeschichtsschreibung – explizit Historiker und Ingenieure gegeneinander ausspielt und sich dabei auf die Seite des *Historikers* schlägt, da *Geschichte der Technik ... nämlich keine technische Sache, sondern eine historische sei*[33]. Dabei wird allerdings der Historiker nicht von der Ausbildung her – Feldhaus besaß schließlich auch keine historische Fachausbildung –, sondern von der Tätigkeit her definiert: *Historiker sein heißt, selbst arbeiten, Tag und Nacht nur an all das denken, was historisch war. Historiker ist man nicht, wenn man andere Leute sammeln läßt, Leute, die gar kein historisches Empfinden, kein historisches Werturteil haben.* Polemisch wandte sich Feldhaus gegen die Bemühungen von Matschoß, Ingenieure für technikgeschichtliche Arbeiten zu animieren: *Schreibt man Musiker-Biographien, indem man Solisten und Orchestermitglieder zur Mitarbeit auffordert? Oder wendet man sich an Fachhistoriker, Lokalhistoriker oder ähnliche Leute*[34]? Dabei versuchte er, Matschoß durch einen Vergleich seiner historiographischen Arbeiten mit der Exaktheit technischer Publikationen im VDI an einer empfindlichen Stelle zu treffen. *Sind die übrigen Arbeiten des Vereins deutscher Ingenieure, z. B. seine Normen, ebenso fehlerhaft, wie das Buch über die Männer der Technik? Selbstverständlich sind sie es nicht. Und warum nicht? Weil die Techniker es sich verbitten* würden, daß Laien diese Arbeiten machen sollen. Also erhebe ich hiermit auch ganz energisch Einspruch dagegen, daß Laien unter ihrer Leitung im Eiltempo die Geschichte der Technik unsicher machen.

Obwohl selbst, teils durch wissenschaftliche Ausbildung, teils durch praktische Tätigkeit, Ingenieur und 1925 durch die Technische Hochschule in Aachen zum Doktor-Ingenieur ehrenhalber ernannt, distanzierte sich Feldhaus von historiographischen Neben- und Feiertagsarbeiten von Ingenieuren, da er den Eindruck gewinnen mußte, daß der VDI als die die Technikgeschichte dominierende größte deutsche Ingenieurorganisation sowie Matschoß und andere führende Repräsentanten der Ingenieurberufsgruppe ihm den Zugang zu diesem Bereich definitiv versperren wollten. In dieser Situation versuchte er offensichtlich einen Haltepunkt durch Berufung auf die *Historiker* zu gewinnen, die ihn – jedenfalls in Gestalt einiger Vertreter der Naturwissenschafts- und Medizingeschichte – eher akzeptierten. Mit dieser Ablehnung der *Ingenieur-Technikhistoriker* traf er auch die zeitgenössischen und älteren Bestrebungen der Ingenieurberufsgruppe, sich größere soziale Anerkennung durch Aneignung fachfremder Kenntnisse und Erweiterung ihres Aufgabenbereichs zu schaffen. Schlomann entgegnete ihm denn auch: *Es dürfte wohl nicht in Ihrer ernsten Absicht liegen, durch Ihre Anklagen, Vorhaltungen und Vorwürfe mehr oder weniger beweisen zu wollen, daß Ingenieure letzten Endes doch nicht fähig sind, über den Rahmen ihrer engeren Zweckbestimmung hinaus auf dem Gebiet der allgemeinen Wissenschaften Beachtliches zu leisten oder die eigenen Leistungen kritisch einwandfrei zu würdigen; ... Ich betrachte die Geschichtswissenschaft weder allgemein, noch die, die sich mit der Technik befaßt, als eine Geheimwissenschaft, die nur „Eingeweihten" zugänglich ist*[35].

Man kann Feldhaus sicher nicht absprechen, daß bei seinem Vorgehen gegen Matschoß und andere Fachkollegen wissenschaftliche Motive – im Sinne seines problematischen Wissenschaftsverständnisses – eine Rolle spielten. Der vom VDI erhobene Vorwurf, daß es sich bei Feldhaus' Vorgehen um einen Erpressungsversuch gehandelt habe, um sich finanzielle Vorteile zu verschaffen, läßt sich in dieser Ausschließlichkeit naturgemäß nicht beweisen und erscheint nach umfassender Lektüre der Feldhausschen Schriften als eher unwahrscheinlich. Ebenso deutlich wird aber, daß bei der gesamten historiographischen Arbeit von Feldhaus ökonomische Motive eine wichtige Rolle spielten, waren diese Arbeiten doch die einzige Unterhaltsquelle für ihn und seine Familie. Technikgeschichtliche Arbeiten aus fremden Federn hatten, besonders wenn sie auf weitere Verbreitung zielten, für Feldhaus deshalb auch den Charakter unmittelbarer wirtschaftlicher Konkurrenzprodukte. Bei verschiedenen dieser Produkte, einer technikgeschichtlichen Zeitschrift (bzw. eines Jahrbuchs), einem biographischen Nachschlagewerk und später einer Zusammenstellung technischer Kulturdenkmale, mußte er es erleben, daß Matschoß damit früher auf dem Markt war.

Die Kommerzialisierung der Technikgeschichte durch Feldhaus führte früh zum Bruch mit Matschoß. Während es vorher zu einem höflichen Briefwechsel kam und – nach Angaben von Feldhaus – Matschoß 1904 Feldhaus' Plan für die Gründung einer *Gesellschaft für Geschichte der Naturwissenschaften und der Technik* unterstützte[36], führte die 1911 von Feldhaus verfaßte Studie *Die geschichtliche Entwicklung der Technik des Lötens*[37] zum Bruch[37]. Am 19. Juni 1911 sandte Matschoß Feldhaus ein Manuskript zur Geschichte der Drahtseilschwebebahn, das der Auftraggeber, die Kölner Firma Pohlig, unbedingt in der Zeitschrift des VDI veröffentlicht sehen wollte, zurück und teilte ihm lapidar mit, daß er aus Feldhaus' Geschichte des Lötens gesehen habe, *daß die von Ihnen durchgeführte Verquickung technisch-geschichtlicher Arbeiten und geschäftlicher Verwertung in so starkem Gegensatz zu der von mir von jeher vertretenen wissenschaftlichen Auffassung auf dem Gebiet der technischen Wissenschaft steht*, daß er Feldhaus' Aufsatz nicht in die technikgeschichtliche Reihe des VDI aufnehmen wolle[38]. Die in Feldhaus' typischem aggressivem Ton gehaltene Rückfrage, was er damit genau meine, blieb anscheinend ohne Antwort.

Die Arbeit von Feldhaus enthielt eine bis etwa zum Zeitraum um 1800 reichende Skizze der historischen Entwicklung des Lötens, gefolgt von 4 Seiten, auf denen Feldhaus vor allem die Produkte der auftraggebenden Firma Claßen positiv beschrieb, dann 3 Seiten der Firma selbst *Was ist Löten?* und anschließend Anzeigen und Preislisten von Claßen. Den Abschluß bildete eine Anzeige, in der Feldhaus auf sein Unternehmen *Quellenforschungen zur Geschichte der Technik und der Naturwissenschaften* hinwies, welches *geschichtliche Untersuchungen aus allen einschlägigen Gebieten, besonders zum Zwecke von Prioritätsnachweisen bei Patentstreitigkeiten* liefere. In der Anzeige wurden Firmen genannt, für die Feldhaus' Unternehmen bereits Arbeiten von der Geschichte der Seife, der Mühlen, des Schmirgelns bis zu einer Bibliographie des Kakaos angefertigt hatte.

Ein weiterer Grund für die Eskalation der Auseinandersetzungen lag in der äußerst streitbaren Persönlichkeit von Feldhaus. Feldhaus verwickelte sich – abgesehen von der Kontroverse mit Matschoß – in zahlreiche Auseinandersetzungen: mit Fachkollegen, Geschäftsfreunden und eigenen Schülern. Diese Auseinandersetzungen wurden – wenn es nicht sogar zu Rechtsstreitigkeiten kam – meist mit äußerster verbaler Schärfe geführt. *Unsinn, Machwerk, völlig wertlos* waren Begriffe, mit denen von Feldhaus besprochene Publikationen häufig belegt wurden[39]. In einer

Denkschrift über das von Haßler bearbeitete Buch von Matschoß *Große Ingenieure* schrieb er: *Herr Haßler wünscht im Vorwort, daß sein Buch in die Hände der Jugend komme. Ich habe diejenigen Stellen, die die Jugendbücher frei von Schmutz und minderwertigen Büchern halten wollen, auf das Haßler-Buch hingewiesen*[40]. Dabei scheute Feldhaus auch nicht davor zurück, Bücher oder Buchvorhaben kritisch zu besprechen, bevor diese überhaupt erschienen oder abgeschlossen waren[41]. Übertreibungen, wie, daß der VDI gegen ihn mit *Hunderttausenden von Bekanntmachungen und Flugblättern* vorgegangen sei, waren ein weiteres *Kampfmittel*.

Diese Eigenschaften trafen zusammen mit *wissenschaftlichem* Sendungsbewußtsein und deutlicher Selbstüberschätzung. Seine Auseinandersetzungen mit Fachkollegen sind voller Hinweise auf die eigenen grundlegenden Arbeiten. Feldhaus hielt sich für den Technikhistoriker schlechthin, was vor allem darin begründet lag, daß er zu den wenigen gehörte, die die Technikgeschichte professionell – besser: hauptberuflich-kommerziell – betrieben. Sein Selbstbewußtsein äußerte sich z. B. in einer positiven Einschätzung von Oskar von Millers alle Widerstände überwindender Tatkraft beim erfolgreichen Aufbau des Deutschen Museums, deren partielle Rücksichtslosigkeit Feldhaus für sich im Bereich der Technikgeschichte in Anspruch nahm.

Diese positive Selbsteinschätzung mußte sich schwer getroffen fühlen, als seine Arbeiten und seine Person in den Reihen der *etablierten* Technikgeschichte so wenig Anerkennung fanden. Akzeptiert fühlte er sich vor allem in seiner Mitarbeit bei naturwissenschaftshistorischen Zeitschriften im In- und Ausland. 1929, als in Oslo ein internationales Komitee der Historiker der Naturwissenschaften gebildet wurde, gehörte er u. a. neben Karl Sudhoff und Julius Ruska als der Vertreter für Technik zu den deutschen Mitgliedern[43].

Feldhaus' groß angelegte wissenschaftsorganisatorische Bemühungen scheiterten. Es gelang ihm weder eine nationale noch eine internationale Gesellschaft für Geschichte der Naturwissenschaften und der Technik zu gründen. Seine technikgeschichtliche Zeitschrift, die *Geschichtsblätter*, ging nach 14 Jahren ein. Hinzu kam eine zumindest temporäre berufliche und finanzielle Unsicherheit. Eigentlich war er sein ganzes Leben lang auf der Suche nach einer festen Anstellung, wo er seinen technikgeschichtlichen Neigungen nachgehen konnte. So versuchte er mehrmals, als Angestellter bzw. freier Mitarbeiter beim Deutschen Museum unterzukommen. Die daraus resultierende Enttäuschung mußte in Verbitterung wachsen, als ihm auch als gereifter Mann bei seinen verschiedenen Auseinandersetzungen noch seine lange zurückliegenden Vorstrafen wegen Betrugs und Unterschlagung vorgehalten wurden. Ein Tiefpunkt seines Lebens war erreicht, als ihm am 6. Februar 1936 die Rheinisch-Westfälische Technische Hochschule Aachen die verliehene Würde eines Doktor-Ingenieurs ehrenhalber wieder entzog, weil er *sich durch sein Verhalten des Tragens einer deutschen akademischen Würde unwürdig* erwiesen habe[44], und als im gleichen Jahr der Reichsverband der deutschen Zeitschriftenverleger vor der Annahme seiner Beiträge warnte.

Unabhängig von der Art und Weise der von Feldhaus an Matschoß' *Männer der Technik* vorgetragenen Kritik und ihren Motiven hatte Feldhaus zweifellos – wenn auch die von ihm angegebenen Zahlen übertrieben sind – recht, daß das Buch eine Reihe von Druck- und Inhaltsfehlern enthält, wie sie selbst heute nicht auszuschließen sind. Dies wirft natürlich die Frage auf, wieso es jetzt wieder als Reprint einem größeren Publikum vorgelegt wird. Die beste Antwort auf diese Frage gibt Feldhaus selbst in seinem Offenen Brief, in dem er Matschoß' Werk als das *erste biographische Lexikon der Weltliteratur über die Männer der Technik* bezeichnet[45]. Dies ist es nämlich – jedenfalls für den deutschen Sprachraum – bis heute geblieben. Noch immer ist es – bei allen Schwächen im Detail – unentbehrlich als Erst- und Kurzinformation über dem Leser unbekannte Techniker und Ingenieure. Erst eine gründliche Neubearbeitung wird hier Abhilfe schaffen können.

Männer machen Technikgeschichte, der Titel dieser Einführung, gewinnt für die Auseinandersetzung um die *Männer der Technik* eine dreifache Bedeutung. Zum einen wirft er die Frage nach den Vorstellungen der Technikhistoriker in der ersten Hälfte des 20. Jahrhunderts von den treibenden Kräften des Fortschritts und der Geschichte auf sowie im besonderen vom Stellenwert der großen Persönlichkeiten für die Entwicklung der Technik. Zum zweiten verweist er auf das hier vorgestellte extreme Beispiel, auf welche Art und Weise Technikhistoriker ihre Disziplin zwischen Wissenschaft und Kommerz betreiben und sich darüber auseinandersetzen können. Und zum dritten ist *Männer machen Technikgeschichte* geeignet, Technik und Technikgeschichte als – in dieser Zeit – ausschließliche Domäne von Männern zu karikieren, in die in der Diktion von Feldhaus – *Fräulein Witte* und *Fräulein Calsow* – mit ihrer Mitarbeit an den *Männern der Technik* einbrachen.

Anmerkungen

1 Feldhaus in: Deutsche Uhrmacher-Zeitung Nr. 40 (1925) als Beispiel für zahlreiche ähnliche Rezensionen; vgl. auch die Rezension in: Mitteilungen zur Geschichte der Medizin und der Naturwissenschaften 25 (1926), S. 69f.
2 Ludwig Beck: Die Geschichte des Eisens in technischer und kulturgeschichtlicher Beziehung. 5 Bde., Braunschweig 1884–1903.
3 Conrad Matschoß: Die Entwicklung der Dampfmaschine. Eine Geschichte der ortsfesten Dampfmaschine und der Lokomobile, der Schiffsmaschine und Lokomotive. 2 Bde., Berlin 1909 (Reprint Moers 1983/84).
4 Für dies und das Folgende siehe vor allem Wolfgang König: Programmatik, Theorie und Methodologie der Technikgeschichte bei Conrad Matschoß. In: Technikgeschichte 50 (1983), S. 306–36, hier: S. 307–10.
5 Vgl. König, Programmatik, S. 320–22.
6 Vgl. König, Programmatik, S. 313.
7 Eberhard Zschimmer: Ideen zu einer Geschichte der Technik. In: Technikgeschichte 25 (1936), S. 139–44, Zitat S. 139.
8 Deutsches Museum, Registratur, Ordner *Verein Deutscher Ingenieure 1923–29*, undatiertes Druckblatt (s. das Bild) u. 6. 5. 1921 – Matschoß an Deutsches Museum.
9 Ebenda, 22. 1. 1921 – v. Miller an Matschoß (Durchschlag); 2. 2. 1921 – Matschoß an Deutsches Museum; 4. 5. 1921 – *Ergebnis der Beratungen* ....
10 Für das Folgende s. das Vorwort.
11 Die *Matschoß-Feldhaus-Kontroverse* wird hier erstmals aus folgenden ungedruckten Quellen dargestellt: Bildarchiv Preußischer Kulturbesitz, Feldhaus-Archiv, Ordner 14/54 (im Folgenden zitiert: F.-A.); VDI-Archiv, Biographie Franz Maria Feldhaus (1874–1957) (im Folgenden zitiert: VDI/F); VDI-Archiv, Nachlaß Haßler, Akte F. M. F. (im Folgenden zitiert: VDI/H); Deutsches Museum, Registratur, Allgemeines, Ordner Feldhaus, 1904–1945 (im Folgenden zitiert: DM/F).
12 Vgl. Sigfrid v. Weiher: Historiker der Technik. Franz M. Feldhaus zum 100. Geburtstag. In: VDI-Nachrichten 1974, Nr. 19, S. 20.
13 Dies nach der eigenen Darstellung von Feldhaus in: Geschichtsblätter für Technik, Industrie und Gewerbe 11 (1927), S. 4.
14 VDI/H – 1. 5. 1949 – Feldhaus an Schimank (Abschrift).
15 DM/F – 21. 1. 1904 – Feldhaus an v. Miller; 19. 2. 1904 – Rundschreiben Feldhaus für die Gründung einer *Gesellschaft für Geschichte der Naturwissenschaften und der Technik*.
16 DM/F – 6. 11. 1904 (Eingangsdatum) – *Redaktion des Biographischen Lexikons* ... ; vgl. auch Geschichtsblätter 6 (1919), S. 267f. u. 11 (1927), S. 13.
17 F. M. Feldhaus: Ein Buch über die Leistungen der Techniker und Erfinder. In: Geschichtsblätter 11 (1927), S. 13–22, Zitat S. 14.
18 F.-A. – 11. 10. u. 13. 10. 1925 – Feldhaus an Matschoß (Durchschläge). Die Briefe v. 27. 8. u. 16. 9. 1925 konnten nicht aufgefunden werden.
19 VDI/F – 29. 9. 1925 – Matschoß: *Herr Feldhaus und die Männer der Technik*.
20 F.-A. – 10. 10. 1925 – Ruppel an Feldhaus (Abschrift); 19. 10. 1925 – Sudhoff an Feldhaus; 25. 10. 1925 – Schimank an Feldhaus; Schimank beharrte auch später auf seinem negativen Urteil über die *Männer der Technik*; VDI/H – 9. 5. 1949 – Schimank an Feldhaus.
21 Franz M. Feldhaus: Offener Brief an Herrn Dr.-Ing. ehr. Conrad Matschoß, Direktor des Vereins deutscher Ingenieure zu Berlin, Professor für Geschichte der Technik an der Technischen Hochschule zu Berlin-Charlottenburg über sein Buch *Männer der Technik* (Verlag des Vereins deutscher Ingenieure, Berlin 1925). Eberswalde 1925; S. 3 das Zitat im folgenden Absatz.
22 Feldhaus: Nochmals: Feldhaus gegen Matschoß. In: Landmaschinen-Markt, Nr. 31 v. 1. 5. 1926; VDI/H – 1. 5. 1949 – Feldhaus an Schimank (Abschrift).
23 Vgl. z. B. die angegebenen Arbeiten von Witte am Ende des Buches von Stuart Chase: Tragödie der Verschwendung. Gemeinwirtschaftliche Gedanken in Amerika. München, Berlin 1927. Besonders interessant: J. M. Witte: Heim und Technik in Amerika. Berlin 1927. Die Angaben über Witte verdanke ich Herrn Manfred Rasch, Essen.
24 Beiträge zur Geschichte der Technik und Industrie 16 (1926), S. Vf.
25 VDI/F – 22. 2. 1926 – Vorstand des VDI *In eigener Sache*; zum Vorgehen von Feldhaus beim Deutschen Museum s. DM/F – 6. 9. 1922 – Feldhaus an v. Miller; 16. 7. 1926 – Matschoß an v. Miller (nebst Anlagen); 20. 4. 1933 – Feldhaus an Zenneck (Abschrift).
26 VDI/F – 20. 2. 1926 – Adresse *An den Vorstand des Vereines deutscher Ingenieure*.
27 DM/F – 8. 9. 1930 – Hellmich an Deutsches Museum u. 1. 7. 1935 – Hirrich (RTA) an Deutsches Museum; Archeion 12 (1930), S. 462; VDI/H – 31. 12. 1954 – Haßler an Spatz (Durchschlag).
28 VDI/F – 29. 12. 1925 – Feldhaus: *Offener Brief an die Wissenschaft, die Technik und die Presse*, DM/F – Juni 1927 – Feldhaus: *Matschoß*.
29 Geschichtsblätter 6 (1919), S. 146–53, Zitat S. 153.
30 VDI/F – 25. 4. 1929 – Johannsen an Matschoß (Abschrift).
31 VDI/H – 1. 3. 1949 – Schimank an Feldhaus (Durchschlag).
32 Alfred Schlomann: Offener Brief an Herrn Franz M. Feldhaus Dr.-Ing. E. h., Berlin. Berlin 1927, S. 6.
33 Geschichtsblätter 11 (1927), S. 75–78, Zitate S. 75. Vgl. auch F.-A. – 3. 11. 1925 – Feldhaus an Walther (Durchschlag).
34 Feldhaus: Offener Brief, Zitate S. 10 u. 23.
35 Schlomann, S. 4.
36 DM/F – o. D. – *Programm für eine Gesellschaft* ....
37 Franz M. Feldhaus: Die geschichtliche Entwicklung der Technik des Lötens. Eine Studie. Hrsg. v. der Gesellschaft mbH Claßen & Co. Berlin o. J. (1911).
38 F.-A. – 19. 6. 1911 – Matschoß an Feldhaus; 21. 6. 1911 – Feldhaus an Matschoß (Durchschrift).
39 Vgl. z. B. Geschichtsblätter 4 (1917), S. 166–70 u. 6 (1919), S. 120–35; vgl. Schlomann, S. 7.
40 VDI/H – Denkschrift datiert v. 24. 3. 1955.
41 Geschichtsblätter 11 (1927), S. 75f.; vgl. Schlomann, S. 7.
42 DM/F – Juni 1927 – Feldhaus: *Matschoß*.
43 VDI/F – 25. 4. 1929 – Johannsen an Matschoß (Abschrift).
44 VDI/H – 16. 4. 1955 – Aktenvermerk; 15. 5. 1955 – RWTH Aachen an Jaeger (Kopie); Rundschau Technischer Arbeit Nr. 39 v. 23. 9. 1936.
45 Feldhaus, Offener Brief, S. 4, vgl. Schlomann, S. 8.

MÄNNER DER TECHNIK

EIN BIOGRAPHISCHES HANDBUCH
HERAUSGEGEBEN IM AUFTRAGE DES
VEREINES DEUTSCHER INGENIEURE

VON

CONRAD MATSCHOSS

MIT 106 BILDNISSEN

1925

VDI-VERLAG G.M.B.H. BERLIN SW 19

OSKAR VON MILLER

DEM HERVORRAGENDEN INGENIEUR DER DAS
VON IHM GESCHAFFENE DEUTSCHE MUSEUM
VON MEISTERWERKEN DER NATURWISSENSCHAFT
UND TECHNIK ZUGLEICH ZU EINEM DENKMAL DER
GROSSEN MÄNNER DER TECHNIK WERDEN LIESS

GEWIDMET VOM

VEREIN DEUTSCHER INGENIEURE

VORWORT

Die Männer der Technik hat der Ruhm noch nie verwöhnt. Weder Mit- noch Nachwelt hat sich bisher sonderlich bemüht, Kränze zu winden denen, die mit machtvollem Können am Riesengebäude der Technik gearbeitet haben. Wenn der große Göttinger Philosoph Lichtenberg am Ende des 18. Jahrhunderts klagte: „Literärisches Verdienst ist in Deutschland leider der Maßstab von wahrem Wert geworden", so trifft das noch heute zu. In die großen Enzyklopädien, die wir in Deutschland wenig schön Konversationslexika nennen, hat sich nur selten ein großer Ingenieur verirrt. Das gleiche läßt sich von den vielen umfangreichen nationalen Biographien sagen. Fürsten, Feldherren, Staatsmänner, Gelehrte, soweit sie Bücher hinterlassen haben, Künstler, deren Arbeiten wir in unseren Städten in den Museen sehen, sie allein sind würdig befunden worden, in diese Sammelwerke aufgenommen zu werden. Dazu kommt noch eine Reihe biographischer Nachschlagewerke für einzelne Berufsgruppen. Die darstellenden Künstler einschließlich der Architekten stehen hier an erster Stelle. Aber es fehlen auch nicht die Naturwissenschaftler, die Mediziner, Juristen, Musiker usw. Nur die Männer der Technik sind auch hier nirgends zu finden.

Dies Werk, im Auftrag des größten technischen Berufsvereines, des Vereines deutscher Ingenieure, herausgegeben, will zeigen, wie viele Männer der Technik wert sind, durch ihre Taten und durch ihr Leben denen zugereiht zu werden, die man nicht vergessen soll. Die deutschen Ingenieure empfinden es als ihre Pflicht, sich dankbar an ihre Berufsgenossen zu erinnern, auf deren Schultern stehend sie allein imstande sind, die großen Aufgaben, die ihnen ihre Zeit stellt, zu fördern.

Gewidmet hat der Verein deutscher Ingenieure dies Buch Oskar von Miller, dem Schöpfer des großen lebendigen Buches der Geschichte der Naturwissenschaft und Technik, des Deutschen Museums, in dem die Männer der Technik mit ihren Werken einen dauernden Ehrenplatz gefunden haben.

Die Ausführung des vorliegenden Werkes bedingte eine Auswahl der Männer, die zunächst Aufnahme finden konnten. Hierin liegt eine große Schwierigkeit, die trotz manchen wertvollen Rates sich nicht restlos überwinden läßt. Technisches Können ist nicht an Zeit und Landesgrenze gebunden, deshalb haben Männer aller Zeiten und der verschiedensten Völker Aufnahme gefunden. Nur die noch unter uns weilenden Männer der Technik sind nicht in diesem Buch zu finden, denn ihr Schaffen, so groß ihre Verdienste sein mögen, liegt noch nicht abgeschlossen vor uns. Große Lücken sind für die weiter zurückliegenden Zeiten festzustellen. Es war auch schon im Altertum üblich, wohl den Namen des Herrschers anzugeben, unter dessen Regierung eine große technische Tat vollbracht wurde, den Namen des Schöpfers aber zu verschweigen. Restlos ging Leben und Schaffen vieler Männer der Technik in ihren Werken unter, und nicht einmal ein Name ist auf uns gekommen. Zu den vielen wohl für alle Zeiten ungekannten Pionieren der Technik gesellen sich manche, über die in den für dieses Buch benutzten Quellen nichts zu finden war. Es wäre zu wünschen, daß durch die tätige Mitarbeit recht vieler Ingenieure in und außerhalb Deutschlands diese Lücken bei einer nächsten Ausgabe geschlossen und auch die kritische Auswahl verbessert würde. Für jede Hilfe dieser Art wird der Herausgeber zu besonderem Dank sich verpflichtet fühlen. Ergänzungen und notwendig werdende Berichtigungen werden als besonderer Teil jährlich in den seit 1909 erscheinenden „Beiträgen zur Geschichte der Technik und Industrie", dem Jahrbuch des Vereines deutscher Ingenieure, erscheinen. Einer Neuauflage des vorliegenden Handbuches wird hierdurch vorgearbeitet.

Dies Buch in einer kurzen Frist rechtzeitig zur Eröffnung des Deutschen Museums fertigzustellen war nur möglich, weil der Verein deutscher Ingenieure seit Jahrzehnten planmäßig technisch-geschichtliche Arbeit gefördert hat und sich aus dieser Gemeinschaftsarbeit an den „Beiträgen zur Geschichte der Technik und Industrie" in dankenswerter Weise zahlreiche hervorragende Mitarbeiter gefunden haben, denen an dieser Stelle nochmals herzlichst zu danken eine besonders angenehme Pflicht ist. Wo die Zeit der auswärtigen Mitarbeiter nicht ausreichte, arbeiteten Mitglieder der Schriftleitungen des Vereines deutscher Ingenieure mit. Um Benutzung und Verbreitung des Buches zu erleichtern, wurde eine möglichst knappe Fassung unter Hervorhebung des Wesentlichen erstrebt, so daß über 850 Biographien auf 306 Seiten zusammengefaßt werden konnten. Die 106 Bildnisse, die dem Buche beigegeben sind, wurden von Julius C. Turner gezeichnet.

Bücher der vorliegenden Art können ihrer Natur nach nie abgeschlossen und fertig werden. Vielleicht aber zeigt bereits diese biographische Sammlung, wie wertvoll es für die Gegenwart ist, derer ehrend und dankbar zu gedenken, die vor uns waren. Die Freude an der großen Arbeit im Reiche der Technik brauchen wir heute mehr als je. Die Lebensgeschichte der Männer der Technik wird manchem eine Quelle werden können zu jenem Enthusiasmus, der nach Goethe das Beste ist, was uns Geschichte lehren kann.

Berlin, 1. März 1925.   Conrad Matschoß.

MITARBEITER

Das Verzeichnis ist alphabetisch geordnet nach den Abkürzungen, die am Schluß jedes Beitrages den Verfasser oder Bearbeiter angeben.

Be.	Dipl.-Ing. F. Becker, Berlin.
Bk.	Dr.-Ing. E. h. dipl. Ing. A. Birk, Prof. a. d. Deutschen Techn. Hochsch., Prag.
Bn.	Dr. H. Beckmann, Obering., Bln.-Zehlendorf.
Br.	Dipl.-Ing. S. Baer, Charlottenburg.
Bs.	O. Borchers, Berlin.
Bw.	W. Berdrow, techn. Schriftsteller, Weseby, Kreis Eckernförde
Ca.	G. Calsow, Charlottenburg.
C. M.	Dr.-Ing. E. h. C. Matschoß, Professor, Berlin.
Cr.	G. Cramer, Berlin-Schöneberg.
De.	Dipl.-Ing. W. Deutsch, Bln.-Lichterfelde.
D. M.	D. Meyer, Baurat, Charlottenburg.
Dr.	Dr.-Ing. R. Drath, Charlottenburg.
Erk.	Dipl.-Ing. S. Erk, Charlottenburg.
Fch.	Dipl.-Ing. Fr. Frölich, Berlin.
Fg.	Dr. rer. pol. G. Freitag, Berlin.
Fr.	M. Freimuth, Ingenieur, Berlin.
Gr.	Dipl.-Ing. H. Groeck, Berlin.
Gro.	O. Gromodka, Berlin.
Gs.	Dr.-Ing. K. W. Geisler, Berlin.
Gu.	R. Gutmann, cand. ing., Berlin.
Gw.	Dipl.-Ing. E. Gossow, Berlin.
Ha.	Dipl.-Ing. F. Hassler, Augsburg.
Hä.	H. Häneke, Ingenieur, Berlin-Steglitz.
He.	Dr. techn. A. Heller, Berlin.
Hr.	L. Haeubler, Ingenieur, Berlin.
Hu.	Huber, Oberst, Obering. d. Schweiz. Bundesbahnen, Zürich.
Is.	H. Illies, Obering., Luitpoldhütte, Amberg (Oberpfalz).
Lo.	Dipl.-Ing. U. Lohse, Professor, Hamburg.
Ma.	H. Mayer, cand. ing., Berlin.
Mch.	Dr.-Ing. H. Maurach, Geschäftsführendes Vorstandsmitglied der Deutschen Glastechnischen Gesellschaft, Frankfurt a. M.
Me.	Dr.-Ing. E. h. E. Metzeltin, Baurat, Techn. Beirat der Hanomag, Hannover-Linden.
Mi.	W. Michaelis, Berlin-Frohnau.
Mr.	Dr.-Ing. M. Mayer, Obering., Eßlingen.
Na.	R. Nauclér, Ingenieur, Stockholm.
Ni.	Dr. Nicolaus, Oberregierungs- und Baurat, Berlin.
No.	Dr. rer. pol. G. Nonnenmacher, Ingenieur, Köln.
Ro.	A. Rotth, Oberingenieur, Siemensstadt bei Berlin.
Sa.	Dr.-Ing. H. Salmang, Aachen.
Schi.	Dr. E. Schilling, Kohlgrub (Oberbayern).
Schm.	Dr.-Ing. W. Schmidt, Berlin.
Schu.	Gg. Schulz, Berlin-Schöneberg.
Schw.	A. Schwemann, Geh. Bergrat, Prof. a. d. Techn. Hochsch., Aachen.
Schz.	Dipl.-Ing. K. Schulz, Berlin.
Se.	R. Seifert, Oberregierungs- und Baurat, Berlin-Grunewald.
Sl.	Dipl.-Ing. H. Seidel, Berlin.
Sn.	C. Sahlin, Bergrat, Stockholm.
So.	Serlo, Oberbergrat, Bonn a. Rhein.
Tr.	Dr.-Ing. E. h. E. Treptow, Geh. Bergrat, Prof. a. d. Bergakademie i. R., Freiberg (Sachsen).
Tt.	E. Toussaint, Professor, Ingenieur, Berlin-Zehlendorf.
Wa.	C. Walther, Bibliotheksrat, Aachen, Techn. Hochschule.
Wch.	Dipl.-Ing. J. Wallich, Hermsdorf (Thür.).
We.	Dipl.-Ing. C. Weihe, Patentanwalt, Frankfurt a. M.
Wf.	J. W. Wolf, Berlin-Frohnau.
Wg.	Dr. W. Wedding, Geh. Reg.-Rat, Prof. a. d. Techn. Hochsch. Charlottenburg, Berlin-Lichterfelde.
Wi.	I. M. Witte, Berlin-Friedenau.
Wil.	Major Wilcke, Luftschiffbau Zeppelin, Friedrichshafen a. B.
Wke.	P. Wentzke, Archiv-Direktor, Düsseldorf.

ABKÜRZUNGEN

Am Schluß der Beiträge sind in *Kursivschrift* die Quellen angegeben. Für die meist benutzten Quellen sind die untenstehenden Abkürzungen benutzt. Bei den Zeitschriften wurden die zum Auffinden nötigen Angaben in folgender Reihenfolge angegeben: *Bandnummer (Jahreszahl) Seite.* Etwa nötige andere Angaben sind besonders bezeichnet ($Sp.$ = Spalte, $H.$ = Heft).

ADB	Allgemeine Deutsche Biographie, München u. Leipzig 1875 bis 1912, Duncker & Humblot, 56 Bde.	*Entw. Dm.*	C. Matschoß: Die Entwicklung der Dampfmaschine, Berlin 1908, Julius Springer, 2 Bde.
Am. Biogr.	Appletons' Cyclopaedia of American Biography, New York 1888 bis 1901, I. G. Wilson & I. Fiske, 6 Bde.	*Entw. Natw.*	Fr. Dannemann: Die Naturwissenschaften in ihrer Entwicklung und in ihrem Zusammenhang, Leipzig und Berlin 1910 bis 1913, W. Engelmann, 4 Bde.
Am. Mach.	American Machinist, London 1894 bis 1925, Mc-Graw-Hill Comp. Inc., Bd. 1 bis 61.	*Enz. Chem.*	Fr. Ullmann: Enzyklopädie der technischen Chemie, Berlin und Wien 1914 bis 1923, Urban & Schwarzenberg, 12 Bde.
Ann.	Glasers Annalen für Gewerbe- und Bauwesen, Berlin 1877 bis 1925, Verlag F. C. Glaser, Bd. 1 bis 96.	*Enz. Eisb.*	Röll: Enzyclopädie des Eisenbahnwesens, Berlin u. Wien 1912 bis 1921, Urban & Schwarzenberg, 9 Bde.
Beitr.	Beiträge zur Geschichte der Technik und Industrie, Jahrbuch des Vereines deutscher Ingenieure, herausg. v. C. Matschoß, Berlin 1909 bis 1925, VDI-Verlag, Bd. 1 bis 14.	*Erfinder*	A. Neuburger: Erfinder und Erfindungen, Berlin 1913, Ullstein & Co.
		Erf. u. Entd.	Biedenkapp: Erfinder- und Entdeckerschicksale, Köln a. Rhein 1921, Schaffstein.
Biogr. Jahrb.	Biographisches Jahrbuch und Deutscher Nekrolog, Berlin 1896 bis 1913, 18 Bde.	*ETZ*	Elektrotechnische Zeitschrift, Berlin 1886 bis 1925, Julius Springer, Bd. 1 bis 46.
Biogr. Lit. Hwb.	I. C. Poggendorff: Biographisch-Literarisches Handwörterbuch zur Geschichte der exakten Wissenschaften, Leipzig 1863 bis 1904, I. A. Barth, 2 Bde. und 4 Bde.	*Gesch. Dm.*	C. Matschoß: Geschichte der Dampfmaschine, Berlin 1901, Julius Springer.
		Gesch. Eis.	L. Beck: Die Geschichte des Eisens in technischer und kulturgeschichtlicher Beziehung, Braunschweig 1891 bis 1903, Fr. Vieweg & Sohn, 5 Bde.
Biogr. Univ.	Biographie Universelle, Paris 1843 bis 1865, 45 Bde.		
Brief Biogr.	B. Woodcroft: Brief Biographies of Inventors of Machines for the Manufacture of Textile Fabrics, London 1863, Longman, Green, Longman, Roberts, and Green.	*Gesch. Maschb.*	Th. Beck: Beiträge zur Geschichte des Maschinenbaues, Berlin 1900, Julius Springer.
		Gesch. Mech.	Rühlmann: Vorträge über die Geschichte der technischen Mechanik und theoretischen Maschinenlehre, Leipzig 1895.
Chem. Z.	Chemiker-Zeitung, Cöthen (i. Anh.) 1876 bis 1925, O. v. Halem, Bd. 1 bis 49.		
Dict. Cont.	G. Vapereau: Dictionnaire Universel des Contemporains, contenant toutes les personnes notables de la France, 6. Aufl., Paris 1893, Hachette & Co.	*Gesch. Technol.*	Karmarsch: Geschichte der Technologie seit der Mitte des 18. Jahrhunderts, München 1872, A. Oldenbourg.
		Gesch. Zem.	Fr. Quietmeyer: Zur Geschichte der Erfindung des Portland-Zementes, Berlin 1912.
Dict. Univ.	Grand Dictionnaire Universel du XIXe Siècle. M. P. Larousse, Paris 1866, 17 Bde.	*Gew. Förd.*	C. Matschoß: Preußens Gewerbeförderung und ihre großen Männer, Berlin 1921, VDI-Verlag.
Dingl.	Dinglers polytechnisches Journal, Berlin 1820 bis 1925, Verl. R. Dietze, Bd. 1 bis 340.	*Gewerbfleiß*	Verhandlungen des Vereines zur Beförderung des Gewerbfleißes, Berlin 1822 bis 1925, Verl. L. Simion Nachf., Bd. 1 bis 104 (Sb. = Sitzungsberichte).
Dt. Bauz.	Deutsche Bauzeitung, Berlin 1866 bis 1925, Bd. 1 bis 59.		
EKB	Elektrische Kraftbetriebe und Bahnen (seit 1923: Der Elektrische Betrieb), München 1902 bis 1925, A. Oldenbourg, Bd. bis 123.	*Glückauf*	Glück-Auf, Berg- und Hüttenmännische Zeitschrift, Essen 1864 bis 1925, Verl. Glück-Auf, Bd. 1 bis 61.
E. u. M.	Elektrotechnik und Maschinenbau, Wien 1882 bis 1925, Verlag des elektrotechnischen Vereines, Bd. 1 bis 43.	*Gr. Enc.*	La Grande Encyclopédie Paris, H. Lamirault, 31 Bde.
		Gr. Männer	W. Ostwald: Große Männer, Leipzig 1910, Leipziger Akademische Verlagsgesellschaft.
Em. Eng.	D. Goddard: Eminent Engineers, Brief Biographies of Thirty Two of the Inventors and Engineers, New York 1906, Derry-Collard Company.	*Handb. Natw.*	L. Darmstädter: Handbuch zur Geschichte der Naturwissenschaften und der Technik, Berlin 1908, Julius Springer.
Enc. Brit.	Encyclopaedia Britannica, Edinburgh and London 1875 bis 1903, A. u. C. Black, 35 Bde.		
Eng.	The Engineer, London 1855 bis 1925, Bd. 1 bis 139.	*Hwb. Natw.*	Handwörterbuch der Naturwissenschaften, Jena 1912 bis 1915, Gustav Fischer, 10 Bde.
Engg.	Engineering, London 1858 bis 1925, Bd. 1 bis 119.		

Hist. méc.	E. Eude: Histoire documentaire de la mécanique française, Paris 1902, Verl. Dunod.	*Nouv. Larousse*	Nouveau Larousse Illustré, Paris, 7 Bde.
Ind. Biogr.	S. Smiles: Industrial Biography, Iron Workers and Tool Makers, London 1863, J. Murray.	*Organ*	Organ für die Fortschritte des Eisenbahnwesens, München 1845 bis 1925, C. W. Kreidels' Verlag, Bd. 1 bis 80.
Jb. Schiffb.	Jahrbuch der Schiffbautechnischen Gesellschaft, Berlin 1899 bis 1924, Julius Springer, Bd. 1 bis 25.	*Ostw. Klass.*	Ostwalds Klassiker der exakten Wissenschaften, Leipzig und Berlin 1907 bis 1914, W. Engelmann, Bd. 1 bis 193.
Joh. Gesch. Eis.	Johannsen: Geschichte des Eisens, Düsseldorf 1924, Verlag Stahleisen.	*Schw. Bauz.*	Schweizerische Bauzeitung, Zürich 1873 bis 1925, A. u. C. Jegher, Bd. 1 bis 85.
Leopoldina	Amtl. Organ d. Deutschen Akademie d. Naturforscher, Halle.	*St. u. E.*	Stahl und Eisen, Zeitschrift für das deutsche Eisenhüttenwesen, Düsseldorf 1881 bis 1925, Verlag Stahleisen, Bd. 1 bis 45.
Liv. Eng.	S. Smiles: Lives of the Engineers, London 1862 bis 1868, J. Murray, 4 Bde.	*Trans. ASME*	Transactions of the American Society of Mechanical Engineers, New York 1879 bis 1923, Bd. 1 bis 44.
Lueger	O. Lueger: Lexikon der gesamten Technik und ihrer Hilfswissenschaften, Stuttgart und Leipzig 1904 bis 1920, Deutsche Verlagsgesellschaft, 10 Bde.	*Z*	Zeitschrift des Vereines deutscher Ingenieure, Berlin 1856 bis 1925, VDI-Verlag, Bd. 1 bis 69.
Mech. Eng.	Journal of the American Society of Mechanical Engineers, New York 1878 bis 1925, Bd. 1 bis 47.	*Z. Bauw.*	Zeitschrift für Bauwesen, Berlin 1850 bis 1925, Wilhelm Ernst & Sohn, Bd. 1 bis 75.
Morton Mem.	Morton Memorial. A History of the Stevens Institute of Technology, Hoboken 1905 (N.Y.), Stevens Institute.	*Z. Berg.*	Zeitschrift für Berg-, Hütten- und Salinenwesen, Berlin 1852 bis 1925, W. Ernst, Bd. 1 bis 73.
Nat. Biogr.	Dictionary of National Biographie, London 1885 bis 1901, Smith, Elder & Co., 66 Bde.	*Z. Schiffb.*	Zeitschrift Schiffbau, Berlin 1900 bis 1925, Deutsche Verlagswerke Strauß, Vetter & Co., Bd. 1 bis 26.
Newc. Trans.	Newcomen Society, Transactions, London 1922 bis 1924, The Courier Press Leamington Spa, Bd. 1 bis 3.	*Z. Öst.*	Zeitschrift des Österreichischen Ingenieur- und Architektenvereines, Wien 1848 bis 1925, Verlag der Österreichischen Staatsdruckerei, Bd. 1 bis 77.
Nouv. Biogr.	Nouvelle Biographie générale, Paris 1852 bis 1866, Firmin Didot Frères, Fils & Co., 46 Bde.	*Zentr. Bauv.*	Zentralblatt der Bauverwaltung, Berlin 1880 bis 1925, G. Hackebeil A.-G., Bd. 1 bis 45.

BERICHTIGUNG

Auf Seite 97 muß es heißen: **GRUSON, Hermann Jacques,** geb. 13. März (nicht Mai) 1821, gest. 30. (nicht 31.) Jan. 1895.

A

ABBE, Ernst, geb. 23. Jan. 1840 in Eisenach, gest. 14. Jan. 1905 in Jena. Als Sohn eines armen Spinners zeigte er schon frühe Begabung, so daß er nach Besuch der Volksschule eine Freistelle am Realgymnasium in Eisenach erhielt. 1857 bezog er die Universität Jena, wo er Mathematik und Naturwissenschaft studierte. In Göttingen schloß er 1861 sein Studium ab. Nach kurzer Assistentenzeit bei dem Astronomen Klinkerfues in Göttingen ging er nach Frankfurt a. M. als Dozent am Physikalischen Verein, aber schon 1863 veranlaßte ihn sein früherer Lehrer Professor Snell, sich in Jena als Privatdozent zu habilitieren, wo er 1870 Professor wurde. Schon während seiner Studentenzeit hatte Ernst Abbe den Besitzer einer kleinen mechanisch-optischen Werkstätte, Ernst Zeiß (1816 bis 1888), kennen gelernt und bei ihm gelegentlich praktisch gearbeitet. Dieser beauftragte jetzt Abbe, eine Theorie des Mikroskopes und der mikroskopischen Abbildung aufzustellen, die es ermöglichen sollte, den Bau von Mikroskopen nicht mehr wie bisher empirisch, sondern auf wissenschaftlichem Wege vorzunehmen. Abbe erkannte, daß bei der Mikroskopblende die Beugungserscheinungen des Lichtes eine große Rolle spielen, er erfand 1872 den Beleuchtungsapparat mit Kondensator und griff das Verfahren des Italieners Amici auf, die Luft zwischen Objektiv und Deckgläschen durch eine Flüssigkeit zu ersetzen, nur nahm er anstatt Wassers Zedernöl und schuf damit die namentlich für starke Vergrößerungen vorteilhafte homogene Immersion. Vor allem aber beschäftigte er sich mit den optischen Gläsern, stellte zunächst rein theoretisch die optischen Eigenschaften der Linsen für die verschiedenen Zwecke fest und ließ dann solche Gläser durch den Glastechniker Otto Schott aus Witten herstellen, der 1882 nach Jena kam. Inzwischen war Abbe Teilhaber bei Carl Zeiß geworden, und dank dem Zusammenarbeiten von Abbe und Zeiß wuchsen die Zeißwerke allmählich zu einem Weltunternehmen heran. In dem unter Schotts Leitung gestellten glastechnischen Laboratorium gelang es, Glassorten für alle möglichen Zwecke herzustellen, namentlich auch unter Benutzung von Bor- und Phosphorsäure; aus diesem Laboratorium gingen später die Glaswerke Schott & Genossen in Jena hervor. Unter den vielen Abbeschen Erfindungen ist noch die des Prismenfeldstechers hervorzuheben, bei dem ein astronomisches Fernrohr Verwendung findet, dessen Lichtstrahl durch Prismen verschiedene Male geknickt wird, so daß die Bilder ohne Umkehrungslinsen aufrecht stehen; daneben aber wird noch durch Auseinanderlegen der Objektive die Tiefenplastik vergrößert.

Besonders berühmt wurden Abbes große Stiftungen. Nachdem er schon von 1886 an der Universität Jena jährliche Zuwendungen gemacht, ihr auch auf seine Kosten eine neue Sternwarte erbaut hatte, wandelte er, als er nach Carl Zeiß' Tode Alleinbesitzer der Fabrik geworden war, diese in ein gemeinnütziges Unternehmen, eine Art Produktivgenossenschaft um, deren Leitung jedoch in die Hände eines selbständigen Direktoriums gelegt wurde. Aus seinem großen Vermögen errichtete er die Carl Zeiß-Stiftung, aus der eine große Anzahl gemeinnütziger Einrichtungen hervorgingen. Seine „Gesammelten Schriften" wurden von seinen Schülern und Freunden nach seinem Tode herausgegeben. *Auerbach: Ernst Abbe, sein Leben und Wirken (Leipzig 1918) und kleine Ausgabe (Siemens-Ring-Stiftung; 1919) E. Zschimmer: Die Glasindustrie in Jena (Jena 1909).* We.

ACHARD, Franz Karl, geb. 28. April 1753 in Berlin, gest. 20. April 1821 zu Kunern (Schlesien), entstammte einer französischen Emigrantenfamilie und war der Sohn des Genfer Mathematikers François Achard, der als Oberregierungsrat in Berlin lebte, wo er Mitglied der Akademie der Wissenschaften war. Achard veröffentlichte schon mit 20 Jahren physikalische Aufsätze, im ganzen etwa 20 an der Zahl, darunter solche über Legierungen, Elektrizität, Verdunstungskälte, künstliche Edelsteine u. a. m. Erst 29 Jahre alt wurde er als Nachfolger Marggrafs Direktor der physikalischen Klasse der preußischen Akademie der Wissenschaften.

Bekannt ist Achard durch zwei praktische Arbeiten geworden: Die Erfindung eines optischen Telegraphen und die Gewinnung des Zuckers aus Zuckerrüben. Achards Lehrer und Schwiegervater Marggraf hatte bereits 1747 den Zucker der Rüben mikroskopisch und chemisch nachgewiesen und als erster rein dargestellt. Achard züchtete 1786 auf seinem Gute Kaulsdorf bei Berlin die ihm bekannten zuckerhaltigen Gewächse und erkannte, daß nur die Zuckerrübe für Zuckererzeugung in Frage kam. Auf der abgewirtschafteten staatlichen Domäne Kunern (Bezirk Breslau) studierte er von 1801 ab den Anbau und züchtete eine besonders zuckerreiche Rübe. Seine Erfahrungen im Anbau sind heute noch vorbildlich. Daneben arbeitete er die z. T. heute noch gebräuchlichen Gewinnungsverfahren für Zucker aus. Nach Überwindung großer Schwierigkeiten konnte er 1799 König Friedrich Wilhelm III. die erste Probe seines Zuckers überreichen und genoß von da ab die königliche Unterstützung. Er konnte noch im selben Jahre eine größere Menge Zucker herstellen und erbaute mit Unterstützung des Königs 1801 eine Zuckerfabrik in Kunern, die 1802 in Betrieb genommen wurde. Oktober 1802 erschien seine grundlegende Schrift „Anleitung zum Anbau der zur Zuckerfabrikation anwendbaren Runkelrüben und zur vorteilhaften Gewinnung des Zuckers aus denselben". Der Gang der Fabrikation ist in großen Zügen heute noch derselbe geblieben. Achard verstand es, auch alle Abfälle nutzbringend zu verwenden. Trotzdem geboten ihm die unentwickelte mechanische Technik und die höchst mangelhafte Wärmetechnik Einhalt. Immerhin konnte er täglich 3500 kg Rüben verarbeiten, bis die Fabrik 1807 abbrannte. Später wurde sie als Lehranstalt für Zuckergewinnung wieder aufgebaut. Seinem Schüler, Freiherrn v. Koppy, gelang es als erstem, die Zuckergewinnung gewinnbringend zu gestalten.

Achard war unermüdlich und uneigennützig bis zu seinem 1821 erfolgten Tode mit der Heranbildung von Fachleuten und der Verbesserung seiner Methoden beschäftigt. Englische Kolonialzuckerfabrikanten boten ihm bis 200000 Taler, falls er seine Erfindung verleugnete. Achard wies diese Zumutung zurück und gab damit wie mit seiner ganzen Lebensarbeit ein Beispiel der Selbstlosigkeit. *ADB 1 (1875) S. 27; Ostw. Klass. Bd. 159; Enz. Chem. 12 (1923) S. 322.* Sa.

ADAMS, William Brigdes, geb. 1797 in Madeley (North Staffordshire), gest. 23. Juli 1872 in Broadstairs. Dieser englische Ingenieur und Fachschriftsteller verfaßte von 1838 bis 1862 Abhandlungen über alle Gebiete des Eisenbahnwesens, so z. B. auch über die Anfertigung von Scheibenrädern,

Achsen und Achsbüchsen für Eisenbahnwagen in Dinglers Polytechnischem Journal 1854. Meist schrieb er unter dem Namen „Junius Redivivus".

Nach seinen Vorschlägen als Inspektor der Fairfield-Werke in Bow bei London baute 1848 die Great-Western-Bahn den ersten brauchbaren Dampfwagen, bestehend aus einer kleinen Lokomotive mit stehendem Kessel und einem Wagenkasten für 48 Personen, also ähnelnd den bekannten Rowanwagen. Er schuf auch die Laschenverbindungen zur Verbindung der Schienen, wie sie heute noch üblich sind.

In besonderem Maße beschäftigten ihn Gedanken zur Verbesserung des Ganges von Eisenbahnfahrzeugen. Die von ihm auf der North London-Bahn versuchten federnden Radreifen bewährten sich nicht, wohl aber die von ihm vorgeschlagene Radialachsbüchse, bei der die senkrechten Flächen der Achsbüchsen und der Führungen nach einem Zylinder von entsprechend großem Durchmesser ausgebildet waren, so daß bei der in Krümmungen durch den äußeren Spurkranz hervorgerufenen Verschiebung der Achse eine radiale Einstellung erfolgte. Sie wurde erstmalig 1851 an englischen Wagen, dann auch 1852 bis 1858 in Österreich an den Endachsen vierachsiger Personenwagen verwendet, um im Wagenbau bald wieder zu verschwinden. 1863 wurde sein Achslager erstmalig an Lokomotiven eingebaut, und zwar an den Endachsen einer 1 B 1-Tenderlokomotive der St. Helens-Bahn. Bis 1873 waren etwa 60 Lokomotiven der Great Northern und der London-Chatham und Dover-Eisenbahn damit versehen. Weitere Aufnahme finden diese Achsbüchsen aber erst, als 1880 Webb sie durch Verbindung der bei Adams unverbundenen Achslager und Achslagerführungen zu entsprechenden Kasten verbesserte. Nun verbreiten sie sich — meist fälschlich als Adamsachsen bezeichnet — über die ganze Welt. *Enz. Eisb. 1 S. 98; Org. (1849) S. 161 (1864) S. 205; Dingl. (1854) S. 1495; Nat. Biogr. 1 (1885) S. 108; Engg. 14 (1872).* Me.

AGRICOLA, Georgius (Georg Bauer), geb. 24. März 1494 in Glauchau (Sachsen), gest. 21. Nov. 1555 in Chemnitz. Seine Vorbildung erhielt er auf der Lateinschule in Zwickau, dann widmete er sich in Leipzig, wo er besonders Petrus Mosellanus hörte, altphilologischen Studien. 1518 kam er als Konrektor an die Lateinschule in Zwickau und wurde dortselbst 1520 an der neugegründeten Griechischen Schule Lehrer der griechischen Sprache und Rektor. 1522 ging er wieder nach Leipzig, wo er Lektor seines Freundes Mosellanus wurde. Dann wandte er sich nach Basel und weiter nach Italien; dort studierte er Arzneiwissenschaften, hielt sich in Bologna und Venedig auf und erwarb wahrscheinlich in Ferrara den Doctor medicinae. 1526 kehrte er nach Deutschland zurück und kam im folgenden Jahre als Stadtarzt nach der jungen aufstrebenden Bergstadt Joachimsthal. Dort verbrachte Agricola seine freie Zeit mit wissenschaftlichen Arbeiten; die erste Frucht derselben war das 1527 oder 1528 von ihm geschriebene und 1530 erschienene Buch „Bermannus sive de re metallica dialogus", welches er zu Ehren seines Freundes, des Hüttenschreibers Lorenz Bermann, benannte. Es folgte dann eine ganze Reihe medizinischer und mineralogisch-geologischer Schriften.

1530 oder erst 1533 übersiedelte Agricola von Joachimsthal nach Chemnitz, wo er Stadtarzt, aber auch mehrere Jahre Bürgermeister und Landeshistoriograph war und am 21. November 1555 starb. Er war in seinen jüngeren Jahren der Reformation zugetan, wandte sich aber später wieder der katholischen Kirche zu. Dies war auch der Grund, weshalb man ihm das Begräbnis in Chemnitz verweigerte; er wurde erst am vierten Tage nach seinem Tode in Zeitz in der Domkirche beigesetzt.

Sein berühmtes Hauptwerk „De re metallica libri XII", das mit trefflichen Holzschnitten des Basilius Wefring geziert ist, hat Agricola zwar schon im Jahre 1550 vollendet, es erschien aber erst vier Monate nach seinem Tode im März 1556. Schon im folgenden Jahre erschien in der gleichen, berühmten Druckerei (Hieronymus Froben u. Nicolaus Bischoff) die deutsche Übersetzung durch den Baseler Universitätsprofessor Philipp Bechius. Dieses Werk hat den Weltruf Agricolas fest begründet, es bildete die Grundlage aller späteren Werke über Bergbaukunde und Hüttenwesen, denn es umfaßte das damalige gesamte Wissen des Berg- und Hüttenmannes. *R. Hofmann, Dr. Georgius Agricola aus Glauchau, der Vater der Mineralogie. S.-A. aus den „Schönburgischen Geschichtsblättern" 4 (Glauchau 1898) Heft 1/2; ADB 1 (1875) S. 143; Gesch. Eis. 2 S. 22; Gesch. Masch. S. 127.* Tr.

AIRD, Sir John, geb. 3. Dez. 1833 in London, gest. 6. Jan. 1911 in Beaconsfield (Bucks). Mit 18 Jahren trat er in das Bauunternehmen seines Vaters ein, wo er eine ausgezeichnete technische Ausbildung erhielt. In diese Zeit fallen die großen Ausstellungsbauten im Hyde Park und die Rekonstruktion des Crystal Palace, die ihm trotz seiner jungen Jahre allein übertragen wurden. Maßgeblich arbeiteten die Airds auch an Neu- und Erweiterungsbauten von Gas- und Wasserwerken nicht nur in England, sondern auch auf dem Kontinent, wie in Berlin, Amsterdam, Kopenhagen usw. mit. Nach dem Tode des Vaters gründete Sir John die Firma Lucas and Aird, die sich jetzt vor allem mit Erweiterungen von Eisenbahnlinien und Hafenbauten beschäftigte. Sein größtes Werk war jedoch die Erbauung des Assuan-Dammes am Nil, die ihm Weltruf eintrug. Nur vier Jahre — von 1898 bis etwa 1901 — dauerten die Arbeiten. Im Jahre 1899 beschäftigte das Unternehmen im ganzen 13000 Arbeitskräfte. Der Damm hat eine Länge von rd. 2000 m; seine größte Höhe beträgt etwa 130 Fuß. An Baumaterial, vor allem Granit, verschlang dieses Unternehmen etwa 1 Million Tonnen. 1901 erhielt Aird den Adelstitel. Später finden wir Aird wieder in Ägypten tätig. Auch in England vollbringt er noch Meisterwerke der Technik, so das Royal Edward Dock bei Avonmouth. *Engg. 111 (1911) S. 59.* Wi.

ALBAN, Ernst, geb. 7. Feb. 1791 in Neubrandenburg, gest. 13. Juni 1846 in Plau in Mecklenburg. Alban stammt aus einem Mecklenburger Pastorenhaus, in dem er eine gute Erziehung erhielt. Von der Schule her mit dem Wunsche erfüllt, Maschinenbauer zu werden, ein Beruf, den man damals in seiner Heimat kaum dem Namen nach kannte, studierte er zunächst der Anordnung seines Vaters gemäß Theologie, und dann, da die Erlaubnis, sich der Technik zu widmen, immer noch nicht erteilt wurde, Medizin. Alban bringt es in Rostock zu einem angesehenen Augenarzt, um dann, gepackt von dem Gedanken, durch Verwendung sehr hoch gespannter Dämpfe die Dampfmaschine wesentlich zu verbessern, sich ganz der Technik zu widmen. Mit Tatkraft und einer auch durch manche Mißerfolge nicht verringerten Ausdauer sucht er die Hochdruckmaschine zu schaffen. Besondere Schwierigkeiten macht der Dampfkessel. Nach manchem interessanten Versuch kommt er schließlich zu dem auch heute noch verwandten Wasserrohrkessel mit geraden Röhren und einer oder zwei Wasserkammern. Seine Dampfmaschinen lassen wesentliche Fortschritte in der Konstruktion, verglichen mit gleichzeitigen Bauarten, erkennen. In einer Zeit, da man bei Dampf in großen Niederdruckmaschinen mit geringen Drücken von 1 bis 2 at verwendete, benutzte er Dampf von 8 bis 10 at in normalen Betriebsmaschinen. Seine Erfahrungen hat er in seinem Werke „Die Hochdruckdampfmaschine" zusammengefaßt. 1830 gründete Alban in Klein-Wehnendorf die erste Maschinenbauanstalt Mecklenburgs. Hier begann er auch, mit Erfindung und Vervollkommnung von landwirtschaftlichen Maschinen sich erfolgreich zu betätigen Die von ihm herrührende Breitsäemaschine brachte ihm den ersten Gewinn. Nach vorübergehender Tätigkeit in einer neu begründeten Maschinenfabrik in Güstrow schuf er sich in Plau 1840 eine neue Arbeitsstätte. Seinem stets auf Vervollkommnung seiner Konstruktionen gerichteten Geist gelang es, in Plau bemerkenswerte und für andere auch materiell sehr vorteilhafte Maschinen hervorzubringen. Für sich und die Seinen hat er wirtschaftliche Erfolge kaum erzielt. Von starkem Idealismus getragen, sah er im Maschinenbau eine hohe Kunst, die zu können an sich ihm hohe Befriedigung gewährte. *Entw. Dm. 1 S. 428; Gesch. Dm. S. 411.* C. M.

ALBERT, Wilhelm August Julius, geb. 24. Jan. 1787 in Hannover, gest. 4. Juli 1846 in Clausthal, stammte aus einer angesehenen Bürgerfamilie. Sein Vater war in Hannover Bürgermeister der Neustadt. Beide Eltern wie der Sohn waren sehr musikalisch, und bereits in seinem elften Jahre trug er in Hofkonzerten Solostücke auf der Flöte vor. Sein Vater bestimmte ihn, da er auch ein sehr guter Cellospieler war, zum Musiker. Trotz seiner Anlagen zeigte der junge Albert jedoch wenig Neigung hierzu. 1803 bezog er die Universität Göttingen, um Jura zu studieren, und widmete sich dann, angeregt durch Besuche in Andreasberg im Harz, dem Bergfach. 1806 wurde er beim Berg- und Forstamt in Clausthal im Harz angestellt. Seine hohe Begabung und große Arbeitskraft ließen ihn bald vorwärtskommen, so daß ihm 1836, nach dem Tode des Berghauptmanns von Reden, die oberste Leitung des Harzer Bergbaues übertragen wurde.

Albert hat als der Erfinder des Drahtseiles zu gelten, das sich in kürzester Zeit nicht nur im Bergwerksbetriebe, sondern auch für Schiffstaue, Halteseile usw. eingeführt und unentbehrlich gemacht hat. Das erste Drahtseil wurde 1834 auf der Grube Caroline bei Clausthal in Benutzung genommen. Die Bezeichnung „Drahtseil" findet sich allerdings schon früher in der Literatur, doch stellt sich bei näherer Betrachtung fast stets heraus, daß eine Gliederkette unter dieser Bezeichnung verstanden wurde. Einzig bei Leonardo da Vinci scheint aus Abbildungen hervorzugehen, daß er bereits ein geflochtenes Seil aus Messingdraht kannte. Albert flocht die ersten Drahtseile selbst aus vier dünnen, kurzen Strängen in seinem Arbeitszimmer. Da auch seine kräftigsten Pferde diese Seilstücke nicht zerreißen konnten, war er überzeugt, hierin ein geeignetes Mittel zur Kraftübertragung gefunden zu haben, und ließ sich dessen Vervollkommnung sehr angelegen sein. Die Hauptschwierigkeit machte die Wahl des geeigneten Materials, das genügende Elastizität und Zugfestigkeit sowie Widerstandsfähigkeit gegen Drehbeanspruchung und Biegung aufwies. Er fand für seine Zwecke geeignetes Spezialweicheisen, das die gewünschten Eigenschaften nach dem Ausglühen in befriedigender Weise vereinigte. Er stellte das Seil her, indem er zunächst die Drähte zur Litze zusammenflocht und unter gleichsinniger Drehung von Litze und Seil — dem sogenannten Albert-Schlag — aus der Litze das Seil fertigte. Das Bedürfnis nach einem so gearteten Förderseil war so groß, daß bereits nach zwei Jahren 14 Harzschächte mit dem Drahtseil ausgerüstet waren. — Die letzten Jahre seines Lebens waren ihm durch Krankheit verbittert, die er sich durch Überanstrengung beim Brande Goslars 1844 zugezogen hatte. Trotzdem versah er mit unermüdlicher Pflichttreue und oft nur unter größten Anstrengungen noch zwei Jahre lang alle seine Geschäfte mit eiserner Energie. *O. Hoppe: Beitr. z. Gesch. d. Erf., Essen 1907; Z 52 (1908) S. 885.* Hä.

D'ALEMBERT, Jean Baptiste Lerond, geb. 16. Nov. 1717 in Paris, gest. 27. Okt. 1783 in Paris. D'Alembert wurde als uneheliches Kind an der kleinen Kirche St. Jean Lerond in Paris ausgesetzt und nach dem Platz, wo er gefunden wurde, Jean Baptiste Lerond getauft. Den Namen D'Alembert erhielt er erst später im Collège Mazarin. Sein Vater, der Artilleriegeneral Destouches, der wenige Wochen nach der Geburt seines Sohnes aus dem Ausland zurückkehrte, sorgte sofort für ihn und hinterließ ihm bei seinem Tode eine jährliche Rente von 1200 Francs, die ihm gestattete, ganz der Wissenschaft zu leben. Nach anderer Quelle soll sich sein Vater erst später, als der Sohn bereits ein berühmter Mann war, um ihn gekümmert haben. D'Alembert wollte jedoch nichts von ihm wissen, sondern blieb treu bei seiner Pflegemutter, der Frau des Glasers Alembert, deren Namen er sich dann auch beilegte.

D'Alembert studierte zuerst Jurisprudenz, dann Medizin und wandte sich schließlich im Alter von 20 Jahren ganz der Geometrie zu. Er ist der eigentliche Begründer der Theorie der partiellen Differentialgleichungen und leistete auch sehr Wertvolles in der Algebra. Die größte Bedeutung hat jedoch seine Arbeit „Traité de Dynamique" erlangt, die er 1743, im Alter von 26 Jahren, der Akademie in Paris vorlegte. Der Wert dieses Werkes wurde aber nicht sogleich erkannt; denn obwohl er seit 1741 einen Platz als Associé an der Académie des Sciences anstrebte, wurde er nach dreimaliger Abweisung erst 1746 aufgenommen. Auch seine Abhandlung über die Flüssigkeitsbewegung (1744) fand nicht die erhoffte Anerkennung; den ersten großen Erfolg errang er mit seiner Lösung der von der Berliner Akademie gestellten Preisaufgabe über die Ursache der Winde, die ihm auch die Mitgliedschaft bei dieser Akademie einbrachte. Ein weiterer Erfolg war seine Arbeit über die Präzession der Nachtgleichen und über die schwingenden Saiten. 1753 wurde er auch Mitglied der Académie Française; er arbeitete viel an der von Diderot herausgegebenen Enzyklopädie, deren von ihm stammende Vorrede seinem Jahrhundert als literarisches Meisterwerk galt. Mit den großen zeitgenössischen Mathematikern sowie mit Voltaire stand er in regem Briefwechsel. Zweimal wurde er von Friedrich II. aufgefordert, die Präsidentschaft der Berliner Akademie zu übernehmen, doch lehnte er jedesmal ab; ebenso schlug er das Anerbieten der russischen Kaiserin aus, als Erzieher des Thronfolgers nach Rußland zu kommen.

Die letzten Jahre lebte d'Alembert sehr zurückgezogen, besonders nach dem Tode seiner Freundin Mlle. de l'Espinasse. Den fruchtbarsten Gedanken aller seiner Arbeiten, heute meist mit „d'Alembertsches Prinzip" oder „d'Alembertsche Zusatzkräfte" bezeichnet, enthält der Paragraph 50 seines „Traité de Dynamique". Darin zeigt er, wie man jede dynamische Aufgabe durch Einführung gedachter, in Wirklichkeit nicht vorhandener Zusatzbewegungen jederzeit auf eine statische Aufgabe zurückführen kann. *Ostw. Klass., Bd. 106; Gesch. Mech.* Erk.

ALTHAUS, Karl Ludwig, geb. 1788 in Bückeburg, gest. 10. Okt. 1864 zu Saynerhütte. Aus guter Familie stammend, wurde der Knabe durch Mißgeschicke, die die Eltern trafen, gezwungen, das Bäckerhandwerk zu erlernen. 15 Jahre alt, kam er in eine Messerfabrik nach Pyrmont, wo er mit 17 Jahren Werkmeister wurde. Zur weiteren Ausbildung ging er 1807 zu dem Mechaniker und Mathematiker Breithaupt nach Bückeburg, wo er physikalische Instrumente baute und sich wissenschaftliche, besonders mathematische Bildung aneignete. Von 1810 bis 1813 studierte Althaus, vom Landesfürsten unterstützt, an der Universität Göttingen Mathematik, Mechanik und das Bau- und Bergwesen. Als Baubeamter trat er in Schaumburg-Lippesche Dienste und 1817 in gleicher Eigenschaft in preußische Staatsdienste. Althaus war nach der Saynerhütte für die Berg- und Hüttenwerke im rechtsrheinischen Oberbergamtsbezirk gekommen; er baute die veralteten Staats-Berg- und Hüttenwerke um und konstruierte und stellte einen großen Teil der inneren Maschinenanlagen selbst her. Althaus wurde durch seine guten Ausführungen schnell bekannt, und sein Wirkungskreis als Maschinen- und Bauingenieur erstreckte sich daher bald auf die sämtlichen staatlichen Hüttenwerke im Rheinland und in Westfalen. Außerhalb seines Dienstbezirkes wurde Althaus bei schwierigen Bauten in Berlin und zu gutachtlichen Berichterstattungen über die oberschlesischen Staatswerke in Anspruch genommen. 1843 wurden ihm dann die Aufgaben eines Revisionsbeamten für den ganzen rheinischen Oberbergamtsbezirk übertragen. 1862 trat Althaus als Geheimer Bergrat in den Ruhestand und starb 1864 zu Saynerhütte. *St. u. E. 2 (1882) S. 169.* Gw.

AMPÈRE, André Marie, geb. 22. Jan. 1775 in Lyon, gest. 10. Juni 1836 in Paris. Ampères befruchtende und grundlegende Tätigkeit für die Entwicklung der elektrotechnischen Wissenschaft — durch die Bezeichnung der Maßeinheit für die Stromstärke „Ampere" verewigt — setzte im Jahre 1820 ein. Es war noch keine Beziehung zwischen Elektrizität und Magnetismus festgestellt worden, als im Frühjahr jenes Jahres Oersted die Ablenkung der Magnetnadel durch den elektrischen Strom und die Ablenkung eines beweglichen Stromleiters durch einen festen Magneten experimentell entdeckte. Ampère war unter den ersten, die die neuentdeckte Erscheinung wissenschaftlich untersuchten und theoretisch erklärten. Schon 1820 konnte er in einer Mitteilung an die Pariser Akademie eine gegenüber der verwickelten Darstellung Oerstedts sehr einfache Regel angeben für den Zusammenhang zwischen der Bewegungsrichtung des Stromes und dem Sinne, in dem die Magnetnadel ausschlägt. Diese Regel wird als „Amperesche Schwimmregel" noch heute im Unterricht benutzt. („Denkt man sich mit dem Strom schwimmend und blickt auf die Magnetnadel, so weicht deren Nordpol nach links aus.") Er stellte ferner den grundlegenden Satz auf, daß zwischen gleichgerichteten Strömen gegenseitige Anziehung, zwischen entgegengesetzt gerichteten Strömen gegenseitige Abstoßung besteht.

Zum experimentellen Nachweis seiner Feststellungen benutzte Ampère den von Schweigger zuerst verwendeten Multiplikator; er gab diesem die Form und den Namen des „Solenoids", jener Spule ohne Eisenkern, die 1825 von Sturgeon durch Einfügen des Eisenkerns zu der ersten Form des Elektromagneten entwickelt wurde. Ampère ist somit nicht nur theoretisch, sondern auch praktisch an dem Werden des Elektromagneten maßgebend beteiligt. Die wichtigste Ursache seines dauernden Ruhmes aber ist die von ihm aufgestellte elektrodynamische Theorie. Jeder natürliche Magnet, so erklärte Ampère den Elektromagnetismus, ist umflossen von unzähligen Elementarströmen, deren Ebene zur magnetischen Achse senkrecht steht; dementsprechend äußert sich die Kraftwirkung auch bei galvanischen Stromkreisen rechtwinklig zur Stromebene. In seiner berühmt gewordenen Abhandlung vom Jahre 1827 suchte Ampère diese neu erkannten Kräfte zum erstenmal einem mathematischen Gesetz unterzuordnen und auf diese Weise eine strenge Begründung der Elektrodynamik zu geben. Er suchte dabei die elektrodynamischen Erscheinungen in Übereinstimmung mit dem Gravitationsgesetz zu bringen und ahnte so in genialer Intuition Zusammenhänge voraus, für deren Erkenntnis die damalige Zeit noch nicht reif war. Seine Theorie fand denn auch bei den Zeitgenossen wenig Anklang. Erst die Nachwelt hat es gelernt, die geistige Tat Ampères zu würdigen. Maxwell nannte ihn den „Newton der Elektrizitätslehre" und W. Weber hat an Ampères Theorie wieder angeknüpft und sie in großen Teilen durch Messungen bestätigt.

Unter den letzten wissenschaftlichen Veröffentlichungen von bleibendem Wert ist sein „Essai sur la philosophie des sciences" (1834) zu erwähnen. Neben mancher anderen von der Nachwelt wieder aufgegriffenen Idee enthält diese Abhandlung auch den von Ampère geprägten Begriff der „Kinematik" in einer Definition, an die sich später am engsten L. Burmester (1888) wieder angeschlossen hat. Vorausahnend war auch Ampères Abhandlung über die grundsätzliche Einheit von Licht und Wärme (1835), in der er das Licht als Molekularschwingungen, die Wärme als Atomschwingungen zu erklären suchte.

Von Ampères Leistungen für die praktische Elektrotechnik ist bemerkenswert, wenn auch ohne greifbare Bedeutung geblieben, sein Plan eines Telegraphiersystems, den er im Herbst 1820 der Akademie der Wissenschaften vorlegte. Dieser Plan bringt anscheinend zum erstenmal den Gedanken des elektromagnetischen Telegraphen; Ampère wollte als Empfangsapparat den Schweiggerschen Multiplikator verwenden. Die Ausführung scheiterte allerdings daran, daß Ampère 25 Magnetnadeln mit je zwei Verbindungsleitungen vorgesehen hatte, so daß sein System noch viel unwirtschaftlicher gewesen wäre als Sömmerings elektrolytischer Telegraph mit seinen 25 Verbindungsleitungen. Von bleibender Bedeutung für die Elektrotechnik und insbesondere für den Instrumentenbau war dagegen außer dem schon erwähnten Solenoid das von Ampère erfundene astatische Nadelpaar, eine Nadelkombination, die die Wirkung des Erdmagnetismus ausschaltet und zur Grundlage der empfindlichen Galvanometer geworden ist.

Ampère war zuerst als Professor der Physik in Boury tätig, seit 1805 an der polytechnischen Schule in Paris. 1814 wurde er Mitglied der Akademie der Wissenschaften und wirkte von 1824 an als Professor der Experimentalphysik am Collège de France. *ETZ 31 (1910) S. 570; 32 (1911) S. 913.* No.

AMSLER-LAFFON, Jakob, geb. 16. Nov. 1823 in Stalden bei Brugg (Schweiz), gest. 3. Jan. 1912 in Schaffhausen. Seine Ausbildung erhielt er zunächst auf der Dorfschule in Ursprung und auf der Kantonschule in Aarau. Ein Jahr lang besuchte er die Universität in Jena, um dann 8 Semester hindurch an der Universität Königsberg Mathematik und Physik zu studieren. Im dortigen physikalischen Laboratorium war er gezwungen, die Apparate, deren er zur Durchführung seiner Versuche bedurfte, mit den vorhandenen ziemlich primitiven Einrichtungen selbst herzustellen und erwarb so eine mechanische Handfertigkeit, die ihm später gut zustatten gekommen ist.

Im Jahre 1848 kehrte Amsler nach fünfjähriger Abwesenheit wieder in die Schweiz zurück und arbeitete ein Jahr lang unter Plantamour an der Sternwarte zu Genf. In dieser Stellung kam er in nähere Berührung zur Feinmechanik, zu der er schon gelegentlich seiner Tätigkeit in Königsberg in Beziehungen getreten war. Im Jahre 1849 habilitierte er sich als Privatdozent für Mathematik an der Universität in Zürich und schrieb in dieser Zeit einige Abhandlungen über thermodynamische Probleme.

Schon seine Tätigkeit in Genf mag den Gedanken in ihm geweckt haben, sich der praktischen Ausführung feinmechanischer Instrumente zuzuwenden, und den letzten Anstoß dazu, diesen Gedanken in die Tat umzusetzen, gab der Umstand, daß er im Jahre 1849 das Linearplanimeter kennen lernte. Klar erkannte Amsler die Bedeutung dieser Erfindung, aber auch gleichzeitig die ihr anhaftenden Mängel, und diese Erkenntnis führte ihn zu der wichtigen und bis heute noch nicht übertroffenen Erfindung des „Polarplanimeters", das er im Jahre 1854 herausbrachte. Es handelte sich durchaus nicht nur um eine „Verbesserung", sondern um eine durchaus originelle Lösung eines wichtigen Problemes, um eine Erfindung ersten Ranges.

Die Erfindung wurde von Amsler selbst im Jahre 1855 in der Vierteljahrsschrift der Naturforschenden Gesellschaft in Zürich unter dem Titel: „Über die mechanische Bestimmung des Flächeninhaltes, der statischen Momente und der Trägheitsmomente ebener Figuren, insbesondere über einen neuen Planimeter" veröffentlicht. Diese Abhandlung machte weite Kreise auf die neue Erfindung und die wissenschaftliche und praktische Bedeutung Amslers aufmerksam.

Die einzige weitere auf diesem Gebiet von Amsler selbst verfaßte Arbeit war ein im Jahre 1884 in der Zeitschrift für Instrumentenkunde erschienener Aufsatz über „Neuere Planimeterkonstruktionen", in dem er den Nachweis führte, daß der gewöhnliche Polarplanimeter durch eine unbedeutende Zusatzeinrichtung auch zur Ausmessung des Flächeninhaltes von Figuren dienen kann, die auf einer Kugel aufgezeichnet sind.

Bald nach seiner Verheiratung mit der Tochter des Apothekers Laffon in Schaffhausen im Jahre 1854 richtete Amsler eine kleine Werkstätte ein und fing an, selbst Planimeter zu bauen; seine Tätigkeit am Gymnasium behielt er noch bis zum Jahre 1857 bei, um sich von da ab allein seiner praktischen und der damit in Zusammenhang stehenden wissenschaftlichen Arbeit zu widmen.

Wenn es Amsler auch gelang, noch eine Reihe wichtiger Mechanismen zu erfinden, die in wissenschaftlichen Laboratorien heute zu unentbehrlichen Hilfsmitteln für die Durchführung wichtiger Versuche geworden sind, so blieb doch die Erfindung und später die Vervollkommnung des Polarplanimeters seine technisch und wissenschaftlich wichtigste Tat. In liebenswürdigster Weise stellte er sein großes Wissen und Können in den Dienst der Industrie und der Gemeinde, wie auch des Staates; die Stadt Schaffhausen ernannte ihn für seine Verdienste um die Stadtgemeinde zum Ehrenbürger. Amsler war Ehrenmitglied technischer und wissenschaftlicher Gesellschaften, korrespondierendes Mitglied der Academie des Sciences in Paris und Ehrendoktor der Universität Königsberg.

Als sein Sohn Dr. Alfred Amsler in die Firma eintrat, wurde das Gebiet der Materialprüfungsmaschinen als Fabrikationszweig aufgenommen und besonders der feinmechanische Teil dieser Maschinen, die feinfühligen Meßvorrichtungen, erfuhren durch Amsler einen wissenschaftlichen Ausbau. *Hottinger: Geschichtliches aus der Schweizer Metall- und Maschinenindustrie (Frauenfeld 1921); Schw. Bauz. 59 (1912) S. 26.* Tt.

ANDREAE, Brami, geb. 1819 in Frankfurt a. M., gest. 6. Mai 1875 in Magdeburg, war der Sohn eines Frankfurter Großkaufmanns und sollte nach dem Wunsche seines Vaters ebenfalls in diesen Beruf eintreten. Der Knabe zeigte sehr früh eine so entschiedene technische Begabung, daß der Vater schließlich dem technischen Studium seines Sohnes zustimmte. Nach Absolvierung des Instituts in Weinheim bezog Andreae, 18 Jahre alt, das polytechnische Institut in Karlsruhe. Die Ferien und auch die Zeit nach dem Studium benutzte er zu größeren Reisen durch Deutschland und nach England. Einer längeren praktischen Lehrzeit unterzog er sich in Sterkrade.

Andreaes Name ist mit der Entwicklung der Maschinenfabrik Buckau in Magdeburg aufs engste verbunden. 1843 trat er als Chefkonstrukteur in diese Firma ein, wo er mit dem damaligen technischen Direktor, Alfred Tischbein, außerordentlich erfolgreich zusammenarbeitete. Im Dampfmaschinenbau arbeitete Andreae auf Vereinfachung aller Konstruktionsteile, richtige Materialverteilung und gefällige Formgebung hin. Auf der Berliner Gewerbeausstellung 1844 brachte die Maschinenfabrik Buckau noch eine der damals sehr beliebten „gotischen" Dampfmaschinen von 8 PS, doch beginnt von da an merklich das Bestreben, zweckentsprechende Formen im Maschinenbau zu finden. — Die Haupterzeugnisse der Buckauer Fabrik waren Flußdampfer, zunächst für den Betrieb auf der Unterelbe, dann auch, dank der erzielten guten Betriebsergebnisse, für Oberelbe, Weser, Eider usw. Andreaes Verdienst war hier die in den vierziger Jahren erfolgte Einführung der Pennschen Dampfmaschinen mit Röhrenkessel und oszillierenden Zylindern in den Schiffbau. Außerdem wandte er als einer der ersten Expansionsvorrichtungen an und erzielte hier mit verhältnismäßig primitiven Mitteln gute Erfolge. — Neben dem Schiffbau befaßte sich Andreae mit der Konstruktion von Walzwerkmaschinen, Wasserhebemaschinen, Lokomotiven, Lokomobilen und Gasmotoren nach Ottoschen Patenten. Eine erstaunliche Menge von Entwürfen, Plänen und Skizzen aus allen Arbeitsgebieten legt Zeugnis ab von seiner Vielseitigkeit und seinem unerschöpflichen Reichtum an technischen Ideen. Die Buckauer Maschinenfabrik pflegte neben den oben erwähnten Maschinen besonders die Einrichtung von Rübenzuckerfabriken und Brennereien. Die Maschinen und Apparate wurden unter Andreaes Anleitung verbessert, so daß die Buckauer Anlagen als die besten in Europa galten und Aufträge aus allen Teilen der Welt einliefen.

In der Wirtschaftskrise des Jahres 1848 verließ Andreae die Maschinenfabrik Buckau und ging nach zweijähriger Studienreise, die ihn besonders nach Nordamerika führte, nach Mexiko. Unter den härtesten Bedingungen gelang es ihm, hier eine große Zuckerfabrik zu errichten und in Gang zu bringen. Leider hielt seine Gesundheit dem Klima nicht stand, und auch persönliche Differenzen mit seinen Teilhabern nahmen ihm die Freude am begonnenen Werk. So verließ er kurz entschlossen 1854 das Land und betätigte sich in der folgenden Zeit als Zivilingenieur in St. Louis und Havana in der Zuckerindustrie, ohne sonderliche geschäftliche Erfolge zu erzielen. Unter Anderem entwarf er den Plan und die Zeichnungen für eine große Brücke über den Mississippi, die später fast genau nach seinen Entwürfen ausgeführt wurde. 1855 wurde Andreae von Magdeburg aus der Antrag gemacht, die Leitung der Maschinenfabrik Buckau zu übernehmen. Er nahm diesen Ruf an und blieb bis zu seinem Tode Leiter des Werkes. Die Einführung der Corliss-Dampfmaschine in Deutschland, deren gute Betriebsergebnisse er in Amerika kennen gelernt hatte, ist hauptsächlich ihm zu danken. Weitere Verbesserungen konnte er, gestützt auf seine Erfahrungen in Amerika, an Zuckerwerkeinrichtungen anbringen, die die Ausbeute bedeutend erhöhten. Die Maschinenfabrik Buckau entwickelte sich nach den Krisenjahren seit 1848 unter ihm wieder zu ganz bedeutender Höhe und wurde die Schule vieler hervorragender Ingenieure wie Gruson, Wolf und O. H. Mueller.

Andreae war ein unermüdlicher Arbeiter und stets voller eigenartiger Ideen, dabei ein ausgezeichneter Gesellschafter und voll köstlichen Humors. Seine ursprünglich kräftige Natur hatte schon bei seinem Aufenthalt in Mexiko gelitten; als 1871 sein Bruder und seine Mutter fast gleichzeitig starben, machte sich immer stärker ein Herzleiden bemerkbar; am 6. Mai 1875 erlag er in Magdeburg einem auf dies Leiden zurückzuführenden Schlaganfall. *Z 19 (1875) S. 493.* Hä.

ANSCHÜTZ, Ottomar, geb. 16. Mai 1846 in Lissa (Posen), gest. 30. Mai 1907 in Friedenau b. Berlin. Anschütz übernahm 1868 das photographische Atelier seines Vaters. Von 1882 an widmete er sich ausschließlich der Momentphotographie. Einen Weltruf erlangte er durch seine Reihenaufnahmen sich bewegender Menschen und Tiere, die er dann mit dem von ihm ersonnenen elektrischen „Schnellseher" (mit intermittierender Beleuchtung durch den eine Geißlersche Röhre durchschlagenden Induktionsfunken) in lebendigster Wirkung dem Auge wieder vorführte. Er fand für seine Arbeiten die Unterstützung des preußischen Staates und hat diese durch seine lehrreichen Aufnahmen auf dem Gebiete der Tierwelt usw. wettzumachen verstanden. Er widmete sich ferner der Aufnahme deutscher Burgen, insonderheit der Marienburg.

Die fortschrittlichen Arbeiten von Anschütz auf dem Gebiet der Momentphotographie sind von außerordentlicher Bedeutung; gleichfalls verdankt ihm die photographische Industrie eine lebhafte Förderung. Anschütz starb nach kurzem Leiden im 62. Lebensjahr. *Literar. Zentralbl. (1907) S. 748; Dtsch. Photogr. Ztg. (1907) Nr. 25.* Ca.

ARAGO, Dominique François, geb. 26. Febr. 1786 in Estagel bei Perpignan, gest. 2. Okt. 1853 in Köln, besuchte das Collège in Perpignan und bezog 17jährig nach glänzendem Examen die École Polytechnique in Paris, nach deren Absolvierung er Sekretär des Observatoriums wurde und hier in der Abteilung für Maßeinheiten tätig war. 1806 erhielt er von der Regierung den Auftrag, Messungen zur Feststellung der Länge des Erdumfanges zu machen, um hierdurch eine Grundlage für die Festsetzung der Maßeinheit zu geben. Zur Anwendung kam die Dreieckmethode, und zwar bezog Arago eine Station auf den Balearen. Der 1807 ausgebrochene Krieg zwischen Frankreich und Spanien hinderte ihn an der Fortsetzung seiner Arbeiten. Als Spion verdächtigt, flüchtete er auf ein spanisches Schiff und konnte auch seine Instrumente in Sicherheit bringen. Er kam jedoch nicht nach Frankreich, sondern wurde von den Spaniern in der Zitadelle Belver festgesetzt und führte dort mehrere Wochen lang seine Berechnungen fort. Bei dem Versuch, auf einer algerischen Fregatte Frankreich zu erreichen, wurde er abermals gefangen genommen; in Algier, wohin man ihn brachte, hatte er sehr schlechte Behandlung zu erdulden. 1809 gelang es ihm, wieder in die Heimat zu kommen. Der 23jährige wurde nun zum Professor der École Polytechnique und gleichzeitig zum Mitglied der Akademie ernannt. Seine wissenschaftlichen Forschungen erstreckten sich in der Hauptsache auf Untersuchungen des Lichtes. Er erfand die Polariskop und entdeckte am Quarz die Polarisation des Lichtes. Die Wellentheorie des Lichtes hat ebenfalls von ihm neues Beweismaterial erhalten. Er konstruierte weiter verschiedene Methoden zur Messung der Durchmesser von Gestirnen und baute selbst die hierzu nötigen Apparate. Grundlegend waren auch seine Untersuchungen über die Spannkraft des Wasserdampfes, die er bis zu einer Temperatur von 224 Grad Celsius und einem Druck von 24 at ausführte. Von besonderer Bedeutung sind die Ergebnisse seiner Forschung auf elektro-physikalischem Gebiet. Ihm gelang es zuerst festzustellen, daß Eisen und Stahl unter der Einwirkung eines elektrischen Stromes magnetische Eigenschaften annahmen. Obwohl Arago selbst wohl noch keine rechte Vorstellung von den Möglichkeiten hatte, die sich durch Dynamomaschine und Elektromotor hieraus ergaben, so sind doch diese Erfindungen ohne seine Forschungen nicht denkbar.

Seit 1830 betätigte Arago sich auch lebhaft im politischen Leben und hat besonders an der Schaffung eines Arbeitsrechtes mitgearbeitet. Er besaß ein großes Talent, seine Forschungen der Öffentlichkeit bekanntzugeben. Er starb im 68. Lebensjahre in Köln a. Rh. *Nouv. Biogr. 2 (1852) S. 948; Hist. méc. S. 286; Arago, Hist. de ma jeunesse.* Hä.

ARBENZ, Carl, geb. 26. Febr. 1831 bei Schaffhausen, gest. 20. Mai 1909 in Aachen, entstammt einer begüterten, seit langer Zeit bei Schaffhausen ansässigen Familie. Schon als Knabe beschäftigte er sich besonders gern mit technischen Dingen und eignete sich früh praktische Fertigkeiten an. Nach Absolvierung der Oberrealschule war er einige Zeit als Zeichner tätig und arbeitete als Schlosser und Dreher bei Rieter & Cie. in Winterthur. Auf diese Weise praktisch auf das sorgfältigste vorgebildet, bezog er die École Centrale des Arts et Manufactures in Paris und erwarb sich dort 1854 das Ingenieurdiplom mit Auszeichnung. Hierauf arbeitete er kurze Zeit bei einem Zivil-Ingenieur in Paris und nahm dann eine Stelle als Ingenieur bei der Gesellschaft „Phoenix" in Westfalen an, wo ihm anfangs auf deren Kohlengruben, später auf deren Eisenhütte in Ruhrort die Neubauten und die ganze Unterhaltung des Werkes übertragen wurden. 1857 trat er in die Aktiengesellschaft der Spiegelmanufakturen von St. Gobain, Chauny und Cirey in Paris ein. Arbenz wurde mit dem Bau der großen neuen Fabrik in Stolberg betraut, der er dann bis 1895 als Direktor vorstand. Es gelang ihm in dieser fast 40jährigen Tätigkeit, das Stolberger Unternehmen zu dem größten Werk dieser Art in Deutschland zu gestalten und seinen Einfluß für bedeutende Umwälzungen dieser Industrie geltend zu machen. Bei der Gründung des Vereines Deutscher Spiegelglasfabriken, der den Verkauf der inzwischen entstandenen neuen Fabriken innerhalb Deutschlands übernommen hatte, wurde er zu dessen Vorsitzenden gewählt und hat dieses Amt bis zum Jahre 1904 innegehabt. Bis zu seinem Tode war Arbenz Bevollmächtigter der preußischen Niederlassungen der Gesellschaft von St. Gobain. — Er war unter seinen Arbeitern eine volkstümliche Persönlichkeit und stets bestrebt, das fast patriarchalische Verhältnis zu diesen aufrecht zu erhalten. Den Aufgaben des Aachener Bezirksvereines deutscher Ingenieure widmete er sich mit dauerndem Interesse und stellte seine vielseitigen Kenntnisse stets bereitwilligst in den Dienst dieser Sache. Arbenz starb nach kurzer Krankheit im 78. Lebensjahr in Aachen. *Z 53 (1909) S. 1089.* Mch.

ARCHIMEDES, geb. um 287 v. Chr., getötet 212 v. Chr. bei der Zerstörung seiner Vaterstadt Syrakus durch römische Soldaten, war einer der berühmtesten Mathematiker und Mechaniker seiner Zeit. Durch seinen Vater, den Astronomen Phidias, frühzeitig in exakter Beobachtung geschult, stellte er sich später, ohne je ein öffentliches Amt zu bekleiden, ganz auf die Erforschung mathematischer Probleme und die Lösung mechanischer Aufgaben ein. Er studierte in Alexandrien bei den Nachfolgern Euklids Mathematik. Nach Syrakus zurückgekehrt, schrieb er in klarem Stil eine Reihe von Werken, von denen uns nur acht überliefert worden sind. In berühmten mathematischen Werken behandelt er die Oberflächen- und Volumenbestimmung von Kugel und Zylinder und die Raumausmessung von Rotationsflächen. Seine Raumvorstellung von der Zahl befähigte ihn, wie Heron berichtet, die Zahl π mit einer Genauigkeit von 5 Dezimalen zu errechnen.

Astronomische Arbeiten regten ihn an, ein Zahlensystem aufzustellen, derart, daß Zahlen jeder Größenordnung ausgedrückt werden konnten. Der Schwerpunkt seiner mathematischen Leistung liegt in der Verwertung der Infinitesimalen. Auf mathematischer Grundlage schuf er die Statik fester und tropfbar flüssiger Körper. Von grundlegender Bedeutung waren die Ableitung des Hebelgesetzes, die Schwerpunktbestimmungen und das nach ihm benannte archimedische Prinzip, wonach feste Körper, die in eine Flüssigkeit eingetaucht werden, in der Flüssigkeit um so viel leichter werden, wie das Gewicht einer Masse Flüssigkeit von der Größe des eingetauchten Körpers beträgt. Die Bestimmung des spezifischen Gewichtes bot ihm dann keine Schwierigkeiten mehr. Berühmt geworden ist sein Sphäroid, eine Art Planetarium, das, durch eine hydraulische Maschinerie bewegt, den Umlauf der Himmelskörper um einen Zentralkörper, die Erde, veranschaulicht.

Archimedes wird von seinen Zeitgenossen u. a. die Verbesserung zahlreicher Kriegsmaschinen zugeschrieben. So soll er bei der Verteidigung von Syrakus Katapulte für verschiedene einstellbare Schußweiten, Wurfmaschinen von hervorragender Wirkung und Treffsicherheit und eine Art Kran mit Greifer konstruiert haben, der die feindlichen Schiffe am Vorderteil packte und wieder fallen ließ. Die von ihm konstruierte Winde ermöglichte es den Schiffbauern im Altertum, ihre Schiffe in einfacherer Weise als nur durch Menschenkraft vom Stapel zu lassen.

Sein Grabmal, das von Cicero in Syrakus wieder aufgefunden wurde, zeigt die Darstellung einer von einem Zylinder umhüllten Kugel. *Entw. Natw.; Günther: Gesch. d. Mathematik (Leipzig 1908); Neuburger: Technik des Altertums (Leipzig 1919); Wieleitner: Gesch. d. Mathematik (Leipzig 1922).* Wf.

ARGAND, Aimé, geb. 1755 in Genf, gest. 24. Okt. 1803. Über die äußeren Lebensumstände Argands ist fast nichts bekannt. Er lebte meist in Frankreich und England. Die Runddochtlampe mit doppelter Luftzufuhr, meist nach Quinquet benannt, wurde von ihm 1783 in England erfunden und zuerst mit Glaszylinder verfertigt. Durch den Runddocht gelang es, der Flamme nach innen Luft zuzuführen, so daß eine höhere Temperatur, eine stärkere und damit weißere Strahlung und bessere Ausnutzung des Brennstoffes erfolgte. Auch führte er den Glaszylinder ein, und nach ihm sind die früher allgemein in der Gastechnik verwandten runden Gasbrenner aus Speckstein oder Porzellan als Argandbrenner benannt worden. Es waren dies Hohlringe, in die unten das Gas ein- und am oberen Rande durch viele feine Löcher austrat. Aus den vielen feinen Gasstrahlen entstand der Flammenmantel, dem die Verbrennungsluft sowohl nach innen durch den vom Ringe umschlossenen Raum als auch nach außen zwischen Ring und Zylinder zugeführt wurde. Solche Brenner gaben in wagerechter Richtung eine Lichtstärke von 10 bis 20 Hefnerkerzen bei einem Leuchtgasverbrauch von etwa 10 Liter für eine Kerzenstunde, also einem stündlichen Verbrauch von 100 bis

200 Litern Gas. Die Lampen bürgerten sich sehr schnell ein; Argand erhielt auch ein Vertriebsrecht. Doch mit der Revolution fiel alles zusammen; Argand selbst verarmte vollständig, und die Kämpfe um seine Erfindung rieben auch seine geistigen Kräfte auf. Er ergab sich der Alchimie und okkultistischen Studien und starb, erst 48 Jahre alt, in großem Elend, nach der einen Angabe in England, nach anderen in der Schweiz. — Man schreibt Argand außer der Lampe noch die Erfindung und Einführung der Luftpumpe mit Kegelventil sowie Mitarbeit an der Erfindung des Stoßhebers (1787) zu, doch sind diese Angaben unbestätigt. *Biogr. univ.* 2 (1843) S. 185; *Nouv. Biogr.* 3 (1852) S. 114; *Biogr. Lit. Handw.* 1 S. 59. Wg.

ARISTOTELES, geb. 384 v. Chr. in Stagira (Mazedonien), gest. 322 v. Chr. in Chalcis auf Euböa, Sohn eines königl. Leibarztes und für die gleiche Laufbahn bestimmt, ging nach dem frühen Tode seines Vaters im 18. Lebensjahr nach Athen, trat 367 als Schüler Platons in die Akademie ein und gehörte ihr, seine philosophische Selbständigkeit bewahrend, bis zum Tode Platons, 347, ununterbrochen an. 343 v. Chr. wurde ihm die Erziehung Alexanders übertragen, der später seine hervorragenden Forschungen weitestgehend unterstützte. Gegen Ende der Regierung Alexanders geriet Aristoteles in Ungnade, ging nach Mazedonien, kehrte 335 v. Chr. nach Athen zurück und gründete dort seine Schule, die von dem Umstande, daß er die Vorträge im Auf- und Abgehen hielt, den Namen „Peripatetiker" erhielt. 12 Jahre stand er dieser Schule vor, wurde nach Alexanders Tode wegen Lästerung der Götter von seinen Gegnern angeklagt, verließ Athen und ging nach Chalcis, wo er starb.

Durch Aristoteles wurde zum ersten Male ein Lehrgebäude errichtet, dessen Einfluß sich auf fast 2000 Jahre erstreckte, und das unter starker Hervorhebung bloßer Denkbegriffe die Ergebnisse und Erfahrungen der gesamten Naturwissenschaften dieser Zeit in einem System zusammenfaßte. Eine Unzahl von Einzelkenntnissen sind in seinen Werken zusammengestellt und gesichtet. Den breitesten Raum unter seinen Werken nehmen die naturwissenschaftlichen Schriften ein. In seinen Lehren der Mechanik hat er sich besonders den Problemen der Schwere, der Bewegung und des Stoßes zugewendet. Sein Irrtum, daß schwerere Körper sich schneller abwärts bewegen, hat bis zur Zeit Galileis geherrscht. Den Ausgang der mechanischen Lehre bieten ihm das Rad, der Hebel, das Ruder, die Zange, die Wage und andere bekannte Werkzeuge. Zwei Verdienste seien noch erwähnt, nämlich die Anwendung der Zeichnung zur Unterstützung seiner Erörterungen und der Gedanke, in Beziehung zu setzenden Größen mit Buchstaben zu bezeichnen. An die Untersuchungen des Aristoteles über optische Dinge hat Goethe in seiner Schrift „Farbenlehre" wieder angeknüpft. Sehr klar waren seine Gründe für die Kugelgestalt der Erde. *Entw. Natw.; Cantor: Gesch. d. Mathematik (Leipzig 1907)*. Wf.

ARKWRIGHT, Richard, Sir, geb. 23. Dez. 1732 in Preston (Lancashire), gest. 3. Aug. 1792 in Cromford. Schon vor Arkwright gab es Männer, die die Spinnmaschine erfinden wollten, und tatsächlich wurden auch Teilerfindungen gemacht, so die Erfindung der „spinning jenny" durch Hargreaves. Arkwright gebührt aber das Verdienst, durch seine Erfindungen und Verbesserungen der Spinnmaschine in der Textilindustrie Eingang verschafft zu haben. Er war das dreizehnte Kind armer Eltern und erhielt keinerlei Erziehung — im Alter von über 50 Jahren lernte er erst schreiben und lesen! Zunächst betätigte er sich als Barbier nud Perückenmacher. Durch Herstellung eines chemischen Haarfärbemittels konnte er in einigen Jahren eine kleine Summe zurücklegen. Von Jugend auf hatte er eine starke Neigung zur Mechanik; er verwandte jetzt sein erspartes Geld zu Versuchszwecken — zunächst auf falschem Wege, da er ein Perpetuum mobile erfinden wollte. Am 3. Juli 1769 erhielt er sein erstes Patent auf seine Baumwollspinnmaschine, später nahm er noch weitere Patente auf. Sein zweites Patent vom 16. Dez. 1775 ist besonders wichtig, da es nicht weniger als zehn Hilfsvorrichtungen oder Erfindungen umfaßt, so auch die bekannt gewordene Spinnmaschine, die zuerst mit Wasserkraft betrieben wurde, „throstle" genannt. Im Jahre 1769 verband er sich mit zwei Kollegen zu der Firma Need, Strutt & Arkwright, die in Nottingham eine kleine Textilfabrik errichtete. Zunächst waren die zu überwindenden technischen Schwierigkeiten groß, und erst im Jahre 1771, als die Firma in einer in größerem Maßstab erbauten Fabrik am Derwent-Fluß in Cromford an Stelle der Pferdekraft Wasserkraft einführte, konnte mit der Arbeit begonnen werden. Aber jetzt kamen andere noch größere Schwierigkeiten von außen, und zwar von zwei Seiten her: einmal von seiten der Arbeiter, die in einer regelrechten Schlacht bei Birkacre im Jahre 1779 eine große Fabrik von Arkwright völlig zerstörten und auch Menschen dabei nicht schonten; zum andern von seiten seiner Konkurrenten, die ihm seine Patente stahlen mit der Begründung, Arkwright hätte mit seinen sogenannten Erfindungen Plagiat getrieben. Lange Patentkämpfe knüpften sich hieran, die schließlich gegen Arkwright entschieden wurden.

Diese Feindschaft regte Arkwright nur zur größeren Entfaltung seiner Kräfte an; er wurde bald zum mächtigsten Textilfabrikanten, der seinen Konkurrenten die Preise vorschrieb. Er war auch ein guter Kaufmann und unternahm weitreichende Finanzgeschäfte. Als er im Alter von 60 Jahren starb, hinterließ er ein Vermögen von rund einer halben Million Pfund Sterling. *Self-made men (New York 1858) S. 512; Brief Biogr. S. 7; Nat. Biogr.* 2 (1885) S. 81; *Em. Eng.* S. 150. Wi.

ARMENGAUD, Jacques Eugène, geb. 26. Okt. 1810 in Ostende, gest. 23. Jan. 1891 in Paris. Neben seiner praktischen Tätigkeit, die er hauptsächlich als beratender Ingenieur ausübte, hat Armengaud sich hervorragend als technischer Schriftsteller betätigt. 1835 begann er seine Arbeit an einer Reihe von Werken, die durch Zeichnungen mit erläuterndem Text alle neuen Maschinen und Erscheinungen beschreiben sollten. Besonders durch die beigegebenen klaren Zeichnungen vermittelte er in jener an technischer Literatur armen Zeit dem gesamten Maschinenbau die Kenntnis der vorhandenen Konstruktionen und Anregung zu neuen Entwürfen, so daß der Ruf seiner Bücher bald über Frankreich hinaus drang. Das 1838/39 erschienene Werk „L'Industrie des Chemins de Fer" liefert Beschreibungen der damals gebauten Lokomotiven, die heute noch sehr aufschlußreich sind. Von seinen übrigen Werken seien hervorgehoben: „Traité théorétique et pratique des moteurs hydrauliques et à vapeur" (1843), „Atlas de machines-outils" (1881), „Métallurgie, préparation, minerais, combustibles" (1882). Teilweise gab er seine Werke zusammen mit seinem Bruder Charles und mit einem Mitarbeiter Jules Amoureux heraus. Neben seiner schriftstellerischen Tätigkeit war er als Lehrer am Conservatoire des Arts et Métiers tätig, eröffnete später aber ein selbständiges Ingenieurbureau, in dem er hauptsächlich die Tätigkeit der heutigen Patentanwälte ausübte. *Dict. Cont.* S. 51. Hä.

ARMOUR, Philip D., geb. 16. Mai 1832 in Stockbridge (Madison Co., New York), gest. 6. Jan. 1901 in Chicago. Er bezog 1846 das Cazenovia-Seminar, ging aber bereits neunzehnjährig nach Kalifornien und legte hier durch seine erfolgreiche Tätigkeit im Bergbau den Grundstock zu seinem Vermögen. 1863 trat er in die Speditionsfirma Plankinton, Armour & Co. in Chicago ein, die sich hauptsächlich mit dem Fleischversand befaßte; allmählich entwickelte er seine Firma zum bedeutendsten Konzern der Fleischverarbeitung. Daneben war Armour an Eisenbahngesellschaften und Banken finanziell beteiligt. — Armours besonderes Interesse galt Erziehungsfragen. Für die Technik ist sein

Name bekannt durch die Gründung des Armour-Institutes für Technologie in Chicago, einer technischen Hochschule, mit der gleichzeitig eine Material-Prüfanstalt verbunden war, die Untersuchungen für die Industrie vornahm. *Briefl. Mitt. des Armour Institute.* Hä.

ARMSTRONG, Lord William George, geb. 26. Nov. 1810 in Wreay (Cumberland), gest. 27. Dez. 1900 in Cragside. In Newcastle-on-Tyne arbeitete er bei einem Anwalt, studierte in London Jura, dann Naturwissenschaft. Er zeigte eine außerordentliche Begabung bei der Durchführung technischer Versuche. Er trat in eine kleine Fabrik in Elswick am Tyne ein und wurde deren Teilhaber. Unter seiner Leitung entwickelte sich das Unternehmen zu hoher Blüte. 1846 erfand er den hydraulischen Kran und einige Zeit später den hydraulischen Akkumulator. Auf das Geschützwesen wurde er durch die Ereignisse des Krimkrieges aufmerksam. Das von ihm dargelegte neue Verfahren zur Herstellung von Kanonenrohren wirkte bahnbrechend. Die große Widerstandskraft gegen die Wirkung des Pulvers im Geschütz wurde dadurch erreicht, daß auf ein inneres Rohr Mantelringe aus schraubenförmig gewundenen Stäben bzw. übereinander gezogenen Rohren aufgeschrumpft wurden. In Anerkennung seiner Verdienste verlieh ihm die Regierung die Stellung eines „Ingenieurs für gezogene Geschütze" und adelte ihn. Später wurde er Direktor der Königlichen Gießerei und erhielt die Ritterwürde. Er hinterließ ein Unternehmen, das in Europa nur noch von Krupp übertroffen wurde. *Z 45 (1901) S. 178; St. u. E. 20 (1900) S. 57; Nat. Biogr. Suppl. 1 (1901) S. 62; Cochrane: Great Thinkers (London 1888).* Gw.

ARNOLD, Engelbert, geb. 7. März 1856 in Schlierbach (Luzern), gest. 16. Nov. 1911 in Karlsruhe i. B. Arnold hat als praktischer Ingenieur, Lehrer und Forscher auf dem Gebiete der Elektrotechnik hervorragend gewirkt und sich um die rasche Entwicklung des Elektromaschinenbaues ausserordentliche Verdienste erworben. Als zweites von 9 Kindern eines Landwirtes geboren, erhielt Arnold seine Schulbildung am Progymnasium in Münster und studierte vom Herbst 1875 bis 1878 auf der Eidgenössischen Polytechnischen Schule in Zürich Maschinenbau. Nach Vollendung seiner Studien war er als Ingenieur im Bureau des „Praktischen Maschinenkonstrukteurs" in Leipzig und in der Maschinenfabrik von W. F. Heim in Offenbach tätig und ging 1880 als Assistent für Maschinenbau zu Professor Moll ans Polytechnikum in Riga, wo er sich 1883 habilitierte und zunächst über technische Mechanik, bald aber auch als einer der ersten akademischen Lehrer über Elektrotechnik las. Daneben blieb er in enger Verbindung mit der Praxis und war u. a. Mitbegründer der Russischbaltischen elektrotechnischen Fabrik. Als erste Frucht seiner theoretischen Arbeiten erschien noch während seines Rigaer Aufenthaltes 1891 sein bekanntes Werk über „Die Ankerwicklungen der Gleichstrom-Dynamomaschinen". Im gleichen Jahre siedelte er als Chefingenieur zur Maschinenfabrik Oerlikon über, wo sich ihm ein reiches Arbeitsfeld erschloß. Mit allen theoretischen und praktischen Fragen des elektrischen Großmaschinenbaues und der Wechselstromkraftübertragung, an denen diese stürmischen Entwicklungsjahre des jungen Fachs so reich waren, kam er in engste Berührung und faßte die Grundgedanken, die für den Elektromaschinenbau in der Folge maßgebend wurden. Nur wenige Jahre blieb Arnold in Oerlikon. Bereits 1894 folgte er einem Ruf als Professor der Elektrotechnik an die Technische Hochschule in Karlsruhe, der er dann bis zu seinem Tode als einer ihrer größten und gefeiertsten Lehrer angehört hat. Hier entfaltete er eine überaus fruchtbare Tätigkeit, die ihn als Forscher, Lehrer, Organisator und praktischen Ingenieur gleich groß erscheinen läßt. In einer Rektoratsrede von 1906 über „Forschen, Erfinden und Gestalten" hat Arnold in feiner Weise ein Bild von der Art seines Wesens gezeichnet, das in einer seltenen Verknüpfung dieser drei Fähigkeiten bestand. Als Forscher kennzeichneten ihn große Begabung für systematische Behandlung der Probleme, starkes Bestreben, die Ergebnisse der Forschung in praktisch brauchbare Form zu bringen, und unbedingte wissenschaftliche Ehrlichkeit, die namentlich in seiner Stellung gegenüber dem immer wieder bearbeiteten „Kommutierungsproblem" hervortritt. Als Organisator hat er sich durch die Gründung und Ausgestaltung des vorbildlichen Elektrotechnischen Instituts der Karlsruher Hochschule bewährt, das zu einer Pflanzschule weitgreifender wissenschaftlicher Arbeiten wurde und ihm erst die Schaffung zweier so grundlegender und umfassender Werke wie „Die Gleichstrommaschine" und „Die Wechselstromtechnik" (zusammen mit J. L. la Cour) ermöglichte. Als Lehrer hat Arnold, der durchaus kein blendender Redner war, einen großen Kreis von Schülern und Mitarbeitern um sich vereinigt, die mit Lebe und Verehrung an ihm hingen. Zur Praxis hat er enge Beziehungen unterhalten und sie durch zahlreiche bedeutende Erfindungen und deren industrielle Verwertung befruchtet. Mannigfache Ehrungen wurden ihm zuteil. Erwähnt sei nur, daß ihn die Technische Hochschule Hannover 1906 „in Anerkennung seiner die Elektrotechnik hervorragend fördernden Arbeiten" zum Ehrendoktor ernannte. Die Freude des Abschlusses seines Hauptwerkes hat er nicht mehr erlebt. Mitten in rastloser Arbeit ist er 1911 in seinem 56. Lebensjahre gestorben. *ETZ 32 (1911) S. 1287; EKB 10 (1912) S. 21; Schw. Bauz. 58 (1911) S. 302.* Wa.

ARON, Hermann, geb. 1. Okt. 1845 in Kempen (Preußen), gest. 29. Aug. 1913 in Charlottenburg, wandte sich nach Absolvierung des Köllnischen Realgymnasiums zu Berlin zunächst dem Studium der Medizin, dann dem der Naturwissenschaften zu. Nach seinem Studium lehrte er viele Jahre hindurch Physik an der Berliner Gewerbeakademie, der vereinigten Artillerie- und Ingenieurschule und an der Universität. Er befaßte sich mit gründlichen elektrotechnischen Versuchen zu einer Zeit, in der der zunehmende Verkauf elektrischer Energie die Gestaltung eines brauchbaren und zuverlässigen Gerätes zum Messen der elektrischen Energie dringend forderte. Diese fühlbare Lücke füllte Aron mit der von ihm erdachten Bauart der sog. Uhrenzähler aus, so genannt, weil der elektrische Strom auf das Pendel einer Uhr wirkt, wodurch der Gang der Uhr beschleunigt wird. Der Vergleich der Voreilung dieser beeinflußten Uhr mit einer Uhr normalen Ganges gab dem Gelehrten das Maß für die Berechnung der verbrauchten elektrischen Energie. Da ihm Drehstrom zu praktischen Versuchen nicht zur Verfügung stand, so fand er rein rechnerisch die mathematische Formel zum Bau der Schaltung. Die auf diesen beiden Erfindungen ruhenden Patente wertete Aron in eigenen in- und ausländischen Fabriken aus, von denen die Charlottenburger Fabrik für Elektrizitätszähler die erste und bedeutendste ist.

Der Aronsche Pendelzähler besaß die Vorzüge eines erstklassigen Gerätes zum genauesten Messen der elektrischen Energie; er verbreitete sich in allen Kulturländern. Gelegentlich der Ausführung der ersten großen Kraftübertragung Lauffen-Frankfurt a. M. im Jahre 1891 stellte sich ein Bedürfnis nach Wechselstromzählern ein. Aron, der anerkannte Zählerkonstrukteur, erhielt den Auftrag, sie zu bauen. Dies war die zweite Gelegenheit, bei der Aron die Elektrotechnik wesentlich förderte. Durch gründliche Erforschung der Verteilung von Strom- und Spannungszuständen im Drehstromnetz gelangte er zu der neuen Bauart, der Zweiwattmeterschaltung, der die weitere Ausdehnung im Gebrauch des Drehstromes zu verdanken ist. Aron starb in Charlottenburg hochgeehrt und nach einem auch an äußeren Erfolgen reichen Leben. *ETZ 34 (1913) S. 1047.* Fr.

ARROL, William, Sir, geb. 1839 in Houston bei Paisley, gest. 20. Febr. 1913 in Ayr bei Glasgow. Aus den kleinsten Anfängen, vom Fabrikburschen, hat es Arrol in den 74 Jahren seines Lebens zum Besitzer der größten Brückenbauanstalt in England gebracht. Er war der Sohn eines armen schottischen Garnspinners und hatte kaum irgendwelchen Unterricht in seiner Jugend genossen. Mit neun Jahren wurde er in die Spinnerei geschickt, wo er vier Jahre blieb und dann als Lehrling zu einem Schmiedemeister ging. Er bildete sich dort weiter aus und arbeitete als Mechaniker und Werftarbeiter, bis er mit 22 Jahren als Vorarbeiter nach Glasgow ging. Schließlich machte er sich mit einem Kapital von rund 1700 Mark selbständig; für die Hälfte des Geldes kaufte er gebrauchte Maschinen. Allmählich wuchs seine Fabrik. Als ersten größeren Auftrag erhielt er den Zuschlag für den Bau der Eisenbahnbrücke bei South Esk in Montrose. Später wurde ihm der Neubau der Tay-Brücke bei Dundee übertragen, die vorher unter einem Eisenbahnzug zusammengebrochen war. Sein berühmtestes Werk ist der Bau der Firth-of-Forth-Brücke, die Arrol auch den Adelstitel einbrachte. Unter den anderen bekannten Bauten, die er ausführte, befinden sich die Tower-Brücke und die Blackfriars-Brücke über bie Themse. Bei seinem Tode waren 5000 Arbeiter in seinen Werken tätig. *Eng. 115 (1913) S. 230; Z 57 (1913) S. 397.* Wi.

ARZBERGER, Johann, geb. 10. April 1778 in Arzberg, gest. 28. Dez. 1835 in Wien. Arzberger war Maschinendirektor der fürstlich Salmschen Eisenwerke in Mähren und wurde 1816 Professor der Maschinenlehre des k. k. polytechnischen Institutes in Wien. Es ist Arzbergers Verdienst, die Wichtigkeit der zeichnerischen Darstellung für den Unterrichtsbetrieb erkannt zu haben. Bekannt ist er auch dadurch geworden, daß er neben seinem Hochschulunterricht lange Jahre hindurch für Künstler und Handwerker Kurse über die praktischen Anwendungen der Mechanik abhielt, durch die er das Vorbild gegeben hat für die später sich entwickelnden Lehrgänge der gewerblichen Fortbildungsschulen. Bis zu seinem Tode war Arzberger unermüdlich tätig. *Die Techn. Hochschule Wien 1815—1915. (Wien 1915).* Gs.

ASPDIN, Joseph, geb. 1779 in Leeds, gest. 20. März 1855. Aspdin war von Beruf Maurer. Bereits im Jahre 1811 begann er mit Versuchen, einen brauchbaren Zement herzustellen. Die Ergebnisse der gleichen Arbeiten seiner Zeitgenossen, z. B. von Vicat, dürften ihm kaum bekannt gewesen sein, als er am 21. Okt. 1824 ein Patent auf sein Verfahren zur Herstellung von „artificial stone" erhielt. Er mischte Ton oder tonhaltige Erde mit Kalkstein, und zwar nahm er den letzteren vorzugsweise in Form von Straßenstaub usw.; nur wenn dieser fehlte, nahm er Kalkstein selbst. Die angefeuchtete Mischung trocknete er, brannte sie in einer Art Kalkofen und mahlte die gebrannten Stücke zu feinem Pulver. Über die Brenntemperatur äußerte er sich nicht, und es ist erwiesen, daß er nur einen Schwachbrand erzeugte. In seinem Patent gab er seinem Erzeugnis den Namen „Portlandzement", wegen dessen Farbähnlichkeit mit dem in England als Baustein sehr beliebten Portlandstein. Aus diesem Grunde wird Aspdin vielfach irrtümlicherweise für den Erfinder des Portlandzements gehalten.

In einer kleinen Fabrik in Wakefield stellte Aspdin seit dem Jahre 1825 nach seinem Patent Zement her, der zunächst nur für Putzarbeiten verwandt wurde. Die erste größere Bauausführung, bei welcher der Aspdinsche Zement umfangreichere Verwendung fand und sich durchaus bewährte, war der Themsetunnel im Jahre 1828.

Aspdin hielt sein Verfahren streng geheim, so daß er auch lange Zeit nach Ablauf des Patentschutzes als einziger den neuen Mörtelstoff herstellte. Großen Anteil an der Verbesserung des Zementes hatte sein Sohn William (geb. 1816, gest. 1864). Er war später an verschiedenen ähnlichen Unternehmungen beteiligt, geriet aber in Geldschwierigkeiten und mußte England verlassen. Bei Hamburg baute er eine Zementfabrik und errichtete 1860/62 die Lüneburger Portlandzementwerke, überwarf sich aber mit seinen Auftraggebern. Er starb im Jahre 1864 in Itzehoe an den Folgen eines Unglücksfalles. *Quietmeyer; Zur Gesch. d. Erfindung d. Portlandzementes (Berlin 1912); Concrete and Construction Engg. 19 (1924) Nr.10; Tonindustrie-Zeitung 48 (1924) S. 1102, 1196.* Be.

ASTHÖWER, Fritz, geb. 21. Dez. 1835 in Köln, gest. 17. Okt. 1913 in Essen. Er erhielt seine Ausbildung auf der Gewerbeschule in Köln und seit 1853 auf der Kgl. Gewerbeakademie in Berlin. Seit 1866 zum Leiter der Steinhauser Hütte in Witten berufen, entwickelte sich Asthöwer rasch zu einem Führer des Stahlhüttenwesens. Nach seinen Plänen wurde seit 1868 das neue Stahlwerk in Annen erbaut, das seit 1875 unter Asthöwers Leitung und später unter der Firma F. Asthöwer u. Co. sich einen bedeutenden Ruf auf dem Gebiete des Stahlformgusses erwarb. In der Anwendung des Stahlformgusses für schwere, stark beanspruchte Maschinen- und Schiffteile liegt wohl Asthöwers Hauptverdienst um die Technik, hier bestand der von ihm in vorher ungekannter Weichheit und Zähigkeit hergestellte Stahlguß seine stärksten Proben. Auch die Herstellung von Tiegelstahl und besonders die Verarbeitung desselben zu Gewehrläufen in großem Umfang haben Asthöwers Werk weithin bekannt gemacht. Im Jahre 1886 erfolgte der Übergang des Stahlwerks Annen, um dessen Ankauf sich auch englisches Kapital bewarb, in den Besitz der Firma Fried. Krupp und zugleich der Übertritt Asthöwers in die Leitung der Gußstahlfabrik in Essen, der er 10 Jahre lang als Direktoriumsmitglied angehörte. Seine reiche hüttenmännische Erfahrung fand hier ein breiteres Feld zur Betätigung, er beteiligte sich lebhaft an dem gleich nach dem Tode Alfred Krupps in Angriff genommenen Umbau des alten Tiegelstahlschmelzbaues auf der Grundlage großartiger Arbeitszusammenfassung und des Gas-Schmelzverfahrens und leitete dann auch die gleichzeitig einsetzende Erweiterung der Kruppschen Stahlformgießerei in Verbindung mit dem Martinverfahren auf basischem Herd. Auch das Stahlwerk Annen wurde jetzt mit großen Mitteln um- und ausgebaut, um den neuzeitlichen Anforderungen zu entsprechen. An der Einrichtung des ersten Preßbaues und der Herstellung der Verbundpanzerplatten hat Asthöwer ebenfalls lebhaften Anteil genommen. *Z 57 (1913) S. 1806; St. u. E. 33 (1913) S. 1801.* Bw.

B

BAADER, Joseph v., geb. 30. Sept. 1763 in München, gest. 20. Nov. 1835 in München, ein hervorragender Vorkämpfer der Eisenbahn in Bayern, studierte anfangs Medizin, dann in Göttingen Mathematik und Mechanik. Als junger Ingenieur machte er verschiedene Reisen nach England, die erste 1787 bis 1795, später noch einmal 1815 bis 1817. Man hoffte damals, durch Studium der englischen Einrichtungen die Wege zur Hebung von Industrie und Handel und der Heilung der Kriegswunden zu finden. Besonders auf der zweiten Englandreise widmete er sich eingehend dem Studium der Eisenbahnpläne. 1814 erschien sein Büchlein: „Ankündigung einer überall anwendbaren eisernen Kunststraße zur Erleichterung des Transportes als das vorteilhafteste Surrogat für schiffbare Kanäle." Er wollte die Unvollkommenheiten der englischen Eisenbahnen beheben. An Modellen seiner Erfindungen suchte er durch Versuche deren Brauchbarkeit festzustellen. Es fällt auf, wie klar Baader die Bedeutung des Eisenbahnwesens erkannte, wenn ihm immerhin auch nur eine uns recht bescheiden anmutende Entwicklung vorschwebte. 1822 erschien sein großes Werk: „Neues System der fortschaffenden Mechanik" mit 16 Kupfertafeln. Als Zugkraft für die Eisenbahnen hatte er ursprünglich noch Pferdekraft vorgesehen, wandte sich später aber dem System mit ortfesten Dampfmaschinen zu. Die fehlgeschlagenen Versuche Trevithicks ließen ihn die Entwicklungsmöglichkeiten der beweglichen Dampfmaschine, der Lokomotive, unterschätzen. Seine Schriften weisen eine Reihe sehr interessanter technischer Ideen auf. Die darin enthaltenen Kostenberechnungen geben ein Bild der damals für möglich gehaltenen Verkehrsentwicklung. Seinen Vorschlägen kam infolge seiner angesehenen Stellung besondere Bedeutung zu. 1790 war er Direktor des Bergbaues und Maschinenwesens in Bayern, später Oberbergrat und Honorarprofessor an der Münchener Universität. Den Bau der ersten Eisenbahn in Deutschland und seinem engeren Vaterlande Bayern hat er wohl noch miterlebt, starb jedoch wenige Wochen vor der am 7. Dezember 1835 erfolgten Eröffnung der Bahn von Nürnberg nach Fürth. *Enz. Eisb. 1 S. 344; Darst. a. d. Gesch. d. Technik d. Industrie u. Landwirtsch. in Bayern (München 1906) S. 129; Biogr. Lit. Hwb. 1 S. 80.* Hä.

BAARE, Fritz, geb. 9. Mai 1855 zu Bochum, gest. 10. April 1917 in Bad Oeynhausen. Er war ein Sohn des Generaldirektors des Bochumer Vereines für Bergbau und Gußstahlfabrikation. Nach Beendigung des Gymnasiums zu Arnsberg besuchte er die Polytechniken in Berlin und Karlsruhe. Seine technische und sprachliche Ausbildung vervollkommnete er in England und Frankreich. Als Stellvertreter seines Vaters trat er 1880 in die Dienste des Bochumer Vereins und wurde 1895 dessen Generaldirektor. Durch seine zielbewußt und mit größter Ausdauer durchgeführten Arbeiten baute er das Werk zu einem Qualitätsstahlwerk aus, in dem nicht nur hochwertige Stähle, sondern auch die verschiedensten durch weitere Verarbeitung und Verfeinerung hochwertig werdenden Erzeugnisse hergestellt werden. Er starb an den Folgen eines Herzleidens, das den seiner Arbeitskraft durch den Krieg auferlegten ungeheuren Anforderungen nicht standhielt. *St. u. E. 37 (1917) S. 417.* Gw.

BABBAGE, Charles, geb. 26. Dez. 1791 in Teignmouth (Devonshire), gest. 20. Okt. 1871 in London. Er war der Sohn wohlhabender Eltern und begann sein Studium 1810 am Trinity College in Cambridge. Schon frühzeitig zeigte er große Begabung für Mathematik. 1814 promovierte er, wobei er sich besonders in diesem Fach auszeichnete, und begab sich auf Reisen. Er betrieb seine Studien weiter, wurde 1816 Mitglied der Royal Society und machte sich um die Hebung des mathematischen Unterrichtes in England verdient. Nachdem Babbage sich schon als Student mit dem Gedanken getragen hatte, eine Rechenmaschine zu bauen, die die sonst fast unvermeidlichen Fehler in allen von menschlicher Hand angefertigten mathematischen Tabellen unmöglich machen sollte, konstruierte er im Jahre 1822 das Modell einer kleinen Maschine, mit der es möglich war, Multiplikationen und Quadrate bis zu acht Ziffern zu rechnen. Es gelang ihm, die englische Regierung für seine Maschine, die er „Differenzmaschine" nannte, zu interessieren, und er erhielt im Laufe der Jahre sehr beträchtliche Zuschüsse zu dem Bau dieser Rechenmaschine. 1823 wurde mit dem Bau begonnen und 1833 der bis dahin fertige Teil der Maschine zusammengesetzt. Sie erfüllte alle in sie gesetzten Erwartungen vollauf, und man konnte mit völliger Genauigkeit Tabellen mit drei Gruppen von Differenzen bis zu 16 Ziffern berechnen. Auf Grund von Meinungsverschiedenheiten, die Babbage mit seinem Hauptkonstrukteur Joseph Clement, einem Schüler Maudslays, hatte, verließ ihn dieser im Jahre 1834 unter Mitnahme aller Spezialwerkzeuge und der besten Arbeiter, was zu jener Zeit angängig war. Währenddessen schlug Babbage der Regierung eine noch viel größere und bessere Maschine, seine „Analytical Calculating Machine" vor. 1842 wurde indessen nach langen Verhandlungen und Verschleppungen beschlossen, den Plan endgültig fallen zu lassen. Bis zu diesem Zeitpunkt hatte der Bau der Maschine über 32 000 Pfund gekostet, von denen 16 000 Pfund von der Regierung und die gleiche Summe von Babbage aus seinem Privatvermögen bestritten worden war. Babbage hat für seine mehr als zehnjährige Arbeit an dieser Maschine nie einen Pfennig erhalten. Die fertigen Teile der „Differenzmaschine" wurden dem South Kensington Museum überwiesen. An seiner zweiten, weitaus größeren Erfindung, der „Analytical Calculating Machine", hat Babbage bis zum Jahre 1854 gearbeitet und auch in die Konstruktion dieser Maschine sehr viel eigenes Geld hineingesteckt. Die Maschine sollte so konstruiert werden, daß sie jede Formel, deren Gesetz bekannt ist, zahlenmäßig auszurechnen gestattete. Sie ist indessen nie vollendet worden.

Die englische Maschinenindustrie hat große Vorteile vor allem aus dem Bau der ersten Maschine gezogen, da eine große Anzahl Arbeiter zur Anfertigung größter Präzisionsarbeiten herangebildet worden war. Auch die Werkzeugmaschinenindustrie ist durch den Bau dieser Maschine stark gefördert worden. Das scheinbar herausgeworfene Geld der englischen Regierung ist demnach doch zu einem guten Zweck angelegt worden. Vom Jahre 1828 bis 1839 war Babbage Professor der Mathematik am Trinity College. Er hat eine Reihe von Büchern und Abhandlungen — im ganzen rund 80 — geschrieben, u. a. „The Economy of Machines and Manufactures", die auch heute noch als Vorläufer unserer betriebswirtschaftlichen Literatur angesehen wird. *Em. Eng. S. 240; Nat. Biogr. 1 (1885) S. 304; Biogr. Lit. Hwb. 1 S. 81.* Wi.

BACON, Roger, geb. um 1214 in oder bei Ilchester (Somersetshire), gest. um 1294 in Oxford, ein englischer Minoritenmönch, Zeitgenosse der großen Scholastiker Thomas von Aquino, Albertus Magnus, Bonaventura, wegen seiner ausgebreiteten Gelehrsamkeit der „Doctor mirabilis" genannt nimmt durch seine realistische Betrachtung der Natur und die Betonung des Wertes der Erfahrung innerhalb der Scholastik eine Ausnahmestellung ein und kann als der erste wirkliche Naturforscher des Mittelalters bezeichnet werden.

Über seinen Lebensgang ist wenig Sicheres bekannt. Anscheinend stammte er aus einer angesehenen Familie, studierte in Oxford und Paris, wo er zum Doktor der Theologie graduiert wurde. Vermutlich erst nach seiner Rückkehr in die Heimat (um 1250) trat er in den Orden der Minoriten ein und lehrte mit Auszeichnung an der Universität Oxford. Seine Ansichten und Forschungsergebnisse namentlich auf naturwissenschaftlichem Gebiete, vor allem wohl auch sein Auftreten gegen die Sittenverderbnis des Klerus erregten jedoch das Mißfallen seiner Oberen. Er wurde 1257 nach Paris geschickt, dort lange Jahre gefangen gehalten und der Mittel zu seinen Studien beraubt. Erst unter dem Papst Clemens IV., der sich schon als päpstlicher Legat für Bacons wissenschaftliche Arbeiten interessiert hatte, wurden ihm Erleichterungen zuteil. Auf dessen Aufforderung verfaßte er in der unglaublich kurzen Zeit von wenig mehr als einem Jahre sein Hauptwerk, das Opus majus (Ausgabe von Jebb, London 1733; Neuausgabe in 3 Bänden von J. H. Bridges, London 1897—1909), das in 7 Teilen den Gesamtkreis der Wissenschaften seiner Zeit behandelt. Durch einen Lieblingschüler übersandte er dieses Werk dem Papst zugleich mit einer kurzen Zusammenfassung seines wesentlichen Inhaltes, dem sog. Opus minus (oder secundum). Schließlich ließ er noch zur Erläuterung und Ergänzung dieser beiden Schriften das Opus tertium folgen. (Die beiden letzteren Schriften sind mit einigen anderen herausgegeben von Brewer, London 1859.) 1268 war Bacon wieder in England, wo er sich in verhältnismäßiger Freiheit aufs eifrigste seinen wissenschaftlichen Arbeiten widmete. Aber schon 1278 wurde er auf einem Ordenskapitel in Paris „propter quasdam novitates suspectas" verurteilt und erneut gefangen gesetzt. Wie lange diese Gefangenschaft dauerte, ist nicht bekannt. Jedenfalls war er 1292, wie sein aus diesem Jahre datiertes Compendium studii theologii beweist, wieder in Freiheit. Wahrscheinlich ist er dann 1294 gestorben und in Oxford begraben worden.

Bacons Schriften behandeln die Theologie, alle Zweige der Philosophie, Grammatik und Rhetorik, Chemie und Alchimie, Physik (insbesondere Optik), Astronomie und Astrologie, Magie, mathematisch-physikalische Geographie und zeigen ihren Verfasser im Besitze des gesamten Wissens seiner Zeit. Im entscheidenden Punkte seiner Weltanschauung war er durchaus ein Kind seiner Zeit. Unter den Wissenschaften steht ihm die Theologie am höchsten, sie ist die „Herrin", der alle anderen zu folgen haben. Auch sein astrologischer Aberglaube zeigt ihn im Banne der herrschenden Anschauungen seiner Zeit, ebenso seine Kosmologie, die dem geozentrischen Weltbilde des Ptolomäus folgt. Trotz dieser Bindungen, die in einem der Autorität und Überlieferung fast ausschließlich huldigenden Zeit alter nur zu natürlich sind, ging Bacon aber vielfach eigene Wege und kam zu neuen Ergebnissen, die er mit dem Mute eines Märtyrers bekannte. Bei aller Abhängigkeit von seinen Quellen war er durchaus kein Kompilator, sondern ein Mann von scharfem, kritischem Blick, gesundem Urteil und wissenschaftlicher Selbständigkeit und hat namentlich im Reich der Naturkunde seiner Zeit manche neue Einsichten eröffnet. Indem er dem Erfahrungswissen besonderes Interesse entgegenbrachte und mit größtem Nachdruck immer wieder die methodische und kulturelle Bedeutung des Experimentes hervorhob, wies sein ahnungsvoller Geist prophetisch über die Grenzen seiner Zeit in eine Zukunft, in der solche Gedanken Gemeingut aller Welt werden sollten. Besondere Erwähnung verdient seine Behandlung der Optik. Seine Darlegungen über die Reflexion durch parabolische Spiegel, über die Anatomie und Physiologie des Auges sind von großer Klarheit. Die sphärische Aberration war ihm bereits bekannt. Fata morgana und Regenbogen werden von ihm einleuchtend erklärt. Aus seinen chemischen Schriften geht u. a. hervor, daß er das Schießpulver gekannt hat. In der Astronomie wies er die Fehler des Julianischen Kalenders nach und schlug eine Kalenderreform vor, die der späteren Ordnung durch Gregor XIII. zugrunde gelegt worden ist. Schließlich kann Bacon auch als ideeller Urheber der Entdeckung der transatlantischen neuen Welt betrachtet werden. Denn seine Anschauung, wonach der asiatische Kontinent sich so weit nach Osten erstrecke, daß seine Küste von Europa aus in einer Seefahrt von wenigen Tagen erreicht werden könne, kam durch Vermittlung des Pierre d'Ailly, der sie ohne Nennung ihres Urhebers in sein Imago mundi aufnahm, zur Kenntnis des Kolumbus, der vornehmlich durch dieses Buch zu seiner Entdeckungsreise nach dem Westen angeregt worden ist. *Roger Bacon Essays, coll. and ed. by A. G. Little (Oxford 1914); H. Siebert: R. Bacon Diss. Marburg 1861; L. Schneider: R. Bacon Augsburg 1873; K. Werner: Die Psychologie, Erkenntnis- u. Wissenschaftslehre des R. Bacon; Sitzungsber d. k. Wiener Akad. d. Wiss., Phil.-hist. Kl. 93 (1879) S. 467 und 94 (1879) S. 489; Entw. Natw. 1.* Wa.

BAENSCH, Friedrich Bernhard Otto, geb. 6. Juni 1825 in Zeitz (Sachsen), gest. 7. April 1898 in Berlin. Sein Vater war Postdirektor. Nach Ablegung der Reifeprüfung studierte er 1844 bis 1847 in Berlin an der Bauakademie und erwarb 1851 das Befähigungszeugnis zum Land- und Wasserbauinspektor. Zunächst führte er im Staatsdienst Hochbauten in Pommern und Eisenbahnbauten an der Ruhr-Siegbahn aus. 1862 bis 1871 war er zuerst Wasserbauinspektor in Stralsund, dann Regierungs- und Baurat in Köslin. Hafenbauten, Leuchtfeuerwesen und Dünenbau waren das Feld seiner Tätigkeit. 1871 wurde er ins Ministerium für Handel, Gewerbe und öffentliche Arbeiten nach Berlin berufen, wo er 20 Jahre wirkte, und zwar an der Verbesserung der Elbe, an Deich- und Uferschutzbauten in Schleswig und an der Kanalisierung des Mains zwischen Mainz und Frankfurt. Sein Hauptwerk ist der Bau des Kaiser-Wilhelm-Kanals 1886 bis 1895. Er gab dem Dahlström-Bodenschen Entwurf eine solche Gestalt, daß er allen Ansprüchen an leichte Benutzbarkeit für Kriegs- und Handelszwecke gerecht zu werden vermochte, und bereitete die Gesetzesvorlagen vor. Er war dann technischer Referent im Reichsamt des Innern, dem die Ausführung unterstellt war, und im preußischen Ministerium der öffentlichen Arbeiten und prägte dem großen Werk den Stempel seiner Persönlichkeit auf. Bei der Eröffnung des Kaiser-Wilhelm-Kanals wurde er zum Kaiserlichen Wirklichen Geheimen Rat mit dem Prädikat Exzellenz ernannt. Mehrere fachtechnische Abhandlungen stammen aus seiner Feder, von denen „Die Sturmflut vom November 1872 an der Ostsee" genannt sei. *Zentr. Bauv. 38 (1898) S. 177.* Se.

BAEYER, Adolf Ritter v., geb. 31. Okt. 1835 in Berlin, gest. 20. Aug. 1917 in München. Sein Vater, ein Kgl. preußischer Generalleutnant, war der Begründer der europäischen Gradmessung und Ehrenmitglied der Kgl. Preußischen Akademie. Die Einflüsse der hohen Kultur seines Elternhauses führten jedoch trotz ihrer mannigfachen Art nur dazu, daß im jungen Baeyer die Neigung zur Chemie sich zum alles beherrschenden Tatwillen ausbildete. Schon mit zwölf Jahren entdeckte er ein damals noch unbekanntes Doppelsalz von Kupfer- und Natriumkarbonat. Nach Absolvierung des Gymnasiums hörte er vorübergehend Mathematik und Physik, um dann endgültig bei Bunsen Chemie zu studieren. Darauf lehrte er die Chemie in Heidelberg, Gent, Berlin, Straßburg und München. Hier begründete er als Nachfolger Liebigs seinen Weltruf durch die Erschaffung der deutschen Teerfarbenindustrie. Schon früh hatte er die Grundlagen zum chemischen Bau des Indigos ergründet, 1866 war er durch Abbau des Isatins zum Indol gekommen, 1870 hatte er mit Emmerling zusammen aus einfachen Verbindungen das Indigoblau künstlich aufgebaut und seine Konstitutionsformel aufgestellt. 1880 trat er mit der badischen Anilin- und Sodafabrik in Verbindung, um ein Verfahren zur technischen Herstellung der künstlichen Farben zu entwickeln. Ausgangsmaterial waren Bestandteile des Steinkohlenteers, 1897 gelangte er ans Ziel. Damit begann allmählich eine deutsche Industrie zu sprießen, deren weltwirtschaftliche Bedeutung daraus erhellt, daß die Anwendung des natürlichen Indigos gänzlich aufhörte. 1890 betrug der Wert des gesamten Welthandels mit natürlichem Indigo noch 100 Millionen Mark. Deutschland mußte noch rd. 1200 t einführen; 1910 führte Deutschland für 40 Millionen Mark künstliche Farbstoffe aus. Selbst in asiatischen Ländern wird heute mit dem in Deutschland erzeugten künstlichen Indigo gefärbt. Baeyers Leben war reich an Arbeit und reich an äußerem Erfolg; in ihm haben sich in seltener Weise Verdienst und Glück die Hand gereicht. *Z. f. angew. Chem. 30 (1917) S. 443.* Fr.

BAILDON, John, geb. 1772 in Schottland, gest. 1846. Der Direktor des schlesischen Oberbergamtes Graf von Reden hatte Baildon aus seiner schottischen Heimat, wo er bei den Carron-Eisenwerken tätig gewesen war, nach Oberschlesien berufen, um im dortigen Gruben- und Hüttenbezirk den Koksofenbetrieb einzuführen. Er goß hier die Eisenteile zu der ersten in Deutschland erbauten eisernen Brücke, die 1796 in Lassan in der Nähe von Breslau errichtet wurde. 1800 bis 1802 wurden unter seiner und des Berginspektors I. W. Wedding Leitung zwei große Kokshochöfen für die Königshütte erbaut, von denen der eine nach dem Begründer des Werkes „Redenofen", der andere „Heinitzofen" genannt wurde. Der Redenofen war der größte bis dahin auf dem Kontinent erbaute Hochofen. Von den Verdiensten, die Baildon sich erworben hat, zeugt es, daß noch heute eine große Hütte und ein umfangreicher Gutsbezirk seinen Namen führen. In den Gleiwitzer staatlichen Werkstätten baute Baildon die erste Betriebsdampfmaschine Deutschlands, die 1800 in der Kgl. Porzellanmanufaktur in Berlin aufgestellt wurde. Dort hat sie bis 1824 ihren anstrengenden Dienst getan und wurde dann meistbietend für 1000 Taler nach Breslau zum Wasserheben verkauft. — Über Baildons Persönlichkeit und äußere Lebensumstände sind leider nähere Nachrichten nicht erhalten. *Entw. Dm. 2 S. 163; Z 51 (1907) S. 731, 786.* Hä.

BAKER, Sir Benjamin, geb. 31. März 1840 in Tondu (Glamorganshire), gest. 19. Mai 1907 in Bowden Green (Pangbourne), trat mit 16 Jahren bei Price & Fox auf den Neath-Abbey-Eisenwerken in Süd-Wales in die Lehre, die vier Jahre dauerte. Zwei Jahre war er dann bei W. Wilson Assistent, der zu jener Zeit mit der Errichtung der Victoria-Station und der Grosvenor-Road-Eisenbahnbrücke beschäftigt war. Seit 1862 arbeitete er zusammen mit Sir John Fowler bis zu dessen Tode im Jahre 1898. Die ersten sieben Jahre bei Fowler verbrachte Baker fast ausschließlich im inneren Betrieb; er beschäftigte sich in seiner freien Zeit mit theoretischer Mechanik. Zwei bahnbrechende Arbeiten über „Weitgespannte Brücken" und „Die Festigkeit der Stäbe" sind das Ergebnis dieses Studiums. Außerdem seien an dieser Stelle von seinen zahlreichen veröffentlichten Abhandlungen die über „Die Festigkeit des Ziegelmauerwerks" sowie „Stadtbahnen" erwähnt.

Im Jahre 1869 wurde ihm von Fowler der Bau der Bahn von Westminster nach der City anvertraut; eine Arbeit, die als sehr schwierig und kostspielig bezeichnet wurde. 1881 bauten Fowler und Baker die Forth-Brücke, die mit 521 m die größte Spannweite aller bis dahin gebauten Brücken hatte. Die Ausführung nahm sieben Jahre in Anspruch, die Kosten des Baues betrugen etwa 50 Mill. Mark. Die beiden Ingenieure bauten später gemeinsam auch die Central-London-Bahn. Für die Ausführung des Hudson-Tunnes in New York entwarf Baker eine besondere Schildform. — Sein größtes Bauwerk ist der Nil-Damm bei Assuan; er war Mitglied des Ausschusses, der Form und Lage des Dammes bestimmte, und später beratender Ingenieur für die Wasserwerke. Der Rauminhalt des Wasserbeckens beträgt 1 165 000 000 cbm. Pläne zur Erhöhung und Verstärkung dieses Bauwerkes, um den Rauminhalt des Wasserbeckens zu verdoppeln, sind von Baker aufgestellt und von der ägyptischen Regierung angenommen worden. Außerdem sind in Gemeinschaftsarbeit noch das Avonmouth-Dock, die Walney-Brücke usw. entstanden.

Baker war eines der beiden Zivilmitglieder des Artillerieausschusses und eines der ersten Mitglieder des Engineering Standards Committee, des englischen Normenausschusses. Hervorgehoben wird bei Baker vor allem seine ausgeprägte praktische Befähigung. Schwierige Aufgaben löste er durch das Experiment; ohne die Theorie zu vernachlässigen, gab er doch stets dem durch Versuch festgestellten Ergebnis den Vorzug. *Engg. 83 (1907) S. 684/5.* Wi.

BALDWIN, Matthias W., geb. 10. Dez. 1795 in Elizabeth (N. J.), gest. 7. Sept. 1866 in Philadelphia. Im Jahre 1817 begann er seine Tätigkeit als gelernter Gold- und Silberarbeiter in Philadelphia. Zwei Jahre später machte er sich selbständig und im Jahre 1825 nahm er David Mason, einen Maschinenbauer, in sein Geschäft auf. Sie bauten Werkzeuge und Maschinen für Drucker und Buchbinder, und bald brauchten sie auch Dampfkraft zum Antrieb ihrer Arbeitsmaschinen. Mit der Dampfmaschine, die sie erworben hatten, waren sie aber durchaus unzufrieden, und Baldwin baute selbst eine kleine Bockmaschine, die sich gut bewährte. Der günstige Erfolg veranlaßte ihn, den Bau von ortsfesten Maschinen aufzunehmen.

Im Jahre 1830 kam die erste Lokomotive nach Amerika. Baldwin brachte dieser neuen Anwendung der Dampfkraft das größte Interesse entgegen. 1831 fertigte er im Auftrage des Museums in Philadelphia eine kleine Lokomotive für Ausstellungszwecke an. Sie zog zwei kleine Wagen mit je zwei Personen. 1832 baute er für die Eisenbahn zu Philadelphia die erste große Lokomotive, die „Old Ironsides", die mit zwei Zylindern von 9½ Zoll Durchmesser bei 18 Zoll Hub ausgerüstet war. Die Zylinder lagen wagerecht zwischen dem Rahmen. Am 23. November 1832 machte sie ihre Versuchsfahrt; sie bewährte sich und bald folgten neue Bestellungen. Die Schwierigkeiten, die bei der ersten Lokomotive überwunden werden mußten, waren außerordentlich groß. Es fehlte an geübten Arbeitern, an Werkzeugen und Maschinen und an jeglicher Erfahrung, so daß Baldwin sich manchmal mutlos fragte, ob er wohl je das Unternehmen zu Ende führen könnte. Doch seiner Tatkraft und Ausdauer gelang es, alle diese Hemmungen aus dem Wege zu räumen. 1835 wurden bereits 14 Lokomotiven erbaut, im nächsten Jahre schon 40. 1836 und 1837 begann eine große Geschäftskrisis ihre Wirkung auf alle Industriezweige Amerikas auszuüben. Der Bedarf an Lokomotiven ging sehr zurück und auch Baldwin mußte schließlich seinen Gläubigern einen Vergleich anbieten. Charakteristisch für ihn war es auch hier wieder, daß er sie bat, ihn noch zwei Jahre sein Geschäft fortführen zu lassen, weil er dann sicher hoffe, alle Verbindlichkeiten decken zu können. Sie vertrauten ihm und hatten es nicht zu bereuen, denn nach einigen schlechten Jahren blühte das Geschäft um so mächtiger empor dank der unerschütterlichen zähen Energie Baldwins. In den folgenden Jahren baute er sein Unternehmen immer mehr aus und war ständig auf Verbesserung der von seiner Fabrik gebauten Lokomotiven bedacht. Im Jahre 1861 wurde die 1000. Lokomotive in den Baldwin-Werken erbaut und drei Jahre nach seinem Tode, im Jahre 1869, die 2000. Im Jahre 1902 konnte man ausrechnen, daß in allen vier Stunden eine fertige Maschine die Werkstätten verließ, und bis zu diesem Jahre waren im ganzer 21000 Lokomotiven fertiggestellt worden.

Nicht nur als Ingenieur und Unternehmer zeichnete Baldwin sich aus; auch als Persönlichkeit und als Wohltäter genoß er in der Stadt seiner Tätigkeit einen hohen Ruf. Viel hat er zu dem gewaltigen Aufstieg Philadelphias beigetragen.

Im Jahre 1906 errichteten die Baldwin Locomotive Works in der Stadt Philadelphia eine große bronzene Statue Baldwins. *Entw. Dm. 1 S. 255, 794; History of the Baldwin Locomotive Works 1831—1902 (Philadelphia 1903).* Wi.

BARKHAUSEN, Georg, geb. 28. Juni 1849 in Bückeburg, gest. 1. April 1923 zu Hannover. Er hatte im zarten Kindesalter seinen Vater verloren und daher eine unruhige und schwere Jugendzeit. Nach dem Besuch der Gymnasien zu Bückeburg und Hannover studierte er an der Polytechnischen Schule zu Hannover und erhielt seine Ausbildung als Bauführer bei den Eisenbahndirektionen Hannover und Saarbrücken und beim Betriebsamt Berlin, Stadt- und Ringbahn. Nach der mit Auszeichnung bestandenen Baumeisterprüfung war er beim Bau der Berliner Stadtbahn tätig. Schon im Alter von 31 Jahren erhielt er einen Ruf an die Technische Hochschule Hannover. Er gehörte ihr 30 Jahre lang als Lehrer an und hatte während der Vollkraft seiner Leistungsfähigkeit hervorragenden Anteil an der Entwicklung der deutschen technischen Wissenschaft. Die Hauptgebiete seiner Lehrtätigkeit waren Statik, Brückenbau und Eisenhochbau, Wasserbau und Materialprüfung. Viele von den großen Männern der Technik sind seine Schüler gewesen, denen er das Wesen des Ingenieurbaues in seiner kristallklaren und überzeugenden Vortragsweise darlegte. Er trat während seiner langen Lehrzeit für die mit der Praxis schritthaltende Weiterentwicklung des Studiums ein, war ein Gegner des schulmäßigen Betriebes und ein Förderer der Ausbildung des Ingenieurs nach der rechtlichen und volkswirtschaftlichen Seite hin. Schriftwerklich betätigte er sich vornehmlich als Schriftleiter und Herausgeber des großen Werkes der „Eisenbahntechnik der Gegenwart" und des „Organes für die Fortschritte des Eisenbahnwesens".

Noch lange nach dem Verlassen seines Lehrstuhles im Jahre 1910 war er Gutachter und Ratgeber, nicht nur in technischen Angelegenheiten, und sein Haus war Treffpunkt für Lehrer und Lernende und für Männer des öffentlichen und politischen Lebens. Während des Krieges 1914 bis 1918 war er unablässig im Dienste für sein Vaterland, besonders für den Bau der Luftschiffhallen und Flugzeughallen, tätig. *Der Bauingenieur, Berlin, 3(1923) Heft 10; Org. 78(1923) S. 105.* De.

BAUER, Andreas Friedrich, geb. 18. Aug. 1783 zu Stuttgart, gest. 27. Febr. 1860 zu Oberzell, der treue Helfer und Freund Friedrich Koenigs, des Erfinders der Schnellpresse. Er erlernte zunächst in seiner Vaterstadt in fünfjähriger Tätigkeit das Mechaniker- und Optikerhandwerk, um mit allen Kenntnissen und Fähigkeiten, die die damalige vorzügliche handwerkliche Ausbildung bot, die Universität Tübingen zu beziehen. Dort war er nicht nur ein flotter Student, sondern erwarb sich schon nach zweijährigem Studium die Magisterwürde, um 1805 wie so viele deutsche Techniker nach England, dem damaligen gelobten Lande der Ingenieurkunst, zu gehen. Dort traf er mit Friedrich Koenig zusammen, der gerade mit der Konstruktion der ihm patentierten Druckmaschine beschäftigt war. Dieser war eine über alle Hindernisse vorwärtsstürmende Erfindernatur, Bauer der vorsichtig konstruierende Techniker, der die drucktechnischen Kenntnisse seines Freundes durch mechanische ergänzte. Infolgedessen war ihr Zusammenarbeiten in technischer und geschäftlicher Beziehung so harmonisch, daß sie bis zu Koenigs Tode durch Freundschaft miteinander verbunden blieben.

Bauers Mitwirkung am Bau der Druckmaschinen beginnt im Jahre 1811, wo er Leiter der von Koenig in London eingerichteten Werkstatt wurde. Hauptsächlich auf seine Einwirkung ist es zurückzuführen, daß seit dieser Zeit der Bau der Maschine so rasch vonstatten ging und ihre technische Ausführung vorzüglich war. Im Jahre 1814 ging aus Koenigs Werkstatt die erste Zeitungsdruckmaschine für die Times hervor. 1815 wurde er Teilhaber Koenigs und blieb, als dieser im Jahre 1817 nach Deutschland übersiedelte, als sein Bevollmächtigter in England. Kennzeichnend für das Verhältnis der beiden Freunde ist ein Gesellschaftsvertrag, den die beiden miteinander abschlossen, in dem es heißt: „Die Freundschaft zwischen den Parteien macht es unnötig, auf den Fall ihrer Trennung zu denken. Sollte diese wider alles Erwarten eintreten, so soll dafür nichts vorher bestimmt werden, da die Kontrahierenden soviel Vertrauen zueinander haben, daß selbst die aufgehobene Freundschaft noch Rechte und Pflichten für sie haben wird, die keiner verletzen wird." Im Jahre 1818 siedelte Bauer ebenfalls nach Deutschland über und übernahm die Werkstattleitung der Fabrik, die Koenig in Oberzell bei Würzburg eingerichtet hatte. Hier erwuchs ihm die für damalige Verhältnisse fast unlösbar erscheinende Aufgabe, aus einfachen Landleuten leistungsfähige Maschinenbauer zu machen und diese noch nach der Arbeitszeit in der Fabrik durch Unterricht zu technisch denkenden Menschen zu erziehen. Die damaligen gelernten Handwerker waren nämlich infolge von Zunftzwang, Vorurteilen und Eigendünkel für eine industrielle Tätigkeit unbrauchbar. Unter unendlichen Schwierigkeiten löste er die ihm übertragene Aufgabe, so daß 1822 die erste in und für Deutschland gebaute Maschine fertig wurde. Aber nicht nur für die damalige Zeit musterhaft gebaute Maschinen verließen die Werkstatt, sondern mit ihnen auch ein Stamm von Monteuren, die den Ruf deutscher Zuverlässigkeit und Gründlichkeit in den umliegenden Ländern verbreiteten. Als im Jahre 1833 Friedrich Koenig starb, übernahm Bauer die Leitung des Unternehmens unter den denkbar schwierigsten Verhältnissen. Der Absatz war völlig ins Stocken geraten, Konkurrenzunternehmen traten auf, die finanzielle Lage war sehr traurig geworden. Bauer verzagte nicht, er verbesserte seine Maschine durch neue technische Gedanken und führte das immer mehr aufblühende Unternehmen bis zu seinem Tode im Jahre 1860 weiter. Seinen Anteil an der Erfindung der Schnellpresse charakterisiert am besten das Wort Koenigs: „Wenn zwei Menschen gemeinschaftlich und im höchsten Vertrauen einen Zweck verfolgen, so dürfte es schwer sein, den Anteil zu bestimmen, den ein Freund gehabt hat, der bei allem zu Rate gezogen wurde. Wir haben einander nie Rechnung darüber abgelegt oder abgefordert." *Th. Goebel, F. Koenig u. die Erf. d. Schnellpresse (Stuttgart).* Ni.

BAUER, Georg, s. Agricola.

BAUER, Wilhelm Sebastian Valentin, geb. 23. Dez. 1822 in Dillingen a. d. Donau, gest. 18. Juni 1876 in München. Er war der Sohn eines bayerischen Korporals und erfand, angeregt durch den Krieg im Jahre 1848 und 1849 zwischen dem Deutschen Bund und Dänemark um Schleswig-Holstein, mit seinem „Brandtaucher" ein Unterseeboot, das nach den gleichen Gesichtspunkten arbeitete wie das moderne Minen-U-Boot. Er stellte verschiedene betriebsfähige Modelle und Ausführungen im Großen her und wäre am 1. Februar 1851 bei einer Tiefenfahrt in Kiel mit einem gegen seinen Willen zu schwach gebautem Brandtaucher mit zwei Begleitern beinahe ums Leben gekommen. Später versuchte Bauer, seine Erfindung der Reihe nach in Österreich, England, Frankreich und Rußland nutzbringend zu verwenden und weiter zu entwickeln, wobei er andauernd mit Ränken übelgesinnter Gegner zu kämpfen hatte. Einen vorübergehenden Erfolg erzielte er in Rußland, wo er 134 Tauchfahrten unternahm. Aus- und Eintauchen geschah durch Ballastzylinder. Das U-Boot wurde durch eine Schraube fortbewegt, die durch Menschenkraft mit Hilfe von Treträdern über Zahnräder angetrieben wurde. Die Form war der eines Seehundes nachgebildet. — Außer dem Unterseeboot hat Bauer auch andere Erfindungen gemacht, wie Vorrichtungen zum Heben der Schiffe. Er hat auch einen alten verunglückten Bodenseedampfer gehoben und sich mit noch andern Plänen beschäftigt, darunter einem halbstarren Luftschiff und einem Unterwassergeschütz.

Bauer hatte nur die Volksschule besucht und das Drechslerhandwerk gelernt. Danach hatte er lange Zeit als Soldat gedient. *L. Hauff: Die unterseeische Schiffahrt (Bamberg 1915); O. Gent: Wilhelm Bauer (München 1911).* Schm.

BAUMÉ, Antoine, geb. 26. Febr. 1728 in Senlis, gest. 15. Okt. 1804, vermutlich in Paris. Als Sohn eines Gastwirts geboren, war seine Schulbildung äußerst dürftig. Trotzdem ließ ihn sein heißer Drang zur Wissenschaft alle Schwierigkeiten überwinden. Sein Vater gab ihn zu dem berühmten Apotheker Geoffroy in die Lehre, um ihn ebenfalls für diesen Beruf ausbilden zu lassen. 1752 wurde er nach einer Prüfung als Apotheker zugelassen und wurde bald darauf mit der Abhaltung von Vorlesungen über Chemie im Pariser pharmazeutischen Institut beauftragt. Er verstand es ausgezeichnet, Theorie und Praxis miteinander zu verbinden, und betrieb neben seinem Lehrberuf eine kleine chemische Fabrik. Er stellte als erster in Frankreich Ammoniaksalz her, das man bisher aus Ägypten hatte beziehen müssen. Daneben stellte er noch eine ganze Reihe chemischer, technischer und pharmazeutischer Produkte fabrikmäßig dar. Er versuchte sich auch an Verbesserungen des Porzellans, um ein Erzeugnis zu erzielen, das an Feinheit und Güte dem echten japanischen gleichkam. Ein Verfahren zum vollkommenen Bleichen der Rohseide, ohne den Stoff anzugreifen, geht ebenfalls auf ihn zurück. Sein Name ist heute noch verbunden mit dem von ihm zuerst angefertigten Aräometer und der Skala zur Bestimmung der spezifischen Dichte von Lösungen. Das Vermögen, das ihm seine Fabrik eingebracht hatte, verlor er vollständig in der französischen Revolution. Er sah sich infolgedessen gezwungen, im Alter von über 60 Jahren nochmals von vorn zu beginnen und eröffnete eine Apotheke, die ihm seinen Lebensunterhalt einbrachte. Die von ihm in großer Zahl veröffentlichten chemischen Abhandlungen sind meist in den Mémoires de l'Académie des Sciences veröffentlicht, die ihn 1785 zu ihrem Mitgliede gemacht hatte. Baumé wird geschildert als ein überaus sorgfältiger Mann von fast pedantischer Ordnungsliebe und großem Fleiß. Verschiedene von ihm verfaßte chemische Handbücher zeugen von seiner chemischen Meisterschaft. *Nouv. Biogr. 4 (1853) S. 819; Biogr. univ. 3 (1843) S. 308; Biogr. Lit. Hwb. 1 S. 116.* Hä.

BAUSCHINGER, Johann, geb. 11. Juni 1834 in Nürnberg, gest. 25. Nov. 1893 in München. Er wurde als Sohn einer kinderreichen Handwerkerfamilie in einfachen bürgerlichen Verhältnissen erzogen, erhielt aber eine gründliche Schulbildung. Seine Jugend fiel in die Zeit, als die Naturwissenschaften anfingen, das Gebiet der Technik zu befruchten. Zur Ausbildung in den exakten Wissenschaften besuchte er die Nürnberger Gewerbeschule und danach die polytechnische Schule, entschloß sich zum Lehrfache der Mathematik und Physik und studierte drei Jahre an der Universität München. 1857 wurde er an der Kgl. Gewerbeschule in Fürth als Lehrer für Mathematik und Physik angestellt. Nachdem er dort neun Jahre und am Realgymnasium in München zwei Jahre tätig gewesen war, wurde er an die Technische Hochschule in München berufen, um den Lehrstuhl für technische Mechanik und graphische Statik einzunehmen. — Was Bauschinger über die Grenzen des Reiches hinaus bekannt machte, das waren seine bahnbrechenden Arbeiten auf dem Gebiete der experimentellen Mechanik. Sein hervorragendes Beobachtungstalent und seine Fähigkeiten als Konstrukteur benutzte er zu seinen vielseitigen Untersuchungen über Zug-, Druck-, Schub-, Drehungs- und Knickbeanspruchungen. Es gelang ihm nach großen Schwierigkeiten, im Jahre 1870 ein mechanisch-technisches Laboratorium einzurichten, und er veröffentlichte seine hier gemachten Erfahrungen. 1871 erschien seine erste größere Arbeit: „Graphische Statik." Ständig wies er auf die Wichtigkeit der Festigkeitsuntersuchungen für die Industrie hin und baute nach und nach sein Laboratorium aus. Angeregt durch die Wöhlerschen Versuche prüfte er um 1880 den Einfluß wiederholter Anstrengungen beim Stahl und untersuchte die Einflüsse auf die Elastizitätsgrenze und die Streckgrenze. Aus der Zeit um 1875 stammt die Konstruktion des Bauschinger-Tasterapparates, der noch heute überall in Benutzung ist. Seine Zementuntersuchungen, die Versuche mit gebrauchten Achsen, Schienen und Reifen, die er im Auftrage des Vereines deutscher Eisenbahnverwaltungen anstellte und die die Grundlage für eine Klassifikation von Eisen und Stahl bilden sollten, seine Arbeiten mit Spiegelapparaten an der Werder-Maschine machten seinen Namen auch im Auslande bekannt. Von ihm ging die Anregung zur Schaffung einer Stelle für den Meinungsaustausch über alle Zweige der Versuchstechnik aus, und die von ihm einberufenen „Konferenzen zur Vereinbarung einheitlicher Prüfungsmethoden der Bau- und Konstruktionsmaterialien" bildeten die Grundlagen zum Deutschen Verband für die Materialprüfungen der Technik.

Seine Arbeiten veröffentlichte Bauschinger in der Zeitschrift des bayerischen Ingenieur- und Architektenvereines, seit 1883 in eigenen „Mitteilungen aus dem mechanisch-technischen Laboratorium der Kgl. polytechnischen Schule in München". *Denkschr. d. Technol. Gewerbe-Mus. (Wien 1904); St. u. E. 13 (1893) S. 1105.* De.

BEAUFOY, Mark, geb. 1764 in London, gest. 4. Mai 1827 in Bushy Heath bei Stanmore, war der Sohn eines reichen Brauers in der Nähe von London und beschäftigte sich schon vor seinem fünfzehnten Jahre in den Kühlräumen des väterlichen Betriebes mit chemischen Versuchen. Seiner Initiative ist vor allem die im Jahre 1791 erfolgte Gründung der Society for the Improvement of Naval Architecture zu danken. Von diesem Vereine sind in den Jahren 1793 bis 1798 eine Reihe wichtiger Untersuchungen in den Greenland-Werften durchgeführt worden, die unter Leitung von Oberst Beaufoy standen, der auch einen Teil der Kosten trug. Viele wichtige Ergebnisse für Verbesserungen im Schiffbau wurden auf diese Weise erzielt; auch wurde hierbei zum ersten Male in England die Eulersche Theorie von dem Widerstande des Wassers praktisch erprobt. Henry Beaufoy, der Sohn, ließ im Jahre 1834 auf seine Kosten den Bericht seines Vaters über diese Versuche in einem großen Folianten unter dem Titel „Nautical and Hydraulic Experiments" herausgeben. Stark unterstützt wurde Mark in allen seinen Arbeiten und in seinen vielen Berechnungen von seiner äußerst begabten Frau. Seine magnetischen Beobachtungen, die sich auf einen Zeitraum von nahezu zehn Jahren verteilten, zeichneten sich durch eine für die damalige Zeit unbekannte Genauigkeit und Ausführlichkeit aus. Vor allem dienten sie dem Zweck, mit größerer Bestimmtheit die Gesetze der magnetischen Abweichungen festzulegen. Gegen Ende des Jahres 1815 zog Beaufoy nach Bushey Heath, wo er seine astronomischen Beobachtungen fortsetzte. Seine äußerst umfassende und von ihm allein durchgeführte Arbeit über eine Reihe von Beobachtungen über die Verdunkelung der Jupitertrabanten (on the eclipses of Jupiter satellites) wurde am 11. April 1827 von der Astronomical Society mit der Silbernen Medaille ausgezeichnet. In zwei Bänden ihrer Veröffentlichungen fand die Arbeit ihren Niederschlag und erschien dann auch in den „Astronomischen Nachrichten". Das kleine Observatorium in Bushey Heath wurde bald in ganz Europa bekannt. Die von Beaufoy benutzten Instrumente wurden auf seinen Wunsch der Astronomical Society hinterlassen. Mark Beaufoy war Mitglied der Royal Society und eines der ersten Mitglieder der Astronomical Society. Er war der erste Engländer, der den Montblanc bestieg, und zwar nur sechs Tage nach Saussure am 9. Aug. 1787. Seine vielen astronomischen, meteorologischen und magnetischen Beobachtungen sowie alle seine anderen wissenschaftlichen Arbeiten — im ganzen 28 Abhandlungen — sind niedergelegt in den „Annals of Philosophy", für die er vom Jahre 1813 bis 1826 schrieb. *Nat. Biogr. 4 (1885) S. 51; Biogr. Lit. Hwb. 1 S. 122.* Wi.

BECHEM, August, geb. 13. Mai 1838 in Emmerich, gest. 13. Okt. 1873 in Duisburg. Er war der Sohn eines Weinhändlers und erhielt eine gute Schulbildung, die er nach der technischen Seite hin auf der Hagener Gewerbeschule vervollständigte. Zunächst fand er eine Stellung bei der Isselburger Hütte; seine Vorgesetzten erkannten seine technische Begabung und stellten ihn bald vor schwierige Aufgaben. Besonders bewährte er sich beim Bau und Montieren von Baggermaschinen, mit denen er das Ausbaggern des Dollart, das man ganz vernachlässigt hatte, wieder in Gang brachte. Nach dem Gelingen dieser Arbeit erhielt er eine leitende Stellung in der Hütte, und in dieser Zeit lernte er auch Theodor Keetmann kennen, mit dem er bald eng befreundet wurde. Bechem wollte seine Kenntnisse planmäßig erweitern und ausbauen und ging zu der Firma Funcke & Elbers nach Hagen, die besonders Puddelanlagen und Walzwerke baute, daneben aber auch viele andere Öfen und Maschinen für die Eisenhüttenindustrie. Nach kurzer Zeit erhielt Bechem die technische Leitung der Firma. Auf Kosten der Firma sandte man ihn nach England, um dort die Kleineisenindustrie zu studieren.

August Bechem und Theodor Keetmann entschlossen sich im Jahre 1802, eine eigene Fabrik zu gründen. Als Erzeugung waren von vornherein Massenartikel vorgesehen. Die ersten Aufträge erstreckten sich auf kleinere Hilfsmaschinen der Eisenhüttenindustrie. Ferner wurden hergestellt: kleinere Hebezeuge, Flaschenzüge, Winden und Ketten jeder Art und Abmessung. Die Werkstattarbeit war wohlorganisiert, die Arbeiterzahl stieg schon 1872 auf 200. Leider machte sich in diesen glücklichen Jahren des Emporkommens bei August Bechem die Krankheit immer mehr bemerkbar, die er sich beim Ausbaggern des Dollart zugezogen hatte. Gelenkrheumatismus und hinzutretende Lungenentzündung zwangen ihn Ende der sechziger Jahre, Erholung im Süden, in Algier, zu suchen. Doch die erhoffte Heilung blieb aus. 1873 sah er sich gezwungen, erst 35 jährig, aus der Firma auszuscheiden; wenige Wochen danach setzte der Tod seinem Schaffen ein Ende. *Ein Jahrh. deutsch. Maschinenbau (Berlin 1919) S. 81, 159.* Hä.

BECK, Karl Richard, geb. 24. Nov. 1858 auf dem Blaufarbenwerk Niederpfannenstiel bei Aue im Erzgebirge, gest. 18. Aug. 1919 zu Freiberg. Nachdem Beck im Hause vorbereitenden Unterricht erhalten hatte, besuchte er von 1872 ab das Gymnasium zu Zwickau und nach dem Tode des Vaters von 1876 ab das Nikolaigymnasium zu Leipzig, das er 1879 mit dem Zeugnis ber Reife verließ. Schon in seiner frühesten Jugend hatte er sich mit der Pflanzen- und Tierwelt des Erzgebirges lebhaft beschäftigt, aber er war auch mit den mannigfaltigen Mineralien der Schneeberger und Schwarzenberger Gruben bekannt geworden.

Um Naturwissenschaften zu studieren, bezog Beck im Sommer 1879 die Universität Freiburg i. B., siedelte dann aber nach Leipzig über, wo er im Februar 1883 promovierte. Durch seinen Lehrer Credner wurde er der sächsischen geologischen Landesanstalt als Geologe zugeführt. Er verblieb hier 12 Jahre. Im Frühjahr 1895 wurde er als Nachfolger Alfred Stelzners nach Freiberg berufen; hier hat er 24 Jahre lang unermüdlich als Professor der Geologie, Versteinerungslehre und Lagerstättenlehre erfolgreich gelehrt.

Während seiner Tätigkeit bei der Geologischen Landesanstalt bearbeitete Beck zum Teil allein, zum Teil gemeinsam mit Fachgenossen eine größere Anzahl von Kartenblättern. In Freiberg suchte Beck durch Befahrung von Gruben und Besuch von Bergbaurevieren sich auch mit dem Bergbau bekanntzumachen. So revidierte er im Sommer 1896 die Sektion Schwarzenberg der Sächsischen Geologischen Karte und lernte die dortigen Gruben kennen. Im Anschluß an den Internationalen Geologentag in Petersburg im Jahre 1897 bereiste er einen großen Teil Rußlands, später auch Südafrika und die Erzreviere Canadas. Unter Benutzung der von Stelzner hinterlassenen ausführlichen Etiketten der Lagerstättensammlung und auf Grund sehr umfänglicher Literaturstudien veröffentlichte er schon 1900 seine zweibändige Lagerstättenlehre, die kurz darauf ins Englische und Französische übersetzt wurde, 1903 in zweiter und 1909 in dritter Auflage erschien. Durch dieses Werk wurde der Weltruf Becks begründet. Er hatte, wie schon sein Vorgänger Stelzner, vielfach die mikroskopische Untersuchung der Lagerstättenbeschreibung zugrunde gelegt. Besondere Verdienste hat sich Beck auch durch die Neuordnung der paläobotanischen Sammlung der Bergakademie erworben. Es kamen ihm hierbei seine eingehenden botanischen Kenntnisse besonders zustatten.

Beck war Ehrendoktor der drei Hochschulen Genf, Leoben und Toronto in Canada. Er war von 1911 bis 1913 Rektor der Bergakademie. Seine Schüler verehrten in ihm nicht nur den erfolgreichen Lehrer, sondern auch den warmherzigen Freund. *Stutzer, Zeitschr. f. prakt. Geologie (1919) S. 149 (mit Verzeichnis der sämtlichen Arbeiten Becks); Schreiter, Jahrbuch f. d. Berg- u. Hüttenwesen in Sachsen (1919) S. 9.* Tr.

BECK, Ludwig, geb. 10. Juli 1841 in Darmstadt, gest. 23. Juli 1918 in Biebrich a. Rh. Er erhielt seine wissenschaftliche Vorbildung auf dem Gymnasium und der höheren Gewerbeschule in Darmstadt und besuchte 1860 und 1861 die Universität Heidelberg, wo er zum Dr. phil. promovierte, um dann bis 1863 seine Studien auf den Bergakademien zu Freiberg und Leoben fortzusetzen. Einige Zeit arbeitete er dann auf Berg- und Hüttenwerken in Ems und Hattingen, um sich praktische Kenntnisse anzueigen. Darauf wurde er Assistent bei Prof. Percy an der Royal School of Mines in London, 1865 bis 1867 war er Hochofeningenieur in Altenhundem. Seiner starken Neigung zu wissenschaftlicher Arbeit folgend hielt er 1867 bis 1869 Vorlesungen in Darmstadt und Frankfurt a. M., bis er am 1. März 1869 die Rheinhütte in Biebrich unter der Firma L. Beck & Co. übernahm. Ein halbes Jahrhundert fast hat er diesem Werk, das sich in erster Linie mit der Herstellung von Eisengußwaren für die chemische Großindustrie befaßte, vorgestanden und es zu großen Erfolgen geführt. Bekannt ist er aber im wesentlichen durch seine metallurgischen und technisch-geschichtlichen Veröffentlichungen geworden. Sein Hauptlebenswerk ist die fünfbändige „Geschichte des Eisens", die er in den Jahren 1884 bis 1903 verfaßte. *Z 62 (1918) S. 621.* Lo.

BECK, Theodor, geb. 3. Juni 1839 in Darmstadt, gest. 30. Juli 1917 ebenda. Beck steht neben seinem Bruder Ludwig, dem Verfasser der „Geschichte des Eisens", unter den Geschichtschreibern der Technik an erster Stelle. Durch umfangreiche und gründliche Quellenstudien hat er wichtige Abschnitte in der Entwicklungsgeschichte der Technik aufgehellt und durch seine gewandten, technisch zuverlässigen Darstellungen zur Verbreitung solider kulturgeschichtlicher Kenntnisse auf einem viel zu lange vernachlässigten Gebiet als einer der ersten wesentlich beigetragen. Beck erhielt seine erste Ausbildung auf dem Gymnasium und der höheren Gewerbeschule seiner Vaterstadt. Nach kurzer praktischer Tätigkeit bezog er zum Studium des Maschinenbaues im Herbst 1857 die Polytechnische Schule in Karlsruhe, wo namentlich Redtenbachers Unterricht großen Eindruck auf ihn machte. Mehrere Jahre war er dann als Ingenieur in Deutschland und England tätig. 1867 wurde er Teilhaber der Maschinenfabrik Kleyer u. Rosenbaum, später Beck u. Rosenbaum, die im Bau von Brauerei- und Mälzereimaschinen guten Ruf genießt. 1885 zog er sich aus dem Geschäftsleben zurück, um fortan ganz seinen wissenschaftlichen Studien zu leben, für die er besondere Neigung und Veranlagung hatte. Er habilitierte sich an der Technischen Hochschule in Darmstadt und las seit dem Sommersemester 1886 lange Jahre über „Gewichts- und Kostenberechnungen der Maschinenfabrikation". 1886 begann Beck auch die Ergebnisse seiner Forschungen zur Geschichte der Technik unter dem bescheidenen Obertitel „Historische Notizen" im „Civilingenieur" zu veröffentlichen. Bei diesen Arbeiten betrachtete er es als seine Aufgabe, kurzgefaßte und doch klare, das Wesentliche enthaltende Berichte über den Inhalt der wichtigsten alten

Werke über Maschinenbau zu liefern, wobei er jedoch weniger die Entwicklungsgeschichte der technischen Theorien als vorzugsweise die Kenntnis mechanischer Hilfsmittel der Alten vor Augen hatte. Soweit als möglich brachte er dabei auch immer das biographische Material über die betreffenden Männer bei. Die erste dieser „historischen Notizen" behandelte Heron den Älteren von Alexandria (um 120 v. Chr.) und seine Vorgänger. Bis zum Jahre 1896 erschienen im ganzen 18 solcher Arbeiten, darunter ausführliche Studien über Leonardo, Agricola u. a. Auf Anregung von Alois Riedler wurden sie zusammen mit 5 weiteren Abhandlungen vom Verein deutscher Ingenieure 1899 als „Beiträge zur Geschichte des Maschinenbaues" herausgegeben und erlebten bereits im folgenden Jahre eine zweite vermehrte Auflage. Eine Reihe anderer Arbeiten erschien seitdem in verschiedenen Zeitschriften. 1908 trat Beck aus Gesundheitsrücksichten von seiner Lehrtätigkeit zurück. 1909 ernannte ihn die Technische Hochschule Karlsruhe zu ihrem Ehrendoktor. Dem Deutschen Museum in München gehörte er als lebenslängliches Ausschußmitglied an. 1917 ist er hochbetagt in seiner Vaterstadt gestorben. Was den Arbeiten Becks ihren besonderen Charakter verleiht, ist die Verbindung reicher praktischer Erfahrung und sicheren technischen Blicks mit ausgebreitetem, solidem Wissen. Dazu kam eine dem Gegenstand angemessene, schlichte und klare Behandlungsweise, die seine Aufsätze zu Musterstücken technisch-geschichtlicher Darstellung macht. *Z 61 (1917) S. 772.* Wa.

BECKER, Reinhold, geb. 15. Febr. 1866 in Hagen i. W., gest. 1. Febr. 1924 in Haus Marrein zu Meerenbusch (bei Düsseldorf). Er besuchte das Gymnasium zu Schalke, wo sein Vater ein Baugeschäft hatte. Da der frühe Tod des Vaters 1879 die Söhne bald zwang, für den Lebensunterhalt von Mutter und jüngeren Geschwistern — Reinhold war der dritte von 12 Geschwistern — zu sorgen, mußte er schon mit 14 Jahren das Gymnasium verlassen. Er arbeitete als Berg- und Hüttenmann zuerst in seiner engeren Heimat, dann in Sinn, wo er später in eine kaufmännische Lehre eintrat. 1888 verließ er Sinn, um eine Stellung bei der jetzt zum Phönixkonzern gehörenden Westfälischen Union in Nachrodt anzutreten. Nach zehnjähriger Tätigkeit übernahm er den Prokuristenposten bei der Bismarckhütte in Oberschlesien. 1902 schon kehrte er nach dem Westen als Mitleiter des Roheisenverbandes nach Düsseldorf zurück. Auf Anraten von August Thyssen wurde er 1903 als Direktor an das 1900 gegründete Krefelder Stahlwerk berufen. 1908 schied er dort wieder aus, um mit seinen Brüdern Wilhelm und Julius die Aktiengesellschaft Stahlwerk Becker in Willich zu gründen, deren Generaldirektor er wurde. Im Laufe des Krieges wurde das Edelstahlwerk stark erweitert durch Grubenerwerb, ein Hochofenwerk am Krefelder Rheinhafen, Kohlenzechen usw. Rascher Entschluß und kühnes Kombinieren kennzeichnen Beckers Persönlichkeit, der es gelang, in 16 Jahren eines der größten und bedeutendsten Edelstahlwerke der Welt zu schaffen. Er war nicht nur ein Industrieführer ersten Ranges, sondern auch ein großer Förderer technischer Wissenschaft, was die Technische Hochschule durch Verleihung des Dr.-Ing. E. h. anerkannte. *St. u. E. 68 (1924) S. 247.* Lo.

BECKMANN, Johann, geb. 5. Juni 1739 in Hoya, gest. 3. Februar 1811, war der Sohn des Steuereinnehmers Nicolas Beckmann. Er studierte 1759 bis 1762 in Göttingen, unternahm im Anschluß daran Reisen, um Fabrik- und Gewerbunternehmungen in Braunschweig, Osnabrück, Utrecht, Rotterdam, Leyden, Delft, Gröningen zu sehen. Im Jahre 1763 erhielt er einen Ruf an das St. Peter-Gymnasium in St. Petersburg, wo er bis zum Jahre 1765 tätig war; rückkehrend bereiste er Schweden und Dänemark, wo er insbesondere auch mit Linné in Berührung kam, besuchte die Erzbergwerke in Norrberg, die Montanwerke zu Falun, die Fabriken in Biurfors, Alfvestad, die Tuchfabrik in Barenenge, die Stockholmer Zuckerfabrik und viele andere gewerbliche Unternehmungen. 1766 wurde er zum Professor der Philosophie in Göttingen ernannt und begann am 30. Okt. dieses Jahres seine Lehrtätigkeit, die er dann fast während eines halben Jahrhunderts inne hatte. In den folgenden Jahren bearbeitete er das auf der Schwedenreise gesammelte wissenschaftliche Material und beschäftigte sich mit der praktischen Anwendung seiner Erfahrungen auf die Landwirtschaft. Von 1767 an las er über ökonomische Wissenschaften und wurde 1770 mit dem Lehrauftrag über Ökonomie in Göttingen betraut. Die großen Kenntnisse, welche Beckmann durch das Studium der Fabriken gesammelt hatte, und seine Sachkenntnis in der Naturwissenschaft, Mathematik und Mechanik veranlaßten ihn dazu, sich besonders mit der Erklärung der mechanischen Vorgänge in den verschiedenen Gewerben zu beschäftigen. Als erster machte er den Versuch, die Beschreibung verschiedener Gewerbe in einem Lehrbuch zusammenzufassen; er war es auch, der zuerst den Namen „Technologie" für diese Wissenschaft einführte. Somit ward Beckmann durch seine Arbeiten in den Jahren 1770 bis 1777 recht eigentlich zum Gründer der mechanischen Technologie. Bei seiner Systematik teilte er die Handwerke in 51 Klassen ein und rechnete in die ersten 8 Klassen die chemischen Gewerbe, dann weiter die der mechanischen Umbildung dienenden Gewerbe; im ganzen zählte er 324 Gewerbe auf, ohne jedoch alle in Frage kommenden gewerblichen Tätigkeiten dabei zu umfassen. Im Jahre 1777 veröffentlichte er eine Arbeit über „Anleitung zur Technologie"; im Jahre 1779 „Beiträge zur Ökonomie, Technologie usw." und sodann „Beiträge zur Geschichte der Erfindungen". Besonders bemerkenswert ist eine Arbeit, die von der k. k. Gesellschaft der Ackerbaues zu Laibach preisgekrönt wurde über die Frage: „Welches sind die schicklichsten Nebengewerbe für Landleute überhaupt, namentlich aber in Krain?"; darin beschäftigte er sich besonders mit der Hausindustrie und deren Pflege durch die Staatsregierung und schlägt vor, es sollen Lehrmeister in die Dörfer gesetzt werden, Handwerkszeuge und Material von Staats wegen beschafft und Unterricht in den einzelnen Häusern für Hausindustrie gegeben werden, um unter den Landleuten nützliches Nebengewerbe einzuführen. In den Jahren 1782 bis 1805 erschienen die „Beiträge zur Geschichte der Erfindungen" in 5 Bänden, in denen er sehr eingehend die Geschichte der technischen Erfindungen, auf literarischen Quellen fußend, untersucht. Bei der Göttinger Sozietät der Wissenschaften veröffentlichte er eine Reihe technologischer und warenkundlicher Arbeiten in lateinischer Sprache über den Krapp, über Färbehölzer, Färberei, Zucker usw. 1806 erschien der „Entwurf der allgemeinen Technologie", in welchem er zu einer vergleichenden wissenschaftlichen Behandlung des technologischen Lehrstoffes anregt. Damit war die literarische Tätigkeit Beckmanns im Grunde genommen abgeschlossen. Er wurde in den späteren Jahren Mitglied zahlreicher Akademien, wurde 1784 zum großbritannischen und braunschweigisch-lüneburgischen Hofrat ernannt und bei weiteren zahlreichen wissenschaftlichen Gesellschaften als Ehrenmitglied und korrespondierendes Mitglied gewählt. Johann Beckmann starb an den Folgen einer Lungenentzündung. Eine ausführlichere Beschreibung über ihn hat Professor Wilh. Franz Exner, Wien, 1878 gegeben, der ihn als einen außerordentlich gewissenhaften, liebenswürdigen und „herrlichen" Mann schildert. *ADB 2 (1875) S. 238.* Bn.

BEETZ, Friedrich Wilhelm Hubert v. geb. 27. März 1822 in Berlin, gest. 22. Jan. 1886 in München. Wilhelm Beetz hatte das Glück, schon sehr früh auf dem Köllnischen Realgymnasium in Berlin einen ausgezeichneten naturwissenschaftlichen Unterricht zu genießen. 1840 bezog er die Berliner Universität und studierte Chemie unter Rose und Mitscherlich, später auch Physik, wo ihm besonders Magnus und Poggendorff anregende Lehrer waren. Am Schlusse der Studienzeit, 1843, trat er als Assistent in das Laboratorium von Magnus ein. Fast gleichzeitig erhielt er Berufungen als Chemiker nach Edinburgh und als Physiker an das Kadettenhaus in Berlin. Er entschied sich für

Berlin, zumal auch sein Vater dort Geographie lehrte, und somit endgültig für die Physik. Kurz darauf war er Mitbegründer der Berliner physikalischen Gesellschaft, der später fast jeder bedeutendere deutsche Physiker angehörte. Zugleich übernahm Beetz die Schriftleitung der „Fortschritte der Physik", welche die physikalische Literatur der ganzen Welt zu einem Jahresbericht vereinigten. 1845 erhielt er die venia legendi an der Berliner Universität und 1850 die Professur an der Kadettenanstalt. Einem Rufe nach Bern folgte er 1856, siedelte aber bereits nach zwei Jahren nach Erlangen über. Als 1868 die polytechnische Schule in München mit ganz neuen Zielen ins Leben gerufen wurde, wurde Beetz für den physikalischen Unterricht gewonnen und ihm zugleich Gelegenheit gegeben, mit Aufwendung reicher Mittel ein physikalisches Institut mustergültig einzurichten.

Beetz besaß eine hervorragende Lehrbegabung und war ein ruhiger, vorzüglicher Experimentator. Seine chemische Ausbildung legte ihm das Grenzgebiet Physik-Chemie, besonders die Elektrochemie, nahe. Zugleich war er ein eifriger Mitarbeiter auf dem Gebiete der Elektrizitätslehre, namentlich des Galvanismus. Durch geistreiche Versuche gelangte Beetz zu wertvollen Schlüssen, so brachte er die Bestätigung der von Ampère aufgestellten Theorie, daß der Magnetismus auf elektrische Ströme zurückzuführen sei. Auf der elektrotechnischen Ausstellung in Paris 1881, wohin ihn das Deutsche Reich als Preisrichter entsandt hatte, ernannte man ihn zum Vizepräsidenten einer Abteilung. Die hier gemachten Erfahrungen hatten die Versuche im Glaspalast zur Folge, auf Grund deren die Münchener elektrische Ausstellung 1882 stattfand, deren Leitung bei Beetz lag; der junge Oskar von Miller, durch dessen Tatkraft die Ausstellung zustande gekommen war, unterstützte ihn bestens als Schriftführer. Die verschiedenen Meßmethoden der Elektrotechnik wurden hier in ein festgefügtes System gebracht. Beetz führte bei dieser Gelegenheit die schwierigen Untersuchungen des Leitungsmaterials selbst durch.

Seine wissenschaftliche Arbeit fand ihren Niederschlag in mehr als fünfzig Aufsätzen, die meist in den Sitzungsberichten der Kgl. Bayerischen Akademie der Wissenschaften oder in den Annalen der Physik erschienen. Sein kleiner „Leitfaden der Physik", der eine musterhafte gedrängte Darstellung dieser Wissenschaft gibt, erschien in acht Auflagen. Die Lehrtätigkeit an einer technischen Hochschule brachte es mit sich, daß Beetz mit der Praxis in enger Fühlung blieb; er verstand es, dem Zeitgeist zu folgen, und gab aus dem reichen Schatz seiner Erfahrungen Anregungen, die die Praxis befruchteten. Von den zahlreichen äußeren Anerkennungen und Ehrungen, die ihm zuteil wurden, sei die Verleihung des persönlichen Adels durch den König von Bayern hervorgehoben. *ADB 46 (1902) S. 332; Chem.-Ztg. 10 (1886) S. 137; Leopoldina 22 (1886) S. 57; 24 (1888) S. 154.* Hä.

BEIGHTON, Henry, geb. 1685 in Chilvers Coton (Warwickshire), gest. Anfang Okt. 1743 dortselbst. Er stammte aus einer Soldatenfamilie und lebte als Ingenieur und Landesvermesser meist in Griff. Hervorgetan hat er sich durch seine geodätischen Arbeiten, und noch heute ist sein Name als Zeichner der Thomasschen Ausgabe von Dugdales „Warwickshire" bekannt. Die von ihm hier enthaltenen Landesaufnahmen, die er nach eigenen Vermessungen in den Jahren 1725 bis 1729 selber anfertigte, zeichnen sich besonders durch ihre Genauigkeit und Sauberkeit aus. Andere Arbeiten in gleicher Richtung waren von gleicher Bedeutung. Um das Jahr 1720 herum machte er den Vorschlag, eine Karte von Warwickshire herauszubringen, „auf zwei großen Papierbogen, in einer Größe von etwa 43×30 Zoll", zu dem damals sehr niedrigen Preis von 5 sh für den Bogen. Dieser Vorschlag fand aber so wenig Gegenliebe, daß er zu Beigthons Lebzeiten nicht mehr verwirklicht wurde. Im Jahre 1750 wurden diese Karten genau nach den hinterlassenen Angaben des Verfassers schließlich doch durch Subskription gedruckt und besitzen heute großen Seltenheitswert. Beim Entwerfen der Karten diente Beighton das englische Maßsystem (Meilen) als Grundlage, und er führte seine Messungen sowohl mit der Meßkette als auch mit dem Kompaß durch.

Im Jahre 1718 erbaute Beighton in Newcastle eine Dampfmaschine mit einem verbesserten Ventil und mit einer praktisch brauchbaren Steuerung, der „Beighton-Steuerung", 1720 wurde er Mitglied der Royal Society und ein sehr geschätzter Mitarbeiter an den „Philosophical Transactions". Seine Arbeit „Description of the Water Works at London Bridge" stellt auch seiner mechanischen Befähigung ein besonderes Zeugnis aus. Seinem Freund Dr. Desaguliers soll er auch maßgeblich bei der Abfassung des zweiten Bandes seines „Course of Experimental Philosophy" unterstützt haben. *Nat. Biogr. 4 (1885) S. 132.* Wi.

BÉLIDOR, Bernard Forest de, geb. 1697 (Nouv. Biogr. 1693) in Catalonien, gest. 8. Sept. 1761 in Paris. Im Alter von fünf Monaten beider Eltern beraubt, blieb er im fremden Lande ohne alle Hilfsmittel. Ein den Eltern befreundeter Offizier nahm sich seiner an und erzog ihn mit seinen eigenen Kindern äußerst sorgfältig. Wie sein Pflegevater wurde er technischer Offizier; bald erhielt er eine Stellung als Lehrer der Mathematik und Physik an der Artillerieschule La Fère. Als Adjutant Ségurs und des Herzogs von Harcourt machte er 1742 den Feldzug in Bayern und Böhmen mit, 1744 ging er mit dem Prinzen Conti nach Italien, 1745 nach den Niederlanden, wo er wesentlichen Anteil an der Eroberung von Charleroi hatte. Nachdem er seine wissenschaftlichen Arbeiten wieder aufgenommen hatte, wurde er 1758 Direktor des Pariser Arsenals und Generalinspektor der technischen Truppen. Von seinen Schriften sind hervorzuheben: „La science des ingénieurs" (Paris 1729), „Architecture hydraulique" (1757), „Le bombardier" (1731) und „Traité des fortifications" (1735). Mehrere seiner Werke wurden auch kurz nach ihrem ersten Erscheinen ins Deutsche übersetzt. Die „Science des ingénieurs" erlebte noch 1830 eine Neuauflage, ein Zeichen für die umfassende und geschickte Darstellungsweise Bélidors, die lange Zeit für die Franzosen vorbildlich blieb. In der „Architecture hydraulique" berichtet Bélidor von Maschinen zur Vertiefung der Seehäfen, die bei Toulon zur Anwendung kamen. Es handelt sich um einen Stiellöffelbagger. Er berichtet ferner über die Anwendung wagerechter Wasserräder in der Provence und der Dauphiné. Im gleichen Werk wendet er zuerst die Differential- und Integralrechnung für technische Zwecke an, und zwar namentlich zur Berechnung der Ausflußgeschwindigkeit aus senkrecht stehenden Röhren. *Nouv. Biogr. 5 (1853) S. 196; Handb. Natw.; Hist. méc.* Hä.

BELL, Alexander Graham, geb. 3. März 1847 in Edinburgh, gest. 2. Aug. 1922 bei Baddeck (New Scotland), studierte in Edinburgh, später in London, wo er Wheatstone und Ellis kennen lernte. 1870 ging er nach Kanada und wurde 1872 Professor der Physiologie der Sprachwerkzeuge in Boston. In den folgenden Jahren beschäftigte er sich eingehend damit, mehrere Telegramme in Morsezeichen auf einer Leitung zu befördern, was er durch elektrische Fernübertragung verschieden höher Töne zu erreichen suchte. Gleichzeitig arbeitete er an der Konstruktion eines Apparates, durch den er die Schwingungen der Luft sichtbar machen wollte, um taubstummen Schülern bildlich die Lautbildung vorweisen zu können. Zu diesem Zwecke studierte er äußerst gründlich die Lehre der Schallempfindungen, hauptsächlich die Helmholtzschen Versuche auf diesem Gebiete. Die Arbeiten brachten ihn auf den Gedanken, verschiedene Klänge und Töne ihrer Höhe nach mit Hilfe des elektrischen Stromes wiederzugeben. Durch genaue Versuche stellte er fest, daß abwechselnd geschlossene und offene Ströme hierzu nicht brauchbar waren, daß aber die Induktionsströme die erforderlichen Eigenschaften besaßen. Bell baute 1875 seinen ersten Apparat für die elektrische Übermittlung von musikalischen Tönen und Sprechlauten und meldete am gleichen Tage wie Elisha Gray seine Erfindung zum Patent an. Er ging aus den nachfolgenden Patentstreitigkeiten als Sieger hervor. Und doch darf er nicht als der eigentliche „Erfinder" des Telephones genannt werden, da der Lehrer Philipp Reis schon 1860 das Telephon in seiner wesentlichen Konstruktion entdeckt hat. Bells Apparat erregte auf der Jubiläumsausstellung in Philadelphia 1876 großes Aufsehen; im selben Jahre stellte er eine 8 km lange Telephonlinie zwischen Brantford und dem Mount Pleaseant her. Im Jahre darauf wurde die erste für den dauernden Verkehr brauchbare Telephonlinie in Betrieb genommen. Bell verstand es, immer weitere Kreise für seine Arbeiten zu interessieren. In Deutschland nahm sich der Generalpostmeister Dr. Stephan mit großer Energie der Ausbreitung des Fernsprechwesens an. Graham Bell widmete sich bis zu seinem Tode der wissenschaftlichen Forschung; 1914 wurde ihm die Edison-Medaille verliehen. Er starb 75jährig auf seinem Sommersitz in New Scotland. *ETZ 28 (1907) S. 422; 43 (1922) S. 1213; E. u. M. 40 (1922) S. 65; Z 66 (1922) S. 792.* Ca.

BELL, **Henry**, geb. 1767 zu Torphichen (Schottland), gest. 14. Nov. 1830 in Helensburg. Ihm war eine sehr bewegte Jugend beschert. Aus der Schule entlaufen war er Hirt geworden, er kehrte wieder zur Schule zurück, war mit 12 Jahren Maurerlehrling, dann wurde er Zimmerer, Mühlen- und Schiffbauer. In London arbeitete er bei John Rennie. Später nach Schottland zurückgekehrt, richtete er Bleichereien und Färbereien ein. Seiner Tatkraft ist die erste regelmäßige Dampfschiffahrt zu verdanken. In der Clydemündung in Helensburg, einem kleinen Seebadestädtchen, hatte er auch eine Badeanstalt erworben, und es lag ihm daran, den Ortsverkehr zwischen Glasgow und Helensburg zu verbessern. Der Maschinenbauer John Robertson aus Glasgow unterstützte ihn und erbaute die Maschine für ein kleines 40 Fuß langes Boot. Die erste Versuchsfahrt des „Comet" fand Ende Juli 1812 statt, und einige Tage später konnte der „Comet" mit 20 Fahrgästen seine erste öffentliche Fahrt unternehmen. Eine Reihe höchst bemerkenswerter Fahrten ist dann später noch von dem „Comet" unternommen worden, bis er schließlich am 15. Dez. 1828 als erstes Dampfschiff scheiterte und zugrunde ging. Bell hat auch die Dampfschiffahrt keine Reichtümer eingetragen. 1838 wurde ihm am Ufer des Clyde ein Denkmal errichtet. *Entw. Dm. 1 S. 81.* C. M.

BELL, **Lowthian**, **Sir**, geb. 1816 zu Newcastle, gest. 20. Dez. 1904 zu Rounton Grange (Northallerton). Er war der Sohn des Eisenhüttenbesitzers Thomas Bell und erhielt eine ausgezeichnete wissenschaftliche Ausbildung auf der Edinburger Universität und auf der Sorbonne zu Paris. Erst im Alter von 24 Jahren begann er seine Praxis und trat in die Walker Iron Works ein, in denen er sich bald als Eisenhüttenmann einen Namen machte. Nachdem er schon früher an der Gründung einer chemischen Fabrik in Nord-Durham beteiligt war und 1844 mit seinen Brüdern Thomas und John einen Hochofenbetrieb am Tyne begonnen hatte, übernahm er bald nach der Entdeckung des großen Eisensteinlagers bei Middlesborough im Jahre 1850, wieder mit seinen Brüdern, die Gründung der Clarence Iron Works on Tees, die sich außerordentlich schnell entwickelten und im Jahre 1905 bereits 6000 Arbeiter beschäftigten. Der Erwerb von Eisensteingruben, Kohlenzechen und Kalksteinbrüchen und die Beteiligung an der North-Eastern-Eisenbahn machten das Werk zu einem der wichtigsten Englands. Gleichzeitig mit dieser praktischen Tätigkeit geht bei Bell eine umfassende wissenschaftliche Betätigung. Schon 1863 legte er der British Association eine Abhandlung über Eisendarstellung vor, 1870 folgte eine Arbeit über die chemischen Vorgänge beim Eisenschmelzen. 1874 wurde ihm durch das Iron and Steel Institute, zu dessen Gründern er gehörte, die erste goldene Bessemer-Medaille verliehen. Seine größte Arbeit sind die 1884 veröffentlichten „Principles of the Manufacture of Iron and Steel". Das „Journal of the Iron and Steel Institute" veröffentlichte seine bedeutendsten Aufsätze über die Reduktion und Produktion des Eisens durch Kohlenoxyd und Kohlendioxyd. Bell war Mitglied des Vereins Deutscher Eisenhüttenleute und vieler technischer Vereine seiner Heimat. Bemerkenswert ist, daß er sich neben seiner umfassenden technisch-wissenschaftlichen Tätigkeit kommunalen und staatlichen Aufgaben widmete. Er war Stadtrat und Bürgermeister in Newcastle und als Mitglied der liberalen Partei Abgeordneter im Parlament. *Z 49 (1905) S. 35; St. u. E. 16 (1896), 25 (1905).* De.

BELPAIRE, **Alfred**, geb. 25. Sept. 1820 in Ostende, gest. Jan. 1903. Belpaire besuchte die Mittelschule zu Antwerpen, bezog 1837 die École Centrale des Arts et Manufactures in Paris und trat 1841 in den Dienst der belgischen Staatsbahn, in der er in den sechziger Jahren zum Maschinendirektor aufrückte. Er betätigte sich ganz besonders in der Ausgestaltung des Lokomotivparkes der belgischen Staatsbahn. In erster Linie wandte er sein Augenmerk darauf, nicht nur von der Koks- zur Kohlenfeuerung überzugehen, sondern auch die in Belgien in großer Menge entfallende und daher billige Kleinkohle zur Lokomotivfeuerung zu verwenden. Er baute daher Lokomotiven mit für damalige Zeiten außerordentlich großer Rostfläche, die allmählich bis zu 8 qm anwuchs, wobei das Verhältnis Rostfläche zu Heizfläche auf 1 : 35 herunterging. Erst die immer größer werdenden Lokomotivleistungen haben die belgische Staatsbahn um die Jahrhundertwende gezwungen, von den Belpaireschen Bauarten abzugehen, da derartig große Kohlenmengen von einem Heizer nicht mehr zu bewältigen waren.

Mit dem Namen Belpaire ist auch untrennbar die Bezeichnung des Stehkessels mit wagerechter Decke verbunden, wenn schon eine solche Bauart bereits 1849 Crampton patentiert wurde und auch Haswell schon vor Belpaire einige derartige Lokomotivkessel ausgeführt hatte. Zu erwähnen sind seine Bemühungen um das Zustandekommen des 1884 gegründeten Internationalen Eisenbahn-Kongreß-Verbandes, dessen Präsident er 1891 wurde.

Belpaire zog sich 1892 nach über 50jähriger Tätigkeit aus den Diensten der belgischen Staatsbahn in den Ruhestand zurück. *Die Lokomotive (1917) S. 162, 179; Enz. Eisb. 2 S. 203.* Me.

BENTHAM, **Samuel Sir**, geb. 11. Jan. 1757 in Westminster, gest. 31. Mai 1831 in London. Samuel war der jüngste Sohn eines bekannten Anwaltes. Der Rechtsgelehrte Jeremy Bentham war sein Bruder. Mit vierzehn Jahren wurde Samuel zu einem Schiffsbauer der Woolwich Dockyard in die Lehre gegeben, mit dem er zwei Jahre später nach Chatham übersiedelte. Theoretisch und praktisch war er sehr begabt; sein Erfindertalent zeigte sich schon um diese Zeit in kleinen Verbesserungen der Schiffsausrüstung, die von der Admiralität anerkannt wurden. Nach Beendigung seiner Lehrzeit nahm er auf Aufforderung des Kapitäns Macbride an der im Sommer stattfindenden Kreuzerfahrt der Kanalflotte auf der „Bienfaisant" teil. Hierbei machte er den Kampf bei Ushant am 27. Juli 1778 mit und ließ unter seiner Aufsicht verschiedene Verbesserungen am Steuer und in der Aufstellung der Geschütze durchführen. Auf Anraten seiner Freunde unternahm er kurz darauf mit Empfehlungen ausgerüstet eine größere Reise nach Rußland, um den Stand der Technik in anderen Ländern zu studieren. Seine Reise führte ihn durch ganz Rußland bis zur Krim und durch Sibirien bis zur chinesischen Grenze. Vor allem studierte er während dieser Zeit das Bergwesen und die Metallverarbeitung in Rußland, über die er im Oktober 1782 der Kaiserin von Rußland einen ausführlichen Bericht erstattete. Während der nächsten Jahre blieb er in Rußland. In den Diensten von Potemkin, der ihn mit den weitestgehenden Vollmachten ausstattete, errichtete er in Kritschev eine Schiffswerft, wo er vollkommen selbständig arbeiten konnte. Arbeiter und Gehilfen bekam er nur unter größten Schwierigkeiten. Als er im September 1784 zum Kommandeur eines Bataillons ernannt worden war, nahm er einen Teil der ihm auf diese Weise unterstellten Mannschaften und bildete sie zu Matrosen, Maschinen- und Schiffbauern aus. Aus Mangel an geeigneten Offizieren führte er hier zum erstenmal seinen Plan einer „zentralen Beobachtung" durch, wobei alle Werkstätten strahlenförmig von seinem Bureau ausgingen. . In etwas abgeänderter Gestalt hat sein Bruder diesen Gedanken in Gestalt des „Panopticon" beim Bau eines Gefangenenlagers für 1000 Personen eingeführt. Den Krieg gegen die Türken im Jahre 1787 machte Bentham an hervorragender Stelle mit und hat viel zum glücklichen Ausgang beigetragen. Er erfand und baute neue große Geschütze; so wurden die russischen Schiffe mit 36- und 48pfündigen Haubitzen und einige sogar mit 13zölligen Mörsern ausgestattet. Nach Beendigung des Krieges wurde er, mit hohen Ehren bedacht, auf seinen Wunsch an eine leitende Stelle nach Sibirien gesandt, wo er sich vor allem der Aufgabe widmete, dieses Land durch die Schiffbarmachung der Flüsse, durch Stärkung der Handelsbeziehungen mit China usw. zu erschließen.

Im Jahre 1791 bat er um Heimatsurlaub in dem Gedanken, nach kurzer Zeit wieder nach Rußland zurückzukehren. Durch den Tod seines Vaters, durch den Bau des erwähnten großen Gefängnisses, durch verschiedene Patentanmeldungen — für ein besonderes Imprägnierverfahren für verschiedene Stoffe, so z. B. Holz, Fleisch, Häute usw. — und vor allem durch seine ständig enger werdende Verbindung mit der englischen Admiralität schob sich seine Rückkehr nach Rußland immer weiter hinaus, bis er im Jahre 1795 alle Verbindungen mit Rußland löste. Seine ganze Kraft widmete er in den folgenden 18 Jahren England. Während dieser Jahre entwickelte sich die Seemacht Englands in besonderem Maße; die durchgeführten technischen Verbesserungen, die Organisation und straffere Verwaltung der Schiffswerften sowie der Bau und die zweckentsprechende Ausrüstung neuer Schiffe — alles das ist in größtem Maße dem scharfen Blick und der Umsicht Benthams zuzuschreiben. Durch Intrigen, die man gegen ihn wegen seines Kampfes gegen die immer mehr um sich greifende Korruption in allen amtlichen Stellen führte, wurde er im Sommer 1805 in besonderer Mission nach St. Petersburg gesandt, von der er erst im Jahre 1807 zurückkehrte. Sein bisheriger Posten war inzwischen gestrichen und er zu einem der Marinekommissionäre ernannt worden. In den nächsten Jahren ging sein Kampf für eine Umorganisierung der Schiffswerften mit unverminderter Stärke weiter; 1812 wurde er unter Weiterzahlung seines vollen Gehaltes pensioniert. Vom Jahre 1814 bis 1827 wohnte er mit seiner Familie in Frankreich und beschäftigte sich vor allem mit der Abfassung von fachlichen Berichten und auch einigen mehr persönlichen Arbeiten. *Nat. Biogr. 4 (1885) S. 281; M. S. Bentham: The Life of Samuel Bentham (London 1862).* Wi.

BERTHOLLET, Claude Louis, Graf, geb. 9. Nov. 1748 in Tailoire b. Annecy (Savoien), gest. 6. Dez. 1822 in Arcueil b. Paris. Er besuchte das Gymnasium in Chambéry, studierte in Turin Medizin und erlangte dort 1768 den Doktorgrad. Vier Jahre später ging er zu seiner Weiterbildung nach Paris, um sich dort mit Chemie zu beschäftigen. 1780 wurde er in die Akademie gewählt und entwickelte eine bedeutsame wissenschaftliche Tätigkeit. Seit 1794 war er Lehrer an der polytechnischen Schule und wurde bei den Feldzügen in Italien und Ägypten beruflich verwandt.

Berthollet war anfangs Anhänger der Phlogistontheorie wie alle seine Zeitgenossen. Im Umgang mit Lavoisier bekannte er sich seit 1786 zu dessen Lehren. 1787 gab er gemeinsam mit ihm Guyton de Morveau und Fourquoy das Buch „Méthode de la nomenclature chimique" heraus, das die neue Lehre verkündigte, und gründete mit ihnen 1789 die altehrwürdigen „Annales de chimie".

Berthollets Experimentaluntersuchungen waren von großem Wert. In einer seiner frühesten Arbeiten deckte er die Zusammensetzung des Ammoniaks auf. Die Blausäure und ihre Salze beschrieb er und fand auch das Chlorcyan und das Knallsilber. Auch die Natur des Schwefelwasserstoffes erkannte er im wesentlichen richtig. Seit 1784 war er Direktor der Gobelinfabrik in Paris, die er durch Verbesserungen, besonders in der Färberei, förderte. Seine Erfahrungen über die Färberei legte er in einem zweibändigen Werk nieder. Von größter und dauernder Bedeutung war aber seine Entdeckung der bleichenden Kraft des Chlors, das er in die Textiltechnik einführte. Auf seine Anregung wurde es später in Form des unterchlorigsauren Kalis, des Eau de Javelle, fabrikmäßig hergestellt und verwandt. Eine besondere Abfindung hat Berthollet weder für diese, noch für andere Erfindungen erstrebt noch erhalten. Im Anschluß an diese Entdeckung fand er die Chlorsäure und die Chlorate auf und erkannte deren Sprengwirkung. Auch stammt von ihm die Einführung des Phosphors in die Gasanalyse her.

Berthollet glaubte, daß die chemischen Reaktionen sich nicht nach dem Gesetz der konstanten Proportionen, sondern innerhalb gewisser Grenzen in beliebigen Gewichtsverhältnissen abspielen. Diese Ansicht wurde mit Recht allgemein verworfen, aber sie enthielt doch einen richtigen Kern, den der chemisch wirksamen Masse, den Guldberg und Wage 70 Jahre später wieder aufgriffen und zum sogenannten Massenwirkungsgesetz ausbauten. Berthollets Ansichten hierüber sind in seinem Werk „Essai de statique chimique" niedergelegt. In ihm ist auch zum erstenmal die Behauptung aufgestellt worden, daß die Asche der Pflanzen aus dem Boden stammt.

Nach seiner Rückkehr aus dem ägyptischen Feldzuge zog er sich in sein bescheidenes Landhaus in Arcueil zurück, wo er für einen Kreis bedeutender Fachgenossen den Mittelpunkt bildete und Gelehrte aus allen Ländern empfing. Er arbeitete hier u. a. über die Ausbreitung der Wärme in Flüssigkeiten, über das Knallquecksilber, die Sodabereitung aus Kochsalz und die Kohlenwasserstoffe. Seine und seiner Freunde Arbeiten sind in den „Mémoires de la société d'Arcueil" niedergelegt.

Berthollet gelangte zu den höchsten Ehren, er wurde geadelt und in den Grafenstand erhoben. *E. v. Meyer, Gesch. d. Chemie; Nouv. Biogr. 5 (1853) S. 176.* Sa.

BERZELIUS, Jons Jakob v., geb. 20. Aug. 1779 zu Wäfoersunda, gest. 1848 in Stockholm. Er war der Sohn eines gebildeten Vaters, der früh starb und ihn in ärmlichen Verhältnissen zurückließ. Seiner Neigung zur Chemie folgend warf er sich aufs Studium, wurde aber durch den unvollkommenen Unterricht bewogen, Medizin zu studieren. Als ausübender Arzt fühlte er jedoch die Sehnsucht nach dem Wesen der Materie so mächtig in sich werden, daß er sich wieder ganz der Chemie zuwandte.

In einer seiner Erstlingsarbeiten studierte er zusammen mit Hisinger 1803 die Einwirkung des elektrischen Stromes auf Salzlösungen. Berzelius fand hierbei die ersten Gesetzmäßigkeiten der Elektrolyse, nämlich daß sich alle Metalle an demselben, am negativen Pol abscheiden, am positiven Pol dagegen Sauerstoff, die Säuren und die oxydierten Körper. 1807 bereits wurde er zum Professor der Medizin und Pharmazie in Stockholm ernannt; 1815 wurde ihm ein neues Laboratorium zur Verfügung gestellt.

Bei weiteren Versuchen mit dem elektrischen Strom fand er das Ammoniumamalgam, dessen Eigenschaften er richtig deutete, ferner die Amalgame der Leichtmetalle. Den elektrischen Strom, der damals ausschließlich aus der Voltasäule entnommen wurde, deutete er als eine Folge der chemischen Reaktionen zwischen den Bestandteilen der Säule. Berzelius wandte schon in seiner Frühzeit den Mineralien sein Interesse zu. Gleich in seiner ersten Arbeit entdeckte er, erst 23 Jahre alt, gemeinsam mit Hisinger, im Tungstein das Cerium, eine wahre Glanzleistung. Berzelius wurde durch seinen ärztlichen Beruf, den er als Broterwerb noch lange beibehalten mußte, angeregt, Wässer und Mineralwässer zu untersuchen. Seine Analysen sind mustergültig. Er gründete auch, auf sie gestützt, in Stockholm eine Fabrik künstlicher Mineralwässer. Ferner untersuchte er die Bestandteile des menschlichen Körpers auf ihre chemische Zusammensetzung hin. Obwohl ihm noch keine quantitativen Arbeitsmethoden zur Verfügung standen, schuf er doch damit ein grundlegendes Werk. Hieran schließen sich Arbeiten über die Bestandteile der Kieselsäure und des Gußeisens, von denen besonders die letzte dauernden Wert hat. Er wies nach, daß es keinen Sauerstoff enthält, wohl aber Kohlenstoff, den er auch der Menge nach als Kohlensäure bestimmte. Durch Behandlung des Eisens mit Säuren führte er ihn in Kohlenwasserstoffe über. Er fand dabei u. a. den interessanten Eisenammoniumalaun und ferner die Tatsache, daß das Silicium im Eisen als solches vorhanden und nicht an Sauerstoff gebunden ist. In den folgenden Jahren schuf er in umfassenden Arbeiten sein Hauptlebenswerk: den experimentellen Beweis der Proportionslehre, ohne die eine wissenschaftliche Chemie nicht hätte sein können. Er untersuchte dabei alle bekannten Verbindungen von neuem und schuf eine lückenlose Beweisreihe. Welche Schwierigkeiten er dabei überwand, ist am besten daraus zu ermessen, daß er sich alle Chemikalien selbst herstellen mußte, alle Apparaturen selbst anfertigte.

Er führte die Spirituslampe in das Laboratorium ein und benutzte den ersten Platintiegel, lehrte den Gebrauch des Filtrierpapiers, der Trichter und Becherglaser, der Spritzflasche, der Gummischläuche u. a. m. Zur Berechnung der Analysen und Atomgewichte nahm er im Gegensatz zu Prout nicht den Wasserstoff, sondern den Sauerstoff als Grundstoff an und setzte ihn gleich 100. Bedeutsam ist auch seine Einführung der chemischen Zeichen, heute so unentbehrlich, daß wir uns die Chemie ohne sie gar nicht mehr vorstellen können. Mit der Lehre von den einfachen, bestimmten Proportionen verband Berzelius die des elektrochemischen Systems. Er dachte sich dabei alle Körper aus elektropositiven und elektronegativen Teilen bestehend. Diese heute überwundene Theorie hat als Arbeitstheorie lange Zeit schöne Erfolge gezeitigt. Auch stellte er schon den Begriff der Katalyse fest. Nach zehnjähriger Arbeit konnte er 1818 mit etwa 2000 von ihm bestimmten Atom- und Molekulargewichten veröffentlichen. Er untersuchte dann eine Reihe von organischen Stoffen. Eine kühne Tat war seine Neuordnung der Mineralien nach chemischen Gesichtspunkten. Die physikalischen Eigenschaften der Mineralien traten von nun ab an die zweite Stelle.

Die Untersuchung der Mineralien und anorganischen Stoffe stellte er auf eine neue Grundlage durch Einführung des Lötrohres. Er arbeitete die heute gebräuchlichen Gebrauchmethoden aufs beste aus. In diese Zeit fällt die Entdeckung des Selens und die bewunderungswürdige Arbeit über seine Verbindungen. Alle diese Untersuchungen führte er mit wenigen Grammen aus. Die Natur der Blutlaugensalze klärte er auf. Ferner untersuchte er die Sulfide, stellte sie durch Reduktion der Sulfate mittels Wasserstoff her. Er wandte sich dann der Untersuchung der Flußsäure zu, stellte die Fluoride und die Kieselfluorwasserstoffsäure, Bor- und Titanfluorwasserstoffsäure dar. Aus Siliziumfluorid und Kalium stellte er reines Silizium als erster in verschiedenen Dichten und von verschiedenen Eigenschaften dar. Er übertrug dieselben Arbeiten auch auf das Bor und das Titan mit schönstem Erfolg. Ebenfalls bereicherte er die Chemie der Tantal-, Zirkon-, Molybdän- und Wolframverbindungen. 1825 erkannte er auch, daß die Flußsäure, die er bei diesen Arbeiten immer benutzt hatte, nicht eine Sauerstoffsäure, sondern eine Wasserstoffsäure war. Den Chlorkalk erkannte er als eine Verbindung einer sauerstoff- und chlorhaltigen Säure. Umfassende analytische Arbeiten betrafen die Gruppe der Platinmetalle, deren Atomgewichte, Eigenschaften und Verbindungen er überhaupt erst festlegte.

In einem neuen Mineral entdeckte er das Thorium. Er stellte dann die Isomerie der Weinsäure und der Traubensäure fest, deren allgemeine Bedeutung er bereits erkannte. Andere große Arbeiten betrafen das neu entdeckte Metall Vanadin und das Tellur, deren Verbindungen er herstellte. Seine letzte große Arbeit war die über die Meteorsteine. Er stellte fest, daß sie keine Bestandteile enthalten, die auf unserer Erde nicht auch enthalten wären.

Berzelius war auch literarisch eifrig tätig. Sein Lehrbuch der Chemie, dessen viele Auflagen er immer aufs neue umarbeitete, genoß Weltruf, ebenso sein Buch über Lötrohrprobierkunde und seine Jahresberichte über die Fortschritte der physikalischen Wissenschaften. Berzelius war seit 1808 Mitglied, seit 1818 ständiger Sekretär der Stockholmer Akademie. Im gleichen Jahre wurde er geadelt und 1835 in den Freiherrnstand erhoben. Er war ein bescheidener, liebenswürdiger Charakter, klarer Denker, ein erfindungsreicher und unermüdlicher Arbeiter, der sein ganzes Sinnen und Trachten ausschließlich der Erforschung der Wahrheit widmete. *Roses Gedächtnisrede, Abhandl. d. Akad. d. Wiss. zu Berlin (1851), 17; E. v. Meyer, Gesch. d. Chemie (Leipzig 1914) S. 188.* Sa.

BESSEMER, Henry, geb. 13. Jan. 1813 in Charlton (Hertfordshire), gest. 15. März 1898 in London. Seine Familie stammt wahrscheinlich aus Holland. Sein Vater war Ingenieur mit starker künstlerischer Veranlagung, der im Dienste des Pariser Münzamtes eine Kopierdrehbank erfand. Auf Grund einer Verbesserung des Mikroskopes soll er als 26 jähriger bereits zum Mitgliede der französischen Akademie der Wissenschaften ernannt sein. Durch die Revolution aus Paris vertrieben, gründete er in Charlton eine Schriftgießerei, die namentlich durch Schönheit der Typen und besondere Mischung des Letternmetalls berühmt war. Der Sohn besuchte die Volksschule des kleinen englischen Dorfes, um dann in die Werkstatt des Vaters einzutreten. Hier wurde er von früher Jugend an mit der Behandlung flüssiger Metalle vertraut. 17 Jahre alt kam er nach London, wohin sein Vater die Schriftgießerei verlegte. Seine ersten Erfolge erzielte er mit dem Vervielfältigen von Gipsabgüssen und Naturgegenständen, z. B. Pflanzen, durch Metallguß und durch die Erfindung leichtflüssiger harter Legierungen für Stempel zum Prägen von Reliefs auf Kartons und Bucheinbänden. Ein von ihm zum Verhüten von Stempelfälschungen vorgeschlagenes Verfahren der Herstellung des Stempelbildes durch Perforieren mittels einer zusammengesetzten Stanze führte zu seiner Anstellung als Stempelaufseher mit einem Jahresgehalt von 800 £. Bald überholte er seine Erfindung durch Stempelprägeformen mit auswechselbarem Datum. Da er als Zwanzigjähriger noch zu unerfahren war, versäumte er es, ein Patent auf seine Erfindung zu nehmen, und wurde so um seinen Lohn gebracht. Durch die Schönheit seiner Gießereierzeugnisse, die er an verschiedene Museen verschenkte, auf Bessemer aufmerksam gemacht, wandte sich ein Samtfabrikant an ihn wegen eines Verfahrens, Samt mit dauernder Pressung zu versehen. So erfand Bessemer die geheizten Samtpreßwalzen. Um die Temperaturen genau zu bestimmen, benutzte er dabei Kegelchen aus verschiedenen Legierungen, die um je 10 Grad voneinander verschiedene Schmelzpunkte hatten. Er führte einige Zeit das Pressen von Samt gegen Bezahlung selbst aus und erwarb so Verdienst aus seiner Erfindung. Alsbald wurde auch sein späterer Geschäftsteilhaber Young auf ihn aufmerksam und engagierte ihn gegen hohes Honorar zum Konstruieren einer von ihm erfundenen Setzmaschine.

Bessemer selbst erfand aus diesem Anlaß eine mustergültige Letterngießmaschine, deren Verbreitung aber ebenso wie die der Youngschen Setzmaschine am Widerstand der Arbeiter scheiterte. Wie außergewöhnlich groß das Erfindertalent Bessemers war, geht daraus hervor, daß er im Laufe seines langen Lebens nicht weniger als 120 Patente genommen hat. Einige verdienen besonderer Erwähnung, weil sie ziemlich abseits von seiner metallurgischen Hauptbetätigung liegen. So die Herstellung von Bleistiften durch Pressen von Graphitstaub, eine durchlaufende Eisenbahnbremse mit Druckwasserbetrieb, ein Verfahren zur Herstellung von Bronzestaub mittels Maschinen, eine Zuckerrohrpresse, eine Brikettpresse für Braunkohlenbriketts, einen Ofen mit langsam bewegtem Schmelztiegel zur Erzeugung optischen Glases, der ähnlich wie später die Bessemerbirne an zwei wagerechten Zapfen drehbar aufgehängt war, ein Flammofen mit Glasschmelzwanne und Einrichtung zum Auswalzen des ausfließenden Glases zu Spiegelglas, ein Verfahren, das später allerdings ohne Erfolg für Flußeisen versucht wurde, eine Führung von Geschossen in glatten Kanonenläufen mittels Geschoßkanälen, durch die er die Explosivkraft der Pulvergase zur Erzeugung einer Drehbewegung der Geschosse um ihre Längsachse nutzbar machte u. a. m.

Diese letztere Erfindung wurde die indirekte Veranlassung zu der Entdeckung des Windfrischprozesses, dessen umwälzende Bedeutung für die gesamte stahlerzeugende Industrie genugsam bekannt ist. Die englische Militärverwaltung brachte den Vorschlägen Bessemers kein Interesse entgegen, dagegen gestattete Napoleon III. ihm, auf dem Schießplatz zu Vincennes Schießversuche anzustellen, die erfolgreich ausfielen. Der Leiter der Versuche, Major Minié, äußerte dabei Bedenken, diese Geschosse aus gußeisernen Geschützen abzufeuern, der Kern der Frage sei, ob überhaupt Geschütze hergestellt werden könnten, die für so schwere Geschosse hinreichend widerstandsfähig seien. „Diese einfache Bemerkung", sagte Bessemer später, „war der Funke, welcher eine der größten industriellen Umwälzungen des 19. Jahrhunderts entzündete." Und an einer späteren Stelle: „Mein Ziel war, ein Metall zu erzeugen von ähnlichen Eigenschaften wie Schmiedeisen und Stahl, das sich aber dabei in Formen oder Blöcke gießen lassen sollte." So hat das Streben nach der Verbesserung der Kriegswaffen, das schon in früheren Jahrhunderten wiederholt die Veranlassung zur Erfindung neuer hüttenmännischer Prozesse gewesen ist, auch den Anstoß zur Entwicklung der Luftfrischprozesse gegeben. Am 22. Dezember 1854 hatten die Schießversuche in Vincennes stattgefunden, und kaum drei Wochen später, am 10. Januar 1855, meldete Bessemer sein erstes Patent auf „Verbesserungen in der Erzeugung von Eisen und Stahl" an. Im gleichen Jahre hielt die British Association for the Advancement of Science ihre Jahresversammlung im englischen Städtchen Cheltenham ab, auf der Bessemer am 13. August der Öffentlichkeit in einem Vortrage, den er mit „Die Herstellung von Eisen und Stahl ohne Feuer" überschrieben hatte, die erste Mitteilung von seiner großen Erfindung machte. Als erster Diskussionsredner sprach der berühmte Ingenieur James Nasmyth, der Erfinder des Dampfhammers, der die epochemachende Wirkung, die eine Umwälzung des ganzen Eisenhüttenwesens hervorrufen werde, voraussagte. Die Zuhörerschaft erkannte die Bedeutung der Erfindung gleichfalls und in wenigen Wochen hatte Bessemer für 27 000 £ Lizenzen vergeben. Allein Rückschläge blieben nicht aus, zunächst schien es, als wenn überhaupt das Verfahren im Großen nicht brauchbar war, bis man nach vielen Versuchen schließlich erkannte, daß phosphorhaltiges Eisen sich in der sauren Bessemerbirne nicht frischen ließ. Alle Anhänger Bessemers verloren damals den Mut, nur er selbst nicht. 1858 gelang es dem ersten treuen Anhänger Bessemers, Göran Fredrik Göransson zu Garpenberg in Schweden, in einem dem Bessemerschen Versuchsapparat von 1856 nachgebildeten Ofen guten Stahl aus reinem, phosphorfreiem Dannemoraroheisen zu erblasen. In England hatte aber die Industrie vollständig das Vertrauen zu der Erfindung verloren und war zur Unterstützung weiterer Versuche nicht mehr zu bewegen. Man stellte Bessemer als Schwindler hin, mit dem man nichts mehr zu tun haben wollte. Da gründete er 1859 mit Galloway, Longsdon und seinem Schwager Allen im Herzen der englischen Stahlindustrie in Sheffield das Stahlwerk Henry Bessemer & Co., das noch heute besteht. Nach dort erzielten neuen Erfolgen wagte er es wieder, vor die Öffentlichkeit zu treten, und hielt am 10. und 17. Mai 1859 vor der Institution of Civil Engineers in London zwei Vorträge, in denen er die Gründe der früheren Mißerfolge klarlegte und unter Vorlage guter Stahlproben sein nunmehr einwandfrei arbeitendes neues Windfrischverfahren beschrieb. Zwar konnte er das Mißtrauen nicht gleich ganz beseitigen, aber besonders durch das Eintreten Tunners begann es allmählich zu schwinden, wobei der Kampf mit den Mitbewerbern begann. Bessemer unterbrach den Frischprozeß nach Erreichen des gewünschten Entkohlungsgrades, wogegen Robert Mushet, der sich wie sein Vater David sein ganzes Leben mit der Verbesserung der Stahlerzeugung befaßt hat, ein Patent auf vollständige Entkohlung mit Desoxydation und Rückkohlung durch Spiegeleisen erhielt. Bessemers Energie gelang es, die Mitbewerber so zu treffen, daß er aus Mangel an Mitteln seine Patente fallen lassen und im Alter von Bessemer eine Rente annehmen mußte. Den entscheidenden Erfolg brachte 1862 die Londoner Weltausstellung, auf der Bessemer eine Menge der verschiedensten Gegenstände vom Rasiermesser bis zur Kanone aus seinem neuen Flußstahl gefertigt zeigte. Seine Erfindung machte Bessemer zum reichen Mann, da er eine Lizenz von 1 £ für jede Tonne Flußstahl erhielt.

1869 zog sich Bessemer von seinen Geschäften zurück und widmete sich ganz seiner Familie, der künstlerischen Ausschmückung seines Landsitzes Denmark-Hill und seinen Liebhabereien. Ganz ließ ihn aber sein Erfindergeist in seiner fast dreißigjährigen Zurückgezogenheit nicht ruhen, so veranlaßte ihn eine stürmische Überfahrt über den Kanal, die er schlecht vertrug, zum Bau eines Schiffes mit beweglich gelagertem Salon, der durch eine hydraulische Steuerung mittels Libelle jeweils wagerecht eingestellt werden konnte; außerdem besaß das Schiff ein durch Dampfturbine angetriebenes Schwungrad, das, ähnlich wie der Schlicksche Schiffskreisel wirkend, dem beweglichen Salon Stabilität geben sollte. Infolge seiner großen Abmessungen erlitt der Dampfer aber bei der Einfahrt in den Hafen Schiffbruch und Bessemer gab, trotzdem er bereits große Summen in diese Erfindung hineingesteckt hatte, weitere Versuche damit auf. Dagegen hatte er mehr Glück mit der für seinen Enkel eingerichteten mechanischen Diamantschleiferei, dem Bau einer Sternwarte, einem großen astronomischen Fernrohr, einem Ofen mit Hohlspiegel zur Verwertung der Sonnenwärme u. a. m.

Bessemer war ein Erfindergenie ersten Ranges, dem es wie wenigen Erfindern vergönnt war, die Früchte seiner Erfindungen selbst noch zu erleben und die Anerkennung seiner Zeitgenossen zu erringen, wobei ihm zugute kam, daß seine überragende Begabung mit günstigen Verhältnissen für ihre Entwicklung zusammentraf. 1871 war er Präsident des Iron and Steel Institut of Great Britain geworden und stiftete als solcher die Goldene Bessemermedaille, 1879 wurde er Mitglied der Royal Society und in demselben Jahre von der Königin in den Adelsstand erhoben, 1880 wurde er Ehrenbürger von London. Sir Henry Bessemer starb im 86. Lebensjahre in London. *Bessemer, An Autobiography (London 1905); Gesch. Eis.; Johannsen Gesch. Eis.; Beitr. 2 (1910) S. 272; Nat. Biogr. Suppl. 1 (1901) S. 185.* Lo.

BESSON, Jacques, geb. um 1500 in Grénoble, gest. 1569. Im Jahre 1578 erschien in Lyon ein Buch: Théatre des Instruments mathématiques et méchaniques de Jacques Besson, Dauphinois. Das Werk enthält auf 60 sauber in Kupfer gestochenen Tafeln in Großfolioformat Entwürfe von Maschinen und mathematischen Instrumenten. — Über

Bessons Lebensgang ist fast nichts bekannt. Einmal wird er als „Ingenieur und Mechaniker des Königs" genannt und war als solcher vielleicht Nachfolger Leonardo da Vincis. 1569 soll Besson Professor der Mathematik in Orléans gewesen sein. Wenn auch wohl nur ein Teil der beschriebenen Apparate und Maschinen von ihm selbst erfunden war, so offenbart sich doch in den Zeichnungen und denjenigen Konstruktionen, die ausdrücklich als von ihm selbst herrührend bezeichnet sind, ein glänzendes technisches Verständnis. Die ersten Blätter zeigen Zeicheninstrumente und Zirkel zur Konstruktion bestimmter Kurven. Interessant ist das Modell einer Passigdrehbank, bei der das zwischen zwei Spindeln eingespannte hölzerne Arbeitsstück mittels Patronen seine Form erhält. Bessons bestes Werk ist wohl eine Drehbank zum Schneiden von Schrauben, sogar konischen Schrauben, bei welcher bereits eine Leitspindel zur Anwendung kommt. Weiter sind sinnreiche Vorrichtungen dargestellt, die zum Schleifen von Marmor u. dgl., zur Bewegung von Blasebälgen dienen, ferner Wasserkraftmaschinen, Gattersägen, Pumpen usw. Auch Hebezeuge hat Besson in mannigfaltiger Form dargestellt. Theodor Beck hat in seiner Geschichte des Maschinenbaues das Buch kritisch betrachtet und erläutert und damit der Geschichte der Technik wertvolles Material aufgeschlossen. *Gesch. Masch. S. 186.* Hä.

BEUST, Friedrich Constantin Freiherr v., geb. 13. April 1806, gest. 22. März 1891 in Torbole am Gardasee, war der älteste Sohn des Kgl. Sächsischen Kammerherrn und Oberhofgerichtsrates Friedrich Karl Leopold Freiherrn v. Beust. Er erhielt seine erste Erziehung im elterlichen Hause zu Dresden, besuchte von 1822 an die Freiberger Bergakademie und studierte dann an den Universitäten Göttingen und Leipzig Jurisprudenz.

Er trat 1830 in den sächsischen Staatsbergdienst, arbeitete an den Bergämtern zu Schneeberg und Marienberg und wurde 1838 als Bergrat und Oberbergamtsassessor nach Freiberg zurückberufen. Hier wurden ihm 1842 die Geschäfte des Berghauptmanns übertragen, und am 1. Januar 1844 folgte seine Ernennung zum Berghauptmann und Blaufarbenwerkskommissar, zugleich wurde ihm auch die Direktion über das Oberhüttenamt, die Bergakademie, das Zehntenamt und das Saigerhüttenamt anvertraut; am 7. Juni 1851 wurde er zum Oberberghauptmann ernannt. Er erbat 1868 seine Entlassung aus dem Staatsdienste, da an die Stelle des seitherigen Oberbergamtes und der verschiedenen Bergämter des Landes nur noch das Freiberger Bergamt allein treten und damit die Stellung des Oberberghauptmannes aufgehoben werden sollte. Der bereits 61jährige folgte einem Rufe nach Österreich als Generalinspektor des dortigen Berg-, Hütten- und Salinenwesens. Er blieb in dieser Stellung bis 1876.

v. Beust war bestrebt, das sächsische Berg- und Hüttenwesen mit allen ihm zur Verfügung stehenden Mitteln zu fördern. In seine Amtszeit fallen: die Inangriffnahme des Rothschönberger Stollens im Jahre 1844, die Vervollkommnung der Wasserversorgung des Freiberger Reviers, die 1845 begonnene Einführung der Dampfmaschinen für Wasserhebung und Förderung in den Freiberger Gruben. Auch der Schneeberger Bergbau und die Blaufarbenwerke, ebenso die Freiberger Hütten verdanken seinen Anregungen außerordentlich viel. Unter anderem erfolgte seit 1871 die Mitverarbeitung überseeischer Erze und die Verwertung der im Hüttenrauch enthaltenen Schwefelsäure und arsenigen Säure. Auch der Bergakademie wandte er seine besondere Aufmerksamkeit zu, die er durch seine Beiträge für die Festschrift zu ihrem 100jährigen Bestehen „Das Freiberger Berg- und Hüttenwesen vor 100 Jahren und jetzt" und „Die Fortschritte der berg- und hüttenmännischen Wissenschaften in den letzten hundert Jahren" betätigte.

v. Beust war 1841 Mitbegründer und erster Präsident des Freiberger Bergmännischen Vereins, er gehörte 1849 zu den Mitbegründern der deutschen geologischen Gesellschaft und nahm maßgebenden Anteil an den Arbeiten der von ihm ins Leben gerufenen Ganguntersuchungskommission. Seiner Verwendung ist das endliche, für den sächsischen Bergbau besonders wichtige Zustandekommen der Tharandt-Freiberg-Chemnitzer und der Zwickau-Schwarzenberger Eisenbahn zu danken. v. Beusts wissenschaftliche Arbeiten außer den bereits genannten beziehen sich vornehmlich auf das Studium der Erzgebirges des Erzgebirges und später der österreichischen Monarchie. Ihre Reihe wurde eröffnet 1840 durch die „Kritische Beleuchtung der Wernerschen Gangtheorie". Er weist treffend nach, daß ein Auskeilen der Gänge nach der Tiefe zu, wie es von Werner allgemein angenommen wurde, nicht zu befürchten ist. Die übrigen Arbeiten finden sich größtenteils in verschiedenen Zeitschriften zerstreut. *Nachruf, her. vom bergmännischen Verein Freiberg, 1891.* Tr.

BEUTH, Peter Christian Wilhelm, geb. 28. Dez. 1781 in Cleve, gest. 27. Sept. 1853 in Berlin. Beuth gehört zu den großen Staatsmännern, denen die preußische Industrie ihre machtvolle Entwicklung verdankt. Friedrich der Große hat das Werk einer großzügigen Industrialisierung des preußischen Staates begonnen durch staatliche Förderung der gewerblichen Tätigkeit. Der Freiherr vom Stein führte sein Werk weiter durch Einführung der Gewerbefreiheit im Verein mit den übrigen Reformen im preußischen Staate. Beuth bemühte sich mit Erfolg, die Unternehmungslust und das Vertrauen zur eigenen Kraft in den Unternehmern zu erwecken.

Als Sohn eines Clever Arztes verlebte er Jugend und Schulzeit in rheinischen Landen, ging als Student der Rechte nach Halle und war 1806 als Assessor in Bayreuth. 1809 kam er als Regierungsrat nach Potsdam, und bereits im folgenden Jahre wurde er als Obersteuerrat ans Finanzministerium nach Berlin berufen. 1813 bis 1814 nahm er als Lützowscher Jäger an den Befreiungskriegen teil, und 1814 wurde er nach seiner Rückkehr der Abteilung für Handel und Gewerbe zugeteilt. Hier konnte Beuth seine Kräfte frei entfalten. Sein erstes Werk war die Neugestaltung der Technischen Deputation für Gewerbe. Sie sollte aus hervorragenden Männern der Technik und Industrie bestehen und ständig über alle Fortschritte des Gewerbebetriebes im In- und Auslande genaue Kenntnis haben. Ihre Aufgaben sollten in erster Linie sein: Verbreitung und Nutzbarmachung technischer Fortschritte, Prüfung und Vervollkommnung der technischen Betriebe im eigenen Lande, ferner Lösung für das Gewerbe besonders wichtiger Aufgaben sowie Prüfung neuer Erfindungen und Erteilung von Patenten. 1819 trat Beuth selbst an die Spitze der Deputation. Das zweite große Werk Beuths war die Errichtung des Gewerbeinstituts in Berlin im Jahre 1821. Das Institut war vorbildlich mit allen Hilfsmitteln für den technischen Unterricht ausgestattet; die hier ausgebildeten Ingenieure waren selbst in England, dem Mutterlande der Technik, sehr geschätzt. Das Gewerbeinstitut ist in machtvoller Entwicklung zur heutigen Technischen Hochschule emporgewachsen. Gleichzeitig mit Gründung des Gewerbeinstituts wurde von Beuth der „Verein zur Beförderung des Gewerbfleißes in Preußen" ins Leben gerufen. Durch seine amtliche Tätigkeit war Beuth mit den Gewerbetreibenden in Fühlung gekommen, und um ihr Selbstbewußtsein und ihre Tatkraft zu stärken, schloß er sie in diesem heute noch bestehenden Verein zusammen, dessen Wirken besonders in den ersten Jahrzehnten seines Bestehens außerordentlich viel Anregung und Entwicklungsmöglichkeiten für die Gewerbtätigkeit wies. Von Beuths mannigfachen Reisen im In- und Auslande, besonders den beiden Reisen nach England in den Jahren 1823 und 1826, zog die heimische Industrie großen Nutzen; hier erwarb er sich den weiten Blick, der ihn zu seiner Führerstellung befähigte. Seiner innigen Freundschaft mit Schinkel ist viel Anregung auf ästhetischem Gebiete zu danken; zumal für das Kunstgewerbe sind mancherlei Anregungen entstanden, die in den „Vorbildern für Fabrikanten und Handwerker", die 1822 von der technischen Deputation herausgegeben wurden, niedergelegt sind. Beuth war ein leidenschaftlicher Pferdeliebhaber; diesem Umstande mag seine Abneigung gegen die Eisenbahn entsprungen sein. — Als die Einführung der Eisenbahnen eine völlige Umstellung des gesamten wirtschaftlichen Lebens notwendig machte, fühlte sich Beuth an seinem Lebensende diesen Aufgaben nicht mehr gewachsen; im Jahre 1845 schied er aus allen seinen Staatsämtern; 1850 legte er auch den Vorsitz des Gewerbfleißvereins nieder. Seinem Andenken ist das Beuth-Denkmal vor der von Schinkel erbauten alten Bauakademie in Berlin gewidmet. *Matschoß: Preußens Gewerbeförderung und ihre großen Männer (Berlin 1922); Beitr. 3 (1911) S. 251; Gewerbfleiß 90 (1911) S. 33.* C. M.

BIRINGUCCIO, Vanuccio, geb. etwa 1480 in Siena, hervorragender italienischer Metallurge, ein Zeitgenosse des Georg Agricola. Er studierte Mathematik und Naturwissenschaften, leitete dann die Hüttenwerke im Tale von Bocheggiano und auf der Insel Elba, machte Reisen in Österreich und Deutschland, auf denen er große Erfahrungen, auch in der Maschinentechnik der Hüttenwerke, sammelte. Nach seiner Ansicht blühte die Kunst der Metallurgie in Deutschland „am meisten in der ganzen Christenheit". Besonders befaßte er sich mit dem Guß von Geschützen. Er scheint sehr alt geworden zu sein; sein Sterbejahr ist unbekannt.

Das einzige Werk Biringuccios ist die Pyrotechnica, oder genauer: Della pirotechnica Libri X. Es erschien in erster Auflage 1540, in vierter 1559 in Venedig. Die zehn Bücher sind in italienischer Sprache geschrieben und behandeln: 1. Die Metalle und Erze, 2. die Halbmetalle und ihre Vorbereitung, 3. die Probierkunst und die Öfen, 4. die Goldschmiedekunst, 5. die Legierungen, 6. die Formerei, 7. die Bohrmühlen und die Blasebälge, 8. den Guß kleiner Gegenstände, 9. das Destillieren und Sublimieren, die Münzkunst, das Schmieden, Schriftgießen, Drahtziehen, Vergolden, die Anfertigung von Metallspiegeln, die Töpferkunst und das Kalkbrennen, 10. Das Schießpulver, die Feuerwerkerei und die Minierkunst. Diese Inhaltsangabe zeigt die Vielseitigkeit seines Wissens. Zeichnungen sind in seinem Werk enthalten, die aber teilweise, namentlich wegen der unvollkommenen Perspektive, recht mangelhaft sind. Theodor Beck hat in seinem Aufsatz über Biringuccio einige dieser Zeichnungen des 7. und 8. Buches nach der zugehörigen Beschreibung verbessert und dadurch verständlich gemacht. Wir finden da durch Wasserräder angetriebene Blasebälge, die ja zur Erfindung des Gußeisens geführt haben. Eine Daumenwelle hebt die Bälge an und läßt sie unter Gewichtwirkung fallen. Auch Antriebe mit Tretrad und mit Hebelwerk sind dargestellt, darunter ein Tretrad mit Teilverzahnung am Umfang, in die eine mit einem Balanzier verbundene Leiterzahnstange eingreift. Ausführlich beschreibt er eine Hebeltransmission für den Antrieb mehrerer Bälge durch ein Wasserrad, sagt aber dazu, daß es für ihn „eine zu schwierige Sache sei, es zu zeichnen". Beck hat davon eine erklärende Zeichnung entworfen, die wohl die älteste Transmissionsanlage darstellt.

Seine Kanonenbohrer sind mit 8 Messern ausgerüstet und werden gleichfalls durch Treträder angetrieben. Eine eigenartige Ziehvorrichtung für Eisendraht sei noch erwähnt. Auf einer Art Schaukel sitzt ein Arbeiter vor dem Zieheisen. Die Schaukel wird von der Kurbel eines Wasserrades hin und hergeschwungen, und der Arbeiter packt beim Rückschwingen mit seiner Zange den aus dem Zieheisen herauskommenden Draht und zieht ihn dadurch aus. Viele der von ihm beschriebenen Einrichtungen werden von Georg Agricola in seinem Bergmannsbuch (Bermannus sive de re metallica), das 16 Jahre später erschien, erwähnt. *Gesch. Masch. S. 111; Gesch. Eis. 2 S. 46.* We.

BISCHOF, Karl, geb. 4. Juni 1812 in Dürrenberg, gest. 23. Juni 1881 in Dresden. Er wurde auf der Kgl. Saline zu Dürrenberg geboren, studierte in Berlin Chemie, Physik und Geologie und war dann auf den Hüttenwerken des Grafen v. Einsiedel zu Lauchhammer tätig. Erst 17 Jahre alt, baute er einen mit Dampfkraft betriebenen Wagen, der ohne Gleis fuhr und mit der erste Dampfwagen in Deutschland überhaupt war. Er besuchte 1839 nochmals die Universität Berlin, wurde 1843 als Hüttenmeister nach Magdesprung im Harz berufen und später zum Bergrat ernannt.

1839 erfand er die Gasfeuerung, indem er Torf in einem Schachtofen bei natürlichem Luftzug vergaste. Er betrieb mit dem so gewonnenen Torf-Generatorgase einen Schweißofen und benutzte dessen Abhitze zur Vortrocknung des Torfs. Bischof, dem das Wassergas bereits bekannt war, schlug auch schon vor, der Vergasungsluft Dampf zuzusetzen, warnte aber vor übermäßiger Dampfzufuhr. Seine Erfindung hat in der Hüttenindustrie, Glasindustrie usw. umwälzend gewirkt und den Erfindungen der Brüder Siemens, Martins usw. vorgearbeitet. Sie ist in seinem Buch beschrieben: Die indirekte, aber höchste Nutzung der Brennmaterialien (Quedlinburg 1848). Sa.

BLANCHARD, François, geb. 1738 in Petit-Andelys (Eure), gest. 7. März 1809 in Haye, ein bekannter französischer Luftschiffer. Schon in frühester Jugend beschäftigte er sich mit verschiedenen technischen Problemen und konstruierte als Sechzehnjähriger einen mechanischen Wagen, mit dem er eine Strecke von 7 Meilen durchfuhr. Diese Erfindung, welche er später verbesserte, konnte er dem Versailler Hof vorführen. Mit 19 Jahren baute er einen Luftballon, in welchem er sich 20 Fuß von der Erde erheben konnte. Die Entdeckungen der Brüder Montgolfier und die Verbesserungen von Robert und Charles wurden von Blanchard mit größtem Interesse verfolgt. Im Jahre 1785 wagte er es, begleitet von Dr. Jefferies, den Kanal von Dover nach Calais zu überfliegen. Ein Geschenk von 12000 Fr. und eine Rente von 1200 Fr. gewährte ihm der König von Frankreich zur Belohnung für seine Tat, die einen Markstein in der Geschichte der Luftschiffahrt bedeutet. In demselben Jahre machte er in London den ersten öffentlichen Absprung mit einem von ihm erfundenen Fallschirm (die Erfindung des Fallschirms wird von einigen Historikern Étienne Montgolfier zugeschrieben).

Nach mehreren Luftfahrten, die er hauptsächlich im Auslande vollführte, wurde er in Kufstein in Tirol gefangen gesetzt, da er revolutionärer Propaganda bezichtigt wurde. Gleich nach seiner Freilassung fuhr er nach New York, wo er weitere Aufstiege unternahm. 1798 erhob er sich in Rouen mit 16 Personen in einem großen Luftballon und landete unversehrt 6 Meilen von dieser Stadt.

Im Februar 1808 traf ihn in Haye, während seines 66. Aufstieges, ein Schlaganfall, an welchem er am 7. März 1809 gestorben ist. Seine Frau, Marie Madeleine Sophie Armant, setzte seine Arbeiten fort. 1811 machte sie einen Aufstieg in Rom und erreichte mit einer Zwischenlandung Neapel. Sie starb 1819 als Opfer ihres Berufs. Während eines Aufstieges explodierte ihr Ballon, wobei sie aus großer Höhe abstürzte. *Nouv. Biogr. 6 (1853) S. 188.* Dr.

BLANCHARD, Thomas, geb. 24. Juni 1788 in Sutton (Mass.), gest. 16. April 1864 in Boston. Die Blanchards stammten von den Hugenotten ab; der Vater von Thomas war ein kleiner Bauer in den Neu-England-Staaten, der sein Einkommen dadurch erhöhte, daß er für die Nachbarn Hufschmiedearbeiten übernahm. Thomas Blanchard, der fünfte von sechs Knaben, stotterte stark und interessierte sich gar nicht für die Schule und Landwirtschaft. Statt dessen benutzte er jede freie Minute zum Anfertigen kleiner Windmühlen und Wasserräder. An irgendeine Begabung glaubte man bei ihm nicht. Mit dreizehn Jahren baute er eine Apfelschälmaschine, die mehr leisten konnte als zwölf der fleißigsten Mädchen des Städtchens. Immer mehr interessierten ihn von da ab technische Probleme. Mit 18 Jahren schickte ihn sein Vater in die benachbarte Stadt West Millbury, wo er seinem älteren Bruder bei der Herstellung von kleinen Nägeln helfen sollte. Er erhielt die eintönige Aufgabe, die Köpfe der Nägel mit der Hand herzustellen. Zunächst schuf Thomas eine Vorrichtung, die eine Glocke ertönen ließ, sobald das vorgeschriebene Pensum erreicht war. Sein Bruder verbot ihm, seine Zeit für derartige nutzlose Projekte zu vergeuden! Doch er ließ nicht nach, und sechs Jahre lang benutzte er jede freie Minute und jeden Pfennig für die Konstruktion einer Maschine, die mit einer Operation den Nagel schneiden und den Kopf aufstauchen sollte. Seine Bemühungen waren schließlich von Erfolg begleitet; die auf der neuen Maschine hergestellten Nägel waren besser als die bisherigen und man konnte in der Minute 500 Stück herstellen. Blanchard verkaufte die Maschine für 5000 Dollar an eine Firma, die unter Verheimlichung der maschinellen Herstellung recht große Gewinne aus der verbilligten Herstellung zog. — In diese Zeit fallen auch die Bemühungen der amerikanischen Regierung, Gewehre im eigenen Lande herzustellen. Eine Firma in Milbury, die sich der Aufgabe widmete, wandte sich an Thomas Blanchard, die bestehenden Schwierigkeiten durch die Konstruktion zweckentsprechender Maschinen zu überwinden. Die bereits bestehende Drehbank konnte wohl den geraden Teil des Gewehrlaufes drehen; die unregelmäßige Vergrößerung an der Stelle des Kolbens, wo er mit dem Schaft verbunden wird, mußte aber mit recht großen Kosten von Hand gearbeitet werden. Blanchard schlug als Ergänzung der bestehenden Drehbank die Hinzunahme einer bestimmten Kurvenbewegung vor, die das Drehen des zylindrischen Teiles und des ovalen Endes zur gleichen Zeit zuließ, und schuf so die Kopierdrehbank.

Die amerikanische Regierung bekam Kenntnis von diesen Arbeiten Blanchards und berief ihn nach der Waffenfabrik in Springfield, um hier die gleichen Verbesserungen vorzunehmen. Hier hat er seine noch wichtigere Erfindung gemacht, indem er eine Drehbank konstruierte, die unregelmäßige Formen (Ovale usw.) drehen konnte. Der Gewehrschaft konnte auf diese Weise mit größter Genauigkeit gedreht werden. Blanchard ließ diese Erfindung sofort patentieren und erhielt von der Regierung den Auftrag, die Anlage zunächst in Harpers Ferry Armory und dann in Springfield aufzustellen. In Anerkennung seiner Tüchtigkeit wurde er zum Leiter der Gewehrmontage in Springfield ernannt und hat im Laufe der folgenden fünf Jahre nicht weniger als 13 neue Maschinen zur zweckmäßigeren Gewehrherstellung herausgebracht. Die wichtigste dieser Maschinen ist die für die Herstellung der unregelmäßigen Vertiefungen im Schaft für den Lauf, das Schloß usw. Die Erfindung, die dann im alltäglichen Leben als die bekannte Versenkmaschine und vertikale Fräsmaschine weiteste Verbreitung fand, machte seinen Namen auch außerhalb Amerikas bekannt und brachte ihm von England große Aufträge ein. Eli Whitney war der erste, der das System des Austauschbaus in die Gewehrfabrikation einführte; diese 13 neuen Maschinen Blanchards machten die völlige Durchführung des Systemes aber erst möglich. Seine Patente, die zweimal erneuert wurden, erfuhren viele Verletzungen; seine Maschinen fanden in allen möglichen Industrien Eingang. Blanchard hatte nicht die Zeit, gegen alle Patentverletzungen vorzugehen. Im großen und ganzen hat er nur wenig unmittelbaren Gewinn aus seinen Patenten gezogen. Sein Verfahren, Holz durch Dampfbehandlung zu biegen, brachte ihm auch in materieller Hinsicht mehr Erfolg. Von der amerikanischen Regierung erhielt er 50000 Dollar nur für das Recht der Benutzung im Schiffbau. Alles in allem hat Blanchard 24 Patente erhalten.

Von Bedeutung sind auch seine Arbeiten auf dem Gebiete des Eisenbahn- und Schiffahrtwesens. Um das Jahr 1825 baute er in Springfield ein gutgehendes Modell eines Dampfwagens für Straßenbenutzung. 1826 versuchte er die Schiffahrt auf dem Connecticut-Fluß durch besondere Dampfer und durch den Bau von Kanälen zu heben. Diesen Versuchen war kein besonderer Erfolg beschieden. Seine vorgeschlagene Verbesserung, das Schaufelrad in eine bestimmte Entfernung vom Heck, wo das Wasser die höchste Kraft besitzt, anzubringen, fand allgemein Eingang. Seinen Bemühungen ist es zu verdanken, daß der Schwerpunkt der Schiffahrt von Hartford nach Springfield verlegt wurde. 1831 fuhren seine Schiffe bereits auf dem Alleghany und anderen Nebenflüssen des Ohio.

Durch zähe Ausdauer hatte er die Lücken seiner Bildung ausgefüllt; auch sein Äußeres gewann im Laufe der Jahre; sein Stottern verlor er ganz. Im Alter von 76 Jahren starb er, nachdem er sich zehn Monate vorher verheiratet hatte. *Em. Eng. S. 70; Am. Biogr. 1 (1888) S. 288.* Wi.

BLANCKERTZ, Heinrich Siegmund, geb. 3. Juni 1823 in Jüchen b. Rhein.-Gladbach, gest. 7. Aug. 1908 in Berlin, stammte aus einer Familie, die auf ihrem landwirtschaftlichen Besitz die Baumwollweberei betrieb. Auf der sogenannten französischen höheren Schule wurde er erzogen und erlernte dann den Bau von Webstühlen. 1849 eröffnete er in Berlin eine Werkstätte unter der Firma Heintze & Blanckertz, die Tintenfässer, Metallteile für die Lampenindustrie, Stempel und Kopierpressen herstellte. Daneben machte Blanckertz Versuche, Schreibfedern aus Stahl herzustellen. Nachdem der Teilhaber Heintze bald aus dem Geschäft ausgeschieden war, fertigte Blanckertz ausschließlich Stahlfedern. Die Federn wurden auf Spindelpressen geschnitten und gebogen und in einer Kaffeeröttrommel angelassen. Um den feinen Bandstahl für die Federn selbst zu erzeugen, wurde ein eigenes Walzwerk errichtet. Die für den Betrieb notwendigen Maschinen wurden zum größten Teile in den eigenen Werkstätten entworfen und gebaut. Bis 1881 war Blanckertz der einzige Stahlfederfabrikant in Deutschland und die von ihm eingeführte „Bremer Börsenfeder" hat noch heute Weltruf. Der unermüdlichen Schaffenskraft Blanckertz' ist es zu danken, wenn die Fabrik stetig erweitert werden mußte und viele Zweigniederlassungen gegründet wurden, um den Bedarf an deutschen Stahlfedern zu decken. Persönlich war Blanckertz von liebenswürdigem Wesen. Er brachte Neuerungen Verständnis entgegen; so führte er bereits 1881 in seinen Betrieben die achtstündige Arbeitszeit ein. Seit seinem Tode wird das Unternehmen von seinem Sohne weitergeführt. *Mitt. d. Vereins f. d. Gesch. Berlins 41 (1924) S. 67; nach Mitteilungen der Firma Heintze & Blanckertz.* Gro.

BLEICHERT, Adolf, geb. 31. Mai 1845 in Dessau, gest. 29. Juli 1901 in Leipzig-Gohlis. Er erhielt seine technische Ausbildung auf der Berliner Gewerbeakademie und bekleidete darauf verschiedene Stellungen als Ingenieur in Maschinenfabriken in Bitterfeld und Schkeuditz. Sein besonderes Interesse galt den Förderanlagen. Schon in Bitterfeld beschäftigte er sich neben der beruflichen Tätigkeit mit der Frage der Seilbahnen. Eine gleichmäßige Verteilung der Last über die ganze Förderstrecke war sein Ziel; bei Verbindung der einzelnen Wagen zu Zügen wie bei der Eisenbahn hätte deren Gesamtgewicht die Tragfähigkeit der Laufbahn überstiegen. So entstand der Kreisbetrieb, dessen Leistungsfähigkeit durch Ausschaltung des Zeitverlustes für damalige Zeit recht bedeutend war. 1872 baute er die erste Förderbahn, die bei einer Länge von 740 m stündlich 12 bis 13 t förderte. Ihren Fahrantrieb erhielten die Wagen durch ein umlaufendes Zugseil, als Laufbahn diente Rundeisen, das für die ganze Bahn in einem Stück geschweißt war. Zur Verbesserung des Wirkungsgrades schuf er die sog. Zweiseilbahn, bei welcher ein Seil als Tragseil, das andere als Zugseil diente. Die ersten einschlägigen Versuche machte er im Jahre 1874 und widmete sich dann mit Otto zusammen unter der Firma Bleichert & Otto dem Bau dieser Transportanlagen. Im Jahre 1876 übernahm Bleichert die Fabrik für alleinige Rechnung, die er 1881 nach Leipzig-Gohlis in eigene

Räumlichkeiten verlegte und bedeutend vergrößerte. Seine Drahtseilbahnen waren glänzend durchkonstruiert und bewährten sich im Betriebe vorzüglich, so daß die von ihm begründete Firma bis zu seinem Tode mit der Ausführung von rund 1500 Drahtseilbahnanlagen beauftragt wurde. Besonders für das Hüttenwesen haben seine Seilbahnen teils als Begichtungsseilbahnen, teils als Hängebahnen für den Massentransport der Rohmaterialien große Bedeutung erlangt. Z 45 (1901) S. 1364; St. u. E. 21 (1901) S. 952. Hä.

BLENKINSOP, John, geb. 1783 in der Nähe von Leeds, gest. 22. Jan. 1831 in Leeds. Blenkinsop war der Geschäftsführer der Familie Brandling, der die bedeutenden Middleton-Gruben gehörten. Sein Name ist bekannt durch seinen Anteil an der Geschichte der Lokomotive. Am 10. April 1811 erhielt er ein Patent für eine neue Art Dampflokomotive, bei der einige der Ideen Richard Trevithicks ausgebaut waren. Neu war der Plan, Zahnrad und Zahnstange auf ebener Strecke anzuordnen; man fürchtete nämlich, das Adhäsionsgewicht möchte zur Fortbewegung größerer Lasten nicht ausreichen. Der Kessel von Blenkinsops Lokomotive bestand aus Gußeisen und war von ovalem Querschnitt, mit einem Flammrohr, hinten war die Feuerung, vorn der Schornstein. Der Kessel lag fest auf den beiden Achsen; die Laufräder waren mit der Maschine nicht verbunden. Der Antrieb erfolgte lediglich durch das Zahnrad, das in eine neben dem Geleise angeordnete Zahnstange eingriff. Die Maschine hatte zwei Zylinder, ein Fortschritt gegenüber Trevithick, dessen Lokomotive nur einen hatte. Die erste Anwendung der Zwillingsmaschine stammte von Matthew Murray, der für Blenkinsop die Ausführung übernahm. Die erste Fahrt fand am 24. Juni 1812 statt. Die Maschine zog zuerst 6, nachher 8 Wagen Kohle, je 3¼ t schwer. Eine Entfernung von 1½ engl. Meilen bewältigte die Lokomotive in 23 Minuten, ohne den geringsten Zwischenfall, meldet „Leeds Mercury" vom 27. Juni 1812. Das Blatt enthält am 18. Juli 1812 eine genaue Beschreibung und Zeichnung der Lokomotive. Der regelmäßige Betrieb begann im August 1812. George Stephenson sah ebenfalls eine der Maschinen 1813 in Coxlodge und bildete ihr seine erste Lokomotive nach; erst bei der zweiten Lokomotive verließ er das Zahnradsystem. — Blenkinsop starb in Leeds, kaum 48 Jahre alt, nach einem langwierigen Leiden. Entw. Dm. 1 S. 777; Nat. Biogr. Suppl. 1 (1901) S. 217; Liv. Eng. 3 S. 87; Woodcroft: Index of Patentees 1817—1852. Hä.

BLOCHMANN, Rudolf Sigismund, geb. 13. Dez. 1784 in Reichstädt (Sachsen), gest. 21. Mai 1871 in Dredsen, war der Sohn eines Pfarrers. Von seinem Vater und einem Hauslehrer wurde er unterrichtet; 1798 kam er zu einem Mechaniker nach Dresden in die Lehre. Während dieser Ausbildungszeit nahm er Privatstunden in Mathematik und ging 1806 nach München, um in Reichenbachs mechanischem Institut zu arbeiten. Er trat hier in nähere Beziehungen zu Fraunhofer, der ihn 1809 mit nach Benediktbeuren nahm, wo er ihm die Leitung der mechanischen Werkstätte des dortigen optischen Institutes übertrug. Nebenbei übernahm er die Leitung einer Bierbrauerei und einer Tabakfabrik, beschäftigte sich eingehend mit der Bereitung des Zuckers aus Kartoffeln und besorgte für Reichenbach die Aufstellung der ersten Wassersäulenmaschine bei Rosenheim. 1818 kehrte Blochmann nach Dresden zurück, wurde Inspektor des Kgl. Mathematischen Salons und der Kunstkammer, später auch Mechaniker an der Münze. In diese Zeit fallen zahlreiche eigene Erfindungen, so z. B. Apparate für die Stouvesche Mineralwasserbereitung, eine Maschine zum Prägen der Gewehrkugeln, zum Justieren der Münzplatten u. a. 1827 reichte Blochmann der Regierung ein Programm zur Gründung einer technischen Bildungsanstalt in Dresden ein. Schon im folgenden Jahre wurde eine solche Schule eröffnet; Blochmann selbst übernahm die Unterweisung in praktisch-mechanischen Arbeiten. Besonders für die Einführung und Ausbreitung der Gasbeleuchtung in Deutschland hat er mit großem Erfolg gewirkt; 1828 richtete er die öffentliche Gasanstalt in Dresden ein und behielt auch deren technische Leitung in Händen; es folgten die Gasanstalten in Leipzig, Berlin, Breslau und Prag. 1840 konstruierte er eine Maschine zum Bohren steinerner Röhren für die Herstellung einer Wasserleitung in Dresden. Zwei Jahre vor seinem Tode schied er aus dem Staatsdienste aus; er starb im 87. Lebensjahr in Dresden. ADB 2 (1875) S. 711. Ca.

BODMER, Johann Georg, geb. 6. Dez. 1786 in Zürich, gest. 29. Mai 1864 in Zürich. Schon als Kind zeigte er große Handfertigkeit, und auf seinen Wunsch trat er mit vierzehn Jahren bei einem Maschinenschlosser in der Nähe von Zürich in die Lehre ein, wo er in kurzer Zeit alle Lehrlinge und Gesellen an Können überholte. Nach Beendigung seiner Lehrzeit richtete Bodmer am Vierwaldstätter See eine eigene mechanische Werkstatt ein, die vor allem mit der Anlage und Ausbesserung von Wasserrädern und Transmissionen beschäftigt war. Im Jahre 1808 baute er in St. Blasien für den österreichischen Baron von Eichthal eine Baumwollspinnerei und übernahm deren Leitung. In den folgenden vierzehn Jahren, die er an dieser Stelle wirkte, war er vornehmlich auf dem Gebiete des Textilwesens tätig. Von ihm rührt eine Reihe wichtiger Patente her, so das sogenannte Bandvereinigungssystem. Um das Jahr 1811, während der napoleonischen Kriege, wurde in St. Blasien eine Abteilung für Feuerwaffen eingerichtet. Bodmer erfand verschiedene Spezialmaschinen, um die Handarbeit an den Gewehrteilen zu ersetzen; das Gewehrschloß soll hier bereits maschinenmäßig fertiggemacht worden sein. Bodmer wurde vom Großherzog von Baden erst zum Generaldirektor der staatlichen Eisenwerke, später zum Inspektor des Artillerieparks und Schießbedarfs ernannt, hatte aber daneben noch seine Betriebsleiterstelle in St. Blasien inne. Im Jahre 1822 gab Bodmer beide Stellen auf, hielt sich kurze Zeit in der Schweiz auf und ging 1824 nach England. Im gleichen Jahre erhielt er ein Patent auf „Verbesserungen an Baumwolltextilmaschinen" und errichtete mit einem Engländer eine Baumwollspinnerei bei Bolton. Aus Gesundheitsrücksichten kehrte er 1828 nach der Schweiz zurück und blieb bis zum Jahre 1833 auf dem Kontinent. Während dieser Zeit baute er Textilmaschinen, übernahm Bau und Modernisierung zweier Eisenwerke, konstruierte einen neuartigen Schmelzofen mit Gebläse usw. Im Jahre 1834 ist er wieder in Bolton und beginnt hier vor allem mit dem Bau von Textilmaschinen. Seine in diesem Jahre genommenen beiden Patente lauten auf „Verbesserungen an Dampfmaschinen und Dampfkesseln für ortfeste Maschinen und Lokomotiven", sowie auf „Verbesserungen an Feuerungen und Öfen". Das erste dieser beiden Patente betraf eine Dampfmaschine mit zwei an einer Doppelkurbel angreifenden, im Gleichtakt und im gleichen Zylinder, aber entgegengesetzt arbeitenden Kolben. Trotz der unzweifelhaften Vorteile dieser Bauart konnte Bodmer keine Interessenten finden; man fürchtete u. a. die hohen Drehzahlen. Das Patent enthielt noch andere wichtige Einzelheiten: segmentförmige Kurbelwellenlagerschalen, kugelige Wellenlager (die erst viel später durch Sellers bekannt wurden), Metallpackungen für Stopfbüchsen usw. Im Sammelpatent vom Jahre 1835 „Verbesserungen an Maschinen zum Vorbereiten, Vorspinnen und Spinnen von Baumwolle und Wolle" sind seine Textilerfindungen zusammengefaßt.

Ebenso wichtig, wenn nicht noch bedeutender, sind Bodmers Arbeiten auf dem Gebiete der Metallbearbeitung. Eine Zeitlang war er in Whitworths Fabrik tätig, zu deren Entwicklung er viel beigetragen hat. Im Jahre 1839 erhielt er ein sehr umfangreiches Patent auf „Verbesserungen an

Werkzeugmaschinen und Werkzeugen zum Schneiden, Hobeln, Drehen und Walzen von Metallen und anderen Materialien", das ungefähr 40 verschiedene Erfindungen umfaßte. Ende der dreißiger Jahre schuf Bodmer gleichzeitig mit ähnlichen Konstruktionen von Roberts und Nasmyth den Zahnstangenantrieb für Hobelmaschinentische an Stelle des Kettenantriebes. Ein wichtiges Patent wurde ihm 1841 auf „verbesserte Kluppen, Gewindebohrer, Schneideisen usw." erteilt. In seinem Betrieb führte er in weitgehendem Maße die Normung von Maschinenelementen durch. Er war in vielem seiner Zeit vorauseilt. Im Jahre 1848 ging Bodmer nach Wien und befaßte sich mit Entwürfen für eine wirtschaftliche Gebirgslokomotive. 1860 kehrte er nach Zürich zurück; in der Werkzeugmaschinenfabrik seines Schwiegersohnes Jakob Friedrich Reishauer hat er sich bis kurz vor seinem Tode in gleich schöpferischer Weise wie früher betätigt. Ein Engländer nannte Johann Georg Bodmer den „ungekrönten König der modernen Werkzeugtechnik". *Beitr. 12 (1922) S. 128; ADB 3 (1876) S. 19; Annual report of the London Institution of Civil Engineers 1868—69.* Wi.

BORRIES, August v., geb. 27. Jan. 1852 zu Niederlexen b. Minden i. W., gest. 14. Febr. 1906 in Meran, bedeutender Eisenbahnmaschinenbauer, ist bekannt durch seine Verdienste um die Entwicklung der Verbundlokomotive. Er genoß wegen seiner zarten Körperbeschaffenheit erst spät Schulunterricht und studierte dann 1870 bis 1873 an der Gewerbeakademie zu Berlin. Nachdem er seiner Militärdienstpflicht bei der Eisenbahntruppe genügt hatte, trat er in den preußischen Staatseisenbahndienst, wo er über 25 Jahre lang, zuletzt als Mitglied der Eisenbahndirektion Hannover, tätig war. Borries erwarb sich sowohl durch seine zahlreichen Konstruktionen, die das gesamte Eisenbahnmaschinenwesen umfaßten, als auch durch seine vielseitige schriftstellerische Tätigkeit den Ruf eines der bedeutendsten Eisenbahnfachleute seiner Zeit. Außer in der „Eisenbahntechnik der Gegenwart", die Borries mit anderen Fachgenossen vereint herausgab, schrieb er zahlreiche Abhandlungen für die Zeitschrift des Vereines deutscher Ingenieure und das Organ für die Fortschritte des Eisenbahnwesens. 1880 veröffentlichte er eine Kritik der Malletschen Verbundlokomotive, die sehr wesentliche neue Gedanken über die weitere Entwicklung der Verbundlokomotive enthielt. Ein von ihm entworfenes Anfahrventil ist unter seinem Namen bekannt geworden und hat weiteste Verbreitung gefunden. 1891 studierte er im Auftrage des Ministeriums das amerikanische Eisenbahnwesen. 1902 folgte er dem Rufe an die Technische Hochschule zu Berlin, wo er über Eisenbahnmaschinenbau, Betriebsanlagen, Signalwesen und Automobilbau las. Sein Lieblingswunsch war die Erbauung eines großangelegten Lokomotivlaboratoriums, für das ihm auch die Mittel zur Verfügung gestellt worden waren, als ein Hals- und Lungenleiden seinem arbeitsreichen Leben ein Ende machte. *ETZ 27 (1906) S. 272; St. u. E. 26 (1906) S. 370; Entw. Dm. 2 S. 574.* Dr.

BORSIG, August, geb. 23. Juni 1804 in Breslau, gest. 7. Juli 1854 in Berlin. August Borsig, der Handwerkersohn, dem eines der bedeutendsten Unternehmen Deutschlands sein Entstehen verdankt, gehört zu den Begründern der deutschen Industrie, die sich aus kleinsten Verhältnissen nur durch eigene Kraft in die Höhe gearbeitet haben. Borsig sollte den Zimmermannsberuf des Vaters ergreifen. Da er sich aber als hochbegabter Knabe erwies, schickte man ihn zunächst auf die Kgl. Kunst-, Bau- und Handwerkschule in Breslau, während er gleichzeitig in den Sommermonaten praktisch in der Zimmerei tätig war. Mit sehr guten Zeugnissen verließ er 1823 diese Schule. Wenige Jahre vorher war in Berlin durch Beuth das Kgl. Gewerbeinstitut gegründet worden, aus dem später die Technische Hochschule hervorging. Borsig setzte es bei seinem Vater durch, daß dieser dem strebsamen Sohn die Mittel zur Verfügung stellte, sich noch zwei Jahre lang dem Maschinenbaufach zu widmen. Dann entschloß er sich, noch anderthalb Jahre als Lehrling in der neuen Berliner Eisengießerei von C. Woderb u. F. A. Egells tätig zu sein. Man bot ihm nach beendeter Lehre eine Anstellung auf acht Jahre als Faktor der Gießerei und der mechanischen Werkstätte mit 300 Talern Jahresgehalt und bestimmten Anteilsätzen, worauf Borsig natürlich freudig einging. Aber alle seine Pläne sind auf die Selbständigkeit gerichtet, und schon vor Ablauf der langen Vertragszeit trifft er Vorbereitungen für den Ankauf eines Grundstückes am Oranienburger Tor und läßt sich einen Bürgerbrief als „Eigentümer und Fabrikunternehmer" ausstellen. Als er 1837 mit etwa 10 000 Talern Ersparnissen die Fabrik von Woderb u. Egells verläßt, richtet er sofort eine vorläufige Werkstatt in Gestalt einiger Bretterbuden auf dem neu erworbenen Grundstück ein und läßt auch gleich arbeiten. Das Gebläse für den Kupolofen wird zunächst durch zwei große Blasebälge ersetzt, die er von Soldaten der benachbarten Kaserne des 2. Garderegimentes betreiben läßt. Ebenso wurde ein Roßwerk mit zwei Gäulen für den Betrieb der mechanischen Werkstätte benutzt, deren erste Arbeit die eigene Antriebsdampfmaschine war. Nun konnte mit etwa 50 Arbeitern die Fabrik eröffnet werden, die gleich für die damals im Bau befindliche Berlin-Potsdamer Eisenbahn Schienenstühle und sonstigen Guß sowie für den Erdtransport Kippwagen besonderer Bauart lieferte. Daneben wurden Brücken- und Treppengeländer, Gitter, Figuren und sonstiges gegossen, darunter auch die vier bekannten Löwen an der Löwenbrücke im Tiergarten zu Berlin.

Auch mußte Kleinguß, wie Schreibzeuge, Spiegel- und Bilderrahmen über Zeiten geringer Aufträge hinweg helfen. Bald nach Eröffnung der ersten deutschen Eisenbahn von Nürnberg nach Fürth im Jahre 1835 warf sich Borsig auf den Lokomotivbau. Seine erste Lokomotive für die Anhalter Bahn wurde 1841 fertig gestellt, ihr folgten im nächsten Jahre schon 8, dann 10 Lokomotiven, und die Zahl stieg jährlich immer höher. Die kleine Werkstatt genügte natürlich bald nicht mehr, größere, auch äußerlich prächtig ausgestattete Fabrikgebäude lösten sie ab, und 1847 erwarb Borsig in der damaligen Vorstadt Alt-Moabit ein großes Gelände, auf dem er ein gewaltiges Eisenwerk mit Puddelbetrieb, Walzwerken und Dampfhämmern errichtete. Eine Ergänzung fand dieses Eisenhüttenwerk durch die 1854 erfolgte Übernahme in Erbpacht dreier Kohlengruben in Biskupitz in Oberschlesien, die die Moabiter Werke von anderen Lieferanten unabhängig machen sollten. Es sollte die letzte Gründung August Borsigs sein. Wenige Wochen nach Abschluß des Kaufvertrages und nach der Feier der Fertigstellung der 500. Lokomotive verschied er plötzlich an einem Schlaganfall, sein über 2000 Arbeiter zählendes Werk seinem erst 25 Jahre alten Sohn Albert überlassend.

Der gewaltige Erfolg der Borsigschen Werke liegt in dem begründet, was August Borsig, der Zimmermannssohn, geschaffen hat. Die Schaffensfreude, die die eigentliche Triebfeder jedes technischen Fortschrittes ist, hat ihn ganz erfüllt und hat ihm die Bahn frei gemacht. Sie hat ihm aber auch das innere Glück der Zufriedenheit gebracht, das Glück, nach dem die Menschen so eifrig suchen, nur meist nicht da, wo es allein zu finden ist, in der Arbeit des Alltags. *Entw. Dm. 1 S. 185; Otto: Das Buch berühmter Kaufleute (Leipzig 1870) 1 S. 881.* We.

BÖTTGER, Johann Gottfried, geb. 4. Febr. 1682 in Schleiz, gest. 13. März 1719 in einem Untersuchungsgefängnis in Sachsen. Seine Abenteurerlaufbahn wurde bedingt durch ein seltsames Gemisch von phantastischer Zügellosigkeit in seinem Privatleben und hingebender Beharrlichkeit in seinen chemisch-technischen Arbeiten; immer mit einem Fuße auf der ersten Sprosse der Galgenleiter, kam er nie seinen Versprechungen nach: Gold herzustellen, ward dafür aber der Nacherfinder des roten chinesischen Steinzeuges und Hartporzellans. Schon während seiner Lehrlingszeit in

Berlin als Adept bekannt geworden, flüchtete er 1701 vor dem Preußenkönig Friedrich I. zu August dem Starken nach Sachsen, der ihm im Laboratorium des königlichen Schlosses „Gelegenheit zum Goldmachen" gab. Nach mehrjährigen Mühen flüchtend und wieder eingefangen, gelang ihm 1709 die Herstellung von rotem Steinzeug, nach ihm „Böttger-Porzellan" benannt. Den Weg hierzu hat ihm sein trefflicher Berater, der Gelehrte Walter von Tschirnhaus, gewiesen. Das rote Böttger-Porzellan bestand aus 12 Teilen Lehm und 88 Teilen rotem Bol, einer Verbindung von Kieselsäure, Tonerde, Eisenoxyd und Wasser. Die anfangs schlichten Formen des Steinzeugs wurden bald in Barock gestaltet und fanden großen Absatz. Die Farbe wechselte zwischen kupferrot und dunkelbraun, je nachdem, ob sie in Kapseln oder offen gebrannt wurden. Die Waren wurden mit Platin, Gold und Silber, Lack und Ölfarben bemalt. Die Stücke ließen sich leicht gravieren, polieren und schleifen. Ausgeführt wurden Kannen, Büchsen, Näpfe, Schalen, Leuchter, Kruzifixe, Büsten und sogar Prunkvasen. Böttger stellte 1709 die ersten noch unvollkommenen Hartporzellangefäße her, 1715 endlich fein Hartporzellan. Er erreichte diese Erfolge nur durch immer wieder angesetzte praktische Versuche, ohne Analyse und Synthese im Sinne der heutigen Chemie zu kennen. Auf kurfürstlichen Erlaß wurde 1710 auf der Albrechtsburg in Meißen eine Porzellanmanufaktur errichtet und die Leitung Böttger auf Lebenszeit übertragen. Böttger versuchte das Herstellungsgeheimnis an die Preußische Regierung zu verschachern, wurde abgefaßt und starb im Gefängnis. *Lehnert: Das Porzellan (Leipzig 1902); Engelhardt: J. G. Böttger (Leipzig 1837).* Mi.

BOULTON, Matthew, geb. 3. Sept. 1728 in Birmingham, gest. 17. Aug. 1809 in Soho, war der Sohn eines Metallwarenfabrikanten in Birmingham, der ihm eine gute Schulbildung zuteil werden ließ. Schon früh half er im väterlichen Geschäft und führte bald wesentliche Verbesserungen ein, die, als sein Vater 1759 gestorben war, zu großen Erweiterungen der Fabrik führten. In dem jungen Boulton wurde der Ehrgeiz lebendig, der erste und größte Metallwarenfabrikant zu werden. In rastloser Arbeit unter Einsetzung des ererbten beträchtlichen Vermögens kam er seinem Ziel schnell näher. Die Fabrik wurde bald zu klein, in der Nähe von Birmingham erwarb er größere Ländereien in dem Orte Soho, und hier errichtete er anfangs der 60er Jahre neue große Fabrikgebäude, in denen er 1779 bereits 800 Arbeiter beschäftigte. Neben seiner anstrengenden Berufstätigkeit fand er noch Zeit, sich weiter zu bilden, vor allem in Chemie, Mechanik und Geologie. Frühzeitig wandte er auch seine Aufmerksamkeit den Verbesserungen der Feuermaschine zu, über die er u. a. 1766 auch mit Benjamin Franklin korrespondierte. Dr. Roebuck, der Begründer der schottischen Eisenindustrie, machte ihn bald darauf mit den Arbeiten Watts bekannt, der 1766 zum erstenmal Soho besuchte und staunend die Fabrik bewunderte. Ein Jahr später lernte er Boulton persönlich kennen, und diese Begegnung führte zur Gründung der ersten Dampfmaschinenfirma der Welt, Boulton & Watt. Die beiden Männer ergänzten einander aufs beste: Watt der Typus eines in sich gekehrten Denkers und Konstrukteurs, Boulton der groß angelegte Unternehmer. Der Kampf um die Dampfmaschine begann. So groß auch die konstruktiven und betriebstechnischen Sorgen waren, fast noch größer war Boultons Aufgabe, die Mittel für die Durchführung zu schaffen. Rücksichtslos setzte er sein und der Seinen Vermögen ein. Jahre über Jahre vergingen, mehr als 800 000 M. — eine für die damalige Zeit ungeheure Summe — verschlang das Unternehmen, ehe von etwa 1785 ab an Gewinn gedacht werden konnte. Kaum war hier das Schwerste überwunden, so sah sich Boulton nach neuen großen Arbeitsgebieten um. Hier ist seine bahnbrechende technische Arbeit auf dem Gebiete des Münzwesens zu erwähnen. Boultonsche Münzprägemaschinen gingen bald nach allen Staaten. Das Jahr 1800 löste die geschäftliche Verbindung zwischen Boulton und Watt, aber nicht ihre innigen Freundschaftsbande. Boulton vermochte sich trotz des Alters und seiner Beschwerden nicht aus dem von ihm geschaffenen Unternehmen zurückzuziehen. Bis zu seinem Tode stand er seinen Mann. In einem Brief an Boultons Sohn rühmte Watt die hervorragenden Eigenschaften und Fähigkeiten seines Freundes, seine Leutseligkeit, seine Großmut und seine Liebe zu den Freunden. *Beitr. 1 (1909) S. 251; Entw. Dm. 1 S. 123; Liv. Eng. 4.* C. M.

BOURDON, Eugène, geb. 1808 in Paris, gest. 1884 ebenda, war zuerst in einem Handelshause, später bei dem Mechaniker Calla angestellt und gründete 1835 in Paris eine Maschinenbauwerkstätte. Bourdon gilt als der Erfinder zweier wichtiger Meßinstrumente: des Röhrenfedermanometers mit ovalem Rohr, welches sehr bald in Belgien und Rußland, später auch in Frankreich allgemein eingeführt wurde, und des metallischen Barometers, das jedoch nur eine Verbesserung und Abänderung des von Vidie hergestellten Aneroidbarometers darstellt.

Henry Tresca schreibt im „Rapport du jury mixte international de l'Exposition de 1867": „Das Metallmanometer, bekannt unter dem Namen des Bourdonschen Manometers, ist von dem Deutschen Schinz, welcher lange Zeit in Frankreich gearbeitet hat, erfunden worden. Herrn Bourdon jedoch gebührt das Verdienst, dieses Meßverfahren für die Praxis durchgebildet zu haben, und der große Anteil an der Erfindung, den er sich durch die Verbreitung dieses ausgezeichneten Apparates erworben hat, konnte allein die ihm zuteil gewordene hohe Anerkennung rechtfertigen, falls sie nicht auch aus anderen Gründen erfolgt wäre."

Außer diesen Arbeiten machte er mehrere Versuche über den Luftwiderstand der Eisenbahnzüge bei großen Geschwindigkeiten, sowie verschiedene Verbesserungen an Dampfmaschinen und Kondensatoren. *Hist. méc. S. 214.* Dr.

BOYLE, Robert, geb. 25. Jan. 1626 zu Lismore in Irland, gest. 30. Dez. 1691 zu London. Er war ein Sohn des Grafen von Cork, studierte in Oxford und Genf und gründete 1645 mit Newton, Hooke und anderen in London die Royal Society. Er war einer der Ersten, die die wissenschaftliche Chemie durch Abtrennung von der Alchimie begründeten. Wie Bacon von Verulam hielt er allein den Versuch für maßgebend, um die Wahrheit zu finden; keine Theorie, so sagt er, dürfe aufgestellt werden, ohne daß zuvor die in Betracht kommenden Erscheinungen geprüft worden seien. Er verlangte vom Chemiker, daß er auch mit philosophischem Blick an seine Wissenschaft gehe.

Boyle unterschied als erster zwischen mechanischer Mischung und chemischer Verbindung. Er begründete die analytische Methode der Untersuchung chemischer Stoffe, machte Versuche über die Atmung, wies das Entstehen der Mineralien aus dem flüssigen Zustand nach und bestimmte viele spezifische Gewichte. Für die Technik ist wichtig, daß sich Boyle auch als Physiker betätigt hat. Namentlich die Gesetze der Luft beschäftigten ihn. Als er von der Erfindung der Luftpumpe durch Otto v. Guericke hörte, baute er sofort eine solche, verbesserte sie in manchen Teilen und wiederholte und erweiterte die Versuche Guerickes. Mit seinen Apparaten wies er die Abhängigkeit des Siedepunktes vom Druck auf der siedenden Flüssigkeit nach.

Die proportionalen Beziehungen zwischen Volumen und Druck eines Gases stellte er mittels einer ungleichschenkligen U-förmigen Glasröhre fest, in deren geschlossenem kürzeren Schenkel er durch Quecksilber eine Luftmenge abschloß. Die Höhe der Quecksilbersäule im anderen Schenkel gab das Maß für den Druck, ein Versuch, der heute noch in jedem Physikunterricht vorgeführt wird. Diese Beziehung: $v : v_1 = p_1 : p$ wurde später von dem Franzosen Mariotte nochmals gefunden und heißt heute das Mariotte-Boylesche Gesetz. Seine Hauptwerke sind: New experiments touching the spring of the air (1660), Experiments on colours (1663), Hydrostatical paradoxes (1666). Seine gesammelten Werke erschienen zuerst in lateinischer Sprache 1676 zu Genf. *L. Saunders: Robert Boyle, a biographical sketch; Entw. Natw. 2 S. 225, 246, 357; Der Biograph (Halle a. S. 1808) 7 S. 469.* We.

BRAITHWAITE, John, geb. 19. März 1797 in London, gest. 25. Sept. 1870 in Paddington. Sein Vater besaß eine Maschinenfabrik in London, und auch frühere Vorfahren hatten sich schon als Techniker hervorgetan; es wird erwähnt, daß das Ingenieurbureau eines Vorfahren in St. Alban seit 1695 bestand. So war es selbstverständlich, daß John, der dritte Sohn seines Vaters, nach beendeter Schulzeit ebenfalls sich dem technischen Berufe widmete und in die väterliche Fabrik eintrat. Außer praktischer Erfahrung erwarb er großes Geschick in der Anfertigung technischer Zeichnungen. Als der Vater 1818 starb, wurden die Brüder Francis und John Inhaber der Fabrik; nach dem 1823 erfolgten Ableben Francis' war John alleiniger Besitzer. Als neuen Zweig nahm er besonders den Bau von Hochdruckdampfmaschinen auf. 1822 baute er eine Dampfspeisepumpe und 1823 goß er das Standbild des Herzogs von Kent für den Portland-Platz in London. Mit den beiden Stephensons kam er erstmals 1827 in Berührung, und kurz danach auch mit John Ericsson. Mit diesem zusammen baute er für den Lokomotivwettkampf in Rainhill 1829 die Novelty. Um die gleiche Zeit ging aus seiner Werkstatt die erste Dampfspritze hervor, die in London beim Brand des Opernhauses und bei anderen Anlässen gute Dienste tat, später aber zerstört wurde. Die Maschine, für Kohlenfeuerung eingerichtet, gab in 20 Minuten Dampf; die Pumpe lieferte 2 cbm Wasser in der Minute. Von den in der Folge gebauten Dampfspritzen von etwas größeren Abmessungen kam eine auch nach Berlin. Mit Ericsson zusammen baute Braithwaite 1833 auch eine kalorische Maschine. Seit 1834 nahm er als beratender Ingenieur lebhaften Anteil an der Entwicklung der englischen Eisenbahnen. Seine anerkannte und erfolgreiche Tätigkeit hatte zur Folge, daß er 1836 zum leitenden Ingenieur der englischen Ostbahnen ernannt wurde. Für diese Bahn wählte er zuerst eine Spur von 5 Fuß, die er selbst aber auf Anraten Robert Stephensons in die Einheitsspur von 4 Fuß 8½ Zoll änderte. In seiner Stellung als bauleitender Ingenieur verwandte er amerikanische Bagger und Dampframmen. Mit Robertson zusammen gründete er 1837 die Zeitschrift „Railway Times", deren alleiniger Inhaber er dann bis 1845 war. Noch eine technische Großtat lenkte die Aufmerksamkeit auf ihn. Mit Ericsson zusammen baute er 1836 bis 1838 ein Dampfboot mit Schraubenantrieb und fuhr mit diesem Boot von London durch die Kanäle bis Manchester und von dort über Oxford und die Themse wieder zurück. Mit dieser Fahrt wollte er zum Ausdruck bringen, daß neben den Eisenbahnen auch die Wasserstraßen, mit Dampfschiffen befahren, nicht vernachlässigt werden dürften.

Maschinenbau und Verkehrswesen haben in gleicher Weise aus Braithwaites Arbeit Nutzen gezogen, auch ältere deutsche technische Zeitschriften beschreiben oft die Werke dieses hervorragenden englischen Ingenieurs, und Ehrungen flossen ihm aus dem In- und Auslande in reichem Maße zu. *Entw. Dm. 1 S. 539; Nat. Biogr. 6 (1886) S. 201; Proceedings of the American Society of Civil Engineers 31 (1871) S. 207.* Hä.

BRAMAH, Joseph, geb. 13. April 1749 in Stainsborough (Yorkshire), gest. 9. Dez. 1814 in London. Bramah war der Sohn eines Kleinbauern. Er sollte Landwirt werden, aber schon in jungen Jahren zeigte er für die Technik größere Neigung als für die Landwirtschaft. Ein Unfall, den er im 16. Lebensjahre erlitt und der ihn beim Gehen behinderte, so daß er keine landwirtschaftlichen Arbeiten mehr verrichten konnte, brachte es mit sich, daß er Tischler wurde. Nach Beendigung seiner Lehrzeit ging er nach London, wo er eine Zeitlang als Gehilfe arbeitete. Durch Fleiß und Sparsamkeit konnte er bald ein eigenes Geschäft aufmachen. Da er jetzt mehr verdiente und mehr freie Zeit zu seiner Verfügung hatte, konnte er sich seinen technischen Neigungen in stärkerem Maße als zuvor widmen und erlangte bald den Ruf eines geschickten Mechanikers. 1784 erhielt er ein Patent für das von ihm erfundne Kombinationsschloß, das noch heute unter dem Namen Bramahschloß bekannt ist. Nachdem er sich mit Verbesserungen an Wasserhähnen, Pumpen, Feuerlöschern usw. befaßt hatte, machte er seine größte Erfindung, die der hydraulischen Presse, für die er im Jahre 1796 das Patent erhielt. Ein Jahr darauf wurde Bramah ein Patent auf den jetzt überall gebräuchlichen Bierdruckapparat erteilt. Bramah hat im Laufe der Jahre dann weitere Erfindungen zur Verbesserung von Dampfmaschinen und Dampfkesseln gemacht; er hat Maschinen zum Glätten der Oberfläche von Holz- und Metallgegenständen sowie Papiermaschinen erfunden, ferner eine Maschine zum Anfertigen von Schreibfedern. Auch um die Verbesserung von Wagenkonstruktionen hat er sich verdient gemacht. 1806 erfand er ein Druckverfahren, das die Bank von England zum fortlaufenden Numerieren ihrer Banknoten erwarb. Joseph Bramah wird als ein religiöser, warmherziger Mann geschildert, der nie vergaß, daß er aus den einfachsten Verhältnissen kam, und stets ein Freund der unter ihm arbeitenden Mechaniker war. Er starb an einer während einer Arbeit im Freien zugezogenen schweren Erkältung. *Self Made Men; Nat. Biogr. 6 (1886) S. 202.* Wi.

BRANCA, Giovanni, gest. 1629, ein italienischer Architekt und Ingenieur, der die Wallfahrtskirche zu Loretto erbaute, beschreibt in seinem Buche: „Le Machine diverse del Signor Giovanni Branca", das 1626 in Rom erschien, an Hand einer Abbildung eine Aktionsdampfturbine aus einem Schaufelrad bestehend, gegen das ein aus einem als Figur ausgeführten Dampfkessel (Püsterich) kommender Dampfstrahl geblasen wird. Mittels einer Zahnradübersetzung wird die Drehung im Verhältnis von etwa 150 : 1 ins Langsame übersetzt und zum Antrieb eines Pochwerkes zum Zerkleinern von Apothekerwaren benutzt (Abb. in Gesch. Eis. II S. 921). Das Buch beschreibt außerdem Brunnen, Dreschmaschinen, Mühlen, Pumpen, Wasserräder, Wassertrommelgebläse, Rammen und ähnliches. *Gesch. Masch. S. 583.* We.

BRANDAU, Karl, geb. 1849 in Kassel, gest. 20. Okt. 1917 ebenda. Seine technische Ausbildung erhielt Brandau auf dem Züricher Polytechnikum. Nach beendetem Studium war er an verschiedenen Stellen in Deutschland mit Eisenbahnbauten beschäftigt und widmete sich dann als selbständiger Unternehmer hauptsächlich den Tunnelbauten. In Ungarn, Elsaß-Lothringen, Spanien und dem Kaukasus führte er bedeutende Tunnelbauten aus, die ihm Vertrautheit mit allen vorkommenden Aufgaben und eine große Erfahrung sicherten. Teilweise arbeitete er hier schon mit Alfred Brandt zusammen, mit dem er dann zu der gemeinsamen Firma Brandt, Brandau & Co. sich verband. Bereits 1893 wurde dieser Firma der vorläufige Auftrag zum Bau des Simplontunnels erteilt. In jahrelanger Arbeit wurden von den beiden Männern die Pläne für dieses Unternehmen ausgearbeitet. Dem Bau dieses Tunnels mit seiner Länge von rd. 20 km, der das Alpenmassiv in tiefster Lage durchbricht, stellten sich die schwierigsten Verhältnisse entgegen; ganz neue Baumethoden mußten entwickelt werden. Als Alfred Brandt bereits ein Jahr nach Beginn der eigentlichen Bauarbeiten im November 1899 starb, fiel Brandau die Hauptverantwortung für die glückliche Durchführung der Arbeiten und für die Überwindung der immer aufs neue sich entgegenstellenden Schwierigkeiten zu. Brandau leitete im besonderen die Arbeiten auf der Südseite des Tunnels, wo gewaltige Wassereinbrüche zu bekämpfen waren. Die Fertigstellung des Tunnels in einer Bauzeit von nicht ganz 8 Jahren — ursprünglich war zwar nur eine solche von 5½ Jahren vorgesehen — war nur möglich durch einen

Baufortschritt, der alle bisherigen Tunnelbauten, auch diejenigen, an denen Brandau seine reichen Erfahrungen gesammelt hatte, um ein Vielfaches übertraf, was wieder nur erreicht werden konnte durch die Anwendung vorzüglicher maschineller Einrichtungen und einer glänzenden Bauposition. Als der Weltkrieg ausbrach, hatte Brandau sich bereits zur Ruhe gesetzt. Er stellte jetzt nochmals seine Kräfte bei wichtigen Eisenbahnbauten in den Dienst des Vaterlandes, bis Krankheit ihn zwang, sich ganz zurückzuziehen. *Dt. Bauz. 51 (1917) S. 435.* Hä.

BRANDT, Alfred, geb. 3. Sept. 1846 in Hamburg, gest. 29. Nov. 1899 zu Brig. Er entstammte einer wohlhabenden Hamburger Kaufmannsfamilie, in der er mit 5 Geschwistern eine schöne Jugend verlebte. Seine Schulbildung fand er zunächst auf einer Privatschule, dann auf der Realschule seiner Vaterstadt. Schon früh zeigte sich bei ihm Neigung und Begabung für mathematisch-mechanische Fächer, die ihn veranlaßte, sich dem Berufe des Ingenieurs zuzuwenden. Nach mehrjähriger praktischer Lehre in einer kleinen Maschinenfabrik bezog er 1866 das neu errichtete Polytechnikum in Zürich, wo er unter Culmann, Zeuner, Clausius und anderen hervorragenden Männern der aufblühenden technischen Wissenschaften studierte. 1870 verließ er die Hochschule und war zunächst beim Bau der Nordostbahn in Ungarn tätig, dann in Wien, wo er auf der Weltausstellung von 1873 seine ersten eigenen Erfindungen bekannt gab. 1875 kam er als Maschineningenieur zur Zentralleitung der Gotthardbahn nach Zürich. Oberingenieur Helwag erkannte bald seine hervorragende technische Begabung und übertrug ihm die Aufgabe, in Airolo die wenig zureichend erscheinenden Ferroux-Perkussions-Gesteinsbohrmaschinen zu studieren und möglichst zu verbessern. Schon 1876 trat er mit dem Entwurf einer hydraulischen Stoßbohrmaschine an die Firma Gebrüder Sulzer in Winterthur heran, die dann in eine rotierende umgebaut wurde. Zwei solcher Maschinen wurden 1877 von Sulzer für die Firma Karl Freiherr v. Schwarzenberg, Bauunternehmung der Salzkammergutbahn in Wien angefertigt. Mit dieser ersten Anlage des Systems Brandt wurde der Richtstollen des Sonnenscheintunnels aufgefahren. Die neue Erfindung verbreitete sich sehr bald, sie wurde dann bei Bohrunternehmungen im Berg- und Tunnelbau vielfach benutzt; das erstemal 1879 im Pfaffensprungtunnel der Gotthardbahn. Etwa 1879 gründete Brandt mit seinem Studiengenossen Karl Brandau die Firma Brandt & Brandau in Hamburg, die in den verschiedensten Ländern eine große Anzahl von Tunneln gebaut, Stollenbetriebe für den Bergbau ausgeführt und auch bergbauliche Betriebe auf eigene Rechnung geführt hat. 1883 auf Veranlassung eines Bankhauses in Cartagena nach Spanien berufen, führte er dort größere Querschlagbetriebe zum Aufsuchen von Erzgängen aus, hieran schlossen sich weitere Arbeiten in Spanien, so namentlich auf Rechnung seiner Firma die Wiederaufschließung der Bleierzgruben in Posada unter den allergrößten technischen Schwierigkeiten. Bis 1895 war er vorwiegend persönlich in Posada tätig, um von dort aus weitere spanische Blei- und Silbergruben in Betrieb zu setzen, bei denen namentlich die Wasserhaltungen sich schwierig gestalteten. Ohne seine Bohrmaschine wäre es ihm nicht möglich gewesen, all diese Unternehmungen erfolgreich durchzuführen. 1893 wurde die Baugesellschaft der Simplonbahn gegründet, zu der auch Brandt und Brandau gehörten. Die Grundidee des Bauplans für den Simplontunnel rührt von Alfred Brandt persönlich her. Mit dem Bau konnte aber erst im Herbst 1898 begonnen werden. Auf der schweizerischen Seite in Brig leitete Alfred Brandt selbst die Arbeiten, auf der italienischen in Iselle sein Teilhaber Karl Brandau. Leider konnte Brandt sein größtes Lebenswerk, den Simplontunnel, nicht zu Ende führen. Folgen dauernder körperlicher und geistiger Überanstrengung im Verein mit neuen Schwierigkeiten bei einem seiner spanischen Unternehmen und beim Tunnelbau selbst führten zu einem Schlaganfall, dem er nach viertägigem Krankenlager am 29. Nov. 1899 im alten Stockalper Schlosse zu Brig erlag. Seine Leiche wurde in seine Heimat überführt. Brandt war ein Mensch von tiefer Religiosität, ein hervorragender Redner, voller Energie und Entschlossenheit, rücksichtslos gegen sich selbst, aber voller Güte gegen seine Mitarbeiter. Ohne seine Erfindung wäre die wirtschaftliche Durchführung der großen Tunnelbauten nicht möglich gewesen. *(Enz. Eisb. 2 S. 377).* Lo,

BRASHEAR, John Alfred, geb. 24. Nov. 1840 in Brownsville, gest. 8. April 1920 in Pittsburgh. Brashear war einer der angesehensten Ingenieure seiner Zeit; als Fabrikant von optischen Linsen und Hohlspiegeln genoß er Weltruhm und als Mensch, als „Onkel John", war er in den weitesten Kreisen beliebt und geehrt. Er empfing im Laufe seines langen Lebens viele Auszeichnungen und Ehrungen. Seinem Wunsche und seinem Streben hätte der Titel „Dr. of Humanity", wie er sich selbst einmal ausdrückte, entsprochen. — In Brownsville besuchte er die öffentlichen Schulen und trat dann seine Lehrzeit als Modellmacher an; mit 22 Jahren war er Maschinenbauer in einem Walzwerk in Pittsburgh. Zwanzig Jahre blieb er diesem Berufe treu; erst dann wandte er sich ganz der Aufgabe der Herstellung von astronomischen und physikalischen Instrumenten zu. Schon von frühester Jugend hatte er für alles, was mit Astronomie zusammenhing, ein lebhaftes Interesse; als er als Knabe einmal bei einem Wanderastronomen für 5 Cents die Wunder des Himmels erblicken durfte, ließ das einen so tiefen Eindruck bei ihm zurück, daß er Tag und Nacht nicht mehr davon loskam. Sein Ziel war jetzt, ein eigenes Teleskop zu besitzen. Später, als er bereits verheiratet war, versuchten seine Frau und er in den Abend- und Nachtstunden ein solches Teleskop zu bauen. Drei Jahre verwandten sie zum Schleifen des ersten Glases. Da Brashear mit dem erzielten Erfolg nicht zufrieden war, fingen beide mit dem Schleifen einer zweiten Linse an, die nach zwei Jahren angestrengtester Arbeit brach. Sie fingen von neuem an und diesmal mit Erfolg. Das war der Wendepunkt in ihrem Leben. Langley, der damalige Leiter des Alleghany-Observatoriums, ermöglichte es Brashear, nach Alleghany zu ziehen und dort einen Betrieb für das Schleifen derartiger Gläser zu eröffnen. Das war der Anfang der späteren Weltfirma John A. Brashear & Co. Ltd. Bis zu seinem Tode blieb Brashear seinem Grundsatz treu, auf keine seiner Erfindungen ein Patent zu nehmen und aus keinem seiner Verfahren ein Geheimnis zu machen. Seine größte Leistung ist der Entwurf und die Entwicklung des Spektroskops für astronomische Zwecke. 1884 wurde John Brashear von Prof. Rowland der John-Hopkins-Universität beauftragt, die Metallplatten für sein Beugungsgitter zu bauen. Bei Lösung dieser schwierigen Aufgabe wurde besonders die erreichte Genauigkeit dieser Platten hervorgehoben. Brashear persönlich erlebte aber wohl die größte Befriedigung, als die für das Dominion-Observatorium bestellten 72zölligen Linsen fertiggestellt und schließlich 1918 wohlbehalten in Victoria eingetroffen waren. Die Linsenkörper waren in Belgien gegossen worden; sie wogen, als sie nach Pittsburgh versandt wurden, rund 2250 kg. Seine große Leistung wurde voll anerkannt: er erhielt einen Ruf an die Universität von West-Pennsylvania, der das Alleghany-Observatorium als Abteilung unterstand. In den Jahren 1898 bis 1900 war er der leitende Direktor dieses Observatoriums. Es gelang ihm, in diesen zwei Jahren die Summe von 300 000 Dollar zusammenzubekommen, um das neue Observatorium in Riverside Park zu bauen. Zwanzig Jahre lang war er Kurator des Carnegie-Institutes, fünfzehn Jahre des Carnegie-Institutes für Technologie, zwanzig Jahre der Universität Pittsburgh. Die von Brashear persönlich ins Leben gerufene Brashear Settlement Association ist ein Beispiel seines Gemeinsinnes und seines sozialen Denkens. Im Oktober 1924 ist die „Autobiography of John A. Brashear" erschienen, die W. Lucien Scaife nach Brashears Tode herausgegeben hat. *Trans. ASME 42 (1921) S. 1120.* Wi.

BREDT, Rudolf, geb. 17. April 1842 in Barmen, gest. 18. Mai 1900 in Wetter. In den Jahren von 1861 bis 1864

studierte Rudolf Bredt in Karlsruhe und Zürich Mathematik und Maschinenbau; besonders Redtenbacher wirkte stark auf ihn ein. Nach beendetem Studium ging er zunächst nach Berlin, arbeitete hier zwei Jahre praktisch bei Wöhlert, war in Bremen tätig und kam dann nach England, damals noch immer dem Mutterlande der Technik. Es glückte ihm, in Crewe bei Ramsbottom anzukommen, in dem er einen glänzenden Lehrmeister fand. Zunächst hatte er eine Stellung im Zeichenbureau der großen Lokomotiv- und Maschinenfabrik inne und suchte sich hier die Grundlage für seine spätere Arbeit zu schaffen. Besonders dem Kranbau, von dem man damals noch wenig in Deutschland wußte, galt sein Interesse. So lernte er Bessemers große hydraulische Kraftanlagen kennen. 1867 kehrte er nach Deutschland zurück. Auf Rat seines Vaters suchte Rudolf Bredt sich an einer kleinen Maschinenfabrik zu beteiligen und knüpfte Verhandlungen mit der Firma Stuckenholz an, die zu dem Ergebnis führten, daß die Firma in dem genannten Jahre von dem Sohne des Begründers, Gustav Stuckenholz, dessen Schwiegersohn W. Vermeulen und Rudolf Bredt übernommen wurde. Durch Bredt wurde die Firma Stuckenholz bald die erste Kranbaufabrik Deutschlands. Die alte Fabrik wurde erweitert und 1872 an der Bahn ein neues Werk gebaut. Die Krise der siebziger Jahre führte dazu, daß Gustav Stuckenholz aus der Firma ausschied und Bredt 1875 alleiniger Inhaber war. Mit einem Arbeiterstamm, der in den besten Zeiten 250 bis 300 Mann betrug, schuf er Leistungen, die im Kranbau vorbildlich waren. Nach der Weltausstellung in Chicago gab Bredt 1894 oder 1895 eine Schrift heraus: „Krantypen der Firma Ludwig Stuckenholz", in der er über die Ergebnisse seiner rund fünfundzwanzigjährigen Tätigkeit berichtet. Gleichzeitig findet sich hier ein ausgezeichneter Überblick über die Leistungen des damaligen Kranbaues. Bredt hat im Kranbau eine Fülle neuer Gedanken selbständig und stets eigenartig weiter verarbeitet. Antrieb der Krane durch Seile und Transmissionen und Vereinfachung der Getriebe bezeichnen in der Hauptsache sein Wirken. 1887 bereits führte er den ersten elektrisch angetriebenen Laufkran aus und arbeitete in der Folge tatkräftig an seiner Weiterentwicklung. Dampfkrane und hydraulische Krane wurden von Bredt weiterentwickelt. In seinem Charakter lag die Vorliebe für vertieftes wissenschaftliches Durchdenken von Problemen und scharf ausgesprochene Abneigung gegen alle rein geschäftliche Tätigkeit. Bredt war der stille in sich gekehrte Denker, der bestrebt war, sich vom Lärm und Geräusch des Alltags fernzuhalten. Daß er mit diesen Neigungen oft schlecht zum Fabrikunternehmer paßte, hat er selbst stark empfunden. Mit seinen großen, auf ihn allein zurückzuführenden technischen Leistungen ist er stets hinter dem Namen der Firma, die er zum Ruhm geführt hat, zurückgetreten. Seinen großen wissenschaftlichen Neigungen war die Zeit oft karg zugemessen. Mit besonderer Vorliebe trieb er mathematische Studien. Neben seiner wissenschaftlichen Tätigkeit bot ihm die Liebe zur Kunst Ablenkung vom Alltag und geistige Erhebung. Seine tiefe Religiosität war nicht minder kennzeichnend für sein Empfinden und seine nach innen und außen harmonisch abgerundete Persönlichkeit. Mit bewundernswerter Geduld und innerer Ergebung ertrug er ein schweres Leiden, von dem ihn 1900 der Tod erlöste. *C. Matschoß: Ein Jahrh. deutsch. Maschb. (Berlin 1919), S. 89, 133.* C. M.

BREITHAUPT, August, geb. 18. Mai 1791 zu Probstzella in Thüringen, gest. 22. Sept. 1873 zu Freiberg in Sachsen. Er besuchte, nachdem sein Vater als Amtmann nach der alten Bergstadt Saalfeld versetzt worden war, das dortige Gymnasium, bezog dann Michaelis 1809 die Universität Jena und lag dort vorzugsweise naturwissenschaftlichen Studien ob. Er hörte u. a. Mathematik und Physik bei I. H. Voigt, Chemie bei Döbereiner und Mineralogie bei Lenz und Oken. Ostern 1811 ging er nach Freiberg, um Bergmann zu werden. Auf Werners Empfehlung wurde der erst 22 jährige zum Lehrer an der Freiberger Bergschule ernannt. Nach dem Ende Juni 1817 erfolgten Tode Werners wurde ihm die Beendigung von dessen Vorlesungen übertragen. Im Jahre 1826 wurde er zum Professor der Mineralogie an der Bergakademie ernannt. Er hat diesen Lehrstuhl bis 1866, also 40 Jahre lang, inne gehabt. Nach dem Rücktritt aus dem Staatsdienste traf ihn das Unglück, ziemlich plötzlich völlig zu erblinden, wodurch seiner wissenschaftlichen Tätigkeit ein Ziel gesetzt wurde. Breithaupt war ein vorzüglicher Kenner der Mineralien, er hat mehr als 40 neue Mineralarten beschrieben. Besonders wichtig sind auch seine zahlreichen Beobachtungen über das gesellige Zusammenvorkommen, die Paragenesis der Mineralien. Sodann hat er wesentlich zur Kenntnis der Pseudomorphosen des Mineralreiches beigetragen. Hierüber handelt seine Schrift „Über die Ächtheit der Krystalle" vom Jahre 1815. Leider ist sein groß angelegtes „Handbuch der Mineralogie" (1836 bis 1847) unvollendet geblieben.

Wesentliche Verdienste hat Breithaupt um die Nomenklatur in der Mineralogie. Er betonte die Isomorphie, von ihm rühren die Benennungen tetragonales, hexagonales und rhombisches Kristallsystem her, auch die Bezeichnungen Skalenoeder, Doma und Hemimorphismus brauchte er zuerst. Er vermehrte die Mineraliensammlung der Bergakademie um etwa 20 000 Stufen und etikettierte sie auf das genaueste. *Jahrb. f. d. Berg- u. Hüttenwesen im Königreich Sachsen auf das Jahr 1874 S. 282.* Tr.

BREMSHEY, Caspar Wilhelm, geb. 20. Aug. 1826 auf dem Gut Bremshey bei Iserlohn, gest. 23. Juli 1899 in Ohligs. Er hatte als zweitältester Sohn keine Aussicht, das väterliche Gut als Erbe übernehmen zu können, erlernte das Schlosserhandwerk und ging nach Beendigung der Lehrzeit auf die Wanderschaft. Bei einem Schlosser in Ohligs trat er als Geselle ein, und nachdem er dort geheiratet hatte, machte er sich selbständig. Bremshey kaufte die Poschheider Mühle und fertigte Kassenschlösser. Obwohl seine gute Arbeit bald bekannt wurde, mußte er wegen Mangel an Aufträgen seinen Betrieb umstellen und fertigte Bügel für Ledertaschen und Koffer. Auf dem Wege, die ersten Bügelmuster zu vertreiben, wurde er durch einen Zufall mit dem Waffenfabrikanten C. R. Kirschbaum bekannt und übernahm für diesen die Bearbeitung der Aufpflanzvorrichtung eines neuen Seitengewehres. Trotz Vergrößerung der Werkstatt gelang es nicht, die täglich zu liefernde Stückzahl zu erreichen. Um neue englische Maschinen und ihre Leistungen kennen zu lernen, reisten Kirschbaum und Bremshey nach England. Nach seiner Rückkehr baute Bremshey Spannvorrichtungen, die genaues und sicheres Arbeiten ermöglichten, und machte damit den Anfang zur technisch-wirtschaftlichen Waffenherstellung. Seine Arbeitsweisen wurden von anderen Waffenfabriken bald übernommen und förderten die ganze Industrie. Durch die Zusammenarbeit mit den Erben von C. R. Kirschbaum konnte Bremshey 1863 seine Fabrikanlage auf einem neuen Grundstück bedeutend vergrößern, und durch die Anschaffung neuer Maschinen aus England gelang es ihm, nicht nur seine Lieferungen zu steigern, sondern den technischen Fortschritt in der Waffenfabrikation auch für den gesteigerten Bedarf in den Jahren nach 1870/71 auszuwerten. 1876 zwang ihn Mangel an Beschäftigung zur Umstellung; er gründete die Firma „Bremshey & Co., Kommanditgesellschaft für Schirmfurnituren". *Beitr. 12 (1922) S. 116.* Gro.

BRENDEL, Christian Friedrich, geb. 26. Dez. 1776 in Neustädtel (Erzgebirge), gest. 20. Nov. 1861 zu Freiberg, ein armer Bergmannssohn, bezog 21 jährig die Bergakademie Freiberg, mit einem kleinen Stipendium ausgestattet, darüber hinaus durch Bergarbeit seinen vollen Unterhalt bestreitend. Nach dreijährigem Studium wurde er Steiger auf mehreren Gruben, dann schickte ihn die Regierung, seine Fähigkeiten erkennend, auf eine zweijährige Studienreise nach England, Frankreich und Belgien, die ihm eingehende Kenntnis des Maschinenbaues vermittelte. 1811 wurde er Kunstmeister auf der Saline Dürrenberg, 1814 übernahm er die Leitung des Bergmaschinenwesens in Freiberg. 1817 unterstellte man ihm als Maschinendirektor das ganze sächsische Maschinenwesen. Viele ausgezeichnete Dampfmaschinenkonstruktionen verdanken ihm ihren Ursprung. 75jährig zog sich Brendel in den Ruhestand zurück zu einem noch zehnjährigen still zurückgezogenen Leben in ungetrübter geistiger Frische. *Entw. Dm. 1 S. 162.* C. M.

BRINDLEY, James, geb. 1716 in Derbyshire, gest. 30. Sept. 1772 in Turnhurst. Brindley stammte aus ärmlichen Verhältnissen und genoß so gut wie keine Schulbildung. Sein Leben lang sprach und schrieb er im Derbyshire-Dialekt. Sein mechanisches Geschick zeigte sich schon früh. Als Knabe war er oft bei einem benachbarten Müller zu Gast und schaute sich die Konstruktion der Zahn- und Wasserräder so genau an, daß er sie dann zu Hause in einem Holzmodell nachbaute. Im Alter von 17 Jahren kam er auf sieben Jahre in die Lehre von Abraham Bennett, einem angesehenen Mühlenbauer bei Macclesfield, wo er zunächst nur langsam weiterkam. Einen großen Teil seiner Zeit mußte er zu Botengängen für seine Kollegen benutzen. Er beobachtete aber äußerst scharf und hatte bald bessere Kenntnis der Grundsätze der verwendeten Maschinen als seine Mitarbeiter. Als Bennett bei einer sehr schwierigen Instandsetzungsarbeit in einer Seidenspinnerei mit seinen Leuten gar nicht mehr weiterkam, ging Brindley heimlich hin, untersuchte die Maschinen, und es gelang ihm, die Schwierigkeiten zu beheben. Von da an wurde er als geschickter Mechaniker bekannt. Nach dem Tode von Bennett im Jahre 1742 machte er sich als Maschinenbauer in der Nähe von Leek selbständig und hatte im Ingangbringen alter und im Aufstellen neuer Maschinen bald einen großen Ruf und eine gute Praxis. Er versuchte auch, das Problem einer Wasserhaltungsmaschine zu lösen und erhielt im Jahre 1758 ein Patent für mehrere Verbesserungen an der Dampfmaschine von Newcomen, hatte aber hiermit keinen großen Erfolg. Brindley führte dagegen viele und wichtige Verbesserungen aller möglichen anderen Maschinen ein. Für Niederdruckkessel erfand er eine selbsttätige Speisevorrichtung, die viel angewandt wurde. Seine größten und hervorragendsten Arbeiten liegen nicht so sehr auf dem Gebiete des Maschinenbaues als auf dem der Kanalbauten. Er entwarf oder beaufsichtigte Kanalbauten von insgesamt mehr als 365 englischen Meilen Länge. Im Jahre 1759 baute er für den Duke of Bridgewater einen Kanal von Vorsley nach Manchester. Trent und Mersey verband er durch den bekannten Grand Trunk Canal. *Liv. Eng. 1 S. 307.* Wi.

TEN BRINK, Karl, geb. 20. Jan. 1827 in Courcelles sur Aire (Meuse), gest. 3. Dez. 1897 in Arlen (Württ.), besuchte die Schule in Bar le Duc, das Gymnasium in Saarbrücken und das Polytechnikum in Karlsruhe. Nach Abschluß des Studiums war er einige Jahre teils als Arbeiter, teils als Zeichner in den Maschinenfabriken von Farcot und Cail in Paris tätig und wurde Ende der vierziger Jahre Vorstand der Eisenbahnwerkstatt Montigny der französischen Ostbahn. Hier machte er zum ersten Male an Lokomotiven Studien und Versuche mit der rauchverzehrenden oder besser kohlensparenden Feuerung. Der Hauptgrundsatz ist hierbei, der Flamme die notwendige Verbrennungsluft an der richtigen Stelle zuzuführen, und zwar nicht mehr Luft, als zur größten Wärmeentwicklung notwendig ist. Mit dieser nach ihm benannten Feuerung wurden die meisten Lokomotiven der französischen Orléansbahn ausgerüstet. — 1861 trat ten Brink als Teilhaber in die 1837 gegründete Spinnerei und Weberei Arlen ein, wo es ihm gelang, die Fabrik durch seine technischen Fähigkeiten und sein Organisationstalent zu hoher Blüte zu führen. Seine Kesselfeuerung wandte er hier auch für ortsfeste Kessel an und teilte seine Erfahrungen in uneigennützigster Weise anderen mit, so daß allein in Württemberg bis zu seinem Tode rund 1000 Kessel mit zusammen 80 000 qm Heizfläche mit der ten-Brink-Feuerung ausgestattet waren. Seine Einrichtungen zur Versorgung der Web- und Spinnsäle mit frischer Luft mit dem nötigen Wassergehalt sind ebenfalls bemerkenswert. Mustergültig waren die Einrichtungen, die ten Brink zum Wohle seiner Arbeiter schuf. — Ten Brink war ein großer Freund der Natur. Der in der Nähe seines Werkes gelegene Hohentwiel hat ihm eine neue Schutzhütte und den Ausbau eines neuen reizvollen Weges zu danken. *Z 42 (1898) S. 421.* Hä.

BROWN, Charles, geb. 30. Juni 1827 in Uxbridge bei London, gest. 6. Okt. 1905 in Basel. Sein Vater, von Beruf Zahnarzt, war eifriges Mitglied einer religiösen Sekte und hätte es gern gesehen, wenn sein Sohn Charles Pfarrer dieser Sekte geworden wäre. Nach wenigen Jahren verzog der Vater nach Woolwich. Hier zwischen den großen Werkstätten des Maschinenbaues wuchs des jungen Charles Sehnsucht zur Technik. Als er 14 Jahre alt war, war er nicht mehr auf der Schule zu halten und setzte es gegen den Willen der Eltern durch, daß er als Lehrling in eine Maschinenfabrik eintreten durfte. Er wuchs auf in einer Atmosphäre des technischen Aufschwunges, neue Erfindungen jagten fast einander, Dampfmaschine und Eisenbahn brachten eine vollständige Umwälzung des gewerblichen Lebens. Seine Lehrzeit brachte er in der damals berühmtesten Maschinenfabrik Englands, bei Maudslay & Field in London, zu. Sein Vertrag lautete auf eine siebenjährige Lehrzeit; schon vor Ablauf der Lehrzeit aber machte er sich selbständig und gründete eine eigene, wenn auch recht dürftige Werkstätte. 1851 wurde ihm von einem Verwandten Sulzers das Anerbieten gemacht, bei der Firma Gebr. Sulzer in Winterthur den Dampfmaschinenbau einzuführen, das Brown gern annahm. Sulzer beschäftigte damals etwa 90 Arbeiter und baute hauptsächlich hydraulische Pressen. Bei Maudslay hatte Brown in einer der bestgerichteten Fabriken der Welt gearbeitet; bei Sulzer dagegen war der Bestand an Arbeitsmaschinen so, daß Brown fast den Mut verlieren wollte, mit ihnen brauchbare Dampfmaschinen herzustellen. Da es aber am Willen der Unternehmer und am nötigen Geld nicht fehlte, gelang es ihm, die Einrichtung der Fabrik stetig zu verbessern. Durch seine vorzüglichen Konstruktionen verschaffte er den Sulzerschen Dampfmaschinen einen weiten Ruf. Anregungen, die er von außen her bekam, verstand er in eigenartiger Weise weiter zu entwickeln. Zur Untersuchung der Dampfmaschinen ließ er aus England einen Indikator kommen, da ein solches Instrument in der Schweiz nicht aufzutreiben war. Systematisch verbesserte er die Bauart seiner Dampfmaschinen auf Grund der Aufschlüsse, die er aus dem Diagramm entnahm. Von dem Elsässer G. A. Hirn lernte er die große Bedeutung des überhitzten Dampfes kennen und baute schon 1862 selbst Dampfmaschinen mit Überhitzer, der aus Rippenrohren bestand. Die Steuerung verbesserte er sehr wesentlich; die Sulzersche auslösende Steuerung wurde berühmt. 1867 auf der Pariser Weltausstellung lernte er Corliss persönlich kennen. Vergleichsversuche zwischen einer nach Originalzeichnungen von Corliss gebauten Maschine und einer gleichartigen von Brown ergaben eine Dampfersparnis von rd. 30 vH zugunsten der Brownschen Maschine.

1871 löste Brown sein Verhältnis zur Firma Sulzer und gründete die Schweizerische Lokomotivfabrik, deren Leitung er bis 1884 in der Hand behielt. Er entwickelte hier eine Reihe interessanter Lokomotivtypen, besonders für Kleinbahnen und Straßenbahnen. Die erste Lenkersteuerung baute er bereits 1874. Geschäftlich brachten ihm die ersten Jahre große Schwierigkeiten, so daß er auch hier sich mit dem Bau ortsfester Dampfmaschinen, Zentrifugalpumpen und Gebläsemaschinen beschäftigen mußte. Im Lokomotivbau ging Brown besonders mit der Einführung höherer Geschwindigkeiten und höherer Dampfdrücke — 8 bis 10 at — voran.

Bei der 1884 erfolgten Gründung der Maschinenfabrik Oerlikon in Winterthur, die sich hauptsächlich dem Bau elektrischer Maschinen widmete, war Brown ebenfalls maßgeblich beteiligt, zog sich aber bereits im folgenden Jahre zugunsten seines Sohnes wieder zurück. Er beschäftigte sich persönlich, außerhalb seiner geschäftlichen Stellung, mit Problemen der elektrischen Kraftübertragung und interessierte sich stark für die von Oerlikon ausgeführte Linie Lauffen-Frankfurt. Ebenso sah er die große Bedeutung der Zugförderung durch elektrische Lokomotiven für die Schweiz schon frühzeitig richtig voraus.

Im 58. Lebensjahre wandte er sich nochmals einem neuen Arbeitsgebiete zu. Für Armstrong übernahm er die Einrichtung einer Geschoßfabrik in Pozzuoli bei Neapel in Italien. 1890 war diese Aufgabe für ihn beendet; er ließ sich nunmehr in Basel als Zivilingenieur nieder, wo er in mannigfachster Weise Dampfmaschinenkonstruktionen entwickelte, bis ihn in seinem 79. Lebensjahre in voller Arbeitskraft der Tod ereilte.

Charles Brown ist mit Sulzer zusammen der eigentliche Begründer der Schweizerischen Maschinenindustrie. Wie die Corliss-Maschine für Amerika, so ist die Brown-Sulzersche Dampfmaschine für Europa richtunggebend geworden. Eine Dampfmaschinengeschichte wird neben Watt und Corliss stets auch Charles Brown nennen müssen. Seine außerordentliche konstruktive Begabung bewährte sich auf mannigfachen Gebieten mit bestem Erfolge. Ein ausgeprägtes künstlerisches Gefühl ließ ihn stets nach einer guten Form für seine Maschinen suchen, die er nicht in Verzierungen und Verschnörkelungen, sondern in klarer, übersichtlicher und eleganter Linienführung sah. Er prägte den Satz: „The great science of construction is to leave out pieces." Sein lebhafter Geist begrüßte stets mit Freuden das Neue und Große, sobald es Fortschritt verhieß. Nachdem er 50 Jahre lang an der Vervollkommnung der Kolbendampfmaschine gearbeitet hatte, konnte er in begeisterter Form von der Zukunft der Dampfturbine sprechen und von den großen Verdiensten seines Freundes C. A. Parsons um die konstruktive Durchbildung dieser Maschine. Er hatte die Freude zu sehen, daß sein Sohn C. E. L. Brown durch die Firma Brown, Boveri & Co. dazu berufen war, die Dampfturbine auf dem Kontinent mit größtem Erfolge einzuführen. *Entw. Dm. I S. 216; Beitr. 2 (1910) S. 158; Z 49 (1905) S. 1763; ETZ 26 (1905) S. 1013; Engg. 80 (1905) S. 853; Eng. 100 (1905) S. 384.* Hä.

BROWN, Charles Eugene Lancelot, geb. 17. Juni 1863 in Winterthur (Schweiz), gest. 2. Mai 1924 in Montagnola bei Lugano. Als Sohn des Schöpfers der Sulzerschen Ventildampfmaschine, Charles Brown, wuchs er in einer Umgebung auf, die ihm technisches Denken in Fleisch und Blut übergehen ließ. Nach kurzer Lehrzeit bei Bürgin in Basel trat er, einundzwanzigjährig, bei der Maschinenfabrik Oerlikon ein, wo er zwei Jahre später die Leitung der elektrischen Abteilung übernahm. Die ersten Jahre widmete er hier vor allem der konstruktiven Durchbildung technisch brauchbarer Gleichstrommaschinen sowie Problemen der Kraftübertragung für Gleichstrom. Die damals gebauten Hochstrommaschinen für die Aluminium-Industrie A.-G. in Neuhausen für 6000 und 12 000 Amp. waren lange Zeit die größten der Welt. Die Grenze der Kraftübertragung durch Gleichstrom erkannte Brown schon 1889 und wandte sich mit Nachdruck der Wechselstromtechnik zu. Für die ersten Wechselstromübertragungen verwandte er Einphasengeneratoren und -motoren. Zusammen mit Dolivo-Dobrowolski schuf er bei Durchbildung der Mehrphasenmaschinen die heute zur Selbstverständlichkeit gewordene verteilte Mehrphasenwicklung. Das Jahr 1891 brachte die Eröffnung der berühmten Kraftübertragungslinie von Lauffen am Neckar nach Frankfurt a. M. Die Kraft wurde mittels verketteten Drehstromes von 2 mal 12 500 V Spannung über 175 km übertragen. Bald darauf gab Brown seine Stellung bei Oerlikon auf und gründete zusammen mit W. Boveri die Firma Brown, Boveri & Cie. Eine Schilderung der schweizerischen Wasserkraftanlagen, für welche die Firma nach Browns Entwürfen die elektrischen Ausrüstungen lieferte, würde eine fast lückenlose Geschichte der schweizerischen Wasser- und Elektrizitätswirtschaft jener Zeit sein. Auch für Deutschland und Italien, wie für das übrige europäische und überseeische Ausland entstanden unter Browns Leitung viele bedeutende Anlagen. Hervorgehoben seien die 1891 gebauten Einphasengeneratoren für Frankfurt, die die führende Stellung der Firma im Bau von Ein- und Mehrphasengeneratoren begründeten.

Etwa um 1900 erwarben Brown, Boveri & Cie. die Dampfturbinenpatente von Parsons. Brown selbst nahm regen Anteil an der Vervollkommnung der Turbinen und verlegte sich in der Hauptsache auf die konstruktive Durchbildung der Turbogeneratoren. Auch auf dem Gebiete der elektrischen Apparate hat Brown schöpferisch gearbeitet; Vielfachunterbrechung bei Hochspannungsölschaltern und die Ausbildung von Röhrensicherungen als Trennschalter gehen auf ihn zurück. Bis 1911 blieb Brown in der Leitung seiner Firma tätig und ließ sich dann in Montagnola bei Lugano nieder, wo er noch 13 Jahre seinen eigenen Interessen lebte. Er ist einer der bedeutendsten Pioniere der Elektrotechnik auf dem Gebiete der Starkstromtechnik; der Schweiz hat er in jenen Jahren eine führende Stellung in der Welt auf dem Gebiete der Elektrotechnik verschafft. *ETZ 45 (1924) S. 572; Z 68 (1924) S. 624; N. Zürcher Ztg. 14. 5. 1924, Nr. 713.* Hä.

BROWN, Joseph R., geb. 1810, gest. 1876 in Providence (Rhode Island). Sein Vater, David Brown, hatte 1833 eine mechanische Werkstätte in Providence, in deren Leitung bald auch der Sohn eintrat. Bis zum Jahre 1850 beschäftigte er sich mit der Erzeugung mathematischer Instrumente und der Reparatur von Groß- und Taschenuhren. Kraftantrieb war damals noch nicht vorhanden. Browns Erfindung einer Längenteilmaschine vom Jahre 1850 gab die Grundlage zur Herstellung von Schublehren und Stahlmaßstäben, Uhrmacher- und Mechanikerwerkzeugen. Außerdem wurden Nähmaschinen gebaut. 1853 trat Sharpe ein. Die Arbeiterzahl wuchs rasch; 1853 waren 14 Personen beschäftigt, vier Jahre später 20, 1872 waren es schon 300 und gegen Ende des Jahrhunderts etwa 1500 Mann. Von größter Bedeutung wurde es, daß hier erstmals anfangs der sechziger Jahre Rachenlehren und Lehrdorne hergestellt wurden, die Grundelemente der austauschbaren Fertigung. Werkzeuge wie Mikrometer und Normallehren, später auch Grenzlehren und Maschinen wurden in damals unerreichter Genauigkeit hergestellt und begründeten den Ruf der Firma Brown & Sharpe. An eigenen Konstruktionen entstanden hier: Der hinterdrehte Fräser (anfangs der fünfziger Jahre), die moderne Universalfräsmaschine (1861), die Universal-Rundschleifmaschine (1861), die automatische Revolverbank mit wagerechter Kopfachse (von 1880 an) und die Flächenschleifmaschine mit horizontaler Schleifspindel (1878 in Paris gezeigt). Die gleichfalls daneben betriebene Fabrikation von Nähmaschinen war von bestimmendem Einfluß auf die Entstehung der Lehren, hinterdrehten Fräser und Spezialmaschinen von Brown & Sharpe. *Beitr. 10 (1920) S. 134.* Hä.

BRUNEL, Isambard Kingdom, geb. 9. April 1806 in Portsmouth, gest. 15. Sept. 1859 in London. Er war der einzige Sohn Marc Isambard Brunels, des berühmten Erbauers des ersten Londoner Themsetunnels und eines der bedeutendsten Maschinen- und Schiffbauingenieure seiner Zeit. Seine Erziehung und technische Ausbildung erhielt er vor allem in Frankreich. Im Jahre 1823 kehrte er nach England zurück und trat sofort in das Büro seines Vaters ein, um als bauleitender Ingenieur am Bau des Themsetunnels mitzuarbeiten. Nach Einstellung der Arbeiten an diesem Bauwerk betätigte er sich zunächst als erfolgreicher Brückenbauer. Seine Entwürfe für die Clifton-Brücke über den Avon und für die Hungerford-Brücke über die Themse stammen aus dieser Zeit. Später finden wir ihn als Hafeningenieur und schließlich auf dem Gebiet, wo er seine Hauptleistungen vollbringen sollte, dem Eisenbahnwesen. Mit 28 Jahren ist Brunel leitender

Ingenieur der Großen Westbahn, die von London nach Bristol führen sollte. Gegen heftigsten Widerstand führt er hier durchschlagende Neuerungen ein. So führte er die Große Westbahn in einer Breitspur von 7 Fuß (2,135 m) aus im Gegensatz zu der Regelspur von 4 Fuß 8½ Zoll. In gleicher Weise wirkte er auch maßgeblich an dem Bau einer ganzen Reihe englischer und ausländischer Bahnen mit. Seine Versuche, auf der Süd-Devon-Bahn an Stelle des Lokomotivbetriebes Druckluftbetrieb einzuführen, verschlangen Unsummen und endeten schließlich mit einem Mißerfolg. 1851 wurde Brunel beratender Ingenieur der Australian Steam Navigation Company und beteiligte sich maßgeblich an dem Bau der Schiffe „Great Western" und „Great Britain", die an Größe alles bisher Dagewesene weit übertrafen. Sein „Great Eastern" mit 27000 t Wasserverdrängung übertraf vollends an Größe alles, was sich die kühnste Phantasie der damaligen Zeit vorstellen konnte, wie ihn überhaupt gerade solche Aufgaben reizten, deren Ausführung seinen Zeitgenossen als unmöglich erschien. *Brunel: The life of I. K. Brunel (London 1870).* Wi.

BRUNEL, Marc Isambard, Sir, geb. 25. April 1769 in Hacqueville (Normandie), gest. 12. Dez. 1849 in London. Er war ursprünglich von seinen Eltern für den geistlichen Beruf bestimmt und wurde bereits im Alter von acht Jahren in das Seminar zu Gisors geschickt, um sich den klassischen Studien zu widmen. Er zeigte aber hierfür so wenig Neigung, dagegen um so mehr für die Technik, daß er nach langem Zaudern endlich die Erlaubnis bekam, sich den naturwissenschaftlichen Fächern zu widmen und mit 17 Jahren zur Marine zu gehen. Seine Marinelaufbahn nahm 1793 ein Ende, als er wegen der französischen Revolution nach Amerika flüchten mußte. Er ließ sich hier als selbständiger Ingenieur und Architekt nieder; er führte Kanalprojekte aus und baute verschiedene größere Gebäude, so das Bowery-Theater in New York. In seiner Eigenschaft als Chefingenieur der Stadt New York errichtete er ein Arsenal und eine Geschützgießerei, wo er einige sinnreiche neue Maschinen für Guß- und Bohrarbeiten baute. Um diese Zeit beschäftigte er sich bereits mit den Vorarbeiten für seine Schiffsflaschenzüge, die er der englischen Admiralität unterbreiten wollte. Anfang des Jahres 1799 fuhr er nach England und erhielt im Mai des gleichen Jahres sein erstes Patent auf eine Schreib- und Zeichenvorrichtung, ähnlich dem Pantographen. Um die gleiche Zeit erfand Brunel eine Vorrichtung zum Aufwickeln von Garn in Baumwollfabriken, die viel benutzt, aber Brunel nie patentiert wurde.

Bei der Konstruktion seiner Maschinen zur Herstellung der Flaschenzugblöcke wurde er in bedeutendem Maße von Maudslay unterstützt und im Jahre 1801 konnte er das Patent auf diese Erfindung nehmen. 1803 nach langen Verhandlungen nahm die englische Regierung die Brunelschen Vorschläge an, und im Jahre 1806 hatte er seine Maschinen in der Werft zu Portsmouth errichtet. Nicht weniger als 43 verschiedene Maschinen waren zur Herstellung der Flaschenzugblöcke erforderlich; es konnten aber jetzt zehn Arbeiter in kürzerer Zeit und mit viel größerer Genauigkeit die gleichen Leistungen hervorbringen, wie früher mehr als hundert Arbeiter. Die Regierung, die jährlich 100 000 Stück brauchte, soll durch diese Erfindung im ersten Jahre, nachdem die Maschinen in vollem Betrieb waren, rund 24 000 £ erspart haben. Brunel erhielt für seine Arbeiten und für seine eigenen großen Ausgaben eine Entschädigung von 17 000 £. In den nächsten Jahren rühren von ihm eine große Anzahl von Erfindungen auf dem Gebiet der Holzbearbeitungsmaschinen her; Brunel besaß eine eigene Sägemühle in Battersea, die aber 1814 niederbrannte. Auch seine ersten Versuche, die Dampfschiffahrt auf der Themse einzuführen, fallen in diese Zeit. 1816 erfand er eine sehr sinnreiche Strickmaschine. So sehr Brunel Forscher und Ingenieur war, so wenig war er Kaufmann. Er verstand es nicht, aus seinen zahlreichen, zum Teil höchst brauchbaren Erfindungen, Gewinn zu ziehen und geriet immer tiefer in Schulden. Im Jahre 1821 kam er ins Schuldgefängnis. Nach mehreren Monaten gewährte ihm auf Betreiben seiner Freunde die englische Regierung weitere 5000 £, die ihm die Freiheit wiedergaben. Die folgenden vier Jahre bis zum Beginn seines letzten und wohl größten Werkes, des Themsetunnels, sind mit Arbeiten an Dampfmaschinen, Schiffen, mit Brückenkonstruktionen usw. ausgefüllt.

Im Jahre 1824 wurde eine Gesellschaft gegründet, um nach Brunels Vorschlägen unter der Themse einen Kanal zwischen Rotherhithe und Wapping zu bohren. Die Arbeiten wurden am 16. Febr. 1825 in Rotherhithe begonnen, und nach ungeheuren Schwierigkeiten und zeitweisen Unterbrechungen wurde der Kanal im März 1843 der Öffentlichkeit übergeben. Den Anstrengungen, die diese Arbeit mit sich brachte, hielt Brunel gesundheitlich nicht stand. Während der Arbeiten erhielt er den ersten Schlaganfall, 1845 den zweiten, von dem er sich nur teilweise erholte. Von kleineren Arbeiten abgesehen, hat sich Brunel nach Beendigung des Themsetunnels aus dem Berufsleben zurückgezogen. *Baenish: Memoir of the life of Sir M. J. Brunel (London 1862).* Wi.

BRUNTON, William, geb. 26. Mai 1777 in Dalkeeth, gest. 5. Okt. 1851 in Camborne (Cornwall). Brunton war der älteste Sohn eines Uhrmachers, von dem er seine mechanischen Kenntnisse erwarb. Bei seinem Großvater, der Aufseher in einem benachbarten Kohlenbergwerk war, wurde er in die Maschinentechnik eingeführt. 1790 trat er seine erste Stelle in den Werkstätten der New Lanark Cotton Mills von David Dale und John Arkwright an. Fünf Jahre später bewarb er sich in Soho um eine Stellung und trat 1796 bei Boulton & Watt ein, wo er so lange blieb, bis er zum Meister und Aufseher der Maschinenwerkstätte ernannt wurde. 1808 verließ er Soho und kam zu den Butterley-Werken von Jessop. Als Jessops Vertreter bei wichtigen Verhandlungen hatte er Gelegenheit, die nähere Bekanntschaft von John Rennie, Thomas Telford u. a. zu machen. 1815 wurde er Teilhaber und technischer Leiter der Eagle Foundry in Birmingham, wo er zehn Jahre blieb. Von 1825 bis 1835 scheint er in London als beratender Ingenieur gewirkt zu haben. Kurz darauf war er an einer Zinn- und Kupferhütte beteiligt, wo er Kupferschmelzöfen und Walzwerke baute. Mit den benachbarten Maesteg-Werken und mit einer Brauerei in Neath war er auch geschäftlich verbunden. Dieses Unternehmen war aber ein Fehlschlag, und Brunton verlor dabei sein ganzes Vermögen. Später hat er gelegentlich noch dies und jenes ausgeführt; er ist aber mit größeren Arbeiten nicht mehr an die Öffentlichkeit getreten.

Als Maschinenbauer ist Brunton besonders durch die Ausarbeitung und Anwendung zweckmäßiger Arbeitsverfahren in der Metallverarbeitung und die Verbesserung der Maschinenausrüstungen bekannt geworden. An der Einführung der Dampfschiffahrt hat er ebenfalls mitgewirkt; einige der ersten Dampfmaschinen für Schiffe, die auf dem Humber, Trent und Mersey verwendet wurden, hat er gebaut. Der erste Dampfer, der ein Kriegsschiff ins Schlepptau nahm, der „Sir Francis Drake" in Plymouth, wurde 1824 von Brunton ausgerüstet. Bruntons Kalziniervorrichtung wurde in fast allen Zinngruben in Cornwall sowie in den Silberbergwerken in Mexiko verwandt. Außerdem stammen von William Brunton ein Regulator für Ventilatoren und das Verfahren der raschen Drehung der Gießform beim Guß von eisernen Rohren. Seine eigenartigste Erfindung war die „gehende Maschine", genannt das Dampfroß, die während des ganzen Winters 1814 unter Belastung auf einer Steigung von 1 : 36 in den Newbottle-Eisenwerken arbeitete. Durch eine Fahrlässigkeit explodierte die Maschine zu Anfang des Jahres 1815 und tötete dreizehn Personen. *Nat. Biogr. 7 (1886) S. 148; Minutes of Proceedings of Institution of Civ. Eng. 11 (1895) S. 99.* Wi.

BUBENDEY, Johann Friedrich, geb. 4. Juli 1848 in Hamburg, gest. 10. Mai 1919 in Hamburg. Sein Vater war Mathematikprofessor. Dieser hatte seinen Sohn, nachdem er die Realschule des Johanneums besucht hatte, für den Kaufmannsberuf bestimmt, willigte aber auf Drängen desselben ein, daß er 1864 aus der Kaufmannsfirma, in die er mit etwa 16 Jahren eingetreten war, ausschied, um sich dem Berufe des Technikers zu widmen. In sein neues Fachgebiet wurde er von Ostern 1865 bis Herbst 1867 als Eleve der ersten Sektion der Baudeputation Hamburg eingeführt, gleichzeitig genoß er bei seinem Vater Mathematikunterricht, so daß er im Herbst 1867 gut vorbereitet das eidgenössische Polytechnikum in Zürich beziehen konnte. Sein Studium mußte er infolge seiner Teilnahme am Kriege 1870/71 unterbrechen. Nach Beendigung des Krieges besuchte er dann noch ein Semester die Technische Hochschule zu Aachen, um am 1. April 1872 in den Dienst der Bauverwaltung seiner Vaterstadt zu treten, wo er zunächst unter Dalmann, dem Schöpfer des neuzeitlichen Hafenbaues, arbeitete, bei dem er den Grund zu seinen wasserbautechnischen Kenntnissen in praktischer Hinsicht legte. 1879 wurde Bubendey Bureauchef und 1886 Wasserbauinspektor. Die Gestaltung des heutigen Hamburger Hafens und die Regulierung der Unterelbe sind in erster Linie sein Werk. In seine Amtszeit fallen weiter der Bau der St.-Pauli-Landungsbrücken und des Elbtunnels. 1895 wurde er als Professor für Wasserbau an die Technische Hochschule zu Charlottenburg berufen, wo er als erfolgreicher Lehrer tätig war und den See- und Hafenbau als Lehrgebiet einführte. 1901/02 hatte er das Rektorat inne. Als man ihm 1903 nach dem Tode des bisherigen Stelleninhabers das Amt des Wasserbaudirektors anbot, folgte er dem Rufe seiner Vaterstadt. Seine Selbstlosigkeit, sein liebenswürdiges Wesen und seine umfassenden Fachkenntnisse machten ihn zu einem Führer im wissenschaftlichen Vereinswesen, das er namentlich im Berliner Architektenverein und im Hamburgischen Architekten- und Ingenieurverein zu bedeutender Entwicklung brachte. Auch literarisch war er vielfach auf seinem Sondergebiet tätig. Nach langem Leiden erlag er, bis zuletzt in treuester Pflichterfüllung, einer tückischen Krebskrankheit. *Z 63 (1919) S. 573.* Lo.

BUCHANAN, Robertson, geb. 14. Juli 1769 in Glasgow, gest. 22. Juli 1816 bei Taunton, war Zivilingenieur in Glasgow. Er betätigte sich hauptsächlich als technischer Schriftsteller und veröffentlichte u. a. die folgenden Arbeiten: „Abhandlung über die Feuerungsersparnis und Handhabung der Wärme" (1810) und „Praktische Abhandlung über die Fortbewegung von Schiffen mittels des Dampfes" (1816), „Praktische und beschreibende Abhandlung über die Mechanik der Mühlenwerke und anderer Maschinen" (1814). Gleichfalls leistete Buchanan verschiedene Beiträge für das „Philosophische Magazin" und für die „Edinburgh Encyclopaedie". Er starb im 46. Lebensjahr in dem Hause seines Onkels in der Nähe von Taunton. *Nat. Biogr. 7 (1886) S. 197.* Ca.

BÜCKLING, Carl Friedrich, geb. 23. Juli 1750 in Ruppin, gest. 22. Febr. 1812 in Berlin. Sein Vater war Kaufmann, der 1756 nach Berlin verzog, wo Gelegenheit war, seinem Sohn eine gute Erziehung zu geben. Er wurde für das Bauwesen ausgebildet, ging dann aber zum Berg- und Hüttenfach über, wo ihn Heinitz auf die Freiberger Bergakademie sandte. Zur Vollendung seiner Ausbildung schickte ihn der Minister 1779 auf eine Studienreise nach Frankreich, Skandinavien und England. Als Handwerker soll er sich hier die von ihm verlangten nötigen Kenntnisse der Wattschen Dampfmaschine verschafft haben. Zurückgekehrt baute er in Berlin mit zwei Mechanikern das Modell einer Dampfmaschine und erhielt daraufhin den Auftrag, die erste Dampfmaschine Preußens im Mansfeldschen in Hettstedt zu errichten. Die Betriebsschwierigkeiten bei dieser Maschine veranlaßten ihn zu einer zweiten Reise, wo es ihm gelang, trotz aller Verbote einen englischen Maschinenmeister, Richard mit Namen, für Preußen zu gewinnen. Bückling hat sich große Verdienste um die Entwicklung des Maschinenwesens in Deutschland erworben. Neben zahlreichen Maschinen erbaute er auch Bohr- und Drehwerke und verbesserte die technischen Einrichtungen der Salinen. 1790 wurde ihm die Oberleitung über das Maschinenwesen in Preußen übertragen. *Entw. Dm. 1 S. 150; Z 49 (1905) S. 902.* C.M.

BUNSEN, Robert Wilhelm, geb. 31. März 1811 in Göttingen, gest. 16. Aug. 1899 in Heidelberg. Aus der Genialität seiner Konzeption, seinem Scharfsinn, seiner Zähigkeit und dem weiten Blick entsteht, wie die Inschrift auf seinem Bilde im Ehrensaal des Deutschen Museums sagt, „ein Meister im Ersinnen experimenteller Methoden und deren Anwendung auf wissenschaftliche und technische Probleme der Physik und Chemie", der berufene Vermittler zwischen Wissenschaft und Technik.

Bunsen studierte in Göttingen, Paris, Berlin und Wien, habilitierte sich 1833 als Privatdozent in Göttingen; 1836 wurde er Professor in Kassel. Hier führte er im Auftrage der kurhessischen Regierung 1838 die Untersuchung der Vorgänge im Hochofen aus; wegen des Fehlens zuverlässiger Methoden der quantitativen Gasbestimmung war Bunsen gezwungen, diese auszubilden, und so wurde diese Aufgabe der Anlaß zu einer weitumfassenden Arbeit, als deren Frucht sein 1857 erschienenes „Lehrbuch der Gasanalyse" zu gelten hat. Diese Untersuchung der Hochofengase lenkte die Aufmerksamkeit auf die praktische Verwendung dieser bis dahin verborgenen Energiequellen; die Riesenanlagen auf unseren heutigen Eisenhüttenwerken, welche die Gichtgase in Winderhitzern und Gasmotoren verwerten, gründen sich auf diese klassischen Forschungen Bunsens. 1851 wurde Bunsen Professor in Breslau, 1852 in Heidelberg. Außerordentlich zahlreich sind die von Bunsen gemachten Entdeckungen auf dem Gebiete der Chemie. Er lieferte Untersuchungen über das spezifische Gesetz von Dämpfen, über das Gesetz der Gasabsorption, über die Diffusion, über die Verbrennungserscheinungen der Gase, über die Elektrometallurgie der Alkali- und Erdalkalimetalle, die Thermoelektrizität und die Photochemie. Er konstruierte selbst mehrere nach ihm benannten Geräte, deren bekanntestes, den durch seine geniale Einfachheit ausgezeichneten Bunsenbrenner, die erste Gaslampe ohne Drahtnetz zum Heizen bei chemischen Arbeiten, er 1855 schuf. Die glänzendste Entdeckung, die er 1860 gemeinsam mit Kirchhoff machte, ist die Spektralanalyse, über die beide Gelehrte das Werk „Chemische Analyse mit Spektralbeobachtungen" veröffentlichten. Sie hat den Ruhm Bunsens durch die Welt getragen und führte ihn zur Entdeckung des Rubidiums und Cäsiums. Bunsens Arbeitsweise ist bedeutend, da er alle seine Beobachtungen sofort messend erfaßte: bei der Elektrolyse kontrollierte er die Stromstärke und hob die Bedeutung der Stromdichte für den Erfolg hervor, den Spektralapparat erhob er zu hoher wissenschaftlicher Bedeutung erst dadurch, daß er ihn mit einer Skala versah und die beobachteten hellen Linien nach ihren Wellenlängen aufzeichnete. Er war im gleichen Maße Physiker wie Chemiker, so wurde er zum großen Mitbegründer der seither zu hoher Blüte gediehenen physikalischen Chemie. *Z. f. angew. Chemie 24 (1911) S. 577, 2137; Journ. f. Gasbel. 54 (1911) S. 294.* Fr.

BURDIN, Claude, geb. 1790 in Lépin (Savoie), gest. 1873 in Chambéry. Im Alter von 25 Jahren lenkte Burdin zum ersten Male die Aufmerksamkeit der Wissenschaftler auf sich durch eine Abhandlung „Considérations générales sur les machines en mouvement". Hier findet sich in klarer und einfacher Weise das Prinzip ausgesprochen, das die Grundlage aller Maschinenlehre geworden ist: Die halbe Summe der aufgenommenen oder abgegebenen lebendigen Kräfte während einer beliebig langen Zeitdauer ist gleich der (positiven oder negativen) Differenz der Leistung des Motors und der abgegebenen Arbeit, hierin einbegriffen die arbeitverzehrenden Widerstände wie Reibung usw. Durchdrungen von der Wichtigkeit der praktischen Anwendung seiner theoretischen Erkenntnisse wandte er sich dem Studium der Wasserkraftmaschinen zu. 1824 überreichte er der Akademie der Wissenschaft einen Bericht über „Wasserräder, bei denen das Wasser durch seine Reaktion gegen Schaufeln oder bewegliche Kanäle wirkt". In dieser Denkschrift bezeichnete er diese Maschinen zum ersten Male als Turbinen. An der Bergschule in St. Etienne war er der Lehrer Fourneyrons, der durch seine Verbesserungen die Turbine für die Praxis brauchbar machte. Um 1830 beschäftigte er sich sehr lebhaft mit der Konstruktion einer „Lokomotive, die ihre Schienen mit sich tragen, vor sich hinlegen, hinter sich wieder aufnehmen sollte", eines Vorläufers der Tanks und Raupenschlepper, die im Weltkriege eine so große Rolle spielten. Seine späteren Arbeiten zur Schaffung eines Heißluftmotors lieferten wertvolle Erkenntnisse über Druck und Volumenverhältnisse von Gasen, besonders bei der Bildung von Kohlensäure. *Hist. méc. S. 121, 297.* Hä.

BURG, Adam, Freiherr v., geb. 28. Jan. 1797 in Wien, gest. 1. Febr. 1882 ebenda, bekannt durch sein „Compendium der populären Mechanik und Maschinenlehre", das im Jahre 1844 zum ersten Male erschien und wegen seiner innigen Verbindung von Wissenschaft und Praxis die Entwicklung des Gewerbewesens bedeutsam förderte. Burgs Tätigkeit war zunächst von der Mathematik ausgegangen, die er während zwölf Jahren an dem Polytechnikum in Wien (jetzt technische Hochschule) lehrte; auch hier vermied er die rein gedankliche Theorie, wie sein „Ausführliches Lehrbuch der höheren Mathematik mit besonderer Rücksicht auf die Zwecke des praktischen Lebens" (1832/33) beweist. 1836 übernahm Burg die Lehrkanzel für Mechanik und Maschinenlehre; 1840 entsagte er dem Lehrstuhl für Mathematik. Burg war auch praktisch tätig; insbesondere für das Wohl der Stadt Wien, die ihm die Verbesserung des Feuerlöschwesens, der Wasserversorgung, der Gasbeleuchtung verdankte und ihm 1847 das Ehrenbürgerrecht verlieh; um das Zustandekommen des Sicherheitsgesetzes gegen die Gefahr der Dampfkesselexplosionen und um die Einführung des metrischen Maß- und Gewichtssystems in Österreich hat Burg sich große Verdienste erworben. Burg war der Gründer des niederösterreichischen Gewerbevereins (1856), der ihn 1870 zu seinem Ehrenpräsidenten ernannte; seit 1848 war er Mitglied, im Jahre 1879 Vizepräsident der Akademie der Wissenschaften. 1850 wurde Burg in den Ritterstand erhoben, 1869 als lebenslängliches Mitglied in das Herrenhaus berufen. Die Gewissenhaftigkeit und der große Ernst in Entwurf und Ausführung, die phrasenlose Klarheit seiner Werke zeichnen auch seine Vorlesungen aus, die den Blick der Hörer für das praktische Leben zu schärfen suchten. Seine Zeitgenossen rühmen die schönen Eigenschaften seines Charakters und seines Herzens. Burgs Büste schmückt die Vorderseite des Hauptgebäudes der technischen Hochschule in Wien. *Z. Öst. (1903) Nr. 46, Beilage; Exner: Burg als Gelehrter und Lehrer, Gedenkrede (Wien 1882).* Bk.

BUZ, Heinrich v., geb. 17. Sept. 1833 in Eichstätt, gest. 18. Jan. 1918 zu Augsburg. Seine außerordentliche Arbeitskraft, sein unbeugsames Festhalten an dem einmal für richtig Erkannten und die zähe Entschlossenheit in der Durchführung geprüfter Pläne, vereint mit umfassendem technischen und kaufmännischen Können, ließen ihn zum Begründer des Weltrufes werden, dessen sich das Augsburger Werk der Maschinenfabrik Augsburg-Nürnberg erfreut.

Nach Besuch der polytechnischen Schule in Augsburg und des Polytechnikums in Karlsruhe war Buz zunächst als Ingenieur im Elsaß, in Paris und London tätig und trat 1857 als Konstrukteur und technischer Korrespondent in die Maschinenfabrik Augsburg ein. Dieses Unternehmen hatte sein Vater, der k. b. Genieoberleutnant Carl Christoph Buz, 1844 gemeinsam mit Carl Reichenbach von dem Begründer, L. Sander, übernommen und war nach dessen 1857 erfolgten Umwandlung in eine Aktiengesellschaft Direktor geworden. 1864 wurde Buz selbst Direktor des Werkes, das damals 450 Arbeiter beschäftigte. Durch hochwertige Leistungen in Konstruktion und Werkstätten gelang es Buz, die Ungunst der geographischen Lage: die große Entfernung der Erz- und Kohlenfundstellen, auszugleichen. Den Bau von Buchdruckmaschinen, welchen schon Reichenbach als Neffe F. Koenigs aufgenommen hatte, förderte er entsprechend der Entwicklung des graphischen Gewerbes durch Übergang zur Rotationsmaschine, die dann als Mehrfarben- und Mehrrollen-Rotationsmaschine zu höchster Leistungsfähigkeit gesteigert wurde. Die Errichtung zahlreicher Textilwerke und der Ausbau der süddeutschen Wasserkräfte ließen ihn dem schon vorher betriebenen Bau von Wasserturbinen und Dampfmaschinen, die für die damalige Zeit vorbildlich wurden, seine besondere Aufmerksamkeit widmen. Mit besonderem Interesse verfolgte er auch die Entwicklung der mechanischen Kälteerzeugung, und es gelang ihm durch sein persönliches Verhältnis zu Linde, seinem Werk durch langfristige Verträge ein umfangreiches Arbeitsgebiet für Deutschland und fremde Länder zu sichern. Das größte Verdienst aber hat H. v. Buz sich durch die Entwicklung der Dieselschen Erfindung zur betriebsfähigen Maschine gesichert. Dies ist nur seinem zähen Durchhalten zu verdanken, da er, trotz mancher Mißerfolge und großer Geldopfer, Namen und geschäftliche Ehre für die Dieselmaschine einsetzte, selbst als maßgebende Persönlichkeiten in Industrie und Wissenschaft davon abrieten und viele Firmen, die den Bau des Dieselmotors aufgenommen hatten, wieder davon Abstand nahmen. So gelang es ihm im Verein mit seinen treuen bewährten Mitarbeitern, gestützt auf die hochentwickelte Werkstättentechnik seines Werkes, zunächst die ortsfeste Ölmaschine herzustellen, der bald auch die Schiffsdieselmaschine folgte. H. v. Buz, der 1898 die Vereinigung der Maschinenfabrik Augsburg mit der Maschinenbauanstalt Nürnberg vollzogen hatte und bis 1913 der Generaldirektion der dadurch entstandenen Maschinenfabrik Augsburg-Nürnberg, dann deren Aufsichtsrat angehörte, war es noch vergönnt, den Erfolg seiner Maschinen im U-Boots-Krieg zu sehen; das Erleben des Zusammenbruchs von 1918 blieb ihm erspart. *Z 62 (1918) S. 562; Beitr. 5 (1913) S. 244.* Hä.

C

CAIL, Jean Francois, geb. 2. Febr. 1804 in Chef-Boutonne (Deux-Sèvres), gest. 22. Mai 1874 in Plants (la Faye, Charente). Als Sohn eines armen Bauern erhielt er nur eine mäßige Erziehung. Mit 12 Jahren kam er zu einem Kupferschmied in die Lehre und arbeitete dann in Fontenay, Niort und Orléans als solcher. Als er 1822 nach Paris kam, trat er als einfacher Arbeiter in die Fabrik von Charles Derosne ein, die 1818 gegründet war und hauptsächlich Apparate für die Zuckergewinnung herstellte. Obwohl ohne theoretische Vorkenntnisse, stieg Cail dank seiner außerordentlichen Geschicklichkeit bald zum Meister, Betriebsleiter und Direktor auf, bis 1836 Derosne sich entschloß, Cail als Teilhaber aufzunehmen. Mit dem 1846 erfolgten Tode Derosnes war Cail alleiniger Inhaber der Fabrik, die jetzt seinen Namen führte. In seiner Person vereinigten sich die technische und geschäftliche Leitung des Betriebes; mit unermüdlicher Arbeitskraft war Cail am Ausbau und der Entwicklung seiner Werke rastlos und mit gutem Erfolge tätig. Außer der Fabrik in Paris entstanden Zweigniederlassungen in Brüssel, Valenciennes, Douai und Denain. Das Hauptarbeitsgebiet blieb zu Cails Lebzeiten die Belieferung der Zuckerfabriken mit den nötigen Apparaten und Dampfmaschinen. Nachdem Cail erst einmal angefangen hatte, Dampfmaschinen zu bauen, folgte 1845 die erste Lokomotive. Während der Belagerung von Paris lieferte Cail neben 300 kleinen Mühlen, die täglich 300 000 kg Mehl für die Pariser Bevölkerung mahlen sollten, eine große Menge Kriegsmaterial, Maschinengewehre, kleinere Geschütze und Munition. *B. Dureau: J. F. Cail, sa vie et ses travaux (Paris 1872); Grande Encyclopédie 8 (1889) S. 773; Entw. Dm. 1 S. 224.* Hä.

CALLA, Christophe François, geb. 1802 in Paris, gest. 24. Febr. 1884 in Nizza. Sein Vater, Etienne Calla, ein Schüler Vaucansons, hatte bereits im Jahre 1788 in Paris eine Fabrik für Spinnereimaschinen gegründet. Auf der Gewerbeausstellung im Revolutionsjahr IX stellte er kupferne Zylinder für Spinnmaschinen und andere Bedarfsgegenstände für die Textilindustrie aus. 1820 wurde der Werkstätte eine eigene Gießerei angegliedert. 1834 folgte Christophe François seinem Vater in der Leitung der Fabrik nach. Er führte bedeutende Verbesserungen im Eisenguß ein und brachte es besonders im Kunstguß zu sehr großer Fertigkeit. Später wandte er sich mehr und mehr der Werkzeugmaschinenherstellung zu. Aus England hatte er verschiedene Modelle mitgebracht, die er den Bedürfnissen der französischen Industrie entsprechend änderte. Die einzige Werkzeugmaschinenfabrik, die damals neben der seinen in Frankreich überhaupt in Betracht kam, war die von Cavé. 1852 ging die erste in Frankreich gebaute Lokomobile aus seinen Werkstätten hervor.

Calla zog sich 1868 vom Geschäft zurück und widmete sich seinen persönlichen Liebhabereien. Eine größere Anzahl von Berichten und Abhandlungen über technische und wirtschaftliche Fragen stammt aus seiner Feder. *Grande Encycl. 8 (1889) S. 932; Gaudry: Notice sur Calla (Paris 1884); Entw. Dm. 1 S. 224.* Hä.

CALVÖR, Henning, geb. im Okt. 1686 in Silstedt (Grafschaft Wernigerode), gest. 10. Juli 1766 in Altenau, war der Sohn eines Dorfschneiders. Da sein Vater ihm eine kostspielige Ausbildung nicht zuteil werden lassen konnte, wurden ihm von Freundesseite die zum Besuch der Lateinschule in Wernigerode, später des Andreanums in Hildesheim und der Schule in Zellerfeld, erforderlichen Mittel zur Verfügung gestellt. Nach Beendigung dieser Ausbildung studierte er Theologie, wandte aber nebenbei dem Bergbau und der Mechanik ein großes Interesse zu. Durch besonderes Entgegenkommen der Grafen von Stolberg wurde Calvör der zweimalige Besuch der Universität ermöglicht, und erst im siebenundzwanzigsten Lebensjahr, nach einer Zeit reichen Sammelns und Forschens trat er in den praktischen Beruf ein. Er wurde Conrektor, 1725 Rektor der Bergschule zu Clausthal. Von 1729 bis zu seinem Tode versah er das Pfarramt zu Altenau. Außer theologischen und geschichtlichen Schriften, die er zumeist in lateinischer Sprache verfaßte, ist seine „Historisch-chronologische Nachricht und praktische Beschreibung des Maschinenwesens im Oberharz" für die Bergbaukunde von besonderer Bedeutung. Diesem zweibändigen Werk folgte als Ergänzung „Historische Nachricht von der Unter- und gesamten Oberharzischen Bergwerke ersten Aufkunft bis zum Schluß im Jahre 1760". Die zeitgenössische Kritik sprach dem Verfasser die vollste Anerkennung in den Worten aus: „In aller Absicht macht diese Schrift Deutschland Ehre und erhält ihm den so lange genossenen Vorzug, in der Bergwirtschaft die Lehrerin des Auslandes zu sein. *Z. d. Harz. Ver. f. Gesch. u. Alt.-Kunde (1872) S. 435; Gesch. Eis. 3, S. 28; ADB 3 (1876) S. 718.* Ca.

CARNALL, Rudolf v., geb. 9. Febr. 1804 in Glatz, gest. 17. Nov. 1874 in Breslau, erhielt seine Schulbildung auf dem Gymnasium zu Glatz und wurde, nachdem er seine Fachstudien in Berlin abgeschlossen hatte, im Neuroder und Waldenburgischen Bergrevier Eleve. 1830 erhielt er seine erste Anstellung als Obereinfahrer zu Tarnowitz zur Leitung der ärarischen Bleibergwerke und der Galmeihütte. Aus dieser Zeit stammen seine ersten wissenschaftlichen Abhandlungen, die bereits die ruhige und gründliche Art seiner Forschung bekunden. Während seiner Tätigkeit als Bergmeister wandte er großes Interesse auf die Verbesserung der Aufbereitung der Eisenerze, und hatte außerdem Gelegenheit, sich durch Beteiligung an den Lehrvorträgen der Tarnowitzer Bergschule wissenschaftlich fortzubilden. 1843 gründete Carnall, zusammen mit dem damaligen Bergmeister Krug von Nidda, das „Bergmännische Taschenbuch für Oberschlesien", das in Bergmannskreisen große Anerkennung fand. Nach Carnall und Krug sind die Mineralien Carnallit und Krugit benannt worden. 1844 als Oberbergamtsassessor nach Bonn berufen, widmete er nunmehr seine Arbeitskraft der Hebung der Montanindustrie in der Rheinprovinz; doch schon nach dreijähriger Tätigkeit wurde er als Geheimer Oberbergrat nach Berlin berufen, wo er 8 Jahre auf eine zeitgemäße Umgestaltung des Bergwesens in bezug auf Erweiterung der Selbstverwaltung, Ermäßigung der Bergwerksabgaben und Verbesserung des Knappschaftswesens hinwirkte. Mehrfache Reisen durch England, Belgien und Frankreich, ferner Lehrvorträge über Bergbaukunde an der Berliner Universität ließen Carnall zu eingehenderen wissenschaftlichen Arbeiten nicht kommen. Unter seiner Leitung wurde eine amtliche Zeitschrift zur Unterstützung der reformatorischen Bestrebungen auf dem Gebiete der Montanindustrie gegründet. 1855 berief man ihn als Berghauptmann und Direktor des Oberbergamtes nach Breslau, wo er als erstes die Gründung des Schlesischen Vereines für Berg-

und Hüttenwesen veranlaßte. Mit der Herausgabe einer geognostischen Karte von Oberschlesien, für die er seit langer Zeit reiches Material gesammelt hatte, schuf er ein Kartenwerk von hervorragender Bedeutung. — Aus persönlichen Gründen schied Carnall 1861 aus dem Staatsdienst aus, betätigte sich aber noch mit großem Erfolg als Berater, Vorsitzender und Direktor der oberschlesischen Eisenbahn, sowie von Industrie- und Gewerbevereinigungen. *ADB 4 (1876) S. 4; Glückauf 47 (1874); Z. Berg. 33 (1885) Beilage.* Ca.

CARNEGIE, Andrew, geb. 25. Nov. 1837 in Dunfermline (Schottland), gest. 11. Aug. 1919 in New York, war der Sohn eines kleinen schottischen Bauern, dem durch das aufkommende Maschinenwesen die Möglichkeit genommen wurde, seinen Lebensunterhalt zu verdienen. 1848 wanderte die Familie zur Erlangung besserer Lebensbedingungen nach Amerika aus; schon mit 11 Jahren war der rege Knabe in einer Fabrik tätig. Mit 13 Jahren war er Heizer und Maschinist an einer Dampfmaschine. Aber dieser Wirkungskreis genügte ihm nicht. Er wurde Depeschenbote und bald darauf Hilfstelegraphist mit einem Jahresgehalt von 300 Dollar. Darauf war Carnegie 13 Jahre hindurch bei der Eisenbahn tätig, wo er es bis zum Oberinspektor brachte. Immer war inzwischen sein praktischer Blick auf Gelderwerb gerichtet und er ließ sich keine Verdienstmöglichkeit entgehen. Als Dreißigjähriger war er durch verschiedene Spekulationen bereits ein reicher Mann.

Seine Haupterfolge verdankte Carnegie seinem Organisationstalent. Er wußte immer zur rechten Zeit neue Erfindungen aufzugreifen und geeignete Menschen anzustellen. Die besten Kohlen- und Eisenbergwerke in der Umgebung von Pittsburg wurden von ihm gekauft. Bald wurde in seinen Werken alles von Grund auf erzeugt. Der Name eines „Stahlkönigs", den man ihm beilegte, sagt nicht zuviel. Bekannt ist Carnegie vor allem durch seine zahlreichen Stiftungen. Er hat etwa 1500 Millionen Mark während seine Lebens für wohltätige Zwecke verschenkt. Besondere Erwähnung verdienen seine umfangreichen Spenden für Hochschulzwecke und die Friedensbewegung, und seine starke Förderung des Büchereiwesens. Wenn Carnegie auch mitunter ein skrupelloser Geschäftsmann gewesen sein mag und bei seinen Stiftungen den Erfolg, der sich durch das Bekanntwerden seines Namens für seine Geschäfte ergab, mit in seine Berechnungen zog — das mag auch im amerikanischen Wesen begründet sein —, so wird man ihn doch als einen der erfolgreichsten Förderer technischer Kultur schätzen müssen. *Andrew Carnegie: „Geschichte meines Lebens", (Leipzig 1921); Birkenbihl: „Vorwärts durch eigene Kraft" (Braunschweig 1914); Am. Biogr. 1 (1888) S. 529.* Gs.

CARNOT, Nicolas Leonhard Sadi, geb. 1. Juni 1796 in Paris, gest. 24. Aug. 1832 in Paris. Carnot erhielt von seinem Vater, einem berühmten Gelehrten und Staatsmann, eine sehr sorgfältige Erziehung. 1811 wurde er in die École polytechnique aufgenommen, 1814 nahm er als Ingenieuroffizier an der Verteidigung von Paris teil. 1821 gab er seine militärische Laufbahn wieder auf und widmete sich in Magdeburg, wo sein als früherer napoleonischer Minister vertriebener Vater lebte, ausschließlich naturwissenschaftlichen Studien. Hier entstand sein berühmtes Werk „Réflexions sur la puissance motrice du feu", das 1824 in Paris erschien. 1826 wurde er nach Paris zurückberufen und starb dort 1832 an der Cholera.

Mit Carnot beginnt die Entwicklung der eigentlichen Thermodynamik. In seiner Arbeit vertritt er noch die Ansicht, daß die Wärme beim Übergang von einem Körper zu einem anderen unverändert bleibe, d. h. er sieht sie noch als Stoff an, aber aus seinem Nachlaß wissen wir, daß er diese Ansicht aufgegeben und sogar das mechanische Äquivalent der Wärmeeinheit ziemlich genau bestimmt hat.

Carnot erkannte auf Grund der Arbeitsleistung der Dampfmaschine, daß Arbeit in einer Wärmekraftmaschine nur infolge eines gestörten Wärmegleichgewichtes durch Übergang von Wärme von einem heißeren zu einem kälteren Körper geleistet werden kann. Umgekehrt kann man durch Arbeit Wärme von einem Körper zu einem anderen schaffen. Um den Höchstwert der Arbeitsleistung zu erreichen, der bei einer Wärmebewegung möglich ist, muß man alle ohne Arbeit erfolgenden Temperaturveränderungen vermeiden. Indem Carnot einen solchen — idealen — Vorgang erdachte, gelangte er zu dem heutzutage nach ihm benannten „umkehrbaren Kreisprozeß", mit dessen Hilfe er den Höchstwert der Arbeit berechnete und weiterhin erkannte, daß die Arbeitsleistungen, abgesehen von allen Verlusten, nur von der umgesetzten Wärmemenge und den Temperaturgrenzen des Vorganges abhängen, nicht aber von der Natur des Wärmeträgers.

Am Schlusse seiner Arbeit befaßte sich Carnot noch mit den Wärmekraftmaschinen. Er gab an, daß nur Dämpfe und Gase vorteilhaft Arbeit vermitteln können, und daß man aus Festigkeitsrücksichten bei Dampfmaschinen kaum über 6 at hinausgehen könne. Durch überschlägige Berechnung kam er zu dem Schluß, daß die wirklich erreichbare Nutzleistung der Dampfmaschine kaum mehr als ein Zwanzigstel der theoretisch möglichen Verbrennungsleistung der Kohle sein werde.

Die großartige Arbeit Carnots wurde zunächst wenig beachtet; erst Clapeyron machte sie weiteren Kreisen bekannt. *Entw. Dm. 2; Mach, Prinzipien der Wärmelehre; Hist. méc. S. 40; Mechanical Engg. 47 (1925) S. 37.* Erk.

CARO, Heinrich, geb. 13. Febr. 1834 in Posen, gest. 11. Sept. 1910 in Dresden, widmete sich nach kurzem Studium des Hüttenfachs zunächst der Baumwollfärberei und -druckerei. 1859 ging er nach England, wurde Teilhaber bei Roberts, Dale & Co. und legte den Grundstein zu seinem wissenschaftlichen Ruhm durch Erfindung eines neuen Verfahrens zur Herstellung von Mauwein. Nach weiteren wichtigen Entdeckungen, z. B. der blauen spritlöslichen Induline, des ihm zusammen mit Dale und Martius 1864 patentierten Manchestergelbs, kehrte er 1866 nach Deutschland zurück, wurde 1868 mitleitender technischer Direktor, später Vorstands- und schließlich Aufsichtsratmitglied der Badischen Anilin- und Soda-Fabrik und ebnete in zäher, hingebungsvoller Arbeit durch seine bahnbrechenden weiteren Forschungen und Entdeckungen auf dem Gebiete der Herstellung von Teerfarben der deutschen Teerfarbenindustrie die Wege zu ihrem Weltruhm. Groß sind auch seine Verdienste um die Entwicklung des deutschen Patentrechtes und um die Vervollkommnung der deutschen Patentgesetzgebung. Die durch die Novelle von 1891 geschaffenen Verbesserungen des Patentgesetzes sind auf seine Arbeit zurückzuführen. Nachdem Caro sich 1890 von seiner unmittelbaren Berufstätigkeit zurückgezogen hatte, setzte er seine Studien im eigenen Laboratorium fort. Die Entdeckung der Sulfomonopersäure, der sogenannten „Caroschen Säure", ist die schönste Frucht dieser Arbeiten. Caro, der auch Vorsitzender des Vereines deutscher Ingenieure (er zählt zu dessen Gründern) und des Vereines deutscher Chemiker gewesen ist, sind im Leben zahlreiche Ehrungen zuteil geworden. *Z 54 (1910) S. 1881; Z. f. angew. Chemie 24 (1910) S. 1057.* Fg.

CARPENTER, Jesse Fairfield, geb. 1852, gest. 3. Juni 1901 zu Nauheim. Carpenter, der Erfinder der nach ihm benannten Bremse, ist ein gebürtiger Amerikaner, der sich jedoch lange Zeit in Deutschland aufgehalten und hier das von ihm erfundene Bremssystem ausgebaut hat. Die Carpenterbremse ist eine sogenannte Zweikammerbremse, welche dem Einkammersystem gegenüber, vertreten durch Westinghouse, den Vorzug der beliebigen Abstufbarkeit der Bremskraft beim Lösen hat. Die Bremse wirkte ohne Vermittlung eines besonderen Steuerventils, indem man den Druck in der Leitung durch Herauslassen von Luft mehr oder weniger ermäßigte. Beim Zerreißen des Zuges oder der Bremsleitung trat sie infolgedessen selbsttätig in Wirkung. Carpenter machte 1881 bis 1882 mit seiner Zweikammer-Druckluftbremse Versuchsfahrten auf den Strecken Halensee-Dreilinden und Berlin-Breslau. Die

Einfachheit, Übersichtlichkeit und Betriebsicherheit der Carpenterbremse gaben den Ausschlag zu ihren Gunsten. Die preußische Staatseisenbahnverwaltung entschied sich für die Einführung der Carpenterbremse für die Personen- und Schnellzüge der Hauptbahnen, und Carpenter schloß einen zehnjährigen Lieferungsvertrag, welcher die Grundlage und den Ausgangspunkt für die Entwicklung der Firma J. F. Carpenter darstellte. Die Carpenterbremse fand nicht nur in Deutschland Verwendung, sondern wurde teilweise auch in Spanien, Rußland und Norwegen eingeführt. Allmählich bahnte sich jedoch in Fachkreisen ein Umschwung in der Bewertung der Zweikammerbremse an, weil sich schwerwiegende Nachteile im Betrieb herausstellten (großer Luftverbrauch und schlechte Verwendbarkeit des Bremssystems für lange Züge). Carpenter versuchte zwar, durch Einführung elektrisch und pneumatisch gesteuerter Ventile die Nachteile seines Systems zu beheben, mußte aber doch nach Ablauf des Lieferungsvertrages das Feld zugunsten der inzwischen von Westinghouse verbesserten Einkammerbremse räumen. Carpenter nahm den Regierungsbaumeister Schulze als Teilhaber in seine Firma auf und zog sich von der Leitung seines Unternehmens zurück. Die Firma Carpenter & Schulze ging 1893 in den Besitz des Ingenieurs Georg Knorr über. Seit dieser Zeit weilte Carpenter wieder in Amerika, kam aber häufig nach Deutschland, wo er 1901 in Bad Nauheim infolge eines Herzleidens gestorben ist. *Enz. Eisb. 3 S. 170; Georg Knorr, 25 Jahre im Dienste der Druckluftbremse.* Dr.

CARTWRIGHT, Edmund, geb. 24. April 1743 in Marnham, gest. 30. Okt. 1823 in Hastings. Ursprünglich zum Geistlichen bestimmt, erhielt Cartwright in Wakefield eine sehr sorgfältige Erziehung; daraufhin besuchte er die Universität zu Oxford und das Magdalen College. Er zeigte große literarische Befähigung und schrieb einige Bände Gedichte und Legenden, die großen Erfolg hatten. Bis zu seinem vierzigsten Jahre betätigte er sich in dieser Weise; Technik und Industrie kümmerten ihn wenig, er hatte noch keinen Textilbetrieb und keinen Weber an der Arbeit gesehen. Im Sommer des Jahres 1784 war er in Matlock und geriet durch Zufall in ein Gespräch mit mehreren Herren, die sich vor allem darüber unterhielten, daß in Kürze die Arkwrightschen Patente frei würden und dann eine derartige Überproduktion an gesponnenem Garn eintreten müßte, daß die Weber nie mehr nachkommen könnten. Der Gedanke, eine entsprechende mechanische Webvorrichtung zu schaffen, verließ ihn nicht mehr und kurz entschlossen bestellte er Tischler und Schmied und ließ sich die von ihm erdachte Vorrichtung zum mechanischen Weben bauen. Für ihn bestand die Aufgabe darin, eine Maschine zu schaffen, die drei verschiedene Bewegungen immer wiederholte. Sein Modell ging, wenn auch langsam und schwerfällig. Am 4. April 1785 erhielt er das Patent auf seinen mechanischen Webstuhl. Jetzt lernte er das im Lande schon Vorhandene kennen, verbesserte seine Erfindung, und 2 Jahre später konnte er mit seinem Webstuhl bereits die schönsten Muster herstellen. Die praktische Einführung wurde durch den Widerstand der Arbeiter sehr erschwert. Eine von Freunden Cartwrights errichtete Fabrik in Doucester mit 500 Webstühlen wurde gestürmt und völlig zerstört. Noch einige andere wichtige Erfindungen rühren von ihm her, so seine Wollkämmaschine. 1797 und 1801 erhielt er seine beiden Patente auf Dampfmaschinen.

Bekannt war seine große Vergeßlichkeit. Er konnte eigene Gedichte oder eigene Konstruktionen vorgelegt bekommen und sie sehr loben, ohne sie als seine zu erkennen. Auf Ansuchen seiner Freunde erhielt er vom Parlament in Anerkennung seiner großen Verdienste 10 000 Pfund, die es ihm ermöglichten, einen sorgenfreien Lebensabend zu verbringen. *Brief Biogr. S. 20; Self Made Men (New York 1858); Nat. Biogr. 9 (1887) S. 221.* Wi.

CASTIGLIANO, Alberto, geb. 1847 in Asti, gest. 25. Okt. 1884 in Mailand. Aus armen Verhältnissen stammend, arbeitete sich Castigliano zum Professor an dem technischen Institut in Turin empor. Die Lehrtätigkeit, die er dort drei Jahre lang ausübte, genügte ihm aber nicht und er gab seine Stellung auf, obwohl er ständig in den dürftigsten Verhältnissen lebte und noch seine Eltern unterstützen mußte. Eine Lehrstelle am Collegio convitto nazionale ermöglichte es ihm, an der mathematischen Fakultät der Universität Turin weiter zu studieren. Nachdem er die vorgeschriebene Prüfung glänzend bestanden hatte, besuchte er noch zwei Jahre lang die Kgl. Ingenieurschule zu Turin. In seiner 1873 erschienenen Dissertation zur Erlangung des Ingenieurdiploms entwickelte er bereits die Grundlagen seiner Lehrsätze, auf denen er dann sein Hauptwerk aufbaute, das 1879 in Paris erschienen ist: ,,Théorie de l'équilibre des systèmes élastiques et ses applications". Dieses Werk errang ihm auch außerhalb seines Vaterlandes einen bedeutenden Ruf. Er beschritt dann die Laufbahn als Eisenbahningenieur, auf der er rasch bis zum Chef des Konstruktionsbureaus aufstieg, starb jedoch bereits im Alter von 36 Jahren. Die Entbehrungen seiner Studienzeit hatten wohl den Keim zu seinem frühzeitigen Tode gelegt.

Castigliano selbst, der als äußerst bescheidener und edler Charakter geschildert wird, gibt die Vorläufer an, bei denen sich bereits Andeutungen seiner Sätze von dem Differentialquotienten der Formänderungsarbeit und seinem Minimum finden. Deshalb gebührt ihm aber doch das Verdienst, diese Gedanken als erster klar erkannt und ausgesprochen zu haben. Durch ihre Einführung hat er einen einheitlichen, allgemein gültigen Weg zur Behandlung statischer Aufgaben gewiesen. *Beitr. 7 (1916) S. 35; Dt. Bauz. 18 (1884) S. 570.* Erk.

CAUS, Salomon de, geb. 1576 in Dieppe, gest. 1635. Über die äußeren Umstände seines Lebens ist wenig bekannt. Bis 1612 lebte er in England, danach bis 1620 in Deutschland. 1624 war er in Frankreich, denn nach damaligen Dokumenten bezeichnete er sich als ,,ingénieur et architecte du roy" (Louis XIII). Seitdem fehlen wieder biographische Angaben. Die Erzählung, daß er wegen der Tollheit seiner Ideen in Bicêtre ins Irrenhaus gesperrt sei, entbehrt der geschichtlichen Grundlagen.

Von den Franzosen wird de Caus, seit Arago ihn 1855 wieder entdeckte, zum ,,Erfinder der Dampfmaschine" gemacht. Man sucht dies aus seinem 1615 erschienenen Buche ,,Les raisons des forces mouvantes" abzuleiten. In diesem Buche beschreibt de Caus sehr interessante Versuche, aus denen hervorgeht, daß er die Erscheinungen der Expansion und Kondensation des Dampfes erkannt hatte. Ebenso wußte er, daß der Dampf lediglich ein anderer Aggregatzustand des Wassers sei, d. h. daß beim Erkalten des Dampfes unter Luftabschluß die Mengen des Kondensates ebenso groß ist wie vorher die Menge des verdampften Wassers war. Die einzige ,,Dampfmaschine" jedoch, die er beschreibt, ist eine allseitig gut dicht gemachte Kugel, die mit Wasser gefüllt ist und in die von oben ein Rohr bis unter den Wasserspiegel ragt. Beim Erhitzen drückt der Dampf so stark auf das Wasser, daß dieses mit großer Gewalt zu der Röhre hinausgeschleudert wird. De Caus hat außerdem verschiedene Pumpanlagen (Kolbenpumpen) ausgeführt und in dem genannten Werk beschrieben, ferner eine Säge mit Wasserkraftantrieb, eine Ovaldrehbank, eine Bohrbank zum Ausbohren langer Rohre u. a. m. Er war ein sehr geschickter Techniker, der mit den bescheidenen Mitteln seiner Zeit gute Erfolge erzielte und vor allem in der Wärmelehre theoretische Unterlagen für die späteren Arbeiten an der Dampfmaschine gab. *Gesch. Masch. S. 502; Hist. méc. S. 269.* Hä.

CAVÉ, François, geb. 12. Sept. 1794 in Mesnil, gest. 6. März 1875 in Paris, war der Sohn völlig unbemittelter Bauern. Er wurde Tischler und kam mit 17 Jahren auf der Wanderschaft nach Paris. 1820 brachte er es, nachdem er in mehreren Fabrikbetrieben gearbeitet hatte, zum Meister in einer Spinnerei. Die verschiedensten Verbesserungen führte er in dem Spinnereibetrieb ein; 1823 baute er seine erste Dampfmaschine. Durch das Aufsehen, das seine oszillierenden Maschinen damals machten, ermutigt, gründete er mit seinen Ersparnissen von 5000 Frs. eine kleine Maschinenfabrik, die sich überraschend schnell entwickelte. 10 Jahre später galt Cavés Maschinenfabrik neben der Callas als die größte in Paris. In den großen Werkstätten zu Saint Denis und Clichy an der Seine wurden Lokomotiven und Schiffsmaschinen bis zu den größten Abmessungen erbaut. 1852 gingen die Fabriken in andere Hände über, die eine kaufte Cail, die andere Péreire. Cavé beschäftigte sich in der Folge mit wissenschaftlichen Arbeiten und lieferte eine Reihe vergleichender Studien über Dampfkessel, über die Form von Schneckenrädern und über andere technische Fragen. *Comptes rendues des trav. de la Soc. des Ing. Civ. 1876 S. 63; Entw. Dm. 1 S. 223; Hist. méc.* C. M.

CAVENDISH, Henry, geb. 10. Okt. 1731 in Nizza, gest. 10. März 1810 in London. Cavendishs Ruhm gründet sich hauptsächlich auf seine Versuche mit Gasen, die ihn Kohlensäure und Wasserstoff als besondere Gasarten erkennen ließen, auf seine Entdeckung der Zusammensetzung des Wassers, auf das berühmte „Cavendish Experiment" und auf seine elektrischen Untersuchungen. Er war der ältere der beiden Söhne von Lord Cavendish. Mit 11 Jahren trat er in eine Schule in Hackney ein, die er 1749 verließ, um in das Peterhouse College in Cambridge zu übersiedeln, wo er bis zum Jahre 1753 blieb. Über seine Tätigkeit in den nächsten zehn Jahren ist wenig bekannt. Im Jahre 1760 trat er der Royal Society bei, und sechs Jahre später veröffentlichte er seine erste Arbeit in den „Transactions" dieser Vereinigung. Einige seiner ersten Experimente sind wahrscheinlich in einem Stall in der Great Marlborough Street ausgeführt worden. Viele Jahre lang war er auf die ihm vom Vater gewährte jährliche Unterstützung von 500 £ angewiesen. Im 40. Jahre machte er eine Erbschaft und hinterließ bei seinem Tode eine Million Pfund Sterling.

Die glänzende Forscherlaufbahn von Cavendish fällt in die Zeit von 1770 bis 1790, in der jene große Umwälzung in der Chemie stattfand, die die Grundlagen dieser Wissenschaft neu schuf. Cavendish hat eine sehr wichtige Rolle hierbei gespielt. Er wies die gleichmäßige Zusammensetzung der Luft und die Tatsache, daß Wasser aus zwei Elementen besteht, nach und entdeckte die Bestandteile der Salpetersäure. Er zeigte auch den Weg, auf dem dann Rayleigh 1895 das Argon entdeckte. Gleichzeitig mit seinen Arbeiten auf chemischem Gebiet erforschte Cavendish wichtige Gesetze der Elektrizität. Allerdings wurden die Ergebnisse dieser Versuche erst viel später bekannt, da Cavendish nie etwas veröffentlichte, ehe das Ergebnis absolut einwandfrei feststand. Erst 1879 hat James Clerk Maxwell, als Cavendish-Professor in Cambridge, die in Manuskripten und Notizbüchern beinahe hundert Jahre versteckt gewesenen Ergebnisse dieser Forschungen überarbeitet und veröffentlicht. Sie zeigen, daß Cavendish mit seiner Auffassung über das Potential und mit seiner Untersuchung über den Widerstand der Elektrolyten seinem Zeitalter auf elektrischem Gebiet wie in vielem anderen weit voraus war. Die letzte wichtige von Cavendish veröffentlichte Arbeit bezieht sich auf das bekannte Experiment über die Anziehung und Dichte der Erde. Cavendish war ein Sonderling, der vollständig in seinen physischen Experimenten aufging. Er hatte keinen Freund. Einsam, jeder Gesellschaft abhold, lebte er abwechselnd in seinen drei Häusern in London, gleichgültig gegen Liebe, Freundschaft, Ruhm und Geld. Das Erhabene und Schöne begeisterte ihn nicht. Er ging durch das Leben, ohne seine Freuden oder Sorgen, das Glück und die Verzweiflung je kennen zu lernen. Selbst die Befriedigung des Erfinders und Entdeckers blieb ihm unbekannt. Er war eine leidenschaftslose Denkmaschine. Seine wichtigsten chemischen Veröffentlichungen sind: „Experiments on Factitious Airs" 1766, „An Account of a new Eudiometer" 1783, „Experiments on Air" 1784, 1785 und 1788. *Engg. 89 (1910) S. 196; Gg. Wilson: The Life of H. Cavendish (London 1851).* Wi.

CAYLEY, Sir George, geb. 27. Dez. 1773 in Brompton Hall (North Riding of Yorkshire), gest. 15. Dez. 1857 in Brompton Hall. Cayley stammte aus alter englischer Familie und war Besitzer großer Güter. Er beschäftigte sich, durch Montgolfiers Luftfahrten angeregt, schon in sehr jungen Jahren mit dem Problem der Luftschiffahrt. Seine ersten Arbeiten auf diesem Gebiete waren Artikel über „Aerial Navigation" in Nicholsons „Journal of Philosophy" in den Jahren 1809 bis 1810, die sich mit mechanischem Fliegen befaßten. Seit 1816 lieferte er Beiträge für Tillochs „Philosophical Magazine" und andere Zeitschriften, in denen er seine Ansichten über lenkbare Luftschiffe auseinandersetzte. Cayley erkannte die grundlegenden wissenschaftlichen und mechanischen Grundsätze, die der Theorie der lenkbaren Luftschiffe zugrunde lagen, und kann auch als einer der Pioniere des Flugzeuges gelten, da er den Grundsatz richtig erkannte, daß eine Fläche durch Aufwand von Kraft und Ausnutzung des Widerstandes der Luft einen bestimmten Auftrieb entwickeln könne. Cayley machte niemals den Versuch, ein großes lenkbares Luftschiff zu bauen. Wahrscheinlich schreckten ihn die hohen Kosten ab; er versuchte zweimal, 1837 und 1843, durch eine Volkssammlung das Geld hierzu aufzutreiben. Trotzdem war er fest überzeugt, daß Lenkballons und Flugzeuge die Verkehrsmittel der Zukunft bilden würden. Auf Grund seiner Skizzen und Berechnungen äußerte er, daß „verlängerte Ballons von großen Abmessungen mit der Geschwindigkeit eines Eisenbahnzuges durch die stille Luft getrieben werden könnten, und daß sie durch ihre Auftriebkraft in der Lage wären, große Gewichte zu tragen". Cayley erkannte auch, daß Flugschiffe für große und Flugzeuge für kürzere Strecken das beste Verkehrsmittel bilden würden. Er baute eine Art Flugzeug, mit dem er Jahre hindurch Gleitflüge vornahm. Das Flugzeug war mit einem Ruder ausgerüstet und glitt von Hügeln der Umgebung nach einem durch das Ruder angesteuerten Punkt im Tal. Einmal veranlaßte Cayley seinen Kutscher, die Maschine herunter zu begleiten, der Mann wurde in die Höhe getragen und flog so über das kleine Tal, an dessen Ende er mit ziemlicher Erschütterung landete. Obwohl er nicht verletzt war, kündigte der Mann doch seinen Dienst mit den Worten, „daß er zum Kutschieren, aber nicht zum Fliegen angenommen worden sei". Durch Versuche und Nachdenken kam Cayley darauf, daß die erforderliche Leichtigkeit und gleichzeitige Stärke der Flügel durch übereinandergestellte Flächen erreicht werden könnte, wie dies heute im Doppeldecker verwirklicht ist. Die Flügel sollten seiner Ansicht nach durch „diagonale Versteifungen" gestützt werden, und sollten konkav sein. Später schlug er einen „Dreidecker" vor. Cayley hat zwar keine Erfindung auf den Markt gebracht, aber seine Versuche und wissenschaftlichen Abhandlungen zeigen, daß er die Richtung, in der ein Fortschritt auf diesem Gebiete zu erreichen war, klar erkannt hatte. In seiner Versuchswerkstatt in Brompton machte er eine Anzahl von Experimenten mit Elektrizität als Kraftquelle und mit einer kalorischen oder Heißluftmaschine. Er soll auch den Bau eines großen Entwässerungssystems in Yorkshire unterstützt haben. Cayley hatte eine große Familie; er führte das Leben eines reichen englischen Landedelmanns. Eine Zeitlang war er Mitglied des englischen Parlaments. *Newc. Trans. 3 (1922/23) S. 70.* Wi.

CHANUTE, Octave, geb. 18. Febr. 1832 in Paris, gest. 3. Nov. 1910 in Chicago. Sein Vater, Professor der Geschichte an der Hochschule zu Paris, nahm im Jahre 1838, als Octave 6 Jahre alt war, einen Ruf als Vizepräsident der Jefferson College in Louisiana an. Hier und in New York erhielt der Knabe seine Erziehung und wurde, nach seinen eigenen Worten, „gründlich amerikanisiert". Im Alter von 17 Jahren fing er bei der Hudson River Railway als einfache Hilfskraft an. Als er diese Stelle nach vier Jahren verließ, war er inzwischen zum Ingenieur aufgerückt. Im Laufe der nächsten Jahre war er an dem Bau vieler Eisenbahnen um Chicago beteiligt; 1863 wurde er leitender Ingenieur der Chicago-

und Alton-Eisenbahnen, wo er wiederum vier Jahre blieb. In diese Zeit fällt der Bau der Chicago Union Stockyards. Die erste Brücke über den Missouri in Kansas City (Mo.) wurde 1868 von Chanute aufgeführt. Während er mit dem Bau dieser Brücke beschäftigt war, wurde er gleichzeitig zum leitenden Ingenieur eines Unternehmens ernannt, das vier Straßen nach dem Südwesten Amerikas bauen sollte. 1873 wurde er erster Ingenieur der Erie-Eisenbahnen, die zu der Zeit große Umbauten und weitreichende Verbesserungen im Gesamtbetrage von 50 000 Dollar geplant hatten. Die wirtschaftliche Krise im Jahre 1873 schränkte die aufzuwendende Summe auf etwa 5000 Dollar ein; Chanute blieb aber zehn Jahre bei der Gesellschaft und hat in dieser Zeit viele Neuerungen und Verbesserungen durchgeführt; so wurde der berühmte Kinzua-Viadukt während dieser Jahre vollendet. In den Jahren 1873 bis 1875 beschäftigte er sich als Vorsteher einer von der American Society of Civil Engineers eingesetzten Untersuchungskommission eingehend mit der Frage einer Besserung der Verkehrsverhältnisse in New York. Der Bericht dieser Kommission, der in einzelnen Heften veröffentlicht wurde, umfaßte 4000 Seiten und führte zum Bau von vier zunächst noch mit Dampf betriebenen Hochbahnen. In gleicher Weise waren die von ihm über fünf Jahre lang durchgeführten Untersuchungen über die Konservierung von Holz sehr bemerkenswert.

1884 machte Chanute sich selbständig und ließ sich in Kansas City als beratender Ingenieur nieder. Aus dieser Zeit sind von seinen Arbeiten der Bau der Sibley-Eisenbahnbrücke über den Missouri und der Mississippi-Brücke bei Fort Madison (Ind.) zu nennen. 1889 siedelte er nach Chicago über, und erst hier fand er die nötige Zeit, um sich seinen flugtechnischen Studien, für die er sich bereits seit dem Jahre 1874 interessiert hatte, voll widmen zu können. Mit allen auf diesem Gebiet maßgebenden Personen trat er in einen Gedankenaustausch und alles vorhandene Material wurde einem äußerst sorgfältigen Studium unterzogen. Als Ergebnis erschienen im Jahre 1891/92 eine Reihe äußerst wichtiger Aufsätze „Progress in Flying Machines", die später auch in Buchform herauskamen. Die Lilienthalschen Gleitflüge erweckten in ihm den Wunsch, eigene Gleitflüge mit einem selbst gebauten Lilienthalschen Gleitflieger zu unternehmen. Etwa 200 Flüge machte er auf diese Weise im Dune Park, den Sanddünen von Indiana. Chanute nahm an dem Eindecker manche Verbesserung vor und gelangte schließlich zu einem zweideckigen Gleitflieger, dem Vorläufer des Wrightschen Flugzeuges. Persönliche Vorteile wollte Chanute mit seinen in aller Öffentlichkeit unternommenen Versuchen nicht erreichen, er wollte lediglich für die, die nach ihm kamen, den Boden vorbereiten. Zwölf Jahre nach seinem ersten Vortrag, am 20. Okt. 1909, trug er seinen letzten Bericht vor: „Recent Progress in Aviation", in dem er die erstaunlichen Fortschritte seit 1903, als die Brüder Wright den ersten erfolgreichen Flug unternahmen, schilderte. Auf die Brüder Wright, die als seine Schüler anzusehen sind, waren seine Untersuchungen und Arbeiten von nachhaltigstem Einfluß. Octave Chanute war einer der führenden Ingenieure seiner Zeit; in in- und ausländischen technischwissenschaftlichen Vereinigungen war er ein hervorragendes und tätiges Mitglied. Mehr als 60 Abhandlungen sind von ihm über die ihn interessierenden Fachgebiete geschrieben worden. Aber nicht nur als Wissenschaftler, sondern auch als Mensch war er wegen seiner starken und gewinnenden Persönlichkeit sehr beliebt und verehrt. *Journal of the Western Society of Engineers, May 1911.* Wi.

CHAPMAN, Henry, geb. 14. März 1835 in Dieppe, gest. 18. Okt. 1908 in London, wurde in Frankreich erzogen und machte bei der Firma Sharp, Stewart & Co. in Manchester eine fünfjährige Lehrzeit durch. 1857 ging Chapman als Vertreter dieser Firma nach Paris, wo er in dieser Eigenschaft besondere Erfolge aufzuweisen hatte. Nicht in eigentlich praktischer Tätigkeit lag seine große Stärke — obwohl er durch und durch Ingenieur war —, sondern vor allem in der Einführung englischer Maschinen auf dem europäischen Markt, und bis zu einem gewissen Grade auch umgekehrt. Chapman machte sich schon in jungen Jahren selbständig. Durch das auf dem Kontinent erwachende Bestreben, selbst zu fabrizieren, war ein großer Bedarf an Werkstattausrüstungen, Werkzeugmaschinen usw. geschaffen, und diese Marktlage nutzte Chapman mit großem Geschick und Erfolg aus. Die nach seinen Angaben ausgerüsteten Werkstätten der Hafenanlagen in Toulon erregten seinerzeit großes Aufsehen. Nebenher war er ein eifrig tätiges Mitglied der führenden englischen und französischen Ingenieurvereinigungen. *Engg. 86 (1908) S. 551.* Wi.

CHAPPE, Claude, geb. 1763 in Brulon (Maine), gest. 23. Jan. 1805 in Paris. Er stammte aus vornehmer Familie und war von Beruf Geistlicher, beschäftigte sich aber in seinen Mußestunden gern mit physikalischen Versuchen. Schon als Achtzehnjähriger veröffentlichte er wissenschaftliche Arbeiten im Journal de Physique. Er wandte seine besondere Aufmerksamkeit der Art der Nachrichtenübermittlung zu. In gemeinsamer Arbeit mit seinen Brüdern Abraham und Ignace schuf er das nach ihm benannte optische Nachrichtenübermittlungssystem. Dieser Anlage gab er den aus zwei griechischen Worten zusammengesetzten Namen „Telegraph" (Fernschreiber). Auf erhöhten Punkten wurden eiserne Stangen errichtet und an diesen Stangen Querbalken befestigt, die an ihren Enden wieder kleinere Balken trugen. Die Querbalken und die kleineren Balken waren beweglich, und durch deren Stellung, die von dem Wärter durch Schnurzüge betätigt wurde, signalisierte man die einzelnen Buchstaben des Alphabets. Die Zeichen der Nachbarstation wurden von einem zweiten Wärter mittels Fernrohres beobachtet und aufgezeichnet. Chappe führte seinen Telegraphen 1794 dem französischen Nationalkonvent vor, der Chappe zum obersten Leiter des Telegraphenwesens ernannte und noch im gleichen Jahre eine Telegraphenlinie zwischen Paris und Lille errichtete. Verschiedene andere Telegraphenlinien in Frankreich und anderen Ländern folgten bald; in Preußen wurde der erste Chappesche Telegraph 1832 zwischen Berlin und Magdeburg eröffnet. Für die Nachrichtenübermittlung wurde bereits eine recht beträchtliche Geschwindigkeit erreicht; für ein Telegramm von Straßburg nach Paris waren nicht ganz sechs Minuten nötig. Durch die Menge des notwendigen Personals stellte sich allerdings der Betrieb der Telegraphenlinien so teuer, daß sich dies Telegraphensystem nicht einbürgern konnte. Bereits 1833 hatten Weber und Gauß in Göttingen den ersten elektromagnetischen Telegraphen gebaut, der berufen war, die Technik des Nachrichtenwesens auf eine ganz andere Grundlage zu stellen. Die Angriffe verschiedener Schriftsteller, daß seine Erfindung nichts Neues darstelle, trafen Chappe sehr, so daß er in regelrechte Melancholie verfiel. Er starb ganz plötzlich im Alter von kaum 42 Jahren. *Fürst: Weltreich der Technik (Berlin 1923) 1; Biogr. Univ. 7 (1844) S. 413; Nouv. Biogr. 9 (1854) S. 700.* Hä.

CHARLES, Jacques Alexandre César, geb. 12. Nov. 1746 in Beaugency, gest. 7. April 1823 in Paris. Charles kam jung nach Paris und erhielt eine bescheidene Stellung als Beamter der Finanzverwaltung. Nebenher beschäftigte er sich mit Malerei und Musik und brachte es zu ganz netten Erfolgen, wie er überhaupt ein seltenes Geschick in den Dingen hatte, die er anfaßte. Bei den Sparmaßnahmen des Staates wurde auch Charles entlassen. Damals hatte Franklins Entdeckung des Blitzableiters die Aufmerksamkeit der Welt auf das Studium der Naturerscheinungen gelenkt. Charles wiederholte Franklins Experimente mit großer Geschicklichkeit und der Erfolg ermutigte ihn, als Lehrer der Physik aufzutreten. Franklins Experimente änderte er und erzielte dank seiner Geschicklichkeit großartige Erfolge. Als gar Franklin selbst seinen Versuchen beigewohnt hatte und äußerte, „der Himmel selbst scheine Charles zu gehorchen", da war es eine Angelegenheit der Mode in Paris, zu den Versuchen zu gehen, die infolgedessen seinem Namen europäische Berühmtheit verschafften. Das Geld, das ihm zufloß, verwandte Charles fast ausschließlich zur Verbesserung seines Laboratoriums.

Montgolfiers Erfindung des Luftballons gab ihm zum zweiten Male Gelegenheit zu Triumphen. Kaum hatte man in Paris näheres über Montgolfiers Versuche erfahren, als auch Charles einen Ballon bauen ließ. Vor allem ersetzte er die Heißluft, die die Montgolfiers benutzten, durch Wasserstoffgas, so daß also die gefährliche Heizvorrichtung fortfallen konnte und außerdem ein größerer Auftrieb erzielt wurde. Auch die Hülle verbesserte er durch Anwendung einer ganz kürzlich erfundenen Gummiimprägnierung. Am 1. Dez. 1783 unternahm Charles zusammen mit Robert als erster nach Pilâtre de Rozier den Aufstieg im Freiballon von den Tuilerien. Im Nu erhob sich der Ballon auf eine Höhe von 7000 Fuß, durchflog in wenigen Minuten eine Strecke von 9 Meilen und landete unversehrt bei Nerle. Charles selbst stieg noch ein zweites Mal auf und zwar noch 2000 Fuß höher als das erste Mal. Den Ruhm der Erfindung des Luftballons ließ Charles den Brüdern Montgolfier.

Charles wurde 1785 zum Mitglied der Akademie gewählt und später Bibliothekar dieser Gesellschaft. Ebenso wurde ihm eine Wohnung im Louvre zugesprochen. Beim Sturm auf die Tuilerien war die rasende Menge schon seiner habhaft geworden, als er sich dadurch rettete, daß er sich als derjenige zu erkennen gab, der vor wenigen Jahren die allen bekannten Ballonaufstiege vom selben Platze unternommen hatte. Seine Lehrtätigkeit nahm er später ebenfalls wieder auf. An wissenschaftlichen Arbeiten sind besonders bemerkenswert seine Untersuchungen über die Ausdehnung der Gase. Seine Folgerungen decken sich mit den Gesetzen, die Gay-Lussac fand. Verschiedene physikalische Instrumente erfand er, von denen besonders das Megaskop und das Reflexions-Goniometer zu nennen sind. Charles starb, nachdem er schon mehrere Jahre vorher an Krankheitsanfällen gelitten hatte. Mit der Resignation des Weisen ertrug er eine schwere Operation, doch auch diese konnte nicht mehr helfen; drei Tage danach verschied er. *Nouv. Biogr. 9 (1854) S. 929; Biogr. Univ. 7 (1844) S. 654; Mém. de l'Académie des Sciences 1828.* Hä.

CHARLIER, Albert, geb. 1. April 1814 in Aachen, gest. 22. April 1894 in Wiesbaden, war der Sohn des Kommerzienrats Friedrich Wilhelm Charlier. Sein Vater war Inhaber der Firma Charlier & Scheibler, eines heute noch bestehenden Speditionsunternehmens. Nach Beendigung der Schulzeit war Charlier zunächst in Le Havre im Speditionsgewerbe tätig, um dann ins väterliche Geschäft einzutreten und dessen Kölner Filiale zu leiten. 1844 trat er aus dem Geschäft des Vaters wieder aus und errichtete gemeinsam mit Ferdinand van der Zypen aus Lüttich eine Waggon- und Maschinenfabrik in Köln-Deutz. Die junge Firma wurde am 1. Januar 1845 als „Eisenbahnwagen- und Maschinenfabrik van der Zypen & Charlier" eröffnet und hat sich zu einem großen Unternehmen von Weltruf entwickelt. Es war Charliers Verdienst, als einer der ersten den Eisenbahnwagenbau in Deutschland großzügig aufgenommen zu haben. Seine Erfahrungen im Speditionsfach fanden eine glückliche Ergänzung in den Kenntnissen, die van der Zypen aus seiner schon in der dritten Generation geführten Karosseriefabrik in Lüttich mitbrachte. Die Aufträge für die neu gegründete Waggonfabrik gingen anfangs nur spärlich ein, da die damals auch bei den deutschen Bahnbauten tätigen englischen Ingenieure nur ungern von der Bevorzugung der englischen Eisenbahnwagen abgingen. Charliers industrielles Wirken war also gleichzeitig auch ein Kampf für die junge deutsche gegen die ältere englische Industrie. Sein Unternehmen wuchs mit der Entwicklung des deutschen Eisenbahnwesens. 1876 trat Charlier von der Leitung des Werkes zurück und verbrachte seinen Lebensabend in Wiesbaden. No.

CHARPENTIER, François Philippe, geb. 3. Okt. 1734 in Blois, gest. 22. Juli 1817 in Blois, war der Sohn eines Buchbinders. Da die Verhältnisse im Elternhause eine kostspielige Ausbildung nicht gestatteten, wurde er zu einem Kupferstecher in die Lehre gegeben. Bald zeigte es sich, daß der Schüler seinen Lehrer an Geschicklichkeit übertraf. Ein starker Hang zu technischen Versuchen ließ ihn ein einfaches Verfahren zur Herstellung von farbigen Kupferstichen entdecken, das ihm als Anerkennung eine Anstellung im Louvre und den Titel eines königlichen Mechanikers eintrug. Zu dem für seine Arbeiten nötigen Schmelzen von Metallen benutzte er nicht das Feuer, sondern bediente sich eines von ihm erfundenen „Brennspiegels". Ein neues Feuerspritzensystem, eine Bohrmaschine und die Vervollkommnung von Leuchtturmblinkanlagen sind ihm zuzuschreiben. Während der Revolutionszeit schuf Charpentier eine Maschine, die 6 Gewehrläufe gleichzeitig auszubohren vermochte, und baute eine Gattersäge, die gleichzeitig 6 Bretter schneiden konnte. Er konstruierte eine künstliche Hand für La Reynière, erfand ein Zahnziehinstrument und machte noch manch andere sinnreiche Entdeckung, die alle einer gewissen Originalität nicht entbehrten.

Da Charpentier es niemals verstand, seine Erfindungen für sich auszuwerten, sie zum Teil ohne weiteres Freunden zur Verfügung stellte und auch verschiedene ehrenvolle Anerbieten, die ihm von Ludwig XVI. und von russischer und englischer Seite gemacht wurden, ausschlug, erwarb er keine Reichtümer. Charpentier starb 84jährig in großer Armut. *Nouv. Biogr. 10 (1854) S. 3; Moniteur Universel, 29. Aug. 1911; Biographie Orléanaise.* Ca.

CHARPENTIER, Johann Friedrich Wilhelm Toussaint v., geb. 24. Juni 1738 zu Dresden, gest. 27. Juli 1805 zu Freiberg, studierte in Leipzig die Rechte und vorzüglich mathematische Wissenschaften. Bei Errichtung der Bergakademie Freiberg im Jahre 1766 wurde er als Professor der Mathematik und Zeichenkunst an derselben angestellt. Er hörte aber auch gleichzeitig Vorlesungen. Daneben las er über mechanische Wissenschaften, seit 1769 über Physik; zu gleicher Zeit übernahm er die Aufsicht über die Bibliothek. 1779 las er auch über die Lehre vom Wetterzuge und über die dahin gehörigen und andere Bergwerksmaschinen, es war der erste Anfang der später regelmäßig gehaltenen Vorlesung über Bergmaschinenlehre.

Seine Vorlesungen setzte er bis 1784 fort, indessen scheinen dieselben seit dem Jahre 1773, in welchem Jahre er Oberbergamtsmitglied und Bergkommissionsrat wurde, mancherlei Unterbrechungen erlitten zu haben. Von 1782 an wurde er in seinem bergakademischen Wirkungskreise teilweise und von 1784 gänzlich durch seinen Schüler Lempe ersetzt.

1785 unternahm er eine Reise nach Ungarn, um die Anwendbarkeit der dort eingeführten Amalgamation für Sachsen zu prüfen und richtete dann das rühmlichst bekannt gewordene Amalgamierwerk auf der Halsbrückener Hütte ein. Hierüber unterrichtet seine Schrift „Kurze Beschreibung sämtlicher bei dem kurfürstlich sächsischen Amalgamierwerk auf der Halsbrücke bei Freiberg vorkommenden Arbeiten, Leipzig 1802".

Außer mehreren Abhandlungen in Zeitschriften veröffentlichte er: Mineralogische Geographie der chursächsischen Lande, mit 7 Kupfern (1778), Beobachtungen über die Lagerstätte der Erze, mit 7 Kupfern (1799), und: Beitrag zu geognostischer Kenntnis des Riesengebirges (1804).

Er hinterließ zwei Söhne, die sich dem bergmännischen Berufe widmeten. Sein Grabdenkmal, eine etwa 2 m hohe quadratische Säule, ist auf dem Donat-Friedhofe zu Freiberg noch vorhanden, in den letzten Jahrzehnten ist aber infolge fortschreitender Verwitterung die Schrift gänzlich unleserlich geworden. *Festschr. z. hundertjährigen Jubiläum der Kgl. Sächs. Bergakademie Freiberg, Juli 1866, S. 6.* Tr.

LE CHATELIER, Louis, geb. 1815, gest. 14. Nov. 1873, besuchte von 1834 bis 1836 die École Polytechnique in Paris und trat dann in das staatliche Minen-Ingenieurkorps ein. Im Jahre 1846 übertrug ihm die Regierung die Aufsicht über die Eisenbahnen, doch trat er zwei Jahre später als Chefingenieur in den Dienst der Paris-Orléans-Bahn, um sich bald wieder als staatlicher Aufsichtsbeamter der Nordbahn, der Ostbahn und dann der Pariser Gürtelbahn zu betätigen. In diese Zeit fallen auch seine bemerkenswerten wissenschaftlichen und literarischen Arbeiten auf dem Gebiete des Lokomotivbaues. Er veröffentlichte Werke über Lokomotivversuche (mit Gouin zusammen), über die Stabilität der Lokomotive und dann mit Flachat, Petiet und Polonceau, den bekannten „Guide Mécanicien Constructeur". Ebenso erwähnenswert sind seine größeren Veröffentlichungen über die Eisenbahnen Deutschlands sowie ein im Auftrage des Ministers der öffentlichen Arbeiten erstatteter Bericht über die Eisenbahnen Englands.

1852 wurde er technischer Beirat des Crédit Mobilier, der sich in Industrieunternehmungen betätigte. Bald war er auch in den Verwaltungsräten der französischen Südbahn, der österreichischen Staatsbahn, der großen russischen Eisenbahngesellschaft und der spanischen Nordbahn tätig, wohl zumeist als Vertreter des französischen Kapitals. Überall suchte man gern, namentlich auf dem Gebiete des rollenden Materials, seinen Rat. Bekannt sind seine Versuche zur Einführung der Gegendampfbremse an Lokomotiven, für die er auf der Wiener Ausstellung 1873 ein Ehrendiplom erhielt.

Aber auch auf zahlreichen anderen Gebieten betätigte er sich. Von ihm stammt der Entwurf einer Trinkwasserversorgung und Abwasserklärung für Paris. Er bemühte sich um Herstellung und Anwendung des Aluminiums, setzte sich für die Siemensschen Regenerativöfen ein, schlug Bauxit als Auskleidung für Flammöfen vor, empfahl die Düngung des Landes durch Phosphate usw.

Seine Zeitgenossen schildern ihn als einen lauteren, vornehmen und selbstlosen Charakter von angenehmen Umgangsformen, der trotz seiner geschäftlichen Inanspruchnahme großen Familiensinn besaß. *Engg. 16 (1873), S. 426.* Me.

CHAUDRON, J., der zuletzt Ingénieur en chef honoraire du corps des mines zu Brüssel war, ist bekannt geworden durch das von ihm im Verein mit Kind erfundene, zuerst 1852 angewandte Kind-Chaudronsche Schacht-Abbohrverfahren. Dieses Verfahren, welches beim Abteufen zahlreicher Schächte in Belgien, Frankreich und besonders in Westfalen Anwendung gefunden hat, gestattet, Schächte bis zum lichten Durchmesser von 4,4 m im toten Wasser abzubohren und wasserdicht mit ganzen Tubbingringen auszubauen. Dabei zerfällt die Bohrarbeit in zwei Teile: in die Herstellung eines Vorbohrloches von etwa 2 m Durchmesser und sodann in dessen Erweiterung bis auf den ganzen Schachtquerschnitt. So.

CLAPEYRON, Benoît Paul Émile, geb. 21. Febr. 1799 in Paris, gest. 28. Jan. 1864 ebenda; hervorragender französischer Ingenieur und Theoretiker der Ingenieurmechanik. Er studierte von 1816 an zuerst auf der Pariser École Polytechnique, dann auf der École des Mines und ging 1820 mit seinem Freunde Lamé, einem Rufe der russischen Regierung folgend, nach St. Petersburg. Dort war er bis 1830 als ausführender Ingenieur und Lehrer der reinen und angewandten Mathematik an der „Schule für öffentliche Arbeiten" tätig. Zugleich schrieb er, teilweise gemeinsam mit Lamé, einige theoretische Arbeiten (u. a. eine Theorie der Gewölbe), die in verschiedenen Zeitschriften erschienen. Nach seiner Rückkehr in die Heimat erwarb er sich besondere Verdienste um den Bau der Eisenbahn von Paris nach St. Germain und wurde auch Ingenieur der Eisenbahn von Versailles (rechtes Ufer), wo ihm besonders die Konstruktion der Lokomotiven oblag. Robert Stephenson wollte die Maschinen für diese Bahn, die auf 18 km eine Steigung von 1:200 hatte, nicht liefern. Infolgedessen wurden sie nach Clapeyrons Entwürfen von einer Firma in Manchester ausgeführt. 1834 veröffentlichte Clapeyron, der während seines ganzen Lebens neben praktischer Ingenieurarbeit eifrige theoretische Studien betrieb, im Journal de l'École Polytechnique einen grundlegenden Aufsatz über die mechanische Theorie der Wärme (Mémoire sur la puissance motrice de la chaleur, deutsch in Poggendorfs Annalen der Physik, 59 [1843]; außerdem unter dem Titel: Über die bewegende Kraft der Wärme. Hrsg. von Rudolf Mewes, Berlin 1893). Von 1837 bis 45 war er mit der Planung und Ausführung der Nordbahn beschäftigt, deren Gesellschaft er als beratender Ingenieur (ingénieur-conseil) bis zu seinem Tode angehörte. Seit 1852 wirkte er beim Bau der Südbahn von Bordeaux nach Cette bzw. nach Bayonne mit und spielte auch bei dem Plan einer atmosphärischen Bahn von Paris nach St. Germain eine Hauptrolle. Die großen Eisenbahnbrücken über die Seine bei Asnières, über die Garonne, den Lot und den Tarn im Zuge der Südbahn wurden nach seinen Plänen erbaut. Bei dieser Gelegenheit entwickelte er eine einfache und elegante Berechnungsmethode für kontinuierliche Träger. Wegen seiner bedeutenden Leistungen auf dem Gebiete der Ingenieurmechanik wählte ihn 1858 die Pariser Akademie der Wissenschaften an Stelle des berühmten Mechanikers Cauchy zu ihrem Mitgliede. Als er am 28. Jan. 1864 starb, wurden neben den hervorragenden Ergebnissen seiner wissenschaftlichen Lebensarbeit vor allem auch die gewinnenden Eigenschaften seines Charakters, durch die er in hohem Maße ausgezeichnet war, gerühmt.

Clapeyrons Bedeutung in der Geschichte der Ingenieurmechanik beruht vor allem auf seiner oben genannten Abhandlung über die mechanische Theorie der Wärme (1834). In dieser hat er die Gedankengänge, die Sadi Carnot in seinen berühmten „Réflexions sur la puissance motrice du feu" (1824) niedergelegt hat, analytisch entwickelt und dadurch die mathematische Grundlage für die heutige Thermodynamik geschaffen. Besondere Erwähnung verdient auch sein in der Abhandlung „Calcul d'une poutre élastique reposant librement sur des appuis inégalement espacés" (1857) gegebenes, ebenso einfaches wie verhältnismäßig genaues Verfahren, die Stützdrucke eines kontinuierlichen Trägers auf analytischem Wege zu bestimmen. *Les Mondes 4 (1864), S. 212; Gesch. Mech. S. 453.* Wa.

CLAUSIUS, Rudolf, geb. 2. Jan. 1822 in Köslin, gest. 26. Aug. 1888 in Bonn, studierte in Berlin Physik und war nach beendeter Ausbildung als Lehrer am Werderschen Gymnasium in Berlin tätig; 1850 habilitierte er sich an der Berliner Universität. Bei Neubegründung des eidgenössischen Polytechnikums in Zürich berief man ihn als Professor der Physik dorthin. Während seiner zwölfjährigen Wirksamkeit an dieser schweizer Hochschule entstanden seine Grundlagen der Wärmetheorie, die für die Forschungen dieses Gebietes, wie ihr Name sagt, von grundlegender Bedeutung waren. Einem Ruf an die Universität Würzburg folgte er, allerdings nur für kurze Zeit, denn schon 1869 vertauschte er diesen Lehrstuhl mit einer Professur in Bonn, wo er bis zu seinem Tode als Lehrer und Forscher tätig war. Er beschäftigte sich eingehend mit der von W. Weber entdeckten elastischen Nachwirkung und ermittelte gesetzmäßige Beziehungen zwischen Druck und Temperatur, als deren graphisches Symbol er die Siedekurven angibt. Clausius bestimmte auf mathematischem Wege die Geschwindigkeit der Luftmoleküle, ebenso wie die einiger Gasmoleküle. Die „Clausiusschen Entwicklungen" über die Weglänge der Moleküle führen auch zur Prüfung der Beziehungen, welche zwischen dem Druck eines Gases und dem von ihm eingenommenen Raum bestehen, also zu der Ableitung des Boyle-Mariotteschen Gesetzes. *ETZ 9 (1888) S. 493; Handb. Natw.* Ca.

CLEGG, Samuel, geb. 2. März 1781 in Manchester, gest. 8. Jan. 1861 in Hampstead. Nach guter Vorbildung trat er bei Boulton & Watt in Soho bei Birmingham als Lehrling ein. Die Versuche seiner Arbeitgeber und besonders auch Murdocks über die Gasbeleuchtung verfolgte er mit dem regsten Interesse und trat nach seinem 1805 erfolgten Ausscheiden aus dem Boulton-Wattschen Unternehmen als Vorkämpfer der stark in der Entwicklung befindlichen Gasbeleuchtungstechnik auf. Er übertraf seinen Meister Murdock bald, und führte u. a. die Gasbeleuchtung in einer Spinnerei zu Sowerby in einer sehr viel kürzeren Zeit aus, als eine zu gleicher Zeit von Murdock begonnene Anlage in Salford. 1808 erfand Clegg die chemische Reinigung des Leuchtgases mit Kalkmilch und führte diese bei der Einrichtung der Gasbeleuchtung im Stonehurst College in Lancashire durch. Auf Veranlassung eines Deutschen, der seine Gasbeleuchtungsanlage durch Clegg ausführen ließ, trat dieser in die von Windsor neugegründete „Chattered Gaslight and Coke Company" ein und baute für diese Gesellschaft nach seinen eigenen Plänen ein neues Gaswerk. Am letzten Tage des Jahres 1813 wurde die Westminster-Brücke und am 1. April 1814 der erste Stadtteil Londons durch Gas erleuchtet. Unter Cleggs einsichtsvoller und energischer Leitung entwickelte sich das Unternehmen sehr schnell, und mußte 1816 die Verdoppelung des Kapitals beantragen, da es nicht imstande war, ohne starke Ausdehnung der Beleuchtung von Privathäusern, zu dem vereinbarten Preis die Erleuchtung der Straßen zu übernehmen. Clegg erfand 1813 die nasse Gasuhr mit rotierender Trommel, nachdem er schon 1810 eine unvollkommene Gasuhr mit abwechselnd senkrecht auf- und absteigenden Glocken konstruiert hatte. Ein Gasdruckregulator, durch welchen der Abgabedruck, d. h. die Menge des abgegebenen Gases, dem Verbrauch gemäß geregelt wird, ist gleichfalls eine seinen Ideen entsprungene Erfindung. Als die Geschäfte der Chattered Company gerade anfingen, in eine geregelte und zukunftsreiche Bahn zu kommen, traten die Gegner des Gründers Windsor auf und veranlaßten ihn, aus dem Unternehmen auszuscheiden. Clegg, der das Werk dem Leben und der Wirtschaft erschlossen hatte, folgte ihm 1817, nachdem auch er genugsam bittere Erfahrungen durchgemacht hatte. Er erbaute zunächst für die Kgl. Münze ein kleines Gaswerk und beschäftigte sich dann mit der Anlage größerer Werke in anderen Städten. Für kurze Zeit ging er nach Portugal, richtete dort die Kgl. Münze ein und beteiligte sich bei der Anlage von Straßenbauten. Nachdem er nach England zurückgekehrt war, trat er mit großer Energie für seine atmosphärische Eisenbahn ein. Die Regierung beauftragte ihn 1847 mit den Vorprüfungen der Eingaben zur Erlangung neuer Privilegien für Gasanstalten. Er starb 1861 im Landhause seines Schwiegersohnes bei Hampstead. *Handb. Natw.*; Blochmann: *Beitr. z. Gesch. d. Gasbeleuchtung (1871) S. 2.* Ca.

CLEMENT, Joseph, geb. 1779 in Great Ashby (Westmoreland), gest. 1844 in London. Der Vater war ein kleiner Weber an einem Handwebstuhl und bei seiner bescheidenen Stellung ein Mann von ungewöhnlichem Wissen. Er war ein begeisterter Anhänger der Naturwissenschaften, besonders der Insektenkunde. Daneben interessierte ihn auch die Mechanik. Er hatte sich selbst eine kleine Drehbank gebaut, die er in seiner Werkstatt zu kleineren Arbeiten verwandte. Sein Sohn Joseph erhielt nur eine notdürftige Erziehung und mußte bereits in jungen Jahren am Webstuhl des Vaters mitarbeiten. Allmählich wurden die Handwebstühle durch die mechanischen verdrängt. Joseph Clement wurde jetzt gelernter Stroh- und Schieferdecker. Dieser Beruf füllte ihn indessen nicht voll aus und entsprach nicht seiner ausgesprochen mechanischen Neigung. Nebenher ging er daher zu dem benachbarten Dorfschmied und lernte hier schmieden und mit Hammer und Feile umzugehen. Von einem Vetter aus London erhielt er außerdem noch einige Bücher über Mechanik geliehen, und er entschloß sich jetzt, zusammen mit dem Dorfschmied eine Drehbank zu bauen, die so gut ausfiel, daß sie an die Stelle der väterlichen Drehbank kam. Um seinen Vater noch weiter in seinen naturwissenschaftlichen Studien zu unterstützen, machte er sich auch an den Bau eines reflektierenden Fernrohres mit recht gutem Erfolg. Um diese Zeit — 1804 — beschäftigte er sich mit den verschiedensten mechanischen Aufgaben und faßte schließlich den Entschluß, seine Heimat zu verlassen, um sich in einer größeren Stadt als Mechaniker sein Brot zu verdienen. 1807 war er in Glasgow als Dreher und machte die Bekanntschaft mit Peter Nicholson, dessen Zeichnungen er so naturgetreu kopierte, daß er ihm kostenfrei Zeichenunterricht erteilte. Clements technische Zeichnungen waren später so vollkommen, daß er auf diesem Gebiet nicht übertroffen werden konnte. Von Glasgow ging er dann zu Leys, Mason & Co. nach Aberdeen und von dort nach London, erst zu Alexander Galloway und schließlich zu Joseph Bramah nach Pimlico, wo er in kurzer Zeit erster Zeichner und Meister des gesamten Betriebes wurde. Nach dem Tode von Bramah wurde er als Zeichner bei der Firma Maudslay & Field eingestellt, hatte aber nach kurzer Zeit den Wunsch, sich als Ingenieur selbständig zu machen. Im Jahre 1817 mietete er eine kleine Werkstatt in Prospect Place (Newington Bults) und fing mit einem aus seinem Einkommen gesparten Kapital von 500 £ als technischer Zeichner und als Fabrikant kleiner, aber höchste Genauigkeit erfordernder Maschinen an. Während all dieser Jahre hatte er sich stets mit Neuerungen und Verbesserungen bestehender Einrichtungen beschäftigt. In Glasgow hatte er eine verbesserte Form der Gewindeschneidzeuge konstruiert und in Aberdeen eine Drehbank mit einer achsial verschiebbaren Spindel und mit Leitgewinde, um Schrauben zu schneiden. Diese Maschine war auch mit einem kleinen Support versehen; von dem Maudslayschen Support hatte er vielleicht schon gehört, gesehen hatte er aber noch keine derartige Einrichtung. Um sich seine vielen zeichnerischen Arbeiten zu erleichtern, baute er sich ein außergewöhnlich sinnreiches Instrument, mit dessen Hilfe man Ellipsen aller Größen sowie Kreise und gerade Linien geometrisch genau auf Papier oder Kupfer zeichnen konnte.

Nachdem er sich selbständig gemacht hatte, wandte er sich besonders dem Gebiet zu, das ihn von jeher stark interessierte: der Verbesserung der selbsttätigen Maschinen. 1818 baute er eine Drehbank von 22 Zoll mit Support, die zum Schneiden von Schrauben mit selbsttätiger Korrektur eingerichtet war. 1827 erhielt er für die noch vielfach verbesserte Erfindung die goldene Isis-Medaille der Society of Arts. Ein Jahr nachdem Clement diese verbesserte Drehbank herausgebracht hatte, rüstete er sie mit einem selbstzentrierten Spannfutter aus.

Um die gleiche Zeit fallen auch die Bemühungen Clements, jeder Schraube einer bestimmten Größe ein stets gleiches Gewinde zu geben. Einer der besten Helfer Clements, Whitworth, hat diesen Gedanken später in der Schaffung des Whitworth-Gewindes voll in die Praxis eingeführt. Um auch auf diesem Gebiete voranzukommen, erfand Clement seine Schraubenschneidbank. Schließlich verdient eine weitere Haupterfindung Clements noch Erwähnung: seine Hobelmaschine. Er ließ sie nicht patentieren, da ihm seine und seiner Arbeiter Geschicklichkeit der sicherste Schutz war. Ausführlich wurde die bedeutungsvolle Erfindung in den „Transactions of the Society of Arts 1832" beschrieben. 10 Jahre lang war die Maschine nur zur Ausführung bestellter Arbeiten Tag und Nacht in Betrieb.

Im üblichen Sinne war Clement kein gebildeter Mann. Er konnte kaum lesen und schreiben. Er war aber von hoher technischer Befähigung und hatte sich seine große Geschicklichkeit im Beruf durch scharfe Beobachtung, große Erfahrung und viel Nachdenken erworben. Nie hatte Clement mehr als 30 Arbeiter in seiner Werkstatt; diese dreißig waren aber immer erstklassig. Die Werkstatt galt daher auch als eine der besten Ausbildungsstätten für angehende Mechaniker und Ingenieure. *Ind. Biogr. S. 236.* Wi.

COCHRANE, Thomas, tenth Earl of Dundonald, geb. 14. Dez. 1775 in Annsfield in Lanarkshire, gest. 31. Okt. 1860 in Kensington. Von frühester Jugend an war Thomas Cochrane zum Seeoffizier bestimmt. Seine Laufbahn vom Leutnant zum Admiral ist eine der abenteuerreichsten und romantischsten aller englischen Seeoffiziere. Er zeichnete sich bei seinen zum Teil noch heute berühmten Unternehmungen vor allem dadurch aus, daß er mit geringen Mitteln große überraschende Erfolge erzielte. Sein Name als Admiral kann an die Seite von Nelson, Hawke oder Blake gestellt werden, nicht als Meister und Vorbild für wohlüberlegtes taktisches Vorgehen, sondern durch seine Tollkühnheit und seinen nie versagenden Mut. Hervorragenden Anteil nahm er am französisch-englischen und spanisch-französischen Krieg. Als Admiral war er eine Zeitlang in Chile, in Brasilien und auch in Griechenland tätig. Überall, besonders aber in England, hatte er mit Eifersucht und Intrigen zu kämpfen. In England brachte man ihn wegen angeblicher Börsenmachinationen unschuldig ins Gefängnis, legte ihm große Geldstrafen auf und nahm ihm seine Auszeichnungen. Erst nach vielen Jahren und nach großen Kämpfen konnte er zum Teil wieder in seine früheren Ämter und Würden eingesetzt werden.

Aber nicht nur als Admiral, sondern auch als Schiffbauer und Schiffingenieur hat er sich einen Namen erworben. Im Jahre 1802 trat er als Student in die Universität von Edinburgh ein und ging seinen Studien mit großem Fleiße nach. Um das Jahr 1827 kam er einem Rufe der Griechen nach, ihre Flotte aufzubauen und zu reorganisieren. Er erkannte klar die ungeheuren Vorteile der mit Dampf betriebenen Kriegsschiffe und stellte damals die kühne Behauptung auf, daß 24 solcher Dampfschiffe imstande sein sollten, von Petersburg angefangen bis Konstantinopel jedes Kriegsschiff in europäischen Häfen zu zerstören. Im Mai 1832 war ihm endlich der Weg in die englische Marine wieder offen, und da er durch den Tod seines Vaters inzwischen auch finanziell unabhängig war, konnte er sich von nun an vor allem schiffstechnischen Fragen widmen. Besondere Aufmerksamkeit wandte er der Verbesserung der Dampfmaschine für Marinezwecke zu, und bereits im Jahre 1843 setzte er sich bei der Admiralität stark für die Einführung der Dampfkraft und der Schiffschrauben ein. Im Laufe von zwölf Jahren wandte Thomas Cochrane aus eigenen Mitteln mehr als 16 000 £ zur Verbesserung von nautischen Instrumenten und Maschinen an. Außer den bereits erwähnten Dampfversuchen beschäftigte er sich auch mit den Fragen des Kriegsschiffbaus. Die Fregatte „Janus" wurde fast vollständig von ihm entworfen und mit allen erforderlichen Maschinen ausgestattet. Aber von den Männern der Praxis erhielt er so gut wie keine Unterstützung, wurde im Gegenteil sogar von ihnen bekämpft. Obwohl sich vielleicht zum Teil aus diesen Gründen schließlich seine Fregatte „Janus" als Fehlschlag erwies, so bedeuteten doch einzelne an ihr durchgeführte Konstruktionen gegenüber der bis dahin üblichen Bauart einen Fortschritt und wurden angenommen. Besonders der Schraubenantrieb fand von nun an Eingang in die Marine. Die Erfindung jedoch, die seinen Namen am bekanntesten machte, war sein „geheimer Kriegsplan". Nie ist Genaueres hierüber an die Öffentlichkeit gedrungen; Cochrane behauptete, mit seinem Plan jede Flotte und jede Festung der Welt vollständig zerstören zu können. Die Spitzen der englischen Admiralität haben in streng geheimer Sitzung hierzu Stellung genommen, und obwohl sie dem Erfinder recht geben mußten, lehnten sie doch die Anwendung seiner Erfindung als zu furchtbar und zu unmenschlich ab. Einige kriegsgeschichtliche Arbeiten sowie seine Lebensbeschreibung „Autobiography of a Seaman" wurden kurz vor seinem Tode von ihm noch verfaßt. Seine Biographie konnte er jedoch nicht mehr selbst fertigstellen. *Nat. Biogr.* 11 (1887) S. 163.   Wi.

COCKERILL, John, geb. 3. Aug. 1790 zu Haslington in Lancashire, gest. 19. Juni 1840 in Warschau. Drückende Geldsorgen, veranlaßten seinen Vater von England nach Schweden zu gehen, wo er seine verbesserten Spinnmaschinen baute und zu vertreiben suchte, da dies aber mißlang, reiste er 1799 über Hamburg nach Verviers, wo er mit Untersuchung der Textilindustrie den Bau von Spinnmaschinen begann und damit Erfolg hatte. 1802 holte er seine bei Verwandten in England zurückgelassene Familie nach Verviers, um bald danach in Lüttich eine eigene Werkstätte zu errichten, in der anfangs seine Söhne die Arbeiter waren. Durch seine Erfolge im Bau von Textilmaschinen vergrößerte sich die Fabrik schnell. Hauptsächlich trug hierzu sein Sohn John bei, dem er 1810 die technische Leitung übergab. 1813 übernahm John mit seinem Bruder Charles-James die Leitung der Maschinenfabrik. 1815 begann John Cockerill mit dem Bau von Dampfmaschinen und Druckwasserpressen in Belgien, wo er mit seinem Bruder in Seraing eine große Fabrik einrichtete. Charles-James verkaufte seinen Anteil an den König von Holland, der die Entwicklung der Eisen- und Maschinenindustrie Belgiens förderte. 1833 war John Cockerill alleiniger Besitzer von Seraing. Er legte auf dem Fabrikgelände Steinkohlenschächte an und setzte 1820 die ersten Puddelöfen in Belgien, 1821 einen Koksofen in Betrieb. Es entstanden ein Eisenwerk, eine Dampfkesselfabrik, Stab- und Eisenblech-Walzwerke, ein Eisenbahnschienen-Walzwerk, Maschinen- und Werkzeugwerkstätten; Kohlenbergwerke und Erzgruben wurden dazu erworben. Bereits 1825 waren in dem Werk 2000 Arbeiter beschäftigt. Durch seine führende Stellung in der Eisenindustrie war Cockerill einer der Urheber der industriellen Entwicklung Belgiens geworden. Er war der Hauptgründer der Belgischen Bank. Er stellte als erster auf dem Festlande 1835 Lokomotiven her, die er an Belgien lieferte. Aber auch an anderen Orten Belgiens sowie Frankreichs, Deutschlands, Spaniens und Polens begründete er Kohlenwerke, Eisenhütten, Maschinenbauwerkstätten, Spinnereien, Tuchfabriken und andere Unternehmungen. Infolge einer Finanzkrisis, die 1838 in Verbindung mit Kriegsbefürchtungen ausbrach, mußte die Belgische Bank die Zahlungen einstellen. Cockerill wurde hierdurch gezwungen, alle seine Unternehmungen bis auf Seraing und Lüttich zu verkaufen. 1839 begab er sich nach Rußland, um dort neue Unternehmungen zu begründen. Auf der Rückreise verschied er im Alter von 50 Jahren in Warschau, wo er infolge einer Typhuserkrankung gezwungen war, die Reise zu unterbrechen. *Beitr.* 10 (1920), S. 103.   Gw.

COLBURN, Zerah, geb. 1832 in Saratoga (N.Y.), gest. 26. April 1870 in Belmont (Ma.), ist ein Neffe des berühmten Mathematikers gleichen Namens. Nach einer ganz elementaren Erziehung kommt er zur Landarbeit, geht aber von selber zur Concord-Eisenbahn über. Stark war von Anfang an seine schriftstellerische Neigung. Mit 18 Jahren schreibt er ein Buch über die Lokomotive: „The Locomotive Engine, Theoretically and Practically Considered". In den Tredegar Iron Works in Richmond (Va.) eignet er sich Werkstattkenntnisse an. 1853 ist er Redakteur des in New York erscheinenden „American Railroad Journal" und nach kurzer Zeit Gründer des „American Railroad Advocate", der späteren Zeitschrift „The American Engineer". Diese Zeitschrift verkaufte Colburn an Alex. L. Holley, mit dem er 1857 im Auftrage einiger amerikanischer Geldleute nach Europa fuhr, um einen Bericht über den Stand der europäischen Eisenbahnen zu schreiben. Als Ergebnis dieser Reise liegt ein bemerkenswertes Buch vor, das den Titel trägt: „The Permanent Way and Coal-Burning Locomotives of European Railways", das hauptsächlich von ihm verfaßt ist.

Im Jahre 1860 gründete er die Zeitschrift „Engineer" in New York. Nach Ausbruch des Bürgerkrieges finden wir ihn in London als Redakteur der englischen Zeitschrift „The Engineer", wo er bis 1864 blieb und dann den „Engineering" gründete und zu hohem Ansehen brachte. 1870 kehrte er nach Amerika zurück, wo er im gleichen Jahre seinem Leben freiwillig ein Ende bereitete. *Engg.* 9 (1870) S. 361; *Am. Biogr.* 1 (1888) S. 682.   Wi.

COLT, Samuel, geb. 19. Juli 1814 in Hartford, gest. 10. Jan. 1862 in Hartford, ging mit 14 Jahren als Schiffsjunge nach Ostindien. Auf dieser Reise beschäftigten ihn bereits die Ideen, die zu der Konstruktion des Revolvers führten. In seine Heimat zurückgekehrt, trat er als Lehrling in eine Färberei in Ware (Mass.) ein, hauptsächlich um seine chemischen Kenntnisse zu erweitern. Durch Vorträge aus Abschnitten der Chemie, die er in mehreren Städten hielt, verschaffte er sich die Mittel zur Verfolgung seiner Erfindungen. 1842 konstruierte er einen Revolver mit einfacher Walzenbewegung, den Adams Deane 1845 durch Einführung der fortgesetzten Walzenbewegung verbesserte. Eine Revolverfabrik, die Colt schon 1835 in Patterson in New Jersey gründete, konnte sich nicht halten; erst als ihm die Regierung während des mexikanischen Krieges 1847 einen Auftrag über 1000 Revolver erteilte, vermochte er die Herstellung wieder aufzunehmen. Er verlegte das Unternehmen nach Hartford und erreichte es bald, daß er täglich 1000 Handfeuerwaffen liefern konnte; der Ruf des Unternehmens verbreitete sich weit über die Grenzen der Vereinigten Staaten hinaus. Auch die Konstruktion eines unterseeischen Telegraphenkabels, das zwischen Coney Five Island und New York gelegt wurde, ist Colt zu verdanken. Er starb 48jährig in Hartford in Connecticut. „*Die Handfeuerwaffen, ihre Entw. u. Techn.*" *(Leipzig 1912); Handb. Natw.; Beitr. 10 (1920) S. 129; Am. Biogr. 1 (1888) S. 694.* Ca.

COOPER, Peter, geb. 12. Febr. 1791 in New York, gest. 4. April 1883 ebenda. Das Leben Peter Coopers ist bewegreicht; er war Kaufmann, Ingenieur, Unternehmer, Erzieher und Politiker. Einige der von ihm ins Leben gerufenen Unternehmungen und sozialen Einrichtungen bestehen heute noch und sind untrennbare Bestandteile der amerikanischen Industrie und des amerikanischen Lebens. Bis zum siebzehnten Jahre arbeitete Peter Cooper in der Brauerei seines Vaters und kam dann als Lehrling zu einem Wagenbauer. Trotz geringer Schulbildung war er sehr aufgeweckt und lernbegierig; er richtete sich zu Hause eine eigene Werkstatt ein, wo er nach seiner Arbeitszeit bastelte. Um diese Zeit galt er als sehr geschickter Holzschnitzer; eine von ihm konstruierte Maschine, um Radspeichen und Radnaben miteinander zu verzapfen, war die erste ihrer Art in Amerika. Mit 21 Jahren trat er in das Unternehmen seines Bruders ein, wo Schermaschinen gebaut wurden. Er verbesserte die Maschinen, und nach drei Jahren erwarb er das alleinige Recht, sie im Staate New York auf eigene Rechnung zu bauen und zu vertreiben. Nach Beendigung des Bürgerkrieges ließ die Nachfrage nach dieser Maschine stark nach; unter Beibehaltung des Prinzips baute Cooper das Modell einer Mähmaschine, wie sie auch heute noch allgemein üblich ist. Schließlich wandelte er seine Maschinenfabrik in eine Möbelfabrik um. Mit 33 Jahren besaß er ein Kolonialwarengeschäft; drei Jahre später war er Leimfabrikant. Zwanzig Jahre blieb er diesem Betriebe treu, den er durch viele Verbesserungen und sparsamste Geschäftsführung hochbrachte. Er war auch der einträglichste seiner vielen Unternehmungen und der Grundstock seines Vermögens.

Durch Landspekulationen anläßlich der bevorstehenden Gründung der Baltimore and Ohio Railroad, die aber zum Teil mißglückten, kam er 1828 in den Besitz von 3000 acres Land in der Nähe von Baltimore. Um das Land und seine Erze und Holze zu verwerten, errichtete er die Canton-Eisen-Werke. Er verkaufte sie zwar nach einem Jahre wieder; sie bedeuteten aber seinen Eintritt in die Eisenindustrie, mit der sein Name eng verbunden ist. Die Eisenbahngesellschaft hatte große Schwierigkeiten zu überwinden, die das Gelingen des Gesamtunternehmens zweifelhaft erscheinen ließen. Schwierige Kurven und bedeutende Steigungen waren zu nehmen, denen die vorhandenen Lokomotiven nicht gewachsen waren. Peter Cooper erbot sich, eine Lokomotive zu bauen, die imstande sein würde, die vorkommenden Kurven zu fahren und Fracht zu schleppen. Wenn seine Lokomotive auch schließlich nicht alles erreichte, so rief sie doch wieder das allgemeine Interesse für die Eisenbahn wach und verhalf auf diese Weise mittelbar zur Behebung der bestehenden Schwierigkeiten. In denselben Jahren hatten ihn auch andere technische Fragen mit mehr oder minder gutem praktischen Erfolge beschäftigt, so die Frage eines Flutkraftwerkes, sodann die eines Torpedos, das von der Küste aus durch zwei Stahldrähte gesteuert werden sollte, ferner ein Plan, die Explosivkraft des Nitrochlorids in der Luftschiffahrt zu verwenden und schließlich die Frage der Schaffung eines Wagenkippers. Nachdem Cooper sein Unternehmen und sein Land in Baltimore verkauft hatte, eröffnete er eine Maschinenfabrik in New York, gab sie bald wieder auf, bekam sie aber nach zwei Jahren wieder zurück, vergrößerte sie bedeutend, indem er ein Walzwerk und eine Drahtfabrik angliederte, und verlegte sie schließlich nach Trenton (N.J.). Durch ständige Vergrößerungen des Betriebes, durch Ausstattung mit den modernsten Hilfseinrichtungen, durch Erwerb eigener Bergwerke und den Bau eigener Bahnen wurde die Trenton Iron Company das führende Eisenwerk seiner Zeit. Sein Sohn Edward Cooper und sein Schwiegersohn Abram S. Hewitt, die späteren Inhaber der dann umgenannten Firma Cooper & Hewitt, haben großen Anteil an dem Aufstieg gehabt. Schon im Jahre 1850 hatte Cooper sich für die Erfindungen von Cyrus Field interessiert; 1854 wurde er Präsident der New York, New Foundland and London Telegraph Company, deren Zweck vor allem die Legung eines atlantischen Kabels war. Dieser Gesellschaft stand er zwanzig Jahre vor und sie war wohl das erfolgreichste Unternehmen seines Lebens.

Die Not und die geringen Bildungsmöglichkeiten der amerikanischen Lehrlinge standen ihm seit seiner eigenen Lehrzeit vor Augen. Sie zu lindern und zu heben war sein heißes Bemühen. Im Jahre 1854 war er so weit, daß er ein in New York auf seine Kosten errichtetes prächtiges Haus, die „Cooper Union", mit großen Versammlungssälen, Lese- und Musikzimmern und besten Lehrkräften den arbeitenden jungen Leuten beiderlei Geschlechts übergeben konnte. Carnegie hat dieser Cooper Union später 600 000 Dollar geschenkt, so daß sie heute 3000 Menschen aufnehmen kann. Auch politisch hat Cooper sich betätigt; hier aber wohl infolge seines bereits vorgeschrittenen Alters nicht viel erreicht. Im Alter von 92 Jahren starb er; seinem Sarge folgten viele Tausende von Menschen. *Am. Biogr. 1 (1888) S. 730; Em. Eng. S. 100.* Wi.

CORIOLIS, Gustave Gaspard, geb. 1792, gest. 19. Sept. 1843 in Paris. Coriolis wurde wegen seiner sehr früh entwickelten Begabung für Mathematik bereits mit dem 16. Jahre in die École Polytechnique aufgenommen. Wenige Jahre später trat er in die École des Ponts et Chaussées ein, wurde Oberingenieur des Brücken- und Wegebaues und Professor der Hydraulik an der École des Ponts et Chaussées sowie Repetitor an der École Polytechnique. 1836 wurde er Mitglied der Académie des sciences in Paris.

Seine Untersuchungen zeichnen sich besonders durch leichtflüssige analytische Behandlung bei großer wissenschaftlicher Strenge aus. Er arbeitete zuerst den bereits von Navier u. a. gebrauchten Begriff der „Arbeit" mit voller Klarheit aus. Sein 1829 in Paris erschienenes bedeutendstes Werk „*Traité de la mécanique des corps solides et du calcul de l'effet des machines*" handelt in dem wichtigsten Kapitel über „relative Bewegung". Coriolis führt darin das bewegliche Koordinatensystem ein und zeigt, daß man durch Annahme zweier Zusatzkräfte („Corioliskraft") jede Relativbewegung auf ein festes Koordinatensystem beziehen kann. *Gesch. Mech.; Biogr. Lit. Hwb.* Erk.

CORLISS, George Henry, geb. 2. Juni 1817 in Easton (N.J.), gest. 2. Febr. 1888 in Providence. Sein Vater, ein praktischer Arzt, verzog 1825 nach Greenwich, wo Corliss den ersten Unterricht genoß. Mit 14 Jahren verließ er bereits die Schule, da er darauf angewiesen war, sich selbst sein Geld zu verdienen. Er verstand es, als Kaufmann in einem Baumwollwarengeschäft soviel zu erwerben, daß er seine Ausbildung fortsetzen konnte. Er war 21 Jahre alt, ehe er mit seinem späteren Lebensberuf in Verbindung kam. Ein durch Hochwasser verursachter Brückenzusammenbruch gab ihm die erste Gelegenheit, sein technisches Können zu zeigen. In wenigen Tagen baute er eine Notbrücke, die den Verkehr bis zur Herstellung der alten Brücke bewältigen konnte. Seine Erfindungsgabe und sein großes konstruktives Können wandte er zuerst bei Maschinen für die Schuhfabrikation an. 1844 zog er nach Providence und gründete hier mit zwei Landsleuten eine Maschinenfabrik, als deren erster Ingenieur er erfolgreich tätig war. 1846 begann er, sich mit der Dampfmaschine zu befassen, und es gelang ihm, nicht nur die nach ihm benannte Steuerung zu schaffen, sondern er verstand es, die Dampfmaschine in allen ihren Teilen so zu verbessern, daß sie bei wesentlich geringerem Kohlenverbrauch einen bis dahin nicht gekannten gleichmäßigen Gang aufwies. Am 10. März 1849 wurde ihm das denkwürdige Patent auf diese Erfindung erteilt. Der Ruf seiner Maschinenfabrik und ihrer Erzeugnisse drang in alle Welt. 1885 konnte er in Providence schon über 1000 Arbeiter beschäftigen. Seine Erfindungen haben den Dampfmaschinenbau auch in Europa maßgebend beeinflußt. — Corliss, ein tief religiöser Mann, verfügte neben seinem genialen Können über den festen Willen und die Tatkraft, mit der allein es ihm möglich wurde, alle Schwierigkeiten zu überwinden. Seine Leistungen fanden schon zu seinen Lebzeiten verdiente Anerkennung. Die Wiener Weltausstellung 1873 sprach ihm die goldene Medaille zu, obwohl weder er noch seine Vertreter ausgestellt hatten. Wohl aber war die Mehrzahl der 400 in Wien ausgestellten Dampfmaschinen nach seinen Ideen gebaut. Von seinen Berufsgenossen und seinen Mitbürgern hoch geehrt, fand Corliss Erholung von seinen Berufsarbeiten im Kreise seiner Familie und in der Pflege seines Gartens. 1888 raffte ihn ein gastrisches Fieber in wenigen Tagen dahin. *Gesch. Dm. S. 430; Am. Biogr. 1 (1888) S. 700; Erf. u. Entd. S. 71.* C. M.

CORT, Henry, geb. 1740 in Lancaster, gest. 1800 in London. Über die Jugend Henry Corts ist so gut wie nichts bekannt; sein Vater war Maurermeister und Ziegelsteinfabrikant. Im Jahre 1765 hatte sich Henry Cort als Schiffsagent in Surrey Street niedergelassen. Bei dieser Gelegenheit sah er zuerst die geringe Güte des englischen Stabeisens. Es war so schlecht, daß es von allen Regierungslieferungen ausgeschlossen wurde. Henry Cort ging deshalb in der Absicht, den bisherigen englischen Stahl zu verbessern, an eine Reihe von Versuchen heran. Einzelheiten über diese Arbeiten, die später so große Bedeutung gewannen, fehlen völlig. Nur soviel ist bekannt, daß er im Jahre 1775 sein bisheriges Unternehmen aufgab und in der Nähe von Portsmouth Harbour in Fontley ein Hammer- und Walzwerk einrichtete. Später nahm er Samuel Jellicoe, den Sohn von Adam Jellicoe, dem damaligen Zahlmeister bei der Marine, als Teilhaber in seinen Betrieb.

Bisher geschah die Hauptarbeit der Formgebung des Schweißeisens durch die Walzwerke. Am 17. Jan. 1783 erhielt Cort sein erstes Patent für Herstellung, Schweißen und Verarbeiten von Eisen, es für den Gebrauch mittels Maschinen fertig zu machen, sowie für einen Ofen und Geräte hierfür. In diesem Patent ist noch nicht die Rede von dem eigentlichen Puddelprozeß, sondern fast nur von dem Schweißofen. Sein zweites Patent vom 13. Febr. 1784 gibt eine genaue Beschreibung des Puddelprozesses. Das Wesen der Erfindung besteht in einer wirkungsvolleren Verwendung der Wärme und der Maschinenkraft. Platten, Stäbe, Bolzen, Flacheisen usw. konnten jetzt mittels flacher oder gefurchter Walzen oder durch Spalten nach Bedürfnis hergestellt werden. Bald stellten viele Eisenwerke gegen Lizenzgebühr ihr Eisen nur nach dem Cortschen Verfahren her. Im Jahre 1787 erkannte auch die Admiralität die Überlegenheit des nach dem Cortschen Verfahren hergestellten Materials an und ließ in Zukunft nur noch dieses Eisen für die Anfertigung von Ankern und anderen Schiffsteilen verwenden. Nach außen hin schien Cort durchgedrungen zu sein. Das war aber nur scheinbar. Im August 1789 starb Adam Jellicoe, der Vater seines Teilhabers, der ihm zur Durchführung seiner großen Versuche viel Geld vorgestreckt und dem Cort seine Patente verpfändet hatte. Man entdeckte große Unterschleife Adam Jellicoes; die geschädigte Marine ergriff strengste Maßnahmen und sperrte Cort sämtliche Einnahmen. Die Gelegenheit ergriff auch die Handelswelt, um ihn des Plagiats zu zeihen in dem Bemühen, die Patente als ungültig erklärt zu sehen. Cort hatte sich dem zum Teil auch dadurch ausgesetzt, daß er seine Erfindung preisgab, ehe sein Prozeß vollkommen war. Er geriet mit seiner dreizehnköpfigen Familie in die größte Not und Armut. Viele Eingaben richteten er und auch seine Freunde an die Regierung, um ihm wieder die merkwürdigerweise seinem früheren Teilhaber gelassenen Patente zurückzugeben. Vergebens. Im Jahre 1794 gelang es einigen einflußreichen Mitgliedern des Parlaments, für Cort und seine Familie eine jährliche Rente von 200 £ zu erwirken. Von diesem Gelde lebte er bis 1800, als er an Leib und Seele gebrochen starb. *Ind. Biogr.; Gesch. Eis. 3, S. 686; St. u. E. 25 (1905) S. 435.* Wi.

COTTA, Bernhard v., geb. 24. Okt. 1808 zu Zillbach b. Eisenach, gest. 14. Sept. 1879 zu Freiberg in Sachsen. 1811 wurde sein Vater Heinrich Cotta, der in Zillbach Forstmeister war und eine private Forstlehranstalt leitete, nach Tharand berufen und im Jahre 1816 von seiten der Regierung mit der Gründung der Kgl. Sächs. Forstakademie betraut. Bernhard studierte in den Jahren 1827 bis 31 auf der Bergakademie zu Freiberg und ging dann nach Heidelberg, um sich dort die für den höheren Bergwerksdienst erforderlichen juristischen Kenntnisse zu erwerben. Doch bald überwog die Liebe zu den Naturwissenschaften, denen er sich ausschließlich widmete. Nachdem er die philosophische Doktorwürde erworben hatte, kehrte er nach Tharand zurück. Er beschäftigte sich hier mit dem Studium der geologisch so mannigfaltigen Umgebung und gab 1836 den ersten Teil seiner Geologischen Wanderungen heraus. Schon 1835 veröffentlichte er ein Geologisches Glaubensbekenntnis, das seine damaligen Ideen über die Bildung der Erde enthielt.

Bald darauf wurde er beauftragt, sich an der Seite von C. F. Naumann an der 1832 begonnenen Bearbeitung der Geognostischen Karte von Sachsen zu beteiligen. In den Jahren 1836 bis 1847 wurden die 12 Sektionen der Karte und die leider nur teilweise vollendeten Erläuterungen veröffentlicht. Es war die vorzüglichste damals ausgeführte Karte. Cotta hatte bei dieser Kartierung Gelegenheit, die eigentümlichen Lagerungsverhältnisse von Granit, Jurakalk und Quadersandstein bei Hohenstein zu studieren. Im zweiten Teile seiner Geognostischen Wanderungen führte er den Nachweis, daß dort Überschiebungen älterer Formationen über jüngere stattgefunden haben.

In den Jahren 1844 bis 1847 führte Cotta die Geognostische Kartierung Thüringens durch. Gleichzeitig war er bei der Forstakademie Tharand tätig und gab dort 1842 den ersten Band des Forstwirtschaftlichen Jahrbuches heraus. Noch in demselben Jahre folgte er als Nachfolger Naumanns einem Rufe nach Freiberg. Er las Geognosie, seit 1843 auch Versteinerungslehre und von 1851 an auch noch Erzlagerstättenlehre.

Cotta führte eine größere Zahl von Reisen aus, nicht nur in Deutschland. Er bereiste 1843 und 1849 die Alpen und Oberitalien, 1856 und 1860 Ungarn und Siebenbürgen, 1862 Tirol und Kärnten, 1863 das Banat und die angrenzenden Teile von Serbien, 1867 Kroatien und die Militärgrenze, 1868 den Ural und den Altai, 1869 das Donsche Kosakengebiet. Im Jahre 1848 nahm er mit v. Beust, Breithaupt und Reich an den konstituierenden Versammlungen der deutschen geologischen Gesellschaft in Berlin Teil.

Von seinen vielen Veröffentlichungen seien die folgenden hervorgehoben: 1842 Anleitung zum Studium der Geognosie und Geologie, die später unter dem Titel Grundriß der Geognosie und Geologie noch in zwei Auflagen erschien.

1852 die Gesteinslehre, 1851 Über den inneren Bau der Gebirge, 1855 die Lehre von den Lagerstätten. Ferner gab er im Verein mit Hermann Müller in den Jahren 1847 bis 1861 die Gangstudien heraus. 1854 suchte er in dem Werke „Deutschlands Boden" den Einfluß zu schildern, den der geologische Bau des Bodens auf den Menschen ausübt. 1848 schrieb er im Verein mit Schaller, Wittwer und Girard die Briefe über A. v. Humboldts Kosmos; von den vier Bänden verfaßte er zwei. Von populären Schriften veröffentlichte er 1852 die Geologischen Bilder, 1861 den Katechismus der Geologie, 1866 die Geologie der Gegenwart.

Viele seiner Werke haben mehrere Auflagen erlebt und wurden in fremde Sprachen übersetzt. Cotta selbst hat an der Übersetzung mehrerer fremdsprachiger Werke mitgewirkt. Er erhielt eine große Zahl sächsischer und fremdländischer Orden. Im Jahre 1860 ließ sich die Familie Cotta den ihren Vorfahren verliehenen erblichen Adel von neuem bestätigen.

Cottas Einfluß auf die Entwicklung der geologischen Wissenschaft ist nicht nur durch seine zahlreichen Veröffentlichungen, sondern auch durch die große Zahl seiner Schüler aus aller Herren Länder ein sehr bedeutender gewesen.
Alfred Stelzner: Bernhard von Cotta. Tr.

COULOMB, Charles Auguste De, geb. 14. Juni 1736 in Angoulême, gest. 30. Aug. 1806 in Paris. Er studierte in Paris, wurde Offizier des Geniekorps und kam als solcher nach Martinique, wo er den Bau der Befestigungsanlagen leitete. 1776 kehrte er nach Frankreich zurück und beschäftigte sich eingehend mit technisch-mechanischen Untersuchungen, insonderheit mit der Reibung, Torsion und Festigkeit der Körper. Über die Theorie der einfachen Maschinen schrieb er eine eingehende Abhandlung, die ihm einen Preis und die Mitgliedschaft der Akademie der Wissenschaften eintrug. 1785 erfand Coulomb eine Drehwage, zu deren Erfindung er im Anschluß an Untersuchungen kam, die er auf Grund einer Preisarbeit der Akademie der Wissenschaften über die beste Konstruktion des Schiffskompasses ausführte. In den „Mémoires de l'Académie Royale" behandelte Coulomb eingehend die Ergebnisse seiner Untersuchungen über die Torsion von Fäden und Metalldrähten, bei welchen er die Methode der Schwingungen oder Oszillationen anwandte. Die Konstruktion seiner Torsionswage beruht auf der von ihm entdeckten Eigenschaft der Drähte, daß sie eine dem Torsionswinkel proportionale Gegenkraft haben. Von großer wissenschaftlicher Bedeutung war sein Nachweis, daß die abstoßende Kraft zweier kleiner, gleichartig elektrisierter Kugeln im umgekehrten Verhältnis zum Quadrat des Abstandes der Mittelpunkte beider Kugeln steht. Auch mit den grundlegenden Fragen der Verteilung der Elektrizität beschäftigte Coulomb sich eingehend; er erkannte, wie auch Cavendish, daß die Eigenschaft der Elektrizität, sich auf der Oberfläche der leitenden Körper auszubreiten und nicht in das Innere einzudringen, eine Folge des Gesetzes der Abstoßung nach dem umgekehrten Quadrat der Entfernung ist. Seine Arbeiten bilden die Grundlage, auf der später die mathematische Theorie der elektrischen und magnetischen Erscheinungen aufgebaut wurde. Coulomb nahm beim Ausbruch der Revolution als Oberstleutnant seinen Abschied. 1804 wurde er Mitglied des Nationalinstitutes, 1806 Generalaufseher des öffentlichen Unterrichtes. Er starb 70jährig in Paris. *Gesch. Natw. 3 S. 27; Handb. Natw.; Entw. Dm. 2 S. 697; Nouv. Biogr. 2 (1855) S. 168.* Ca.

COWPER, Edward Alfred, geb. 10. Dez. 1819, gest. 9. Mai 1893. Sein Vater, Edward Cowper (geb. 1790, gest. 17. Okt. 1852 in Kensington), war bekannt geworden durch eine Reihe von Verbesserungen an der Buchdruckmaschine, u. a. eine Vorrichtung zum gleichzeitigen beiderseitigen Bedrucken des Bogens und Einrichtungen zur besseren und gleichmäßigen Verteilung der Farbe. Edward Alfred kam 1834 für eine siebenjährige Lehrzeit in die bekannte Maschinenfabrik von Braithwaite. 1846 war er bei Fox & Henderson in Birmingham; für die Londoner Ausstellung von 1858 entwarf er die Gebäude und Eisenkonstruktionen. Im gleichen Jahre ließ er sich in London als beratender Ingenieur nieder und hatte hier reiche Gelegenheit, seine erfinderischen Fähigkeiten zu beweisen. Er baute das Dach des Bahnhofes von Birmingham, das mit 211 Fuß damals die größte Spannweite hatte. Ein Nebelsignal für Eisenbahnen und eine Vorrichtung zum Gießen von Schienenstählen gehen ebenfalls auf ihn zurück. 1857 erhielt er das erste Patent auf die bekannte nach ihm benannte Vorrichtung zur Erhitzung des Gebläsewindes durch Abgase des Hochofens, eine Art Regenerativofen mit gemauertem Luftkanal. An dieser Erfindung arbeitete er auch später rastlos weiter; die letzten Verbesserungen hieran nahm er 1887 vor. Für eine Verbund-Dampfmaschine mit Ausgleichvorrichtung erhielt er 1857 ein Patent. Als Beweis seiner Vielseitigkeit sei erwähnt, daß ihm weiter die Erfindungen eines Zweirades mit Stahlspeichen und Gummibereifung (1868) und ein elektrischer selbstschreibender Telegraph (1879) patentiert wurden. Er war Gründungsmitglied des Iron and Steel Institute und wurde später auch mit der Ordnung der Abteilung für Maschinen und Erfindungen im South-Kensington-Museum beauftragt. Der Tod rief ihn im 74. Lebensjahre nach kurzer Krankheit ab. *Journ. Iron & Steel Inst. 43 (1893) S. 172; Proceedings Inst. of Civ. Eng. 114 (1893) S. 369; Nat. Biogr. 12 (1887) S. 385.* Hä.

CRAMER-KLETT, Theodor, geb. 27. Sept. 1817 in Nürnberg, gest. 5. April 1884 in München. Als Sohn eines Nürnberger Großhändlers geboren, erhielt Theodor Cramer eine sehr sorgfältige Erziehung. Der Vater, aus Thüringen stammend, betrieb in Wien eine Seifenfabrik und danach in Nürnberg den Tuchhandel; daneben unterhielt er eine Kupferniederlage. Theodor Cramer war bis 1837 in einem großen Prager Handels- und Bankhause tätig, um dann in München besonders Naturwissenschaften und Chemie zu studieren. Ende 1839 kam er nach Wien, wo er ein Jahr in der väterlichen Seifenfabrik arbeitete. An diese Tätigkeit schlossen sich weite Reisen, die besonders nach der Schweiz, weiter nach Frankreich und Italien führten; hier erwarb er sich eine ungemein große Sprachgewandtheit, die ihm später von großem Vorteil war. 1843 entschloß er sich, 26 Jahre alt, in seiner Geburtsstadt Nürnberg sich selbständig zu machen; seinen geistigen Interessen entsprechend entschied er sich für den Buchhandel und gründete einen Verlag, nachdem er sich die nötigen buchhändlerischen Kenntnisse in Nürnberg und Leipzig erworben hatte. Seine Verlagstätigkeit sollte der Volksaufklärung im besten Sinne dienen. Die entscheidende Wendung in seinem Leben trat mit seiner Verheiratung mit Emilie Klett, der Tochter Johann Friedrich Kletts, die er von Kind auf kannte, ein.

Johann Friedrich Klett war der Begründer der Maschinenfabrik, die damals mit Hilfe englischer Techniker hervorragend im Dampfmaschinen- und Kesselbau und auf anderen Gebieten tätig war. Theodor Cramer, der seitdem den Namen Cramer-Klett annahm, übernahm nach Kletts Tode 1847 die Fabrik. Zusammen mit Ludwig Werder, der am 1. Nov. 1848 in die Firma eintrat, führte er das Werk zu ungeahnter Höhe. Die Hauptarbeitsgebiete waren: Eisenbahnwagenbau, Dampfmaschinenbau mit Eisengießerei, Eisenhochbau, Brückenbau und Arbeiten auf kriegstechnischem Gebiete. Alle Erzeugnisse wurden nach Möglichkeit unter Berücksichtigung der Massenfabrikation durchgebildet. 1850 kam schon der erste Auftrag auf 150 Güterwagen für die Bayerische Staatsbahn. Seit 1855 wurden Personenwagen gebaut. In dem Ersatz des Holzes durch Eisen im Waggonbau ging das Werk führend voran; die Klettsche Fabrik erteilte als erste Krupp einen Auftrag auf Gußstahlreifen für Eisenbahnräder. Im Dampfmaschinenbau hatte die

Fabrik ebenfalls beste Erfolge. Der Indikator — damals noch eine seltene Erscheinung — bildete ein ständiges Hilfsmittel bei Untersuchung und Bau der Maschinen. Eine von Werder konstruierte Lokomobile mit Wasserrohrkessel fand guten Absatz. Als besondere Abteilung entstand die Schrauben-, Muttern- und Drahtstiftefabrik. Dem Ruf der Firma dienten am meisten die großen Eisenbauten: der riesige Glaspalast in München, die Isarbrücke bei Großhesselohe und die Mainzer Rheinbrücke. Letztere führte zur Gründung der Brückenbauanstalt Gustavsburg. Das Nürnberger Werk war 1873 unter dem Namen „Maschinenbau-A.-G. Nürnberg" in eine Aktiengesellschaft umgewandelt worden, in der Cramer-Klett den Vorsitz im Aufsichtsrat führte.

Cramer-Klett als Fabrikherr und Ludwig Werder als technischer Leiter haben die Maschinenfabrik in genialem Schaffen zu einer der ersten Deutschlands ausgestaltet. Cramer war ein Mann von ausgezeichneten Geistesgaben, von durchdringendem Scharfblick und mit der Fähigkeit begabt, vorauszusehen zu können. Menschen richtig zu beurteilen und an den richtigen Platz zu stellen, war seine größte Fähigkeit. 67 Jahre alt starb er als Freiherr von Cramer-Klett. Von seinen Nachfolgern, unter denen A. von Rieppel hervorragt, wurde das Werk weitergeführt. Die 1898 erfolgte Verschmelzung mit der Maschinenfabrik Augsburg führte zu der Weltfirma MAN (Maschinenfabrik Augsburg-Nürnberg), deren Erzeugungsstätten sich in Nürnberg, Augsburg, Gustavsburg bei Mainz und Duisburg befinden. *Beitr. 5 (1913) S. 253; Bienfeldt: v. Cramer-Klett (Leipzig 1923).* Hä.

CRAMPTON, Thomas Russell, geb. 6. Aug. 1816 in Broadstairs (Kent), gest. 19. März 1888 in London. Thomas Crampton erhielt Privatunterricht und kam am 21. Mai 1831 in die Lehre zu John Hague, zu der Zeit ein sehr bekannter Ingenieur in London. Nach Beendigung seiner Lehrzeit war Crampton in den Jahren 1839 bis 1844 Assistent des älteren Brunel und des Sir Daniel Gooch. Unter dessen Leitung war er beim Lokomotivbau der damals breitspurigen (2134 mm) Westbahn tätig und nahm viele Verbesserungen an Lokomotiven vor. 1843 legte er die hauptsächlichsten dieser Gedanken in einer neuartigen Lokomotive fest, die er patentieren ließ. Besonderes Aufsehen erregte aber die Lokomotivbauart, für die er 1846 und 1847 Patente erhielt. Bei diesen Crampton-Lokomotiven lag die Treibachse mit Rädern größten Durchmessers hinter der Feuerbuchse. Die Kessel konnten deshalb sehr tief bis auf die Laufachse gesenkt und damit eine niedrige Schwerpunktslage erreicht werden. Besonders in Frankreich wurde diese Lokomotive benutzt. 1847 wurde die erste Crampton-Lokomotive für die Eisenbahn Namur—Lüttich erbaut. Da die Fertigstellung dieser Bahn sich verzögerte, kam die „Namur" probeweise auf der englischen Grand Junction-Bahn in Verwendung, auf der sie bei Leerfahrten eine Geschwindigkeit von 120 km in der Stunde erreichte, eine Leistung, die bis dahin von keiner Breitspurlokomotive erzielt wurde. Die erste Crampton-Lokomotive für England wurde 1848 fertiggestellt. Sie hatte 18 Zoll Zylinderdurchmesser bei 24 Zoll Hub. Der 12 Fuß 3 Zoll lange Kessel enthielt 300 Röhren mit $2^{3}/_{16}$ Zoll Durchmesser. Da man es kaum für möglich gehalten hatte, ohne die Spurweite zu vergrößern, wesentlich leistungsfähigere Kessel zu erzielen, so bedeutete die Crampton-Lokomotive zugleich einen Sieg in dem „Battle of Gauges". Die Überlegenheit der breiten Spur darzulegen, hatten Brunel und Gooch 1850 für die Great Western-Eisenbahn die „Great Britain"-Lokomotive ausgeführt. Die Freunde der normalen Spur beantworteten die Herausforderung mit einer Lokomotive „Liverpool" nach Cramptonscher Bauart. Diese im Jahre 1851 ausgestellte Lokomotive erreichte eine Geschwindigkeit von 126 km/Std., sie wurde aber, als für den damaligen Oberbau zu schwer, schon im Jahre 1858 aus dem Verkehr gezogen.

Von 1844 bis 1848 war Crampton in verantwortungsvoller Stellung in der Lokomotivfabrik von G. Rennie. Im Jahre 1848 ließ er sich als Zivilingenieur in London nieder, wo er eine vielseitige Tätigkeit entfaltete. Nicht nur die zahlreichen Patente für Lokomotiven, die er zum Teil als Probelokomotiven auf eigene Kosten bauen ließ, legen Zeugnis von seiner Erfindertätigkeit ab; in den folgenden Jahren führte er seine vielleicht wichtigste Arbeit aus, indem er das erste unterseeische Kabel Calais—Dover fertigstellte. Mit Fox baute er die Berliner Wasserwerke. Außer den englischen Bahnen sind noch von Crampton die türkische Bahn von Smyrna nach Aïdin und die Bahn von Rustschuk nach Varna gebaut worden. Schließlich verdienen noch seine folgenden Erfindungen Erwähnung: eine Feuerung für staubförmigen Brennstoff, ein Drehofen für die Erzeugung von Eisen und Stahl, eine Backsteinpresse und eine automatische Tunnelbohrmaschine. Seiner Geburtsstadt Broadstairs bewahrte er seine Anhänglichkeit und führte dort manche wichtigen Bauten aus, errichtete z. B. hier eine Gasanstalt. *Entw. Dm. 1 S. 804; Nat. Biogr. Suppl. 2 (1901); Enz. Eisb. 3 S. 211.* Wi.

CREMONA, Luigi, geb. 7. Dez. 1830 in Pavia, gest. 10. Juni 1903 in Rom; einer der hervorragendsten Geometer der neueren Zeit. Er stammte aus kleinen Verhältnissen und erhielt seine Ausbildung am Gymnasium und der Universität seiner Vaterstadt. 1848 nahm er als Siebzehnjähriger in einem studentischen Freiwilligenkorps mit Auszeichnung an den Kämpfen gegen die Österreicher, insbesondere der Belagerung Venedigs teil und war nach Abschluß seiner Studien zunächst Gymnasiallehrer in Pavia, Cremona und Mailand. Seine wissenschaftlichen Arbeiten, die er während dieser Zeit veröffentlichte, verschafften ihm 1860 einen Ruf auf den Lehrstuhl für höhere Geometrie an der Universität Bologna, den er 1866 mit einer Professur für graphische Statik und höhere Geometrie an dem vier Jahre zuvor gegründeten Höheren Technischen Institut (Istituto tecnico superiore) in Mailand vertauschte. Von 1873 ab übernahm er die Leitung der Ingenieurschule (Scuola d'applicazione per gli ingegneri) in Rom, die er vollständig neu organisierte. Der Förderung des technischen Unterrichts hier wie an den anderen Ingenieurschulen des Königreichs widmete er seine besten Kräfte. Da er der wechselseitigen Berührung der reinen und der angewandten Wissenschaften größten Wert beilegte, erstrebte er, wenn auch ohne Erfolg, eine Vereinigung der Ingenieurschulen mit den Universitäten. Nach seinem Plane sollten die Ingenieurwissenschaften als polytechnische Fakultäten den Universitäten angegliedert werden. Neben seiner ausgedehnten schriftstellerischen Lehr- und Verwaltungstätigkeit begann er seit den siebziger Jahren auch im politischen Leben seines Landes eine führende Rolle zu spielen. 1879 wurde er Mitglied des Senats, nachdem er schon vorher in den höheren Rat für den Unterricht berufen worden war. 1897 stieg er zum Vizepräsidenten des Senats auf, war 1898 vorübergehend Unterrichtsminister und galt in allen Fragen des Unterrichts als unbestrittene Autorität. Als Persönlichkeit war Cremona eine ungewöhnlich harmonische Natur, in der sich hohe Intelligenz und unbeugsame Willenskraft mit großer Herzensgüte und seltener Bescheidenheit aufs glücklichste verbanden. Hierauf beruhten sicher auch zum großen Teil seine Erfolge als Lehrer. König Humbert konnte von ihm mit Recht sagen, daß er in ganz Italien keinen Feind habe. Daß dies auch über die Grenzen seines Vaterlandes hinaus in der ganzen wissenschaftlichen Welt der Fall war, bewiesen die nach seinem 1903 erfolgten Tode zahlreich erschienenen, ebenso ausführlichen wie warmherzigen Nachrufe, aus denen besonders auch hervorgeht, wie eng Cremona mit der deutschen Wissenschaft verbunden war.

Als wissenschaftlicher Schriftsteller war Cremona von erstaunlicher Fruchtbarkeit und einer bewunderungswürdigen Klarheit der Darstellung. Seine Arbeiten bewegen sich fast ausschließlich auf dem Gebiete der Geometrie und haben unser geometrisches Wissen, namentlich in der Theorie der algebraischen Kurven und Flächen beträchtlich erweitert. Von besonderer Bedeutung für die Ingenieurwissenschaften wurde seine im Anschluß an die Arbeiten des Züricher Ingenieurs Culmann entwickelte graphische Behandlung statischer Probleme, die er während seiner Mailänder Tätigkeit begann und erstmals in dem für seine Schüler bestimmten ,,Kursus der graphischen Statik" (Corso di statica grafica, 1867/68) niederlegte. Damit ist er einer der Begründer der modernen Fachwerktheorie geworden. Neben einer mehr vorbereitenden Schrift ,,Elemente des graphischen Calculs" (Elementi di calcolo grafico, 1874; deutsch von M. Curtze, Leipzig 1875) ist vor allem seine grundlegende, als Gelegenheitsschrift erschienene Arbeit über ,,Die reziproken Figuren in der graphischen Statik" (Le figure reciproche nella statica grafica, 1872) zu nennen, in der die seitdem viel benutzten sog. ,,Cremonaschen Kräftepläne" zur Bestimmung der Spannungen in Fachwerken ausführlich dargestellt werden. *Math. Annalen 59 (1904) S. 1; Archiv d. Math. u. Physik (3) 8 (1905) S. 11, 195; Bibliotheca mathematica (3) 5 (1904) S. 125; Proceedings of the London Math. Society (2) 1 (1904) V/XVIII; Atti della R. Accademia dei Lincei Rendiconti Cl. di sc. fis., mat. e nat. (5) 12_2 (1903) S. 664.* Wa.

CRESPEL-DELISSE, Louis François Xavier Joseph, geb. 22. März 1789 in Lille, gest. 1865 in Neuilly. Er ist bekannt als erster erfolgreicher Hersteller des Rübenzuckers in Frankreich. Nachdem Achard auf der ehemaligen Staatsdomäne Cunern in Schlesien ein brauchbares Verfahren ausgearbeitet hatte, gründete Crespel-Delisse mit Passy und Delisse gemeinsam in Lille die erste französische Rübenzuckerfabrik 1810. Im ersten Jahre konnten nur 400 kg, im nächsten bereits 10000 kg erzeugt werden. Seine ersten Arbeiter waren spanische Gefangene.

Bald gelang es ihm, im Kampf gegen den Kolonialzucker sein Unternehmen auszubreiten. 1824 wurde ihm als dem ersten französischen Zuckerfabrikanten die goldene Medaille der Gesellschaft zur Förderung der nationalen Industrie verliehen. Er verlegte seine Fabrik nach Arras und dehnte sein Unternehmen und seine Zuckerrüben-Anbauflächen über vier Gouvernements aus. 1855 besaß er 19 Güter, deren Rüben in 7 Fabriken verarbeitet wurden. Der Rohzucker wurde in Arras raffiniert. Eine eigene Maschinenfabrik versorgte alle Betriebe mit Maschinen und Geräten und führte die nötigen Ausbesserungen aus. 1855 verbrauchte Frankreich 130 Millionen kg Zucker, von denen 75 Millionen kg aus Zuckerrüben in Frankreich selbst hergestellt wurden. Crespel-Delisse lieferte davon 3 bis 4 Millionen kg, also ein Zwanzigstel der französischen Erzeugung. *Nouv. Biogr. 12 S. 438.* Sa.

CROMPTON, Samuel, geb. 23. Dez. 1753 in Firwood bei Bolton, gest. 22. Juni 1827 in Hall-in-the-Wood. Er war der einzige Sohn eines kleinen Bauern und Webers, der früh starb. Seine Mutter führte die Wirtschaft weiter und ließ ihm eine für die damalige Zeit sehr gute Erziehung angedeihen, vor allem Unterricht im Schreiben, Rechnen und in der Mathematik. Vom 16. bis 21. Jahr lebte er mit seiner Mutter zusammen und spann auf einer Harpnerschen Spinnmaschine mit acht Spindeln. Er führte ein sehr zurückgezogenes Leben und besuchte nur gelegentlich Abendschulen, um seine Kenntnisse aufzufrischen; nebenher spielte er für sich und bei besonderen Gelegenheiten in seiner Gemeinde Geige. Im Alter von 21 Jahren begann er unter allerstrengster Geheimhaltung in einem Zimmer in Hall-in-the-Wood seine Spinnmaschine zu bauen. Über seine Vorarbeiten ist nichts bekannt; von dem Mechanismus der Spinnmaschine von Lewis Paul und der Arkwrightschen Anwendung dieses Prinzips wußte er nichts. Im Jahre 1779 war seine erste Spinnmaschine vollendet, die 48 Spindeln besaß. Die wesentliche Neuerung, die in dieser Maschine verkörpert war, bestand darin, daß sie das Verdrillen und Strecken des Vorgespinstes auf mechanischem Wege besorgte. Sie bedeutete eine grundlegende Neuerung im mechanischen Spinnen, da erst auf diese Weise eine bis dahin unbekannte Gleichheit und Feinheit des Materials erreicht werden konnte. Die Cromptonsche Maschine wurde das ,,Hall-in-the-Wood-Rad", öfters aber ,,The Mule" (Maultier) genannt, da sie eine Verbindung zwischen Pauls und Hargreaves Erfindung darstellte. Mit Hilfe seiner Frau spann Crompton in den folgenden Jahren noch immer unter Ausschluß aller Öffentlichkeit das um diese Zeit stark gesuchte, aber nur hier zu erlangende feine Garn. Bald konnten sie die einlaufenden Aufträge nicht mehr bewältigen; Geld genug, um die Erfindung patentieren zu lassen, besaßen sie nicht, sie wurden daher von allen Seiten bestürmt, das Geheimnis ihrer beispiellosen Garne preiszugeben. Am 20. Nov. 1780 gab Crompton sehr weitreichenden, aber nicht ernstgemeinten Versprechungen zahlreicher benachbarter Fabrikanten nach und offenbarte sein Geheimnis für eine zu seinen Gunsten eröffnete Subskriptionsliste. Er entdeckte bald, daß er um seine Erfindung betrogen worden war — im ganzen erhielt er für sie die Summe von 106 Pfund Sterling. 1785 baute Crompton eine Karde, mit der er aber, angesichts der schlechten Erfahrungen, die er mit seiner Mule-Spinnmaschine gemacht hatte, nie an die Öffentlichkeit getreten ist. Im Jahre 1791 zog er nach Bolton um und obwohl seine Erfindung bereits überall Eingang gefunden hatte, spann er mit Hilfe seiner Söhne immer noch das feinste und beste Garn. Fremde Hilfe durfte er nicht annehmen, da diese nach genügender Ausbildung von den reicheren Wettbewerbern ihm stets fortgeschnappt wurden. Selbst einer seiner eigenen Söhne ging auf diese Weise zu der Konkurrenz über. 1800 setzten seine Freunde wieder eine Subskriptionsliste in Umlauf, in der sie auf seine großen Verdienste für die Textilindustrie hinwiesen, die Crompton 500 £ einbrachte und es ihm ermöglichte, seinen eigenen Betrieb auf zwei Spinnmaschinen mit zusammen 500 Spindeln zu vergrößern. Nach einer Reise Cromptons in den Industriebezirk im Jahre 1811, wo er feststellen konnte, daß 4000000 Spindeln an Mule-Spinnmaschinen verwandt wurden, richtete er auf Anraten von Freunden in Manchester eine Eingabe an die englische Regierung, ihm eine finanzielle Belohnung seiner Erfindung zu gewähren. Anstatt der erhofften 50000 £ erhielt er nur 5000 £. Mit diesem Gelde richtete er sich eine Bleicherei ein; später wurde er Teilhaber einer Unternehmung von Baumwollhändlern und Spinnern; beide Unternehmungen hielten sich aber auf die Dauer nicht. Im Jahre 1824 setzten seine Freunde nochmals, aber ohne sein Wissen eine Subskription zu seinen Gunsten in Umlauf, die ihm eine jährliche Rente von 64 £ sicherte.

Samuel Crompton wird als ein stiller und bescheidener Mann geschildert, dem es auf Äußerlichkeiten, auf Essen und Trinken nicht ankam. Er war ein ausgezeichneter Musikant, der für die Sekte der Swedenborgianer, der er nach Austritt aus der Kirche angehörte, Lieder komponierte. *B. Woodcroft: Brief Biogr. S. 12; Beitr. 12 (1922) S. 70.* Wi.

CRONSTEDT, Axel Fredrik, geb. 23. Dez. 1722 in Stropsta (Södermanland, Schweden), gest. 19. Aug. 1765 in Stockholm. Cronstedt war der Sohn eines Generals und ursprünglich zur militärischen Laufbahn bestimmt, zeigte aber bald eine größere Neigung für die Naturwissenschaften. Nach mannigfachen Besuchen in den schwedischen Bergwerksbezirken bezog er 1742 die Bergakademie und wurde 1758 Kgl. Schwed. Bergmeister in Westerbergslagen. Außer der Entdeckung des Nickels in dem Mineral Kupfernickel und der Kennzeichnung jener Mineralgattung, die er Zeolithe nannte, ist für jene Zeit besonders bemerkenswert sein ,,System der Mineralogie", das auch ins Deutsche übersetzt wurde. Gleichfalls verdanken wir Cronstedt die Einführung des Lötrohres in die Mineralogie. *G. A. Werner: Vorrede zur*

Übersetzung von Cronstedts Mineralogie (Leipzig 1780); Ersch u. Gruber: Allg. Encyclopädie der Wiss. u. Künste 20 (1828) S. 195; Nordisk Familjebok 5 S. 894; Hwb. Natw. 2 (1912) S. 738. Ca.

CUGNOT, Nicolas Joseph, geb. 1725 in Void (Meuse), gest. 1804 in Paris. Nachdem Cugnot einige Zeit in Deutschland als Militäringenieur tätig gewesen war, kehrte er gegen 1763 nach Frankreich zurück. Hier konstruierte er ein neues Gewehr, das sofort für die Ulanen Verwendung fand. 1765 baute er, unterstützt vom Kurfürsten von Sachsen, das erste Automobil, ein kleines Fahrzeug, das durch Dampfkraft angetrieben wurde und wahrscheinlich zum Transport von Geschützen dienen sollte. 1770 führte Cugnot einen größeren und kräftigeren Wagen aus. Auf drei Rädern ruht ein mächtiger Rahmen aus schweren Eichenbalken. Vorn hängt frei in einem schmiedeeisernen Gerüst der teekesselartige Dampfkessel, neben ihm stehen die beiden bronzenen, unten offenen, einfach wirkenden Zylinder. Durch Drehen der Vorderachse läßt sich der Wagen vom Führersitz aus lenken. Der Wagen sollte eine Last von etwa 4500 kg mit einer Geschwindigkeit von rd. 4 km/Std. befördern. Die erste Ausfahrt brachte bereits einen Unfall. Zu schwer lenkbar, rannte der Wagen gegen eine Mauer, deren Standfestigkeit er überwand, ohne selbst viel Schaden zu nehmen. Heute steht der Dampfwagen als eines der interessantesten Stücke im berühmten Museum des „Conservatoire des arts et métiers" in Paris. Cugnot gab, entmutigt durch die Mißerfolge, die Weiterarbeit an seinen Erfindungen auf, zumal ihm auch der Minister Choiseuil weitere Unterstützungen nicht mehr gewähren wollte. Ein später von Louis XV. gewährtes Ehrengehalt verfiel mit der Revolution und der Erfinder lebte in Brüssel in den ärmlichsten Umständen, bis Napoleon I. 1800 wieder auf ihn aufmerksam gemacht wurde und ihm aus der Not half. — Cugnot hat verschiedene Bücher geschrieben, die sich mit dem Festungsbau befassen. Entw. Dm. 1 S. 88, 761; Hist. méc. S. 300; Enz. Eisb. 3 S. 213. Hä.

CULMANN, Carl, geb. 10. Juli 1821 in Bergzabern (Pfalz), gest. 9. Dez. 1881 in Zürich. Anfangs von seinem Vater, der Pfarrer in Bergzabern war, auf das sorgfältigste erzogen, trat Culmann siebzehnjährig in die Ingenieurschule des Polytechnikums in Karlsruhe und nach Vollendung seiner Studien in den Bayerischen Staatsdienst, in dem er bis 1847 als Praktikant der Eisenbahnsektion Hof verblieb. Für seine weitere Fortbildung war eine Reise nach England, Irland und Nordamerika, die er von 1849 bis 1852 unternahm, von Wichtigkeit. Nach weiterer Staatsdienstzeit trat Culmann als Lehrer in die Polytechnische Schule in Zürich ein, wo er eine ungemein rege und fruchtbare Lehrtätigkeit entfaltete. Seiner Forschertätigkeit entsprangen zahlreiche Werke, deren bedeutendstes „die graphische Statik" ist, in der er alles, was bis 1875 auf dem Gebiete der Lösung statischer Aufgaben nach graphischem Verfahren bestand, zusammenfaßte und in wissenschaftlich strenger Weise begründete. Weiterhin war bedeutsam der schon 1864 erschienene Bericht über die Untersuchung der schweizerischen Wildbäche. Bemerkenswert ist ferner sein Nachweis, daß die in den menschlichen Oberschenkelknochen nach Herauslösen der Leimsubstanz sichtbar werdenden Kurven mit den durch graphostatische Untersuchung bestimmbaren idealen Hauptspannungen bei geringstem Materialverbrauch übereinstimmen. 1880 wurde Culmann zum Dr. h. c. der philosophischen Fakultät der Universität Zürich promoviert. Gesch. Mech. ADB 42 (1881) S. 571. Gs.

CURTIUS, Richard, geb. 24. Sept. 1857 zu Duisburg, gest. 21. Mai 1912 in Duisburg. Als Sohn des Fabrikbesitzers Friedrich Curtius geboren, besuchte er die Realschule seiner Vaterstadt und studierte technische Chemie in Dresden und Aachen. In Glasgow bildete er sich zwei Jahre lang als Kaufmann aus und trat dann in die väterliche Firma ein. Diese war die im Jahre 1824 gegründete chemische Fabrik Friedrich Curtius, die seit 1827 als eine der ersten deutschen Fabriken Schwefelsäure herstellte, später auch Salpetersäure und Eisenvitriol, und die bei seinem Tode einging. Gleichzeitig war er Teilhaber und technischer Leiter der Firma Matthes & Weber, jetzt A.-G., die 1837 als erste deutsche Sodafabrik errichtet wurde. Als technischer Berater der Besigheimer Ölwerke war er erfolgreich tätig und gründete 1911 zur Verwertung verschiedener Patente die Firma Richard Curtius G. m. b. H. in Duisburg. Von 1893 bis 1897 erwarb er sich als Vorsitzender des Vereins Deutscher Chemiker große Verdienste um den Verein und die „Deutsche Gesellschaft für angewandte Chemie". Er veranlaßte, daß der Verein seine Tätigkeit nicht nur der angewandten Chemie, sondern auch deren Vertretern zuwandte; und steckte so dem Verein neue Ziele. Er war auch in der vaterländischen und vaterstädtischen Politik erfolgreich tätig. Er war ein hochbegabter, ernst strebender Mann von weltmännischen Formen und vornehmem Charakter. Z. f. angew. Chemie (1912) S. 1240; Persönl. Mitt. an Verf. Sa.

D

DAELEN, Reiner, geb. 10. Okt. 1813 in Eupen, gest. 6. Dez. 1887 in Düsseldorf. Sein Vater war Besitzer einer Maschinenbauanstalt für die Textilindustrie in Eupen. Nach seiner ersten technischen Ausbildung in Belgien trat Daelen 1831 in die Maschinenfabrik von Neuman & Esser in Aachen als Werkführer ein, worauf er einige Jahre als Leiter der Maschinenfabriken von M. Startz, Aachen, und Jos. Reuleaux & Co., Eschweiler, tätig war, bis er 1840 ins Eisenhüttenfach überging. Bei der Firma Eberhard Hoesch & Söhne in Aachen erfolgte unter seiner Leitung der Neubau des ersten Puddelofens nach belgischem Muster. Dann war Daelen als Ingenieur bei Piedboeuf & Co., Aachen, mit der Bearbeitung der Pläne zum Bau des Puddel- und Walzwerks in Rothe Erde (später Aachener Hütten-Aktien-Verein) betraut und arbeitete ein Jahr darauf bei dem Puddel- und Walzwerk von Piepenstock & Co. in Hörde, anfangs als Ingenieur, bald aber als Oberingenieur der gesamten Werke der Hermannshütte, eine Stellung, die er bis 1869 mit großem Erfolg bekleidete. Nach seinem Austritt gründete Daelen das Neußer Eisenwerk; dann setzte er sich im Jahre 1878 zur Ruhe. Seinem Erfindungsgeist verdankt die deutsche Eisenhüttenindustrie neben zahlreichen Verbesserungen in der Walzwerktechnik das Universalwalzwerk. Als Mitbegründer und eifriges Mitglied tat sich Daelen im Verein deutscher Eisenhüttenleute rühmlichst hervor, so daß er zu dessen Ehrenpräsidenten ernannt wurde. *Z 49 (1905) S. 1407; St. u. E. 25 (1905) S. 921.* Schu.

DAELEN, R. M., geb. 12. Aug. 1843 in Lendersdorf bei Düren, gest. 2. Aug. 1905 in Baden-Baden. Seine Schulbildung genoß er in Hörde, auf dem Gymnasium in Dortmund sowie auf der Gewerbeschule zu Hagen und wandte sich als Sohn eines Ingenieurs dem Berufe seines Vaters zu. In Hörde machte Daelen seine praktischen Lehrjahre durch. Von 1868 an war er als Hütteningenieur bei Schneider in Creusot tätig, mußte diese Stellung aber beim Ausbruch des deutsch-französischen Krieges aufgeben und trat dann nach kurzer Beschäftigung in Bochum in die Eisengießerei und Maschinenbauanstalt von Daelen & Burg in Heerdt bei Düsseldorf ein. Im Jahre 1877 stellte er diese Tätigkeit jedoch ein, um sich als Zivilingenieur in Düsseldorf freier entfalten zu können. Nach allen Richtungen des Eisenhüttenwesens erstreckte sich seine Betätigung; sein Hauptarbeitsfeld lag auf dem Gebiete des Walzwerkbaues. Die dampfhydraulische Presse ist seine Erfindung. In den letzten Jahren befaßte er sich vornehmlich mit Verfahren zum Verdichten von Stahlgüssen sowie mit der Verwendung flüssigen Roheisens im Herdofen. *St. u. E. 25 (1905) S. 921; Z 49 (1905) S. 1407.* Schu.

DAGUERRE, Louis Jacques Mandé, geb. 18. Nov. 1789 zu Cormeilles, gest. 12. Juli 1851 zu Petit-Brie bei Paris; bahnbrechender Erfinder auf dem Gebiet der Phototechnik und Begründer der modernen Photographie. Daguerre war von Beruf Maler und stattete eine Anzahl Opern in Paris mit Dekorationen aus. Nebenbei beschäftigte er sich mit verschiedenen Erfindungen und arbeitete hauptsächlich an dem Problem, das optische Bild der Camera obscura festzuhalten. Im Jahre 1829 schloß er mit N. Niepce einen Vertrag zur gemeinsamen Arbeit. Es ist nicht bekannt, wie weit Daguerre bereits vor seiner Verbindung mit Niepce es in der Lichtbildnerei gebracht hatte, aber so viel ist sicher, daß er es verstand, die von Niepce gegebenen Grundlagen in ungeahnter Weise auszubauen. — Daguerre hatte das Glück festzustellen, daß ein kurz dauernder, noch unsichtbarer Lichteindruck auf Jodsilber durch Räucherung der Platte in Dämpfen von Quecksilber sichtbar gemacht werden kann, da sich die Dämpfe merkwürdigerweise nur an den belichteten Stellen niederschlagen. Durch diesen Entwicklungsprozeß wurde die am stärksten vom Licht getroffene Stelle am hellsten und die in der Kamera belichtete Jodsilberplatte gab dadurch nach kurzer Belichtungszeit ein positives Bild. In der Entdeckung dieses Vorganges liegt die Grundlage zu der Entwicklung, die die Photographie heute genommen hat. Daguerre ist, streng genommen, nicht der Erfinder der Photographie, er ist aber zweifellos der Erfinder des Entwicklungsprozesses, durch welchen es allein möglich wurde, die stundenlange Belichtungszeit, die früher aufgewendet werden mußte, auf Minuten, ja später durch Einführung lichtstarker Objektive auf Sekunden zu vermindern. Anfangs bemühte sich Daguerre vergebens, seine Erfindung zu verkaufen; erst als sich der berühmte Physiker Arago für ihn verwandte, gelang es ihm, die französische Regierung für seine Sache zu interessieren. Für die Bekanntgabe des Verfahrens erhielt Daguerre eine lebenslängliche Pension von 6000 Franken, Niepce eine solche von 4000 Franken ausgezahlt. Die in der Geschichte der Photographie denkwürdigen Sitzungen in der Kammer der Deputierten fanden am 3. und 30. Juli 1839 statt. *Photograph. Mitt. 26 (1889/90) S. 122; Pralinger: Die Photographie (Leipzig 1914) S. 10; Das Buch der Erfindungen 10 (1901) S. 343.* Dr.

DAIMLER, Gottlieb, geb. 17. März 1834 zu Schorndorf (Württemberg) gest. 6. März 1900 zu Cannstatt. Durch hervorragende Tatkraft bei der Verfolgung des Gedankens der schnellaufenden Fahrzeug-Verbrennungsmaschinen gelang es ihm, dem Benzinmotor die praktisch brauchbare Gestaltung zu geben. 1853 bis 1856 arbeitete Daimler praktisch in der Werkzeugmaschinenfabrik Grafenstaden i. E., besuchte 1857 bis 1859 die polytechnische Schule in Stuttgart und bildete sich 1861 bis 1863 sehr ausgiebig praktisch in England aus. Nach seiner Rückkehr nach Deutschland war er in Geislingen, Reutlingen sowie bei der Karlsruher Maschinenbau-Gesellschaft tätig. Seine Hauptarbeit dürfte er 1872 bis 1882 als technischer Leiter der Firma Langen und Otto, Köln, der späteren Gasmotorenfabrik Deutz, geleistet haben. Hier war er technischer Leiter des Unternehmens, hier auch wohl die ersten Gedanken für die Vervollkommnung des damaligen Gasmotors gefaßt. 1882 trat Daimler aus der Gasmotorenfabrik Deutz aus und richtete sich zusammen mit Wilhelm Maybach eine Versuchswerkstätte für Automobile in Cannstatt ein. Schon am 23. September 1882 meldete er eine Verbesserung an Reibkupplungen zum Patent an. Seine Hauptversuche richteten sich aber auf die Entwicklung einer Maschine, die imstande sein sollte, durch Verbrennung von Benzindämpfen zu arbeiten. Diese Versuche fanden zuerst an einer liegenden Einzylinder-Maschine statt, die ein großes schmiedeisernes Schwungrad hatte. Nach vielen zeitraubenden Versuchen gelang es Daimler, die sogenannte Glührohrzündung zu erfinden und den Betrieb der Maschine mit 900 Umdrehungen in der Minute zu ermöglichen. Das von Daimler am 16. Dez. 1883 angemeldete Grundpatent bezieht sich auf diesen Motor. Sein Kennzeichen ist, daß die Ladung durch das Zusammenwirken der Kompression mit bestimmt gelagerten, von außen beheizten Glühkörpern im Totpunkt erfolgt, wodurch mit Ausschluß zwangläufiger Zwischenmittel eine außerordentlich einfache und sichere selbsttätige Zündung bei hoher Drehzahl erreicht wurde. Die neue Maschine hatte geringen Raumbedarf und geringes Gewicht bei verhältnismäßig hoher Leistung. Sie ist das Urbild der schnellaufenden Verbrennungsmaschine, der wir die ganze Entwicklung des Kraft- und Luftfahrzeugwesens in der neueren Zeit zu verdanken haben. In den Jahren 1884 bis 1889 wurden von Daimler verschiedene Fahrzeuge mit solchen Motoren ausgerüstet. Der erste 1886 erbaute vierräderige Kraftwagen mit 1½ PS-Motor und Reibkupplung hatte ein zweistufiges Zahnrädergetriebe mit verschiebbaren Zahnrädern, aber kein Ausgleichgetriebe. Er lief mit 18 km/h Höchstgeschwindigkeit. Der Motor hatte Luftkühlung. 1889 verkaufte Daimler die Lizenz seiner Fahrzeuge an die Gründer der Firma Ranhard & Levassor, Paris, wo die heutige Grundform des Kraftwagens weiter entwickelt wurde. Ein Jahr später wurde in Cannstatt die Daimler-Motoren-Gesellschaft gegründet, die sich aus einem verhältnismäßig kleinen Anwesen zu einem Riesenunternehmen entwickelt hat. 1891 trat Daimler aus der Daimler-Motoren-Gesellschaft aus, um allein an dem Problem des Automobils weiter zu arbeiten. 1895 nahm er aber als Mitglied des Aufsichtsrates wieder die Verbindung mit der Daimler-Motoren-Gesellschaft auf. Zwei Jahre nach seinem Tode ehrte der Württembergsche Bezirksverein des Vereines deutscher Ingenieure sein Andenken durch Errichtung eines Denkmals in Cannstatt in dem Garten, wo er 1885 sein erstes Automobil fuhr. *Z 46 (1902) S. 1749; St. u. E. 20 (1900) S. 404.* He.

DALE, David, geb. 6. Jan. 1739 in Stewarton in Ayrshire, gest. 17. März 1806 in Glasgow. In frühesten Jahren war er Hirtenjunge; später kam er zu einem Weber in die Lehre. Von der Beendigung seiner Lehrzeit an bis zum 24. Jahre war er als Händler mit Leinengarn, das von den Landfrauen gesponnen wurde, tätig. Dann trat er in Glasgow in das Geschäft eines Seidenhändlers ein und kurz darauf machte er sich mit einem stillen Teilhaber als Importeur feiner Garne aus Holland und Frankreich selbständig. Sein Unternehmen ging gut, er zahlte seinen Teilhaber aus und kaufte im Jahre 1778 kurz nach ihrer Fertigstellung die erste Baumwollfabrik in Rothesay in Schottland. Nach Verständigung mit Arkwright beschloß Dale, mechanische Spinnereien in großem Maßstabe in Schottland einzuführen; er wählte als Hauptsitz einen Flecken bei Lanark an den Clyde-Fällen, den er New Lanark nannte und der das schottische Manchester werden sollte. Während der Patentkämpfe, die Arkwright führte und verlor, machte sich Dale unabhängig von ihm, und im Jahre 1795 hatte er bereits 4 Spinnereien in Betrieb, die zusammen 1334 Personen beschäftigten. Um die vielen Menschen unterzubringen, baute er das Städtchen New Lanark. Trotzdem hatte er Schwierigkeiten, genügend Kräfte zu erhalten. Er wandte sich daher an die Armenhäuser von Edinburgh und Glasgow und zog arme Kinder in seine Stadt, für die er aber durch sehr gute Erziehung und gute Lebenshaltung in vorbildlicher Weise sorgte. Im Jahre 1791 strandete ein Auswandererdampfer in unmittelbarer Nähe von Lanark. Dale überredete 200 Personen, bei ihm zu bleiben und für ihn zu arbeiten. Außer diesen Betrieben war er noch Teilhaber anderer großer Werke. In Verbindung mit Macintosh (dem Vater des Erfinders der nach ihm benannten Gummimäntel) und einem französischen Sachverständigen errichtete er 1785 die erste Farbfabrik für Türkischrot in Schottland. Die hier hergestellte Farbe wurde nach ihm Dalerot genannt. In ähnlicher Weise war er auch an der Herstellung von Baumwollware in Glasgow beteiligt. 1783 erhielt er den einflußreichen Posten eines Agenten der Royal Bank of Scotland.

Im Jahre 1799 verkaufte er seine Werke in New Lanark an eine Gesellschaft in Manchester, die den bekannten Richard Owen als Leiter einsetzte, der die Spinnereien zu den damals sehenswertesten Industriestätten der Welt gestaltete. David Dale zog sich um diese Zeit immer mehr aus dem Geschäftsleben zurück und widmete sich fast ausschließlich religiösen Fragen. Aus der schottischen Landeskirche war er schon vor vielen Jahren ausgetreten und hatte eine eigene Sekte gegründet, die er die „Old Independents" nannte. Auch außerhalb dieses Kreises hat er viel für die Armen, vor allem in Glasgow, getan. Besonders in den Hungerjahren 1799/1800 hat er durch Einfuhr ausländischen Getreides, das er ohne Gewinn abgab, schlimmstes Elend verhütet.

Dale wird als untersetzter und behäbiger Herr geschildert, der immer lebhaft und heiter gestimmt war. Er hatte eine Vorliebe für Musik und soll alte schottische Lieder sehr wirkungsvoll gesungen haben. *Nat. Biogr. 13 (1888) S. 384.* Wi.

DALLERY, Thomas Charles Auguste, geb. 4. Sept. 1754 in Amiens, gest. 1. Juni 1835 in Jouy en Josas (Seine et Oise). Schon sein Vater und sein Großvater bekundeten großes Geschick in der Anfertigung mechanischer Arbeiten. Charles Dallery, um 1710 in Amiens geboren, hatte sich vom einfachen Böttger (tonnelier) zum berühmten Orgelbauer entwickelt. Dessen Neffe Pierre Dallery wurde ebenfalls Orgelbauer und hat berühmte Orgeln für mehrere Pariser Kirchen angefertigt. Auch der Vater Charles Dallerys hatte den gleichen Beruf. Von Kind auf zeigte Charles großen Hang zu mechanischen Arbeiten. Als Zwölfjähriger stellte er kleine Taschenuhren her. Er wurde natürlich, wie alle Mitglieder der Familie, Orgelbauer und erfand verschiedene Verbesserungen an Musikinstrumenten. In Paris sah er eine Dampfspritze, die die Gebrüder Périer gebaut hatten. Seitdem beschäftigte er sich mit Plänen für die Anwendung der Dampfkraft. Zuerst entwarf er eine Dampfmühle, die aber niemals ausgeführt wurde, da die Regierung die schon in Aussicht gestellte Unterstützung verweigerte. Der französisch-englische Krieg brachte ihn auf die Idee des Dampfschiffes. 1803 entwarf er ein Dampfschiff und baute es an der Seine. Im gleichen Jahre nahm er ein Patent auf ein Universalfahrzeug, das sich auf dem Lande und im Wasser bewegen könne. Sein Dampfschiff wies verschiedene sehr beachtenswerte Neuerungen auf, wenn auch teilweise noch in wenig entwickeltem Anfangsstadium. Der Antrieb erfolgte durch eine Schiffsschraube, die Dallery „Schnecke" (escargot) nannte. Der Kessel war ein Wasserrohrkessel mit einer großen Anzahl senkrechter mit Wasser gefüllter Röhren. Zur Erzielung eines kräftigen Zuges in der Feuerung verwandte er einen Ventilator. Weiter ordnete er den Mast röhrenförmig und drehbar an, um bei Änderung des Kurses oder der Windrichtung die Manöver zu erleichtern. Erfolg hatte Dallery allerdings mit seinem Schiff nicht, so daß er es später selbst zerstörte. Überhaupt war er vom Unglück verfolgt, da er niemals den Erfolg seiner Erfindungen ernten konnte. Seine Patente vernichtete er, konnte aber nicht hindern, daß andere später aus seinen Erfindungen Nutzen zogen. Unbekannt und vergessen starb er. Seine Ehre als Erfinder wurde durch eine Entschließung der Akademie vom Jahre 1844 wieder hergestellt. *Nouv. Biogr. 12 (1855) S. 816; Gand: Biographie de C. D. (Amiens 1856).* Hä.

DALTON, John, geb. 6. Sept. 1766 in Eaglesfield bei Cockermouth in Cumberland, gest. 27. Juli 1844 in Manchester. John Dalton war der Sohn eines armen Wollwebers und hat sich durch Fleiß und Energie ohne irgendwelche Hilfsmittel in mathematischen, physikalischen und chemischen Fächern so ausgebildet, daß er auf dem Gebiete der Naturwissenschaften eine führende Stellung einnahm. Sein persönliches Leben verlief ruhig und stand die größte Zeit im Zeichen des Kampfes um das tägliche Brot. Mehr als zehn Jahre war er Schulmeister in einem kleinen Ort. Man vermittelte ihm dann im Jahre 1793 einen Lehrauftrag für Mathematik und Naturwissenschaften an dem New College in Manchester. Als die Lehranstalt nach York verlegt wurde, mußte er wieder zur Schulmeisterei zurück, bis Freunde ihm schließlich eine staatliche Pension erwirkten, wodurch er sich von da ab ausschließlich seinen Forschungen widmen konnte.

Seine größte Tat war die Aufstellung und erste Ausbildung der chemischen Atomtheorie, die etwa in das Jahr 1802 fällt. Schon vorher hatte er auf physikalischem Gebiet wertvolle Untersuchungen begonnen über Gase, besonders über ihr Verhalten bei Temperaturänderungen und bei ihrer Absorption durch Wasser und andere Flüssigkeiten, wobei er das nach ihm und Henry genannte Gesetz fand, nach dem die absorbierte Menge Gas dem darauf lastenden Druck proportional ist. Zu gleicher Zeit hatte er an sich Farbenblindheit entdeckt und Versuche über diese Erscheinung, die nach ihm Daltonismus genannt wurde, angestellt. Daltons Versuch, aus den Verbindungsverhältnissen zweier Elemente deren relative Atomgewichte zu bestimmen, fiel sehr ungenau aus. Ebensowenig hatte er Erfolg mit seiner atomistischen Zeichen- und Formelsprache. Die von ihm angefangenen Arbeiten haben aber anregend auf die Forschungen anderer Chemiker gewirkt. Vor allem Berzelius hat später auf diesem Gebiet, die Daltonschen Versuche fortsetzend, viel erreicht.

Im Jahre 1808 trat Dalton mit dem ersten Band seines Werkes ,,New System of chemical philosophy" über die Atomtheorie an die Öffentlichkeit, das im Jahre 1812 von Fr. Wolf in deutscher Sprache herausgegeben wurde. Die Frage, ob Dalton zuerst durch Versuche zu seiner Atomtheorie geführt worden sei oder auf spekulativem Wege ohne experimentelle Hilfsmittel, ist vielfach erörtert worden. Am gründlichsten ist sie in mehreren Abhandlungen besprochen worden, die von Meldrum in Manchester 1910/11 veröffentlicht wurden. Im ganzen hat Dalton vor der Manchester Society mehr als 116 Vorträge, die zum Teil von grundlegender Bedeutung waren, gehalten.

John Dalton starb als Privatgelehrter in Manchester am 27. Juli 1844 im Alter von 78 Jahren. Trotzdem er auf den ersten Blick in seinem Äußeren und in seinem Auftreten etwas Schroffes und fast Abstoßendes hatte, war er seinen Freunden stets ein lieber und gern gesehener Gast. *Handb. Natw. 2 S. 820; Nat. Biogr. 13 (1888) S. 428.* Wi.

DANFORTH, Charles, geb. um 1797 in Massachusetts, gest. 22. Aug. 1876 in Patterson. Danforth verlebte seine Kindheit und erste Jugend in New England. 1829 erhielt er auf eine Verbesserung der Drosselspinnmaschine ein Patent. Die Flügelgabel (Flyer), welche bis dahin immer als ein wesentliches Glied in dem System der Drosselspinnmaschine angesehen worden war, fehlte bei der Danforth-Einrichtung gänzlich. Der Hauptvorteil bestand in einer schnelleren Drehung der Spindeln und damit größerer Leistungsfähigkeit. Die Maschine bezweckte insonderheit ein weniger zwirnartiges, weicheres Garn zu erzeugen als das gewöhnliche Watergarn. Danforth beschreibt seine Verbesserung als in der Anwendung einer Glocke bestehend, die auf die Spindel als Ersatz des Flügels sitzt und den Zweck hat, den gesponnenen Faden auf die Spule zu leiten. Die notwendige Differenzbewegung zwischen Spindel und Spule für die Aufwicklung wird durch die Reibung des Garnes an dem Rand der Glocke bewirkt. Der Faden der Danforth-Drosselbank soll sich so rasch um die konische Glocke drehen, daß er das Aussehen einer zusammenhängenden konischen wolligen Oberfläche hat. 1830 siedelte Danforth nach Patterson über und veranlaßte dort die Firma Godwin Rogern & Co., seine Spinnmaschinen in den Handel zu bringen. Die Einführung hatte großen Erfolg, Danforth übernahm die Firma, die bald in eine Aktiengesellschaft umgewandelt wurde und den Namen ,,Danforth Maschinen- und Lokomotiv-Fabrik" trug. Danforth sammelte ein großes Vermögen und war bei seinem Tode wohl der bedeutendste Unternehmer der Spinnmaschinenfabrikation in den Vereinigten Staaten. *Am. Biogr. 2 (1888) S. 72; Beitr. 12 (1922) S. 93.* Ca.

DANNER, Hans, gest. 1573 in Nürnberg.

DANNER, Leonhard, geb. 1497, gest. 1585 in Nürnberg. Die Gebrüder Danner gehörten der Nürnberger Schlosserzunft an und galten als geniale Erfinder und Verfertiger von Hebegeschirren. Hans Danner erfand für das Nürnberger Zeughaus eine Maschine, die mit Hilfe von Schrauben ohne Ende schwere Geschütze in die Höhe winden und leicht auf ihre Lafetten bringen konnte. Sein Bruder Leonhard, ,,Schreiner und Schraubenmacher", konstruierte mehrere neue Winden und um 1550 eine Maschine, die er ,,Brechschraube" benannte, mit der er Türen brechen und Mauern zersprengen konnte, wenn er sie zwischen zwei unverrückbaren Gegenständen anzubringen vermochte. Für die Buchdruckerpresse erfand er eine Einrichtung, durch die der Drucker bei geringem Kraftaufwand eine größere Spannung erzeugen konnte. Auch als Kunstschmied ist Leonhard Danner bekannt geworden; berühmt ist seine schmiedeeiserne Tür am Rathaus zu Magdeburg. *Gesch. Eis. 2 S. 473; Lochner: Johann Neudorfers Nachrichten von Nürnberger Künstlern und Werkleuten von 1547 (Wien 1875).* Ca.

DARBY, Abraham I, geb. 1677 in Wrens'Nest bei Dudley (Worcestershire), gest. 8. März 1717 in Madeley Court (Shropshire). Abraham Darby ist der Stammvater eines Geschlechtes hochbedeutender englischer Eisenhüttenleute. Sein Vater, der ein Pachtgut bewirtschaftete, gab ihn zu einem Malzdarrenmacher in die Lehre. Abraham Darby war Quäker und errichtete, erst 21 Jahre alt, mit drei Glaubensgenossen in Bristol ein Werk für Mühlenbau, die Baptist mills. Einige Jahre später, wahrscheinlich 1704, reiste er nach Holland und warb dort niederländische Metallgießer an, mit deren Hilfe er eine Metallgießerei zu Baptist mills errichtete. Hier führte er zuerst die Sandformerei für die Herstellung gußeiserner Waren ein. Zunächst mißglückten die Versuche, doch vervollkommnete er später sein Verfahren der Einformung mittels trockenen Sandes, so daß er 1708 ein Patent hierauf nehmen konnte. Darby war fest entschlossen, sein Verfahren im großen auszuführen. Da jedoch seine Teilhaber ihm die Mittel zur Vergrößerung des Werkes verweigerten, löste er das Geschäftsverhältnis und siedelte 1709 nach Coalbrookdale in Shropshire über, um mit eigenen Mitteln seine Erfindung auszubeuten. Coalbrookdale, seit Darby über 100 Jahre lang die wichtigste Eisenhütte Englands, war ein altes Eisenwerk, welches schon zu Zeiten der Tudors bestand und damals noch mitten in einem holzreichen Waldrevier angelegt worden war. Später kam das Werk, das in den Revolutionskriegen schwer gelitten hatte, in den Besitz eines M. Fox, der dort Kanonenkugeln und Handgranaten goß. Durch eine Explosion ging der Hochofen zugrunde, und Fox ging mit Peter dem Großen nach Rußland. Dieses verlassene Werk pachtete Darby. Die Hütte lag sehr günstig. Holz war noch im Überfluß vorhanden, Erz und Kalkstein fanden sich in der Nähe und Wasserkraft war ebenfalls vorhanden. Bei dem rasch wachsenden Betriebe begann nach einigen Jahren Holzmangel einzutreten, der Darby veranlaßte, mit den ebenfalls in nächster Nähe vorkommenden Steinkohlen Versuche zu machen. 1713 begann er mit Erfolg, Steinkohle im Hochofen zunächst als Zusatz zur Holzkohle zu verwenden. Später setzte er nur noch Holzkohleabfälle und Torf zu. 1713 wurden wöchentlich 5 bis 10 t Gußwaren, Töpfe, Kessel und sonstige Gießereierzeugnisse hergestellt, die direkt aus dem Hochofen gegossen wurden. Das Werk war in schönster Blüte, als Abraham Darby, erst 40 Jahre alt, starb. *Gesch. Eis. 3.* Hä.

DARBY, Abraham II, geb. 12. März 1711, gest. 31. März 1763 in Coalbrookdale. Beim Tode seines Vaters Abraham Darby I war er erst 6 Jahre alt. Ein Schwager des Vaters führte das Geschäft weiter, doch beging er verschiedene Unredlichkeiten gegen die Witwe und die Kinder, so daß ein Teil der Geschäftsanteile verkauft werden mußte. Um

1730 übernahm der erst 19jährige Abraham das väterliche Werk. Seiner Energie gelang es, dasselbe rasch wieder zu heben. Auch nahm er die Versuche mit Steinkohle wieder auf. Da er bei Verwendung roher Steinkohle keine Erfolge erzielen konnte, ging er dazu über, die Kohle zu verkoken, und machte dies in Haufen oder Meilern, ganz ähnlich wie beim Holz. 1735 soll es ihm zuerst gelungen sein, Eisenerze allein mit Koks, ohne Zusatz von Holzkohle, im Hochofen zu schmelzen. Es scheint jedoch, daß er häufiger noch eine Mischung von Koks mit Holzkohle verwandte. Das Verfahren konnte sich nur sehr langsam in England Eingang verschaffen. Noch 1747 war Coalbrookdale das einzige Werk, wo die Eisenerze mit Hilfe von Steinkohle bzw. Koks verhüttet wurden. Erst sein Schwiegersohn Richard Ford scheint die dauernde Benutzung von Koks durchgeführt zu haben. *Gesch. Eis. 3.* Hä.

DARBY, Abraham III, geb. 24. April 1750 in Coalbrookdale, gest. 20. März 1791. Beim Tode seines Vaters Abraham Darby II übernahm er die Leitung der Werke von Coalbrookdale im Alter von erst 18 Jahren. In seinem Besitze nahm das Werk einen weiteren großen Aufschwung und war der Ausgangspunkt vieler Erfindungen und Verbesserungen; das Musterwerk und die hohe Schule für viele Eisentechniker des 18. Jahrhunderts. 1784 waren dort 16 Dampfmaschinen, 8 Hochöfen, 9 große Hämmer, zahlreiche Flammöfen, Walzen und eine große Gießerei im Betrieb. Außerdem verfügte das Werk über eiserne Schienenbahnen mit einer Gesamtlänge von über 20 englischen Meilen.

Abraham Darby III gebührt das Verdienst, die erste eiserne Brücke aus Gußeisen erbaut zu haben. Coalbrookdale und die Nachbarorte waren große Fabrikorte geworden, doch bestand keine Verbindung über den Severn außer der alten langsamen Fähre. Schon Abraham Darby II hatte sich mit der Absicht eines Brückenbaues getragen. Zusammen mit anderen Anwohnern gründete Darby eine Gesellschaft zum Zwecke des Brückenbaues, der u. a. auch John Wilkinson angehörte. Unter Abraham Darbys Leitung wurde das Modell ausgearbeitet, nach welchem die ganzen Bogen, die die Brücke trugen, aus Gußeisen konstruiert waren. 1777 bis 1778 wurden die Widerlager gebaut, während gleichzeitig die Eisenteile gegossen wurden. 1778 wurde die Brücke innerhalb drei Monaten aufgestellt und im Jahre darauf dem Verkehr übergeben. Die Brücke bestand aus einem Bogen von 100 Fuß Spannweite, ihre Höhe über dem Fluß betrug 40 Fuß, so daß Schiffe darunter verkehren konnten. Die Brücke wird heute noch in unverändertem Zustande benutzt, nur eine Ausbesserung der Widerlager hatte sich als notwendig erwiesen. Ein Modell der Brücke befindet sich in der Sammlung der Society of Arts, welche Darbys Verdienste als Erbauer der Brücke durch eine goldene Denkmünze ehrte. *Ind. Biogr. S. 80; Gesch. Eis. 3 S. 160, 757, 1080; Eng. 138 (1924) S. 475; Nat. Biogr. 14 (1888).* Hä.

DARBY, John Henry, geb. 1855, gest. 26. Okt. 1919 in Sheffield. Seine Verbindung mit der Eisen- und Stahlindustrie ist bekannt durch seine um das Jahr 1880 erfolgte Verbindung mit Sidney Gilchrist und die Einführung des basischen Verfahrens. Die ersten basischen Herde für Stahlherstellung in großem Maßstabe, die in England errichtet wurden, waren die unter seiner Leitung im Jahre 1884 in Brymbo gebauten. Er war auch der Erfinder des Verfahrens für Rückkohlung des Flußeisens in der Pfanne, das viele Jahre hindurch bei der Herstellung von Schienen u. dgl. angewandt wurde. In gleicher Weise war er auch einer der ersten, die einen basisch ausgekleideten, mit Gas erhitzten Metallmischer verwandten. 1893 erbaute er eine Nebenproduktenanlage in Brymbo, die die erste ihrer Art in Verbindung mit Eisen- und Stahlwerken in England war. Später gründete er die Coke Oven Construction Co. Ltd., die unter seiner Leitung eine große Anzahl dieser Anlagen in Großbritannien errichtete. Zu den Verbesserungen, die er veranlaßte, gehört die automatische Kokspreßmaschine; er führte auch in England das mechanische Pressen und Beschicken von Kohle bei Nebenproduktkoksanlagen ein.

Darby hat auch viel zur Entwicklung der Eisenerzlager in Oxfordshire und Lincolnshire beigetragen und übernahm 1908 Entwurf und Ausführung einer neuen Anlage, welche Nebenproduktkoksöfen, Hochöfen, Stahlwerke und Walzwerke in Normanly Park in der Nähe von Scunthorpe umfaßte.

Viele seiner Arbeiten fanden in den Proceedings of the Iron and Steel Institute ihren Niederschlag; für seine großen Verdienste um die Metallurgie des Eisens und Stahls erhielt er im Jahre 1912 die Goldene Bessemermünze dieses Institutes. *The Journal of the Iron and Steel Institute 50 (1919) S. 453.* Wi.

DAVY, Humphry Sir, geb. 17. Dez. 1778 in Penzance (Cornwall), gest. 30. Mai 1827 in Genf. Mit siebzehn Jahren kam Davy in eine Apotheke, wo er sich vor allem mit Chemie beschäftigte. Einige Jahre später stellte er bereits in den Diensten der Pneumatic Institution in Clifton Versuche über die Respiration der Gase an. Seine nächsten Arbeiten galten der Wärme und setzten die in München von Graf Rumford begonnenen Versuche fort, um zu beweisen, daß Wärme durch mechanische Arbeitsleistung zu gewinnen sei. Im Jahre 1801 wurde Davy Mitglied der Gesellschaft der Royal Institution of Great Britain und später Professor für exakte Wissenschaften in London. Um diese Zeit beschäftigte er sich vorwiegend mit der Entwicklung des Galvanismus. Kurz darauf erschien seine berühmte Schrift „Über einige neue Erscheinungen chemischer Veränderungen, die durch Elektrizität bewirkt werden", wo er den Nachweis bringt, daß es ihm geglückt sei, das Kalium und Natrium aus den bis dahin für einfache Körper gehaltenen Hydroxyden freizumachen. Auch gelang es ihm, Erdalkalimetalle zu isolieren. Auf Grund dieser Arbeiten wurde er von England in den Adelsstand erhoben; von Frankreich erhielt er den galvanischen Preis. Er ist auch der Erfinder der Sicherheitslampe für den Bergbau. Um 1802 entdeckte Davy den elektrischen Lichtbogen; in systematischer Arbeit gelang es ihm, zwischen zwei horizontalen Kohlenelektroden eine Flamme von 10 cm Länge zu erhalten.

Seit 1813 arbeitete Davy mit seinem Schüler Faraday zusammen hauptsächlich auf dem Gebiet der Elektrophysik. Andeutungsweise seien hier seine weitreichenden Arbeiten auf dem Gebiet der Verflüssigung von Gasen, seine Theorien über die Grundsätze elektrolytischer Vorgänge und den Aufbau der Materie, seine Studien über Elektromagnetismus genannt. Auf allen Gebieten, mit denen er sich beschäftigte, konnte er Besonderes leisten, so u. a. auf den Gebieten der Geologie, Meteorologie, Landwirtschaft und Photographie. In gleicher Weise galt sein Name als Dichter und Denker. *Gesch. Technol.; J. Davy: Denkwürdigkeiten aus dem Leben H. Davy's (Leipzig 1840); Nat. Biogr. 14 (1888) S. 187* Wi.

DECHEN, Heinrich v., geb. 25. März 1800 in Berlin, gest. 15. Febr. 1889 in Bonn, ergriff unmittelbar nach seiner Gymnasialzeit die bergmännische Laufbahn und brachte es in erstaunlich kurzer Zeit zu großen Ehren. Nachdem er sich einige Jahre auf Studienreisen aufgehalten hatte, die ihn durch die wichtigsten Bergbaubezirke Deutschlands, Englands und Frankreichs führten, kam er für kurze Zeit nach Bonn als Oberbergamtsassessor, um bereits mit 30 Jahren in Berlin zum Oberbergrat und vortragenden Rat ernannt zu werden. In Berlin war er nach weiteren dienstlichen Forschungsreisen auch einige Jahre als außerordentlicher Professor an der Universität tätig, von der er zum Doktor h. c. ernannt wurde. 1841 ging er als Berghauptmann der rheinischen Provinzen nach Bonn zurück und blieb in Bonn, wo er von 1846 an auch Stadtverordneter war, bis an sein Lebensende. Nur im Winter 1859/60 übernahm er vorübergehend die Leitung der Abteilung für das

Berg-, Hütten- und Salinenwesen im Handelsministerium. 1864 trat v. Dechen aus dem Staatsdienst aus und wurde als Wirkl. Geh. Rat mit dem Prädikat Exzellenz verabschiedet. 1884 wurde er in den preußischen Staatsrat berufen.

Zu v. Dechens Lebzeiten gab es kaum ein größeres industrielles Unternehmen in Rheinland und Westfalen, das ihm nicht zu großem Danke verpflichtet war. Er hat sich um die Erweiterung des Absatzes der Produkte der Bergwerke und Hütten große Verdienste erworben. Insbesondere galt sein Bemühen der Verbesserung aller Transportmittel im Bergbau. Seine wissenschaftliche Tätigkeit erstreckte sich vornehmlich auf die Verbreitung von Kenntnissen in den Naturwissenschaften, hauptsächlich der Geologie. Berühmt sind seine geognostischen Karten. *Z 33 (1889) S. 761; Z. Berg 38 (1890) S. 151; ADB 47 (1903) S. 629; Biogr. Lit. Hwb. 1 S. 532.* Fg.

DECKER, Ferdinand, geb. 6. April 1835 in Stuttgart, gest. 15. Juli 1884 in Nürnberg, besuchte die dortige Realschule und 1851 bis 1855 das Polytechnikum. Seine praktische Ausbildung erlangte er 1855 bis 1857 in der Maschinenfabrik von Krauss in Obertürkheim und war alsdann 6 Jahre lang in der Maschinenfabrik von Straub in Geislingen als Ingenieur tätig. Im Jahre 1863 gründete er mit seinem Bruder die Maschinenfabrik unter Gebr. Decker & Co. in Cannstatt. Wie in der Anlage seiner Werkstätten, so zeigte Ferdinand Decker in der Auswahl der Konstruktionen den klardenkenden und wissenschaftlich gebildeten Ingenieur. 1865 nahm er den Bau der Tenbrinkkessel auf und zeigte durch Anstellung gründlicher Versuche deren Vorzüge. Die Ventilsteuerung der Dampfmaschinen hat er zuerst in Württemberg, auch schon 1880 in seinen Werkstätten die elektrische Beleuchtung mit zwei Dynamos von Gramme und einem von Siemens eingeführt. — Aus Deckers Fabrik gingen auch die ersten Holzschleifmaschinen hervor, die 1887 auf der Weltausstellung in Paris preisgekrönt wurden.

Als die Fabrik 1882 durch Kauf an die Maschinenfabrik Eßlingen überging, blieb Ferdinand Decker nur noch kurze Zeit und trat 1883 bei Schuckert in Nürnberg als Direktor ein, wo er schon im Juli 1884 starb. Der Maschinenfabrik Eßlingen hat er einige vorzügliche Ingenieure und gute Beamte hinterlassen. *Z 28 (1884) S. 573.* Mr.

DELISLE, Karl, geb. 10. Jan. 1827 in Konstanz, gest. 29. Jan. 1909 in Karlsruhe. Als Sohn eines Kaufmannes geboren, besuchte er zunächst die Volksschule und das Lyzeum seiner Geburtsstadt, um 1845 das Studium des Ingenieurfaches am Karlsruher Polytechnikum aufzunehmen; hier blieb er bis 1849. Danach ging er nach Amerika und wurde zuerst Kartograph in Washington, konnte dann aber als Eisenbahningenieur bei der Nord-Pennsylvanischen Eisenbahngesellschaft ankommen, wo er bis 1854 Trassierung und Bau schwieriger Bahnstrecken durchführte. 1855 kehrte er in die Heimat zurück und war bis 1859 bei den schweizerischen Bundesbahnen tätig. Dann trat er in den badischen Staatsdienst über und rückte bald zum Vorstand der Eisenbahnhauptwerkstätte und des Hauptmagazines auf. 1876 trat er aus dem Staatsdienst aus und übernahm eine Direktorstelle bei der Aktien-Baugesellschaft in Konstanz, trat 1877 zur Maschinenfabrik Gritzner und 1881 zur Gasmotorenfabrik Deutz über. 1883 kehrte er in den Staatsdienst zurück und übernahm wieder einen Teil seiner früheren Ämter, bis er sich 1895 zur Ruhe setzte. Der Tod ereilte den Zweiundachtzigjährigen plötzlich infolge eines Schlaganfalles.

Delisles Name ist bekannt durch das von ihm aufgestellte metrische Gewindesystem für scharfgängige Schrauben, für deren Normung und Vereinheitlichung er sich kräftig einsetzte. Neben seiner Berufstätigkeit widmete er seine Kräfte vielfach kommunalen und politischen Fragen. Als Stadtverordneter von Karlsruhe erwarb er sich namentlich um den Bau des Rheinhafens wesentliche Verdienste. *Briefl. Mitt. des Karlsruh. Bez.-Vereines d. VDI.* Hä.

DELIUS, Christoph Traugott, geb. 1728 in Wallhausen (Thüringen), gest. 21. Jan. 1779 in Florenz, entstammt einem altadeligen, in den Kriegszeiten verarmten Geschlecht Thüringens. Nach Besuch der Schulen in Quedlinburg und Magdeburg bezog er die Universität Wittenberg, um Jura zu studieren, betrieb aber gleichzeitig sehr eifrig mathematische und naturwissenschaftliche Studien. Durch Vermittlung eines Stiefbruders seiner Mutter, von Justi, der in Wien eine einflußreiche Stelle innehatte, wurde ihm von der Kaiserin Maria Theresia ein Stipendium zum Besuch der Bergakademie Schemnitz verliehen. Seine reichen mathematischen Kenntnisse ermöglichten ihm ein rasches Weiterkommen und schon 1770 wurde er als Professor der Metallurgie nach Schemnitz berufen. Das auf ein tief gegründetes Wissen deutende Werk „Anleitung zur Bergbaukunst", welches 1773 erschien und in verschiedene Sprachen übersetzt wurde, ist das umfassendste und lehrreichste über Bergbau mit Einschluß der Erzaufbereitung, was wir aus jenen Tagen aus den österreichischen Ländern besitzen. Nach zweijähriger Lehrtätigkeit in Schemnitz wurde Delius 1772 als Hofkommissionsrat und Assessor beim Oberberg- und Münzkollegium nach Wien berufen und beauftragt, die ungarischen Bergwerke zu bereisen, um dort entsprechende Verbesserungen einzuführen, was er mit großer Tatkraft und Umsicht ausführte. Mit seiner 1776 erfolgten Ernennung zum wirklichen Hofrat und Referenten in Bergwerks- und Münzsachen beginnt für das österreichische Bergwesen eine neue Periode des Aufschwungs. Infolge übergroßer Anstrengungen hatte Delius sich ein schweres Leiden zugezogen, dessen Heilung er in Italien zu finden hoffte, doch starb er erst 51jährig auf der Reise. *ADB 5 (1877) S. 38.* Ca.

DEMIDOW, Anatoli, Fürst, geb. 1813 in Moskau, gest. 1870 in Paris. Das bedeutende russische Adelsgeschlecht der Demidows hat sich um die Erschließung und Hebung der russischen Metallindustrie, insbesondere aber der russischen Goldproduktion bedeutende Verdienste erworben. Der Stammvater dieses Geschlechtes, Demid Grigoriewitsch Antuféjew, ein Kronbauer aus dem Dorfe Pawtschino, zog im siebzehnten Jahrhundert mit seinen Brüdern in die Gouvernementstadt Tula, wo er mit seinem Sohne Nikita das Waffenschmiedehandwerk betrieb. Als der alte Demid 1690 starb, hinterließ er seinem Sohne eine wohleingerichtete Werkstätte. Bei einer Durchreise durch Tula lernte Peter der Große zufällig den geschickten Waffenschmied kennen, der vor ihm einige Proben seines außerordentlichen Könnens ablegte, und beauftragte ihn mit Waffenlieferungen an seine Armee. Unter Nikitas Leitung legte 1699 die russische Regierung zu Neviansk im Distrikt Jekaterinenburg die erste Eisengießerei in Sibirien an, die er mit so viel Geschick verwaltete, daß der Kaiser ihm 1702 die Eisengießerei schenkte. Peter überließ ihm weiterhin große Ländereien mit vielen Leibeigenen und verlieh ihm 1720 unter dem von seinem Vater Demid hergenommenen Namen Demidow die erbliche Adelswürde. Die großen Bergwerke von Schuvalinsk, Werchne-Tagilsk und Nischne-Tagilsk wurden nach und nach von dem ehemaligen Schmied und seiner Familie gegründet. Allein der Ural blieb nicht die einzige Stätte ihrer Tätigkeit, sie strebten weiter fort, eröffneten alte, unter dem Namen Tschuktschen-Werke am Irtysch bekannte Schmelzhütten wieder von neuem und drangen 1725 bis zum Koliwansee vor. Die Technik beim bergmännischen Gewinnen sowie beim Verhütten der Erze war eine durchaus primitive und nahm erst einen größeren Aufschwung, als im Jahre 1744 mehrere Deutsche als Lehrmeister der Russen nach den Werken am Koliwansee und Ob gesandt wurden.

Von den Nachkommen des 1725 gestorbenen Nikita Demidow ist der bedeutendste Anatoli Fürst Demidow, geb. 1813 in Moskau, gest. 1870 in Paris. Er rief in Petersburg und anderen Städten Rußlands großartige Wohltätigkeitsanstalten ins Leben und suchte Kunst und Wissenschaft nach allen Seiten zu fördern, weshalb er auch Mitglied der Pariser Akademie der Wissenschaften wurde. Unter anderem veranstaltete er eine wissenschaftliche Expedition namhafter Naturforscher und Ingenieure nach Südrußland. Die Ergebnisse dieser Expedition sind in vier starken Bänden: „Voyage dans la Russie méridionale et la Crimmée de Anatol de Demidow" (Paris 1842) veröffentlicht worden. *Otto: Der Kaufmann zu allen Zeiten 2 (Leipzig 1870).* Dr.

DENIS, Paul Camille v., geb. 26. Juni 1795 in Mainz, gest. 2. Sept. 1872 in Dürkheim, besuchte in Paris die École Polytechnique und trat nach Beendigung seiner Studien in den bayerischen Staatsdienst ein. Auf einer bauwissenschaftlichen Reise durch Belgien, Frankreich, England und die Vereinigten Staaten sammelte er reiche Kenntnisse auf dem Gebiet des Kanalbauwesens und besonders auch in bezug auf das sich rasch entwickelnde Eisenbahnwesen. In England trat Denis zu George Stephenson, dem Erbauer der Liverpool-Manchester-Eisenbahn, in Beziehung und erkannte alsbald die großen Vorzüge der Eisenbahnen gegenüber den Kanälen. 1834 übernahm er mit Scharrer zusammen die Projektierung der ersten Lokomotiveisenbahn Deutschlands von Nürnberg nach Fürth, deren Ausführung glänzend gelang und für die damalige Zeit von ungeheurer Bedeutung war. Die Erbauung der Taunus- und Worms-Mainzer Bahn wurde ihm übertragen; auch stellte er trotz großer Schwierigkeiten die 61 Meilen lange Strecke der bayerischen Ortsbahnen statt in der gesetzlich gegebenen Frist von sieben Jahren in fünf Jahren fertig. Denis hat fast 1000 km Eisenbahnen entworfen, ausgeführt und in Betrieb gesetzt. 1866, nachdem sämtliche Ortsbahnlinien dem Verkehr übergeben waren, trat er von den Geschäften zurück. *Enz. Eisb. 3 S. 271. ADB 55 (1919) S. 464.* Ca.

DEPREZ, Marcel, geb. 19. Dez. 1843 in Chatillon-sur-Loing, gest. 13. Okt. 1918 in Vincennes, konstruierte 1879 die erste Gasmaschine für Lokomotiven und leistete auf dem Gebiete der elektrischen Kraftübertragung und im Bau von Meßinstrumenten für Gleichstrom Hervorragendes. Zahlreich sind seine theoretischen Arbeiten, so z. B. über die Reibungsgesetze, über die Geschwindigkeitsregelung der Elektromotoren, über das magnetische Feld der Dynamomaschinen. Anläßlich der Münchener Elektrotechnischen Ausstellung im Jahre 1882 stellte Deprez als erste Kraftübertragungslinie auf größere Entfernungen die Verbindung von Miesbach nach München mit 57 km Länge her.

1886 wurde Deprez Mitglied der Académie des Sciences in Paris und 1890 Professor der industriellen Elektrizität am Conservatoire National des Arts et Métiers, nachdem er bereits 1883 Ritter der Ehrenlegion geworden war. *Larousse: Dictionaire; Handb. Natw. Z 63 (1919) S. 146; Grande Encyclopédie 14 S. 181; Biogr. Lit. Hwb. 3 (1898) S. 352.* Fg.

DESCARTES, René (Cartesius), geb. 31. März 1596, zu La Haye, gest. 11. Febr. 1650 zu Stockholm. Er stammte aus einer begüterten bretagnischen Familie, wurde im Jesuitenkollegium zu La Flèche erzogen und studierte besonders klassische Literatur, Mathematik und Philosophie. Mit dem Verlassen der Schule zu La Flèche im Jahre 1612 beginnt die Zeit seiner Selbstbildung. Er lebte zuerst in Paris in der Gesellschaft, zog sich dann zurück und lebte verborgen seinen Studien. Von 1617 bis 1622 finden wir ihn in Militärdiensten in Holland, im bayerischen Heere in Böhmen und in der österreichischen Armee in Ungarn. Von 1623 an wohnte er mit wenigen Unterbrechungen in Paris und widmete sich nicht mehr der Mathematik, sondern dem Studium der menschlichen Natur. Da er jedoch in der Großstadt keine Ruhe zur Ausbildung eines festen philosophischen Systemes fand, begab er sich 1629 wieder nach Holland. 1637 erscheint das erste seiner berühmten Werke, in dem er seine Methodenlehre entwickelt und sie auf die mathematische und die physikalische Wissenschaft anzuwenden versucht. 1641 folgen seine Meditationen und als Darstellung seines gesamten Lehrgebäudes die „Principia philosophiae". 1649 folgte er einer Einladung der Königin Christine nach Stockholm und starb dort im Jahre darauf.

Die größten Verdienste erwarb sich Descartes um die Mathematik. Er ist der Schöpfer der analytischen Geometrie, förderte die Rechnung mit Wurzeln, gab eine sinnreiche Lösung der Gleichungen vierten Grades, er legte durch die Einführung der Exponenten den Grund zu den Rechnungen mit Potenzen und zeigte, wie man die Natur einer Kurve durch die Gleichung zwischen zwei veränderlichen Koordinaten ausdrücken kann. Er hatte schon die Idee von der Schaffung eines technischen Museums, in dessen einzelnen Abteilungen geeignete Männer den Gewerbetreibenden Erklärung und Rat geben sollten. Den Weg, den Baco von Verulam und Galilei angebahnt hatten, die Zerstörung der Herrschaft der Scholastik und die auf Erfahrung gegründete Forschung im Reiche der Wissenschaften, verfolgte Descartes weiter mit dem Ziel einer gründlichen Reformation der Gedankenwelt. *Gesch. Mech.; Techn. Gew.-Mus. Wien 1904.* De.

DIESEL, Rudolph, geb. 18. März 1858 in Paris, gest. in der Nacht vom 29. zum 30. Sept. 1913 auf der Fahrt nach England. Mit seiner Schrift „Theorie und Konstruktion eines rationellen Wärmemotors", die im Jahre 1893 erschien, nachdem er kurz zuvor das erste deutsche Patent auf sein Verfahren angemeldet hatte, leitete Diesel den Werdegang, der unter allen Völkern der Erde nach seinem Namen benannten Dieselmaschine ein, die sich in unseren Tagen als die wirtschaftlichste Maschine herausstellt und die altbewährte Kolbendampfmaschine auf allen Meeren stetig zurückdrängt. Der Vorzug der Dieselmaschine ist es, daß sie billiges Rohöl verbrennen kann. Dieses wird mit oder ohne Preßluft in die im Zylinder hochverdichtete Luft gespritzt und entzündet sich dabei von selbst. Je nach dem Arbeitsgang unterscheidet man Viertakt- und Zweitakt-Dieselmaschinen.

Die günstigen Aussagen von v. Linde, Schröter und Zeuner über Diesels Verfahren veranlaßten die Maschinenfabrik Augsburg und Fried. Krupp, in Essen, Diesels Ideen praktisch zu erproben. Das Laboratorium wurde von beiden Firmen gemeinsam in Augsburg errichtet, und der Maschinenfabrik Augsburg-Nürnberg gebührt das Verdienst, die erste praktisch brauchbare Dieselmaschine in harter Arbeit und unter Überwindung ungemein großer Schwierigkeiten im Anschluß an die Laboratoriumsversuche entwickelt zu haben. Auf der Hauptversammlung des Vereines deutscher Ingenieure im Jahre 1897 in Kassel machten Diesel und Schröter zuerst die große Öffentlichkeit mit der neuen Maschine bekannt. Dieselmaschinen verschiedener Firmen waren bereits 1898 auf der Münchener Kraftmaschinenausstellung zu sehen. Damit begann die Weiterentwicklung der Maschine in der ganzen Welt. Diesel selbst gründete ein großes Bureau in München und wußte seine Hoffnungsfreudigkeit auf die mit ihm arbeitenden Ingenieure zu übertragen. Diesel hat noch die Entwicklung der Schiffs-Dieselmaschine und seine Einführung auf rund 300 Schiffen erlebt.

Diesel hat, von deutschen Eltern stammend, die erste Schulbildung in Paris empfangen. Bei Ausbruch des Krieges 1870 gingen seine Eltern nach England und sandten bald nach ihrer Ankunft den damals 12 Jahre alten Sohn allein nach Augsburg zur Schule. Diesel studierte in München und war Assistent bei v. Linde. Seine praktische Ausbildung erhielt er bei Gebr. Sulzer in Winterthur. Später wurde er Vertreter für Lindes Eismaschinen in Paris. *Z 57 (1913) S. 1649.* Schm.

DIETRICH, Alfred, geb. 11. Juli 1843 in Pirna, gest. 6. Sept. 1898 in Berlin-Grunewald. Dietrich hat der deutschen Kaiserlichen Marine von Anfang an angehört, darunter fast zwanzig Jahre in leitender Stellung als Chefkonstrukteur der deutschen Kriegsflotte. Seine Tätigkeit und überragende Bedeutung wurde nicht nur von seinen Fachgenossen im Inlande, sondern auch vom Auslande voll anerkannt. Dietrichs Verdienst beruht nicht allein im Entwurf von Kriegsschiffen, wobei seine Eigenschaft als Meister und Erzieher voll zum Ausdruck kam, sondern sein Einfluß erstreckte sich auf den ganzen deutschen Schiffbau, der, geschult am Kriegsschiffbau, sich bald vom Ausland freimachte und bereits Anfang der achtziger Jahre durch Dietrich Aufträge für Kriegsschiffe vom Ausland erhielt. Damit setzte eine Entwicklung des deutschen Schiffbaues ein, die nicht nur der Küstenbevölkerung Deutschlands, sondern sehr vielen Industriezweigen des Hinterlandes zugute kam.

Dietrich, dessen Vater Arzt in Pirna war, besuchte das Gymnasium zum heiligen Kreuz in Dresden und studierte am Dresdener Polytechnikum sowie an der Gewerbeakademie in Berlin. Am 1. September 1867 trat er als Ingenieuraspirant in die Marine des Norddeutschen Bundes ein, wurde ins Marineministerium berufen und übernahm später im Jahre 1879 die Leitung des Konstruktionsbureaus der Admiralität. Gleichzeitig war er von 1876 an zuerst an der Gewerbeakademie und später an der Technischen Hochschule Charlottenburg als Professor tätig. Außeramtlich gehörte er ferner dem Kuratorium der Physikalisch-Technischen Reichsanstalt an. *Jb. Schiffb.* 1 (1900) S. 54; *Lit. Zentralblatt* (1898) S. 1536. Schm.

DINGLER, Emil Maximilian, geb. 10. März 1806 in Augsburg, gest. 9. Okt. 1874 ebenda. Als ältester Sohn Dr. Joh. Gottfr. Dinglers geboren, genoß Dingler unter dem bestimmenden Einfluß der vielseitigen wissenschaftlichen und praktischen Tätigkeit seines Vaters eine sorgfältige Erziehung. Wie sein Vater zeigte er früh außerordentliche Anlagen und zähen Fleiß, die es ihm ermöglichten, bereits mit 16½ Jahren das Gymnasium seiner Vaterstadt zu absolvieren. Im Herbst 1822 bezog er die Universität Landshut. Hier sowie auf den Universitäten Erfurt und Göttingen und dem Gewerbeinstitut in Berlin studierte er Technologie und Naturwissenschaften, insbesondere Chemie, und kehrte 1826 in das väterliche Haus zurück, wo er seinen Vater in der Führung der chemischen Fabrik unterstützte. Nachdem er 1829 in Erlangen zum Dr. phil. promoviert war, unternahm er eine längere Studienreise durch Frankreich, Belgien, England, Schottland, Holland und Deutschland. Nach seiner Rückkehr trat er 1831 neben seinem Vater in die Redaktion des „Polytechnischen Journals" ein. Nach dem Rücktritt seines Vaters 1840 führte er vom Bande 78 ab die Redaktionsgeschäfte allein und brachte die Zeitschrift in unermüdlicher, zielbewußter Arbeit allmählich zu immer größerer Geltung und Verbreitung. Wie sein Vater wandte er der Berichterstattung über die technischen Fortschritte im Auslande besondere Aufmerksamkeit zu. Auch dem illustrativen Teil widmete er große Sorgfalt. Bis in den Sommer 1873 war Dingler, der sich einer dauerhaften Gesundheit erfreute, mit unverminderter Geistesfrische an seinem Journal tätig. Dann zwang ihn ein leichter Schlaganfall zur Schonung seiner Kräfte und bald, im März 1874, zur völligen Niederlegung der Redaktionsgeschäfte. Wenige Wochen später warf ihn erneute Krankheit aufs Lager, von dem er sich nicht mehr erheben sollte. Wie fest er mit dem Journal verwachsen war, bezeugen seine letzten Worte, mit denen er verschied: „Es ist alles Recht, alles gut mit dem Journal." Um den Namen des Begründers und seines ihm ebenbürtigen Sohnes dauernd mit dem Journal zu verknüpfen, wurde es als „Dinglers Polytechnisches Journal" weitergeführt. *Dingl.* 214 (1874) Beilage; 335 (1920) S. 73; *ADB* 5 (1877) S. 239. Wa.

DINGLER, Johann Gottfried, geb. 2. Jan. 1778 in Zweibrücken, gest. 19. Mai 1855 in Augsburg, der Begründer des „Polytechnischen Journals", der ersten deutschen, technisch-wissenschaftlichen Zeitschrift, ist der Sohn eines aus dem Württembergischen eingewanderten Leinewebers und war wie seine vier Brüder für das Handwerk bestimmt. Er zeichnete sich auf der Volksschule seiner Vaterstadt durch ungewöhnliche Begabung und geistige Regsamkeit so aus, daß ihm eine Lehrstelle bei einem Apotheker in Oppenheim am Rhein vermittelt wurde. Während seiner Lehrzeit arbeitete Dingler fleißig an seiner weiteren Ausbildung, war dann als Gehilfe in Minden, Schmalkalden und Nürnberg tätig und machte sich 1800 in Augsburg als Apotheker selbständig. Hier kam er zuerst mit der Textilindustrie in Fühlung und widmete sein Interesse besonders dem Zeugdruck. In richtiger Erkenntnis der Möglichkeiten, die sich durch Anwendung wissenschaftlicher Methoden gegenüber den bis dahin üblichen empirischen Arbeitsweisen ergaben, gründete er 1806 unter der Firma Dingler & Arnold in Augsburg eine chemische Fabrik, welche sich hauptsächlich mit der Färberei und Druckerei von Baumwollzeugen befaßte. Daneben begann er schon früh eine rege literarische Wirksamkeit, veröffentlichte zahlreiche Arbeiten auf seinem Fachgebiet und redigierte seit 1806 ein Journal für das gesamte Gebiet der Färberei, Druckerei und Bleicherei. Bereits im gleichen Jahre verlieh ihm die Universität Gießen die Doktorwürde in philosophia, chemia praesertim ac physica. Bei seiner literarischen Tätigkeit mußte Dingler feststellen, daß die Berichterstattung über technische Fortschritte noch außerordentlich mangelhaft war. In Zusammenarbeit mit dem Verleger Cotta faßte er den Plan eines in monatlichen Heften erscheinenden polytechnischen Journals, welches „alle gemeinnützige inn- und ausländische, auf Erfahrungen gegründete Erfindungen pp. in Künsten, Manufakturen, Gewerben, Fabriken pp. in einem für alle Stände faßlichen Vortrage referieren" sollte. Ende Januar 1820 erschien das erste Heft dieser Zeitschrift, der er während der nächsten 20 Jahre seine ganze Arbeitskraft widmete und die sich durch ihre gute Berichterstattung und die regelmäßig erscheinenden kritischen Übersichten über die Neuerscheinungen auf dem Gebiete der Technik rasch eine angesehene Stellung erwarb. 1840 übertrug er seinem seit 1831 in der Redaktion tätigen Sohne Emil Maximilian Dingler die Leitung des Journals. 1845 zog er sich auch von seinen anderen Geschäften zurück und genoß bis zu seinem 1855 in Augsburg erfolgenden Tode noch zehn wohlverdiente Ruhejahre. *Dingl.* 138 (1855) S. 396; *Dingl.* 335 (1920) S. 73; *ADB* 5 (1877) S. 239. Wa.

DINNENDAHL, Franz, geb. 20. Aug. 1775 auf der Horster Mühle bei Steele, gest. 25. Aug. 1826 in Rellinghausen bei Steele. Selbstbewußtsein, Phantasie und Tatkraft neben der schon in früher Jugend hervortretenden ausgesprochenen Begabung für die Mechanik ermöglichten dem armen, nur mit den notdürftigsten Volksschulkenntnissen ausgestatteten Müllerssohn den Aufstieg zum berühmten Maschinenbauer und Industriellen seiner Heimat. Mit 12 Jahren Schweinehirt, später Bergarbeiter, dann, nach kurzer Lehre, ein gesuchter Zimmermann in Altendorf bei Hattingen, setzte er es als solcher durch, daß man ihm schwierige, selbst an den gelernten Mechaniker jener Zeit sehr hohe Anforderungen stellende Aufgaben übertrug, die er in ausgezeichneter Weise löste. Es handelte sich vorwiegend um Wasserhaltungs- und Fördermaschinen für die Gruben, wobei ihm seine bergmännische Praxis wohl zu statten kam. Nach der Fertigstellung mehrerer Handmaschinen übertrug man ihm 1801 den Bau einer Feuermaschine für die Zeche Wohlgemuth, die, 1803 dem Betriebe übergeben, die erste in Westfalen gebaute Dampfmaschine war. Mangels irgendwie geschulter Arbeiter in der Gegend mußte Dinnendahl, selbst ungelernt, sein eigener Schmied, Schlosser und Dreher beim Bau dieser Maschine sein. Eine weitere in Auftrag genommene Feuermaschine für die Aachener Gegend konstruierte er, im Gegensatz zu der ersten atmosphärischen, schon nach dem neuen Wattschen Grundsatz der unmittelbaren Ausnutzung des Dampfes. Mit weiteren umfangreichen Aufträgen verlegte Dinnendahl seinen Wohnsitz nach Essen, wo er eine Maschinenfabrik gründete, die auch durch ihre Gasbeleuchtung, die zweite Gasbeleuchtungsanlage in Deutschland, berühmt wurde. 1821 brannte die Fabrik ab und wurde nach Huttrop bei Steele verlegt, wo Dinnendahl mit seinem Bruder gemeinsam schon im Jahre vorher eine Gießerei errichtet hatte, angesichts der Tatsache, daß die Gutehoffnungshütte, von der er bis dahin seinen Guß bezogen, selbst Dampfmaschinen zu fabrizieren begann. Der Ruf Dinnendahls war so groß geworden, daß Napoleon ihn zu wichtigen Arbeiten heranzog und das Ausland auch sonst mit umfangreichen Aufträgen an ihn herantrat. Doch konnte er die mit so viel Tatkraft und Zuversicht erreichte Stellung auf der Höhe des Lebens nicht halten. Sein geschäftlicher Sinn war dem wachsenden Ausmaß seines Unternehmens nicht gewachsen, und als er 51 Jahre alt starb, hatte er die Tragik des Abstieges durchkosten müssen. *Entw. Dm. 1 S. 157; Z 47 (1903) S. 585.* C. M.

DIRCKSEN, Ernst, geb. 31. Mai 1836 in Danzig, gest. 11. Mai 1899 in Erfurt, hat sich auf dem Gebiete des deutschen Eisenbahnbaues in der zweiten Hälfte des 19. Jahrhunderts einen geachteten Namen gemacht. Schon als junger Regierungsbauführer wirkte er 1853 bis 1856 beim Bau von zwei der größten Eisenbahnbrücken jener Zeit mit, der Weichselbrücke in Dirschau und der Rheinbrücke in Köln. Nach einer längeren Beschäftigung beim Bau und Betrieb von Eisenbahnen im östlichen Preußen wurde er 1867 zum Bauleiter der Berliner Ringbahn, einer um die Stadt laufenden viergleisigen Eisenbahn, berufen. Damit wurde er für die bedeutendste Aufgabe geschult, die er gelöst hat: den Bau der Berlin von Ost nach West durchziehenden Stadtbahn. Den Auftrag hierzu erhielt er 1874, nachdem er 1870 bis 1874 in Elberfeld und während des deutsch-französischen Krieges 1870/71 als Feldeisenbahner Bemerkenswertes geleistet hatte. Die Berliner Stadtbahn war für die Zeit ihres Baues eine durchaus mustergültige Anlage. Sie genügte mehrere Jahrzehnte trotz steigenden Verkehrs allen Anforderungen. Ihr Bau wurde in vieler Beziehung vorbildlich, und aus den jüngeren Mitarbeitern Dircksens an diesem Werk sind bedeutende Eisenbahn- und Brückenbauingenieure in Theorie und Praxis hervorgegangen. Nach Inbetriebnahme der Stadtbahn wurde Dircksen Leiter aller Neubauten im Bezirk der Eisenbahnen links des Rheines bei der Direktion in Köln. Hier ist besonders der Umbau der Kölner Bahnanlagen sein Werk. Seit 1890 bis zu seinem Tode wirkte Dircksen bei der Eisenbahndirektion in Erfurt, wo er verschiedene Gebirgsbahnen in Thüringen schuf. Bis zu seinem schnellen Tode war er in unverminderter Frische tätig. An dem Denkmal, das er sich selbst gesetzt hat, am Bahnhof Friedrichstraße der Berliner Stadtbahn, erhebt sich seine Büste als eines der wenigen Ingenieurdenkmäler Berlins und Deutschlands. *Zentr. Bauv. 19 (1899) S. 230; Z 43 (1899) S. 630.* Br.

DOLEZALEK, Friedrich, geb. 5. Febr. 1873 in Sziget, gest. 10. Dez. 1920 in Berlin. Sein Vater war damals Oberingenieur der ungarischen Nordostbahn, kam aber bald nach Göschenen, wo er den Bau des Gotthardtunnels leitete, und war später als Professor an den Technischen Hochschulen Hannover und Berlin tätig. Der Sohn verbrachte seine Jugend in Göschenen und erhielt seine Schulbildung bis zum Jahre 1893 auf dem Realgymnasium zu Hannover. Nach bestandener Reifeprüfung studierte Dolezalek bis zum Oktober 1895 an der Technischen Hochschule zu Hannover Chemie und Elektrotechnik, bis zum Oktober 1897 an der Göttinger Universität physikalische Chemie und Elektrochemie, war dann drei Jahre lang Assistent bei Walter Nernst am Institut für physikalische Chemie der Universität Göttingen, und promovierte dort am 25. Februar 1898 in Physik, Mathematik und Chemie. Vorher hatte er eine Arbeit über elektrische Öfen und „Über ein hochempfindliches Quadrantenelektrometer" veröffentlicht. Es schlossen sich dann weitere eingehende Untersuchungen über den Bleiakkumulator an. Die einzelnen Veröffentlichungen faßte Dolezalek im Jahre 1901 in einem Buche „Theorie des Bleiakkumulators" zusammen, das für alle späteren Untersuchungen, die im Inlande oder im Auslande auf diesem Arbeitsgebiet angestellt wurden, grundlegend geworden ist, das auch in seiner ganzen Anlage und Durchführung als geradezu klassisch bezeichnet werden kann. Von 1900 bis 1901 war Dolezalek wissenschaftlicher Hilfsarbeiter bei der Physikalisch-Technischen Reichsanstalt. Im Jahre 1901 folgte er einem Ruf von Werner v. Siemens und bearbeitete in der Firma Siemens & Halske bis zum Jahre 1904 mit großem Erfolge die theoretische und praktische Verbesserung des Puppin-Systems und den Bau von Hochfrequenzmaschinen. 1902 habilitierte er sich als Privatdozent an der Technischen Hochschule zu Berlin und wurde 1904 als Dozent für theoretische Physik an die neugegründete Technische Hochschule in Danzig berufen. Ostern 1905 übernahm er die Leitung des Institutes für physikalische Chemie der Universität Göttingen und wurde damit Nachfolger seines ehemaligen Lehrers Nernst. Schon nach zwei Jahren, Ostern 1907, wurde Dolezalek dann mit der Leitung des physikalischen Institutes an der Technischen Hochschule zu Berlin betraut und erhielt 1913 die ordentliche Professur für physikalische Chemie und Elektrochemie und gleichzeitig die Leitung des neu zu errichtenden Laboratoriums für dieses Arbeitsgebiet. Inzwischen hatte Dolezalek zahlreiche Arbeiten, teils auf physikalischem, teils auf elektrochemischem Gebiete liegend, veröffentlicht. Seine Arbeiten sind meist in den Annalen der Physik oder in der Zeitschrift für physikalische Chemie veröffentlicht.

Nach Ausbruch des Weltkrieges kam Dolezalek als Offizier zum Ingenieurkomitee nach Berlin. In dieser Stellung hat er sich besonders mit Ausbildung von Horchapparaten für Minengeräusche, später auch mit dem Aufsuchen von Erzen unter Benutzung chemischer Methoden beschäftigt. Nach Beendigung des Krieges widmete er sich mit allem Eifer der Vollendung des elektrochemischen Institutes, das im Sommer 1920 fertig eingerichtet war, bis er an der Weiterarbeit durch eine schleichende Krankheit gehindert wurde, der er nach vierzehntägigem schweren Krankenlager, erst 47 Jahre alt, erlag. Dolezalek war ein hochbegabter und glänzender Forscher, frei von Selbstsucht und Ehrgeiz, beseelt von größtem Idealismus für seine Wissenschaft, von liebenswürdigem Charakter und fröhlichem Temperament. *Z. f. phys. Chemie 1908 Nr. 6, 1910 Nr. 2, 1915 Nr. 5, 1920 Nr. 1, 1921 Nr. 5.* Bn.

DOLIVO-DOBROWOLSKY, Michael, geb. 3. Jan. 1862 in Petersburg, gest. 15. Nov. 1919 in Heidelberg, studierte 1881 bis 1884 an der Technischen Hochschule in Darmstadt und trat als junger Elektroingenieur in die Allgemeine Elektrizitäts-Gesellschaft ein. Hier beschäftigte er sich zunächst mit dem Ausbau der Gleichstromtechnik, bis er, durch eine theoretische Arbeit Ferraris' auf das Gebiet der mehrphasigen Wechselströme gelenkt wurde. Ferraris hatte in seiner Arbeit erwähnt, daß zwei um 90 Grad in der Phase verschobene Wechselströme in passend angeordneten Magnetfeldern durch Einwirkung auf einen drehbaren Kupferzylinder Arbeit leisten könnten. Dadurch angeregt verfolgte Dolivo-Dobrowolsky den Gedanken selbständig weiter, ohne sich davon abschrecken zu lassen, daß Ferraris für die von ihm angegebene Anordnung nur einen Wirkungsgrad von 50 vH, in Aussicht stellte. Bei einem zu anderen Zwecken angestellten Versuch an einer Gleichstrommaschine erkannte er, wo der Fehlschluß der Ferrarisschen Überlegung lag, und widmete sich nun — seit dem Jahre 1888 — mit aller Energie der Entwicklung und Anwendung des Mehrphasensystems.

Dolivo-Dobrowolsky wurde so zum Pionier des mehrphasigen Wechselstroms, für den er die charakteristische Bezeichnung „Drehstrom" geprägt hat. Schon 1891 konnte der Drehstrom gelegentlich der Frankfurter Elektrotechnischen Ausstellung mit der denkwürdigen Kraftübertragung Lauffen-Frankfurt seine Feuerprobe bestehen.

Die gesamte Entwicklung der Mehrphasenstromtechnik fußt zum allergrößten Teil und bis in die jüngste Zeit auf den Berechnungen und Erfindungen Dolivo-Dobrowolskys. Von Anfang an hat er beim Bau von Drehstrommotoren diejenigen Grundsätze angewandt, die sich später als die einzig richtigen erwiesen haben: möglichst verteilte Wicklung, möglichste Vermeidung der Streuung von Kraftlinien, möglichste Gleichförmigkeit des Drehfeldes. Kennzeichnend für seine technische Arbeitsweise ist es, daß er ohne mathematische Hilfsmittel die physikalischen Vorgänge in elektrischen Maschinen richtig zu erfassen verstand. Die vorangehende theoretische Erkenntnis ermöglichte das sofortige Gelingen seiner Berechnungen und den großen Erfolg schon der ersten herausgebrachten Drehstrommotoren.

Neben der großen Leistung, das Drehstromsystem zu begründen und auszubauen, bewältigte Dobrowolsky auch noch die schwierige Aufgabe, das neue System durch Vorträge, Aufsätze und Einzelbelehrung bekannt und die Technikerwelt mit den neuartigen Problemen vertraut zu machen.

Seine plastische Vorstellungsweise und Darstellungskunst kamen ihm dabei sehr zustatten. In seinen letzten Lebensjahren setzte sich Dolivo-Dobrowolsky lebhaft dafür ein, bei ausgedehnten Kraftübertragungen den hochgespannten Wechselstrom durch hochgespannten Gleichstrom zu ersetzen. In einem Vortrag vor dem Elektrotechnischen Verein zu Berlin über „Die Grenzen der Fernübertragung mittels Wechselstroms" begründete er seinen Standpunkt und löste damit einen lebhaften Meinungsaustausch in der Fachwelt aus. Hätte ihn nicht der Tod frühzeitig abgerufen, dann wäre jedenfalls seinem abgeschlossenen Lebenswerk, der Begründung und Vollendung des Drehstromsystems, als zweite große Tat die Durchbildung der Technik hochgespannter Gleichströme gefolgt.

Dolivo-Dobrowolsky hat fast sein ganzes Leben im Dienste der Allgemeinen Elektrizitäts-Gesellschaft gestanden. Nach einem vorübergehenden Aufenthalt in der Schweiz von 1903 bis 1909 übernahm er als stellvertretendes Vorstandsmitglied und technischer Berater die Leitung der Apparatefabrik dieser Firma. In den letzten Lebensjahren zog es sich nach Darmstadt zurück, um dort als beratender Ingenieur der Allgemeinen Elektrizitäts-Gesellschaft seine Ideen und Arbeiten auf dem Gebiete des hochgespannten Gleichstromes weiter zu verfolgen. Die Technische Hochschule zu Darmstadt verlieh ihm den Titel eines Dr. Ing. E. h. *Z 64 (1920) S. 137; ETZ 41 (1920) S. 722.* No.

DOLLFUS, Jean, geb. 25. Sept. 1800 in Mülhausen (Elsaß), gest. 22. Mai 1887 in Mülhausen. Die Familie Dollfus hat seit zwei Jahrhunderten im industriellen Leben von Mülhausen eine bedeutende Rolle gespielt. Die Textilindustrie, besonders die Baumwoll- und Seidenspinnerei, verdankt der Familie Dollfus auch über Mülhausens Grenzen hinaus manchen Fortschritt. 1756 existierte bereits eine Firma Gebr. Dollfus, Vetter & Cie., die sich hauptsächlich mit der Verarbeitung der Seide befaßte und wegen der vorzüglichen Güte ihrer Erzeugnisse berühmt war. Der Vater von Jean Dollfus, Daniel de Jean Dollfus, gründete 1800 mit zwei Teilhabern die Firma Dollfus, Mieg & Cie. Der Arbeitsbereich der neuen Fabrik umfaßte die Baumwollspinnerei, Färberei, Bleicherei, Druck und Appretur. Besonders waren die Dollfusschen bedruckten Kattune bekannt. 1812 wurde eine Dampfmaschine in Betrieb genommen, die erste im Elsaß; sie entwickelte 10 Pferdekräfte, erwies sich aber bald als zu klein, so daß sie bereits 1819 durch eine solche von 30 PS ersetzt wurde. 1821 trat Jean Dollfus in die Firma ein; im gleichen Jahre wurde die Fabrik vollständig auf die mechanische Spinnerei umgestellt. Dem Arbeitsschutz und den Wohlfahrtseinrichtungen wandte er großes Interesse zu. Das Geschäft ging gut, da das ausgezeichnete Erzeugnis überall willige Abnehmer fand. Namentlich gedruckte Kattune seines Werkes waren sehr begehrt. Nacheinander wurden Zweigniederlassungen in Paris, Brüssel, Neapel, Lyon, Hamburg (später nach Leipzig verlegt) und anderen Orten gegründet; die Fabrikation wurde durch Anlage weiterer Werke in der Umgegend erweitert. Jean Dollfus blieb das eigentliche Haupt des Unternehmens, auch als er 1863 bis 1869 Bürgermeister der Stadt Mülhausen war. Von 1877 bis 1887 war Dollfus Mitglied des Deutschen Reichstages und bekämpfte hier als entschiedener Freihändler energisch das Schutzzollsystem. *Hist. doc. de l'Industrie de Mulhouse (Mülhausen 1902).* Hä.

DONKIN, Bryan, geb. 1835 zu Bermondsey, gest. 3. März 1902 zu Brüssel. Bryan Donkin stammte aus einer alten Ingenieurfamilie. Er genoß seine Ausbildung auf dem University College zu London. Zur Vervollständigung seiner Kenntnisse ging er nach Paris, so daß er sich ein gründliches technisches Wissen erwarb. Nach seiner Rückkehr in die Heimat trat er in die schon von seinem Großvater gegründete Fabrik zu Bermondsey ein, bei der er bald darauf Teilhaber wurde.

Donkin war bahnbrechend auf dem Gebiet der wissenschaftlichen Untersuchung technischer Vorgänge. Er hat thermodynamische Untersuchungen an einer Dampfmaschine angestellt und ihre Wärmebilanz ermittelt nach Methoden, die vorbildlich geworden sind für alle späteren derartigen Untersuchungen. Besondere Schwierigkeit bereitete dabei die Messung der Kondenswassermenge. Deswegen führte er das Staugefäß ein. Er veröffentlichte eine Untersuchung über die thermodynamischen Vorgänge im Dampfzylinder und eine andere über die Wärmeverluste durch die Zylinderwandungen. Er stellte Versuche an Kesseln, Feuerungen und Schornsteinen an, so daß er als einer der ersten wissenschaftlich arbeitenden Wärmeingenieure angesehen werden kann. *Z 46 (1902) S. 440; Eng. 93 (1902) S. 242, 258, 312, 366.* Gu.

DRAIS, Karl Friedrich Christian Ludwig, Freiherr von Sauerbronn, geb. 29. April 1785 zu Karlsruhe, gest. 10. Dez. 1851 ebenda. Mit Rücksicht auf die zu der damaligen Zeit herrschenden Standesunterschiede war er als Sohn eines badischen Hof- und Regierungsrates gezwungen, eine Laufbahn als Jurist, Offizier oder höherer Forstbeamter einzuschlagen. So wurde er zuerst Forstmann, dann Offizier und schließlich Kammerherr. Aber auf allen drei Gebieten erlitt er Schiffbruch, da ihn keines interessierte und er seiner Neigung entsprechend Maschinenbauer oder Ingenieur geworden wäre. Allen Erfindungen auf technischem Gebiet wandte er sein größtes Augenmerk zu und ging bald selbst daran, einige Neuheiten zu konstruieren. So entstanden eine Fleischhackmaschine und eine Schreibmaschine (Tastenschreibmaschine mit 25 Buchstaben). Die wichtigste seiner Erfindungen ist jedoch das Fahrrad, dessen Entstehung in die zweite Hälfte des Jahres 1813 fällt. Sein erstes Modell war noch sehr verbesserungsbedürftig, so daß er erst vier Jahre später damit an die Öffentlichkeit trat. Das Fahrzeug selbst bestand aus einem mit einem Sattel versehenen Gestell, das auf zwei hintereinander befindlichen und in derselben Spur laufenden Rädern ruhte. Das Vorderrad war mit einer Lenkvorrichtung versehen. Das eigenartigste an diesem Fahrzeug war die Art seiner Fortbewegung; diese geschah nicht wie bei den heutigen Rädern durch Treten einer Kurbel, sondern der Fahrer stieß das ganze Gestell und damit sich selbst mit den Füßen vorwärts. Von der verhältnismäßig großen Geschwindigkeit, mit der man sich dabei fortbewegte, bekommt man eine Vorstellung, wenn man hört, daß Drais einmal den Weg von Karlsruhe bis zur französischen Grenze bei Straßburg in vier Stunden zurückgelegt hat, um die Brauchbarkeit des Rades für militärische Zwecke zu beweisen. 1818 erhielt Drais ein Patent auf seine Laufmaschine, um das er 1813 schon einmal vergeblich eingekommen war. Doch drang er mit seiner Erfindung nicht durch; denn nur vereinzelt wurden z. B. im Postdienst — vorwiegend in England — Laufräder eingeführt. Er ging, wie viele große Geister, die ihrer Zeit vorauseilen, an der Verständnislosigkeit seines Zeitalters zugrunde. Sein Name lebt noch heute in der im Eisenbahnbetrieb verwendeten „Draisine" fort. *Neuburger: Erf. u. Erfindungen (Berlin 1913) S. 21; Fürst: Weltreich der Technik (Berlin 1924) 2 S. 57; Enz. Eisb. 3 S. 398.* Cr.

DRALLE, Robert, geb. 10. April 1851 zu Alfeld a. Leine, gest. 15. Sept. 1918 zu Hameln a. W. Frühzeitig machte sich bei Robert Dralle ein Drang nach Selbständigkeit und nach lebhafter, sein ganzes Wesen ausfüllender Tätigkeit geltend. Sein Eigenwille brachte ihn in den Entwicklungsjahren in steten Gegensatz mit den Wünschen, die seine Eltern für seine Zukunft hegten. Mehrfach entwich er dem Elternhause und verließ schließlich, nahe dem Abiturium, ohne Abschluß das Gymnasium. Auch der Versuch des Vaters, ihn in der eigenen Weberei zum Kaufmann auszubilden, mißlang. Robert Dralle wandte sich der Technik zu, doch war zunächst diese Tätigkeit vorwiegend praktischer Art. Nach dem deutsch-französischen Kriege, den er als Freiwilliger mitgemacht hatte, fand er bei Krupp in Essen anfangs als Zeichner Aufnahme und wurde bald darauf im Kruppschen Gas- und Wasserwerk in Bredeney b. Werden als Techniker beschäftigt. In dieser Tätigkeit kam ihm wohl seine ungenügende theoretische Ausbildung zum Bewußtsein, deshalb besuchte er in verhältnismäßig späten Jahren 1876 bis 1878 das Technikum zu Einbeck. Die dort gemachten Studien waren so erfolgreich, daß Dralle unmittelbar darauf an einer technischen Lehranstalt in Münden a. D. als Lehrer angestellt wurde.

Im Jahre 1881 tat Robert Dralle den Schritt, der für die Entwicklung seiner Persönlichkeit von der größten Bedeutung war. Er kam zunächst als Betriebsbeamter auf die Glasfabrik von Heye in Nienburg a. W. und von dort in das größte Werk der gleichen Firma nach Gerresheim, wo er bald darauf technischer Direktor wurde.

Später hat er noch andere Glasfabriken geleitet, so in Charleroi und die von ihm selbst erbaute Glashütte in Stralau b. Berlin. Von 1897 an betätigte er sich als Zivilingenieur, eine Tätigkeit, die er zeitweise mit der Leitung der Fabrik in Stralau verbunden hatte. In dieser Tätigkeit als Zivilingenieur, der er sich seit 1893 ausschließlich widmete, errichtete er, nicht nur in allen europäischen Ländern, sondern auch in Asien und Amerika, zahlreiche Glasfabriken jeder Art. Der Bau dieser Fabriken gab ihm Gelegenheit, selbst eigene Neuerungen in die Glasindustrie einzuführen und in dauernder Fühlungnahme mit einem großen Kreis von Fachgenossen deren Erfindungen in die Technik zu übertragen. Besonders wichtig auf diesem Gebiete ist seine Tätigkeit als Ofenbauer und hier hat er, ohne einseitig auf diese Ofenart eingeschworen zu sein, besonders für die Verbreitung des Rekuperativsystems gewirkt.

Besonders bekannt ist Robert Dralle zunächst durch das 1886 erschienene Buch „Anlage und Betrieb der Glasfabriken" geworden, dem er im Jahre 1911 das umfassendere Werk „Die Glasfabrikation" folgen ließ. Dies ist bis heute das beste und in seiner Art einzige Nachschlagewerk der Glasindustrie geblieben. *Mch.*

DREYSE, Nicolaus v., geb. 22. Nov. 1787 in Sömmerda (Erfurt), gest. 9. Dez. 1867 in Sömmerda, erlernte das Schlosserhandwerk, bereiste Deutschland und Frankreich, kehrte nach eingehenden Studien, vor allem in Frankreich, in seine Heimat zurück und errichtete hier mit dem Kaufmann Kronbiegel eine Knopf-, Nägel- und Striegelfabrik. Er war der erste in Deutschland, der diese Waren maschinell und auf kaltem Wege herstellte. 1824 erhielt er ein Patent auf die Anfertigung von Zündhütchen. Diese zeichneten sich vor allem durch die Unfehlbarkeit der Zündung aus. Von seinen weiteren Erfindungen ist die bedeutendste die Konstruktion des Zündnadelgewehrs (1827). 1835 wurde von ihm das erste von hinten zu ladende Zündnadelgewehr konstruiert. In der von ihm in seiner Vaterstadt 1841 gegründeten Gewehr- und Munitionsfabrik wurde die Herstellung dieser Waffe, die das gesamte Kriegswesen der damaligen Zeit erheblich beeinflußte, großzügig aufgenommen. Ende der vierziger Jahre wurde nach und nach die preußische Armee damit ausgerüstet, bis dann nach den Erfolgen des Krieges 1866 auch die übrigen Großstaaten das Zündnadelgewehr einführten. Dreyse wurde wegen seiner Verdienste im Jahre 1864 geadelt. *Geschichte des Preuß. Zündnadelgewehrs, Berlin 1866.* Fg.

DRUMMOND, Dugald, geb. 11. Jan. 1840 in Ardrossan (Aishire), gest. 7. Nov. 1912 zu Morven (Surbiton), war der Sohn eines Oberbau-Inspektors der nordbritischen Eisenbahn. Er begann 1856 seine Lehrzeit bei den Ingenieuren Forrest und Barr in Glasgow. 1864 trat er zunächst als Werkmeister in die Dienste der Highland-Bahn, folgte 1870 seinem Chef Stroudley nach der London-, Brighton- und South Coast-Bahn als Assistent, um 1875, erst 35jährig, einem Ruf der North British-Bahn als Obermaschinenmeister Folge zu leisten. In gleicher Stellung war er später bei der kaledonischen Bahn und schließlich ab 1895 bei der London and South Western-Bahn, bei der er bis zu seinem Tode wirkte. Drummond war als Lokomotivfachmann weit über die Grenzen seines Vaterlandes hinaus bekannt. Er ging bei der ihm unterstellten Bahn mit der Schaffung neuer Lokomotivtypen häufig seinen Amtsgenossen voraus, bemühte sich insbesondere auch, die Wirtschaftlichkeit der Lokomotiven zu heben. Bekannt sind seine zahlreichen, wenn auch meist nicht besonders erfolgreichen Versuche, die Wärme der Abgase in der Rauchkammer zur Trocknung des Frischdampfes und Vorwärmung des Speisewassers auszunutzen. Er wärmte auch das Speisewasser im Tender an und schaffte es, da die Dampfstrahlpumpen bei der starken Erwärmung versagten, durch Doppeldampfpumpen in den Kessel. Am bekanntesten sind seine Feuerbüchsen mit Quersiedern geworden, die den Wasserumlauf im Kessel verbesserten. Der Verwendung des Heißdampfes hat er sich eigentümlicherweise nicht zugewendet, da nach seiner Ansicht einfache Trocknung des Dampfes für den Lokomotivbetrieb genügte. Besondere Aufmerksamkeit widmete er der Einführung des Triebwagenbetriebes. Nach seinen Entwürfen erfolgte auch der Bau und Ausbau der neuen großen Eisenbahnwerkstätte der Südwestbahn in Eastleigh.

Drummond war eine hervorragende Arbeitskraft, hatte ein verschlossenes und lauteres Wesen. Armen und Bedrängten war er ein stiller, freigebiger Wohltäter. Groß war seine Fähigkeit der Gestaltung von Verwaltungen; sein Urteil in Fragen der Ingenieurausbildung wurde auch auswärts begehrt. Mit seinen Arbeitern und Beamten trat er persönlich in Berührung und stand ihnen einmal wöchentlich zur Entgegennahme von Beschwerden zur Verfügung. Alle Fälle der Bestrafung von Übertretungen bearbeitete er selbst. Schuldige bestrafte er schwer, er war aber freigebig bei Erteilung von Belohnungen. *Organ 67 (1912) S. 443; Eng. 114 (1912) S. 523; Engg. 94 (1912) S. 685.* Me.

DUDLEY, Dud, geb. 1599 in Dudley Castle (Worcester), gest. 25. Okt. 1684 in St. Helens (Worcestershire). Dud war das vierte von elf Kindern der besonderen Mutter, die im Stammbaum der Familie Dudley als „Konkubine des Edward Lord Dudley" geführt wird. Lord Dudley gab seinen natürlichen Kindern eine ausgezeichnete Erziehung und beschäftigte sie in Vertrauensstellungen bei der Verwaltung seiner ausgedehnten Besitzungen. Dud schrieb später von sich selbst, daß er schon als Knabe große Freude an dem väterlichen Eisenwerk gehabt und sich früh beträchtliche Kenntnisse der Eisengewinnung angeeignet habe. Im Umkreise von 10 englischen Meilen um die Stadt lebten damals etwa 20 000 Schmiede und Eisenarbeiter. Infolgedessen war auch hier wie im südlichen England großer Holzmangel eingetreten, der das Eisengewerbe in große Bedrängnis brachte. Dud Dudley war Student in Oxford, als ihn 1619 sein Vater kommen ließ, um ihm die Leitung mehrerer Eisenwerke zu übertragen. Dudley war es bekannt, daß in glücklicher Verbindung mit dem Eisenerz- und Kalkvorkommen bedeutende Steinkohlenlager gefunden wurden. Dieses gemeinsame Vorkommen wurde für ihn Veranlassung, einen Hochofen so umzuändern, daß statt der bis dahin benutzten Holzkohle das Eisen mit Steinkohle geschmolzen werden konnte. Die Hauptschwierigkeit dürfte für ihn darin bestanden haben, dem Feuer genügenden Wind zuzuführen. Mit dem ersten Versuchsofen konnte er immerhin wöchentliche Leistung von drei Tonnen erzielen. Das Eisen wurde zum größten Teil zu Gußwaren wie Töpfen und Kesseln verwendet, zum kleineren Teil kam es als Schmiedeeisen in die Hammerwerke und wurde dort weiter verarbeitet. Dudley errichtete einen neuen großen Schmelzofen, den ersten Hochofen, der als Kokshochofen erbaut wurde. In diesem Ofen stellte er 7 Tonnen wöchentlich her, die größte Menge Steinkohleneisen, welche damals erzeugt wurde. Bereits 1619 hatte Dudleys Vater für ihn ein Patent auf 31 Jahre für die Verhüttung des Eisens mit Steinkohle erhalten. Das 1620 nach London gelieferte Handelseisen wurde von allen Arten von Handwerkern versucht, welche sich sehr günstig darüber aussprachen. In der Nähe des neuen Ofens erschloß Dudley große neue Kohlen- und Erzlager, er hatte jedoch unter der Mißgunst der Eisenarbeiter und Hüttenbesitzer der Umgegend sehr zu leiden. Diese vertrieben ihn mit Gewalt, schnitten die Blasebälge des neuen Ofens in Stücke, so daß er, gehetzt durch Prozesse und Aufstände, nicht imstande war, seine Erfindung bis zum Ablauf des Patents auszubeuten. Wegen seiner Schulden wurde er sogar in London in das Schuldgefängnis geworfen. 1638 erhielt er jedoch ein neues Patent für das Schmelzen und Verarbeiten aller Erze und Metalle mit Steinkohle und mit Torf. Zur besseren Ausnutzung der Erfindung machte er drei weitere Männer zu Teilhabern seines Patentes. Aber in den englischen Bürgerkriegen wurde sein Werk 1646 wiederum zerstört. Dudley selbst fiel in Gefangenschaft und wurde als Royalist zum Tode durch Erschießen verurteilt. Während einer Predigt gelang ihm die Flucht, doch wurde er verwundet und schleppte sich an Krücken in größter Not durch England bis Bristol. Seine Teilhaber benutzten seine Notlage und verklagten ihn auf Bürgschaft, bemächtigten sich des Werkes und bedrängten ihn auf jede Art. Auch sein Patent war inzwischen abgelaufen und von anderer Seite wurden Versuche gemacht, nach seinem Verfahren Eisen und Stahl mit Steinkohlen herzustellen, die allerdings nicht zum Erfolge führten. 1665 veröffentlichte Dud Dudley seine Schrift: Metallum Martis oder die Eisenbereitung mit Steinkohle.

Er erkannte vor allem die außerordentliche wirtschaftliche Bedeutung, die dem Verhüttungsverfahren mit Steinkohle bzw. Koks beizumessen war. Sein Verfahren hielt er jedoch ängstlich geheim, so daß man danach die Herstellung nicht fortsetzen konnte. Die endgültige Einführung in das Eisenhüttenwesen wurde erst durch die Familie Darby herbeigeführt. — Dudley starb, 85 Jahre alt, zu St. Helens in Worcestershire. *Ind. Biogr. S. 46; Nat. Biogr. 16 (1888); Gesch. Eis. 2 S. 1257.*

DUHAMEL DU MONCEAU, Henri Louis, geb. 1700 in Paris, gest. 23. Aug. 1782 in Paris. Schon früh zeigte Duhamel eine außerordentlich starke Neigung zum Studium der Naturwissenschaften. Er war ein eifriger Schüler von Dufay und Bernard de Jussieu. Da er über reichliche Mittel verfügte, war es ihm vergönnt, seinen Studien in weitestem Maße nachzugehen. Eine große Anzahl neuer wissenschaftlicher Beobachtungen ist ihm zu danken. In seiner Eigenschaft als Generalinspektor der französischen Marine beschäftigte Duhamel sich sehr eingehend mit der Ausfindung des für die Schiffahrt geeignetsten Holzes. Die Technik bereicherte er um eine ganze Reihe wertvoller Monographien wie über die Salmiakfabrikation, Ziegelei, Messingfabrikation, Leimherstellung, Stärkefabrikation und Seifensiederei. Auch die ersten Versuche zur Herstellung künstlicher Soda gehen auf Duhamel zurück, der schon 1736 vorschlug, Natriumsulfid mit Essigsäure in Azetat zu verwandeln, das beim Kalzinieren in Soda übergeht. Nachdem er 1735 eine Anleitung zur Bereitung des Salmiaks gegeben hatte, bürgerte sich diese Fabrikation überall in Europa ein. Der Prozeß der Raffination des Rohzuckers ist in einer 1764 erschienenen Monographie von ihm genau beschrieben worden. Ein großes botanisches Werk gab Duhamel 1758 heraus, in dem er alles, was Malphigi, Grew Hales und Bonnet vor ihm über dieses Thema ergründet hatten, zusammenfaßte und seine eigenen genauen Beobachtungen hinzufügte. *Nouv. Biogr. 15 (1856) S. 105.* Ca.

DUPIN, Pierre Charles François, geb. 6. Okt. 1784 in Vazy (Nièvre), gest. 18. Jan. 1873 in Paris. Als Sohn eines berühmten Rechtsgelehrten erhielt Charles Dupin eine ausgezeichnete Erziehung. 1801 wurde er in die École Polytechnique aufgenommen und lenkte hier bereits die Aufmerksamkeit auf sich durch die verblüffende Lösung einer außerordentlich schwierigen geometrischen Aufgabe. 1803 wurde er Marineingenieur und rückte bis zum Generalinspektor auf, obwohl er nur bis 1816 der Marine angehörte. Die in dieser Zeit veröffentlichten Versuche über Elastizität des Holzes und Anwendung der Ergebnisse für den Schiffbau sind äußerst wertvoll. Seine Reisen, die ihn 1816 bis 1819 meist nach England führten, vermittelten ihm reiche Kenntnisse des Handels und der Industrie Englands. In seinem sechsbändigen Reisebericht gibt er in der Hauptsache statistische Angaben, die uns äußerst wertvoll sind. Bereits 1818 war er auf Grund seiner geometrischen und mathematischen Arbeiten in die Akademie gewählt worden; 1819 wurde er als Lehrer an das Conservatoire des Arts et Métiers in Paris berufen. Während dieser Zeit widmete er einen großen Teil seiner Arbeitskraft geometrischen und statistischen Studien. Von seinen Werken sind zu nennen: Applications de géométrie et de mécanique à la marine (1822); Diverses leçons sur l'industrie, le commerce, la marine. In verschiedenen weiteren Schriften zieht er Vergleiche zwischen dem industriellen Stande Englands und Frankreichs und belegt sie zahlenmäßig. In seinen späteren Jahren betätigte er sich sehr stark politisch, ohne hierbei ähnliche Erfolge erringen zu können, wie auf dem Gebiete der Wissenschaften; er zersplitterte seine Kräfte, die der Mechanik und der Mathematik noch hätten ausgezeichnete Dienste leisten können. Fast neunzigjährig starb er in Paris, nachdem er noch, ein begeisterter Anhänger Napoléons III., den Einzug der Deutschen in Paris 1871 mit ansehen mußte. *Nouv. Biogr. 15 (1856) S. 316.* Hä.

DUPUY DE LOME, Stanislaus Charles Henri, Laurent, geb. 15. Okt. 1816 auf dem Gute Soye bei Ploemeur, gest. 2. Febr. 1885 in Paris. 1835 trat Dupuy de Lôme in die École Polytechnique, bald darauf in das Marine-Ingenieur-Corps ein. 1842 wurde er beauftragt, in England den Bau der eisernen Schiffskörper zu studieren; das Ergebnis dieser Forschungen legte er nach seiner Rückkehr in verschiedenen Aufzeichnungen fest und gab zugleich seine Meinung über die Vorteile und Nachteile dieser neuen Konstruktionsart kund. Schließlich trat er mit voller Energie für die Aufnahme solcher „eiserner Schiffe" in die französische Flotte ein und kann als der Schöpfer dieser Schiffstypen in Frankreich gelten. Mit dreißig Jahren im April 1847 unterbreitete er einen Plan zur Erbauung des „Napoléon", eines Schraubendampfers, der mit 86 Kanonen ausgerüstet sein sollte und sich später in der Praxis so glänzend bewährte, daß Dupuy de Lôme von der Akademie der Wissenschaften ausgezeichnet wurde. Er schlug nun den Umbau der sämtlichen Segelschiffe in Dampfschiffe vor; seine Pläne hierfür waren außerordentlich wohl durchdacht und verhältnismäßig leicht ausführbar. Der Schiffskörper sollte in zwei Teile geschnitten und so weit voneinander getrennt werden, daß die Maschinen darin eingebaut werden konnten, und alsdann wieder zusammengefügt werden. Diese Umgestaltung bewährte sich zum ersten Male im Krimkrieg über Erwarten gut. Aber noch eine wesentliche Verbesserung führte Dupuy de Lôme ein, die „Panzerschiffe", die bald in ganz Europa ihre Nachahmung fanden und Frankreich für lange Zeit an die Spitze der Schiffsbaukunst stellten. Das erste Hochseepanzerschiff „La Gloire" lief 1859 in Toulon vom Stapel. 1870 erhielt Dupuy de Lôme als Mitglied des Verteidigungsausschusses die Leitung über die Luftkräfte und ließ während der Belagerung 70 Ballons aufsteigen, die 91 Passagiere und zahllose Telegramme an die einzelnen Truppenteile beförderten. Dupuy de Lôme erkannte voll die großen Nachteile der unlenkbaren Luftballons und verwandte jetzt seine ganze Forschertätigkeit auf die Vervollkommnung dieses Gebietes. Er wählte eine längliche Form und plante, um den Ballon trotz zufälliger oder gewollter Gasverluste gebläht zu erhalten, einen kleineren mit atmosphärischer Luft gefüllten Ballon in den großen einzubauen. Der erste Versuch wurde 1872 unternommen, 1877 wiederholt, allerdings glückten beide noch nicht vollkommen. Immerhin sind seine Arbeiten als Vorläufer des lenkbaren Luftschiffes von großem Interesse.

Als Dupuy de Lôme 1877 einen Sitz in der Regierung erhielt, trat er mit großer Energie für die Hebung der Handelsflotte ein und machte bedeutende Vorschläge zur Verbesserung der Frachtdampfer. Er ist mit Recht als einer der größten Förderer der französischen Marine zu bezeichnen. *Grande Encyclopédie 15 S. 101.* Ca.

DÜRER, Albrecht, geb. 21. Mai 1471 in Nürnberg, gest. 6. April 1528 ebenda, der große Maler, Kupferstecher und Zeichner für den Holzschnitt, hat auch als mathematisch-technischer Schriftsteller großen Nachruhm erworben. Als Sohn eines Goldschmiedes gleichen Namens erhielt er den üblichen Schulunterricht der Zeit und trat zunächst bei seinem Vater in die Lehre. Seine Liebe gehörte jedoch der Malerei, die er dann auch nach Beendigung der Lehrzeit in der väterlichen Werkstatt von 1486 an bei dem angesehensten Maler des damaligen Nürnberg, Michael Wohlgemuth, erlernte. 1490 begab er sich auf die Wanderschaft und kam an den Oberrhein nach Straßburg, Kolmar und Basel, wahrscheinlich auch über die Alpen nach Venedig. 1494 kehrte er in seine Vaterstadt zurück. Hier verheiratete er sich mit der Tochter eines angesehenen Bürgers und führte von da an bis zu seinem Tode ein ruhiges Leben voll rastloser Arbeit in allen Zweigen seiner Kunst, das nur durch zwei größere Reisen (nach Venedig von Ende 1505 bis 1507 und in die Niederlande von 1520 bis 1521) unterbrochen wurde. Durch den Kaiser Maximilian erfuhr er manche Förderung. Mit gelehrten Freunden, insbesondere dem Nürnberger Ratsherrn Willibald Pirckheimer, seinem Jugendfreund, stand er in regem geistigen Verkehr. Das Auftreten Luthers machte auf ihn den größten Eindruck. Er trat zu Luther in persönliche Beziehung und gehörte wie Pirckheimer und andere zu dessen entschiedenen Anhängern. Seit der Rückkehr aus Italien begann auch seine eifrigere Beschäftigung mit theoretischen Studien, die besonders in den letzten Lebensjahren seine künstlerische Arbeit ganz zurückdrängten. Zu seinen Lebzeiten erschienen noch die „Underweysung der messung / mit dem zirckel und richtscheyt / in Linien / ebnen und gantzen corporen", Nürnberg 1525 (neueste, etwas gekürzte und dem modernen Sprachgebrauch angepaßte Ausgabe von Alfr. Peltzer, München 1908) und das Werk „Etliche underricht / zu befestigung der Stett / Schloß und flecken", Nürnberg 1527 (Neudruck Berlin 1823). Erst nach seinem Tode erschien die in unzähligen Ausgaben und Übersetzungen verbreitete Proportionslehre „Hierinn sind begriffen vier bücher von menschlicher Proportion", Nürnberg 1528. (Eine Gesamtausgabe dieser drei Schriften in Folio, wie die Originale, erschien 1604 in Arnem unter dem Titel: „Opera Alberti Dureri"). Seit seiner Rückkehr aus den Niederlanden war Dürer von einer schleichenden Krankheit befallen, der er 1528, viel zu früh für das, was er der Welt noch zu geben hatte, erlag.

Dürers genannte drei Schriften sind nur Bruchstücke eines von ihm geplanten größeren Werkes, das den Titel „Unterricht in der Malerei" oder „Speis der Malerknaben" führen und alle Hilfsmittel der Mal- und Zeichenkunst „more geometrico" behandeln sollte. In diesem Werke wollte er alle praktische Kunstübung auf den festen Boden einer wissenschaftlich gesicherten Theorie stellen, nach der sein von der heimischen Empirie unbefriedigtes, auf Sachlichkeit und Genauigkeit gerichtetes, aber auch von einer tiefen Sehnsucht nach dem Schönheitsideal erfülltes Streben verlangte. Als ausgesprochener Vermittler zwischen Wissenschaft und Kunstpraxis tritt er dabei auf und hat die Anregungen, die ihm namentlich durch die Italiener zukamen, in genialer Weise für seine Zwecke benutzt. Die mathematische Einkleidung der von ihm behandelten technischen Probleme ist meist nur eine äußerliche, das Begriffliche spielt eine geringe Rolle. Um so mehr kommt es ihm auf das Anschauliche und die Beschreibung an, wobei die Zeichnung als besonders brauchbares Hilfsmittel verwandt wird. Auch der sprachliche Ausdruck muß hierzu dienen, indem durch Verdeutschung der Fachausdrücke deren Sinn auch dem einfachen Geist nahe gebracht wird. So gewinnen Dürers Schriften eine ganz einzigartige Stellung in der Literatur seiner Zeit und haben über die Grenzen Deutschlands hinaus in lateinischen, französischen und italienischen Ausgaben eine Verbreitung gefunden wie kaum Werke ähnlicher Art. Und wie seine Befestigungslehre durch Vermittlung des großen französischen Festungserbauers Montalembert vermutlich zur Grundlage des sog. neupreußischen Befestigungssystems geworden ist, so läßt sich auch der große Einfluß der Proportionslehre und namentlich der Meßkunst in den folgenden Jahrhunderten überall nachweisen. Ja, diese Wirkung setzt sich bis auf die unmittelbare Gegenwart fort. Denn noch 1907 hat Hans Thoma eindringlich gefordert, daß Dürers kunsttheoretische Schriften den ausübenden jungen Künstlern in die Hand gegeben würden, da sie bei richtiger Erfassung ihres Sinnes großen praktischen Nutzen davon haben könnten. *ADB 5 (1877) S. 475; Jul. Schlosser: Die Kunstliteratur (Wien 1924); Leonardo Olschki: Gesch. d. neusprachlichen wissenschaftl. Literatur. Bd. 1. Die Literatur der Technik und der angewandten Wissenschaften vom Mittelalter bis zur Renaissance (Heidelberg 1919).* Wa.

DWELSHAUVERS-DERY, Victor, geb. 25. April 1836 in Dinant (Belg.), gest. 5. März 1913 in Lüttich. Mit 17 Jahren kam er auf vier Jahre an das Brüsseler Institut von M. Dupuich, wo er sich vor allem mit höherer Mathematik beschäftigte. Seiner praktischen Neigung entsprechend ging er von hier zur Lütticher Universität über, wo er Bergbau studierte. 1861 promovierte er und wurde gleichzeitig als Lehrer angestellt. An dieser Anstalt wurde er ordentlicher Professor für angewandte Mechanik als Nachfolger von Brasseur. Vor ihm wandte man Fächern wie Festigkeitslehre, graphischer Statik, Thermodynamik und der Theorie der Dampfmaschine nur geringe Aufmerksamkeit zu; von Dwelshauvers-Dery wurden sie aber in den Lehrplan fest eingefügt. Dem Vergleich von Theorie und Praxis wandte er in seinen Untersuchungen und Forschungen viel Aufmerksamkeit und Zeit zu. Seit dem Jahre 1870 war er bestrebt, für seine Studenten ein eigenes Laboratorium einzurichten, aber erst 1893 wurden ihm hierzu die Mittel bewilligt. Vom Jahre 1894 ab konnte er in seinem Laboratorium seine Forschungen ganz systematisch durchführen. Zunächst beschäftigte er sich mit der Untersuchung des Dampfmantels und der Überhitzung. Er erkannte und betonte die Bedeutung des trockenen Dampfes. Eine seiner größten Errungenschaften und Erfolge war, mit Hilfe einer normalen Dampfmaschine das mechanische Wärmeäquivalent nachzuweisen. Bei seinen Versuchen zog er stets etwa zwölf Studenten heran, wobei er jedem seine streng umrissene Aufgabe zuteilte. Der Versuch dauerte rund 1½ Stunden und gab das Material für etwa 50 Aufgaben, die später ausgearbeitet wurden. Mit diesem Verfahren entsprach Dwelshauvers-Dery dem von seinem Freund und Mitarbeiter Gustav Adolf Hirn geäußerten Wunsch, den Studenten praktische Mitarbeit zu ermöglichen. Er stellte den Satz auf, daß der höchste Wirkungsgrad der Dampfmaschine dann erreicht wird, wenn durch ein geeignetes Mittel, durch einen Dampfmantel, durch Überhitzung oder durch andere Mittel, die Zylinderwandung zu Beginn der Auspuffperiode vollständig trocken gehalten wird. Dwelshauver-Dery legte auch die kalorimetrische Analyse der Dampfmaschine von Hirn in systematischer algebraischer Form nieder.

Im Jahre 1900 wurde er Rektor der Lütticher Hochschule; nach weiteren drei Jahren zog er sich aus dem Berufsleben zurück, da er sich mit den inzwischen vorgenommenen Änderungen in seinem Laboratorium nicht einverstanden erklären konnte. In den folgenden Jahren erschienen dann noch eine Reihe von literarischen Arbeiten, von denen vor allem sein geschichtlicher Überblick des technischen Fortschrittes in Belgien in der Zeit von 1830 bis 1905 hervorzuheben ist. *Power 37 (1913) S. 584/5; Trans. ASME 35 (1913) S. 985; Génie Civil. Mémoires de la Société des Ingenieurs Civils de France (1913) 1 S. 835; Hubert: V. Dwelshauvers-Dery, Revue universelle des Mines, 1913.* Wi.

E

EADS, James Buchanan, geb. 23. Mai 1820 in Lawrenceburg (Ind.), gest. 8. März 1887 in Nassau (N. P., Bahama-Inseln). Eads ist der Typ des amerikanischen self-made man. Er kam aus den dürftigsten Verhältnissen, war mit 13 Jahren Obstverkäufer in den Straßen von New York, wurde dann Schreiber bei einem Kaufmann, dessen Bibliothek er eifrig studierte; mit neunzehn Jahren war er in gleicher Eigenschaft auf einem Mississippidampfer, wo er die Pläne für sein späteres Arbeiten — er wird von Geschichtsschreibern der „Ingenieur des Mississippi" genannt — faßte. Mit 22 Jahren finden wir ihn bei einer Schiffbaufirma, die sich auch mit dem Heben gesunkener Schiffe befaßte. Hier konstruierte Eads Taucherboote, Pumpanlagen, Hebevorrichtungen usw. Im Jahre 1845 wurde von ihm in St. Louis eine Glasfabrik gegründet und nach zwei Jahren mit einer Schuld von 25 000 Dollar geschlossen. Die nächsten zehn Jahre sehen ihn das Geschäft des Schiffehebens selbständig betreiben und seine Schulden abzahlen. Im Jahre 1856 war er so weit, daß er dem Kongreß den Vorschlag unterbreiten konnte, den Mississippi, Missouri usw., sowie deren Kanäle von allen Hindernissen zu befreien, der aber abgewiesen wurde, worauf Eads nach Europa ging. Auf Ersuchen Lincolns arbeitete Eads 1861 eine Denkschrift aus zum Schutz des Mississippi gegen Angriffe der Südstaaten; er baute daraufhin sieben gepanzerte Flußschiffe von 175 Fuß Länge und 51½ Fuß Breite für die Regierung. Da sie sich gut bewährten, erhielt er einen weiteren Auftrag auf einen doppelt so großen gepanzerten Dampfer, auf eine Reihe Kanonenboote, Turmschiffe usw. Später verbesserte er alle diese Konstruktionen und Verfahren, machte Studienreisen in Europa und verhandelte auch mit Deutschland und Rußland wegen Übernahme seiner Erfindungen. 1867 wurde Eads Chefingenieur der St. Louis Company und führte verschiedene hervorragende Brückenbauten aus. Die 680 m lange Washington-Brücke hat zwei Stockwerke und ist eine der großartigsten der Welt. Seine Vorschläge zur Regulierung des Mississippi-Deltas wurden erst nach großem Widerstand angenommen, führten dann aber zu einem Emporblühen des Wirtschaftslebens besonders in New Orleans. Viele ehrenvolle Anerbieten wurden ihm aus allen Teilen der Welt gemacht; mit Ausnahme der Regulierung der Merseymündung in Liverpool nahm er aber keinerlei nichtamerikanische Arbeiten an. Hervorragend war er später noch an den Regulierungsarbeiten des Sacramento-, des Columbia- und des St. Johns-Flusses beteiligt. *Hennig: Buch berühmt. Ing. (Leipzig 1911); Am. Biogr. 2 (1888) S. 287.* Wi.

EARNSHAW, James Edward, geb. 28. Aug. 1808 in Dundee, gest. 24. Nov. 1870 in Nürnberg. Dieser englische Maschinenbauer war auf Veranlassung eines Landsmannes, des Lokomotivführers William Wilson, aus der englischen Heimat nach Nürnberg gekommen. Hier war er zunächst bei einem Mechaniker Hoffmann tätig und kam dort mit dem Großkaufmann Johann Friedrich Klett in Verbindung. Als dieser seine Maschinenfabrik 1841 eröffnete, schloß Earnshaw sich mit ihm zusammen und wurde der eigentliche technische Leiter der Maschinenwerkstätte, dessen technischem Können das Werk sehr viel zu danken hat. Als man daran ging, größere Dampfmaschinen von 20 PS und mehr zu bauen, legte Earnshaw die Konstruktion fest, die sich an die damals üblichen Balanziermaschinen anlehnte. Im Wirtshaus entwarf er im eifrigen Gespräch mit Kreide auf dem Wirtshaustisch die konstruktive Anordnung. Hiernach wurden nachher mit Kohle auf Holz die Einzelteile aufgezeichnet und diese hölzernen Zeichnungen dann der Schmiede, der Modelltischlerei und Gießerei übergeben. Die Monteure machten bei Earnshaw eine ausgezeichnete Maschinenbauschule durch, und die Klettsche Fabrik hat aus seinen Konstruktionen manchen Nutzen gezogen. 1847 trat Earnshaw jedoch aus der Klettschen Fabrik aus und gründete im folgenden Jahre in Nürnberg eine eigene Maschinenfabrik unter dem Namen J. Edward Earnshaw & Co., die heute noch besteht. *Beitr. 5 (1910) S. 247.* Hä.

ECKERT, Heinrich Ferdinand, geb. 3. Febr. 1819 in Schwiebus, gest. 9. Dez. 1870 in Berlin, war der Sohn eines Tuchmachers. Er besuchte zuerst die Volksschule; als 1827 seine Eltern nach Polen auswanderten, wurde sein Unterricht sehr dürftig. Anfangs lernte er das Weberhandwerk, ging aber später in Lodz zu einem Schlosser in die Lehre. Die schlechte Behandlung und die politischen Verhältnisse des Landes hielten ihn auch hier nicht lange, und so floh er heimlich über die Grenze und wanderte zu seinem Onkel, einem Schlossermeister in seiner Heimatstadt. Hier in Schwiebus beendete er seine Lehrzeit und ging dann auf die Wanderschaft, um sich später in Berlin niederzulassen. Mit großem Eifer erweiterte er sein Wissen, erwarb das Bürgerrecht und eröffnete in Berlin eine Schlosserwerkstatt. Durch seine sauberen Arbeiten erwarb sich Eckert bald Vertrauen, so daß er schon nach einem Jahre seine Werkstatt vergrößern konnte. Sein Hauptgebiet waren landwirtschaftliche Maschinen, die er in der ersten Zeit nur reparierte, später aber in der eigenen Werkstatt selbst herstellte. Nach ausländischen Modellen baute er Pflüge, die für die hiesigen Verhältnisse brauchbar waren, und ergänzte sie durch eigene Konstruktionen, so daß er darauf Patente nehmen konnte. Durch Reisen nach dem Auslande erweiterte er nicht nur seine Kenntnisse, sondern auch seine Absatzgebiete; für Rußland z. B. hatte die Kiewer Niederlassung der Firma Siemens & Halske den Vertrieb Eckertscher Pflüge übernommen. Seit 1863 baute er auch Getreide-Drill-, Hack- und Mähmaschinen.

Eckert war bahnbrechend auf dem Gebiete des Landmaschinenbaues, aber sein Optimismus ließ ihn den baren Lohn seiner Arbeit nur gering einschätzen. Was er in einem Falle verdiente, zerrann in einem anderen Falle sehr schnell bei seinem Streben nach neuen Erfolgen. Bei seinem Tode erbte seine Familie außer seinem guten Namen nur einige angefangene Unternehmungen, deren Verwertung kaum Nutzen brachte. Im persönlichen Verkehr war Eckert ein Mann, der mit seinem einfachen Wesen viel Freunde erwarb. Die Zeit, die ihm sein Werk ließ, gehörte seiner Familie. *Steinhardt: H. F. Eckert (Berlin 1921).* Gro.

EGELLS, F. A., geb. 25. Aug. 1788 zu Rheine in Westfalen, gest. 30. Juli 1854 in Egellshütte bei Reinerz. Als Schlossergeselle lenkte Egells durch eine von ihm erfundene Windbüchse die Aufmerksamkeit der preußischen Regierung auf sich, deren damals weitblickende Begünstigung technisch-industrieller Bestrebungen ihm, als er nach dem wieder aufgegebenen Beginnen in Gravenhorst den Maschinenbau aufnahm, in weitestem Maße zuteil wurde. Man schickte ihn zu Studienzwecken nach England und Frankreich und förderte die von ihm nach seiner Rückkehr 1821 in Berlin gegründete erste private Eisengießerei, verbunden mit einer Maschinenbauanstalt, durch Überlassung englischer Werkzeugmaschinen, wie auch durch Geld und Aufträge. In dieser Fabrik arbeitete Egells ein ihm in Preußen und England patentiertes Dampfmaschinenmodell aus, den Vorläufer seiner „Bügelmaschine". Das Patent zu verkaufen, reiste er ein zweites Mal nach England, welche Reise ihm zwar nicht den im Interesse seines Unternehmens erhofften materiellen Erfolg, aber neuerdings reiche Anregung vermittelte. Wenn auch in den ersten Jahren die Arbeit der Fabrik sich gemäß den eingehenden Aufträgen hauptsächlich auf kleinere Stücke erstreckte — 1824 wurde erstmals eine hydraulische Presse und eine Trockenmaschine, 1825 eine Dampfmaschine dort fertiggestellt —, gelang es dem überragenden technischen Können Egells sowie seiner rastlosen Hingabe an sein Werk doch, allen Schwierigkeiten zum Trotz sein Unternehmen zu einem der bedeutendsten seiner Zeit auszubauen. Ganz besonders wichtig wurde die Egellssche Fabrik als eine Pflanzstätte des deutschen Maschinenbaues, da viele der nachmals führenden Maschinenbauer und Industriellen dort Ausbildung und Anregung fanden *Entw. Dm. 1 S. 172.* C. M.

EGEN, P. N. C. E., geb. 26. April 1793 in Breckerfeld bei Elberfeld, gest. 23. Aug. 1849 in Berlin. Egen war zuerst Lehrer der Mathematik und Physik am Gymnasium zu Soest, hierauf bis zu Ende des Jahres 1848 Direktor der Real- und Gewerbeschule zu Elberfeld. Schließlich kam er nach Berlin, wurde vortragender Rat im Handelsministerium und Direktor des Gewerbeinstituts. Er veröffentlichte ein „Handbuch der allgemeinen Arithmetik" (1819/20) und 1831 seine „Untersuchungen über den Effekt einiger in Rheinland und Westfalen bestehenden Wasserwerke". Mit besonderem Eifer setzte er sich für das Zustandekommen einer rheinischen Eisenbahn (zuerst von Elberfeld nach Düsseldorf) ein. Von seinen vielen Abhandlungen physikalischen und technischen Inhalts, die in Gilberts und Poggendorffs Annalen, in Karstens Archiv und in den Verhandlungen des Vereins zur Beförderung des Gewerbfleißes in Preußen enthalten sind, verdienen Erwähnung seine Versuche über das Gesetz der elektrischen Abstoßung (1825 und 1828) und die Erörterung über die Spannkraft des Wasserdampfes (1833). Der Pronysche Zaum als Dynamometer ist von Egen wesentlich verbessert und bei seinen Untersuchungen viel benutzt worden. Der Franzose Morin, dem die in Frage stehenden Verbesserungen häufig zugeschrieben werden, sagt selbst, daß er sich bei seinen Versuchen des Dynamometers in der durch Egen geschaffenen Form bedient habe. *ADB 5 (1877) S. 656; Biogr. Lit. Hwb. 1 (1863) S. 645; Gersdorf, Leipziger Repertorium, 1849.* Hä.

EGESTORFF, Georg, geb. 7. Febr. 1802 in Linden bei Hannover, gest. 27. Mai 1868 in Linden. Sein Vater Johann, aus sehr einfachen Verhältnissen stammend — er hatte das Böttcherhandwerk erlernt —, hatte es verstanden, durch rastlose Tätigkeit eine durch Zufall erworbene Kalkbrennerei am Lindener Berge in die Höhe zu bringen. Bald gliederte er eine Ziegelei und einen Steinbruch in der Nähe an, wobei er sich, da ihm billiger Brennstoff durch die von ihm erschlossene Deisterkohle zur Verfügung stand, von der berechtigten Hoffnung leiten ließ, daß die Nähe der in Erweiterung befindlichen Stadt Hannover ihm lohnende Beschäftigung für diese Unternehmungen sichern werde. Er hatte sich nicht geirrt, allein mit wachsendem Umfang seines Geschäftes empfand er mehr und mehr den Mangel besserer Schulbildung und hoffte, sein heranwachsender Sohn Georg werde ihm im Geschäft als Mitarbeiter diesen Mangel ausgleichen. Allerlei Krankheiten und besonders ein hartnäckiges Augenleiden beeinträchtigten jedoch Georgs Schulbesuch vielfach, so daß auch seine Schulkenntnisse nicht besonders groß waren und er 1816 mit 14½ Jahren, eben mit dem nötigsten alltäglichen Wissen versehen, in Hildesheim in die Lehre trat, um wie sein Vater das Böttcherhandwerk zu erlernen. Er gab aber nach 1½ Jahren diese Lehre wieder auf und trat als Schreibgehilfe in des Vaters Geschäft ein, wo er bald mit großer Energie, großem Organisationstalent und Scharfblick an der Weiterentwicklung des väterlichen Unternehmens arbeitete.

1824 gründete er in Linden die erste Zuckerraffinerie im Hannoverschen, die später von L. Hurtzig übernommen wurde. 1832 gründete er, durch eine Notiz im „Hannoverschen Magazin" von 1740 auf Salzvorkommen aufmerksam gemacht, die Saline Egestorff-Hall, nachdem er in der Nähe von Linden nach eifrigem Suchen Salz gefunden hatte. So entstand die Saline Egestorff, die sehr große Mengen Salz erzeugte und zum großen Teil auch nach dem Ausland ausführen konnte.

Nach dem Tode seines Vaters 1835 baute er eine Maschinenfabrik und Eisengießerei, wobei ihn der Gedanke leitete, bei der mit Sicherheit zu erwartenden Hebung der hannoverschen Industrie die Dampfmaschine einzuführen, die man zu jenen Zeiten noch fast ausnahmslos aus England bezog. Bereits 1836 lieferte das neue Werk die erste Dampfmaschine mit zugehörigem Kessel, deren gute Ausführung und Eignung bald zu weiteren Bestellungen führten.

Am 19. Mai 1844 wurde die erste hannoversche Eisenbahnstrecke von Hannover zur braunschweigischen Grenze eröffnet. Dies gab Egestorff Veranlassung zur Einführung des Baues von Lokomotiven, und am 15. Juni 1846 wurde die erste Egestorffsche Lokomotive auf der Strecke Lehrte-Hildesheim in Dienst gestellt, die den Namen „Ernst August" erhielt und wegen ihrer besonderen Größe, Schnelligkeit und Formgebung Aufsehen erregte. Diese Leistung ist um so höher zu bewerten, als bisher auf der hannoverschen Staatsbahn ausschließlich englische Lokomotiven liefen. Der Lokomotivbau ist seitdem bei der Firma und ihren Nachfolgern ein ganz besonders gepflegtes Arbeitsgebiet gewesen. Heute haben bereits über 10 000 Lokomotiven das Werk verlassen.

Inzwischen hatte Egestorff größere Studienreisen nach England, Belgien usw. unternommen. Immer neue industrielle Pläne verarbeitete er, unter diesen an erster Stelle einen solchen zur Verwertung der bisher unbenutzt bleibenden Abfälle der Saline an Mutterlauge, und Pfannenstein und Vergrößerung des Absatzes an Kochsalz durch bessere und reichlichere Ausnutzung. So begann er 1839 mit dem Bau einer selbständigen chemischen Fabrik in Linden, in der hauptsächlich Soda, Schwefelsäure, Chlorkalk usw. erzeugt wurden. Weiter gründete er 1856 in Limmer eine Ultramarinfabrik und in Linden eine Zündhütchenfabrik.

Egestorff stellte an seine eigene Arbeitskraft die höchsten Anforderungen, ebenso aber auch an seine Arbeiter. Anderseits war er auch auf deren Wohl aufs beste bedacht. Seit 1855 gründete er verschiedene vorbildliche Wohlfahrtseinrichtungen. Die rastlose Tätigkeit im Verein mit der riesigen Arbeitslast, die ihm seine immer mehr ausdehnenden Geschäftsunternehmungen aufbürdeten, und die oft wenig erfreulichen Erbschaftsauseinandersetzungen mit seinen Geschwistern hatten im Laufe der Jahre Georg Egestorffs Körperkräfte stark in Mitleidenschaft gezogen. Sein Geist blieb zwar frisch und elastisch, aber sein Körper verlangte allmählich nach unbedingter Ruhe, zumal als sich zu den Erschöpfungszuständen mehrere Monate anhaltende Sprachlosigkeit in immer kürzeren zeitlichen Zwischenräumen und in stärkerem Maß einstellte. In fast allen deutschen Bädern und Kurorten suchte er viele Jahre hindurch ohne Erfolg Heilung und Linderung. Erst nach einer Reihe von Jahren, als er es über sich gewonnen hatte, sich gänzlich vom Geschäftsleben zurückzuziehen, erholte er sich, allerdings nur scheinbar, denn nach einigen wenigen Jahren verfiel er um so schwererem Siechtum, um in der Frühe eines Maimorgens seine Augen für immer zu schließen.

Georg Egestorff war eine typische Gründererscheinung, wie sie in der zweiten Hälfte des vorigen Jahrhunderts mit dem Erwachen des industriellen Lebens in Deutschland an vielen Orten auftauchten. Mit praktischem Sinn und unermüdlichem Tätigkeitsdrang haben diese meist aus einfachen Verhältnissen stammenden Männer es verstanden, in eisernem Fleiß zielbewußt ihren Weg zu gehen und die Grundlagen der heutigen deutschen großindustriellen Unternehmungen zu schaffen. Bei seinem Tode war Georg Egestorff der größte Industrielle der Provinz Hannover. Er besaß über ein Dutzend einzelne selbständige Werkunternehmungen, die größtenteils noch heute vorhanden sind. Einen Sohn hinterließ er nicht, so nahmen seine Werke nach seinem Tode zumeist die Form von Aktiengesellschaften an. *Beitr. 11 (1921) S. 198; ADB 5 (1877) S. 657.* Lo.

EHRHARDT, Ludwig, geb. 17. Sept. 1838 zu Mutterstadt (Pfalz), gest. 29. Sept. 1905 in Schleifmühle-Saarbrücken. Nach Absolvierung der Gewerbeschule in Landau sowie der Kgl. Polytechnischen Schule in Augsburg und nach praktischer Arbeit als Maschinenschlosser in St. Ingbert (Pfalz) trat er in das technische Bureau der Maschinenfabrik Augsburg ein. Infolge des durch den Ausbruch des italienisch-französischen Krieges hervorgerufenen Arbeitsmangels mußte Ehrhardt seine Tätigkeit aufgeben und fand erst nach langem Suchen bei einer kleinen Maschinenfabrik bei Gleisweiler wieder Beschäftigung. In der Dinglerschen Maschinenfabrik in Zweibrücken (Pfalz) brachte er es in kurzer Zeit vom Zeichner zum ersten Konstrukteur und im Laufe der Jahre zum Oberingenieur und baute in dieser Stellung vorwiegend Betriebsdampfmaschinen, Kessel, Turbinen und andere Arbeitsmaschinen. 1876 verließ er Zweibrücken und gründete mit Theodor Sehmer die Maschinenfabrik in Schleifmühle bei Saarbrücken unter der Firma Ehrhardt & Sehmer. Das Werk erzielte große Erfolge durch Herstellung des ersten Reversierdrillings mit mittelbarem Antrieb der Walzenstraße. Ebenso zeichnete sich das Unternehmen durch Gebläsemaschinen- und Pumpenbau aus. Krankheitshalber zog er sich 1904 von seinem Arbeitsfelde zurück, fand jedoch die erhoffte Genesung nicht mehr. *St. u. E. 25 (1905) S. 1222.* Schu.

EIFFEL, Alexandre Gustave, geb. 15. Dez. 1832 in Dijon, gest. 28. Dez. 1923 in Paris. Eiffel empfing seine Fachausbildung auf der École Centrale des Arts et Manufactures. Im Jahre 1855 trat er in die Praxis, während der er sich hauptsächlich dem Eisenbau zuwandte. Auf diesem Gebiet hat er eine ungemein fruchtbare Tätigkeit entfaltet. 1858 baute er die große Brücke bei Bordeaux, bei deren Gründung er als einer der ersten Druckluft verwandte. Dieses Gründungsverfahren hat er später sehr ausgebaut. Bei Arbeiten für die Pariser Weltausstellung 1867 erfuhren seine theoretischen Arbeiten über den bei Eisenbauten anzunehmenden Elastizitätskoeffizienten eine gute praktische Bestätigung. Noch im selben Jahre gründete er in Levallois Perret, eine Eisenbauanstalt, die nachmalige „Société de Constructions de Levallois-Perret", aus der Eisenbauten für alle Erdteile hervorgegangen sind. Eiffel hat neue Aufstellungsweisen für Eisenbauten ohne Gerüst eingeführt und sich besonders erfolgreich mit der Konstruktion leichter zerlegbarer Brücken für Kriegs- und Kolonialzwecke befaßt. Von größeren Bauwerken nach seinen Entwürfen seien erwähnt die Brücke über den Duero bei Porto, die Garabitbrücke über die Truyère mit einer Spannweite von 165 m, Brücken bei Szegedin, der Staatsbahnhof in Budapest, Hallen der Pariser Ausstellung von 1878, Gasanstalten usw. Auch die bewegliche Kuppel der Sternwarte in Nizza ist sein Werk. Besonders bekannt geworden ist sein Name durch den kühnen Bau des nach ihm benannten Turmes auf dem Marsfeld in Paris für die Ausstellung von 1889, der mit einer Höhe von 300 m noch heute das höchste Bauwerk der Erde darstellt.

Beim Bau des Panamakanals im Jahre 1887 wurden ihm besonders die Arbeiten für die Wasserhaltung übertragen. Eiffel wurde später in den Panamakrach verwickelt und verurteilt, dann aber vom Kassationshof wieder rehabilitiert. Im Jahre 1890 zog sich Eiffel aus seiner Unternehmung zurück, die unter seiner Leitung Arbeiten im Werte von 140 Mill. Frs. ausgeführt hatte, und beschäftigte sich mit wissenschaftlichen Arbeiten über Meteorologie und Windmessungen. Man kann ihn auch zu den Begründern der aerodynamischen Wissenschaft zählen, zu der er zahlreiche Beiträge geliefert hat. Während er zunächst seine aerodynamischen Versuche auf dem Eiffelturm anstellte, führte er seine späteren Forschungen in einem Windkanal durch. Seine Arbeiten sind hauptsächlich von Bedeutung für den Brückenbau und die Luftfahrt geworden. Von seinen Veröffentlichungen sind zu erwähnen: „Travaux scientifiques" (1900), „La Tour Eiffel en 1900", „Recherches expérimentales sur la résistance de l'air" (1907) und „La résistance de l'air et l'aviation" (1911 und 1914). *L'Aérophile Jg. 19; Z 68 (1924) S. 180.* Be.

ELDER, John, geb. 8. März 1824 in Glasgow, gest. 1869. Der Vater John Elders, David Elder, war 1805 als Sohn eines Kunstmeisters geboren; 1822 kam er in die Werkstatt von Robert Napier. Hier lernte auch John Elder unter seines Vaters Leitung den Maschinenbau. 1852 trat er in die alte bekannte Firma Randolph, Elliot & Co. in Glasgow ein, die sich mit Einrichtung von Mühlen und allgemeinem Maschinenbau beschäftigte. Angeregt durch die Versuche des englischen Ingenieurs Nicholson, der 1850 Verbundmaschinen mit um 90° gegeneinander versetzten Kurbeln anwandte, beschäftigte auch Elder sich mit der Verbundmaschine, besonders ihrer Anwendung als Schiffsmaschine. 1856 baute er eine Woolfsche Maschine mit entgegengesetzter Kolbenbewegung. Die Schieber waren zwischen den nebeneinander stehenden Zylindern angeordnet, so daß hierdurch sehr kurze Dampfwege erzielt wurden. 1860 änderte die Firma ihren Namen in die Bezeichnung Randolph, Elder & Co. und nahm unter Elders Leitung den Schiff- und Schiffmaschinenbau auf, die zu größten Erfolgen führten. Neben Elders großen technischen Leistungen wurde sein weitgehendes soziales Verständnis für die Lage seiner Arbeiter gerühmt. Zu früh für die Technik und die englische Industrie entriß der Tod den kaum 45jährigen seinem Arbeitsfeld. Das Werk ging später in die Fairfield Engine Works über. *Entw. Dm. 2 S. 487.* Hä.

EMERSON, William, geb. 14. Mai 1701 in Hurworth (bei Darlington), gest. 20. Mai 1782 ebenda, war der Sohn eines Schulmeisters. Den ersten Unterricht erhielt er von seinem Vater und einem Geistlichen, später auf Schulen in Newcastle und York. In seinen Heimatort zurückgekehrt, begann er gleichfalls zu unterrichten, doch da er keine Lehrbegabung besaß, verlor er bald seine Schüler und beschloß darum, ganz seinen eigenen Arbeiten zu leben. Er widmete sich mit unermüdlichem Eifer dem Mathematikstudium; schon 1749 veröffentlichte er eine Abhandlung über die Infinitesimalrechnung. 1763 schloß er mit seinem Verleger einen Vertrag für das regelmäßige Erscheinen von Handbüchern für Studenten. Da Emerson sich ein großes Wissen angeeignet hatte, fanden diese Bücher Anerkennung, jedoch waren sie als Wegweiser für junge Studenten reichlich schwer verständlich. Während eines längeren Aufenthaltes in London erlernte er, da er von jeher an der Ausübung der praktischen Mechanik das regste Interesse genommen hatte, das Uhrmacherhandwerk. Alle Modelle, die er für seine Studien brauchte, konstruierte er selbst und hat u. a. eine Spinnmaschine erbaut, von der eine Zeichnung in seinen „Mechanics" zu finden ist. Neue Vorschläge für mechanische Verbesserungen fußten bei ihm stets auf einer gründlichen Erprobung an einem selbst konstruierten Modell.

Emerson besaß hervorragende musikalische Kenntnisse, er hat diese allerdings niemals in praktisch ausübender Weise verwertet. Seine Art sich zu geben war seltsam, er verfügte über ein großes Allgemeinwissen, duldete aber in der Unterhaltung ungern irgendwelchen Widerspruch, er lehnte es aus einem gewissen geistigen Hochmut ab, Mitglied der Königlichen Gesellschaft zu werden. Emerson starb 81 jährig in seiner Heimatstadt. *Enc. Brit. 9 (1910) S. 335; Nat. Biogr. 17 (1889) S. 351.* Ca.

ENFANTIN, Barthelemy Prosper, geb. 8. März 1796 zu Paris, gest. 31. Aug. 1864 ebenda, war der Sohn eines Pariser Bankherrn und trat mit 16 Jahren in die polytechnische Schule ein, die er nach zwei Jahren verlassen mußte, weil er mit mehreren Mitschülern auf den Höhen von Montmartre gegen die Verbündeten gekämpft hatte; er ging als Handlungsreisender und Bankbeamter in das Ausland und schloß sich, nach Paris zurückgekehrt, den Saint-Simonisten an, die das praktische Christentum, die allgemeine Verbrüderung der Menschen zum Zwecke friedlicher, nützlicher Arbeit lehrten. Enfantin begründete nach Saint-Simons Tod (1825) eine „patriarchalisch-sozialistische Gesellschaft", die aber ihre Anschauung in so überspannter und ungewöhnlicher Weise betätigte, daß ihre führenden Mitglieder, auch Enfantin, in das Gefängnis wandern mußten. Nach wenigen Monaten aus der Haft entlassen, ging Enfantin 1833 mit einer Schar junger Männer, insbesondere Technikern, nach Ägypten und nahm werkkräftigen Anteil an den vom Vizekönig Mehemet-Ali eingeleiteten großen technischen Arbeiten, namentlich an der Regelung des Nils. Zu dieser Zeit schon beschäftigte ihn der Plan der Durchstechung der Landenge von Suez, doch fand er bei Mehemet-Ali nicht die notwendige Unterstützung, da dieser die Nilregelung für wichtiger hielt. Die politischen Wirren trieben Enfantin nach Frankreich zurück (1837). Zunächst wirkte er als Postmeister in der Gegend von Lyon, wurde dann Mitglied der wissenschaftlichen Kommission von Algier zur Untersuchung der Kolonisationsfrage dieses Landes und später Sekretär der Paris-Lyon-Mittelmeer-Eisenbahn. Nun griff Enfantin auch wieder den Gedanken des Suezkanals auf, setzte sich mit Arlès-Dufour in Paris und dessen Vetter Dufour in Leipzig in Verbindung und begründete im Jahre 1846 die zwischenstaatliche Gesellschaft zur Durchführung der Vorarbeiten für die Durchstechung der Landenge von Suez. Ihr großes Verdienst ist die Durchführung der für den Kanalbau grundlegenden technischen Studien. 1854 reiste Lesseps im Auftrage Enfantins nach Ägypten, mißbrauchte aber im weiteren das Vertrauen Enfantins, schob die Studiengesellschaft beiseite und drängte Enfantin in den Hintergrund. Getreu seinem Grundsatze, daß es sich nur um das Werk selbst handle, das geschaffen werden müsse, auch ohne die Studiengesellschaft, unternahm Enfantin keine Schritte gegen Lesseps. Er starb vor Eröffnung des Kanals (1869). Von Enfantins Schriften seien erwähnt: „Traité d'économie politique" 1830; Colonisation de l'Algerie" 1843. Eine Sammlung seiner Briefe und Schriften gemeinsam mit denen von Saint-Simon erschien in Paris 1865 bis 1878. Viele den Suezkanal betreffende Briefe finden sich in Georgi und Dufour-Feronce: „Urkunden zur Geschichte des Suezkanals" (Leipzig 1913). *Birk: Alois Negrelli, 2. Bd. (Wien 1925); Birk u. Müller, Der Suezkanal usw. (Hamburg 1926).* Bk.

ENGERTH, Wilhelm Freiherr v., geb. 26. Mai 1814 zu Pleß in Schlesien, gest. 4. Sept. 1884 zu Leesdorf b. Baden, war der Sohn eines Malers. Nach dem Besuch der Realschule wandte er sich dem Bauhandwerk zu, erwarb sich ein Stipendium und ging auf das Polytechnische Institut nach Wien. Er widmete sich zunächst der Architektur; nachdem er schon mehrere Bauten ausgeführt hatte, kehrte er an das Wiener Polytechnikum zurück, um Maschinenwesen zu studieren. 1840 war er Assistent an der Lehrkanzel Burgs für Mechanik und Maschinenlehre und drei Jahre später kam er als Professor der Maschinenlehre an das Joanäum in Graz. Bald wurde er in das Ministerium für Handel und Gewerbe berufen; er arbeitete in dieser Stellung die grundsätzlichen Entwürfe für die seinen Namen tragende Lokomotivbauart aus und klärte damit die Frage des Lokomotivsystems für die Semmeringbahn. Nach seinen Plänen hatte die Maschine zwei getrennte Radgestelle für Lokomotive und Tender. Das vordere Gestell war mit dem Kessel fest verbunden und das rückwärtige oder Tendergestell wurde mit den Vorräten belastet und hatte außerdem einen Teil des Kesselgewichtes zu tragen. Die Kupplung geschah mittels Gleitpfannen und Konsolen mit kugeligen Auflagern, die von den Längsseiten des Stehkessels die Last auf den Rahmen des Tendergestelles übertrugen. Es gelang, 66 vH des Gesamtgewichtes für nutzbare Reibung zu verwerten; ein Ergebnis, das damals von keiner Lokomotive erreicht wurde. Nicht nur in Österreich, auch in der Schweiz und in Frankreich fanden Lokomotiven dieser Bauart Verwendung. Im Jahre 1860 trat Engerth als Zentraldirektor in den Dienst der Staatseisenbahn. Weiteren Kreisen der Bevölkerung wurde er bekannt durch den Bau des Schwimmtores bei Nußdorf, wodurch es möglich war, den Donaukanal vor den verheerenden Wirkungen des Eisstoßes zu schützen. — Engerth war auch literarisch sehr tätig und schrieb viele in Fachkreisen geschätzte Abhandlungen, z. B. „Über die Konstruktion der Gebirgslokomotiven", „Kesselprobegesetze", „Über den Patentschutz" usw. Daneben nahm er regen Anteil an der Ausgestaltung des Polytechnischen Instituts in Wien zu einer Hochschule. *Beitr. 4 (1912) S. 349; Enz. Eisb. 4 S. 340.* Gro.

ERICSSON, John, geb. 31. Juli 1803 in Langbanshyttan (Schweden), gest. 8. März 1889 in New York. Ericsson, dessen Vater Bergwerksbesitzer war, zeigte bereits frühzeitig technische Veranlagung. Schon mit 14 Jahren wurden ihm selbständige Vermessungsarbeiten übertragen. Von seinem 17. bis zum 22. Lebensjahre Soldat, zuletzt Unterleutnant, verließ Ericsson im Mai 1826 die Heimat und ging nach England, um dort die von ihm erdachte Heißluftmaschine zu bauen und auszuproben. Er widmete sich auch anderen technischen Problemen. So baute er mit Braithwaite zusammen die Lokomotive „Novelty" und beteiligte sich mit ihr an dem Lokomotivwettstreit von Rainhill, aus dem Stephenson als Sieger hervorging.

Ericssons erste 5 PS.-Luftmaschine, die er 1833 baute, erregte großes Aufsehen. Man setzte damals die übertriebensten Hoffnungen in diese Maschine, da man glaubte, alle zugeführte Wärme in einem Regenerator zurückgewinnen zu können. Erst später kam man zu der Erkenntnis, daß sich ein großer Teil der Wärme in Arbeit umgesetzt hat und nicht mehr als Wärme zurückgewonnen werden kann.

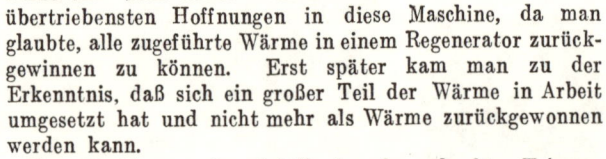

Den Problemen der Schiffsschraube schenkte Ericsson größte Beachtung und führte 1836 der englischen Admiralität auf der Themse den ersten von ihm erbauten Schraubendampfer vor. Da Ericsson aber von der englischen Marineleitung die gewünschte Unterstützung nicht erhielt, wandte er sich nach Amerika, wo er mit offenen Armen empfangen wurde. Das erste große Kriegsschiff, das mit Propellern, nach Ericsson entworfen, ausgerüstet wurde, war die Princeton. Nach einem mißglückten Versuche, die Luftmaschine als Antriebsmaschine für ein größeres Schiff zu benutzen, gab Ericsson endgültig den Bau solcher Maschinen auf. Ericsson ist noch bekannt als der Erbauer des ersten Monitors, jenes stark gepanzerten Schiffes, dessen Rumpf fast gänzlich unter Wasser lag, während sich über Wasser nur ein Panzerturm mit schweren Geschützen zeigte. Der Monitor entschied damals den Krieg zwischen den Nord- und Südstaaten zugunsten der ersteren. Noch viele technische Neuerungen entsprangen weiterhin seinem nimmerrastenden Geist und viele Ehrungen häuften sich auf ihn. Bis zu seinem Tode lebte Ericsson in Amerika. *Entw. Dm. 1 S. 786; Slaby: J. Ericsson, Gedächtnisrede, Sb. Gewerbfleiß, 69 (1890).* Gs.

ERICSSON, Nils von, geb. 31. Jan. 1802 in Langbanshyttan (Wermland), gest. 8. Sept. 1870 in Stockholm, ein älterer Bruder des berühmten Technikers John Ericsson, wurde 1823 Unterleutnant beim Ingenieurkorps der schwedischen Armee, 1850 Oberst im mechanischen Korps der Flotte, 1858 dirigierender Chef der Staatseisenbahnbauten. 1854 wurde Ericsson in den Adelsstand erhoben. Er erbaute von 1837 bis 1844 die neuen Schleusen am Trollhättakanal, die Schiffdocks in Stockholm, 1849 bis 1856 den großen Kanal zwischen dem Saiman und dem Finnischen Golf. 1844 gründete Nils Ericsson, zusammen mit dem Kaufmann C. A. Kullgren, in Uddevalla auf Malmön bei Lysekil die erste Granitsteinhauerei Schwedens. 1853 beschloß der schwedische Reichstag, die Hauptlinien der Eisenbahn als Staatsbahnen anzulegen, und beauftragte den als hervorragenden Kanalbauer bekannten Nils Ericsson, der zu diesem Zwecke mit einer außerordentlichen Machtbefugnis ausgerüstet wurde, mit der Ausführung dieses Beschlusses. Ericsson erbaute mehrere der Staatsbahnlinien und entwarf den Plan für sämtliche Staatsbahnen in Mittel- und Südschweden; er muß als Schöpfer des schwedischen Eisenbahnnetzes angesehen werden. *J. Guinchard: Schweden, Historisch. Statistisches Handbuch (Stockholm 1913) 2 S. 6, 457, 620, 652.* Ca.

ERNST, Adolf v., geb. 17. März 1845, gest. 28. Aug. 1907 in Meiringen, hat als Sohn eines Geh. Oberjustizrates in Berlin eine gute Erziehung erhalten. Um Maschinenbauer zu werden, arbeitete er bei M. Weber in Berlin praktisch, studierte auf der Gewerbeakademie und war danach als Ingenieur bei E. Becker und Schwartzkopff in Berlin tätig, dazwischen auch ein Jahr in England. Der Krieg 1870 trug ihm eine schwere Verwundung ein, die ihn zeitlebens sehr behinderte. Nach dem Kriege finden wir ihn als Lehrer für Maschinenbau in Halberstadt. Hier erschien 1883 die erste Auflage seines großen Werkes „Hebezeuge", das ihm auch in den folgenden das Werk weiter ausbauenden Auflagen hohes wissenschaftliches Ansehen eintrug. 1884 wurde Ernst nach Stuttgart berufen und hier hat er 23 Jahre hindurch eine große Tätigkeit auf dem Gebiete des Maschineningenieurwesens entwickelt. Seinen Fachgenossen hat er sein großes Wissen und Können vor allem im Verein deutscher Ingenieure zur Verfügung gestellt. Ein Mann von ausgeprägter Eigenart, hat er stets auch für das, was ihm als Recht erschien, gekämpft und gelitten. *Z 51 (1907) S. 1485.* C. M.

ESCHER, Johann Caspar vom Felsenhof, geb. 10. Aug. 1775 in Zürich, gest. 29. Aug. 1859 in Neumühle. Als Sohn eines angesehenen Kaufmanns genoß er eine gute Erziehung und wurde vom Vater zum Kaufmann bestimmt. Der Beruf befriedigte ihn nicht, und ein längerer Aufenthalt in Italien ließ ihn wünschen, Architekt zu werden. Besonders die konstruktiv technische Seite zog ihn an. Deshalb war der Sprung vom Bauwesen in das Maschinenfach nicht groß. Nunmehr begann die eigentliche Lebensarbeit Eschers. Sein lebhafter Geist, sein scharfer Blick, die große Freude am Konstruieren, verbunden mit einer zähen Beharrlichkeit, machten ihn zum großen Schweizer Industriebegründer. Die Zukunft der Industrie sah er in der Verwendung der damals von England kommenden Maschinen. Besondere Bedeutung hatten die neuen Spinnmaschinen, die außerhalb Englands nur in Chemnitz und Rouen zu finden waren und hier als großes Geheimnis vor unberufenen Augen geschützt wurden. Escher gelang es, mit einem Freunde, in Sachsen einiges zu lernen, bis sie als verdächtig über die Grenze geschafft wurden. Einen Schlosser aber brachte er mit, der es verstand, zunächst eine von Hand getriebene Spinnmaschine zu bauen. Der Versuch ermutigte Escher, 1805 im Verein mit acht anderen schweizer Unternehmern mit 80000 Gulden eine Spinnerei unter der Firma Escher, Wyss u Co. zu begründen. Man begann sofort, nach englischem Vorbild Spinnmaschinen zu bauen. Von 1810 an fing man bereits an, für fremden Bedarf Maschinen zu bauen. Aus der Spinnerei erwuchs die Maschinenfabrik. Die Gründung Eschers wurde so der Anfang der großen Schweizer Maschinenindustrie. Zunächst wurden nur Spinnmaschinen nebst Zubehör, Fabrikeinrichtungen und Wasserräder gebaut, schon 1836 aber konnte das erste Dampfschiff fertiggestellt werden. Große Bedeutung gewann auch der Bau von Papiermaschinen und Turbinen. Auch im Dampfmaschinenbau wurde bald Vorzügliches geleistet. Eschers Sohn Albert, der lange Zeit in England gründlich den Maschinenbau kennen gelernt hatte, förderte die Entwicklung der Firma. Auch J. C. Escher selbst war fünfmal in England gewesen und hatte immer neue starke Eindrücke zu weiterer Tätigkeit mit in die Heimat gebracht. Noch im hohen Alter von 84 Jahren war Escher ununterbrochen tätig. Wöchentlich mehrmals besuchte er die Fabrik und entschied klar und fest über die zu treffenden Maßregeln. Nach kurzem Kranksein starb er, „wie man nur wenige Menschen sterben sieht: als ein Arbeiter, der getrost und heiter zur Ruhe geht". *Entw. Dm. 1 S. 212; ADB 6 (1877) S. 359; Mousson: Lebensbild des J. K. Escher im Felsenhof (Zürich 1868).* C. M.

ETZEL, Karl v., geb. 1812 zu Heilbronn (Württemberg), gest. 2. Mai 1865 in Tirol, war der Sohn des Baudirektors E. v. Etzel, des Schöpfers des württembergischen Straßenbahnnetzes; er besuchte das Gymnasium in Stuttgart, das Seminar in Blaubeuren, lernte das Zimmermannshandwerk, wandte sich dann den technischen Studien zu und ging 1835 nach Paris, wo er anfangs bei den Architekten Gau aus Köln, später beim Bau der Eisenbahn nach St. Germain unter Clapeyron arbeitete; hier lenkte er durch den Entwurf für die Seinebrücke bei Asnières die Aufmerksamkeit der Fachwelt auf sich. Nach einer Studienreise nach England und nach kurzer Tätigkeit beim Bau der Versailler Bahn l. U. begab sich Etzel nach Wien (1839) und führte hier, teils gemeinsam mit Förster, teils allein, verschiedene Hochbauten aus. 1843 trat Etzel als Oberbaurat in den württembergischen Staatsdienst; seine ersten Arbeiten waren die Entwürfe eines Eisenbahnnetzes für Württemberg und einer Baudienstorganisation, die er auch erfolgreich in der Kammer vertrat. Die Linien Plochingen-Stuttgart-Heilbronn und Bietigheim-Bruchsal, der Enzviadukt bei Bietigheim, der Albübergang sind seine eigenen Werke. 1853 übernahm Etzel die Bauleitung der schweizerischen Zentralbahn, für die er eine Reihe großartiger Kunstbauten schuf (die Sillbrücke bei St. Gallen, die Aarebrücken bei Olten und Bern, den Hauensteintunnel usw.). Wenige Jahre später wurde er Baudirektor der neugegründeten Franz Joseph-Orientgesellschaft in Österreich und nach deren Vereinigung mit der Südbahngesellschaft Baudirektor dieser Gesellschaft. Unter seiner Leitung vollzog sich der Bau der Linien Ofen-Pragerhof, Alba-Uj-Szöny, Steinbrück-Sissek, Agram-Karlstadt, Marburg-Villach, Ödenburg-Kanisza; die Vollendung seines größten Werkes, der Brennerbahn, erlebte er nicht mehr; ein schwerer Schlaganfall setzte seinem Leben in der Vollkraft seiner Jahre am 2. Mai 1865 ein Ziel. Etzel, der auch fachschriftstellerisch tätig war und im Jahre 1844 mit Oberbaurat Klein die in Stuttgart erscheinende „Eisenbahnzeitung" leitete, war ein Mann von vorzüglicher allgemeiner Bildung und großer Tatkraft, ein zielbewußter Organisator, der es verstand, für jede Arbeit den richtigen Mann zu wählen. Seine größeren Veröffentlichungen sind: Sur les grands chantiers de terrassements (Paris 1837); Die Brücken und Talübergänge der schweizerischen Zentralbahn; Österreichische Eisenbahnen, entworfen und ausgeführt in den Jahren 1857 bis 1865 von Karl v. Etzel. Ausführliche Mitteilungen über Etzels Wirken in Württemberg bringt Baudirektor v. Marlok in seinem Buche „Die kgl. württembergischen Staatseisenbahnen" 1890. Auf der Brennerhöhe wurde Etzel ein Denkmal gesetzt. *Geschichte der Eisenbahnen der österreichisch-ungarischen Monarchie, Bd. 1, 1; Enz. Eisb. 4 S. 410.* Bk.

EUKLID, geb. um 300 v. Chr. in Gela oder Tyros. Euklid lebte in Alexandria am Hofe des Ptolemäos Lagi; er gehörte zu den frühesten Mitgliedern der alexandrinischen Schule. Über seine näheren Lebensumstände ist wenig bekannt.

Von den uns erhaltenen Schriften sind die berühmtesten die „Stoicheia", d. h. Elemente der Geometrie, in 13 Büchern, denen später als Anhang noch zwei hinzugefügt sind. Sie sind wegen ihrer Vollständigkeit und strengen Beweisführung vorbildlich und bis in die neueste Zeit häufig dem Unterricht zugrunde gelegt worden. Das Werk umfaßt die Geometrie der Ebenen und des Raumes und geht auch auf die Lehre von den Zahlen als der Grundlage allen Messens ein. Von besonderer geschichtlicher Bedeutung ist das von ihm behandelte Parallelenaxiom, das ausspricht, daß sich zwei Gerade auf derjenigen Seite schneiden, auf der die Summe der beiden inneren Anwinkel kleiner als 2 Rechte ist. Eine genaue Inhaltsangabe der 13 Bücher, aus welchen die „Elemente" Euklids bestehen, findet sich bei Cantor Gesch. d. Mathem., 1, Leipzig 1907, S. 221. Auch mit den Kegelschnitten und der Infinitesimalrechnung befaßte sich Euklid, ferner wird ihm die erste systematische Bearbeitung der Optik zugeschrieben, wie auch verschiedene Abhandlungen aus dem Gebiet der Akustik. Die „Data" ist eine Art Einleitung in die geometrische Analysis; die Schrift „Phaenomena" enthält die Grundzüge der Astronomie. Bedeutend war der Einfluß Euklids auf die Entwicklung der Mathematik bei den Arabern. Mit vollem Recht wird er der „Vater der Geometrie" genannt. *Entw. Natw. 1 S. 132; Handb. Natw.* Ca.

EULER, Leonhard, geb. 15. April 1707 in Basel, gest. 18. Sept. 1783 in Petersburg, einer der größten Mathematiker aller Zeiten, der mit seinen Arbeiten die technisch-wissenschaftliche Entwicklung maßgebend gefördert hat. Von seinem Vater, einem hochgebildeten, mit besonderer Vorliebe für die Mathematik begabten Geistlichen, erhielt er den ersten mathematischen Unterricht, der für die Wahl seines Lebensberufes entgegen der väterlichen Absicht, die auf den geistlichen Stand zielte, entscheidend werden sollte. Noch sehr jung bezog er die Universität seiner Vaterstadt, wo er bevorzugter Schüler des großen Mathematikers Johann Bernoulli wurde und bereits mit 17 Jahren (1724) die Magisterwürde erlangte. Durch Vermittlung der ihm befreundeten Söhne seines Lehrers, Nikolaus und Daniel Bernoulli, kam er 1727 als Adjunkt der mathematischen Klasse an die Akademie in Petersburg, erhielt 1730 eine Professur für Naturkunde (Physik) und 1733 die durch Daniel Bernoullis Rückkehr in die Schweiz erledigte Stelle eines Mitgliedes der Akademie. In dieser Stellung veröffentlichte er 3 Jahre später sein klassisches Lehrbuch der Mechanik „Mechanica sive motus scientia analytice exposita", 2 Bde., Petersburg 1736 (deutsch von J. Ph. Wolfers, Greifswald 1848—1850), in dem er die schwerfälligen geometrisch-synthetischen Beweise seiner Vorgänger durch eine leicht verständliche analytische Behandlungsweise ersetzte. Dieses Werk verschaffte Euler in kurzer Zeit europäischen Ruf und stellte ihn mit einem Schlage in die Reihe der Klassiker der Mathematik. Seitdem entfaltete er auf allen Gebieten der reinen und angewandten Mathematik eine schöpferische Tätigkeit, wie sie die Welt an Umfang und Tiefe kaum ein zweites Mal gesehen hat. Die politischen Verhältnisse in Rußland und deren ungünstige Wirkung auf die Entwicklung der Akademie bewogen Euler 1741, einen Ruf Friedrichs des Großen an die seit dessen Regierungsantritt neubelebte Berliner Akademie anzunehmen. 1744 wurde er Direktor der mathematischen Klasse und wirkte 22 Jahre in dieser Stellung. Neben seiner ausgebreiteten wissenschaftlichen Tätigkeit widmete er sich auch praktischen Aufgaben, wie sie der mit ihm in regem Briefwechsel stehende König stellte (Nivellieren des Finowkanals zwischen Havel und Oder, Ausbeutung der Schönebeckschen Salzwerke, Gutachten über die Wasserwerke in Sanssouci u. a.). Von den ihm in dieser Zeit zuteil werdenden Auszeichnungen sei nur erwähnt, daß ihn die Pariser Akademie, die bis 1753 bereits sieben Arbeiten Eulers preisgekrönt hatte, 1755 zum überzähligen, auswärtigen Mitgliede ernannte, ein in ihren Annalen ganz ungewöhnlicher und seltener Fall. Auch während der Berliner Zeit wurden Eulers Beziehungen zu der Petersburger Akademie nicht unterbrochen. Er behielt eine Vorliebe für das Land, in dem er seine Jünglingsjahre verbracht hatte. Als daher nach dem Regierungsantritt der großen Katharina die Petersburger Akademie neues Leben gewann, folgte er einem an ihn ergangenen Rufe und kehrte 1766 dorthin zurück, wo die Wiege seines Ruhmes gestanden hatte. Kurz nach seiner Ankunft traf ihn das harte Geschick, daß er infolge einer schweren Krankheit auf dem linken Auge erblindete, nachdem er schon 1735 das rechte verloren hatte. Trotz dieses und anderer Schicksalsschläge setzte er mit Hilfe treuer Mitarbeiter seine rastlose, durch ein phänomenales Gedächtnis unterstützte Tätigkeit fort. Ja, es scheint, als ob der Verlust des Gesichtes seine Produktionskraft noch erhöht habe. Denn gerade aus seinem letzten Lebensabschnitt stammen, wenn auch nicht die größten und bedeutendsten, so doch so viele wissenschaftliche Arbeiten, daß sie selbst bis heute noch nicht voll ausgeschöpft werden konnten. Als er 1783 starb, hatte er sein einst gegebenes Versprechen, soviel Abhandlungen zu liefern, daß sie für 20 Jahre nach seinem Tode hinreichten, nicht nur erfüllt, sondern weit überboten. Das von Eneström bearbeitete Verzeichnis seiner Schriften (Jahresbericht der Deutschen Mathematiker-Vereinigung, Erg.-Bd. 4, Leipzig 1910—1913) umfaßt 865 Nummern, von denen zu Eulers Lebzeiten erst 562 gedruckt waren. Verschiedene Versuche, dieses Riesenvermächtnis gesammelt herauszugeben, waren gescheitert, ehe die Schweizerische Naturforschende Gesellschaft seit 1907 es unternahm, unter dem Beifall und mit einmütiger Unterstützung der ganzen wissenschaftlichen Welt in einer Monumentalausgabe das Lebenswerk ihres großen Landsmannes für alle Zeiten sicherzustellen. In drei großen Serien werden nach Abschluß dieser Ausgabe Eulers Arbeiten auf den Gebieten der reinen Mathematik, der Mechanik und Astronomie (darin auch Artillerie-, Ingenieur-, Maschinen- und Schiffswesen), der Physik samt den Werken verschiedenen Inhalts und dem Briefwechsel vorliegen und zweifellos der wissenschaftlichen Arbeit noch manche Anregung geben. Wie Eulers wissenschaftliche Leistungen das Urteil des Außerordentlichen und Seltenen verdienen, so auch die Eigenschaften seines Charakters, dessen Grundzüge die Nationaltugenden seines Stammes, Aufrichtigkeit und unbestechliche Redlichkeit im Verein mit großer Gerechtigkeitsliebe und tiefer Religiosität bildeten. *Nicol. Fuss, Lobrede auf Herrn L. Euler, Basel 1786 u. Petersburg 1783 (wieder abgedr. in Leonhardi Euleri Opera omnia, Ser. 1, T. 1, Leipzig 1911); ADB 6 (1877) S. 422; Gesch. Mech. S. 167.* Wa.

EVANS, Oliver, geb. 1755 oder 1756 in der Nähe von Newport (Del.), gest. 21. April (nach anderen Quellen 19. April und 15. März) 1819 in Philadelphia. Nach einfacher Erziehung — er war der Sohn eines angesehenen Landwirts — kam er im Alter von vierzehn Jahren zu einem Wagenbauer in die Lehre. Nachts beim Schein brennender Holzspäne arbeitete er heimlich an der Vervollkommnung seiner Bildung. Bereits zu dieser Zeit suchte er eine Möglichkeit, auf der Landstraße Wagen ohne Pferde oder andere tierische Kraft fortzubewegen. Die zu dieser Frage vorhandene Literatur wurde von ihm auf das eifrigste studiert; er mußte die bisherigen Ergebnisse jedoch nach einiger Zeit als unpraktisch und unausführbar beiseite lassen. Kurz darauf lernte er die Dampfkraft kennen und erklärte nun ohne Bedenken, das gestellte Problem lösen zu können. Mit 23 oder 24 Jahren war er damit beschäftigt, Kardenzähne mit der Hand herzustellen. Da ihm diese Arbeit zu langweilig erschien, konstruierte er eine Maschine, die imstande war, 3000 Zähne in der Minute, und zwar genauer und vollkommener als bisher, zu fabrizieren. Die Erfindung wurde von Anderen ausgebeutet; er selbst hatte wenig Nutzen davon. Im 25. Lebensjahre heiratete er und arbeitete jetzt mit seinen Brüdern zusammen, die Müller waren. Dieser Berufszweig muß ihm stets für die während dieser Zeit gemachten Erfindungen und Verbesserungen dankbar sein; so führte er den Aufzug, den Conveyor, die Mehlkrücke, den Schneckenförderer und die Rutsche ein, wodurch die bisher aufgewandte Arbeitszeit um die Hälfte vermindert und das Erzeugnis bedeutend verbessert wurde. Tausende von Dollars legte Evans für die Herstellung und Verbesserung dieser Erfindungen an; doch erst nach vielen Jahren, die reich an Enttäuschungen und schweren Patentkämpfen waren, fanden sie allgemeinen Eingang im Land.

Ähnlich erging es seiner Dampfmaschine, für die er „als zu visionär" nur schwer das Patent und überhaupt keinen Geldgeber fand. Er baute die Maschine auf eigene Kosten; 3700 Dollars verwandte er auf die Vervollkommnung seiner Idee. Mit 48 Jahren (1801) stand er ohne einen Pfennig Geld und mit einer großen Familie da. 1802 erhielt er den Auftrag, eine Maschine für ein Boot zu bauen. Schon bei den ersten Fahrten strandete das Boot — auch diese Aussicht war wieder nichts. Im Jahre 1803 begann Evans mit dem Bau von Dampfmaschinen. 1804 baute er einen Dampfbagger, den er auf ein Wagengestell montierte und durch eigene Kraft zum Fluß fahren ließ. Evans gebührt das Verdienst, im Jahre 1804 die erste Hochdruckdampfmaschine in Amerika erfolgreich gebaut zu haben. Ein Jahr später baute er den „Oructor Amphibolis", die erste für amerikanische Landstraßen gebaute Lokomobile. Bemerkenswert sind die hohen Dampfdrücke, mit denen er arbeitete. Während man in Europa Überdrücke bis höchstens 1 at anwandte, arbeitete Evans bereits mit 8 bis 10 at.

Im Jahre 1807 errichtete er einen neuen Betrieb in Philadelphia, die Mars-Werke; bis zum Jahre 1812 waren zehn Maschinen in Benutzung, im Jahre 1817 wurde bereits von 50 gesprochen. Er hat in einigen offenen Briefen an das amerikanische Volk seine Kämpfe geschildert; in einem spricht er von 80 Erfindungen, deren Zeichnungen er aus Verzweiflung vernichtet hat. Durch Brandstiftung wurde sein Betrieb 1819 vollständig zerstört; diesen letzten Schicksalsschlag konnte er nicht mehr verwinden; bald danach starb er als armer enttäuschter Mann. *Self Made Men (New York 1858); Entw. Dm. 1 S. 253; Enz. Eisb. 4 S. 411.* Wi.

EVANS, Walton White, geb. 31. Okt. 1817 in New Brunswick (N. J.), gest. 28. Nov. 1886 in New York. Evans war das Bild eines typischen Vertreters des klassischen Amerikaners aus einer der ersten und angesehensten Familien der Vereinigten Staaten; in seinem Beruf war er ebenfalls zu seiner Zeit einer der bekanntesten Ingenieure. Seine technische Erziehung erhielt er als einer der ersten Schüler des polytechnischen Instituts in Troy (N. Y.). Er verließ die Schule im Jahre 1836 und wurde gleich darauf Hilfs-Ingenieur bei den Vorarbeiten für den Erie-Kanal. 1843 waren diese Arbeiten beendet, und im Anschluß hieran unternahm Evans eine längere Reise, um seine praktischen Erfahrungen zu erweitern. Kurz darauf widmete er sich vor allem dem Gebiet des Eisenbahnbaues, auf dem er später seine größten Erfolge erzielen sollte. Diese Arbeiten erstreckten sich nicht nur über ganz Nord- und Südamerika, sondern auch nach Australien und Neuseeland. 1850 begleitete er Allan Campbell nach Chile; 1854 begann er selbständig den Bau der Arica- und Tacna-Eisenbahn in Peru, der ersten Bahn in diesem Lande. 1856 baute er die Südbahn von Chile. Diese Verbindung mit den südamerikanischen Republiken dauerte sein Leben lang. Mit dem Bau der Copiapo-Linie war er bis 1853 beschäftigt, worauf er dann nach Europa ging. Er blieb ein Jahr dort und besuchte in dieser Zeit vor allen Dingen die öffentlichen Arbeiten und Einrichtungen in England, Frankreich und Deutschland. 1862 wurde er zum Chefingenieur der Kommission für die Hafen- und Grenzbefestigung New Yorks ernannt. Die letzten 20 Jahre seines Lebens verbrachte er als beratender Ingenieur für viele, aber besonders für die von ihm in Südamerika erbauten Eisenbahnen. Außer diesen Eisenbahnunternehmungen errichtete Evans in den südamerikanischen Ländern zahlreiche öffentliche und private Bauten.

Evans war ein glühender Verehrer der altägyptischen Bauweise. Von ihm rührt eine Reihe von Schriften her, die sich vor allem mit dem Kanalbau befassen. Er war ein echter Amerikaner, dem sein Land über alles ging, und der auch aus diesem Grunde sehr viel zur Amerikanisierung, d. h. zur Einführung amerikanischer Verfahren und amerikanischer Ideale in Südamerika und Australien beigetragen hat. *Minutes of Proceedings of the Institution of Civil Eng., Vol. 88 (1886/87), Teil 2.* Wi.

EYTELWEIN, Johann Albert, geb. 31. Dez. 1764 in Frankfurt a. M., gest. 18. Aug. 1848 in Berlin. Mit fünfzehn Jahren meldete sich der mittellose Frankfurter Kaufmannssohn zur preußischen Artillerie. Von 1779 bis 1786 wurde er in Berlin ausgebildet, wo er auch Gelegenheit fand, durch Selbststudium sich bedeutsame theoretische Kenntnisse zu erwerben. Er bestand die Prüfung als Feldmesser und Architekt und vertauschte dann 1790 seine Leutnantstelle mit dem Amte eines Deichinspektors in Küstrin. 1794 wurde er bereits zur Leitung des preußischen Bauwesens nach Berlin berufen. Hier fand er neben den umfangreichen Dienstgeschäften, dank seiner ihm bis ins hohe Alter treugebliebenen zähen Energie, Zeit, grundlegende Werke auf dem Gebiete des Ingenieurwesens zu verfassen. An der Begründung der Berliner Bauakademie (13. April 1799), zu deren Direktor er berufen wurde, hat er hervorragenden Anteil. 1803 ernannte ihn die Akademie der Wissenschaften in Berlin zu ihrem Mitglied, und die 1809 begründete Berliner Universität übertrug ihm Vorlesungen über Wasserbau, Mechanik, Hydraulik, Grundlehren der höheren Analysis. Die bedeutsame literarische Arbeit Eytelweins erstreckt sich auf die Zeit von 1793 bis 1837. Die erste Arbeit befaßt sich mit Aufgaben für Feldmesser und Bauingenieure, die letzte größere Arbeit gibt Anweisung zur Auflösung der höheren numerischen Gleichungen. Von den anderen großen Werken, mit denen er die Technik in jener an technischer Literatur armen Zeit förderte, sei genannt sein 1800 erschienenes Handbuch der Mechanik fester Körper und der Hydraulik. Hier sind besonders wichtig seine aus Versuchen abgeleiteten Angaben über Ausfluß des Wassers bei Überfällen und beim Ausfluß aus Öffnungen in dünner Wand usw. 1808 erschien das Handbuch der Statik fester Körper. Von 1802 bis 1824 erschien die Praktische Anweisung zur Wasserbaukunst mit einer Fülle von wertvollen Angaben für die Praxis.

Nach 50 Dienstjahren schied Eytelwein 1830 aus dem Staatsdienst. Noch 18 Jahre konnte er seiner Familie, die er im 25. Lebensjahr begründet hatte, in Merseburg und in Berlin leben. Die letzten Lebensjahre hatten ihn, den regen, an Arbeit gewöhnten Geist, schwer gedrückt. Zu seinem Augenleiden, das ihn fast blind werden ließ, gesellten sich im letzten Jahr auch ein Versagen des Gehörs und andere körperliche Leiden, so daß der Tod des 84jährigen als Erlösung empfunden wurde. *Gesch. Mech. S. 284; Abhandl. d. Akad. d. Wissensch. (Berlin 1849) S. 15; ADB 6 (1877) S. 469; Biogr. Lit. Hwb. 1 S. 708; Z 48 (1904) S. 462.* C. M.

EYTH, Max v., geb. 6. Mai 1836 in Kirchheim u. T., gest. 25. Aug. 1906 in Ulm. Der Dichter der Ingenieurarbeit, Max Eyth, ist ein Kind des Schwabenlandes. Sein Vater war Lehrer an der Lateinschule. Der Sohn aber kümmerte sich um Griechisch und Latein weniger als um einen alten Eisenhammer in der Nähe. Die Liebe zur Technik bestimmte seinen Lebensweg. Er ging auf das Polytechnikum nach Stuttgart, das er mit drei Preisen verließ. Nach einjähriger praktischer Arbeit zog er als Fünfundzwanzigjähriger nach England, wo er von Fowler in Leeds dazu erkoren wurde, die Dampfpflugkultur in Indien, Ägypten und Amerika einzuführen. In Ägypten wird Eyth Chefingenieur des Prinzen Halim Pascha. Hier im Anblick der unendlichen Wüste, unter dem tiefblauen Himmel und im Schatten der geheimnisvollen Pyramiden reifen in ihm die packenden Erzählungen seines Buches „Hinter Pflug und Schraubstock" und der farbenprächtige Roman „Der Kampf um die Cheopspyramide", die allerdings erst viele Jahre später niedergeschrieben wurden. Nach Zusammenbruch der Halimschen Herrlichkeit geht er wieder in Fowlers Dienste und bereist in dessen Auftrage fast die ganze Welt, um dem Dampfpflug Einführung zu verschaffen. Noch sechzehn Jahre bleibt er in England, dann sucht man ihm die seinem Fleiß, seinen Kenntnissen und seiner Arbeitskraft entsprechende Stellung vorzuenthalten. Er räumt selbst das Feld und kehrt 1882 nach Deutschland zurück. Eine neue Aufgabe von gewaltiger Größe stellt er sich und führt sie trotz vieler Hindernisse aus. Er gründet die Deutsche Landwirtschafts-Gesellschaft, die unter seiner anderthalb Jahrzehnte dauernden Leitung eine erstaunliche Bedeutung gewinnt und die deutsche Landwirtschaft erheblich fördert. „Taten, nicht Tinte!", war sein Wahlspruch, nach dem er selbst überall mit bestem Beispiel voranging. Eine große Anzahl von Ausstellungen hat er für die Gesellschaft geleitet, von denen er uns humorvolle Schilderungen in seinen Tagebüchern zu geben weiß. Erst nachdem die Deutsche Landwirtschafts-Gesellschaft fest auf eigenen Füßen steht, zieht sich Eyth zurück und findet noch zehn Jahre lang verdiente Muße, sich in einem herrlich gelegenen Heim auf dem Michelsberg bei Ulm ganz seinen schriftstellerischen Arbeiten zu widmen. Hier schreibt er außer den schon erwähnten Werken den köstlichen Roman „Der Schneider von Ulm", in dem er die Leidensgeschichte eines unglücklichen Erfinders schildert, der seit frühester Jugend nur dem einen Gedanken, das Fliegen zu erlernen, nachgeht. Er gibt außerdem seine teilweise schon früher veröffentlichten „Briefe eines Ingenieurs" unter dem Titel „Im Strome unserer Zeit" in erweiterter dreibändiger Fassung heraus. Sie enthalten eine über 37 Jahre sich erstreckende Selbstlebensbeschreibung in Briefen. Hier zeigt sich Eyth als Meister des Stils, als Künstler, aber auch als Ingenieur und nicht zuletzt als Mensch mit einem für alles Schöne und Gute erglühenden Herzen, dem auch die Gabe verliehen war, sich in allen Lebenslagen einen nie versagenden Humor zu bewahren. Ein sanfter Tod riß ihn 1906 aus rastlosem Schaffen.

Des Dichter-Ingenieurs Werke (6 Bände, Deutsche Verlagsanstalt Stuttgart) lassen uns ihn bewundern als den kühnen, alle Schwierigkeiten überwindenden Ingenieur, den energischen, sein Ziel mit eiserner Ausdauer verfolgenden Organisator, vor allem aber als schaffenden Künstler und Dichter, der den Stoff für seine Muse seiner eigenen rauhen Alltagsarbeit entnimmt und uns zeigt, welche Poesie in der Technik liegt. So wird an ihm selbst sein eigenes Wort wahr: „Es steckt viel Menschliches in einem Ingenieur, was die Welt außer unseren Kreisen erst noch zu lernen hat." *Weihe: Max Eyth, Berlin 1922; Z 50 (1906) S. 1485.*   We.

F

FABER DU FAUR, Achilles Christian Wilhelm Friedrich von, geb. 2. Dez. 1786 in Stuttgart, gest. 22. März 1855 in Stuttgart. Sein Vater war ein württembergischer Kavallerieoberst. Der Sohn studierte an der Universität Tübingen, am Forstinstitut in Stuttgart und an der Bergakademie in Freiberg. Während seiner Studien lernte er den Dichter Theodor Körner kennen und war gern gesehen als Gast in dessen Elternhause. Nachdem er 1810 die zweite Hüttenschreiberstelle in Königsbronn erhalten hatte, erfolgte 1811 seine Anstellung als Hüttenamtsverweser in Wasseralfingen, zwei Jahre später seine endgültige Anstellung als Hüttenverwalter. In dieser Stellung erwarb er sich durch seine Verbesserungen und Erfindungen einen Weltruf. Unter mancherlei Schwierigkeiten und Widerständen der Behörden bewies er durch seine Versuche, welche Vorteile sich bei Verwendung warmer Einblaseluft erzielen ließen. Er benutzte erstmalig die Gichtgase der Hochöfen zur Erwärmung des Gebläsewindes und zur Frischeisenbereitung und trug Wesentliches zur Erkenntnis des Wertes gasförmiger Brennstoffe und zur Erforschung ihrer Anwendungsmöglichkeiten bei. 1843 wurde er zum wirklichen Bergrat befördert und nach Stuttgart versetzt. Seit 1845 lebte er im Ruhestande, da seine Gesundheit durch die Tätigkeit in Wasseralfingen stark untergraben war. *Gesch. Eis. 4 S. 112.* Fg.

FAIRBAIRN, William, Sir, geb. 19. Febr. 1787 zu Kelso in Schottland, gest. 18. Aug. 1874 zu Moor Park (Surry), stammte vom Lande. Seine Eltern waren einfache und sehr unbemittelte kleine Landwirte, und oft mußten die Kinder aus der Schule bleiben, um im Hause und in der Wirtschaft zu helfen. Die Schulbildung war somit denkbar gering, und Fairbairn war, wie so viele seiner großen Zeitgenossen, auf die Selbsthilfe angewiesen. Bei einem Onkel hatte er in wenigen Monaten auch etwas von der Buchhaltung und vom Landmessen gelernt, aber auch das war wenig genug, als er mit 14 Jahren bereits mit verdienen mußte. Wir finden ihn auf der Kohlengrube als Hilfsmaschinisten, der mit 8 Schilling in der Woche zufrieden sein mußte. Trotz langer Arbeitszeit mußten viele Überstunden helfen, seinen Verdienst zu vermehren. Damals lernte er auch Georg Stephenson, den Maschinenmeister auf einer Kohlengrube, kennen. Für den Lerneifer Fairbairns ist es kennzeichnend, daß er sich für seine Erziehung einen genauen Stundenplan aufstellte, dessen Durchführung er zäh verfolgte. Nach fünfjähriger Lehrzeit finden wir ihn auf der Wanderschaft. In London suchte er bei dem berühmten Rennie Arbeit zu finden, der den jungen geschickten Schotten gern genommen hätte. Aber die organisierten Arbeiter sorgten planmäßig dafür, einen unerwünschten Zuzug, von dem sie fürchteten, daß er ihren Lohn drücken könnte, fernzuhalten, und so mußte Fairbairn zunächst weiter wandern. Wir finden ihn bei Penn in Greenwich, dann ging er nach dem Süden. Er kommt nach Wales und auch nach Irland. Sein Weg führt ihn zurück nach Liverpool, und in Manchester beschloß er — 24 Jahre alt — sich mit seinem Kameraden James Lillie als Mühlenbauer niederzulassen. Der Anfang war denkbar bescheiden. 1817 mietete die neue Firma für 12 Schilling die Woche einen kleinen Schuppen, in den sie ihre einzige Werkzeugmaschine, die sie selbst gebaut hatten, aufstellten. Sie waren sehr stolz, daß sie mit dieser Bank Wellen von 3 bis 6 Zoll Durchmesser abdrehen konnten. Ein starker Ire, der das Rad drehen mußte, war ihre erste Kraftmaschine. Die ersten Jahre sind ausgefüllt mit dem Suchen nach Arbeit. Den jungen Maschinenbauern wurde es schwer, Vertrauen zu finden, da sie nicht auf ausgeführte Anlagen hinweisen konnten. Fairbairn aber hatte Glück. Er kam mit zwei der ersten Textilindustriellen, Murray und Kennedy, in Verbindung. Die damaligen Textilfabriken arbeiteten mit Transmissionen von riesigen Abmessungen. Aus Holz und Gußeisen hergestellt, liefen sie mit etwa 40 Umdrehungen in der Minute. Fairbairn dachte an Schnellbetrieb und machte sich anheischig, neue Transmissionen zu bauen mit der drei- bis vierfachen Umlaufzahl. Man gestattete ihm, einen Umbau ohne Betriebsstörung, d. h. also vor allem in Sonntagsarbeit, durchzuführen. Dieser große Auftrag wurde mit Erfolg ausgeführt, und nun mußte man eine eigene Fabrik bauen, in der jetzt auch die Dampfmaschine als Betriebsmaschine nicht fehlen konnte. Die von Fairbairn umgebaute Textilfabrik wurde bald zu einer Sehenswürdigkeit, und er selbst erwarb sich den Ruf eines der ersten Mühlenbauer Englands. Die aufstrebende Industrie brachte große lohnende Aufträge. Auch Wasserräder wurden gebaut und eine der ersten Auslandsbeziehungen Fairbairns führte zur Lieferung eines großen Wasserrades für Escher in Zürich. Es war nur natürlich, daß an den berühmten Maschinenbauer auch Aufgaben aus anderen Gebieten herantraten, zumal man wußte, mit welcher Gründlichkeit er technischen Problemen mit dem wissenschaftlichen Rüstzeug seiner Zeit entgegentrat. Eine solche Anfrage richtete seine Aufmerksamkeit auf Schiffbau und Schiffbetrieb. Fairbairn machte umfangreiche Versuche und seine ausgesprochene Überzeugung, daß das Eisen auf allen Gebieten der Technik nach und nach das Holz verdrängen müsse, führte ihn dazu, 1831 in seiner Fabrik in Manchester sein erstes eisernes Schiff zu bauen. Der Erfolg ermutigte ihn und er beschloß, den Bau eiserner Schiffe im großen aufzunehmen. 1835 errichtete er in Milwall an der Themse eine große Schiffswerft. Hier ist dann später von Scott Russell der Great Eastern erbaut worden. In dieser seiner Werft hat Fairbairn in 14 Jahren mehr als 120 eiserne Schiffe gebaut und sein Biograph vergißt nicht darauf hinzuweisen, daß einige davon über 2000 Tonnen groß waren. So hat Fairbairn in England und wohl in der ganzen Welt die erste Schiffswerft für eiserne Schiffe begründet. Wie so oft auf den Gebieten der Technik hat man auch hier mit Eisen gebaut, ehe man die wissenschaftliche Grundlage dafür geschaffen hatte. Fairbairn aber wußte, wie notwendig es war, über die Festigkeitsverhältnisse des Eisens Klarheit zu schaffen, und so finden wir ihn mit Versuchen beschäftigt, deren Ergebnisse bahnbrechend die Verwendung des Eisens gefördert haben. Fairbairn wurde einer der ersten Fachmänner in allen Materialfragen, die sich auf das Eisen bezogen. Es war deshalb auch für den großen Brückenbauer Robert Stephenson notwendig, ihn bei seinen Brückenbauten um Rat zu fragen und ihn zur Mitarbeit heranzuziehen. So finden wir ihn Festigkeitsversuche ausführen für Stephensons Menaibrücke. Auch an der berühmten Britanniabrücke, die R. Stephenson 1846/50 errichtete, hat Fairbairn maßgebend mitgearbeitet. Er hat sich ebenso eingehend auch mit dem Kesselbau beschäftigt, hat hier Versuche durchgeführt über die Festigkeit und hat die Kesselexplosionen wissenschaftlich eingehend verfolgt und wichtige Schlüsse hieraus für den Kesselbau abgeleitet. Nicht minder hat er sich um die weitere Entwicklung der Werkstattarbeit bekümmert. Von ihm rührt die erste Dampfnietmaschine her, die er bereits 1839 konstruierte. Er gehörte auch zu den wenigen großen Fachmännern, die die Bedeutung der Erfindung Bessemers klar erkannten, und im September 1858 hat er zu einer Zeit, als man dem neuen Verfahren ungemein kritisch gegenüber stand, sich in einer großen Versammlung sehr günstig über die Zukunft der Erfindung ausgesprochen, womit er Bessemer gerade zu diesem Zeitpunkt sehr nützte. Hochgeehrt weit über den Kreis der engeren Fachgenossen hinaus starb er im hohen Alter von 87 Jahren. *Entw. Dm. 1 S. 134; Ind. Biogr. S. 299; Gesch. Eis.; Enz. Eisb 5 S. 32.* C. M.

FAIRLIE, Robert, geboren etwa 1830, gest. 31. Juli 1885, rückte 1853, noch in jungen Jahren, bereits zum Ingenieur und Betriebsleiter der Londonderry und Coloraine-Bahn auf. Bald finden wir ihn als Ingenieur der Bombay- und Baroda-Bahn in Indien wieder. Lange beschäftigte ihn das Problem der kurvenbeweglichen Lokomotive, dessen Lösung er in der Anordnung von Dampfdrehgestellen, denen der Dampf durch den Mittelzapfen zugeführt wurde, fand. Die erste seiner Lokomotiven baute James Cross & Co., St. Helens, im Jahre 1866 für die Neath- and Brecon-Bahn, eine B + B-Lokomotive von etwa 46 t Dienstgewicht.

Die Vorzüge der Fairlie-Lokomotiven waren für schwierige Bahnanlagen so in die Augen fallend, daß man überall gern zu seiner Bauart griff, die sowohl auf Schmalspurbahnen in kleinen Ausführungen als auch auf Regel- und Breitspurbahnen in größten Abmessungen bis zu 85 t Dienstgewicht Verwendung fand. Wir finden Fairlie-Lokomotiven in Schweden, Rußland, Sachsen, zahlreichen mittel- und südamerikanischen Ländern, am Kap, in Australien und Indien.

Eine Krankheit, die er sich 1873 in Südamerika zugezogen hatte, setzte seiner bis zuletzt schaffensfreudigen Tätigkeit ein frühzeitiges Ende. Seine Lokomotivbauart ist inzwischen durch ähnliche Bauarten überholt. *Engg. 20 (1885) S. 1033.* Me.

FARADAY, Michael, geb. 22. Sept. 1791 in Newington bei London, gest. 25. Aug. 1867 in Hamptoncourt. Nach einer sehr dürftigen Erziehung trat Faraday mit zwölf Jahren als Laufjunge in eine Buchhandlung ein und wurde dann Buchbinder. Alle Bücher, deren er während dieser Zeit habhaft werden konnte, las er. Sein Drang nach Bildung war von Jugend auf in stärkstem Maße in ihm vorhanden; er gründete eine philosophische Gesellschaft junger Leute zum Zwecke gegenseitiger Vervollkommnung; er schrieb lange Briefe an seine Freunde, um seinen Stil zu verbessern; er nahm Unterricht in der Rhetorik und erreichte es, daß er nicht nur als Forscher, sondern auch als wissenschaftlicher Redner weit über dem Durchschnitt seiner Zeitgenossen stand. Ein Mitglied der Royal Institution nahm ihn zu Vorlesungen Davys mit, den letzten, die er dort hielt. Faraday war begeistert; er fertigte eine illustrierte Niederschrift des Gehörten an und schickte sie schließlich Davy mit der Bitte, ihm bei sich eine Assistentenstelle zu gewähren. So kam er fast durch Zufall in die Bahn, die für sein späteres Leben richtunggebend wurde. Mit Davy unternahm er — zeitweilig als dessen Diener — weite Reisen, die seinen Blick stark erweiterten. Kurz darauf war er auch literarisch-wissenschaftlich für das „Quarterly Journal" tätig. Eine Zusammenstellung der bisherigen Untersuchungen über den Elektromagnetismus gab den äußeren Anlaß zu seiner ersten großen Entdeckung — der Entdeckung der Rotation eines Stromes um einen Magneten und der Rotation eines Magneten um einen Strom. Faraday war jetzt bereits so weit, daß er wissenschaftliche Untersuchungen selbständig vornahm; er leitete vorübergehend die genannte Zeitschrift der Royal Institution und wurde Mitglied dieser wissenschaftlichen Vereinigung, bei der er trotz anderweitiger an sich verlockender Lehraufträge treu ausgehalten hat.

Die nächsten Jahre sind mit chemischen Untersuchungen ausgefüllt; er entdeckte um diese Zeit das Benzol und Butylen. Sein Hauptverdienst sind aber seine dreißig Untersuchungen über die Elektrizität. Zunächst entdeckte Faraday die Induktion elektrischer Ströme. Das Faradaysche Gesetz, das in seinem ersten Teil die Eindeutigkeit der Beziehung zwischen ausgeschiedener Stoffmenge und durchgegangener Elektrizitätsmenge ausspricht, gehört in diese Untersuchungsreihe. Der zweite Teil, der die Äquivalenz des chemischen Vorganges bei verschiedenen Elektrolyten ausspricht, schloß sich an. Erwähnung verdienen hier auch die Arbeiten über die statische Induktion (Influenz), die zur Entdeckung der spezifischen Induktion des von der Coulombschen Theorie übersehenen Materialkoeffizienten führten.

Nach Erholung von einem infolge Überarbeitung eingetretenen körperlichen Zusammenbruch machte Faraday seine bekannte Entdeckung der magnetischen Drehung der Polarisationsebene des Lichtes. Mit dieser Entdeckung sind die nun folgenden magnetischen Arbeiten eingeleitet.

Faraday war ein ruhiger ausgeglichener Mensch, der fast nur seinen Studien lebte. Er litt an großer Gedächtnisschwäche. Um ihr zu begegnen, hatte er die Gewohnheit, alles Gesehene und Gehörte schriftlich in einigen Sätzen festzuhalten. Viele solcher Zusammenstellungen, die von ihm sorgfältig und sauber eingebunden wurden, sind heute noch vorhanden. Nie konnten ihn finanzielle Vorteile von seinen wissenschaftlichen Idealen abbringen; ihnen blieb er stets treu. Er war Direktor des Laboratoriums der Royal Institution und mehrere Jahre Professor an der gleichen Anstalt. *W. Ostwald: Große Männer (Leipzig 1910) S. 101.* Wi.

FARCOT, Marie Joseph Denis, geb. 16. Nov. 1798 in Paris, gest. 30. Aug. 1875 in St. Ouen. Sein Vater, selbst Lehrer, legte Wert darauf, seinem Sohn eine gute Erziehung angedeihen zu lassen. Nach Beendigung der Schulzeit gab er ihn zu den hervorragendsten Meistern in die Lehre, um ihn zum Feinmechaniker ausbilden zu lassen. Farcot arbeitete dann hauptsächlich an der Herstellung wissenschaftlicher Instrumente. 1820 kam er zum ersten Male mit der Dampfmaschine in Berührung, als er in der Perierschen Maschinenfabrik in Chaillot, der ersten Dampfmaschinenfabrik Frankreichs, arbeitete. Hier hatte er Gelegenheit, seine Fähigkeiten zur Entfaltung zu bringen; dank seiner vorangegangenen Ausbildung war es ihm gegeben, die Dampfmaschine zu einer wirklichen Präzisionsmaschine zu entwickeln. 1823 gründete er in Paris eine eigene kleine Maschinenfabrik. Verschiedene Erfindungen nahmen von dieser Werkstätte ihren Ausgang, so eine Dampfpumpe mit veränderlichem Hub und eine Pumpe mit zwei Kolben im gleichen Zylinder zur Erzielung einer gleichmäßigen Arbeitsweise. Der Ruf der jungen Fabrik festigte sich bald, so daß 1839 eine größere Werkstätte errichtet werden mußte. 1849 wurde dann die große Fabrik in St. Ouen erbaut, wo sich noch heute das Werk als eine der angesehensten Dampfmaschinenfabriken Frankreichs befindet. Unter den Neuerungen, die Farcot in den Dampfmaschinenbau einführte, ist besonders die Schleppschiebersteuerung hervorzuheben. *Entw. Dm. 1 S. 228; Soc. d'Encouragem. de l'Ind. Franç. (Paris 1876).* Hä.

FAREY, John, geb. 20. März 1791 in Lambeth, (Surrey), gest. 17. Juli 1851 in Common (Sevenoaks, Kent). John Farey wurde in Woburn erzogen, und bereits mit 14 Jahren fing er an, Zeichnungen für die Figurentafeln von technischen Zeitschriften und Werken anzufertigen, so für „Mechanical Dictionary", „Gregory's Mechanics", „Edinburgh Encyclopaedia". Die Notwendigkeit, diese Zeichnungen in einer bestimmten Zeit und mit großer Genauigkeit fertigzustellen, führte ihn dazu, im Jahre 1807, also im Alter von 16 Jahren, ein Instrument zu erfinden, mit dem man perspektivische Zeichnungen anfertigen konnte. Für diese Erfindung erhielt er von der Society of Arts eine Silberne Medaille. Eine goldene Medaille derselben Gesellschaft wurde ihm im Jahre 1813 für eine von ihm erfundene Vorrichtung zum Zeichnen von Ellipsen überreicht. 1819 ging Farey nach Rußland, wo er als Zivilingenieur mit dem Bau von Eisenwerken betraut wurde. Hier sah er zum erstenmal einen Dampfmaschinenindikator. Nach seiner Rückkehr in die Heimat veranlaßte er Mac Naught ähnliche Indikatoren für allgemeine Zwecke zu bauen. Zugunsten seines Bruders Joseph trat er im Jahre 1821 von seinen Londoner Unternehmungen zurück und betätigte sich bis zum Jahre 1823 in der Spitzenindustrie in Devonshire. 1825 übernahm er die technische Leitung der Flachsfabrik von Marshall in Leeds; da die Gesundheit seines Bruders stark nachließ, war John gezwungen, bereits im Jahre 1826 diese Stelle aufzugeben und als beratender Ingenieur nach London zurückzukehren. Von dieser Zeit an war er in irgendeiner Form an vielen großen Erfindungen jener Zeit, an den schwierigen Patentstreitigkeiten und den wissenschaftlichen Untersuchungen beteiligt.

Er war Verfasser des grundlegenden Werkes „A Treatise on the Steam Engine, Historical, Practical, and Descriptive", von dem aber nur der erste Band im Jahre 1827 erschien. Er hat noch zwei Abhandlungen über die „Kraft des Dampfes" (Force of Steam) für die „Transactions of the Institute of Civil Engineers" geschrieben. *Nat. Biogr. 28 (1889).* Wi.

FAVRE, Louis, geb. 26. Jan. 1826 in Chone-Thôuex (Kanton Genf), gest. 19. Juli 1879 im St. Gotthardtunnel. Als Sohn eines einfachen Zimmermeisters erhielt Favre seinen Unterricht in der Dorfschule und machte in der Werkstatt seines Vaters die Lehre als Zimmermann durch. Seine Wanderschaft führte ihn nach Frankreich. Der unermüdliche junge Zimmermann gewann sich beim Bau einer Marnebrücke und beim Bau einer Eisenbahnstrecke nach Charenton die Zuneigung seines Unternehmers. Bei einem schwierigen Bauvorfall tat er sich besonders dadurch hervor, daß er den ratlosen Ingenieuren durch seinen praktischen Scharfblick aus der Verlegenheit helfen konnte. Von jetzt ab begann sein schneller Aufstieg. Er wurde selbst Bauunternehmer. Hauptsächlich der Tunnelbau wurde sein Sondergebiet, auf dem er bald als maßgebender Fachmann galt. Oftmals unter schwierigsten Umständen arbeitend, erreichte er doch immer sein Ziel zur besten Zufriedenheit der Besteller. Er gelangte zu großem Wohlstande und gliederte verschiedene industrielle Unternehmungen (z. B. Steinbrüche) seinem Hauptbetriebe an.

Das bedeutendste Werk Favres ist die Schaffung des Gotthardtunnels. Am 13. September 1872 wurde das Werk begonnen. Von zwei Seiten nahm man den Berg in Angriff, sich dabei der besten damals bekannten Preßluftbohrmaschinen und sonstigen Einrichtungen bedienend. Unter riesigen Schwierigkeiten, im Kampf mit der Hitze im Innern des Berges, die zum Teil bis zu 35° C stieg, mit der feuchten, kohlensäurehaltigen Luft, mit den eindringenden Wassermassen und mit Krankheiten aller Art arbeiteten sich die Leute Favres vorwärts. Finanzielle Sorgen und Ränke von seiten der Gotthardgesellschaft verbitterten ihm das Leben. So ist es kein Wunder, wenn unter den ungeheuren Anstrengungen sein Körper zusammenbrach. Noch vor der Vollendung des Tunnels starb er, hochgeehrt von seinen Landsleuten. Die Arbeit am Tunnel wurde in seinem Sinne weitergeführt. Im Februar 1880 erfolgte der Durchstich. Im Dezember 1881 fuhr der erste Zug durch den Sankt Gotthard. *Enz. Eisb. 7 S. 37, 361; Schweizer eigener Kraft.* Gs.

FELL, John Barraclough, geb. 1815 zu London, gest. 18. Okt. 1902. Der Name Fells ist untrennbar mit der Überschienung des Mont Cenis verbunden. Nachdem er bereits in den vierziger Jahren Eisenbahnbauten in England ausgeführt hatte, ging er 1852 nach Italien und baute dort als Teilhaber der bekannten Baufirma Brassey eine Reihe der ersten italienischen Eisenbahnen. Seine häufigen Reisen über den Mont Cenis veranlaßten ihn zu einem eingehenden Studium der Möglichkeit der Überschienung. Er griff den bereits 1853 von dem damaligen Egestorffschen Direktor Krauss ausgearbeiteten Lokomotiventwurf für Ausnutzung einer mittleren Reibeschiene auf und ließ 1863 eine erste derartige Lokomotive von der Firma Alexander Milvalle Iron Work bauen. Die Versuche damit fielen so günstig aus, daß er bei Italien und Frankreich die Genehmigung zum Betriebe der Bahn über den Mont Cenis-Paß (2126 m) nachsuchte und zugesagt erhielt, falls er an Ort und Stelle den Nachweis der Durchführbarkeit erbrächte. Dieser wurde im Frühjahr 1865 durch eine auf französischer Seite ausgelegte Probestrecke geführt und die französische Konzession für den Betrieb dieser Bahn am 4. Nov. 1865 der Firma Brassey, Fell & Co. erteilt. Die Bahn hat vom 15. Juni 1868 bis zur Eröffnung des bereits 1857 begonnenen Mont Cenis-Tunnels im Oktober 1871 gearbeitet.

Weitere Fellsche Bahnen wurden in Neuseeland, Brasilien, (Cantogallo-Bahn) und England (Laxey-Sneafell) gebaut.

Eine Reihe von Jahren verwendete er auch auf das Studium von Einschienenbahnen und erbaute schließlich eine Schwebebahn mit zwei 250 mm voneinanderliegenden Schienen zur Beförderung von Eisenerzen von den Park-House-Gruben zur nächsten Eisenbahnstation, um schließlich eine solche Bahn mit 3 Fuß Spurweite in North Devon zu bauen.

1873 bis 1874 beschäftigte er sich mit Versuchen zum Bau von militärischen Feldbahnen für das englische Kriegsministerium. *Engg. 75 (1902) S. 551; Organ 1864 S. 158, 1866 S. 77, 1868 S. 210; Enz. Eisb.* Me.

FERRARIS, Galileo, geb. 31. Okt. 1847 zu Livorno, gest. 7. Febr. 1897 zu Turin. Galileo Ferraris studierte zuerst Physik und Mathematik an der Universität Turin und widmete sich dann auch technischen Studien. Er bekundete damit neben seiner Veranlagung zur mathematischen Behandlung physikalischer Fragen auch den Sinn für die technische Verwertung der gewonnenen Erkenntnisse. Diese Vereinigung verschiedener Neigungen begründete die Bedeutung von Ferraris für sein Heimatland wie für die gesamte Technik. Seine erste Schrift von 1869 galt dem sog. telodynamischen Kabel von Hirn zum Übertragen mechanischer Leistung, auf das man damals große Hoffnungen setzte. Nachdem er einige Jahre Assistent am Museo Industriale in Turin gewesen war, wurde er 1872 an die dortige Universität berufen, um aber schon nach 5 Jahren an die erste Stelle zurückzukehren. Er ist dann hier bis zu seinem Tode verblieben, zuletzt als Direktor der Schule, und bekleidete gleichzeitig eine Professur an der Kriegsschule in Turin.

Seine ersten Arbeiten auf physikalischem Gebiete bezogen sich auf die Wellentheorie des Lichtes. Später fesselten ihn wärmetechnische und elektrische Fragen, und mehr und mehr wandte er die aus seinen optischen Arbeiten gewonnenen Anschauungen auf den jetzt in lebhafter Entwicklung befindlichen Wechselstrom an. So war er einer der ersten, die sich mit dem 1884 an die Öffentlichkeit getretenen Transformator wissenschaftlich förderlich befaßten. Durch seine Leistungen bald zu Ansehen kommend, erreichte er 1887 die Begründung der ersten Lehrstätte für Elektrotechnik in Italien und wurde selbst zum führenden Elektrotechniker seines Heimatlandes, dessen Regierung ihn als ihren Vertreter zu allen elektrotechnischen Ausstellungen und Kongressen der Zeit entsandte. Der fachliche Ruf wurde von einer edlen Persönlichkeit getragen. Die Wertschätzung in seiner Heimat fand nicht lange vor seinem Tode auch Ausdruck in der Ernennung zum Senator des Königreiches.

Von allgemeiner Bedeutung sind die Untersuchungen von Ferraris geworden, die in der Folge zum Drehstrommotor führten. Es war noch nicht gelungen, einen einfachen Wechselstrommotor mit genügender Anzugskraft zu bauen, die Zukunft des Wechselstromes hing zum großen Teile davon ab. Unabhängig voneinander beschäftigten sich verschiedene Elektriker mit der Frage. Ferraris war mit dem Zusammenwirken von Wellenbewegungen verschiedener Phase vertraut. Er spaltete den Einphasenstrom durch Parallelschalten von Widerstand und Selbstinduktion in zwei Stromzweige von nahezu 90° Phasenverschiebung. Die Windungsebenen der beiden Stromzweige waren um eine gemeinschaftliche Achse senkrecht zueinander angeordnet, und es ergab sich so und später mit vervollkommneten Mitteln ein gleichmäßig umlaufendes magnetisches Feld. Das erwies sich zunächst an der Drehung einer Magnetnadel im Innern der Stromwindungen, Ferraris fand aber auch in dem Ersatze der Magnetnadel durch einen metallenen Drehkörper den Rotor, in dem unter geringem Schlupfe durch das Drehfeld selbst mitnehmende Ströme erzeugt werden, und ist so der Erfinder des Induktionsmotors überhaupt geworden. Nur hielt er zunächst an der damals noch nicht allgemein überwundenen Vorstellung fest, daß der Wirkungsgrad der elektrischen Übertragung 50 v H nicht übersteigen könne. Ohnehin in seiner ganz selbstlosen Art nicht auf die Verwertung seiner Erfindung zu eigenem Nutzen bedacht, veröffentlichte er seine 1885 angestellten grundlegenden Versuche erst mehrere Jahre später. Die weitere Ausbildung des Versuchsgerätes zu einem lebensfähigen Motor ist deshalb von anderen geleistet, unter denen sich besonders v. Dolivo-Dobrowolsky durch die Ausbildung des verketteten Dreiphasenstromes auszeichnete. *ETZ 18 (1897) S. 97.* Ro.

FIELD, Cyrus West, geb. 30. Nov. 1819 in Stockbridge (Mass.), gest. 12. Juli 1892 in Dobbs Ferry (N. Y.). In seiner Heimatstadt besuchte er die öffentlichen Schulen und kam mit 15 Jahren als Gehilfe in das Bureau von A. T. Stewart and Co. nach New York. Nach einigen Jahren hatte er sich bereits selbständig gemacht und fabrizierte und verkaufte Papier auf eigene Rechnung. Dies Unternehmen ging so gut, daß Field sich nach rd. 10 Jahren an der Spitze eines großen Betriebes befand. 1853 zog er sich zum Teil von diesem Geschäft zurück und verbrachte zunächst sechs Monate auf einer Reise durch Südamerika. Der Gedanke, eine telegraphische Verbindung zwischen Amerika und Europa zu schaffen, kam ihm bei einer Unterredung mit seinem Bruder Matthew. Cyrus wandte sich nun an Peter Cooper, Moses Taylor, Marshall O. Roberts und Chandler White, die zusammen mit Field sich bereit erklärten, zur Durchführung des Unternehmens die nötigen Geldmittel herzugeben, worauf sofort die „New York, Newfoundland, and London Telegraph Company" gegründet wurde. Die erforderliche Lizenz, 50 Jahre lang die ausschließlichen Rechte zur Schaffung einer telegraphischen Verbindung vom amerikanischen Kontinent über Neufundland nach Europa zu haben, wurde schnell erlangt. Die nächsten 13 Jahre widmete Cyrus Field nur der Aufgabe, das Kabel zwischen Amerika und England zu legen. Mehr als 20mal besuchte er in dieser Zeit Europa, vor allem England, wo er sich finanzielle Hilfe holte. Nach mehreren Mißerfolgen wurde im Jahre 1858 schließlich die Verbindung hergestellt. Einige Wochen lang konnte man von beiden Enden Telegramme senden, dann setzte das Kabel aus. Der Bürgerkrieg machte einen weiteren Strich durch die Rechnung und erst im Jahre 1865 konnte die Angelegenheit wieder in die Hand genommen werden. Mit Hilfe des Dampfers „Great Eastern" legte man ein neues Kabel, das aber, nachdem man 1200 Meilen gelegt hatte, versank und der Dampfer mußte umkehren. 1866 zog eine zweite Expedition mit einem neuen Kabel aus, und am 27. Juli 1866 war die telegraphische Verbindung zwischen den beiden Kontinenten endgültig wieder hergestellt. Von allen Seiten, vom Inland und Ausland wurde Field für die Tat mit Ehrungen und Ehrengeschenken förmlich überhäuft. Er wurde als der „moderne Kolumbus" gefeiert. Im Jahre 1876 beschäftigte sich Field mit dem Projekt einer Hochbahn in New York und wandte viel Zeit und Geld an die erfolgreiche Durchführung dieser Aufgabe. 1880/81 machte er mit seiner Frau eine Reise um die Welt. Nach seiner Rückkehr erlangte er die Erlaubnis, ein Kabel zwischen den Sandwich-Inseln und San Francisco zu legen, mit dem Gedanken, das Kabel später über den Stillen Ozean nach Asien zu führen. *Am. Biogr. 2 (1888).* Wi.

FIELD, Edward, geb. 1825, gest. 20. Nov. 1908 in London. Field erhielt zunächst Privatunterricht, trat dann auf ein Stipendium hin in King's College in London ein. Er erledigte seine Lehrzeit bei der Firma Napiers und wurde schon in jungen Jahren zum Entwerfen von Dampfpumpen für Feuerlöschzwecke herangezogen. Seine wichtigste Erfindung ist der nach ihm genannte Kessel mit senkrechten Röhren. In jeder dieser Fieldschen Röhren befand sich ein zweites Umlaufrohr, das von obenher eingelassen war. Dieses zweite Rohr reichte nicht bis unten hin, sondern war mit einer Prellkappe in der Form eines Trompetenmundstückes ausgerüstet, um zu verhindern, daß das im äußeren Rohr ansteigende Wasser das herunter kommende kühlere Wasser im inneren Rohr behinderte oder aufhielt. Der Umlauf des Wassers ging sehr schnell vor sich und hinderte die Bildung einer Kruste im äußeren Rohr. Der Fieldkessel ist der Vorläufer der jetzt überall in Gebrauch befindlichen Röhrenkessel. Field hat auch zusammen mit seinem Geschäftsteilhaber, F. Sanders Morris, ein Überhitzverfahren erfunden, bei dem während der Ausströmperiode hochgradig erwärmte Luft mit einer Temperatur, welche die des Dampfes weit überstieg, in den Zylinder gepreßt wurde. Hierdurch wurden die Zylinderwände so erhitzt, daß eine Kondensation unmöglich wurde. Edward Field hat im Laufe der Zeit sehr viel Geld verdient, aber den größeren Teil davon für Wohlfahrtszwecke fortgegeben. *Eng. 106 (1908) S. 562.* Wi.

FINK, Karl, geb. 24. Febr. 1821 in Potsdam, gest. 15. Febr. 1888. Nach Besuch der Realschule in Potsdam trat Fink, der frühzeitig seine Eltern verloren hatte, in eine Maschinenwerkstatt als Lehrling ein, besuchte später die Potsdamer Gewerbeschule und die Gewerbeakademie in Berlin. Nach Beendigung seiner Studien war er als Zivilingenieur tätig und wurde dann Teilhaber an einer Maschinenfabrik. 1852 wurde Fink auf Grund seiner hervorragenden Leistungen als Konstrukteur an das Gewerbeinstitut als Lehrer berufen. Bis zu seinem Tode wirkte Fink von 1852 ab als Professor an dieser Anstalt, die, später mit der Bauakademie vereinigt, zur Technischen Hochschule umgewandelt wurde. Neben seiner Berufstätigkeit als Lehrer hat Fink zahlreiche Fabrik- und Maschinenanlagen entworfen. Namentlich auf dem Gebiete des Wasserturbinenbaues besitzt sein Name einen guten Klang. Bekannt sind hier besonders seine drehbaren Leitschaufeln für die Überdruckturbinen. Auch als Mitglied des Kaiserlichen Patentamtes hat Fink lange Jahre eine emsige Tätigkeit entfaltet. *Nach Mitt. d. Techn. Hochschule Charlottenburg.* Gs.

FISCHER, Hermann, geb. 2. Mai 1840 in Rödermühle bei Osterode im Harz, gest. 11. Febr. 1915 zu Hannover. Als Sohn eines Mühlenbesitzers geboren, studierte er von 1856 bis 1860 an der damaligen Polytechnischen Schule in Hannover Maschinenbau. Nach jahrelanger Tätigkeit als Maschineningenieur in Chemnitz, Bautzen, Bremen und Malmö kehrte Fischer 1867 nach Hannover zurück, um sich hier als Zivilingenieur niederzulassen. Er hat hier bis 1876 eine umfassende Tätigkeit ausgeübt, auch auf dem Gebiet des Fabrikbaues und der Heizungs- und Lüftungsanlagen. 1876 wurde er zum Nachfolger von Karmarsch an die Technische Hochschule Hannover berufen und hat hier als ausgezeichneter Lehrer auf dem Gebiete der mechanischen Technologie sowie der Heizungs- und Lüftungsanlagen Hervorragendes geleistet. Er hat zuerst die Werkzeugmaschine auf wissenschaftlicher Grundlage als Sondergebiet des Maschinenbaues eingehend behandelt. In hervorragenden Aufsätzen in den technischen Fachzeitschriften und in Handbüchern, von denen in erster Linie die 5. und 6. Auflage des Handbuches der mechanischen Technologie von Karmarsch-Fischer zu nennen ist, dann ferner das Handbuch der Werkzeugmaschinenkunde, hat er sein großes Wissen auch über den Kreis seiner Hörer hinaus der Allgemeinheit zur Verfügung gestellt. Ferner wurde sein Rat oft und gern für fachliche Begutachtungen eingeholt; mit großer Sachkenntnis und Liebenswürdigkeit behandelte er alle an ihn herantretenden Fragen. 1910 nach über 34jähriger Lehrtätigkeit trat Fischer in den Ruhestand. Von zahlreichen ihm zuteil gewordenen Ehrungen sei hier nur seine Ernennung zum Ehrendoktor der Technischen Hochschule Aachen erwähnt. Fischer starb nach kurzem Krankenlager an den Folgen einer Lungenentzündung. *Z 59 (1915) S. 213.* C. M.

FISCHER VON ERLACH, Joseph Emanuel Freiherr, geb. 1680, gest. um 1740. Er ist der Sohn des berühmten österreichischen Baumeisters Johann Bernhard Fischer von Erlach. Unter der Leitung seines Vaters widmete er sich gleichfalls dem Baufach und übernahm nach der Rückkehr von Studienreisen nach Italien und England die Leitung und Ausführung verschiedener von seinem Vater teils entworfener, teils schon begonnener Bauten. Seine bedeutenden mechanischen Kenntnisse veranlaßten seine Verwendung im Bergbau. Auf seinen Rat beschloß man in England eine „Feuermaschine" zu erwerben, und wenn irgend möglich, den Erbauer der Maschine selbst mit herüber zu bringen. Fischer von Erlach bestellte dann 1721 bei dem Kunstmeister Potter in Durham eine atmosphärische Maschine, die in einem Bergwerk zur Bewältigung der unterirdischen Wasser aufgestellt wurde und „mit gutem Success und Vergnügen der Company" arbeitete. Sie war die erste Maschine außerhalb Englands, die im Dienste der Industrie nutzbringend Arbeit verrichtet hat (Abbildung und Beschreibung der Maschine: Matschoß, Entw. Dampfm. 1, S. 309). 1721 wurde Fischer von Erlach von dem damaligen Landgrafen von Hessen-Cassel mit der Aufstellung einer solchen „Feuermaschine" in den dortigen Bergwerken beauftragt. In dem Februarheft der „Merkwürdigkeiten Wiens" (1727) ist eine genaue Beschreibung seiner zum Getriebe der Wasserkünste in dem Fürstlich Schwarzenbergschen Garten in Wien nach englischem Vorbild erbauten atmosphärischen Maschine zu finden. 1735 wurde Fischer von Erlach in den Freiherrnstand erhoben. Er erwarb sich ein bedeutendes Vermögen und stand wegen seiner umfassenden theoretischen und praktischen Kenntnisse bei seinen Zeitgenossen in hohem Ansehen. Über sein Todesjahr liegen keine durchaus zuverlässigen Nachrichten vor. *Entw. Dm. 1 S. 251; Biogr. Lex. d. Kaisertums Österreich 4 (1858) S. 251; A. Ilg: Die Fischer von Erlach (Wien 1895); Z 49 (1905) S. 1971.* Bk.

FISCHER, Franz Edler von Röslerstamm, geb. 5. Mai 1819 in Nixdorf (Böhmen), gest. 17. Dez. 1907 zu Brunn am Seb (Niederösterreich), war ein hervorragender Fachmann im Eisenbahnmaschinen- und Zugförderungswesen, das ihm viele Verbesserungen und Anregungen verdankt. Er war der Sohn des wegen seiner Verdienste um die österreichischen Feinstahlgewerbe in den Adelsstand erhobenen Josef Emanuel Fischer. Fischer bildete sich in Dresden, Freiberg und Wien für Feinmechanik und Optik aus, trat 1841 zum praktischen Maschinenbau über und wurde 1844 bei der k. k. Generaldirektion im österreichischen Staatseisenbahndienste angestellt, diente später bei der österreichischen Südbahngesellschaft und von 1875 bis 1891 bei der Kaiserin Elisabeth-Westbahn, nach deren Verstaatlichung bei den k. k. österreichischen Staatsbahnen; im letztgenannten Jahre ging er als Inspektor in den Ruhestand. Von seinen vielen Erfindungen seien als die bedeutendsten erwähnt: Die durchgehende Zugvorrichtung (1847), die heute allgemein übliche Schraubenkupplung mit rechtem und linkem Gewinde (1843), Vorrichtung zur Schmierung der Lokomotivradbandagen (1873), Sandstreuvorrichtung und Sandvorbereitungseinrichtung (1874). Im Jahre 1858 erbrachte Fischer den Beweis, daß keine Gefügeveränderung des Eisens eintritt, wenn es innerhalb der Elastizitätsgrenze beansprucht wird. Seine umfangreichen Aufzeichnungen über die — mit der Einführung und Erprobung der Kohlenfeuerung bei Lokomotiven — vorgenommenen Versuche mit verschiedenartigen Rauchfangformen, Rostanordnungen und Rauchverbrennungseinrichtungen sind beim Brande des Salzburger Bahnhofes ein Raub der Flammen geworden. Fischer war ein großer Naturfreund und beschäftigte sich viel mit der wissenschaftlichen Beobachtung des Lebens der Schmetterlinge und Giftschlangen. *Organ 45 (1908) S. 131.* Bk.

FITCH, John, geb. 21. Jan. 1743 in Windsor (Conn.), gest. 2. Juli 1798 in Bardstown (Ken.). Nach ganz unregelmäßigem Schulbesuch war er schon von seinem neunten Jahre an auf einer Farm beschäftigt. Dabei hatte er großes Interesse für Mathematik und Geographie. Mit siebzehn Jahren war er Matrose; kurze Zeit darauf versuchte er sein Glück in einer Uhrwerkstatt; mit einundzwanzig Jahren wollte er mit zwei Kollegen Pottasche herstellen. Um diese Zeit heiratete er — die Ehe war äußerst unglücklich und nach zwei Jahren verließ er Haus und Hof und durchzog das Land. Er erhielt sich durch das Reinigen von Uhren und verdiente etwas Geld mit der Herstellung von Messingknöpfen. Während des Bürgerkrieges arbeitete er als Büchsenschmied und hatte so viel zu tun, daß er auch Sonntags arbeiten mußte; er wurde deshalb aus der Methodistenkirche ausgestoßen. In dieser Weise verfolgte ihn das Mißgeschick sein Leben lang; er handelte mit Bier und Getränken; er war Silberschmied, dann Feldmesser; er fiel in die Hände der Indianer usw.

Im Jahre 1785 beschäftigte er sich mit den Plänen zu einem Dampfwagen. Diese gab er schnell als unpraktisch auf und „richtete nun seine Gedanken auf Schiffe". Zwei bis drei Monate später zeigte er seinem Freund die Zeichnung eines Dampfschiffes und sah bei diesem die Beschreibung einer Dampfmaschine, von der Fitch bis dahin nie etwas gehört hatte. Die Versuche, seine Pläne unterzubringen, waren wieder eine Reihe von Enttäuschungen. Ein Angebot der Spanier, ihnen die Erfindung ausschließlich zu übertragen, lehnte er ab. Am 17. September 1785 legte er der American Philosophical Society in Philadelphia Zeichnungen und Modelle seines Bootes vor, das er als eine endlose Kette mit Schwimmern und Schaufeln an den Seiten des Bootes beschrieb. Beim Kongreß hatte er keinen Erfolg; auch nicht bei Benjamin Franklin, der sich zwar lobend über den Plan aussprach, einige Monate später aber einen anderen Plan herausbrachte. Von Dampfkraft war dabei und auch bei dem Plan von Rumsey um diese Zeit keine Rede. Es gelang Fitch lediglich, im März 1786 in fünf Staaten gesetzlichen Schutz für seine Erfindung zu finden. Am 12. Oktober 1788 lief sein erstes Dampfboot auf dem Delaware von Philadelphia bis Burlington, und zwar gegen den Strom mit 30 Passagieren 3 Stunden 10 Minuten lang mit einer Geschwindigkeit von 6½ engl. Meilen in der Stunde. Im April 1790 entstand ein größeres Boot, das eine Geschwindigkeit von 8 Meilen in der Stunde hatte und den ganzen Sommer über regelmäßig verkehrte. 1791 übernahm die Regierung seine Patente. Die „Perseverance", die Fitch noch vor diesem Zeitpunkt in eigener Regie bauen wollte, die größer als die bisherigen Dampfer werden und auch Fracht aufnehmen sollte, wurde während des Baues vom Sturm losgerissen. Seine Geldgeber verweigerten weitere Mittel, die eigenen waren aufgebraucht, und der Bau mußte aufgegeben werden. Fitch ging nach Frankreich; wegen der dortigen politischen Unruhen erreichte er auch hier nichts und verdiente sich nach kurzem Aufenthalt in England seine Rückreise als einfacher Matrose. 1796 baute er noch mit Hilfe von Livingstone in New York die — soweit bekannt — erste Jolle mit Schraubenantrieb, war dann aber vom Schicksal und durch Krankheit so zermürbt, daß er seinem Leben selber ein Ende machte.

Von Fitch kann man sagen, daß er einer der unglücklichsten und verkanntesten Menschen und Erfinder war, die je gelebt haben. *John Fitch, Denkschrift der National Navy League of the United States (Hartford 1912); Entw. Dm. 1 S. 71.* Wi.

FONTANA, Domenico, geb. 1543 in Mili am Comersee, gest. 1607 in Neapel, kam mit zwanzig Jahren nach Rom, um sich gleich seinem älteren Bruder, der dort als Architekt und Ingenieur schon sehr bekannt war, dem Studium der Architektur zu widmen. Er gelangte bald zu gleichem Ansehen und wurde mit dem Bau der Capella de Presepio in S. Maria Maggiore beauftragt, den er äußerst prächtig ausführte. Auch die Vollendung der Kuppel der Peterskirche wurde ihm zusammen mit Giacomo della Porta übertragen. Doch zuvor wünschte der Papst, daß der einzige damals in Rom noch aufrechtstehende Obelisk von seinem Standort bei der alten Sakristei von St. Peter vor das Hauptportal dieser Kirche versetzt wurde. Bis zu dieser Zeit hatte sich noch niemand gefunden, der es gewagt hätte, diese Arbeit auszuführen, denn die Art, wie die alten Römer solche Steinkolosse bewegten und aufrichteten, war völlig in Vergessenheit geraten. Fontanas geniale Lösung der Aufgabe legt Zeugnis ab von seinem großen Scharfsinn und seiner seltenen Umsicht bei der Berechnung und Ausführung der Überführung, die er in einem Werk „Della Transportatione dell'Obelisco vaticano et delle Fabriche di nostro Signore Papa Sixto V. Roma 1590" genau beschrieben. Noch vier weitere Obelisken wurden auf Veranlassung des Papstes durch Fontana ausgegraben und aufgestellt. Auch mehrere große Bauten wie die Bibliothek des Vatikans und des Laterans sind von ihm ausgeführt; ferner leitete er die Quellen Aqua felice von einem 22 km entfernten Berg nach Rom und erbaute eine Fontäne auf der Piazza dei Termini.

Jedoch die Mißgunst seiner Neider beschuldigte ihn, während er mit dem Bau einer Brücke beschäftigt war, der Unterschlagung bedeutender Summen, und Fontana wurde seines Amtes enthoben. Der Vizekönig von Neapel nahm ihn 1592 als Architekt und ersten Ingenieur des Königs beider Sizilien in seine Dienste. In dieser Stellung betätigte er sich anfänglich in der Hauptsache mit der Ausführung von Kanal- und Straßenbauten, dann übertrug man ihm den Bau des königlichen Palastes. Kurz vor seinem Tode (1607) entwarf er die Pläne zu dem Hafen von Neapel, die später, als es zur Ausführung des Projektes kam, Francesco Picchiati als Vorlage dienten. *Gesch. Masch. S. 485.* Ca.

FÖPPL, August, geb. 25. Jan. 1854 in Großumstadt in Hessen, gest. 12. Aug. 1924 in Ammerlad. Als Sohn eines Landarztes geboren, erhielt er seinen ersten Unterricht in der Dorfschule, dann auf dem Realgymnasium in Darmstadt und studierte auf der dortigen Technischen Hochschule Bauingenieurwesen. Um Otto Mohr zu hören, ging er nach Stuttgart und schließlich nach dessen Fortgang nach Karlsruhe, wo er sein Studium beendete. Nach kurzer Beschäftigung im Staatsdienste ward Föppl Lehrer an der Baugewerkschule in Holzminden und dann an der städtischen Gewerbeschule in Leipzig bis 1892. Bei seinem außergewöhnlichen Forschungsdrang fand er natürlich keine Befriedigung in diesem elementaren Lehrbetrieb. Seine beiden ersten Schriften: „Theorie des Fachwerkes" (1881) und „Theorie der Gewölbe" (1881) legen Zeugnis von seinen wissenschaftlichen Fähigkeiten ab. Seine beiden Schriften wurden übrigens von der Universität Leipzig als Doktorarbeiten anerkannt.

1892 erfolgte Föppls Berufung an die Universität Leipzig als außerordentlicher Professor für Landwirtschaftsmaschinenkunde, ein Gebiet, in das er sich erst hineinarbeiten mußte. Diese Tätigkeit aber genügte dem mathematisch ungewöhnlich begabten Geiste keineswegs, und so beschäftigte er sich nebenbei mit den damals noch neuen Theorien der Elektrizitätslehre. Eine Frucht dieser Studien war die „Einführung in die Maxwellsche Theorie der Elektrizität" (1894). Bei der Behandlung des Stoffes verwendete Föppl als einer der ersten Ingenieure in geradezu meisterhafter Weise die Vektorrechnung.

Den ersehnten Wirkungskreis fand Föppl erst, als er als Nachfolger Bauschingers an die Technische Hochschule München berufen wurde. Seit 1894 hat er hier als Professor der Mechanik gewirkt. Seine Lehrerfolge waren ebenso außergewöhnlich wie seine Forschungserfolge. Alle Gebiete der technischen Mechanik verdanken ihm ausgiebige Bereicherung. Besonders bemerkenswert ist seine mit Hilfe der Vektorrechnung durchgeführte Kreiseltheorie und seine Erklärung über die bis dahin rätselhafte Selbsteinstellung der biegsamen Welle bei der Laval-Turbine. Seine „Vorlesungen über technische Mechanik", die in sechs Bänden erschienen sind, bilden heute die Grundlage eines jeden Hochschulunterrichtes auf dem Gebiete der technischen Mechanik.

Föppls Schriften zeichnen sich durch außerordentliche Klarheit aus. Er vermeidet lange Formelentwicklungen und klärt die Zusammenhänge möglichst weit rein begrifflich auf. In seinem Festigkeitslaboratorium, das er sich musterhaft einrichtete, wurden unter seiner Anleitung viele grundlegende Messungen ausgeführt. Eines seiner letzten Werke „Drang und Zwang", eine höhere Elastizitätslehre für Ingenieure, gab Föppl mit seinem Sohn und Nachfolger, Ludwig, gemeinsam heraus. Ein anderer Sohn Föppls, Otto, ist Professor der Mechanik in Braunschweig.

August Föppl war als einziger Ingenieur ordentliches Mitglied der bayerischen Akademie der Wissenschaften und Dr. Ing. e. h. der Technischen Hochschule Darmstadt. *ETZ 32 (1911) S. 1194; Z 68 (1924) S. 1059.* Gs.

FOUCAULT, Jean Bernard Léon, geb. 18. Sept. 1819 zu Paris, gest. 11. Febr. 1868 zu Paris. Foucault war der Sohn eines Buchhändlers, erhielt seine Schulbildung durch Privatunterricht und studierte dann zuerst Medizin. Die neu erfundene Daguerreotypie begeisterte ihn und beschäftigte ihn dann sein ganzes Leben lang; sie verdankt ihm bedeutende Fortschritte. Durch sie gelangte Foucault zur Bearbeitung optischer Fragen, die ihn zuerst mit Donné und Fizeau, dann mit Arago in Berührung brachten. 1850 führte er den von Arago schon früher geplanten Versuch über die relative Lichtgeschwindigkeit in Wasser und Luft aus, der eine geringere Fortpflanzungsgeschwindigkeit in Wasser ergab und dadurch einwandfrei den Streit zwischen Undulations- und Emissionstheorie zugunsten der ersteren entschied. 12 Jahre später bestimmte er auch die absolute Fortpflanzungsgeschwindigkeit des Lichtes mit Hilfe rotierender Spiegel zu 298 000 km/s; seine Spiegel hatten dabei die ansehnliche Geschwindigkeit von 24000 Umdr./Min.

1851 veranstaltete Foucault seinen berühmten Versuch mit dem freischwingenden Pendel und wies dadurch die Drehung der Erde experimentell nach. 1852 konstruierte er eine vereinfachte und verbesserte Ausführung des bereits 1817 von Bohnenberger benutzten Kreisels. Für diesen von ihm Gyroskop genannten Apparat gab er das allgemeine Gesetz über die Parallelstellung zweier in bestimmter Weise miteinander verbundener Rotationsachsen an und stellte die Möglichkeit fest, ihn als Kompaß zu verwenden.

1855 wurde Foucault als Physiker an dem Pariser Observatorium angestellt und baute hier große Linsen und Hohlspiegel; 1862 wurde er Mitglied des Bureau des Longitudes, 1865 Mitglied der Académie des Sciences.

Außer seinen schon erwähnten berühmten Arbeiten ist er der Erfinder eines Regulators für rasch umlaufende Maschinen, der selbsttätigen elektromagnetischen Regelvorrichtung an der elektrischen Bogenlampe und endlich der magnetischen Wirbelstrombremse. Für die letztere Erfindung erhielt er im Jahre 1850 die Medaille von Copley, die größte Anerkennung der Londoner Akademie. *Grande Encyclopédie française; Lissajous: Notice historique sur la vie et les travaux de L. F. (Paris 1875); Gariel et Bertrand: Recueil des travaux scientifiques de L. F. (Paris 1878).* Erk.

FOURDRINIER, Henry, geb. 11. Febr. 1766 in London, gest. 3. Sept. 1854 in Mavesyn Ridware bei Rugeley. Henry Fourdriniers Vater, ein Abkomme französischer Flüchtlinge, war Papierfabrikant und -händler in London. Seine beiden Söhne Henry und Sealy führten das Geschäft nach seinem Tode weiter und verwandten viele Jahre und viel Geld für die Erfindung und Verbesserung von Papiermaschinen. Das erste Patent wurde ihnen im Jahre 1801 erteilt. 1807 wurde ihre Maschine noch stark verbessert durch die Möglichkeit, mit ihr ein fortlaufendes Papier herzustellen und zwar Papier in jeder beliebigen Größe und mit einer im Vergleich zu früher bedeutend erhöhten Geschwindigkeit. Die Versuche und die erforderlichen Patente verschlangen rd. 60 000 £ und als die Maschine fertig war, waren die Brüder auch mit ihrem Vermögen am Ende. Obwohl das englische Parlament die Patente um 14 Jahre verlängerte und die Maschinen in großem Maßstabe eingeführt wurden, so war der materielle Erfolg für die Brüder wegen des trotz allem mangelhaften Patentgesetzes nur gering. Im Jahre 1814 lernte der Zar Alexander während eines Besuches in England die Fourdrinierschen Maschinen kennen und schloß mit ihnen ein Abkommen, wonach sie 10 Jahre lang eine jährliche Rente von 700 £ erhalten sollten für eine zehnjährige Benutzungsdauer von zwei Maschinen. Die Maschinen wurden kurz darauf unter der Aufsicht von Henrys Sohn in Peterhof aufgestellt; doch bezahlt wurden sie niemals. Auch ein späteres persönliches Gesuch des 72 jährigen Henry in Petersburg beim Zaren Nikolaus hatte keinen Erfolg. Inzwischen hatten die Fourdriniers auch dem englischen Parlament ein Gesuch eingereicht, sie für ihre großen Verluste zu entschädigen. Am 8. Mai 1840 wurde ihnen eine Entschädigung von 7000 £ angeboten. Eine mehrere Jahre später von Privatfirmen, vor allem aus dem Papiergewerbe, veranstaltete Subskription, ermöglichte es dem noch lebenden Henry — Sealy starb im Jahre 1847 — und seinen zwei Töchtern, endlich ein ruhiges und sorgenfreies Leben zu führen. In einfachen, aber durchaus zufriedenen Verhältnissen starb Henry Fourdrinier im Alter von 89 Jahren. *Nat. Biogr. 20 (1889) S. 78.* Wi.

FOURNEYRON, Benoit, geb. 1. Nov. 1802 in St. Etienne, gest. 8. Juli 1867 in Paris, stammte aus bescheidensten Verhältnissen, hatte aber von seinem Vater, der Geometer war, Neigung für Mathematik und exakte Wissenschaften geerbt. Mit neun Jahren kam er auf das Gymnasium, mit fünfzehn Jahren auf die neugegründete Bergschule (École des Mineurs) seiner Vaterstadt. Mit siebzehn Jahren trat er ins praktische Leben ein und arbeitete zunächst trotz seiner Jugend mit sehr gutem Erfolge an der Erschließung von Kohlengruben und dem Entwurf von Grubenplänen. Ende 1821 übernahm er die Umstellung der Hammerschmiedewerke der Familie Pourtalès von Holzkohlen- auf Steinkohlenbetrieb und gleichzeitig die Errichtung eines Walzwerks zur Herstellung von Weißblech, das bis dahin nur in England erzeugt wurde. Beide Aufgaben führte er innerhalb eines knappen Jahres erfolgreich durch.

Sein eigentliches Lebenswerk ist die Schaffung der ersten praktisch brauchbaren Wasserturbine. Die einzigen damals in Gebrauch befindlichen Wasserkraftmaschinen, abgesehen von einigen Versuchsmaschinen, die sich nicht recht bewährten, waren Schaufelräder mit wagerechter Achse. Fourneyrons Bestreben ging dahin, den bei steigendem Unterwasser auftretenden Nachteil einer Verringerung des Wirkungsgrades zu beseitigen. Die theoretischen Unterlagen lieferten ihm die Versuche von Segner und Eulers Berechnungen hierzu und die Studien seines Lehrers Burdin über wissenschaftliche Hydraulik. Nach vierjährigen Studien und zahllosen Versuchen gelang es ihm, eine sechspferdige Versuchsturbine mit senkrechter Achse zu bauen, deren Betrieb unabhängig vom Wasserstande war. Das Wasser wurde zunächst einem mit Schaufeln versehenen Leitrade zugeführt, so daß die Schaufeln des Laufrades tangential beaufschlagt wurden. Die Leistungsprüfungen nahm er mit Hilfe des von ihm verbesserten Pronyschen Zaumes vor und konnte einen Wirkungsgrad von 80 vH feststellen. Die Einführung in die Industrie brachte noch viele Schwierigkeiten mit sich. 1832 erhielt er den ersten Auftrag auf eine 10-PS-Turbine, der bald eine fünfzigpferdige folgte. Die Gewährung verschiedener Auszeichnungen und Preise seitens der Akademie und anderer Körperschaften waren verdienter Lohn für seine Mühen. 1836 gründete er in Niederbronn (Unterelsaß) eine Turbinenfabrik, die nach kürzester Zeit kaum mehr imstande war, die Fülle der eingehenden Aufträge zu bewältigen. Fourneyron entwickelte später auch die ersten Zwillings- und Drillingsturbinen, bei denen er Anordnung und Leistung mehrerer Turbinen in einem Körper vereinigte, um allzu große Durchmesser und Gewichte zu vermeiden. Auch im öffentlichen Leben nahm Fourneyron eine hervorragende Stellung ein und wurde 1848 zum Mitglied der konstituierenden Versammlung gewählt. —

Über seinen Charakter sagt ein Mitschüler, er sei der wenigst Gutmütige seiner Kameraden, sehr rechthaberisch, trotzdem nicht ohne Humor gewesen. Der mürrische und wenig verträgliche Zug in seinem Wesen wurde unterstrichen durch seine Gesichtszüge, die eng gestellten Augen und einen spöttischen Zug um den Mund. Doch wird andererseits sein starker Familiensinn und der Ehrgeiz nach großen Leistungen, verbunden mit eisernem Fleiß, an ihm gerühmt. Bis kurz vor seinem Tode arbeitete er an neuen Ideen und kam immer wieder auf das Problem der Dampfturbine, deren Entwicklungsmöglichkeiten er erkannte, ohne über die technischen Hilfsmittel zu ihrer Verwirklichung zu verfügen. *Beitr. 4 (1912) S. 79; Analyse des travaux de B. F. (Paris 1843); Comptes rendues de l' Académie Francaise des sciences à Paris 1836—1867.* Hä.

FOWLER, John, geb. 11. Juli 1826 in Melksham (Wiltshire), gest. 4. Dez. 1864 in Ackworth (Yorkshire). Zunächst war er im Getreidehandel tätig; 1847 trat er in die Maschinenbaufirma von Gilke, Wilson & Co. in Middlesborough ein. Während seines Aufenthaltes in Irland erkannte er die Bedeutung eines mechanischen Systems der Entwässerung und Urbarmachung brachliegenden Landes. Im Jahre 1850 führte er in Gemeinschaft mit Albert Fry in Bristol nach dieser Richtung hin Versuche durch, die zum Bau eines zunächst von Pferden betriebenen Rinnenpfluges führten. Die ihm daraufhin übertragene Urbarmachung der Hainault Forest in Essex wurde mit diesem inzwischen patentierten Pflug durchgeführt. Bei diesen Arbeiten erkannte er die Vorteile, die ein Dampfpflug mit sich bringen würde und setzte sich nunmehr an die Lösung dieser Frage. Seine Versuchseinrichtungen und Maschinen wurden teilweise bei der Firma Ransome & Sims in Ipswich (1856), teilweise bei George & Robert Stephenson in Newcastle gebaut. Schließlich gelang es ihm, mit Unterstützung von Jeremiah Head in den Stephenson-Werken einen Dampfpflug zu bauen, der allen von der Royal Agricultural Society vorgeschriebenen Bedingungen entsprach. Auf der im Jahre 1858 in Chester veranstalteten landwirtschaftlichen Ausstellung wurde der Pflug mit einem Preis von 500 Pfund Sterling ausgezeichnet. Fowler ging bei dieser Erfindung von dem Gedanken eines lokomobilen Pfluges ab und verwandte eine ortsfeste Maschine, die den Pflug mit Seilen hin- und herzog, die an einer Trommel befestigt waren. Im Jahre 1860 verbesserte Fowler seinen Pflug noch durch die Einführung des Zweimaschinensystems und trug hierdurch viel zur allgemeinen Einführung der Dampfkraft in die Landwirtschaft bei. Nicht nur in Großbritannien, sondern auch auf dem Kontinent und in den Baumwollbezirken von Ägypten fand seine Maschine Eingang, besonders nachdem er die Maschine auch leihweise abgab. Für ihn war damals der deutsche Dichteringenieur Max Eyth in Ägypten, Amerika und Rußland tätig, der seine Erinnerungen in dem bekannten Buche „Hinter Pflug und Schraubstock" niederlegte.

In Verbindung mit Kitson und Hewitson richtete Fowler im Jahre 1860 große Fabrikationswerkstätten in Hunslet, Leeds ein, die im Jahre 1864 bereits 900 Arbeiter und Angestellte beschäftigten. Um diese Zeit war er infolge Überarbeitung gezwungen, sich vorübergehend vom Berufsleben zurückzuziehen. Er siedelte nach Ackworth in Yorkshire über und stürzte dort so unglücklich vom Pferde, daß er seinen Arm verletzte; hinzugetretener Starrkrampf führte sein Ende am 4. Dez. 1864 im Alter von noch nicht vierzig Jahren herbei. Aus den Jahren 1850 bis 1864 rühren von ihm 32 Patente her, die teils ihm allein, teils in Gemeinschaft mit anderen erteilt wurden. Sie betreffen fast alle landwirtschaftliche Maschinen, wie Säe- und Erntemaschinen, Dampfpflüge usw. Einige befassen sich auch mit anderen

Fragen, wie z. B. mit der Erfindung eines besonderen Schiebeventils, einer Zugmaschine, einer Vorrichtung für das Legen telegraphischer Kabel usw. *Nat. Biogr. 20 (1889) S. 87.* Wi.

FOX, Samson, geb. 11. Juli 1838 in Leeds, gest. 24. Okt. 1903 in Leeds. Er wuchs fast ohne Schulbildung auf, wie es damals in den englischen Arbeiterkreisen meist der Fall war. Mit 12 Jahren nahm er Arbeit in einer der großen Spinnereien seiner Vaterstadt, um sich sein Brot zu verdienen. Mit 20 Jahren war er Vorarbeiter in der Maschinenfabrik von Smith, Peacock & Tannet in Leeds und mit 40 Jahren Leiter der Leeds Forge Co., Ltd., die er selbst mit finanzieller Hilfe schottischer Schiffbauer gegründet hatte. 1878 kam Knaudt, der Mitinhaber des ehemaligen Blechwalzwerkes Schulz, Knaudt & Co. in Essen, mit Fox in Verbindung durch die Erfindung des letzteren, gewellte Feuerrohre betreffend. Die Einrichtungen, die Fox in seinem Werk zur Herstellung der patentierten Wellrohre treffen konnte, waren, da er nicht über die nötigen Mittel zu verfügen hatte, mehr als bescheiden, so daß er mit Freuden den Vorschlag Knaudts, in Essen eine Wellblechwalze zu bauen, annahm. Knaudt erwarb sofort die Foxschen Patente. Die Wellrohre stellten eine wesentliche Verbesserung des Baues der Flammrohrdampfkessel dar. 1889, also 10 Jahre nach dem Ankauf der Foxschen Patente, stellte die Firma bereits 2000 t Wellrohre her, und 1906 wurden in Deutschland ungefähr 17 000 t erzeugt. Außer Wellrohren führte Fox gepreßte Blechteile für den Eisenbahnbau ein, die zunächst in Amerika in größerem Ausmaß verwendet wurden. Er starb als wohlhabender Mann. *Beitr. 1 (1909) S. 78; Z 47 (1903) S. 1723.* Lo.

FRANCESCONI, Hermenegild, geb. 9. Okt. 1795 im Venetianischen, das damals zu Frankreich gehörte, gest. 1862, besuchte die Artillerieingenieurschule zu Modena, trat — als Venetien zu Österreich kam (1815) — als Genieoffizier in österreichische Dienste und bald danach in das „Civilcorps der Staatsingenieure", wo er ein weites Arbeitsfeld bei den Straßenbauten in Südtirol und bei den Wasserbauten am Tagliamento fand; die große steinerne Brücke bei Pordenone, die er entwarf und baute, machte seinen Namen bekannt. 1829 wurde er zum Hofbaurat ernannt und nahm nun bestimmenden Einfluß auf die Regelung des Donaukanals in Wien, der Moldau, der Etsch, der Theiß, der Donau (bei Pest), auf den Bau des Hafens von Malamocco. 1836 berief ihn das mit den Vorarbeiten für die Kaiser-Ferdinands-Nordbahn betraute Komitee zur Leitung und Oberaufsicht des Baues dieser Bahn. 1842 wurde Francesconi Generaldirektor der österreichischen Staatsbahnen; gemeinsam mit C. Fr. Freiherr v. Kübeck, Präsidenten der k. k. allgemeinen Hofkammer, hatte er die Einzelheiten des großartigen Eisenbahnprogrammes entworfen, das mit dem Allerhöchsten Handschreiben vom 19. Dez. 1841 die Grundzüge und Hauptlinien des zu schaffenden Staatseisenbahnnetzes festlegte. Unter Francesconis Führung wurden neben anderen wichtigen Organisationsfragen auch die Fragen der Betriebsführung der Staatsbahnen und der Überschienung des Semmerings zur Lösung gebracht. Aber schon im Jahre 1848 kehrte Francesconi wieder zur Nordbahn zurück, um hier in der einflußreichen Stellung eines Generalinspektors bis zu seinem Tode zu wirken. Francesconi gehört zu jenen Technikern, die in der ersten Hälfte des vergangenen Jahrhunderts das Straßen- und Eisenbahnwesen Österreichs in hervorragender Weise förderten und insbesondere zur Entwicklung des Eisenbahnbaues überhaupt wesentlich beitrugen. *Geschichte der Eisenb. der österr.-ungar. Monarchie 1 S. 1; Birk: Alois v. Negrelli 1 (Wien 1915).* Bk.

FRANCIS, James Bicheno, geb. 18. Mai 1815 in Southleigh (Engl.), gest. 18. Sept. 1892 in Lowell. Mit 14 Jahren trat er ohne jede fachliche Ausbildung als Gehilfe eines Ingenieurs in die Hafenbaugesellschaft Porth Cawl in Süd-Wales ein. Zwei Jahre später wurde er mitbeschäftigt an der Konstruktion des Grand Western Canal in Devonshire und Somersetshire. Im Jahre 1833 wanderte er nach Amerika aus und fand Anstellung als Ingenieurassistent bei der New York, Providence and Boston Railroad unter der Leitung von William G. Mac Neil und George W. Whistler. Im Jahre 1834 finden wir Francis mit Major Whistler in Lowell zunächst damit beschäftigt, Werkzeichnungen einer Stephenson-Lokomotive anzufertigen, die in den Maschinenwerkstätten von „Locks and Canals on Merrimack River" nachgebaut werden sollte. 1837 schied Whistler aus und Francis wurde Chefingenieur, eine Stelle, die er 48 Jahre innehatte; später übernahm er auch die Leitung der Wasserwerke und wurde beratender Ingenieur der verschiedenen industriellen Unternehmungen in Lowell. Im Laufe der Jahre eignete er sich die fehlenden Kenntnisse, vor allem in Mathematik und angewandter Mechanik an, die ihm die Hilfsmittel lieferten, zu einem der führenden Wasserbauingenieure und Wissenschaftler seines Zeitalters zu werden. Die ersten Untersuchungen großer Träger aus amerikanischem Eisen wurden von Francis unternommen. Durch seine Kanalbauten am Merrimack River mit der berühmten Flußmauer von 36 Fuß Höhe bewahrte er die Stadt Lowell vor sicherer Zerstörung durch die Springflut im Jahre 1852, kaum zwei Jahre nach Fertigstellung dieser Arbeit. Die aus seiner Tätigkeit hervorgegangenen hydraulischen Arbeiten und Experimente fanden ihren Niederschlag in seinem wichtigsten und auch heute noch grundlegenden Buch „Lowell Hydraulic Experiments". Erwähnt seien hier vor allem die weltberühmten Arbeiten über den Fluß des Wassers über Wehre und über den Durchfluß des Wassers durch Kanäle, der durch Schwimmer bestimmt wird, ebenso seine Verfahren zur Prüfung und Bemessung von Turbinen. Die seit dem letzten Jahrzehnt in Aufnahme gekommene radiale Überdruckturbine mit Außenaufschlag des Wassers konstruierte Francis im Jahre 1849. Erwähnenswert sind ferner seine Untersuchungen zur Konservierung von Holz.

Der American Academy of Arts and Sciences überreichte er als Mitglied am 14. Februar 1865 seine berühmte Denkschrift: „On the strength of cast iron pillars with tables for the use of engineers, architects and builders." Außer diesen Schriften rühren von ihm noch eine stattliche Reihe grundlegender wissenschaftlicher Arbeiten vor allem auf dem Gebiet des Wasserbaues her. *Journal of the American Society of the Mechanical Engineers 16 (1894) H. 2.* Wi.

FRANK, Adolf, geb. 20. Jan. 1834 in Kloetze (Altmark), gest. 30. Mai 1916 in Charlottenburg, entstammte einer Kaufmannsfamilie, verlebte eine idyllische Jugend und verbrachte die Schuljahre auf der Jakobsonschule in Seesen. Vierzehn Jahre alt begann seine Ausbildung als Apothekerlehrling in Osterburg; er war dann mehrere Jahre lang in einer Apotheke in Habelschwerdt in Schlesien angestellt. Da er den Mangel einer theoretischen Unterlage bei seinen Studien erkannte, entschloß er sich, in Berlin Chemie und Technologie zu studieren. Er war 1854/55 Assistent bei Erdmann und arbeitete bei Gerlach im Laboratorium der Kriegsakademie und an der Tierarzneischule. Er hörte und arbeitete dann noch bei Mitscherlich, Magnus, Rose, Dove, war 1855/57 Assistent bei dem Botaniker Braun und dem Pharmakologen Berg und bestand die Apothekerprüfung 1857 summa cum laude. Später wandte er sich der Technik zu. Auf Empfehlung von Mitscherlich und Magnus bekam er eine Stelle bei der Staßfurter Rübenzuckerraffinerie Bennecke & Hecker, wo er ein von ihm erfundenes Verfahren zur Reinigung von Rübensäften mit Tonerdeseifen durchführte. In Gemeinschaft mit Schacht in Bonn führte er hier Untersuchungen über die Rübennematoden aus, ferner baute er eine Knochenkohlen- und Superphosphatfabrik und promovierte 1865 an der Universität Göttingen mit einer Arbeit über die Verluste der Rübenzuckerfabrikation.

In Staßfurt lernte Frank die Bedeutung der Kalisalzlager kennen und erkannte als einer der ersten ihren ungeheuren Wert. Er gab den Hauptanstoß zu ihrem Abbau zwecks Verwendung als Düngemittel in der Landwirtschaft. Mit Unterstützung des rührigen Berghauptmanns Krug von Nidda versuchte er, leider vergeblich, die preußische und die anhaltische Regierung für seine Pläne zu gewinnen. Schließlich gelang es ihm, 1861 bei einem Hamburger Handelshause das nötige Kapital aufzutreiben. Er baute eine Fabrik bei Staßfurt, die Oktober 1861 in Betrieb kam und nach seinem patentierten Verfahren schon einen Monat später Chlorkali erzeugte. Damit war die weltbeherrschende Kaliindustrie begründet. Franks Verfahren bestand darin, den Carnallit zwecks Zerstörung des Chlormagnesiums zu glühen und das Chlorkali herauszulaugen. Als begeisterter Anhänger der Liebigschen Lehren von der Verbesserung des Bodens durch künstliche Düngemittel machte er auf die Vorteile der Kalidüngung für Rübenzucht und Moorkultur aufmerksam. Er stellte fest, daß Kochsalz die Aufnahme anderer Düngestoffe in die Wurzel befördert, und daß der Chlorgehalt nicht schädigend wirkt, wie bis dahin behauptet wurde. Frank war auch der erste, der die Bromgewinnung aus den Staßfurter Mutterlaugen 1865 im Großbetrieb durchführte. Er führte das Brom in die Desinfektionstechnik ein und erkannte hierbei die hervorragende Eignung des Kieselgurs, das als Aufsaugemittel für Brom diente, als Filtermaterial. Solche Filter finden als Berkefeldfilter heute noch Verwendung.

Frank, der aus einer moorreichen Gegend stammte, hat sich Zeit seines Lebens sehr für Moorkultur eingesetzt. Auf seine Anregung hin wurden die elektrischen Zentralen mitten in den Mooren begründet (z. B. bei Aurich). Die Vergasung von Torf arbeitete er mit N. Caro und der Deutschen Mondgas-Gesellschaft zusammen in einer bei Osnabrück gebauten großen Anlage aus. 1876 legte Frank seine Stellung als Generaldirektor der Vereinigten Kalifabriken in Staßfurt und Leopoldshall nieder und zog mit seiner Familie nach Charlottenburg, wo er die technische und wissenschaftliche Leitung einer Glashütte übernahm, die Flaschen herstellte. Hier erprobte er die Brauchbarkeit von natürlich vorkommenden Gesteinen für die Flaschenglasfabrikation und führte braune Gläser für Bierflaschen ein, nachdem er durch Versuche festgestellt hatte, wie verschiedenfarbige Lichtstrahlen auf die Haltbarkeit des Bieres wirken. In Gemeinschaft mit seinem Assistenten Max Müller in Braunschweig führte er Untersuchungen über Emaillen und Glaspasten aus, die auf seine Anregung hin von Schwarz in Graz für venetianische Mosaiken und zur Herstellung von Mosaikgläsern (fondi d'oro) verwendet wurden. Frank war dadurch mittelbar Begründer der bedeutenden deutschen Mosaikglasfabrikation. 1883 und später beschäftigte sich Frank mit der Einführung der Thomasschlacke in die Landwirtschaft und arbeitete gemeinsam mit Hofrat Ludwig in Wien ein Verfahren zur Gewinnung des Karlsbader Salzes aus, das er später auch auf das Marienbader Salz übertrug.

Seit 1885 arbeitete Frank nur noch als selbständiger Zivilingenieur. Er beschäftigte sich in jahrelangen Arbeiten mit der Herstellung von Zellulose nach dem Sulfitverfahren, besonders der Reinigung der Laugen und der Wiedergewinnung des Schwefels. Nach seinen Verfahren arbeiten viele Sulfitzellstoffabriken. Er regte durch Eingaben an das Landwirtschaftsministerium die Gründung von Zellstoffabriken in Ostpreußen an, die dort eine günstige wirtschaftliche Grundlage haben. Von 1895 ab beschäftigte er sich gemeinsam mit N. Caro mit der Bindung des Luftstickstoffs. Das Ergebnis dieser Arbeiten war das Verfahren der Kalziumcyanamid-Darstellung und der Gewinnung von Cyaniden und Ammoniak aus ihm. Sie waren dadurch Schöpfer der bedeutenden Kalkstickstoffindustrie. Weitere Forschungen brachten eine wirtschaftlich günstige und technisch einfache Methode zur Oxydation von Ammoniak zu Salpetersäure.

Ferner förderte Frank die deutsche Karbid- und Azetylenindustrie und die Anwendung des Azetylens als Mitbegründer und Vorsitzender des Azetylenvereins. Von seiner Vielseitigkeit zeugt auch die Tatsache, daß er für mehrere Jahre Berater der Nobel-Dynamit-A.-G. gewesen ist. Große Verdienste erwarben sich Frank und Caro noch durch die Ausarbeitung eines Verfahrens zur Gewinnung von Wasserstoff aus Wassergas durch Verflüssigung der übrigen Gase (in Gemeinschaft mit Prof. von Linde in München). Nach diesem Verfahren wird Wasserstoff für die Luftschiffahrt und die Fetthärtungsindustrie gewonnen. — Von weiteren Arbeiten Franks seien noch erwähnt solche über Verbilligung der Leuchtgaserzeugung (und zwar der Verwertung der Abhitze von Gasretortenöfen für die Herstellung von Trockenfutter und der Einführung eines Mischgases aus Wassergas und Leuchtgas, wie es heute allgemein als Leuchtgas verwendet wird), ferner eines Verfahrens zur Anreicherung von niedrigprozentigen Phosphaten, Herstellung von Ruß aus Azetylen, von Graphit aus Karbid und eines überaus praktischen Gaszählers. An diesen Erfindungen, die alle praktisch ausgeführt worden sind, arbeitete er unermüdlich bis zu seinem Tode.

Frank war ein unermüdlicher Arbeiter, der außerhalb seiner Familie keine Erholung kannte. Er war wohlwollend und treu, als Mensch, Lehrer und Freund allbeliebt. Er fand, ohne je doziert zu haben, Anerkennung durch Verleihung der Titel Professor und Geheimer Regierungsrat, war mehrfacher Ehrendoktor und Ehrenmitglied hervorragender technisch wissenschaftlicher Gesellschaften. *Z. f. angew. Chemie 29 (1916) S. 373; Chem.-Z. 40 (1916) S. 569.* Sa.

FRANKLIN, Benjamin, geb. 21. Jan. 1706 in Boston, gest. 17. April 1790 in Philadelphia. Er war das fünfzehnte Kind eines Seifensieders. Mit 10 Jahren wurde Franklin aus der Schule genommen und trat in das Geschäft seines Vaters ein; mit zwölf Jahren in die Buchdruckerei seines Stiefbruders, um das Druckerhandwerk zu erlernen; kurze Zeit darauf versuchte er sich als Schriftsteller und übernahm daraufhin die Schriftleitung des von seinem Bruder herausgegebenen Blattes. Von 1724 bis 1726 war er in London, kehrte dann nach Amerika zurück und errichtete 1728 eine eigene Buchdruckerei, die er zu hoher Blüte brachte. Nebenher studierte er eifrig die neuen und alten Sprachen. Im Jahre 1736 wurde er zum Sekretär des Kolonialparlaments von Pennsylvanien und 1737 zum Oberpostmeister dieses Staates ernannt. In seiner öffentlichen Laufbahn hat er für das Schul- und Bildungswesen Amerikas sehr Bedeutendes geleistet. Auf Anraten des Gouverneurs entwarf er 1743 den Plan einer Philosophischen Gesellschaft für Amerika, der er bis zu seinem Tode vorstand. 1753 war er Generalpostmeister aller englisch-amerikanischen Kolonien. Zwecks Beilegung von Kolonialsteuerkonflikten wurde Franklin 1757 nach England gesandt und führte die von ihm vertretene Sache zum Erfolg. 1766 wurde er in ähnlicher Eigenschaft — es handelte sich um die Unruhen wegen der Stempelakte — wieder nach England entsandt, trat aber zu sehr für die Freiheit der Kolonien ein, so daß er seiner Stelle als Generalpostmeister verlustig erklärt wurde und 1775 nach Philadelphia zurückkehrte. Er wurde Kongreßmitglied und nahm hervorragenden Anteil an der Unabhängigkeitserklärung vom 4. Juli 1776. In den sieben Jahren, die er daraufhin als bevollmächtigter Minister in Frankreich zubrachte, errang er sich die höchste Achtung der Franzosen.

Aber nicht nur als Staatsmann hat Franklin Großes geschaffen; in gleicher Weise steht sein Name als Techniker und Erfinder mit an erster Stelle. Er beschäftigte sich vor allem mit Elektrotechnik, sowie mit geographischer und angewandter Physik. Interessant ist die Feststellung, daß seine Aufmerksamkeit auf

Elektrotechnik erst anläßlich eines Vortrages im Jahre 1746 gelenkt wurde, also in einem Alter von fast 40 Jahren. In den darauf folgenden Jahren widmete er einen großen Teil seiner Zeit diesem Gebiet und seiner praktischen Erforschung. Im Jahre 1749 erschien seine erste größere wissenschaftliche Abhandlung „Opinions and Conjectures Concerning the Properties and Effects of Electrical Matter, Arising from Experiments and Observations. Made at Philadelphia".

Im Juni 1752 machte Franklin seine berühmte Erfindung des elektrischen Drachens und im September 1752 die des elektrischen Blitzableiters. Die Ursprünglichkeit seiner Erfindung ist viel angezweifelt; bereits Jahre vor ihm sind Abhandlungen über ähnliche Themen herausgebracht worden. Es steht aber heute fest, daß von Franklin die ersten erfolgreichen praktischen Versuche unternommen worden sind. Ostern 1779 trug Franklin eine seiner grundlegendsten Arbeiten der Königlichen Akademie der Wissenschaften in Paris unter dem Titel „Aurora Borealis" vor. Seine Untersuchungen und Forschungen sind äußerst vielseitig und mannigfaltig. Erwähnt seien hier vor allem seine Arbeiten über die Ursachen und Erscheinungen des Nordlichtes, der Gewitterstürme, der Wolkenbrüche, der Wirbelwinde, der großen Nordoststürme in den Vereinigten Staaten, die Elektrifizierung der Wolken usw. Von ihm rühren die verschiedensten Erfindungen her, so außer dem Blitzableiter sein „Pennsylvania fire place", sein Gegenzug-Ofen; auch seine Abhandlungen über die zweckmäßigste Konstruktion von Schornsteinen, über die Ventilation von Gebäuden, Bergwerksgruben usw. zeigen die Richtung seiner Arbeiten. Benjamin Franklin wird in Amerika als einer der größten Männer des Landes verehrt. *Birkenbihl: Vorwärts durch eigne Kraft (Braunschweig 1914); Entw. Natw. 3 S. 15; Gesch. Technol.; Schmalz: Leben Benj. Franklins (Leipzig 1840); Biogr. Lit. Hwb. 1 S. 793; Am. Biogr. 2 (1888) S. 526; Journ. of the Franklin Instit. 161 (1906), H. 4/5.* Wi.

FRANZIUS, Ludwig, geb. 1. März 1832 in Wittmund, gest. 23. Juni 1903 in Bremen. Sein Vater war als Beamter in Wittmund und später in Fürchtenau bei Osnabrück als Oberamtmann tätig. Mit seinem Sohne gemeinsam hatte er die echt friesischen Charaktereigenschaften einer strengen Wahrheitsliebe vereint mit einem sehr ausgeprägten Unabhängigkeitsgefühle und schlichtem und offenem Wesen. Nach Absolvierung des Gymnasiums bezog Franzius mit 16½ Jahren die damalige polytechnische Schule in Hannover, wo er 1853 die Staatsprüfung für den Wasserbau mit dem Prädikat „Recht gut" bestand. Als Wasserbauführer kam er nach Harburg, wo er dem Wasserbaudirektor und Baurat Blohm zugewiesen wurde. In seiner Tätigkeit hier an der Unterelbe sowie in Neuhaus an der Oste und später in Papenburg holte er sich die praktischen Erfahrungen für seine späteren Arbeiten. Im Februar 1867 wurde ihm eine Lehrtätigkeit an der Berliner Bauakademie angeboten, mit welcher gleichzeitig eine Tätigkeit als Hilfsreferent für Bauwesen im Handelsministerium verbunden sein sollte. Franzius entschloß sich zur Annahme dieses Angebotes, welches nunmehr eine ungeheure Arbeitslast für ihn mit sich brachte. Im Jahre 1869 wurde Franzius als einer der hervorragendsten Vertreter des deutschen Wasserbaues zur Einweihung des Suezkanals eingeladen. Der wichtigste Abschnitt seines Lebens begann mit der 1875 erfolgten Berufung als Oberbaudirektor nach Bremen. Das große Werk, welches er hier schuf, ist die Regulierung des Fahrwassers der Unterweser. Durch die von ihm in genialer Weise ausgearbeiteten Pläne zur Schiffbarmachung der Unterweser wurde ein großer Teil des Seeschiffverkehrs von Bremerhaven nach der Stadt Bremen selbst verlegt. Im Jahre 1888 wurde der Bau eines Seehafens in Bremen für Schiffe bis 5 m Tiefgang unter seiner Leitung begonnen. Hand in Hand mit der Unterweserkorrektion ging die Regulierung des Fahrwassers der Außenweser, das durch die häufigen Lageverschiebungen der Sandbänke erheblichen Schwankungen hinsichtlich Lage des Fahrwassers und der Fahrtiefe unterworfen war.

Neben dieser amtlichen Tätigkeit wurde häufig sein Rat in Wasserbaufragen in Anspruch genommen, so für Gutachten über die rumänischen Hafenanlagen an der Donaumündung in Constanza, Galatz und Braila, ferner für Saloniki und Dedeagatsch. 1894/95 wurde er von der belgischen Regierung zur Mitarbeit an den Entwürfen für die Schelderegulierung herangezogen. Literarisch hat sich Franzius in der Hauptsache durch seine Mitarbeit am Handbuch für Baukunde, wo er den Teil „Wasserbau" bearbeitete, ausgezeichnet. Der Verein deutscher Ingenieure erkannte seine Verdienste an durch die Verleihung der goldenen Grashofdenkmünze, und die Technische Hochschule in Charlottenburg ernannte ihn 1901 zum Dr.-Ing. e. h. *Z 1914 (Festnummer zur 55. Hauptversammlung) S. 1; Beitr. 5 (1913) S. 3.* Hä.

FRAUNHOFER, Joseph v., geb. 6. März 1787 in Straubing, gest. 7. Juni 1826 in München. Als Sohn eines Glasers erlernte er das Handwerk seines Vaters. Durch einen Unglücksfall, bei dem er mehrere Stunden unter den Trümmern eines eingestürzten Hauses begraben war, wurden der Kurfürst von Bayern und Joseph von Utzschneider auf ihn aufmerksam. Unterstützt von dem letzteren konnte Fraunhofer seine sehr mangelhafte Schulbildung verbessern und besonders die mathematischen Grundlagen sich aneignen, die er in der Optik zur richtigen Berechnung der Linsen und Objektive brauchte. 1804 trat Fraunhofer in das mathematisch-mechanische Institut von Reichenbach, Utzschneider und Liebherr ein und wurde bereits 1809, 22 jährig, mit der Leitung der optischen Abteilung des neugegründeten Instituts für Optik betraut. Hier machte er seine erste bedeutende Erfindung durch Konstruktion der ersten Poliermaschine, mit welcher die Objektivflächen mit mathematischer Genauigkeit hervorgebracht wurden, während beim Polieren von Hand häufige Fehler unausbleiblich waren. — 1811 wurde ihm die Leitung der Glasschmelze übertragen, und hiermit begannen seine Bemühungen um Herstellung eines vollkommen fehlerfreien Flintglases, das überall gleiches Brechungsvermögen hatte und frei war von Wellen und Streifen. Bisher war kein Glas zu finden gewesen, weder aus Deutschland noch aus Frankreich oder England, das für optische Zwecke einwandfrei war. Fraunhofer konnte nach langwierigen Versuchen schließlich eine völlig homogene Masse erzielen. Seine genauen Untersuchungen des Glases führten ihn zu seinen Beobachtungen der Lichtstrahlen. Es gelang ihm zunächst, ein vollkommen homogenes Licht durch Lampenlicht, das durch verschiedene Prismen gegangen ist, zu erzeugen. Vielfach wiederholte Experimente ließen ihn zuerst die feste helle Linie im Orange des Spektrums finden. Diese Linie erlaubte ihm nun die Feststellung des Brechungswinkels verschiedener Stoffe. Er untersuchte jetzt das Sonnenlicht und fand hier nicht nur die Linie wieder, sondern auch eine ganze Anzahl dunkler Linien. Nach und nach stellte er rund 500 dieser „Fraunhoferschen Linien" fest. Die hierdurch ermöglichte genaue Kenntnis des Farbenspektrums und der Lichtbrechung ist von grundlegender Bedeutung für die Konstruktion aller Fernrohre, Mikroskope, Objektive usw. Daneben studierte er die Beugung des Lichtes und lieferte die ausschlaggebenden Beweise zur Erhärtung der Wellentheorie der Lichtstrahlen und die Methoden zur Berechnung der Wellenlänge. Die Berechnung achromatischer Gläserkombinationen ist erstmalig von ihm in die Optik eingeführt. 1823 wurde Fraunhofer, der ehemalige Glaserlehrling, zum Mitglied der bayer. Akademie gewählt und 1824 vom König von Bayern in den Adelsstand erhoben. Im Oktober 1825 warf ihn eine Krankheit nieder; sein Körper, in dem eine Schwäche seit dem eingangs erwähnten Unfall zurückgeblieben und der zudem angegriffen war durch seine unermüdliche Arbeit in der Hitze des Glasofens, hielt nicht lange stand, so daß er, erst 38 Jahre alt, verschied. *v. Dyck: G. v. Reichenbach (München 1912) S. 18; Merz: Verhdlg. d. historischen Vereins f. Niederbayern; Die Rede v. Jolly (München 1866).* Hä.

FREUND, Georg Christian, geb. 15. April 1793 in Uthlede (Weser), gest. 11. Okt. 1819 in Gleiwitz, erhielt seine erste technische Ausbildung in Kopenhagen bei seinem Oheim, dem Mechaniker Burchard von Würden. Er kam schon frühzeitig an die Kopenhagener Münze und erhielt von hier aus einen Ruf nach Berlin. Hier angekommen konnte er aus unbekannten Gründen die Stelle nicht annehmen, kam dafür aber mit dem Geheimrat Pistor in Berührung, der an der Konstruktion einer Dampfmaschine arbeitete. Beide zusammen gründeten 1816 die erste Dampfmaschinenfabrik Berlins. Freund versah seine Maschinen als erster mit einer Oberflächenkondensation und wandte ein besonderes Expansionsorgan, den sog. Freundschen Sparhahn, an, der zu den ersten überhaupt benutzten Expansionssteuerungen gehört. Die Fabrik dehnte sich rasch aus und genoß infolge der konstruktiven Fähigkeiten und der sauberen Arbeit ihres technischen Leiters einen ausgezeichneten Ruf. Auf einer Geschäftsreise nach Oberschlesien ereilte den erst 26jährigen gänzlich unerwartet der Tod. Die Fabrik wurde von seinem Bruder Julius Conrad Freund, der bereits seit mehreren Jahren bei ihm tätig war, mit bestem Erfolge weitergeführt. *Entw. Dm. 1 S. 166; Ecksteins hist. biogr. Blätter (Berlin 1902).* Hä.

FREUND, Julius Conrad, geb. 11. Juni 1801 in Uthlede (Weser), gest. 18. Juli 1877 in Berlin, trat bereits bei der Gründung 1816 als Lehrling in die Dampfmaschinenfabrik seines Bruders ein. Im Anfang war seine Hauptarbeit das Schleifen von Brillengläsern, womit die Fabrik sich mangels besserer Aufträge über Wasser hielt. Bereits mit achtzehn Jahren mußte er infolge des frühen Todes seines Bruders die Leitung des Werkes übernehmen. Es gelang ihm durch unermüdliche Tatkraft und seine hervorragende technische Befähigung, das Geschäft ebenso erfolgreich weiterzuführen, wie sein Bruder es begonnen hatte. 52 Jahre lang leitete er die Firma, bis sie im Jahre 1871 von der Berliner Aktiengesellschaft für Eisengießerei und Maschinenfabrikation früher J. C. Freund & Co. übernommen wurde.

Bereits Anfang der zwanziger Jahre wies Freunds Preisliste 21 Modelle von Dampfmaschinen auf, deren Leistung mit 1 bis 40 PS angegeben war. Außer den alten Niederdruckmaschinen Wattscher Bauart baute er Maschinen eigener Konstruktion, bei denen höherer Dampfdruck und Expansion angewendet wurden. — Das Programm der Freundschen Fabrik wurde durch Aufnahme des Gusses von Röhren für Gas- und Wasserleitungen erweitert, die in der Zeit um 1840 in großer Menge benötigt wurden. Außerdem stellte er Kanonen her, lieferte ganze Einrichtungen für Brennereien und für Zuckerfabriken. Er verstand es stets, sich mit seinen Erzeugnissen auf die Bedürfnisse seiner Kundschaft einzustellen und ihr für den beabsichtigten Zweck die bestmöglichen Maschinen zu liefern. Er starb im 77. Lebensjahre als einer der angesehensten Berliner Bürger. *Entw. Dm. 1 S. 166; Ecksteins hist. biogr. Blätter (Berlin 1902).* Hä.

FRISCHEN, Carl, geb. 30. Juli 1830 zu Bremen, gest. 8. Mai 1890 zu Berlin. Carl Frischen besuchte in Bremen die „lateinische" Schule und später die Handelsschule. Seine ausgesprochene Neigung zur Technik veranlaßte ihn 1848 zum Eintritt in das Polytechnikum zu Hannover, nachdem er sich vorher längere Zeit in einer Maschinenfabrik handwerkmäßig ausgebildet hatte. Er studierte Mathematik, Physik und Chemie und darauf Maschinenbau. Gleichzeitig zogen ihn Vorlesungen über Elektrizität in hohem Grade an, die Professor Heeren außerhalb des ordentlichen Studienplanes abhielt, und in Verbindung damit wurde entscheidend für ihn der von der preußischen Regierung im Sommer 1849 ausgeführte Bau der Telegraphenlinie Berlin-Köln über Hannover. Frischen beschloß in Voraussicht der kommenden Entwicklung, sich ganz der Telegraphie zu widmen. Er wurde damit einer der ersten Elektrotechniker, die eine sachgemäße Fachbildung erhalten hatten. Dieser Umstand und der sonstige Mangel an geeigneten Leuten auf dem neuen Gebiete verschafften dem erst 21jährigen jungen Manne 1851 die Berufung als Telegrapheningenieur in den hannoverschen Staatsdienst. Sein Wirken hier kennzeichnete schon in den ersten Jahren die Erfindung der Differentialschaltung zum Gegensprechen mit Morseapparaten, dieselbe Schaltung, die gleichzeitig und unabhängig Werner Siemens angab. Die damals noch dem Bedarfe vorauseilende Einrichtung war der erste Anlaß, der die beiden Männer zusammenführte. Ebenfalls von Frischen stammten die Blitzableiter zum Schutze der Freileitungen gegen atmosphärische Entladungen, und die wie jene noch heute gebräuchlichen Ruhestromschaltungen zum Zeichengeben auf einer Linie und zum Übertragen von einer Linie auf eine andere. Ihm waren besonders die Eisenbahntelegraphen unterstellt, und mit deren Ausdehnung wuchs das Ansehen des Leiters, so daß er 1866 als Oberingenieur in die Telegraphenverwaltung des Norddeutschen Bundes nach Berlin versetzt wurde.

Der Verwaltungsdienst, der ihm hier zufiel, entsprach indessen nicht der Neigung Frischens. Er war nach dem Zeugnis von Werner Siemens mit Leib und Seele schaffender Techniker, und er folgte deshalb 1869 gern dem wiederholten Antrage zum Eintritt in die Firma Siemens & Halske. Hier tat sich ihm ein weites Wirkungsfeld auf. Zunächst führte er mit Glück in Rußland und Persien die Inbetriebnahme der Indo-Europäischen Telegraphenlinie durch, um dann in Berlin die Oberleitung der Werkstätten und die persönliche Bearbeitung neuer Zweige zu übernehmen. Auf Anregung deutscher Eisenbahnverwaltungen hatte Werner Siemens die Ausbildung eines einheitlichen Blocksystems zur Sicherung der Eisenbahnzüge beschlossen, und diese Aufgabe löste an erster Stelle Frischen im Zusammenhange mit dem Läutesignalwesen in verhältnismäßig kurzer Zeit und mit durchschlagendem Erfolge. An allen Fortschritten mitschaffend, wandte er später seine Kraft dem neu entstehenden elektrischen Bahnwesen zu und leitete bis in alle Einzelheiten die Pionierarbeiten, die von Siemens & Halske in der ersten Hälfte der 80er Jahre bei Berlin, Offenbach und Wien mit dem jungen Verkehrsmittel unternommen wurden. Weniger nach außen hervortretend als innerhalb der Firma fühlbar, war Frischens Befähigung zur zweckmäßigen Ordnung und Leitung der mit dem Aufblühen des Starkstromes sehr schnell wachsenden Werkstätten. Alle Zweige mit Anregungen befruchtend, ließ er sich selbst von seiner Schaffenslust immer wieder zur persönlichen Bearbeitung von Einzelfragen anregen. In seinen letzten Lebensjahren förderte er besonders die bauliche Ausbildung des Telephones; sein lautsprechendes Telephon war auch weiteren Kreisen davon ein Beispiel. Bis zu seinem vorzeitigen Tode hat Frischen in zahlreichen Vorträgen der Öffentlichkeit von den Fortschritten seines weiten Arbeitsgebietes Kunde gegeben. *Archivakten von Siemens & Halske; Ehrenberg: Die Unternehmungen der Brüder Siemens; Matschoß: Werner Siemens. Lebensbild u. Briefe. (Berlin 1916); Beitr. 11 (1921) S. 39; Z. f. Fernmeldetechnik, Werk- u. Gerätebau (1924) S. 9; Deutsche Verkehrszeitung, 11. Mai 1923.* Ro.

FRITZ, George, geb. 15. Dez. 1828 in Chester County (Pa.), gest. 5. Aug. 1873 in Cambria. Der Vater von George Fritz stammte aus dem Hessischen und war erst einige Jahre vor Georges Geburt nach Amerika ausgewandert. Schon früh zeigte sich bei George Fritz ebenso wie bei seinem Bruder John eine ausgesprochene Befähigung und Vorliebe für technische Fragen, die sie zweifellos vom Vater geerbt hatten. Mit 18 Jahren wurde George nach Philadelphia zu einem Tischler in die Lehre gegeben und nach einigen Jahren zählte er in diesem Betrieb zu den besten Arbeitern. Da er keine rechte Aussicht hatte, in dem Tischlerberuf weiterzukommen, setzte sich sein älterer Bruder John dafür ein, ihn bei einem Freunde, der einen Maschinenbaubetrieb leitete, unterzubringen. Zu dieser Zeit war John in Norristown in Pennsylvania beschäftigt, und George kam zu Meister Archibald Johnston in dieselbe Stadt als Techniker. Nach drei Monaten zählte er bereits zu den besten Modellmachern des Betriebes;

er blieb aber nicht lange hier, da John Fritz ihn bei seinem Fortgang aus Norristown erst nach Catasauqua und später nach Cambria mitnahm. 1860 verließ John seine Stellung bei den Cambria-Werken, und George wurde als dessen Nachfolger zum ersten Ingenieur und Betriebsleiter ernannt. Unter seiner Leitung wurden die in Angriff genommenen Neuerungen und Verbesserungen seines Bruders fortgeführt; auch er hat seinen großen Teil zu dem Aufblühen dieses Betriebes beigetragen. Die Einführung des Bessemerverfahrens fiel in diese Zeit und fand in ihm einen starken und interessierten Anhänger. Im Zusammenarbeiten mit Alexander L. Holley hat er einige ganz moderne Bessemeranlagen gebaut, die den Stempel seiner Persönlichkeit trugen. Die von ihm hierbei durchgeführten Neuerungen gestatteten große Ersparnisse an Arbeitskräften und Arbeitszeit und stellten ihn unter die amerikanischen Pioniere, die diesem Verfahren schließlich in Amerika eine hervorragende Bedeutung gaben und großen Erfolg sicherten. Bei Ausbruch des amerikanischen Bürgerkrieges stellte sich George Fritz der Regierung mit einer Freiwilligenschar zur Verfügung und nur mit größter Mühe konnte man ihn dazu bewegen, in der Heimat und an seinem Werk zu bleiben, wo er dem Staate mindestens ebenso große Dienste leisten konnte. Er galt als einer der größten Eisenhüttenmänner seiner Zeit. *John Fritz: Autobiography; Engineering Magazine 26 (1904) Nr. 6.* Wi.

FRITZ, John, geb. 21. Aug. 1822 in Londonderry (Chester County, Pa.), gest. 13. Febr. 1913 in Bethlehem (Pa.). Sein Vater, Georg Fritzius, war im Jahre 1802 als Zwölfjähriger mit seinen Eltern aus Deutschland nach Amerika ausgewandert, wo diese in Chester County (Pennsylvania) eine Farm gründeten. John wurde als ältester einer siebenköpfigen Kinderschar geboren. Seine Schulbildung beschränkte sich auf die damals für die Landbevölkerung übliche Ausbildung im Lesen und Rechnen. John mußte als Farmersohn alle landwirtschaftlichen Arbeiten verrichten; am liebsten arbeitete er aber mit dem Werkzeugkasten seines Vaters, wenn es galt, kleine Ausbesserungen auf der Farm auszuführen. Mit 16 Jahren wurde er Lehrling in einer Grobschmiede und Reparaturwerkstatt für landwirtschaftliche Maschinen. Nach Beendigung seiner Lehrzeit kehrte er für einige Zeit auf die Farm seiner Eltern zurück. Erst im Jahre 1844 gelang es ihm, seinem Wunsch gemäß in die Eisenindustrie zu kommen. Er trat als Arbeiter in ein neuerrichtetes Puddel- und Walzwerk in Norristown (Pa.) ein und erhielt bald darauf die Aufsicht über die gesamten Maschinen. Er bemerkte bald die Konstruktionsfehler und Mängel der ihm anvertrauten Maschinen und beschloß, sie bei der ersten sich bietenden Gelegenheit zu verbessern, was ihm auch im Laufe seiner langen Praxis durch eigene Erfindungen in besonderem Maße gelang. Fritz benutzte seine freien Abendstunden trotz der anstrengenden Tagesarbeit, um sich mit dem Betrieb der Puddelöfen und mit dem streng gehüteten Geheimnis des Walzens vertraut zu machen. Sein Fleiß, seine Geschicklichkeit und sein Talent mit den Arbeitern auszukommen und Freunde unter ihnen zu erwerben, lenkten bald die Aufmerksamkeit auf ihn. Er wurde technischer Leiter des ganzen Werkes. Aber er wollte noch mehr lernen und nahm 1849 mit Zustimmung seiner bisherigen Auftraggeber eine Stellung in einem neuerrichteten Hochofen- und Schienenwalzwerk in Safe Harbour an, obwohl sein Gehalt dort 200 Dollar im Jahre weniger ausmachte als in seiner alten Stellung. 1852 machte er Versuche, Hochöfen mit geschlossener Brust zu betreiben. Nachdem Fritz sich sechzehn Jahre lang mit jeder Einzelheit der Eisenerzeugung vertraut gemacht hatte, konnte er dazu übergehen, seine Kenntnisse in großem Maßstabe zu verwenden. Der Wendepunkt seiner Laufbahn trat ein, als er 1854 der technische Leiter der Cambria Iron Works bei Johnstown (Pa.) wurde.

In den sechs Jahren seiner Tätigkeit bei diesen Werken gelang es ihm, aus dem schlechtgeleiteten, schlechtarbeitenden und unter finanziellen Schwierigkeiten leidenden Betrieb ein Musterwerk zu schaffen. Hier baute er im Jahre 1857, gegen den Widerstand fast seiner ganzen Umgebung und seiner besten Freunde, das erste Triowalzwerk mit dem Erfolg, daß die neue Straße das Vierfache der alten Duostraße lieferte. Nachdem die neue Straße zwei Tage im Betrieb war, brannte das ganze Werk ab. John Fritz' Energie gelang es, innerhalb 30 Tagen die Maschinen wieder in Gang zu bringen. Die Mauern und das Dach des Werkes wurden erst später um die vollständig im Betrieb befindlichen Maschinen errichtet. 1860 übernahm er die Leitung der kurz vorher gegründeten Bethlehem Iron Co., der er treu blieb. Unter ihm wuchsen ihre Werke aus kleinen Anfängen zu dem gewaltigen Unternehmen heran, das in den Vereinigten Staaten eine ähnliche Rolle spielt wie früher Krupp in Deutschland. 1864, während des amerikanischen Bürgerkrieges, entwarf er für die Regierung ein Schienenwalzwerk im südlichen Chattanooga, in dem die Schienen zur Wiederherstellung der zerstörten Eisenbahnen gewalzt werden sollten. 1868 führte er in seinem Werk das Bessemerverfahren und etwas später das Siemens-Martin-Verfahren ein. In beiden Fällen war er selbst erfindend und verbessernd tätig und seine Bessemeranlagen leisteten beinahe das Doppelte der gleich großen europäischen Anlagen. 1873 baute er eine Trioblockstraße für mittelgroße Blöcke. In diesem Jahre errichtete er auch ungewöhnlich große Hochöfen und erhöhte den Gebläsewinddruck. Seit 1885 trug er sich mit dem Gedanken, ein Panzerplattenwerk und eine Kanonenfabrik für die amerikanische Flotte und das Heer zu bauen. Nach langwierigen Versuchen und Studien in Frankreich und England konnte er 1887 an die Ausführung gehen. Im Alter von 88 Jahren hat Fritz noch den Entwurf für das nach ihm benannte, vorbildlich ausgestattete Ingenieurlaboratorium der Lehigh-Universität angefertigt und den auf seine Kosten ausgeführten Bau selbst beaufsichtigt. Eine John-Fritz-Denkmünze wurde ihm zu Ehren geschaffen, deren erster Inhaber er wurde. In dem Jahre vor seinem Tode brachte er noch eine Selbstbiographie heraus.

Dieser große Ingenieur war auch ein hervorragender Mensch. Er hat sich überall Freunde erworben, seine Mitarbeiter und Arbeiter nannten ihn Onkel John, seine Landsleute den Bismarck der Eisenindustrie. Es heißt von ihm, daß er keinen Feind hatte. *The Autobiography of John Fritz (New York 1912); Z 57 (1913) S. 398.* Wi.

FROUDE, William, geb. 28. Nov. 1810 in Dartington, gest. 4. Mai 1879 im Admiralitätshaus in Simonstown. Froude war der Sohn eines Archidiakonus, wurde in der Westminster Schule erzogen und 1828 im Oviel College in Oxford immatrikuliert. Während seiner Ausbildungszeit beschäftigte er sich eingehend mit mathematischen Studien, auch für chemische und mechanische Arbeiten zeigte er ein lebhaftes Interesse. 1833 trat er als Schüler in das Institut für Zivilingenieure ein und betätigte sich bei den Vermessungen für die Südostbahn. 1837 verband er sich mit Isambard K. Brunel und wurde bei dem Bau der Bristol-Exeter-Bahn mit der Herstellung der Linie zwischen dem Whiteball-Tunnel und Exeter beauftragt. Aus dieser Zeit stammen seine Arbeiten über die „Verbindungskurve". 1844 wurde er mit der Vermessung der Wilts Somerset- und Weymouth-Eisenbahn betraut, zog sich jedoch bald darauf aus der Praxis seines Berufes zurück, um ganz bei seinem erkrankten Vater leben zu können. Später siedelte er in die Nähe von Torquay über und befaßte sich hier eingehend mit den auf Brunels Ersuchen schon 1856 begonnenen Arbeiten über den Schiffswiderstand im Wasser. Es gelang Froude, im Anschluß an die Arbeiten von Rankine eine höchst bemerkenswerte Theorie über den Gesamtwiderstand der Schiffe im Wasser aufzustellen und die Richtigkeit seiner an Modellen ermittelten Theorie durch Schleppversuche mit wirklichen Schiffen darzutun. 1872 trat Froude mit großer Energie für die Wiederaufnahme von Schleppversuchen mit Schiffsmodellen ein. Er gab diesen Versuchen den Vorrang vor dem Schleppen wirklicher Schiffe, mit welchen er während des vorhergehenden

Jahres Versuche angestellt hatte, und errichtete in Chelston-Cross bei Torquay mit Unterstützung der englischen Admiralität ein Bassin für Modell-Schleppversuche von 85 m Länge. William Denny hat später in Dumbarton diese Versuche fortgesetzt. Froudes letztes Lebenswerk war die Konstruktion eines Dynamometers, doch hat er dessen erfolgreiche Anwendung nicht mehr erlebt. Als er im Winter 1878 mit einem Kreuzer nach dem Kap der guten Hoffnung eine Forschungsreise unternahm, wurde seinem reichen Leben durch einen Ruhranfall ein Ende bereitet. In den verschiedensten schiffbautechnischen und Ingenieurzeitschriften sind eingehende Abhandlungen seiner Forschungen und Untersuchungen erschienen. Der englische Staat und die Universität Glasgow, wie auch die königliche Gesellschaft ehrten Froudes große Verdienste durch zahlreiche Auszeichnungen. *Nat. Biogr 20 (1889) S. 291; Handb. Natw.* Ca.

FULTON, Robert, geb. 14. Nov. 1765 in Little Britain (jetzt ihm zu Ehren Fulton genannt) (Lancaster County, Pa.), gest. 24. Febr. 1815 in New York. Er verlor seinen Vater in frühester Jugend und mußte sich und seine Mutter selbst erhalten. Seine Befähigung für Malerei und Feinmechanik kam ihm hierbei zugute; mit 17 Jahren war er Maler und technischer Zeichner in Philadelphia. Mit 21 Jahren war er bereits so weit, daß er seiner Mutter ein eigenes Heim einrichten und nach England fahren konnte, um sich bei dem berühmten Maler Benjamin West zu vervollkommnen.

Während dieser Zeit wandte er sich immer mehr der Technik zu. Hatte er doch bereits 1793 sein erstes Patent zur Verbesserung von Transporteinrichtungen erhalten; von 1795 liegen Aufzeichnungen von ihm vor, die sein Interesse für die Hebung der Binnenschiffahrt nachweisen. 1796 entwarf und baute Fulton einen gußeisernen Aquädukt über den Dee-Fluß. Im gleichen Jahre veröffentlichte er ein Buch „Improvements in Canal Navigation", das Anerkennung fand.

Er versuchte, diese Gedanken im folgenden Jahre in Frankreich einzuführen, fand aber nur wenig Interesse. Im selben Jahre finden wir ihn dann seine ersten Experimente mit Torpedo und Torpedoboot ausführen. Mit Hilfe Napoleons konnte er diese Versuche im Jahre 1801 erfolgreich abschließen. Zur selben Zeit arbeitete er gemeinsam mit Robert Livingston in Paris, der sich ebenfalls schon vorher mit großem Eifer um die Dampfschiffahrt gekümmert hatte. Ein kleines Versuchsboot wurde 1802 erbaut, erwies sich aber als zu schwach für die Maschine, zerbrach und versank. Ein zweites stärkeres Fahrzeug konnte bereits im Jahre 1803 in Paris auf der Seine ein geladenes Publikum mehrere Stunden spazierenfahren. Später erlahmte, wohl infolge der kriegerischen Verhältnisse in Europa, wie in Frankreich und England das Interesse an den Fultonschen Arbeiten.

Enttäuscht kehrte Fulton im Jahre 1806 nach Amerika zurück. Unter dem Protektorat der amerikanischen Regierung nahm er seine militärtechnischen Versuche wieder auf. Man bewilligte ihm 5000 Dollar für diesen Zweck; durch einige Mißverständnisse scheiterte aber das Projekt und Fulton kehrte zu seinen Dampfschiffarbeiten zurück. Obwohl viele vor ihm, zum Teil recht erfolgreich, mit den gleichen Fragen sich beschäftigt hatten, so Papin, Hulls, d'Anxiron, Watt, Fitch, Symington usw., so gebührt doch Fulton das Verdienst, der erste gewesen zu sein, der die Dampfschiffahrt sowohl in praktischer wie in wirtschaftlicher Beziehung zum Erfolge führte.

Bei Boulton & Watt in Soho ließ er sich kurz vor seiner Abreise nach Amerika nach seinen Angaben eine Dampfmaschine von 609 mm Zyl.-Dmr. und 1220 mm Hub bauen, die 1807 drüben eintraf. Zusammen mit dem inzwischen auch nach Amerika gekommenen Livingston nahm er den Bau seiner Dampfschiffe auf, und am 17. Aug. 1807 konnte die im Frühjahre des Jahres vom Stapel gelaufene „Claremont" die erste längere Fahrt unternehmen. Sie war 40,5 m lang und 5,48 m breit. Das Schiff wirkte zunächst als ein Ungeheuer; der Schornstein war fast so hoch wie die Masten (9,14 m); man spottete über „Fultons Narrheit", wie das Schiff genannt wurde. Die Fahrt verlief aber so glänzend, daß Fulton auf allen Ufern und Landungsbrücken mit lautem Jubel begrüßt wurde. Die Entfernung von New York nach Albany, das sind 240 km, wurden in 32 Stunden zurückgelegt. Im Winter wurde die Claremont umgebaut; bald mußten zwei weitere Dampfer errichtet werden, um den Verkehr zu bewältigen.

In späteren Jahren interessierte Fulton sich noch für ein Kanalprojekt, das den Hudson River mit den Großen Seen verbinden sollte. Er leistete als Leiter einer hierfür eingesetzten Kommission wertvolle Dienste. Ebenso wurde er um 1814 zum leitenden Ingenieur eines Unterausschusses ernannt, der seine Pläne für eine Verteidigung des New Yorker Hafens verwirklichen sollte.

Fulton wird als eine sympathische und schöne Erscheinung mit hoher Stirn, mit vollem, lockigem, dunklem Haar geschildert, der auch im Umgang mit Menschen stets freundlich und heiter war. Er starb an den Folgen einer heftigen Erkältung im Alter von noch nicht fünfzig Jahren. *Z 51 (1907) S. 1285; Dickinson: R. Fulton (London 1913); Em. Eng. S. 43.* Wi.

G

GAHN, Johan Gottlieb, geb. 19. Aug. 1745 in Voxna (Helsingland, Schweden), gest. 8. Dez. 1818 in Falun (Schweden). Während seiner Studienjahre 1762 bis 1770 an der Universität in Upsala war er mit den bekannten Chemikern Torbern Bergman und Karl Wilhelm Scheele eng befreundet. Er wurde nachher in Falun ansässig und führte am dortigen Kupferwerk Verbesserungen im Schmelzprozeß bei der Gewinnung von Kupfer ein und legte Gradierwerke und Fabriken für die Herstellung von Eisen- und Kupfervitriol, Schwefel usw. an.

Gahn machte mehrere wichtige Entdeckungen, welche er aber nicht selbst veröffentlichte, sondern mit großer Offenherzigkeit Bergman und Scheele mitteilte. Ihm sind z. B. die Entdeckungen zuzuschreiben, daß die Knochenasche phosphorsaurer Kalk ist, daß der Schwerspat Baryt enthält, und daß Braunstein mittels Kohle zu Manganmetall reduziert werden kann. Große Verdienste erwarb er sich um die Ausarbeitung der Blasrohranalyse, seine Forschungen und Versuche auf diesem Gebiete bildeten die Grundlage zu Berzelius' berühmten Arbeiten über die Anwendung des Blasrohrs. Gahn hatte eine unüberwindliche Abneigung, seine Untersuchungen selbst zu veröffentlichen, sie sind oft nur andeutungsweise und daher schwer verständlich in seinen Aufzeichnungen erwähnt, so daß auf diese Weise sicher manche wichtige Entdeckung verloren gegangen ist.

Er war lange Zeit chemischer Stipendiat des Bergkollegiums, erhielt 1782 den Titel eines Bergrats und wurde 1784 zum Appellationsgerichtsrat im obenerwähnten Kollegium ernannt. Während der zehn letzten Jahre seines Lebens stand er im vertraulichen Verkehr mit Berzelius, der ihn in mancher Beziehung als seinen Lehrer ansah. *Na.*

GALILEI, Galileo, geb. 18. Febr. 1564 in Pisa, gest. 8. Jan. 1642 in Arcetri bei Florenz. 1581 bezog er die Universität seines Heimatortes, um Medizin zu studieren, legte sich jedoch bald ganz auf das Studium der ihn leidenschaftlich begeisternden Mathematik, wozu schließlich sein Vater, ein nicht sehr begüterter florentinischer Adliger, seine Zustimmung gab. Mit 19 Jahren fand Galilei die Pendelgesetze. 1589 wurde ihm die Professur für Mathematik in Pisa angeboten, allerdings mit dem geringen jährlichen Einkommen von 60 Skudi, während das Lehramt für Medizin mit einem Gehalt von 2000 Skudi verbunden war. In diese Zeit seiner dreijährigen Tätigkeit fiel Galileis innerliche Loslösung von den Lehren der Aristoteliker, denen er 1590 durch Versuche die Unrichtigkeit ihres Lehrsatzes: „Verschieden schwere Körper fallen verschieden schnell", bewies, womit er jedoch keinen Glauben fand, weil ein 26 jähriger Mensch an den Fundamenten der Wissenschaft nicht zu rütteln hätte. Als er vollends über eine von einem Verwandten des Großherzogs erfundene Baggermaschine den Stab brach, mußte Galilei seine Vaterstadt verlassen und erhielt 1592 eine etwas besser besoldete Stelle als Mathematikprofessor in Padua (Republik Venedig), nach eigener Aussage die glücklichste Zeit seines Lebens). Seine Lehrtätigkeit fand großen Beifall. Von allen Seiten strömte man herzu. Oft waren seine Vorlesungen von 2000 Hörern besucht. Die Fallgesetze, der schiefe Wurf, das Beharrungsgesetz, die Lehre vom Stoß und von der Kriegsbaukunst waren die verschiedenen Gegenstände, die er durch geniale, wenn auch umständliche Versuche erläuterte.

In den letzten Jahren dieses Wirkens (1609) beschäftigte er sich mit dem im Jahr vorher in den Niederlanden konstruierten Fernrohr, und es gelang ihm, die ursprüngliche dreifache Vergrößerung auf eine zehnfache zu steigern. Daran schlossen sich bedeutsame Entdeckungen am Sternenhimmel: die Mondgebirge, die 4 Jupitermonde; die Milchstraße löste sich in kleine Sternchen auf. Die Gelehrten glaubten ihm nicht, waren aber auch nicht zu eigner Überzeugung mittels des Fernrohrs zu bewegen aus Furcht, ihre bisherige Anschauung verwerfen zu müssen.

Das Jahr 1610 bedeutete einen Wendepunkt im Leben Galileis. — Nach 18 jähriger ruhmreicher Wirksamkeit in Padua nahm er trotz des Abratens seiner Freunde ein ehrenvolles Angebot als erster Mathematiker des Großherzogs von Florenz an, der ihm die ersehnte volle Freiheit für seine Forschungsarbeiten gewährte. Die Auffindung der Sonnenflecken brachte ihn zu der Erkenntnis der Sonnendrehung um ihre Achse. Immer tiefer verwickelte er sich in Widersprüche mit der ptolemäischen Lehre der Kirche, die die Zentralstellung der Erde im Weltsystem verteidigte. Um seine Ansicht ungehindert aussprechen zu dürfen, entschloß er sich 1611 zu einer Reise nach Rom mit dem Versuch, die kirchliche Oberbehörde von der Richtigkeit der Lehre des Kopernikus zu überzeugen, was jedoch mißlang. Ein verhängnisvoller Schritt wurde für Galilei die Herausgabe eines umfassenden Werkes über die beiden Weltsysteme, das der Papst, der sich darin verhöhnt glaubte, verbot. Galilei selbst wurde 1633 von der Inquisition zur Verantwortung vor das heilige Offizium nach Rom geladen, und es begann der Streit der Kirche gegen Galilei, jener berühmte Prozeß, der damit endete, daß der 69 jährige kampfesmüde gebrechliche Greis, als Ketzer verurteilt, knieend abschwören und in die Verbannung gehen mußte. 1637 erblindete er auf beiden Augen. Erst jetzt durfte er nach Florenz zurückkehren, stand aber bis zu seinem Ende unter Aufsicht der Inquisition. Vier Jahre später warf ihn ein Gichtanfall aufs Krankenlager, von dem er sich nicht mehr erholte. Galilei war der Vater der modernen Naturwissenschaften, vor allem der erste große Experimentator, der sich mit seinen Fragen unmittelbar an die Natur wandte. *F. A. Schulze: Große Physiker (Leipzig 1917) S. 47; v. Gebler: Galilei und die Römische Curie (Stuttgart 1876); S. M. Celeste: The Private Life of Galilei (London 1870). Schu.*

GALLE, André, geb. 15. Mai 1761 zu St. Étienne, gest. 22. Dez. 1844 in Paris. Es ist nur wenigen Ingenieuren bekannt, daß der Erfinder der Gallschen Kette ein hervorragender und berühmter französischer Münzstecher und Medailleur gewesen ist. Sein Vater, der ebenfalls Münzstecher war und nur mit Mühe seinen Lebensunterhalt verdiente, erteilte ihm den ersten Unterricht im Stechen von Buchstaben und Wappen. André Galle kam dann in die Lehre zu einem Knopffabrikanten Lecourt nach Lyon. Schon frühzeitig modellierte er ausgezeichnete Bilder in Wachs. Kaum 15 Jahre alt lief er aus der Lehre und wanderte zu Fuß nach Paris. Dort fiel er in die Hände eines Werbers, der ihm viel versprach und ihn in ein Pionierbataillon nach

St. Denis verschleppte. Es gelang seinem Vater, die Anwerbung rückgängig zu machen, und der Sohn kehrte zu seiner Familie und zu seinem Meister zurück. Nach dem Tode Lecourts wurde er Inhaber der Knopffabrik und stellte außerdem Petschafte und Siegel her. In der Folge wurde er von der Regierung verschiedentlich mit der Ausführung von Gedächtnismünzen beauftragt, die hervorragende Kunstwerke waren. Ein Franzose nannte ihn den „Geschichtsschreiber in Bronze" des Zeitalters des Konsuls und Kaisers Bonaparte.

Das Patent auf die nach ihm benannte Gliederkette erhielt er am 29. Juni 1829. Die besondere Eigenart, mit der er die Gallsche Kette versehen hat, ist die Vervielfachung der Glieder, durch welche die Kette zur Übertragung größerer Kräfte geeignet wurde. Ebenso hat er hiermit ein geeignetes Hilfsmittel geschaffen, um die Bewegung von Zahnrädern abzuleiten.

Galle war ein starker, heiterer, arbeitsamer, liebenswürdiger und pflichttreuer Mann, der nie seine einfache Herkunft vergaß, immer die jungen Leute ermutigte, ganz besonders seine Landsleute, und am liebsten die Unterhaltungssprache seiner Heimat benutzte. Er erfreute sich bis zuletzt seiner vollen Leistungsfähigkeit. *Nouv. Biogr. 19 S. 295; Biogr. Univ. 15 S. 447; Hist. méc.* De.

GALVANI, Luigi, geb. 7. Sept. 1737 in Bologna, gest. 4. Dez. 1798 ebenda. Er studierte Philosophie und Medizin und wurde 1762 Professor für Medizin und Anatomie in Bologna. Nebenher beschäftigte er sich eifrig mit den Beobachtungen, die bisher von Franklin und Beccaria über elektrische Erscheinungen bekannt geworden waren. Bei zahlreichen medizinischen Versuchen, die unter Galvanis Leitung angestellt wurden, beobachteten zunächst seine Mitarbeiter, insbesondere seine Frau Lucia, und dann erst Galvani selbst, daß ein Froschschenkel in heftige Zuckungen geriet, wenn er mit dem Messer berührt wurde, sofern gleichzeitig eine in der Nähe stehende Elektrisiermaschine Funken gab; diese erste Beobachtung machte Galvani am Abend des 6. November 1780. In den folgenden Jahren beschäftigte er sich sehr eifrig mit Versuchen, um die Gründe für die beobachteten Erscheinungen zu erkennen. Irgendeine Veröffentlichung nahm Galvani zunächst nicht vor, sondern erst 11 Jahre später machte er durch seine Schrift „Aloysii Galvani de Viribus Electricitatis in Motu Musculari Commentarius, Boloniae 1791" die erste Mitteilung. Diese Veröffentlichung, die nur 58 Quartseiten mit 4 Kupfern enthielt, setzte die ganze wissenschaftliche Welt in größtes Erstaunen; Galvani schilderte darin nicht nur seine Versuche, sondern gab gleichzeitig auch eine Theorie für die beobachteten Erscheinungen. Er vermutete, daß die Körper der Tiere eine selbständige zweifache, positive und negative Elektrizität in den meisten Teilen ihres Körpers, vor allem in den Muskeln und Nerven besäßen, und er sah die Muskeln als eine Menge Leidener Flaschen an, die durch Dazwischenbringen eines leitenden Drahtes zur Entladung gebracht würden und dadurch in Zuckungen gerieten; er glaubte, die Wirkung solcher Flaschen dadurch verstärken zu können, daß er die Nerven mit Stanniolblättern belegte. Den Umstand aber, daß die Zuckungen in hohem Maße von der Natur des benutzten Berührungsbogens abhängig waren, und daß sie besonders kräftig erfolgten, wenn der Bogen aus zwei verschiedenen Metallen bestand, ließ er, obwohl er ihn kannte, unberücksichtigt und kam deshalb zu falschen theoretischen Folgerungen. In einigen folgenden Veröffentlichungen versuchte er, seine Theorie gegenüber anderen Ansichten zu verteidigen. Später beschäftigte er sich eingehend damit, die elektrischen Erscheinungen beim Zitterrochen zu ergründen. Galvani war verheiratet mit Lucia, einer Tochter des Professors Galeazzi, die ihm bei seinen Versuchen vielfach behilflich war und mit der er in großer Harmonie lebte. In späteren Jahren hat Galvani viele Schicksalsschläge erlitten; er verlor seine Frau und seine sämtlichen Angehörigen fast auf einmal. Er selbst kam in schwere äußere Not, weil er sich weigerte, den Bürgereid für die Cisalpinische Republik zu leisten, verlor deshalb seine Stellung und geriet in größte Armut; erst kurz vor seinem Tode ward ihm mit Rücksicht auf seine großen Verdienste von der Regierung wieder eine Unterstützung zuerkannt. Hinzu kamen noch schlimme körperliche Beschwerden infolge eines falsch behandelten Magenleidens. Galvani starb 1798 in Bologna, wo ihm 1879 eine Statue errichtet wurde. Über Galvani als Mensch ist weiter noch zu berichten, daß er immer in großer Zurückgezogenheit und Bescheidenheit nur im Kreise seiner Familie lebte, daß er ein ruhiger, ernster Charakter war, seinen Freunden unwandelbar treu ergeben, frei von jeder Eitelkeit, wohltätig, gütig, durchdrungen von schlichter, aufrichtiger, christlicher Überzeugung. *Rapporto sui manoscritti del celebre professore Luigi Galvani (Bologna 1840); La inaugurazione del monumento a Luigi Galvani in Bologna (Bologna 1879); W. Ostwald: Elektrochemie, ihre Geschichte und Lehre (Leipzig 1896) S. 27.* Bn.

GANZ, Abraham, geb. 24. Nov. 1815 in Embach (Schweiz), gest. 15. Dez. 1867 wahrscheinlich in Budapest. Mit 27 Jahren fand er als Wandergeselle in Ungarn bei der Josef-Dampfmühlen-Gesellschaft Stellung und rückte bald zum Werkmeister der Gießerei empor. 1844 gründete er eine eigene Eisengießerei, die sich infolge seiner hervorragenden Sachkenntnis bald sehr gut entwickelte. In dem Freiheitskampfe 1848 lieferte Ganz der ungarischen Regierung Artilleriegeschosse. Sechs Jahre später begann er mit der Herstellung von Hartgußrädern für die Eisenbahn, ein Erzeugnis, das bei der anerkannt guten Ausführung die Werkstätten zu schneller Entwicklung brachte. Der Betrieb vergrößerte sich mehr und mehr, die Einrichtungen wurden immer vollkommener, aber die angestrengte Arbeit mit ihren steten Aufregungen zerrüttete schließlich die Nerven Ganz' derart, daß er sich den Schwierigkeiten nicht mehr gewachsen glaubte und Selbstmord beging. *Nach Mitt. d. Firma.* Schu.

GÄTZSCHMANN, Moritz Ferdinand, geb. 24. Aug. 1800, gest. 18. Febr. 1895. Nach dreijährigem Besuch der Nikolaischule in Leipzig und fünfjährigem Aufenthalt in der Klosterschule zu Roßleben a. d. Unstrut widmete sich Gätzschmann in Freiberg dem bergmännischen Berufe. Wie damals üblich arbeitete er ein Jahr praktisch und zwar auf der seinerzeit bedeutenden Grube Beschert Glück, dann besuchte er ein Jahr die Freiberger Hauptbergschule und bezog 1821 die Bergakademie. 1829 wurde er unter dem Maschinendirektor Brendel zum Maschinenbausekretär und Assessor an allen Bergämtern in Maschinenbauangelegenheiten ernannt. Er führte im Lehrjahre 1832/33 die von Hecht wegen Erkrankung unbeendet gelassene Vorlesung über allgemeine Markscheidekunst zu Ende und las sie auch 1833/34. Als Nachfolger Kühns wurde er 1835 mit der Abhaltung der Vorlesungen über Bergbaukunde beauftragt und führte diese, nachdem er 1836 zum Professor ernannt war, in zwei gleichzeitigen Kursen einschließlich der Aufbereitung bis 1871 fort. Des wohlverdienten Ruhestandes sollte er sich noch fast 24 Jahre erfreuen. Neben den Vorlesungen führte er 1838 bis 1871 die Redaktion des „Kalenders für den Sächsischen Berg- und Hüttenmann", der seit 1852 als Jahrbuch unter etwas verschiedenen Titeln erscheint. Von 1843 ab leitete er den damals an der Bergakademie eingerichteten halbjährlichen praktisch-bergmännischen Vorbereitungskurs.

Gätzschmann beabsichtigte, eine „Vollständige Anleitung zur Bergbaukunst" zu schreiben. Bei der außerordentlichen Sorgfalt, mit der er dabei zu Werke ging, hat er aber nur den 1. und 3. Teil vollendet, nämlich „Die Lehre von den bergmännischen Gewinnungsarbeiten" (Freiberg

1846) und die „Auf- und Untersuchung von Lagerstätten nutzbarer Mineralien" (Freiberg 1856, in zweiter Auflage Leipzig 1866). Außerdem ist zu erwähnen „Die Aufbereitung", 2 Bände nebst 2 Atlanten (Leipzig 1864 und 1872). Diese Werke zeichnen sich durch ungemein gründliche Behandlung, kritische Sichtung des Stoffes und durch zahlreiche geschichtliche Bemerkungen aus, sie sind deshalb auch heute noch von besonderem Werte. Außerdem besitzen wir von ihm „Sammlung bergmännischer Ausdrücke", Freiberg 1859, in zweiter Auflage 1881 bearbeitet von Gurlt mit Hinzufügung der englischen und französischen Synonyme. Er war auch einer der gründlichsten Kenner der Geschichte des Freiberger Bergbaues. Auch auf diesem Gebiete war er schriftstellerisch tätig. Gätzschmann erfreute sich allgemeiner Verehrung und Wertschätzung in den weitesten Kreisen der Fachgenossen; er war ein vortrefflicher Lehrer, wie seine in den Bergbaurevieren der ganzen Erde zerstreuten Schüler übereinstimmend rühmen; er war liebenswürdig im Umgang, dabei fehlte ihm nicht treffender Witz. *Glückauf 31 (1895) S. 310.* Tr.

GAUSS, Karl Friedrich, geb. 30. April 1777 in Braunschweig, gest. 23. Febr. 1855 in Göttingen. In keiner Wissenschaft kann die innere Berufung in solcher ausschließenden und gebieterischen Stärke auftreten wie in der Mathematik. Die unerhörte Reinheit dieser Fähigkeit in Gauß machte ihn tatsächlich zu einem Wunder von Frühreife. So früh trat die rechnerische Begabung in ihm auf, daß Gauß von sich selbst im Scherz erzählte, daß er rechnen konnte, bevor er zu sprechen imstande war. Mit 10 Jahren beschäftigte er sich schon mit höherer Analysis, und das zu einer Zeit, da in Deutschland die Mathematik gänzlich darniederlag und nur ihre Anfangsgründe gelehrt wurden. Als Schüler des Braunschweiger Collegium Carolinum, der heutigen Technischen Hochschule, erkannte er 1786 das erfahrungsmäßig Zufällige der Geometrie, die man 2000 Jahre hindurch als endgültig feststehend angesehen hatte. Als eine Folge dieser Erkenntnis fand er die Theorie der Kreisteilung, von der die so berühmt gewordene Teilung des Kreises in 17 gleiche Teile mit Zirkel und Lineal einen Teil bildet. Die Darstellung dieser Theorie findet sich als 7. Abschnitt in dem 1801 erschienenen Werk „Disquisitiones arithmeticae". Dieses Erstlingswerk eröffnet eine neue Epoche in der Geschichte der Zahlentheorie und erhebt erst die Zahlenlehre zu einer Wissenschaft. — Mittlerweile wandte sich Gauß der Astronomie zu, wo man die größten Anstrengungen machte, die verlorene Spur der Ceres wiederzuentdecken. Mit neuen Methoden berechnete Gauß 1802 ihre Bahn, mit dem Erfolge, daß man die Ceres wiederfand. Diese Arbeit schenkte Gauß den Weltruf. Im Jahre 1809 wurde er Direktor der Sternwarte und Professor der reinen Mathematik in Göttingen. Sein astronomisches Werk, die „Theoria motus corporum coelestium", veröffentlicht 1809, stellte ihn neben die ersten theoretischen Astronomen aller Zeiten. So gewaltig der Einfluß dieser Untersuchungen für die Wissenschaft gewesen ist, kann er doch nur ein mangelhaftes Bild von der genialen Forschungskraft des Gelehrten geben, denn er hat zahlreiche und wichtige, auf einzelnen Gebieten gerade die wichtigsten seiner Untersuchungen gar nicht veröffentlicht. So gab Gauß selbst die Erklärung ab, daß sowohl die 1827 von Abel und Jacobi veröffentlichte Entdeckung der elliptischen Funktionen, wie auch der 1832 von Johann Bolyai gelieferte Beweis dafür, daß das Euklidsche Parallelenaxiom zum Aufbau der Geometrie überflüssig ist, von ihm schon vor mehr als 30 Jahren bearbeitet sei, eine Behauptung, die sein Nachlaß, dessen Reichtum bis heute noch nicht bewältigt ist, voll bestätigte, ein Beweis dafür, daß Gauß selbst der leisesten Ehrsucht völlig bar war, der Besitz galt ihm nichts, das Erwerben alles, wie denn sein ganzes Wesen kühl war, nur für seine Wissenschaft erfüllte ihn innere Glut.

In Göttingen wandte er sich bald zwei neuen wissenschaftlichen Gebieten zu: der Geodäsie und der mathematischen Physik, die er wieder entscheidend beeinflußte. Dazu gehören zwei bedeutende wissenschaftliche Unternehmungen, die Gauß bis an sein Ende beschäftigten: die hannoversche Gradmessung und die Organisation der erdmagnetischen Beobachtungen, die er mit W. Weber zusammen bearbeitete. Sie sind nicht nur von wissenschaftlichem Erfolge gekrönt, sondern gaben auch Veranlassung zu praktischen Erfindungen, und zwar dem Heliographen und dem Magnetometer und dem elektrischen Telegraphen. Gemeinsam mit Weber baute er die erste Telegraphenlinie über die Dächer der Stadt Göttingen. Aus einem Briefe an den Arzt und Astronomen Olbers vom 20. November 1820 geht hervor, daß er sich der Bedeutung dieser Erfindung für den Verkehr voll bewußt war; sie war auch so gut ausgebildet, daß sie bis 1838 unverändert Verwendung fand. Im Jahre 1823 veröffentlichte er noch seine berühmte Methode der kleinsten Quadrate. Bei seinem Tode ließ sein König Medaillen prägen mit der Aufschrift: „Georgius V. rex Hannoverae mathematicorum principi", und tatsächlich steht heute Gauß als „Princeps Mathematicorum", als erster Mathematiker aller Zeiten und Völker unbestritten im Urteil der Fachgelehrten da. *Schering: Gauß' ges. Werke, 9 Bde. (Leipzig 1863—1903); Z 43 (1899) S. 824; Sartorius v. Waltershausen: Gauß zum Gedächtnis (Leipzig 1856); Klein u. Brendel: Materialien für eine wissenschaftl. Biographie von Gauß (Leipzig 1912).* Fr.

GAUTHEROT, Nicolas, geb. 1753 in Is sur Tille (Frankreich), gest. 29. Nov. 1803. Er erhielt seine erste Ausbildung, vor allem musikalischer Art, als Chorknabe in der Kathedrale von Dijon. Später wurde er ein bedeutender Musiker, vertiefte sich besonders in die akustischen Theorien der Musik und versuchte, die Wirkung der einzelnen Instrumente von diesem Gesichtspunkte aus zu verstehen. Nebenher beschäftigte er sich mit den neu entdeckten galvanischen Erscheinungen und bemühte sich, in die noch recht dunklen Vorgänge Klarheit zu bringen. Bei diesem Bestreben entdeckte er dann, daß der brennende Geschmack, der entsteht, wenn man zwei Drähte von Platin oder Silber in den Mund nimmt, während Strom hineingeschickt wird, wieder auftritt und sogar einige Dauer besitzt, wenn man danach die beiden Drähte ohne Strom zur Berührung bringt, und daß sich der Geschmack wiederholt einstellt, wenn man die Drähte mehrmals gegeneinander drückt. Es schien ihm, daß diese Beobachtung mit den seitherigen Erscheinungen in Widerspruch stände; deshalb machte er zahlreiche weitere Versuche, um diese ihm sehr wichtig erscheinende Tatsache aufzuklären. Er veröffentlichte seine Feststellung bald in „Sue, Hist. du Galvanisme" (1802), und im „Journal du galvanisme de Monsieur le Docteur Nauche" (1803). Indessen hinderte der Tod Gautherot an weiteren Forschungen, während zu gleicher Zeit Ritter in Deutschland sich ebenfalls mit diesem Gebiete sehr erfolgreich beschäftigte und durch seine sehr eingehenden Studien die eigentliche Grundlage für die heute gebräuchlichen Akkumulatoren oder Sekundärelemente gab. *Bibliographie universelle ancienne et moderne, par une société des gens de lettres 5, 158, Bd. 16 S. 47.* Bn.

GELLERT, Christlieb Ehregott, geb. 11. Aug. 1713 zu Hainichen b. Freiberg, gest. 18. Mai 1795 zu Freiberg. Der Vater war Pastor zu Hainichen, der berühmte Fabeldichter war sein Bruder. Nach Vollendung seiner Studien an der Universität Leipzig ging er etwa 1737 mit mehreren sächsischen Gelehrten nach Petersburg, wo er zunächst als Lehrer an einem Gymnasium, dann als Adjunkt bei der kaiserlichen Akademie der Wissenschaften angestellt wurde. Im Jahre 1747 wurde er nach Freiberg zurückberufen, und setzte dort seine bereits in Petersburg begonnene Beschäftigung mit Chemie und Physik fort; dabei widmete er sich dem Berg- und Hüttenwesen. Er erteilte auch Unterricht in der metallurgischen Chemie und wurde 1753 als Kommissionsrat fest angestellt; als solcher erhielt er ein Votum consultativum im Oberbergamte, die Aufsicht über die Bergwerksmaschinen sowie den Auftrag, die Schmelzprozesse zu prüfen. 1762 wurde er zum Oberhüttenverwalter ernannt.

Gellert hat große Verdienste um die Entwicklung des Freiberger Berg- und Hüttenwesens, am bekanntesten ist seine Mitwirkung bei der Einführung der Amalgamation. Er stand als Metallurg in so hohem Rufe, daß viele und angesehene Personen nach Freiberg kamen, um seinen Unterricht in der metallurgischen Chemie zu genießen. Dieser Fremdenbesuch dürfte wesentlich dazu beigetragen haben, den Gedanken zur Stiftung der Bergakademie entstehen zu lassen. Daher war auch Gellert bei Gründung der Bergakademie unter den ersten Lehrern der hervorragendste. Er erhielt den Auftrag, ein Collegium metallurgico-chemicum zu lesen.

Gellert übersetzte aus dem Schwedischen Cramers Anfangsgründe der Probierkunst (Stockholm 1746) und schrieb: Anfangsgründe der metallurgischen Chemie, nebst Anfangsgründen der Probierkunst als zweiter Teil (Leipzig 1750 u. 1755). Das Werk wurde ins Französische übersetzt, 1776 erschien eine zweite Auflage. *Festschrift zum hundertjährigen Jubiläum der Königlich Sächsischen Bergakademie 1866.* Tr.

GERBER, Heinrich, geb. 18. Nov. 1832 in Hof in Bayern, gest. 3. Jan. 1912 in München. Gerber ist einer der Altmeister deutscher Eisenbaukunst, der besonders dem Brückenbau neue Wege gewiesen hat. Nach ihm benannt ist der Gerber-Träger, das System des Fachwerk-Trägers mit freischwebenden Stützpunkten, das besonders bei den weitgespannten festen Brücken zur Anwendung gekommen ist.

Zum ersten Male wurde Gerber im Jahre 1856 die Bauführung einer Brücke übertragen; es war die Eisenbahnbrücke über die Isar bei Groß-Hesselohe. Aus diesem Auftrage entwickelte sich seine spätere Laufbahn. Die statischen Berechnungen für diese Brücke führte Gerber unter den Augen des Oberbaudirektors v. Pauli und des Direktors des Cramer-Klettschen Werkes in Nürnberg, Ludwig Werder, durch. Der Besitzer des Nürnberger Werkes, der weitschauende v. Cramer-Klett, gewann den damals 26 jährigen Gerber als leitenden Ingenieur für die Ausführung von Eisenbauten. Bei Errichtung der Brückenbauanstalt Gustavsburg durch die Cramer-Klettschen Werke blieb er deren Leiter und gehörte bis zu seinem Tode der Maschinenfabrik Augsburg-Nürnberg an. Von seinen Brückenbauten seien genannt: Eisenbahnbrücke über den Rhein bei Mainz (erbaut 1861—1862; 2. Gleis 1871—1872); Sophienbrücke in Bamberg (1867; zum ersten Male Gerberträger); Mainbrücke bei Haßfurt (1867); Friedrichsbrücke in Mannheim (1889—1891) usw.

Gerber zu eigen waren peinlichste Ordnung, scharfe Beobachtung der Naturvorgänge und sorgfältigste Erwägung des Zweckes aller Konstruktionsglieder. Für alle Einzelheiten verlangte er dem Zweck entsprechenden statischen Nachweis, der es ermöglichte, die wirtschaftlichsten Formen anzuwenden. Gerber brachte als erster zum Ausdruck, daß die bewegten Lasten wegen ihrer Stoßwirkung weit höher für die Stärkebemessung der Konstruktionsteile zu bewerten sind als die ruhenden Eigenlasten. „Klarheit in allen Dingen" war ihm Grundsatz und Richtlinie für alle seine Arbeiten. *Beitr. 10 (1920) S. 93; Zentr. Bauv. 32 (1912) S. 29.* Hä.

GERHARD, Karl Abraham, geb. 26. Febr. 1738 zu Lerchenbrunn bei Liegnitz, gest. 9. März 1821 in Berlin. Er studierte in Frankfurt a. O. Naturwissenschaften und promovierte 1760 mit der Abhandlung „De granatis Silesiae et Bohemiae". Im Juli 1768 wurde er als Bergrat und Hilfsarbeiter in das damals gerade neu gegründete Berg- und Hüttendepartement in Berlin berufen, nachdem er kurz vorher von der Akademie der Wissenschaften in Mineralogie, Physik und Mechanik als Lehrer für Offiziere geprüft und bestätigt war. 1770 bereiste er im Auftrage des Ministers Schlesien, um die Mineralschätze der Provinz zu untersuchen, und stellte in Querbach Kobalterze fest als Grundlage für das später erbaute Blaufarbenwerk. 1771 wurde er beauftragt, ein Projekt der Ruhrschiffahrt für die Abfuhr westfälischer Steinkohlen auszuarbeiten. Noch im gleichen Jahre erhielt er die Oberleitung der märkischen Eisenhütten. Unter seiner Leitung wurden 1775 zu Vietz die ersten eisernen Kanonen „über die Querstange" gegossen und 1782 erfolgreiche Versuche in der Spandauer Gewehrfabrik mit Gewehrläufen aus schlesischem Eisen angestellt. 1770 arbeitete er auf Befehl des Ministers v. Hagen den Plan einer „vollständigen Bergschule" aus und legte damit den Grund zur Bergakademie in Berlin. Er wurde Leiter dieser Hochschule und zugleich (bis 1789) Lehrer für Mineralogie und Bergbaukunde. 1778 bis 1780 war Gerhard Direktor der Berliner Berg- und Hüttenadministration, 1780 wurde er Vortragender Rat mit dem Titel eines Oberbergrats. Nach der Vereinigung des Salzdepartements mit dem Bergwerkdepartement hat er sich große Verdienste um das Salinenwesen erworben. 1786 wurde ihm als Geh. Oberbergrat vom Minister v. Heinitz die Leitung des Salzdepartements übertragen. Er hat die Salinen zu Schönebeck und Halle aus Unternehmerhänden in den Staatsbetrieb übergeführt und dann erhebliche technische Verbesserungen eingeführt, indem er eine Feuermaschine zum Solepumpen aufstellte, die Siedepfannen statt mit Holz mit Braunkohle und Torf befeuerte, Zirkulierpfannen einbaute, die Tafelgradierung einführte, die Verpackung und Verschiffung des Salzes erheblich verbesserte usw. Als 1796 das Salzdepartement an die Seehandlung abgegeben werden mußte, verblieb er beim Bergwerkdepartement. 1802 wurde er Geh. Oberfinanzrat. Bei der Reform der Staatsverwaltung nach dem napoleonischen Kriege wurde das Bergwerkministerium aufgelöst und Gerhard, nachdem er als ältester Rat nach der Entlassung des Ministers Grafen v. Reden das Ministerium vorübergehend verwaltet hatte, am 13. März 1810 pensioniert.

Gerhard war Mitglied der Akademie der Wissenschaften zu Berlin und vieler anderer Gesellschaften von Gelehrten. Trotz seiner großen Amtstätigkeit hat er mehrere Abhandlungen herausgegeben, darunter sind hervorzuheben 1781/82 das zweibändige Werk „Versuch einer Geschichte des Mineralreiches" und 1786 der „Grundriß der Mineralogie". *Dr. K. Wutke: Aus der Vergangenheit des schlesischen Berg- u. Hüttenlebens (Breslau 1913).* Schw.

GERSTNER, Franz Anton Ritter v., geb. 11. Mai 1793 zu Prag, gest. 12. April 1840 in Philadelphia, ist ein Sohn Franz Josef Ritter v. Gerstners und besuchte nach Beendigung der philosophischen Studien an der Universität das von seinem Vater begründete und geleitete polytechnische Institut in Prag, wurde 1817 provisorisch, 1819 dauernd zum Professor der praktischen Geometrie (Vermessungskunde) an dem neu errichteten Polytechnikum in Wien ernannt. 1821 nahm er den Vorschlag seines Vaters, die Moldau und die Donau durch eine Eisenbahn zu verbinden, wieder auf und erhielt 1824 das Privilegium zur Errichtung einer Bahn von Budweis (Böhmen) nach Mauthausen a. d. Donau, das er bald danach der neu ins Leben gerufenen „K. K. Priv. Ersten Österreichischen Eisenbahngesellschaft" überließ. Er verzichtete auf seinen Lehrstuhl und leitete persönlich den Bau. Gerstner empfahl die Einführung des Lokomotivbetriebes an Stelle des in Aussicht genommenen Pferdebetriebes und gestaltete die Anlage auch in Linienführung, Unter- und Oberbau für einen solchen Betrieb, den er wegen der Bedeutung der Bahn als allein wirtschaftlich hielt. Sein ehemaliger Schüler und nunmehriger Bauführer Mathias Schönerer (geb. 1807, gest. 1881) trat diesem Vorschlage entgegen, indem er darauf hinwies, daß — wenn die Bahn bei der großen geldlichen Notlage der Gesellschaft überhaupt zustande kommen solle — gespart und das Gleis mit großen Neigungen und scharfen Krümmungen, wie nur Pferdebetrieb sie gestattet, an das Gelände geschmiegt werden müsse. Da Schönerers Anschauung siegte, zog sich Gerstner zurück und ging nach vollendeter Herausgabe der

Vorlesungen seines Vaters („Handbuch der Mechanik") nach Rußland, wo er die erste Eisenbahn (St. Petersburg—Zarskoje Selo) erbaute, 1838 nach Nordamerika, dessen Eisenbahnen und Schiffahrtkanäle er studierte. 1840 ereilte ihn der Tod. Seine Witwe veröffentlichte 1842 nach ihres Mannes Aufzeichnungen: „Beschreibung einer Reise durch die Vereinigten Staaten von Nordamerika"; vom rein technischen Standpunkte aus bearbeitete Gerstners Studienergebnisse sein Reisegefährte L. Klein in der Schrift: „Die inneren Kommunikationen der Vereinigten Staaten von Nordamerika" (1842). Gerstners Verdienste um die Herstellung der ersten Eisenbahn des europäischen Festlandes (eröffnet 1832) und diese selbst sind in der „Geschichte der Eisenbahnen der österreichisch-ungarischen Monarchie" (Wien-Teschen 1898) besprochen. *Z. Öst. 76 (1924) S. 301; Ingenieur-Zeitschrift (Teplitz-Schönau) 4 (1924) S. 213; Enz. Eis. 5 S. 306.* Bk.

GERSTNER, Franz Josef Ritter v., geb. 23. Febr. 1756 in Komotau (Böhmen), gest. 25. Juni 1832 zu Mladigow bei Götschin (Böhmen), hat als Erster in Österreich entschieden und erfolgreich die Notwendigkeit betont, die vaterländische Industrie durch Errichtung eigener technischer Bildungsanstalten ausgiebig zu unterstützen und in der Verwertung der vielen Naturprodukte zu fördern; so wurde er Anreger und Begründer des ersten polytechnischen Institutes in Österreich. Als Sohn eines Riemermeisters gewann er frühzeitig Einblick in verschiedene Handwerke; an der Jesuitenschule seiner Vaterstadt beschäftigte er sich insbesondere mit Mathematik, Physik und Technologie, studierte an der Universität in Prag Mathematik und Astronomie und — nach zweijähriger Tätigkeit (1779 bis 1781) als Ingenieur der Robot-Abolitions-Hofkommission für die k. k. Kameralherrschaften und k. Städte — Medizin und Astronomie (bei Pater Hell) an der Universität in Wien. 1784 wurde Gerstner Adjunkt an der Prager Sternwarte (unter Strnadt) und machte sich durch astronomische Arbeiten bekannt. Gleichzeitig wurde er auch als Oberkommissionsingenieur zu den Grundsteuerregulierungsvermessungen in Böhmen herangezogen. 1789 als Professor der Mathematik an die Universität in Prag berufen, berücksichtigte er in seinen Vorlesungen die Bedürfnisse des Gewerbes, war auch als Berater und Entwerfer bei Maschinenanlagen in Fabriken und Hüttenwerken tätig. 1795 legte Gerstner der neu geschaffenen „Hofkommission zur Revision der öffentlichen Unterrichtsanstalten" den Plan für das höhere polytechnische Studium vor; aber erst am 10. Nov. 1806 fand die Eröffnung des polytechnischen Institutes statt, das die Stände Böhmens auf Gerstners Drängen ins Leben gerufen hatten. Gerstner war sein erster Direktor und zugleich Professor der Mathematik und Mechanik an ihm. Er war unablässig bemüht, den Unterricht zu vervollkommnen, was ihm auch, allerdings nur zum Teile, allmählich gelang. Von der hydrotechnischen Privatgesellschaft in Böhmen um ein Gutachten über die Anlage eines Verbindungskanals zwischen Donau und Moldau gebeten, sprach sich Gerstner (1807) für den Bau einer Pferdeeisenbahn von Budweis (Böhmen) an die Donau aus. Die eingehende Begründung dieses Vorschlages veröffentlichte er in zwei Abhandlungen über Frachtwagen und Straßen (Prag 1813). Die politischen Ereignisse verhinderten vorläufig die Ausführung des Entwurfes. 1811 trat Gerstner an die Spitze der nach seinen Plänen neu errichteten Wasserbaudirektion für Böhmen, die unter seiner Leitung sehr ersprießlich wirkte; 1822 legte er das Lehramt der Mathematik nieder, 1828 gab er die Wasserbaudirektion, 1831 das Lehramt der Mechanik, im nächsten Jahre auch die Leitung des polytechnischen Institutes ab. Seine Vorlesungen über Mechanik, die sich durch selbständige, erfolgreiche Anwendung der reinen Mechanik auf gewerbliche Gegenstände auszeichneten und viele wichtige Fragen in eigenartiger, noch jetzt beachtenswerter Weise lösten, hat sein Sohn Franz Anton in den Jahren 1831 bis 1834 unter dem Titel „Handbuch der Mechanik" veröffentlicht. Von Gerstners anderen wissenschaftlichen Arbeiten sind zu nennen: Einleitung in die statische Baukunst (1789); Theorie der Wellen (1804); Die oberschlägigen Wasserräder (1813); die Spirallinie der Treibmaschinen in Bergwerken (1816); Das hydrometische Pendel (1819). *B. Bolzano in: Abhandl. d. k. böhm. Ges. d. Wissenschaften; Jelineks Geschichte des ständischen polytechnischen Instituts zu Prag (1856); Gesch. Mech.* Bk.

GHEGA, Karl Ritter v., geb. 10. Jan. 1802 in Venedig, gest. 14. März 1860 in Wien, war der Sohn eines österreichischen Marinebeamten. Mit 15 Jahren bezog er die Universität Padua und schon nach drei Jahren erwarb er sich die Würde eines Doktors der Mathematik. Nun widmete er sich dem praktischen Ingenieurwesen und trat in den österreichischen Staatsbaudienst ein. In der Lombardei und in Venedig führte er bedeutende Straßen- und Wasserbauten sowie größere Hochbauten aus. 1836 trat er in den Dienst der Kaiser-Ferdinand-Nordbahn und leitete hier die Vorarbeiten für mehrere Eisenbahnlinien wie auch den Bau einzelner Strecken. Eine Studienreise führte ihn während dieser Zeit nach Deutschland, Belgien, Frankreich und England. Bereits 1840 kehrte Ghega in den Staatsdienst zurück und studierte die Frage der Linienführung über den Semmering.

Als die Frage auftauchte, ob eine Seilbahn oder eine atmosphärische Bahn anzuwenden sei oder ob man reine Reibungslokomotiven für die auftretenden Steigungen bauen könne, unternahm er eine zweite Studienreise nach England und Amerika, um die Verhältnisse an ähnlichen Strecken zu beobachten. Nach seiner Rückkehr trat er noch entschiedener für den Betrieb mit einfachen Reibungslokomotiven ein; Seilbahnen hielt er für unsicher, unwirtschaftlich und nicht genügend leistungsfähig für die Überschreitung größerer Gebirge. Nun folgten heftige Kämpfe gegen die hervorragendsten Fachgenossen und selbst gegen Stephenson, um seinen Entwurf durchzusetzen. Als die Wirren des Jahres 1848 zu einer Entscheidung drängten, wurde sein Plan angenommen und er zum Bauleiter ernannt.

Um leistungsfähige Lokomotiven für die Semmeringbahn, die anhaltende Steigungen von 25 vT und Bögen von 180 m Halbmesser besitzt, zu beschaffen, regte Ghega eine Preisausschreibung für Lokomotiven an. Die preisgekrönte Maffeische Lokomotive „Bavaria" wurde von Engerth umgestaltet, fand aber auf der Semmeringbahn keine Verwendung; vielmehr kam die „Vindobona" — eine Lokomotive mit vier gekuppelten Achsen, die Vorläuferin der neuzeitigen Gebirgslokomotiven, dauernd in Betrieb.

Nachdem 1854 der Bau der Semmeringbahn vollendet war, wurde Ghega in den Adelstand erhoben. Nach Verkauf der Staatsbahnen übertrug man ihm die Vorarbeiten für Eisenbahnen in Siebenbürgen und die Austragung älterer Staatsbahnangelegenheiten. Er betätigte sich auch fachschriftstellerisch; er veröffentlichte 1844 „Die Baltimore-Ohio-Eisenbahn mit besonderer Berücksichtigung der Steigungs- und Krümmungsverhältnisse", in welchem Werke er auch als erster den Begriff der Virtuallänge aufstellte; 1845 eines der ersten Werke über Eisenbahnbrücken: „Über nordamerikanischen Brückenbau und Berechnung des Tragvermögens der Howeschen Träger"; 1852 „Übersicht der Hauptfortschritte des Eisenbahnwesens in dem Jahrzehnte 1840 bis 1850 und die Ergebnisse der Probefahrten auf einer Strecke der Staatsbahn über den Semmering in Österreich". Der Österreichische Ingenieur- und Architektenverein errichtete im Jahre 1869 Ghega ein Denkmal in Station Semmering. Die Gemeinde Wien widmete ihm ein Ehrengrab. *Dr. Buzzi: Carmi Biografici Del tu Ingegnere Carlo Ghega (Trieste 1879); Birk: Die Semmeringbahn (Wien 1879); Beitr. 4 (1912) S. 334; Enz. Eisb. 5 S. 327.* Bk.

GIFFARD, Henry Jacques, geb. 8. Jan. 1825 in Paris, gest. 15. April 1882 in Paris. Seine Schuljahre, die er auf dem Collège Bourbon verbrachte, fielen in die Zeit des Beginns stürmischer technischer Entwicklung, die auch den jungen Giffard mit Macht in ihren Bann zog. Es waren die Jahre, in denen Europa seine ersten öffentlichen Eisenbahnen erhielt. Als noch nicht Fünfzehnjähriger lief Henry Giffard aus seiner Schule fort, um die Lokomotiven auf der ersten französischen Bahn von Paris nach St. Germain fahren zu sehen. Zwei Jahre später trat er in die Werkstätten dieser Bahn ein und schon bald hatte er die Lokomotiven zu führen, auf die zu klettern er sich als Junge so sehnlichst gewünscht hatte. — Von dem Verkehr auf erdgebundenen Schienenwegen wandte sich der immer rege Geist Giffards der Schiffahrt durch das Luftmeer zu. Schon als Achtzehnjähriger begann er sich mit diesem Gebiet zu beschäftigen, und wiederholte Aufstiege im Freiballon sollten ihn mit den Bedingungen der Luftfahrt vertraut machen. Im Jahre 1852 konstruierte er dann den ersten Lenkballon. Zwei Freunde borgten ihm zum Bau das Geld. Die Hauptabmessungen des Schiffes waren: Länge 44 m, größter Durchmesser 12 m, Inhalt 2500 cbm. Über den Ballon war ein Netz geworfen, das in Leinen nach unten auslief und einen langen Kiel trug, an dem die Gondel hing. Zwischen Kiel und Ballon befand sich hinten das Steuer. Abgesehen von der schlanken Formgebung bedeutete diese Konstruktion eines unstarren Ballons an und für sich keinen Fortschritt. Ihm fehlte sogar das zum Prallhalten der Hülle notwendige Ballonet, das General Meunier bereits 1783 vorgesehen hatte. Das wesentliche Verdienst Giffards liegt aber darin, daß er als erster eine Maschine in ein Luftschiff eingebaut hat. Es war ihm gelungen, eine Dampfmaschine zu bauen, die mit ihren 3 Pferdestärken einschließlich Kessel nur 160 kg wog, ein für die damalige Zeit erstaunlich niedriges Gewicht. Der erste Aufstieg verlief glücklich, die erreichte Geschwindigkeit betrug allerdings nur 2 bis 3 m/s. Ein neues im Jahre 1855 gebautes Luftschiff, das dem ersten ganz ähnlich, nur etwas länger und schlanker war, stürzte ab, ohne daß allerdings den Insassen etwas geschah. — Giffard brach damit diese wenig erfolgreichen Versuche, die als Beginn der Motorluftschiffahrt ihre Bedeutung behalten werden, ab, und wandte sich wieder seinem eigentlichen Tätigkeitsfeld, dem Maschinenbau zu, insbesondere dem Bau schnellaufender Dampfmaschinen. Diese Arbeiten führten ihn zu seinem größten Erfolge, der Erfindung der Dampfstrahlpumpe. Giffard brachte es zum Millionär, blieb aber stets der einfache und bescheidene Arbeiter. Auch seine Liebe zur Luftschiffahrt erhielt er sich. Zur Weltausstellung im Jahre 1867 baute er den ersten Fesselballon und im folgenden Jahre für London einen zweiten von 12 000 cbm. Den vollkommenen Verlust der 700 000 Francs, die ihm dieser Ballon gekostet hatte, trug Giffard, ohne sich auch nur zu beklagen. Zur Weltausstellung 1876 erbaute er sogar noch einen Ballon von 25 000 cbm und sein letztes Projekt, zu dessen Ausführung es allerdings nicht mehr gekommen ist, galt einem Luftschiff von 50 000 cbm Inhalt. Als er gerade damit beschäftigt war, seinen Plan in die Tat umzusetzen, erkrankte er. Erblindet und geistig umnachtet vergiftete sich Henry Giffard selbst durch Chloroform. *Z 4 (1860) S. 227; Hist. méc. S. 71; Bröckelmann: Wir Luftschiffer (Berlin 1909) S. 232.* Bs.

GILBERT, William, geb. 24. Mai 1544 in Colchestra, gest. 11. Dez. 1603 in London. Er stammte aus einem altenglischen Geschlecht. Sein Vater war Gerichtsherr. Auf dem College in Essex erhielt er seinen ersten Unterricht, bezog 1561 das St. Johns-College zu Cambridge und erwarb dort 1569 den Grad als Doktor der Medizin. Nach vierjähriger Studienreise durch das Ausland ließ er sich 1573 als Arzt in London nieder und wurde bald danach Mitglied der medizinischen Fakultät „Royal College of Physicians" und 1599 Präsident dieses Institutes. Seine Hauptlebensarbeit galt der Erforschung der Anziehung des Magneteisensteines auf Eisen, seiner Richtkraft und der Anziehung und Abstoßung geriebenen Bernsteins auf leichte Fasern — dem Magnetismus und der Elektrizität. Er ist es, der auf Grund systematischer Untersuchungen das Wissensgebiet der damals noch völlig unerforschten Erscheinungen aufschloß und erweiterte. Mit kritischem Verstand und durch eigene Beobachtungen sichtete er das vorhandene Material und legte die Ergebnisse dieser Forschungen in dem klassischen Werk „Tractatus sive physiologia nova de magnete, magneticisque corporibus, et de magno magnete tellure" nieder. Er untersuchte mit einem selbst konstruierten Instrumente, dem „Versarium", die verschiedensten Stoffe auf ihre Fähigkeit, durch Reibung elektrisch zu werden und teilte sie dann in gute und schlechte Leiter ein, auch erkannte er den Einfluß der Luftfeuchtigkeit wie der Wärme auf die elektrisierten Körper. Er nahm im Kampf gegen die metaphysischen Spekulationen seiner Zeit auf und stellte das Experiment und die auf dieses sich gründenden Erkenntnisse an die Spitze aller naturwissenschaftlichen Arbeit. Die Königin Elisabeth von England bestellte Gilbert 1601 zu ihrem Leibarzt und setzte ihm eine Rente für seine wissenschaftlichen Arbeiten aus. Ihr Nachfolger, Jacob von Schottland, ernannte ihn ebenfalls zu seinem Leibarzt, doch schon im Dezember des gleichen Jahres machte der Tod Gilberts für die Wissenschaft und Praxis hochbedeutenden Leben ein Ende. *Feldhaus: Begründung der Lehre v. Magnetismus u. Elektrizität durch W. Gilbert (Heidelberg 1904).* Ca.

GILBRETH, Frank B., geb. 7. Juli 1868 in Fairfield (Maine), gest. 14. Juni 1924 in Montclair (N. J.). Er erhielt seine Erziehung in Boston. Zehn Jahre verbrachte er damit, sich auf den verschiedensten Gebieten der Technik vom Lehrling zum Betriebleiter durchzuarbeiten. Verschiedene Erfindungen auf dem Gebiete des Bauwesens rühren von ihm her. Seine besonderen Arbeiten liegen jedoch auf arbeitswissenschaftlichem und organisatorischem Gebiet, wo er nach dem Tode Taylors die Führerschaft übernahm. Wie kaum ein anderer hat er es verstanden, die Bewegung populär zu gestalten. Der von ihm geschaffene, in Amerika alljährlich stattfindende „Anti-Ermüdungstag" und seine zum Schlagwort gewordene Parole: „Für jeden Arbeiter und für jede Arbeit die eine beste Art der Verrichtung" durch Bewegungsstudien zu ermitteln, können als die Grundlagen seines Schaffens angesehen werden. Alle seine Arbeiten gingen von dem Gedanken aus, durch Bewegungsstudien einwandfrei und vor allem meßbar das Wie, Wo und Wann einer jeden Arbeit zu ermitteln und dann durch die Ausschaltung alles Unnötigen die zurzeit mögliche beste Art festzustellen. Über die Grenzen Amerikas hinaus wurde Gilbreth zuerst bekannt durch seine Arbeiten auf dem Gebiet des Maurerhandwerks, wo er genau nachweisen konnte, daß dieses Handwerk heute noch wie vor tausend Jahren ausgeführt wird; er zeigte, daß zumindest Dreiviertel der Zeit des Maurers als völlig unnötig und kraftvergeudend anzusehen ist. *Drury: Scientific Management (New York 1918).* Wi.

GILLHAUSEN, Gisbert, geb. 28. Juli 1856 in Sterkrade, gest. 16. März 1917 in Essen. Schon mit 16 Jahren die Schule verlassend, um rasch seiner Mutter und seinen verwaisten Geschwistern eine Hilfe zu werden, besuchte Gillhausen das Aachener Polytechnikum und trat mit 18 Jahren als Ingenieur in die Dienste der Gutehoffnungshütte, 1876 in die Rheinischen Stahlwerke ein, wo er schnell zum leitenden Ingenieur der gesamten Maschinenbetriebe aufstieg. Seit 1890 in ähnlicher Stelle an die Kruppsche Gußstahlfabrik berufen, widmete er sich mit besonderem Erfolg dem Umbau und der vollständigen Erneuerung zahlreicher Betriebe, deren Organisation nach neuzeitlichen Grundsätzen er zu seiner Sonderaufgabe machte. Der Bau des neuen Kruppschen Hochofenwerkes in Rheinhausen und der vollständige Umbau der Germaniawerft in Kiel gaben ihm Gelegenheit, sein ganzes Können auf organisatorischem Felde zu zeigen. Seit 1899 gehörte er (bis 1913) dem Direktorium der Firma Krupp an. In den letzten Jahren seiner Tätigkeit für Krupp gehörten zu seinem Arbeitsbereich auch die gesamten Geschützwerkstätten, die gerade damals wesentliche Umbauten im Sinne ihrer technischen Entwicklung erfuhren. Während des Weltkrieges wurde Gillhausen in Erkenntnis seiner besonderen Eigenschaften und seiner Verdienste um die Steigerung der Betriebsintensität in eine leitende Stelle des Kriegsamtes berufen, um die Zusammenfassung der gesamten deutschen Industrie für das von Hindenburg aufgestellte Programm zu fördern. Nach wenigen Wochen entriß ihn der Tod dieser neuen, gern übernommenen Aufgabe. Bw.

GINTL, Wilhelm, geb. 5. Aug. 1843 in Wien, gest. 26. Febr. 1908, ein Sohn des um die Einführung und erste Einrichtung des Telegraphenwesens in Österreich verdienten Professors Wilhelm Julius Gintl, studierte Chemie an den Universitäten in Wien und Prag, wurde 1865 Assistent der Lehrkanzel für Chemie an der letztgenannten Hochschule, habilitierte sich 1868 und folgte 1870 einem Rufe als ordentlicher Professor für allgemeine und analytische Chemie an das Deutsche Polytechnische Landesinstitut des Königreiches Böhmen (jetzt Deutsche Technische Hochschule) in Prag, an dem er seine Lehrtätigkeit bald auch auf die Chemie der Nahrungs- und Genußmittel und auf die praktische Photographie ausdehnte. Unablässig war er bemüht, die chemische Abteilung der Hochschule nach Möglichkeit zeitgemäß auszugestalten. Seine reichen Kenntnisse und Erfahrungen verwertete Gintl nicht nur in der Wissenschaft, sondern auch in hervorragender Weise zur Hebung der chemischen Industrie Österreichs; ihm verdankt der „Verein für chemische und metallurgische Produktion" in Aussig (Böhmen) jene großartigen Einrichtungen seiner Werke, die zu den bedeutendsten Anlagen ihrer Art gehören. Gintl war seit 1902 lebenslängliches Mitglied des österreichischen Herrenhauses; auch war er korrespondierendes Mitglied der Kgl. Böhm. Gesellschaft der Wissenschaften und wirkliches Mitglied der Gesellschaft zur Förderung deutscher Wissenschaft, Kunst und Literatur in Böhmen. *Technische Blätter (Prag 1908) S. 76.* Bk.

GINTL, Wilhelm Julius, geb. 12. Nov. 1804 zu Prag, gest. 22. Dez. 1883 ebenda, hat sich hohe Verdienste um die Entwicklung des Telegraphenwesens im allgemeinen und insbesondere in Österreich erworben. Unter großen Geldschwierigkeiten gelang es ihm, seine Studien der Mathematik, Physik und Philosophie in Prag und in Wien zu beendigen und den Doktortitel zu erwerben. 1831 habilitierte sich Gintl an der Universität in Wien als Privatdozent für die genannten Fächer, wurde 1833 Adjunkt für Mathematik und Physik daselbst und 1837 Professor der Physik an der Universität und gleichzeitig am Johanneum in Graz. Als im Jahre 1847 die österreichische Regierung die Einführung der elektrischen Telegraphie in Angriff nahm, betraute sie Gintl anfangs gemeinsam mit Andreas Ritter v. Baumgartner (damals Generaldirektor der k. k. Tabakfabriken) und später, als letzterer Minister wurde, allein mit dieser schwierigen Aufgabe, die er — von 1850 an als Telegraphendirektor bei der Generaldirektion der Kommunikationen für Österreich-Ungarn bestellt — in glänzender Weise löste. Durch diese Tätigkeit angeregt, beschäftigte sich Gintl auch mit der wissenschaftlichen Seite der elektrischen Telegraphie; viele wichtige Schöpfungen werden ihm verdankt, so die ersten tragbaren Telegraphen für Eisenbahnzüge, die Einrichtung von Feldtelegraphen, des Gegen- und Doppelverkehrs auf demselben Drahte, des für diese Zwecke besonders gebauten elektrochemischen Schreibtelegraphen mit Doppeltaster u. a. Gintl unternahm in den fünfziger Jahren an der Donau bei Wien und später an der istrianischen Küste umfassende Versuche, das Leitungsvermögen des Wassers von Flüssen, Seen und des Meeres zur Telegraphie ohne Drahtleitungen zu benutzen; die praktische Verwertung der günstigen Ergebnisse scheiterte an dem Mangel von Stromquellen, die Ströme von entsprechend hoher Spannung geliefert hätten. Anläßlich der Umgestaltung des Telegraphenwesens in Österreich-Ungarn zu Beginn der sechziger Jahre erfuhr Gintl eine empfindliche Zurücksetzung, die ihn veranlaßte, 1863 in den Ruhestand zu treten. *Bohemia, Prag, 12. 11. 1904.* Bk.

GIRARD, Philippe Henri de, geb. 1. Febr. 1775 zu Bourmarin (Vaucluse), gest. 26. Aug. 1845 zu Paris. Er war mit seiner Familie zur Zeit der französischen Revolution ausgewandert und kehrte erst im Alter von 20 Jahren nach Paris zurück. Hier widmete er sich dem Studium der Physik und der angewandten Mechanik und war später auf sehr verschiedenen Gebieten tätig. 1810 schuf er die erste brauchbare Flachsspinnmaschine, an deren Verbesserung er bis an sein Lebensende arbeitete. Er baute unter anderem auch einen Röhrenkessel, eine rotierende Dampfmaschine, eine Dampfkanone und eine mit Flüssigkeit gefüllte Glaslinse für achromatische Fernrohre. Die politischen Verhältnisse und die Schwierigkeiten, seine Erfindungen auszuwerten, veranlaßten ihn zur Auswanderung; in Hirtenberg bei Wien gründete er im Jahre 1815 eine Werkstatt für die Herstellung seiner Maschinen und eine Spinnerei, die er bis 1825 betrieb. Später finden wir ihn in Polen in gleicher Tätigkeit und auch im Bergwesen beschäftigt und 1844 wieder in Paris.

Er starb, ohne wirtschaftliche Erfolge erzielt zu haben. *Nouv. Biogr. 20; Nouveau Larousse illustré.* De.

GLASER, Friedrich Carl, geb. 20. April 1843 in Neunkirchen a. d. Blies, gest. 10. Aug. 1910 in Berlin, ist bekannt als Gründer und Herausgeber der „Annalen für Gewerbe und Bauwesen", die lange Zeit als führende Zeitschrift des Maschinenbaues galten. Er war der Sohn eines Dampfkesselfabrikanten, besuchte die Kreisgewerbeschule in Kaiserslautern und bereitete sich praktisch auf dem Eisenwerk Saynerhütte und der Grube König auf das Studium des Berg- und Hüttenfaches vor. Er studierte dann in Leoben, wo damals Peter v. Tunner lehrte. 1861 trat er in die französische Nordbahngesellschaft ein, beschäftigte sich hauptsächlich mit dem Signalwesen und benutzte seine freie Zeit zu Studien am Conservatoire des Arts et Métiers in Paris. Während des Krieges von 1870/71 wurde Glaser mit verschiedenen technischen Aufgaben betraut, deren wichtigste der Ersatz der von den Franzosen gesprengten, 100 m langen Eisenbahnbrücke über die Oise bei Laversine war. Innerhalb ganz weniger Tage hatte Glaser eine Pontonbrücke hergestellt; nach 8 Wochen konnte bereits die hölzerne Ersatzbrücke dem Betrieb übergeben werden. — Nach Beendigung des Krieges ließ Glaser sich in Berlin als Zivilingenieur und Vertreter großer Werke nieder. Am 1. Juli 1877 erschien dann das erste Heft seiner Annalen, für die er zunächst 6 ständige Mitarbeiter hatte. Die Zeitschrift hat sich besonders dem Eisenbahn- und Patentwesen gewidmet, ohne darüber andere wichtige Fragen der Technik zu vernachlässigen. Nach Inkrafttreten des deutschen Patentgesetzes entfaltete Glaser eine erfolgreiche Tätigkeit als Patentanwalt. Außerdem ist er einer der Mitgründer des „Vereins Deutscher Maschinen-Ingenieure", der sehr wesentlich für Hebung des Ansehens der Ingenieure gewirkt hat. Vom 90. Bande (1922) ab wird die Zeitschrift zu Ehren ihres Begründers unter dem Titel „Glasers Annalen" weitergeführt. *Ann. 67 (1910) S. 69.* Wa.

GLOVER, John, geb. im. Febr. 1817 in Newcastle (Tyne), gest. 1. Mai 1902 in Newcastle (Tyne). Er war der Sohn eines Arbeiters und wurde frühzeitig zu einem Bleigießer in die Lehre gegeben. Eine regelmäßige Schulbildung hat er nie genossen, denn eine spartanische Erziehung ließ dem nach Bildung heißhungrigen Knaben dazu nur wenig Zeit. Später besuchte er die Maschinenbauschule, wo er sich in der Chemie ausbildete. Dann trat er in die chemische Fabrik in Felling ein, hierauf in die chemische Fabrik Washington, wo er sich unter der Anleitung des als erfolgreichen Chemikers bekannten Hugh Lee Pattinson im Laboratorium und im Betrieb gute chemische Kenntnisse erwarb. Ihm war hauptsächlich die Herstellung des Bleioxychlorids anvertraut. 1861 gründete er die Carville-Werke in Wallsend, die dank seiner hingebenden Arbeit zu hoher Blüte gelangten. Sie waren nach seinen Plänen gebaut worden. 1859 baute Glover den berühmten Gloverturm, der den zur Schwefelsäuregewinnung dienenden Bleikammern vorgeschaltet wird, um die Röstgase zu kühlen, die verdünnten Säuren zu konzentrieren und die Stickoxydgase aus der Schwefelsäure wiederzugewinnen.

Glover war so selbstlos, auf einen Rechtsschutz oder auf eine besondere Entlohnung für diese Erfindung zu verzichten. Er gab durch seinen Turm dem Bleikammerverfahren seine endgültige Form. Merkwürdigerweise dauerte es aber noch 12 Jahre, bis der Gloverturm allgemein eingeführt wurde.

Den Anstoß zu seiner Verbreitung gab 1871 Lunge durch eine Abhandlung in Dinglers Polytechnischem Journal. Allein die Ersparnisse an Chilesalpeter, die durch die Wiedergewinnung der Stickoxyde im Gloverturm gemacht wurden, wurden für England auf 300 000 £ jährlich berechnet.

Glover war einer der Gründer der Society of chemical Industry und wurde von dieser Gesellschaft 1896 durch Verleihung ihrer ersten goldenen Medaille geehrt. Er starb, 85 Jahre alt, in seiner Vaterstadt Newcastle, wohin er sich in den letzten Jahrzehnten seines Lebens zurückgezogen hatte. *Journ. of the Soc. of chem. Industry (1902) S. 595.* Sa.

GOEBEL, Heinrich, geb. 20. April 1818 in Springe bei Hannover, gest. 16. Dez. 1893 in New York. Nach Besuch der Volksschule seines Heimatortes war er zunächst Apothekerlehrling, lernte dann als Uhrmacher und Optiker und eröffnete eine Optikerwerkstatt in Springe. Bei seiner Berufsarbeit hatte er vielfach Gelegenheit, Apparate für die Technische Hochschule in Hannover aufzuarbeiten und seiner großen Vorliebe für Physik nachzugehen. Er lernte schon damals Quecksilberbarometer herzustellen und elektromagnetische Apparate und Maschinen zu bauen. Im Jahre 1848 ging er nach New York und betrieb auch dort als Optiker und Mechaniker 20 Jahre lang ein kleines Ladengeschäft in der Monroe Street. Er baute sich eine große Zink-Kohlenbatterie, die aus 80 Zellen bestand und mit deren Hilfe er eine aus 2 Kohlenstücken hergestellte Bogenlampe auf dem Dach seines Hauses betrieb. Da er hierbei unangenehme Zusammenstöße mit der Feuerpolizei erlebte, gab er die Bogenlampenversuche auf und bemühte sich nun jahrelang, eine in der Glasbirne glühende Lampe herzustellen. Dabei fand er dann schließlich auch, daß eine verkohlte Bambusfaser im luftleeren Raum, den er mit Hilfe seiner Barometerröhren leicht herzustellen vermochte, helle Glut bei guter Lebensdauer entwickelte, und damit hatte er, schon im Jahre 1854, die Grundlagen für eine brauchbare Kohlefadenlampe gefunden, wie sie erst 25 Jahre später durch Edison auf den Markt gebracht wurde. Goebel gab den Kohlefäden Zuleitungen aus Platin oder Eisen und schmolz diese in ein luftleer gemachtes Glasgefäß ein. So hergestellte Lampen benutzte er zur Beleuchtung seines Schaufensters und für manche anderen Zwecke, stellte sie aber vor allem mehrere Jahre lang in New York öffentlich zur Schau, indem er seine Batterie auf einen kleinen vierrädrigen Wagen montierte und die Lampen zur Beleuchtung eines auf diesem Wagen befestigten, von ihm hergestellten Fernrohres benutzte. Mit Hilfe der Elemente brannten die Lampen täglich etwa eine halbe Stunde lang. Eine technische Ausbeutung seiner Erfindung hat Goebel nicht vorgenommen; überhaupt wären seine Glühlampen wohl ganz in Vergessenheit geraten, wenn nicht etwa 40 Jahre später, im Jahre 1893, die General Electric Co., welche die Edison-Patente erworben hatte, zahlreiche Patentprozesse angestrengt hätte, im Verlaufe deren vielen Glühlampenfabriken die Weiterarbeit verboten wurde. Erst gelegentlich eines dieser Prozesse wurde die Erfindung Goebels auf das gründlichste nachgeprüft; eine große Anzahl von Sachverständigen wurde beauftragt, die noch vorhandenen ersten Goebel-Glühlampen und die von dem Erfinder zur Herstellung der Lampen benutzten Arbeitswerkzeuge zu untersuchen und genau nach seinen Angaben Lampen wieder herzustellen. Viele Einwürfe, die erhoben wurden und mit denen man dartun wollte, daß es ganz unmöglich gewesen sei, derartige Lampen schon damals zu bauen, wurden im Laufe der Prozesse nach und nach beseitigt. Der Prozeß wurde in drei Instanzen geführt. Zunächst kam das Gericht zu der Erkenntnis, daß Goebel tatsächlich eine im Vakuum glühende Kohlenfadenlampe besessen habe; bei der letzten Entscheidung wurde aber ausdrücklich betont, auch dafür sei der Beweis erbracht, daß die ersten Goebel-Lampen praktisch brauchbare Lichtquellen gewesen seien. Goebel war ein Mann von schlichtem Wesen und sehr zuverlässigem Charakter, der sich größten Vertrauens bei allen seinen Freunden erfreute. In der Nähe von New York hatte er ein kleines Besitztum erworben. Er starb kurz nach Beendigung der Prozeßverhandlungen am 16. Dez. 1893 in New York an einer Lungenentzündung. Der deutsche Erfinder verdient es, unter den Pionieren der Elektrotechnik an erster Stelle genannt zu werden, auch wenn es ihm nicht vergönnt war, seine Erfindung zu äußerem, glanzvollem Erfolge zu führen; seine Lampe war, wie er selbst an einer Stelle im Prozeß sagte, wohl fertig; aber die Zeit war noch nicht bereit, diese Erfindung zu nutzen. *ETZ 44 (1923) S. 1031; El. World 21 (1893).* Bn.

GOERZ, C. P., geb. 27. Juli 1854 in Brandenburg, gest. 14. Jan. 1923 in Friedenau. Unter den Männern, welche der deutschen optischen Industrie zu ihrem Weltruf verholfen haben, steht Goerz mit an erster Stelle. Als Sohn eines kleinen Beamten geboren, verlor er schon in frühester Jugend seine Mutter und kam als Dreijähriger zu einem Onkel nach der Brillenstadt Rathenow. Nachdem er hier die Realschule besucht hatte, trat er 1870 bei der optischen Fabrik von Emil Busch in die kaufmännische Lehre. Nach beendeter Lehr- und Militärdienstzeit war er bei verschiedenen optischen Firmen tätig, besuchte für diese die meisten europäischen Länder und verschaffte sich so einen ausgezeichneten Einblick in die Lage des optischen Marktes.

Getrieben von der ihm eigenen Unternehmungslust, machte er sich 1886 selbständig und begann zunächst einen bescheidenen Handel mit Reißzeugen, Rechenschiebern und mathematischen Instrumenten. Mit kluger Voraussicht erkannte Goerz die Entwicklungsmöglichkeit der damals beginnenden Liebhaberphotographie sowie der Photographie im allgemeinen. In den für die Liebhaberphotographie in Frage kommenden Apparaten beherrschte Frankreich damals fast ausschließlich den Markt. Hier setzte Goerz ein und brachte seine auf wissenschaftlicher Grundlage berechneten Aplanate unter dem Namen: „Lynkeioskop" in den Handel. Diese Objektive leisteten das bestmögliche für diesen Typus. Die Anerkennung und der stetig wachsende Umsatz dieser Objektive machten bald eine Vergrößerung der Werkstatt nötig, so daß das Unternehmen 1889 in neuen Räumen mit etwa 100 Arbeitern den Betrieb fortsetzte. Den größten Aufschwung nahm das Werk von dem Tage an, als Goerz seinen neuen von E. v. Höegh errechneten Doppel-Anastigmaten 1892 auf den Markt brachte. Dieses Objektiv stellte die Leistungen aller damals bestehenden photographischen Linsenkonstruktionen in den Schatten, so daß 1894 der Betrieb in ein größeres vierstöckiges Fabrikgebäude verlegt werden mußte. Bereits damals führte Goerz die achtstündige Arbeitszeit in seinem Werk ein. Schon nach zwei Jahren erwies sich auch das neue Fabrikgebäude als unzureichend, infolgedessen wurde die für damalige Zeit mustergültige neue Fabrik in Friedenau erbaut und Anfang 1898 bezogen.

Nachdem schon 1897 das erste Prismenfernrohr unter dem Namen „Triëder-Binokel" herausgebracht war, folgten in dem nächsten Jahre verschiedene Verbesserungen dieses Glases, während gleichzeitig der Kamerafabrikation, unter besonderer Berücksichtigung der Arbeiten von Anschütz, weitgehende Aufmerksamkeit zugewandt wurde.

1902 gelang es, das erste Rundblickfernrohr für die Artillerie fertigzustellen. Von nun an traten fortgesetzt neue Anforderungen an die Konstrukteure des Werkes heran. Neben den Rundblickfernrohren wurden für Armee- und Marinezwecke Richtkreise, Zielfernrohre, Signalapparate, Unterseebootperiskope und Entfernungsmesser gebaut. Nebenher gingen ständige Verbesserungen an Objektive und Kameras. Beim 25 jährigen Bestehen des Werkes 1911 betrug die Anzahl der Arbeiter allein im Berliner Werk mehr als 2500; außerdem bestanden Zweigfabriken und Niederlassungen in New York, London, Paris, St. Petersburg, Wien und Preßburg. Da trotz mehrfacher Vergrößerungen auch die Friedenauer Fabrikationsräume in den folgenden Jahren nicht mehr ausreichten, errichtete Goerz in Schönow bei Zehlendorf ein neues großes Werk, auf dem neben der Optischen Anstalt selbst auch ein großes Glaswerk für die Herstellung des optischen Rohglases, nämlich die von R. Steinheil in München begründete „Sendlinger Optische Glaswerke G. m. b. H." sowie unter dem Namen: „Goerz photochemische Werke G. m. b. H." eine 1908 gegründete Filmfabrik Platz fanden. Während des Krieges beschäftigten die Goerzschen Werke rund 12 000 Arbeiter.

Obwohl als Kaufmann ausgebildet, besaß Goerz nicht nur ein überaus sicheres Gefühl für den Wert einer Neuerung, sondern auch die Freude am Mitkonstruieren blieb ihm bis zu seinem Lebensende, und bis zuletzt setzte er seine Rundgänge durch Betrieb und technische Bureaus fort, überall fruchtbare Anregungen gebend.

Seine wissenschaftlichen Interessen bezeugten die verschiedentlichen Ausrüstungen von Forschungsreisen, zum Teil mit Spezialapparaten. Er war ein feiner Menschenkenner, der es verstand, die für seine Arbeiten geeigneten Mitarbeiter zu finden und an sich zu fesseln und war Angestellten und Arbeitern ein treuer Freund, der namhafte Summen sozialen Zwecken zuwandte. *Z. f. techn. Physik 4 (1923) S. 193.* Mch.

GOLDSCHMIDT, Hans, geb. 18. Jan. 1861 in Berlin, gest. 21. Mai 1923 in Baden-Baden. Der Sohn des Gründers der chemischen Fabrik Theodor Goldschmidt studierte seit 1882 Chemie in Berlin, Leipzig und Heidelberg, wo besonders Bunsen einen nachhaltigen Einfluß auf ihn ausübte. Dann trat er als Teilhaber in die väterliche Fabrik ein, der er bis 1917 angehörte. Er erfand gleichzeitig mit Borchers das Verfahren der Alkali-Elektrolyse zur Entzinnung von Weißblech, das er später durch das von ihm ausgebaute Verfahren der Chlorentzinnung ersetzte. Sein Lebenswerk ist die Erfindung der Aluminothermie. 1892 hatte Vautin Versuche über Reduktion von Metalloxyden mit Aluminium angestellt. Goldschmidt machte ein technisches Verfahren daraus, indem er die Zündung durch Einführung seiner Zündkirsche bei gewöhnlicher Temperatur vornahm. Er konnte so einerseits höchste Hitzegrade entwickeln, die zum Schweißen von Formstücken, Eisenbahnschienen und Rohren ausreichten, anderseits eine Reihe von Metallen und Metallegierungen in kohlenstofffreier Form darstellen. Er arbeitete ferner über die Elektrostahlerzeugung nach den Verfahren von Ruthenberg und Stassano und leistete Hervorragendes in der Herstellung von Bomben und Leuchtspurgeschossen.

Nach seinem Austritt aus der väterlichen Fabrik arbeitete Goldschmidt in seinem Privatlaboratorium in Berlin unermüdlich an einem Verfahren zur Gewinnung von Kunstmassen an Harnstoff und Formaldehyd. Er stellte gemeinsam mit Stock das Beryllium in kompakten Massen dar und gründete ein chemisch-pharmazeutisches Unternehmen. Alle Arbeiten Goldschmidts waren von hohem, wissenschaftlichem Geist getragen. *Z. f. angew. Chem. 36 (1923) S. 365; St. u. E. 43 (1923) S. 902; Ber. d. Deutsch. Chem. Gesellsch. 56 (1923) S. 77.* Sa.

GOLLNER, Heinrich, geb. 10. Febr. 1842 zu Graz, gest. 20. März 1900 zu Prag, studierte am steiermärkischen Johanneum Maschinenbau, war dann Assistent der Lehrkanzel für Maschinenbau und wurde 1870 nach kurzer Tätigkeit in der Maschinenfabrik Körössy bei Graz Ingenieur der steirischen Eisenindustrie-Gesellschaft zu Zeltweg; im Jahre 1873 folgte er einem Rufe als ord. Professor des Maschinenbaues an das Technische Landesinstitut (jetzt Deutsche Technische Hochschule) zu Prag. Hier entfaltete er eine besondere schöpferische Tätigkeit auf dem Gebiete der Baustoffuntersuchung und erbaute auch die nach ihm für diese Zwecke erdachte Maschine; sie besteht aus einer mit einer hydraulischen Presse verbundenen Schraube als Krafterzeuger und einer Hebelwage zum Messen der Probestabbelastung; zum Auswiegen dienen ein mechanischer Gewichtsaufleger und Laufgewichte. Einrichtungen der Gollnerschen Maschine wurden später für andere Maschinen, so auch für die von Martens in Berlin übernommen. Regsten fördernden Anteil nahm Gollner an der Einberufung der Konferenz der Vertreter der an Baustoffuntersuchungen interessierten technischen Kreise durch Prof. Bauschinger (München) im Jahre 1884; aus dieser und den folgenden Konferenzen ging später der internationale Verband für die Materialienprüfung der Technik hervor. Gollners fachliche Abhandlungen erschienen in verschiedenen Zeitschriften. *Techn. Blätter (Prag 1900) S. 28.* Bk.

GÖLSDORF, Karl, geb. 8. Juni 1861 in Wien, gest. 18. März 1916 am Semmering. Er ist der Sohn des bekannten Maschinendirektors der österreichischen Südbahngesellschaft, Hofrat L. A. Gölsdorf. Nachdem er die Oberrealschule in Wieden besucht hatte, ging er auf die Technische Hochschule nach Wien, wo er 1884 die zweite Staatsprüfung mit Auszeichnung bestand. Er trat dann in die Maschinenfabrik der Staatseisenbahngesellschaft ein, in der man ihm 1889 die Leitung der Montierungswerkstätten übertrug. Nachdem er 1891 in die damalige Generaldirektion der österreichischen Staatsbahnen als Ingenieuradjunkt berufen war, rückte er in verhältnismäßig kurzer Zeit zum Wirklichen Ministerialrat auf; 1912 übergab man ihm die Leitung der Sektion für maschinentechnische Angelegenheiten, bald darauf wurde ihm der Titel eines Sektionschefs verliehen. Die ungünstigen Streckenverhältnisse, die sich noch besonders nach Eröffnung der verschiedenen großen Alpenbahnen steigerten, nötigten Gölsdorf, sich mit ganz besonderer Sorgfalt der Durcharbeitung der von ihm neugeschaffenen Lokomotivtypen zu widmen. Er trug dem Grundsatz der Bemessung der Einzelteile nach den auftretenden Kräften in viel stärkerem Maße Rechnung, als es bislang je getan war. Er war der Schöpfer einer neuen Verbundanordnung, die in ganz Österreich eingeführt wurde, ferner ist ihm auch die Verwirklichung der Helmholtzschen Theorien von der Verwendung der verschiebbar gekuppelten Achsen zuzuschreiben. Da auf der Tauernbahn auch eine 5/5-gekuppelte Achse nicht mehr ausreichte, führte Gölsdorf als erster die 6/7-gekuppelte Lokomotive ein; von ganz außerordentlicher Bedeutung war die durch Gölsdorf konstruierte 2 B-Schnellzuglokomotive mit hochliegendem, eine große Heizfläche aufweisendem Kessel, die einen Markstein in der Entwicklung des Schnellzugbetriebes in Österreich bildete. Auch auf dem Gebiet des Eisenbahnwagenbaues verriet er eine reiche Sachkenntnis. In verschiedenen Eisenbahnfachzeitschriften veröffentlichte Gölsdorf die Ergebnisse seiner Forschungen und Erfahrungen. Er wurde 1916 von einem schweren Leiden erlöst. *Z 60 (1916) S. 397; Z. Öst. 64 (1912) S. 88.* Ca.

GÖLSDORF, Louis Adolf, geb. 1837 in Plaue bei Augustusburg, gest. 28. Nov. 1911 in Wien. Er besuchte die technischen Lehranstalten in Chemnitz und Dresden und stand einige Jahre im Dienst der sächsischen Staatsbahnen. 1860 nahm er einen Posten als Maschineningenieur bei der privaten Österreichisch-Ungarischen Staatseisenbahngesellschaft an, deren Leiter John Haswell war. Doch schon 1861 trat er in den Dienst der Südbahn über, wo er sich sehr schnell eine leitende Stellung als Lokomotivkonstrukteur errang. 1885 wurde er zum Maschinendirektor der Südbahn ernannt, welchen Posten er bis zu seinem Übertritt in den Ruhestand (1908) innehatte Sein ganz besonderes Interesse galt der Verbesserung der Berglokomotiven; es gelang ihm eine Bauart zu schaffen, die auf der die Geländeschwierigkeiten der Semmeringbahn weit überbietenden Giovi-Linie Anwendung fand und sich durchaus bewährte. Auch für Güterzug- und Tenderlokomotiven wußte er neuen Ideen zur Verwirklichung zu verhelfen. Der Umbau des Wagenparkes der Südbahn, die Durchführung der durch den modernen Verkehr bedingten Ausstattung der Lokomotiven und Wagen mit vielen Sondereinrichtungen, wie Dampfheizung, durchgehenden Bremsen, Geschwindigkeitsmesser, Rauchverzehrapparaten, sind Gölsdorf im weitesten Maße zu danken. In verschiedenen fachwissenschaftlichen Abhandlungen hat er sein reiches Wissen niedergelegt. *Z. Öst. 64 (1912) S. 88.* Ca.

GOOCH, Daniel, geb. 1816 in Bedlington, gest. 8. Okt. 1889, wurde 1837, erst 21 Jahre alt, auf Empfehlung von Brunel Lokomotivsuperintendent (Maschinenmeister) der

Great Western-Bahn. Die breite Spur (2134 m) an und für sich und der bald entbrennende Kampf um die Spurweite spornten ihn zu außerordentlichen Leistungen auf dem Gebiete des Lokomotivbaues an. Die Great Western-Bahn verdankt ihren guten Ruf nicht zum mindesten seinen Lokomotiven. Nur die 1847 erbaute „Iron Duke", eine 2 A 1-Lokomotive, mit 2437 mm Treibraddurchmesser und 153 qm Heizfläche sei erwähnt. Im gleichen Jahre führte er auch die allbekannte Gooch-Steuerung ein.

Er brachte mit Mac Naught den ersten brauchbaren Lokomotivindikator heraus, sogar mit Fortschaltung zur Aufnahme einer Reihe von Schaulinien. Für die 1847 unternommenen Versuche über Zugwiderstände baute er einen Dynamometerwagen, in welchem auf fortlaufenden Papierrollen Zeit, Zugkraft, Winddruck usw. aufgezeichnet wurden. Eine bekannte Quelle über alte Eisenbahngeschichte ist sein 1892 veröffentlichtes Tagebuch.

1864 legte er seine Stellung nieder, da sie ihm nicht die nötige Zeit für seine sonstige Tätigkeit ließ. Er beschäftigte sich zunächst mit der Legung eines Kabels nach Amerika und sandte auch auf diesem Kabel die erste Nachricht nach drüben. Bis zu seinem Tode war er in der Verwaltung von Telegraphenbaugesellschaften tätig. An dem bekannten Kabelschiff Great Eastern war er wesentlicher Teilhaber und schoß in schlechten Zeiten persönlich 100 000 engl. Pfund hierfür vor. Schon im Jahre 1865 holte ihn die Great Western-Bahn, nunmehr aber als Generaldirektor, zur Reorganisation (ihre Aktien waren auf 38½ vH gefallen) zurück, die er dann auch in bester Weise durchführte.

Besonders erwähnt sei der von ihm 1874 bis 1886 ausgeführte Bau des 7262 m langen Severntunnels der Bristol mit Südwales verbindet und bei dem 3700 m unter der Flußsohle liegen.

Über 20 Jahre saß Gooch im Parlament für den Bezirk Cricklade (nicht weit von Swindon, wo die großen Werkstätten der Great Western-Bahn liegen), nachdem er 1866 bereits Baronet (Sir Daniel) geworden war. Me.

GOODRICH, Simon, geb. 28. Okt. 1773 in Suffolk, gest. 3. Sept. 1847 in Lissabon. Über den Geburtsort, seine früheste Erziehung und Ausbildung ist nichts bekannt. Von Simon Goodrich sind weniger eigene produktive Taten zu berichten; das von ihm hinterlassene sehr ausführliche Tagebuch gibt aber äußerst interessante Aufschlüsse über die großen Ingenieure seiner Zeit, mit denen er in tägliche Berührung kam, wie Bentham, Brunel, Maudslay, Murray usw. Goodrich trat zunächst Ende 1796 als Assistent und Konstrukteur in das Bureau von Sir Samuel Bentham, Chefingenieur der englischen Marine, ein. Im Oktober 1799 wurde er zum Ingenieur ernannt und behielt diese Stelle bis Ende des Jahres 1812, wo infolge eingetretener Differenzen zwischen Bentham und der Regierung diese Regierungsstelle ganz aufgelöst wurde. Während zweier Jahre seines Dienstes — 1805 bis 1807 — war er Benthams Vertreter während dessen Abwesenheit in Rußland. 1814 wurde Goodrich wieder als Ingenieur und Konstrukteur beim Marineamt eingestellt, wo er bis zum Jahre 1831 blieb.

Da er mit den ganzen Benthamschen Arbeiten in engster Fühlung stand, konnte er in dem bereits oben erwähnten Tagebuch die Verhältnisse der damaligen Zeit ausführlich schildern. Diese Tagebuchblätter gehen auch weit über den Rahmen des rein Technischen hinaus und geben so ein treffendes Allgemeinbild der damaligen Zeit. *Newc. Trans. (1922/23).* Wi.

GOODYEAR, Charles, geb. 29. Dez. 1800 in New Haven (Connecticut), gest. 1860. Er war ein Nachkomme Stefan Goodyears, der 1638 die Kolonie New Haven gründete. Zuerst widmete er sich dem väterlichen Beruf des Handels mit Eisen, Stahl und Kurzwaren, doch fehlte ihm das Organisationstalent, so daß das Geschäft einging und er in Konkurs geriet. Nachdem er nochmals geschäftliches Mißgeschick gehabt hatte, beschäftigte er sich seit 1835 mit Versuchen, die nachteiligen Eigenschaften des Kautschuks zu beseitigen. Er stellte durch Beimischung von Kreide und Magnesia unter Erhitzung Kautschukfelle her, die dem Sonnenlichte gut widerstanden. Die Akademie der Wissenschaften in New York verlieh ihm dafür eine eigens geprägte Medaille. Später ersetzte er Kreide und Magnesia durch Bronzepulver, das er dann aber wieder durch Salpetersäure herauslöste. Der so veränderte Kautschuk fand trotz seiner fragwürdigen Eigenschaften reißenden Absatz. In dieser Zeit entdeckte er auch zufällig, daß der ursprüngliche Latex sich zur Herstellung wasserdichter Stoffe besser eigne als der koagulierte.

Die nach seinem Verfahren hergestellten Gummiwaren bewährten sich aber so schlecht, daß sein Unternehmen einging. Dank seiner Erfahrungen konnte er sich später an einer Gummifabrik in Staten Island beteiligen, mußte schließlich aber auch hier ausscheiden. Er zog nun nach Woburn, wo er seinen späteren Freund Hayward kennen lernte, der selbst Gummiwaren herstellte und die Klebrigkeit des Gummis durch Zugabe von Schwefelblüte beseitigte. Auf denselben Gedanken war bereits 1832 ein Deutscher, v. Lüdersdorf, gekommen. Hayward ließ sich sein Verfahren 1839 patentieren. Auf den Gedanken, das Gemisch zu erhitzen, waren aber weder v. Lüdersdorf noch Hayward gekommen. Hayward und Goodyear begründeten zusammen eine neue Fabrik, hatten aber wieder Unglück, weil ihre Waren naturgemäß nicht wetterbeständig sein konnten. Wieder wurde Goodyear bettelarm, aber in seiner schlimmsten Armut, angesichts des Hungers seiner in Lumpen gehüllten Angehörigen, bastelte er an seinen Gummiversuchen weiter. Er war kein Chemiker, nur rohe Empirie leitete ihn. Da zeigte ihm, der der Verzweiflung nahe war, eine Verkettung von glücklichen Zufällen, wo die Lösung des Rätsels zu suchen war. Er brauchte den mit Schwefelblüte gemischten Kautschuk nur zu erhitzen, um ihn temperaturbeständig zu machen. Er baute diese Erfindung aus und entdeckte auch 1840 den stark geschwefelten Hartgummi oder Ebonit.

Aber trotz seines Erfinderglückes fand er kein Vertrauen. Sein Ansehen war durch seine verschiedenen Konkurse vollständig geschwunden. Er wurde sogar in den Schuldturm geworfen und nur durch die Verwendung zweier Freunde daraus befreit. Mit großer Mühe trieb er neues Geld auf und arbeitete sich wieder empor. Er kaufte für 3000 Dollars das Haywardsche Patent auf und zwang seine Nachahmer vor Gericht, die Ursprünglichkeit seiner Erfindung anzuerkennen.

Da traf ihn ein neues Mißgeschick. Er hatte seine Gummiwaren 1855 auf der Pariser Weltausstellung ausgestellt, obwohl damals sein Verfahren in Frankreich nicht geschützt war. Inzwischen hatte 1843 ein gewisser Hancock seine Gummiwaren untersucht und nach langen Mühen auch das Goodyearsche Verfahren herausgefunden und ein Patent darauf genommen. Hancock führte gegen Goodyear Klage und erzielte seine Verurteilung, obwohl ihm vorher Napoleon III. durch Verleihung des Kreuzes der Ehrenlegion seine Anerkennung gezollt hatte. Wieder verlor er sein ganzes Vermögen und starb, bettelarm, in Kummer und Elend. *Naturwissenschaftl. Wochenschrift, Neue Folge 12 (1913) S. 465; Ditmar: Analyse d. Kautschuks (1909) S. 58; Popular History of Am. Invention (London 1924) 1 S. 164.* Sa.

GÖRANSSON, Göran Fredrik, geb. 20. Jan. 1819 in Gevle (Schweden), gest. 12. Mai 1900 in Sandviken (Gestrikland, Schweden). Als Sohn eines Kaufmanns, widmete er sich zuerst dem Handel, und als er während einer Geschäftsreise in England im Jahre 1857 mit Henry Bessemer bekannt wurde, überredete ihn dieser, einen Teil der Patentrechte in Schweden für den kurz vorher erfundenen Bessemerprozeß zu erwerben. Bei seiner Rückkehr nach Schweden wurden die Anlagen für dieses Verfahren in Edskens Hütte in Gestrikland errichtet und die Fabrikation sollte von den von Bessemer gesandten Ingenieuren in Betrieb gesetzt werden; aber bald stellte es sich heraus, daß das Verfahren noch nicht genügend erprobt war. Obwohl Göransson kein

Metallurg war, übernahm er dann selbst die Leitung der Versuche. Durch seinen praktischen Verstand und unverdrossene Arbeit gelang es ihm endlich am 18. Juli 1858, die ersten brauchbaren Bessemergüsse herzustellen. Er reiste nachher nach England, wo die Versuche bis zu diesem Zeitpunkte nicht zur Zufriedenheit abgelaufen waren, teilte Bessemer seine Erfahrungen mit, und bald wurde das Verfahren weiter entwickelt.

Um das neue Verfahren in den Großbetrieb umzusetzen, wurde ein Bessemerwerk in Sandviken angelegt. Göransson entwickelte nachher Sandvikens Hüttenwerk weiter, so daß es in der ersten Reihe unter den schwedischen Eisen- und Stahlhütten zu stehen kam und das hervorragendste Bessemerwerk Schwedens wurde. Seit 1898 war Göransson Mitglied der Kungl. Vetenskapsakademien und wurde im Jahre 1900 Ehrendoktor der Universität Upsala. Na.

GOTZKOWSKY, E., geb. 21. Nov. 1710 in Konitz, gest. 9. Aug. 1775 in Berlin. Gotzkowsky ist einer der Begründer der Berliner Textilindustrie, welche damals von Friedrich dem Großen bedeutende Förderung erfuhr. Im fünften Lebensjahre verlor er bereits beide Eltern durch die Pest und siedelte zu Verwandten nach Dresden über. 1724 ließ ihn sein älterer Bruder nach Berlin kommen, wo er bis 1730 seine Lehrjahre in der Sprögelschen Materialhandlung durchmachte. In das Galanteriewarengeschäft seines Bruders eingetreten, zeigte er eine besondere Fähigkeit, Aufträge hereinzuholen. Er kam hier auch bereits mit dem damaligen Kronprinzen, späteren König Friedrich II., in Verbindung. Als dieser 1740 zur Regierung kam, berief er Gotzkowsky nach Charlottenburg und erteilte ihm den Auftrag zur Errichtung einer Samtfabrik. Gotzkowsky holte zum Teil von weit her aus anderen Industriegegenden ganze Familien von geschickten Arbeitern und siedelte diese in Berlin an. Beim Publikum zeigte sich jedoch ein Widerstand gegen seine Waren, da man sagte, eine neue Fabrik, die ihre Einrichtungen und Arbeiter von so weit herhole, müsse teurer arbeiten als das Ausland. Trotz der Absatzschwierigkeiten ließ Gotzkowsky sich nicht beirren und vergrößerte seine Fabrik, um allen, auch Sonderwünschen seiner Abnehmer gerecht werden zu können. — 1753 übertrug ihm der König die Leitung einer Seidenstoffabrik. Auch diese Fabrik konnte Gotzkowsky zu gutem Erfolge entwickeln und dank der Güte der Erzeugnisse auch aus dem Auslande große Aufträge hereinholen. Er beschäftigte 1754 rund 1500 Menschen in beiden Fabriken.

Am bekanntesten ist Gotzkowsky als Begründer der Kgl. Preußischen Porzellanmanufaktur in Berlin geworden. 1760 äußerte Friedrich der Große gelegentlich eines Besuches in Meißen Gotzkowsky gegenüber den Wunsch, eine solche Fabrik in Preußen zu besitzen. Es gelang Gotzkowsky, einen Künstler ausfindig zu machen, der in der Porzellanfabrikation erfahren war. Er sicherte sich diesen Mann und errichtete mit seiner Hilfe die Porzellanfabrik. Bereits ein Jahr, nachdem der König den Wunsch ausgesprochen hatte, arbeiteten 150 Menschen in der Porzellanmanufaktur. In den Jahren nach Beendigung des Siebenjährigen Krieges trat eine allgemeine Krisis ein, welche viele angesehene Häuser in Zahlungsschwierigkeiten brachte; auch Gotzkowsky wurde in den allgemeinen Zusammenbruch hineingezogen und mußte den Konkurs eröffnen. Die Porzellanmanufaktur wurde dann vom preußischen Staate übernommen. *Otto: Buch berühmter Kaufleute und Industrieller (Leipzig 1868) Bd. 2; Matschoß: Friedr. d. Gr. (Berlin 1912) S. 45.* Hä.

GRAMME, Zénobe Theophil, geb. 4. April 1826 in Jehay-Bodignée (Arond. Huy, Belgien), gest. 20. Juni 1901 in Paris. Sein Vater war Steuerbeamter. Gramme lernte das Tischlerhandwerk und trat 1853 in die Compagnie L'Alliance in Paris als Modelltischler ein. Er betrieb, angeregt durch die Erfolge dieser Firma beim Bau großer elektrischer Maschinen mit permanenten Magneten für Beleuchtungszwecke, mit regem Eifer physikalische Studien. Nach dem 1867 von Werner Siemens erfundenen dynamo-elektrischen Prinzip konstruierte er 1869 seinen Ringanker und erhielt ein Patent darauf, nachdem er bereits 1867 ein Patent auf eine Neuerung an der Magnetmaschine erworben hatte.

Gramme kann als Vater des Dynamomaschinenbaues angesprochen werden, da er die erste brauchbare Gleichstrommaschine mit vielteiligem Kommutator baute, er brachte auch als erster Ringschmierlager bei seinen Dynamos an. 1878 brachte Gramme die erste brauchbare Wechselstrommaschine auf den Markt.

Auf der Pariser Weltausstellung, die im gleichen Jahre stattfand, erntete er reiche Anerkennung, wurde Ritter der Ehrenlegion und Kommandeur des belgischen Leopoldordens. Die Pariser Akademie verlieh ihm die Voltamedaille und die Société d'Encouragement pour l'industrie nationale die Ampère-Medaille. Die französische Regierung überwies ihm den Nationallohn von 20 000 Frs. *Z 45 (1901) S. 178; ETZ 22 (1901) S. 118; E. u. M., Festnummer 1913.* Hr.

GRASHOF, Franz, geb. 11. Juli 1826 in Düsseldorf, gest. 26. Okt. 1893 in Karlsruhe. Der Großvater Grashofs erlebte als Gymnasiallehrer in Prenzlau die Niederlage und den Aufstieg Preußens, zog, 43 jährig, als Landwehrleutnant mit seinen Schülern 1813 ins Feld und wurde nach Beendigung des Krieges zum „provisorischen Direktor des öffentlichen Unterrichts am Niederrhein" ernannt; der Vater unterrichtete als Oberlehrer am Kgl. Gymnasium in Düsseldorf in den alten Sprachen. Sein Sohn Franz Grashof neigte in Abkehr von der auf reine Geisteswissenschaften gestellten Familienüberlieferung früh der Technik zu. Als 15 jähriger verließ er die Schule, um zunächst in einer Schlosserei praktisch zu arbeiten, besuchte dann die Gewerbeschule in Hagen und die Realschule in Düsseldorf. 1844 bis 1847 studierte er am Berliner Kgl. Gewerbeinstitut Mathematik, Physik und Maschinenbau. Die deutsche Volksbewegung von 1848 erlebte er bei der Ableistung seines militärischen Dienstjahres in Düsseldorf. Hier erwuchs der Entschluß, in die deutsche Flotte einzutreten. Als einfacher Matrose ließ er sich auf das Segelschiff „Esmeralda" anwerben und machte eine Seereise, die sich wider Erwarten auf über 2½ Jahre ausdehnte und ihn bis nach Holländisch-Indien und Australien führte. Auf dieser Reise erkannte er aber, daß er nicht für einen rein praktischen Beruf bestimmt sei; zudem behinderte ihn stark seine Kurzsichtigkeit. Nach kurzem Aufenthalt in der Heimat kehrte er 1852 nach Berlin zurück und nahm seine Studien wieder auf. Noch während des Studiums wurde er mit der Abhaltung einer Vorlesung über angewandte Mathematik beauftragt; 1854 wurde er als Lehrer für Mathematik und Mechanik am Kgl. Gewerbeinstitut angestellt. Zugleich wurde er im Nebenamte Direktor des Eichamtes in Berlin.

Am 12. Mai 1856, beim 10. Stiftungsfest der „Hütte", des bekannten Vereines der Zöglinge des Kgl. Gewerbeinstituts, war Grashof einer der Mitbegründer des „Vereines deutscher Ingenieure". Der Verein sollte, auch wenn ein einiges Deutschland nicht bestand, ganz Deutschland umfassen und der Verein aller deutschen Ingenieure sein. Der eigentliche Verwirklicher dieses Gedankens wurde Franz Grashof. Ihm, dessen Name in der wissenschaftlichen Welt bereits einen gewissen Ruf hatte, wurde das Amt des Vereinsdirektors und die Schriftleitung der Zeitschrift übertragen. Als Verfasser, Schriftleiter, Korrektor und Expedient hatte er in den ersten Jahren eine ungeheure Last auf sich genommen.

Als 1863 Redtenbacher starb, war Grashofs Name so geachtet, daß die Technische Hochschule in Karlsruhe ihn zu Redtenbachers Nachfolger berief. Festigkeitslehre, Hydraulik und Wärmelehre neben Abschnitten aus der allgemeinen Maschinenlehre waren das Gebiet seiner Vorlesungen. Die Schriftleitung der Zeitschrift des Vereines deutscher Ingenieure hatte er bei seiner Übersiedelung nach Karlsruhe niederlegen müssen, doch blieb er Direktor des Vereines; außerdem übte er noch eine sehr umfangreiche schriftstellerische Tätigkeit aus. In der ersten badischen Kammer vertrat er lange Jahre mit weiser Mäßigung die Angelegenheiten der Hochschule. An die Fassungskraft und geistige Anstrengung der Studierenden stellte Grashof hohe Anforderungen. Klarheit, Sicherheit und Schärfe des Ausdrucks zeichneten seinen Vortrag aus. Geheimrat Hart, der lange Jahre neben ihm wirkte, sagte über ihn: „Grashof war von zwar ernster, aber durchaus idealer Anlage, rastlos arbeitend, nicht Gefährdung der Gesundheit achtend, auch in bewegter Zeit an den idealen Gütern festhaltend, in einer dem Gemeinwohl förderlichen Tätigkeit die höchste Befriedigung und das innere Glück findend. Und bei all diesem, von nie versagendem Erfolge gekrönten unablässigen Wirken und Schaffen, welch ein liebenswürdiges Gebahren, welch ein bescheidenes Auftreten."

Ende 1882 wurde Grashof von einem Schlaganfall getroffen, von dem er sich so weit wieder erholte, daß er seine Tätigkeit wieder aufnehmen konnte, ohne jedoch seine volle Arbeitskraft wieder zu gewinnen. Ein großer Freund der Natur, fand er fast alljährlich auch jetzt noch auf den Höhen des Schwarzwaldes und der Alpen körperliche und geistige Stärkung und Erfrischung.

Noch 1882 wurde Grashof Mitglied der Normal-Eichungskommission, 1887 Mitglied des Kuratoriums der Physikalisch-Technischen Reichsanstalt, und im gleichen Jahre Ehrenmitglied seines Vereins, des Vereines deutscher Ingenieure, nachdem er ihm 31 Jahre lang seine besten Kräfte geschenkt hatte. 1891 traf ihn ein zweites Mal ein Schlaganfall, so daß er seine Tätigkeit einstellen mußte, und 2 Jahre später erlöste der Tod den 67jährigen von seinem Leiden. Der Verein deutscher Ingenieure ehrte sein Andenken durch die Errichtung eines Grashof-Denkmales in Karlsruhe und durch die Stiftung der Grashof-Denkmünze als der höchsten Auszeichnung, die dieser Verein für Verdienste um die Technik verleihen kann. *Z 37 (1893) S. 1469; 40 (1896) S. 1499; Mitt. d. Niederrh. Bv. des VDI 1924 S. 114; Verh. d. Natw. Vereins, Bd. 15 (1902).* Wke.

GRAY, Elisha, geb. 2. Aug. 1835 in Barnesville (Ohio), gest. 21. Jan. 1901 in Boston. Gray verlor mit 12 Jahren seinen Vater und kam zu einem Grobschmied in die Lehre, vertauschte dieses Handwerk aber bald mit dem eines Zimmermanns. Während einer fünfjährigen Studienzeit auf dem Oberlin-College widmete er sich fast ausschließlich der physikalischen Ausbildung und wurde dann Lehrer für Physik und Elektrizitätslehre erst an dieser Anstalt, darauf am Ripon-College. 1869 verband er sich mit M. Barton zu der Firma Gray & Barton in Cleveland, die später nach Chicago übersiedelte und sich mit der Western Electric Manufacturing Co. vereinigte. Jedoch zog Gray sich nach neunjähriger Mitarbeit von den Geschäften zurück, um sich ganz seinen wissenschaftlichen Arbeiten und Forschungen hingeben zu können. Auf elektrische Relais, Drucktelegraphen u. a. erhielt er seine ersten Patente. 1876 reichte er ein Patentgesuch für die „Übermittlung von Sprechlauten auf telegraphischem Wege" ein. Da gleichzeitig Graham Bell ein Patent auf „neue und nützliche Verbesserungen in der Telegraphie" eingereicht und vor Gray patentiert erhalten hatte, entspannen sich langwierige Prozesse um die Urheberschaft des Telephons, aus denen Bell als Sieger hervorging. Wichtig war Grays Erfindung des „Telautographen", durch welchen am empfangenden Ende der Telegraphenleitung die Schriftzüge des aufgegebenen Telegramms wiedergegeben werden konnten. Bis zu den letzten Tagen seines Lebens hat Gray an der Vervollkommnung dieses Instrumentes gearbeitet. Auch die Entwicklung des unterseeischen Signalsystems, bei dem es sich nicht nur um die Übertragung und Aufnahme von Telegrammen mit Hilfe verabredeter Zeichen, sondern um die Wahrnehmung von Geräuschen handelte, wie sie z. B. durch das Arbeiten weit entfernter Schiffe hervorgebracht werden, verdankt ihm eine starke Förderung. Gray starb infolge eines Herzschlages im 66. Lebensjahr. *ETZ 8 (1901) S. 179; Z 45 (1901) S. 278.* Ca.

GREINER, Adolf, geb. 7. Dez. 1842 in Brüssel, gest. 20. Nov. 1915 in Seraing. In Brüssel, wo sein Vater Privatsekretär des Königs Leopold war, besuchte er das Athenäum. Nachdem er 1864 die Diplomprüfung im Eisenhüttenfach an der École des Mines bestanden hatte, trat er als Chemiker bei der Société Cockerill in Seraing ein. Diese Firma hatte als erste auf dem Festlande eine 5-t-Bessemer-Birne errichtet. Die Betriebsergebnisse waren jedoch schlecht, da der Einfluß der verschiedenen Beimengungen im Eisen nicht richtig eingeschätzt wurde. Greiner hat durch seine Analysen hierin Klarheit geschafft. Die Bessemerstahl-Erzeugung wurde nun auf Anordnung von Pastor wieder aufgenommen. Die Erfolge waren groß, so daß Greiner 1869 Betriebsleiter des Stahl- und Walzwerks und 1887 Generaldirektor wurde. Auf sein Betreiben wurde von dem Werk 1871 der belgischen Regierung eine Stahlkanone geliefert und später Panzertürme und Feldkanonen, nachdem unter seiner Leitung die Abteilung für Kriegsmaterial ausgebaut worden war. Ebenso wurde die Schiffswerft bedeutend vergrößert und 1895 auf seine Anregungen ein Großgasmotor für die Verwendung der Hochofengase gebaut. Greiners Verdienste auf technischem und wirtschaftlichem Gebiete sind vielfach anerkannt worden; 1912 wurde ihm von der Universität Leeds der Doktortitel verliehen; 1913 erhielt er die goldene Bessemer-Denkmünze. Außerdem war er Vorsitzender wissenschaftlicher Gesellschaften, wo er in Wort und Schrift hervortrat. Für die Angestellten und Arbeiter des Werkes hat er viele Wohlfahrtseinrichtungen geschaffen. Auf sein Wirken wurde 1902 die ganze Belegschaft an die staatliche Pensionskasse angeschlossen.

Er wurde auf dem Privatkirchhof von Seraing neben Cockerill, Pastor und Baron Sodaine beigesetzt. *Z 60 (1916) S. 20; St. u. E. 35 (1915) S. 1336.* Gw.

GREINER, Franz Ferdinand, geb. 3. April 1808 in Stützerbach (Thüringen), gest. 1855. Greiner stammte aus sehr ärmlichen Verhältnissen und betrieb neben einer Mühle noch eine Glasbläserei für Spielsachen und Nippes. 1833 trat bei ihm ein Geselle Wilhelm Berkes oder Bürkes ein, ein Perlenmacher aus Neusiß. Dieser Bürkes verstand es als erster auf dem Thüringer Walde, Thermometer zu blasen. Am Tage arbeitete er mit Greiner zusammen vor der Talglampe Spielzeug; nachts schloß er sich in der Werkstatt ein und fertigte einfachste Thermometer an. Greiner beobachtete ihn einmal und sah von ihm die Kunst des Thermometermachens ab. Von da an entwickelte sich in schnellem Aufstiege die Firma F. F. Greiner. In einer Beschreibung vom Jahre 1833 heißt es, daß er nach Preußen, Bayern, Baden und der Schweiz viel absetzte und gegen 64 verschiedene Sorten von Aräometern und Thermometern außer vielen Kunstsachen nach Zeichnungen, Werkzeugen zu chemischen Operationen und physikalischen Instrumenten herstellte. In dem Lehrer des Ortes, Ephraim Alexander Walther (1802 bis 1877), gewann er den ersten Skalenschreiber, der mit einer Rabenfeder die Skalen schrieb. Arbeiter der Porzellanfabrik und gelernte Pfeifenkopfmaler gingen zu ihm über und wurden die ersten Glasschreiber und Abwieger. Die Röhren wurden in der Hütte gezogen, zum Teil auch aus dem benachbarten Gehlberg gekauft. Die Hütte fertigte bis dahin ausschließlich Wirtschaftsglas, Flaschen für Apothekerstandgefäße und Medizingläser, auch in großem Ausmaße Hyazinthengläser und Vogelfontänen für Holland an. Durch den Bedarf stellte sie sich nun ganz auf die gezogenen Röhren und chemischen Glasartikel um.

Die Röhren wurden vor der mit Rindertalg beschickten Gebläselampe weiter verarbeitet. Das Kühlen der an der Lampe geblasenen Gegenstände erfolgte nicht in der Hütte, sondern dafür heizte man in der Fabrik von F. F. Greiner immer am Sonnabend den Backofen legte darein, was in der Woche fertig geworden war und ließ bis Dienstag auskühlen, wahrscheinlich weil die Hütte nur beschränkt in Betrieb war und ungefähr 7 Monate im Jahre feierte. Im Geschäft von F. F. Greiner wurde viel verdient; das Aufblühen der chemischen Wissenschaft unterstützte die schnelle Entfaltung der Firma. Alle bedeutenden Geschäfte der chemischen Glasindustrie im nördlichen Thüringer Wald gehen auf die Firma F. F. Greiner zurück; Lehrlinge und Gehilfen, die hier gearbeitet hatten, machten sich selbständig und gründeten eigene Betriebe. Viel wurde verdient; aber F. F. Greiner hat davon keinen Segen gehabt. Durch die Passionen der Inhaber ging schon bei Lebzeiten des Gründers die Firma zurück. Als Greiner 1855 starb, übernahm der Schwiegersohn Reimann die Leitung des Geschäftes. Von anderen Firmen überflügelt, ging sie in den Jahren 1860 durch Bankerott zugrunde. Mch.

GREY, Henry, geb. 1. Jan. 1849 in London, gest. 4. Mai 1913 in East Orange (N.Y.). Er erhielt seine Erziehung und fachliche Ausbildung in England und kam im Jahre 1870 nach den Vereinigten Staaten. Hier war Grey zeitweilig als Unternehmer in der Walzwerkindustrie beschäftigt. Mehrere Jahre widmete er der Durchbildung eines neuen Verfahrens zur Erzeugung breitflanschiger Träger. Er bildete ein neues Walzwerk für diese Träger durch, das nach Art der Universalwalzwerke mit wagerechten und senkrechten Walzen arbeitete und erheblich größere Profile als bisher unter wirtschaftlichen Bedingungen zu walzen ermöglichte. Das erste Werk, das sich diesem neuen Verfahren zuwandte und es bei sich einführte, war die zur Deutsch-Luxemburgischen Bergwerks- und Hütten-A.-G. gehörende Differdinger Hütte, die bereits im Jahre 1902 ein solches Walzwerk baute. 1907 führte die Bethlehem Steel Co. ein gleiches Walzwerk nach Grey auf ihrem Saucon-Werk in South Bethlehem (Pa.) ein. Im Jahre 1904 wurde Grey von der französischen Société d'Encouragement pour l'Industrie Nationale für seine Anlage in Differdingen mit der Goldenen Medaille ausgezeichnet. *Iron Age 91 (1913) S. 1147.* Wi.

GRILLO, Friedrich, geb. 20. Dez. 1825 in Essen, gest. 17. April 1888 in Düsseldorf. Nach seiner Lehrzeit übernahm er im Jahre 1848 die Eisenwarenhandlung seines Vaters für eigene Rechnung, wandte jedoch bald sein Hauptaugenmerk der rheinisch-westfälischen Berg- und Hüttenindustrie zu, zu deren kühnsten Gründern er gehörte. Grillo verpflanzte den Bergbau nordwärts nach der Emscher mitten in die Landwirtschaft hinein und war lange Zeit in dem Montangewerbe tonangebend. Er gründete das Eisenwerk von Grillo, Funke & Co. (1866) und ferner die Gelsenkirchener Bergwerks-Aktiengesellschaft, deren Einfluß im rheinisch-westfälischen Industriegebiet bald ausschlaggebend wurde. Die Grundlage zu dieser Gesellschaft bildeten die beiden von ausländischen Unternehmern abgeteuften Zechen Rhein-Elbe und Alma, die zu den besten in dem Bezirk gezählt wurden. Außerdem verdanken seiner außergewöhnlichen Schaffenskraft eine Reihe von Bergwerkunternehmungen ihre Entstehung, insbesondere die großen Anlagen in und um Schalke, die in ihm, dem Großindustriellen und Bergwerksbesitzer, einen eifrigen und willigen Förderer und Wohltäter hatten. *St. u. E. 8 (1888) S. 343; Z 66 (1922) S. 587.* Schu.

GRIMUS, Rudolf Ritter von Grimburg, geb. 12. März 1839 zu Cremona, gest. 14. Febr. 1917 in Wien, war der Sohn eines höheren Gerichtsfunktionärs, besuchte Untergymnasium, Realschule und Polytechnikum (jetzt technische Hochschule) in Wien und wurde nach kurzer praktischer Tätigkeit Assistent bei Burg. Danach unternahm er Studienreisen nach Deutschland, Belgien, Frankreich und in die Schweiz, unterrichtete als Adjunkt an der technischen Hochschule in Wien über neuere Wärmetheorie und graphische Statik und wurde Professor für Maschinenbau an dieser Hochschule. Er legte in seinem lebenatmenden Unterrichte besonderen Wert auf die innigen Beziehungen zwischen Schule und Praxis und verstand es, praktisch brauchbare Theoretiker heranzubilden. An der Hochquellenleitung, der Donauregelung und der Weltausstellung in Wien (1873) war er hervorragend beteiligt; die großartige Rotunde im Wiener Prater ist von ihm entworfen, ebenso die Eisenkonstruktion des Schwimmtores bei Nußdorf und die Wasserhebemaschine in Pottschach für die Ergänzung der Wiener Hochquellenleitung. 1875 legte Grimus die Professur nieder und beteiligte sich am Bau der Salzkammergut- und Giselabahn, hauptsächlich mit dem Entwurfe der eisernen Brücken; hier nahm er auch erstmalig die Bohrmaschine von Brandt dauernd in Verwendung (beim Sonnsteintunnel; Z. Öst. 1878). Grimus förderte im Verein mit dem Maschinenfabrikanten K. Pfaff in erfolgreicher Weise die internationale elektrische Ausstellung in Wien (1883) und wurde 1890 Generaldirektor der österreichisch-ungarischen Staatseisenbahngesellschaft (als Nachfolger De Serres'), in welcher Stellung er eine besondere Verwaltungsbegabung bekundete; es gelang ihm, die hier infolge der vorausgegangenen französischen Mißwirtschaft sich auftürmenden geldlichen Schwierigkeiten zu besiegen. Anläßlich der Verstaatlichung des österreichischen Netzes der Staatseisenbahngesellschaft (1908) trat Grimus in den Ruhestand, verblieb aber noch als Verwaltungsrat bei mehreren Gesellschaften technisch-wirtschaftlicher Natur. Er war auch mit der Feder sehr gewandt; seine Vorträge erschienen in der Wochenschrift und in der Zeitschrift des österr. Ingenieur- u. Architekten-Vereins, sie behandelten vorwiegend maschinentechnische Fragen; diese Zeitschrift enthält auch in Heft 26 des Jahrganges 1917 einen längeren Nachruf mit einem Verzeichnis von Grimus' Vorträgen und Abhandlungen. Ein Meisterwerk ist Grimus' Bericht über das gesamte Maschinenwesen auf der Weltausstellung in Wien. *Z. Öst. 69 (1917) S. 392.* Bk.

GROVE, Otto von, geb. 6. Febr. 1836 in Goslar a. H., gest. 19. Mai 1919 in München. Grove, der seinen Vater, einen in bescheidenen Verhältnissen lebenden Papiermüller, früh verlor, besuchte das Progymnasium seiner Vaterstadt und die Oberklasse der höheren Bürgerschule in Hannover. Schon während dieser Schulzeit mußte er einen Teil seines Lebensunterhaltes durch Erteilung von Mathematikstunden erwerben. Mit 16 Jahren bezog er im Herbst 1852 die Polytechnische Schule in Hannover und wandte sich, da er künstlerische Anlagen hatte, zunächst der Architektur zu. Bald vertauschte er sie jedoch mit der Maschinentechnik, der seine größere Neigung gehörte. Unter seinen Lehrern sind vor allem Karmarsch und Rühlmann zu nennen. Nach Abschluß des Studiums war er von 1856 bis 1858 vorwiegend praktisch tätig, legte aber Anfang 1858 zugleich die erste technische Prüfung, insbesondere für den Eisenbahnmaschinenbau, vor der Kgl. Hannoverschen Prüfungskommission für Bautechniker ab. Am 1. Oktober 1858 trat er an der Polytechnischen Schule in Hannover als Assistent für Maschinenbau ein und wurde bereits 1859 zum ordentlichen Lehrer dieses Fachs ernannt, nachdem er im Sommer dieses Jahres eine Studienreise an die Polytechnischen Schulen in Berlin, Karlsruhe und Zürich gemacht und dort zu seiner weiteren Ausbildung Vorträge der bedeutendsten Lehrer seines Faches (Wiebe, Grashof, Redtenbacher, Clausius, Reuleaux, Zeuner) gehört hatte. 1868 wurde er Professor. Bei Begründung der Aachener Polytechnischen Schule 1869 suchte deren Direktor v. Kaven auch Grove für diese Anstalt zu gewinnen. Karmarsch gelang es jedoch, Grove in Hannover zu halten. 1879 folgte Grove einem Rufe an die Technische Hochschule in Berlin, nahm aber, da er sich dort nicht wohl fühlte, bereits 1880 eine Professur an der Münchener Hochschule an. München wurde seine zweite Heimat, und hier vor allem entfaltete er eine überaus erfolgreiche Tätigkeit, die seinen Ruf als Lehrer und Forscher begründete. Als Schriftsteller ist Grove nicht sehr fruchtbar gewesen. Viele Ergebnisse seiner Forschungen hat er nicht veröffentlicht, sondern nur in seinen Vorlesungen gebracht. Eine seiner ersten literarischen Arbeiten war das Kapitel „Wasserräder und Turbinen", das 1869 im 5. Supplementband von Prechtls Technischer Enzyklopädie erschien. Größere und kleinere Aufsätze in Zeitschriften folgten. Für das „Handbuch der speziellen Eisenbahntechnik" schrieb er Kapitel über die Lokomotive (1875) und die Lokomotivsteuerungen (1882). Zum Unterrichtsgebrauch gab er die zu seiner Zeit viel benutzten „Formeln, Tabellen und Skizzen für das Entwerfen einfacher Maschinenteile" (1880) heraus, die in seiner Bearbeitung dreizehn Auflagen erlebten. 1902 bis 1906 erschien dann noch die „Konstruktionslehre der einfachen Maschinenteile". Sie ist schon im Ruhestande geschrieben. Ein altes, sich ständig verschlimmerndes Gehörleiden zwang Grove 1901 zur Aufgabe seiner Lehrtätigkeit. Kurz vorher hatte ihn die Technische Hochschule Hannover zu ihrem Ehrendoktor ernannt. Ihr folgte 1906 die Münchener Hochschule, indem sie aus Anlaß seines 70. Geburtstages Grove, „dem gefeierten, an Erfolgen reichen Lehrer der Maschinenbaukunde, dem hervorragenden Mitarbeiter am Ausbau der wissenschaftlichen Grundlagen des Maschinenkonstruierens" die Würde eines Doktors der technischen Wissenschaften verlieh. In hohem Alter ist Grove 1919 in München gestorben. *Z 63 (1919) S. 1105/7.* Wa.

GRUSON, Hermann Jacques, geb. 13. Mai 1821 in Magdeburg, gest. 31. Jan. 1895 in Magdeburg. Die Namen Krupp, Ehrhardt und Gruson sind mit der Entwicklung der Rüstungsindustrie in Deutschland untrennbar verknüpft. Gruson ragt hervor durch die Erfindung des Hartgusses, welchen er für Panzerplatten und Granaten, daneben auch für viele friedlichen Zwecken dienende Industrien wie Mahl- und Walzwerke usw. verwandte. Sein Vater war Ingenieurmajor in Magdeburg, wo Hermann Gruson die übliche Schulbildung erhielt. 1840 ging er nach Berlin und trat als Volontär in die Borsigsche Maschinenfabrik ein, daneben hörte er an der Berliner Universität Vorlesungen über Naturwissenschaften und Philologie. Er wurde 1845 Maschinenmeister an der Berlin-Hamburger Bahn, 1851 Oberingenieur der damals noch in hervorragender Blüte stehenden Wöhlertschen Maschinenfabrik in Berlin, drei Jahre später technischer Direktor der Hamburg-Magdeburger Dampfschiffahrtkompanie. 1855 machte er sich in Magdeburg-Buckau selbständig und gründete eine kleine Schiffswerft mit Maschinenfabrik und Eisengießerei. Er hatte zuerst infolge der von Amerika herüberbrausenden Handelskrisis, die besonders die Elbschiffahrt fast völlig still setzte, schwer zu kämpfen, so daß schon 1857 die Schiffswerft vollkommen still lag. Auch die auf die Werft angewiesene Maschinenfabrik hatte bald keine Arbeit mehr, so daß er gezwungen war, sich mit ganzer Kraft dem Gießereiwesen zu widmen. Alle hierzu nötigen Erfahrungen mußte er sich selbst erst in mühsamster Weise erarbeiten. Von den Einwirkungen des Kohlenstoffes, von dem Einfluß der übrigen Beimengungen auf das Eisen war damals noch so gut wie nichts bekannt. Gruson schuf für seinen eigenen Betrieb Materialprüfungsverfahren, die es ihm im Jahre 1857 ermöglichten, die Vorbedingungen für Herstellung eines homogenen porenfreien Gusses aus deutschen Roheisensorten festzulegen. Als Ergebnis seiner Bemühungen fand er den Hartguß, den er mit und ohne Schale herstellte. Die ersten wirtschaftlichen Erfolge erzielte er mit seinem Hartguß im Eisenbahnwesen, indem er die damals üblichen zusammengenieteten Herzstücke und Kreuzungstücke durch solche aus Hartguß ersetzte. 1864 machte Gruson die ersten Versuche, Panzergranaten aus Hartguß herzustellen. Die erzielten Erfolge waren überraschend gut, so daß große Bestellungen von allen Seiten einliefen, die ihn nötigten seine Fabrik zu vergrössern und, da der Raum an der alten Stelle nicht ausreichte, sie an den Platz zu verlegen, den sie jetzt noch einnimmt. Die Glashärte der äußeren Schale, verbunden mit der Zähigkeit des Kerns, verliehen den Grusonschen Granaten eine Durchschlagkraft, die sie den ungehärteten Stahlgranaten überlegen machten, außerdem waren diese Geschosse in der Herstellung bedeutend billiger. Einen weiteren Erfolg hatte Gruson mit der Verwendung seines Hartgusses für Panzerplatten, Panzerkasematten und Panzertürme. Für die Industrie lieferte Gruson seinen Hartguß hauptsächlich in Form von Hartgußwalzen für Müllerei- und alle Arten von Zerkleinerungsmaschinen sowie für die Papier-, Textil-, Metall- und Gummiindustrie. Die Walzen erwarben sich durch ihre unübertroffene Härte, Festigkeit und Oberflächenreinheit bald Weltruf. Die Grusonschen Kugelmühlen zum Feinmahlen der härtesten Stoffe führten geradezu eine Umwälzung in der Zerkleinerungstechnik herbei. Im Jahre 1886 ging das Werk in den Besitz einer Aktiengesellschaft über, 1893 erfolgte dann die Vereinigung des Grusonwerkes mit der Firma Fried. Krupp in Essen.

Gruson hat sich zeitlebens viel mit naturwissenschaftlichen Studien, besonders mit Astronomie und dem Studium des Zodiakallichtes beschäftigt. Außerdem war er ein großer Blumenfreund und verfügte über Gewächshäuser, die in ganz Deutschland ihresgleichen suchten. Diese Gewächshäuser, nach seinem Tode in den Besitz seiner Vaterstadt übergegangen, bilden noch heute die Zierde der Stadt. *Z 39 (1895) S. 443; St. u. E. 15 (1895) S. 169; Feldhaus: Deutsche Techn. u. Ing. (München 1912) S. 159.* Hä.

GUERICKE, Otto v., geb. 20. Nov. 1602 in Magdeburg, gest. 11. Mai 1686 in Hamburg. Ein Mann von umfassender Bildung, der deutsche Begründer der experimentellen Wissenschaften. Als Sohn einer wohlhabenden magdeburgischen Patrizierfamilie genoß er die sorgfältigste Erziehung und studierte in Leipzig, Helmstedt, Jena und Leyden, wo er neben der Jurisprudenz besonders für die Naturwissenschaft sich interessierte. Am meisten hat er sich wohl damals schon mit der Ingenieurwissenschaft beschäftigt, die in den Vorlesungen über Festungsbaukunst gelehrt wurde. Nach beendetem Studium bekleidete er 1627 bis 1631 in seiner Vaterstadt das Amt eines Ratsbaumeisters. Als solcher erlebte er die furchtbare Katastrophe der völligen Verwüstung der Stadt nach der Einnahme durch Tillys Heer. Von der blühenden reichen Stadt blieben nur etwa 140 elende Fischerhütten am Elbufer und wenige steinerne Gebäude stehen. Guericke trat nun zunächst in schwedische Dienste und leitete die Erfurter Festungsbauten. Sobald aber in der Stadt Magdeburg sich die ersten Keime neuen Lebens regten, kehrte er hierher zurück. Nach seinen Plänen ging man an den Wiederaufbau, nach dem die Stadt zweckmäßiger und prächtiger als vorher wieder erstehen sollte. 1646 wurde er zum regierenden Bürgermeister gewählt. Er bekleidete dies Amt bis 1681 und hat außerordentliches diplomatisches Geschick bewiesen, so bei der Vertretung seiner Vaterstadt auf dem Westfälischen Frieden und bei Erkämpfung der Reichsunmittelbarkeit für Magdeburg. Neben seiner politischen Tätigkeit fand Guericke Zeit zu umfangreichen naturwissenschaftlichen Arbeiten, die hauptsächlich der Erforschung des Wesens der Luft galten. Seine geistreich durchdachten und genial durchgeführten Versuche sind grundlegend für die ganze moderne Physik und Technik geworden. Die Vorstellung, die er sich zuerst in seinem Kopfe von der Luft bildete und dann durch unzählige Versuche erhärtete, spricht er selbst in fundamentalen Sätzen aus: „Die Luft ist ein körperliches Etwas, die Wärme dehnt sie aus, die Kälte zieht sie zusammen; sie läßt sich zusammendrücken, doch haben Verdichtung und Verdünnung praktische Grenzen. Die Luft besitzt Gewicht und drückt sich selbst, sie drückt auf alles. — Sie nimmt Schall und Geruch auf, wie Feuchtigkeit und Dämpfe." Und endlich nennt Guericke bereits die bestimmte faßbare Zahl: „Der Luftdruck ist gleich dem einer 20 Ellen hohen Wassersäule." Um 1650 baute Guericke die erste Luftpumpe, seine bedeutendste Erfindung. Mit Hilfe dieser Pumpe versuchte er, einen luftleeren Raum herzustellen. Zuerst wollte er ein mit Wasser gefülltes Faß auspumpen; das Faß hielt nicht dicht. Er stellte daher das leer zu pumpende Gefäß in ein größeres, das ebenfalls mit Wasser gefüllt war — ohne besseren Erfolg. Nun benutzte er eine kupferne Kugel. Diese war aber nicht genau rund und wurde zusammengedrückt, „wie man ein Tuch zwischen den Fingern zusammenballt". Eine neue, sorgfältiger gearbeitete Kugel wurde hergestellt; endlich glückte das Experiment; aus dem Druckventil der Pumpe entwich weder Wasser noch Luft. Berühmt ist dann das Experiment, das Guericke 1654 dem Regensburger Reichstag mit den „Magdeburger Halbkugeln" vorführte. Zwei Halbkugeln, genau aufeinander gepaßt und mit einer Dichtung versehen, wurden luftleer gepumpt und konnten alsdann von 16 kräftigen Pferden nicht auseinandergerissen werden. — Guericke zeigte auch zuerst die Abhängigkeit der Wetterlage von der Stärke des Luftdrucks. In seinem Hause hatte er ein Wasserbarometer von riesigen Abmessungen aufgebaut, durch das er die Größe des Luftdrucks aus der Höhe der Wassersäule bestimmte. Mit Hilfe dieses Barometers konnte er verschiedentlich Stürme vorhersagen. Auch auf dem Gebiete der Elektrizität hat Guericke Bedeutendes geleistet. Mit Hilfe einer selbstgebauten Elektrisiermaschine, die aus einer Schwefelkugel bestand, welche ihre Ladung durch Reiben mit der Hand erhielt, entdeckte er die Gesetze der Abstoßung gleichnamiger elektrischer Pole und die der Leitfähigkeit verschiedener Stoffe. Er beobachtete auch zum ersten Male die Bildung elektrischer Funken.

Guericke trug sich schon mit dem Gedanken, den Druck der Luft und die Bildung eines luftverdünnten Raumes für technische Zwecke nutzbar zu machen. Wenn er auch selbst noch nicht den gewünschten Erfolg erzielte, so ist ohne seine Untersuchungen über den leeren Raum die Konstruktion der Huygensschen Wasserhebemaschine, in der durch Explosion von Schießpulver ein leerer Raum erzeugt wurde, und der Papinschen Dampfmaschine, in der der leere Raum zuerst durch Kondensation von Wasserdampf erzielt wurde, nicht denkbar.

Guerickes großes Verdienst ist es, daß er als Erster in die wissenschaftlichen Arbeitsmethoden das Experiment einführte. Die in seinem Kopf entstandenen Ideen suchte er stets durch Versuche beweiskräftig zu machen. Er sagte selbst: „Ein Beweis, der auf Erfahrung beruht, ist jedem aus Vernunftschlüssen gezogenen vorzuziehen." Das Bestreben und die Fähigkeit, Gedanken durch Mechanismen schöpferisch zu verwirklichen, das ist es, was wir bei allen seinen Vorgängern und Zeitgenossen vermissen. In ihm paart sich schöpferische Bildungskraft mit philosophischer Vertiefung.

1681 verließ Guericke seine Vaterstadt. Der Lohn für seine aufopfernde Tätigkeit im Interesse des Gemeinwohls war der Undank seiner Mitbürger. Er brachte den Rest seines Lebens, nur wissenschaftlichen Arbeiten gewidmet, bei seinem Sohne in Hamburg zu und starb daselbst. *Z 42 (1898) S. 215; F. W. Hoffmann: O. v. Guericke (Magdeburg 1874); Dannemann: Gesch. d. Naturwissenschaften (Leipzig 1902) 1 S. 66; Entw. Natw. Bd. 2; Slaby: O. v. Guericke (München 1906).* Hä.

GUILLEAUME, Franz Carl, geb. 31. Dez. 1834 in Köln, gest. 1. Dez. 1887 in Köln. Sein Vater Theodor, der selbst den Mangel technischer Vorbildung schmerzlich empfand, sorgte für eine gediegene Ausbildung des ältesten Sohnes. So wird Franz Carl zu längeren Studienreisen ins Ausland geschickt und tritt erst nach Abschluß dieser Reisen 1856 ins väterliche Geschäft ein. Vorübergehend geht er nochmals zu technischen Studien nach Belgien, und als er sich 1859 aus Gesundheitsrücksichten längere Zeit vom Geschäft zurückziehen muß, liefert er die erste vorhandene deutsche Literatur über die Herstellung, Prüfung und Legung von Telegraphenkabeln. 1860 wird er Teilhaber und 1865, als sich der Vater in den Ruhestand zurückzieht, alleiniger Inhaber der Firma Felten & Guilleaume in Köln.

Die Firma verdankt ihm ihren größten Aufschwung; der deutschen Technik, insbesondere dem deutschen Bergbau und dem deutschen Verkehrswesen hat er eine Reihe wertvoller Neuerungen geschenkt und auch ihren Aufschwung durch sein tatkräftiges Vorgehen gefördert. 1869 führte Franz Carl Guilleaume in Deutschland die Herstellung von Gußstahldraht und von daraus gefertigten Seilen ein. Es ist sein Verdienst, die Bedeutung dieses neuen in England aufgekommenen Seilmaterials rechtzeitig erkannt und sich in den Besitz der englischen Patente gesetzt zu haben. Dem deutschen Bergbau wurden dadurch Förderseile geliefert, deren Tragfähigkeit drei- bis viermal so groß war wie diejenige der damals aus weichem Eisendraht gefertigten Seile und die außerdem eine wesentlich größere Biegsamkeit und Zähigkeit besaßen.

Eine weitere Leistung von geschichtlicher Bedeutung ist Franz Carl Guilleaumes Anteil am Ausbau des deutschen Telegraphenwesens. Als im Jahre 1875 der Generalpostmeister Dr. v. Stephan das große unterirdische Telegraphenkabelnetz für Deutschland plante, hatte die Firma Felten & Guilleaume zwar schon 22 jährige Erfahrungen mit Flußkabeln und unterirdischen Kabeln für den Stadtverkehr; der Bau unterirdischer Kabel für große Entfernungen war jedoch noch technisches Neuland. Guilleaume wurde als Versuchsstrecke die 170 km lange Kabelverbindung Berlin-Halle übertragen. Das dort im Jahre 1876 verlegte Kabel bewährte sich so gut, daß man beschloß, das ganze geplante Netz mit gleichen Kabeln auszubauen. Daraufhin wurden 6329 km Kabel mit über 40 000 km Einzelleitungen in 58 Monaten fertiggestellt.

1882 richtete Franz Carl Guilleaume eine eigene Guttaperchafabrik ein und fertigte seitdem auch die früher von England bezogenen Guttaperchaadern für die Telegraphenkabel selbst an. Auch an der Entwicklung der Telephonie hat sich Guilleaume schöpferisch beteiligt. Im Freileitungsbau war der von seiner Firma eingeführte Stahldraht für große Spannweiten unentbehrlich, bis er später durch den Bronzedraht verdrängt wurde. Nach langwierigen Versuchen, ein brauchbares Telephonkabel zu schaffen, fand Guilleaume als Lösung sein induktionsloses Telephon-Bleikabel mit imprägnierter Faserisolierung. Zu den neuen Industriezweigen, die Guilleaume in Deutschland eingeführt hat, gehören der Stacheldraht, der große Bedeutung auch für den überseeischen Export erlangt hat, der gehärtete Stahlkratzendraht, durch den das englische Erzeugnis fast ganz vom deutschen Markt verdrängt wurde, und der Klaviersaitendraht.

Da die in Köln vorhandenen Fabrikeinrichtungen allmählich nicht mehr genügten, verlegte Franz Carl Guilleaume im Jahre 1874 die gesamte Metallverarbeitung in das von ihm erbaute und nach ihm benannte Carlswerk in Mülheim bei Köln. Die mechanische Bindfadenfabrik und Hanfseilerei ist bis heute im Kölner Stammhaus verblieben; das Carlswerk war zunächst Zweigniederlassung der Kölner Firma, bis es 1892 verselbständigt wurde. No.

GUILLEAUME, Theodor, geb. 1812, gest. 1879 in Bonn, war der älteste Sohn des Franz Karl Guilleaume, der gemeinsam mit seinem Schwiegervater Johann Theodor Felten im Jahre 1826 die Firma Felten & Guilleaume in Köln gegründet hatte, um die von der Familie Felten schon seit Anfang des 18. Jahrhunderts betriebene Herstellung von Seilerwaren fortzuführen. Theodor Guilleaumes Mutter, Christine, führte nach dem Tode ihres Mannes das Geschäft und wurde dabei frühzeitig von dem Sohn unterstützt, bis dieser nach dem Tode der Mutter im Jahre 1853 die Geschäftsführung übernahm.

Theodor Guilleaume hatte mit seltenem Weitblick neue Geschäftszweige aufgenommen, die zur Grundlage des späteren Aufschwungs der Firma geworden sind. So begann er 1834 mit der Herstellung der kurz zuvor von Bergrat Albert in Clausthal erfundenen Drahtseile. Er führte als erster die Verwendung von Hanfseelen im Drahtseil ein, brachte die Schlaglängen in richtige Übereinstimmung und erfand das Drahtflachseil, indem er eine Anzahl Rundseile durch Nieten verband. Er war ferner der erste, der in Deutschland die Herstellung verzinkter Telegraphendrähte und die Fabrikation von Telegraphenkabeln aufnahm. 1853 verlegte seine Firma ihr erstes mit Guttapercha isoliertes Telegraphenkabel durch die Weichsel und Nogat. Theodor Guilleaume kann auch als der erste gelten, der an die später allgemein gewordene Kabelarmierung dachte; schon 1850 hat er einen dahin zielenden Vorschlag gemacht, als man ein durch den Rhein verlegtes Kabel weder durch Gelenkröhren noch durch vorgelagerte Ketten vor den Angriffen der Schiffsanker dauernd schützen konnte. Weil damals die Behörden auf seinen Vorschlag nicht eingingen, blieb ihm und seiner Firma die Erstausführung armierter Kabel versagt. 1865 zog sich Theodor Guilleaume in den Ruhestand zurück und übertrug die Firma seinem 1856 eingetretenen Sohn Franz Carl Guilleaume als alleinigem Inhaber. No.

GÜMBEL, Ludwig, geb. 12. März 1874 in St. Julian (Rheinpfalz), gest. am 8. Febr. 1923 in Charlottenburg, ordentlicher Professor der Technischen Hochschule Berlin. Gümbel, der Sohn eines Pfarrers, war einer der begabtesten und rührigsten Forscher auf einer ganzen Reihe von Gebieten des Ingenieurwesens, und zwar hat er u. a. die Wärmewirtschaft mit Rücksicht auf die Ausbildung der Maschinen und Kessel an Bord, die Hydrodynamik mit Rücksicht auf den Antrieb von Schiffen und die Ölschmierung, die Festigkeitslehre und Schwingungsfragen bearbeitet. Die Aufsuchung und durchdringende Behandlung technischer Fragen war ein Grundzug seines Wesens und er überraschte dabei stets mit neuen Fragestellungen und Lösungen, die mit seinen früheren Arbeiten oft nur in einem geringen Zusammenhange standen, wie z. B. seine Arbeit über Fabrikorganisation, mit welcher er im Jahre 1909 promoviert hat.

Gümbel besuchte bis 1892 das Gymnasium in Speyer, war von 1892 bis 1893 Soldat im 2. bayerischen Pionierbataillon und wandte sich dann dem Studium des Schiffmaschinenbaues zu. Hierzu war er auf der Kaiserlichen Werft Wilhelmshaven praktisch tätig und studierte 1894 bis 1898 an der Kgl. Technischen Hochschule Berlin. Schon während seiner Studienzeit beteiligte sich Gümbel an den Verhandlungen der Institution of Naval Architects in London, bearbeitete als Student im Sommer 1897 bei Harland & Wolf, Belfast, die Ausbalancierung großer Schiffsmaschinen zur Vermeidung von Schiffschwingungen und gab ein Werk „Das Stabilitätsproblem" heraus. Nachdem er beide Hochschulprüfungen mit Auszeichnung bestanden hatte, trat Gümbel am 1. Januar 1899 als Konstrukteur für Schiffmaschinen bei F. Schichau, Elbing, ein. Ein Jahr später ging er zur Hamburg-Amerika-Linie. Vom 1. Jan. 1906 an war er stellvertretender Direktor der Norddeutschen Maschinen- und Armaturenfabrik (heute Atlaswerke), Bremen. Am 1. Okt. 1910 wurde Gümbel an die Kgl. Technische Hochschule Berlin berufen, wo er über „Einleitung in den Maschinenbau", „Schiffskessel" und „Schiffshilfsmaschinen" las. Bei Kriegsausbruch meldete sich Gümbel freiwillig und zog am 14. Aug. 1914 ins Feld. Um Schwierigkeiten bei U-Boots-Maschinen zu beheben, wurde er 1917 zur U-Boot-Inspektion Kiel befohlen, wo er hauptsächlich mit Schwingungsuntersuchungen an U-Boots-Motoren beschäftigt war.

Berichte über eine große Anzahl von Forschungsarbeiten sind von Gümbel in verschiedenen Fachorganen erschienen. *Jb. Schiffb.* 25 (1924); *Z* 67 (1923) *S.* 762. Schm.

GUTENBERG, Johann, geb. um 1400 in Mainz, gest. 14. Febr. 1468 in Mainz. Gutenberg, richtig Johann Gensfleisch zu Gutenberg, stammt aus einem alten Patriziergeschlecht. Er ist der Erfinder des Buchdruckes mit gesetzten Einzelbuchstaben, die er in einer prismatischen Metallgießform aus Bleilegierung herstellte. Hierbei wurde das Buchstabenbild oder Schriftauge durch eine die Form abschließende Metallmatrize erzeugt, deren Bild er durch Einschlagen eines Stempels (Patrize) in ein Metallstück erhielt. Als Patrize verwandte er anfänglich in Sandform gegossene Bronzebuchstaben, später geschnittene Stahlstempel. Über die ersten Lebensjahre ist wenig bekannt. Jedenfalls finden wir ihn um 1435 in Straßburg mit technischen Erfindungen beschäftigt, wozu er besonders geeignet war, weil er das Goldschmiedehandwerk, wenn er es vielleicht auch nicht handwerkmäßig erlernt hatte, von Grund auf verstand. Er vereinigte so in seiner Person alle für einen erfolgreichen Erfinder nötigen Eigenschaften: ein heller Kopf, von vornehmer Herkunft, nicht eingezwängt in die Fesseln zunftmäßigen Handwerks und geschult durch technische Arbeiten. Der Buchdruck selbst war erfunden. Bereits ums Jahr 1000 war er in China bekannt. Um 1400 hat man in Korea von beweglichen Typen gedruckt, vielleicht auch schon vor Gutenberg in Holland. Es ist aber das Verdienst Gutenbergs, daß er die mechanische Durchführung der besten Herstellungsweise der Typen erfaßte, in ein technisches System brachte und dieses in aller Schärfe bis zu den letzten Folgen durchführte, so daß noch bis heute nach der von ihm angegebenen Herstellungsart verfahren wird, wenn auch die Handfertigung durch die maschinelle ersetzt worden ist. Über seine Straßburger Arbeiten sind wir aus den Akten eines gegen den Erfinder angestrengten Schuldprozesses ziemlich genau unterrichtet. Er beschäftigte sich dort mit Steinschleifen, Spiegelmachen und gußtechnischen Arbeiten. Letztere müssen bereits zu ziemlicher Vollendung gekommen sein, denn ums Jahr 1450 finden wir ihn in Mainz mit buchdrucktechnischen Arbeiten beschäftigt. Geschichtlich belegt ist, daß er ums Jahr 1451 Schulbücher und Ablaßbriefe gedruckt hat. Schon einige Jahre später war er in seiner Technik so weit vorgeschritten, daß er es unternehmen konnte, an den Bibeldruck zu gehen, und zwar sind zwei verschiedene Ausgaben vorhanden: eine 36 zeilige und eine 42 zeilige. Die Gelehrten sind sich noch nicht einig darüber, welches die ältere ist. Technisch vollendeter ist die 42 zeilige, daher wohl auch jünger. Gutenbergs technisches Schaffen wurde gelähmt durch einen neuen Schuldprozeß, den der Mainzer Bürger Fust gegen ihn im Jahre 1455 anstrengte. Da er seine finanziellen Angelegenheiten immer hinter die technischen zurückstellte, wurde er von Fust stark übervorteilt und verlor den Prozeß. Damit ging die Hälfte seines Typenschatzes an Fust verloren und auch sein begabtester Geselle Schöffer, der mit Fust eine neue Buchdruckerei aufmachte, aus der bald einer der schönsten Wiegendrucke, ein Psalterium, hervorging. Gutenberg fand bei seinen bekannten technischen Leistungen einen neuen Geldgeber, und aus seiner neuen Druckerei ging ein Riesenwerk, das Katholikon, hervor, das als eine Prachtleistung alter Druckkunst bezeichnet werden muß.

Die Blüte der Mainzer Drucktechnik wurde vernichtet durch die Eroberung der Stadt durch den Erzbischof Grafen Adolf von Nassau, wodurch Mainz aus einer freien Reichsstadt ein bischöflicher Besitz wurde. Infolge der Grausamkeiten bei der Eroberung und des Verlustes der Privilegien wanderten sowohl Gutenberg als auch die meisten seiner Schüler aus, und von nun an verbreitete sich der Buchdruck von Mainz aus über Süddeutschland und schließlich über ganz Europa. Gutenberg selbst wandte sich nach Eltville, wo er an den Hof Adolfs von Nassau gezogen wurde. Seinen Beruf hat er nicht mehr ausgeübt. Mit der Vollendung seiner Erfindung schien ihm sein Lebenszweck erreicht zu sein; wohl aber hat er zweien seiner Gehilfen, die in Eltville mit seinem Typenmaterial die Buchdruckerei ausübten, helfend zur Seite gestanden. Er starb unverheiratet und kinderlos und wurde beigesetzt in der Dominikanerkirche, wo die Mainzer Patrizierfamilien ihre Erbbegräbnisse hatten. Seine Grabstätte ist bei einem Brande der Kirche verschwunden. *Dr. A. v. d. Linde: Gutenberg, Spemann 1878; Beitr.* 11 (1921) *S. 89.* Ni.

H

HAACK, Rudolph, geb. 17. Okt. 1833 in Wolgast i. P., gest. 12. Dez. 1909 in Eberswalde. Haack hat das erste deutsche Panzerschiff gebaut und damit einen Wendepunkt nicht nur des deutschen Schiffbaues, sondern in der gesamten vaterländischen Industrie eingeleitet, soweit sie mittelbar mit dem Schiffbau zusammenhängt.

Angeregt durch den Schiffsverkehr im Wolgaster Hafen, wurde Haack gegen den Wunsch seines Vaters, der ihn zum Nachfolger für seine Möbeltischlerei bestimmte, Schiffbauer und erlernte die Schiffzimmerei auf der Werft von Ehrichs & Lübke in Wolgast. Nach seiner Lehrzeit reiste Haack auf einem Segelschiff nach England und besuchte später die damals einzige Schiffbauschule in Grabow bei Stettin. Seine erste Stellung fand er bei dem Schiffbaumeister H. Dierling in Dammgarten; 1856 trat er als leitender Ingenieur bei der Maschinenfabrik und Schiffswerft von Früchtenicht & Brock, der späteren Stettiner Maschinenbau-A.-G. „Vulcan", ein und genügte gleichzeitig seiner Militärpflicht bei der Artillerie in Stettin. In den Kriegen 1864 und 1866 war er zum Festungsdienst in Stettin eingezogen, 1870 wurde er zum Felddienst einberufen. Der Ausgang des Krieges gab Anlaß, die schon vor dem Kriege wegen des Baues des ersten deutschen Panzerschiffes schwebenden Verhandlungen wieder anzuknüpfen. Obschon die maßgebenden Personen der Ansicht waren, daß nur England und allenfalls Frankreich die einzigen Länder seien, in denen größere Kriegsschiffe hergestellt werden könnten, ging Haack, dem die Verantwortung für den Bau zufiel, unbeirrt durch alle Warnungen auf das Ziel los und beendete das Schiff „Preußen" zu voller Zufriedenheit der Kaiserlichen Marine. Danach wurde der Bau deutscher Kriegsschiffe an deutsche Werften vergeben, und die deutschen Reeder folgten diesem Beispiel. Auch Aufträge aus dem Ausland kamen herein.

Im Jahre 1887 nahm Haack seinen Abschied vom Vulcan und siedelte nach Berlin über, wo er vorwiegend wissenschaftlich und als angesehener Sachverständiger auf dem Gebiete des Schiffbaues tätig war. So hat er im Jahre 1898 im Auftrage des Ministeriums der öffentlichen Arbeiten Schleppversuche im Dortmund-Ems-Kanal angestellt und sich bis in seine letzten Tage mit dem Schiffswiderstand beschäftigt. Von seinen größeren Arbeiten seien hier genannt: 1. Haack und Busley: Die technische Entwicklung des Norddeutschen Lloyds und der Hamburg-Amerikanischen Paketfahrt-A.-G. 2. R. Haack: Schiffswiderstand und Schiffsbetrieb nach Versuchen auf dem Dortmund-Ems-Kanal. *Z 54 (1910) S. 253; Jb. Schiffb. 11 (1910) S. 89.* Schm.

HAARMANN, August, geb. 4. Aug. 1840 in Blankenstein a. d. Ruhr, gest. 7. Aug. 1913 in Osnabrück. Haarmann stammt aus kleinsten Verhältnissen, erhielt zunächst die Elementarschulbildung seines Heimatortes und besuchte dann die Bochumer Gewerbeschule. Er wollte seine technische Bildung hiermit nicht abgeschlossen sehen, andererseits fehlten ihm jedoch die Mittel zur Fortsetzung der Studien. In fünfjähriger harter Bergmannsarbeit erwarb er sich selbst die Mittel, um an der Gewerbeakademie zu Berlin seine Ausbildung zu vollenden. Nach abgeschlossenem Studium widmete er sich der Eisenhüttenindustrie, die sich damals noch in den ersten Anfängen ihrer technischen Entwicklung befand. Auf Grund seiner praktischen Erfahrungen und der auf der Akademie erworbenen wissenschaftlichen Grundlage rückte er bald zu höheren Stellungen auf und war 1870 Mitglied des Direktoriums der Henrichshütte in Hattingen. Im Jahre 1872 übernahm er die Leitung des Osnabrücker Stahlwerkes der Georgs-Marien-Hütte. Während seiner fast 40 jährigen Tätigkeit in dieser Stellung hat er das Werk aus kleinen Anfängen zu bedeutender Höhe entwickelt. Er ist einer der ersten gewesen, der auf wissenschaftlicher Grundlage die Methoden des Gleisoberbaues für Eisenbahnen studierte und die Ergebnisse seiner Forschungen in die Tat umsetzte. Das Osnabrücker Gleismuseum, das sich heute im Besitze der deutschen Reichsbahn befindet, ist von ihm gegründet worden. Haarmann ist einer der Hauptvorkämpfer des Ersatzes der Holzschwellen durch eiserne Schwellen. Auch als Eisenhüttenmann ist er erfolgreich tätig gewesen. Das Martinwerk und Walzwerk Georgs-Marien-Hütte ist seine eigenste Schöpfung, er hat auch das erste elektrisch betriebene Walzwerk in Deutschland errichtet.

Seine fünfjährige Tätigkeit als Bergarbeiter hat es mit sich gebracht, daß er stets in wärmster Weise für seine Arbeiter eintrat. Er bemühte sich bereits um die Errichtung von Volkshochschulen zur Weiterbildung seiner Arbeiter. Im öffentlichen Leben nahm er als Mitglied der Handelskammer und als Senator eine hervorragende Stellung ein. 1903 ernannte ihn die Technische Hochschule Charlottenburg zum Dr.-Ing. e. h. *Z 57 (1913) S. 1354; St. u. E. 33 (1913) S. 1385.* Hä.

HACKWORTH, Timothy, geb. 22. Dez. 1786 in Wylam bei Newcastle, gest. 7. Juli 1850. Er erhielt die übliche Erziehung und wurde dann Schmied und Nachfolger seines Vaters, der ein hervorragender Schmied bei den Wylam-Gruben war. Bereits in den Jahren 1811 bis 1816 baute er die Lokomotiven für dieses Unternehmen. Seine ersten Lokomotiven hatten einen Zylinder und Schwungrad. Kurz darauf baute er zusammen mit J. Forster eine neue Lokomotive mit zwei Zylindern ohne Schwungrad.

Nachdem er eine Zeitlang die Leitung der Lokomotivfabrik von Stephenson in Newcastle inne gehabt hatte, ging er im Jahre 1825 als leitender Ingenieur zur Stockton-Darlington-Bahn über. Mit dieser Gesellschaft war er bis zum Jahre 1840 verbunden und brachte durch seine hervorragenden Ingenieurarbeiten das Unternehmen über eine sehr kritische Zeit hinweg. An dem im Jahre 1829 in Rainhill stattgefundenen Lokomotivwettkampf beteiligte er sich mit seiner Maschine Sanspareil. 1833/34 gestaltete er sein Arbeitsverhältnis zur Stockton-Darlington-Bahn etwas zwangloser und begann nebenher für sich selbst zu arbeiten. Im Jahre 1836 baute er die erste von England nach Rußland gesandte Lokomotive. Von 1840 an widmete er sich ausschließlich seiner Fabrik in New Shildon, wo er u. a. mit der Verbesserung des Schmelzprozesses beim Eisen beschäftigte. Er legte großen Wert auf Heranziehung eines tüchtigen Nachwuchses an Ingenieuren und Arbeitern, und es galt als besondere Empfehlung, bei ihm in die Lehre gegangen zu sein.

Hackworth war über sechs Fuß groß und verfügte wohl von seiner Tätigkeit als Schmied her über ganz besondere Körperkräfte. Im Wesen war er zurückhaltend und bescheiden; das Geldverdienen verstand er durchaus nicht. Er war ein sehr frommer Christ, der auch selber als Mitglied der Wesleyan Society predigte und lehrte. *Entw. Dm. 1 S. 782, 787; Newc. Trans. 2 (1921/22) S. 70.* Wi.

HAGANS, Christian, geb. 1829, gest. 1908. Christian Hagans, der Gründer der Lokomotivfabrik Hagans in Erfurt, dessen Name mit der Geschichte des Lokomotivbaues durch die von ihm gebauten Lokomotiven mit drehbarem Treibachsengestell für immer verbunden ist, hat sich und sein Werk aus den kleinsten Anfängen heraus emporgerungen. Nach dem Besuch der Kgl. Gewerbeakademie in Berlin erwarb sich Hagans gründliche praktische Erfahrungen als einfacher Monteur. Mit seinen eigenen sehr beschränkten Mitteln, aber gestützt auf ein gründliches technisches Wissen und eine außergewöhnliche Tatkraft, gründete der Achtundzwanzigjährige eine kleine Eisengießerei, die er ohne fremde Hilfe später durch eine Kesselschmiede und eine Maschinenfabrik erweiterte. Erst 1872 nahm er die Herstellung von Lokomotiven, und zwar hauptsächlich für Schmalspurbahnen, auf. Von dem befruchtenden Einfluß, den Hagans auf die eisenbahntechnischen Probleme seiner Zeit ausübte, zeugt das Patent, das er 1891 auf seine neuartige, heute allen Fachleuten bekannte Bauart kurvenbeweglicher Lokomotiven erhielt. 1892 erbaute Hagans im eigenen Werk die erste derartige deutsche Lokomotive für die Privatbahn der Bieberer Gruben. Neben vielen Schmalspurlokomotiven dieser Bauart, insbesondere für die lokomotivtechnisch sehr interessanten oberschlesischen Schmalspurbahnen, sind vornehmlich die vollspurigen Hagans-Lokomotiven (T 15) der Preußischen Staatsbahnen für die kurvenreichen Gebirgstrecken Thüringens und Schlesiens bekannt geworden, die die bis dahin benutzten stärksten D-Güterzuglokomotiven an Zugkraft um 30 vH übertrafen.

Wenn hier auch nicht auf alle lokomotivtechnischen Fragen eingegangen werden kann, die Hagans fördernd bearbeitet hat, so seien wenigstens doch die Haganssche Hohlachslokomotive und das Haganssche nachstellbare Stangenlager erwähnt, die beide gleichfalls ihren Platz in der Geschichte des Lokomotivbaues gefunden haben.

Neben den genannten Lokomotiv-Sonderbauarten nahm Hagans Ende der neunziger Jahre den Bau von normalspurigen Tenderlokomotiven auf, der dann zu ausschlaggebender Bedeutung gelangte. Unter seiner rastlos vorwärtsstrebenden Leitung war sein so bescheiden begonnenes Werk inzwischen derart gewachsen, daß es bei seiner Lage inmitten der Stadt keine Ausdehnungsmöglichkeit mehr fand. Um die Jahrhundertwende wurde daher mit dem Bau einer großzügigen Neuanlage an der Bahnstrecke Erfurt-Nordhausen begonnen, deren vollen Ausbau Hagans allerdings nicht mehr erleben sollte. Als Hagans, der bis in seine letzten Tage die Führung seines Werkes innehatte, im Alter von 79 Jahren seine Augen schloß, ging mit ihm einer der Pioniere dahin, auf die die deutsche Technik stolz sein darf. *R. Wolf, Festschrift zur Ablieferung der 1000. Lokomotive (1920).* Wch.

HAGEN, Friedrich Ludwig, geb. 29. Aug. 1829 in Pillau, gest. 19. Nov. 1892 in Berlin. Hagen war der Sohn des Altmeisters der deutschen Wasserbaukunst Dr. G. Hagen. Er verband während seines Wirkens am Ruhrorter Hafen, bei der Kanalisierung der oberen Saar, dann in Genthin und Köslin sowie später im Ministerium in glücklicher Weise schöpferische Gestaltungskraft mit erfolgreicher Arbeit, so daß er bei dem Ausscheiden seines Vaters aus dem Staatsdienst sofort zu dessen Nachfolger als vortragender Rat ernannt wurde. Neben seiner praktischen Betätigung, deren Forschungsergebnisse er in verschiedenen Veröffentlichungen niederlegte, hat Hagen von 1875 bis zu seinem Tode als Lehrer der Berliner Technischen Hochschule gewirkt und von 1880 an insonderheit das Gebiet des See- und Hafenbaues behandelt. Noch im Sommer 1892 hielt er in Leipzig anläßlich der Wanderversammlung des Verbandes deutscher Architekten und Ingenieurvereine einen sehr bemerkenswerten Vortrag über die Mittel, Hochwasser und Eisgefahren entgegenzutreten. Ende September 1892 wurde er von einer schweren Krankheit ergriffen, der er am 19. Nov. im Alter von 63 Jahren erlag. *Schw. Bauz. 2 (1892) S. 150; Chronik d. Kgl. Techn. Hochsch. Berl. (1899) S. 175.* Ca.

HAGEN, Gotthilf Heinrich Ludwig, geb. 3. März 1797 zu Königsberg i. Pr., gest. 2. Febr. 1884 zu Berlin. Er entstammte einer weitverbreiteten angesehenen Familie. Sein Vater war Konsistorialrat. Seine Schulausbildung empfing er auf der französisch-reformierten, und der deutsch-reformierten Schule später auf dem Collegium Fridericianum, wo er sich besonders an den Lehrer für Mathematik, Physik und Chemie, Oberlehrer Lenz, anschloß. 1816 erhielt er das Reifezeugnis und hörte auf der Universität neben juristischen und philosophischen Kollegien Bessel, der ihn zu astronomischen Beobachtungen auf der Sternwarte und besonders zur Beobachtung der Sonnenfinsternis vom 18. Nov. 1816 heranzog. Hierbei erwarb er sich die Anerkennung der Akademie der Wissenschaften. 1819 legte er die Feldmesserprüfung ab und wurde Regierungsbaukonduktor, 1822 bestand er vor Schinkel und Crelle die Baumeisterprüfung. Im Sommer 1822 machte er sich mit einer staatlichen Reisebeihilfe von 600 Talern zu Fuß auf zu einer Studienreise, die ihn über Stettin, Rügen, Lübeck, Hamburg, Cuxhaven, Bremen, Oldenburg, Emden, Leer nach Amsterdam, Rotterdam, Antwerpen und Brüssel nach Paris führte, wo er nach viermonatiger Wanderschaft eintraf. Sein Vorhaben, die Vorträge über Wasserbau an der École des Ponts et Chaussees zu hören, wurde vereitelt, weil die Vorlesungen bereits begonnen hatten. Doch bot sich Gelegenheit zum Studium an den großen und zahlreichen Werken der Pariser Ingenieurkunst. Seine Wanderschaft führte ihn im Frühjahr 1823 weiter nach Cherbourg zu den Hafenbauten, an den Kanal von St. Quentin, wieder nach Belgien, Holland, Münster, Paderborn, Wesel und im Sommer den Rhein hinauf nach Schaffhausen, Zürich, über den Simplon nach Mailand, Venedig, im Herbst durch Tirol nach München, Linz, Wien, Prag, Dresden zurück nach Berlin und im Dezember 1823 nach Königsberg.

Seine dienstliche Tätigkeit erstreckte sich in den nächsten Jahren auf Hafen-, Dünen- und Seeuferbauten in Pillau. 1830 wurde er nach Berlin zur Oberbaudeputation berufen, wo ihm das Dezernat über die Wasserbauten im Rheinland und Westfalen übertragen wurde; er war auch für Bremen ständiger Berater in wasserbaulichen Angelegenheiten, entwarf den Kriegshafen Wilhelmshaven, übernahm später das Dezernat für die Elbe und die Ostseeküste. Dazwischen unternahm er Studienreisen nach englischen und französischen Häfen. 1842 wurde er Mitglied der Akademie der Wissenschaften, 1843 Ehrendoktor der philosophischen Fakultät in Bonn. 1869 wurde er als Oberlandesbaudirektor an die Spitze des preußischen Bauwesens gestellt. 1875 schied er, unter Ernennung zum Wirklichen Geheimen Rat mit dem Prädikat Exzellenz, aus dem Staatsdienst aus. Er war Mitglied vieler in- und ausländischer wissenschaftlicher und technischer Vereine, außerordentliches Mitglied der 1880 gestifteten Akademie des Bauwesens, Ehrenbürger von Pillau und Ritter hoher Orden. 1881 erhielt er die erste neugestiftete Medaille in Gold für Verdienste um das Bauwesen. Nachfolger im Amt war sein Sohn Ludwig, dadurch blieb seine Einwirkung auf die größeren Bauunternehmungen noch gewahrt. Er starb mitten in wissenschaftlichen Arbeiten und in Versuchen über die Luftwiderstand ebener Scheiben.

Hagens Bedeutung liegt, außer in seiner amtlichen Wirksamkeit, in seiner Lehrtätigkeit, die er an der Artillerie- und Ingenieurschule und an der Bauschule, der Vorläuferin der Technischen Hochschule, ausübte, noch mehr in seiner schriftstellerischen Tätigkeit. Er hat den Grund gelegt zu reichem fachlichem Schrifttum. Die Einführung der wissenschaftlichen Betrachtungsweise in die Baupraxis war sein ausgesprochenes Ziel. Das „Handbuch der Wasserbaukunst" stammt aus seiner Feder. „Grundzüge der Wahrscheinlichkeitsrechnung", „Form und Stärke gewölbter Bögen und Kuppeln", mannigfache hydraulische und hydrodynamische Probleme, Erddruck sind weitere Gegenstände seines Forschens und Themen seiner Vorträge in der Akademie der Wissenschaften. Neben seiner amtlichen bautechnischen Tätigkeit hat er in bedeutsamen Fragen Gutachten für städtische und ausländische Behörden erstattet, so über Hafenanlagen in Stralsund, Hamburg, Riga, über Wasserversorgung von Magdeburg, Frankfurt a. M., Breslau, über die Schließung der Osterschelde, über den Donaudurchstich bei Wien, über die Fahrwasservertiefung zwischen Pillau und Königsberg. *Zeitschrift f. Bauwesen (1884) S. 1.* Se.

HALSKE, Johann Georg, geb. 30. Juli 1814 zu Hamburg, gest. 18. März 1890 zu Berlin, kam in jungen Jahren mit seinen Eltern nach Berlin und hier zu einem Mechaniker in die Lehre; später ging er wieder nach Hamburg und brachte es dort bis zum Werkführer. 1844 gründete er in Berlin mit einem Teilhaber unter der Firma Böttcher & Halske eine mechanische Werkstätte, die sich hauptsächlich mit dem Bau chemischer und physikalischer Apparate befaßte. Zu den Kunden zählte auch der Artillerieleutnant Werner Siemens, und Halske baute nach dessen Angaben den Zeigertelegraphen und das Modell der ersten Guttaperchapresse. Schon 1845 beteiligte sich Halske an der Gründung der Physikalischen Gesellschaft in Berlin. Aus der Firma Böttcher & Halske trat er 1847 aus und gründete im gleichen Jahr mit Werner Siemens die Telegraphenbauanstalt „Siemens & Halske". Auf dem Grundstück Schöneberger Straße 19 wurde die Werkstätte errichtet. Als Werner Siemens in den Dänischen Krieg zog, führte Halske das Geschäft bis zu dessen Rückkehr allein weiter. Zwanzig Jahre lang hat er mit Siemens zusammen gearbeitet, trat dann aber aus dem Betriebe aus, der ihm zu groß geworden war. Werner Siemens schreibt über Halske in seinen „Lebenserinnerungen": „Die günstige Entwicklung des Geschäftes — es wird dies manchem auf den ersten Blick nicht recht glaublich erscheinen — war der entscheidende Grund, der ihn dazu veranlaßte. Die Erklärung liegt in der eigenartig angelegten Natur Halskes. Er hatte Freude an den tadellosen Gestaltungen seiner geschickten Hand sowie an allem, was er ganz übersah und beherrschte. Unsere gemeinsame Tätigkeit war für beide Teile durchaus befriedigend. Halske adoptierte stets freudig meine konstruktiven Pläne und Entwürfe, die er mit merkwürdigem mechanischen Taktgefühl sofort in überraschender Klarheit erfaßte, und denen er durch sein Gestaltungstalent oft erst den rechten Wert verlieh. Dabei war Halske ein klar denkender, vorsichtiger Geschäftsmann, und ihm allein habe ich die guten geschäftlichen Resultate der ersten Jahre zu danken. Das wurde aber anders, als das Geschäft sich vergrößerte und nicht mehr von uns beiden allein geleitet werden konnte. Halske betrachtete es als eine Entweihung des geliebten Geschäftes, daß Fremde in ihm anordnen und schalten sollten. Schon die Anstellung eines Buchhalters machte ihm Schmerz."

Nach seinem Ausscheiden widmete sich Halske allgemeinen Aufgaben, wurde Stadtverordneter, später Stadtrat und machte sich um die Stiftung und Fortführung des Kunstgewerbemuseums sehr verdient. Sein ihn überlebender Sohn war als Prokurist noch lange Jahre mit dem von dem Vater mitgegründeten Geschäft verbunden. *W. v. Siemens: Lebenserinnerungen (Berlin 1922); C. Matschoß: Werner v. Siemens (Berlin 1916); Biogr. Lit. Hwb. 3 S. 578; ADB 49 (1904) S. 788.* Gro.

HANIEL, Franz Friedrich Heinrich Wilhelm Carl, geb. 15. Sept. 1842 zu Ruhrort, gest. 16. Juni 1916 in Münstereiffel, war ein Sohn von Hugo Haniel und Enkel von Johann Franz Haniel, dem Mitbegründer der Gutehoffnungshütte. Nach erhaltener kaufmännischer Ausbildung betätigte er sich sowohl bei der Gutehoffnungshütte in Oberhausen als auch bei der Hanielschen Kohlen- und Reedereifirma, der er bei der Neugründung im Jahre 1871 als Firma „Franz Haniel & Co." seinen Namen lieh. Bei der Umwandlung der Gutehoffnungshütte in eine Aktiengesellschaft trat er in den Aufsichtsrat über und gründete zusammen mit seinem Enkel Ludwig Haniel und seinem Schwager Heinrich Lueg die Firma Haniel & Lueg in Düsseldorf, deren kaufmännische Verwaltung er anfänglich auch persönlich leitete. Mit der Entwicklung der Gutehoffnungshütte blieb er als langjähriger Vorsitzender des Aufsichtsrates auf das innigste verknüpft; sein Hauptinteresse wandte er jedoch dem Kohlenbergbau zu und legte den Grundstein zu dem Hanielschen Kohlenbesitz, dessen Ausbau er sich besonders angelegen sein ließ.

Bescheiden und zurückhaltend gegenüber der großen Öffentlichkeit wirkte er im öffentlichen Leben doch so rege, daß er auf Lebenszeit ins Preußische Herrenhaus berufen wurde. Bis in sein hohes Alter rüstig und tätig, starb er im fünfundsiebzigsten Lebensjahre. *Nach Mitt. der Familie.* Fch.

HANIEL, Hugo, geb. 25. Mai 1854, gest. 5. Febr. 1896 in Düsseldorf, ein Sohn von Louis Haniel und Enkel des Mitbegründers der Gutehoffnungshütte Johann Franz Haniel, widmete sich nach beendetem Besuche des Realgymnasiums zu Ruhrort dem Ingenieurfach, studierte Maschinenbau an der Technischen Hochschule zu Hannover und war zu seiner Ausbildung auf in- und ausländischen Hüttenwerken tätig. 1880 trat er in die Leitung der Firma Haniel & Lueg ein, war aber gleichzeitig in der Leitung der Großhandlung und Reederei Franz Haniel in Ruhrort und in der Familie Haniel gehörenden Unternehmungen, der Gutehoffnungshütte und den verschiedenen Steinkohlenbergwerken, mit tätig. Vor allem ist auf seine Initiative die Erbohrung des heutigen Felderbesitzes der Gutehoffnungshütte zurückzuführen. Fch.

HANIEL, Wilhelm Gerhard, geb. 21. Nov. 1774, gest. 23. Aug. 1834, **HANIEL, Johann Franz,** geb. 20. Nov. 1779, gest. 24. April 1868, Söhne der tatkräftigen früh verwitweten Johanna Haniel geb. Noot, deren Gatte Jacob Wilhelm Haniel das alte Hanielsche Speditionsgeschäft von Duisburg nach Ruhrort verlegt und dort den Kohlenhandel aufgenommen hatte. Kohlenhandel und Spedition betrieben die beiden Brüder seit dem 1. Januar 1809 getrennt für eigene Rechnung, dagegen nahmen sie zusammen die Schiffahrt auf und im Laufe der Jahre 1805 bis 1808 gemeinsam mit ihren Schwägern Gottlob Jacobi und Heinrich Huyssen den Eisenhüttenbetrieb, indem sie sich an der Gründung der „Hüttengewerkschaft Jacobi, Haniel & Huyssen", der Vorläuferin der Gutehoffnungshütte zu Oberhausen, beteiligten. In späteren Jahren wandten sich die beiden Brüder auch dem Kohlenbergbau zu; insbesondere Gerhard Haniel hat sich praktisch als Markscheider betätigt. Gerhard starb bereits im 50. Lebensjahre, während Franz bis in sein hohes Alter den verschiedenen Unternehmungen, die ständig an Bedeutung und Umfang zunahmen und die Grundlage des heutigen Haniel-Konzerns bilden, vorstand. *Nach Mitt. d. Familie.* Fch.

HANSEN, Wilhelm, geb. 28. Aug. 1832 in Gotha, gest. 14. Okt. 1906 in Gotha. Hansen war der Sohn des seinerzeit berühmten Astronomen und Mathematikers P. A. Hansen. Nach Besuch der Volksschule und des Ernestinums in Gotha studierte Hansen zunächst von 1851 ab in Göttingen, wo er Gauß und Wöhler hörte, schließlich in Berlin, hauptsächlich bei Dirichlet und Magnus. Viele Anregungen erhielt er während seiner Berliner Zeit durch seinen Umgang mit Mitgliedern der Physikalischen Gesellschaft, vor allem mit Werner v. Siemens. Nach Beendigung des Studiums fand sich für den jungen Ingenieur bald reichlich Gelegenheit, sich praktisch zu betätigen. Die Gießerei wurde sein Hauptgebiet. Eine kurze Tätigkeit in Rom, in Wien, in Berlin bei Siemens ließ Hansen die nötigen Kenntnisse erwerben, so daß er sich 1861 selbständig machen konnte. Der kleinen Maschinenbauanstalt in Gotha, in der anfangs 8 Arbeiter tätig waren, wurde 1863 eine Eisengießerei angegliedert, der bald weitere Vergrößerungen folgten.

Viele Gebiete des Maschinenbaues verdanken Hansen eine weitgehende Förderung. Er führte zuerst den Bau von Formmaschinen zur Anfertigung von Zahnrädern ein, die er in England kennen gelernt hatte. Der Wasserturbinenbau wurde von ihm besonders gepflegt; eine eigene Turbinenversuchsanstalt wurde in Gotha eröffnet und umfangreiche Messungen in ihr veranstaltet. Eine neuartige Prüfmaschine für Eisen verdankt Hansens Arbeit ihre Entstehung. Bekannt und weitverbreitet sind auch die beweglichen Öfen zum Trocknen der Gußformen, die Hansen erdacht hat. Hansen hat einen Teil seiner Erfahrungen schriftlich niedergelegt. Die Beschreibung der Eisenprüfmaschine ist 1886, seine Mitteilungen über die Wassermessungen sind 1892 und eine kurze Abhandlung über den Antrieb von Drehbänken ist 1906, kurz vor seinem Tode, in der Zeitschrift des Vereines deutscher Ingenieure erschienen. *Z 50 (1906) S. 1808.* Gs.

HARDY, J. George, geb. 23. Febr. 1851 in Sotteville bei Rouen, gest. 22. Febr. 1914 in Wien, besuchte in Frankreich die Volksschule und kam im Alter von neun Jahren nach Wien, wo er die dortigen Schulen und später die Technische Hochschule besuchte. Dann trat er als Werkstätteningenieur bei der österreichischen Südbahn ein, blieb aber nur kurze Zeit hier, um 1878 als europäischer Direktor zur Vacuum Brake Company in London überzutreten. In dieser Stelle führte er Arbeiten seines Vaters, eines Schülers Stephensons, so die von ihm erfundene Luftsaugbremse, weiter und erfand die selbsttätige Einkammersaugbremse, die auf der Pariser Weltausstellung mit der Goldenen Medaille ausgezeichnet wurde. Er war dann mit der Einführung dieser Erfindung bei vielen europäischen Bahnen noch einige Jahre beschäftigt und trat schließlich in das Unternehmen von Paget & Moeller in Wien ein, das sich vor allem mit Patent- und Musterschutzangelegenheiten beschäftigte. In dieser Eigenschaft hat er sich große Verdienste um das Zustandekommen des gegenwärtig in Österreich geltenden Patentgesetzes erworben. Er war der Begründer und erste Präsident des österreichischen Verbandes der Patentanwälte. In seinem Privatleben beschäftigte sich Hardy viel mit den bildenden Künsten und war in den Wiener Künstlerkreisen beliebt und geehrt. *Z. Öst. 66 (1914) S. 248.* Wi.

HARGREAVES, James, geb. 1834 in Hoarstones (Pandle Forest), gest. 4. April 1915 in Farnworth (Widnes). Hargreaves' Name ist unlösbar mit der Entwicklung der anorganischen Großindustrie verknüpft. Er erhielt seine erste Ausbildung im Geschäfte seines Vaters, der eine Drogerie besaß. Schon mit 22 Jahren versuchte er sich an der Wiedergewinnung des Schwefels aus den Rückständen der Sodafabrikation. Er hatte keinen Erfolg, nahm aber nach 30 Jahren seine Arbeiten wieder auf und kam diesmal zum Ziel. Allerdings hat sein Verfahren in der Technik keine Verbreitung gefunden. Seine ersten technischen Erfolge erzielte Hargreaves in Gemeinschaft mit Gossage durch Verbesserungen in der Seifenindustrie. Berühmt wurde er durch sein Verfahren, aus Röstgasen und Kochsalz Natriumsulfat herzustellen, das er zusammen mit Robinson ausarbeitete. Damit war ein Weg gefunden worden, um die kostspielige und lästige Aufarbeitung der Röstgase zu Schwefelsäure und deren Umsetzung mit Kochsalz in den Sulfatöfen zu Sulfat zu umgehen. Sein Verfahren leidet an dem Übelstande, daß viel Handarbeit beim Beschicken und Entleeren der Kammern des Hargreavesschen Ofens nötig ist. Das Verfahren wurde 1873 zuerst in den Atlaswerken in Widnes, die später zur United Alkali Company gehörten, ausgeführt. Es wird heute noch in größtem Ausmaße betrieben, u. a. auf dem Stolberger Werke der chemischen Fabriken Rhenania.

Ebenso bedeutend ist sein gemeinsam mit Thomas Bird ausgearbeitetes Verfahren der Alkalielektrolyse. Die Hargreaves-Bird-Zelle und die Hargreaves-Diphthragmen-Elektrode sind heute weit verbreitet, vor allem in Amerika. Die Zelle wurde etwa 1893 in einer Versuchsanlage in Farnworth (Widnes) erprobt und dann in einer großen Anlage in Middewich Cheshire eingebaut. Andere Erfindungen haben sich nicht halten können, so z. B. ein Verfahren der Stahlraffination mit Salpeter und der Überführung des Phosphorgehaltes der Eisenschlacken in Natriumphosphat. Ferner konstruierte er eine mit Teer betriebene Maschine, den Hargreaves-Thermomotor, der von den Engländern als Vorläufer des Dieselmotors angesehen wird. *Chem. Z. (1915) S. 349.* Sa.

HARKORT, Friedrich, geb. 22. Febr. 1793 auf Harkorten, gest. 6. März 1887 in Hombruch. Als Sohn von Johann Caspar Harkort auf dem alten Familiensitz Harkorten geboren, erhielt er eine strenge sorgfältige Erziehung. Sein Wissen vermittelte ihm die Volksschule. Mit fünf seiner Brüder besuchte er die Handelsschule in Hagen und ging dann in die kaufmännische Lehre. Aber Waren herzustellen interessierte ihn mehr als sie zu verkaufen. Mit starkem Temperament und großer Begeisterung suchte er überall nach neuer Betätigung. Der Sturm der Freiheitskriege gab auch ihm die Waffen für das Vaterland in die Hand. Mit dem eisernen Kreuz geschmückt, kehrte er nach Hause zurück. Wir finden ihn jetzt in der Lederfabrikation. Er legte eine Gerberei an und übernahm auch ein Kupferhammerwerk. Mit besonderer Aufmerksamkeit studierte er die großen technischen Fortschritte in England und stellte sich schließlich die Aufgabe, um Deutschland schnell voran zu bringen, englische Arbeiter und englische Maschinen nach Deutschland zu verpflanzen. Als er in Heinrich Daniel Kamp einen kapitalkräftigen gleichgesinnten Kameraden gefunden hatte, gründete er mit ihm die „Mechanischen Werkstätten Harkort & Co." auf der alten Burg in Wetter an der Ruhr. Im Juni 1819 ging er, um sich Arbeiter, Ingenieure und Maschinen zu verschaffen, nach England. So entstand im Herzen Westfalens die erste Pflegstätte neuzeitlicher Technik, aus der dann später die Märkische Maschinenbauanstalt hervorging.

Ein unglaublich vielseitiges Programm stellte sich diese erste neuzeitige Maschinenfabrik. Man baute Dampfkessel und Dampfmaschinen und viele verschiedene Maschinen für das Berg- und Hüttenwesen, das der größte Auftraggeber der Werkstätten wurde. Immer dem Neuen nachstrebend, unternahm es Harkort auch, den englischen Textilmaschinenbau einzuführen. Auch ein großer Förderer des Eisenhüttenwesens selbst wurde Harkort, indem er das neu erfundene Puddelverfahren durch Anlage des Puddel- und Walzwerkes in Wetter heimisch machte.

Harkort hat mit wahrer Leidenschaft ein langes Leben hindurch die große industrielle Entwicklung auf sich wirken lassen und auf den denkbar verschiedensten Gebieten versucht, oft mit starker Ungeduld über die Schwerfälligkeit seiner Zeitgenossen diesen Werdegang zu beschleunigen. Die Vielseitigkeit aber ließ, privatwirtschaftlich gesehen, fast nichts zu einem wirtschaftlichen Erfolg ausreifen. 1834 übernahm Kamp das Werk, das Harkort mit ihm gegründet hatte, für sich. Auch andere Unternehmungen, so bedeutsam sie für die industrielle Entwicklung Deutschlands wurden, so wenig zufriedenstellend waren sie für Harkort als Unternehmer. Er hat nach dem Ausscheiden aus der mechanischen Werkstätte noch eine kleine Maschinenfabrik in Wetter begründet. In Hombruch bei Dortmund hat er weitere industrielle Anlagen geschaffen. Er hat sich für Kanäle und vor allem sehr frühzeitig für die Eisenbahn eingesetzt. Harte Worte fand er für die deutsche Schlafmützigkeit, die „statt den Triumphwagen des Gewerbfleißes mit rauchenden Kolossen zu bespannen" vor lauter Bedenken und Erwägen nicht zur Tat komme. Nicht minder als die Eisenbahn hat Harkort die Dampfschiffahrt zu fördern gesucht. Er wollte den Rhein mit einer großen Dampferflotte beleben und England und Deutschland durch seetüchtige Rheinschiffe verbinden. Er plante am Rhein selbst eine Werft und Maschinenfabrik anzulegen. Unter Überwindung großer Schwierigkeiten baute Harkort das Dampfschiff „Rhein", mit dem er im Oktober 1837 von Köln nach London fuhr.

Der Lordmayor von London empfing Harkort, der ihm eine Adresse der Kölner Kaufmannschaft und ein Faß Rheinwein überbrachte. Nach Hause zurückgekehrt, begann Harkort den Bau zweier neuer Schiffe, aber bald setzte auch hier der Mangel an Kapital dem weiteren Unternehmen ein Ziel. Der große preußische Industriebegründer Beuth nannte Harkort einen der tatkräftigsten und regsamsten Fabrikanten, der ohne Rücksicht auf eigenen Vorteil seine Erfahrungen allen anderen offen mitgeteilt habe, der niemals Fabrikgeheimnisse gekannt habe. Diese Harkortsche Unfähigkeit, eigene Vorteile in den Vordergrund zu rücken, hat seinen Freunden viel Sorge bereitet. Aber alle Mahnungen, auch an sich zu denken, pflegte er mit den Worten abzuweisen: „Mich hat die Natur zum Anregen geschaffen und nicht zum Ausbeuten." So vielseitig seine technische und industrielle Tätigkeit auch war, sie bildete nur wieder einen Teil seines umfassenden Wirkens. Er hatte die große Fähigkeit, auch in Wort und Schrift packend das ausdrücken zu können, wonach er strebte. Harkort war ein großer volkstümlicher Schriftsteller. Mangel an Wissen und Können hat er stets auch in seiner technischen Arbeit als hinderlich für den Fortschritt empfunden. Er sah deshalb die Zukunft Deutschlands in der Verbesserung der Volksbildung. In rückhaltloser Weise hat er sich der Regierung und der Öffentlichkeit gegenüber deshalb für Hebung des Lehrerstandes eingesetzt. Harkort, vom Vertrauen weiter Volkskreise getragen, war immer bereit, der Öffentlichkeit zu dienen. Wir finden ihn in den Gemeindevertretungen und dann in der preußischen Nationalversammlung, dem Parlament des norddeutschen Bundes, und ihm, dem begeisterten Vorkämpfer der deutschen Einheit, war es vergönnt, das Deutsche Reich zu erleben und im Reichstag auch seinen Platz einzunehmen. Erst im 80. Lebensjahr beschloß er seine parlamentarische Laufbahn. Im Parlament kämpfte er für Verbesserung der Verkehrsverhältnisse und für mäßigen Schutzzoll. Niemals ist er der kritiklose Parteimann. Immer steht ihm das allgemeine Wohl über den Interessen der Partei. Harkort kämpfte für die deutsche Flotte, für deutsche Kolonien. Eine Unsumme von wertvollen Gedanken und Anregungen, die auch heute noch der Beachtung wert sind, finden sich in seinen Schriften.

Harkort hat diese umfassende Tätigkeit nur leisten können dank einer ihm bis zum hohen Alter treu gebliebenen eisernen Gesundheit. Auch die großen Kämpfe und die vielen Sorgen haben seine hohe aufrechte Gestalt nicht beugen können. Geistig frisch und für alles Neue empfänglich, hat er sich bis zum 84. Lebensjahr, als ihn die erste schwere Krankheit befiel, erhalten. Mit 87 Jahren ist er von uns gegangen. Zum Ernst, der ihn eigen war, gesellte sich der Sinn für Humor, der ihn zum frohen Gesellschafter werden ließ. Seiner Liebe für Technik, Industrie und Gewerbe blieb er bis zum Ende des Lebens treu. *Beitr. 10 (1920) S. 1; Matschoß: Ein Jahrhundert deutscher Masch.-Bau (Berlin 1919); L. Berger: Der alte Harkort (Leipzig 1890); ADB 50 (1905) S. 1.* C. M.

HARKORT, Johann Caspar, geb. 22. Jan. 1817 in Harkorten bei Haspe, gest. 13. Okt. 1896 in Harkorten. Der Name Harkort spielt bereits seit Jahrhunderten in der Geschichte des Handels und der Industrie in Westfalen eine bedeutende Rolle. Das Handelsbuch eines Johann Caspar Harkort aus dem Jahre 1674 ist noch erhalten. Der Gründer des kleinen Eisenwerkes, aus welchem die heutige Brückenbau- und Eisenkonstruktionsfirma hervorgegangen ist, war der 1785 geborene Johann Caspar Harkort, der älteste Bruder des bekannten Volkswirtschaftlers und Vorkämpfers der Eisenbahn Friedrich Harkort. Das Eisenwerk stellte in der Hauptsache Handwerkzeuge, Schraubstöcke und Ambosse sowie Waffen aller Art her. Als besonderer Zweig entwickelte sich später die Fabrikation von Oberbaumaterial für Eisenbahnen. 1843 erscheint das Werk zum erstenmal als Lieferant fertiger Eisenbahnwagen. Der erste Brückenbau wurde 1846 begonnen.

Im Anfang der fünfziger Jahre übernahm der 1817 geborene Johann Caspar Harkort das väterliche Geschäft. Er hatte die Gewerbeschule in Hagen und darauf die Handelsschule in Leipzig besucht und war nach Ableistung des Militärdienstes in das väterliche Geschäft eingetreten. Mit weitem Blick erkannte er die Entwicklungsmöglichkeiten des deutschen Verkehrs und damit auch des Großbrückenbaues. Er beschloß deshalb, den Brückenbau in den kaum erweiterungsfähigen Anlagen in Harkorten aufzugeben. Einen geeigneten Platz fand er in Duisburg mit vortrefflicher Lage an Rhein und Ruhr. Hier war es möglich, die schwersten Stücke unmittelbar in Rheinkähne zu verladen und von da aus weiter zu verfrachten. Noch vor vollendetem Ausbau der neuen Werkstätte gelang es ihm, den Auftrag auf die neue zweigleisige Eisenbahnbrücke über den Rhein bei Koblenz zu erhalten. Es war das erste mal, daß der Staat ein Bauwerk von solcher Bedeutung privatem Unternehmungsgeist überließ. Für die Ausführung verband sich Harkort mit der Kölnischen Maschinenbauanstalt. Die Brücke ist heute noch im Betriebe; in technischer und ästhetischer Hinsicht konnte sie allen Ansprüchen genügen. Der Bau dieser Brücke und einer Eisenbahnbrücke bei Zütphen in Holland, welche ähnliche Größenabmessungen hatte, begründeten den Ruf Harkorts als der leistungsfähigsten Brückenbauanstalt. Aus der großen Zahl der ausgeführten Brückenbauten sind besonders die Brücke über den Rhein (Waal) bei Bommel mit acht Öffnungen von je 68,65 m und drei Öffnungen von je 124,30 m Stützweite, die Elbbrücken bei Stendal-Hämerten und Hamburg-Harburg sowie die Rheinbrücke bei Düsseldorf-Hamm hervorzuheben. Auch im europäischen und überseeischen Ausland wurde eine größere Zahl eiserner Brücken von Harkort hergestellt. Er war einer der ersten, der für den Brückenbau Flußeisen und Walzstahl verwandte.

Eines seiner größten Bauwerke war die große Kuppel der berühmten Rotunde in Wien für die Weltausstellung 1873. Dieser Kuppelbau hatte bei einer freien Weite von 100 m eine Höhe von 85,3 m und verschlang mit den zugehörigen Seitenhallen insgesamt rund 7 570 000 kg Eisenkonstruktion. Obwohl der Bau der Kuppel von Harkort zu einem Preise übernommen war, der seine Selbstkosten bei weitem nicht deckte, führte er die einmal übernommene Aufgabe technisch glänzend durch. — Im Jahre 1872 wurde die Firma zur Aktiengesellschaft umgewandelt, deren Leitung seine Schwiegersöhne Willibald Liebe und Robert Böker übernahmen. *75 Jahre deutscher Brückenbau, Festschrift der A.-G. f. Eisenindustr. u. Brückenbau vorm. J. C. Harkort (Duisburg 1922).* Hä.

HARLACHER, Andreas Josef, geb. 21. Sept. 1842 in Schöfflisdorf (Kanton Zürich), gest. 28. Okt. 1890 in Lugano, studierte 1860 bis 1863 am Eidgenössischen Polytechnikum in Zürich, war dann beim Bau der schweizerischen Nordostbahn tätig, wurde 1866 Assistent bei Prof. Culmann und Privatdozent, beteiligte sich an der Gründung der „Gesellschaft ehemaliger Züricher Techniker" und folgte 1869 einem Rufe an das Kgl. Böhm. Ständ. Polytechnische Institut (jetzt Deutsche Technische Hochschule) in Prag, wo er bis 1878 die gesamten Ingenieurwissenschaften, von da an Wasserbau und graphische Statik vortrug, welch letztere Wissenschaft er im Sinne Culmanns weiter ausbildete und auch auf Bestimmung der Wassermengen in Flußläufen zu übertragen bestrebt war. Einen bedeutenden, weit über die Grenzen Österreichs reichenden Ruf erwarb sich Harlacher durch seine Arbeiten in der Hydrographie, Wassermessung und Wasserstandsprognose; er führte große Wassermessungen an der Elbe durch, wies (in seinen Beiträgen zur Hydrographie, 1872 bis 1875) auf den Wert systematischer meteorologischer und Pegelbeobachtungen im Zusammenhange mit der Wasserbestimmung der Haupt- und Nebenflüsse Böhmens hin und regte mit Erfolg die Gründung einer hydrographischen Kommission in Böhmen an, die eine hydrographische Karte Böhmens (1 : 500 000) herausgab und (von 1875 bis 1888) jährliche Berichte („Die hydrometrischen Beobachtungen") über Pegelstände, Niederschlagsmengen usw. veröffentlichte; 1884 begann Harlacher mit der Wasserstandprognose, deren sicherer Durchführung sich unüberwindliche Schwierigkeiten entgegenstellten, insbesondere nach Auflösung der hydrographischen Kommission. Harlacher verbesserte mehrere Instrumente für Wassermessungen; bekannt sind sein „elektrischer Integrator" und sein Schwimmflügel zur Messung der Oberflächengeschwindigkeit des Wassers bei Hochwässern. Von den vielen Veröffentlichungen Harlachers sind zu nennen: Die Messungen in der Elbe und Donau und die hydrometrischen Apparate und Methoden (Leipzig 1884); Mitteilungen über eine einfache Ermittlung der Abflußmengen von Flüssen und über die Vorherbestimmung der Wasserstände (Wien 1886; mit Richter); Über ein Verfahren zur Vorherbestimmung des Wasserstandes der Elbe in Böhmen und Sachsen (Wien 1887; mit Richter). *Schw. Bauz. 16 (1890) S. 16.* Bk.

HARRIES, Carl Dietrich, geb. 5. Aug. 1866 in Luckenwalde, gest. 3. Nov. 1923 in Berlin, war der Sohn eines Amtsrichters, der mit seiner Familie früh nach Berlin, Halberstadt und schließlich nach Jena versetzt wurde, wo Harries seine Jugend verlebte. 1886 bezog er nach beendigtem Gymnasialstudium die Universität Jena ohne eigentlichen Studienplan, wandte sich aber schließlich dem Studium der Chemie zu. 1888 arbeitete er in München bei Baeyer, 1889 in Berlin bei A. W. v. Hofmann. Unter Leitung Tiemanns promovierte er 1889/90 mit einer Dissertation über den Salizylaldehyd und wurde Hofmanns Privatassistent. Nach A. W. v. Hofmanns Tode erhielt er in dessen großem Nachfolger Emil Fischer den dritten berühmten Lehrmeister. Im Winter 1896/97 habilitierte er sich und wurde 1900 Abteilungsvorsteher in dem neuen großen Institut von Emil Fischer. Eine öffentliche Anerkennung wurde ihm durch Ernennung zum Generalsekretär für die deutsche chemische Abteilung der Weltausstellung in St. Louis 1904 zuteil. Im selben Jahre wurde Harries außerordentlicher Professor und erhielt einen Ruf an die Universität Kiel, dem er Folge leistete. In Kiel befaßte er sich mit den Arbeiten über den Kautschuk, die ihn berühmt gemacht haben. Der Kautschuk hatte bis jetzt allen Versuchen getrotzt, ihn durch Abbau seines großen Moleküles in besser bekannte kleine Moleküle zu zerlegen, die einen Rückschluß auf den Bau der Muttersubstanz erlaubten. Harries gelang dies durch die Darstellung und Aufspaltung des Kautschukozonids. Er hatte vorher gefunden, daß das Ozon imstande ist, sich an organische Doppelbindungen anzulagern. Das so erhaltene Anlagerungsprodukt läßt sich dann leicht in kleinere Stücke zerlegen. Diese Bildung und Aufspaltung von Ozoniden organischer Verbindungen gehört seitdem als Harriessche Reaktion zu dem Rüstzeug des organischen Chemikers. Gleichzeitig mit Fritz Hoffmann von den Elberfelder Farbwerken gelang Harries auch die Synthese des Kautschuks aus den verhältnismäßig leicht zugänglichen Kohlenwasserstoffen Isopren und Butadien. Die bahnbrechenden Arbeiten Harries fanden äußere Anerkennung dadurch, daß ihm 1912 die goldene Liebig-Denkmünze verliehen wurde.

Er schlug den ihm angebotenen Lehrstuhl in Göttingen aus und übernahm 1916 die Leitung der wissenschaftlichen Abteilung des Siemenskonzerns. Seine wissenschaftliche Autorität, sein Organisationsvermögen und sein Blick für das Wesentliche ermöglichten es ihm, die wissenschaftlichen Arbeiten, auch solche auf elektrotechnischem Gebiet, großzügig zu leiten. Er lehrte auch weiterhin als Honorarprofessor an der Techn. Hochschule zu Berlin und arbeitete am Kautschukproblem, über den Schellack und die Gewinnung von Fettsäuren durch Ozonisierung von Braunkohlenteerölen. Regen Anteil nahm er an den Arbeiten der Deutschen Chemischen Gesellschaft, deren Präsident er von 1919 bis 1923 war.

Harries war ein Weltmann von sicherem, liebenswürdigem Wesen. Ein künstlerischer Zug geht durch seine Werke, die nicht nur inhaltlich, sondern auch in der Form Meisterwerke sind. Der Tod riß ihn, der erst 57 Jahre alt war, aus einer Fülle unerledigter Probleme heraus. *Siemens-Zeitschrift 4 (1924) H. 1, S. 1; Z. f. angew. Chemie 37 (1924) S. 105; Dingl. 338 (1923) S. 200.* Sa.

HARTIG, Ernst Karl, geb. 20. Jan. 1836 in Stein in Sachsen, gest. 23. April 1900 in Dresden. Hartig wurde als Sohn einer kinderreichen Weberfamilie geboren, studierte an der Polytechnischen Schule zu Dresden, wurde 1862 Assistent und 1865 ordentlicher Professor der mechanischen Technologie an der gleichen Schule. Nachdem die Polytechnische Schule zur Technischen Hochschule geworden war, wurde er 1890/91 als erster Rektor gewählt. Auf sein Betreiben wurde eine Abteilung für die Ausbildung von Ingenieuren des Fabrikwesens gegründet sowie ein mechanisch technologisches Laboratorium, das sich später zum Laboratorium für Faserstofftechnik entwickelt hat. Seine Lehr- und Schreibtätigkeit umfaßte die mannigfachsten Gebiete der mechanischen Technologie.

Im Jahre 1877 trat Hartig in das Deutsche Patentamt ein. Hier wirkte er eifrig dahin, durch eine scharfe begriffliche Erfassung des Patentgegenstandes feste Grundlagen für die Verwaltung und rechtliche Beurteilung der Patente zu schaffen. Er schrieb viel über diesen Gegenstand, u. a. das 1890 erschienene Buch „Studien in der Praxis des Kaiserlichen Patentamtes" und hielt darüber Vorlesungen.

Hartigs Verdienste wurden durch mannigfache Ehrungen anerkannt, trotzdem blieb er stets einfach und bescheiden, gegen hoch und niedrig gleich freundlich und dienstbereit. *Z 44 (1900) S. 622; Biogr. Lit. Hwb. 1.* Erk.

HARTMANN, Eugen, geb. 26. Mai 1853 in Nürnberg, gest. 18. Okt. 1915 in München. Hartmann entstammte einer Lehrerfamilie. Sein Vater war Seminaroberlehrer in Nürnberg. Diese Herkunft ist für die Bildung der Persönlichkeit Eugen Hartmanns nicht ohne Bedeutung geblieben. Nach Besuch der Realschule in Ulm ging er dort in die Lehre, um das Feinmechanikerhandwerk zu erlernen. Er arbeitete dann in angesehenen Werkstätten in Wien und wirkte 1873 als Assistent der deutschen Reichskommission auf der Wiener Weltausstellung. Von dort ging Hartmann nach Göttingen, wo er für Dr. Meyerstein tätig war. Er hörte auch Vorlesungen an der Universität und arbeitete als technischer Assistent am Physikalischen Institut unter Wilhelm Weber. Er betätigte sich noch als Vertreter von Dr. Eduard Steinheil sowie als Konstrukteur in der berühmten Münchener Werkstätte und machte sich sodann, erst 26 Jahre alt, selbständig. Friedrich Kohlrausch zog Hartmann nach Würzburg und damit begann die überaus wertvolle Zusammenarbeit von Physiker und Konstrukteur, der die Elektrotechnik als erstes praktisches Meßinstrument das Federgalvanometer verdankt. Im Jahre 1881 übernahm Hartmann die Vertretung der Bell-Kompanie. Nach Hinzutritt des Kaufmanns Wunibald Braun siedelte das Unternehmen unter der Firma Hartmann & Braun nach Frankfurt a. M. über. Zu dieser Zeit stand bereits das elektrotechnische Gebiet bei dem Werke im Vordergrund. Neben der Herstellung von Telephon- und Nebenapparaten wurde auch das Gebiet der Starkstrominstallation gepflegt, wofür sich die Firma den Vertrieb der Schuckertschen Motoren gesichert hatte. Aber bald erkannte Hartmann im Gegensatz zur damals herrschenden Strömung die Bedeutung der Spezialisierung und entwickelte in diesem Sinne sein Werk zu einem Sonderunternehmen für elektrotechnische Meßinstrumente.

Der eigene Entwicklungsgang mit seiner gleichguten praktischen und wissenschaftlichen Schulung, die hohe Allgemeinbildung, das langjährige Zusammenarbeiten mit führenden Männern haben Hartmann die Fähigkeiten gegeben, in seinem Unternehmen in seltener Weise ein fruchtbares Zusammengehen der feinmechanischen Gestaltung und Fertigung mit den Ergebnissen wissenschaftlicher Arbeit zu erzielen. Besondere Aufmerksamkeit hat Hartmann stets den

Ausbildungsfragen gewidmet. Neben der rein fachlichen Schulung galt sein Streben hier vor allem der stärkeren Heranziehung der Naturwissenschaften für die Allgemeinbildung. Sein schon in Würzburg entstandener Plan für ein meteorologisches Bergobservatorium fand erst 30 Jahre später im Feldbergobservatorium im Taunus Verwirklichung. In Frankfurt a. M. entstand nach seinen Plänen die elektrotechnische Lehr- und Untersuchungsanstalt als erste elektrotechnische Fachschule. Hartmanns lange gehegter Wunsch, die Einrichtungen des physikalischen Vereins und ähnlicher wissenschaftlicher Institute Frankfurts für eine Universität nutzbar zu machen, fand eine schöne Erfüllung. Als Förderer der Universität, des deutschen Museums, der Ziele der Göttinger Vereinigung, als Vorsitzender des Frankfurter Elektrotechnischen Vereins, als Gründer und Vorsitzender des Verbandes deutscher Elektrotechniker hat Hartmann sein hohes Können für die Ziele der Gemeinschaftsarbeit eingesetzt. *ETZ 36 (1915) S. 573 u. 605.* Bs.

HARTMANN, Richard, geb. 8. Nov. 1809 in Barr (Els.), gest. 6. Dez. 1878 in Chemnitz, war einer der Begründer der sächsischen Maschinenindustrie. Sein Vater, ein einfacher Schuhmachermeister, ließ ihn das Handwerk eines Zeugschmiedes erlernen. Nach beendeter Lehrzeit trat Hartmann nach altem Handwerkbrauch die Wanderschaft quer durch Deutschland an. Nach zweijährigem Umherstreifen kam er 1832 nach Chemnitz, als einzige Barschaft den Erlös aus dem Verkauf seiner silbernen Uhr, zwei Taler, in der Tasche. Etwa fünf Jahre arbeitete er in verschiedenen Werkstätten und machte sich 1837 selbständig. In seiner Werkstätte, wo er zunächst nur drei Gehilfen beschäftigte, stellte er Spinnereimaschinen her und erzielte besonders durch die Anfertigung einer von ihm erfundenen Vorspinnkrempel für Streichgarn, Continue bezeichnet, gute Erfolge. Der Betrieb wurde so groß, daß „17 Pferde an Göpeln zur Bewegung der Werkzeugmaschinen nicht mehr ausreichten". Hartmann entschloß sich, zunächst für den eigenen Betrieb eine Dampfmaschine zu bauen, die 1841 in Betrieb kam. Von Jahr zu Jahr wurde nun das Werk vergrößert, dessen Ruf bereits über die Grenzen Sachsens und Deutschlands hinaus ging. Mit dem Dampfmaschinenbau ging Hand in Hand der Dampfkesselbau; 1847 wurde der Lokomotivbau aufgenommen. Zum Studium der Arbeitsverfahren und zur Beschaffung geeigneter Werkzeugmaschinen machte Hartmann mit einem seiner leitenden Ingenieure eine Studienreise durch Deutschland und England, von wo er gute Ergebnisse mitbrachte und manche Neuerungen in seiner Fabrik einführte. 1858 wurde der Bau von Turbinen aufgenommen. Nebenher ging stets die Lieferung von Werkzeugmaschinen, die Hartmann zunächst zur Benutzung im eigenen Betriebe baute, jedoch bald auch anderen Industrien zugänglich machte. 1862 beschäftigte Hartmann in seinem Betrieb über 1400 Angestellte und Arbeiter. 1870 erfolgte die Umwandlung in eine Aktiengesellschaft.

Hartmann war ein Mann mit oft überschäumendem Temperament, der sich auch von Schicksalsschlägen so leicht nicht niederdrücken ließ. Sowohl konstruktive Begabung wie ein außerordentlich entwickeltes Organisationstalent ließen ihn sein Werk zur Höhe führen. *Festschr. z. 39. Hauptvers. d. VDI, Chemnitz 1898, S. 165; Beitr. 9 (1919) S. 108.* Hä.

HARTWIG, Rudolf, geb. 7. Dez. 1867, gest. 25. Juli 1924 in Essen, seit 1910 Mitglied des Direktoriums der Firma Krupp. Hartwig wurde nach vielseitiger technischer Ausbildung auf der Industrieschule und später der Technischen Hochschule in München schon 1896 in die technische Leitung der Firma Krupp berufen und 1903 an die Spitze des Technischen Bureaus mit seinen vielgestaltigen Aufgaben gestellt. Die ersten Versuche Krupps mit dem Dieselmotor, der neuzeitliche Um- und Ausbau der Werkstätten und ihre Elektrisierung, sodann der Umbau der Germaniawerft und der Ausbau des Kruppschen Hüttenwerks Rheinhausen unter Gillhausens Leitung gaben ihm reiche Gelegenheit zur Entfaltung seiner großen konstruktiven Talente. Später übernahm er die Leitung der Artilleriewerkstätten und während des Weltkrieges die Organisation der ungeheuren Neuanlagen, mit denen Krupp die großen Ansprüche des Heeres an Geschützen und schwerem Gerät befriedigte. Besonders mit der Erbauung der Hindenburgwerkstätten, die er nach dem Kriege zu einem der großartigsten Betriebe für den Lokomotiv- und Wagenbau umgestaltet hat, ist Hartwigs Name eng verbunden. Während des Kampfes um die Freiheit der Ruhr teilte Hartwig länger als ein halbes Jahr das Schicksal des Dr. Krupp v. Bohlen und Halbach in französischer Gefangenschaft. Neben den großen Aufgaben seiner Stellung suchte er Erholung in wissenschaftlicher und künstlerischer Betätigung. Bw.

HASENCLEVER, Robert, geb. 28. Mai 1841 in Burtscheid b. Aachen, gest. 23. Juni 1902 in Aachen, war der Sohn eines Aachener Apothekers, der 1852 in Gemeinschaft mit Braun und Godin die chemische Fabrik Hasenclever & Cie. in Stolberg bei Aachen gründete, die 1856 unter dem Namen „Rhenania" in eine Aktiengesellschaft verwandelt wurde. Robert Hasenclever besuchte Aachener Schulen und studierte dann in Karlsruhe von 1857 bis 1859 Chemie, Mineralogie und Hüttenkunde. Seine Anhänglichkeit an die Karlsruher Hochschule bewies er später noch dadurch, daß er von Zeit zu Zeit dort Vorlesungen über kaufmännische Buchführung in der Technik hielt. Seiner hier gewonnenen Vorliebe für Mineralogie blieb er ebenfalls treu; seine Mineraliensammlung war eine Sehenswürdigkeit. Seine praktische Ausbildung erhielt er in der väterlichen Fabrik, dann als Betriebführer in der chemischen Fabrik Egestorff in Linden bei Hannover, auf der Grube Holzappel a. d. Lahn, bei Seybel in Wien und in Aussig. 1864 trat er als Betriebleiter in die Rhenania ein, die sein Vater als Generaldirektor leitete, und wurde nach dessen Tode 1874 zu seinem Nachfolger gewählt. Diese Stellung bekleidete er bis zu seinem Tode. Unter seiner Leitung wurde die Rhenania die führende Fabrik des Kontinents in der Sodaindustrie nach Leblanc, der Chlorgewinnung nach Deacon und der Schwefelsäuregewinnung aus den Röstgasen der Zinköfen. Das alte Leblancverfahren hat er trotz des Wettbewerbes der Ammoniaksoda wirtschaftlich durchführen können durch sorgfältigste Durcharbeitung der einzelnen Apparate, Ausnutzung der Abhitze der Sodaöfen zur Konzentration der Laugen, lange noch bevor Vakuumverdampfapparate bekannt waren, sowie durch sorgfältige Aufarbeitung aller Nebenprodukte nach wirtschaftlichen Gesichtspunkten. Durch Einführung der von seinem Meister Thelen erfundenen Eindampfpfannen vereinfachte er die Abscheidung der Soda und konnte durch Einbau der von England übernommenen Revolver-Drehöfen die Erzeugung sogar steigern. Ein Verdienst erwarb sich Hasenclever durch Verwertung der Zinkofen-Röstgase, die bis dahin nur unvollkommen verarbeitet werden konnten und den Pflanzenwuchs im Umgegend der Zinkhütten vernichteten. Der Blenderöstofen „Rhenania" hat sich bis heute in der Zinkindustrie bewährt. Als Sachverständiger in der Beurteilung von Rauchschäden genoß Hasenclever einen bedeutenden Ruf.

Das Deaconverfahren zur Gewinnung von Chlorgas aus Salzsäure wurde von ihm in drei Punkten wesentlich abgeändert. Bei der Verwendung der rohen Salzsäuregase der Sulfatöfen zersetzte die aus dem Ofen mitgerissene Schwefelsäure das Kupferchlorür, das als Kontaktsubstanz dient. Hasenclever vermied die dadurch hervorgerufenen Störungen, indem er die salzsauren Gase in wässerige Salzsäure überführte und durch Einlaufen von konzentrierter Schwefelsäure in dieselbe einen Strom reinen Salzsäuregases erhielt. Die wieder konzentrierte Schwefelsäure wurde weiter benutzt.

Ferner vereinfachte er die Zersetzer, was den fast ununterbrochenen Betrieb ermöglichte. Endlich schuf er die mechanischen Chlorkalkapparate, in denen selbst sehr verdünntes Gas zu Chlorkalk verarbeitet werden konnte. Diese Chlorkalkapparate verhüten jede Schädigung der Arbeiter und sind bis heute nicht übertroffen worden. Knietsch hatte bei der Badischen Anilin- und Sodafabrik eine Chlorpumpe gebaut, die zur Herstellung flüssigen Chlors aus konzentriertem Chlorgas diente. Hasenclever gelang es, mit ihrer Hilfe auch das Chlor des verdünnteren Deacongases zu verflüssigen.

Es muß auffallen, daß der erfolgreiche Chemiker und Industrielle Hasenclever sich gegenüber manchen technischen Neuerungen, so dem Ammoniaksodaverfahren, der Alkalielektrolyse und dem Schaffnerverfahren zur Aufarbeitung der Sodarückstände zurückhaltend verhielt. Das später bewährte Chance-Claus-Verfahren übernahm er sofort. Er war zu sehr Wirtschaftler, um sich auf Experimente einzulassen. Als die Ammoniaksodaindustrie sich bereits durchgesetzt hatte, konnte Hasenclever auf die Ergiebigkeit des von ihm aufs beste ausgebauten Leblancverfahrens hinweisen.

Hasenclever erlangte bald die Führung in einer großen Zahl von wirtschaftlichen und technisch-wissenschaftlichen Verbänden und galt für den hervorragendsten Vertreter der deutschen anorganischen Großindustrie. Als solchem verlieh ihm der Verein zur Beförderung des Gewerbfleißes in Preußen die seltene Auszeichnung der Delbrück-Denkmünze. Hasenclever hat viel veröffentlicht, war aber in erster Linie ein Mann der alten Praxis; die Wirtschaftlichkeit des Betriebes stand für ihn im Vordergrunde des Interesses, jahrelange Ausarbeitung im Laboratorium vermied er. Bei seinem Tode hatte er der Rhenania noch 7 andere Fabriken angegliedert. Er war ein wohlwollender Vorgesetzter, aufopfernd für alle, die sich als Mitarbeiter bewährten. An äußeren Auszeichnungen hat es ihm nicht gefehlt. *Z. f. angew. Chem. 15 (1902) 2 S. 791; Chem. Z. 53 (1902) S. 602; Chem. Industrie 25 (1902) S. 341.* Sa.

HASSLER, Theodor v., geb. 3. Juli 1828 zu Ulm a. D., gest. 28. Febr. 1901 zu Augsburg. Als Sohn des als Mitglied des Frankfurter Parlaments und durch seine eifrige Tätigkeit für das Ulmer Münster bekannten Kgl. Württ. Oberstudienrates Dr. Konrad Dietrich Haßler besuchte er das Gymnasium und die Oberrealschule seiner Vaterstadt und kam, 16 Jahre alt, in das dortige optisch-mechanische Institut von Otto Autenrieth zu einer dreijährigen Lehre. Am 1. April 1847 trat er bei der Maschinenfabrik von Emil Keßler in Karlsruhe als Volontär ein und besuchte dann vom Oktober bis September 1849 die mechanisch-technische Abteilung der dortigen polytechnischen Schule. Am 1. Juli 1850 wurde er von der C. Reichenbachschen Maschinenfabrik (jetzt Werk Augsburg der MAN) als Ingenieur eingestellt, nachdem er dort schon einige Monate als Praktikant gearbeitet hatte; als deren Vertreter besuchte er 1851 die Londoner Weltausstellung. Am 1. Januar 1857 wurde er von Finanzrat L. A. Riedinger für die Erbauung und technische Einrichtung von Baumwollspinnereien gewonnen und betätigte sich in Bayreuth, Bamberg und Köln. Auf seine Anregung erfolgte 1859/60 die Gründung der Baumwollspinnerei Kölbermoor, deren technische Leitung er am 1. Jan. 1862 übernahm, nachdem er vorher ein halbes Jahr zu Oldham in England die Herstellung von Spinnmaschinen und die Einrichtung der dortigen Spinnereien kennen gelernt hatte. Auf Grund seiner erfolgreichen Tätigkeit in Kolbermoor wurde er am 1. Juli 1868 als Gerant der Baumwollspinnerei am Stadtbach nach Augsburg berufen. Auch außerhalb des von ihm bis zum 16. Nov. 1889 erfolgreich geleiteten Unternehmens entfaltete Haßler eine vielseitige Tätigkeit: So war er zunächst an der Reorganisation des Technischen Vereins Augsburg beteiligt, dessen Vorstand er mehr als 25 Jahre war; weiter nahm er regen Anteil an der Gründung des bayerischen Dampfkessel-Revisionsvereins, an der Arbeiterschutzgesetzgebung und an der Ausarbeitung eines deutschen Patentgesetzes. Mit besonderer Energie aber forderte er ausreichende Schutzzölle für die deutsche Baumwollindustrie. So war er am 30. April 1870 Wortführer einer Abordnung deutscher Baumwollspinner bei dem König von Preußen und den bedeutendsten Mitgliedern des deutschen Zollparlaments. Am 15. Juli 1870 wurde er zum Ausschußmitglied des Vereins Süddeutscher Baumwollindustrieller gewählt, dessen Präsident er später wurde. Ebenso war er 1875 an der Gründung des Zentralverbandes deutscher Industrieller beteiligt; zunächst Ausschußmitglied, wurde er im März 1880 erster Vorsitzender. Infolge reger Anteilnahme an der Neuordnung der Bremer Baumwollbörse gehörte Haßler seit 1886 dem Komitee dieser Börse an. Mitglied der Handels- und Gewerbekammer für Schwaben und Neuburg war Haßler schon seit 1879, des Kuratoriums der Reutlinger Spinn- und Webschule seit 1889, des Ausschusses des deutschen Handelstages seit 1892, und des Vorstandes des Augsburger Industrievereins seit 1893. Vertreter der Augsburger Textilindustrie bei verschiedenen Welt- und Landesausstellungen, war er an denen von Antwerpen und Brüssel als Vizepräsident der deutschen Kommission beteiligt. Unter Haßlers Leitung fand am 13. Jan. 1898 eine große Kundgebung der deutschen Industrie für die Verstärkung der deutschen Flotte statt, der im April die Gründung des Flottenvereins folgte, wobei er zu dem Großadmiral v. Tirpitz in nähere Beziehungen trat. Als Mitglied des Aufsichtsrates der Maschinenfabrik Augsburg war Haßler 1898 um die Ermäßigung des Zolles auf Petroleum für Dieselmotoren bemüht. Wiederholte Besuche in Friedrichsruh legen Zeugnis ab von dem großen Vertrauen, das Fürst Bismarck Haßler entgegenbrachte.

Der vielseitigen Tätigkeit machte am 25. Okt. 1898 ein Gehirnschlag ein Ende, ein zweiter beendete am 28. Febr. 1901 sein Leben. Ha.

HASWELL, John, geb. 20. März 1812 in Lancefield bei Glasgow, gest. 9. Juli 1896 in Wien, entstammte einer alten schottischen Familie. Er besuchte die niederen Schulen in Glasgow und bezog als 16 jähriger die dortige Andersonian-Universität, um Maschinenbau zu studieren, für den er schon seit frühester Jugend großes Interesse gezeigt hatte. Als Volontär trat er dann mit 22 Jahren in die Maschinenfabrik von Claud Girdwood & Co. in Glasgow ein. Von dort ging er bald als Maschinenkonstrukteur zu Fairbairn nach Manchester und Millwall bei London. 1837 wurde er von der Wien-Raaber Bahngesellschaft mit dem Entwurf der Pläne für deren Hauptwerkstätte betraut. So kam Haswell 1838 nach Wien, zunähst nur, um den Bau der Hauptwerkstätte dort zu leiten, wurde jedoch bald zum Fabrikleiter ernannt, als welcher er bis 1882 dort blieb. Dann zog er sich von der Leitung der Maschinenfabrik zurück, um den Rest seines Lebens in seiner zweiten Heimat in seinem Familienkreise zu verleben. Bis zu seinem plötzlichen Tode blieb er indessen auch in reger Verbindung mit seiner englischen Heimat und verfolgte die weitere Entwicklung des Lokomotivbaues, dem seine Lebensarbeit gegolten hatte, mit regem Interesse.

Haswell ist als Begründer des österreichischen Lokomotivbaues anzusehen, den er während seiner Tätigkeit als Leiter der Wiener Hauptwerkstätte aus bescheidenen Anfängen zu hoher Blüte gebracht hat. Sein praktischer Blick und seine große konstruktive Begabung führten zu einer Reihe Erfindungen, die heute noch für den Lokomotivbau von Bedeutung sind. Die ursprünglich als Reparaturwerkstatt gedachte Anlage entwickelte sich unter Haswells Führung zu einer Lokomotiv- und Wagenbauanstalt. Sie erhielt 1841 den Titel „K. K. Landesbefugte Maschinenfabrik", wodurch sie ein selbständiges Unternehmen im Rahmen der Eisenbahnverwaltung wurde. Neben vielfachen Verbesserungen an Kessel, Feuerbüchse und maschinellem Teil der Lokomotiven sind auf Haswell zurückzuführen: die Kompensationsachsen, der Massenausgleich, die Dampfüberhitzer, Rauchverzehrer usw. Allgemeiner bekannt wurde er durch die

Erfindung der nach ihm benannten hydraulischen Presse um 1860, die noch heute für den Lokomotivbau unentbehrlich ist. *Beitr. 5 (1913) S. 157.* Lo.

HAUBOLD, Carl Gottlieb, geb. 20. März 1783 in Auerswalde, gest. 1856 in Rochlitz (Sa.). Haubold war zuerst in Harthau, später bei Wöhler in Chemnitz mit dem Bau von Webstühlen und Spinnmaschinen beschäftigt. Größtenteils waren in diesen Werkstätten in England angeworbene Maschinenbauer tätig. Von diesen lernte Haubold die Herstellung solcher Maschinenteile und ging dann zur selbständigen Herstellung ganzer Spinnmaschinen über. 1826 richtete er in Chemnitz seine Werkstatt ein, die sich rasch entwickelte und guten Absatz fand. Er war der erste, der in Chemnitz den Maschinenbau fabrikmäßig betrieb und wurde so der Gründer der bedeutenden Chemnitzer Maschinenindustrie. Nach zehnjährigem Bestehen beschäftigte das Werk bereits 500 Arbeiter. Im Jahre 1836 wurde der Betrieb von der Sächsischen Maschinen-Kompagnie übernommen, in deren Leitung neben Carl Gottlieb Haubold sein Vetter Carl Gottfried (geb. 9. Jan. 1792, gest. 16. Okt. 1822 in Chemnitz) eintrat. Ein Jahr später schied Carl Gottlieb bereits aus und errichtete eine eigene Kammgarnspinnerei, zog sich aber nach einigen Jahren gänzlich vom Geschäft zurück und ging wieder nach seiner Heimat Rochlitz, wo er im 73. Lebensjahre verschied. Sein Vetter führte die Maschinenbauanstalt unter der Firma C. G. Haubold jr. weiter. Durch den Geschäftsrückgang der folgenden Jahre ließ er sich nicht beirren in den alten Bahnen weiterzuarbeiten und sein Unternehmen den Fortschritten der Zeit anzupassen. Erst seinem Sohne Friedrich Hermann Haubold und dessen Sohn Carl Hermann war es vorbehalten, das Unternehmen zu den Ausmaßen zu entwickeln, wie es heute dasteht. Das Werk bezog eigene neue Räume, eine Eisengießerei wurde angegliedert. Die Hauboldschen Textilmaschinen erlangten Weltruf; daneben wurden auch Dampfmaschinen und Kältemaschinen hergestellt. *Festschr. z. 39. Hauptvers. d. VDI, Chemnitz 1898 S. 237; Mittl. d. Firma.* Hä.

HEBERLEIN, Jakob, geb. 1. April 1825 zu Roth a. S. b. Nürnberg, gest. 12. Jan. 1880, war ein bedeutender Eisenbahntechniker und Erfinder der nach ihm benannten Bremse. Schon in seiner Jugend bekundete der aufgeweckte Knabe sehr viel Sinn und große Anlagen für die Mechanik, was ihn wohl auch später dazu bestimmt haben mag, sich diesem Fache gänzlich zuzuwenden. Nach mehrjähriger Beschäftigung als Kunstdrechsler trat er 1844 in die mechanische Fabrik von Schweizer in Mannheim ein, wo er sich nicht allein in der Konstruktion und im Bau von Maschinen praktisch ausbildete, sondern sich auch durch den Besuch der dortigen technischen Lehranstalten die erforderlichen theoretischen Kenntnisse aneignete. Er arbeitete noch in verschiedenen Maschinenbauanstalten, um im Febr. 1848 in den maschinentechnischen Eisenbahndienst überzutreten. Im Jahre 1853 wurde er als Lokomotivführer nach München versetzt und infolge seiner Tüchtigkeit und Befähigung 1860 zum Obermaschinisten in Salzburg ernannt.

Schon als Lokomotivführer in München begann Heberlein die ersten Versuche mit einer Bremskonstruktion, der das Prinzip zugrunde liegt, die lebendige Kraft des in Bewegung befindlichen Eisenbahnzuges zur Erzeugung des zum Bremsen erforderlichen Widerstandes zu benutzen, so daß er schon im Jahre 1856 die ersten Patente erhielt.

Im Jahre 1865 wurde er zum Abteilungsmaschinenmeister in Salzburg, später 1870 zum Betriebsmaschinenmeister in München befördert. Nach Beendigung des Deutsch-Französischen Krieges war es ihm gelungen, seine Erfindung zu verwerten, indem er sie an eine deutsch-englische Gesellschaft für eine bedeutende Summe verkaufte. Ihm wurde auch die Genugtuung zuteil, daß seine Bremse bei sämtlichen Schnell- und Personenzügen der Kgl. Bayerischen Staatseisenbahnen eingeführt wurde, und daß ihm vom deutsch-österreichischen Eisenbahnverein der erste Preis für seine hervorragende Erfindung zuerkannt wurde. Diese Prämie wollte er zugunsten der Arbeiter der Staatsbahnwerkstätten verwenden; doch scheiterte dieser Plan an der Uneinigkeit der Arbeiter selbst. 1877 wurde er zum Obermaschinenmeister befördert und zwei Jahre später konstruierte er eine Lafettenbremse zur Hemmung des Rücklaufs der Geschütze. Die mit dieser Vorrichtung durchgeführten Versuche fielen durchaus befriedigend aus und führten zu einer allgemeinen Anwendung seiner Bremse bei schweren Festungs- und Belagerungsgeschützen. Am 1. März 1879 wurde Heberlein von einem Schlaganfalle betroffen, welcher ihn für immer dienstunfähig machte. *Ann. 8 (1881) S. 230.* Dr.

HECKMANN, Carl Justus, geb. 3. Mai 1786 in Eschwege, gest. 25. Okt. 1878 in Berlin. Heckmann verlor schon im zartesten Knabenalter beide Eltern und war ganz auf sich selbst angewiesen. Er erlernte in seiner Heimat das Kupferschmiedehandwerk, begab sich nach fünfjähriger Lehrzeit auf die Gesellenwanderschaft durch ganz Deutschland sowie Österreich und Ungarn und kam 1819 nach Berlin. Hier ließ er sich als selbständiger Meister nieder und widmete sich bald dem Bau von Apparaten für Brennerei- und Destillationsanlagen. Eine seiner ersten Arbeiten war der Bau eines von dem Berliner Industriellen Pistorius entworfenen zusammengesetzten Destillierapparates zur Spiritusgewinnung. Heckmann und Pistorius brachten in gemeinsamer Arbeit verschiedene Neuerungen an ihren Apparaten an, durch die ein bedeutend größerer Prozentsatz Alkohol gewonnen wurde. Die Heizung der Apparate erfolgte nicht mehr über offenem Feuer, sondern durch Dampf mit Hilfe von Heizschlangen. Diese verbesserten Apparate fanden weite Verbreitung und gaben der Firma Heckmann reichliche Arbeit. Außerdem widmete sich Heckmann frühzeitig der Konstruktion von Apparaturen für die damals stark sich entwickelnde Zuckerindustrie und lieferte verschiedene Anlagen auch nach dem überseeischen Ausland, besonders nach Cuba, wo Heckmann später eine eigene Filiale errichtete. Auch für die sonstigen chemischen Industrien lieferte Heckmann Apparaturen wie Glyzerindestillieranlagen, Fettsäuredestillationen, Ölhärtungseinrichtungen, Apparaturen für Gerbereien, Tabakindustrie, Salzindustrie usw.

Ähnlich wie Julius Pintsch, der, als kleiner Klempnermeister beginnend, sein Werk zur weltbekannten Höhe führte, hat auch Heckmann anfangs in kleinsten Verhältnissen sein Handwerk ausgeübt. Seiner zähen Energie und den technischen Fähigkeiten, die er während seiner Wanderjahre vervollkommnet hatte, gelang es, die mit seinem Namen verbundene Firma zur Höhe zu führen und sie noch zu seinen Lebzeiten zur führenden Fabrik des Apparatebaues in Deutschland und darüber hinaus zu entwickeln. Er starb in voller Frische, 92 Jahre alt, nachdem er sich schon einige Jahre vorher von der Leitung der Fabrik zurückgezogen hatte. *Beitr. 13 (1923) S. 61.* Hä.

HEDLEY, William, geb. 13. Juli 1779 in Newburn bei Newcastle-on-Tyne, gest. 9. Jan. 1843 in Burnhopeside bei Lanchester. Hedley absolvierte die Schuljahre in Wylam und kam, noch nicht zwanzigjährig, als Aufseher in die Wallbottle-Kohlengrube (Northumberland), das gleiche Amt versah er später auf der Wylam-Grube und in dem Bleibergwerk in Alston (Cumberland). Die Schwierigkeiten der Fortschaffung der Kohle von der Grube zu dem Flusse Tyne veranlaßten ihn, sich eingehend mit der Verbesserung der Beförderungsmöglichkeiten zu befassen; die erste praktische Einführung oder jedenfalls ausgedehntere Anwendung der Lokomotiven von Trevithick und Blenkinsop war Hedleys Unterstützung zu verdanken. Er erkannte gleich Blackett, daß bei einer genügend schweren Lokomotive die Reibung zwischen glatter Schiene und Triebrad für das Anfahren und Fortziehen von Fahrzeugen vollkommen ausreicht. Hedley baute 1813 seine erste kleine Maschine, die derjenigen Trevithicks sehr ähnlich war, nur hatte der gußeiserne Kessel wie bei Blenkinsop ein einfaches Flammenrohr; die Maschine besaß ein Schwungrad. Blacket beauftragte Hedley 1813 mit dem Bau einer größeren Maschine; dies war die heute im Kensington Museum aufgestellte „Puffing Billy", die bis 1862 im Betrieb war. Eine Nachbildung dieser Maschine befindet sich im Deutschen Museum in München. Hedley hat das Verdienst, die erste Lokomotive mit glatten Rädern auf ebenen Schienen dauernd in den wirtschaftlichen Betrieb eingeführt zu haben. Er wandte auch das von Trevithick eingeführte Blasrohr an, dessen Wirkung er durch ziemlich eng gebaute Schornsteine erhöhte. Um das starke Geräusch des auspuffenden Dampfes zu verringern, brachte er in der Auspuffleitung vor dem Schornstein einen Auspufftopf an, wodurch allerdings das Geräusch vermindert wurde, das Blasrohr jedoch auch sehr stark seiner Wirkung verlustig ging.

Auf einer bei Callerton gelegenen Grube führte Hedley ein Wasserpumpensystem ein, das sich, obgleich die damalige Zeit mit scharfer Kritik an diese Neuerung herantrat, bald allgemein einbürgerte. Hedley starb, 63 jährig, in Burnhopeside Hall bei Lanchester. *Nat. Biogr. 25 (1891) S. 364; Entw. Dm. 1 S. 777; Handb. Natw.* Ca.

HEEREN, Friedrich, geb. 11. Aug. 1803 in Hamburg, gest. 2. Mai 1885 in Hannover. Er besuchte in Hamburg bis 1822 das Johanneum, an dem er die Reifeprüfung bestand, und dann das Hamburger akademische Gymnasium. 1823 bezog er zum Studium der Naturwissenschaften die Universität Göttingen. Er betrieb hauptsächlich Chemie unter Stromeyer, Hausmann und Tob. Mayer und promovierte 1826. Dann reiste er 1½ Jahre zur weiteren Ausbildung durch Deutschland, Frankreich, Belgien und Holland und arbeitete auch ein halbes Jahr an der Sorbonne.

In Hamburg gründete er mit seinem Bruder eine Stearinsäurefabrik, die er nach vielen Richtungen hin erweiterte. Seine wissenschaftlichen Neigungen veranlaßten ihn, eine Anstellung als Lehrer der Chemie, Physik und Mineralogie an der neuen höheren Gewerbeschule in Hannover anzunehmen. Im Auftrage der Regierung machte er zu Studienzwecken und zur Berichterstattung über Ausstellungen viele Reisen.

Heeren ist weiteren Kreisen bekannt geworden durch das gemeinsam mit Karmarsch herausgegebene technische Wörterbuch. Andere Arbeiten von ihm behandeln die Unterschwefelsäure, Färberflechte, einen Thermostaten, die Bleicherei und das Pioskop, mit dem man den Fettgehalt der Milch bestimmen kann. *Launhardt: Die Königl. Techn. Hochschule zu Hannover, 1831—1881 S. 101.* Sa.

HEFNER-ALTENECK, Friedrich v., geb. 27. April 1845 zu Aschaffenburg, gest. 7. Jan. 1904 zu Biesdorf bei Berlin. Als Sohn des Kunsthistorikers und späteren Direktors des Bayerischen Nationalmuseums Jacob Heinrich v. Hefner-Alteneck empfing Friedrich im elterlichen Hause die künstlerischen Eindrücke, die in ihm die besondere Form der technischen Gestaltungslust annahmen. Er studierte auf den Technischen Hochschulen in München und Zürich, dabei mehr dem zeichnerischen Entwerfen als der mathematischen Behandlung technischer Vorwürfe zugeneigt. Gleich nach Beendigung seiner Studien bewarb er sich 1867 im richtigen Empfinden seiner Veranlagung um eine Stellung als Techniker bei Siemens & Halske. Zunächst als solcher nicht angenommen, trat er als Wochenlöhner in die Werkstatt ein, und erst nach Jahresfrist erreichte er seine Absicht. Um so schneller vollzog sich nunmehr, durch die Umstände begünstigt, sein Aufstieg. Die Erzeugnisse der Firma waren bis dahin von Werner Siemens im wesentlichen selbst entworfen, im einzelnen in der Werkstatt durchgebildet. Bei dem zunehmenden Umfange der Geschäfte wollte sich Werner Siemens durch Heranziehen befähigter Mitarbeiter entlasten und die Behandlung der Entwürfe in einer gut eingerichteten besonderen Abteilung einheitlicher gestalten. Er wurde dabei bald auf v. Hefner-Alteneck aufmerksam, der sich trotz seiner Jugend mit dem damaligen Hauptgebiete der Firma, der Telegraphie, schon so vertraut gemacht hatte, daß ihm bei der Ausbildung des neuen Gerätes für die Indo-Europäische Telegraphenlinie selbständige Mitarbeit zufiel. Ebenso war er bald danach in wirksamer Ergänzung von Frischen an der Bearbeitung des Blockgerätes für Eisenbahnen tätig. Unter steigender Anerkennung seiner Gestaltungsgabe durch Werner Siemens brachte er in der Firma neben dem Physiker und Mechaniker auch den Techniker mehr zur Geltung. Das war für die Firma um so wichtiger, als mit dem Ende der sechziger Jahre die Entwicklung des Starkstromes auf Grund der eben erfundenen Dynamomaschine begann und die zweckdienliche bauliche Formgebung der Maschinen und Geräte mit Rücksicht auf Kräftespiel und wirtschaftliche Herstellung erhöhte Bedeutung gewann. Durch seine persönliche Arbeit und durch seinen Einfluß auf die ihm später unterstellte Entwurfabteilung hat v. Hefner-Alteneck nicht nur in der Firma maßgebend gewirkt, sondern auch auf die Entwicklung der Elektrotechnik überhaupt großen Einfluß geübt.

Von weittragender Bedeutung ist eine der frühesten Erfindungen v. Hefners geworden, der Trommelanker, eine Verallgemeinerung des Siemensschen Doppel-T-Ankers (1872), der noch weit über die ursprüngliche Absicht hinaus die sichere bauliche Ausgestaltung der elektrischen Maschinen ermöglicht und ihre Anpaßfähigkeit erweitert hat. Mit Hilfe der Trommel entstanden bei Siemens & Halske die ersten für längeren Gebrauch geeigneten Gleichstrommaschinen, die für das folgende Jahrzehnt der Entwicklung kennzeichnend waren. Den zunächst wichtigsten Schritt für die ausgedehntere Anwendung der Maschinen tat ebenfalls v. Hefner mit der Ausbildung der Differentiallampe (1878), die das störungsfreie Brennen beliebig vieler Bogenlampen in einem Maschinenkreis erlaubt. Die in Fluß geratene Beleuchtungsfrage ließ bald das Bedürfnis nach einer einfach herzustellenden Lichteinheit für Vergleichszwecke auftreten, das v. Hefner mit seiner Amylazetat-Lampe (Hefnerkerze) befriedigte (1883). Mit diesen Bauformen und Geräten bleibt sein Name dauernd verbunden, aber fast alle Zweige der damaligen Elektrotechnik hat seine technische Kunst mit erfolgreichen Neuerungen bereichert, vom Telegraphen, dem er mit Werner Siemens eine möglichst hohe Arbeitsgeschwindigkeit zu geben trachtete, bis zum elektrischen Generator, dessen Leistungsteigerung er für die Übergangzeit durch seine rechtzeitig (1886) auftretende Innenpolmaschine erleichterte. Zahlreich sind auch seine Veröffentlichungen, die sich auf Fortschritte bezogen oder Tagesfragen der Elektrotechnik betrafen.

Überanstrengt von seiner rastlosen, grüblerischen Arbeit zog sich v. Hefner-Alteneck 1890 von der regelmäßigen geschäftlichen Tätigkeit zurück, um sich freien Studien und der Lösung einzelner Aufgaben zu widmen. Von diesen wurden bekannter eine Zentraluhrenanlage in Verbindung mit den Beleuchtungszentralen und Vakuumpumpen für die Glühlampenerzeugung. An Ehrungen waren ihm die Mitgliedschaft der Akademie der Wissenschaften in Stockholm (1896) und in Berlin (1901), sowie die Doktorwürde der Universität München zuteil geworden. *Archivakten von Siemens & Halske; Ehrenberg: Die Unternehmungen der Brüder Siemens; Matschoß: Werner Siemens, Lebensbild und Briefe; Beitr. 11 (1921) S. 39; ETZ 25 (1904) S. 31, 63.* Ro.

HEGENSCHEIDT, Rudolf, geb. 17. Nov. 1859 in Gleiwitz, gest. 17. Febr. 1908 in Breslau. Er war der Sohn des Begründers der Hegenscheidtschen Drahtwerke. Auf der Gewerbeschule in Gleiwitz bestand er die Reifeprüfung, studierte einige Semester Hüttenkunde in Aachen und trat danach in die Fabrik seines Vaters ein. Bei der im Jahre 1887 durch Erwerb eines Konkurrenzwerkes erfolgten Gründung der Oberschlesischen Drahtindustrie-A.-G. wurde Rudolf

Hegenscheidt zu deren Vorstand berufen und trat später mit dieser Firma zur Oberschlesischen Eisen-Industrie-A.-G. über. Als Leiter der Drahtabteilung dieser Werke richtete er frühzeitig sein Augenmerk auf die Bildung von Verbänden und Interessengemeinschaften. Mit Kraft und Verständnis arbeitete er an dem Zusammenschlusse des gesamten deutschen Drahtgewerbes. Nach achtzehnjähriger Tätigkeit an der Spitze der Oberschlesischen Eisen-Industrie-A.-G. trat er, um seinen Wirkungskreis zu erweitern, an die Spitze der Oberschlesischen Eisenbahnbedarfs-A.-G. Unter seiner Leitung nahmen diese Werke einen gewaltigen Aufschwung. Umfangreiche Neu- und Umbauten wurden in Angriff genommen, um die Leistungsfähigkeit zu steigern. Daneben lag ihm der Zusammenschluß der oberschlesischen Hüttenwerke besonders am Herzen, um gegenüber anderen Bezirken wettbewerbfähig zu bleiben. Die Beschaffung von Kohlen und Koks sicherte er durch Abschluß einer Interessengemeinschaft mit den in Frage kommenden Kohlengruben. Seiner Tatkraft und Umsicht hatte es die Oberschlesische Eisenindustrie zu danken, wenn sie gegen die Eisenwerke des deutschen Westens wettbewerbfähig bleiben konnte. Erst 48 Jahre alt, starb er an den Folgen einer Operation, mitten aus seinem Schaffen herausgerissen. Als er erfuhr, daß ihm nur noch wenige Stunden des Lebens beschieden seien, rief er telegraphisch seine Geschäftsfreunde an das Krankenlager und verhandelte am Sonntag von früh bis 9 Uhr abends, bis er alles geordnet hatte; ein seltenes Beispiel der zähesten Energie und der Liebe zur Arbeit, die sein Leben ausgefüllt hatte. *St. u. E. 28 (1908) S. 353.* Hä.

HEGENSCHEIDT, Wilhelm, geb. 1823 in Altena (Westf.), gest. 1. April 1891 in Gleiwitz. In seiner Heimat, dem Stammsitze der deutschen Drahtindustrie, zeigte er schon als junger Mann lebhaftes Interesse für diesen Zweig des Eisengewerbes und erwarb sich frühzeitig die genauesten Kenntnisse der Technik der Drahtherstellung. Technisches Wissen und eiserne Energie befähigten ihn, die großen Erfolge der oberschlesischen Drahtindustrie zu begründen. Kaum dreißigjährig, kam er um 1850 mit bescheidenen Mitteln nach Oberschlesien und gründete hier eine eigene Werkstätte. Anfangs war er allein sein eigener Betriebsführer, Konstrukteur und Kaufmann. In dieser Zeit hatte er das Unglück, daß er durch einen Unfall beim Aufstellen einer Maschine den rechten Arm verlor. 1865 erwarb er das damals kleine Eisenwalzwerk „Baildonhütte". Nach und nach erweiterte er das Werk mit klugem Verständnis für die wirtschaftliche Entwicklung Oberschlesiens und klarem Blick für den Wert technischer Neuerungen. Bei seinem Tode waren die Hegenscheidtschen Drahtwerke wohl die bedeutendsten des Festlandes. Aus kleinsten Anfängen hat Hegenscheidt sich zum bedeutenden Industriellen heraufgearbeitet. Trotz seiner Erfolge und der ihm zuteil gewordenen Ehrungen blieb er stets der anspruchslose und bescheidene Mann, der nur für seine Arbeit und seine Familie lebte. *St. u. E. 11 (1891) S. 349.* Hä.

HEILMANN, Josua, geb. 19. Febr. 1796 in Mülhausen (Elsaß), gest. 5. Nov. 1848 in Alt-Thann (Elsaß), einer der bedeutendsten Erfinder auf dem Gebiete des Textilmaschinenwesens. Seine Ausbildung war vorwiegend kaufmännischer Art. Als 15jähriger kam er 1811 als Lehrling in das väterliche Geschäft; in seiner Freizeit beschäftigte er sich mit Maschinenzeichnen. 1813 war er einige Zeit in dem Bankgeschäft seines Onkels in Paris tätig und trieb daneben mathematische Studien. Als 1816 einige Mülhausener Freunde eine Baumwollspinnerei gründen wollten, sandte ihn sein Onkel wiederum nach Paris in die Spinnerei von Tissot & Rey. Heilmann trat nun als Student ins Conservatoire des Arts et Métiers ein. Hier beschäftigte er sich mit Physik, lernte das Drehen und studierte Donnerstags die Maschinen des Conservatoire, Sonntags zeichnete er die Maschinen bei Tissot & Rey und besichtigte andere Werkstätten. Als er nach Mülhausen zurückgekehrt war, trat er in die Spinnerei ein, die die Familie Heilmann in Alt-Thann bei Mülhausen 1818 gründete. Ihm fiel die Aufgabe zu, die maschinelle Einrichtung dieser Spinnerei von 10 000 Spindeln zu bauen. Er fertigte die Zeichnungen, überwachte die Herstellung der Maschinen und setzte die Fabrik noch vor 1819 in Gang. Einige Jahre lang leitete er diese Spinnerei und beschäftigte sich mit Verbesserungen von Spinnmaschinen. 1821 plante er die Gründung einer Gießerei und Maschinenwerkstatt, gab diesen Plan aber wieder auf. Er baute dann zwei Windmühlen zum Antrieb von Wasserhebepumpen.

Seit 1823 galt seine Hauptarbeit Verbesserungen von Webstühlen. Er erfand einen selbsttätigen Webstuhl für mechanischen Antrieb, der wegen seiner Einfachheit und seines leichten Ganges rasch Eingang fand; 1824 wurde das französische Patent auf diese Maschine erteilt. Eine verbesserte Vorspinnmaschine, die ihm 1826 patentiert wurde, fand dagegen bei den Spinnern keinen Beifall. Die Fabrik in Alt-Thann hatte in diesen Jahren mehrere Krisen durchzumachen und mußte verkauft werden; sie ging in den Besitz der Familie Koechlin über. Heilmann siedelte wieder nach Mülhausen über und lernte hier von seiner Frau das Sticken; er baute nun innerhalb von 6 Monaten eine Stickmaschine, die mit 20 Nadeln gleichzeitig arbeitete. Die Erfindung dieser Maschine wurde besonders in der Schweiz die Grundlage einer ausgedehnten Haus- und Maschinenindustrie. Zum Bau dieser Maschine schloß er sich 1829 mit Andreas Koechlin zusammen. In den folgenden Jahren reihten sich verschiedene Erfindungen von Textilhilfsmaschinen an, so eine Maschine zum Messen und Falten von Stoffen (1833), ein verbesserter Webstuhl mit einer Vorrichtung, um den Stoff ausgedehnt zu halten (1830), und Verbesserungen der englischen Spinnmaschinen (1834/35).

1835 wandte er sich der Herstellung von Seidenstoffen zu. In kurzer Zeit waren 120 seiner verbesserten Webstühle in Mülhausen, weitere 120 in Avignon im Betrieb. Anschließend hieran führte Heilmann eine Anzahl von Vorbereitungsmaschinen aus. Bemerkenswert ist, daß er zur Kraftübertragung statt eines Riemens Eisendraht benutzte. Ein Webstuhl zum gleichzeitigen Weben zweier Stücke Samt oder anderer rauher Stoffe, die durch die Fasern verbunden waren, sowie ein zugehöriger Schneideapparat zum Trennen der beiden Stücke sind seine nächsten Erfindungen.

1843 nahm er einen alten Plan wieder auf, eine Maschine zum Kämmen langstapeliger Baumwolle zu bauen, und beschäftigte sich hiermit für den Rest seiner Jahre. Bei dieser Kämmaschine wurden die Fasern, wie sie von der Schlichtmaschine kamen, in ein Band oder Fließ gebracht, das auseinandergebrochen wurde. Die Fasern wurden an jedem Ende gekämmt und in kurze und lange getrennt, die in zwei verschiedenen Fließen die Maschine verließen, um dann weiter verarbeitet zu werden. Den schwierigsten Teil dieser Maschine fand Heilmann, als er seine Töchter beim Kämmen ihres Haares beobachtete. Heilmann erlebte es noch, daß sich diese Maschine in Frankreich einbürgerte, in England wurde sie erst nach seinem Tode allgemein bekannt, hat dann aber dem Lande unermeßlichen Nutzen gebracht.

Heilmann selbst starb in Armut; er konnte sich vor seinem Tode nicht mehr von seinen Schulden befreien. Durch Vermittlung der englischen Regierung wurde nach seinem Tode der Familie ein angemessener Anteil an dem Gewinn aus der Erfindung gewährt, der sie vor Sorgen bewahrte. Josua Heilmann war ein genialer Erfinder, doch fehlte ihm die kaufmännische Fähigkeit, aus seinen Erfindungen Nutzen zu ziehen. *Brief Biogr. S. 41; Hist. Doc. de l'Industrie de Mulhouse (Mülhausen 1902) 1 S. 472.* Hä.

HEILMANN-DUCOMMUN, Paul, geb. 3. Juli 1832 in Mülhausen, gest. 11. März 1904 ebenda. Paul Heilmann, ein Sohn des bekannten Erfinders Josua Heilmann, verlor bereits als Siebenjähriger seine Mutter und im sechzehnten Jahre den Vater. Nach Besuch des Mülhauser Gymnasiums trat er in eine kaufmännische Lehre ein und wurde zur weiteren Ausbildung auf 1½ Jahre nach Rouen und auf ein weiteres Jahr nach Liverpool gesandt. Nach seiner

Rückkehr arbeitete er drei Jahre lang an der Vervollkommnung von Erfindungen seines Vaters. 1856 heiratete er die Tochter Cäcilie des Mülhauser Textilfabrikanten Ducommun; 1860 wurde er zusammen mit seinem Schwager August Ducommun Teilhaber und Leiter des Werks. 1880 begründete er zur Verwertung einer von ihm erfundenen Kämmaschine die später unter dem Namen Heilmann, Koechlin, Schmidt & Cie. betriebene Kammgarnspinnerei und wurde einer ihrer Leiter. Besonders aber blieb sein Name mit der Entwicklung der Firma Ducommun stets aufs engste verknüpft. Von peinlicher Gewissenhaftigkeit und hohem Pflichtgefühl beseelt, ließ er sich neue Konstruktionen stets bis in kleinste Einzelheiten erläutern und folgte der Fabrikation mit großem Interesse. Am öffentlichen Leben seiner Vaterstadt nahm Heilmann großes Interesse und genoß höchstes Vertrauen bei seinen Mitbürgern, die ihn lange Jahre zum Mitgliede des Gemeinderates und der Handelskammer wählten. Seinen sozialen Sinn betätigte er als Präsident der Mülhauser Gesellschaft zum Bau von Arbeiterwohnungen. *Z 48 (1904) S. 567.* Hä.

HEINITZ, Friedrich Anton Frhr. v., geb. 14. Mai 1725 zu Dröschkau i. Sa., gest. 15. Mai 1802 in Berlin. Er besuchte die bekannte Schule zu Pforta. 1743 lernte er 6 Monate lang das Salinenwesen in Kösen kennen, zog dann nach Dresden und warf sich auf das Studium der Naturwissenschaften, insbesondere der Mineralogie und Geognosie. 1744 ging er nach Freiberg und studierte dort praktisch und theoretisch den Bergbau und das Hüttenwesen. 1745 betätigte er sich neben seinen Studien im Forstfache und besuchte 1746 auf Studienreisen die Bergbaue und Hütten im Erzgebirge und in Böhmen. 1747 trat er als Bergassessor in braunschweigische Dienste, wurde 2 Jahre später Bergrat und erhielt 1762 als Vizeberghauptmann die Leitung des gesamten Unterharzer Bergbaues, den er besonders in maschineller Beziehung förderte. 1747 bereiste er den schwedischen Bergbau, 1748 den ungarischen Erzbergbau. Insbesondere beschäftigte ihn hierbei der Betrieb der ältesten atmosphärischen Dampfmaschine des Kontinents auf der Grube Königsberg bei Schemnitz. 1751 war er wieder in Ungarn und in Steiermark. 1764 wurde Heinitz als Generalbergkommissar oberster Leiter des gesamten sächsischen Bergbaues. Durch straffe Organisation der Bergbehörden und Verbesserung der Berggerichtsbarkeit, vor allem aber durch Hebung der Technik hat er das Berg-, Hütten- und Salinenwesen Sachsens auf den höchsten Stand gebracht. Für seine Verdienste wurde er 1771 zum Geheimrat ernannt. Seine vornehmste Tat in dieser Zeit, 1766, war die Gründung der Bergakademie in Freiberg, der ältesten technischen Hochschule. Er berief den Geologen und Mineralogen A. G. Werner nach Freiberg, unter dessen Leitung die Akademie bald Weltruf bekam. 1773 gründete Heinitz gegen den Willen der Kammern eine Direktion der sächsischen Salzwerke, deren Leitung er nebenamtlich übernahm. Diese Gründung rief einen derartig gehässig geführten Kampf hervor, daß Heinitz erkrankte und verbittert im August 1774 aus dem Staatsdienste ausschied. Er zog sich auf sein Gut Dröschkau zurück und trieb volkswirtschaftliche und Sprachstudien. 7 Sprachen konnte er später fertig sprechen. 1775 lernte Friedrich der Große Heinitz kennen. Er bot ihm an, in den preußischen Dienst zu treten. Heinitz lehnte jedoch ab und ging nach Paris, wo er 1½ Jahre ein angeregtes Leben mit hervorragenden Gelehrten, Naturforschern und Künstlern führte und sich literarisch betätigte. Er gab eine größere Abhandlung über die Verwaltung der französischen Staatsgelder heraus. Der Plan, an die Spitze einer internationalen Bergwerkgesellschaft zu treten, zerschlug sich. Im Herbst 1776 bereiste er die englische Berg-, Hütten- und Maschinenindustrie. Ende November 1776 bot Friedrich der Große Heinitz die erledigte Stelle als Leiter des Bergbaudepartements Preußens an. Heinitz machte jedoch die Übernahme des Amtes davon abhängig, daß er Minister würde und eine größere Summe für Neuanlagen zur Verfügung bekäme. Nach längeren Verhandlungen genehmigte der König seine Forderungen und am 9. Sept. 1777 trat Heinitz als Minister und Oberberghauptmann an die Spitze des preußischen Berg- und Hüttenwesens.

Heinitz bereiste sämtliche Berg- und Hüttenbetriebe Preußens, ordnete die Bergbehörden (Oberbergämter, Bergämter, Bergdeputationen), zog hervorragende Leiter für die Provinzialämter heran: Graf v. Reden in Schlesien, Frh. v. Stein in Westfalen, v. Veltheim in Sachsen und Wehling für die Mark Brandenburg, Pommern und Preußen, begann eine systematische Untersuchung der Lagerstätten, verbesserte die bestehenden Betriebe, gründete neue Staatsbetriebe, rief Bergbauhilfskassen zur Unterstützung privater Werke ins Leben. Heinitz sorgte ferner für den Absatz der Mineralien. Er befreite die Bergwerksprodukte von der Inlandsteuer, hob die Ausfuhrzölle auf Kohle und Salz auf, verbot die Einfuhr von schwedischem Eisen und von Kupferwaren, legte Kunststraßen, Kanäle (Clodnitzkanal), ja Schienenwege an, schuf Niederlagen und Verkaufstellen. Das Grubenrißwesen wurde verbessert, Revierkarten angelegt, fremde Bergleute herangezogen, Bergmannskolonien geschaffen, die Knappschaftskassen auf eine rechtliche Grundlage gestellt. Dabei bezog sich seine Tätigkeit nicht nur auf Bergwerke und Hütten, sondern auch auf die Fabriken, welche metallische Rohstoffe weiterverarbeiteten, wie Eisenhämmer, Stahl- und Messingwerke usw., ferner die Kalk- und Mühlsteinbrüche, die Bernstein- und Edelsteingräbereien, die Salpeter- und Alaungewinnungen und die Torfgräbereien. Außerdem waren ihm unterstellt die Münzen und das Münzwesen sowie die Porzellanmanufaktur in Berlin.

Am 2. Okt. 1786 wurde Heinitz auch Leiter des Salzdepartements, welches er mit dem Bergwerksdepartement verschmolz. Er schuf sachverständige Salzämter, nahm die verpachteten Salinen in Staatsverwaltung, baute neue Siedehäuser und Magazine und verbesserte den Betrieb von Grund auf. Trotz der großen Erfolge mußte Heinitz das Salinenwesen auf Antrag des Ministers v. Struensee 1796 der Seehandlung übergeben, die das Salz aus dem Auslande bezog und die Salinen trostlos herunterwirtschaftete.

Die bedeutendsten Schöpfungen Heinitz' sind die Wiederaufnahme des alten versoffenen Erzbergbaues in Tarnowitz nebst Gründung der Bleihütte Friedrichshütte, die Einführung des Koksofenbetriebes auf den oberschlesischen Eisenhütten und die Gründung der Hütten zu Gleiwitz und Königshütte.

Unter unsäglichen Mühen gelang es Heinitz, den Bleierzbergbau in Tarnowitz ins Leben zu rufen und ihn mit Hilfe der Dampfkraft so lange (21 Jahre) über Wasser zu halten, bis der wasserabführende Gotthelfstollen durchschlägig wurde. Diese Maschinenarbeit, welche schließlich 5 Feuermaschinen bis zur größten Art umfaßte, von denen eine aus England bezogen wurde, 4 in Oberschlesien hergestellt wurden, hatte Weltruf. Die 1786 gegründete Friedrichshütte machte Preußen vom Bezuge fremden Bleies unabhängig.

Die Einführung des Eisenschmelzens mittels Koks wurde die Grundlage für eine hochentwickelte Großindustrie Oberschlesiens. Nach langwierigen Versuchen kam der erste Kokshochofen auf der 1796 gegründeten Eisenhütte in Gleiwitz in Betrieb. Hieran schloß sich eine große Eisengießerei, eine Kanonenfabrik, ein Walzwerk und eine Maschinenfabrik. Schon im Jahre 1798 wurde eine zweite Eisenhütte, die Königshütte, errichtet, die erste, welche als Betriebskraft Dampf verwendete. Der Bedarf Preußens an Eisen wurde durch die entstehende Eisenindustrie nicht allein gedeckt, sondern Eisen wurde auch Ausfuhrartikel.

Bald nach seinem Dienstantritt legte Heinitz seine Anschauungen über Volkswirtschaft und Staatsverwaltung in einer größeren Arbeit über die wirtschaftlichen Verhältnisse

Sachsens nieder. Er zeigte sich hier als Merkantilist und Anhänger einer aufgeklärten Despotie. 1782 wurde ihm vorübergehend neben dem Bergwerksdepartement die Leitung des Ministeriums für Handel und Manufakturwaren übertragen. Heinitz' Ansicht über die Staatshandelsbilanz paßte jedoch nicht zu den Plänen des Königs, er wurde daher 1784 auf seinen Antrag von der Leitung dieses Departements entbunden. Provinzialdepartements hat er vorübergehend mehrfach geführt, so das von Westfalen und Neufchâtel. Zu allen außerordentlichen ministeriellen Ausschüssen wurde er herangezogen. 1798 war er Vorsitzender der wichtigen Kommission, um Vorschläge zur Abänderung der Staatsverwaltung zu machen.

Die Verdienste Heinitz' um die Hochschulen sind sehr groß. Im Jahre 1778 ordnete er die Berliner Bergakademie aufs neue und gab ihr dadurch erst das rechte Leben und das Ziel, die jungen Bergleute akademisch auszubilden. 1786 erhielt er auf sein Betreiben die Oberaufsicht über die Kunstakademie, der er 1790 die grundlegende Verfassung gab, und über die Kunstschulen des Landes. 1798 gründete er, gemeinsam mit dem Minister v. Schrötter, die Bauakademie in Berlin und legte die Ausbildung der Bauleute und der Feldmesser zeitgemäß fest.

Nach dem Tode Friedrichs des Großen machte der Günstling des Königs Friedrich Wilhelm II., Minister Wöllner, 1788 einen Versuch, Heinitz zu stürzen, der jedoch mißlang. Es wurde auf sein Betreiben eine Kommission zur Untersuchung der Geschäftsführung des Salzdepartements eingesetzt, dessen Bericht ein glänzendes Zeugnis der Verwaltungstätigkeit Heinitz' ist. 1791 erhielt Heinitz den Schwarzen Adlerorden.

Im Herbst 1801 machte der 77jährige Minister seine letzte Befahrungsreise nach Schlesien. Sein ausführlicher Bericht zeigt so recht das von ihm Erreichte.

Die Bedeutung dieses größten Bergmannes und Staatswirtes Preußens im 18. Jahrhundert liegt darin, daß er als Schöpfer des neuzeitigen, auf Wissenschaft beruhenden preußischen Berg- und Hüttenwesens anzusehen ist. *Beitr. 12 (1922) S. 159; Festzeitschrift zum 12. Allg. Deutschen Bergmannstage Bd. 1; Wutke: Aus der Vergangenheit des schlesischen Berg- u. Hüttenlebens (Breslau 1913); Sinnersbach: Die Begründung der oberschlesischen Eisenindustrie unter Preußens Königen (Kattowitz 1911).* Schw.

HELMHOLTZ, Hermann Ludwig Ferdinand v., geb. 31. Aug. 1821 in Potsdam, gest. 8. Sept. 1894 in Charlottenburg, war der Sohn eines Potsdamer Gymnasialoberlehrers, wurde zunächst Arzt, 1842 Doktor der Medizin, wandelte sich zum Physiologen und zum Physiker. Er ist der Begründer der neuzeitlichen Physik. Von der Betrachtung über die Lebenserscheinungen kam Helmholtz unabhängig von Robert Mayer auf das Gesetz von der Erhaltung der Energie. Seine Forschungen befruchteten gleichmäßig die Thermodynamik, Elektrodynamik, Elektrochemie usw. Helmholtz' Stärke beruht auf seiner Durchdringung alles Naturgeschehens mit mathematischer Denkweise und Genauigkeit. Durch ihn gelangte die Faraday- und Maxwellsche Nahewirkungstheorie der Elektrizität in Deutschland zur Anerkennung. Helmholtz trat auch in unmittelbare Berührung zur technischen Praxis durch zahlreiche Gutachten, namentlich über elektrotechnische Gegenstände. Besonders in mancherlei Ausschüssen wirkte er mit und erreichte durch seine überzeugende Beharrlichkeit die Durchsetzung von vielen wertvollen Entschlüssen.

Helmholtz ist Verfasser bahnbrechender Arbeiten auf dem Gebiete der Physik und Physiologie. 1847 erschien die Schrift: „Über die Erhaltung der Kraft", 1856 das große „Handbuch der physiologischen Optik", 1863 „Die Lehre von den Tonempfindungen". 1850 hat Helmholtz den Augenspiegel erfunden, der seinen Namen allein unsterblich gemacht hätte. 1888 gründete er die Physikalisch-Technische Reichsanstalt, deren erster Präsident er war. 1871 schon war Helmholtz an die Berliner Universität als Nachfolger Magnus' berufen worden. *L. Königsberger: H. v. Helmholtz (Braunschweig 1911); ADB 51 (1906) S. 461; St. u. E. 14 (1894) S. 841; Z 38 (1894) S. 1166.* Gs.

HENCKELS, Johann Albert, geb. 25. Okt. 1847 in Solingen, gest. 31. Mai 1891 in Herrenalb (Schwarzwald). Die Familie Henckels gehört zu den ältesten der rheinischen Industrie; ihre Anfänge lassen sich bis ins 15. Jahrhundert zurückverfolgen. Die Henckels betrieben seit Generationen das Handwerk der Klingenschmiede. Johann Abraham Henckels d. Ä. legte den Grund zu dem Weltruf der Henckelsschen Erzeugnisse durch seine Geschäftsreisen durch Deutschland und die Eröffnung einer Zweigniederlassung in Berlin (1818). Seine beiden Söhne Johann Gottfried (1804 bis 1858) und Johann Abraham d. J. (1813 bis 1871) führten seit 1836 das Werk fort, getreu der Überlieferung, nur erstklassige Qualitätsware zu liefern. Johann Gottfried blieb Leiter der Berliner Niederlassung, Johann Abraham legte den Grund zu den heutigen Erzeugungsstätten in Solingen. In Müngsten wurde ein Hammerwerk, ein sog. Raffinierstahlhammer, in Betrieb genommen. In Solingen wurde 1852 eine neue Fabrik erbaut, die 1853 die erste Dampfmaschine von 16 PS erhielt; 1861 wurde ein Dampfhammer gekauft. Eine Reise nach England (1851) zeigte ihm, daß er auf dem besten Wege sei, die Sheffielder Messer- und Scherenindustrie zu überflügeln.

Als Johann Abraham 1871 starb, übernahm sein erst 23jähriger Sohn Johann Albert die technische Leitung des Werkes. Die Mechanisierung der Herstellung wurde fortgesetzt und ein systematischer Aufbau des Arbeitsganges durchgeführt. Eine große Anzahl technischer Konstruktionen verdankt ihm ihr Entstehen. Sein Universal-Dampfhammer, den er kurz vor seinem Tode fertigstellen konnte, bewährte sich vorzüglich; die Bauart ermöglichte es, auf demselben Hammer gleichzeitig Gesenk- und Reckarbeiten ausführen zu können. Ohne eine streng durchgeführte wissenschaftlich-technische Vorbildung genossen zu haben, besaß Henckel einen äußerst scharfen und raschen Blick und das richtige Verständnis für technische Dinge in hohem Maße. Im Schwarzwald, wo er Heilung von einem schweren Nierenleiden suchte, ereilte den erst 43jährigen der Tod. *Z 35 (1891) S. 1321; Dr. H. Kelleter: Gesch. d. Familie J. A. Henckels (Solingen 1924).* Hä.

HENLEIN, Peter, geb. um 1480, gest. 1542 in Nürnberg. Henlein war ein geschickter Schlosser, der Taschenuhren, damals wegen ihrer Form „Nürnberger Eier" genannt, verfertigte. Er setzte eine Feder an die Stelle des Gewichtes und erzielte dadurch die Unterbringung des Werkes in einem so kleinen Gehäuse, daß man die Uhren in der Tasche tragen konnte. Sein Zeitgenosse Johannes Coclaeus sagte 1511 darüber: „Aus Eisen machte er kleine Uhren mit vielen Rädern, die vierzig Stunden anzeigen, schlagen und im Geldbeutel getragen werden konnten." *ADB 11 (1880) S. 762; M. M. Mayer: Nürnberger Geschichts-, Kunst- und Altertumsfreund (Nürnberg 1842).* Ca.

HENNEBERG, Rudolf, geb. 1845 in Gotha, gest. 2. Aug. 1909 in Berlin, ist der Sohn eines Rechtsanwalts und besuchte das Gymnasium Ernestinum seiner Vaterstadt. Es ist ein Beweis für die freie Auffassung seiner Eltern, daß sie ihn als Lehrling in die Maschinenfabrik von Briegleb, Hansen & Co. eintreten ließen. Nach zweijähriger Lehrzeit bezog er das Polytechnikum Karlsruhe und war dort Schüler Grashofs. Er beendete seine Studien in Berlin und nahm dann bei A. Borsig die Stelle eines Maschinenmonteurs an. Nach zweijähriger Tätigkeit bei Borsig trat er in die Maschinenfabrik von Schwartzkopff über. In eiden Stellungen hatte er Gelegenheit, sich eingehend mit wärmetechnischen Fragen zu befassen. Im Jahre 1869 berief ihn der Magistrat Berlin als Sachverständigen für die städtischen Zentralheizungsanlagen. Er blieb jedoch nicht lange in dieser Tätigkeit, sondern übernahm die Heizungsabteilung der damals sehr angesehenen Firma Elsner & Stumpf. Im Jahre 1872 trat er als Teilhaber in das Geschäft für Heizungs-, Lüftungs-, Gas- und Wasseranlagen ein, das sein

Freund Hermann Rietschel betrieb. Die Firma begann ihre Arbeit in einem Keller mit vier Arbeitern. Auf dem Gebiete der Heizung und Lüftung entwickelte sich die junge Firma sehr rasch zu einer bedeutenden Stellung. Seit 1880 war Henneberg der alleinige Leiter, da Rietschel in Dresden und später in Berlin sich dem akademischen Lehrberuf widmete. Seine Organisationskraft bewährte sich am glänzendsten bei der großen Hygieneausstellung 1882/83, deren Leiter er war. In diese Zeit fielen auch die Anfänge der elektrischen Glühlichtbeleuchtung. Die mit seinem Freunde Herzberg zusammen gegründete Firma Henneberg, Herzberg & Co. hat als erste auf diesem Gebiet im Auftrage der Deutschen Edison-Gesellschaft, der nachmaligen AEG, Hunderte solcher Anlagen ausgeführt. 1887 bis 1890 war er Mitglied des Reichstages. Als Gründer und langjähriger Vorsitzender des Vereines zum Schutze des gewerblichen Eigentums sowie als Mitglied des Vorstandsrates des Vereines deutscher Ingenieure hat Henneberg sich um Ingenieurstand und Industrie verdient gemacht. *Z 53 (1909) S. 1525.* Hä.

HENNEBIQUE, François, geb. 1843 in Pas de Calais, gest. im April 1921 bei Paris. Hennebique war von Beruf Steinmetz und hat mehrere Jahre hindurch als Unternehmer in Spanien, im Norden Frankreichs und in Belgien gewirkt. Zum erstenmal wurde sein Name 1887 genannt, als er einen Plan zur Erbauung eines 300 m hohen Holzturmes in Brüssel veröffentlichte. Jedoch am bekanntesten ist Hennebique durch seine bahnbrechenden Arbeiten auf dem Gebiet des Eisenbetonbaues. 1892 erhielt er seine ersten Patente auf diese Bauweise, deren Ruf dann durch die Pariser Weltausstellung 1900 in alle Welt drang. Seinem Bildungsgang entsprechend war er nur Praktiker mit nur geringen theoretischen Kenntnissen. Er verband jedoch mit einer sehr genauen Kenntnis der Verwendungsmöglichkeiten aller Baustoffe einen ganz außerordentlichen konstruktiven Scharfblick, der ihm dazu verhalf, sich sehr bald auf allen Teilgebieten des Eisenbetonbaues führend zu betätigen. Eine seiner wichtigsten Verbesserungen in der Bewehrung der Träger bestand in der richtigen Lösung des Verbundes durch Bügel und aufgebogene Eisen. Er hat u. a. zum erstenmal den Eisenbeton zu Gründungspfählen verwandt und auf dem Gebiet des Leitungs- und Brückenbaues mustergültige Lösungen geschaffen, denen der Eisenbeton seine rasche Entwicklung und seine heutige führende Stellung verdankt. Seine Patente wurden 1903 durch die französischen Gerichte für ungültig erklärt, da man ihnen fälschlicherweise gegenüber dem Monier-Patent von 1878 keine wesentlich neuen Gedanken zuerkennen wollte. Hennebique starb im Alter von 77 Jahren auf seiner Besitzung bei Paris. *Beton u. Eisen 20 (1921) S. 99; Schweiz. Bauz. 78 (1921) S. 38; Z 65 (1921) S. 1004.* Ca.

HENNING, Theodor, geb. 12. April 1841 in Mengede (Westf.), gest. 8. Jan. 1919 in Karlsruhe. Henning studierte in Karlsruhe unter Redtenbacher und kam 1867 in die Kölnische Maschinenbauanstalt nach Bayenthal b. Köln, die ihn mit der Aufstellung der ersten in Deutschland zur Ausführung gelangenden Stellwerkanlage auf dem Bahnhof in Börssum betraute. Henning erkannte alsbald die große Bedeutung des Eisenbahnsicherungswesens und wandte seine ganze Lebensarbeit der Vervollkommnung dieses Gebietes zu. Nach der Rückkehr von einer Studienreise durch England gründete er mit seinem Freunde Adolf Schnabel am 1. Juni 1869 die Signalbauanstalt Schnabel & Henning in Bruchsal. 1870 trat er mit einer hydraulischen Stellwerkanlage an die Öffentlichkeit, für die er auf der Wiener Weltausstellung mit einem Preise ausgezeichnet wurde, die ihm aber keinerlei geschäftliche Erfolge brachte. Einstweilen ließ er darum den Bau von Kraftstellwerken ruhen und arbeitete stetig an der Verbesserung der vorhandenen Bauarten weiter, sich stark an englische Formen anlehnend. Um das Tätigkeitsfeld seines Werkes zu erweitern, nahm er den Bau von Kranen und Drehscheiben auf; allmählich fanden auch die Zentralstellwerke Eingang. Die Einführung der Endausgleichung des Weichenspitzenverschlusses, ferner die Aufschneidbarkeit der Weichen bedeuteten einen großen Fortschritt, deren Ursprung auf Theodor Henning zurückgeht. Er ersetzte den bislang üblichen einfachen Drahtzug zur Bedienung der Signale durch einen Doppeldrahtzug und verwandte an der Stellvorrichtung am Signal Hubkurven, die zweifelhafte Signalbilder unmöglich machten. Gleichzeitig arbeitete Henning mit großem Eifer an dem Ausbau der Stellwerke. Während man in England die Selbständigkeit der Stellwerkwärter unter Anhäufung von Signalen erstrebte, arbeitete der deutsche Stellwerkbau immer mehr auf eine Zentralisation des Betriebes hin, indem man versuchte, die Leitung in eine Hand zu legen und den Stellwerkwärtern die freie Verfügung über die Signalhebel zu entziehen. Hennings 1878 patentiertes Stellwerk wurde diesen Forderungen in hohem Maße gerecht; er nahm nicht mehr englische Apparate als Vorbild, sondern wählte den heute noch üblichen Umschlaghebel, 1880 den Fahrstraßenhebel. Zu seinen bedeutendsten Erfindungen muß die Konstruktion der Stellwerkformen A und G gerechnet werden. Mit dem Stellwerk A verließ er die Hebelsteuerung der Verschlußelemente endgültig und ersetzte sie durch Steuerung mit Handfalle; bei dem Stellwerk G benutzte er das vorn liegende Verschlußregister.

Das kleine Unternehmen in Bruchsal erlangte dank Hennings rastloser Tätigkeit bald Weltruf. Noch verschiedene hier nicht erwähnte Bauarten, die von seinem Erfindergeist und technischen Können Zeugnis ablegen, wurden ihm im In- und Ausland patentiert. Die Technische Hochschule Karlsruhe ernannte ihn zu ihrem Ehrendoktor. Henning starb, 77jährig, nach dreitägigem Krankenlager. *Z 63 (1919) S. 301.* Ca.

HENSCHEL, Georg Christian Karl, geb. 24. April 1759 in Gießen, gest. 2. Juni 1835 in Cassel, entstammt einer alten Gießerfamilie. Bereits 1634 goß ein Hans Henschel zwölfpfündige Kanonen für den Grafen von Solms. Karl Henschel hatte zusammen mit seinem Schwiegervater ein Privileg zur alleinigen Herstellung von Kanonen, Glocken, Feuerspritzen usw. für das Niederfürstentum Hessen. Neben der Gießerei betrieb er den Bau von Werkzeugmaschinen und übernahm alle Arbeiten eines Mechanikers. 1796 errichtete er das erste Bleiwalzwerk in Deutschland, das u. a. die Platten für die Pinakothek und die Glyptothek lieferte. 1799 erfand er eine Metalldrehbank mit hölzernen Wangen, die noch lange Zeit im Betriebe der Henschelschen Werkstätten blieb. Im Jahre 1805 wurde das Privileg, das er vorher mit seinem Schwiegervater zusammen innegehabt hatte, auf ihn und seinen zweiten Sohn Johann Werner übertragen. Gießhaus und Werkstätte befanden sich damals bereits in Cassel. Die Besetzung durch Jérome zwang Henschel zur Schließung der Gießerei und brachte ihn in die mißlichste Lage. Da seine Fabrikräume durch die Besatzung beschlagnahmt waren, errichtete er im Jahre 1810 eine neue kleine Werkstätte in seinem Wohnhause, die er mit seinem Sohne Werner zusammen betrieb. Aus dieser Werkstätte hat sich die heute größte deutsche Lokomotivfabrik Henschel & Sohn entwickelt. Im Jahre 1813 wurde Karl Henschel in seine alten Rechte wieder eingesetzt und konnte den Gießereibetrieb wieder aufnehmen. Seit 1817 war auch sein ältester Sohn Anton Henschel Teilhaber der Fabrik. Dem Geschick und dem technischen Können Karl Henschels und seiner beiden Söhne gelang es, die Fabrik mit gutem Erfolge weiterzuführen und ihren Erzeugnissen den Ruf bester und solidester Arbeit zu sichern. *Denkschr. Henschel & Sohn (Cassel 1910).* Hä.

HENSCHEL, Karl Anton, geb. 23. April 1780 in Cassel, gest. 19. Mai 1861 in Cassel, besuchte zusammen mit seinem jüngeren Bruder Johann Werner das Casseler Gymnasium und später die Kunstakademie. Beide erlernten die Grundzüge des väterlichen Berufes in der Werkstatt ihres Vaters. Anton bildete sich daneben selbständig in der Mathematik aus und trat 1797 als unbesoldeter Akzessist in den Staatsdienst ein, während sein Bruder Werner sich dem Berufe eines Bildhauers widmete. In den Jahren von 1803 bis 1817 war Anton Henschel als Baumeister und Bauinspektor bei den Salinen in Schmalkalden, Kösen und Bad Sooden und als Bergingenieur und Maschinendirektor in Carlshafen tätig. 1817 trat er als Teilhaber in die väterliche Fabrik ein, blieb daneben aber weiter im Staatsdienst, wurde 1832 Oberbergrat und Mitglied der Kurfürstlichen Ober-Berg- und Salzwerksdirektion und schied 1845 wegen der sich einstellenden Schwerhörigkeit aus dem Staatsdienste aus. Mit seinem Eintritt in die Fabrik begann er den Maschinenbau energisch zu fördern. Bereits 1800 hatte Anton Henschel eine Pumpanlage für die Saline Sooden entworfen und in der väterlichen Werkstatt gebaut. Bei der Ausführung der Maschinenanlagen war für ihn die alleinige Richtschnur, für alle Aufgaben die zweckmäßigste Lösung zu finden. Seiner schöpferischen Phantasie fiel es nicht schwer, stets neue und geeignete Wege zu gehen. Die hierdurch entstehenden Aufwendungen machten sich zwar für ihn selbst nicht immer bezahlt, doch begründete er den Ruf seiner Fabrik, so daß seine Nachfolger reichen Nutzen aus seiner Arbeit ziehen konnten. Von seinen technischen Konstruktionen sind das Kastengebläse und der Röhrendampfkessel zu erwähnen, außerdem die nach ihm benannte Turbine, auf die später Jonval das französische Patent nahm. Auch als Brückenkonstrukteur betätigte er sich und entwarf die erste Blechträgerbrücke auf steinernen Pfeilern. Bereits sehr früh hatte er reges Interesse für alle auf die Errichtung einer Eisenbahn hinzielenden Pläne. 1803 entwarf er ein Straßenfahrzeug mit Antrieb durch eine eingebaute Dampfmaschine und führte das Modell dem Kurfürsten vor. Aus dem Jahre 1822 stammt der unausgeführt gebliebene Entwurf einer hängenden Förderbahn, welche die wesentlichen Eigenschaften der heutigen Seilförderbahnen schon aufweist. Um 1830 entstand der Entwurf einer Drucklufteisenbahn, die zur Beförderung sowohl von Personen wie von Gütern dienen sollte. Von der Dampflokomotive versprach Henschel sich im Anfang nicht allzu viel, weil er besonders ihren zu hohen Kohlenverbrauch fürchtete, und hielt lange an seiner Idee der Druckluftlokomotive fest. Zur Versorgung dieser Lokomotiven sollten an bestimmten Stationen Kompressoren aufgestellt werden. Bei dem damaligen Stand des Dampfmaschinenbaues wäre eine solche Anlage zwar in der Herstellung teurer, im Betrieb aber tatsächlich noch billiger gewesen. Eine 1833 nach England unternommene Reise vermittelte ihm die Kenntnis der in England ausgeführten Eisenbahnen. Bei dieser Gelegenheit lernte er auch Stephenson und Brunel kennen und konnte mit diesen Männern seine Eisenbahnpläne besprechen. Im Jahre 1848 verließ die erste Dampflokomotive, der „Drache", seine Fabrik. Unter seinen Nachfolgern entwickelte sich dann das Werk zu einer der führenden Lokomotivbauanstalten.

Seit 1835 war sein Sohn Karl Mitleiter der Firma, deren Leitung allmählich ganz in dessen Hände überging, während Anton Henschel sich mehr und mehr seinen künstlerischen und philosophischen Neigungen widmete. Er legte von jeher großen Wert auf die Heranbildung eines guten Nachwuchses an Ingenieuren und Arbeitern und stellte regelrechte Lehrgänge zu deren Ausbildung auf, deren Grundzüge von der Staatseisenbahn zur Ausbildung ihres Personals übernommen wurden. Sein reges künstlerisches Interesse betätigte er besonders auf dem Gebiete der Architektur. *Denkschr. Henschel & Sohn (Cassel 1910).* Hä.

HERDER, Siegmund August Wolfgang Freiherr v., geb. 18. Aug. 1776 zu Bückeburg, gest. 29. Jan. 1838 zu Dresden. Bereits im Oktober 1776 wurde der Vater als Generalsuperintendent nach Weimar berufen, infolgedessen fand die Taufe dort statt. Unter den Taufpaten finden wir keinen geringeren als Goethe, der seinem Patenkinde August dauernde Freundschaft bewahrte. Auch die herzogliche Familie stand in engem Verkehr mit der damals noch bürgerlichen Familie Herder. Mehrere Reisen des Jünglings mit Goethe nach der Bergstadt Ilmenau dürften die Neigung zur Mineralogie und zum Bergwesen geweckt haben.

Nachdem Herder das Gymnasium zu Weimar besucht hatte, wurde er, da er für den Besuch der Universität noch zu jung war, auf ein Jahr nach Neuchâtel in der Schweiz geschickt, um die französische Sprache zu erlernen. Dann bezog er Michaelis 1795 die Universität Jena und im folgenden Jahre die Universität Göttingen, um Mathematik und Naturwissenschaften, aber auch Rechtskunde zu studieren. 1797 bis 1800 gehörte Herder der Bergakademie Freiberg an, ging aber dann noch nach Wittenberg, um seine juristischen Kenntnisse zu vertiefen. Dort erwarb er 1802 mit der Dissertation „De jure quadraturae metallicae" (Vom Rechte der Vierung, eine bergrechtliche Studie), die philosophische Doktorwürde. Er nennt sich auf dem Titel „de Herder", da sein Vater inzwischen vom Kurfürsten Maximilian von Bayern in den Adelstand erhoben worden war. Im Herbst 1802 trat er als Bergamtsassessor bei den Bergämtern Marienberg, Geyer und Ehrenfriedersdorf in den sächsischen Staatsdienst, 1803 kam er in gleicher Eigenschaft nach Schneeberg und wurde Ende 1804 als Oberberg- und Oberhüttenamtsassessor nach Freiberg berufen. In den Jahren 1809 bis 1813 war er im Herzogtum Warschau tätig, wo es galt, die im Wiener Friedenstraktat dem Kaiser von Österreich und dem Könige von Sachsen gemeinsam übertragene Verwaltung des Salzwerkes Wieliczka zu regeln. Infolge seiner dortigen Tätigkeit wurde er vom Könige von Sachsen in den Freiherrenstand erhoben. Seine Bemühungen, den durch die Kriegsjahre stark zurückgegangenen Bergbau im Erzgebirge wieder zu beleben, führten im Jahre 1817 zu einer Staatsunterstützung durch den König Friedrich August in Höhe von 120 000 Talern, eine für die damalige Zeit sehr beträchtliche Summe. Vom Juni 1818 bis Jan. 1819 führte er auf eigene Kosten eine Studienreise in die Bergbaugebiete Schwedens und Norwegens und nach dem Harze aus. Bald nach seiner Rückkehr wurde er im Nov. 1819 zum Vizeberghauptmann und in rascher Folge im Aug. 1821 zum Berghauptmann, im Juli 1826 zum Oberberghauptmann ernannt. In diesen Stellungen hat er aufs eifrigste für die Weiterentwicklung des sächsischen Bergbaues, des Hüttenwesens und der Bergakademie gesorgt. Im besonderen beschäftigte ihn der Plan, durch Herstellung eines tiefen Stollens das Eindringen des Freiberger Bergbaues in größere Tiefen sicherzustellen. Sein erst im Jahre 1838 kurz nach seinem Tode erschienenes Werk „Der tiefe Meißener Erbstolln" legt Zeugnis ab von der Umsicht, mit der er die Planung vorbereitet hatte. Bemerkenswert ist es, daß Alexander v. Humboldt ein zustimmendes Gutachten hierzu ausgearbeitet hat. Wohl wegen der sehr hohen Kosten kam nicht dieser, sondern der zwar etwa 73 m höher gelegene, aber auch rd. 9 km kürzere Rothschönberger Stollen zur Ausführung.

Im Jahre 1835 bereiste Herder im Auftrage der fürstlichen Regierung Serbien, um ein Gutachten über die Belebung des dortigen Bergbaus zu erstatten. Fürst Milosch verlieh ihm zum Dank einen mit Brillanten geschmückten Ehrensäbel; das Tagebuch über die Reise ist später veröffentlicht worden.

Am 29. Jan. 1838 verstarb Herder in Dresden. Er wurde seinem Wunsche gemäß in der Drei-Königs-Halde bei Freiberg abends unter Fackelbegleitung durch eine Bergparade bestattet. Sein Grab, jetzt „Herders Ruhe" genannt, ziert die Inschrift: „Hier ruht der Knappen treuster Freund." *Wappler: Mitteil. d. Freiberger Altertumsvereins, H. 39 (1902).* Tr.

HERMBSTÄDT, Sigismund, geb. 14. April 1760 in Erfurt, gest. 22. Okt. 1833 in Berlin. Hermbstädt studierte nach Absolvierung des Gymnasiums auf der Universität Erfurt Medizin; nebenbei beschäftigte er sich eingehend mit chemischen Arbeiten und brachte es hierin bald so weit, daß er als Repetent der chemischen Vorlesungen bei Wiegleb in Langensalza Aufnahme fand, wo er sich in der theoretischen und praktischen Pharmazie fortbildete. Kurze Zeit arbeitete er hierauf in der Ratsapotheke zu Hamburg; von dort ging er als selbständiger Apotheker nach Berlin. Gleichzeitig vervollkommnete er seine Studien am Kgl. Collegium Medico-Chirurgicum. 1786 unternahm Hermbstädt eine wissenschaftliche Reise nach dem Harz und dem sächsischen Erzgebirge und hielt nach seiner Rückkehr in Berlin Privatvorlesungen über Chemie, Physik, Technologie und Pharmazie. 1791 wurde er als ordentlicher Professor der Pharmazie und Chemie bei dem Collegium Medico-Chirurgicum angestellt, gleichzeitig auch mit der Administration der Kgl. Hofapotheke betraut und bald darauf zum Assessor bei dem Kgl. Manufaktur- und Kommerzkollegium sowie bei der Salzadministration ernannt. Seine Tätigkeit führte ihn immer weit auf technische Gebiete, und seine Mitwirkung im Staatsministerium veranlaßte ihn, sich für die Anwendung der Chemie auf die wissenschaftliche Ausbildung der Gewerbe und für die Weiterbildung der gesamten Technologie mit großer Tatkraft einzusetzen. Er gab eine Reihe wissenschaftlicher Abhandlungen über Technologie, Chemie, Pharmazie, sowie auch über Agronomie und landwirtschaftliche Gewerbe heraus und arbeitete an Übersetzungen bedeutender ausländischer Werke. Sein „Grundriß der Technologie" und seine eingehenden chemischen Schriften sind Zeugen seines großen Scharfblickes und seiner gründlichen wissenschaftlichen Forschung. Seine unablässigen Bemühungen um die Entwicklung der Gewerbe, denen er eine wissenschaftliche Grundlage zu schaffen versuchte, und seine bedeutenden Arbeiten auf dem Gebiet der technischen Chemie fanden bei seinen Zeitgenossen die vollste Anerkennung. Er bekleidete die Ämter eines Professors der Chemie und Technologie an der Universität Berlin, des Professors der Chemie an der Kgl. Kriegsschule, der Medizin.-Chirurg. Akademie für das Militär und an dem Bergwerkseleveninstitut, er war Beisitzer der Technischen Deputation für Handel und Gewerbe, und hat sich, wie Beuth, der erste Direktor der technischen Deputation, besonders hervorhebt, um die Durchführung des Unterrichts der chemischen Technologie große Verdienste erworben. Ferner gehörte er der wissenschaftlichen Deputation für das Medizinalwesen im Kultusministerium an. *ADB 12 (1880) S. 190; Beitr. 3 (1911) S. 239. Ca.*

HERON DER ÄLTERE von Alexandria lebte im Ausgang des 2. Jahrhunderts v. Chr. Er war ein Schüler des Ktesibios und kannte bereits die vier physikalischen Grundeigenschaften der Körper: Ausdehnung, Undurchdringlichkeit, Porosität und Teilbarkeit. Er untersuchte die Elastizität und stellte hygroskopische Beobachtungen sowie auch Schwerpunktuntersuchungen an. Er berichtet von einem Thermoskop, welches durch Erwärmung (Aufstellung in der Sonne) oder Abkühlung (Aufstellung im Schatten) Wasser in einer Röhre emporpreßt oder absaugt, also den Grundgedanken des Thermometers enthält. Die Konstruktion verschiedener Pressen (Öl- und Weinpressen) ist Heron zuzuschreiben; ferner erwähnt er in seinen Abhandlungen eine Seilbahn, Kräne und andere Hebevorrichtungen. Er beschreibt einen Geisterspiegel und berichtet von einem Weihwasserautomaten, der gegen Einwurf eines Fünfdrachmenstückes eine bestimmte Menge Weihwasser abgibt. Er förderte das von Ktesibios erschlossene Gebiet der pneumatischen Maschinen, erfand den Heronsbrunnen und den Windkessel und vervollkommnete viele der von Ktesibios und Philo angegebenen pneumatischen Apparate. In einem Dampfkessel verwandte er Innenfeuerung und Quersieder. Heron soll die Grundlage für die Markscheidekunst gelegt haben, er kannte bereits ein geometrisches Instrument, das sich als Vorläufer des Storchschnabels darstellt, und ein anderes, das zur Konstruktion ähnlicher körperlicher Figuren dient. In seiner Lehre vom Geschützbau zeigte er, wie die Biegungselastizität der Bogenarme weit von der Torsionselastizität gedrehter Stränge übertroffen wird und wie man solche Stränge mit der zum Fortschleudern des Geschosses bestimmten Sehne in Verbindung setzt. In der Konstruktion eines Wegemessers für Wagen ist der Grundgedanke der heutigen Fahrpreisanzeiger-Fuhrwerke genau zu erkennen; gleichfalls finden wir in seinen Beschreibungen einen solchen Wegemesser für Schiffe erwähnt.

Heron wußte auch von der Auflösung quadratischer Gleichungen, jedenfalls ist die Berechnung einer unreinen quadratischen Gleichung mit seinem Namen verbunden. Die geodätische Abhandlung über die Dioptra, eine Art Theodolit, enthält die Formel für die Dreiecksflächen, ausgedrückt durch die drei Seiten (Heronsche Formel).

Herons „Pneumatik" ist wohl das älteste auf uns gelangte Werk, welches sich eingehend mit Versuchen über die Eigenschaften der Luft und der Dämpfe beschäftigt. Die umfassenden Schriften Herons bildeten wahrscheinlich ursprünglich ein großes geodätisches Werk, dessen Einzelteile später jahrhundertelang als Lehrbücher benutzt und vielfach umgestaltet worden sind. *Entw. Natw.; W. Schmidt: Heron v. Alexandria (Leipzig 1899); Knauff: Die Physik d. Heron v. Alexandria (1900); Handb. Natw. Ca.*

HÉROULT, Paul Louis Toussaint, geb. 10. April 1863 in Harcourt, gest. 9. Mai 1914 bei Antibes, war der Sohn eines Gerbereibesitzers. Nach Absolvierung des Gymnasiums bezog er 1882 die Bergakademie in Paris. Er mußte seine hüttenmännischen Studien nach dem Tode seines Vaters aufgeben, um die Leitung der Gerberei zu übernehmen. Besonders eingehend beschäftigte ihn jedoch weiterhin die elektrochemische Gewinnung der Metalle. Mittels einer kleinen Dynamomaschine arbeitete er ein Verfahren zur Gewinnung von Aluminiumlegierungen aus und übernahm 1887 die Leitung der Neuhausener Aluminiumfabrik. Auch in Froges wurde ein solches Werk nach seinem System errichtet. 1889 ging er nach den Vereinigten Staaten, um dort eine Versuchsanlage zur Aluminiumherstellung in Betrieb zu setzen, was jedoch fehlschlug. Er entschloß sich deshalb, die Leitung des Werkes in Froges wieder zu übernehmen, das nach Erwerb einer größeren Wasserkraftanlage in La Paz in Savoyen nach dort verlegt werden mußte. Héroult leitete hierbei den Bau und zeigte auch auf dem Gebiet der Wasserkraftanlagen ein reiches Wissen. In dem von ihm eingeführten elektrischen Ofen versuchte er Eisenlegierungen und auch reinere Eisensorten zu gewinnen, wodurch es ihm gelang, die Fabrikation von Ferrochrom und Ferrowolfram aufzunehmen und im Jahre 1900 sogar weiches Flußeisen bzw. Flußstahl zunächst aus Eisenabfällen zu erschmelzen.

Wir verdanken Héroult die Grundlage der jetzt so bedeutenden Aluminiumindustrie, vor allem aber die Einführung des nach ihm benannten elektrischen Lichtbogenofens; er verstand es mit den denkbar einfachsten Mitteln, lange vergeblich gesuchte Lösungen schwieriger Probleme zu finden. Die Technische Hochschule Aachen ernannte ihn 1902 zum Dr.-Ing. E. h. Er starb 51jährig an Bord seiner Yacht im Mittelländischen Meer. *St. u. E. 34 (1914) S. 1051; Z 58 (1914) S. 981. Ca.*

HERRMANN, Friedrich Gustav, geb. 19. Dez. 1836 in Halle a. S., gest. 13. Juni 1907 in Aachen. Herrmann war der Sohn eines Sattlermeisters. Er besuchte in Halle die Provinzialgewerbeschule und bezog 1855 das Kgl. Gewerbeinstitut in Berlin. Nachdem er 10 Jahre als Zivilingenieur in Berlin tätig gewesen war, widmete er sich der Lehrtätigkeit. Zunächst übernahm er eine Stelle als Dozent für Maschinenbau und einfache Hilfsmaschinen an der Bauakademie Berlin. 1870 siedelte er an die Technische Hochschule Aachen über, wo er mechanische Technologie lehrte. Von seinen wissenschaftlichen Werken ist besonders hervorzuheben die Neubearbeitung von Weisbachs Lehrbuch der Ingenieur- und Maschinenmechanik, das als Katechismus aller Ingenieure galt. Mit besonderer Vorliebe hat Herrmann die graphische Behandlung maschinentechnischer Probleme in seine Werke einbezogen. Im Jahre 1903 ernannte ihn die Technische Hochschule Karlsruhe zum Dr.-Ing. E. h. in Anerkennung seiner Verdienste um die Einführung graphischer Methoden in den Maschinenbau. *Z 51 (1907) S. 1316; Techn. Hochsch. Aachen: Zum Gedächtnis von F. G. Herrmann.* Hä.

HERSCHEL, John Frederick William, Sir, geb. 7. März 1792 in Slough (bei Windsor), gest. 11. Mai 1871 in Collingwood (Kent), war der Sohn des bekannten Astronomen Friedrich Wilhelm Herschel. Er studierte in Cambridge und beobachtete seit 1816, zusammen mit J. South, die Doppelsterne, deren genaue Bahnberechnung er in zwei einfachen Methoden angab. 1820 führte Herschel unter dem Namen „Antichlor" das unterschwefligsaure Natron zum Fixieren von Chlorsilberpapierbildern und zur Beseitigung der von der Chlorbleiche der im Papier zurückgebliebenen Reste von Chlor ein. Sein Hauptlebenswerk erstreckte sich auf die genaue Beobachtung der von seinem Vater entdeckten Nebelflecke und Sternhaufen, deren Ergebnis er 1864 in seinem großen „General Catalogue of nebulae and clusters of stars" kundtat. 1834 ging er nach dem Kap der Guten Hoffnung, wo er bis zum Mai 1838 die ganze südliche Halbkugel des Sternenhimmels erforschte und eine große Anzahl von neuen Doppelsternen und Nebeln entdeckte. Auch die Eigenschaft des Strontiums, Natriums Kaliums und anderer Stoffe, durch ihre Gegenwart in der Flamme bestimmte Linien im Spektrum hervorzurufen, hat Herschel zuerst beschrieben. Eingehend befaßte er sich mit den Untersuchungen über die sphärische Aberration des Lichtes bei der Reflexion an spiegelnden Flächen. Zur Messung der erwärmenden Wirkung der Sonnenstrahlen, der sog. Insolation, konstruierte er nach eigenen Ideen das Aktinometer. 1835 gab er die Anregung, zur Zeit der Solstitien und Äquinoktien gleichzeitig an verschiedenen Orten stündliche meteorologische Beobachtungen vorzunehmen.

1838 wurde Herschel zum Baronet ernannt, das Mareshal College erwählte ihn 1842 zu seinem Lordrektor und von 1850 bis 1855 bekleidete er das Amt eines Direktors des königlichen Münzwesens. Die Ergebnisse seiner physikalischen Studien legte er in verschiedenen wissenschaftlichen Abhandlungen nieder. In Verbindung mit einigen anderen Gelehrten arbeitete er für den Gebrauch der Marineoffiziere ein „Manuel of scientific enquiry" (1849) aus. Er starb 79jährig. *Entw. Natw. 3 (1922) S. 269; Handb. Natw.* Ca.

HERTZ, Heinrich, geb. 22. Febr. 1857 in Hamburg, gest. 1. Jan. 1894 in Bonn, war der Sohn eines Hamburger Senators. Er studierte zuerst die Ingenieurwissenschaften, widmete sich aber später der Physik und wurde 1880 Assistent bei Helmholtz. 1883 wurde er an der Universität Kiel Privatdozent für theoretische Physik und 1886 Nachfolger Clausius' auf dem Lehrstuhl für Physik in Bonn. Es gelang Hertz, den Zusammenhang zwischen Licht und Elektrizität nachzuweisen. Bei seinen scharfsinnig durchgeführten Versuchen erzeugte er elektrische Schwingungen von einer Schwingungszahl, die alle bisherigen Ergebnisse übertraf, und zeigte, daß die elektrische Kraft zu ihrer Fortpflanzung durch die Luft eine Zeit braucht, die der Geschwindigkeit des Lichtes gleichkommt, und daß diese elektrischen Kraftstrahlen denselben Gesetzen der Fortpflanzung, Reflexion und Brechung unterliegen, wie die Lichtstrahlen. Die Faraday-Maxwellsche Theorie wurde durch seine Untersuchungen bestätigt.

Hertz ist nicht nur als großer Experimentator anzusehen; daß er auch auf dem theoretischen Gebiet ein Meister war, läßt seine mathematische Darstellung der Theorie der elektrischen Erscheinungen erkennen. Seine Forschungen gaben den Anstoß zu unzähligen Versuchen seiner Schüler und, wenn es ihm auch nicht möglich war, den Erfolg seiner Lehre zu sehen, so wird sein Werk als ein Markstein in der Geschichte der menschlichen Erkenntnis von allen Fachleuten und der Wissenschaft anerkannt. *Z 38 (1894) S. 59; ETZ 15 (1894) S. 28; Schw. Bauz. 23 (1894) S. 15.* Gro.

HEUSINGER VON WALDEGG, Edmund, geb. 12. Mai 1817 in Langenschwalbach, gest. 2. Febr. 1886 in Hannover. Anfangs Buchhändler, widmete er sich später in Göttingen und Leipzig dem Studium der Mathematik und Mechanik, um sich dann in den Dienst des Eisenbahnwesens zu stellen. Im Jahre 1841 finden wir ihn eine Zeitlang in der Gutehoffnungshütte bei Sterkrade, später als Werkmeister in der Werkstätte der Taunusbahn zu Kastel bei Mainz beschäftigt. 1844 wurde er zum zweiten Maschinenmeister in Frankfurt a. M., im Jahre 1846 zum ersten Maschinenmeister und Vorstand der Zentralwerkstätte in Kastel ernannt. 1854 erhielt er von der hessen-homburgischen Regierung den Auftrag zur Verfassung des Projektes für die Linie Frankfurt—Homburg, die später unter seiner Leitung ausgeführt wurde. Weiter hat Heusinger von Waldegg auch die Entwürfe für die Deisterbahn, dann für die Südharzbahn Nordhausen—Nordheim geliefert. 1845 beteiligte er sich an der Gründung des Organs für die Fortschritte des Eisenbahnwesens, später, als die Zeitschrift Ende 1863 zum Organ des Verbandes deutscher Eisenbahn-Verwaltungen erhoben wurde, übernahm er im Auftrage des Vereins die Schriftleitung, die er bis an sein Lebensende führte.

Die Eisenbahntechnik verdankt Heusinger von Waldegg eine Reihe von bemerkenswerten Erfindungen. Die Bauart der Personenwagen mit seitlichem Gang rührt von ihm her; er machte sich ferner um die Vervollkommnung der Kupplungseinrichtungen verdient; er führte die nach ihm benannte Lokomotivsteuerung sowie schmiedeiserne Doppelscheibenräder ein; er ließ sich ferner ein eisernes Oberbausystem mit zweiteiliger Schiene patentieren, das sich bei Straßenbahnen gut bewährt hat.

So bedeutend auch die technische Tätigkeit Heusinger von Waldeggs war, so tritt sie doch gegenüber seinen Leistungen auf literarischem Gebiet zurück, die in der Tat ganz außerordentliche genannt werden müssen. Das Organ für die Fortschritte des Eisenbahnwesens enthält zahlreiche Aufsätze aus seiner Feder. Er veröffentlichte von Zeit zu Zeit Nachträge, die die Fortschritte auf dem Gebiet einzelner Zweige der Eisenbahntechnik zusammenfassen. Seine beiden Hauptwerke sind das Handbuch der Ingenieurwissenschaften und das Handbuch für spezielle Eisenbahntechnik. Diese beiden Werke haben in den technischen Kreisen Deutschlands und des Auslandes größte Anerkennung und Verbreitung gefunden. *Enz. Eisb. 6 S. 189.* Dr.

HEYN, Emil, geb. 5. Juli 1867 zu Annaberg i. Sa., gest. 1. März 1922 zu Berlin. Er besuchte das Realgymnasium, arbeitete praktisch auf Hüttenwerken des Freiberger Bezirkes und studierte Hüttenkunde auf der Bergakademie Freiberg. Strenge Zeiteinteilung gestattete ihm den Genuß frohen studentischen Lebens und eifriges Studium. Nach glänzend bestandenem Examen war er bei Krupp in Essen und beim Hörder Verein tätig. Von dort ging er als Lehrer an die Kgl. Maschinenbauschule in Gleiwitz O./S., fand jedoch im Zwange des Schulbetriebes keine Befriedigung und nahm die ihm von Martens auf Veranlassung von Ledebur angebotene Stelle als Assistent an der Mechanisch-Technischen Versuchsanstalt in Charlottenburg an. Hier konnte er sich recht entfalten und übernahm die Ausarbeitung des von Martens begründeten Verfahrens zur mikroskopischen Untersuchung der Metalle mit beispiellosem Erfolge. 1901 wurde er ordentlicher Professor für allgemeine mechanische Technologie an der Technischen Hochschule zu Charlottenburg. 1919 gründete er die Deutsche Gesellschaft für Metallkunde und übernahm 1920 die Leitung des Kaiser-Wilhelm-Institutes für Metallforschung, nachdem er schon 1917 aus dem Materialprüfungsamte, der früheren Mechanisch-Technischen Versuchsanstalt, ausgeschieden war. Seine erste Veröffentlichung, „Mikroskopische Untersuchungen an tiefgeätzten Eisenschliffen", erschien 1898. In kurzen Zwischenräumen folgten Arbeiten über Metallographie, Ätzverfahren, Seigerungen, Wasserstoffkrankheit, Korrosion, Härten und Glühen, Spannungserscheinungen, Kerbwirkung. 1901 veröffentlichte er zum ersten Male seine Erklärung über die Abkühlungsvorgänge im Eisen durch das Doppeldiagramm. 1911 erschien eine grundlegende Arbeit: „Der technologische Unterricht als Vorstufe für die Ausbildung des Konstrukteurs". 1914 folgte eine Arbeit (gemeinsam mit O. Bauer herausgegeben): „Untersuchung über die Wärmeleitfähigkeit feuerfester Baustoffe". Seine bedeutendste Schriftschöpfung ist das zusammen mit Martens verfaßte „Handbuch der Materialienkunde für den Maschinenbau", in dessen zweitem Band er in formvollendeter Sprache seine Erfahrungen auf dem Gebiete der Metallographie niedergelegt hat. Vor der Vollendung des dritten Bandes des Handbuches rief der Tod ihn ab, aus einer Tätigkeit, in der er das höchste Ziel seines Lebens erkannt hatte, objektiv zu forschen, genial im Sinne Schopenhauers. *St. u. E. 42 (1922) S. 605; Mitt. d. Material-Prüfungs-Amtes 1922.* De.

HILGENSTOCK, Gustav, geb. 15. Nov. 1844 in Sprockhövel, gest. 5. Mai 1913 in Sprockhövel. Nach Besuch der Volks- und Rektoratschule arbeitete er ein Jahr praktisch in der Grube „Glückauf" in seinem Heimatsort, besuchte die Gewerbeschulen in Hagen und Barmen, und studierte auf der Bergakademie in Berlin das Berg- und Hüttenfach. Nach seiner militärischen Dienstzeit trat er 1867 als Ingenieur bei der Union in Dortmund ein, wo er bis 1872 blieb. Während dieser Zeit machte er zuerst als Vizefeldwebel, dann als Leutnant des 7. Pionierbataillons den Krieg 1870/71 mit. 1872 wurde er Leiter der Haßlinghauser Hochöfen und 1873 des Hörder Eisenwerks, wo er 20 Jahre verblieb und sich besondere Verdienste um die Einführung des Thomasverfahrens und die Entschwefelung des Eisens erwarb. 1893 trat er als Nachfolger seines Freundes Dr. C. Otto bei der Gesellschaft Dr. C. Otto & Co. in Dahlhausen an der Ruhr ein, die er 18 Jahre hindurch erfolgreich leitete. Die wichtigste Erfindung, die er dort machte, war der Unterbrenner-Koksofen. Auf seine Anregung entstanden die Deutsche Ammoniak-Verkaufs-Vereinigung, die Deutsche Teer-Verkaufs-Vereinigung und die Westdeutsche Benzol-Verkaufs-Vereinigung, denen er seit ihrer Gründung etwa 10 Jahre als Vorsitzender des Aufsichtsrates und Beirates angehörte. 1894 bis 1911 war er Mitglied der Bochumer Handelskammer. 1909 wurde er Ehrendoktor der Technischen Hochschule Charlottenburg und trat 1911 in den Ruhestand. Hilgenstock war glühender Patriot und Bismarckverehrer und hing mit allen Fasern seines Herzens an seiner westfälischen Heimat. *St. u. E. 33 (1913) S. 884.* Lo.

HIRN, Gustav Adolf, geb. 21. Aug. 1815 in Logelbach bei Colmar, gest. 14. Jan. 1890 in Colmar i. E., durch Selbststudium und eigene umfassende Versuche als hervorragender Physiker, Maschinentheoretiker und Philosoph in der wissenschaftlichen Welt anerkannt. — In der Textilfabrik seines Vaters, die er später selbst übernahm, fand er, von Untersuchungen über Schmiermittel ausgehend, später als Robert Mayer, aber ganz unabhängig von diesem, das Gesetz des mechanischen Wärmeäquivalentes. Bei Versuchen zur Erhöhung der Leistung seiner 100 PS-Betriebsdampfmaschine stellte Hirn die erste Wärmebilanz einer Dampfmaschine auf und begründete den Einfluß des überhitzten Dampfes auf ihren Wirkungsgrad. Er fand bei diesen Untersuchungen die großen Vorteile des Dampfmantels und der Anwendung überhitzten Dampfes. Nicht nur in den von Hirn gefundenen Tatsachen liegt die hohe Bedeutung seiner Arbeiten, sondern vielmehr auch in den Methoden seiner Untersuchungen. Die Versuche, welche Hirn uns gelehrt, beziehen sich auf das innere Lebensprinzip der Maschine, auf das Studium des Werdeprozesses der Arbeit und der Wandlungen der Wärme. Hirn zog sich im Jahre 1881 von den Geschäften zurück, um ganz seiner wissenschaftlich-literarischen Tätigkeit zu leben. Er trieb meteorologische und astronomische Studien und war auf dem physikalisch-philosophischen Grenzgebiet der Spekulationen über das Weltentstehen ein erfolgreicher Streiter gegen den Materialismus. Hirns Arbeiten sind vor allem in zahlreichen Veröffentlichungen der „Société Industrielle de Mulhouse" erschienen. Sein Haupt- und Lebenswerk trägt den Titel: „Constitution de l'Espace céleste"; andere seiner Schriften sind: „La vie future et la science moderne", „Analyse élémentaire de l'Univers" u. a. *A. Slaby: J. Ericsson u. G. A. Hirn, Gedächtnisrede (Berlin 1890); Beitr. 3 (1911) S. 20; Gewerbfleiß (1890).* Hr.

HJORTH, Sören, geb. 13. Okt. 1801 in Vesterbygaard (Dänemark), gest. 28. Aug. 1870. Bei seinen Arbeiten auf elektrotechnischem Gebiet kam Hjorth vor Werner Siemens der Erfindung der Dynamomaschine sehr nahe. Sein Vater war Landwirt; Sören Hjorth erhielt seine erste Erziehung von dem Kantor des Ortes. Schon früh zeigte er große mechanische Befähigung. Nach kurzer Tätigkeit an einem Gericht wurde er Verwalter eines Gutes; 1828 trat er als Volontär in das Schatzamt ein und wurde 1836 Sekretär. Seit 1840 übte er seit hauptsächlich die Tätigkeit eines beratenden Ingenieurs aus. Auch während seiner Tätigkeit im Schatzamt beschäftigte er sich viel mit technischen Fragen. Hervorzuheben ist die Konstruktion einer rotierenden Dampfmaschine, die sich allerdings für die Praxis noch nicht als brauchbar erwies. 1839 machte Hjorth eine Reise nach England, Frankreich und Belgien, auf der er besonders das Eisenbahnwesen studierte. Seit 1840 arbeitete er unermüdlich an dem Zustandekommen einer Eisenbahn von Kopenhagen nach Roskilde. Er wußte nach unendlichen Mühen die industrielle Gesellschaft für seinen Plan zu begeistern, die ihn 1843 zu ihrem Präsidenten und dann nochmals 1845 zum Vizepräsidenten wählte. 1847 konnte die Bahn von Kopenhagen bis Roskilde endlich dem Verkehr übergeben werden.

Hjorths Beschäftigung mit der Elektrizität begann 1842 mit dem Entwurf einer elektromagnetischen Maschine, die aus einem Kreise feststehender Magnete bestand, deren Pole gegen diejenigen eines beweglichen Magnetkreises gerichtet waren. 1848 ging Hjorth nach England, um hier seine Studien dieser Maschine fortzusetzen. Durch Vermittlung eines Ingenieurs Gregory, der sich besonders mit dem Magnetismus beschäftigte, kam er in Verbindung mit Bramahs Fabrik, wo zwei Maschinen nach Hjorths Ideen gebaut wurden. Nach vorläufigen Patenten von 1848 und 1854 erhielt er 1855 das sehr beachtenswerte endgültige Patent. Einen wesentlichen Teil der Selbsterregung hat Hjorth hiernach bereits erkannt und ausgesprochen; doch nahm er zum Geben des ersten Anstoßes besondere permanente Magnete zu Hilfe. Die allmähliche Steigerung des Magnetismus infolge der Wechselwirkung zwischen Anker und Magnete hat Hjorth sehr deutlich erkannt und im Patent zum Ausdruck gebracht; auch über den Erfolg war er im klaren. Eine Bewicklung der permanenten Magnete zu ihrer Verstärkung war ihm ebenfalls bekannt, doch legte er ihr keine Bedeutung bei und ließ sie in der endgültigen Patentschrift wieder fallen. In seinen viel später veröffentlichten Tagebüchern findet sich eine Maschine mit Wechselwirkung zwischen Anker und Magneten, deren Pole und Joch einen einzigen aus Gußeisen und Schmiedeeisen bestehenden magnetischen Kreis enthalten. Ziemlich sicher hat Hjorth also hier den Gedanken der vollständigen Selbsterregung wiedergegeben. Auch diesen Gedanken hat Hjorth wieder fallen gelassen. Es gelang ihm nicht, eine Maschine zu bauen, die befriedigend arbeitete. So wertvoll seine Arbeiten waren, die praktischen Erfolge blieben aus; er hatte nicht die Kraft, seine Ideen in brauchbare Maschinen umzusetzen. Insbesondere war Hjorth sich über das Energiegesetz noch nicht im klaren.

1856 kehrte Hjorth nach Dänemark zurück. Die Patente und Reisen hatten sein Vermögen aufgezehrt, und die Versuche, seine Maschine oder sein Patent zu verkaufen, scheiterten. Er übernahm 1857 die Vertretung eines englischen Stahlwerkes und betätigte sich daneben als Übersetzer in Kopenhagen. Von 1861 an gewährte ihm der Staat eine jährliche Rente von 500 Reichstalern bis zu seinem Tode. Mit der magnetisch-elektrischen Maschine beschäftigte er sich nach wie vor, ohne noch wesentliche Verbesserungen hinzufügen zu können. Mißerfolge brachen seine Energie, so daß er noch vor Vollendung des 69. Jahres starb. Wenn auch der endliche Erfolg der Arbeiten anderen zufiel, müssen die zähe Energie, der Fleiß und die Opfer Hjorths anerkannt werden. *S. Smith: Sören Hjorth (Kopenhagen 1912); Beitr. 7 (1916) S. 136; EKB 13 (1913) S. 189.* Hä.

HOBRECHT, James, geb. 31. Dez. 1825 in Memel, gest. 8. Sept. 1902 in Berlin, stammte väterlicherseits aus einer preußischen Beamten- und Offiziersfamilie, mütterlicherseits aus einer englischen Familie ab. Sowohl diese Herkunft als auch die Übernahme eines Gutes durch seinen Vater bald nach seiner Geburt haben wohl bestimmend auf seine Lebensarbeit eingewirkt. Er hatte zunächst nach dem Besuch des Gymnasiums in Königsberg die Absicht, Landwirt zu werden und beschäftigte sich als Landwirtschaftseleve u. a. mit Landmeßkunst. Dadurch kam er auf die Absicht, Feldmesser zu werden, vervollständigte noch einmal seine Gymnasialbildung und legte dann 1845 die Landmesserprüfung ab. Nachdem er als solcher einige Zeit tätig gewesen war, studierte er 1847 bis 1849 an der Bauakademie in Berlin und kam nach Ableistung seines Militärdienstjahres als Regierungsbauführer zu den Packhofbauten in Königsberg. Noch einmal wandte er sich der Landwirtschaft zu, pachtete ein Gut, kehrte, als seine Hoffnungen sich nicht erfüllten, 28jährig, und schon verheiratet, zu erneutem Studium auf die Bauakademie zurück und legte 1856 die Baumeisterprüfung ab. Bis 1858 arbeitete er beim Bau der Bahnstrecke Frankfurt a. O.—Küstrin, bestand darauf die damals vorgeschriebene zweite Baumeisterprüfung und wurde als Regierungsbaumeister an das Berliner Kgl. Polizeipräsidium berufen. Diesem unterstand damals noch der gesamte Straßen- und Brückenbau Berlins und seiner Umgebung, der nachher an die Stadtverwaltung überging. In seiner Stellung wurde er mit zwei wichtigen Aufgaben betraut, deren spätere Ausführung wesentliche Teile seines Lebenswerkes wurden: den Bebauungsplan für Berlin und die nächste Umgebung aufzustellen und die Entwässerung der Stadt vorzubereiten. Der Hobrechtsche Bebauungsplan hat den äußeren Stadtteilen der heutigen Kernstadt der Gesamtgemeinde Berlin ihr Aussehen gegeben. Viele Angriffe sind deswegen gegen Hobrecht erhoben worden, weil er der Vater der Berliner Mietkaserne sein soll. Zwar gingen seine Absichten bewußt darauf aus, Miethäuser zu schaffen, aber nicht engbebaute Höfe und große Gruppen von Hinterhäusern, wie sie entstanden sind, als gegen Hobrechts Absicht die Gärten im Innern der Baublöcke allmählich fielen. Die Jahre 1860/62 widmete er im besonderen Auftrage des Ministeriums zusammen mit dem Oberbaudirektor Geheimrat Wiebe und Zivilingenieur Veitmeyer Studienreisen und Vorarbeiten für den Wiebeschen Entwässerungsplan Berlins. 1862 wählte die Stadt Stettin Hobrecht zum Stadtbaurat. Das dortige Wasserwerk und die Entwässerungsanlagen für die inneren Stadtteile sind sein Werk. 1868 regte er in einer besonderen Schrift an, ein zentrales staatliches Gesundheitsamt zu schaffen. So war er der gegebene Mann für die Aufgabe, die ihm 1869 der Berliner Magistrat stellte, als er ihn zum leitenden Techniker für die Neuanlagen der Berliner Kanalisation berief. Zwei wichtige Gedanken sind es, die er gegenüber dem Wiebeschen Plan beim Entwurf durchgesetzt und — für damalige Verhältnisse glänzend — später durchgeführt hat: erstens der, die Stadt in einzelne kreissektorenförmige Teile zu gliedern und jeden Teil selbständig zu entwässern, zweitens der, das Abwasser nicht zu beseitigen, sondern landwirtschaftlich zu verwerten. Der sorgfältige Bau der von ihm entworfenen Anlagen unter seiner Leitung war von außerordentlichem Einfluß auf die Technik der deutschen Stadtentwässerung. Als bereits wesentliche Teile des Werkes vollendet waren, wählte ihn die Stadt 1885 zum Stadtbaurat für das gesamte Tiefbauwesen. Seine wesentlichen Arbeiten in den 12 Jahren, die er während einer lebhaften Entwicklung der Stadt an der Spitze dieses wichtigen Ingenieurfachzweiges stand, sind die Mitarbeit an der Spreeregulierung, der dadurch notwendig gewordene Neubau zahlreicher Brücken und der Ausbau von Straßen und Straßenbahnanlagen, die Berlin zu einem Muster für die ganze Erde in dieser Beziehung werden ließen. So wesentlich seine Verdienste um den städtischen Tiefbau in Berlin sind, so darf ein unheilvoller Einfluß, den er ausgeübt hat, nicht verschwiegen werden. Er war ein großer Gegner der Untergrundbahnen. Er hielt den Berliner Untergrund hierfür nicht geeignet und „wollte sich seine Kanalisation nicht verderben lassen". Dadurch ist die Entwicklung eines Netzes elektrischer Untergrundbahnen, für das gegen Ende seiner Amtszeit mehrere Entwürfe der großen Elektrizitätsgesellschaften vorlagen, so gehemmt worden, daß Berlin auch ohne die Folgen des Krieges 1914—1919 zu großen Mißständen in seinem Verkehrswesen gelangen mußte. Doch gleichen seine Verdienste auf anderen Gebieten den Fehler, den er gemacht hat, aus.

Von 1897 ab bis zu seinem Tode lebte er in Berlin im Ruhestande. Wie groß sein Ansehen nicht nur in der in- und ausländischen Fachwelt — ausländische Hauptstädte haben ihn wiederholt zu Rate gezogen — gewesen ist, ist daraus zu ersehen, daß ihm in Anerkennung seiner Dienste für die öffentliche Gesundheitspflege die Würde eines Dr. med. h. c. verliehen wurde. *K. Meier: Rede zur Gedächtnisfeier für J. Hobrecht (Berlin 1903); Eberstadt: Das Wohnungswesen.* Br.

HOESCH, Leopold, geb. 13. Jan. 1820 zu Düren, gest. 21. April 1899 ebenda, entstammte einer alten Familie des Eisengewerbes aus der Eifel. Nach Besuch der Dürener Elementarschule und einer Kölner Schule war er drei Jahre auf der Polytechnischen Schule in Wien. Nach Düren zurückgekehrt, trat er in die von seinem Oheim Eberhard Hoesch gegründete Firma Eberhard Hoesch & Söhne ein, die die Eisenwerke in Zweifallshammer, Lendersdorf und Eschweiler sowie ein Zinkwalzwerk in Schmidhausen umfaßte. Bald war er das maßgebende Haupt der Familie und die Entwicklung der Firma ist im wesentlichen seinem Umsicht, seinem gediegenen Wissen und seinem Wagemut zu danken. Welches Ansehen er in technischen Kreisen genoß, zeigt der Umstand, daß ihm bei Begründung des „Technischen Vereines für das Eisenhüttenwesen" im Jahre 1860 der Vorsitz übertragen wurde, den er während der ersten drei Jahre führte, bis er 1863 zum Ehrenvorsitzenden ernannt wurde. Im Verein deutscher Eisenhüttenleute wurde ihm bei dessen Gründung die Stellung eines Ehrenpräsidenten übertragen.

Als durch die Fortschritte der fünfziger und sechziger Jahre, insbesondere durch die Einführung des Bessemerverfahrens, das Schwergewicht der deutschen Eisenhüttenindustrie an den rheinisch-westfälischen Bezirk überging und dort die Großbetriebe entstanden, verlegte er den Schwerpunkt seiner industriellen Tätigkeit von Eschweiler und Lendersdorf ebenfalls dorthin, und zwar entschied er sich mit Rücksicht auf die Kohlengrundlage für Anlage des neuen Werkes in Dortmund. Am 1. Sept. 1871 gründete er zusammen mit seinen beiden Söhnen Wilhelm und Albert und seinen beiden Neffen Lothar und Eberhard die offene Handelsgesellschaft „Eisen- und Stahlwerk Hoesch", bestehend aus Bessemerwerk mit Schienen- und Trägerwalzwerk; das Roheisen wurde von auswärts bezogen. Das Martin-Verfahren wurde gleichzeitig in Lendersdorf eingeführt, in Dortmund erst 1895. Hoesch war einer der ersten, der die gewaltige Bedeutung des Ende der siebziger Jahre erfundenen Thomas-Gilchrist-Verfahrens erkannte und den gemeinsamen Ankauf des Patentes durch das Eisen- und Stahlwerk Hoesch zusammen mit der Dortmunder Union, der Gutehoffnungshütte und dem Phönix zustande brachte, nachdem bereits vorher die Rheinischen Stahlwerke und der Hörder Verein das Patent erworben hatten. Seit Umwandlung der offenen Handelsgesellschaft in eine Aktiengesellschaft war Leopold Hoesch Vorsitzender des Aufsichtsrates.

Hoesch war Mitglied der Handelskammer und des Stadtverordnetenkollegiums zu Dortmund, er hatte lebhaftes Interesse an den städtischen Angelegenheiten und an allen Wohltätigkeitsbestrebungen; so unterstützte er insbesondere Bildungsanstalten und sorgte für die Wohlfahrt der Arbeiterschaft durch reiche Stiftungen. Dem Verein deutscher Eisenhüttenleute, den er stets aufs eifrigste persönlich und finanziell gefördert hat, überwies er noch im Jahre 1897 eine Schenkung von 60 000 ℳ, die als Leopold-Hoesch-Stiftung verwaltet wurde. Fch.

HOESCH, Wilhelm, geb. 20. Sept. 1845 in Düren, gest. 12. April 1923 in Düren, besuchte in seiner Vaterstadt die Elementarschule, anschließend die Realschule in Köln und studierte dann in Zürich. Nachdem er einige Zeit praktisch in der Firma Eberhard Hoesch & Söhne in Lendersdorf gearbeitet hatte, ging er ins Ausland, um in England und Frankreich die Eisenindustrie kennen zu lernen und das damals noch wenig bekannte Martinverfahren zu studieren. Nach seiner Rückkehr übernahm er mit seinem jüngeren Bruder Paul zusammen die Leitung der aus Puddel- und Walzwerk, Räderfabrik, Gießerei und Maschinenwerkstätten bestehenden Betriebe. Als der Wettbewerb der im rheinisch-westfälischen Gebiet liegenden Industrien sich immer mehr bemerkbar machte, beschlossen die Inhaber der Firma unter Führung Leopold Hoeschs, des Vaters von W. Hoesch, in das Kohlengebiet überzusiedeln, und gründeten in Dortmund 1871 das Eisen- und Stahlwerk Hoesch, während die mechanische Werkstätte und die mit der Herstellung von Sonderwaren beschäftigte Eisengießerei in Lendersdorf verblieben. Nach dem Tode seines Vaters übernahm Wilh. Hoesch den Vorsitz im Aufsichtsrat des Werkes. Ihm verdankt das Unternehmen, das in seinen Anfängen nur aus einem Bessemerstahl- und Walzwerk bestand, die Entwicklung zu dem großen gemischten Betriebe, der alles, was zwischen Kohlengewinnung und Stahlverfeinerung liegt, in sich vereinigt. Hoesch war Präsident der Handelskammer Stolberg, im Aufsichtsrat vieler großer Bankinstitute und brachte auch dem Verein deutscher Eisenhüttenleute ein starkes Interesse entgegen. St. u. E. 43 (1923) S. 647. Ca.

HOFFMANN, Friedrich, geb. 18. Okt. 1818 in Gröningen bei Halberstadt, gest. 3. Dez. 1900 zu Berlin, war der Sohn eines Lehrers, besuchte das Gymnasium seiner Heimatstadt und arbeitete 1838 als Eleve bei seinem älteren Bruder in Posen. Nach Ablegung des ersten Staatsexamens beschäftigte er sich als Hilfsarbeiter bei den Eisenbahnvorarbeiten in Westfalen und vollendete seine Ausbildung von 1843 bis 1845 auf der Kgl. Bauschule in Berlin. Dann war er als Regierungsbaumeister beim Bau und Betrieb der Berlin-Hamburger Bahn tätig. Von 1857 an widmete er sich der keramischen Industrie. Gleich im ersten Jahre schenkte er ihr in Gemeinschaft mit Licht den Ringofen für ununterbrochenen Betrieb, der für die Ziegel-, Kalk- und Zementindustrie bald unentbehrlich wurde und es z. T. heute noch ist. Hoffmann und seine Mitarbeiter setzten in jahrzehntelanger, zäher Arbeit durch, daß die baukeramische Industrie zu seiner Erfindung Vertrauen faßte. Hoffmann und neben ihm Seger und Türrschmiedt waren die Männer, die die deutschen Keramiker wirtschaftliches und wissenschaftliches Arbeiten lehrten. In Gemeinschaft mit Türrschmiedt gab er seit 1868 die „Deutsche Töpfer- und Zieglerzeitung" heraus. In dem dieser Zeitung angegliederten Laboratorium, in dem er Männer wie Seger, Türrschmiedt, Aron, Biedermann u. a. zur Mitarbeit heranzog, klärte er viele Fragen der keramischen Wissenschaft und Praxis. 1865 gründete er den „Deutschen Verein für Fabrikation von Ziegeln, Tonwaren, Kalk und Cement", in dem er alle angesehenen Berufsgenossen vereinigte. Wo die eigenen und die Vereinsmittel nicht ausreichten, wußte er den Staat zu seinen Bestrebungen heranzuziehen.

So veranlaßte er u. a. die Gründung der Kgl. Prüfungsanstalt für Baumaterialien, die 1870 im Rahmen der Berliner Gewerbeakademie entstand. Seit 1865 gab er das nicht im Buchhandel erschienene „Notizblatt" heraus, das seinen Industriezweig betreffende wissenschaftliche Untersuchungen und Neuerungen brachte.

Hoffmann war nicht nur bahnbrechender Ingenieur und Wissenschaftler, sondern wurde auch ein erfolgreicher Industrieller. Er besaß die Siegersdorfer Werke in Schlesien, die Kronziegelei Bellin bei Ückermünde i. P. und das Gips- und Ziegelwerk Schwarzhütte bei Osterode a. Harz. Gemeinsam mit Büsscher gründete und betrieb er die Fabriken wasserdichter Baumaterialien zu Eberswalde, Halle a. S., Mariaschein in Böhmen, Straßburg i. Elsaß und arbeitete für die Ton- und Kalkindustrie durch sein Ingenieurbureau in Berlin. Seine unermüdliche Arbeitskraft und Frische blieben ihm bis zu seinem Tode in seinem 82. Lebensjahre treu. *Tonindustrie-Ztg. 24 (1900) S. 1969.* Sa.

HOFMANN, August Wilhelm v., geb. 8. April 1818 in Gießen, gest. 5. Mai 1892 in Berlin. Als Sohn des angesehenen Hofkammerrats und Universitätsbaumeisters Johann Wilhelm Hofmann wurde er in Gießen geboren und genoß eine ausgezeichnete Erziehung in einem Knabeninstitut in Mehlbach und dann im Gießener Gymnasium. Der Vater selbst unterrichtete ihn in den neueren Sprachen und nahm ihn später mit auf seine ausgedehnten Studienreisen durch Frankreich und Italien. Die hierbei gewonnenen Eindrücke konnte A. W. Hofmann später bei den von ihm geleiteten Institutsneubauten verwerten. Lange schwankte er bei der Wahl des Lebensberufes und entschied sich endlich zum Studium der Rechtswissenschaft. Zufällig kam er durch seinen Vater mit dem damals in Gießen lehrenden großen Justus Liebig zusammen, dessen neues Institut von seinem Vater erbaut werden sollte. Die bezaubernde Persönlichkeit Liebigs war die Ursache, daß er sich mit unwiderstehlicher Gewalt zum Studium der Chemie hingezogen fühlte. Er wurde also Liebigs Schüler und später sein Assistent. Seine selbständig ausgeführte Doktorarbeit handelte von den flüchtigen Basen des Steinkohlenteers. Er wies darin Chinolin und Anilin nach und leitete damit eine Reihe von Arbeiten ein, die ihn zum Schöpfer der Teer- und Teerfarbenchemie machten.

Eine andere Untersuchung aus dieser Zeit betraf den Indigo. Sie verschaffte ihm die Preismedaille der Pariser pharmazeutischen Gesellschaft, denn sie hatte besondere Bedeutung durch den in ihr erbrachten Nachweis, daß die basischen Eigenschaften des Anilins in dem Maße abnehmen, als der Wasserstoff gegen Chlor ausgetauscht wird. Diese Tatsachen waren mit dem dualistischen System, wie es von Berzelius überliefert war, nicht in Übereinstimmung zu bringen und stärkten die Anschauung, daß der Charakter einer Verbindung keineswegs von der Art der darin enthaltenen Elemente abhängt, wie die elektrochemische Theorie Berzelius' behauptet, sondern ausschließlich von den Lagerungsverhältnissen.

Gemeinsam mit Muspratt stellte er Nitroanilin- und Paratoluidin dar und führte die Nitrierungen in Gegenwart von Schwefelsäure durch. Ferner entdeckte er das Benzol im Steinkohlenteer und wandte als erster naszierenden Wasserstoff zur Reduktion der Nitrokörper an.

Hofmann hatte bis dahin in Liebigs Laboratorium gearbeitet und als dessen Assistent auch die Schriftleitung der „Annalen" besorgt. Sein Drang nach Selbständigkeit veranlaßte ihn, sich 1845 in Bonn als Privatdozent für Agrikulturchemie zu habilitieren. Hier war seines Bleibens nicht lange.

Der Aufschwung der Chemie in Deutschland unter Liebig ließ bei vielen hervorragenden Engländern den Wunsch laut werden, auch in England eine chemische Lehranstalt zu begründen. Eine Vereinigung unter dem Vorsitz des Prinzen Albert wandte sich an Liebig um Empfehlung einer geeigneten Persönlichkeit. Er empfahl Hofmann und dieser nahm nach einigem Zögern den ehrenden Ruf an, nachdem der Prinz selbst seine Besorgnisse bei einer Besprechung in Bonn zerstreut hatte. Unter Verleihung des Titels eines außerordentlichen Professors wurde ihm ein mehrjähriger Urlaub erteilt und er siedelte noch im selben Jahre nach London über.

Dem von ihm geleiteten Laboratorium strömten die Lernbegierigen von allen Seiten zu. Eine Generation englischer, z. T. auch deutscher Chemiker verdankt ihm ihre Ausbildung. 1853 wurde er durch Einverleibung seines Institutes in die staatliche Bergschule Leiter eines Staatslaboratoriums. 1856 wurde er außerdem „Münzwardein" bei der Kgl. Münze, an der sein Freund Thomas Graham die Stellung eines Münzmeisters innehatte.

In vielen Veröffentlichungen aus seiner englischen Zeit hat Hofmann die Chemie des Anilins und seiner Abkömmlinge eingehend geklärt. Besonders erwähnenswert sind unter diesen Arbeiten diejenigen über die Ersetzbarkeit des Wasserstoffs von Anilin und Ammoniak durch Alkoholradikale. Damit war die wichtige Chemie der substituierten organischen Basen begründet.

Um eine Systembildung in der organischen Chemie machte sich Hofmann durch Förderung der Typentheorie verdient, die in das Gewirr der neu entdeckten Verbindungen Ordnung brachte.

Von der größten Bedeutung waren aber seine Arbeiten über die Teerfarbstoffe. Den ersten, das Mauveïn, entdeckte sein Schüler Perkin 1856 in seinem Laboratorium. Hofmann entdeckte das Rosanilin und seine Konstitution, das Hofmann-Violett und ergründete die Äthylenbasen, Phosphorbasen und den Allylalkohol. Aus dieser Zeit stammt auch Hofmanns Verbesserung der Dampfdichtebestimmungsmethoden und sein Buch: „Einleitung in die moderne Chemie".

Trotz der glänzenden beruflichen und gesellschaftlichen Verhältnisse, in denen Hofmann in England, seinem zweiten Vaterland, lebte, empfand er „tiefes Heimweh nach dem geistigen Hochland einer deutschen Universität". Er nahm einen Ruf nach Bonn, unmittelbar später (1865) einen nach Berlin an. In beiden Städten erbaute er neue Institute. 1867 gründete er im Verein mit bedeutenden Fachgenossen die Deutsche Chemische Gesellschaft.

Die umfassende Forschertätigkeit Hofmanns aus seiner Berliner Zeit führte ihn auf alle Gebiete der organischen Chemie. In mehr als 150 eigenen Abhandlungen geben die „Berichte" davon Zeugnis: Farbstoffe aller Art, Aminoverbindungen wurden weiter erforscht, die „Hofmannsche Reaktion", die den Abbau von aliphatischen Amiden erlaubt, sowie die Synthese des Formaldehyds aus Methylalkohol gefunden. Hieran schließen sich Arbeiten über Äthylenbasen, Isonitrile, das Senföl, das Coniin u. a. m.

Die Beschäftigung mit Hofmanns biographischen Schriften gewährt einen wahrhaft ästhetischen Genuß. Er wurde von äußeren Ehren überhäuft und an seinem 70. Geburtstag geadelt. Hofmann war eine glänzende Persönlichkeit, ein Weltmann, dessen eigenartiger Zauber hinter seinen wissenschaftlichen Leistungen nicht zurückstand. Sowohl in England wie in Berlin wurde er bei Hofe gern gesehen. Er war der gegebene Vorsitzende großer Kongresse und Vertreter deutscher Wissenschaft bei den Jubiläen des Auslandes.

Er war weitgereist und allgemein gebildet. In seinem Privatleben hatte er viele Schicksalsschläge zu erdulden, denn er verlor drei Frauen durch den Tod. Seine vierte Frau, die Schwester des Chemikers Tiemann, überlebte ihn. *ADB Bd. 50 (1905) S. 577 Nachtrag; Lebensbild Ber. deutsch. chem. Gesellsch. 1902; W. Will: Gedächtnisrede (Berlin 1892).* Sa.

HOHENHEIM, Philippus Theophrastus v., genannt Aureolus Bombastus Paracelsus, geb. 10. Nov. 1493 zu Einsiedeln (Schweiz), gest. 24. Sept. 1541 in Salzburg. Er entstammte der berühmten schwäbischen Adelsfamilie der Bombaste von Hohenheim. Sein Vater zog 1502 von Einsiedeln mit ihm nach Villach in Kärnten, wo er 1534 starb. Paracelsus erhielt eine sorgfältige, gelehrte Erziehung und bezog 16 Jahre alt die Universität Basel zum Studium der Medizin und Physik, wobei er sich durch seine hervorragende Begabung auszeichnete. Er erkannte hier die Mängel der alten aristotelisch-galenischen Schule, suchte neue Wege in der Chemie und zog durch den ganzen europäischen Kontinent, um zu lehren und zu lernen. In Hochschulen und Spitälern, vom gewöhnlichen Volke, von Schäfern und Henkern lernte er und beobachtete die Natur.

Durch seine rücksichtslosen Angriffe gegen das herrschende System zog er sich den Haß der Gelehrten und Ärzte zu, erhielt aber nach zehnjähriger Wanderschaft 1527 einen Ruf als Professor der Medizin und Stadtarzt an die Universität Basel. Er begann sofort den Kampf gegen die hergebrachte Heilmethode und die unzulänglichen Apotheken. Verbittert durch den Haß und die Umtriebe seiner Gegner gab er ein Jahr später seine Stellung auf und begann sein unstetes Leben von neuem. Wieder zog er durch ganz Europa lehrend und lernend, überall durch seine wunderbaren Heilungen und seine genialen und kühnen Lehren Aufsehen erregend. Der gehetzte Gelehrte fand schließlich beim Erzbischof von Salzburg Anerkennung und eine Heimstätte. Er starb an den Folgen eines Sturzes, nach anderer Überlieferung eines gewaltsamen Todes durch Anstiftung seiner Feinde.

Paracelsus' Lehren sind ein Markstein in der Geschichte der Medizin und der Chemie. Die überlieferten Lehren des Galenus und des Avicenna widerlegte er und bekämpfte ebenso rücksichtslos die alte Alchemie. Die Krankheiten erklärte er als organische Veränderungen des Körpers, den er sich als eine Vereinigung chemischer Bestandteile dachte. Er erhob so die Medizin zu einer Naturwissenschaft und die Chemie, die bisher nur in philosophisch-alchimistischen Spekulationen ein dunkles Dasein fristete, zu einer fast nur auf Erfahrung aufgebauten Wissenslehre. Sein System heißt Iatrochemie. Mit der unerhörten Kühnheit des Renaissancedenkers setzte er sich durch und riß das bereits morsche Gebäude der auf das Wunder gegründeten mittelalterlichen philosophischen, medizinischen und chemischen Lehren ein.

Sein System ist auf die Wechselwirkung von Chemie und Medizin gegründet. So konnte bei beiden Wissenschaften eine gegenseitige Befruchtung erfolgen, die ihnen das Rüstzeug zu ihrer künftigen großartigen Entwicklung lieferte, da sie nun das Studium ernster Gelehrter und nicht mehr spekulierender Laboranten bildeten. Gegen die Krankheiten wandte Paracelsus chemische Heilmittel an, so die als Gifte gefürchteten Metallverbindungen: Höllenstein, Kupfervitriol, Sublimat, die graue Salbe gegen Syphilis, ferner Bleizucker und verschiedene Wismut- und Antimonverbindungen. Sodann führte er verdünnte Schwefelsäure mit Weingeist (das spätere Hallersche Sauer), Eisentinkturen, Eisensafran und viele Essenzen und Extrakte in die Medizin ein. Die größten Heilerfolge soll er durch Anwendung von Laudanum erzielt haben. Er wurde so auch der Vater einer wissenschaftlich arbeitenden Pharmazie.

Trotz seiner ungestümen Kampfnatur, seines unsteten und wilden Lebens erscheint Paracelsus als Mensch edel und gut. Er war ein humaner Arzt, der in dem „Aufbringen der Kranken", dieser „arm, elend, dürftig Leut", seine Hauptaufgabe erblickte. Zugleich war er Platoniker und christlicher Humanist, der die Menschheit durch Gewissensernst und liebevolle Wahrhaftigkeit auf den Weg Gottes zu führen gedachte. Ein ganzer Kranz von Legenden hatte sich schon zu Lebzeiten um ihn gebildet. Er hinterließ nicht weniger als 364 Schriften. *E. v. Meyer: Gesch. d. Chemie (Leipzig 1914); Entw. Natw. 1 S. 340; ADB 12 S. 675; Bixer und Siber: Theophrastus Paracelsus (1817).*

HOLL, Elias, geb. 28. Febr. 1573 zu Augsburg, gest. 6. Jan. 1646 zu Augsburg, berühmter Augsburger Stadtbaumeister. Schon als dreijähriges Kind wurde er von seinem Vater, dem in Augsburg angesehenen Baumeister Johannes Holl, durch Hinabheben in eine Baugrube gewissermaßen symbolisch zu dessen Beruf bestimmt. Mit 13 Jahren nahm ihn dann der Vater in die Lehre und beschäftigte ihn hauptsächlich an den zahlreichen Bauten, die er im Auftrag der Fugger ausführte. Ein Angebot der Fugger, den jungen Elias mit nach Italien zu nehmen, nahm er aber nicht an. Nach dem Tod Johannes Holls wollte Elias wandern, da die übrigen Maurermeister dem damals Zwanzigjährigen, als einem ledigen Gesellen, der sein Meisterstück noch nicht gemacht hätte, nicht einmal gestatten wollten, den letzten angefangenen Bau seines Vaters fertigzustellen, doch fesselte ihn die bald darauf eingegangene Ehe wieder an seine Vaterstadt. Er machte sein Meisterstück und führte das Geschäft seines Vaters zunächst mit einem Gesellen, einem Mörtelrührer und zwei Lehrbuben fort. Einer seiner Kunden nahm ihn Mitte November 1600 mit nach Bozen und Venedig, von wo er Ende Januar 1601 zurückkam und viele neue Anregungen mitbrachte. Ende Juli 1601 wurde ihm von den städtischen Bauherren der Neubau des städtischen Gießhauses übertragen, daran anschließend die Erbauung eines neuen Bäckerzunfthauses. Die Frucht dieser Arbeiten war die 1602 erfolgte Anstellung als Augsburger Stadtwerkmeister.

In dieser Stellung hat Elias Holl in fast 30 jähriger Tätigkeit aus seiner Vaterstadt, in der bis dahin der gotische Stil vorherrschte — auch Holls Vater hatte fast ausschließlich in diesem Stil gebaut, — eine Renaissancestadt gemacht, in deren Altstadt man noch heute auf Schritt und Tritt Spuren seiner Tätigkeit begegnet. Sein bekanntestes und großartigstes Werk ist das Augsburger Rathaus, das er von 1615 bis 1620 erbaute. Zu diesen Bauten hat sich Holl seine Gerüste und Hebezeuge selbst konstruiert und auch bei der Instandhaltung der städtischen Wasserwerke und Hammerwerke sowie beim Umbau der städtischen Befestigungen eine vielseitige und große Ingenieurarbeit geleistet. Auch auswärtigen Fürsten und Herren leistete Elias Holl durch Anfertigung von Zeichnungen und Gutachten wertvolle Dienste. Sein bedeutendstes Werk außerhalb seiner Vaterstadt ist die Willibaldsburg bei Eichstätt. Im Januar 1631 wurde Elias Holl seines Amtes enthoben, da er Protestant war und nicht zum Katholizismus zurückkehren wollte. Sein bei der Stadt angelegtes Geld wurde ihm nur zum geringen Teil zurückgegeben und seine Bitte, die Stadt verlassen zu dürfen, abgeschlagen. In der Schwedenzeit bediente man sich seiner zu den Befestigungsanlagen, die der schwedische Stadtkommandant ausführen ließ. Nach der Schlacht von Nördlingen 1635 verlor er sein Amt endgültig und wurde durch Einquartierungen und Kontributionen um Hab und Gut gebracht, so daß er in größter Armut starb. *Selbstbiographie von Elias Holl; H. Hieber: E. Holl (München 1923).* Ha.

HOLLEY, Alexander Lyman, geb. 1832 in Lakeville (Salisbury, Conn.), gest. 29. Jan. 1882 in New York. Er stammte von angesehenen, nicht unvermögenden Eltern ab, erhielt eine sehr gute Erziehung und besuchte schließlich die Brown-Universität. Schon von frühester Jugend an war Holley eine außerordentliche Beobachtungsgabe eigen, die ihren Niederschlag im Bildlichen oder Schriftlichen fand. Nachdem seine erste Anstellung bei der Firma Corliss & Nightingale in der Lokomotivabteilung durch die Einstellung dieser Arbeiten ein vorzeitiges Ende gefunden hatte, trat er nach langem Suchen eine neue Stelle in Jersey City an. Während dieser Zeit hatte er Aufsätze für die von Colburn herausgegebene Zeitschrift „Railway Advocate" geschrieben. Colburn wurde auf Holley aufmerksam und veranlaßte ihn, sich ganz dem technischen Schrifttum zu widmen. Holley wurde Schriftleiter und Mitbesitzer, 1856 alleiniger Besitzer von Colburns Zeitschrift. Mit Eifer widmete er sich seinem neuen Beruf, reiste im Lande umher und lernte alle namhaften Ingenieure und technischen Neuerungen kennen. 1857 ging die Zeitschrift ein. Im gleichen Jahre gingen Colburn und Holley nach Europa, um das dortige Eisenbahnwesen zu studieren. Der schließliche Bericht war eine umfassende äußerst ergiebige Studie, die aber im wesentlichen Colburn zugeschrieben werden muß. Die im Anschluß hieran herausgegebene Arbeit „Railway Practice in America" hatte dagegen Holley als alleinigen Verfasser. Als technischer Mitarbeiter der „New York Times" und Schriftleiter der „American Railway Review" unternahm er noch zwei Reisen nach Europa. Nebenher arbeitete er in Gemeinschaft mit E. A. Stevens bei der Camden & Amboy Eisenbahn. Durch Ausbruch des Bürgerkrieges gewann die von Stevens erfundene Geschützart an Bedeutung, und Holley wurde noch einmal nach Europa gesandt, um die beste Verwendungsmöglichkeit des Geschützes an Hand des dort Vorhandenen zu ermitteln. Die als Ergebnis dieser Reise im Jahre 1864 herausgegebene Arbeit über europäisches Kriegswesen, Kriegschiffe, Ausrüstung usw. wurde lange als maßgeblich angesehen.

Bereits vor dem Erscheinen dieser Arbeit hatte sich Holley mit einem anderen Zweig der Technik beschäftigt, auf dem er sein Lebenswerk vollbringen sollte. 1863 war er in England, um das neu aufgekommene Bessemerverfahren an Ort und Stelle zu studieren. Er erkannte sofort die ungeheure Bedeutung des Verfahrens und erwarb für seinen Auftraggeber das alleinige Benutzungsrecht für Amerika. Nach Amerika zurückgekehrt, wurde er in den neugebildeten Konzern zum Bau von Bessemeranlagen als Teilhaber aufgenommen. Die so gegründete Firma Griswold, Winslow & Holley begann im Jahre 1865 unter der Leitung von Holley den Bau einer Bessemer-Stahlanlage in Troy (N. Y.). 1867 entwarf und baute Holley die Harrisburywerke in Pennsylvania; 1868 baute er die Anlage in Troy um. Er widmete sich jetzt fast ausschließlich der Verbesserung und Einführung des Bessemer-Verfahrens. In den folgenden Jahren baute er die Stahlwerke in North Chicago, Joliet und die Edgar-Thompson-Werke in Pittsburgh. Die Lizenzinhaber verbanden sich kurz darauf zu einem Verband der Bessemer-Stahlfabrikanten und ernannten Holley zu ihrem beratenden Ingenieur. In dieser Eigenschaft baute er Stahlwerke in St. Louis, Cambria, Bethlehem und Scranton. Die außerordentlichen Verdienste, die Holley durch seine praktischen Verbesserungen und durch die Einführung des Bessemerverfahrens erzielte, haben die Ausbeute der Stahlwerke in Amerika ganz allgemein verfünfzehnfacht. Er baute Hochöfen und Konverter, hydraulische Gichtaufzüge, er verwendete Ingotkrane, legte Wert auf die besondere Lage des Konverters in bezug auf Grube und Ofen, verbesserte den Beschickungskran, richtete zentrale Bedienung mehrerer Krane von einem Punkte ein, verwendete Kuppelöfen anstatt der bisherigen Reverbericröfen usw. Sein Interesse erschöpfte sich aber keineswegs mit dem Bessemerverfahren. Viel Arbeit und viele Gedanken widmete er auch dem Siemens-Martin-Verfahren sowie den Thomas-Gilchrist-Patenten und hat ebenfalls viel zu ihrer Einführung in die amerikanische Industrie beigetragen. Nebenher betätigte er sich immer noch literarisch; im Jahre 1869 war er ein Jahr lang Schriftleiter der von Van Nostrand herausgegebenen Zeitschrift „Eclectic". Auch als Vortragender war er gern gesehen und widmete technischen Erziehungsfragen viel Zeit und Arbeit.

Sein Wesen, seine Persönlichkeit und sein Auftreten waren stets so liebenswürdig und so gewinnend, daß er alle, die mit ihm irgendwie in Berührung kamen, völlig in seinen Bann zog. Seine Ziele waren weitgesteckt und gingen weit über das rein Berufliche hinaus. Ein großes Wissen lag fest in ihm verankert. Bereits mit 43 Jahren brach er infolge Überarbeitung zusammen; er erholte sich wieder. 1882 waren seine Kräfte aber völlig erschöpft, und er starb im Alter von noch nicht fünfzig Jahren. *Em. Eng. S. 122.* Wi.

HOLTZHAUSEN, August Friedrich Wilhelm, geb. 4. März 1768 zu Ellerich i. Harz, gest. 1. Dez. 1827 zu Gleiwitzerhütte. Holtzhausen kam 1790 zur Ausbildung im Berg- und Maschinenfache nach Andreasberg, wo man ihn alsbald als „einen guten mechanischen Kopf" schätzen lernte. Da er für die Stelle eines Maschineninspektors in Tarnowitz vorgesehen war, wurde er zum Studium der Dampfmaschinenkunde zum Erbauer der ersten preußischen Dampfmaschine, Oberbergrat Bückling, entsandt, und nach kaum einjähriger Vorbereitung trat er die Stelle als „Feuermaschinenmeister" in Oberschlesien an. Unter den ungünstigsten Vorbedingungen begann er den für den oberschlesischen Bergbau und damit für die werdende oberschlesische Großindustrie so ungemein wichtigen Bau von Dampfmaschinen, die Schwierigkeiten der Konstruktion und des Baues wie auch des Einbaues und der Inbetriebsetzung in gleich vorzüglicher Weise lösend. 1808 ward er Leiter der Werkstätte der auf der Gleiwitzer Hütte neu angelegten Maschinenfabrik, während ihm gleichzeitig die Aufsicht über alle Dampfmaschinen der oberschlesischen Berg- und Hüttenwerke und über die Maschinenbauten des Waldenburger Kohlenreviers übertragen wurde. Mehr als 50 Dampfmaschinen verschiedenster Abmessungen von zusammen 800 PS entstanden hier unter seiner Leitung. 1812 unternahm er eine Studienreise durch sämtliche deutschen Bergwerksbezirke, 1816 und 1820 weilte er vorübergehend in Berlin, um die dort in Betrieb sich befindenden englischen Maschinen zu studieren. 1825 erhielt er den Titel eines Maschinendirektors. Eine seiner letzten Arbeiten war die Dampfmaschine für das erste große Wasserwerk Breslau. Holtzhausens Lebensarbeit war im weitesten Maße befruchtend und entscheidend für die Entwicklung nicht nur des oberschlesischen, sondern des gesamten deutschen Maschinenbaues. *Z 51 (1907) S. 1673; Zeitschr. „Oberschlesien" 6 (1907) H. 6.* C. M.

HOLTZMANN, Karl Alexander Heinrich, geb. 23. Okt. 1811 in Karlsruhe, gest. 25. April 1865 in Stuttgart, war der Sohn eines Karlsruher Professors und besuchte zunächst das Lyzeum seiner Vaterstadt, von 1825 an die dortige Polytechnische Schule. Hier studierte er zunächst Mathematik und Naturwissenschaften, um sich dann besonders dem Berg- und Hüttenwesen zuzuwenden. Seine Ausbildung vervollständigte er durch praktische Arbeit auf den Gruben und Werken im Harz. Nach kurzer Tätigkeit in den Eisenwerken der Gebrüder Benkieser in Pforzheim wurde er 1831 als Lehrer an die Polytechnische Schule in Karlsruhe berufen. Hier war er bis zum Jahre 1840 tätig, vertauschte dann diese Stellung mit einer gleichartigen in Mannheim, um sich 1845 wieder dem praktischen Leben zu widmen. Er übernahm die Stelle eines Hüttenverwalters am Großherzoglich Badischen Eisenwerk in Albruck und hatte hier Gelegenheit, seine technischen Kenntnisse und, während der Revolutionstage im Jahre 1848, sein Geschick in der Behandlung der Arbeiter zu beweisen. Das Polytechnikum Stuttgart berief ihn 1851 auf Reuschs Veranlassung zu dessen Nachfolger. Seine theoretische und praktische Befähigung eröffneten ihm hier ein reiches Tätigkeitsfeld und machten ihn zu einem der besten Lehrer der Anstalt. An der 1862 erfolgten Neugestaltung des Polytechnikums hat er maßgebend mitgearbeitet und wurde wiederholt zum Direktor gewählt. Sein „Lehrbuch der Mechanik" erschien im Jahre 1861 und fand große Anerkennung. Hä.

HONIGMANN, Moritz, geb. 27. Juni 1844 in Düren, gest. 2. Mai 1918 in Aachen. Sein Vater war der Bergwerksbesitzer Eduard Honigmann, der u. a. die Zeche Mariagrube bei Höngen begründete. Moritz Honigmann bezog zum Studium der Chemie die Technischen Hochschulen Berlin, Zürich und Karlsruhe und trat dann als Chemiker in die chemische Fabrik Rhenania in Aachen ein, wo er sich bald durch seine Tüchtigkeit durchsetzte.

Er machte hier den Vorschlag, die Aufarbeitung der rohen Leblanc-Sodalaugen dadurch zu vereinfachen, daß er die Soda durch Einleiten von Kohlensäure in Form von Natriumbikarbonat fällte. Das Verfahren wurde auch versucht, aber wieder verlassen.

Doch hatte Honigmann das Natriumbikarbonat als ein wertvolles Zwischenprodukt zur Sodagewinnung erkannt. Er trachtete nun danach, es auf billigem, einfachem Wege aus Kochsalz, dem gegebenen Rohstoff für alle Natronverbindungen, herzustellen. Dies gelang ihm, unabhängig von Solvay, durch Einwirkung von Ammoniak auf Salzsole und Fällung des Bikarbonats durch Kohlensäure.

Mit kleinem Anfangskapital gründete er 1870 auf einer Grube seines Vaters in Grevenberg-Würselen bei Aachen die erste deutsche Ammoniaksodafabrik, die sich glänzend entwickelte. Seine Apparate sind alle von ihm selbst entworfen und zum Teil von den Solvayschen Fabriken übernommen worden.

Honigmann hat sich auch in der Maschinentechnik einen Namen gemacht. Eine von ihm angegebene Heißluftmaschine hat sich nicht halten können, da sich später ihre schlechte Wirkungsweise herausstellte. Von größerer Bedeutung ist seine Natronlokomotive. Er hatte als erster beobachtet, daß konzentrierte Natronlauge Wasserdampf unter erheblicher Wärmeentwicklung aufzunehmen vermag. Die so erzeugte Wärme reicht hin, um Wasser in Rohrschlangen, die von der konzentrierten Natronlauge umgeben sind, zum Sieden zu bringen. Honigmann benutzte den Überschuß des so erzeugten Dampfes zum Betrieb einer Dampfmaschine, die nach Art der Lokomobile auf dem Natrondampfkessel aufmontiert war. Seine Natronlokomotiven sind zum Betriebe von Eisenbahn- und Straßenbahnlinien im Aachener Bezirk benutzt worden. Der bedeutendste Vorteil gegenüber anderen feuerlosen Lokomotiven ist wohl darin zu suchen, daß die Natronlokomotive je Pferdestärkestunde ein Füllungsgewicht von nur 20 kg hat, während die Heißwasserlokomotive 200 kg, die durch elektrische Akkumulatoren betriebene Lokomotive 100 kg Füllungsgewicht haben.

Nach Verkauf seiner Fabrik an den Solvay-Konzern widmete sich Honigmann ausschließlich der kaufmännischen und technischen Leitung des ihm gehörenden Steinkohlenbergwerks Nordstern. Auch hier hatte er stets die Verbesserung der Betriebsmethoden im Auge.

Honigmann lebte immer recht zurückgezogen und ging ganz in seiner Arbeit auf. Unbedingte Pflichterfüllung, klarer Blick für das Wesentliche und Hingabe an die von ihm erkannten Ziele waren die Ursache seiner Erfolge. *Z 62 (1918) S. 656; persönl. Mitt. an Verf.* Sa.

HOPPE, Ernst Karl Theodor, geb. 15. Juni 1812 zu Naumburg a. S., gest. 1. Febr. 1898 zu Berlin. Als ältester Sohn des Dompredigers Hoppe war er zum Geistlichen bestimmt; seine ausgesprochene Vorliebe für die Technik überwand den Widerstand des Vaters. Durch ein staatliches Stipendium unterstützt, besuchte er 1832 auf zwei Jahre das Gewerbeinstitut in Berlin, um dann bei F. A. Egells praktisch zu arbeiten. Frühzeitig wurde sein großes technisches Können gewürdigt. 1844 gründete er in Berlin eine Maschinenfabrik, die sich bald großes Ansehen erwarb. Es gelang ihm, sehr wirtschaftlich arbeitende Dampfmaschinen zu bauen. 1848 begann er mit dem Bau von Lokomobilen, deren Bauart sein technisches Können ebenso verriet wie seine großen Gebläse-, Förder- und Wasserhaltungsmaschinen. Besonders berühmt wurden seine hydraulischen Anlagen und seine großen Werkzeugmaschinen. Der Ruf von seinem konstruktiven Können drang in weite Kreise und trug ihm Aufträge auf besonders große und schwierige Neuanlagen ein, mit denen meist viel Ehre und wenig Geld zu gewinnen war. Ende der siebziger Jahre war die Arbeiterzahl in seiner Fabrik auf etwa 400 gestiegen. Nach seinem Tode führten seine Söhne die Werke noch bis 1902 weiter. *Entw. Dm. 1 S. 187.* C. M.

HORNBLOWER, Joseph, geb. um 1692 in Broseley (Shropshire), gest. 1761 in Bristol. Die Familie Hornblower hat in mehreren Generationen eine Reihe bekannter Kunstmeister und Ingenieure hervorgebracht und ist mit der Geschichte der Dampfmaschine eng verbunden. Joseph Hornblower war im Jahre 1712 als Kunstmeister in Wolverhampton tätig, wo er die Bekanntschaft von Newcomen machte. 1725 zog er nach Cornwall in die Nähe von Redruth und wurde dort Maschinenmeister der Grube Wheal Rose, deren atmosphärische Maschine er wahrscheinlich erbaute. Vorher gab es erst zwei Feuermaschinen in Cornwall, die eine 1714, die andere 1720 erbaut; die Maschine Hornblowers war die dritte. Später betätigte er sich in gleicher Weise in Wheal Bury und Polgvoth; 1748 ließ er sich in Salem, Chacewater, nieder und starb 1761 in Bristol.

Jonathan Hornblower, Josephs Sohn (geb. 1717, gest. 1780 in Whitehall, in der Nähe von Scorrier, Cornwall), ging 1745 nach Cornwall, um die Geschäfte seines Vaters weiterzuführen und ließ sich schließlich auch in Chacewater nieder. In Gemeinschaft mit seinem Bruder Josiah, der wie er Kunstmeister war, erbauten sie um das Jahr 1750 die erste Feuermaschine Amerikas, die Josiah nach der neuen Welt begleitete. Jonathan erwarb sich indessen in Cornwall einen immer größeren Ruf als Feuermaschinenbaumeister. Smeaton nennt ihn neben John Nancarrow den bedeutendsten Erbauer der atmosphärischen Maschinen.

Josiah Hornblower, der Bruder Jonathans (geb. um 1729, gest. im Jan. 1809 in Belleville, N.J.), war erst 25 Jahre alt, als er zur Aufstellung der Feuermaschine nach Amerika reiste. Dort erwarb er sich einen Namen als Ingenieur und Mathematiker und spielte auch im politischen Leben eine bedeutende Rolle.

Auch die vier Söhne Jonathans: Jonathan Carter, Jesse, Jethro und Jabez wurden wieder Maschinenbauer und unterstützten ihn in seinen Arbeiten. Von diesen tat sich besonders Jonathan Carter (geb. 5. Juli 1753 in Chacewater, gest. im März 1815 in Penryn, Cornwall) hervor, dem in der Familie vielleicht die größte Bedeutung als Ingenieur zukommt. Bekannt ist Jonathan Carter vor allem als Erfinder des Rohrventiles, und im Laufe der Jahre stand Watt vor allem mit ihm und seinem Vater in Cornwall im Wettbewerb, in erster Linie in Verbindung mit seiner Dampfmaschine mit getrennten Kondensatoren. Zunächst beschäftigte Watt Jonathan und seine vier Söhne beim Bau verschiedener neuer Maschinen. Nachdem anfängliche kleinere Schwierigkeiten überwunden waren, die dieser Kondensationsmaschine im Vergleich zu der Newcomenschen gewisse Vorteile brachte, beschlossen die Hornblowers, allen voran Jonathan Carter, selbst Dampfmaschinen zu bauen, die nun ihrerseits die Wattsche übertreffen sollten. Bei dem Neubau dieser Maschinen kamen sie bald mit den sehr umfassenden Patenten Watts in Konflikt, und die großen Patentprozesse, die für Watt günstig ausfielen, lähmten auf lange Zeit hinaus die Entwicklung des Maschinenbaues; denn die Maschinen von Hornblower blieben unentwickelt, bis sie schließlich von Woolf neuentdeckt wurden. In den Jahren 1798 und 1805 veröffentlichte Jonathan Carter in London Beschreibungen einer „neuerfundenen Maschine oder rotierenden Dampfmaschine" und eines „neuerfundenen (Dampf-) Rades oder -Maschine". Auf beide Erfindungen nahm er Patente. Außerdem rührt von ihm noch eine Reihe von Schriften über die damals aktuellen technischen Fragen her. Am bekanntesten wurde er durch die Erfindung der Mehrfach-Expansionsmaschine, durch die er sich auch ein großes Vermögen erwarb. Da er nur zwei Töchter hinterließ, erlosch mit seinem im Jahre 1815 erfolgten Tode die hundertjährige Verbindung des Namens Hornblower mit dem Dampfmaschinenbau. *Entw. Dm. 1 S. 118, 252, 434, 457, 2 S. 649; Nat. Biogr. 27 (1891).* Wi.

HOSSAUER, Johann Georg, geb. 5. Okt. 1794 in Berlin, gest. 14. Jan. 1874 in Berlin, war der Sohn eines Nagelschmiedes. Er besuchte die jüdische Schule und ging dann zu einem Klempnermeister in die Lehre. Das Ende seiner Lehrzeit fiel mit den Freiheitskämpfen zusammen, nach seinem Freispruch als Geselle trat er in das Heer. Während der Besetzung von Paris lernte er die dortige Industrie kennen, und nach seiner Entlassung vom Militär kehrte er mit einem Staatszuschuß nach Paris zurück, um sich in seinem Fach weiterzubilden. 1819 wurden ihm vom preußischen Staat fünfhundert Taler bewilligt, damit er sich in Berlin niederlassen und die im Auslande erworbenen Kenntnisse für die heimische Industrie nutzbar machen konnte. Während man vorher Gold- und Silbersachen aus vollen Stücken arbeitete, führte er gewalztes Gold- und Silberblech ein. Dadurch wurden die Erzeugnisse bedeutend billiger und Aufträge, die früher ins Ausland gingen, kamen der Industrie des Landes zu. Die Einführung des Metalldrückens in Berlin ist auf ihn zurückzuführen. Hier hatte Hossauer große Schwierigkeiten zu überwinden; denn Maschinen und Werkzeuge mußte er sich selbst bauen und Gehilfen für seine Arbeitsweisen erst neu anlernen. Der Ruf seiner Werkstätte verschaffte ihm jedoch bald einen weiteren Staatszuschuß von fast 3000 Talern für neue Maschinen. Die Einführung der Arbeiten aus Alfenide (Weißkupfer) sowie die Herstellung plattierter Waren in Preußen sind sein Werk. Weil er seine Erfindungen und Arbeitsweisen nicht verheimlichte, konnten sie von der heimischen Industrie bald übernommen und ausgenutzt werden. Hochgeehrt setzte sich Hossauer 1859 zur Ruhe, um die letzten Lebensjahre ganz für seine Familie leben zu können. *Namhafte Berliner (Verein f. d. Geschichte Berlins).* Gro.

HOWALDT, Hermann, geb. 26. Nov. 1852 in Kiel, gest. 17. Mai 1900 ebenda. Aus der Vereinigung seiner Maschinenfabrik mit der Kieler Schiffswerft von G. Howaldt sind die Howaldtswerke, Kiel, hervorgegangen. Hermann Howaldt, dessen Vater Fabrikbesitzer war, besuchte das Gymnasium in Kiel und erwarb nach längerer Unterbrechung des Schulbesuchs wegen Kränklichkeit die Berechtigung zum einjährig-freiwilligen Militärdienst. Von 1869 bis 1873 arbeitete er als Lehrling in der Fabrik seines Vaters. Danach studierte er in Hannover, Berlin und Karlsruhe Schiffsmaschinenbau und genügte zwischendurch von 1873 bis 1874 der Militärpflicht.

Seine praktische Tätigkeit begann er mit dem Bau von Schwimmdocks, wobei er das erste Amsterdamer Komposite-Schwimmdock konstruierte und den Bau in Holland persönlich leitete.

Die Leitung der väterlichen Maschinenfabrik übernahm er mit seinem Bruder im Jahre 1879; nach dessen Austritt leitete er sie allein, bis sie im Jahre 1889 mit der Schiffswerft von G. Howaldt unter dem Namen „Howaldtswerke" vereinigt wurde. Als Mitglied des Direktoriums förderte Hermann Howaldt den Ausbau der Werft. Seine Hauptaufgabe erblickte Howaldt in konstruktiver Tätigkeit, wobei er beachtenswerte Erfolge erzielte. *Jb. Schiffb. 2 (1901) S. 48.* Schm.

HOWE, Elias, geb. 9. Juli 1819 in Spencer (Mass.), gest. 3. Okt. 1867 in Brooklyn (N.Y.). Howe war der Sohn eines in dürftigen Verhältnissen lebenden Farmers und mußte schon vom sechsten Lebensjahre an helfen, Geld zu verdienen. Schulmäßige Erziehung erhielt er nur während der Sommermonate einiger Jahre. Mit elf Jahren trat er in den Dienst eines benachbarten Bauern, konnte den Dienst aber nicht aushalten und blieb bis zum sechzehnten Jahre in der Mühle seines Vaters. 1835 verließ er das Vaterhaus und arbeitete in verschiedenen Fabriken als Mechaniker mit mehr oder weniger Erfolg. Schließlich kam er nach Boston zu einem bekannten Mechaniker Davis. Eines Tages hörte er ein Gespräch in der Werkstatt, wo der 'alte Davis zwei Erfindern den Rat gab, ihre aussichtslose Erfindung einer Strickmaschine fallen zu lassen und statt dessen eine Nähmaschine zu erfinden. Howe wurde den Gedanken an die Nähmaschine nicht wieder los, Tag und Nacht beschäftigte er ihn; seine Frau und seine Kinder brachte er in das größte Elend. Seine ersten Versuche führten zu keinem Erfolge. Im Jahre 1844 kam er zufällig am Hause eines Webers vorbei. Er sah das Weberschiffchen und versuchte nun, für seine Maschine das Schiffchen mit der Nadel so in Verbindung zu bringen, daß bei jedem Auf- und Abgehen ein Knoten gebildet wurde. Er führte das erste Modell in Holz aus und erzielte gute Erfolge. Ein Schulfreund, George Fisher, lieh ihm das Geld, um Eisen zu kaufen, und nahm Howe mit seiner Familie so lange in sein Haus auf, bis sich die Erfindung bezahlte. Im April 1845 konnte Howe mit der ersten fertigen Maschine an die Öffentlichkeit treten. Er begegnete überall nur Spott und Hohn und geriet wirtschaftlich in eine immer traurigere Lage. Er veranstaltete mit den geschicktesten Näherinnen in Boston ein Wettnähen, wobei er mit seiner Maschine fünfmal so schnell und am saubersten nähte. Es war alles vergebens. Der hohe Preis von 300 Dollar schreckte auch die Interessierten ab. Er versuchte schließlich, das am 10. Sept. 1846 erlangte Patent zu verkaufen. Aber auch hierbei hatte er kein Glück. Da Fisher ihn nicht länger beherbergen konnte, suchte er als Lokomotivführer das Notwendigste für die Familie zu verdienen. Schließlich sandte er seinen Bruder nach England, um einen Käufer für seine Erfindung zu finden. Ein Korsett- und Schirmfabrikant William Thomas interessierte sich für das Modell, das er ihm für 1250 Dollar abkaufte. Er ließ auch Elias herüber kommen gegen eine wöchentliche Entschädigung. Thomas entpuppte sich als Schwindler; Howe kehrte schwer enttäuscht als Zwischendecker nach Amerika zurück und Thomas, der die Nähmaschine als seine Erfindung in England zum Patent angemeldet hatte, soll ungeheuren Gewinn aus der Erfindung gezogen haben.

Ohne daß Howe etwas davon wußte, hatte sich inzwischen eine kleine blühende Nähmaschinenindustrie in Amerika entwickelt. Geschickte Mechaniker hatten einige kleine Verbesserungen an der Howeschen Erfindung vorgenommen und gaben sie als ihr geistiges Eigentum aus. Auf gütlichem Wege konnte er nichts erreichen; den Gerichten gegenüber war er aber in der Lage, ohne jeden Zweifel die Richtigkeit seiner Ansprüche, vor allem gegen Isaac Merritt Singer, den Begründer der Singer Company, zu beweisen. Nun zeigte sich der Wert und die Bedeutung seiner Erfindung. Im Jahre 1863 beliefen sich die ihm täglich zufließenden Lizenzgebühren auf 4000 Dollar; im ganzen soll er in diesem Jahre 2 Millionen Dollar erhalten haben. Seine im Jahre 1862 in Bridgeport ins Leben gerufene Nähmaschinenfabrik besteht heute noch und zählt zu den größten.

Elias Howe war eine interessante Erscheinung mit einem charaktervollen Kopf und langen wallenden Haaren. Er war auch in seinen späteren Jahren gegen jeden freundlich und immer bereit, Bedürftige zu unterstützen. Aus Patriotismus trat er bei Ausbruch des Bürgerkrieges freiwillig als einfacher Soldat in das Heer ein und ertrug alle Leiden und Unbequemlichkeiten, ohne zu murren. Als seine Brigade längere Zeit ohne Löhnung geblieben war, soll er die rückständigen Beträge in Höhe von rd. 30 000 Dollar aus seiner Tasche bezahlt haben. *Em. Eng. S. 80; Am. Biogr. 3 (1888) S. 279.* Wi.

HUBER-WERDMÜLLER, Peter Emil, geb. 24. Dez. 1836 in Zürich, gest. 4. Okt. 1915 ebenda. Sein Vater war der Seidenfabrikant Johann Rudolf Huber. Nach Besuch der Schulen in Zürich, Neuenburg und Lausanne bezog er 1855 die Eidgen. Technische Hochschule in Zürich. Nach Erlangung des Diplomes als Maschineningenieur war er zuerst in den Jahren 1859 bis 1861 als Ingenieur bei Gebr. Sulzer in Winterthur und bei Escher, Wyß & Co. in Zürich tätig. Von 1861 bis 1863 befand er sich auf Studienreisen, die ihn besonders nach Frankreich, Belgien und England führten. Nach der Heimat zurückgekehrt, machte er sich selbständig und errichtete 1863 die Schmiede- und Walzwerke in Oerlikon unter der Firma P. E. Huber & Co. Die in den sechziger Jahren sich durchsetzende Umstellung der schweizerischen Eisenwirtschaft auf die Einfuhr hatte einen schlechten Geschäftsgang des jungen Unternehmens zur Folge, so daß Huber schon 1868 seinen Betrieb stillegen mußte. Nach beendeter Liquidation ging 1872 das Unternehmen in den Besitz des Hauses Daverio Siewerdt & Giesker über, bei dem Huber sich nunmehr auch geldlich beteiligte. Gegenstand der Fabrikation waren Werkzeuge und Werkzeugmaschinen. Als sich das Unternehmen 1876 in die Aktien-Gesellschaft der Werkzeug- und Maschinenfabrik Oerlikon, später „Maschinenfabrik Oerlikon" umwandelte, trat Huber als Präsident des Verwaltungsrates an ihre Spitze und blieb bis 1911 an dieser Stelle. Daneben leitete er 1878 bis 1894 das Werk zugleich als Direktor und widmete sich hauptsächlich dem Bau von Werkzeugmaschinen und Walzenstühlen. Mitte der achtziger Jahre wurde die Elektrotechnik in den Arbeitsplan des Werkes aufgenommen, und ihr widmete Huber sich mit besonderem Nachdruck. Als Oskar von Miller bei der Frankfurter Elektrizitätsausstellung mit dem kühnen Plan der Kraftübertragung von Lauffen am Neckar nach Frankfurt auftrat, fand er bei Huber tatkräftigste Unterstützung, so daß durch die Zusammenarbeit Emil Rathenaus, Oskar von Millers und P. E. Hubers das Werk zustande kommen konnte, das dann glänzenden Erfolg hatte. Der Maschinenfabrik Oerlikon sicherte er hierdurch für lange Jahre eine führende Stellung im Elektromaschinenbau. Besondere Verdienste erwarb sich das Werk später um die Einführung der elektrischen Zugförderung in der Schweiz.

Ein anderes Gebiet der Technik, auf dem Huber führend war, ist die Aluminiumgewinnung. 1887 war er Mitbegründer der Schweizerischen Metallurgischen Gesellschaft in Neuhausen, deren Präsidium ihm übertragen wurde. Ebenso wählte ihn die Aluminium-Industrie-A.-G. in Neuhausen bei ihrer Gründung 1888 zum Präsidenten des Verwaltungsrates; diese Stellung hatte er bis zu seinem Tode inne.

Auf dem Gebiete des Verkehrswesens entfaltete Huber ebenfalls eine rege Tätigkeit. Er war Mitbegründer der Ütlibergbahn, der er sich 40 Jahre mit gleicher Liebe wie seinen eigenen Unternehmungen widmete, obwohl sie fast stets ein Sorgenkind blieb. Ganz seinem Antrieb ist das Entstehen der Züricher Pferde-Straßenbahn zu danken. An der Gründung und Leitung der Elektrischen Straßenbahnen Zürich und der Straßenbahn Zürich—Oerlikon war er maßgebend beteiligt. Als er 1900 in den Bundesrat gewählt wurde, befaßte er sich auch hier vornehmlich mit Verkehrsfragen. Das Vertrauen seiner Mitbürger berief ihn zu vielen Ehrenämtern. Erwähnt sei noch, daß er 1877 zum Direktor des Züricher Gewerbemuseums erwählt wurde.

Hervorragende technische Fähigkeiten vereinigten sich in Huber mit energischem Wollen und weitem Blick. Seine Gaben befähigten ihn, dem schweizerischen Maschinenbau Weltgeltung zu verschaffen. Seine Fähigkeiten stellte er nicht allein in den Dienst seiner industriellen Unternehmungen, sondern gleichermaßen der Allgemeinheit zur Verfügung. Seinem arbeit- und erfolgreichen Leben setzte ein Schlaganfall ein plötzliches Ende. *Schweiz. Bauz. 66 (1915) S. 176; Mitt. d. Familie.* Hu.

HUGHES, David Edward, geb. 16. Mai 1831 in London, gest. 22. Jan. 1900 in London. Da seine Eltern schon 1838 nach Amerika auswanderten, verlebte er nur wenige Jahre seiner Jugend in England. Er widmete sich sehr frühzeitig dem Studium der Musik und Naturwissenschaften und wurde bereits mit 20 Jahren zum Lehrer der Physik, Mechanik und Musik am Bardstown College (Kentucky) ernannt. Hier entstand sein Plan für den Typendrucktelegraphen, dessen Ausführung und Vervollkommnung er sich in den nächsten Jahren mit großem Eifer angelegen sein ließ. Die Konstruktion war 1854 so weit vollendet, daß die Apparate der Praxis übergeben werden konnten. Bei mehreren kleineren Telegraphengesellschaften in New York, die später zur „Western Union Telegraph Company" vereinigt wurden, fand seine Erfindung zuerst Eingang, gelangte bald über England, das sich allerdings anfänglich gegen die Anwendung sträubte, über Frankreich und Italien auch nach Deutschland und verbreitete sich dann rasch über den ganzen europäischen Kontinent. Auf dem internationalen Telegraphenkongreß in Wien (1868) wurde der Hughes-Apparat für den Betrieb der wichtigen internationalen Telegraphenleitungen angenommen. Nachdem die Einführung dieses Typendruckers beendet war, betätigte sich Hughes fast ausschließlich mit physikalischen Studien und Untersuchungen, als deren Ergebnis in erster Linie das Mikrophon zu nennen ist; im Zusammenhang mit diesen Arbeiten steht seine Konstruktion der Induktionswage. Auch machte Hughes die Entdeckung der Fritteigenschaft der Kohle, deren Bekanntmachung er unterließ, da namhafte englische Physiker seiner Theorie, die später allgemein bestätigt wurde, nicht beipflichteten. Während seiner letzten Arbeitsjahre beschäftigte er sich hauptsächlich mit magnetischen Untersuchungen. Vom In- und Ausland wurden ihm Anerkennungen und Ehrungen zuteil. Er starb, 69jährig, in London. *ETZ 21 (1900) S. 120.* Ca.

HULLS (auch Hull), **Jonathan**, geb. 1699 in Campden (Gloucestershire). Jonathan Hulls war wohl der erste, der die Dampfkraft zum Antrieb von Schiffen auf See anzuwenden versuchte. Seine Versuche führte er 1737 auf dem Avon bei Evesham durch. Diese bestanden vor allem darin, daß er eine Newcomensche atmosphärische Maschine, die einzige damals bekannte Dampfmaschine, auf einem kleinen Boot aufstellte und dann die Schaufelräder des Schiffes durch Seile und Gewichte betreiben wollte. Obwohl Hulls durch diese Versuche einwandfrei zeigte, wie man die geradlinige Bewegung einer Kolbenstange in eine rotierende Bewegung verwandeln konnte, schlugen seine Versuche doch fehl und erregten nur den Spott seiner Zeit. Das Patent für diese Erfindung wurde ihm auf die Dauer von 14 Jahren am 21. Dez. 1736 erteilt. Ausführlich hat er sie in einem im Jahre 1837 erschienenen Werk ,,Description and Draught of a new-invented Machine for carrying Vessels or Ships out of or into any Harbour, Port, or River against Wind and Tide, or in Calm" beschrieben. Das Buch, das schließlich sehr selten wurde, erschien in einem Faksimiledruck im Jahre 1855 noch einmal. Es ist wahrscheinlich, daß Symington durch diese Arbeiten angeregt wurde, genau wie Fulton später durch die Arbeiten von Symington wertvolle Fingerzeige erhielt. Im Jahre 1754 erschien von Hulls noch eine Abhandlung ,,The Art of Measuring made easy by the help of a new Sliding Scale". Das Werk ,,Maltmakers Instructor" stammt ebenfalls aus seiner Feder. *Nat. Biogr. 28 (1891) S. 200; Dm. 1 S. 628; Liv. Eng. 4 S. 72.* Wi.

HUNT, Charles Wallace, geb. 13. Okt. 1841 in Candor (Tioga County, New York), gest. 27. März 1911 zu New Brighton (N. Y.). Wallace Hunt ist als Ingenieur durch seine Kohlenförderanlagen, die nicht nur in Amerika, sondern auch in Deutschland und England viel Eingang gefunden haben, und durch seine Werkseisenbahnen bekannt. Er besuchte die Cortland-Akademie in Homer (N. Y.) und bildete sich zum Zivilingenieur aus. Der Ausbruch des Bürgerkrieges verhinderte ihn, sich dieser Laufbahn zu widmen. Er wurde vom Kriegsminister mit der Aufgabe betraut, für die entlaufenen Sklaven, die in die Nordstaaten kamen, zu sorgen. Mehrere Jahre nach Beendigung des Krieges wurde er Kohlengroßhändler auf Staten Island. Die alten Förderverfahren, mit denen die Kohlen aus den Schiffen auf die Lagerplätze befördert wurden, regten ihn zu Verbesserungen an. 1872 begann er, mechanische Fördereinrichtungen für den Kohlentransport zu bauen, und es gelang ihm, durch seine Einrichtungen die Kosten des Kohlentransports von 30 auf 3 Cents je Tonne zu vermindern. Dies wurde durch die von ihm gebauten selbstfüllenden Greifer erreicht. Hunt baute auch kleine Dampfmaschinen für seine Fördersysteme, die auf besondere Art gegen die schädlichen Einwirkungen des Dampfes geschützt waren. Früh wandte er sich dem Bau von Akkumulatorenbatterien zum Betrieb von leichten elektrischen Werklokomotiven zu. In späteren Jahren widmete er sich immer mehr diesem Zweig des Nahförderwesens und entwarf Schienen, Drehbühnen, Weichen und Karren für den Transport von Kohle in die Kesselräume und die Abfuhr der Asche. Seine Freundlichkeit und sein Humor machten ihn allgemein beliebt. *Engg. News 65 (1911) S. 416; Trans. ASME 33 (1911) S. 1189.* Wi.

HUNTSMAN, Benjamin, geb. 1704 in Lincolnshire, gest. 1776 in Attercliffe bei Sheffield. Huntsman stammte von deutschen Eltern ab. Schon von frühester Jugend an war er ein geschickter Mechaniker und ließ sich als Uhrmacher in Doncaster nieder. Er genoß den Ruf eines ,,weisen Mannes", da er sich auch rein empirisch als Chirurg und Augenarzt betätigte, und seine Hilfe auch immer frei gewährte. Bei der Einführung einiger neuer Werkzeuge wurde er durch die minderwertige Qualität des gewöhnlichen Stahles stark behindert und suchte eine bessere Stahlart herzustellen. In Doncaster fing er bereits mit den Versuchen an; im Jahre 1740 zog er, um näher an der Quelle des Kohlenvorkommens zu sein, nach Handsworth bei Sheffield, wo er seine Versuche in größter Verschwiegenheit weiterführte. Nach seinem Tode fand man in der Nähe seiner Werkstätte viele Stahlblöcke vergraben, die irgendwelche Fehler aufwiesen. Sein Leitgedanke bei allen seinen Arbeiten war, das damals gebräuchliche Roheisen durch das Schmelzen mit Hilfe von Flußmitteln bei starker Hitze in geschlossenen feuerfesten Tiegeln zu reinigen. Auf diese Weise gelang ihm die Erfindung des Gußstahls. Huntsman versuchte, die Stahlwarenfabrikanten von Sheffield zur Benutzung des neuen Stahles zu bewegen, was ihm aber nicht glückte, da sie das Verarbeiten so harten Stahles nicht gewöhnt waren. Huntsman führte daher lange Zeit seine gesamte Erzeugung nach Frankreich aus. Die Sheffielder versuchten, als sowohl das englische wie das französische Publikum in immer größerem Maße Gußstahlerzeugnisse bevorzugte, die Ausfuhr des von ihnen verpönten Stahles zu verbieten und auf diese Weise Huntsman in seinem Betrieb gänzlich lahmzulegen. Sie mußten sich jedoch endlich dazu entschließen, den härteren Gußstahl zu verwenden, und versuchten jetzt, das nicht patentierte, aber streng geheimgehaltene Gußverfahren auf alle mögliche Art und Weise kennenzulernen. Einem Eisengießer Walker gelang es schließlich, in Gestalt eines hungernden und frierenden Landstreichers in die Hütte zu kommen und das Geheimnis des Gußstahles abzulauschen. 1770 war die Nachfrage nach dem neuen Stahl so stark, daß Huntsman sich eine größere Fabrik in Attercliffe bei Sheffield baute. Sein Sohn William hat nach seinem Tode das Unternehmen weitergeführt und stark vergrößert. *Smiles: Invention and Industry (London 1884) S. 103.* Wi.

HUYGENS, Christian, geb. 14. April 1629 im Haag, gest. 8. Juni 1695 ebenda. Von seinem Vater, einem Geheimschreiber des Prinzen von Oranien, wurde Huygens in den Anfangsgründen des Wissens unterrichtet und zeigte schon frühzeitig auffallende Begabung für Mathematik. Mit 16 Jahren bezog er die Universität in Leiden, um Jura zu studieren; hier genoß er bei einem tüchtigen Lehrer auch noch Unterricht in seinem Lieblingsfach, der Mathematik. Zwei Jahre darauf setzte Huygens seine juristischen Studien in Breda fort, woran sich längere Reisen nach Dänemark, Frankreich und England anschlossen.

Als er durch seine Schriften und Entdeckungen berühmt geworden war, wurde er von Colbert, dem Minister Ludwigs XIV., als Mitglied der französischen Akademie der Wissenschaften nach Paris berufen, eine sehr ehrenvolle, gut besoldete Stellung, die Huygens 15 Jahre lang, ganz der Wissenschaft lebend, bekleidete, um dann endgültig in seine Vaterstadt zurückzukehren.

Eine seiner Erfindungen ist die der Penduluhren, die 1657 von den Generalstaaten patentiert wurde. Während die früheren ,,Waaguhren" fast jede Viertelstunde gerichtet werden mußten, was natürlich sehr störend wirkte, ließen sich die Penduluhren auch für wissenschaftliche, besonders astronomische Zwecke verwenden.

Huygens' „Abhandlung über das Licht" enthält die Aufstellung der Undulationstheorie, des Huygensschen Prinzips und die Aufklärung der merkwürdigen, verwickelten Erscheinungen der Doppelbrechung des Lichtes im isländischen Kalkspat, drei staunenswerte Leistungen, die ihrem Urheber einen hervorragenden Platz unter den Naturforschern einräumen.

Ferner beschäftigte sich Huygens seit 1655 erfolgreich mit der Verbesserung des Fernrohrs und steigerte seine Leistungsfähigkeit durch von ihm selbst gefertigte bessere Glaslinsen bedeutend. Ihm ist auch die Entdeckung des größten Satelliten und des Ringes des Saturn zuzuschreiben.

Eng verbunden ist Huygens mit der Vorgeschichte der Dampfmaschine. Er versuchte selber, eine atmosphärische Kolbenmaschine zu bauen, die mit Schießpulver getrieben wurde. Bezeichnend hierfür ist eine Stelle seines Tagebuchs von 1673: „Stets eine sehr bedeutende Triebkraft zur Verfügung zu haben, die keine Unterhaltungskosten erfordert wie Menschen und Pferde." Papin, sein Gehilfe bei dieser Maschine, verbesserte sie infolge der gewonnenen Anregungen später als Professor durch Einführung von Wasserdampf anstatt des Pulvers. *F. A. Schulze: Große Physiker (Leipzig 1917) S. 1; Gerland: Leibnizens u. Huygens' Briefwechsel mit Papin (Berlin 1881); Entw. Dm. 1 S. 288.* Schu.

HUYSSEN, August, geb. 28. April 1824 zu Nymwegen (Niederlande), gest. 2. Dez. 1903 zu Bonn. Ein hervorragender Bergmann, der sich in hohen Stellen des preußischen staatlichen Bergbaues besondere Verdienste erworben, so vor allem um den Salzbergbau und die Salinen im Halleschen Bezirk, sowie um das staatliche Tiefbohrwesen.

Er trat im Jahre 1842, nachdem er auf dem Gymnasium zu Cleve die Reifeprüfung bestanden, als Bergbaubeflissener im Bezirk des Essen-Werdenschen Bergamtes ein, wurde 1843 Bergexpektant, 1850 Bergreferendar und als solcher Berggeschworener des Bergrevieres Witten. Nachdem er dann als Hilfsarbeiter beim Oberbergamt zu Dortmund und später bei der Herausgabe der Zeitschrift für das Berg-, Hütten- und Salinenwesen im Preußischen Staate zu Berlin beschäftigt gewesen, bestand er im Jahre 1854 die Bergassessorprüfung, war zunächst als Bergassessor im Ministerium für Handel, Gewerbe und öffentliche Arbeiten beschäftigt und bekam dann in noch jungen Jahren im Jahre 1856 die Stelle als Direktor des Bergamtes zu Düren mit der Amtsbezeichnung als Bergrat. Schon im Jahre 1861 wurde er Oberbergrat und Mitglied des Oberbergamtes zu Breslau, wo er noch in demselben Jahre zum Berghauptmann und Oberbergamtsdirektor ernannt wurde, um im Jahre 1864 in gleicher Stellung an das Oberbergamt zu Halle berufen zu werden. Hier entfaltete er, 20 Jahre lang, eine hervorragend segensreiche Tätigkeit und wurde dann im Jahre 1884 als Oberberghauptmann und Ministerialdirektor an die Spitze der gesamten Preußischen Berg-, Hütten- und Salinenverwaltung berufen.

In dieser Stellung, die er bis zu seinem Ausscheiden aus dem Staatsdienste im Jahre 1891 bekleidete, hat er hauptsächlich die Verbesserung der Arbeiterverhältnisse beim Bergbau und die Erweiterung des Bergwerksbesitzes und des Bergbaubetriebes des Staates angestrebt.

Schriftstellerisch war Huyssen auf den verschiedensten Gebieten, auch noch im Ruhestande, den er in Bonn verbrachte, tätig, so in der Geognosie, der Bergbau- und Salinenkunde, dem Arbeiterwesen und dem Bergrecht. Am bekanntesten von seinen Werken ist der Kommentar zum Allgemeinen Berggesetz für die preußischen Staaten und der alljährlich bis zu seinem Tode von ihm herausgegebene Berg- und Hüttenkalender. So.

I J

ILGNER, Karl, geb. 1862 zu Neisse, gest. 18. Jan. 1921 in Bartelsdorf (Riesengebirge). Ein hervorragender Pionier auf dem Gebiete der Anwendung des elektromotorischen Antriebes schwerster Arbeitsmaschinen (Bergwerk-, Förder- und Walzenzugmaschinen). Nach der Realschule in Köln besuchte Ilgner in den Jahren 1883 bis 1886 die damalige Gewerbeakademie in Berlin. Hiernach arbeitete er bei der Allgemeinen Elektrizitäts-Gesellschaft und Gebr. Körting (Abteilung für elektrische Kraftübertragungen). 1895 übernahm Ilgner die Vertretung der Firma Lahmeyer A.-G. für Schlesien mit dem Sitz in Beuthen und später in Breslau. Die Donnersmarkhütte beabsichtigte damals, den elektromotorischen Antrieb ihrer Förder- und Walzenzugmaschinen von einem mit Großgasmaschinen betriebenen Kraftwerk aus einzurichten. Ilgner bewältigte diese Aufgabe, indem er die auf der Pariser Weltausstellung 1900 gezeigte Steuerschaltung von Leonard anwandte und zum Ausgleichen der Belastungsschwankungen an Stelle einer Akkumulatorenbatterie große Schwungräder benutzte. Der „Ilgnerumformer", der 1902 auf der Düsseldorfer Ausstellung die größte Anerkennung fand, wurde patentiert und auch im Ausland oft verwendet. 1905 ging Ilgner zu den Österreichischen Siemens-Schuckert-Werken in Wien über, mußte aber wegen Krankheit seine Stellung aufgeben und ließ sich als beratender Ingenieur in Breslau nieder. Von hier aus entfaltete er eine wertvolle und umfangreiche Tätigkeit als Zivilingenieur in den Bergwerksbezirken Niederschlesiens und Polnisch-Schlesiens bei der Umgestaltung unwirtschaftlicher Betriebe vom Kesselhause an. 1909 wurde Ilgner zum ersten Ehrendoktor der neubegründeten Technischen Hochschule in Breslau ernannt, als Bürger dieser Stadt bekleidete er verschiedene Ehrenämter und war während des Krieges als Sachverständiger in Belgien tätig. Ilgner war kein trockener Theoretiker, sondern durchaus praktisch veranlagt und ging geradenwegs, großzügig und mit scharfem Verstande seinen Zielen nach.

1919 mußte er sich zunehmender Krankheit wegen aus dem öffentlichen Leben ganz zurückziehen und starb, kurz nachdem er sich einen Ruhesitz am Fuße des Riesengebirges geschaffen hatte. *St. u. E. 41 (1921) S. 495; Z 65 (1921) S. 471; ETZ 42 (1921) S. 356.* Hr.

ILLIG, Moritz Friedrich, geb. 30. Okt. 1777 in Erbach (Odenwald), gest. 26. Juli 1845 in Darmstadt, erlernte zunächst das Uhrmacherhandwerk, betrieb nebenbei aber auch andere mechanische und mathematische Studien, um sich schließlich nach einigen Wander- und Lehrjahren dem Beruf seines Vaters, der Papiermacherei, zu widmen. In Verfolg dieser Tätigkeit gelang ihm nach langen Versuchen die im Jahre 1805 veröffentlichte Erfindung: Papier in der Masse mit Harz zu leimen. Diese für die Entwicklung der Papierindustrie, vor allem nach Erfindung der Papiermaschine, geradezu epochemachende Erfindung hat Illig allerdings fast ausschließlich bittere Enttäuschungen und Verluste eingetragen. Es lag eben zu seiner Zeit noch kein rechtes wirtschaftliches Bedürfnis für den Übergang von der tierischen zur vegetabilischen Leimung vor.

Nach dem Niedergang des väterlichen Geschäftes wandte sich Illig wieder der Uhrmacherkunst zu. Er zog nach Darmstadt, wo ihm zwar viele ehrende Aufträge und Erfolge zuteil wurden, wo er aber gleichwohl in ärmlichen Verhältnissen starb. *Th. Beck: M. F. Illig (Darmstadt 1914).* Fg.

INTZE, Otto Adolf Ludwig, geb. 17. Mai 1843 in Laage (Mecklenburg-Schwerin), gest. 28. Dez. 1904 in Aachen. Intze, einer der hervorragendsten Lehrer und Ingenieure auf dem Gebiete des Wasserbaues, Schöpfer des modernen Talsperrenbaues, war der Sohn eines Arztes und erhielt seine Schulbildung auf der Realschule in Güstrow i. Meckl. Mit 17 Jahren trat er in die Praxis und war zunächst im Dienste einer englischen Gesellschaft beim Neubau der Riga-Dünaburger Eisenbahnlinie beschäftigt. Zu seiner wissenschaftlichen Ausbildung bezog er 1862 die Polytechnische Schule in Hannover, wo er während 8 Semestern unter Treuding, v. Kaven u. a. Bauingenieurwesen, Hochbau und Maschinenwesen studierte. Nach rühmlich bestandener Abschlußprüfung war er kurze Zeit Lehrer an den Baugewerkschulen in Holzminden und Siegen und trat im Frühjahr 1867 in hamburgische Dienste. Hier war er am Entwurf und der Ausführung umfangreicher Hafen-, Schleusen-, Brücken- und Straßenbauten beteiligt. Bei Begründung der Rheinisch-westfälischen Polytechnischen Schule in Aachen 1870 gelang es seinem früheren Lehrer v. Kaven, der mit der Einrichtung und Leitung der neuen Anstalt betraut worden war, die junge, vielversprechende Kraft als Lehrer für Baukonstruktion und Wasserbau zu gewinnen. Mit 27 Jahren kam so Intze an die Stelle, an der er bis zu seinem viel zu frühen Tode als lehrender und ausübender Ingenieur gleich Hervorragendes geleistet hat. Zum Lehren hatte Intze von Hause aus Neigung und die Gabe eines schlichten, aber eindringlichen und klaren Vortrages.

Für die Tätigkeit des ausübenden Ingenieurs brachte er neben einer außerordentlichen Arbeitskraft, Ideenfülle, weitschauenden Blick und rastlose Energie in der Verfolgung des einmal als richtig Erkannten mit. Dazu kam seine Kunst der Menschenbehandlung, vermöge deren er die gerade bei seinen großen wasserwirtschaftlichen Arbeiten gar zu oft auseinander strebenden Interessen auszugleichen und für das erstrebte Ziel einzuspannen verstand. — Intzes Lebensarbeit läßt sich von 1870 ab in zwei Abschnitte teilen. Bis etwa zum Ende der achtziger Jahre war er vornehmlich auf dem Gebiete des industriellen Eisenhochbaues tätig. Am bekanntesten sind dabei die nach ihm benannten Flüssigkeitsbehälter (Gasbehälter und Wassertürme) geworden, von denen seit 1884 bis zu seinem Tode mehr als 400 in allen Teilen Deutschlands sowie im Auslande mit einem Gesamtinhalt von rund 2500 cbm erbaut wurden. Bekannt ist weiter seine hervorragende Teilnahme an der Bearbeitung und Herausgabe des „Deutschen Normalprofilbuches für Walzeisen", das 1881 zuerst erschien. Zahlreiche, meist in der Zeitschrift des Vereines deutscher Ingenieure veröffentlichte Aufsätze begleiteten diese Tätigkeit. — Bedeutsamer noch als diese Arbeiten sind die etwa seit 1890 beginnenden Arbeiten des zweiten Abschnittes, die das Gebiet des Wasserbaues und der Wasserwirtschaft betreffen. Hier hat Intze namentlich durch seine großen Talsperren Werte von größter volkswirtschaftlicher Bedeutung geschaffen, die ihn außer in die Reihe unserer größten Ingenieure auch in die der großen Wohltäter der Menschheit stellen. In der Überwindung der beim Talsperrenbau besonders hervortretenden zahllosen technischen, wirtschaftlichen, verwaltungsrechtlichen und anderen Schwierigkeiten zeigte er sich erst ganz auf der Höhe seines Könnens. Erst seit Intze seine Talsperren baute, ist die Kenntnis von Bedeutung und Nutzen dieser großartigen Bauwerke in alle Welt gedrungen. In knapp 20 Jahren hat Intze allein in Rheinland-Westfalen 16 Talsperren mit einem Kostenaufwand von etwa 25 Mill. Mark und einem Gesamtwasserinhalt von rund 90 Mill. cbm entworfen und gebaut, darunter als größte die in der Eifel gelegene Urfttalsperre mit 45 Mill. cbm Inhalt. Weitere derartige Bauten wurden von Intze geplant oder ausgeführt in Ostpreußen, Schlesien, Böhmen, Ungarn. Inmitten dieses weitausgreifenden Schaffens ist er auf der Höhe seines Lebens, gleichsam „in den Sielen", im Alter von 61 Jahren gestorben. — Intzes hervorragenden Leistungen fehlte es nicht an vielseitiger öffentlicher Anerkennung. 1894 verlieh ihm als einem der Ersten der Verein deutscher Ingenieure die Grashof-Denkmünze. 1898 wurde er als Vertreter der Technischen Hochschule auf Lebenszeit ins Preußische Herrenhaus berufen, 1902 von der Technischen Hochschule Dresden zum Ehrendoktor promoviert und 1904 in den Vorstand des Deutschen Museums in München gewählt. An der Urfttalsperre erinnert eine Bronzetafel an ihren genialen Schöpfer. *Zentr. Bauv. 25 (1905) S. 14; Die Techn. Hochschule zu Aachen 1870—1920 (Aachen 1921) S. 254; W. Borchers: Gedächtnisrede (Aachen 1905); Z 49 (1905) S. 109.* Wa.

ISHERWOOD, Benjamin Franklin, geb. 6. Okt. 1822 in New York, gest. 19. Juni 1915. Isherwood erhielt seine Vorbildung bei der Albany Academy und war dann unter David Matthews bei der Utica- und Schenectady-Eisenbahn tätig. Nach Fertigstellung der Bahnlinien arbeitete er an der Croton-Brücke. Sein Leben nahm dadurch einen ganz anderen Verlauf, als ursprünglich angenommen werden mußte, daß ihn Charles B. Stuart, unter dessen Leitung er beim Bau der Erie-Eisenbahn gearbeitet hatte, und der nun Chefingenieur der Flotte geworden war, auf einen Posten als Schiffsingenieur berief (1844). Isherwood ist dann bekannt geworden als Erbauer von Leuchttürmen. Bei Ausbruch des Krieges mit Mexiko war er an Bord der „Princeton", jenes ersten, durch Ericsson erbauten Dampfschiffes der Nordstaaten. Auf Grund von Untersuchungen über die Dampfdehnung, die er später an Bord des Schiffes „Michigan" vornahm, entwarf Isherwood 1868 die Maschinenanlage des Kreuzers „Wampanoag", der seinerzeit mit 17¾ Knoten das schnellste Dampfschiff der Welt war.

Von 1861 bis 1869 war Isherwood Chefingenieur der Flotte zu einer Zeit, als man schon über 600 Dampfschiffe und 3000 Ingenieure im Dienst hatte. Bekannt ist Isherwood noch wegen seiner damals grundlegenden Versuche mit Schiffsschrauben. 1884 trat er in den Ruhestand. Eine Reihe vielgelesener Fachbücher stammt von ihm. *Trans. ASME 37 (1915) S. 1510.* Gs.

JABLOCHKOFF, Pawel Nikolajewitsch, russischer Elektrotechniker, geb. 1847, gest. 1894, führte einige für seine Zeit wesentliche Verbesserungen auf dem Gebiete der Beleuchtungstechnik ein, doch haben seine Erfindungen, besonders die sog. Jablochkoffsche Kerze, für uns nur noch geschichtliches Interesse.

Nach Beendigung seines Studiums am Nicolai-Polytechnikum in Petersburg trat er zuerst in den technischen Heeresdienst ein, erhielt dann später die Stelle des Telegraphendirektors der Eisenbahnlinie Moskau-Kursk.

Während dieser Zeit interessierte sich Jablochkoff für Elektrotechnik und knüpfte Beziehungen zu verschiedenen naturwissenschaftlich und technisch gerichteten Kreisen in Moskau an. 1874 unternahm er es, eine vom kaiserlichen Hofzug zu durchfahrende Strecke mit elektrischem Licht zu beleuchten und wurde dadurch mit den Mängeln der Regelung elektrischer Lichtbogen bekannt. Im nächsten Jahre begab er sich nach Paris, wo er seine Hauptarbeit durchgeführt und die meisten seiner Entdeckungen gemacht hat.

Jablochkoff stellte sich die Aufgabe, ein brauchbares Bogenlicht zu schaffen, wobei er jedoch mechanische Regelvorrichtungen, als nicht sicher arbeitend, ganz ausschalten wollte. Er legte deshalb die beiden Kohlenstifte nebeneinander und isolierte sie voneinander durch eine Schicht Kaolin, welche in dem Maße verdampfte, wie die Kohlenstifte herunterbrannten. Diese Anordnung, die mit der Zeit eine weitgehende Verbreitung fand, erhielt die Bezeichnung Jablochkoffsche Kerze. Ihr Hauptnachteil besteht in der kurzen Brenndauer von rd. 1½ Stunden. Obschon später Lampen mit selbsttätigen Vorrichtungen zum Auswechseln der Kerzen gebaut wurden, konnte die Kerze das Feld nicht behaupten und verschwand später völlig vom Markte.

Im Zusammenhang mit der Kerze stehen Jablochkoffs Arbeiten über die Verteilung elektrischer Energie.

Jablochkoff fand ein Verfahren, um mehrere Kerzen in einen Stromkreis zu schalten, wodurch der Betrieb der elektrischen Beleuchtung wesentlich verbilligt wurde, denn früher mußte jeder Lichtbogen durch eine eigene Stromquelle gespeist werden. Außerdem traf er noch einige Verbesserungen an Dynamomaschinen (Erzeugung von Wechselstrom durch Kommutierung von Gleichstrom), doch haben diese Arbeiten keine besondere Bedeutung gewonnen. Jablochkoff gebührt jedoch das Verdienst, zuerst mit Hilfe seiner Kerze eine weitgehende elektrische Beleuchtung von Straßen, Geschäften, Theatern usw. durchgeführt zu haben. *Encyklopädisches Lexikon von Andrejewsky.* Dr.

JACOBI, Gottlob Julius, geb. 28. Dez. 1770 zu Winningen an der Mosel, gest. 25. Jan. 1823 in Sterkrade, war ein Sohn von Heinrich Jacobi, dem späteren Inspektor der Sayner Hütte. Die auf dieser Hütte erworbene Grundlage technischen und hüttenmännischen Wissens vertiefte Jacobi als junger Mann durch Lehr- und Wanderjahre in der englischen Industrie; sein noch erhaltenes Tagebuch legt Zeugnis ab von dem offenen Blick und dem Wissensdrang, mit dem er die Eindrücke auf sich wirken ließ. Nach Deutschland zurückgekehrt, trat er in die Dienste der Fürstäbtissin zu Essen als Hütteninspektor auf deren Eisenhütte Neu-Essen bei Oberhausen an der Emscher.

1793 erwarb Jacobi von den Erben des Freiherrn v. d. Wenge die Anthony-Hütte am Sterkrader Bach, oberhalb Sterkrade, für die Fürstäbtissin zu Essen; allerdings wurde sie noch kurze Zeit an Pfandhöfer, den damaligen Besitzer der Gutehoffnungshütte zu Sterkrade, verpachtet, so daß Jacobi erst 1798 die Leitung der Anthonyhütte, zunächst im Namen der Fürstäbtissin, übernehmen konnte; bereits 1799 machte ihn die Fürstäbtissin, die ihm großes Vertrauen schenkte, zum Teilhaber der beiden Hütten Neu-Essen und Anthonyhütte zu einem Viertel. Bei dem Übergang des Fürstentums Essen an Preußen im Jahre 1802 verlor die Fürstäbtissin das Interesse an den Hütten und betrieb den Verkauf. Im Jahre 1805 kaufte Jacobi zusammen mit seinen beiden Schwägern Franz und Gerhard Haniel die beiden Hütten und 1808 erwarben sie zusammen mit dem Schwager der beiden Brüder Haniel, Heinrich Huyssen, die Gutehoffnungshütte zu Sterkrade dazu. Vom 5. April 1810 datiert der Gesellschaftsvertrag, der in der „Hüttengewerkschaft Jacobi, Haniel & Huyssen" diese drei Hütten auf gemeinsame Rechnung zusammenfaßte und damit den Grundstein zur „Gutehoffnungshütte" legte.

Schon 1800 hatte Jacobi neben dem Hochofenbetrieb einen mit Holzkohlen betriebenen Kuppelofen zur „Gutmachung des Brucheisens und zur Verbesserung des Gußeisens (Roheisens) durch Umschmelzung" errichtet, obwohl in der Hauptsache auch weiter unmittelbar aus dem Hochofen gegossen wurde; 1806 begann er mit der Herstellung von Maschinenteilen, zunächst im Auftrage für Franz Dinnendahl, und 1819 wurde in Sterkrade die erste Dampfmaschine, eine doppelt wirkende Gebläsemaschine für den eigenen Gebrauch, fertiggestellt. 1820 wurde der Bau von Dampf- und Gebläsemaschinen für Fremde aufgenommen. *Nach Mitt. d. Fam.* Fch.

JACOBI, Heinrich, geb. 1725 zu Eisleben, gest. 15. März 1796 auf der Sayner Hütte, der Sohn des Akziseeinnehmers Johann Heinrich Jacobi, widmete sich schon mit 15 Jahren dem praktischen Bergbau, zunächst im Mansfeldischen, später in Bitterfeld (Braunkohlen) und im Stollbergischen. 1751 wurde er Schichtmeister und kurz darauf Verwalter einer Grube in Elpe in der Nähe von Brilon in Westfalen. Nach Verheiratung mit der Tochter des Hessen-Kasselschen Hüttenverwalters Ziller wurde er 1759 als Verwalter auf ein Silberbergwerk Langenhecke in Weilburg im Kur-Trierischen berufen. Dort zog er die Aufmerksamkeit weiterer Kreise auf sich und wurde 1765 zum kurfürstlich-trierischen Berginspektor in Koblenz ernannt, mußte jedoch zu Winningen a. d. Mosel, $1^1/_2$ Std. oberhalb Koblenz, auf einem kurfürstlichen Zehnthofe Wohnung nehmen. 1766 war er als Sachverständiger 10 Wochen in Saarbrücken tätig, um die dortigen Kohlenbergwerke in „bessere Verfassung zu bringen". 1769 erhielt er den Auftrag, in Sayn bei Koblenz, wohin sein Schwiegervater als Hütteninspektor berufen war, eine Eisenhütte anzulegen, die Vorgängerin der späteren Kruppschen Hütte; 1771 übernahm er nach Vollendung des Baues die Stelle eines Hütteninspektors daselbst. Jacobi stand als Fachmann des Eisenhüttenwesens in großem Ansehen; er wurde nach den verschiedensten Gegenden Deutschlands, nach Bayern und Westfalen als Sachverständiger berufen und seine Gutachten waren mitbestimmend für die Versuche zur selbständigen Ausbeutung der im Bezirk des Stiftes Essen gefundenen Eisensteine, aus denen später die Gutehoffnungshütte hervorging, bei deren Gründung sein Sohn Gottlieb Jacobi mitbeteiligt war. *W. Grevel: Die Gutehoffnungshütte zu Oberhausen (Essen 1881).* Fch.

JACOBI, Hugo, geb. 28. Nov. 1834 auf St. Anthonyhütte, gest. 17. Okt. 1917 in Düsseldorf, war ein Sohn des Hütteninspektors August Jacobi und Enkel von Gottlob Julius Jacobi, dem Mitbegründer der „Hüttengewerkschaft Jacobi, Haniel & Huyssen". Nach Besuch der Volksschule in Sterkrade und der Schule in Schermbeck a. d. Lippe arbeitete er praktisch in der Gutehoffnungshütte in Sterkrade, erhielt seine technische Ausbildung auf der Gewerbeschule zu Hagen und studierte Maschinenbau in Karlsruhe, 1856 trat er in den Dienst der Gutehoffnungshütte, bei der er dauernd blieb. Schon bald erhielt er die Leitung des Sterkrader Betriebes und der Ruhrorter Schiffswerft und bei der Umwandlung der Gewerkschaft in eine Aktiengesellschaft (1873) wurde er Vorstandsmitglied und blieb dies bis zu seinem Austritt im Jahre 1905. Ihm dankt die Sterkrader Maschinenbauabteilung ihre Weiterentwicklung und stete Anpassung an die Forderungen neuerer Zeiten; unter ihm wurden die Brückenbauabteilung, die Kettenfabrik sowie das Hammer- und Preßwerk neu eingerichtet.

Führend war Jacobi in der Wahrung der wirtschaftlichen Interessen des Maschinenbaues; er gründete 1890 zusammen mit Majert und Sehmer den Westdeutschen Maschinenverband, den Vorläufer des Vereines Deutscher Maschinenbau-Anstalten, und führte in ihm den Vorsitz; im Verein Deutscher Maschinenbau-Anstalten war er stellvertretender Vorsitzender bis zum Jahre 1907. Unmittelbar bevor er sich zur Ruhe setzte, arbeitete er noch mit an der Gründung der Vereinigung der deutschen Brückenbauanstalten, dem Vorläufer des Deutschen Eisenbauverbandes.

Nach seinem Ausscheiden aus dem Amte lebte er zu Düsseldorf und lieh als Mitglied des Aufsichtsrates der Gutehoffnungshütte dem Werke seinen Rat bis zu seinem Tode. *Nach Mitt. d. Familie.* Fch.

JACOBI, Moritz Hermann v., geb. 21. Sept. 1801 in Potsdam, gest. 27. Febr. 1874 in Petersburg. Bedeutender Physiker und Elektrotechniker, dessen Hauptverdienste in der Erforschung galvanischer und elektromagnetischer Erscheinungen bestehen.

Jacobi wandte sich anfangs dem Baufach zu, und ließ sich, nachdem er seine Studien in Göttingen vollendet hatte, als Architekt in Königsberg nieder, von wo er 1835 als Professor der Zivilbaukunst an die Universität nach Dorpat berufen wurde. Seine Arbeiten auf dem Gebiete der reinen und angewandten Elektrizitätslehre und die Beziehungen, in welche er dadurch zur Kaiserlichen Akademie der Wissenschaften trat, führten ihn schon 1837 nach St. Petersburg, wo er dann 1839 Adjunkt und 1847 ordentliches Mitglied der Akademie wurde. In dieser Stellung hat er nicht nur die reine Wissenschaft in ausgezeichneter Weise gefördert, sondern auch seinem zweiten Heimatlande auf den verschiedensten Gebieten der angewandten Physik, besonders in seiner langjährigen Stellung als Mitglied des Manufakturrates beim Finanzministerium, die wichtigsten Dienste geleistet.

Schon während seiner Studien in Göttingen hatte Jacobi sein Interesse dem damals in rascher Entwicklung begriffenen Galvanismus zugewandt und verfolgte auch später in Dorpat neben seinen Vorlesungen und Beschäftigungen als ausführender Architekt eifrigst seine physikalischen Forschungen. Kurz nach seiner Übersiedelung nach Petersburg machte er die Entdeckung der Galvanoplastik, welche seinen wissenschaftlichen Ruhm begründete. Die wertvollen Untersuchungen über die Gesetze der Elektromagnete, welche Jacobi gemeinsam mit Lenz in den Jahren 1837 bis 1839 ausführte, setzten ihn in den Stand, eine größere elektromagnetische Maschine zu konstruieren, welche bei Anwendung einer Batterie von 64 Elementen rund 1 PS gab und ein mit 14 Personen bemanntes Boot auf der Newa gegen die Strömung in Bewegung setzte. Es ist dies der erste Versuch, den Elektromagnetismus zum Betriebe eines Fahrzeuges zu verwenden. Die vielen praktischen Anwendungen, welche Jacobi von der strömenden Elektrizität machte, erweckten bei ihm das Bedürfnis, die Stärke des elektrischen Stromes sowie die Widerstände der Leiter in allgemein zugänglichen Einheiten zu messen. Er schlug deshalb vor, die elektrolytische Zersetzung des Kupfervitriols als Maß für die Stärke des galvanischen Stromes zu verwenden und ließ einen passend verpackten Kupferdraht bei den Physikern Europas mit der Bitte zirkulieren, sich Kopien gleichen Widerstandes anzufertigen, um so ein gemeinsames Maß des Widerstandes der Leiter zu gewinnen. Dieses Jacobische Widerstandsetalon, das eine ganz willkürliche Einheit darstellt, hat später eine hohe Bedeutung gewonnen. Ein weiteres großes Verdienst Jacobis besteht darin, daß er als Präsident der Kommissionen für die Einigung der Maße und Gewichte eine Revision der metrischen Urmaße vornahm und sich mit größtem Nachdruck für die Einführung und Verbreitung des metrischen Maßes und Gewichtssystemes in allen Ländern einsetzte. *Wild: M. H. v. Jacobi (Petersburg 1876).* Dr.

JACQUARD, Joseph Marie, geb. 7. Juli 1752 in Lyon, gest. 7. Aug. 1834 in Ouillins bei Lyon. Sein Vater war Weber, an einem Zugwebestuhl beschäftigt, an dem die Mutter half. Der Sohn erhielt von seinen Eltern keinerlei Unterricht, lernte aber wahrscheinlich durch Selbstunterricht Lesen und Schreiben. Mit zwölf Jahren kam er zu einem Buchbinder in die Lehre und später in eine Schriftgießerei. Hier soll er bereits durch die Schaffung einiger neuer Werkzeuge sein mechanisches Talent bewiesen haben. Beim Tode der Mutter kehrte er zu seinem Vater zurück und übernahm dessen Beruf; nach einigen Jahren starb der Vater und hinterließ ihm geringe Ersparnisse. Einen Teil des Geldes verwandte er für ein Unternehmen, das gemusterte Gewebe herstellen sollte, nach kurzer Zeit aber in Zahlungsschwierigkeiten geriet und dessen Webstühle er verkaufen mußte, um seine Schulden bezahlen zu können. In seiner Not nahm er die Stelle eines Kalkbrenners in Bresse an, während seine Frau in Lyon blieb, um ein kleines Strohhutunternehmen weiterzuführen. Während all dieser Jahre hatte Jacquard sich mit dem Gedanken der Verbesserung des Zugwebstuhles für gemusterte Gewebe beschäftigt. Bisher war es bei diesem Webstuhl Brauch, daß zwei Personen, der Weber und ein „Ziehjunge" zur Herstellung des Stoffes nötig waren. Im Jahre 1790, also in einem Alter von 38 Jahren, hatte er eine Vorrichtung — seine Latzenzugmaschine — fertig, die die Dienste dieses „Ziehjungen" überflüssig machte und als Vorläufer der eigentlichen Jacquardmaschine anzusehen ist. Trotz ihrer großen Vorzüge fand diese Maschine aber keine Gegenliebe bei den Webern und wurde zunächst nicht beachtet. Während der politischen Unruhen in Frankreich mußte Jacquard mit seinem Sohn fliehen, der kurz darauf schwer verwundet wurde und starb. Später durfte Jacquard wieder nach Lyon zurückkehren, wo er sich noch einige Jahre in bitterster Not befand. Inzwischen hatte sich die von ihm erfundene Latzenzugmaschine immer mehr eingebürgert. 1801 waren bereits 4000 Maschinen in Lyon in Tätigkeit. Seine Aussichten besserten sich von nun ab bedeutend; er verwandte aber nach wie vor einen großen Teil seiner Zeit zur weiteren Verbesserung dieser Maschine. Im Sept. 1801 stellte er ein verbessertes Modell auf einer Ausstellung nationaler Erzeugnisse aus und erhielt als Anerkennung eine bronzene Medaille; 1802, während der Funktionärversammlung in Lyon für die Wahl eines Präsidenten der Cisalpinischen Republik, besuchte der Minister des Innern, Carnot, mit noch einigen Mitgliedern der Versammlung den Erfinder in seiner Wohnung. Der von der Society of Arts in London und Paris ausgesetzte bedeutende Preis für den Erfinder einer Maschine zur Herstellung von Fisch- und anderen Netzen wurde von Jacquard gewonnen. Er stellte diese Maschine nun auch in Paris aus und erhielt noch andere Anerkennungen und auch ein Patent darauf. Schließlich bekam er unter Molard eine Anstellung im Conservatoire des Arts et Métiers. 1804 kam er nach Lyon zurück und machte 1805 seine wichtigste Erfindung in den ihm im „Hospice de l'Antiquaille" bereitgestellten Räumen. Diese neue Erfindung, seine Jaquardmaschine, wurde mit größtem Erfolg in die Praxis eingeführt. Einem normalen Webstuhl zugefügt, gestattete diese von ihm erfundene mechanische Vorrichtung jedem Arbeiter, ohne Mühe die verwickeltsten Muster zu weben. Die Kettenfäden der Maschine wurden durch Korden an sog. Platinen, die in einem gelochten Brett geführt werden, befestigt und durch kleine Gewichte belastet, die in der unteren Stellung festgehalten wurden. Nach einem auf diesem Grundsatz gebauten Original werden die in der Maschine gebrauchten Karten aus fester, aber dünner Pappe hergestellt und durch Fäden so aneinandergeheftet, daß sie, ein vielgelenkiges Band ohne Ende, über das Prisma gelegt werden und durch seine Drehungen nach und nach auf die Gewebebildung wirken können. In der vor mehr als hundert Jahren zuerst erschienenen Beschreibung der Jacquardmaschine heißt es: „Durch dieses Mittel kann jeder Arbeiter von gewöhnlicher Fertigkeit mit Leichtigkeit und Genauigkeit alle Arten von Muster einweben, so daß man in einer Stunde dieselbe Arbeit verrichten kann, welche bei dem alten Verfahren mehrere Stunden erforderte."

Im Oktober 1806 verfügte ein kaiserlicher Erlaß, daß die Stadt Lyon ihm seine Erfindung, die er nie patentieren ließ, gegen eine Jahresrente von 3000 Francs abkaufen solle; außerdem sollte Jacquard 50 Francs für jeden Webstuhl erhalten, der eine „Jacquard-Vorrichtung" benutzte. Noch viele Auszeichnungen wurden ihm im Laufe der Zeit zuteil; er erhielt auch das Kreuz der Ehrenlegion. Im Jahre 1811 erhielt er im Verein mit drei Seidenfabrikanten in Lyon ein Patent für die Fabrikation von Stoffen und Dekorationsgeweben auf einem mit Jacquardvorrichtung versehenen Webstuhl.

Die letzten Jahre vor seinem Tode verbrachte er in einem kleinen Städtchen Oullins bei Lyon, wo er auch starb. Dieses Städtchen sowie Lyon ehrten ihn auch nach seinem Tode durch die Errichtung eines marmornen Grabes und eines Denkmales. *Brief Biogr. S. 27; Z 52 (1908) S. 1061; Larousse, 5 S. 366; Kohl: Gesch. d. Jacquard-Maschine (Berlin 1873).* Wi.

JARS, Gabriel, geb. 26. Jan. 1732 in Lyon, gest. 20. Aug. 1769 in Clermont (Auvergne). Jars' Vater war an den Bergwerken von Lyonnais beteiligt; er selbst zeigte schon früh eine besondere Neigung zur Metallurgie. Nach dem Besuch der École des Ponts et Chaussées, auf der er sich die für das Bergfach erforderlichen theoretischen Kenntnisse erwarb, trat er 1757 zusammen mit Duhamel du Monceau, der nur wenige Jahre älter war als er, eine Studienreise durch Deutschland, Österreich, Ungarn, Böhmen, Steiermark, Kärnten und Tirol an, von der sie 1759 nach Frankreich zurückkehrten. 1765 besuchte Jars im Auftrage des Staates England und Schottland; 1766 reiste er mit seinem Bruder durch den Harz und Norddeutschland, um anschließend auch Norwegen und Schweden, Belgien und Holland zu besuchen. Die Gesellschaft der Wissenschaften in Paris nahm ihn nach seiner Rückkehr als Mitglied auf. Jars beabsichtigte, einen Bericht seiner Reisen, die ihn durch eigene Anschauung mit dem Berg- und Hüttenwesen fast aller europäischen Länder auf das genaueste bekanntgemacht hatten und ein ausgezeichnetes Vergleichsmaterial boten, dem Ministerium einzureichen. Doch konnte er selbst diese Absicht nicht mehr verwirklichen, denn schon ein Jahr nach seiner Rückkehr ereilte den erst 37jährigen der Tod; seine Aufzeichnungen lagen erst in einer nicht vollständigen Handschrift vor. Seinem Bruder, der sich ebenfalls dem Studium der Metallurgie gewidmet und Gabriel Jars teilweise auf den Reisen begleitet hatte, war es möglich, die Handschriften in dem Sinne seines Bruders 1874 im Druck erscheinen zu lassen. Der Titel lautete: „Voyages metallurgiques" oder „Recherches et observations sur les mines et forges de fer, la fabrication de l'acier, celle du fer-blanc et plusieurs mines de charbon de terre, faites depuis l'année 1757 jusques et y compris 1769 en Allemagne, Suède, Norvège, Angleterre et Écosse", Lyon et Paris 1774. Jars hatte schon zu Lebzeiten seine Abhandlungen in zwei Abschnitte geteilt; die ersten beiden enthielten alles, was sich auf Eisen und Steinkohle bezog, während der zweite Teil alle übrigen Metalle behandelte. Bald nach der Herausgabe des Werkes erschien auch eine deutsche Übersetzung von dem Oberbergrat Gerhard, der dem ersten Teil eigene Beobachtungen hinzufügte, die den Wert des Buches noch erhöhten, so daß es völlig den Charakter eines Lehrbuches der Eisenhüttenkunde und des Steinkohlenbergbaues erhielt. Außerdem sind u. a. noch als bedeutende Veröffentlichungen von Jars zu nennen: „Description d'une espèce de siphon à élever l'eau" (1700), ferner 1768 „Observations sur la circulation de l'air dans les mines". Gleich Swedenborg oder fast noch unmittelbarer als dieser gab Jars durch diese überaus wertvollen Reiseberichte die Anregung für die hohe Bedeutung von Reisen und vergleichenden Studien im In- und Ausland. *Gesch. Eis. 3 S. 35.* Cä.

JERUSALEM, Johann Friedrich Wilhelm, geb. 22. Nov. 1709 in Osnabrück, gest. 2. Sept. 1789 in Braunschweig. Jerusalem war der Sohn eines Pfarrers. Nach gründlicher Vorbildung studierte er in Leipzig und Leiden Theologie und kam dann als Hofmeister nach Göttingen. Es folgte ein mehrjähriger Aufenthalt in England, 1742 seine Ernennung zum Hof- und Reiseprediger des Herzogs Karl von Braunschweig, gleichzeitig zum Lehrer und Erzieher des Erbprinzen. Neben vielen verschiedenen Ämtern, die Jerusalem im Laufe der Jahre in Braunschweig übertragen bekam, setzte er sich mit ganz besonderem Eifer und Erfolg für die Neuordnung des Braunschweiger Schulwesens ein. Allein seiner Initiative ist die Gründung des Collegium Carolinum (1745) zu danken. In einer interessanten Denkschrift gab er 1765 seiner Meinung über die Zwecke und Ziele dieses Institutes Ausdruck. Im Gegensatz zu den damaligen Schulen sollte der Naturwissenschaft und der Ingenieurkunst ein breiterer Raum gewährt werden. Seit 1747 führte er allein das Kuratorium und verstand es, durch Heranziehung bedeutender Lehrkräfte den Ruf der Anstalt, aus der sich später die Technische Hochschule entwickelte, weit über Braunschweigs Grenzen zu tragen. Jerusalem kann als einer der aufgeklärtesten Männer jener Zeit gelten. Zahlreiche philosophische und theologische Veröffentlichungen sind Zeugnis seines umfassenden Wissens. Er starb nach kurzer Krankheit im 80. Lebensjahr. *ADB 13 (1881) S. 779; Koldewey: Lebens- und Charakterbilder (Wolfenbüttel 1881).* Ca.

JOHNSON, Isaac Charles, geb. 28. Jan. 1811 in Vauxhall (London), gest. 30. Nov. 1911 in Gravesend. Seine Eltern gehörten dem Arbeiterstande an, seine Schulbildung beschränkte sich auf Lesen, Schreiben und Rechnen. Als vierzehnjähriger Knabe kam er zu einem Buchhändler, wo er den Verkaufsstand bedienen und Bücher auskarren mußte. Obwohl sich hier seinem Lesehunger reichlich Nahrung bot, mußte er diese Tätigkeit wieder aufgeben, da der Dienst auf die Dauer zu schwer war, und so kam er, sechzehnjährig, in die Fabrik von Francis & White, wo auch sein Vater tätig war. Hier lernte er zuerst die Gipsbrennerei und Mörtelfabrikation kennen. Auf sein Drängen willigte der Vater schließlich ein, ihn zu einem Tischler in eine regelrechte Lehre zu geben. Abends besuchte er eine Fortbildungsschule, trieb etwas Chemie und Mechanik und fertigte kleinere Entwürfe an. Mittlerweile hatte sein früherer Arbeitsherr White in der Nähe ein Zementwerk erworben und forderte 1835 Johnson auf, wieder bei ihm einzutreten. Schon ein Jahr darauf wurde er mit der Leitung der Zementfabrik betraut und hatte freie Hand für die Führung des Betriebes. Die damals bekannt gewordenen Erfolge Aspdins in der Zementbereitung erweckten in ihm den Wunsch, gleichwertige Ware zu erzeugen. Hauptsächlich durch immer wiederholte Versuche fand er, daß das Haupterfordernis eines guten Zementes das Brennen bis zur Sinterung sei. Die von ihm festgestellte Rohmischung ist bis heute kaum verbesserungsbedürftig gewesen. Das Jahr 1844, in dem Johnson diese Grundsätze fand, ist als das Geburtsjahr des Portlandzementes anzusehen. Das für die Aufbereitung benutzte Schlämmverfahren ist ebenfalls von Johnson genial durchdacht und zeugt von hervorragendem konstruktivem Sinn. 1849 trat er von der Leitung der Whiteschen Fabrik zurück und gründete in Cliffe an der Themse, nahe Gravesend, ein eigenes Werk; daneben hatte er seit etwa 1853 noch die technische Leitung eines zweiten Werkes im Norden des Landes. Hier erfand er 1854 den nach ihm benannten Brennofen, einen Schachtofen mit ununterbrochenem Betrieb und langem wagerechtem Fuchs. Die Rohmasse des Zements wird in den Fuchs eingepumpt; die Heizgase, die auf dem Wege zum Schornstein durch den Fuchs ziehen müssen, erzeugen hier die Brennhitze, so daß der Zement nach dem Brande abgestochen werden kann. 1873 wurde ein drittes Werk in Greenhithe an der Themse errichtet. Johnson blieb Präsident und beratender Direktor aller drei Werke bis an sein Lebensende. Als 87jähriger entschloß er sich noch, das Radfahren zu lernen; in seinen Mußestunden beschäftigte er sich viel mit Photographie, und noch im höchsten Alter lernte er Griechisch, um das Neue Testament im Urtext lesen zu können. Der hundertste Geburtstag brachte ihm ungezählte Ehrungen und Glückwünsche. *Gesch. Zem. S. 184; J. C. Johnson: Brief History of Cements (Kansas City, Mo., 1909).* Hä.

JONES, William Richard, geb. 1839 in Pittsburgh (Pa.), gest. 28. Sept. 1889 in Braddock. Sein Vater, ein englischer Geistlicher, wanderte in jungen Jahren nach Amerika aus und starb dort, als William Jones erst drei Jahre alt war. Nach einer sehr mangelhaften Erziehung trat William bereits mit 10 Jahren als Lehrling in die Crane Iron Company in Catasauqua ein; zuerst arbeitete er in der Gießerei, später in der Maschinenwerkstatt. Die hier erhaltene gründliche Ausbildung hat viel zu seinen späteren großen Erfolgen beigetragen. Mit 15 Jahren verdiente er bereits den Lohn eines gelernten Arbeiters. In den nächsten Jahren bis zum Ausbruch des Bürgerkrieges war er in verschiedenen Eisenwerken tätig und trat dann als einfacher Soldat in die Armee der Verbündeten ein, wo er es bis zum Kapitän brachte. Nach Beendigung des Krieges wurde Jones Assistent von George Fritz, dem Chefingenieur der Cambria Iron Company und war zunächst an der Ausarbeitung und Konstruktion der berühmten Bessemeranlage unter der Leitung von G. Fritz und A. L. Holley — zwei der bedeutendsten amerikanischen Hütteningenieure — beteiligt. Nach dem Tode von George Fritz trat Jones aus dem Cambriakonzern aus und wurde von Holley, der ihn als einen der besten Praktiker im Eisenhüttenwesen ansah, zum technischen Leiter der neuerrichteten Edgar Thompson Steel Works in Braddock ausersehen. Im Jahre 1888 wurde Jones zum beratenden Ingenieur der gesamten Carnegie-Unternehmungen ernannt. Während dieser Zeit baute er die großen Bessemeranlagen dieser Unternehmung, so die Hochofenreihe, die als die A, B, C, D, E, F und G-Reihe berühmt wurde, und die Riesenwalzwerke, die die Carnegie-Betriebe zu den bestgeleitetsten und größten der Welt machten.

Etwa ein Dutzend Patente rührt von ihm her, so eine Vorrichtung zum Bedienen der Bessemer-Gießpfanne und ein besonderes Mischverfahren. Seine Erfindertätigkeit ist hiermit nicht erschöpft. Seine Hauptbedeutung lag in seiner Fähigkeit, einen Riesenbetrieb organisch aufzubauen und einheitlich zu leiten. Unter seiner Leitung erhöhte sich die Leistung eines Hochofens von 370 t in der Woche im Jahre 1872, bis zu 2800 t wöchentlich im Jahre 1889. Carnegie bot ihm die Teilhaberschaft an; er lehnte aber ab und bezog daraufhin ein Gehalt von 50 000 Dollars im Jahre. Obwohl er von seinen Arbeitern und Untergebenen mehr verlangte, als sie je zuvor geleistet hatten, so hingen sie doch mit großem Vertrauen an ihm, da er stets mit gutem Beispiel voranging und von höchster Gerechtigkeit war. Anläßlich der großen Überschwemmungskatastrophe zu Johnstown war er mit einer Hilfstruppe von einigen hundert Mann der erste, der trotz aufgerissener Eisenbahnschienen und fast ungangbarer Wege am Orte des Unglückes eintraf. Auf tragische Weise fand Jones seinen Tod. Hochofen C hatte eine Störung, und Jones mußte eingreifen. Eine Explosion während der Arbeit verletzte und verbrannte ihn so schwer, daß er unter größten Schmerzen nach zwei Tagen starb. William Richard Jones wurde als der bedeutendste Mann des ganzen Carnegie-Planes bezeichnet. *Em. Eng. S. 132; Engineering Magazine.* Wi.

JOULE, James Prescott, geb. 24. Dez. 1818 zu Salford bei Manchester, gest. 11. Okt. 1889 zu Sale bei London. Joule war ein schwächliches Kind und erhielt daher Hausunterricht, bis er mit 15 Jahren in die väterliche Brauerei eintrat, die er, als sein Vater erkrankte, mit einem Bruder zusammen weiterführte, bis er sie 1854 verkaufte.

Den ersten Unterricht in Physik erhielt Joule von Dalton, bei dem er mit seinem Bruder zusammen Chemie lernen sollte. Bald begann Joule, angeregt durch Dalton, selbst zu experimentieren, anfangs mit den primitivsten Mitteln. Zunächst beschäftigte er sich mit Elektrizität und Magnetismus; 1840 entdeckte er die Erscheinung der magnetischen Sättigung und bestimmte ihren Zahlenwert für Weicheisen. Dann machte er die bedeutsame Entdeckung, daß man mit Bündeln von Eisendrähten stärkere Magnetfelder erzeugen kann als mit massiven Eisenkernen. In den nächsten Jahren machte er Untersuchungen über die vom elektrischen Strom in einem Leiter erzeugte Wärmemenge und fand sie proportional dem Widerstand des Leiters und dem Quadrat der Stromstärke. Seinen Arbeiten legte er als erster ein genau bestimmtes Maß für die elektrische Strommenge zugrunde, und zwar diejenige, die nötig war, um 9 g Wasser zu zersetzen.

Auf der Jahresversammlung der British Association hielt er am 21. Aug. 1843 einen Vortrag: „Über die Wärmeleistung des Elektromagnetismus und den Arbeitswert der Wärme."

In dem Vortrag bringt er seine erste zahlenmäßige Bestimmung des mechanischen Wärmeäquivalents und in einem Nachtrag spricht er klar das Gesetz von der Erhaltung der Energie aus. Robert Mayer hat zwar diese Gedanken schon früher niedergeschrieben, aber Joule hat sie, wie die sehr eingehende Forschung ergeben hat, unabhängig von ihm gefunden.

In der folgenden Zeit beschäftigte sich Joule noch öfters mit der genauen Bestimmung des mechanischen Wärmeäquivalents, verfertigte für seine Untersuchungen neue, besonders empfindliche Galvanometer und die ersten genauen Quecksilberthermometer in England (gleichzeitig mit Regnault in Frankreich). Durch einen Vortrag auf der British Association in Oxford im Jahre 1847 erregte er die Aufmerksamkeit Sir William Thomsons, die zu einer innigen Freundschaft und zu ergebnisreichem Zusammenarbeiten führte. Nachdem schon 1847 von Joule die Erscheinung der Sternschnuppen durch die Reibung der Meteore in der Erdatmosphäre erklärt worden war, durchforschten Thomson und Joule gemeinsam das Gebiet der Reibung bei Strömungsvorgängen. Dabei entdeckten sie den „Thomson-Joule-Effekt" (der später die Grundlage für die Industrie der verflüssigten Gase bildete) und gelangten im weiteren Verlauf ihrer Arbeiten zur Berechnung der thermodynamischen Temperaturskala.

Auch als Begründer der kinetischen Gastheorie darf Joule bezeichnet werden, da er die Geschwindigkeit der Eigenbewegung der Gasmoleküle und deren Abhängigkeit von der Temperatur berechnete und darauf eine theoretische Erklärung des Mariotte-Gay-Lussacschen Gesetzes aufbaute.

Joule war Mitglied zahlreicher wissenschaftlicher Körperschaften; für seine Arbeiten erhielt er verschiedene akademische Auszeichnungen, u. a. die Copley-Medaille, die höchste Auszeichnung der Royal Society. *The Nature 26 (1882) S. 617; Rosenberger: Geschichte der Physik (Braunschweig 1887 bis 1890); E. Mach: Prinzipien der Wärmelehre (Leipzig 1900) S. 241.* Erk.

JOY, David, geb. 3. März 1825 in Leeds, gest. 15. März 1903 in Hampstead (London). Sich von Jugend auf für technische Sachen begeisternd, fand er den väterlichen Betrieb, der Ölmühle, in den er 1841 eintrat, zu eng. Er ging als Lehrling zu Fenton, Murray & Jackson und, als diese 1834 ihre Werke schlossen, zur Railway Foundry Stepherd & Todd, Leeds, als Zeichenlehrling. Als später E. B. Wilson dieses Werk übernahm, wurde Joy Chef des Zeichenbureaus und war maßgebend beteiligt u. a. an den Entwürfen der bekannten Lokomotive „Jenny Lind". Im August 1850 wurde er Maschinenmeister der Nottingham- and Grantham-Bahn und ging 1853 in gleicher Stellung an die Oxford-Worcestershire- and Wolverhampton-Bahn. Als er 1856 durch Verkauf dieser Bahn frei wurde, bereiste er zunächst den Kontinent und widmete sich dann, wenn auch immer wieder in Verbindung mit Brückenbauanstalten, Schiffswerften und dergleichen, der Auswertung seiner Erfindungen. Er beschäftigte sich mit einem hydraulischen Gebläse, mit Verbesserungen der Dampfhämmer, mit der Einführung mechanischer Nieter, der Verwertung von Hochofenschlacke, Verbesserung von Geschützen, Entwurf einer Verbunddampfmaschine, bei der der Hochdruckkolben als Schieber für den Niederdruckzylinder wirkte u. a. m. Im Jahre 1879 wurde ihm seine Lokomotivsteuerung patentiert, die sofort von Webb für die London- und North Western Bahn und von Maudslay für Schiffsmaschinen in großem Umfange angewendet wurden. Seine weiteren Lebensjahre widmete er hauptsächlich Reisen und Vorträgen, die wegen seines tiefgründigen, allgemeinen Wissens gern gehört und besucht wurden. *Eng. 95 (1903) S. 290.* Me.

JUSTI, Johann Heinrich Gottlob v., geb. 25. Dez. 1720 in Brücken bei Sangerhausen, gest. 21. Juli 1771 in Küstrin, der Begründer der Kameralistik als systematischer Wissenschaft, hat auch zuerst auf die Wichtigkeit technologischer Kenntnisse für die Praxis der Staatsverwaltung hingewiesen und für deren Verbreitung mit Erfolg gewirkt. Er studierte in Wittenberg die Rechte, trat während des Ersten Schlesischen Krieges vorübergehend in preußische Kriegsdienste und vollendete seine Studien in Jena und Leipzig. Schon früh begann er eine vielseitige schriftstellerische Tätigkeit, die sich auf Philosophie und Geschichte, Staats- und Naturwissenschaften, Technologie u. a. m. erstreckte und ihm den Beinamen des „Kameralpolygraphen" eintrug. Als Professor der Kameralwissenschaften war er an der Theresianischen Ritterakademie in Wien und der Universität Göttingen tätig, befaßte sich in österreichischem, kurbraunschweigischem und dänischem Dienste auch vielfach mit praktischen Verwaltungsaufgaben, für die er großes Geschick hatte und reiche Kenntnisse mitbrachte. 1766 ernannte ihn Friedrich der Große zum Kgl. Berghauptmann und Oberaufseher der Glas- und Stahlfabriken des Preußischen Staates. Wegen angeblicher Veruntreuung von Staatsgeldern wurde ihm aber schon 1768, zweifellos mit Unrecht, der Prozeß gemacht, vor dessen Entscheidung er 1771 auf der Festung Küstrin starb. Sein technologisches Hauptwerk „Vollständige Abhandlung von den Manufacturen und Fabriken" erschien in zwei Teilen, Kopenhagen 1758—1761 (2. Aufl. mit Anmerkungen hrsg. von Joh. Beckmann, Berlin 1780), und behandelt in kameralistischer Weise (übrigens ohne irgendwelche Figuren) die Textilmanufakturen, die Fabrikation des Eisens und der Nicht-Eisenmetalle, sowie die wichtigsten Zweige der chemischen Technologie. Erwähnt seien noch die „Gesammlete chymische Schriften, worinnen das Wesen der Metalle und die wichtigsten chymischen Arbeiten vor dem Nahrungsstand und das Bergwesen ausführlich abgehandelt werden", 2 Bde. Berlin u. Leipzig 1760—1761. Auch als Übersetzer zahlreicher technologischer Schriften hat sich Justi Verdienste erworben und u. a. von der technischen Abteilung der Diderot-d'Alembertschen Enzyklopädie die 4 ersten Bände unter dem Titel „Schauplatz der Künste und Handwerke" (1762 bis 1865) übersetzt. *Joh. Beckmann: Vorrath kleiner Anmerkungen über mancherley gelehrte Gegenstände, 3. Stück (Göttingen 1806) S. 542; ADB 14 (1881) S. 747; Zeitschr. f. d. ges. Staatswissenschaft 45 (1889) S. 554/67; Handwörterbuch der Staatswissenschaften, 4. Aufl., Bd. 5 (Jena 1923) S. 535.* Wa.

K

KAMMERER, Jakob Friedrich, geb. 24. Febr. 1796 in Ehningen, gest. 4. Dez. 1857 zu Ludwigsburg. Sein Vater, ein Siebmacher, der nebenbei eine Weinwirtschaft betrieb, siedelte mit der Familie nach Ludwigsburg über, wo Kammerer das väterliche Handwerk erlernen mußte, um nach des Vaters Tode das Geschäft zu übernehmen. Ein um 1824 von ihm erlangtes Patent zur Anfertigung von Sommerhüten aus Fischbein, Weiden und Spanischrohr nach eigener Herstellungsweise ließ ihn die Hutmacherei aufnehmen; in diese Zeit fiel auch seine Erfindung einer Maschine zum Appretieren von Seidenhüten. Im Jahre 1831 wurde Kammerer in revolutionäre Umtriebe verwickelt und daraufhin 1833 verhaftet, jedoch wegen seines bedrohlichen Gesundheitszustandes gegen Stellung einer Kaution auf freien Fuß gesetzt, worauf er sich seinem Geschäfte wieder zuwandte.

Seine berühmteste Erfindung — wahrscheinlich 1832 — war die der Phosphorzündhölzer nach eigenem gefahrlosen Verfahren. Etwa Anfang 1836 wurde eine Betriebvergrößerung nötig, womit auch eine Verbesserung seines Verfahrens Hand in Hand ging. Obwohl die Herstellung der Zündhölzer von einem Sachverständigen als durchaus ungefährlich beurteilt wurde, verbot man Kammerer nach einem Brande in seinem Hause den weiteren Betrieb innerhalb der Stadt und verlangte die Verlegung der Herstellräume in ein allein gelegenes Gebäude, wozu sich Kammerer außerstande erklärte. Damals beschäftigte er 40 Personen mit einer Tagesleistung von 300000 bis 400 000 Hölzchen, die zum größten Teil ins Ausland gingen.

1838 traf ihn ganz unerwartet ein harter Schlag durch das Urteil des noch immer schwebenden Hochverratprozesses, den er längst niedergeschlagen glaubte: es lautete auf zwei Jahre Festung. Kurz darauf floh Kammerer aus Ludwigsburg. Zunächst wandte er sich nach Straßburg und einige Jahre später nach Zürich, an beiden Orten Neugründungen schaffend, wobei ihm die seit langem mit dem Auslande unterhaltenen Geschäftsbeziehungen von großem Nutzen waren. Die Ludwigsburger Fabrik führte nach Kammerers Flucht seine Frau weiter, bis ihm diese 1840 nach Zürich folgte, nachdem das Geschäft in des Schwagers Hände übergegangen war. Nach Wiedererlangung des Staatsbürgerrechts übernahm Kammerer offenbar diesen Betrieb wieder selbst. Sein Gesuch, die völlig gefahrlosen Zündhölzer wie bisher weiter verbreiten zu dürfen, lehnte das Ministerium ab. Inzwischen hatte sich das Züricher Werk günstig entwickelt.

Kammerers unermüdliche Arbeitskraft, seine Gewissenhaftigkeit und seine hervorragende kaufmännische Begabung verhalfen ihm bald wieder zu Wohlstand. Mannigfache Sorgen, besonders infolge seiner Vertrauensseligkeit erlittene große Verluste, umnachteten seinen Geist und erforderten 1854 seine Überführung in eine Irrenanstalt, wo er einer Lungenlähmung erlag. *Niemann: J. F. Kammerer, der Erfinder der Phosphorzündhölzer (Leipzig 1918).* Schu.

KAMP, Heinrich Daniel, geb. 8. Nov. 1786 zu Baerl am Niederrhein, gest. 15. März 1854 in Berlin. Über seinen Werdegang ist wenig bekannt. Er war in Glasgow in Stellung und trat nach seiner Rückkehr von England in das Geschäft seines Schwiegervaters Joh. Heinrich Brink als Teilhaber ein. Seiner Tatkraft jedoch genügte diese Tätigkeit nicht, und er faßte den Entschluß, sich selbständig zu machen. In Harkort fand er einen gleichgesinnten, vorwärtsstrebenden Menschen, der dann mit ihm im Jahre 1818 in Wetter a. d. Ruhr eine mechanische Werkstätte begründete. Später übernahm er die Werkstätten für eigene Rechnung und verpachtete sie an seine Söhne. Im Jahre 1821 beteiligte er sich an der Gründung der Rheinisch-Westindischen Kompagnie und 1824 rief er den Deutsch-Amerikanischen Bergwerksverein mit ins Leben, dessen erster Präsident er wurde. Noch im gleichen Jahr wurde er als Abgeordneter für Elberfeld in den rheinischen Landtag nach Düsseldorf entsandt, und 1827 finden wir ihn als Deputierten des Provinziallandtages in Berlin. Gegenstände der Verhandlungen, denen er hier beiwohnte, waren namentlich die Stadt- und Landgemeindeordnung, die Erschwerung der Rheinschiffahrt durch Holland, aber besonders ist er immer für den Bau von Eisenbahnen eingetreten. In Gemeinschaft mit Harkort stellte er im Garten der Museumsgesellschaft eine kleine Probebahn nach Palmers System auf. Später ging er nach Köln, gründete hier die Feuerversicherungsgesellschaft „Colonia" und wurde ihr erster Direktor. Von der Stadt Köln wurde er dann als Vertreter in das Herrenhaus berufen und ist in Berlin gestorben. *Matschoß: Ein Jahrhundert deutscher Maschinenbau (Berlin 1919).* Cr.

KARMARSCH, Karl, geb. 17. Okt. 1803 zu Wien, gest. 24. März 1879 zu Hannover. Er besuchte in Wien die Volkschule, die Realakademie und die kommerzielle und technische Abteilung des Polytechnischen Institutes und wurde schon mit 16 Jahren Assistent beim Lehrstuhl für Technologie am gleichen Orte. Seine Assistentenzeit bis 1823 nutzte er zur Weiterbildung aus, bis er von 1823 an sich ganz seinen Privatstudien und seiner schriftstellerischen Tätigkeit widmete. Aus dieser Zeit stammen seine Schriften: „Grundzüge der Chemie" (Wien 1823) und „Einleitung in die mechanischen Lehren der Technologie" (Wien 1823).

Im Jahre 1830 wurde Karmarsch als erster Direktor an die damals im Entstehen begriffene Höhere Gewerbeschule zu Hannover berufen, und das Aufblühen dieser Anstalt und ihre allmähliche Entwicklung zur Technischen Hochschule ist mit seinem Wirken eng verknüpft. Ihm waren die Lehrfächer der Technologie und der theoretischen Chemie übertragen worden, und er konnte während seiner 45jährigen Lehrtätigkeit das große Gebiet der mechanischen Technologie durch seine wissenschaftlich einwandfreie und lebendige Darstellung, durch sein umfassendes Schriftwerk und sein energisches Eintreten für die Bedeutung des Faches ungemein fördern.

Er stellte ein neues System der mechanischen Technologie auf, das noch heute die Grundlage für die Ordnung des großen Gebietes bildet, durch seine technologische Sammlung in Hannover, die er mit seltener Tatkraft nach dem Vorbilde der Wiener Sammlungen schuf und die er mit denkbar geringen Mitteln zu erhalten verstand, beeinflußte er die Entwicklung der Industrie in gleicher Weise wie durch seine Schriften, Reden, Gutachten und durch seine Lehrtätigkeit. Von seinen Schriften, die außerordentliche Verbreitung fanden, sind hervorzuheben: das in Gemeinschaft mit Heeren herausgegebene „Technische Wörterbuch", der „Beitrag zur Technik des Münzwesens", die „Geschichte der Technologie". Daneben übernahm er die Mitarbeit an Encyklopädien, Jahrbüchern und Zeitschriften. Im Jahre 1875 wurde er durch die zunehmende Schwäche seiner Augen gezwungen, sich in den Ruhestand zurückzuziehen. Als infolge eines Aufrufes zu einer unter seinem Namen zu schaffenden Stipendienstiftung aus allen Teilen des Reiches und des Auslandes reichlich Mitte flossen, zeigte sich die Anerkennung seiner Verdienste, die auch schon früher durch viele Ehrungen ihm zuteil geworden war. *Hoyer: Karl Karmarsch (Hannover 1880); Illustr. Ztg. (Leipzig 1879).* De.

KARSTEN, Dietrich Ludwig Gustav, geb. 5. April 1768 zu Bützow (Mecklbg.), gest. 20. Mai 1810 in Berlin. Schon mit 14 Jahren bildete er sich unter Werners Leitung auf der Bergakademie zu Freiberg in den Bergwissenschaften aus, insbesondere in der Mineralogie. 1783 wurde er vom preußischen Bergwerksminister v. Heinitz in die Zahl der preußischen Bergeleven aufgenommen. Als solcher studierte er 1786 bis 1789 in Halle Naturwissenschaften, promovierte dort und betätigte sich schriftstellerisch. 1789 wurde er als Bergassessor an das Oberbergamt in Berlin berufen und zu gleicher Zeit zum Professor für Mineralogie und Bergwissenschaften an der Berliner Bergakademie ernannt. Karsten wurde die rechte Hand des Ministers v. Heinitz, er begleitete ihn auf allen seinen Dienstreisen. Im Winter hielt er neben seinen vielen Dienstgeschäften die berühmten Vorträge über Mineralogie mit Versuchen und Ausflügen. 1792 wurde er Bergrat, 1797 Oberbergrat und Hilfsarbeiter im Ministerium, 1803 Geheimer Oberbergrat und vortragender Rat im Ministerium für Bergwerksangelegenheiten. Nach dem Napoleonischen Kriege wurde ihm bei der Behördenneuordnung im April 1810 unter Ernennung zum Geh. Staatsrat die Leitung des ganzen Berg- und Hüttenwesens im Preußischen Staate übertragen. Er hat jedoch sein neues Amt nur wenige Wochen führen können, er starb am 20. Mai 1810.

Hervorragendes Verdienst hat sich Karsten als Leiter der Berliner Bergakademie um die wissenschaftliche Ausbildung der jungen Bergleute erworben, insbesondere um ihre Ausbildung in Geologie, Mineralogie und Hüttentechnik. Ein Denkmal hat er sich durch die Gründung der Kgl. Mineralogischen Sammlung in Berlin gesetzt. Der Minister v. Heinitz hatte 1781 seine Privatmineraliensammlung zu Unterrichtszwecken der Bergakademie zur Verfügung gestellt. Diese übernahm Karsten, fügte seine eigene große Sammlung hinzu und veranlaßte den Minister, die hervorragenden Mineraliensammlungen des Geh. Oberbergrats Gerhard und des Professors Ferber anzukaufen. Hierdurch wurde der Grundstock der berühmten Sammlung gelegt, die unter Karstens eifriger Fürsorge so schnell wuchs, daß schon im Jahre 1791 ein eigenes Haus für sie erbaut werden mußte.

Karsten war Mitglied von 16 Gesellschaften Gelehrter. Er war ein rühriges Mitglied der Berliner Akademie und trotz seiner ausgedehnten Amtstätigkeit literarisch vielfach tätig. Seine bedeutendste Arbeit waren die 1800 erschienenen „Mineralogischen Tabellen". Schw.

KARSTEN, Karl Johann Bernhard, geb. 26. Nov. 1782 in Bützow, gest. 22. Aug. 1853 in Berlin, war ein hervorragender Hüttenmann, Vetter des berühmten Mineralogen Dietrich Karsten. Er studierte in Rostock die Rechte und Medizin, 1801 in Berlin Mineralogie, Metallurgie und Bergbaukunde. Um den Hüttenbetrieb kennen zu lernen, arbeitete Karsten, nachdem er 1802 mit der Arbeit „De affinitate chemica" promoviert hatte, auf den märkischen Eisenhütten und später auf den oberschlesischen Hütten. 1805 erwarb er sich das große Verdienst, die erste deutsche Steinkohlenteergewinnung auf der Gleiwitzer Hütte zu errichten. Daraufhin wurde er zum Referendar, bald darauf zum Bergassessor beim Oberbergamte in Breslau ernannt und ihm die technische Oberaufsicht über die Hütten Oberschlesiens übertragen. Ende 1805 erhielt er den Auftrag, in Wessola im Fürstentum Pleß gemachten Versuche, Zink aus Ofenbruch herzustellen, kennen zu lernen und selber Versuche über die Zinkdarstellung aus Galmei anzustellen. Diese mehrjährigen, durch den Napoleonischen Krieg unterbrochenen, sachkundigen Versuche, bei denen Karsten das Cadmium zuerst erkannte und es Melinum nannte, wurden die Grundlage der bedeutenden Zinkindustrie Oberschlesiens. Er erbaute die Lydogniahütte bei Königshütte mit 10 Zinkdestillieröfen, deren erster am 1. Mai 1809 in Betrieb kam, und zwar mit dem beispiellosen Erfolge, daß bereits nach zwei Betriebsmonaten nicht allein die Baukosten bezahlt waren, sondern auch noch ein Überschuß erzielt wurde. In den folgenden Jahren verbesserte er den Betrieb derart, — er erbaute das erste Zinkblechwalzwerk — daß bei erheblich gestiegenem Ausbringen nur $1/4$ an Kohlen gebraucht wurde, so daß die Selbstkosten auf $1/3$ sanken. Mehrfache Versuche, seine Kenntnisse und Erfahrungen für die Privatindustrie zu gewinnen, lehnte er ab; er blieb im Staatsdienste, wurde 1810 zum Bergrat, 1811 zum Oberhüttenrat ernannt.

Das Hauptverdienst Karstens um die Metallurgie war, daß er alle Hüttenprozesse auf eine wissenschaftliche Grundlage stellte. Er gab 1816 sein Handbuch der Eisenhüttenkunde heraus und 1817 den Grundriß der Metallurgie und der metallurgischen Hüttenprozesse, 1818 den ersten Band seines berühmten Archivs für Mineralogie, Geognosie, Bergbau- und Hüttenkunde. 1818 hielt er auch an der Breslauer Universität Vorlesungen über Hüttenkunde.

Unter seinen vielen Verbesserungen auf den Eisenhütten Oberschlesiens ist vor allem zu nennen die Erweiterung der Kanonen- und Munitionsfabrik in Gleiwitz und die Errichtung einer Gewehrfabrik in Malapane im Jahre 1809. Was diese Anstalten unter Karstens Sonderleitung in den Befreiungskriegen für die Bewaffnung des preußischen Heeres geleistet haben, ist ganz außerordentlich. Für seine Verdienste in dieser Beziehung erhielt Karsten das Eiserne Kreuz am weißen Bande.

Nach dem Freiheitskriege bereiste Karsten im Auftrage der Regierung das Siegerland und gab über die Mineralschätze dieses Landes ein Gutachten ab, welches als Grundlage bei der Festsetzung der Grenze zwischen Preußen und Nassau diente, er bereiste dann weiter das Rheinland, Belgien und Westfalen und lernte die bedeutendsten dortigen Hüttenwerke kennen.

1817 war Karsten im Nebenamte Direktor der Breslauer Münze. 1819 wurde er als Geh. Bergrat in das Ministerium berufen und 1821 zum Geh. Oberbergrat und vortragenden Rat befördert. Er erhielt damit die Oberleitung des gesamten Hüttenwesens im Preußischen Staate und zugleich die Oberleitung der Salinenverwaltung, die er 30 Jahre lang außerordentlich segensreich ausgeübt hat. Auf seine Anregung wurden überall Verbesserungen eingeführt und viele Neuanlagen errichtet, so z. B. das Puddelwerk in Königshütte und die vielen Bohrungen auf Steinsalz. Viele Jahre hindurch war Karsten Mitglied der Kommissionen zur Revision der Berggesetzgebung. An allen sieben Entwürfen zur Abänderung der Bergverordnungen hat er wesentlich mitgearbeitet, immer im liberalen Sinne, ebenso ist seine Mitarbeit an der Kommission, betreffend die Frage des Eisenzolles in den Jahren 1742 bis 1745 hervorragend gewesen.

Am bedeutendsten war jedoch seine Tätigkeit als Gelehrter und Schriftsteller. Sein Handbuch der Eisenhüttenkunde erschien 1827 in 2. und 1841 in 3. Auflage in 5 Bänden. Sein Grundriß der Metallurgie wuchs sich zu einem im Jahre 1831 herausgegebenen vollständigen Handbuche aus. Im Jahre 1828 gab Karsten den Grundriß der Bergrechtslehre heraus. 1846 erschien sein Lehrbuch der Salinenkunde in zwei Bänden. Vor allem wurde das von ihm herausgegebene Archiv der Mittelpunkt für wissenschaftliche Veröffentlichungen auf dem Gebiete der Hüttenkunde und der angrenzenden Wissenschaften. In diesem Archiv, welches in 46 Bänden bis zu seinem Tode erschien, hat Karsten außerordentlich viel veröffentlicht. Dabei bezogen sich seine Arbeiten nicht nur auf die Verhüttung des Eisens, sondern auch auf Blei, Kupfer, Zink, Zinn, Cadmium, Koks usw., ferner auf chemische und physikalische Fragen und auf Fragen des Bergrechts und der Bergwirtschaft. Die ersten Bände brachten mehr in Beziehung zur Praxis stehende Abhandlungen, die späteren hauptsächlich rein wissenschaftliche Arbeiten. Karsten muß als der Begründer der wissenschaftlichen Metallurgie angesehen werden. Als Mitglied der Berliner Akademie, und zwar als Sekretär der physikalisch-mathematischen Abteilung, ebenso als Vorsteher der Abteilung für Chemie und Physik des Gewerbevereins, ferner als Mitglied der Technischen Deputation ist er viele Jahre hindurch literarisch sehr tätig gewesen. Er war außerdem Mitglied vieler Gesellschaften Gelehrter.

Nach 46jährigem Dienst schied Karsten am 23. Dez. 1850 aus dem Staatsdienste aus, weil er als liberaler Abgeordneter der ersten Kammer für den zweiten Oppelner Wahlbezirk sich mit der konservativ gerichteten Regierung nicht mehr verstand. Als Abgeordneter ist er zweimal Berichterstatter bei den Verhandlungen der Gesetze zur Abänderung der Berggesetzgebung gewesen. Er beschloß 1851, sein Archiv eingehen zu lassen, weil das Ministerium die Zeitschrift für das Berg-, Hütten- und Salinenwesen gründete. Zwei Bände seines Archivs mit mehreren eigenen Arbeiten gab er noch im Ruhestand heraus, er bereitete auch den letzten mit einem Sachregister für das ganze Werk vor, so daß dies als einheitliche geschlossene Arbeit Karstens vor uns liegt. Kurz vor seinem Tode hatte Karsten noch die Freude, sein 50-jähriges Doktorjubiläum zu feiern. *Schw.*

KATER, Henry, geb. 16. April 1777 in Bristol, gest. 26. April 1835 in London. Sein Vater, Henry Kater, war ein deutscher Zuckerbäcker, der in London seinem Geschäft nachging. Nachdem der Sohn die Schule verlassen hatte, war er zwei Jahre bei einem Rechtsanwalt tätig, wo er sich einige juristische Kenntnisse aneignete. Nach dem Tode seines Vaters nahm er die früher schon betriebenen mathematischen Studien wieder auf. 1799 trat er in die britische Armee ein, 1803 wurde er Leutnant und kam nach Ostindien, wo er als Assistent von William Lambton an großen Vermessungsarbeiten für die Regierung von Madras teilnahm. Es galt vor allem, das Land zwischen der Malabar- und Coromandel-Küste zu vermessen. Während dieser Arbeiten schlug er eine Verbesserung des Hygrometers vor; ebenso baute er eine verbesserte Form des Pendels. Aus Gesundheitsrücksichten mußte Kater nach England zurückkehren und besuchte jetzt die Oberstufe der Kgl. Militärakademie in Landhurst, die er mit Auszeichnung absolvierte. Große Verdienste hat er sich in der Vorbereitung von einheitlichen Maßen für die russische Regierung erworben. An den Versuchen über die Bestimmung der Schwingungszeiten des Sekundenpendels des großbritannischen Vermessungsamtes war er beteiligt. In den Jahren 1821 bis 1823 arbeitete er gemeinschaftlich mit Arago, Mathieu und Colby an Beobachtungen, um den Längenunterschied zwischen den Observatorien von Greenwich und Paris festzustellen. Die Ergebnisse dieser Forschung sowie seine anderen wissenschaftlichen Abhandlungen sind in den „Philosophical Transactions" enthalten. Kater hat die zu seiner Zeit vorhandenen astronomischen und geodätischen Instrumente stark verbessert und zum Teil durch neue ersetzt. Sein wohl wichtigster Beitrag für die Wissenschaft war die Erfindung des schwimmenden Kollimators zur Bestimmung der Kulminationsachse eines Teleskops, das an einem astronomischen Ablesekreis in irgendeiner Stellung des Instrumentes befestigt ist. Ein Teil seiner Abhandlungen sind auch in den „Astronomischen Nachrichten" (1826) enthalten. *Nat. Biogr. 30 (1892) S. 240.* Wi.

KAY, John, geb. 16. Juli 1704 in Bury (Lancashire), gest. um 1774 (nach Nat. Biogr. um 1764) in Frankreich. Kay erhielt seine Erziehung außerhalb Englands und trat dann als Ingenieur in die Wollfabrik seines Vaters in Colchester ein. Während dieser Zeit gründete er das Weberblatt „Kay's Reeds". Mit dem von ihm erfundenen Weberschiffchen (flyshuttle) konnte er mit einem Schlage die Leistung des Webstuhles mehr als verdoppeln. Sein erstes Patent vom Jahre 1730 lautete auf „eine neue Maschine für die Herstellung (Spinnen), das Zwirnen und das Karden von Mohair und Kammgarn sowie für das Spinnen und Fabrizieren von Nähgarn". Das zweite Patent (1733) zeigte weitere Verbesserungen des Webstuhles. Gewissenlose Fabrikanten kümmerten sich nicht um die Patente und stahlen ihm seine Arbeit; ja, sie gründeten sogar den „Shuttle-Club", der die seinen Mitgliedern auferlegten Kosten für Patentverletzungen tragen sollte! Trotzdem Kay vor Gericht stets Recht bekam, wurde er so vollständig zugrunde gerichtet, daß er außer Landes gehen mußte. In Frankreich ist er schließlich einsam und verlassen gestorben; Todesjahr und Ort sind unbekannt. Außer den erwähnten Erfindungen ließ er noch einige andere patentieren, so eine Windmühle zum Antrieb von Pumpen, die aber keine praktische Bedeutung erlangten. Schließlich hat Kay in einem Brief an die Society of Arts erklärt, daß er noch andere wichtige Erfindungen gemacht hätte, sie aber nach seinen bisherigen schlechten Erfahrungen nicht bekanntgeben werde.

Nach mehr als 130 Jahren hat man Kay im April 1908 in Anerkennung seiner umwälzenden Erfindungen in seiner Geburtsstadt Bury ein Denkmal gesetzt und eine Stiftung für bedürftige Studierende des Textilfaches geschaffen. *Nat. Biogr. 30 (1893) S. 247; Brief Biogr. S. 1.* Wi.

KEETMAN, Theodor, geb. 12. Jan. 1836 in Dierdorf im Westerwald, gest. 3. Juli 1907, war der Sohn eines Pfarrers. Mit der Reife für Obersekunda verließ er das Gymnasium in Duisburg und trat bei dem Rasselsteiner Eisenhüttenwerk in die Lehre. Seine weitere Ausbildung erhielt er bei dem Bankhaus von J. Wichelhaus Sohn in Elberfeld. Nach beendeter Lehrzeit fand er Anstellung auf der Prinz-Leopold-Hütte in Wesel, wo er den Ingenieur August Bechem kennen lernte, der ihm eine Stelle als Buchhalter bei dem Puddel- und Walzwerk von Funcke & Elbers in Hagen verschaffte. 1863 begründeten beide die Firma Bechem & Keetman, die sich mit Herstellung von Ketten, Flaschenzügen, Einrichtungen und Maschinen für Puddel- und Walzwerke befaßte. 1872 wurde das Werk Hochfeld der Firma R. Berkmann u. Thissen übernommen und die Firma in „Duisburger Maschinenbau-Aktiengesellschaft" umgewandelt. Die Geschäftsergebnisse dieser Firma waren jedoch nicht sehr günstig, und es wurden daher im Jahre 1904 Verhandlungen wegen eines Zusammenarbeitens mit anderen Werken gepflogen. Zuerst kam es zwischen den Firmen Duisburger Maschinenfabrik A.-G., Benrather Maschinenfabrik A.-G. und der Märkischen Maschinenbauanstalt Ludwig Stuckenholz A.-G. zum Abschluß einer Interessengemeinschaft, die 1910 zu einer Verschmelzung der Unternehmungen unter der Firma Deutsche Maschinenfabrik A.-G., mit dem Sitz in Duisburg führte. 1897 gründete Keetman die Jekaterinoslawer Maschinenbau A.-G., welche 1904 infolge der russischen Revolution zusammenbrach. *C. Matschoß: Ein Jahrhundert deutscher Maschinenbau (Berlin 1919).* Cr.

KELLER, Friedrich Gottlob, geb. 27. Juni 1816 in Hainichen (Sachsen), gest. 8. Sept. 1895 in Krippen b. Schandau, mußte aus geldlichen Gründen den Beruf seines Vaters, die Weberei, erlernen, beschäftigte sich aber daneben schon von Jugend an mit technischen Fragen. Der Rohstoffmangel der deutschen Papierindustrie, von dem er in Zeitungen und Zeitschriften las, veranlaßte ihn, auf die Suche nach einem Ersatz für die immer teurer und seltener werdenden Lumpen zu gehen. Er erfand in zielbewußter, planvoller Forschung die Herstellung des auf mechanischem Wege zubereiteten Holzschliffes, d. h. den Holzschliff selbst sowie die hierfür erforderliche Schleifvorrichtung. Das Jahr 1840, das Jahr dieser Erfindung, bedeutet für die Papierfabrikation der ganzen Welt einen entscheidenden Wendepunkt. Der eigentliche Aufschwung des Zeitungs-, Zeitschriften- und auch des Buchwesens beginnt erst von diesem Zeitpunkt ab. Keller hat, wie so viele andere Erfinder, aus Kapitalmangel die Früchte seiner Erfindungen nicht selbst genießen können.

Durch freiwillige Spenden aus Kreisen der Papierfabrikanten ward ihm wenigstens ein sorgenfreies Alter beschieden. *Z 39 (1895) S. 1238.* Fg.

KELLER, Johann Karl Ludwig Hermann, geb. 26. Jan. 1851 in Gießen, gest. 4. Aug. 1924 in Berlin. Hermann Kellers Vater war Besitzer einer Druckerei und zweiter Bürgermeister von Gießen. Dort bestand er 1868 die Reifeprüfung am Gymnasium und begann sein technisches Studium an der Universität, das er nach dem Bauelevenjahr und der Unterbrechung durch Kriegsdienst an der Technischen Hochschule in Aachen und nach nochmaliger Unterbrechung durch praktische Tätigkeit als Ingenieur der Rheinischen Eisenbahngesellschaft an der Bauakademie in Berlin 1877 durch die Bauführerprüfung abschloß; 1878 legte er die Baumeisterprüfung ab und wurde in das technische Bureau des preußischen Ministeriums der öffentlichen Arbeiten berufen. Es folgten ausgedehnte Studienreisen durch Frankreich und England. 1882 übernahm er die Bauleitung für den Packhof in Berlin, 1886 die der Schleusen bei Brunsbüttel im Reichsdienst. 1889 wurde er der Kaiserlichen Botschaft in Rom als technischer Attaché zugeteilt. Hier hatte er Gelegenheit, die Wasserwirtschaft dieses Landes alter Kultur gründlich kennen zu lernen. Dies wurde für seine Zukunft richtunggebend. Als nach Jahren schwerer Hochwasserkatastrophen 1892 der preußische Ausschuß zur Untersuchung der Wasserverhältnisse in den der Überschwemmung besonders ausgesetzten Flußgebieten zusammentrat, erhielt Keller den Auftrag als Vorsteher des dem Ausschuß beigegebenen Bureaus. Damit begann sein Lebenswerk, die Begründung und Ausgestaltung der gewässerkundlichen Forschung in Norddeutschland und die Nutzanwendung für die praktische Wasserwirtschaft.

In dieser Stellung hat er die großen Stromwerke über Memel, Pregel und Weichsel, über das Odergebiet, über Weser und Ems geschaffen und an dem Werk über die Elbe wesentlich mitgewirkt, es sind mustergültige Beschreibungen gewässerkundlicher, wasserwirtschaftlicher und landeskundlicher Art der gesamten in- und ausländischen Teile der Stromgebiete. Sein Blick aber reichte weiter hinaus, er unternahm es, die grundlegenden Beziehungen von Niederschlag, Abfluß und Verdunstung in Mitteleuropa und schließlich auf der ganzen Erde, soweit brauchbare Unterlagen zu beschaffen waren, darzustellen. Auch sonst ist er schriftstellerisch hervorgetreten und hat höchst gründliche Untersuchungen über die Einleitung von Kaliabwässern in die Weser, über die ober- und unterirdische Wasserwirtschaft im Havel- und Spreegebiet im Hinblick auf die Wasserversorgung Berlins, über die Abflußverhältnisse des Rheinstroms u. a. geliefert. Auch in Verwaltung und Gesetzgebung auf wasserwirtschaftlichem Gebiet hat er sehr tatkräftig mitgewirkt und viele Arbeiten gefördert, so besonders die Untersuchungen über Wasserwirtschaft im Harz und die Saaletalsperren, die Gesetzesvorlagen über die Emschergenossenschaft zur Beseitigung der Abwässer eines großen Teiles des westfälischen Industriegebiets, über den Ruhrtalsperrenverein zur Wasserversorgung desselben, über den Bau der Edertalsperre, über das preußische Wassergesetz u. a. 1901 wurde Keller Geheimer Baurat und vortragender Rat im Ministerium der öffentlichen Arbeiten, 1902 übernahm er daneben die Leitung der neu errichteten preußischen Landesanstalt für Gewässerkunde, 1916 wurde er Wirklicher Geheimer Oberbaurat mit dem Range der Räte erster Klasse. Keller war Mitglied des Reichsgesundheitsrates und der Akademie des Bauwesens und Dr. Ing. E. h. der Technischen Hochschulen Darmstadt und Berlin. *Zentr. Bauv. 44 (1924) S. 286.* Se.

KELLY, William, geb. 21. Aug. 1811 in Pittsburgh, gest. 11. Febr. 1888 in Louisville (Kentucky). Kellys Vater war aus Irland, wo er wegen Teilnahme an einem Aufstand verfolgt wurde, 1801 nach Amerika geflohen und hatte sich in Pittsburgh niedergelassen. William Kelly konnte, da sein Vater wohlhabend geworden war, eine gute Erziehung zuteil werden. So besuchte er die im Jahre 1819 gegründete Universität von Pittsburgh und beschäftigte sich besonders mit Chemie und Metallographie in der Absicht, Eisenhüttenmann zu werden. Beide Fächer lagen damals allerdings noch in den ersten Anfangsgründen, doch lernte er die chemischen Eigenschaften des Sauerstoffes und des Kohlenstoffes kennen und wußte, daß im Roheisen hauptsächlich Kohlenstoff, Schwefel, Silicium und Phosphor als Beimengungen enthalten waren. Nach seiner Ausbildung trat Kelly zunächst in das Großhandel-Eisenwarengeschäft, welches sein Bruder John F. Kelly und sein Schwager Mac Shane gegründet hatten, ein. Geschäftsreisen führten ihn in fast alle Staaten Nordamerikas. In der Nähe von Nashville am Cumberlandfluß lag Eddyville, wo sich ein Eisenwerk mit Hochofen und 56 qkm Erz- und Waldland befand, das er zusammen mit seinem Bruder erwarb. Bald wurde ein zweiter Hochofen in nächster Nähe des Waldes, etwa 10 km von Eddyville, gebaut. Zunächst verwandte man nur das Oberflächenerz, das sich gut verhütten ließ. Als dieses aber in der Nähe der Hochöfen erschöpft war, stieß man bei dem tieferen Graben auf Schwierigkeiten, da das Erz mit schwarzem Feuerstein durchsetzt war, der in den damaligen, mit kaltem Wind geblasenen Hochöfen nicht zum Schmelzen gebracht werden konnte. Auch stellte sich Mangel an Holzkohlen ein. William Kelly versuchte deshalb, Stahl ohne Zusatz von Brennstoffen zu erzeugen, indem er Luft durch flüssiges Roheisen blies, und wirkte damit bahnbrechend auf dem Gebiet der Stahlerzeugung. Tag und Nacht arbeitete er an der Vervollkommnung dieses Verfahrens. Seine Öfen nannte er Konverter und das Verfahren „Pneumatischer Prozeß zur Erzeugung von Stahl". Obwohl es ihm gelang, teilweise einen vorzüglichen Stahl zu erzeugen, der auch zu Kesselblechen ausgeschmiedet und viel gekauft wurde, so verschlangen seine Versuche doch ungeheure Summen. Ihm erging es wie vielen Erfindern, seine Idee wurde selbst von Fachleuten lächerlich gemacht. Er arbeitete die ganze Zeit unter fast unüberwindlichen Schwierigkeiten. Da ihm chemische Analysen unbekannt waren, konnte er sich nicht erklären, weshalb sich an einem Tage das Eisen mit hervorragendem Erfolg raffinieren ließ, während am anderen Tage unter scheinbar denselben Bedingungen der Erfolg ausblieb. Er unterließ es deshalb auch, ein Patent auf seine Erfindung zu nehmen. Kellys offenherzige Natur machte aus der Entdeckung kein Geheimnis. Der von ihm erzeugte pneumatische Stahl war in Händlerfirmen, die auch englischen Stahl einführten, bekannt geworden. Eines Tages meldeten sich zwei Engländer bei ihm, die als Arbeiter eingestellt zu werden wünschten, und die ihn dann in seinem Vorhaben sehr ermutigten. Diese beiden englischen Arbeiter verschwanden jedoch nach einiger Zeit, Kelly konnte ihre Spur bis New York verfolgen, von wo sie sich nach England eingeschifft hatten. Als dann im November 1856 Bessemer seine Erfindung in Amerika zum Patent anmeldete, machte Kelly sofort seine Ansprüche geltend, und erhielt, da er genügend Zeugen hatte, das amerikanische Patent, während sich Bessemers amerikanisches Patent nur auf die kippbare Birne beschränkte. Jedoch Kelly geriet in Zahlungsschwierigkeiten; die Panik des Jahres 1857 wurde auch für ihn verhängnisvoll, er mußte seine Werke in Eddyville verkaufen und zog sich nach Wellsville zurück. Seinen Patentanspruch erwarb sein Vater für 1000 Dollar, und als dieser starb, ging er in den Besitz der Schwestern über, die ihm diesen erst nach geraumer Zeit zur Verfügung stellten. Um sein Patent auszuwerten, setzte sich Kelly jetzt mit einigen Großindustriellen in Verbindung, und fand bei Daniel J. Morrell, dem Direktor der Cambria Iron Works, Verständnis für seine Erfindung. Morrell stellte ihm einen Teil seines Werkes zu Versuchszwecken zur Verfügung. Hier baute Kelly den ersten kippbaren Konverter, der noch auf dem Werk aufbewahrt wird. Der Konverter wurde direkt aus dem Hochofen mit Eisen gefüllt. In Eddyville hatte Kelly mit zu geringem Luftdruck gearbeitet, hier war er zu stark, so daß fast die ganze erste Charge aus dem Konverter herausgeblasen wurde. Ein zweiter Versuch gelang vorzüglich, jedoch mußte Kelly, da er das Mushet-Verfahren noch nicht kannte, fortgesetzt die herausgeschleuderten Eisenkörner sammeln und auf seinem Amboß hämmern, bis sie schmiedbar wurden. Captain Ward, Z. S. Durfee, Daniel Morrell und einige andere gründeten eine Gesellschaft, um Stahl nach dem Kellyverfahren herzustellen. Durfee wurde zum Studium des Bessemer-Prozesses nach England geschickt. 1862 wurde in Wyandotte mit dem Bau des Stahlwerkes begonnen, das den Namen „Kelly Pneumatic Process Company" erhielt. Kelly erhielt einen Anteil am Geschäftsgewinn. 1864 erwarb Durfee das Mushetpatent für die Firma, in dem gleichen Jahre wurde der erste brauchbare Stahl für Schienen geblasen.

Es ist anzunehmen, daß Kelly den als Bessemer-Verfahren eingeführten Stahlerzeugungsprozeß vor Bessemer gekannt und angewandt hat; die Behauptung, daß Bessemer das Verfahren von Kelly übernommen hat und sich in England patentieren ließ, ist nicht erwiesen.

Die Erfindung brachte Kelly 450 000 Dollar ein. Trotz seiner späteren großen Erfolge und Ehrungen blieb er stets ein äußerst bescheidener Mensch. 1888 fing er an zu kränkeln und starb 77 jährig in Louisville. *John N. Boucher. William Kelly: A true history of the so-called Bessemer-Process (Greensburg Pa. 1924).* Is.

KELVIN, Lord, mit seinem bürgerlichen Namen William Thomson, geb. 26. Juni 1824 in Belfast (Irland), gest. 17. Dez. 1907 in Ayrshire, war der Sohn eines Mathematikprofessors. Er war der letzte in der Reihe der großen Forscher, die um die Mitte des 19. Jahrhunderts entscheidend in die Entwicklung der Naturwissenschaften und Technik eingegriffen haben. Schon mit 22 Jahren war Thomson Professor der Physik an der Universität Glasgow. Er war aber nicht lediglich Gelehrter, sondern er war auch Ingenieur, erfolgreich auf dem Gebiete des Telegraphenbaues und des Baues elektrischer und anderer Meßgeräte. Seine Erfindergabe war nahezu unerschöpflich. Insbesondere ist er bekannt als Schöpfer empfindlicher und zuverlässiger Meßinstrumente. Auch sein Kompaß, sein Tiefseelot und sein Gerät zur Vorausbestimmung von Ebbe und Flut haben seinen Namen berühmt gemacht.

Alle Gebiete der Physik verdanken Kelvin irgendeine Förderung. Der zweite Hauptsatz der mechanischen Wärmetheorie wurde von ihm fast gleichzeitig mit Clausius, aber unabhängig von diesem, aufgestellt.

Kelvins Hauptarbeiten erstreckten sich auf die Wärmelehre, die Elektrizitätslehre und die mit beiden innig verknüpfte Lehre vom Äther. Darüber hinaus beschäftigten ihn später eingehend die physikalischen Lehren über Entstehung, Entwicklung und Untergang der Weltkörper. Als sein wissenschaftliches Verdienst ist es anzusehen, daß er bei der Beschäftigung mit der Wärmelehre zuerst theoretisch eine Temperaturskala aufstellte, und daß er das Vorhandensein eines absoluten Nullpunktes nachwies. Unabhängig von Clausius, aber auch fast gleichzeitig mit ihm entwickelte Kelvin wiederum den Begriff der Entropie.

Lord Kelvin ging das spekulative Talent und die abstrakte Denkfähigkeit der deutschen Forscher ab. Er bevorzugte es, mit gut vorstellbaren Begriffen zu arbeiten. Sein Widerstand gegen die Maxwellsche Theorie hat sich in der Folge als unbegründet erwiesen. Seine Hauptwerke sind „Reprint of Papers on Electrostatics and Magnetism" (London) und „Mathematical and Physical Papers" (1882/83). *E. u. M. 26 (1908) S. 67; Z 52 (1908) S. 155.* Gs.

KESSLER, Emil, geb. 20. Aug. 1813 in Baden-Baden, gest. 16. März 1867 in Stuttgart. Sein Vater war der badische Major Johann Heinrich Keßler. Er besuchte das Pädagogium in Baden-Baden und nach Absolvierung desselben die Polytechnische Schule in Karlsruhe zuerst mit der Neigung zum Bauingenieurberuf, dann mit dem veränderten Ziel des Maschinenbaues, einer Begeisterung für den Lehrer der darstellenden Geometrie und Mechanik, Jakob Friedrich Meßmer, entspringend. 1833 war Keßler einer der ersten Besucher der von Meßmer für Unterrichtszwecke eingerichteten mechanischen Werkstätte und später ein Mitarbeiter Meßmers für Entwürfe und Vorarbeiten für den Bau der Baumwollspinnerei Ettlingen und die Zuckerfabrik Waghäusel. Nachdem Meßmer Inhaber der Firma Rolle & Schwilgué in Straßburg wurde, übernahm Keßler mit dem Mechaniker Theodor Martiensen die Meßmersche Werkstätte, aus der vorwiegend mathematische und physikalische Instrumente, ferner industrielle und landwirtschaftliche Instrumente hervorgingen.

Die Aufträge für die Ettlinger Spinnerei und die badische Zuckerfabrik Waghäusel führten zur Gründung der Maschinenfabrik von Emil Keßler und Theodor Martiensen in Karlsruhe, die ab 1842 von Keßler unter der Firma „Emil Keßler" allein weiter betrieben wurde.

Schon 1841 begann der 27jährige Keßler mit dem Lokomotivbau, zuerst nach englischem Vorbild, dann eigene Wege einschlagend, in denen die Urform der deutschen Lokomotive zu finden ist. Innenrahmen mit wagerechten Außenzylindern waren die beharrlich weiterentwickelten Kennzeichen der ersten Keßlerschen Eigenbauarten.

1846 wurde auf Anregung und mit Unterstützung der württembergischen Regierung die Maschinenfabrik Eßlingen gegründet mit dem Zweck der Herstellung von Eisenbahnmaterial im eigenen Lande. Die Leitung wurde Keßler übertragen, der Neubau und Einrichtung so rasch und zweckmäßig betrieb, daß bereits 1847 die ersten drei Lokomotiven und die ersten Personenwagen abgeliefert werden konnten.

In sehr kurzer Zeit hat Keßler sich durch seine Lokomotiven in fast allen Bahnländern des Kontinents einen großen Ruf erworben, der zu namhaften Bestellungen, sowohl für sein eigenes Werk in Karlsruhe, als auch für die unter seiner Leitung stehende A.-G. Maschinenfabrik Eßlingen, führte. In Eßlingen entstanden nach Lokomotiven, die die württembergische Staatsbahn aus Amerika bezogen hatte, eine Reihe mustergültiger Drehgestell-Lokomotiven, die in ihrer letzten Form vor Verlassen dieses Typs infolge einer Zeitströmung, den Anfängen der modernen Schnellzugslokomotiven recht nahe gekommen sind. Keßler war der erste, der das langgespreizte amerikanische Drehgestell auf dem Kontinent zur Ausführung gebracht hat.

Durch unverschuldetes Finanzunglück der Kreditgeber für das Karlsruher Werk wurde Keßler in eine Krise gebracht, die trotz allseitigen Wohlwollens für seine Person und sein Werk zur Umwandlung desselben in eine Aktien-Gesellschaft im Jahre 1848 unter bedeutenden persönlichen und einer vornehmen Gesinnung entspringenden Opfern führte. Im Jahre 1851 mußte das Karlsruher Werk liquidiert werden.

Von da ab siedelte Keßler vollständig nach Eßlingen über und führte die Maschinenfabrik Eßlingen durch die Ungunst der damaligen Zeit zu steigenden Erfolgen und stetiger Umsatzerhöhung. Die Beachtung der Keßlerschen Lokomotiven im Ausland zeigt sich in den Jahresablieferungen hierfür, die 1854 den Lieferungen für deutsche Bahnen nahezu gleich war, 1857 schon annähernd das Zwölffache derselben betrug.

Neben einer ungewöhnlich starken konstruktiven Begabung finden wir bei Keßler eine nicht geringe großzügige, organisatorische und geschäftliche Befähigung. Sein einzig starker Wille ermöglichte die vorzügliche Geschäftsführung in beiden Firmen, deren Gedeihen ihm nicht bloß eine Sache der Nützlichkeit, sondern seiner Ehre war. Eine Sache der Ehre waren für ihn auch die persönlichen Opfer bei der Karlsruher Krisis, die nach seinen eigenen Worten der Überzeugung gebracht wurden, „daß niemand Schaden durch mich nehmen werde". Sein Testament endet mit den Worten: „Mögen mir die hinterbliebenen Beamten und Arbeiter ein freundliches Andenken bewahren und es mir bei meinem Scheiden von dieser Welt vergeben, wenn ich wider meinen Willen und wider meine guten Absichten einem oder dem anderen zu nahe getreten bin.

‚Glückauf' ist des Berg- und Hüttenmanns erster und letzter Gruß! So lebt denn wohl alle, die ihr mir mit Kopf und Herz und Hand treulich zur Seite gestanden. Gott beschütze euch und meine Kinder." *Beitr. 14 (1924) S. 217; Mayer: Eßlinger Lokomotiven, Wagen u. Bergbahnen (Berlin 1924).* Mr.

KICK, Friedrich, geb. 27. Febr. 1840 in Wien, gest. 13. März 1915 in Baden bei Wien, besuchte die Unterrealschule in Bruck, die Oberrealschule in Graz, das Polytechnische Institut (jetzt Technische Hochschule) in Wien, erlernte während der Ferien die Schlosserei, wurde 1862 Assistent der Lehrkanzel für mechanische Technologie und betätigte sich in seiner freien Zeit in der Hof- und Staatsdruckerei, in der Gumpendorfer Webeschule, in der Maschinenfabrik Escher-Wyss in Leesdorf, in der Pottendorfer Baumwollspinnerei, in der Teppichfabrik Philipp Haas und in der Papierfabrik Schlöglmühl. 1866 folgte er einem Rufe als Professor der mechanischen Technologie an das Polytechnische Institut (jetzt Deutsche Technische Hochschule) in Prag. 1870 veröffentlichte Kick sein Werk „Die Mehlfabrikation, ein Lehrbuch des Mühlenbetriebes", das seinen Namen in der Fachwelt bekannt machte (2. Auflage 1878, 3. Auflage 1893). Von 1874 bis 1892 gab er mit Prof. Dr. Gintl die 3. Auflage von Karmarsch' und Heerens technischem Wörterbuch heraus. 1874 begann Kick seine Studien und Versuche über die Formveränderungserscheinungen, deren Ergebnisse teils in den „Technischen Blättern" (Prag), teils in „Dinglers polytechnischem Journal" (1877 bis 1889) veröffentlicht wurden und zu der Schrift „Das Gesetz der proportionalen Widerstände" (Leipzig, Arthur Felix 1885) Anlaß gegeben haben; sie fanden ihren Abschluß mit dem Aufsatz: Prinzipien der mechanischen Technologie und die Festigkeitslehre" (Z 37, 1892). Seine Vorlesungen über mechanische Technologie erschienen 1898 bei F. Deuticke in Wien. Bei der Weltausstellung in Wien (1873) war Kick als Preisrichter und Berichterstatter tätig; in Anerkennung seiner Mitarbeit erhielt er den Titel eines Regierungsrates. 1902 wurde Kick an die technische Hochschule in Wien berufen, an der er das technologische Kabinett in musterhafter Weise neugestaltete; im selben Jahre erfolgte auch seine Berufung in den k. k. Patentgerichtshof, 1913 in das Kuratorium des Technischen Museums für Industrie und Gewerbe in Wien; die Technische Hochschule in Aachen ernannte ihn 1906 zum Ehrendoktor. Große Verdienste hat sich Kick um die Gründung (1870) und die Entwicklung des „Deutschen polytechnischen Vereins in Böhmen" erworben, der ihn zu seinem Ehrenmitglied ernannte (1891). Kick hat sich auch politisch hervorragend betätigt. *Die k. k. Deutsche Technische Hochschule Prag 1806—1906 (Prag 1906); Technische Blätter Prag (1915) S. 121.* Bk.

KIRCHWEGER, Johann Gottfried Heinrich, geb. 12. Juni 1809 in Stettin, gest. 18. Jan. 1899 in Hannover. Seine Schulbildung erhielt er auf der höheren Bürgerschule in Kolberg, wohin sein Vater, ein Grenzaufseher, versetzt wurde. Schon als Knabe fiel er durch seine Tüchtigkeit im Zeichnen und seine Geschicklichkeit im Anfertigen von mechanischen Modellen auf. Nach Verlassen der Schule erhielt er in den Werkstätten der Kolberger Saline eine gründliche praktische Ausbildung, wo er auch Gelegenheit hatte, das Wesen und den Betrieb der Dampfmaschine kennen zu lernen. Nach einer weiteren theoretischen und praktischen Ausbildung auf dem Kgl. Gewerbeinstitut zu Berlin trat er zunächst in den Dienst der Firma Henschel & Sohn, Kassel. Im Jahre 1838 übernahm er die Leitung des technischen Betriebes der Leipzig-Dresdener Eisenbahn. In der Organisation dieses bis dahin unbekannten Verkehrsmittels hat Kirchweger Bedeutendes geleistet. Er ist als der Schöpfer eines geordneten Werkstättenwesens und eines einheitlichen Führerfahrdienstes in Deutschland anzusehen. Er hat auch großes Gewicht auf die Ausbildung deutscher Lokomotivführer gelegt, um so die deutschen Eisenbahnen vom Ausland unabhängig zu machen. Durch Einführung der Vorwärmung des Kesselspeisewassers mittels Auspuffdampfes hat er die Wirtschaftlichkeit des Eisenbahnbetriebes bedeutend gehoben. 1843 trat er in den Dienst der Hannoverschen Staatseisenbahn, bei der er bis zu seiner 1869 erfolgenden Pensionierung tätig war. *Z 43 (1899) S 253.* Gu.

KIRK, Alexander C., geb. in Manse of Barry (Forfarshire), gest. 5. Okt. 1892 in London. Er gehörte als Leiter der berühmten Firma Robert Napier & Sons in Glasgow zu den ersten Marineingenieuren seiner Zeit, der noch unter den bekannten Ingenieuren Elders, Randolph, Pearce, Denny usw. gelernt und gearbeitet hatte.

Er wurde in den Schulen von Arbroath erzogen, studierte später an der Universität zu Edinburgh und fand dann eine Stelle als Lehrling in der berühmten Maschinenbauanstalt von Napier. Nach Beendigung seiner Ausbildung kam er als erster Zeichner zu der Firma Maudslay, Sons & Field, die sich vor allem mit dem Bau von Antriebsmaschinen für Kriegsschiffe beschäftigte. Hier eignete er sich große und umfassende Kenntnisse an. Später kehrte er nach Schottland zurück und wurde leitender Ingenieur bei Young, Meldrum & Binney, für die er eine große Maschinenanlage in West Calder erbaute, die einige ganz neue Maschinen aufwies. Im Jahre 1862 ging Kirk nach Bathgate, wo diese Firma als Nebenfabrik eine Paraffinölanlage besaß. Die Notwendigkeit, das Paraffinöl zu kühlen, um das feste Paraffin als das wertvollere Produkt herauszuziehen, machte die Errichtung einer Kälteanlage nötig. In der Folge lenkte er seine Aufmerksamkeit auf die Konstruktion einer Maschine, die sich grundsätzlich der Heißluftmaschine mit Regenerator von Stirling näherte. Über diese neue Maschine hielt er im Jahre 1864 vor der Institution of Engineers in Schottland einen Vortrag, dem neun Jahre später ein weiterer über das gleiche Thema vor der Institution of Civil Engineers folgte.

Im Alter von etwa 35 Jahren kehrte er zum Bau von Schiffsmaschinen zurück, und zwar wurde er jetzt Leiter der Werke von Elder & Co. Während dieser Zeit beschäftigte sich Kirk vor allem mit dem Verbundsystem, das in den von der Firma gebauten Schiffsmaschinen aufgenommen wurde. Inzwischen kehrte er als erster Leiter zu Napier zurück und entwarf 1881 eine dreizylindrige Dreifach-Expansionsmaschine, die mit 8,8 at Überdruck arbeiten sollte. Dies war die erste dauernd brauchbare Dreifach-Expansionsmaschine. Die Schwierigkeiten, an denen die früheren Maschinen gescheitert waren, haltbare Kessel zu haben, hatte inzwischen der Kesselbau, wenigstens für den Dampfdruck, der anfangs benutzt wurde, überwunden. Schon die von Elder erbauten Kessel der „Elbe" hatten Kaltwasserdrücke von 12,66 at ausgehalten. Die Kessel der jetzt gebauten „Aberdeen" waren ganz aus weichem Flußeisen hergestellt. Kirk fand also hier ein geeignetes Kesselmaterial, das Elder 7 Jahre früher noch nicht zur Verfügung hatte. Die „Aberdeen" machte im Februar 1882 Probefahrten, bei denen nur 0,58 kg Kohlen für 1 PS während vierstündiger Fahrt verbraucht wurden. Am 29. März 1882 teilte Kirk die Ergebnisse in einem Vortrag in der Institution of Naval Architects mit. Die Mitteilungen fanden das größte Interesse und haben zu der schnellen Ausbreitung der Maschine wesentlich beigetragen. 1885, also drei Jahre später, waren in England allein schon 150 Dreifach-Expansionsmaschinen für Handelsdampfer neu erbaut und 20 ältere Verbundmaschinen in Dreifach-Expansionsmaschinen umgewandelt worden.

Auch mit verwandten Fragen beschäftigte Kirk sich sehr eingehend. 1884 hielt er vor der Institution of Civil Engineers einen Vortrag über „Heat in its Mechanical Actions". *Entw. Dm. 2 S. 505; Eng. 54 (1892) S. 459 u. 487.* Wi.

KJELLIN, Frederik Adolf, geb. 27. April 1872 zu Värdinge, gest. 30. Dez. 1910. Nach Besuch der Schulen in Örebro und Stockholm studierte er an der Technischen Hochschule Chemie. Bekannt geworden ist sein Name durch seine Arbeit an der Entwicklung der Stahlerzeugung im elektrischen Ofen. 1899 erbaute er in Gysinge seinen ersten Induktionsschmelzofen. Bereits ein Jahr später wurde dieser Ofen durch einen bedeutend größeren ersetzt, der 1800 kg faßte und für eine jährliche Stahlerzeugung von 1500 t bestimmt war. 1904 wurde er Teilhaber bei der Metallurgiska Patent A.B. Mit .P. Härden begründete er das Ingenieurbureau Allians. Im Jahre 1907 wurde Kjellin von der Universität Upsala in Anerkennung seiner Verdienste um die Entwicklung der Elektrostahlerzeugung zum Ehrendoktor ernannt. Er starb, erst 38 Jahre alt, an den Folgen eines Schlaganfalls. *St. u. E. 31 (1911) S. 169; Reinhard: Schwedisches Land u. Volk (Stockholm 1915).* Gw.

KLETT, Johann Friedrich, geb. 9. Febr. 1778 in Zella St. Blasien, gest. 21. April 1847 in Nürnberg. Durch seine günstige Vermögenslage standen ihm für die Betätigung seiner hervorragenden kaufmännischen Begabung auch die nötigen Geldmittel zur Verfügung. Zuerst eröffnete er ein Manufakturwarengeschäft in Verbindung mit dem Vertrieb von Nürnberger Spielwaren, später vertrieb er eine Zeitlang Spiegel, handelte mit Hopfen und beteiligte sich an Geldgeschäften aller Art. Durch größere Reisen nach Frankreich und England hatte er seine Kenntnisse auf kaufmännischem Gebiete bereichert. Im Jahre 1833 beteiligte er sich an einer Kammgarnspinnerei, die er jedoch bald wieder auflöste. In den Gebäuden dieser Spinnerei eröffnete er 1838 eine Maschinenfabrik, in die später die Engländer Earnshaw, Hooker und Rye eintraten. Mit diesen Engländern gründete Klett unter dem Namen „Klett & Co." nun eine Fabrikgesellschaft, die sich aus den kleinsten Anfängen rasch und gewinnbringend entwickelte. In der Hauptsache befaßte sich die Firma mit dem Bau von Dampfkesseln und Dampfmaschinen. Die erste Dampfmaschine, die nach Earnshaws Entwurf für den eigenen Betrieb gebaut wurde, war eine zehnpferdige sog. Säulenmaschine. 1857 konnten schon 50 PS-Maschinen ausgeführt werden. Auch im Dampfkesselbau wurden, besonders seit der Engländer Astbury in der Kesselschmiede tätig war, rasche Fortschritte gemacht. So wurden in den Jahren 1845 bis 1847 schon insgesamt 19 Dampfkessel abgeliefert. Nach dem Tode Kletts ging das Unternehmen an seinen Schwiegersohn Theodor Cramer-Klett über und entwickelte sich unter dessen Leitung zu dem gewaltigen Unternehmen der Maschinenfabrik Augsburg-Nürnberg. *Beitr. 5 (1913) S. 246.* Cr.

KLEY, Carl, geb. 1831 in Mannheim, gest. 19. Okt. 1914 in Bonn. Seine technisch-wissenschaftliche Ausbildung erhielt Kley in Karlsruhe. Redtenbacher wirkte so nachhaltig auf ihn ein, daß Kley nach einigen Jahren Praxis sich entschloß, als Assistent Redtenbachers seine Kenntnisse zu vertiefen. Die großen Eindrücke, die er auf ausgedehnten Studienreisen durch England gewonnen hatte, konnte er hier weiter verarbeiten. Trotz seiner Neigung für den akademischen Lehrberuf entschloß er sich, einem Rufe der Bergbaugesellschaft Vieille Montagne bei Aachen Folge zu leisten. Er hatte hier die Aufgabe, die gesamten Betriebseinrichtungen der Werke dem neuesten Stande der Technik entsprechend umzubauen. Kley reiste nun zuerst nach Schweden, um dort die Zinkgrubenbetriebe genau zu studieren, und führte nach seiner Rückkehr die neuen Anlagen mit bestem Erfolge aus. Die Gesellschaft erwählte ihn zu ihrem beratenden Ingenieur und machte es ihm so möglich, sich 1857 als Zivilingenieur in Bonn niederzulassen. Ein halbes Jahrhundert hat Kley hier für die verschiedensten Gebiete der Technik erfolgreich gearbeitet. Am nächsten stand ihm der bergbauliche Maschinenbau und hier wieder die Entwicklung der Wasserhaltungsmaschinen. 1861 konstruierte Kley für die Grube Altenberg bei Aachen eine große Woolfsche Gestängemaschine. Der Erfolg dieser Maschine fand in Fachkreisen um so mehr Beachtung, als Kley in einer umfangreichen Arbeit, die 1865 in Stuttgart erschien, neben der konstruktiven Lösung auch in mustergültiger Weise die rechnerischen Grundlagen für diese Maschinen veröffentlichte. Sehr bekannt ist auch die Kleysche Wasserhaltungsmaschine mit Drehbewegung und Hubpausen geworden, deren Grundgedanken 1878 durch Patent geschützt wurden. Nicht minder erfolgreich war Kley auf dem Gebiete des Baues von Gebläsen tätig. Auch seine Fliehkraftregler haben große Beachtung gefunden. Mit zunehmendem Alter begann Kley seine Arbeiten mehr und mehr einzuschränken. Seine Liebe zur Technik veranlaßte ihn aber bis zuletzt, allen neuen Errungenschaften seine besondere Teilnahme zuzuwenden. Besonders den Erfolgen der Luftschiffahrt und des Flugwesens ist er noch in den letzten Jahren mit großem Interesse nachgegangen. Außerhalb der eigentlichen Technik fand er noch im hohen Alter Anregung durch archäologische und kunstgeschichtliche Vorträge der Bonner Universität. Die schönste Erholung von aller Berufsarbeit gab ihm ein glückliches Familienleben. Seine große Güte und Hilfsbereitschaft, seine Liebe zur Natur und Kunst, die Gradheit und Lauterkeit seines Charakters, verbunden mit seiner Berufstüchtigkeit wurden Carl Kley besonders nachgerühmt, als er im hohen Alter von 83 Jahren verschieden war. *Z 58 (1914) S. 1585.* Hä.

KLÖNNE, August, geb. 21. Aug. 1849 in Mülsborn bei Meschede, gest. 30. Dez. 1908 zu Unna. Nach beendigtem Besuch des Gymnasiums erlaubten es die Vermögensverhältnisse seiner Eltern nicht, ihn studieren zu lassen. Die Mittel zum Lebensunterhalt und zur Weiterbildung durch Selbstunterricht erwarb er sich durch rastlose und zielbewußte Arbeit im Großgewerbe. Auf dem Gebiete der Gastechnik, auf dem er bahnbrechende Neuerungen schaffen sollte, arbeitete er bei der Baroper Maschinenbau-A.-G. in Barop und der Kölnischen Maschinenbau-A.-G. für Gasbehälter in Bayenthal. Seine großen Leistungen stellten ihn, 24 Jahre alt, an die Spitze des Vorstandes der Gas- und Wasserwerke Union Dortmund. Hier führte er im Ofenbau die Generatorfeuerung und im Gasbehälterbau den eisernen oberirdischen Bottich ein. Bei seinen weiteren Neubauten erhielt jeder Ofen seinen besonderen Innengenerator. Nach erfolgter Patentierung seiner Erfindungen gründete er 1879 ein Ingenieurbureau in Dortmund und kaufte 1886 eine Eisenbauanstalt für die eigene Herstellung an, die dank seiner vorzüglichen kaufmännischen Befähigung schnell aufblühte. Er schuf Verbesserungen und Neuerungen der Vorrichtungen zum Kühlen, Waschen, Reinigen und Speichern der Gase. Neu durchgebildet und vereinfacht wurden die mechanischen Fördervorrichtungen. Nach seinen Angaben wurden fast alle größeren Gaswerke in Europa und Nordamerika gebaut. Kesselfeuerungen, Mennigebrennöfen, Silberschmelzen und Wärmöfen wurden nach seinen Anordnungen ausgeführt. Auch auf dem Gebiete des Brückenbaues und des Eisenhochbaues ist sein Name schnell einer der ersten geworden. Nach längerem Leiden ist er, ohne die Ruhe des Alters genossen zu haben, gestorben. Sein großes Werk wird von seinen Söhnen erfolgreich weitergeführt. *Z 53 (1909) S. 114; St. u. E. 29 (1909) S. 160.* Gw.

KLOSE, Adolf, geb. 1844 in Bernstadt in Sachsen, gest. 3. Sept. 1919 in München. Er besuchte die Schule seiner Vaterstadt und trat darauf als Lehrling in die Wagenbauerwerkstatt seines Vaters ein. Schon hier zeichnete er sich durch rasche Auffassungsgabe und hervorragendes Gedächtnis aus. Der Besuch der technischen Schule in Chemnitz sowie des Polytechnikums in Dresden gaben dem 22jährigen nunmehr die Möglichkeit, einen erfolgreichen Lebensweg zurückzulegen. 1866 war er Maschinentechniker im sächsischen Eisenbahndienst, wurde 1870 Maschineninspektor an den Vereinigten Schweizer Bahnen und 1887 in der Generaldirektion der württembergischen Staatsbahnen. 1896 schied Klose aus dem württembergischen Staatsdienste aus und beschäftigte sich von da ab in Berlin vorzugsweise mit der Förderung des Automobilwesens. Zusammen mit anderen führenden Persönlichkeiten gründete er den Mitteleuropäischen Motorwagenverein.

Im Eisenbahnwesen hat Klose eine äußerst verdienstvolle Tätigkeit entfaltet. Sein Werk sind die weitverbreiteten „Kloseschen" Lenkachsen für Personen- und Güterwagen. An den Versuchen mit der Dieselmotorlokomotive hat Klose großen Anteil genommen. Ma.

KNAUDT, Adolf, geb. 15. Juni 1825 in Boizenburg a. Elbe, gest. 13. Dez. 1889 zu Essen, war der Sohn eines Kaufmannes. Den ersten Unterricht genoß Knaudt teils auf öffentlichen, teils auf Privatschulen, zuletzt in Hamburg, mußte jedoch 1842 bei dem Hamburger Brand die Schule verlassen, da das Schulgebäude abbrannte. Er trat dann als Werkstattvolontär in die Maschinenfabrik von Dr. Ernst Alban in Plau i. M. ein und bezog 1845 das Polytechnikum in Wien, wo er sich vornehmlich mit Mathematik befaßte. 1848 war er bei den Unruhen in Wien an den Straßenkämpfen beteiligt und ging nach deren Beendigung in seine Heimat zurück. Er trat in die Maschinenfabrik von Weber in Berlin als Schlosser ein. Im Anfang der fünfziger Jahre eröffnete er mit einem Freunde in Duisburg eine chemische Fabrik. Das Geschäft ging jedoch nicht, so daß sich Knaudt entschloß auszutreten. 1855 gründete er in Essen in Gemeinschaft mit dem Kaufmann Carl. Jul. Schulz das Puddelwalzwerk Schulz, Knaudt & Co. Das Werk befaßte sich mit der Herstellung von Böden, Wellrohren und sonstigen Bestandteilen für Dampfkessel, welche nach einem besonderen, von Knaudt erfundenen Verfahren hergestellt wurden. Eine jetzt noch im Betriebe befindliche Blechschere, ferner mehrere Dampfhämmer sowie eine Boden- und Wellrohrpresse waren seine eigenen Konstruktionen, aus denen die einschlägige Industrie noch heute ihren Nutzen zieht. *Beitr. 1 (1909) S. 83.* Cr.

KNAUDT, Otto, geb. 13. Juni 1855 in Duisburg, gest. 12. Mai 1911 in Essen. Nach bestandenem Abiturientenexamen arbeitete er zunächst praktisch in dem Puddel- und Blechwalzwerk Schulz, Knaudt & Co., dessen Mitbegründer und Mitinhaber sein Vater war. Der Richtung, die ihm durch seine erste technische Erziehung in diesem Werke gewiesen wurde, blieb er immer treu. Nach Vollendung seiner Studien auf der Technischen Hochschule in Stuttgart war er einige Jahre in der Kesselschmiede- und Maschinenfabrik Paucksch & Freund in Landsberg a. d. Warthe als Konstrukteur und darauf mehrere Jahre in England und Frankreich tätig. Nach seiner Rückkehr trat er als Konstrukteur in das väterliche Werk ein, in dessen Vorstand er bei der Umwandlung in eine Aktiengesellschaft 1889 berufen wurde. 1910 zog er sich in das Privatleben zurück.

Knaudts größtes Verdienst ist die weitgehende Einführung der Wellrohre in den Dampfkesselbau. Auch über die Grenzen seines eigenen Werkes hinaus hat er die Technik gefördert. Er war Mitglied der Deutschen Dampfkessel-Normenkommission, Vorsitzender der Technischen Kommission des Verbandes Deutscher Grobblechwalzwerke und Vorstandsmitglied der Hütten- und Walzwerks-Berufsgenossenschaft. *St. u. E. 22 (1911) S. 912.* Gs.

KNIETSCH, Theophil Josef Rudolf, geb. 13. Dez. 1854 in Oppeln, gest. 28. Mai 1906 in Ludwigshafen. Rudolf Knietsch war der Sohn eines kleinen Schmiedemeisters. Er verbrachte die Jugend in ärmlichen Verhältnissen und verlor mit vier Jahren den Vater. Schon früh zeigte er großes Geschick zu mechanischen Arbeiten, aber auch eine wenigstens ebenso große Abneigung gegen die Schule. Als Dreizehnjähriger kam er zu einem Schlosser in die Lehre und machte 1870 die Gesellenprüfung. Er war nun ein Jahr lang Schlossergeselle, vermißte aber jetzt die Schulbildung so sehr, daß er die früher verachteten Studien wieder aufnahm. Zunächst besuchte er 1½ Jahre lang die Gewerbehausschule in Brieg a. d. Oder, 1873 bis 1875 die Gewerbeschule in Gleiwitz. Mit ausgezeichnetem Zeugnis konnte er nun die Gewerbeakademie in Berlin beziehen. Hier studierte er zunächst bei Rammelsberg, Liebermann und besonders bei Weber Chemie und Physik. Seinem Lehrer Weber bewahrte er stets eine warme Verehrung. Nach dreijährigem Studium bestand er die Prüfung als Gewerbeschullehrer mit Auszeichnung und legte 1881 in Jena die Doktorprüfung ab.

Nachdem er ein Vierteljahr als Chemiker in der Fabrik von Schuchardt in Görlitz tätig gewesen war, ging er als Assistent zu dem Berliner Privatgelehrten Jacobsen. Beide Stellungen sagten ihm nicht sonderlich zu; 1882 fand er endlich eine ihm passende Tätigkeit in der Farbenfabrik von Bindscheller, Busch & Co. in Basel. Damals machte Baeyers Erfindung des künstlichen Indigo in aller Welt von sich reden. Baeyers Verbesserungen von 1882, nach denen er den Indigo aus Nitrobenzaldehyd, Azeton und Natronlauge herstellte, bildeten den Ausgangspunkt für Knietschs Arbeiten. Auf Anregung des Laboratoriumvorstandes, des Professors Gnehm, stellte er aus Dichlortoluol den Dichlorbenzaldehyd, dann dessen Nitroderivat und daraus den Chlorindigo her. Es gelang Knietsch, dies Verfahren an die Badische Anilin- und Sodafabrik in Ludwigshafen zu verkaufen. Gleichzeitig trat er zu dieser Firma über und richtete hier die Fabrikation in der zunächst noch recht bescheidenen Indigoabteilung ein. Daneben beschäftigte er sich mit den Fragen der Chlorverflüssigung und baute die erste Chlorpumpe, in der die schädliche Einwirkung des Chlorgases auf die beweglichen Teile durch Anwendung eines Flüssigkeitskolbens vermieden wurden.

Der stetig wachsende Verbrauch des Werkes an rauchender Schwefelsäure für die Alizarinfabrikation ließ den Wunsch aufkommen, diese Säure selbst im großen darzustellen. Bis dahin wurde sie aus Pilsen bezogen, wo sie in den Starckschen Werken auf kostspielige Weise durch Destillation von Vitriolschiefer gewonnen wurde. Knietsch legte in vorbildlicher Weise die günstigsten Bedingungen der Schwefeltrioxydbildung durch Laboratoriumsversuche fest. Die von ihm gefundenen Gesetzmäßigkeiten sind für alle Gasreaktionen mustergültig geworden. Durch Studium des Kontaktvorganges und seiner Hemmungen durch die Kontaktgifte überwand er die Schwierigkeiten der Großapparatur und schuf so das technische Verfahren, nach dem heute die konzentrierten Schwefelsäuren in größtem Maßstabe hergestellt werden.

1890 fand Heumann einen gangbaren Weg zur Herstellung billigen Indigos. Vom billigen Naphthalin ausgehend, gelang es ihm, über das Phthalimid und die anderen Zwischenprodukte hinweg Indigo herzustellen. Knietsch wurde von seinem Werk mit der technischen Lösung dieser Aufgabe betraut. Der Erfolg war, daß der künstliche Indigo in solchen Mengen und so billig hergestellt wurde, daß das an sich billige Naturerzeugnis ganz vom Markte verschwand.

Bis zuletzt arbeitete Knietsch an einer neuen Aufgabe, der Herstellung von Salpetersäure aus Luft, und konnte noch kurz vor seinem Tode den Erfolg seiner Mitarbeiter sehen. Er war ein kenntnisreicher Chemiker, physikalisch und technisch vorzüglich durchgebildet, ein scharfer Beobachter und von eiserner Ausdauer. Im Wesen war er impulsiv, gerade und offen und von edlem vornehmen Charakter. Der Verein deutscher Chemiker ehrte seine Verdienste 1904 durch Verleihung der Liebig-Denkmünze. *Chem. Industrie 29 (1906) S. 293 u. 332; Z. f. angew. Chem. 19 (1906) S. 1217.* Sa.

KNORR, Georg, geb. 19. Okt. 1859 in Leckarth bei Skarlien, Kreis Neumark, Bez. Marienwerder (Westpr.), gest. 15. April 1911 in Davos. Der Gründer der Knorrbremse Aktiengesellschaft und Erfinder der Knorr-Schnellbremse war der Sohn eines westpreußischen Gutsbesitzers. Er besuchte das Gymnasium in Neumark, arbeitete dann praktisch in einer Eisenbahnwerkstatt und besuchte das Technikum in Einbeck. Während seiner ersten Stellung als Techniker bei der Eisenbahnverwaltung in Crefeld wurde Carpenter auf ihn aufmerksam, in dessen Firma er 1884 eintrat. Er bereiste Deutschland und die Nachbarländer, betätigte sich bei der Einführung der Carpenter-Druckluftbremse auf den preußischen Staatsbahnen, leitete die Vorbereitungen und Vorversuche der elektrisch gesteuerten Carpenter-Bremse und beteiligte sich an der Ausarbeitung der 1890 herausgebrachten Dreikammerbremse. Im Jahre 1893 übernahm Knorr das Unternehmen in eigenen Besitz und führte es noch 10 Jahre unter der von ihm übernommenen Firmenbezeichnung Carpenter & Schulze weiter. Während dieser Zeit suchte er die Einkammerbremse zu verbessern und erregte im Anfang des neuen Jahrhunderts das Interesse der maßgebenden Kreise durch seine neue Schnellbremse, die seit dem Jahre 1905 allgemein bei den deutschen Bahnen eingeführt wurde. Im Jahre 1905 wandelte er das Unternehmen in eine G. m. b. H. mit dem Namen Knorrbremse G. m. b. H. um und verlegte seine Fabrik, die bisher in Britz betrieben wurde, nach Boxhagen-Rummelsburg (jetzt Lichtenberg bei Berlin) in einen mit allen modernen Einrichtungen für Massenfabrikation ausgestatteten Neubau. Seine neue Schnellbahnbremse, der Preßluftsandstreuer und seine Einkammergüterzugbremse trugen den Namen des Erfinders weit über die Fachkreise hinaus, in denen er sich schon durch seine Schrift „25 Jahre im Dienste der Luftdruckbremse" bekanntgemacht hatte. Ein Jahr vor seinem Tode mußte er die Leitung seines Unternehmens mit Rücksicht auf seine Gesundheit niederlegen. Im Anfang des Jahres 1911 wurde das Unternehmen in eine Aktiengesellschaft umgewandelt. *EKB 9 (1911) S. 279; Z 55 (1911) S. 558.* De.

KOCH, Alexander, geb. 15. April 1852 in Steinach (Sachsen-Meiningen), gest. 28. Juni 1923 in Bad Reichenhall. Nach Besuch der Real- und Oberrealschule studierte Koch an der Stuttgarter Polytechnischen Schule das Bauingenieurwesen. Den Feldzug 1870/71 machte er als Kriegsfreiwilliger mit, vollendete danach seine Studien und trat sodann als Ingenieur in die Kgl. Baukommission in Stuttgart ein. Neben seiner amtlichen Tätigkeit fand er schon damals Gelegenheit, sich im Lehrberuf als Assistent und Privatdozent zu betätigen. Nach der 1877 abgelegten Staatsprüfung war er einige Zeit im Stuttgarter Ministerium tätig und erhielt 1880 die Straßenbauinspektion Ulm, wo er besonders im eigentlichen Wasserbau ein dankbares Arbeitsgebiet bei der Iller- und Donaukorrektion fand. 1889 wurde er als Mitglied der Kais. Kanalkommission für den Bau des Nord-Ostsee-Kanals nach Kiel berufen, wo ihm die Leitung des Baues der Hochbrücken übertragen wurde. Von hier aus wurde er 1895 als ordentlicher Professor für Wasserbau nach Darmstadt berufen.

Sein Lehrgebiet umfaßte den gesamten Wasserbau; daneben fand er noch Zeit, Sondervorträge über sein Lieblingsgebiet, die Hydrodynamik, zu halten. In der Erkenntnis, daß die großen Konstruktionsaufgaben des Wasserbaues mit den damaligen Mitteln sich nicht befriedigend lösen ließen, begann er 1905 mit der Errichtung des Darmstädter Wasserbaulaboratoriums. Bei der Anlage dieser Versuchsanstalt ist Koch vollkommen selbständig vorgegangen und hat sie mit Einrichtungen ausgestattet, die in vielen Teilen vorbildlich geworden sind. Namentlich die 1,80 m hohe Tiefenrinne mit Glaswand, die ein sicheres Verfolgen der Strömungserscheinungen ermöglichte, ist das Mittel und Werkzeug für seine zahlreichen hydrodynamischen Arbeiten gewesen. Seine durch Beobachtung und eingehende Versuche gewonnenen Ergebnisse sind grundlegend für die Anordnung der Walzen-, Sektor- und Schützenwehrverschlüsse der Maschinenfabrik Augsburg-Nürnberg geworden.

Außer durch seine Lehrtätigkeit ist Koch in der Öffentlichkeit als beratender Ingenieur und als Vertreter des hessischen Staates und der Hochschule hervorgetreten. 1898 wurde er in den technischen Ausschuß für den Bau des Panamakanals berufen und reiste noch im gleichen Jahre zur Teilnahme an den Arbeiten des Ausschusses nach der Landenge von Panama. 1916 wurde er als Bevollmächtigter Hessens in die Rheinschiffahrtskommission entsandt, der er bis zu seinem Tode angehörte und in der er auch, als 1918 die Vertreter des Feindbundes die Stimmenmehrheit besaßen, hohes Ansehen genoß.

Liebenswürdig, schlicht und einfach, immer hilfsbereit und von vornehmer Gesinnung, war er ein anregender und verehrter Lehrer, ein väterlicher Freund seiner Studenten, und jedem gern ein helfender Berater. Bis zum Ende lebhaft und frischen Geistes ereilte ihn der Tod im 71. Lebensjahr. *Bauingenieur 4 (1923) S. 465; Zentr. Bauv. 43 (1923) S. 394; VDI-Nachrichten 1922 S. 152.* Hä.

KOECHLIN, André, geb. 3. Aug. 1789 in Mülhausen, gest. 24. April 1875 in Paris. André Koechlin entstammt einer alten elsässischen Fabrikantenfamilie, die schon im Anfang des 18. Jahrhunderts mit Schmaltzer und Dollfus zusammen die erste Fabrik für bunte Baumwollzeuge gründete. Er war von 1814 bis 1821 Leiter des Unternehmens von Dollfus, Mieg & Co. Nach dem Tode seines Schwiegervaters Dollfus übernahm er allein die Leitung des Betriebes; 1826 gründete er eine Maschinenfabrik in Mülhausen, die 1872 mit der Maschinenfabrik Graffenstaden bei Straßburg zu der „Société Alsacienne de Constructions Mécaniques" vereinigt wurde. Das Unternehmen stellte sich die Aufgabe, alle für die Industrie erforderlichen Maschinen zu liefern. Berühmte Konstrukteure wie der Engländer Roberts und Jeremias Rißler sind in der Firmengeschichte zu finden. In den ersten Jahren hatte die Gießerei die Hauptarbeit zu leisten, sie goß nicht nur für den eigenen Bedarf, sondern auch für eine Anzahl anderer Fabriken. Neben Maschinen der Textilindustrie wurden Wasserräder und 1834 die erste Fourneyron-Turbine erbaut. Wattsche Niederdruckmaschinen, sehr bald auch Woolfsche Balanciermaschinen, ferner Betriebsmaschinen für Spinnereien gingen aus André Koechlins Werk hervor. Nach einiger Zeit versuchte man auch Maschinen ohne Balanzier herzustellen und konstruierte u. a. Maudslaysche Tischmaschinen. 1848 erwarb André Koechlin Roentgens Patent auf Verbundmaschinen, und führte diese, die ersten ihrer Art, in Frankreich ein. Auf der ersten Eisenbahnstrecke von Mülhausen nach Thann fand eine 1839 aus Koechlins Werkstätten hervorgegangene Lokomotive Anwendung, eine der ersten überhaupt in Frankreich gebauten Lokomotiven. Auf dem Gebiete des Lokomotivbaues erlangte die Firma sehr bald einen weit über die Grenzen ihres Landes hinausgehenden Ruf. 1900 konnte die 5000. Lokomotive auf die Ausstellung nach Paris gesandt werden.

Die schnelle Entwicklung des Werkes fußte nicht zum geringsten Teil auf der tatkräftigen, weitblickenden und mit großer Organisationskraft ausgerüsteten Persönlichkeit des Begründers André Koechlin. Neben den Pflichten, die die Leitung des großen Unternehmens mit sich brachte, versah er von 1831 bis 1843 das Amt eines Bürgermeisters von Mülhausen, von 1832 bis 1834 war er Abgeordneter und trat 1841 als Deputierter von Mülhausen an die Stelle seines Vetters Nikolaus Koechlin. Nach der Februarrevolution 1848 zog er sich aus dem politischen Leben zurück. Ihm gebührt das Verdienst, auf dem Gebiet der Arbeiterwohlfahrt besonders durch Anlage von Arbeiterkolonien fortschrittlich gewirkt zu haben. 1867 traten die beiden Söhne Koechlins und noch fünf andere Unternehmer als Teilhaber in die Firma ein, die nach Vereinigung mit dem Graffenstadener Werk in eine Aktiengesellschaft umgewandelt und 1878/79 durch die Gründung einer Maschinenfabrik in Belfort vergrößert wurde, ihren alten Namen „André Koechlin & Cie." jedoch beibehielt. Noch heute gehört sie zu den ersten Maschinenbauanstalten des europäischen Festlandes. *Entw. Dm. 1 S. 225; Larousse 5 S. 492; Hist. Docum. de l'industrie de Mulhouse (Mülhausen 1902) S. 884; Hist. méc. S. 17.* Ca.

KOENEN, Mathias, geb. 3. März 1849 in Köln a. Rh., gest. 26. Dez. 1924 in Berlin, legte 1867 die Abiturientenprüfung ab, arbeitete praktisch bei der rheinischen Eisenbahn in Köln und studierte mit Unterbrechung durch den Krieg 1870/71, den er bei der Feldtelegraphie mitmachte, bis 1872 an der Bauakademie in Berlin. Er war dann bis zum Jahre 1879 bei verschiedenen Wasser- und Eisenbahnbauten tätig. In diesem Jahre legte er die Regierungsbaumeisterprüfung ab und war von da ab in Berlin als Zivilingenieur auf dem Gebiet der höheren Baukonstruktionen tätig; gleichzeitig hielt er Vorbereitungskurse zur Baumeisterprüfung ab. Von 1884 bis 1888 berechnete, entwarf und leitete er die Ingenieurkonstruktionen am Neubau des Reichstagsgebäudes in Berlin. 1886 übertrug ihm der Ingenieur Wayss, der die Patente des Pariser Gärtners Monier für eine Bauweise aus Beton und Eisen erworben hatte, die statischen Berechnungen für Baukonstruktionen aus diesem Material. Damit hatte Koenen sein eigentliches Arbeitsgebiet gefunden. Er wurde der wissenschaftliche Begründer der Eisenbetonbauweise. Klar erkannte er, daß die Druckspannungen vom Beton, die Zugspannungen vom Eisen aufzunehmen sind. 1886 veröffentlichte er die grundlegenden Gedanken seiner Berechnungsweise, die er vielen Zweifeln der Fachwelt gegenüber aufrechterhielt. Von 1888 ab widmete er sich völlig der neuen Bauweise, indem er als Direktor in die von Wayss gegründete Baugesellschaft zur Verbreitung der neuen Bauart, die spätere Aktiengesellschaft für Beton- und Monierbau, eintrat. Von 1891 bis 1920 war er Generaldirektor dieser Gesellschaft. In Tat, Wort und Schrift wirkte er daran, den Eisenbetonbau einzuführen sowie theoretisch und praktisch durchzubilden. Zahlreiche wertvolle Abhandlungen entstammen seiner Feder, bis zu seinem Tode war er unermüdlich wissenschaftlich auf dem Gebiete des Bauingenieurwesens und der allgemeinen Mechanik tätig. *Nach eigenen Angaben an die „Deutsche Gesellschaft für Bauingenieurwesen"; Bauingenieur 6 (1925) S. 37; Zentr. Bauv. 45 (1925) S. 18.* Br.

KOENIG, Friedrich, geb. 17. April 1774 in Eisleben, gest. 17. Jan. 1833 zu Oberzell bei Würzburg. Nach Besuch des Gymnasiums seiner Vaterstadt erlernte er von 1790 bis 1794 in Leipzig die Buchdruckerkunst, da ihm wohl die Mittel zum Studium fehlten. Nach beendeter Lehrzeit widmete er sich wieder den Wissenschaften an der Universität Leipzig, war daneben aber auch beruflich tätig. Im Jahre 1802 schloß er mit einem Freunde einen Vertrag zur Gründung einer Buchhandlung und Buchdruckerei, und wir finden ihn nach kurzem Aufenthalt zu Mainz und Würzburg in Suhl bei dem Bau einer Buchdruckpresse, wobei er zunächst nur an das Auftragen der Farbe zugleich mit der Bewegung des Karrens, der die Schriftform trägt, dachte, später aber den ganzen Vorgang, also auch das Abdrucken, mechanisch betreiben wollte. Bereits 1804 hatte er eine solche Maschine in Suhl fertiggestellt und suchte nach einem Geldgeber, der ihm den fabrikmäßigen Bau ermöglichen sollte. Überall abgewiesen, wandte er sich enttäuscht 1806 nach England. Er fand zunächst in London Beschäftigung in seinem Beruf als Buchdrucker, konnte aber bald Verbindungen zur Ausführung seines Erfindungsgedankens anknüpfen. Schon 1807 schloß er eine Übereinkunft mit Bensley zur Ausführung seiner Vorschläge und lernte ein Jahr später auch seinen Landsmann Bauer, einen praktisch und wissenschaftlich vorgebildeten Techniker, kennen, mit dem ihn von nun an eine innige Lebensfreundschaft und Berufsgemeinsamkeit verband. 1810 wurde ihm ein englisches Patent auf eine mechanisch angetriebene Druckpresse erteilt und im April 1811 die erste Druckleistung, eine Auflage von 3000 Stück, auf der Maschine hergestellt. Diese enthielt zwar schon die Walzeneinfärbung für die Druckform, aber noch die ursprünglichen Bestandteile der Handpresse, nämlich die ebene Druckform und den ebenen Preßdeckel. Erst seine 1811 patentierte, 1812 vollendete neue Maschine besaß alle Bestandteile der modernen Druckmaschine, und bei ihrer Vollendung erlebte der Erfinder den Triumph, daß Walter, der Besitzer der Times, der früher jede Beteiligung an Koenigs Vorhaben abgelehnt hatte, sofort zwei Doppelmaschinen in Auftrag gab, die 1814 vollendet wurden und von da an den Druck dieser berühmten englischen Zeitung besorgten. Äußerst lehrreich sind Koenigs Ausführungen, die er in einer der ersten, auf seiner Maschine gedruckten Nummern der Times Ende 1814 machte. Er erzählt darin, wie er zunächst nur die vorhandene Handpresse verbessern wollte, dazu auf dem Kontinent aber keinerlei Unterstützung fand und auch nicht finden konnte, weil infolge Fehlens eines geordneten Patentwesens keine Erfindung zur Reife und wirtschaftlichen Durchführung gelangen konnte und so dem persönlichen Unternehmungsgeist jede ansporende Grundlage fehlte; deshalb blieb ihm nichts anderes übrig, als England aufzusuchen, wo es ihm gelang, seine Erfindung so zu verbessern und auszubauen, daß die bedeutendste englische Zeitung ausschließlich mit seinen Maschinen hergestellt werden konnte. Leider war es Koenig unmöglich, länger in England zu verbleiben, da ihn sein Teilhaber Bensley, gestützt auf einen Vertrag, der ihm leider hierzu die Möglichkeit bot, sowohl um die geistigen als auch die materiellen Früchte seiner Erfindung betrog. Enttäuscht aber ungebrochen wandte er sich daher wieder nach Deutschland und kaufte im Jahre 1817 das Kloster Oberzell bei Würzburg. Er brachte für seinen neu zu eröffnenden Betrieb einige Arbeiter aus England mit, die sich jedoch in Deutschland nicht einzubürgern vermochten, und es begann für ihn und seinen Freund Bauer eine Zeit, die er später selbst als die sorgenvollste seines Lebens bezeichnete, mit dem Hinzufügen, daß er bei Vorahnung dieser Schwierigkeiten es niemals unternommen haben würde, in Deutschland eine Maschinenfabrik zu errichten. Die deutschen Berufsarbeiter, durch die Fesseln der Zünfte eingeengt, zeigten keinerlei Willen, sich in die Verhältnisse einzuarbeiten, und versagten völlig, aber Koenig unternahm es, stets unterstützt von seinem Freunde Bauer, mit seiner auch durch die größten Widerstände ungebeugten Kraft aus der angesessenen bäuerlichen Bevölkerung Maschinenbauer, Gießer und Aufsteller theoretisch und praktisch heranzubilden. Diese Aufgabe gelöst zu haben, bleibt neben der Erfindung der Schnellpresse das unvergeßliche Verdienst Koenigs und seines treuen Genossen Bauer. Trotzdem dauerte es bis 1822, ehe die ersten Maschinen, und zwar nach Berlin, abgeliefert werden konnten, und gar oft drohte während der Bauzeit all das mühsam Erarbeitete zusammenzubrechen, so daß die geistigen und pekuniären Kräfte der Freunde beständig aufs höchste angespannt wurden. Einmal gelang es nur durch großzügige Hilfe des bayerischen Staates, über den Berg hinwegzukommen. Da die ersten Maschinen einen vollen Erfolg darstellten, kamen bald weitere Bestellungen, auch aus dem Auslande, besonders aus Frankreich. Zur Schaffung einer laufenden Einnahmequelle wurde von dem rastlos arbeitenden umsichtigen Manne auch eine Papierfabrik angelegt. Anfang der dreißiger Jahre begannen sich Absatzschwierigkeiten zu zeigen, die Koenig jedoch mit aller Energie überwinden konnte. Leider hatten die unaufhörlich sich türmenden Schwierigkeiten seinen Körper jedoch so angegriffen, daß er an einem Schlaganfall starb. Sein Freund Bauer und seine Gattin und die später heranwachsenden Kinder und Enkel haben jedoch in rastlosem Weiterarbeiten die Fabrik nach musterhaften Neubauten auf vollster technischer Höhe zu erhalten verstanden. *Goebel: F. Koenig und die Erfindung der Schnellpresse (Stuttgart 1906.)* Ni.

KONEGEN, Julius, geb. 1. Juli 1857 in Königsberg, gest. 9. Mai 1916 in Braunschweig. Von 1878 bis 1881 studierte er in Berlin Maschinenbau. Nach Beendigung des Studiums trat er in den Dienst der Mühlenbauanstalt G. Luther in Braunschweig. Hier betätigte er sich als Konstrukteur, Betriebsführer, als Leiter von Bauten und als Vertreter der Firma im In- und Ausland. Dank seines Fleißes, seiner

Willenskraft und Pflichttreue konnte er im Jahre 1895 mit seinen bisherigen Mitarbeitern Ernst Amme und Carl Giesecke die Maschinenfabrik Amme, Giesecke & Konegen gründen. Das Werk blühte außerordentlich rasch auf und gelangte bald zu Weltruf. Ganz besondere Verdienste erlangte hier Konegen auf dem Gebiete der Konstruktion und Fabrikation von Mahlmaschinen. Seine Leistungen in der Fabrikorganisation waren vorbildlich für den maschinentechnischen Großbetrieb. *Z 60 (1916) S. 461.* Gu.

KORNHARDT, Wilhelm, geb. 28. Dez. 1821 in Zorge am Oberharz, gest. im Febr. 1871 in Stettin, einer der hervorragendsten Gasfachleute in Deutschland. Ein Sohn armer Eltern, tat er sich schon auf der Schule durch ungewöhnliche Begabung hervor, doch konnten die Eltern für seine besondere Ausbildung keine Aufwendungen machen. Dazu kam, daß er seinen Vater früh verlor. Als die Mutter zum zweiten Male heiratete, konnte er sich nicht in die neuen Verhältnisse finden und verließ als 14jähriger Junge ohne alle Mittel das Elternhaus. Er ging zu seinem Onkel nach Braunschweig, der es ihm ermöglichte, das Gymnasium und das Carolinum zu besuchen. Beide Anstalten hatte er bereits mit 18 Jahren absolviert. Auf dem Eisenwerk in Zorge, seiner Heimat, genoß er die erste praktische Ausbildung. Besonders zog ihn aber das Eisenbahnwesen an; er war ein Jahr als Lokomotivführer bei der Braunschweiger Eisenbahn tätig. Ein günstiges Angebot, nach Wien zu gleicher Tätigkeit zu kommen, schlug er aus und ging statt dessen auf gut Glück nach Berlin, wo er bei Borsig zunächst wieder praktisch arbeitete; später trat er in die Maschinenfabrik von Egells über. Hier lernte Kornhardt den jüngeren Blochmann kennen und kam durch ihn zuerst mit der jungen Gasindustrie in Fühlung. Blochmann sollte damals für die Stadt Berlin im Auftrage seines Vaters, des eigentlichen Begründers der Gasindustrie in Deutschland, zwei Gaswerke errichten. Er wurde auf die hervorragenden technischen Fähigkeiten Kornhardts aufmerksam und suchte ihn für die Firma seines Vaters zu gewinnen. Von nun an widmete Kornhardt sich ausschließlich der Gasindustrie. Bereits 1847 wurde ihm, dem 26jährigen, der Bau des Gaswerkes in Stettin übertragen. Den Bau einschließlich der Aufstellung der Apparate und der Verlegung des Rohrnetzes führte er vollkommen selbständig durch. Die anstandslose Inbetriebnahme des Werkes machte auf den Rat der Stadt solchen Eindruck, daß Kornhardt trotz seiner Jugend sofort als Direktor des Gaswerkes in die Dienste der Stadt genommen wurde. Die ersten Jahre benutzte er zum Ausbau und zur Durchbildung seines Werkes. Es gelang ihm, durch dauernd an Öfen und Apparaten angebrachte kleine Verbesserungen die Einrichtungen anderer Städte weit zu überflügeln. Beispielsweise betrugen 1858 die Betriebskosten des Stettiner Werkes nur rund 60 vH derjenigen des Leipziger Gaswerkes bei fast genau gleicher Gaserzeugung.

Seine Stellung als Gaswerksdirektor ließ ihm viel Freiheit zur Betätigung auch außerhalb seines Werkes. Er griff selbst den Gaswerksbau auf und baute auf eigene und fremde Rechnung seit 1853/54 in Nord- und Ostdeutschland bis nach Oberschlesien innerhalb von 15 Jahren 40 Gaswerke. Zur Gaserzeugung wurden damals Rostöfen mit wagerechten Retorten ohne Luftvorwärmung benutzt; die Anzahl der Retorten einer Ofeneinheit schwankte zwischen 1 und 7; bevorzugt war in den fünfziger und anfangs der sechziger Jahre der Kornhardtsche Fünfretortenofen. Erst die Verwendung von Schamotteretorten ermöglichte gegenüber den alten Eisenretorten die Unterbringung einer größeren Anzahl. Hierbei war es Oechelhaeuser in Dessau, der führend vorging und dessen Verbesserung auch Kornhardt sich bald zu eigen machte. Die Vereinigung von Bau- und Betriebserfahrungen brachte es mit sich, daß Kornhardts Urteil in Deutschland als maßgebend galt und er in immer stärkerem Maße für Gutachten, Pläne und Raterteilung herangezogen wurde.

Die umfassende Bautätigkeit erweckte in ihm den Gedanken, die feuerfesten Baumaterialien und Schamotteretorten selbst zu erzeugen. Ferdinand Didier betrieb seit 1834 in Podejuch bei Stettin eine Ziegelei und Fabrik feuerfester Materialien. Das gemeinsame Interesse beider führte dazu, daß sie eine neue Schamottefabrik in Stettin errichteten; das alte Werk in Podejuch verkaufte Didier 1861. Die neue Fabrik wurde neben dem Gaswerk errichtet; Kornhardt war der technische, Didier der kaufmännische Leiter. Nach schweren Anfangsjahren — die ganze Arbeitslast ruhte nach dem 1867 erfolgten Tode Didiers auf Kornhardts Schultern — trat seit 1869 eine ziemlich fortlaufende Entwicklung ein, zumal das Erzeugnis sich in der Praxis bewährte und die von Kornhardt eingerichteten Gaswerke einen festen Stamm von Abnehmern bildeten.

Durch die Anstrengungen der letzten Jahre war Kornhardts Gesundheit wankend geworden; 1870 erlitt er bereits einen Schlaganfall, der ihn einseitig lähmte; im folgenden Jahre, kaum 50jährig, erlag er einem zweiten Schlaganfall. *50 Jahre Stettiner Chamottefabrik A.-G. (Berlin 1922).* Hä.

KÖRTE, Walter Leberecht, geb. 15. Febr. 1855 in Flatow, gest. 8. Mai 1914 in Berlin. Walter Körte war der jüngste Sohn des Rechtsanwalts, späteren Wirklichen Geheimen Oberregierungsrats und stellvertretenden Präsidenten des Reichseisenbahnamts Körte; ein Bruder von ihm war der Chirurg Körte in Berlin. Auf dem Gymnasium in Glogau erwarb er sich 1872 das Reifezeugnis, erledigte sein Bauelevenjahr bei den Architekten Knoblauch und Wex, studierte an der Bauakademie in Berlin von 1873 bis 1877, wo er seine Bauführerprüfung ablegte, war an der Moselbahn tätig und bestand 1882 die Baumeisterprüfung. 1883 baute er für Bremen unter den schwierigsten Umständen den Leuchtturm auf dem Rotensand vor der Wesermündung und bearbeitete die Befeuerung der Unterweser. Die Tätigkeit wurde entscheidend für die Richtung seines weiteren Schaffens. 1886 trat er in den preußischen Staatsdienst zurück und führte die Befeuerung der Unterems durch. 1891 trat Körte in das technische Bureau des Ministeriums der öffentlichen Arbeiten über, ebenfalls mit Befeuerung der Küsten betraut. 1892 bis 1896 war er bei der Vorbereitung zur Weltausstellung in Chicago und bei den Gesandtschaften im Haag und in Brüssel tätig. Dann wurde ihm das Wasserbauamt I in Berlin übertragen, 1899 trat er wieder ins Ministerium der öffentlichen Arbeiten über und übernahm 1900 das Referat über das Seezeichenwesen des Preußischen Staates. 1906 wurde er zum Geheimen Oberbaurat befördert. 1913 erhielt er die Silberne Medaille für Verdienste um das Bauwesen und die Goldene Medaille der Akademie des Bauwesens zuerkannt.

Die Bedeutung Körtes liegt in seiner Forschung und schöpferischen Tätigkeit auf dem Gebiete der Seezeichen. Vor ihm war Deutschland auf Einfuhr von Leuchten aus England und Frankreich angewiesen. Er zog für die Ausführung seiner neuen Gedanken im Schliff und Anordnung der Gläser, der Form und Größe der Leuchten der deutsche Werke heran, die bald den Wettbewerb im Auslande aufnehmen konnten, schuf in Friedrichshagen am Müggelsee eine Versuchsanstalt für Seezeichen, wo besonders die Lichtquellen wissenschaftlich gemessen und verbessert wurden; Versuche mit Unterwasserschallsignalen, gerichteter drahtloser Telegraphie folgten; der Betrieb der Feuer wurde vereinfacht, verbilligt und verbessert, die Feuerschiffe gesichert. Seine Forschungen sind niedergelegt in dem Werk: „Die Leuchte, ihre Form und ihr Wesen", das im Erscheinen begriffen ist. *Zentr. Bauv. 34 (1914) S. 296.* Se.

KÖRTING, Ernst, geb. 12. Febr. 1842 in Hannover, gest. 4. Jan. 1921 in Hannover. Als Sohn des Direktors der Gaswerke seiner Geburtstadt wurde er durch äußere Einflüsse auf die Bahn des Technikers hingelenkt. Nachdem er die Realschule seiner Vaterstadt absolviert und 1½ Jahre in Dreherei, Schlosserei und Modelltischlerei praktisch gearbeitet hatte, kam er 1858 auf das Hannoversche Polytechnikum. Während der Ferien vervollständigte Körting seine praktische Ausbildung im Maschinenbau in den Eisenbahnwerkstätten und in der Gießereipraxis in der Hannoverschen Eisengießerei.

Im April 1865 trat Körting bei der Schweizerischen Gesellschaft in Schaffhausen zum Bau eines Gaswerkes in Pisa ein, das Ende 1866 vollendet wurde. Die Stellung war insofern entscheidend für Körtings Zukunft, als sie ihm das Gefühl völliger Selbständigkeit im Ausland verlieh auf Grund seiner überlegenen deutschen technischen Kenntnisse. Zugleich war ihm die Notwendigkeit der Erwerbung fremdsprachlicher Kenntnisse frühzeitig klar. Nach vorübergehender Tätigkeit bei der Nord-Ost-Bahn in Zürich kam er nach Wien zur Österreichischen Nordbahn und durch deren Vermittlung 1869 zu Alexander Friedmann. Er hatte die Friedmannschen Injektoren in Italien und England einzuführen, was ihm sehr gut gelang. Bereits 1869 konstruierte er selbst einen Injektor mit Zuführung von Abdampf in die Mischdüse, der große Verbreitung fand. Körting entschloß sich, zusammen mit seinem Bruder Berthold in Hannover ein eigenes Geschäft zu gründen, das seine Konstruktionen — Injektoren und Dampfstrahlelevatoren — ausbeutete. Das Unternehmen wurde 1871 in ganz kleinem Umfange begonnen. 1872 konstruierte Körting die ersten Exhaustoren, dann eine Reihe Strahlkondensatoren, einen Wasserstrahlluftsauger. Nachdem 1872 mit väterlichem Kapital eine eigene kleine Fabrik errichtet war, entwarf Körting in rascher Folge eine ganze Reihe von Dampfkraft-Luftsauge- und Luftdruckapparaten und legte das Verfahren zu genauem Messen der Leistung fest. 1876 konstruierte Körting den Doppelinjektor, den vollkommensten Speiseapparat nach dem Injektorenprinzip, der sofort einen großen Markt fand. 1878, nachdem das Geschäft gut gesichert war, machte Körting grundlegende Untersuchungen über den Ausfluß des Dampfes und überhitzten Wassers aus erweiterten Düsen, Versuche, die später von de Laval für Turbinendüsen wiederholt und bestätigt wurden.

Im Jahre 1876 wurde in kleinen Abmessungen eine Eisengießerei für Strahlapparate gebaut. Um diese zu beschäftigen, wurden Rippenheizkörper und Rippenrohre gegossen und zu diesem Zweck 1883 die erste Rippenrohrformmaschine in Deutschland erbaut, die die Fabrikation außerordentlich verbilligte. Das führte zur Angliederung des Gebietes der Heizungen an die Fabrikation.

1881 wurde Körtings Aufmerksamkeit zufällig auf den Gasmotor gelenkt, den er mit Lieckfelds Hilfe weiter ausbaute, nachdem als Körtingsche Eigenart das Ventil den Schieber als Abschlußorgan ersetzt hatte. Die langjährigen Streitigkeiten, die sich gegen den Ottomotor entwickelten, wurden zu Körtings Gunsten entschieden, dessen Ansprüche in allen wesentlichen Zügen anerkannt wurden. Im Jahre 1900 wurde Körting der doppeltwirkende Zweitakt patentiert. Es wurde sofort eine 500pferdige Maschine gebaut, die vollständig gelang. Die Frage der Gemischbildung im Verbrennungsraum war dadurch mit Erfolg gelöst.

Inzwischen hatte die Fortbildung der Strahlapparate nicht geruht. 1882 entwarf Körting den Straßenkondensator, den er sich (1907) als Vielstrahlkondensator patentieren ließ. 1886 wurde der Dampfakkumulator konstruiert, nachdem schon 1882 die Streudüse patentiert worden war. 1908 endlich kam die Konstruktion des Doppelinjektors hinzu.

Es war seinerzeit von Körting vergeblich versucht worden, die Friedmannschen Indikatoren in Amerika einzuführen. Aber Körtings Freund Schütte war drüben geblieben, und schon im Jahre 1874 war mit ihm ein Abkommen getroffen, demzufolge er ein Zweiggeschäft der Firma Gebrüder Körting drüben gründete, das er bis zu seinem Tode (1906) führte. Dann übernahm Körting das Zweiggeschäft, das heute noch durch seinen Schwiegersohn weitergeführt wird. Später wurden auch in Rußland und Frankreich, besonders aber in Italien, Zweigunternehmungen gegründet. Vor allem das letztgenannte Unternehmen beanspruchte schließlich Körtings persönliches Interesse, der zeitweilig nach Italien übersiedelte und das Unternehmen selbst leitete.

Die Bedeutung Ernst Körtings als forschender und schaffender Ingenieur wie auch als Industrieller, der für das Ansehen deutscher Arbeit im Ausland eintrat, hat den Verein deutscher Ingenieure veranlaßt, ihm im Jahre 1909 die Grashof-Denkmünze zu verleihen. *Beitr. 1 (1909) S. 200; Z 65 (1921) S. 189.* D. M.

KRABLER, Emil, geb. 21. Jan. 1839 in Crossen, gest. 25. Okt. 1909 in Essen, war der Sohn eines Fabrikdirektors. Nachdem er 1857 die Abiturientenprüfung bestanden hatte, trat er als Bergbauaspirant in den Staatsdienst ein. Auf der Galmeigrube in Altenberg und den Gruben des Wurmgebietes machte er sich mit der Praxis seines Faches vertraut, und bezog dann 1859 die neugegründete Bergakademie Berlin. Der Preis von 250 Talern, den ihm eine Konkurrenzarbeit eintrug, ermöglichte es ihm, seine Kenntnisse durch eine Studienreise auf den Freiberger und Zwickauer Gruben zu vertiefen. 1864 erfolgte seine Ernennung zum Bergreferendar, 1867 bestand Krabler das Assessorexamen. Bis 1868 blieb er noch im Staatsdienst und trat dann als Bergwerkdirektor in den Kölner Bergwerksverein zu Altenessen ein. Der Kölner Verein hatte, als Krabler die Leitung übernahm, kritische Zeiten hinter sich; seine Bemühungen galten der grundlegenden Besserung der gesamten Anlagen unter und über Tage, vor allem aber auch der Hebung der sozialen und wirtschaftlichen Verhältnisse seiner Arbeiter. 1872 versuchte er, durch Tiefbauanlagen die später für die Entwicklung des Kölner Bergbauvereines so wichtige Emscherzeche, das Nordfeld, aufzuschließen, doch wurde dieser Plan anfänglich von den ungünstigen wirtschaftlichen Verhältnissen durchkreuzt, und auch Krabler sah sich gezwungen, einen Teil seiner Arbeiter zu entlassen. In dem großen Arbeiterausstand 1889 bewies Krabler nur durch den Einfluß seiner Persönlichkeit, wie ein Erfolg durch Zusammenhalten, nicht durch Zersplitterung der Parteien erzielt werden kann; ihm ist zum großen Teil der günstige Ausgang dieser ernsten Differenzen zwischen Arbeitgebern und Arbeitnehmern zu danken. Aus demselben Grunde trat Krabler 1890 mit großer Energie für die Gründung des Kokssyndikates ein, für die Kohlenverkaufsyndikate und gleichfalls für die feste Verbindung der Zechen im Rheinisch-Westfälischen Kohlensyndikat. Der Kölner Berwerksverein, dem Krabler bis zum Jahre 1907 seine ganze Kraft widmete, verdankt zum größten Teil ihm, der mit seltener Umsicht und großer Energie die Aufgaben des Vereines verfolgte, seine gefestigte und in den weitesten Kreisen der Industrie anerkannte Stellung. Aber auch nachdem er sich von der Leitung zurückgezogen hatte, nahm Krabler den regsten Anteil an den Bestrebungen der verschiedenen rheinisch-westfälischen Bergwerksvereinigungen. Er war ein begeisterter Anhänger Bismarcks und hielt an den Grundsätzen des Schutzes der vaterländischen Arbeit fest, deren Gegenströmungen er sich entschieden widersetzte. Er erkannte die schädlichen Formen einer übertriebenen Sozialpolitik, dagegen unterstützte er mit großem Verständnis die gerade in der damaligen Zeit sich entwickelnden sozialen Einrichtungen. Krabler starb, 71jährig, nach kurzem Krankenlager. *St. u. E. 44 (1909) S. 1721; Glückauf 45 (1909) S. 1582; Herders Jahrbuch 1909 S. 417.* Ca.

KRAFT DE LA SAULX, Johann Ritter v., geb. 12. Sept. 1832 in Fassona (Böhmen), gest. 17. März 1920 in Jemeppe (Belgien), war der Sohn eines Oberamtmannes und genoß in seiner Heimatstadt eine gute Schulbildung. Seine ersten Studien machte er an der Technischen Hochschule in Prag und ging nach deren Beendigung nach Wien, wo er vier Jahre lang als Assistent von Professor Burg, dem bekannten Lehrer der Mechanik, an der dortigen Technischen Hochschule wirkte. Als man ihm hierauf eine Stellung als Professor anbot, lehnte er dies ab, weil er fühlte, daß ihm neben seinem theoretischen Wissen die praktische Ausbildung fehlte. Er erhielt einen zweijährigen Urlaub mit Staatsunterstützung und trat als Volontär bei Cockerill in Seraing in Belgien ein. Das erste Jahr hiervon arbeitete er am

Schraubstock, das zweite Jahr im technischen Bureau. Hiernach sollte er eine Professur an der Technischen Hochschule in Budapest übernehmen, die er aber ablehnte, um als Ingenieur bei Cockerill zu bleiben. Eine seiner ersten dortigen selbständigen Arbeiten war die Konstruktion aller für den Bau des Mont-Cenis-Tunnels nötigen Maschinen. In der Folge baute er rotierende Wasserhaltungsmaschinen, deren größte Anlage sich in Mansfeld befindet. Später konstruierte er für alle von Cockerill gebauten Schrauben- und Raddampfer die Maschinen und zuletzt noch die Dampfturbinen für die schnellen Postdampfer zwischen Ostende und Dover. Weiter zeichnete er sich im Bau von Gruben- und Hüttenwerkmaschinen aus und konstruierte verschiedentlich mit gutem Erfolg eiserne Brücken. Kraft ist als leitender Konstrukteur dem Weltruf der Cockerillwerke jederzeit gerecht geworden. Sein Name war nicht nur in Belgien, Frankreich und England, sondern auch in Deutschland, Österreich und Rußland wohlbekannt. Er war nicht bloß ein geistreicher und feiner Konstrukteur, sondern auch eine höchst liebenswürdige und gesellige Natur. Fast 88jährig starb er nach kurzer Krankheit. *Jb. Schiffb. 22 (1921) S. 71; Z. Öst. 72 (1920) S. 204; L'Encyclopédie Contemporaine 4 (15. Febr. 1902) S. 19.* Hä.

KRAUSS, Georg, geb. 25. Dez. 1826 in Augsburg, gest. 5. Nov. 1906 in München. Der Vater, ein Webermeister, gab seinem Sohn auf der Augsburger Gewerbeschule und der dortigen Polytechnischen Schule eine gute Ausbildung und ließ ihn dann bei J. A. Maffei in München praktisch arbeiten. Die erste Stellung führte ihn zur bayerischen Staatsbahn, wo er zum Lokomotivführer aufrückte und später als Obermaschinist tätig war. 1857 führte ihn sein Weg zur schweizerischen Nordostbahn. Hier hat er in Zürich die Leitung des Lokomotivdienstes und der Werkstätten übernommen. Bald kam er dazu, in der dortigen Werkstatt auch Lokomotiven eigener Bauart für seine Verwaltung zu bauen. Die engen freundschaftlichen Verbindungen, die er in Zürich mit hervorragenden Vertretern des dortigen Polytechnikums anknüpfte (damals lehrte Zeuner dort), hatten sein Wissen sehr vertieft. Nachdem Krauß 17 Jahre in diesen Stellungen große Erfahrungen im Eisenbahndienst gesammelt hatte, entschloß er sich 1866, in München selbständig zu werden. Die Lokomotivfabrik Krauß & Co. konnte bereits 1867 durch die nach Paris zur Weltausstellung gesandte erste Kraußsche Lokomotive die goldene Denkmünze erwerben. Diese Bauart hat sich dann besonders für den Bedarf der Kleinbahnen allgemein eingeführt und hat die Grundlage für den weiteren Ausbau des Werkes gegeben. 1872 gründete Krauß eine zweite Fabrik für den Bau dieser Kleinbahnlokomotiven und 1880 eine dritte in Linz a. d. Donau für die von Österreich bestellten Maschinen. Die großen technischen und wirtschaftlichen Erfolge haben ihm viele Zeichen der Anerkennung eingetragen, darunter auch die selten verliehene Grashofdenkmünze des Vereines deutscher Ingenieure. Von Natur war er schlicht und allem äußeren Schein abhold. Heiteren und lebhaften Geistes, war er ein zuverlässiger Freund. *Z. 50 (1906) S. 2009.* C. M.

KREBS, Vincenz, geb. 9. Jan. 1865 in Jämlich, Kr. Sorau, gest. 27. Jan. 1924 in Weißwasser o. L., mußte bereits mit 12 Jahren die Schule verlassen, um der Familie den Ernährer zu ersetzen, und ergriff den väterlichen Beruf, die Glasmacherei. Hier entwickelte er ein ungewöhnliches Talent. Er erlernte die Glasfabrikation von Grund auf, war erst als Einträger, dann als Glasbläser tätig und erhielt bereits im Alter von 18 Jahren eine Meisterstelle. Krebs war aber nicht nur ein technisches Genie, sondern hatte auch große kaufmännische Fähigkeiten, die ihn von Erfolg zu Erfolg führten. Aus dem ehemaligen Glasmachergehilfen in Jämlich wurde nach vielen Werde- und Wanderjahren der Generaldirektor der Vereinigten Lausitzer Glaswerke (V.L.G.), die später mit der Osram G. m. b. H. vereinigt wurden. *Nach Mitt. d. Osram G. m. b. H. Komm.-Ges.* Mch.

KRESS, Wilhelm, geb. 1836, gest. Febr. 1913, der Nestor der österreichischen Flugtechnik, einer der tüchtigsten Vorkämpfer der Idee des Fluges mit Maschinen „schwerer als die Luft", beschäftigte sich schon seit 1864 mit der Herstellung von Flugmodellen neben der Ausübung seines Berufes als Klaviermacher, bis es ihm 1877 gelang, das erste mit allen wesentlichen Bestandteilen der neueren Drachenflieger ausgestattete freifliegende Modell zu bauen, das er 1880 im Niederösterreichischen Gewerbeverein in Wien mit Erfolg vorführte. Er besuchte dann die Maschinenbauabteilung der Technischen Hochschule in Wien und fand in seinen weiteren Bestrebungen die erfolgreiche Unterstützung seiner Lehrer Hauffe und Radinger, der in seiner Schrift: „Das Flugschiff von Kreß" (1898) für die Mittel zum Bau eines Drachenfliegers warb. Die Beschaffung eines hinreichend leichten Motors bereitete aber unüberwindliche Schwierigkeiten und der Flugversuch im Oktober 1901, mit einem Motor unternommen, der je Pferdekraft 10 kg wog, endete mit einem verhängnisvollen Sturze. Zu neuen Versuchen fehlten die Mittel. Nachbildungen seiner ersten Flugmodelle befinden sich im Deutschen Museum in München, die Ursprungsmodelle im Technischen Museum in Wien. *Z. Öst. 65 (1913) S. 159.* Bk.

KRUPP, Alfred, geb. 26. April 1812 in Essen, gest. 14. Juli 1887 auf dem Hügel bei Essen. Alfred Krupp leitete die Gußstahlfabrik, die beim Tode seines Vaters vor dem Zusammenbruch stand, als Geschäftsführer seiner Mutter von seinem 14. Lebensjahre an anfangs allein, dann von 1826 bis 1848 mit seinen Brüdern Hermann und Friedrich, und brachte sie auf der Grundlage vielseitigster Verwendung des selbst erzeugten Gußstahls zu einer bescheidenen Blüte. Er sicherte die Fabrikation des Stahls und der Tiegel auf der Grundlage bester Rohstoffe und gleichmäßiger Verarbeitung und erlangte durch die Herstellung unübertroffener Erzeugnisse (Stempel, Gold- und Münzwalzen, Bergbaugeräte, Maschinenteile) einen sicheren Absatz, während der Verkauf von Werkzeugstahl noch durch den Wettbewerb des fast zollfrei eingehenden englischen Stahls behindert wurde. Die Erfindung der sog. Löffelwalze und die Anfänge der Waffenfabrikation (Gewehrläufe, Kürasse, Angebot eines Geschützrohrs an das preußische Kriegsministerium) erweckten Hoffnungen, deren Erfüllung die Wirtschaftskrisis seit 1844 verhinderte. Unter den schweren Störungen des Revolutionsjahres 1848 übernahm A. Krupp die Fabrik auf eigene Rechnung und gab ihr fortan durch Einführung des Gußstahls in die Eisenbahntechnik (Achsen, Federn, Maschinenteile, Herzstücke, Weichen) eine breitere Grundlage. Den Weltruf der Firma begründete die erste Weltausstellung in London 1851 mit einem Gußstahlblock von 4300 Pfund Gewicht und einem sechspfündigen Gußstahlgeschütz.

Der Verkauf der Löffelwalze in England im gleichen Jahre ermöglichte Krupp den Bau der ersten großen Hämmer und Pressen; die Erfindung der nahtlosen Radreifen für Eisenbahnräder (Patent 1853) gab ihm die Mittel zum weiteren Ausbau der Fabrik und zur Fortführung der 1847 begonnenen Geschützkonstruktion. Die Zurückhaltung des preußischen Staates, den Widerstand der Technik gegen die Einführung des Gußstahls und die Ungunst wirtschaftlicher Verhältnisse überwand Krupp durch eine beispiellose Geduld und Zähigkeit, immer das Ziel im Auge, die Vorzüge hochwertigen Stahls im weitesten Umfange zur Geltung zu bringen. Der Riesenhammer „Fritz" wurde 1858/60 unter schärfstem wirtschaftlichen Druck mit Opfern erbaut. Lange Jahre mußte sich das Unternehmen, bei spärlichem Erfolg in Deutschland, hauptsächlich auf den Absatz im Auslande stützen; in Frankreich, Indien, Amerika fand das Kruppsche

Eisenbahnmaterial mehr Verbreitung und Anerkennung als bei den deutschen Staatsbahnen, auch die ersten Geschützaufträge kamen vom Ausland.

Die Eigenart des Gußstahls im Vergleich mit den älteren Werkstoffen (Eisen, Bronze) zwang Krupp zu selbständiger konstruktiver Tätigkeit, in der ihn angeborenes Talent und fortgesetzte Übung zum Meister machten. Mit der Technik des Gießens und Schmiedens war er aufgewachsen, die mechanische und Wärmebehandlung der Stähle ist von ihm zuerst auf empirischem Wege zu bedeutender Höhe entwickelt worden. An der Geschützkonstruktion nahm er besonders in den Fragen der Verschlüsse und des Rohraufbaues hervorragenden Anteil und setzte seine Fortschritte vielfach in scharfem Gegensatz zu den älteren Anschauungen der artilleristischen Fachwelt durch, wobei sich sein fortreißendes Temperament mehr und mehr zur ausgesprochenen Kampfnatur entwickelte. In schweren Fällen, so in seinem Kampf gegen die Armstrongschen Schiffsgeschütze 1869 und für die Einführung eines neuen Feldgeschützes (C/73) von überlegenen Eigenschaften nach dem deutsch-französischen Kriege, fand er an Wilhelm I. eine Stütze.

Neue von anderer Seite gemachte Fortschritte in der Stahlerzeugung wertete Krupp stets als einer der ersten, mit Bessemer stand er seit den Anfängen von dessen Erfindung in engen Beziehungen und erbaute 1861 das erste Bessemerwerk auf dem Festlande, dem bald ein Schienenwalzwerk folgte. Auch die Erfindungen von Siemens und Martin, die Versuche der Stahlerzeugung aus Erzen und andere Fortschritte fanden bei Krupp tatkräftiges Entgegenkommen, während die Herstellung größter Tiegelstahlgüsse nach wie vor gepflegt wurde, um die Stellung der Fabrik an der Spitze der Tiegelstahlfabrikation zu erhalten.

Der wirtschaftliche Aufschwung der siebziger Jahre gab Krupp die Möglichkeit, einerseits seine längst verfolgten Pläne in bezug auf die Unabhängigkeit des Unternehmens durch große Ankäufe von Zechen und Gruben zu verwirklichen, andererseits in der Arbeiterfürsorge, die schon 1836 mit Errichtung einer Krankenkasse begonnen hatte und durch Gründung von Arbeiterkolonien, Konsumanstalten u. dgl. fortgesetzt war, im weitesten Umfang auszubauen. Tausende von Arbeiterwohnungen entstanden, die Erziehung und Erhaltung einer bodenständigen Gemeinschaft von Werkangehörigen wurde mehr und mehr zum leitenden Ziel aller Arbeit („Der Zweck der Arbeit soll das Gemeinwohl sein"). Der Bau des schloßartigen Hauses „auf dem Hügel", in dem fast alle königlichen und fürstlichen Zeitgenossen Krupps als Gäste geweilt haben, gab diesem Aufschwung des Unternehmens und der Stellung seines Schöpfers sichtbaren Ausdruck.

Der Rückschlag von 1874 konnte diese Bewegung vorübergehend aufhalten, aber weder ihre Richtung ändern, noch die überwiegende Stellung Krupps unter den Großbetrieben Deutschlands erschüttern. Vielmehr gab die wirtschaftliche Tiefstand von 1874 bis 1879 Anlaß zur energischen Einführung jeden möglichen Fortschritts in Technik und Organisation, von dem Besserung zu erhoffen war. Bis zum Tode Krupps im Jahre 1887 gelang es, die Rückschläge zu überwinden und die Stellung der Fabrik in bezug auf Arbeiterzahl, Tätigkeit und Unabhängigkeit wieder auf die alte Höhe zu bringen.

Als der bedeutendste Vorkämpfer der Stahlindustrie, der vielseitigste Ingenieur und Hüttenmann, als Schöpfer des Gußstahlgeschützes, endlich als hervorragendster Vertreter des großindustriellen Familienbesitzes auf sozialer Grundlage hat Alfred Krupp unter den führenden Männern Deutschlands im 19. Jahrhundert mit an erster Stelle gestanden. *Jahrhundert-Festschrift der Fried. Krupp A.-G. (Essen und Jena 1912); Alfred Krupp und die Entwicklung der Gußstahlfabrik in Essen (Essen 1889, Dr. Baedecker); Z 31 (1887) S. 625, 33 (1889) S. 138; Schmidt-Weißenfels: Krupp und sein Werk, (Berlin 1888); Kruppsche Monatshefte (Dez. 1923) S. 204.* Bw.

KRUPP, Friedrich, geb. 17. Juli 1787 in Essen, gest. 8. Okt. 1826 in Essen. Friedrich Krupp, der Pionier des deutschen Gußstahls, wurde als Sohn einer Altessener Kaufmannsfamilie geboren und erlernte nach kaufmännischer Ausbildung in der damals im Besitze seiner Großmutter befindlichen Gutehoffnungshütte die Elemente des Hüttenwesens. Nach Errichtung des Rheinbundes und Erklärung der Kontinentalsperre veranlaßte ihn das von Napoleon erlassene Preisausschreiben auf eine festländische Gußstahlerzeugung im Jahre 1812 zur Errichtung eines Stahlhammers in der Nähe von Essen. In vierjähriger Arbeit — zweimal durch die Verbindung mit unfähigen Teilhabern getäuscht — und nach Aufopferung fast seines gesamten Vermögens erreichte er allmählich die Herstellung feuerfester Tiegel, ein praktisches Schmelzverfahren und endlich einen guten, wenn auch ungleichmäßigen Stahl, aus dem er Gerber- und Schneidwerkzeuge, Stempel und kleine Walzen anfertigen ließ und der seit 1817 von den preußischen Münzämtern anerkannt wurde.

Krupps bedeutendes technisches Talent wurde leider durch einen starken Einschlag von Unbeständigkeit und Phantasie beeinträchtigt. Er glaubte sich zu früh am Ziel einer fabrikmäßigen Stahlbereitung, verzettelte seine Kraft in Versuchen und Neuerungen, erschöpfte Kredit und Vermögen in Neubauten und Einrichtungen und erfuhr seit 1820 schwere geschäftliche Rückschläge. Dazwischen brachten ihm vereinzelte gute Lieferungen erneuten Ruf und behördliche Zeugnisse ein und erweckten neue Hoffnungen. Aber der Mangel an Betriebskapital, Sorgen und Krankheiten lähmten jeden dauernden Fortschritt. Das Anrufen des preußischen Staates, der durch Beuths Vermittlung so vielen Fabrikanten half, blieb umsonst, Beuth selbst, der 1821 Krupps Fabrik besuchte, stand unter dem Einfluß mißgünstiger Berichte dem Unternehmen kühl gegenüber. Seit 1823 ging die Fabrik rasch abwärts, Krupps Tatkraft verfiel unter dem Einfluß der Sorgen und Enttäuschungen und in noch jugendlichem Alter verlebte er seine letzten Jahre in einem kleinen Arbeiterhause neben der Fabrik, dem heute noch erhaltenen Stammhaus. Er starb 39jährig, nachdem er sich noch zuletzt in seinem 14jährigen Sohn Alfred den Erben seiner Kenntnisse und Erfahrungen erzogen hatte. Sein Schicksal war ein Leben der Opfer und Enttäuschungen, dessen Ernte in der Zukunft lag. *Berdrow: „Friedrich Krupp, der Gründer der Gußstahlfabrik in Briefen und Urkunden" (Essen 1925); „Krupp 1812 bis 1912" Jahrhundert-Festschrift der Fried. Krupp A.-G. (Essen u. Jena 1912).* Bw.

KRUPP, Friedrich Alfred, geb. 17. Febr. 1854 in Essen, gest. 22. Nov. 1902 auf dem Hügel bei Essen, erhielt seine fachliche Ausbildung, abgesehen von einem kurzen Besuch der Technischen Hochschule in Braunschweig, vorwiegend unter den Augen seines Vaters und in dessen Werken, wo er von seinem 20. Jahre an mit metallurgischen Versuchen und in der kaufmännischen Leitung beschäftigt und bei Alfred Krupps zunehmender Schwäche häufig als Vermittler zwischen dem Hügel und der Fabrikleitung benutzt wurde. An der Gründung der chemisch-physikalischen Versuchsanstalt der Gußstahlfabrik nahm er lebhaften Anteil und förderte überhaupt die in den achtziger Jahren einsetzende Wendung von der empirischen Arbeitsmethode zur wissenschaftlichen Forschung im Stahlwesen.

Nach dem Tode seines Vaters 1887 trat F. A. Krupp an die Spitze der Fabrik, deren großzügigen Ausbau er unter Festhaltung der väterlichen Grundsätze in raschen Schlägen förderte. 1890 wurde das Panzerwalzwerk gebaut, dessen Errichtung auch die Stahlbetriebe umwälzend beeinflußte. 1893 wurde das Grusonwerk, 1902 die Germaniawerft in Kiel der Firma Krupp angegliedert. Inzwischen wurde mit dem Erwerb der ersten lothringischen Erzfelder und dem Betriebe des Kruppschen Hüttenwerks in Rheinhausen seit 1899 eine neue Epoche der Kruppschen Roheisenerzeugung eingeleitet, an der F. A. Krupp regsten Anteil nahm. Mit der von ihm noch kurz vor seinem Tode beschlossenen großen

Erweiterung der „Friedrich-Alfred-Hütte" in Rheinhausen und dem Erwerb weiterer Erz- und Kohlenfelder erfuhr diese Gründung ihre volle Auswirkung und wurde die Firma Krupp in die erste Reihe der großen Roheisenwerke Deutschlands gestellt.

Die führende Stellung der Fabrik auf dem Gebiete des Kriegsmaterials wurde von F. A. Krupp nicht nur durch Aufnahme der Panzerplattenfabrikation, sondern auch durch die Förderung der Schnellfeuerverschlüsse, des Rohrrücklaufs und der schweren Schiffs- und Küstenlafetten gewahrt. An der Tätigkeit der Germaniawerft für den Kriegsschiffbau und an den Beschlüssen über die Aufnahme des U-Boot-Baues hat F. A. Krupp ebenfalls noch persönlichen Anteil genommen. Neben der geschäftlichen Leitung galt die innere Anteilnahme Krupps besonders der Wohlfahrtspflege innerhalb seiner Werke, die er im Geiste seines Vaters, doch weit über dessen Ziele hinausgehend, im Sinne neuzeitlicher Geistes- und Körperpflege zu fördern suchte. Den angebotenen Adel lehnte F. A. Krupp ebenso wie sein Vater ab. *St. u. E. 22 (1902) S. 1269; Jahrhundert-Festschrift der Fried. Krupp A.-G. (Essen und Jena 1912); Alfred Krupp und die Entwicklung der Gußstahlfabrik in Essen (Essen 1889).* Bw.

KTESIBIOS, lebte im 2. Jahrhundert v. Chr. Er war anfangs Barbier, wurde dann Mechaniker und Lehrer Herons von Alexandrien und Philons von Byzanz. Ktesibios benutzte zuerst den Luftdruck zu mechanischen Vorrichtungen. Er ist der Erfinder der Wasserorgel (Hydraulis) und einer Wasseruhr mit Zahnradgetriebe. Damit die Öffnung, durch welche das Wasser bei seinen Uhren strömte, unverändert blieb, stellte Ktesibios diese Öffnung nicht aus gewöhnlichem Metall, sondern aus Gold oder Edelstein her. Auch sorgte er für einen gleichmäßigen Wasserstand in dem Abflußgefäß, damit in gleichen Zeiten stets gleiche Mengen ausströmten. Durch das ausströmende Wasser wurden Gegenstände gehoben, die ihre Bewegung wieder auf ein Räder- oder Zeigerwerk übertrugen. Diese Vervollkommnung der Wassermeßinstrumente war für die astronomische Berechnung von der größten Bedeutung. Auch der Bau einer Druckpumpe und Feuerspritze wird Ktesibios zugeschrieben. Nach den Aussagen des Philon von Byzanz erfand er außerdem ein Luftdruckgeschütz, bei dem mittels eines luftdicht schließenden Kolbens die Luft in einem Metallzylinder durch Hebelwirkung so verdichtet wurde, daß beim plötzlichen Auslösen des Druckes eine zum Fortschleudern des Geschosses ausreichende Triebkraft erzeugt wurde. *Diels: Antike Technik (Leipzig u. Berlin 1914) S. 24; Entw. Natw. 1 S. 150; Handb. Natw.* Ca.

KÜBLER, Julius, geb. 27. Nov. 1843 in Muckenschopf in Baden, gest. 23. Okt. 1912 in Eßlingen a. N., Oberingenieur und Leiter der Brückenabteilung in der Maschinenfabrik Eßlingen. Er studierte an der Technischen Hochschule in Karlsruhe und trat 1871 bei der Firma Gebrüder Decker in Cannstatt als Ingenieur ein. Seit dem Übergang dieser Firma im Jahre 1881 an die Maschinenfabrik Eßlingen war er, bis zu seiner Zurruhesetzung infolge Krankheit am 1. Januar 1912, in der Maschinenfabrik Eßlingen tätig.

Kübler war einer der befähigtesten Brückenbauer seiner Zeit in Deutschland; zu seinen hervorragendsten Arbeiten gehörten die Kabelbrückenentwürfe für Budapest und Bonn, wovon der eine in internationalem Wettbewerb mit dem ersten, der andere mit dem zweiten Preis ausgezeichnet wurde. Die Ausführung dieser kühnen Entwürfe mußte unterbleiben, weil die deutschen Kabelfabriken damals den gestellten Aufgaben nicht gewachsen waren. Nur eine, und zwar viel beachtete, Ausführung der Küblerschen Kabelbrücken ist in Langenargen am Bodensee verwirklicht. Küblers hauptsächlichste Eisenbauwerke sind: Straßenbrücke über den Neckar bei Heidelberg (1877), Bahnhofshalle am Alexanderplatz in Berlin (1881), Halle des Schlesischen Bahnhofs der Berliner Stadtbahn (1881), Eisenbahnbrücke über den Masned-Sund in Dänemark (1883), Mainbrücke bei Offenbach (1886), Viadukt über die Yantra bei Firnowo, Bulgarien (1892), König-Karls-Brücke über den Neckar in Cannstatt (1893), Kabelbrücke bei Langenargen (1897).

Küblers menschliche Seite gab sich kund in einem edlen Charakter und einer aufrichtigen Bescheidenheit und Menschenfreundlichkeit unter Wahrung der persönlichen Würde, durch die er sich nur Achtung und Liebe, Freunde und Verehrer erwarb und sicher bei seinem Tod keinen Feind zurückgelassen hat. *Nach Aufzeichnungen der Maschinenfabrik Eßlingen und persönlichen Erinnerungen von noch lebenden Zeitgenossen.* Mr.

KUHN, Gotthilf, geb. 22. Juni 1819 in Grafenberg (O. A. Nürtingen), gest. 24. Jan. 1890 in Berg b. Stuttgart. Sein Vater war der Schullehrer seines Heimatortes, Joh. Ludwig Kuhn, doch verlor er ihn bereits im neunten Jahr, im elften die Mutter und wurde nun von seinem älteren Bruder bis zum 14. Jahre erzogen; er schied dann aus der Volksschule aus und begann in Giengen a. Br. seine Lehrzeit als Schlosser bei dem Schlossermeister Georg Huzelsieder. Nach der mit „Ganz gut" bestandenen Gesellenprüfung begab er sich nach Handwerkerbrauch auf die Wanderschaft nach München und von da mit dem Floß nach Wien. In Berlin arbeitete er sich in der Maschinenfabrik von C. Hoppe vom Maschinenschlosser zum Werkführer empor und nahm zu seiner Weiterbildung Privatstunden bei Ingenieuren dieser Fabrik.

Mit den Ersparnissen, die er in Berlin machte, kehrte er in die Heimat zurück und gründete im Jahre 1852 seine eigene Fabrik in Stuttgart-Berg, wobei er von seinem ehemaligen Berliner Prinzipal namentlich durch Überlassung von Zeichnungen unterstützt wurde. Das Werk wurde begonnen in einem Bierkeller mit einer Dampfmaschine von 4 bis 6 PS, 2 Bohr-, 4 Hobelmaschinen, 4 Drehbänken und 18 Schraubstöcken mit 30 Arbeitern. Bei Kuhns Tod beschäftigte seine Fabrik über 800 Arbeiter. Die Anfänge der gewerblichen und industriellen Entwicklung Württembergs nötigten zur Tätigkeit auf fast allen Gebieten. Einrichtungen für Zuckerfabriken, Brauereien, Brennereien, Sägemühlen, Mahlmühlen, Ziegeleien, Wasserwerke waren die den Verhältnissen entspringenden Arbeitsgebiete. Kuhns eigenes Bestreben wandte sich dem Bau von Dampfmaschinen, Dampfkesseln und Lokomobilen zu. Viel leistete Kuhn auf diesem Gebiet, das seinen großen Ruf begründete. Die Entwicklung von der einfachen Niederdruck-Balanciermaschine ohne Dampfmantel und Kondensation bis zur stehenden und liegenden Hochdruckdampfmaschine mit mehrstufiger Expansion, Kondensation und Präzisionssteuerung, vom einfachen Walzenkessel mit Planrostfeuerung und 3 at Arbeitsdruck bis zum kombinierten Großraumwasserrohrkessel mit 15 at Betriebsdruck und rauchverzehrender Feuerung; also der ganze Fortschritt der letzten Hälfte des vergangenen Jahrhunderts hat sich im Kuhnschen Werk vollzogen.

Der Ausbildung gewisser Einzelheiten, der Gewinnung sicherer Urteile auf dem Weg des langfristigen Versuchs und der Durchführung des Grundsatzes, nur vollendete Arbeit hinausgehen zu lassen, widmete Kuhn die größte Sorgfalt und scheute keine Opfer, um zur Vollendung zu gelangen. Mustergültig und uneigennützig war die 1854 begonnene Lehrlingsausbildung, seine Krankenkasse und Sparkasse für die Arbeiter. Kuhn war eine Persönlichkeit, ein Mann aus eigener Kraft, dem die Entwicklung des süddeutschen Maschinenbaues Großes zu verdanken hat. *Nach Aufzeichnungen der Maschinenfabrik Eßlingen und persönlichen Erinnerungen von noch lebenden Zeitgenossen u. Mitt. d. Familie.* Mr.

KUNCKEL, Johann, geb. 1630 in Hütten bei Rendsburg, gest. 1703 in Dreißighufen bei Pernau. Als Sproß einer alten Glasmacherfamilie besaß er eine Fülle von ererbten Spezialkenntnissen und Fertigkeiten und beschäftigte sich schon in jungen Jahren mit chemischen Untersuchungen. Wie viele Chemiker seiner Zeit war auch er Alchimist und widmete einen großen Teil seines Lebens der Goldmacherkunst. Seine Glanzzeit war von 1677 bis 1688, wo er Hofglasmacher des Großen Kurfürsten war. Seine Werkstätten befanden sich auf der Pfaueninsel bei Potsdam, wo er in größter Abgeschlossenheit und Heimlichkeit arbeitete, so daß sich ein ganzer Kreis von Sagen um ihn dort bildete. Nach dem Tode des Großen Kurfürsten berief ihn Karl XI. nach Schweden, wo er zum Bergrat ernannt und 1693 geadelt wurde (Kunckel von Löwenstjern). Kunckel werden wertvolle chemische Erfindungen und Beobachtungen zugeschrieben, so die Bereitung des Phosphors (den unabhängig von ihm Brand allerdings vorher entdeckte) und die Erfindung des sogenannten Gold- oder Rubinglases. Die kunstvollen „Kunckelgläser" bilden noch heute den Grundstock der köstlichen Glassammlungen des Berliner Kunstgewerbemuseums und der Bayerischen Landesgewerbeanstalt in Nürnberg. *ADB 17 (1883) S. 376; Glasindustrie-Zeitg. Diamant 47 (1925) S. 3; Braunschweiger GNC-Monatsschrift (März 1923) S. 147; Erfinder S. 53.* Mch.

KUNTH, Gottlob Johann Christian, geb. 12. Juni 1757 in Baruth, gest. 22. Nov. 1829 in Berlin, studierte nach Absolvierung des Pädagogiums in Halle auf der Universität Leipzig Jura. Vermögensverluste zwangen ihn, sein Studium zu unterbrechen und eine Hauslehrerstelle anzunehmen. Er kam zur Erziehung der beiden Knaben Wilhelm und Alexander in das Haus des Kammerherrn von Humboldt. Angeregt durch den Umgang mit namhaften Gelehrten und Staatsmännern förderte er seine eigene Weiterbildung in hohem Maße und trat, nachdem die beiden Brüder Humboldt die Universität bezogen hatten, in den Staatsdienst über. 1784 zum Assessor beim Manufaktur- und Kommerzkollegium ernannt, gelangte er in die Verwaltung der Gewerbe- und Handelsangelegenheiten, der er bis zu seinem Tode seine ganze Kraft widmete. Die technologische Seite seines Arbeitsgebietes war ihm dank seiner umfangreichen naturwissenschaftlichen und physikalischen Kenntnisse bald vertraut. Er wurde in das Fabrik- und Kommerzialdepartement berufen und wirkte mit großem Erfolg für die Anknüpfung besserer Verbindungen mit England, Frankreich und Italien, für die Verbreitung technologischer Kenntnisse und mit besonderer Fürsorge für die Gründung gewerblicher Fachschulen; ferner versuchte Kunth auch, die gebildete Jugend mehr, als es bis dahin geschehen war, den industriellen Interessen zu gewinnen und schon in der Schule dementsprechend auf sie einzuwirken. 1815 zum Direktor der Gewerbepolizei ernannt, war er bemüht, die Schranken zu beseitigen, die in den Städten und auf dem Lande die freie Entwicklung und Verwertung der Arbeitskraft hemmten. Als Verwalter des Amtes eines Generalhandelskommissarius wirkte Kunth als Berater der Gewerbetreibenden und zugleich als Vermittler zwischen ihren Interessen und den Entscheidungen der Behörde. Eine große Anzahl gewerblicher Anlagen sind auf seine Veranlassung und unter seiner Mitwirkung gegründet worden. Sein größtes Verdienst erwarb sich Kunth bei der Durchführung des Gesetzes, das das Prohibitionssystem beseitigt und den fremden Manufakturwaren — allerdings gegen hohe Zölle — den Zutritt gestattete; seine Stimme war von entscheidender Bedeutung; das Gesetz bildet die Grundlage der preußischen Handelspolitik, die den Abschluß des Zollvereines vorbereitete und der die deutsche Industrie einen starken Aufschwung verdankte. Kunths Grab befindet sich im Park von Tegel, Wilhelm v. Humboldt hat ihm einen Gedenkstein darauf errichten lassen. *ADB 17 (1883) S. 391.* Ca.

KUPFER, Eduard, geb. 26. Aug. 1840 in Frankenreuth, gest. 7. Febr. 1907 in Weiden (Oberpf.), Kommerzienrat, Sohn einer der ältesten Glasfabrikantenfamilien, erwarb und errichtete in Gemeinschaft mit anderen und auch allein in Bayern und Böhmen eine Reihe der bekanntesten Glashütten-, Schleif- und Polierwerke und nahm bald eine ausschlaggebende Stellung in der deutschen Spiegelglasindustrie ein. Reiche Erfahrungen auf technischem und kaufmännischem Gebiete standen ihm zur Seite, und er verstand es, sie innerhalb seiner Betriebe zu deren Nutzen zu verwerten und auch der Allgemeinheit zugänglich zu machen. Die heutigen Bayerischen Spiegelglasfabriken Bechmann-Kupfer A.-G. in Fürth, die sämtliche der Firma Eduard Kupfer & Söhne gehörigen Rohglas- und Veredelungsbetriebe umfassen, bilden gewissermaßen den Schlußstein des erfolgreichen Wirkens von Eduard Kupfer. Sein Name ist mit dem Aufstieg der deutschen Glasindustrie eng verknüpft, der er in den letzten 20 Jahren seines Lebens als Vorstandsmitglied der Vereinigungen der Rohglasfabrikanten und der Glasschleif- und Polierwerksbesitzer, der Rohglassyndikate und der Vereinigung bayerischer Spiegelglasfabrikanten seine unermüdliche Arbeitskraft widmete. *Nach Mitt. d. Bayerischen Spiegelglasfabriken Bechmann-Kupfer A.-G.* Mch.

L

LAGERHJELM, Per, geb. 13. Febr. 1787 auf dem Gut Falkenå (Nerke, Schweden), gest. 18. Juli 1856 in Bofors (Wermland, Schweden). Sein Vater war schwedischer Major. Nach abgeschlossenen Universitätstudien in Upsala wurde Lagerhjelm im Jahre 1808 Auskultant und neun Jahre später Appellationsgerichtsrat im schwedischen Bergkollegium. Vom Jahre 1832 war er Bevollmächtigter im Eisenkontor, befaßte sich hier in verdienstvoller Arbeit mit der Einführung der Eisenbearbeitung durch Walzen und erfand eine Maschine zur Prüfung der Dichtigkeit, Gleichheit, Elastizität, Schmiedbarkeit und Stärke von gewalztem und geschmiedetem Stabeisen. Er war ein angesehener Förderer des schwedischen Bergwerkbetriebes und arbeitete für die Gesetzgebung Vorschläge betreffend den Bergbau aus. Seine schriftstellerische Tätigkeit war von Bedeutung. Er war Mitglied der Kgl. Wissenschaftsakademie und der Kgl. Kriegswissenschaftlichen Akademie. Na.

LAHMEYER, Joh. Wilhelm, geb. 29. April 1818 in Hannover, gest. 9. August 1859 in Hannover. Sein Vater war Kommissar beim Finanzministerium. Nach dem Besuche des Gymnasiums daselbst und der Polytechnischen Schule in Hannover hegte Lahmeyer den lebhaften Wunsch, Astronomie zu studieren. Da aber nicht genügend Geldmittel vorhanden waren, mußte er sich einem schneller zum Broterwerb führenden Beruf widmen und wählte den Wasserbau, den er in Göttingen und Berlin studierte. Bis zu seiner Anstellung im Staatsdienst beschäftigte sich Lahmeyer mehrfach mit dem Übersetzen technischer Schriften, die für die deutsche Technik außerordentlich wertvoll waren. Er wurde dann als Bauführer bei der Hannoverschen Wasserbaudirektion angestellt. Von großer Bedeutung waren seine Experimente zusammen mit Bücking zur Ermittlung der Gesetze der Wasserbewegung in Kanälen. Ferner stellte Lahmeyer Versuche über die Abnahme der Geschwindigkeit von der Oberfläche nach dem Boden zu (Geschwindigkeitsskala) an, ermittelte die Änderung der Geschwindigkeit bei verschiedenen Wasserständen und stellte den Zusammenhang zwischen der mittleren Geschwindigkeit und dem Gefälle eines Flusses fest. Er veröffentlichte Erfahrungsergebnisse über die Bewegung des Wassers im Flußbett und in Kanälen. 1850 war er mit dem Bau des Hafens in Freiburg an der Elbe beauftragt, ferner mit der Regulierung von Kanälen (Projekt Bederkesa-Geestekanal). 1857 wurde er stimmführendes Mitglied der damaligen Generaldirektion des Wasserbaues in Hannover. Durch diese Ernennung finanziell sorgenfrei, begann er schriftstellerisch tätig zu sein. Sein unablässiger Fleiß und großer Eifer für den Staatsdienst, der ihm über alles ging, zog ihm im Jahre 1859 eine schwere Krankheit zu, der er, erst 41 Jahre alt, erlag. *ADB 17 (1883) S. 524.* D. M.

LAHMEYER, Wilhelm, geb. 1859 in Clausthal, gest. 9. Dez. 1907 in Bonn. Lahmeyer wuchs als Sohn eines Bergbeamten in technischer Umgebung auf und studierte in Göttingen und Gießen Mathematik, dann in Hannover und Aachen Elektrotechnik. Seine erste Erfindung war eine Bogenlampe, zu deren Herstellung er im Jahre 1886 die Deutschen Elektrizitätswerke Garbe, Lahmeyer & Co. in Aachen gründete. Sehr bald nahm er den Dynamobau auf und verwendete zuerst eisenumschlossene Polgehäuse aus einem Gußstück ohne Trennfuge. In dieser Weise wurden auch mehrpolige Dynamomaschinen gebaut. Die „Lahmeyer-Dynamo" gab eine besondere Bauart ab und führte sich sehr bald als Normalbauart für Gleichstrommaschinen ein. Lahmeyer benutzte den Trommelanker mit offenen Nuten und behandelte die Theorie der magnetischen Streuung in der Dynamomaschine.

Im Jahre 1890 gründete Lahmeyer die Firma W. Lahmeyer & Co., Komm.-Ges. in Frankfurt a. M., aus der die Firma Felten & Guilleaume-Lahmeyer-Werke hervorgegangen ist. Namentlich der Bau großer Maschinen wurde in dieser Fabrik betrieben, während die kleineren Maschinen nach wie vor in Aachen hergestellt wurden. Gelegentlich der Elektrotechnischen Ausstellung in Frankfurt a. M. im Jahre 1891 übernahm Lahmeyer die elektrische Kraftübertragung auf der 10 km langen Strecke von Offenbach nach Frankfurt mit Gleichstrom von 2000 Volt Spannung. Als der Drehstrom bekannt wurde, sicherte sich Lahmeyer die Haselwanderschen Patente und damit den Bau von Drehstromdynamomaschinen. Gerade auf diesem Gebiete wurde ihm größter Erfolg zuteil. Seit 1897 mußte er sich eines Nervenleidens wegen von dem Geschäft zurückziehen und die letzten 10 Jahre seines Lebens in einer Heilanstalt verbringen. *Z 52 (1908) S. 118; ETZ 29 (1908) S. 36.* We.

LAMBTON, William, geb. 1756 in Crosby Grange bei Northallerton (Yorkshire), gest. 26. Jan. 1823 in Hinganghat (Indien). William Lambtons Eltern lebten in äußerst dürftigen Verhältnissen; Freunde ermöglichten dem aufgeweckten Knaben den Besuch der höheren Schule seiner Vaterstadt. Er schlug die Offizierlaufbahn ein; verschiedene Feldzüge führten sein Regiment nach Bengal (1796) und nach Madras (1798). Aus dieser Zeit stammen zwei für die Technik bedeutsame Abhandlungen von William Lambton, die in den „Philosophical Transactions" erschienene „Theory of Walls", und „Maximum of Mechanical Power and the Effects of Machines in Motion". Unter seiner Leitung wurde um 1802 die Vermessung der Landstrecke zwischen Malabar und der Coromandelküste durchgeführt. Die Berichte und Karten dieser Arbeit werden unter dem Titel „Account of Trigonometrical Operations 1802—1823" in dem India Office aufbewahrt. In diesen Abhandlungen sind Einzelheiten über verschiedene Basismessungen enthalten, ferner die Längen, Breiten und Polhöhen einer großen Anzahl von Orten im südlichen und mittleren Indien, sodann Beobachtungen über terrestrische Refraktion und Messungen am Pendel. Lambton verbrachte einen großen Teil seines Lebens in Indien und starb auch dort 67 jährig an den Folgen eines Lungenleidens. *Nat. Biogr. 32 (1892) S. 25.* Wi.

LAMPADIUS, Wilhelm August, geb. 8. Aug. 1772 in Hehlen in Braunschweig, gest. 13. April 1842 in Freiberg in Sachsen, entstammte einem alten hannoverschen Bauerngeschlecht, das bis Ende des 16. Jahrhunderts sich bis auf einen Peter Lampe nachweisen läßt, dessen Sohn, ein hervorragender Jurist, Professor der Universität Helmstedt, später braunschweigischer Staatskanzler, sich der Sitte der Zeit entsprechend Jacobus Lampadius nannte. Der Großvater Wilhelm Augusts soll als hannoverscher Offizier entweder bei Gibraltar oder im amerikanischen Unabhängigkeitskriege gefallen sein. Der Vater war Pastor im braunschweigischen Dorf Hehlen. Er starb früh und ließ seine Witwe in dürftigen Verhältnissen zurück. Sie bestimmte ihren Sohn für den Apothekerberuf. So trat Wilhelm August 1785 als Lehrling in eine Göttinger Apotheke ein. Hier beschäftigte er sich viel mit Naturwissenschaften und Experimenten und studierte bis 1792 gleichzeitig an der Universität. Seine Lehrer Gmelin und Lichtenberg erkannten bald seine außergewöhnliche Begabung und zogen ihn in ausgedehntem Maße als Helfer zu ihren Arbeiten hinzu; nebenbei erteilte er, um leben zu können, Privatunterricht, 1791 begleitete er den Grafen Sternberg aus Rednitz in Böhmen auf einer Forschungsreise nach Rußland. Die Reise fand aber einen vorzeitigen Abschluß, da die Regierung die Fortsetzung derselben durch Sibirien nach China nicht gestatten wollte. So wurde Lampadius Chemiker im Laboratorium des Grafen in Rednitz und in dessen großem Eisenwerk, wo er seine ersten großen Abhandlungen „Beobachtung über die Elektrizität und Wärme der Atmosphäre" und „Kurze Darstellung der vorzüglichsten Theorien des Feuers" 1793 verfaßte.

22 Jahre alt, erhielt er einen Ruf an die Bergakademie Freiberg, wo er am 1. Juni 1794 als außerordentlicher Professor für metallurgische Chemie angestellt und gleichzeitig zum Assessor des Oberhüttenamtes ernannt wurde. Sein erstes Bestreben dort war, den Bau eines chemischen Laboratoriums durchzusetzen, das 1796 errichtet wurde. Nach dem Tode Gellerts wurde Lampadius am 11. Juni 1795 ordentlicher Professor, gleichzeitig wurde ihm auch der Unterricht in Hüttenkunde und analytischer Chemie übertragen. 1801/02 übernahm er vertretungsweise daneben noch den Physikunterricht und von 1811/12 an regelmäßige Lehrkurse über die von ihm eingeführte technische Chemie. 1817 wurde er zum Bergkommissarius ernannt. 1842 erkrankte er an einer Lungenentzündung, der er am 13. April 1842, mittags 1 Uhr, im 70. Lebensjahre nach achtundvierzigjähriger Lehrtätigkeit erlag.

Lampadius war ein Mann der Wissenschaft wie wenige, ein vielseitiger Gelehrter und scharfsinniger Forscher. Für ihn war nicht die Hypothese, sondern nur die Erkenntnis auf Grund des Experimentes maßgebend. So war er einer der ersten, der sich von der alten Phlogistontheorie lossagte und sich den neuen Lehren des großen Lavoisier zuwandte. Besonders bekannt ist Lampadius durch seine Arbeiten für die Gasbeleuchtung und die Entdeckung des Schwefelkohlenstoffs — er nannte ihn Alcool sulfuris — geworden und durch sein Wirken für die wissenschaftliche Begründung der Metallurgie. Seine Arbeiten erstrecken sich auf die verschiedensten Gebiete der organischen und anorganischen Chemie, des Metall-, Eisenhütten-, Blaufarben- und Alaunwesens, der Probierkunde, der Garten- und Agrikulturchemie, Atmosphärologie und Meteorologie. Es gibt fast kein Gebiet der Chemie, auf dem sich Lampadius nicht betätigt hat. Bedeutungsvoll sind seine erfolgreichen Versuche der Züchtung von Zuckerrüben und über deren Verwertung für die Zuckergewinnung von 1799 ab. Durch seine meteorologischen Arbeiten wurde er zur Erfindung des Photoskops, das er auch zu Temperaturmessungen benutzte, geführt, so daß er auch als Erfinder des optischen Pyrometers gelten kann. Lampadius war ein sehr produktiver Schriftsteller. Neben 38 selbständigen Büchern und Schriften veröffentlichte er zahllose kleinere Abhandlungen in Fachzeitschriften.

Er führte ein glückliches Familienleben, an dem er seine Freunde und Amtsgenossen weitgehend teilnehmen ließ. Mit großer Herzensgüte vereinte er eine vorbildliche Hilfsbereitschaft und Bescheidenheit. Als guter, edler Mensch ward er von allen, die ihn kennen lernten, sehr verehrt.

C. Schiffner: W. A. Lampadius (Freiberg); ADB 17 (1883); Beitr. 12 (1922) S. 40. Lo.

LANGEN, Eugen, geb. 9. Okt. 1833 in Köln, gest. 2. Okt. 1895 in Köln. Die Familie Langen, die in der Industriegeschichte des Rheinlands eine hervorragende Stellung einnimmt, stammt aus dem bergischen Lande. Großvater und Vater waren Schullehrer kleinerer Dorfgemeinden. Dem Vater wurde als jungem Lehrer Gelegenheit geboten, Kaufmann zu werden. Wir finden ihn zuerst in einem Solinger Handelshaus und dann als Teilhaber einer Kölner Zuckerraffinerie. Seinen Sohn Eugen ließ er sorgfältig erziehen. Im Herbst 1850 sandte er ihn als siebzehnjährigen Studenten nach Karlsruhe, wo er als Schüler Redtenbachers die Grundlage zu seinem großen technischen Können legte. Bedeutungsvoll wurde für ihn auch die praktische Arbeit auf der Friedrich-Wilhelm-Hütte in Troisdorf. Hier hat er gelernt, mit den Arbeitern gemeinsam ein Werk zu fördern. In dieser Zeit entstand seine erste Erfindung, der Langensche Etagenrost, mit der er sein erstes Geld verdiente. Er arbeitete weiter technisch in den Unternehmungen seines Vaters, vor allem in der Zuckerindustrie. Diese Industrie verdankt ihm sehr wesentliche große Verbesserungen. Im Februar 1864 kam er zum erstenmal mit Otto, dem Erfinder der Gasmaschine, zusammen, und am 31. März des gleichen Jahres konnte schon der Vertrag abgeschlossen werden, der beide Männer zu lebenslänglicher gemeinsamer Arbeit und auch zu persönlicher Freundschaft verbinden sollte. Die Firma „N. A. Otto & Comp." wurde begründet, und in einer Werkstatt in Köln wurde die erste Maschine gebaut. Ungemein groß waren auch hier die Schwierigkeiten, die zu überwinden waren, aber es gelang, 1867 auf der Pariser Ausstellung den entscheidenden Erfolg für die atmosphärische Gasmaschine zu erlangen. Das angesehene Mitglied der Jury und der persönliche Freund Langens, Reuleaux, hat das Seine dazu getan, die Aufmerksamkeit der Fachgenossen auf die Tatsache zu lenken, daß die Otto und Langensche Maschine nur etwa ein Drittel soviel Gas brauche als die damals ausgestellten französischen Maschinen. An der konstruktiven Durchbildung der Maschine hat Langen als hervorragender Konstrukteur persönlich großen Anteil genommen. Das Verdienen, auf das man gerechnet hatte, wollte sich lange Zeit nicht einstellen, und fast hätte auch Langen den Mut verloren, wenn nicht Reuleaux in einem Brief vom 2. Febr. 1868 ihn in begeisterten Worten auf die große Zukunft der Gasmaschine wieder hingewiesen hätte. Man beschloß 1869, eine eigene Fabrik zu errichten und zwar in Deutz bei Köln, und am 5. Jan. 1872 versuchte man durch Begründung der „Gasmotorenfabrik Deutz Aktiengesellschaft" eine breitere finanzielle Grundlage zu geben. Sehr wesentlich war, daß es gelang, Gottlieb Daimler als Betriebsleiter für das neue Werk zu gewinnen, der als vorzüglichen Ingenieur den jungen Maybach für das Werk verpflichtete. Daimler lehrte die Kölner Arbeiter, was genaue Werkstattarbeit bedeutete, und diese durch Heranziehung von Arbeitern aus Württemberg und dem Elsaß geleistete Erziehungsarbeit ist weit über die Grenzen der Firma bedeutungsvoll geworden. Ein neuer Abschnitt begann mit dem Patent vom 4. Aug. 1877, das die Grundlage zur Ottoschen Viertaktmaschine legte. Mit dieser Maschine beginnt die Geschichte der heutigen Verbrennungskraftmaschine. Die große Zukunft der Gasmaschine reizte dazu, das sehr umfassende Patent anzugreifen. Der die technische Welt jahrelang in Aufregung haltende Prozeß führte in Deutschland zur Vernichtung des Hauptanspruchs des Deutzer Patents, aber obwohl Otto und Langen persönlich schwer davon getroffen wurden, war die Firma doch viel zu gefestigt und hatte einen zu großen Vorsprung, als daß ihr Bestehen hierdurch irgendwie gefährdet werden konnte. Immer neue große Aufgaben traten an die Firma heran und fanden die größte Förderung auch bei Eugen Langen. Man suchte brauchbare Maschinen für die Verwendung flüssiger Brennstoffs zu bauen. Man baute solche Maschinen in Boote ein und man dachte bereits daran, Verbrennungskraftmaschinen für Lokomotiven zu benutzen.

So umfangreich die Tätigkeit Langens innerhalb der Gasmotorenfabrik Deutz war, sie erschöpfte doch bei weitem nicht seine Tatkraft. Immer wieder hat er sich mit den großen Aufgaben der Zuckerindustrie befaßt, er hat die Maschinenfabrik Grevenbroich gegründet, er schuf mit Guilleaume in Köln eine Fabrik für elektrische Beleuchtungsanlagen, die er dann mit Schuckert in Nürnberg vereinigte. Mit Werner Siemens hat er sich eingehend auch mit der Entwicklung der Mannesmann-Röhren befaßt, 1885 hat er in Köln die Rhein-Seeschiffahrts-Gesellschaft gegründet. An den technisch-wissenschaftlichen Vereinen, besonders dem Verein deutscher Ingenieure, sowie an industriellen und wirtschaftlichen Organisationen hat er sich maßgebend beteiligt und damit seinen Fachgenossen große Dienste geleistet. In den Fragen der Eisenbahntarife, den Zollgesetzgebungen, den Kolonialbestrebungen, und vor allem auch der Patentgesetzgebung war Langen zu Hause. Mit Werner Siemens, Klostermann und anderen hat er bereits Anfang der siebziger Jahre den deutschen Patentschutzverein gegründet. Als der Tod ihn 1895 seinem Wirken entriß, hatte Deutschland in ihm einen hervorragenden Ingenieur und einen weitsichtigen, tatkräftigen Industriebegründer verloren. *Gesch. d. Gasmotorenfabrik Deutz 1921; Beitr. 11 (1921) S. 1.* C. M.

LANZ, Heinrich, geb. 9. März 1838 in Friedrichshafen am Bodensee, gest. 1. Febr. 1905 in Mannheim. Als Sohn eines Kaufmanns trat er mit 17 Jahren als Lehrling in ein Drogengeschäft in Mannheim ein; vom Jahre 1859 an arbeitete er im Geschäft seines Vaters. Er gliederte demselben eine Abteilung für landwirtschaftliche Maschinen an, die aus England und Amerika eingeführt wurden. Einige Jahre später war es notwendig, eine Reparaturanstalt anzuschließen. Auf Grund seiner umfassenden Kenntnisse der Bedürfnisse der Landwirtschaft und des gesamten landwirtschaftlichen Maschinenwesens und aus der Erkenntnis heraus, daß es richtiger sei, diese Maschinen im eigenen Lande zu bauen, errichtete er eine Fabrik (1867), deren Bedeutung bald die aller anderen ähnlichen Fabriken übersteigen sollte. Zuerst stellte er Handdreschmaschinen, Göpel und Futterschneidemaschinen her. Dann baute er Separatoren, Dampfdreschmaschinen und Lokomobilen; diese auch für gewerbliche und industrielle Zwecke. Seine Erzeugnisse sollten bald in der ganzen Welt Verbreitung und Anerkennung finden. Für seine Angestellten und Arbeiter schuf er vorbildliche Wohlfahrtseinrichtungen. Nach kurzem schweren Leiden starb er im Alter von 67 Jahren. *Z 49 (1905) S. 228 u. 440; P. Neubauer: Heinrich Lanz 50 Jahre des Wirkens in Landwirtschaft und Industrie 1859—1909.* Gw.

LAPLACE, Pierre-Simon, Marquis v., geb. 23. März 1779 in Beaumont-en-Auge, gest. 5. März 1827 in Paris. Laplace machte seine ersten Studien in Caen, dann an der Militärschule in der alten Priorei seines Heimatdorfes. Seine außerordentlichen Anlagen und seine Vorliebe für die Mathematik wirkten sich bald aus. Er lehrte die Geometrie zu Beaumont und siedelte später nach Paris über. D'Alembert nahm sich seiner an und erwirkte seine Ernennung zum Professor an der Militärschule. Laplace war neben Lagrange der berühmteste Mathematiker seiner Zeit. Sein Einfluß und sein Ansehen verbreiteten sich in der ganzen Welt. Bonaparte, den er bei der Bildung der Kommission für Ägypten unterstützt hatte, vertraute ihm das Ministerium des Innern an; kurze Zeit darauf verlieh er ihm einen Sitz im Senat (1799), dessen Vizepräsident und Kanzler er 1803 wurde. Die Abhandlung über die Himmelsmechanik (Paris, 5 Bände, 1799 bis 1825) ist eines der unvergänglichen Denkmäler menschlichen Geistes. Fourier nannte sie „l'almageste", die Übersicht des achtzehnten Jahrhunderts, und verglich ihren Autor dem Ptolemäus. Dieses Werk faßt zusammen und gliedert alle Untersuchungen, die seit Newton unternommen waren, um die verschiedenen Himmelserscheinungen mittels des Grundsatzes der allgemeinen Schwere auseinanderzusetzen. Laplace gab Gründe für die Ungleichmäßigkeit in der Bemessung der Himmelskörper an. Seine kosmogenische Theorie, nach welcher die Sonne und die Planeten sich aus einer Nebelsubstanz gebildet hätten, ist die vollkommenste, die vor ihm gegeben ist. Laplace stellte zahlreiche physikalische Untersuchungen an über astronomische Refraktionen, Kapillarprobleme, Geschwindigkeit des Schalles, Dehnung der festen Körper, Eigenschaften der Dämpfe (im Zusammenarbeiten mit Lavoisier), Molekularvorgänge, statische Eigenschaften der Elektrizität, barometrische Höhenmessungen usw. *Grande Encyclopédie 21 S. 945.* D. M.

LACHSE, Oskar, geb. 22. Juni 1868 in Leipzig, gest. 30. Juni 1923 in Berlin. Nach Absolvierung des Kreuzgymnasiums in Leipzig arbeitete er, einer ausgesprochenen Neigung zum Ingenieurberuf folgend, zunächst ein Jahr praktisch und war dann 2½ Jahre als Konstrukteur tätig. In dieser Weise vorgebildet, bezog er die Technische Hochschule zu Berlin, wo er im Jahre 1890 Assistent von A. Riedler wurde. Im Jahre 1896 berief ihn die Allgemeine Elektrizitäts-Gesellschaft (AEG) als Oberingenieur in ihre Maschinenfabrik. Schon früh beschäftigte er sich hier versuchsweise mit dem Bau von Dampfturbinen und, als er nach Verschmelzung der AEG mit der Union-Elektrizitäts-Gesellschaft im Jahre 1904 zum Direktor der Turbinenfabrik ernannt wurde, entstand unter seiner Leitung u. a. auch die bekannte 50 000 kW-Turbine des Goldenbergwerkes der Rheinisch-Westfälischen Elektrizitätswerke, die noch heute die größte in einem Gehäuse untergebrachte Turbine darstellt.

Auch auf dem Gebiete der Werkstoffkunde hat Lasche fördernd gewirkt und seine reichen Erfahrungen in dem Werk „Konstruktion und Material im Bau von Dampfturbinen und Turbodynamos" niedergelegt. Seine rege Tätigkeit auf dem Arbeitsfeld der Materialkunde ließ ihn zu der Auffassung gelangen, daß auch für den Maschinenkonstrukteur eine genaue Kenntnis des Werkstoffes unerläßlich sei. Um das technische Vortragswesen auf einen höheren Stand zu bringen, gründete er die Technisch-Wissenschaftliche Lehrmittelzentrale (TWL). Die von ihm in der AEG eingerichteten Werkschulen leisteten ausgezeichnete Dienste zur Heranziehung eines tüchtigen Arbeiterstammes. Im Jahre 1918 war er von der Technischen Hochschule in München zum Dr.-Ing. Ehren halber ernannt worden. *Z 67 (1923) S. 739; St. u. E. 43 (1923) S. 998.* Cr.

LAUNHARDT, Wilhelm, geb 7. April 1832 in Hannover, gest. 13. Mai 1918 in Hannover. Seit 1854 im Dienste der hannoverschen Bauverwaltung stehend, wurde er 1879 Dozent für Straßen- und Eisenbahnbau und bald darauf ordentlicher Professor am hannoverschen Polytechnikum, der späteren Technischen Hochschule. Neben seinen Vorträgen und Veröffentlichungen über seine Fachgebiete ist er besonders durch seine technisch-volkswirtschaftlichen Arbeiten bekannt geworden. Große Verbreitung fand die aus seinen Vorträgen entstandene kleine Schrift „Am sausenden Webstuhl der Zeit", in der er sich erfolgreich bemühte, durch Darstellung der Einwirkungen von Naturwissenschaft und Technik auf das Kulturleben bei der Allgemeinheit Interesse für die Technik zu erwecken. Launhardt war ein vorzüglicher und beliebter Hochschullehrer, dem es an Anerkennungen in seinem 86jährigen Leben nicht gefehlt hat. Er erhielt von der Technischen Hochschule Dresden den Doktorgrad ehrenhalber, war Mitglied der Kgl. Akademie des Bauwesens und wiederholt Rektor. *Z 62 (1918) S. 337; Zentr. Bauv. 38 (1918) S. 218.* Lo.

LAVAL, Carl Gustaf Patrik de, geb. 4. Mai 1845 in Blasenborg in Dalekarlien (Schweden), gest. 2. Febr. 1913 in Stockholm, studierte an der Universität Upsala und an dem dortigen Technischen Institut, das er 1866 verließ. Seine Tätigkeit in der Praxis, die er noch auf einige Jahre unterbrach, um 1872 an der Universität zum Doktor der Philosophie zu promovieren, spielte sich vorwiegend auf dem Gebiet des Hüttenwesens und der Hüttenchemie ab. Schon frühzeitig bewies er große Geschicklichkeit im Konstruieren. Mehrere Patente aus den Anfängen der siebziger Jahre legen davon Zeugnis ab. Ende der siebziger Jahre entwarf de Laval einen Zentrifugalseparator zum Abrahmen von Milch, der sehr zufriedenstellend arbeitete. Diese Erfindung bildet die Grundlage der jetzt noch bestehenden Alfa-Separatoren-Gesellschaft.

De Laval war der typische Erfinder. Er scheute keine Mühe und keine Geldausgabe, wenn es galt, neue technische Ideen in die Tat umzusetzen. Er baute Molkereimaschinen, entwarf Hochdruckkessel u. a. Aus dem Bestreben heraus, zum Antrieb der Separatoren ein durch Dampf betriebenes Schaufelrad zu benutzen, entstand sein größtes Werk, die Dampfturbine. Die als Aktionsturbine gebaute Maschine hatte eine Drehzahl von etwa 40000 in der Minute. Mit einer wahren Genialität war de Laval der Schwierigkeiten Herr geworden, die sich hieraus ergaben. Die damals von ihm geschaffene biegsame Welle, die Dampfdüse und viele andere Bauelemente sind bis auf den heutigen Tag beibehalten worden und legen immer noch Zeugnis ab von dem Scharfblick ihres Schöpfers. Später arbeitete de Laval bahnbrechend auf metallurgischem Gebiet, entwarf elektrische Schmelzöfen und verschiedene Einrichtungen für eine wirtschaftliche Verhüttung der Blei-, Zink- und Eisenerze.

Während alle seine Erfindungen in Anerkennung ihres hervorragenden praktischen Wertes von tüchtigen Unternehmern mit großem Erfolg ausgebeutet wurden, kam de Laval selbst nie zu äußerem Reichtum. Das Erfinden und das Arbeiten an der Technik waren ihm Selbstzweck. 1904 ehrte der Verein deutscher Ingenieure seine Verdienste durch Verleihung der Grashof-Denkmünze. *Z 57 (1913) S. 361.* Gs.

LAVES, Georg Ludwig Friedrich, geb. 17. Dez. 1788 in Uslar (Hannover), gest. 30. April 1864 in Hannover. Die Kunstrichtung Laves', der zu seiner Zeit als Architekt weit über die Grenzen der Stadt und des Königreiches Hannover bekannt war, wurde hauptsächlich durch die Kasseler Schule bestimmt. Hier trieb er auf der Akademie der bildenden Künste seine ersten Studien, besonders beeinflußt von seinem Onkel, dem Kurhessischen Oberbaudirektor Jussow. 1807 bezog er die Universität Göttingen und wurde 1809 in dem damaligen Fulda-Departement und bei Bauten der westfälischen Krone beschäftigt. Im Jahre 1814 wurde er im wiederhergestellten Königreich Hannover Hofbauverwalter. Seine baukünstlerischen Studien vollendete er durch eine Reise nach Italien im Jahre 1816. Sein erstes größeres Werk ist die Restauration des alten Residenzschlosses in Hannover. Laves hat hierfür überwiegend antike Formen verwendet. Die Arbeiten sind unter seiner Leitung nicht ganz beendet worden. In den Jahren von 1825 bis 1832 errichtete er nach dem Vorbild der Trajanssäule das Waterloodenkmal in Hannover. Das Mausoleum für den König Ernst August in Herrenhausen ist ebenfalls sein Werk. Das in den Jahren von 1848 bis 1852 von Laves entworfene und erbaute neue Hoftheater in Hannover war seinerzeit eines der größten und großartigsten Theater Deutschlands. Als Städtebauer hat er sich bei der Planung des Ernst-August-Stadtteiles und dessen Anschluß an die Altstadt von Hannover betätigt.

Als Konstrukteur ist Laves durch die Erfindung der nach ihm benannten Trägerbauart bekannt geworden. Der Lavessche Balken ist der erste linsenförmige Träger. Bei den ersten Ausführungen wurden zwei gebogene Holzbalken an den Enden verschraubt und in der Mitte durch kurze Balkenstücke auseinandergehalten. Nach dieser Bauart wurde im Jahre 1835 eine Brücke mit 28 m Spannweite über den Stadtgraben von Hannover ausgeführt, die sich aber nicht bewährt hat. Von Laves rühren auch die ersten eisernen linsenförmigen Gitterträger her; hier sei erwähnt die im Jahre 1850 erbaute Straßenbrücke über die Oker bei Meinersen.

Laves' Leben war reich an Ehren. Er war hannoverscher Ober-Hofbaudirektor, und die „Royal Institution of British Architects" hat ihn, hauptsächlich wegen der Erfindung des linsenförmigen Balkens, zu ihrem Ehrenmitglied ernannt. *Zeitschr. d. Hannov. Ing.- u. Architekten-Vereins. 12 (1866) S. 519; Lueger 6 S. 77.* Be.

LAVOISIER, Anton Laurent, geb. 16. Aug. 1743 in Paris, gest. 8. Mai 1794 in Paris. Er entstammte glänzenden Verhältnissen und studierte nach einer ausgezeichneten Erziehung Mathematik, Astronomie, Mineralogie, Botanik, Geognosie und Chemie, letztere bei dem angesehenen Rouelle. Erst 23 Jahre alt erhielt er von der Akademie eine goldene Medaille für die beste Lösung einer Preisfrage über die Beleuchtung von Paris. Zwei Jahre später wurde er Mitglied der Akademie. Im Jahre 1771 bewarb er sich mit Erfolg um die Stelle eines Generalfinanzpächters, die ihm ein großes Einkommen brachte, ihm aber später zum Verderben wurde.

1776 wurde er an die Spitze der Salpeterregie berufen. Bis dahin wurde der Salpeter ausschließlich aus den Kellern der Häuser und Ställe mühsam gewonnen. Lavoisier ließ ihn nach einem einfachen Verfahren fabrikmäßig darstellen. Bald wurde ihm die gesamte Verwaltung der Schießpulverfabrikation übertragen, die er zur damals größten Vollkommenheit ausgestaltete. 1790 wurde er in die berühmte Kommission für die Umänderung des Maß- und Gewichtssystems berufen.

Seine ersten chemischen Arbeiten fußen bereits ganz auf dem Gebrauch des Gerätes, das seinen Arbeiten und dem folgenden chemischen Zeitalter das Gepräge verlieh: der Wage. Er wies mit ihrer Hilfe nach, daß die anorganischen Salze, die sich bei langem Kochen von Wasser in Glasgefäßen bilden, aus dem Glase und nicht aus dem Wasser stammen.

Dann untersuchte er mit Hilfe einer sehr empfindlichen Wage den Verkalkungsvorgang (Oxydations- oder Verbrennungsvorgang) von Metallen. Er stellte ihre bis dahin kaum beachtete Gewichtsvermehrung fest und fand die richtige Deutung in der Annahme, daß die Metalle unter Einwirkung von Licht und Wärme einen Bestandteil der Luft aufnehmen.

Dies war der zu gleicher Zeit von Priestley und Scheele entdeckte Sauerstoff. Diese Entdeckungen zusammen bilden die Grundlage zu Lavoisiers Hauptlebenswerk, des antiphlogistischen Systems. Die alte Phlogistonlehre Stahls (1660 bis 1734) behauptet, daß die Metalle und alle brennbaren Körper einen Wärmestoff, das Phlogiston, enthielten, der bei der Verkalkung oder Verbrennung entweicht. Durch den Nachweis, daß mit diesen Vorgängen nicht eine Gewichtsabnahme, sondern eine Gewichtszunahme verbunden ist, wurde die Phlogistonlehre erschüttert. In vielen geistreich angestellten Versuchen brachte er über den Verbrennungsvorgang Klarheit. Er wies nach, daß eine zugeschmolzene Retorte mit Zinn durch Erhitzen und Schmelzen des Zinns nicht schwerer wird, wohl aber, wenn Luft ungehindert zutreten kann. Auch die Verbrennung von Kohle zu dem Gase Kohlensäure führte ihn zu dem Schlusse, daß hier eine Verbindung des neu entdeckten Gases Sauerstoff vorliegt.

Durch Verbrennung von Phosphor in Luft fand er, daß nur $1/5$ von dieser verbraucht wird, daß sie also auch nur $1/5$ ihres Volumens an Sauerstoff enthält. Desgleichen konnte er durch Verbrennung eines Diamanten zu Kohlensäure dessen chemische Natur nachweisen.

Nach Lavoisier sollen sich durch Verbrennung von Metallen die Metallkalke (Oxyde) von anderen Stoffen die Säuren bilden. Er verkannte hierbei die Zusammensetzung der Salzsäure, die ja keinen Sauerstoff enthält. Unter Benutzung der Entdeckung Cavendishs, daß Wasserstoff nur zu Wasser verbrennt, ermittelte Lavoisier dessen quantitative Zusammensetzung und weiterhin die Vorgänge der Reduktion von Metalloxyden mittels Wasserstoff und der Entwicklung von Wasserstoff aus Säuren und Metallen. Gerade diese Reaktion hatte zur Stützung der Phlogistontheorie herhalten müssen, indem man den Wasserstoff als das durch Einwirkung der Säure entweichende Phlogiston ansprach. Dieser Begriff verschwand von jetzt an aus der Fachliteratur.

Lavoisiers Verdienst liegt nicht in der Aufklärung einiger wenn auch grundlegender chemischer Reaktionen, sondern in der Schaffung einer ganz neuen Anschauung über diese

Dinge. Man konnte auf einmal die durch Annahme des Phlogistons verdunkelten Vorgänge einfach erklären, und mit Recht rechnet man von hier an das neue Zeitalter der Chemie.

Von gleich großer Genialität zeugt auch seine Annahme von der Unvergänglichkeit der Materie bei chemischen Umsetzungen, die ja der selbstverständliche Untergrund seiner auf quantitative Erfassung dieser Umsetzung gerichteten Untersuchungen war.

Lavoisier fiel den Schreckensmännern der Revolution zum Opfer. Auf Grund einer nichtigen Anklage wurde er 1794, erst 50 Jahre alt, hingerichtet. *Speter: Lavoisier und seine Vorläufer; Sammlung chemischer und chemisch-technischer Vorträge 15 (1910) S. 107—218; E. v. Meyer: Gesch. d. Chemie (Leipzig 1889) S. 128.* Sa.

LEAVITT, Erasmus Darwin, geb. 27. Okt. 1836 in Lowell (Mass.), gest. 11. März 1916 in Cambridge (Mass.). Erzogen in den öffentlichen Schulen von Lowell, trat er im Jahre 1852 als Lehrling in die Lowell Machine Shops ein, wo er drei Jahre lang arbeitete, und dann ein Jahr bei der Firma Corliss & Nightingale beschäftigt war. 1858 wurde er Assistent und erhielt die Leitung beim Bau der Antriebmaschinen für das Flaggenschiff „Hartford" der amerikanischen Marine; 1859 bis 1861 war er zunächst Zeichner und später Konstrukteur bei der bekannten Dampfmaschinen-Bauanstalt von Thurston, Gardner & Company in Providence (R. I.). 1861 trat er in die amerikanische Armee ein und diente während des Bürgerkrieges; 1863 wurde er als Lehrer an die Marineakademie in Anapolis berufen. 1867 trat er aus der Armee und widmete sich ausschließlich dem praktischen Ingenieurwesen.

Bekannt wurde er zuerst durch die Errichtung der Pumpenanlage in Lynn (Mass.). Die Maschine — eine Balanzierverbundpumpe — war richtunggebend für die Wirtschaftlichkeit von Pumpmaschinen. Am 1. Juni 1874 wurde die Maschine übernommen und es folgten ihr schnell zwei weitere Maschinen von etwas größeren Abmessungen für die Wasserwerke von Lawrence (Mass.). Auch diese beiden Maschinen erregten in der Fachwelt größtes Interesse. Auf Empfehlung von James B. Francis wurde Leavitt 1874 zum beratenden Maschinenbauingenieur der Calumet & Hecla Mining Company berufen, wo er bis 1904 blieb und reichlich Gelegenheit fand, seine Fähigkeiten an allen Arten von Maschinen und Anlagen zu beweisen. Während dieser Zeit war er auch noch beratend für andere Firmen tätig, so für Henry R. Worthington, für die Dickson Manufacturing Co. und für die Bethlehem Steel Co. Von Leavitt rührt auch die erste Maschine her, die für die Drahtseilbahn der Brooklynbrücke verwandt wurde, ferner drei Riesenabwasserpumpanlagen für die Stadt Boston. Vom Jahre 1888 ab unternahm er viele Reisen nach Europa. Er war einer der besten Konstrukteure und gehörte zu den wenigen, die mehr als alle anderen dafür sorgten, daß auf diesem Gebiete strenge Grundsätze und einheitliche Typen eingeführt wurden. Er wandte sich gegen jede überflüssige Verzierung an den Maschinen und vertrat die Meinung, daß die Schönheit einer Maschine durch ihre Zweckmäßigkeit bestimmt sei. Er erhielt im Laufe seines Lebens viele Anerkennungen und Auszeichnungen, u. a. war er im Jahre 1883 Vorsitzender der American Society of Mechanical Engineers. *Trans. ASME 38 (1916) S. 1347.* Wi.

LEBLANC, Nicolas, geb. 6. Dez. 1742 zu Troy-le-Pré (Cher), gest. 16. Jan. 1806 in St. Denis, wurde als Sohn einer wenig begüterten Familie geboren, studierte 1759 in Paris Chemie und Medizin und war seit 1780 Hausarzt der Familie des Herzogs von Orléans. Hierbei befaßte er sich mit chemischen Untersuchungen und unterbreitete 1786 der Akademie der Wissenschaften ein Werk über Kristallisation, das auf Empfehlung der Akademie auf Staatskosten gedruckt wurde. Ferner bewarb er sich um den Preis von 2400 Pfund, den die Akademie 1780 für Erfindung eines Verfahrens zur Darstellung künstlicher Soda aussetzte. Bis dahin war für die Seifen- und Glasfabrikation nur Soda aus der Asche von Meerpflanzen und Pottasche benutzt worden, die bei wachsender Nachfrage immer teurer wurden. Der ausgesetzte Preis wurde nie erteilt, weil die Wirren der Revolution den Erfinder um seinen Lohn brachten. Malherbes, der erste Bewerber, hatte Kochsalz mit Schwefelsäure in Natriumsulfat übergeführt und dieses mit Kohle und Eisen geglüht. Er erhielt so als Zwischenprodukt Schwefelnatrium, das durch Abgabe seines Schwefels an Eisen z. T. in Natronlauge überging, die er als Soda ansprach. De la Méthérie machte den Vorschlag, das nach Malherbes Angaben hergestellte Schwefelnatrium mit Essigsäure in das Azetat überzuführen und dieses durch Glühen in Soda zu verwandeln. Leblanc arbeitete 1787 zusammen mit Dizé, dem Assistenten des Chemikers d'Arcet, an der Vervollkommnung des Verfahrens von Malherbes. Der Erfolg trat ein, als das Sulfat zusammen mit Kohle und Kreide geglüht wurde. Bei diesem Schmelzvorgang setzte sich das gebildete Schwefelnatrium mit der Kreide zu unlöslichem Schwefelkalzium und der löslichen Soda um. Sowohl Leblanc wie Dizé sprachen sich das geistige Eigentum an dieser wichtigen Erfindung zu. Auf jeden Fall gebührt aber Leblanc das Verdienst, sofort den Herzog von Orléans für die Gründung einer Fabrik zur Ausbeutung der Erfindung gewonnen zu haben. Er erhielt auch 1791 ein Patent darauf. Er gilt deshalb mit Recht als der Gründer der anorganischen Großindustrie. Die Akademie entschied 1856 auf Vorschlag von Dumas, daß Leblanc auf Grund der Gründungsakten als alleiniger Erfinder gelten müsse.

Die in Maison-de-Seine bei St. Denis gegründete Fabrik erzeugte täglich 250 bis 300 kg Soda. Das bei der Natriumsulfatgewinnung erzeugte Salzsäuregas wurde mit Salmiakgeist zu Salmiaksalz verarbeitet, das durch Sublimation gereinigt wurde. Nach der Hinrichtung des Herzogs von Orléans 1793 wurde die Erfindung vom Staat beschlagnahmt und die Fabrik geschlossen. Leblanc wurde ungenügend entschädigt und setzte vergeblich seine letzten Kräfte und Geldmittel daran, wieder in den Besitz seiner Rechte zu gelangen. Er endete 1806 in St. Denis durch eigene Hand. *Comptes rendus de l'Acad. des Sciences 42 (1856) S. 553; Nouv. Biogr. 30 S. 94; Lunge, Sodaindustrie (3. Aufl.) 2 S. 418.* Sa.

LEBON, Philippe, geb. 29. März 1769 in Bruchay (Haute-Marne), gest. 2. Dez. 1804 in Paris. Lebon erhielt den ersten Unterricht auf der Schule seines Heimatortes und kam später zu seiner weiteren Ausbildung nach Paris. Seine besondere Begabung und sein großer Fleiß förderten seine Studien so, daß er bereits mit zwanzig Jahren zum Bauingenieur ernannt wurde; er betätigte sich anfangs in Angoulême, dann in Paris. 1797 begann er seine Versuche, durch Verkokung des Holzes Gas zu gewinnen. Freunden gegenüber äußerte er sich schon früh über die nach seiner Meinung ungeheure Tragweite seiner Erfindung, er sprach von der Benutzung des Gases als künstliches Beleuchtungsmittel, als Heizmittel, als Erzeuger von mechanischer Kraft, sowie von der vielseitigen Verwendung aller bei der Gaserzeugung entstehenden Nebenprodukte. Angeregt durch die Mitglieder der Akademie Fourcroy und Prony, brachte Lebon seinen Apparat, den er in seiner Wohnung hatte, in das Hotel Seigneley in die Rue St. Dominique St. Germain, erleuchtete die Zimmer und den Garten und zeigte diese neue Beleuchtungsweise alle 10 Tage gegen ein Eintrittsgeld von 3 Frs. dem Publikum. Er eröffnete eine Subskription auf seine „Thermolmape" und versprach, bei Bestellung von wenigstens zweihundert seiner Apparate zum Gesamtbetrage von etwa zehntausend Pfund seine Geheimnisse der Öffentlichkeit zu übergeben. Aus diesem Grunde unterließ er es auch, in seiner Schrift eine genaue Zeichnung und Beschreibung seines Apparates zu geben. Diese Subskription schlug jedoch fehl, da man die Sache allgemein als eine physikalische Spielerei betrachtete. Lebon begann nun, auf den Wert der niederschlagenden Nebenprodukte aufmerksam zu machen, und legte selbst eine Holzessigfabrik in Versailles an. Im August 1803 erhielt er die Erlaubnis, aus den Wäldern von Bouvray täglich eine Anzahl Kiefern zu schlagen, um sie für seine Zwecke (Gewinnung von Holzessig in großen Mengen, Teer und Holzkohle) nutzbar zu machen. Der Erfolg war so groß, daß die russischen Fürsten Galitzin und Dolguruki ihn aufforderten, sein Verfahren auf ihren Gütern in Rußland einzuführen. Lebon lehnte dieses Anerbieten jedoch mit der Erklärung, daß die Erfindung seinem Vaterland gehöre und dieses allein auch die Vorteile genießen solle, entschieden ab.

Während der Vorbereitungen zur Kaiserkrönung als Ingenieur nach Paris berufen, wurde Lebon am Krönungsmorgen von unbekannter Hand erstochen in den Elyseeischen Feldern aufgefunden. *Blochmann: Beitr. z. Gesch. d. Gasbeleuchtung (Dresden 1871) S. 24; Nouv. Biogr. 30 (1859) S. 105.* Ca.

LEDEBUR, Adolf, geb. 11. Jan. 1837 in Blankenburg a. Harz, gest. 7. Juni 1906 in Freiberg (Sa.), der Sohn des Postmeisters Christian Ledebur, besuchte das Blankenburger Gymnasium und verließ die Anstalt, um sich dem Studium der Eisenhüttenkunde und dem braunschweigischen Staatsdienst zu widmen. Da er fühlte, daß die auf dem Gymnasium erworbene Bildung für seine Zwecke nicht ausreiche, so benutzte er ein Jahr unfreiwilliger Muße, um sich in der Mathematik und im technischen Zeichnen weiter auszubilden. Er bestand nach pflichtmäßiger Erledigung der praktischen Arbeitszeit 1855 das Elevenexamen und bezog im Oktober das Collegium Carolinum in Braunschweig, die jetzige Technische Hochschule. Hier hörte er die Vorlesungen über Chemie von Prof. Dr. Otto. Im Jahre 1858 beschloß Ledebur sein Hochschulstudium, erledigte dann den zweiten Abschnitt seiner praktischen Lehrzeit auf dem Werke „Rübeland" und bestand im Mai 1862 das Hüttenoffiziantenexamen. Da sein Vater bereits vor einigen Jahren gestorben war, so kehrte Ledebur, um rascher vorwärts zu kommen, dem Staatsdienst den Rücken und erhielt auf der Gräfl. Wernigeroder Eisenhütte zu Ilsenburg im Harz eine Stelle als Hüttenaspirant. 1869 übernahm er die Gießereileitung bei den Schwartzkopffschen Werken in Berlin. 1871 war er auf dem Hochofen- und Gießereibetrieb in Gröditz, wo er sich namentlich mit dem Temperguß, als praktischer Neuerscheinung, befaßte.

Seine ersten im Jahre 1868 in der Berg- und Hüttenmännischen Zeitschrift veröffentlichten Arbeiten ließen das inzwischen herangereifte Verständnis für fachtechnische Fragen erkennen. Den wissenschaftlichen Gewinn aus seiner bisherigen Tätigkeit hat Ledebur in seinem ersten 1872 erschienenen Buch „Das Roheisen" niedergelegt. Später folgte das „Vollständige Handbuch der Eisen- und Stahlgießerei" und das „Handbuch der Eisenhüttenkunde", ein bahnbrechendes Werk, das die uneingeschränkte Anerkennung der gesamten zeitgenössischen Fachwelt gefunden hat. Infolge seiner rasch bekanntgewordenen Bedeutung erhielt er am 1. Dez. 1874 einen Ruf an die Bergakademie Freiberg i. Sa., dem er am 31. März 1875 folgte. Diesen Platz hat er 31 Jahre hindurch bis zu seinem Tode am 7. Juni 1906 ausgefüllt. Im Jahre 1877 begann das „Lehrbuch der mechanisch-metallurgischen Technologie" zu erscheinen. Später folgte außer den bereits genannten Werken u. a. der „Leitfaden für Eisenhüttenlaboratorien (1885), „Die Metalle, ihre Gewinnung und Verarbeitung" (1887), „Eisen und Stahl in ihrer Anwendung für bauliche und gewerbliche Zwecke" (1890) und die „Legierungen" (1890). Insgesamt umfaßt sein Lebenswerk 12 Buchwerke mit insgesamt 35 Auflagen und über 150 zum Teil sehr umfangreiche Einzelarbeiten. Ledebur hat einen erheblichen Anteil an dem Verdienst, das eisenhüttenmännische Wissen zur Wissenschaft erhoben zu haben. Seine Arbeiten zeichnen sich aus durch durchdringende Klarheit und Gedankenschärfe, scharfe Herausarbeitung des Wesentlichen und besondere Umsicht, Übersicht und Genauigkeit bei der Darstellung seiner eigenen Versuche. *E. Leber: A. Ledebur (Düsseldorf 1912); St. u. E. 26 (1906) S. 769; Z 50 (1906) S. 1125.* Gr.

LEIBBRAND, Carl von, geb. 11. Nov. 1839 in Ludwigsburg, gest. 14. März 1898 in Stuttgart. Leibbrands Vater war Inhaber eines Offiziersausstattungsgeschäftes in Ludwigsburg. Der Sohn besuchte die dortige Realschule, anschließend das Polytechnikum in Stuttgart, wo er 1865 die zweite Staatsprüfung im Baufach mit Auszeichnung bestand. Eine Studienreise führte ihn 1864 nach Belgien und Holland, 1867 nach Paris und London. Nach seiner 1866 erfolgten Ernennung zum Straßenbauinspektor in Oberndorf durchmaß er in verhältnismäßig kurzer Zeit die üblichen Rangstufen; anläßlich der Vollendung der König-Carl-Brücke bei Cannstatt wurde ihm der Titel und Rang eines Präsidenten der Ministerialabteilung für Straßen- und Wasserbau verliehen. Durch weitgehende Anwendung der Dampfwalze verbesserte Leibbrand die Unterhaltung der Staatsstraßen sehr wesentlich. Sein ganz besonderes Verdienst lag jedoch auf dem Gebiet des Brückenbaues. Es gelang ihm, Steinbrücken mit dem gleichen Kostenaufwand wie eiserne zu erbauen; ferner benutzte er als erster Beton für Brücken mit größerer Spannweite. 1893 vollendete Leibbrand die erste große Betonbrücke mit eisernen Kämpfern und Scheitelgelenken; es war die 50 m Spannweite aufweisende Donaubrücke bei Munkerdingen, deren Bau im In- und Ausland große Anerkennung fand und Leibbrand den Telford-Preis der Institution of Civil Engineers eintrug. Noch eine bedeutende Zahl gleichartiger Brückenbauten sind Zeugen seiner gründlichen Arbeit und seines genialen Schaffens. Auch als Preisrichter bei Wettbewerben für Brückenbauten wurde er häufig herangezogen. Schriftstellerisch trat Leibbrand mit verschiedenen wissenschaftlichen Abhandlungen in Fachzeitschriften hervor. Seine praktische Tätigkeit in der sonstigen Architektur beschränkte sich auf einige Gebäude in der kleinen Schwarzwaldstadt Schramberg. Von 1876 bis 1894 vertrat Leibbrand das Oberamt Obendorf in der württembergischen Abgeordnetenkammer, wo er außerdem viele Jahre Referent für die Eisenbahnen und das staatliche Bauwesen war. Der persönliche Adel wurde ihm mit der Auszeichnung des Ehrenkreuzes des württembergischen Kronordens verliehen. Er starb nach siebenmonatigem Krankenlager im Alter von 59 Jahren. *Biogr. Jahrb. 3 (1898) S. 198.* Ca.

LEIBNIZ, Gottfried Wilhelm Freiherr von, geb. 1. Juli 1646 in Leipzig, gest. 14. Nov. 1716 in Hannover. Leibniz studierte 1661 an der Universität Leipzig die Rechtswissenschaften, widmete sich aber mit Vorliebe philosophischen Studien. Schon 1663 veröffentlichte er eine Abhandlung „De principio individui". Nachdem er seine Studien vollendet und in Altdorf promoviert hatte, — die Universität seiner Vaterstadt wies ihn bei seiner Bewerbung um die juristische Doktorwürde wegen zu großer Jugend ab — wurde ihm durch den Baron von Boineburg der Eintritt in die diplomatische Laufbahn ermöglicht. So kam er 1672 mit einer Gesandtschaft nach Paris an den Hof Ludwigs XIV. und lernte hier u. a. auch den berühmten holländischen Mathematiker und Physiker Huygens kennen. Diese Bekanntschaft und ein kurzer Aufenthalt in London waren für seine wissenschaftliche Tätigkeit von entscheidender Bedeutung: die Anregungen, die er erhielt, veranlaßten ihn zur Wiederaufnahme seiner mathematischen Studien.

Im Jahre 1676 wurde Leibniz vom Herzog von Hannover als Rat, Bibliothekar und Geschichtschreiber des Fürstenhauses an dessen Hof berufen. Die Jahre, die er hier verbrachte, waren wohl die fruchtbarsten seiner Erfindertätigkeit. Viel beschäftigte er sich mit optischen und akustischen Fragen, und es ist sein Verdienst, die Art der Bewegung der Luft bei der Übertragung des Schalles selbständig gefunden und als erster völlig klargestellt zu haben. Eingehender noch als mit physikalischen Fragen hat sich Leibniz mit mathematischen Arbeiten befaßt. Unabhängig von Newton und sogar früher als dieser fand er die Infinitesimalrechnung, deren Entdeckung ihn aber in einen unerquicklichen Prioritätsstreit mit den Anhängern Newtons verwickelte. Auch auf dem Gebiet der theoretischen Mechanik ist Leibniz tätig gewesen, und man kann ihn als Begründer der Energetik ansprechen, da er zuerst klar ausgesprochen hat, daß bei Umwandlungen der verschiedenen Energieformen Verlust und Ersatz stets gleichwertig sind. Als ihm die Versuche Papins, die zur Erfindung der atmosphärischen Dampfmaschine führten, bekannt wurden, machte er Vorschläge für die Selbststeuerung der Maschine und für die Ausnutzung der im Abdampf enthaltenen Wärme. Er war jedoch nicht in der Lage, diese Erfindungen auszuführen. In den Jahren 1683/84 unternahm er Versuche mit Pumpen, die durch Windmühlen getrieben wurden, um das Grubenwasser aus den Bergwerken zu entfernen. Doch traten bei der Durchführung des Planes so große Schwierigkeiten auf, daß die Arbeiten schließlich eingestellt wurden.

Im Jahre 1700 wurde durch seinen Einfluß die Akademie der Wissenschaften in Berlin gegründet, deren erster Präsident er wurde. Kaiser Karl VI. ernannte ihn zum Freiherrn und Reichshofrat.

Sein philosophisches System hat Leibniz in der sogenannten „Monadologie" sowie in den für den Prinzen Eugen von Savoyen geschriebenen „Principes de la nature et de la Grâce" niedergelegt. *Z 53 (1909) S. 1307; ADB 18 (1883) S. 172; Gerhard: Gesch. d. Mathematik in Deutschland. (München 1877).* Cr.

LENOIR, Jean Joseph Etienne, geb. 12. Jan. 1822 in Mussy-la-Ville (Luxemburg), gest. 7. Aug. 1900 in La Varenne. Als Lenoir 1838 nach Paris kam, verfügte er weder über Geldmittel, noch hatte er eine Vorbildung irgendwelcher Art oder Aussicht, in einen bestimmten Beruf hineinzukommen. Er versuchte zuerst, sich als Kellner sein Brot zu verdienen, dann wurde er Emailleur und entdeckte 1840 eine Herstellungsart für weiße Emaille. Vier Jahre später gelang es ihm, ein galvanoplastisches Verfahren für Rundarbeiten ausfindig zu machen. Am bekanntesten geworden ist der Name Lenoirs durch die Konstruktion der nach ihm benannten ersten brauchbaren Gasmaschine. Es war eine doppelt wirkende Maschine ohne Kompression mit elektrischer Funkenzündung. Die Maschine nach Lenoirs Patent wurde 1860 ausgeführt. Trotz des hohen Gasverbrauches waren diese Lenoirschen Maschinen wegen ihres geräuschlosen Ganges noch lange nach Erfindung der atmosphärischen Gasmaschine durch Langen und Otto im Gebrauch. Außer dieser seiner bedeutendsten Erfindung seien hier u. a. noch seine Konstruktionen der elektrischen Bremse, des elektrischen Motors, Wasserzählers, des Reglers für Dynamos und ein selbstschreibender Telegraph genannt. Lenoir veröffentlichte eine Abhandlung „Recherches sur le tannage des cuirs par l'ozone", Paris 1880. Um sich während der Belagerung von Paris Frankreich zur Verfügung stellen zu können, ließ er sich 1870 dort naturalisieren. *Gr. Enc. 22 S. 11; Schw. Bauz. 26 (1900) S. 108; Hist. méc. S. 123.* Ca.

LEONARDO DA VINCI, geb. 1452 in Vinci b. Empoli, gest. 2. Mai 1519 im Schloß Clos-Lucé b. Amboise. Einer der größten Künstler des Mittelalters, ist er den meisten nur als Maler und Bildhauer, vielleicht auch als Architekt bekannt. Sein „Abendmahl" im Refektorium der Dominikaner von Santa Maria delle Grazie und die „Mona Lisa del Giocundo" sind in aller Munde; von dem leider durch französische Soldaten zerstörten Modell eines Reiterstandbildes des Herzogs Francesco Sforza weiß man, daß es als Wunderwerk in Mailand angestaunt wurde. Auch daß Leonardo als Architekt am Mailänder Dom mitgearbeitet hat, kann man gelegentlich hören. Ein großer Teil des Ruhmes gehört aber neben dem Künstler auch dem Techniker. Leonardo da Vinci hat eine große Anzahl von Schriften verfaßt, in denen er seine technischen Erfindungen und Entwürfe niedergelegt und an Hand von Skizzen erläutert hat. Leider ist nur ein Teil dieser Schriften erhalten, und zwar etwa 5300 Blatt, von denen 1222 in dem Codice Atlantico zusammengefaßt sind, der in der Ambrosianischen Bibliothek in Mailand aufbewahrt wird. 12 andere Bände mit 2200 Blatt sind im Institut von Frankreich in Paris, der Rest ist u. a. in London, Mailand, Rom und Venedig. Das technisch Wichtigste aus ihnen hat Th. Beck in seinen „Beiträgen zur Geschichte des Maschinenbaus" (Berlin 1899) herausgezogen und mit schematisch gehaltenen Figuren nach den manchmal recht undeutlichen Handzeichnungen Leonardos versehen. Schon ein flüchtiges Durchblättern dieser Abhandlungen zeigt die erstaunliche Vielseitigkeit des Meisters. In fast alle Gebiete der damaligen Technik ist er eingedrungen, von den Maschinenelementen angefangen bis zur verwickelten Spinnmaschine, von der Schraubzwinge und dem Bratenwender bis zum großen Schleudergeschütz und zur Dampfkanone. Von dem Perpetuum mobile finden wir bei ihm verschiedene Ausführungsformen gezeichnet und beschrieben, was an der Schwelle des 16. Jahrhunderts, also zu einer Zeit, da die wissenschaftliche Mechanik seit Archimedes noch ihren Dornröschenschlaf schlief, nicht verwunderlich ist. Aber Leonardo hat die Unmöglichkeit seiner Ausführung klar erkannt, denn wiederholt spricht er von „leeren Chimären", die diese Erfinder geschaffen haben, und weist sie zu den Alchimisten. So dürfen wir diese Abbildungen lediglich als für Leonardo reizvolle mechanische Studien, nicht als ernsthafte Vorschläge betrachten. Auch hierin war er seiner Zeit weit voraus. Leonardo beschreibt nicht nur seine Erfindungen, sondern er sucht auch in ihre Theorie einzudringen, soweit seine Hilfsmittel ihm das gestatten. — Wenn auch seine theoretischen Schriften über die Bewegung, über den Stoß, über die Schwere und das Kraftmoment verloren gegangen sind, so lassen sich doch aus den erhaltenen Handschriften Rückschlüsse über sein umfangreiches Wissen, namentlich auf dem Gebiete der Mechanik ziehen. So macht er einmal Andeutungen über die Zunahme der Fallgeschwindigkeit in arithmetischer Steigerung, aus denen zu entnehmen ist, daß ihm die Fallgesetze, die erst 100 Jahre später Galilei aufstellte, schon im wesentlichen bekannt sein mußten. Hat er doch selbst die reine Mechanik als das „Paradies der Wissenschaften" bezeichnet und damit angedeutet, nicht nur wie hoch er die exakten Wissenschaften schätzte, sondern auch welchen Eindruck sie auf seine Künstlerseele gemacht haben. Wie er ganz von naturwissenschaftlichem Denken durchdrungen war, geht auch daraus hervor, daß er der Malerei die sicheren anatomischen Grundlagen gegeben und Beleuchtung und Perspektive genau studiert hat. Die Anschauung war ihm das Höchste, und selbst als die feige Volksmenge auf ihn eindringt, betrachtet er noch kalten Blutes mit dem Auge des Künstlers und Seelenforschers die Gesichtszüge der Einzelnen. Seine Untersuchungen über den Vogelflug und die Entwürfe zu Flügeln, Flugapparaten und Fallschirmen zeigen uns den scharfen Beobachter und geschickten Konstrukteur. Im historischen Roman: Leonardo da Vinci von Mereschkowski (Berlin 1918) werden uns gerade diese erfinderische Tätigkeit, seine Beobachtungsgabe und sein anschauliches Denken trefflich geschildert.

Der Meister wurde im Gebiete von Florenz geboren als Sohn eines Notars und Advokaten, während seine Mutter aus bäuerlichen Kreisen stammte. Schon früh beschäftigte er sich mit der Musik und mit Zeichnen. Seine Skizzen gefielen dem großen Florentiner Meister Verrochio so, daß er den jungen Leonardo zu sich nahm und ihn in Gold- und Silberschmiede- und in der Bronzegußkunst unterrichtete. Dadurch wurde Leonardo zu mathematischen und mechanischen Studien und zum Experimentieren angeregt. 1884 berief ihn der Herzog Lodovico il Moro nach Mailand, wo er in dessen Diensten eine umfangreiche Tätigkeit entwickelte, u. a. auch den Martesanakanal baute und am Mailänder

Dom mithalf. Hier entstanden seine Hauptkunstwerke, vor allem 1489 das „Abendmahl". Nach dem Sturz des Hauses Sforza durch Louis XII. verläßt er Mailand, ist erst in Venedig, dann bei Cesare Borgia als Kriegs- und Festungsingenieur tätig. 1507 nach Mailand zurückgekehrt, unternimmt er dort große Wasserbauten, bohrt Quellen, beschäftigt sich mit Berieselungen, baut das Bassin von St. Cristoforo und wirkt wieder am Martesanakanal. Ein Aufenthalt in Rom führt zu Streitigkeiten mit dem jungen Rafael und Michelangelo. Im Jahre 1515 begleitete er Franz I. nach Frankreich, der ihn als Hofmaler anstellte und ihm in Amboise ein Schloß anwies. Er starb daselbst 1519 im 67. Lebensjahre. *Gesch. Eis.; Feldhaus: Leonardo als Techniker und Erfinder (Jena 1913); Grothe: Leonardo als Ingenieur und Philosoph (Berlin 1874); Herzfeld: Leonardo als Denker, Forscher und Poet (Jena 1906); John W. Lieb: Leonardo Natural Philosopher and Engineer (New York 1921).* We.

LESSEPS, Ferdinand von, geb. 19. Nov. 1805 in Versailles, gest. 1894. Nach Absolvierung des Collège Henri Quatre in Paris widmete er sich dem juristischen Studium. Durch Fürsprache seines Onkels, der als Generalkonsul nach Lissabon ging, erhielt er dort einen Posten als unbesoldeter Vizekonsulatsaspirant, den er zwei Jahre bekleidete. Nach Paris zurückgekehrt, war er erst zwei Jahre in der Handelsabteilung des Ministeriums tätig, ging dann nach Tunis, wo sein Vater Generalkonsul war, und wurde schließlich im Jahre 1832 als Vizekonsul nach Alexandria versetzt. Während seiner Krankheit kam ihm die Denkschrift „Canal de deux mers" in die Hände, welche ihn auf die Wichtigkeit einer Verbindung des Roten Meeres mit dem Mittelländischen Meer aufmerksam machte. Doch ließ er ihn der in der Schrift ausgesprochene Irrtum, daß der Spiegel des Roten Meeres 9,908 m über dem des Mittelmeeres läge, noch nicht ernstlich an eine Verbindung der beiden Meere denken. Als Lesseps nach verschiedenen diplomatischen Stellungen aus dem Staatsdienst ausschied, befaßte er sich wieder mit dem Plan des Suezkanals. Said Pascha, dessen Erzieher Lesseps gewesen war, sicherte ihm, nachdem er Vizekönig geworden war, seine Unterstützung zu, und dank seiner guten Verbindungen erhielt Lesseps die Konzession zum Bau und Betrieb des Kanals auf 99 Jahre. An den technischen Arbeiten des Kanals hat Lesseps kaum Anteil; hierfür ist besonders Negrelli zu nennen; Lesseps Bedeutung liegt mehr auf verkehrsgeschichtlichem Gebiete. Ein gutes Bild der neueren Forschung über die Entstehung des Suezkanals gibt Birks Biographie Negrellis.

In seinen letzten Lebensjahren beteiligte sich v. Lesseps noch an vielen Verkehrsprojekten, so an dem Plan einer teilweisen Unterwassersetzung der Sahara und dem Plan des Panamakanals. *Beitr. 13 (1923) S. 17; Birk: A. v. Negrelli (Wien 1925).* Cr.

LEUPOLD, Jacob, geb. 25. Juli 1674 in Planitz bei Zwickau, gest. 12. Jan. 1727 in Leipzig, berühmter Mechaniker, bekannt vor allem als Verfasser des „Theatrum machinarum", des umfangreichsten älteren Lehrbuches des Maschinen- und Instrumentenbaues. Sein Vater, Georg Leopold, war ein Mann, der sich ohne besondere Anleitung durch eigenes Geschick große Fertigkeit in Tischler-, Drechsler-, Bildhauer- und Uhrmacherarbeiten erworben hatte. Den Sohn bestimmte er auch für das Handwerk. Die Unterweisung in der Tischlerei und Drechslerei, in der es der Lehrling schon ziemlich weit gebracht hatte, mußte jedoch wegen seines schwächlichen Körpers aufgegeben werden. Der Vater gab nunmehr der auf das Studium gerichteten Neigung des Sohnes nach und ließ ihn auf der Zwickauer Schule unterrichten. Von da ging Leupold zunächst nach Jena, um den berühmten Mathematiker Erhard Weigel zu hören, mußte aber wegen Mangel an Unterhaltmitteln Jena mit Wittenberg vertauschen. Hier hörte er theologische und philosophische Vorlesungen und fand in dem Professor der Mathematik Martin Knorren einen Gönner, der ihm freien Zutritt und den Gebrauch seiner Bibliothek gestattete. Durch deren Benutzung machte sich Leupold in kurzer Zeit mit den Hauptlehren der Mathematik bekannt. Seine Absicht, die Theologie zu seinem Lebensberuf zu machen, gab er aber vorläufig nicht auf. Da ihm in Wittenberg die Mittel zu seinem Unterhalt ausgingen, er auch weder durch Famulieren noch durch Erteilen von Unterricht etwas verdienen konnte, beschloß er, nach Hause zu gehen, es aber vorher, im Vertrauen auf Gottes Hilfe, noch einmal in Leipzig zu versuchen. Obwohl seine Barschaft ungefähr gleich Null war, ließ er sich 1696 an der Leipziger Universität immatrikulieren. In der Tat gelang es ihm, sich zu behaupten. Durch Rechen- und Schreibstunden an einige Schüler, durch Mathematikunterricht an Studenten und durch Unterweisung einiger Maurer und Zimmerleute in der „Civilbaukunst" verdiente er genug, um sich über Wasser zu halten und seine Kolleggelder zu bezahlen. Dieser Unterricht gab aber den Anlaß dazu, daß er von seinem ursprünglichen Lebensziel abgedrängt wurde. Er hatte nämlich, zunächst für den eigenen Unterrichtsgebrauch, einige Instrumente angefertigt, die so gut ausgefallen waren, daß sie die Aufmerksamkeit seiner Zuhörer und einiger anderer Personen erregten. Man riet ihm, die Theologie an den Nagel zu hängen und sich ganz den mathematischen und mechanischen Wissenschaften zu widmen. Seine anfänglichen Gewissensbedenken wußte der Lizentiat Seeligmann niederzuschlagen, indem er ihm sagte, „Leipzig habe Prediger genug, aber keine Künstler, deren Wissenschaft auf mathematischen und physikalischen Gründen beruhete". Leupold faßte deshalb einen herzhaften Entschluß und eröffnete 1699 in Leipzig eine Mechanikerwerkstätte. Da es ihm aber zunächst an dem nötigen Kapital fehlte, um seine Existenz ausschließlich darauf zu gründen, nahm er 1701, nachdem er im Jahre vorher die Tochter eines Fahnen- und Waffenschmiedes aus Lucca geheiratet hatte, die ihm angebotene Stelle eines Ökonomen am Leipziger Lazarett an, die ihm Muße genug zur Fortsetzung seiner Mechanikertätigkeit ließ. 1704 wurde seine an sich schwache Gesundheit durch eine schwere Krankheit bedroht, die längere Zeit sein Gedächtnis außerordentlich schwächte und zum fast völligen Verlust des Gehörs führte. Den noch immer fortgesetzten Mathematikunterricht mußte er von da an aufgeben. 1705 vollendete er seine erste verbesserte Luftpumpe, die er in seiner Erstlingsschrift „Deutliche Beschreibung der so genannten Luft-Pumpe" (Leipzig 1707, mit 2 Fortsetzungen 1712 und 1715) beschrieb. 1712 brachte er die erste zweistiefelige Luftpumpe heraus, noch bevor die von dem Engländer Hawksbee erfundene nach Deutschland gekommen war. Bis 1726 stellte er 30 Luftpumpen her, von denen sich ein schönes Exemplar aus dem Jahre 1708 im Mathematisch-Physikalischen Salon in Dresden, ein anderes, die berühmte 1718 für den Physiker Wolf verfertigte Luftpumpe, im Besitze der Universität Marburg befindet. Auch an der Feuerspritze brachte er Verbesserungen an, die er in einer besonderen Schrift bekannt gab. 1713 starb seine erste Frau. Im folgenden Jahre gab er die Stelle am Lazarett auf und eröffnete auf dem Neukirchhof ein „Mechanisches Laboratorium". Zugleich gab er den Plan seines großen Werkes „Theatrum machinarum" zur allgemeinen Kenntnis. 1715 verheiratete er sich zum zweiten Male. Im gleichen Jahre ließ er sich noch einmal an der Universität immatrikulieren. Inzwischen hatte sich der Ruf seines Wissens und Könnens derartig verbreitet, daß ihn die „Kgl. Societät der Wissenschaften" in Berlin 1715 zu ihrem auswärtigen Mitgliede ernannte. Außerdem erhielt er den Titel eines Kgl. Preußischen „Commercien-Rathes". Auch die Kgl. Sächsische Societät der Wissenschaften und die Accademia dell'onore Letterario in Forli verliehen ihm die Mitgliedschaft. Von seinen technischen Leistungen ist noch bemerkenswert die im Jahre 1718 fertiggestellte „Heuwage" in Leipzig, die größte bis dahin ausgeführte Wage für ganze beladene Fuhrwerke, die viel von sich reden machte und über die Leupold eine besondere Schrift veröffentlichte. Wohl als einer der ersten hat Leupold auch einen gedruckten Geschäftskatalog herausgegeben, den „Catalogus mancherley Machinen", der 1722 erschien. 1724 kam dann der Einleitungsband des „Theatrum machinarum" heraus, dem bis 1739 sieben weitere Bände und ein Supplement folgten. 1725 ernannte ihn sein Landesherr, der König von Polen, für den er schon früher eine Luftpumpe gebaut hatte, zum „Kgl. Berg-Commissarius" in seinen sächsischen Landen und verlieh ihm zugleich den Titel eines Kgl. Rates. Leupold besuchte in der Folge auch mehrfach die Bergwerke des Landes und plante die Errichtung eines Bergmaschinenhauses im Oberbergamt. In seinen letzten Lebensjahren war er außer mit der Herausgabe seines großen Werkes, u. a. mit der Gründung eines „Gymnasium Metallo-Mechanicum" beschäftigt, in dem die Jugend in „Berg- und mechanischen Sachen" unterrichtet werden sollte. Während der Vorbereitungen hierzu ist er, nachdem schon eine darauf bezügliche Regierungsverordnung ergangen war, 1727 im Alter von 53 Jahren in Leipzig gestorben.

Leupolds Hauptwerk, das in deutscher Sprache verfaßte und nur mit einem lateinischen Obertitel versehene „Theatrum machinarum", erschien in den Jahren 1724 bis 1739 und hat den stattlichen Umfang von 1764 Seiten und 472 Kupfertafeln im Folioformat. Es ist eingeteilt in 8 Bände nebst Supplement und Generalregister als neuntem (Schluß-) Band. Davon erschienen zu Leupolds Lebzeiten 7 Bände, der achte unmittelbar nach seinem Tode, das Supplement erst 12 Jahre später. Ein von Leupold beabsichtigter, in der Vorrede zum „Theatrum pontificiale, oder Schauplatz der Brücken und Brückenbaus" angekündigter Band über die Bergwerksmaschinen ist nicht erschienen. Das Werk enthält eine umfassende, gemeinverständliche Darstellung des damaligen Maschinen-, Instrumenten-, Wasser- und Brückenbaues (u. a. auch die erste Behandlung der Dampfmaschinen in deutscher Sprache) und wendet sich nicht an „Gelehrte und erfahrene Mathematicos", sondern an „Künstler, Handwercker u. dergleichen Leuthe, die keine Sprachen noch andere Studia besitzen, keine Gelegenheit haben, daß sie sich Informatores u. anderer Hülffe bedienen, oder aus so vielen Schrifften das nöthige hervor suchen könnten, und dennoch dieser Fundamenten am allermeisten benöthiget sind, nicht etwa zur Curiosität, sondern weil sie würcklich solcher Machinen sich bedienen, ja dieselben bauen und brauchen müssen". An einer anderen Stelle empfiehlt er sein Werk den „Kunstmeistern, Bergleuten u. Kunst-Steigern, Architectis, Ingenieurs, Commissarien, Beamten, überhaupt allen Hauswirthen und Kunst-liebenden, absonderlich aber der Jugend, solcher ein Erkäntnis u. Fundament gar leychte beyzubringen sehr nützlich und nöthig". Bei der dürftigen technischen Literatur der damaligen Zeit war Leupolds großangelegtes, keineswegs als geistlose Kompilation auftretendes Werk eine literarische Tat ersten Ranges, die allgemeine Anerkennung fand. Es hat lange Zeit als führendes technisches Nachschlagewerk gegolten, und James Watt hielt z. B. Leupolds Ausführungen über die Dampfmaschine für wichtig genug, daß er sich daran gab, Deutsch zu lernen, um sie lesen zu können. *Joh. Heinr. Zedler: Großes vollständiges Universal-Lexikon, Bd. 17 (Halle u. Leipzig 1738) Sp. 659/61; Chr. G. Jöcher: Allgemeines Gelehrten-Lexicon. T. 2 (Leipzig 1750) Sp. 2406/08; Zeitschr. für Feinmechanik u. Präzision 32 (1924) S. 137/8; Neuer Zeitungen von Gelehrten Sachen des Jahres 1727, Erster Teil (Leipzig) S. 338.* Wa.

LIEBIG, Justus v., geb. 12. Mai 1803 in Darmstadt, gest. 18. April 1873 in München. Liebig war der Sohn eines Material- und Farbwarenhändlers und so von Jugend auf mit dem Gegenstand seiner späteren Lebensarbeit vertraut. Das Experimentieren in seiner Stube, bei dem ihm seine Geschicklichkeit im Bau von Apparaten zustatten kam, lag ihm mehr als der Unterricht im Gymnasium, auf dem er einer der schlechtesten Schüler war. Durch Gunst des Großherzogs wurde ihm die Benutzung der Hofbibliothek gestattet, die viele naturwissenschaftliche Werke enthielt. Von einem Jahrmarktkünstler erlernte er die Kunst, Knallsilber herzustellen, und erschreckte mit seinen Explosionen seine Angehörigen und seinen ersten Lehrmeister, einen Apotheker in Heppenheim. Er lernte in den 10 Monaten seines Aufenthaltes diesem seine Künste ab, mußte dann aber wegen seiner Knallsilberexplosionen die Stelle aufgeben. Zu Hause betrieb er Sprachstudien und bezog dann 1819 mit Hilfe eines Stipendiums des Großherzogs Ludwig I. die Universität Bonn, wo er bei Kastner chemische Vorlesungen hörte. Er folgte ihm auch nach Erlangen, erkannte hier aber, daß Kastner nicht imstande war, ihn in die methodische Forschung einzuweihen. In seine Erlanger Zeit fällt die für ihn bedeutsame Freundschaft mit dem Dichter Graf v. Platen und der Einfluß des Philosophen Schelling, dem sich Liebig erst nach zwei Jahren entreißen konnte, nachdem er erkannt hatte, daß die Spekulation das Experiment nicht ersetzen konnte. Er bestand 1822 das Doktorexamen auf Grund einer Arbeit über das Knallsilber.

Die erhoffte wissenschaftliche Ausbildung suchte und fand er in Paris, wo Forscher wie Gay-Lussac, Thénard, Chevreuil und Dulong wirkten. Er arbeitete hier bei Thénard wieder über das Knallsilber und erregte in der französischen Akademie das Interesse Alexanders v. Humboldt, der sich unter den Zuhörern befand. Von da an verband enge Freundschaft diese beiden Männer. Humboldt verschaffte Liebig den heiß ersehnten Zutritt zu Gay-Lussacs Laboratorium.

1824 entschloß er sich, in die Heimat zurückzukehren und selbständig weiterzuarbeiten. Auf Humboldts Empfehlung ernannte Großherzog Ludwig I. ihn zum außerordentlichen Professor an der Universität Gießen und stellte ihm ein altes Wachtlokal als Laboratorium zur Verfügung. Zwei Jahre später wurde er bereits ordentlicher Professor.

Dieses Laboratorium war die Wiege der deutschen chemischen Schule. Fast alle Chemiker der Folgezeit sind bei Liebig in die Lehre gegangen. Hier entstand eine Fülle von grundlegenden Arbeiten.

Er führte dort die Elementaranalyse in ihrer heute noch unveränderten Form ein und lehrte so die Zusammensetzung der organischen Körper ergründen. In Gemeinschaft mit Wöhler klärte er die Zusammensetzung der Cyansäure auf, die dieselbe empirische Zusammensetzung wie die Knallsäure hatte. Diese Entdeckung, die 1830 von Berzelius als Isomerie bezeichnet wurde, war von größter Bedeutung für die Entwicklung der organischen Chemie. Liebig und Wöhler stellten in einer anderen Arbeit über „Das Bittermandelöl und seine Abkömmlinge" die Theorie auf, daß ein sauerstoffhaltiger Verbindungskomplex, den sie Benzoyl nannten, darin vorkäme, der unverändert in andere Verbindungen eintreten konnte. Sie nannten solche Komplexe Radikale, und Liebig erkannte bald, daß die organische Chemie die Chemie der zusammengesetzten Radikale sei. In einer anderen, grundlegenden Arbeit stellte Liebig fest, daß es ein-, zwei- und dreibasische Säuren gibt und unterschied so zwischen Molekül- und Äquivalentgewicht von Substanzen. Mit dieser Arbeit verdrängte Liebig die alte, dualistische Auffassung, nach der alle Körper aus einem elektropositiven und einem elektronegativen Bestandteil bestehen. Jetzt war bewiesen, daß die Säuren Wasserstoffverbindungen sind, deren Wasserstoff durch Metall ersetzbar ist. Damit ist auch die alte Lavoisiersche Auffassung, daß Sauerstoff das säurebildende Element sei, endgültig aufgegeben.

Im Laufe seiner Arbeiten entdeckte Liebig zahlreiche Körper, von denen hier nur das Chloroform und das Chloral genannt sein mögen. Ferner entdeckte er bei der Oxydation von Alkohol den Aldehyd, dessen Reaktionsfähigkeit er erkannte. Von praktischen Folgen war diese Entdeckung dadurch, daß Liebig sie zur Versilberung von Spiegeln benutzte und so das schädliche Versilbern mit Quecksilber verdrängte.

Eine grundlegende Arbeit veröffentlichten Liebig und Wöhler über die Harnsäure. Sie legten darin die Beziehungen zwischen Harnstoff und Harnsäure fest. Ihre hierbei angewandte Methodik war maßgebend für alle späteren organisch-chemischen Arbeiten. Dieses Verfahren bildete den Übergang zu Liebigs physiologisch-chemischen Arbeiten.

Zehn Jahre hatte Liebig unter den ungünstigsten Umständen in Gießen gelehrt und gearbeitet. Er hatte in selbstloser Weise das Laboratorium aus seinen bescheidenen Mitteln ausgestattet, erhalten und die Hilfskräfte bezahlt. Diese Mißstände, das Übermaß an Arbeit und Entbehrungen warfen ihn 1834 aufs Krankenlager. Die hessische Regierung, die bisher seinen Vorstellungen gegenüber taub gewesen war, entschloß sich nun, dem bereits berühmten Chemiker, dem die Schüler von allen Seiten zuströmten, zu helfen, und gewährte ihm eine würdige Lebenshaltung und die erbetene Unterstützung für das Laboratorium.

Liebigs Interesse wandte sich in den folgenden Jahrzehnten mehr praktischen Fragen zu. Er eröffnete das neue Arbeitsfeld durch sein Werk „Die organische Chemie und ihre Anwendung auf Agrikultur und Physiologie" (1840). Liebig umriß in ihm zum ersten Male scharf den uns heute geläufigen Gedanken vom Kreislauf des Lebens. Er zeigte die Gleichheit von Tier- und Pflanzeneiweiß und wies nach, daß die Pflanzen ihren Körper aus Kohlensäure, Wasser und Ammoniak aufbauen, die dann als Kohlehydrat, Fett und Eiweiß in den Tierkörper übergehen. Dieser gibt sie, wieder in ihre Bestandteile zerlegt, an Luft und Boden zurück. Seine Eiweißarbeiten führten Liebig zu der Erfindung, die seinen Namen in weitesten Kreisen bekannt gemacht hat, zum Fleischextrakt. Es war einer der schönsten Augenblicke seines Lebens, als die erste Dose der südamerikanischen künstlichen Nahrung bei ihm eintraf. Ein anderer Erfolg dieser Arbeiten war die künstliche Kindernahrung, das Liebigsche Kindermehl. In dem oben erwähnten Buch ist auch zum erstenmal die Lehre von der Düngung der Pflanzen ausgesprochen worden. Liebig ist dadurch der Vater unserer Agrikulturchemie geworden.

Die zunehmende wissenschaftliche Tätigkeit ließ in Liebig den Wunsch aufkommen, die Lehrtätigkeit einzuschränken. Diesem Wunsche kam eine Berufung an die Universität München im Jahre 1851 entgegen, wo er von 1852 ab bis zu seinem Tode verblieb. Hier schuf er zur Veröffentlichung seiner und seiner Schüler Arbeiten die Zeitschrift „Annalen der Chemie". Das „Handwörterbuch der reinen und angewandten Chemie", das 1837 gemeinsam mit Poggendorff und Wöhler begründet wurde, war erst 1864 beendet. Von ebenso großer Bedeutung sind seine „Jahresberichte der Chemie", die mit Kopp zusammen herausgegeben wurden und ein unentbehrliches Hilfsmittel der Forschung sind. Dem Nichtchemiker gab Liebig in seinen „Chemischen Briefen" Aufklärung und Anregung. Neben dieser literarischen Tätigkeit ging seine unermüdliche Forschertätigkeit in der landwirtschaftlichen und physiologischen Chemie weiter bis zu seinem Lebensende.

Liebig war eine außerordentlich hinreißende Persönlichkeit, der Typus des romantischen Naturforschers: gewissenhaft in seinen Arbeiten, leidenschaftlich in der Vertretung dessen, was er als richtig erkannt hatte, edel und aufrichtig, ein begeisterter Lehrer und selbstlos, wo es galt, die Wissenschaft zu fördern. Von äußeren Ehrungen überhäuft, erntete er schon zu Lebzeiten unsterblichen Ruhm. *Chem. Z. 29 (1903) S. 477; Z. f. angew. Chem. 16 (1903) S. 460; ADB 18 S. 585; Gr. Männer S. 154.* Sa.

LILIENTHAL, Otto, geb. 23. Mai 1848 in Anklam, gest. 10. März 1896 bei Rhinow. In dem kleinen Städtchen Anklam verlebte Lilienthal seine Jugendjahre. Sein Vater, der als eine geistig sehr rege, schöpferische Natur beschrieben wird, vererbte dem Sohne neben diesen Gaben auch den kerngesunden kräftigen Körper, der ihm im harten Kampf ums Sein und im Überwinden der Naturgewalten stets sehr zustatten gekommen ist. Nach dem Tode des Vaters ernährte die Mutter durch Musikunterricht und durch den Betrieb eines Hutgeschäftes die Familie und ermöglichte so ihren beiden Söhnen den Besuch des Gymnasiums. Schon frühzeitig zeigte sich bei Otto und seinem Bruder Gustav der Hang zu der Forschung, die beide ihr ganzes Leben lang nicht mehr losgelassen hat: zu der Ergründung der Bedingungen des Segelfluges und zur Auswertung der Ergebnisse für den Menschen. Die sehr begabte Mutter, die trotz der Sorgen ums tägliche Brot, niemals den Sinn für weitgesteckte Ziele verloren hat, unterstützte diese Absichten. Auf dem Boden des Elternhauses entstand das erste Flugzeug. Auf eine flügelförmig geschnittene Leinwand nähten die kleinen Jungen mühselig Feder an Feder. Als 13- und 14jährige verfertigten sie dann aber schon Flugzeuge, die keine Spielerei mehr bedeuteten. Die wald- und wiesenreiche Umgebung von Anklam diente eingehenden Studien über den Flug der Vögel. Dabei war Otto Lilienthal keineswegs einseitig. So modellierte er mit 14 Jahren seinen eigenen Kopf und zeigte mit dieser Arbeit eine außerordentliche künstlerische Begabung. Aus geldlichen Gründen aber mußte der Plan, ihn Bildhauer werden zu lassen, aufgegeben werden. Er besuchte die Gewerbeschule in Potsdam und kam dort nach seinen eigenen Bemerkungen hoch „wie ein Korkstöpsel". Er legte das beste Examen ab, das je von einem Schüler der Anstalt gemacht worden ist. 1867 kam Lilienthal auf die Berliner Gewerbeakademie zum Studium der Mechanik. Da anfangs ein Stipendium nicht zu erreichen war, taten sich die beiden Brüder zusammen und wurden nach ihren eigenen Worten „wahre Virtuosen im billigen Leben". Im Norden Berlins hausten sie in einer Schlafstelle mit einem Droschkenkutscher zusammen. Auf Fürsprache von Professor Reuleaux erhielt Otto schließlich ein Stipendium von jährlich 300 Talern. Sogleich wurde auch wieder der Bau eines neuen Flugzeuges begonnen. — Lilienthal ist der flugtechnischen Forschung in seinem ganzen weiteren Leben unverändert treu geblieben. Stets hat er sie als seine Lebensaufgabe empfunden. Daneben hat er sich aber auch auf vielen Gebieten der gesamten Maschinentechnik mit großem Erfolg als genialer Erfinder und geschickter Konstrukteur erwiesen. Die von ihm konstruierten Kleinmotoren und der bekannte Lilienthal-Röhrenkessel, die die Dampfmaschine dem Kleingewerbe nutzbar machten und technische und wissenschaftliche Bedeutung erlangten, legen davon Zeugnis ab. Erwähnt sei auch, daß Lilienthal der Erfinder des bei der Jugend so beliebten Steinbaukastens ist. Als Zeichen seiner Vielseitigkeit ist neben seiner besonderen Liebe zur Musik, die er auch durch rege Ausübung dieser Kunst bewies, seine Beschäftigung mit dem Theater zu nennen. Er hat selbst ein Schauspiel geschrieben und für längere Zeit ein Theater übernommen. Seine starke soziale Einstellung, die ihn als einen der ersten in der eigenen Fabrik die Gewinnbeteiligung der Arbeiterschaft einführen ließ, hatte ferner den Gedanken in ihm wachgerufen, eine Volksbühne zu schaffen, die der sittlichen Hebung des Arbeiterstandes dienen sollte. Neben diesen hohen persönlichen Eigenschaften ist aber die strenge Wissenschaftlichkeit in der Forschungsarbeit das besondere Kennzeichen für Otto Lilienthal. Planmäßige Versuche, für die er später auch bedeutende Aufwendungen nicht gescheut hat, unterstützten seine Untersuchungen. Sein im Jahre 1889 erschienenes Buch „Der Vogelflug als Grundlage der Fliegekunst", sowie die Abhandlung „Die

Flugapparate, allgemeine Gesichtspunkte bei der Herstellung und Anwendung" (Berlin 1894) sind grundlegende Schriften für die Entwicklung des Flugzeugwesens geworden. Die Brüder Wright und ihr Vorgänger Chanute haben immer anerkannt, daß sie dem deutschen Forscher die Anregung zu ihren erfolgreichen Versuchen verdanken. Im Jahre 1894 ließ sich Lilienthal unter nicht unbedeutenden Kosten in Lichterfelde bei Berlin einen besonderen Hügel errichten, von dem aus er zahlreiche Gleitflüge unternommen hat. Aber auch diese genügten bald seinen Bedürfnissen nicht mehr. Er verlegte seine Versuche in die Stöllener Berge bei Rhinow in der Mark. Dort überschlug sich eines Tages bei böigem Wind in beträchtlicher Höhe der Apparat und sein Führer brach das Genick. „Opfer müssen gebracht werden" waren die letzten Worte dieses selbstlosen Wegbahners für die Entwicklung des Flugwesens. *Nach Mitt. d. Familie; Monatsblätter des Berliner Bezirksvereines deutscher Ingenieure (1914) S. 159; Z 40 (1896) S. 996; Erfinder S. 236; Nimführ: Leitfaden der Luftschiffahrt u. Flugtechnik (Wien u. Leipzig 1909) S. 158.* Bs.

LINDLEY, William G., Sir, geb. 7. Sept. 1808 in London, gest. 22. Mai 1900 in London. Obwohl Lindleys Heimat England ist, so liegt seine Lebensarbeit vorzugsweise in Deutschland, das um die Mitte des abgelaufenen Jahrhunderts, vor allem auf dem Gebiete des Gesundheitbauwesens, eine ganze Reihe englischer Ingenieure bei sich sah. Seinen Erfolg verdankt er zunächst dem großen Hamburger Brand im Mai 1842. Tagelang konnte man des immer weiter um sich greifenden Feuers nicht Herr werden, da griff Lindley zu dem Radikalmittel und sprengte zahlreiche Baulichkeiten und begrenzte hierdurch den Brandherd mit Erfolg. Seine nächsten Arbeiten galten der Aufstellung eines Bebauungsplanes für die zerstörten Stadtteile und zugleich des Planes einer die damalige ganze Stadt umfassenden Elbwasserleitung, vor allem zu dem Zweck, den beim Brand empfundenen Mangel an Löschwasser zu beseitigen. Schließlich sah er auch bei dem Wiederaufbau des in Asche gelegten Stadtteiles unterirdische Entwässerungsanlagen vor, die aber erst im Jahre 1853 auf das übrige Stadtgebiet ausgedehnt wurden. Neben diesen Arbeiten wurde er auch vom Hamburgischen Staat mit anderen Aufträgen betraut. Seine Arbeiten wurden zum Teil stark angefeindet. Schließlich siedelte er nach Frankfurt a. M. über, wo er 1863 zunächst als Mitglied an einer Kommission teilnahm, die die Grundzüge eines vollständigen Entwässerungsplanes für die ganze Stadt festlegen sollte. Die Ausarbeitung und Ausführung der Anlage wurde Lindley übertragen, an der er bis zum Jahre 1878 tätig war. Er zog sich nach Beendigung dieser Aufgabe aus dem Berufsleben zurück und verbrachte seinen Lebensabend in England, wo er im hohen Alter von 92 Jahren starb. Sein Sohn, H. W. Lindley, führte die Arbeiten der Entwässerung Frankfurts zu Ende. *Dt. Bauz. 34 (1900) S. 268; Schw. Bauz. 35 (1900) S. 230.* Wi.

LIST, Friedrich, geb. 6. Aug. 1789 in Reutlingen, gest. 30. Nov. 1846 bei Kufstein, ein hervorragender Volkswirt und Politiker, ausgezeichnet vor allem durch sein Wirken für die zollpolitische Einigung, die Industrie- und Verkehrsentwicklung Deutschlands. List stammte aus gut bürgerlichen Verhältnissen. Anfangs für das väterliche Weißgerberhandwerk bestimmt, ging er, da ihm hierfür jede Neigung fehlte, zum Verwaltungsfach über, in dem er, mit eisernem Fleiß an seiner Ausbildung arbeitend, rasch emporstieg und die Aufmerksamkeit der leitenden Männer erregte. Unter dem Reformministerium Wangenheim, dessen liberal-konstitutionelle Bestrebungen er gegenüber der altständischen Opposition journalistisch gewandt verteidigte, erhielt er 1817 in der neugegründeten staatswissenschaftlichen Fakultät der Universität Tübingen die Professur für Staatspraxis, mußte sie aber 1819 nach Wangenheims Sturz wieder aufgeben. Inzwischen hatte er auf einer Reise nach Göttingen in Frankfurt a. M. den „Deutschen Handels- und Gewerbeverein" gegründet, in dessen Organ er, zunächst ganz im freihändlerischen Sinne, die Beseitigung der deutschen Binnenzölle verfocht. Zugleich wirkte er auf mannigfachen Reisen persönlich für diese Ideen. In seiner Heimat trat er als Abgeordneter Reutlingens in die Ständekammer, wurde aber infolge eines von ihm verfaßten Gesuches der Reutlinger Bürger, in der er die von ihm, wie vom Freiherrn v. Stein, aufs innigste gehaßte Bürokratie scharf angriff, in Untersuchung gezogen, seines Mandates enthoben und 1822 zu zehnmonatiger Festungshaft verurteilt, der er sich durch die Flucht entzog. 1824 kehrte er nach Württemberg zurück, verbüßte einen Teil der Strafe auf dem Hohenasperg und wurde anfangs 1825 gegen das Versprechen der Auswanderung nach Amerika aus der Haft entlassen. Mit seiner Ankunft in New York beginnt für List ein neuer bedeutungsvoller Lebensabschnitt. In der frischen Luft des sich nach allen Seiten dehnenden und reckenden amerikanischen Staats- und Wirtschaftslebens gewann er den reichen Schatz lebensvoller Anschauungen und Gedanken, die seiner enthusiastisch angelegten Natur den hinreißenden, überzeugungssicheren Schwung gaben, wie ihn sein späteres Wirken zeigt. Vor allem ging ihm die Bedeutung der damals noch in den ersten Anfängen stehenden Eisenbahnen für die Entwicklung der nationalen Wirtschaft auf und erweckte in ihm den sehnlichsten Wunsch, die Wohltaten dieses neuen Verkehrsmittels auch seinem Vaterlande zuteil werden zu lassen. Denn trotz der schlechten Behandlung, die er in der Heimat erfahren hatte, lag, wie er 1828 in sein Tagebuch schrieb, im Hintergrund all seiner Pläne Deutschland. Mitten in der Wildnis der blauen Berge Pennsylvaniens träumte er von einem deutschen Eisenbahnsystem, durch das die von ihm geforderte Handelsvereinigung erst in volle Wirksamkeit treten könne. Nachdem er durch glückliche Umstände zu Vermögen gekommen war, kehrte er daher 1832 nach Europa zurück und begann nach einem kürzeren Aufenthalt in Frankreich seit 1833 von Leipzig, „der Herzkammer des deutschen Binnenverkehrs", aus eine großartige schriftstellerische und agitatorische Wirksamkeit für die Errichtung eines „deutschen Nationaltransportsystems". Nebenbei gab er mit Rotteck und Welcker das bekannte „Staatslexikon" heraus, das lange Zeit als die politische Bibel namentlich des süddeutschen Liberalismus galt. 1833 erschien dann in Leipzig seine berühmte Schrift „Über ein sächsisches Eisenbahnsystem als Grundlage eines allgemeinen deutschen Eisenbahnsystems", die einen Markstein in der Geschichte der deutschen Verkehrsentwicklung bedeutet. In einer Zeit, wo niemand an zusammenhängende Bahnlinien zwischen den deutschen Hauptplätzen dachte, entwarf List in genialer Voraussicht des Kommenden ein ganzes, volkswirtschaftlich aufs eingehendste begründetes System von Eisenbahnen, das er als den mächtigsten Hebel zur Förderung des Nationalwohlstandes und der Zivilisation nach allen ihren Verzweigungen bezeichnete. Zur Verbreitung seiner Ideen gab er 1835 bis 1837 das „Eisenbahn-Journal und National-Magazin für die Fortschritte in Handel, Gewerbe und Ackerbau" heraus. Seine praktischen Erfolge waren freilich zunächst gering. Die von ihm angeregte Bahnverbindung zwischen Leipzig und Dresden wurde zwar gebaut, brachte ihm aber nicht den erwarteten und seinem Verdienst angemessenen materiellen Lohn. Da auch sein in Amerika erworbenes Vermögen zur Neige ging, kam er mehr und mehr in eine schwierige Lage. Er begann nun ein unstetes Wanderleben, bei dem er im wesentlichen auf die Erträgnisse seiner nie rastenden Feder angewiesen war. Während eines Aufenthaltes in Paris wurde er durch eine Preisfrage der Akademie wieder auf handelspolitische Fragen geführt. Die bleibende Frucht seiner Beschäftigung hiermit ist sein 1841 erschienenes klassisches Buch „Das nationale System der politischen Ökonomie" (7. Aufl. 1883), in dem er ein industrielles Schutzzollsystem mit besonderer Anwendung auf die deutschen Verhältnisse begründete. 1842 ließ er sich dauernd in Augsburg nieder, von hier aus durch seine Feder und auf Reisen im In- und Auslande unermüdlich für seine Pläne wirkend.

Von 1843 ab gab er auch wieder eine Wochenschrift, das „Zollvereinsblatt", heraus. Trotz aller äußeren Anerkennung, die er fand, gelang es ihm nicht, die materiellen Sorgen von seiner Schwelle zu bannen. Durch das aufreibende Wanderleben und die geistige Überanstrengung schließlich auch in seiner Gesundheit geschwächt, durch die Mißerfolge und mancherlei Angriffe auf seine Person tief entmutigt, legte er auf einer Erholungsreise in einer Anwandlung von Verzweiflung Hand an sich und endete in der Nacht des 30. Nov. 1846 in der Nähe von Kufstein durch einen Schuß ins Herz sein scheinbar verfehltes Leben. Mit ihm starb einer der wenigen Agitatoren und Journalisten ganz großen Stils, die Deutschland besessen hat, ein Mann, dessen wahre Größe erst rückschauender Betrachtung offenbar werden konnte und der durch sein Wirken für die Zolleinigung Deutschlands und die Entwicklung seines Industrie- und Eisenbahnsystems zugleich einer der bedeutendsten Vorkämpfer für das große Werk der nationalen Einigung geworden ist. *ADB 18 (1883) S. 761; Enz. Eisb. 7 S. 115; Handwörterbuch der Staatswissenschaften 6 (Jena 1924) S. 361; Archiv für Eisenbahnwesen 43 (1920) S. 505, 809, 1068.* Wa.

LOCHER-FREULER, Eduard, geb. 15. Jan. 1840 in Zürich, gest. 2. Juni 1910 daselbst. Er besuchte in seiner Vaterstadt die städtischen Schulen sowie die Industrieschule und trat dann als Mechanikerlehrling in die Werkstätten von Joh. Jacob Rieter & Cie. in Töß ein. Da er während seiner Lehrzeit größtenteils mit dem Aufbau von Spinnereimaschinen beschäftigt war, wollte er sich dem Textilfach widmen; diesen Plan konnte er jedoch nicht ausführen, da er nach dem Tode seines Vaters, eines Bauherrn der Stadt Zürich, im Jahre 1861 das väterliche Geschäft übernehmen mußte. Aber schon 1863 trat er wieder aus und leitete den Bau einer mechanischen Jacquardweberei, deren Direktor er später wurde. Mit seinem Bruder zusammen brachte er 1872 das väterliche Baugeschäft unter der Firma Locher & Cie. wieder in die Höhe. Um seine theoretischen Kenntnisse noch zu vertiefen, besuchte er in den nächsten Jahren Vorlesungen über Brücken- und Eisenbahnbau und nahm ferner Unterricht in graphischer Statik und Festigkeitslehre.

Durch die Ausführung größerer Bauten im Hoch- und Tiefbau vorbereitet, beschäftigte sich Locher eingehend mit dem Plan des Simplon-Tunnel-Baues. Im Jahre 1899 wurde ihm die besondere Bauleitung der Nordseite des Tunnels übertragen. Die großen Schwierigkeiten, die beim Durchbruch zu überwinden waren, lagen hauptsächlich in der außergewöhnlich hohen Temperatur des Gebirges, die ein Höchstmaß von 56° C erreichte. Hierdurch war es nötig, ganz besondere Maßnahmen für Lüftung und Kühlung anzuwenden, die von Locher vorgeschlagen wurden. Am 24. Febr. 1905 ist der Durchbruch glänzend gelungen. In seinen letzten Lebensjahren übergab Locher das Geschäft seinem Sohn und beteiligte sich als Berater und Begutachter an industriellen Unternehmungen. *Enz. Eisb. 7 S. 122.* Cr.

LOEWE, Isidor, geb. 24. Nov. 1848 in Heiligenstadt (Eichsfeld), gest. 28. Aug. 1910 in Berlin, kam als Sohn eines kinderreichen, aber mittellosen Kantors zur Welt. Dank einer Freistelle konnte er das Gymnasium seiner Vaterstadt besuchen und trat dann als Lehrling in das Krausesche Bankgeschäft in Berlin ein. Später ging er nach Posen zur Ostdeutschen Bank und Posener Spritfabrik, wo er in sehr jungen Jahren Direktor wurde. 1874 kehrte er nach Berlin zurück und trat als Prokurist und später als persönlich haftender Gesellschafter in das Geschäft seines Bruders Ludwig ein. In die Zeit seiner Tätigkeit fällt der beispiellose Aufschwung der Loeweschen Fabriken in der Herstellung von Waffen und Munition, der besonders durch die Einführung des Lehrenbaues und die Übernahme der amerikanischen Fertigungsverfahren erreicht wurde. Isidor Loewe betätigte sich jedoch nicht nur auf diesem Gebiete, sondern war als hervorragender Industrieller maßgebend bei der Einführung von Neuerungen auf vielen anderen Gebieten der Technik beteiligt. So gründete er 1892 in Verbindung mit der Thomson-Houston Co. in Boston, der späteren General Electric Co., die Union Elektrizitäts-Gesellschaft, die sich im Bau elektrischer Straßenbahnen auszeichnete. Die Union ging später in der Allgemeinen Elektricitäts-Gesellschaft auf. Die Gesellschaft für elektrische Unternehmungen, die Loewe gemeinsam mit der Discontobank 1894 gründete, hat im In- und Ausland eine rege Tätigkeit entfaltet und trägt das Hauptverdienst an dem Zustandekommen einer großen Zahl elektrischer Straßenbahnen. Im Bau von großen Maschinen und Gasmotoren, in der Verwendung der Braunkohle und des überhitzten Dampfes haben seine Gesellschaften die Führung gehabt. Wenn es auch vorkam, daß sein Wagemut manchmal Fehlschläge erlitt, war es nur ein Zeichen dafür, daß er den Wert und die Bedeutung von Erfindungen richtig einschätzte, die seiner Zeit voraus waren. — Mit seiner ungeheuren Arbeitslust und Arbeitskraft verband sich große persönliche Bescheidenheit und Liebenswürdigkeit. Trotz seiner rastlosen geschäftlichen Tätigkeit bewahrte er sich stets seinen Optimismus. Zeit seines Lebens legte er größten Wert auf das Zusammenarbeiten von Theorie und Praxis. *Z 54 (1910) S. 2026; ETZ 31 (1910) S. 949; Jb. Schiffb. 12 (1911) S. 81.* Hä.

LOEWE, Ludwig, geb. 27. Nov. 1837 in Heiligenstadt, gest. 11. Sept. 1886 in Berlin. Der Ausgangspunkt der Einführung der austauschbaren Fertigung in den deutschen Maschinenbau liegt in der Maschinenfabrik von Ludw. Loewe & Co. Ludwig Loewes Vater, ein uneigennütziger und ideal gerichteter Pädagoge, dabei ein gläubiger, aber toleranter Jude, stand auf der Höhe wissenschaftlicher und politischer Bildung. Die Lehrer des Sohnes auf dem Gymnasium seiner Vaterstadt waren meist katholische Geistliche. Nach Übersiedelung nach der Hauptstadt schloß Ludwig Loewe sich mit voller Begeisterung der politischen Bewegung und ihren Führern an. Die Demokratie von 1848 mit ihren Zielen der deutschen Einheit und Freiheit entsprach seinen Idealen. Kaum 27 Jahre alt, wurde er zum Stadtverordneten gewählt und war bald einer der führenden Männer der liberalen Gruppe. Seine kommunale Tätigkeit galt in der Hauptsache Fragen des Schulwesens und der Finanzwirtschaft der Stadt. Die planmäßige Durcharbeitung der Voranschläge für den Haushalt durch den kaufmännisch äußerst erfahrenen Loewe gereichte der Stadt zu größtem Vorteil.

In den sechziger Jahren hatte Loewe in Berlin eine Agentur für Werkzeugmaschinen inne. Seine Kunden waren hauptsächlich die Klempner und Schlosser. In Amerika hatte man damals gerade begonnen, den Bau von Nähmaschinen in großzügiger Weise aufzunehmen. Ludwig Loewe griff diese Idee auf und faßte den Plan, ebenfalls eine Fabrik zu errichten, in der die Nähmaschinen unter Ausnutzung von selbsttätigen Werkzeugmaschinen im Wege der Massenfertigung hergestellt werden sollten. Zum Studium der amerikanischen Arbeitsweise ging er 1869 mit seinem Ingenieur Barthelmes nach Amerika, um dort die Fabrikationseinrichtungen zu studieren, und kaufte die für seine Fabrik nötigen Maschinen. Anfang Januar 1870 wurde die Firma Ludw. Loewe & Co. ins Leben gerufen und die Werkstätten zum Bau von Nähmaschinen eingerichtet. Die noch benötigten Werkzeugmaschinen wurden nach amerikanischen Vorbildern in eigener Werkstätte hergestellt. Fräsmaschinen, Revolverdrehbänke und automatische Revolverbänke fanden ausgedehnte Anwendung. Der deutsch-französische Krieg von 1870 brachte neue Aufgaben: die Waffenherstellung. Die Austauschbarkeit der Einzelteile war hier ein unabweisliches Bedürfnis. Ein Gewehr bestand aus 66 Teilen, zu deren Herstellung nicht weniger als 873 Arbeitsgänge nötig waren. Der Staat wollte 1871 selbst eine Gewehrfabrik nach Loewes Arbeitsmethoden einrichten, zumal durch die Bereitwilligkeit der Loeweschen Fabrik zur Anfertigung von einer Million Visieren eine wichtige Vorbedingung für den Erfolg gegeben war. Zum ersten Male konnte hier eine bis dahin in Europa unbekannte Genauigkeit bei der Massenanfertigung erreicht werden. In der Folge übernahm er einen großen Auftrag auf Revolver für die russische Regierung sowie andere Waffenlieferungen größten Umfanges. Ein Auftrag der türkischen Regierung auf 550000 Gewehre, der später auf 700 000 Stück erhöht wurde, war zur Hälfte Loewe und zur Hälfte den Gebr. Mauser in Oberndorf a. N. erteilt worden; dieser Auftrag führte dazu, daß 1887 die Waffen- und Munitionsfabrik Mauser von Loewe erworben und der gesamte Auftrag dort an einer Stelle unter Leitung Paul v. Mausers ausgeführt wurde. Ein gleichzeitiger Auftrag der deutschen Regierung führte zur Erweiterung des Berliner Werkes.

Später nahm in der Fabrik der Bau von Werkzeugmaschinen nach amerikanischem Muster immer größeren Umfang an, die nicht nur für den eigenen Betrieb, sondern in weitgehendem Maße für den Verkauf gebaut wurden. Auch hier wurde die Herstellung verbilligt, da die Maschinen stets in größeren Serien oder Reihen für Lager hergestellt wurden; außer der verbilligten Herstellung hatte man den Vorteil kurzer Lieferfristen.

Die politischen Interessen Loewes mußten zwar hinter den Angelegenheiten der Fabrik, die zeitweise über 4000 Arbeiter beschäftigte, zurücktreten, blieben jedoch niemals vernachlässigt. Vom I. Berliner Wahlkreise wurde Loewe 1878 in den Reichstag und 1880 in den preußischen Landtag gewählt. Als ausgezeichneter Redner erwarb er sich eine hervorragende Stellung im Parlament und in der durch ihn vertretenen Fortschrittspartei. Seine unermüdliche Energie und sein weiter Blick sicherten ihm vor allem auf industriellem Gebiet großen Erfolg. Als er, kaum 50jährig, starb, führte sein Bruder Isidor Loewe die Fabrik fort. *Nach Druckschriften und Mitteilungen der Ludw. Loewe & Co. A.-G.* Hä.

LOEWENHERZ, Leopold, geb. 31. Juli 1847 zu Czarnikau in Posen, gest. 30. Okt. 1892 in Berlin. Loewenherz, aus einfacher jüdischer Handwerkerfamilie stammend, sollte als Steinmetzlehrling den Beruf seines Vaters ergreifen. Nach kurzer Tätigkeit in der Werkstatt durfte er jedoch infolge der Fürsprache seines Schuldirektors Brennecke, der frühzeitig das mathematische Talent seines Schülers erkannt und gepflegt hatte, weiterstudieren. In Berlin besuchte er mathematische und physikalische Vorlesungen und kam nach seiner Promotion im Jahre 1870 als Hilfsarbeiter an die Normal-Aichungs-Kommission. Hier arbeitete er sehr vielseitig, vor allem über Alkoholometrie und Thermometrie. Seine Untersuchungen haben in hervorragender Weise dazu beigetragen, der deutschen Glasinstrumententechnik zu ihrer Weltgeltung zu verhelfen.

Seine große Arbeitskraft wandte er aber bald zwei Hauptaufgaben zu: er wollte die Präzisionsmechanik auf eine höhere wissenschaftliche Stufe heben und ein einheitliches Schraubengewinde einführen.

In Verfolg der ersten Aufgabe entwickelte Loewenherz eine lebhafte Tätigkeit in dem 1877 gegründeten Fachverein Berliner Mechaniker und Optiker (der späteren Deutschen Gesellschaft für Mechanik und Optik), gründete 1881 die Zeitschrift für Instrumentenkunde und förderte eifrigst die Fortbildung der Mechaniker und Optiker in Abend- und Tagesklassen. Nachdem er sich schon an den Vorarbeiten zur Schaffung eines preußischen präzisionsmechanischen Ins,tiuts beteiligt hatte, gehörte er auch der Kommission an dteren Bericht aus dem Jahre 1883 im Verein mit der Stiftung von Werner v. Siemens zu der Errichtung der Physikalisch-Technischen Reichsanstalt im Jahre 1887 führte. Die zweite Abteilung dieser Anstalt wurde sogleich seiner Leitung unterstellt. Seine bemerkenswertesten Arbeiten in dieser Stellung sind eine „Über das Anlassen von Metallen", die für die kunstgewerbliche Luxusindustrie und für die Kenntnis des Anlaß- und Härtevorganges bedeutungsvoll wurde, und die Ausarbeitung eines einheitlichen Schraubengewindes.

Der Mechanikertag vom 8. und 9. Sept. 1893 in München nahm für die Feintechnik das Gewinde als Norm an und gab ihm zu Ehren seines Schöpfers den Namen „Loewenherz-Gewinde". *Zeitschr. f. Instr.-Kunde 13 (1893) S. 177.* Erk.

LOMBE, Thomas, Sir, geb. 5. Sept. 1685 in Norwich, gest. 3. Jan. 1739 in London. Zu Anfang des 18. Jahrhunderts kam Thomas Lombe nach London, wo er zu einem Schnittwarenhändler Samuel Totton in die Lehre gegeben wurde. 1707 hatte er ausgelernt, wurde Bürger von London und ließ sich hier als selbständiger Kaufmann nieder. 1718 erhielt er ein Patent auf „eine neue Erfindung" von drei Arten von Maschinen, wie sie noch nie in Großbritanien gebaut oder angewandt wurden; eine, um die feinste Rohseide aufzuwickeln, eine andere, um sie zu spinnen, die dritte, um die feinste italienische Rohseide zu Organtin in bisher in diesem Lande unerreichter Vollkommenheit zu verarbeiten. Die Beschreibung des Patentes, das in Ermangelung bestehender englischer Fachausdrücke viele italienische Bezeichnungen verwendet und überhaupt ziemlich unklar abgefaßt ist, ging verloren und wurde erst im Jahre 1867 wiedergefunden. Thomas Lombe behauptet in diesem Schriftstück noch, daß er diese drei wichtigsten Maschinen unter großen Opfern entdeckt, erfunden und unter Lebensgefahr nach England gebracht habe. John Lombe, der Halbbruder, soll unter den abenteuerlichsten Bedingungen den Italienern ihr sorgsam gehütetes Geheimnis der Seidenfabrikation unter Aufdeckung alter italienischer Veröffentlichungen abgerungen haben. Obwohl ähnliche Bestrebungen bereits um das Jahr 1692 vorhanden waren, so gebührt doch den Lombes das Verdienst, diesen wichtigen Gewerbezweig in England eingeführt zu haben. Im Jahre 1719, kurz nachdem sie ihr Patent erhalten hatten, errichteten sie auf einer Insel im Derwent-Flusse (Derby) eine Fabrik, die in kurzer Zeit sehr erfolgreich wurde. Im Jahre 1893 stand die unter dem Namen „Old Silk Mill" bekannte Fabrik noch und diente ihrem ursprünglichen Zweck. Das auf 14 Jahre gewährte Patent lief im Jahre 1732 ab; die Eingabe um Verlängerung — die erste ihrer Art in England — rief große Verhandlungen und auch den Widerstand der Textilfabrikanten hervor, die Teile der neuen Maschinen für ihre Betriebe bauen wollten; sie wurde aber schließlich abgelehnt. Als Entschädigung für ihre erheblichen Kosten bei der Einführung des Verfahrens und als Anerkennung ihrer großen Verdienste erhielten die Brüder eine Belohnung von 14 000 £. Am 8. Juli 1727 anläßlich der Thronbesteigung George II. wurde Thomas in den Adelsstand erhoben. Bei seinem Tode im Jahre 1739 hinterließ er ein Vermögen von 120 000 £. *Nat. Biogr. 34 (1893) S. 94; Smiles: Men of Invention and Industry (London 1884) S. 117.* Wi.

LOMBE, John, Sir, geb. um 1693 wahrscheinlich in Norwich, gest. 20. Nov. 1722 in Derby. John Lombe war ein Halbbruder von Sir Thomas Lombe; über seine Jugendjahre ist nichts bekannt. Thomas beauftragte ihn, nach Italien zu gehen und sich dort mit dem Verfahren der Seidenfabrikation bekanntzumachen. Nach den einzigen von William Hutton hinterlassenen Angaben soll John im Jahre 1717 aus Italien zurückgekehrt sein und einige italienische Arbeiter zur Unterstützung der geplanten neuen Fabrik mitgebracht haben. Hutton fährt fort, daß die Seidenarbeiter zu Piemont, als sie von dem Erfolge des treulosen Engländers erfuhren, so erbittert und aufgebracht waren, daß sie eine weibliche Person nach Derby schickten, die erst John Lombes Vertrauen gewinnen und ihn dann vergiften sollte. Sie soll ihr Vorhaben erfolgreich durchgeführt haben und John soll am 16. März 1722, nach zwei bis drei Jahren größter Leiden, gestorben und am 22. März beerdigt worden sein. Hutton, der Überlieferer dieser Erzählung, hat als Lehrling in der Old Silk Mill gearbeitet. Er war aber nicht Augenzeuge der Ereignisse, da er erst später auf die Welt kam. Seine Geschichte ist daher mit einiger Vorsicht aufzunehmen, um so mehr, als die Kirchenbücher den Tod von John Lombe erst am 28. Nov. 1722 melden. *Nat. Biogr. 34 (1893) S. 94; Smiles: Men of Invention and Industry (London 1884) S. 107.* Wi.

LORINI, Buonaiuto, geb. um 1545. Von Lorinis Leben erfahren wir nur aus sehr geringen Angaben, die er in einer Widmung seinem Werk „Della Fortificationi" vorausschickt. Er war ein aus Florenz stammender Edelmann, der sich schon in seiner Jugend mit mathematischen und technischen Studien befaßte. Durch die Teilnahme an verschiedenen Feldzügen lernte er das Festungs- und Geschützwesen jener Tage kennen und ließ sich mit besonderem Interesse dessen Verbesserung angelegen sein. In einigen Kapiteln seines Werkes gibt er uns genaue Beschreibungen der von ihm geplanten und ausgeführten Änderungen an den Schiffshinterladegeschützen, die er auf diese Weise auch für die Verteidigung von Festungen brauchbar zu machen gedenkt, u. a. durch verschiedene Verbesserungen der Boden- und Verschlußstücke. In einem anderen Abschnitt berichtet Lorini über die Fundamentierung von Mauern unter Wasser und die Erbauung eines Hafendammes auf dem Meeresgrund; zwei Beschreibungen der bei diesen Arbeiten verwandten „Taucherglocke" sind von besonderem Interesse für uns. In der Einleitung seines lib. V, das von den mechanischen Gesetzen und verschiedenen Hebemaschinen handelt, beschränkt er sich auf eine eingehende Beschreibung des Hebels und Flaschenzuges, indem er im übrigen in der Hauptsache auf die Arbeiten anderer Autoren verweist. Ferner ist in diesem Werk eine Winde mit Zahnstange zur Hebung schwerer Lasten erwähnt; dies ist die älteste uns überlieferte Beschreibung einer Wagenwinde. Zum Ausschöpfen von Baugruben u. dgl. berichtet er von einer transportablen Eimerkunst, zu deren Antrieb ein Rad, halb Trot halb Spillrad, benutzt wird. In dem 9. Kapitel finden wir einen Apparat zum Fortschaffen von Erde (älteste Nachricht einer Seilbahn) und ein Becherwerk mit eigentümlichem Bewegungsmechanismus (doppeltwirkendes Schaltwerk), in späteren Abschnitten Wasserpumpen, Ramm- und Baggermaschinen, ferner Pulver- und Getreidemühlen beschrieben. In den letzten Kapiteln seines Werkes bespricht Lorini transportable Pontonbrücken und zusammenlegbare Leitern.

Lorini hat die von ihm erwähnten und erklärten Konstruktionen nicht alle selbst erfunden, jedoch sind neben einigen von ihm erbauten Apparaten und Maschinen wohl an fast allen anderen wesentliche Verbesserungen von ihm ausgeführt worden. Durch sein gründliches und eingehendes Werk hat er der Nachwelt überaus wertvolle Nachrichten aus der Mechanik seiner Zeit hinterlassen. *Gesch. Masch. S. 235.* Ca.

LÖSSL, Friedrich Ritter v., geb. 14. Jan. 1817 zu Weiler im Allgäu, gest. 14. Mai 1907 in Wien, besuchte Gymnasium, Universität und Polytechnikum in München und trat hierauf in den bayerischen Staatsdienst, in dem er für die Vorarbeiten für eine Reihe von Bahnlinien Verwendung fand; hierbei bediente er sich schon vielfach der Schichtenlinien (Isohypsen), die von ihm zum ersten Male angewendet wurden. Lössl schuf eine große Anzahl von Schichtenreliefs, die er auf den Ausstellungen in München (1854), London (1862), Wien (1873) seinen Fachgenossen vorführte. Umfangreiche Versuche, durch Photographien von solchen Höhenbildern Geländeplatten für Landkarten in natürlicher Beleuchtung herzustellen, förderten wesentlich die Entwicklung des Systems der Landkarten mit naturgemäßer Bergschattierung. 1856 wurde Lössl für die Kaiserin-Elisabeth-Westbahn (Winz-Linz-Passau) verpflichtet, bei deren Bau und Betrieb er bis 1868 tätig war. Nach seinem Austritte aus der Westbahnverwaltung führte Lössl von 1871 an als Chefingenieur der Franko-Österreichischen Bank zahlreiche Eisenbahntrassierungen in Österreich-Ungarn durch. Im siebenten Jahrzehnt seines Lebens widmete sich Lössl immer mehr seinen Lieblingsbeschäftigungen: dem Bau „autodynamischer Uhren", die durch den Luftdruck- und Temperaturwechsel aufgezogen und durch eine Brennglasvorrichtung korrigiert werden, und dem Studium der aerodynamischen Grundgesetze. Das Ergebnis dieser Studien und seiner praktischen Versuche über Luftwiderstand und Auftrieb legte er in Vorträgen und schließlich in dem Buche „Der Luftwiderstand, der Fall durch die Luft und der Vogelflug" (Wien 1895) nieder; wenn auch in mancher Beziehung durch die neueren Forschungen überholt, ist dieses Buch doch als einer der ersten erfolgreichen Versuche, die Grundlagen für den mechanischen Flug wissenschaftlich zu klären, bemerkenswert. Der dritte österreichische Luftschiffertag im Jahre 1913 brachte an seinem Landhause in Aussee (Salzkammergut), wo er seine ärodynamischen Versuche durchführte, eine Gedenktafel an. *Nach Mitteilungen des Staatsrates a. D. S. v. Lössl; Wiener Luftschifferzeitung (1904) Nr. 1 (1907) Nr. 6.* Bk.

LUEG, Carl, geb. 2. Dez. 1833 zu Sterkrade, gest. 5. Mai 1905 zu Oberhausen, war ein Sohn von Wilhelm Lueg, dem Leiter der Gewerkschaft Jacobi, Haniel & Huyssen, besuchte die Volksschule zu Sterkrade, das Gymnasium zu Wesel, die Realschule zu Duisburg, die Gewerbeschule zu Hagen und die Technische Hochschule zu Karlsruhe. Am 1. Okt. 1855 trat er als Ingenieur in Sterkrade ein, 1857 kam er als Oberingenieur zur Eisenhütte Oberhausen und übernahm nach dem Tode seines Vaters 1864 die Leitung der sämtlichen Oberhausener Betriebe der genannten Gewerkschaft. Unter ihm wurden 1868/72 die Eisenhütte um eine zweite Gruppe von 4 Hochöfen erweitert, 1870 das Walzwerk Neuoberhausen mit Bessemer-Stahlwerk und 1878/79 die ersten Siemens-Martin-Öfen angelegt, 1882 wurde das Thomasverfahren eingeführt und 1887 der erste Mischer erbaut; 1895/96 wurden die lothringischen Erzfelder erworben. Bei der Umwandlung der Gewerkschaft in eine Aktiengesellschaft trat Lueg in den Vorstand und behielt dessen Vorsitz bis zu seinem Austreten im Jahre 1903, von da an gehörte er dem Aufsichtsrate an.

Lueg war bis zu seinem Tode der Führer des Eisenhüttenwesens in Deutschland sowohl auf technischem wie auf wirtschaftlichem Gebiete.

Dem im Jahre 1861 als Zweigverein des Vereines deutscher Ingenieure gegründeten „Technischen Verein für Eisenhüttenwesen" gehörte er von seiner Gründung als Mitglied an und war häufig Mitglied des Vorstandes. Als dieser Verein sich 1879 zu dem selbständigen „Verein deutscher Eisenhüttenleute" umwandelte, wurde Lueg zu seinem Vorsitzenden berufen und hat diese Stellung ununterbrochen bis zu seinem Tode bekleidet. Aus Anlaß seiner 25jährigen Amtsdauer stiftete der Verein deutscher Eisenhüttenleute die Carl-Lueg-Denkmünze und verlieh ihm die erste Ausführung. Die Technische Hochschule Aachen ernannte Lueg im Jahre 1903 zum Dr.-Ing. E. h.

Auf wirtschaftlichem Gebiete war Lueg ein Vorkämpfer der Zusammenschlußbestrebungen zwecks Vertretung der gemeinsamen wirtschaftlichen Interessen und Regelung des Absatzes, insbesondere trat er Ende der siebziger Jahre führend für einen angemessenen Zollschutz der deutschen Eisenhüttenindustrie ein. In den Verbänden der Eisenindustrie warf er oftmals das Gewicht der Gutehoffnungshütte für den Zusammenschluß zu umfassenderen Organisationen und für maßvolle Ausnutzung der durch die Vereinigung erreichten Macht in die Wagschale. Er begründete den Grobblech- und Halbzeugverband, und noch unmittelbar vor seinem Tode gelang es seiner ausgleichenden Tätigkeit, den Stahlwerkverband ins Leben zu rufen, der ihn zu seinem Ehrenvorsitzenden ernannte.

Am öffentlichen Leben nahm Carl Lueg lebhaften Anteil; im Landeseisenbahnrat wirkte er mit an der Berücksichtigung der industriellen Wünsche zur Frachtenpolitik und am Ausbau der deutschen Wasserstraßen; er war Mitglied des Provinziallandtages und stellvertretender Vorsitzender des Provinzialausschusses und wurde 1906 auf Lebenszeit ins Preußische Herrenhaus berufen. Die Stadt Oberhausen ernannte ihn zu ihrem Ehrenbürger. *Nach Mitt. d. Familie u. d. Gutehoffnungshütte.* Fch.

LUEG, Heinrich, geb. 14. Sept. 1840 zu Sterkrade, gest. 7. April 1917 in Düsseldorf, war ein Sohn des Hüttendirektors Wilhelm Lueg, besuchte die Volksschule zu Sterkrade, das Gymnasium zu Duisburg und später die Realschule zu Mülheim-Ruhr. Nach zweijährigem Besuch der Gewerbeschule zu Hagen studierte er drei Jahre auf dem Gewerbeinstitut zu Berlin. 1864 trat er als Ingenieur bei der Hüttengewerkschaft Jacobi, Haniel & Huyssen ein, wurde später Vorstand des Konstruktionsbureaus für Bergwerkmaschinen und überwachte den Betrieb der Erzgruben der Firma an der Lahn und im Siegerlande. Bei Umwandlung der Firma in eine Aktiengesellschaft 1873 gründete er gemeinsam mit Ludwig und Franz Haniel die Maschinenfabrik Haniel & Lueg in Düsseldorf und siedelte 1874 nach Düsseldorf über, wo er noch bis 1882 nebenbei ein selbständiges Ingenieurbureau für Bergwerkanlagen führte.

Außer der Leitung der Firma Haniel & Lueg, deren heutige Bedeutung im wesentlichen seiner zähen Arbeitskraft zu danken ist, widmete er sich den verschiedensten industriellen und gemeinnützigen Arbeiten. Sein besonderes Verdienst ist das Zustandekommen der beiden großen rheinisch-westfälischen Industrieausstellungen von 1880 und 1902 in Düsseldorf, deren Leitung in seiner Hand lag und deren glänzende Erfolge den Weltruf der rheinisch-westfälischen und der gesamten deutschen Industrie begründeten und befestigten. Die Stadt Düsseldorf, deren Stadtverordnetenversammlung er lange Jahre als reges und einflußreiches Mitglied angehörte, dankt ihm den Kunstpalast, das Kunstgewerbemuseum und die Rheinbrücke; sie ernannte ihn 1902 zu ihrem Ehrenbürger. Außerdem gehörte er dem Provinziallandtage und Provinzialausschusse an; 1906 wurde er auf Lebenszeit ins Preußische Herrenhaus berufen. Als Vorsitzender des Vereines Deutscher Maschinenbau-Anstalten, den er von der Gründung des Vereines im Jahre 1892 an bis zum Jahre 1910 geleitet hat, war er der Führer des in jener Zeit erstarkenden deutschen Maschinenbaues in den wirtschaftlichen Kämpfen; der Verein ernannte ihn nach Niederlegung des Vorsitzes zu seinem Ehrenvorsitzenden. Obwohl er in den letzten Lebensjahren kränklich war, widmete er seine ganze Kraft bis zu seinem Tode seinen vielseitigen wirtschaftlichen und gemeinnützigen Interessen. *Nach Mitteilungen der Familie und der Fa. Haniel & Lueg.* Fch.

LUEG, Wilhelm, geb. 19. Sept. 1792 zu Brucherhof, gest. 19. März 1864 zu Karlsruhe, auf einer Reise, kam als Hauslehrer und Erzieher nach Sterkrade in die Familie von Gottlob Julius Jacobi und heiratete 1819 die Tochter Gerhard Wilhelm Haniels, eines älteren Bruders der beiden Mitinhaber Wilhelm Gerhard und Johannes Franz Haniel der „Hüttengewerkschaft Jacobi, Haniel & Huyssen". Nach dem Tode Gottlob Jacobis im Jahre 1823 wurde ihm die Leitung der Gutehoffnungshütte übertragen, die er auch bis zu seinem Tode 1864 führte. Er errichtete unter Mitwirkung des Inspektors Nierenfeld ein Blechwalzwerk, Puddel- und Hammerwerk an der Emscher bei Oberhausen und gründete zusammen mit dem Engländer Harvey eine Schiffswerft in Ruhrort, auf der 1834 das erste eiserne Dampfschiff gebaut wurde. Unter ihm wurde (nach Einführung des Steinkohlenkoks im Eisenhüttenbetrieb an Stelle der Holzkohle) die Eisenhütte Oberhausen mit 6 Hochöfen angelegt und zugleich durch Abteufen des Schachts Oberhausen die Grundlage für den Kohlenbesitz der Gutehoffnungshütte gelegt. Wenn auch die eigentlichen Besitzer der Hütte, die Vertreter der Familien Jacobi, Haniel und Huyssen, an der Leitung abwechselnd beteiligt waren, so war doch das Aufblühen und das stetige Wachsen des Werkes in den Jahren von 1830 bis 1864 wesentlich der Initiative und Tatkraft Wilhelm Luegs zu danken. *Nach Mitteilungen der Familie.* Fch.

LUEGER, Otto, geb. 13. Okt. 1843 in Thengen (Baden), gest. 1. Mai 1911 in Stuttgart, bedeutender Ingenieur und Lehrer des Wasserbaues, insbesondere der städtischen Wasserversorgung, weiteren Kreisen vor allem bekannt als Herausgeber des „Lexikons der gesamten Technik". Er war der Sohn eines Apothekers und erhielt seine Ingenieurausbildung auf der Polytechnischen Schule in Karlsruhe. In den Jahren 1859 bis 1865 machte er größere wissenschaftliche Reisen in Deutschland, Österreich, Frankreich und Italien und legte 1866 die für den höheren Staatsdienst vorgeschriebene Staatsprüfung als Ingenieur im Großherzogtum Baden ab. Von 1866 an war er mehrere Jahre an den Wasserwerken in Karlsruhe, seit 1871 an der Frankfurter Quellwasserleitung als Ingenieur tätig. 1878 siedelte er nach Stuttgart über und entfaltete von hier aus als Zivilingenieur eine ebenso umfassende wie erfolgreiche Tätigkeit auf dem Gebiete der städtischen Wasserversorgung und Kanalisation. Von ihm stammen u. a. die Wasserwerke in Baden-Baden, Freiburg i. Br., Pforzheim und Lahr. Auch im Auslande wurde eine große Reihe von Anlagen nach seinen Entwürfen gebaut. Seinen zahlreichen Gutachten wird Gründlichkeit und klare Erfassung des Wesentlichen nachgerühmt. 1903 übertrug ihm die Technische Hochschule in Stuttgart, an der er sich im Oktober 1881 als Privatdozent für das Fach „Wasserversorgung" habilitiert hatte und 1895 außerordentlicher Professor geworden war, die neuerrichtete ordentliche Professor für Wasserbau. Unter seinen literarischen Arbeiten, die in dieser Zeit entstanden, ragt das grundlegende zweibändige Werk über „Die Wasserversorgung der Städte" (1890 bis 1908) hervor. Es war die umfassendste Behandlung des Gegenstandes, die es überhaupt in irgendeiner Sprache gab, und hat bahnbrechend gewirkt. Ein in Aussicht genommener dritter Band ist leider nicht erschienen. Weitesten Kreisen wurde Luegers Name bekannt durch das von ihm unter Mitwirkung zahlreicher Fachgenossen herausgegebene „Lexikon der gesamten Technik und ihrer Hilfswissenschaften", das zuerst in 7 Bänden in den Jahren 1894 bis 1899 erschien und noch unter Luegers Leitung eine vollständig umgearbeitete zweite Auflage in 8 Bänden (1904 bis 1910, Erg.-Bde. 1 u. 2, 1914 bis 1920) erlebte. Lueger nahm damit den Gedanken des älteren „Technischen Wörterbuchs" von Karmasch und Heeren in neuer, verbesserter Form wieder auf und setzte sich zum Ziel, über das Gesamtgebiet der Technik in gemeinverständlichen, jedoch auch den „Ansprüchen vorgeschrittener Techniker und Spezialisten genügenden", mit zahlreichen Abbildungen und Literaturangaben versehenen Artikeln zu unterrichten. Das Werk hat in der Form, die ihm Luegers glückliche Hand gab, eine fühlbare Lücke in der enzyklopädischen Literatur ausgefüllt und ist eines der meist gebrauchten Nachschlagewerke geworden, das man überall, selbst in solchen Bibliotheken findet, die mit der technischen Literatur sonst auf Kriegsfuß stehen. Anläßlich der Fertigstellung der 2. Auflage ernannte ihn die Stuttgarter Hochschule im Februar 1909 zu ihrem Ehrendoktor. Die Universität Halle hatte ihm schon 1894 diese Auszeichnung erteilt. Bereits am 1. Okt. 1906 war Lueger mit Rücksicht auf seine geschwächte Gesundheit vom Lehramte zurückgetreten. Bei seinem 1911 in Stuttgart erfolgten Tode hinterließ er bei seinen früheren Kollegen und Schülern das Gedächtnis eines durch seltene Güte und nie ermüdende Hilfsbereitschaft ausgezeichneten Mannes. *Gesundheits-Ingenieur 34 (1911) S. 365; Zentr. Bauv. 31 (1911) S. 236; Journal f. Gasbeleuchtung u. Wasserversorgung 54 (1911) S. 464.* Wa.

LÜRMANN, Fritz W., geb. 31. Mai 1834 auf der Alexanderhöhe bei Iserlohn, gest. 24. Juni 1918 in Osnabrück. Nach einer ungetrübten Jugendzeit bestimmte ihn sein Vater, ein Großkaufmann, als Nachfolger in seinem Berufe; jedoch der junge Lürmann wünschte energisch, als Eisenhüttenmann ausgebildet zu werden. Diesem Wunsche gab der Vater nach und sandte ihn 1850 auf die Königliche Gewerbeschule nach Halberstadt, wo er 1854 das Abiturientenexamen bestand. Nach Besuch des Königlichen Gewerbeinstituts in Berlin trat Lürmann mit 21 Jahren bei der Firma Born, Lehrkied & Co. in Haßlinghausen bei Schwelm ein, um in einem von ihm selbst eingerichteten Laboratorium die Analysen der von der Gesellschaft zur Verhüttung in den Hochöfen verwendeten Stoffe anzufertigen. Von 1855 ab war er beim Bau der neuen Hütte in Haßlinghausen tätig und setzte dort den ersten Hochofen in Betrieb.

Seine hervorragenden Leistungen verschafften ihm Ansehen im Kreise der Eisenindustrie. 1857 wurde Lürmann zum Bau und Betrieb der Hochofenanlage zu Georgs-Marienhütte des Georgs-Marien-Vereins angestellt, wo er bis 1873 blieb. In dieser Zeit hob er den wirtschaftlichen und finanziellen Stand des Unternehmens, trotz ungeheurer Schwierigkeiten, von einer niedrigen Stufe zu einer gesunden, lebensfähigen Höhe. Hier stellte er die ersten Mauersteine aus Hochofenschlacke her, die im Wasser granuliert und mit gelöschtem Kalk gemischt und von denen auf einem mit seinen Freunden begründeten Werk 1875 bereits 6 Millionen hergestellt wurden. 1867 erfolgte durch ihn die Einführung der Schlackenform mit vollständig geschlossener Brust des Hochofens, einer Erfindung, die umwälzend für die gesamte Eisenindustrie der Welt wurde.

Im Jahre 1873 begründete er ein hüttentechnisches Bureau, das er zuerst allein, später seit 1906 gemeinschaftlich mit seinem Sohne betrieb. Aus seiner außerordentlichen Tätigkeit innerhalb der Eisenindustrie seien hier genannt seine Verbesserungen auf dem Gebiete der Koksöfen, zur Verkokung von Gaskohlen oder einer Mischung von mageren und sehr fetten Kohlen, die erste Benutzung der Hochofengase zum Betriebe von Gasmaschinen, die Verbesserung zur Verbrennung der von den Hochöfen und Koksöfen entweichenden Gase in Winderhitzern und unter Dampfkesseln, sowie der Bau vieler einzelner Hochofenanlagen und ganzer Hüttenwerke im Westen Europas.

Von den vielen Ehrungen, durch die seine Verdienste anerkannt wurden, seien hier erwähnt die goldene Staatsmedaille, der Ehrendoktor der Technischen Hochschule Charlottenburg und die erste nach dem Namensträger verliehene Carl-Lueg-Denkmünze durch den Verein deutscher Eisenhüttenleute. 85 jährig starb er zu Osnabrück. *St. u. E. 39 (1919) S. 897.* Gw.

LUTHER, Gottlieb, geb. 6. März 1813 in Halberstadt, gest. 23. April 1879 bei Braunschweig. Aus einfachen Verhältnissen stammend, begann er seine Laufbahn als Müllerlehrling. Durch Fleiß und rastlose Tätigkeit gelang es ihm, sich im Jahre 1846 selbständig zu machen, indem er eine eigene Werkstatt für Mühlenbau einrichtete. Obwohl er mit vielen Schwierigkeiten zu kämpfen hatte, arbeitete er sich allmählich empor, so daß bald die Einstellung einiger Gesellen und die Anschaffung einer Drehbank notwendig wurden. Während er in der Anfangszeit nur mit Ausbesserungen beschäftigt wurde, erhielt er jetzt auch schon Aufträge zum Neubau von Windmühlen und erwarb sich auf diesem Gebiet einen weitverbreiteten Ruf. So kam es, daß er 1852 mit Hilfe von Peters, der ihn mit Geldmitteln unterstützte, in Wolfenbüttel eine Mühlenbauanstalt unter der Firma Luther & Peters errichtete, die, mit mehreren Werkzeugmaschinen versehen, durch Dampfkraft betrieben wurde. Daran anschließend wurde eine Eisengießerei erbaut und späterhin, als sich die Anlagen glänzend bewährt hatten, der Bau von Turbinen, Wasserrädern und Dampfmaschinen aufgenommen. Im Jahre 1875 trat Luther aus diesem Unternehmen aus, um mit seinem ältesten Sohn eine gleiche Fabrik zu gründen. So entstand die heute noch bestehende Firma G. Luther, Maschinenfabrik und Mühlenbauanstalt. Schon im Jahre 1878 mußte sich Luther krankheitshalber von seiner aktiven Mitarbeit in der Fabrik, die er zu höchster Blüte emporgebracht hat, zurückziehen. *Festschrift der Firma G. Luther 1846—1896.* Cr.

LUTHER, Hugo, geb. 18. Nov. 1849 in Wolfenbüttel, gest. 30. Juni 1901 in Goslar. Nach dem Besuche des Gymnasiums seiner Vaterstadt arbeitete er zuerst in der von seinem Vater begründeten Mühlenbauanstalt Luther & Peters eine Zeitlang praktisch. Später besuchte er zur Vervollständigung seiner Ausbildung die Technischen Hochschulen in München und Zürich und nahm dann eine Stellung in der Maschinenfabrik von M. Schimmelbusch in Wien an. Nach ungefähr 1½ Jahren gab er diese Tätigkeit wieder auf und ließ sich in Temesvar als Zivilingenieur nieder, wo er hauptsächlich mit Arbeiten für die ungarische Flußregulierung und mit dem Bau von Baggern beschäftigt war. Als sein Vater sich im Jahre 1875 von seinem Teilhaber trennte und eine eigene Fabrik unter der Firma G. Luther, Maschinenfabrik und Mühlenbauanstalt gründete, trat er in dieses Geschäft ein. Nach dem Tode seines Vaters verblieb das Unternehmen, das unter der tatkräftigen Leitung der beiden Männer rasch emporgeblüht war, unter der alleinigen Leitung Hugo Luthers. Durch seine rastlose Tätigkeit und unermüdliche Arbeitskraft wurde das Geschäft noch erheblich vergrößert, und immer neue Gebiete wurden aufgenommen, so die Herstellung von Turbinen und Dampfmaschinen, von Zementfabriken, Ton- und Silospeichern sowie auch von Hafen- und Verkehrsanlagen. Später wurde das Unternehmen in eine Kommanditgesellschaft umgewandelt, der der Ingenieur Albert Lemmer als persönlich haftender Gesellschafter beitrat. Im Jahre 1897 ging die Mühlenbauanstalt, Maschinenfabrik und Eisengießerei vorm. Gebr. Seck in Darmstadt durch Kauf in den Besitz der Firma G. Luther über.

Seine größte Bedeutung hat Luther durch seine Arbeiten an der Regulierung der Donau-Katarakte am Eisernen Tor erlangt. Wenn auch diese Arbeiten später nicht den gewünschten Erfolg hatten, da die ungarische Regierung die Verbesserungsvorschläge Luthers ablehnte, legen sie doch Zeugnis ab von der großen Leistung dieses Mannes, der auch durch die von ihm zur Ausführung der Regulierungsarbeiten ersonnenen Werkzeuge und Arbeitsweisen den Fortschritten der Technik neue Wege gebahnt hat. Der Verein deutscher Ingenieure ehrte Luthers technisches Schaffen durch Verleihung der Grashof-Denkmünze. *Z 45 (1901) S. 1045.* Cr.

M

MAC ADAM, John Loudon, geb. 21. Sept. 1757 in Ayr (Schottland), gest. 26. Nov. 1836 in Moffat (Schottland). Ihm gebührt das Verdienst, daß er sich als erster planmäßig um Durchführung eines guten und einheitlichen Straßenoberbaues bemüht hat. Geboren in dem schottischen Dorfe Ayr als der Sohn eines Gutsbesitzers, zeigte er schon als Dorfschüler sein Interesse für den Straßenbau durch Anfertigung des Modelles einer Distriktstraße. Nach dem Tode seines Vaters kam er, 14 Jahre alt, zu einem Onkel nach New York in die kaufmännische Lehre. 1783 kehrte er ohne Vermögen nach Schottland zurück. Von der Zeit an widmete er sich fast ausschließlich dem Studium des Straßenbaues. Mac Adam deckte die Straße ursprünglich nur mit einer 15 bis 25 cm starken Schicht gleichmäßigen Steinschlages von rd. 5,5 cm Seitenlänge. Da sich diese Decke jedoch nur bei leichterem Verkehr und festem Untergrund bewährte, führte er später eine Art Grundbau aus, der aus einer 12 bis 15 cm starken Schicht Grobschlag bestand, der vor dem Aufbringen der Decke abzuwalzen war. Hierauf kam dann die 15 bis 20 cm starke Schicht Kleinschlag mit gewölbter Straßenoberfläche.

Mac Adam stellte in der ersten Zeit seit 1783 seine sämtlichen Versuche auf eigene Kosten an. Er reiste viel im Lande umher und widmete sehr viel Zeit der Untersuchung der Straßen und dem Studium der Ar eitsweisen beim Bau und der Ausbesserung von Straßen. Dank dieser intensiven Studien wurde er überall als Autorität anerkannt und sein Gutachten eingeholt. Die erste Gelegenheit zur praktischen Anwendung seiner Kenntnisse fand er, als er 1816 zum Wegebauinspektor des „Bristol Turnpike Trust" ernannt und mit dem sehr nötigen Neubau und der Ausbesserung der schlechten Straßen dieses Bezirks beauftragt wurde. Schon nach ganz kurzer Zeit machte sich eine bedeutende Abnahme der Unterhaltungskosten bemerkbar. 1817 begann man, das Mac Adamsche Straßenbausystem auch für städtische Straßen einzuführen; zuerst wurden in London die stark befahrenen Brückenzugangsstraßen auf diese Weise hergerichtet.

Auf Mac Adams Arbeiten fußt der ganze Strassenbau des letzten Jahrhunderts; die wesentlichen von ihm in den Straßenbau eingeführten Neuerungen, besonders für Grundierung und Unterbau, haben heute noch Gültigkeit. Er war sein ganzes Leben hindurch für seine Ideen tätig und opferte ihnen seine gesamten Einkünfte. 1836 setzte er sich, achtzigjährig, in Moffat in Schottland zur Ruhe, wo er ein eigenes Haus besaß. Doch bereits am 26. Nov. des gleichen Jahres machte der Tod seinem arbeits- und erfolgreichem Leben ein Ende. *Zeitschr. d. Mitteleurop. Motorw.-Verein (1911) S. 486; Liv. Eng. 2 S. 430.* Hä.

MAC CORMICK, geb. 15. Febr. 1809 in Walnut Grove (Rockbridge County, Virginia), gest. 13. Mai 1884 in Chicago. Mac Cormicks Vater war Farmer und besaß in seinem Heimatort außer seiner Farm mechanische Werkstätten, Schmelzöfen und eine Sägemühle. Er hatte selbst an Erfindungen und besonders an dem Bau einer Mähmaschine gearbeitet, ohne damit besondere Erfolge erzielt zu haben. Trotz der väterlichen Warnung, nicht gleich ihm Zeit und Geld zu verschwenden, beschäftigte sich der Sohn mit außerordentlicher Beharrlichkeit mit der Konstruktion einer Erntemaschine. Im Jahre 1831 gelang es ihm schließlich, die erste Mähmaschine in Betrieb zu setzen, die er in der väterlichen Werkstatt gebaut hatte. Die wesentlichen Bestandteile der Maschine waren eine hin- und hergehende Schneideklinge, eine Plattform, um das fallende Korn aufzunehmen und ein Teiler, der das zu schneidende von dem zunächst stehenbleibenden Korn trennte. Durch rastloses Arbeiten zur Verbesserung der Maschine gelangte Mac Cormick im Jahre 1840 dahin, die erste Maschine zu verkaufen. Infolge der mit großer Ausdauer betriebenen Vervollkommnung der Maschine gelang es bald, den Absatz außerordentlich zu steigern. Während im Anfang nur 50 Mähmaschinen jährlich hergestellt und verkauft werden konnten, war diese Zahl 1847 auf 700, 1849 auf 1400 und am Ende des 19. Jahrhunderts auf 142 000 gestiegen. *Erf. u. Entd.; The Engineering Magazine 26 (1904) S. 831.* Gu.

MACINTOSH, Charles, geb. 29. Dez. 1766 in Glasgow, gest. 25. Juli 1843 in Glasgow, war der Besitzer einer großen chemischen Fabrik in Schottland. Seine Laufbahn als Schreiber beginnend, benutzte er seine Freizeit zu eifrigem wissenschaftlichem Studium und wandte sein besonderes Interesse auf eine gründliche chemische Ausbildung. Noch vor Beendigung seines 20. Lebensjahres gab er seinen eigentlichen Beruf auf, um sich der Herstellung von Chemikalien zuzuwenden. Es glückte ihm, verschiedene neue Entdeckungen auf diesem Gebiet zu machen. Seine Versuche mit einem Nebenprodukt des Teers führten ihn zu der Erfindung der wasserdichten Stoffe, deren Wesen auf der Verkittung von zwei Schichten Gummi beruht, das durch die Einwirkung des Naphtha löslich wird. Auf Grund seiner verschiedenen chemischen Erfindungen wurde er 1823 zum Mitglied der Royal Society erwählt. Er starb im 77. Lebensjahr in Glasgow. *Enc. Brit. 17 (1911) S. 250.* Ca.

MADERSPERGER, Joseph, geb. 6. Okt. 1768 in Kufstein, gest. 3. Sept. 1850 in Wien. Madersperger lernte das Schneiderhandwerk und ließ sich im Jahre 1795 als Schneidermeister in Wien nieder. Das Nähen, d. h. das mechanische Aneinanderreihen der Stiche, brachte ihn auf den Gedanken, eine Maschine zu konstruieren, die ihm diese Arbeit abnehmen sollte. Er machte aber zu Anfang den gleichen Fehler wie viele seiner Vorgänger und versuchte, die menschliche Hand durch einen kunstvollen Mechanismus zu ersetzen. Er benutzte hierzu eine von Weisenthal erfundene Sticknadel, die an beiden Enden eine Spitze hatte und das Öhr in der Mitte trug. Diese erste Maschine hatte einen großen Fehler; die Nadel faßte jeweils nur 45 cm Faden. War dieser aufgebraucht, so mußte man die Maschine anhalten und eine neue Nadel einlegen. Im Jahre 1814 hatte Madersperger seine Nähmaschine fertiggestellt. Er erkannte aber die Mängel dieser ersten Konstruktion sehr bald und war ständig bemüht, das Prinzip der Stichbildung zu verbessern. Eine neue, bedeutend vollkommenere Maschine hatte er im Jahre 1839 konstruiert, die zum erstenmal jene Art der Stichbildung aufwies, die auch die modernen Maschinen heute noch zeigen. Ein Modell dieser verbesserten Maschine schenkte Madersperger dem Polytechnischen Institut in Wien, wo sie ausgestellt ist. Madersperger gebührt der Ruhm, als erster das Prinzip der Fadenverschlingung und damit der Maschinennaht gefunden zu haben. Die eigentliche

Nähmaschine, wie wir sie heute kennen, wurde etwas später von Elias Howe erfunden. Einen materiellen Erfolg hatte Madersperger nicht; gänzlich verarmt starb er im Bürgerversorgungshaus zu Wien. *W. Köhler: Die deutsche Nähmaschinenindustrie (München 1913).* Wi.

MAFFEI, Joseph Anton Ritter und Edler von, geb. 4. Sept. 1790 in München, gest. 1. Sept. 1870 ebenda. Sein Vater, der Großhändler Peter Paul v. Maffei, betrieb in München ein Bankgeschäft und eine Tabakfabrik. Von Hauslehrern vorgebildet, erhielt Joseph Anton die weitere Ausbildung in Augsburg und Genf. Nach längeren Reisen durch Südfrankreich und Italien übernahm er 1815 die Leitung der väterlichen Tabakfabrik. Als Friedrich List sich für den Bau von Eisenbahnen einsetzte, griff auch Maffei diesen Gedanken auf. Nach dem im Jahre 1836 erfolgten Tode seines Vaters erwarb er den Lindauerschen Eisenhammer in München und beschloß unter dem Eindruck der aus England über den Dampfmaschinenbau eintreffenden Nachrichten als einer der ersten in Deutschland, eine Lokomotive zu bauen. Im Oktober 1841 konnte die Lokomotive, die vom König den Namen „Der Münchner" erhielt, die Werkstätte verlassen. Die Betriebsergebnisse dieser Lokomotive waren ausgezeichnet, so daß Maffei, durch diesen Erfolg angespornt, sein Werk bedeutend erweiterte und mit eigenem Walzwerk, Gießerei und Kesselschmiede ausstattete. Die folgenden Jahre brachten weitere Aufträge auf Lokomotiven für die Bayerischen Staatsbahnen, für die Pfälzischen Bahnen, für Hannover und Württemberg, Böhmen und die Lombardei. 1847 wurde der Bau von Dampfschiffen aufgenommen und zu diesem Zweck eine eigene Werft an den Ufern der Donau errichtet. Weiter baute Maffei in den nächsten Jahren Dampfmaschinen, Brücken usw. 1850 erhielt er bei dem Wettbewerb für eine Lokomotive für die Semmeringbahn den ersten Preis.

Bis ins hohe Alter blieb Maffei selbst die treibende Kraft des Werkes. Den Ausbau des Eisenbahnnetzes in Deutschland und besonders in Bayern hat er mit allen Kräften unterstützt. Neben vielen Ehrungen, die ihm von allen Seiten zuteil wurden, berief ihn das Vertrauen seiner Mitbürger zu zahlreichen Ehrenämtern im bürgerlichen Leben. Er verschied drei Tage vor seinem achtzigsten Geburtstage. *Nach Mitt. d. Firma.* Cr.

MAGIRUS, Conrad Dietrich, geb. 26. Sept. 1824 in Ulm, gest. 26. Juni 1895 ebenda. Zum Kaufmann bestimmt, übernahm er nach einer vierjährigen Lehrzeit im Jahre 1846 das väterliche Geschäft in seiner Heimatstadt. Als Turnwart wurde er Mitbegründer der Ulmer Feuerwehr, und hier fand er die Anregungen, durch die er zum Begründer des neuzeitlichen Feuerlöschwesens überhaupt wurde, da er dies Gebiet allmählich zu seinem Hauptberuf machte. Magirus erfand eine Anzahl zweckmäßiger feuerwehrtechnischer Geräte (Magirusleitern) und erwarb sich durch die Organisation der Feuerwehren große Verdienste um das Löschwesen. Er legte den Grund zu der Ulmer Fabrik für Löschgeräte C. D. Magirus. Großen Erfolg hatte er in seiner umfangreichen literarischen Tätigkeit mit der Herausgabe seines Hauptwerkes über das Feuerlöschwesen (1877) zu verzeichnen.

Beseelt von glühender Begeisterung für alles Schöne und Edle, treu in großen wie in kleinen Dingen, erwarb er sich in seinen zahlreichen Ehrenämtern durch rastlosen Fleiß, durch Sachlichkeit und Klarheit stets allgemeine Anerkennung und fand immer noch Zeit zu seiner eigenen Weiterbildung, besonders in Naturwissenschaften und Geschichte. Auszeichnungen aller Art blieben ihm nicht versagt. *Nach Mitt. d. Firma.* Schu.

MAGNUS, Heinrich Gustav, geb. 2. Mai 1802 in Berlin gest. 4. April 1870 in Berlin. Er war der vierte von sechs Söhnen eines Berliner Handelsherrn, der sowohl ihm wie seinen anderen Kindern eine ausgezeichnete Erziehung geben ließ. Magnus besuchte das Friedrich-Werdersche Gymnasium und vollendete, seinen naturwissenschaftlichen Neigungen folgend, seine Schulbildung in dem Cauerschen Privatinstitut.

Von 1822 bis 1827 widmete er sich an der Universität Berlin dem Studium der Naturwissenschaften, besonders der Chemie, Physik und der Technologie. Er hatte hier ausgezeichnete Lehrer, wie Erman, Mitscherlich, Rose u. a. Seine Ausbildung vollendete er in Stockholm bei Berzelius und in Paris bei Dulong, Thénard und Gay-Lussac.

1831 habilitierte er sich in Berlin für Technologie, später auch für Physik, wurde 1834 außerordentlicher und 1845 ordentlicher Professor und bereits neun Jahre nach seiner Habilitation, erst 38 Jahre alt, Mitglied der Akademie der Wissenschaften. Zu gleicher Zeit lehrte er auch Physik an der Artillerie- und Ingenieurschule und von 1850 bis 1856 Technologie an dem Gewerbeinstitut.

Lange Zeit hielt er seine Vorlesungen in seinem eigenem Hause und aus eigenen Mitteln ab. Auch später führte er alle wesentlichen Arbeiten noch im eigenen Hause aus, zum Teil unter Mitwirkung seiner Schüler. Fast 45 Jahre lang konnte er ungestört seine Arbeiten durchführen, bis eine schwere Erkrankung ihn 1870 hinwegraffte.

Magnus war ein ausgezeichneter Lehrer, glänzender Experimentator und genialer Forscher.

Einige seiner frühesten chemischen Arbeiten betrafen die Verbindung des Platinchlorürs mit Ammoniak, das sog. grüne Magnussche Salz, ferner das Tellur, Selen und verschiedene Mineralien.

Organisch-chemische Untersuchungen ließen ihn zwei neue Säuren, die Äthionsäure und die Koäthionsäure auffinden. Die physiologische Chemie förderte er durch eine wichtige Arbeit über die Blutgase, die zwei Jahrzehnte lang als das beste galt, was man über den Atmungsvorgang wußte. Durch seine Arbeiten über die Oxydation von Schwefeldioxyd in Gegenwart von Platin wurde er einer der Vorläufer von Winckler und Knietsch, den Erfindern des Schwefelsäure-Kontaktverfahrens.

Seine Hauptlebensarbeit war der Physik gewidmet, deren sämtlichen Teilen er seine Aufmerksamkeit zuwandte. Er machte auf die auffallend große Diffusionsgeschwindigkeit des Wasserstoffs aufmerksam, baute Savards hydrodynamische Arbeiten aus und stellte bedeutsame Untersuchungen über die Abweichung der Geschosse an. Die von ihm beobachteten Strömungsverhältnisse an rotierenden Körpern, der sog. Magnus-Effekt, haben im Flettner-Drehturm heute ihre Auferstehung gefeiert. Das Beharrungsvermögen dieser Körper verbildlichte er in einem besonderen Apparat, der unter dem Namen Polytrop Eingang in alle physikalischen Institute gefunden hat. Auf dem Gebiete der Elektrizitätslehre sehen wir ihn am Ausbau der Induktionsgesetze, der Thermoelektrizität und der Elektrolyse beschäftigt.

Die Wärmelehre hat Magnus Zeit seines Lebens am meisten angezogen. Hierhin gehört sowohl seine Erstlingsarbeit über das Maximumthermometer und die Wärmemessung in Bohrlöchern wie seine letzte Abhandlung über die Wärmestrahlung rauher Oberflächen. Mit dem von ihm gebauten Geothermometer stellte er die Wärmezunahme bei wachsender Tiefe von Bergwerken und Bohrlöchern fest. Den Vorgang des Siedens von Wasser und von Salzlösungen studierte er eingehend in bezug auf die Dampftemperaturen, Spannkraft und Energieaufwand.

Seine bedeutsamsten Arbeiten behandeln die Ausdehnung der Luft beim Erwärmen und die Spannkraft des Wasserdampfes. Diese Untersuchungen wurden zu gleicher Zeit auch von Regnault angestellt, ohne daß die beiden Forscher voneinander wußten. Beide Gelehrten konnten die gewonnenen wichtigen Ergebnisse einander bestätigen. Magnus begann seine Arbeiten mit einer kritischen Untersuchung der Ergebnisse seiner Vorläufer Gay-Lussac, Rudberg und Dalton. Er konnte nachweisen, daß die scheinbar gleichen Zahlenwerte in Wirklichkeit ziemlich weit auseinander lagen. Das Ergebnis seiner eingehenden Experimentaluntersuchungen war, daß die Ausdehnung $1/273$ des Volumens je Grad Temperaturerhöhung war. Für Wasserstoff fand er einen etwas geringeren Wert, für Kohlensäure und besonders für schweflige

Säure aber höhere Werte. Regnault bestätigte diese Angaben. Gleiche Genauigkeit erzielte Magnus bei seinen klassischen Untersuchungen der Spannkraft des Wasserdampfes zwischen — 6⁰ und +104⁰.

Später beschäftigte Magnus sich mit den wichtigen Messungen der Leitung und Strahlung von Wärme in Gasen. Auch diese Versuche wurden gleichzeitig, aber nach einer anderen Methode, von Tyndall angestellt und brachten dieselben Ergebnisse wie Magnus' Arbeiten. Nur in bezug auf den Einfluß des Feuchtigkeitsgehaltes der Luft wichen die Ergebnisse voneinander ab, da Tyndall bei feuchter Luft 15 bis 60fache Absorption der Wärme feststellen konnte. Eine interessante Kontroverse schloß sich hieran an, in der Magnus alle Schärfe seines Geistes aufwandte bei unerbittlicher Kritik an der eigenen Arbeit und voller Würdigung der Leistung des Gegners. Er hat ihren Ausgang nicht erlebt, und jahrzehntelang hat die Aufklärung auf sich warten lassen. *ADB 20 (1884) S. 77; Abhandlungen der Kgl. Akademie d. Wissenschaften (Berlin 1871) S. 1; Z 69 (1925) S. 9.* Sa.

MAJERT, Hermann, geb. 14. Aug. 1840 in Duisburg, gest. 25. Febr. 1924 in Piesteritz, Bezirk Halle, war der ehemalige Leiter der Siegener Maschinenbau-A.-G., vormals A. & H. Oechelhaeuser. Er entstammte einer niederrheinischen Kaufmannsfamilie und empfing seine Vorbildung auf dem Gymnasium zu Duisburg, der Gewerbeschule in Hagen und der Gewerbeakademie in Berlin, die er 1861 bezog. Er war von 1864 bis 1869 Konstrukteur und Betriebsingenieur der Georgs-Marienhütte in Osnabrück, übernahm dann im Alter von 29 Jahren die Leitung der Sundwiger Eisenhütte, wurde 1877 Direktor des Eisenwerkes Thale und leitete von 1880 bis 1882 die Maschinenfabrik Englerth & Küntzer in Eschweiler. 1882 wurde er als Nachfolger von Theodor Peters Mitglied des Direktoriums der Siegener Maschinenbau-A.-G., vormals A. & H. Oechelhaeuser in Siegen.

Majerts Bedeutung liegt vor allem auf den Gebieten des Großmaschinenbaues und der Dampfwirtschaft. Er hat grundlegende Verbesserungen an Walzwerk- und Fördermaschinen geschaffen und den Gedanken des Schnellpumpenbaues in die Praxis umgesetzt. Seine eifrigen Bemühungen trugen mit dazu bei, daß man um 1880 den Winddruck der Gebläsemaschinen von 0,5 auf etwa 1,0 at und die angesaugte Luftmenge von 400 cbm auf 1200 cbm erhöhen konnte. Majert erkannte schon um die Jahrhundertwende als einer der ersten die Bedeutung der Großgasmaschine für den Hüttenbetrieb. Insbesondere schätzte er schon zu jener Zeit die Vorzüge der Zweitaktanordnung richtig ein. *Z 68 (1924) S. 646; St. u. E. 44 (1924) S. 424.* Sa.

MALLET, Anatole, geb. 1837, gest. Okt. 1919, war geborener Schweizer, wurde jedoch in der Normandie erzogen und studierte 1855 bis 1858 an der École Centrale des Arts et Manufactures in Paris. Er beschäftigte sich in seiner anfänglichen Berufstätigkeit auf dem Gebiete des Eisenbahnwesens, war ferner an den Vorarbeiten für den Suezkanal und an den Hafenbauten in Italien beteiligt. Im Jahre 1867 wandte er sich dem Dampfmaschinenbau zu, und zwar der Ausbildung von Verbundmaschinen. Seit 1872 widmete er sich der Anwendung der Verbundwirkung bei Dampflokomotiven; vier Jahre später wurde die erste Verbundlokomotive seiner Bauart auf der Bahn von Bayonne nach Biarritz in Betrieb genommen. Die weitere Ausbildung von Verbundlokomotiven für immer größere Leistungen führte ihn zur Schaffung der nach ihm benannten gegliederten Lokomotive mit zwei Maschinendrehgestellen und beweglichen Dampfleitungen, deren größte Ausführungen in Amerika auf Gewichte von mehr als 300 t gekommen sind und Züge von 5000 t befördern können. Literarisch war Mallet insbesondere als Fachberichterstatter des Bulletin de la Société des Ingénieurs Civils de France ohne Unterbrechung von 1880 bis 1918 tätig. *Z 64 (1920) S. 23.* Dr.

MANNESMANN, Reinhard, geb. 13. Mai 1856 in Remscheid, gest. 20. Febr. 1922 ebenda. Sein Vater besaß eine Werkzeugfabrik. Nach Ablegung der Reifeprüfung in Düsseldorf studierte Mannesmann auf dem Polytechnikum zu Hannover Maschinenbaukunde und Chemie und befaßte sich dann auf der Berliner Gewerbeakademie, der Bergakademie und der Universität mit Maschinen- und Hüttenwesen, worauf er als 21jähriger die berg- und hüttenmännische Prüfung bestand. Seine zusammen mit seinem Bruder Max 1885 gemachte Erfindung der nahtlos gezogenen Röhren, der sogenannten Mannesmannröhren, führte zur Gründung der Mannesmann-Röhren-Werke Düsseldorf, die sich bald zu einer bedeutenden Industriegruppe entwickelten. Um sich anderen Aufgaben zuzuwenden, schied Mannesmann bereits Mitte der neunziger Jahre aus dem Unternehmen aus. Großen Anteil hatte er auch an der Ausbildung des Hängeglühlichts.

Seit 1907 widmete sich Mannesmann der wirtschaftlichen und industriellen Erschließung Marokkos, indem er die von ihm entdeckten großen Erz- und Bodenschätze dieses Landes der deutschen Industrie nutzbar machen wollte. Schon hatte er über 2000 Bergwerkszugeständnisse erhalten, als die argwöhnischen Großmächte sich einmischten und die Berggerechtsame sehr beschnitten, um nicht den wichtigsten Teil des Bergbaues in deutschen Händen zu wissen. Ebenso bedeutend wie seine technische Tätigkeit war seine kolonisatorische Arbeit in Marokko: 14 Handelsgesellschaften rief er ins Leben und erwarb umfangreiche Ländereien zu Kulturzwecken. Auch auf das Innere des Landes dehnte sich seine Pionierarbeit aus, und er unternahm Expeditionen nach Gebieten, die vorher kein Europäer betreten hatte. Der Ausgang des Weltkrieges brachte diese seine großzügigen Pläne zum Scheitern. Nicht darf das schöne Familienleben übergangen werden, das, gepaart mit deutschem Familiensinn und großer Herzensgüte, in seinem Hause in vorbildlicher Weise anzutreffen war. *Z 66 (1922) S. 519; St. u. E. 42 (1922) S. 443.* Schu.

MANNHARDT, Johann, geb. 31. Aug. 1798 in Bürstling b. Gmund, gest. 25. Aug. 1878 in München. Als Sohn eines Zimmermanns, der früh starb, wuchs er in sehr ärmlichen Verhältnissen auf, besuchte vom zehnten Jahre an, seit er bei Verwandten im Nachbardorf wohnte, ab und zu die Schule und hütete Ziegen und Kühe. Nur das von seinem Vater hinterlassene Werkzeug, das er überall mit sich führte, gab ihm die Mittel, seinem Schaffenstrieb freien Lauf zu lassen. In seinen Mußestunden fertigte er Holzschuhe, flickte, zimmerte und baute an Alpenhütten, Ställen und Gerätschaften seiner Bauern herum und war unausgesetzt tätig. Zufällig kam er in Gmund in die Werkstatt eines Uhrmachers, und seine lebhaften Fragen veranlaßten den Meister Deisenrieder, ihn als Lehrling zu sich zu nehmen, ohne daß er Lehrgeld von ihm verlangte. Mit 15 Jahren trat er in die Lehre ein und hatte nun endlich Gelegenheit, sich ganz seinen Neigungen entsprechend zu betätigen. Nachdem er Geselle geworden war und seine Geschicklichkeit bekannt war, hatte er Gelegenheit, den ganz darniederliegenden Betrieb einer Großuhrmacherei und Schlosserei als Werkführer wieder aufzubauen. Er beschäftigte sich hier außer mit der Uhrmacherei mit allen möglichen mechanischen Arbeiten, deren Ausführungen Zeugnis von seinem Genie ablegen. Durch einen günstigen Zufall lernte ihn der General-Mauth-Direktor von Miller aus München kennen, der ihn fortan mit Rat und Tat förderte. Auf Veranlassung von Millers brachte Mannhardt seine für Egern gebaute Turmuhr 1826 zur Ausstellung nach München und erntete damit unbeschränkte Anerkennung, die in einer Aufforderung zur Niederlassung in München gipfelte. 1827 zog er dorthin und begann nun seine vielseitige Tätigkeit, die sich schwer in ihren verschiedenen Bahnen verfolgen läßt. Plombiermaschinen, einen eisernen Dachstuhl für die Pinakothek, Lithographiepressen, Ölmühlen, ein Hammerwerk für die Maffeische Maschinenfabrik gingen u. a. aus der Werkzeugmaschinenfabrik hervor, die er seit 1844 in seinem Besitz hatte. Seine im Jahre 1862 veröffentlichte Preisliste enthielt 62 Nummern, unter denen sich Hobelmaschinen, Räderschneidemaschinen, Pressen,

Drehbänke, Fahrkartendruckmaschinen, Datumpressen und Werkzeuge und Maschinen für den Eisenbahnbau finden. Sein Lieblingsgebiet aber blieb die Uhrenfabrikation, und die Erfindung einer Uhr mit freischwingendem Pendel war von hervorragender Bedeutung. Seine Uhren wanderten in alle Teile der Welt. Über 1300 Großuhren sind in seiner Werkstatt gefertigt worden, von denen die Domuhr in München, die Rathausturmuhr in Fürth und die Uhr im Rathause von Berlin besondere Erwähnung verdienen. Obwohl der Wert der von ihm verkauften Maschinen und Uhren Millionen betragen hat, hat er keine geldlichen Erfolge gehabt. Ungeheure Verluste brachten ihn um alles, was er durch mühsame Arbeit errungen hatte. Seine Gattin und sein einziger Sohn starben vor ihm. Durch seine rastlose Arbeit überwand der geniale Mann die Sorgen und den Kummer. *Allgem. Journal d. Uhrmacherkunst 1893/1894.* De.

MANNLICHER, Ferdinand Ritter von, geb. 30. Jan. 1848 in Mainz, gest. 20. Jan. 1904 in Wien. Nach Vollendung seiner technischen Studien trat er als Ingenieur in die Dienste der Kaiser-Ferdinands-Nordbahn in Wien, in deren Verband er bis zum Jahre 1886 wirkte. Schon in den siebziger Jahren befaßte sich Mannlicher vielfach mit Gewehrtechnik. Er war in halbamtlicher Eigenschaft dem k. u. k. militärtechnischen Komitee in Wien beigegeben und führte unter Mitarbeit des damaligen Generaldirektors der Österreichischen Waffenfabrikgesellschaft in Steyr, Josef Werndl, sowie des späteren Direktors der genannten Waffenfabrik, Josef Schönauer, eine Reihe gelungener Neuerungen auf dem Gebiete des Repetiergewehres durch. Mannlichers Geradezugverschluß fand bei dem österreichischen Gewehrmodell Muster 1886, aus dem sich das heute noch in Österreich angewandte Muster 95 entwickelte, Anwendung. Das Gewehr fand im Jahre 1888 und in den darauffolgenden Jahren auch Eingang in Deutschland, Bulgarien, Italien, Rumänien, der Schweiz und in verschiedenen außereuropäischen Ländern. Im Verein mit Direktor Schönauer der Waffenfabrik in Steyr entwarf Mannlicher späterhin den Mannlicher-Schönauer Gewehrverschluß, der auch heute noch eine der am meisten angewandten Bauweisen darstellt. Hauptsächlich wird dieser Verschluß bei den von der Waffenfabrik in Steyr erzeugten Mannlicher-Schönauer Jagdgewehrstutzen benutzt. Im Jahre 1899 wurde Mannlicher in das Österreichische Herrenhaus berufen. *Mitt. d. Generaldirektion d. Österr. Waffenfabriks-Gesellschaft.* Bk.

MARCELLINUS, Ammianus, geb. um 330 n. Chr. in Antiochia, trat früh in das römische Heer, machte unter seinem Lieblingshelden Kaiser Julian mehrere Feldzüge im Orient und Occident mit und lebte seit 371 wieder in Antiochia, zuletzt in Rom den Wissenschaften. Er schrieb um 390 die Geschichte des römischen Staates vom Jahre 96 bis 379 n. Chr., eine Fortsetzung des Tacitus, von der die dreizehn ersten Bücher leider verloren gegangen sind. Erhalten sind von dem „res gestae" betitelten Werk nur die Bücher, die die Jahre 353 bis 378, also die Zeit des Verfassers schildern und für die Geschichte dieser Zeit die wichtigste Quelle sind. In diesem Werk beschreibt Marcellinus als erster u. a. den „Onager", den Nachfolger der Ballisten.

Wegen der Wahrheitsliebe des Verfassers, der den geschilderten Ereignissen vielfach nahe gestanden hatte, sind diese Aufzeichnungen von großem Wert. Die Sprache ist überladen und oft schwer verständlich. *Beitr. 3 (1911) S. 163.* Ca.

MARGGRAF, Andreas Sigismund, geb. 3. März 1709 in Berlin, gest. 7. Aug. 1782 in Berlin, war der Sohn des Hofapothekers Marggraf, der ihn zu seinem Nachfolger bestimmte. Er besuchte das Collegium medico-chirurgicum unter der Leitung Neumanns und erlangte eingehende chemische Kenntnisse auf den Universitäten Frankfurt an der Oder, Straßburg und Halle. In Sachsen und dem Harz beschäftigte er sich mit dem Bergbau und kehrte 1735 nach Berlin zurück. Bereits drei Jahre später wurde er Mitglied der Kgl. Akademie der Wissenschaften, die ihm 1754 ein Haus mit Laboratorium zur Verfügung stellte und ihn 1760 zum Direktor ihrer physikalisch-mathematischen Klasse erwählte.

Marggraf war Zeit seines Lebens treuer Anhänger der Phlogistontheorie Stahls gewesen, der ersten chemischen Theorie, die wissenschaftlichen Forschungen überhaupt eine Arbeitsgrundlage bot und die trotz ihrer Überwindung durch Lavoisier in vielen Beziehungen neueren Anschauungen wieder nahesteht.

Eine der ersten Arbeiten Marggrafs war dem Phosphor gewidmet. Er lehrte, ihn aus eingedicktem gefaultem Harn mittels Chlorblei, Sand und Kohle durch Glühen in größeren Mengen darzustellen. Durch seine Verbrennung erhielt er das Phosphorsäureanhydrid, aus ihm verschiedene Phosphorsäuren, deren Wesen er richtig erkannte und aus denen er wieder den Phosphor isolierte. Er wies auch nach, daß der phosphorhaltige Bestandteil des Harnrückstandes aus Salzen der Phosphorsäure besteht, und stellte sie auch aus demselben in reiner Form dar. Er fand, daß diese Salze zu einem Glase schmelzen, das Metallkalke (= Metalloxyde) mit verschiedenen Farben auflöst, d. i. also die Phosphorsalzperle des chemischen Laboratoriums. Marggraf erkannte auch, daß der Phosphor nicht im Körper gebildet wird, sondern mit der Pflanzennahrung aufgenommen wird. Er wies dies an vielen Pflanzenaschen nach. Er ist auch der Entdecker der Metallphosphide und des Schwefelphosphors.

Bei Übertragung der bei der Phosphorsäure bewährten Arbeitsmethode auf die rauchende Schwefelsäure entdeckte er das Schwefelsäureanhydrid, ferner aus Salpetersäure die Untersalpetersäure und aus Salzsäure das Chlorwasserstoffgas, das er irrtümlich für ein Säureanhydrid hielt.

Den Unterschied zwischen Kalium- und Natriumverbindungen klärte er auf durch die verschiedene Flammenfärbung, die abweichende Kristallform der Nitrate, die verschiedene Löslichkeit der Sulfate. Er fand viele Reaktionen der Alkalisalze auf und wies nach, daß die Alkalien nicht Produkte des Pflanzenreichs seien oder bei Glühhitze entstehen, sondern daß sie in den Ausgangsmaterialien und der Ackererde bereits vorhanden sind.

Durch Zerlegung des Serpentinsteines fand er eine neue „Erde" und stellte aus ihr das längst bekannte Sulfat, das Bittersalz und eine Reihe anderer Salze dar. Desgleichen wies er Magnesia nach im Speckstein, Talk, Asbest und Nephrit. Chlormagnesium fand er in den Kochsalz-Mutterlaugen wieder.

Als eine neuartige Erde, die Ton- oder Alaunerde, stellte er den aus Alaunlösung mittels Alkalien hergestellten Niederschlag fest. Er zeigte ihre Verbindungsfähigkeit und fand auch, daß sie in Verbindung mit Kieselsäure den Ton bildet. Umgekehrt stellte er Tonerde aus Ton und Schwefelsäure dar. Er wies Tonerde im Lapis-lazuli-Steine nach, den er auch richtig analysierte.

In vielen Arbeiten klärte er die Natur der Leuchtfarben auf und wies nach, daß sie Sulfide der Erdmetalle sind und durch Reduktion der Sulfate dargestellt werden können. Die chemische Identität von Gips, Marienglas und schwefelsaurem Kalk wies er nach. Auf die Bildung von Mineralien und mineralischen Wassern zog er richtige Schlüsse. Er führte die qualitative und quantitative Analyse von Wasser ein und benutzte dabei zum erstenmal die Methode, zum Nachweis von Eisen das Blutlaugensalz zu benutzen. Das destillierte Wasser führte er in die Analyse ein.

Viel verdanken wir Marggraf in der Erforschung der Metallverbindungen. Er stellte viele Salze des Platins, Goldes, Silbers und Quecksilbers her, schuf das Fabrikverfahren, aus Galmei und Kohle Zink herauszudestillieren. Die Chemie des Zinks, Zinns und Eisens baute er aus.

Nicht minder erfolgreich als auf anorganischem war Marggraf auf organischem Gebiete. Er isolierte viele ätherische Öle, stellte aus Bernsteinöl und Salpetersäure künstlichen Moschus dar, gab ein Verfahren an, Kampfer mittels

Kalk zu raffinieren und entdeckte die Ameisensäure, deren Charakter er erkannte. Er fand ferner, daß der Farbstoff des Waids mit Indigo identisch ist und in einem Parasiten der Pflanze wiederkehrt.

Berühmtheit hat Marggraf durch die Entdeckung des Zuckers in der Rübe erlangt. Er zog ihn mittels Alkohol aus den getrockneten Wurzeln heraus und wies ihn auch mikroskopisch nach. Nachweislich ist dies auch der Anfang der mikrochemischen Wissenschaft unserer Tage. Er gab auch ein Verfahren an, den Zucker im großen aus Rüben zu gewinnen.

Marggraf hatte das Talent, scharf zu beobachten und sichere Schlüsse zu ziehen. Er trat nach außen wenig hervor und ging ganz in seiner Wissenschaft auf. Allmählich wurde er in ganz Europa bekannt und erweckte auch das Interesse seines Königs Friedrich II. Trotz zarter Gesundheit arbeitete er bis in sein 65. Lebensjahr, bis ihn ein Schlaganfall lähmte. Er starb nach langer Krankheit 8 Jahre später. *E. v. Meyer: Gesch. d. Chemie (Leipzig 1919) S. 108; v. Lippmann: Zur Gesch. d. Naturwissenschaften (Leipzig 1906) S. 275.* Sa.

MARIOTTE, Edme, geb. um 1620 zu Bourgogne, gest. 12. Mai 1684 zu Paris. Er trat frühzeitig in den geistlichen Stand und war später Prior zu St. Martin sous Beaume bei Dijon. Bei der Stiftung der Pariser Akademie der Wissenschaften im Jahre 1666 wurde er deren Mitglied. Er beschäftigte sich vornehmlich mit der Untersuchung der physikalischen Verhältnisse ruhender und bewegter Wassermengen und dem Widerstande der Röhren und Behälter gegen die Beanspruchung durch inneren Druck. Er untersuchte die Verhältnisse bei Gasen unter Druck und fand das Gesetz, daß sich die Volumina umgekehrt verhalten wie die Drucke. Später fand sich, daß dieses Gesetz schon 10 Jahre zuvor durch den Engländer Boyle gefunden war. Die Berichte über seine sorgfältig und gewissenhaft angestellten Versuche über auch technisch wichtige Gebiete der mechanischen Physik, durch die er sich große Verdienste erworben hat, veröffentlichte er zuerst 1676 in seinem Werke „Essai de la nature de l'air". Später folgten die Untersuchungen über Hydrostatik und Hydraulik in der 1686 erschienenen Abhandlung „Traité du mouvement des eaux et des autres corps fluides", in den Memoiren der Pariser Akademie von 1666 bis 1699 und in den Oeuvres de Mariotte, Leyden 1717. Von diesem Werke übersetzte Dr. Meinig in Leipzig die 1723 erschienenen „Grundlehren der Hydrostatik und Hydraulik" und hierin findet man auch die ersten beachtenswerten Angaben über das Messen der Bewegung des Wassers in Röhren und über den Stoß bewegten Wassers. Auch der Bruchwiderstand prismatischer Stäbe ist hier behandelt. Der experimentelle Nachweis, der auch von anderen, z. B. Wren, Huygens, theoretisch gefundenen esetze und ihre Auswertung brachten seine Arbeiten zu klassischem Ansehen. *Gesch. Mech.; Hist. méc.* De.

MARTENS, Adolf, geb. 6. März 1850 in Bakendorf b. Hagenow (Mecklenburg), gest. 24. Juli 1914 in Berlin. Als Sohn des Gutspächters Friedrich Martens wuchs er in durchaus ländlicher Umgebung auf, und die Landschaft seiner Heimat und seine plattdeutsche Muttersprache blieben zeitlebens die Vertrauten seiner Mußestunden. Nach dem Besuche der Realschule in Schwerin arbeitete er praktisch in der Maschinenfabrik von Brockelmann und besuchte als Maschinenbauer für drei Jahre die Gewerbeakademie Berlin. Von 1871 bis 1880 war er als Ingenieur bei der Ostbahn in Bromberg und beim Eisenbahnbetriebsamt Berlin-Blankenheim tätig. Hier beschäftigte er sich mit Brückenbau, Eisenkonstruktionen, Materialabnahmen, Materialprüfung und kam in Fühlung mit der Eisenindustrie. Von 1880 bis 1884 war er als Assistent bei Prof. Consentius an der Kgl. Technischen Hochschule zu Charlottenburg tätig und widmete sich hier vornehmlich dem Material-Prüfungswesen. 1884 wurde er Vorsteher der Kgl. Mechanischen Versuchsanstalt zu Charlottenburg und 1895 dort Direktor. Diese Anstalt entwickelte er aus kleinen Anfängen heraus zu dem jetzigen Staatlichen Materialprüfungsamte in Dahlem, das in allem bis in die geringsten Einzelheiten sein Werk ist. Martens' Hauptziel war die Förderung der Deutschen Industrie durch die Stärkung des Vertrauens der Verbraucher, auch der ausländischen, in die Güte der deutschen Erzeugnisse. Martens hat ein ungeheures Gebiet bewältigt und überall Grundlegendes geschaffen. Von den gröbsten technologischen Prüfungen bis zu den zartesten mikroskopischen Untersuchungen hat er alle Verfahren bis in den letzten Handgriff hinein durchgearbeitet, jede Vorrichtung und jede Maschine durchkonstruiert und geprüft. Eine außerordentliche Geschicklichkeit der Hände, verbunden mit einer seltenen Gründlichkeit in der Versuchsausführung befähigten ihn, auch mit den einfachsten Versuchseinrichtungen grundlegende Forschungsergebnisse zu erreichen. Schon 1878 begann Martens eine planmäßige mikroskopische Untersuchung der Metalle; seine Arbeiten auf diesem Gebiet haben ihn besonders im Auslande bekannt gemacht. In dem 1895 gegründeten Internationalen Verband für die Materialprüfungen der Technik übernahm Martens den stellvertretenden Vorsitz und 1897 im Deutschen Verband für die Materialprüfungen der Technik den Vorsitz. 1889 hatte er den Professortitel erhalten, seit 1892 war er Lehrer an der Technischen Hochschule zu Charlottenburg. 1905 wurde ihm der Titel eines Dr.-Ing. E. h. von der Technischen Hochschule zu Dresden verliehen, 1911 erhielt er die Grashof-Denkmünze des Vereines deutscher Ingenieure. Sein bedeutendstes Werk ist das „Handbuch der Materialienkunde für den Maschinenbau", das 1898 erschien; 1912 folgte, herausgegeben zusammen mit Prof. E. Heyn, der zweite Teil. In diesen beiden Bänden sind seine Arbeiten festgelegt, die besonders auf den Gebieten: Eichung der Prüfmaschinen mit Kontrollstäben, Feinmessungen mit Spiegelapparaten, Kraftmessung mit Meßdosen unerreicht dastehen. *St. u. E. 34 (1914) S. 1393; Dt. Bauz. 48 (1914) S. 597; ETZ 32 (1911) S. 699; Z 58 (1914) S. 1369.* De.

MARTIN, Pierre, geb. 1824, gest. 26. Mai 1915 in Fourchambault (Nièvre). Mit seinem Vater Emile war er in einem Stahlwerk in Sireuil (Südfrankreich) tätig, das sich besonders mit der Herstellung von hartem Gewehrstahl befaßte. Sein auf Réaumur (1722) zurückgehendes Verfahren, durch Zusammenschmelzen von Roheisen mit Stahlschrott oder Eisenoxyden oder mit beiden Flußeisen bzw. Flußstahl zu erzeugen, konnte erst Erfolg haben, als er mit dem Deutschen Wilhelm Siemens in Verbindung trat und einen nach dessen Angaben gebauten Regenerativflammofen benutzte, der die notwendigen hohen Herdtemperaturen zur Erhaltung des kohlenstoffarmen Bades in flüssigem Zustande ermöglichte. In einem Siemensofen von 1 t Fassung erschmolz Pierre Martin am 8. April 1864 in Sireuil den ersten Herdstahl. Martin Vater und Sohn erhielten am 28. Juli 1865 in England und Frankreich das erste Patent; Wilhelm Siemens erfuhr erst im Herbst desselben Jahres von diesen Erfolgen. Der Streit über die Bedeutung der Anteile beider Familien an der Erfindung ist viele Jahre hindurch geführt worden, obgleich 1868 eine Einigung zwischen Pierre Martin und Wilhelm Siemens erfolgt war. Trotz seiner bedeutungsvollen Erfindung geriet Pierre Martin in Vergessenheit und Armut. Man entdeckte ihn 1910, alt und in ärmlichsten Verhältnissen in einer Pariser Vorstadt lebend. Die gesamte Eisenindustrie Europas spendete ihm damals eine Ehrengabe, die ihm am 9. Juli 1910 vor einer Versammlung von Vertretern der gesamten Eisenindustrie der Welt neben einer Pierre-Martin-Medaille feierlich überreicht wurde. Sie ermöglichte es ihm, die letzten 5 Jahre seines Lebens sorgenfrei zuzubringen. Kurz vor seinem Tode verlieh ihm noch das Iron and Steel Institute die Bessemermedaille. *St. u. E. 30 (1910) S. 1206, 35 (1915) S. 593; Z 59 (1915) S. 516; Beitr. 11 (1921) S. 207; Beitr. 11 (1921) S. 207; 13 (1923) S. 146.* Lo.

MASSENEZ, Josef, geb. 26. Dez. 1839 in Grünstadt i. d. Rheinpfalz, gest. 23. Dez. 1923 in Wiesbaden. Sein

Vater, Professor am Progymnasium seiner Vaterstadt, ließ seinen Sohn das Gymnasium in Speyer besuchen und schickte ihn dann auf die Universität München zum Studium der Rechtswissenschaften. Nach einigen Semestern sattelte Josef Massenez aber um und widmete sich in Leoben unter Tunners Leitung dem Berg- und Hüttenfach. Nach Beendigung seiner Studien fand er seine erste Anstellung in Ruhrort, wo er mit August Servaes zusammen arbeitete. Dann kam er zur Niederrheinischen Hütte in Duisburg-Hochfeld und Anfang der siebziger Jahre nach Nadja Hunya bei Kalau in Siebenbürgen, wo er eine Hochofenanlage baute. Infolge schwerer Malariaerkrankung mußte er das Klima wechseln und ging zunächst nach Salzgitter im Harz, von da 1874 nach Hörde in die Leitung des Hörder Bergwerk- und Hüttenvereins. Ende August 1891 verließ er diese Stellung, um nach Wiesbaden überzusiedeln, wo er weiter mit der Industrie in engster Verbindung blieb.

In Hörde erwarb er für den Hörder Verein zusammen mit den Rheinischen Stahlwerken die Thomasschen Patente der Flußeisenerzeugung in der basischen Birne für Deutschland und Luxemburg. In Hörde wurde am 22. Sept. 1879 der erste Thomaseinsatz erblasen. An der Verbesserung des Verfahrens und der Einführung seiner Erzeugnisse in Industrie und Landwirtschaft (Thomasschlacke) hat Massenez den größten Anteil. 1885 gründete er die Europäische Wassergas-A.-G. zur Einführung des Wassergases. Anfang der neunziger Jahre betrieb er von Wiesbaden aus die Einführung des Roheisenmischers und die Mischerentschwefelung bei den europäischen Hüttenwerken. Bekannt ist seine Mitarbeit mit Ehrhardt bei dessen Verfahren zum Herstellen nahtloser Rohre. Er ist Mitgründer der Rheinischen Metallwaren- und Maschinenfabrik in Düsseldorf und veranlaßte die Ausbeutung der nordspanischen phosphorhaltigen Eisenerzlager. Auch im kommunalen, im Wirtschafts- und Vereinsleben hat Massenez sich rege beteiligt. 1909 wurde er von der Technischen Hochschule Charlottenburg zum Dr. Ing. E. h. ernannt. *St. u. E. 44 (1924) S. 216.* Lo.

MATHESIUS, Johann, geb. 24. Juni 1504 zu Rochlitz in Sachsen, gest. 8. Okt. 1565 zu Joachimsthal in Böhmen. Als Sohn armer Eltern war er von 1518 bis 1521 Zubußeinnehmer auf einer Zeche, dann wandte er sich als fahrender Schüler nach Nürnberg und weiter nach Ingolstadt, wo er die Universität besuchte. Bis 1525 war er in München am Kurfürstlichen Hofe in einer Bibliothek beschäftigt, 1526 finden wir ihn als Erzieher in Odelshausen (Oberbayern), 1528 in Fürstenfeldbruck bei Plan in Böhmen. An diesen beiden Orten hatte er Schriften Luthers studiert und sich darauf entschlossen, seine Studien in Wittenberg fortzusetzen. 1530 ging er als Schulgehilfe nach Altenburg, 1532 wurde er als Rektor an die Lateinschule nach Joachimsthal berufen, wo er Luthers Katechismus einführte. Entscheidend für sein späteres Leben wurde der Umstand, daß ihn der Geschworene Matthes Sax aus Dankbarkeit für den seinen Kindern erteilten Unterricht zum Mitgewerken auf seinen fündigen Zechen machte. Hierdurch wurde Mathesius in den Stand gesetzt, seine abgebrochenen Studien in Wittenberg wieder aufzunehmen und zu beenden. Hier schloß er innige Freundschaft mit Luther und Melanchthon.

1541 wurde Mathesius als Prediger nach Joachimsthal berufen. Welchen hohen Ansehens er sich hier erfreute, beweist am besten der Umstand, daß bei seiner Vermählung im Jahre 1542 die Grafen Hieronymus und Joachim Schlick und der Schlicksche Hauptmann Heinrich von Könneritz seine Trauzeugen waren. 1545 wurde Mathesius Pfarrer in Joachimsthal.

Angeregt durch das lebhafte bergmännische Treiben in der aufblühenden Bergstadt, im besonderen wohl auch durch Agricolas Schriften, machte er sich aufs engste vertraut nicht nur mit der Bergtechnik seiner Zeit, sondern auch mit der Geschichte des Bergbaues, er kannte nicht nur die Arbeit des Hüttenmannes, des Münzers und Glasmachers, sondern auch das Tun und Treiben der Bergleute in den Gruben.

In seinem berühmten Buche „Sarepta oder Bergpostille" sind 17 Predigten enthalten, die Mathesius in den Jahren 1553 bis 1562 bei bergmännischen Festen gehalten hat, in denen er in fesselnder Weise über die verschiedenen Zweige des Bergbaus spricht und eine Unzahl von Bibelstellen einflicht, die sich auf den Bergbau, auf Arbeit, Fleiß und Lebensmut beziehen. Außerdem enthält die Sarepta zwei geistliche Lieder und eine Chronik der Bergstadt Joachimsthal von 1516 bis 1561. Wer den Bergbau in der ersten Hälfte des 16. Jahrhunderts kennen lernen will, muß die Sarepta und Agricolas 12 Bücher vom Bergbau lesen. *Illustrierter Führer durch Joachimsthal und Umgebung (1909); Technische Rundschau, 16. April 1924.* Tr.

MAUDSLAY, Henry, geb. 22. Aug. 1771 in Woolwich, gest. 14. Febr. 1831 in Lambeth. Mit 12 Jahren arbeitete er im Arsenal zu Woolwich beim Füllen von Geschossen und Patronen; zwei Jahre später trat er bei einem Tischler in die Lehre ein; mit 15 Jahren hatte er seine Eltern endlich überredet, ihn in die nahegelegene Schmiede zu geben. Hier brachte er es in kurzer Zeit zu einem der tüchtigsten Gehilfen; im Gebrauch der Feile konnte keiner mit ihm mitkommen. Im Alter von 18 Jahren bewarb er sich bei dem damals berühmten Sicherheitsschloßfabrikanten Joseph Bramah. Trotz seiner Jugend und obschon er die vorgeschriebene siebenjährige Lehrzeit nicht absolviert hatte, wurde er auf Grund einiger praktischer Arbeiten angenommen. Er blieb acht Jahre bei Bramah und zählte zu den tüchtigsten Leuten des Betriebes. In kurzer Zeit wurde er zum Obermeister ernannt.

Bemerkenswert waren an Maudslay sein sicheres Auge und sein fast unfehlbares Urteil bezüglich neuer Arbeiten. Er hatte bald erkannt, daß die hier fabrizierten Patentschlösser erst mit Hilfe von Maschinen in größeren Massen in der erforderlichen Genauigkeit hergestellt werden können, und schuf nach der Richtung hin Hervorragendes. Er hat unserer modernen Werkzeugmaschinenindustrie den Weg gewiesen, den sie noch heute geht. Um diese Zeit machte er eine Erfindung von größter Bedeutung: die Lederpackung für die Kolben von hydraulischen Pressen. Die von Maudslay acht Jahre nach seinem Eintritt verlangte Lohnerhöhung wurde so schroff abgelehnt, daß er um seine Entlassung bat und im Jahre 1797 eine eigene kleine Werkstatt eröffnete. Er führte die ihm zunächst erteilten kleinen Aufträge so genau und so sauber aus, daß er immer neue Arbeit erhielt. Maudslays Bestreben war, in gleicher Richtung wie bisher, neue Maschinen zu erfinden und die vorhandenen Hilfsmittel und Werkzeuge ständig zu verbessern, um sie von der Arbeitsweise des Arbeiters unabhängig zu gestalten. Aus diesem Bemühen heraus entstand bereits im Jahre 1794 bei Bramah der erste Drehbank-Support mit Schraubspindel, seine größte Erfindung. (Die bereits im Jahre 1772 in der französischen Enzyklopädie beschriebene Drehbank mit Support weicht wesentlich von Maudslay ab.) Auf alle Fälle gebührt Maudslay das Verdienst, sie zuerst in die Praxis eingeführt zu haben. In den folgenden Jahren hat er sie noch wesentlich verbessert.

Eine der ersten größeren Arbeiten bekam Maudslay von Brunel, dessen Patent auf Takelblocks von der Admiralität angenommen worden war. Brunel erteilte Maudslay den Auftrag, die Maschinen für die Herstellung dieser Flaschenzüge anzufertigen. Im Jahre 1801 hatte er die Zeichnungen entworfen und erst im Jahre 1808 waren alle erforderlichen Maschinen und Vorrichtungen fertiggestellt. Nicht weniger als 44 verschiedene Maschinen waren erforderlich, die zum größten Teil Verbesserungen oder ganz umwälzende Neuerungen darstellten. Die Maschinen haben danach mehr als fünfzig Jahre ihre Dienste in den Hafenanlagen von Portsmouth getan. Sie brachten ihrem Erbauer

Ruhm und viele neue Aufträge ein. Im Jahre 1810 zog er mit seinen Werkstätten nach Lambeth um und nahm einen Teilhaber auf. Seine Firma hieß jetzt Maudslay & Field. Um diese Zeit erfand er eine Maschine zum Stanzen von Kesselblechen, die ebenfalls von großer Bedeutung war; denn bis dahin wurde alles Stanzen mühselig und unvollkommen mit der Hand ausgeführt. Er verbesserte die Schraubenschneidmaschine und schuf damit die Grundlage für die späterhin von seinen Schülern Clement und Whitworth gebauten Maschinen, die wir heute noch kennen. Die in seinen Werkstätten gebauten Maschinen trugen stets den Stempel seiner Persönlichkeit; sie zeichneten sich durch Einfachheit und Schönheit der Form aus. Er war vor allem darauf bedacht, alle scharfen Ecken zu vermeiden. Aber nicht nur die von ihm gebauten Maschinen waren berühmt; fast noch mehr wurden es seine Schüler, von denen hier nur die drei Namen James Nasmyth, Joseph Whitworth und Joseph Clement genannt seien.

Maudslay war eine imponierende Gestalt, 6 Fuß 2 Zoll groß, außerordentlich kräftig und ansehnlich. Sein volles rundes Gesicht zeigte einen gesunden Humor. Im Jahre 1830 besuchte er einen schwerkranken Freund in Frankreich. Auf der Heimreise zog er sich eine heftige Erkältung zu, an deren Folgen er in Lambeth starb. *Em. Eng. S. 198; Entw. Dm. 1 S. 132.* Wi.

MAUSER, Paul v., geb. 27. Juni 1838 in Oberndorf a. Neckar, gest. 29. Mai 1914 ebenda, war das jüngste der dreizehn Kinder des Büchsenmachermeisters Andreas Mauser. Der Vater war in der Königlichen Gewehrfabrik beschäftigt; nebenher wurde noch im Hause Munition hergestellt, und bereits als Schulknabe arbeitete hier Paul Mauser mit. Er erhielt recht guten Volksschulunterricht, nebenher besonderen Rechenunterricht, und in der damals neugegründeten Realschule lernte er geometrisches Zeichnen. Mit vierzehn Jahren trat er wie seine älteren Brüder als Lehrling in die Gewehrfabrik ein und erwies sich bald als sehr geschickter Arbeiter, der manche kleine Verbesserung erdachte und einführte. Als er 1859 nach kurzer militärischer Ausbildung dem Arsenal Ludwigsburg zugeteilt wurde, wurde ihm Heimatsurlaub verweigert, da man fürchtete, die Gewehrfabrik seiner Heimatstadt könne von den geschickten Büchsenmacher zurückhalten. 1857 sah er auf Burg Hohenzollern erstmalig ein preußisches Zündnadelgewehr, damals den einzigen kriegsbrauchbaren Hinterlader, und erkannte hierin sofort die Waffe der Zukunft, deren Ausgestaltung er sich für die Zukunft widmete. Zusammen mit seinem Bruder Wilhelm (geb. 2. Mai 1834 in Oberndorf, gest. ebenda 13. Jan. 1892) baute er nach seiner Rückkehr vom Militär das Modell einer Hinterladekanone, wofür die beiden vom König von Württemberg eine Belohnung erhielten. Da sie wegen Kapitalmangel die Erfindung nicht ausbauen konnten, wandten sie sich 1863 Versuchen mit dem Hinterladegewehr zu. Als das Gewehr 1867 dem württembergischen Kriegsministerium vorgelegt wurde, scheiterte die Annahme nur wegen der bestehenden Militärkonvention mit Preußen. Nun sandten die Brüder Mauser ihr Gewehr nach Wien, und dadurch wurden sie mit dem Amerikaner Norris, dem Vertreter Remingtons, bekannt. Mit diesem zusammen siedelten sie nach Lüttich über, dem Hauptsitz der belgischen Waffenindustrie. 1869 legte Norris das Gewehr dem preußischen Staate vor. Der deutsch-französische Krieg zeigte eindringlich die Notwendigkeit einer Verbesserung der Bewaffnung. So wurden 1871 die Verhandlungen wieder aufgenommen. Wilhelm verhandelte in Spandau, während Paul in Oberndorf konstruierte. 1872 wurde das Gewehr als „Modell 71" endgültig angenommen. Die verblüffende Einfachheit der Bedienung, damit die Erhöhung der Feuergeschwindigkeit und die Vergrößerung der Schußweite waren ausschlaggebend gewesen. 1872 begannen sie den Neubau einer Fabrik in ihrer Heimatstadt unter der Firma „Kommanditgesellschaft W. & P. Mauser"; die gleichfalls übernommene staatliche Gewehrfabrik machte das Unternehmen sogleich sehr leistungsfähig. An der Verbesserung des Gewehres arbeiteten beide Brüder unermüdlich weiter. Nach Wilhelms Tode brachte Paul Mauser 1884 das Magazingewehr (Modell 71/84) heraus. 1886 gelegentlich eines großen türkischen Auftrages wurde die kleinkalibrige Waffe durchgebildet, die später als M 98 deutsches Infanteriegewehr wurde. — Schon in den siebziger Jahren hatte Mauser sich mit Revolverkonstruktionen befaßt. Deren Ergebnis ist die 1896 herausgebrachte Mauserselbstladepistole. Wie die Waffen selbst, hat er auch Werkzeuge und Werkzeugmaschinen zu ihrer Herstellung durchgebildet. Mauserwaffen haben den Ruhm deutscher Industrie in alle Weltteile getragen. Paul Mauser war ein selbstgemachter Mann im besten Sinne des Wortes. Auch nachdem er geadelt worden war und den Titel eines Geh. Kommerzienrates hatte, sprach er mit seinen Arbeitern Dialekt, wie er überhaupt Wert legte auf die Aufrechterhaltung persönlicher Beziehungen. *Z 58 (1914) S. 1073.* Hä.

MAXIM, Hiram, Sir, geb. 5. Febr. 1840 in Sangerville (Me.), gest. 24. Nov. 1916 in Streatham (Engl.). Seine Erziehung erhielt Sir Hiram bis zum 16. Jahre in den öffentlichen Schulen und trat dann als Lehrling in eine Wagenbauanstalt in Abbott (Me.) ein. Hier arbeitete er bis zu seinem 20. Jahre in den Sommermonaten, im Winter besuchte er Fachschulen. Kurze Zeit darauf finden wir ihn auf dem Gebiet der Gasmaschinen arbeiten; sein Ziel hierbei war, die damals bestehenden Schwierigkeiten zu überwinden und eine Vorrichtung zur Kohlenstoffanreicherung der Luft zu schaffen. In seiner weiteren Entwicklung wandte sich Maxim der Elektrotechnik zu, wo er viele Erfindungen machte und viele Patente nahm. Er war der Erfinder des Kohlenniederschlages auf den Glühfaden, der die Glühlampenbeleuchtung überhaupt erst ermöglichte. Anläßlich des von ihm auf der Pariser Weltausstellung 1881 gezeigten Reglers zur Konstanthaltung der Spannung eines Beleuchtungssystems unabhängig von der Anzahl der an den Stromkreis angeschlossenen Lampen wurde er zum Ritter der Ehrenlegion ernannt. Von dieser Zeit an weilte Sir Hiram bis zum Jahre 1883 in Frankreich, dann wieder in England, wo er sich vor allem der Kriegstechnik zuwandte. Er ließ sich in England naturalisieren und wurde 1901 in den Adelsstand erhoben. Von ihm rührt das erste Maschinengewehr her; er untersuchte, fand und ahmte in Herstellungsweise des deutschen langsam brennenden braunen Pulvers nach; er entwarf und konstruierte das erste Torpedogeschütz, das im Gegensatz zu bisherigem Brauch durch die Luft anstatt durch das Wasser abgeschossen werden konnte; er baute die Großgeschütze zum ersten Male so ein, daß die Bedienungsmannschaft sie in kürzester Zeit ohne nennenswerte Erschütterung bedienen konnte; er entwarf und baute eine Flugmaschine, die wir heute als Aeroplan kennen. Seine Konstruktionen waren derart beschaffen, daß sie in sehr vielen Fällen auch heute noch unverändert weitergebaut werden. 27 Jahre war er Leiter der Firma Vickers & Maxim, Ltd., von der er im Alter von 71 Jahren zurücktrat. *Scientific American 67 (1911) S. 615; Eng. 122 (1916) S. 486.* Wi.

MAXWELL, James Clerk, geb. 13. Nov. 1831 in Edinburgh, gest. 5. Nov. 1879 in Cambridge, wurde in Edinburgh erzogen, wo er von 1840 bis 1847 die dortige Akademie besuchte. Von 1856 bis 1860 hatte er den Lehrstuhl für Naturwissenschaften in Aberdeen inne, 1860 wurde er zum Professor der Physik und Astronomie am King's College in London ernannt; er legte 1868 diese Stellung nieder, um sich auf seine Besitzung Glenlair zurückzuziehen. Im Jahre 1871 wurde er zum ersten Inhaber eines neugegründeten Lehrstuhls für Physik in Cambridge ernannt. Jeden Schritt des Neubaues des Laboratoriums und der Zusammenstellung der Apparatesammlung überwachte er persönlich.

Schon im Alter von 15 Jahren schloß Maxwell seine erste wissenschaftliche Arbeit ab, „On the Description of Oval Curves", die durch Forbes der Royal Society überreicht wurde. Eine Abhandlung über Faradays Kraftlinien wurde am

10. Dez. 1855 der Cambridge Philosophical Society vorgetragen und enthielt bereits in großen Umrissen die Grundlagen seiner späteren Arbeiten. Eine Abhandlung „On the Stability of Motion of Saturn's Rings" gewann ihm im Jahre 1857 den Adamspreis. Sein grundlegendes Werk „Electricity and Magnetism" erschien 1873, nachdem er schon im Jahre 1867 der Royal Society hierüber die erste Mitteilung hatte zugehen lassen. Maxwell hat Faradays Ideen über die elektrischen und magnetischen Kräfte in mathematische Form gebracht und die nach ihm benannten Grundgleichungen der Elektrodynamik aufgestellt. Die Krönung seines Lebenswerkes bleibt die Formulierung der elektromagnetischen Lichttheorie. Auch auf dem Gebiet der kinetischen Gastheorie und Wärmetheorie hat er grundlegend gearbeitet. Er war ein Mensch von liebenswürdigen Eigenschaften und ein frommer Christ. *Hwb. Natw.* 6 (1912) S. 769; *Nat. Biogr.* 37 (1894) S. 118; *Campbell & Garnett: The Life of J. Clerk Maxwell (London 1882).* Wi.

MAYER, Robert, geb. 25. Nov. 1814 in Heilbronn a. Neckar, gest. 20. März 1878 zu Heilbronn. Der gewaltige Fortschritt der Technik in den letzten anderthalb Jahrhunderten besteht im wesentlichen darin, daß der Mensch sich die Energiemengen der Natur nutzbar gemacht hat. Eine weitgehende Ausnutzung der Energie war aber erst möglich, nachdem das gesetzmäßige Geschehen der Natur erkannt und der Rechnung unterstellt war. Ohne diese Erkenntnis, insbesondere ohne das Gesetz von der Erhaltung der Energie, ist unsere heutige Energiewirtschaft mit ihrer wohldurchdachten Energieerzeugung, Energieverteilung und Energieumsetzung nicht denkbar. Nur eine vollständige rechnerische Klarheit über die Unzerstörbarkeit der Energie und über die Umwandlung der verschiedenen Energieformen ineinander ließ eine richtige Konstruktion der energieumwandelnden Maschinen, vor allem der Kraftmaschinen zu und ein Urteil über deren Wirkungsgrad, also über die Güte der Maschinen. Sie beseitigte auch für die Technik das fruchtlose Suchen nach dem Perpetuum mobile, wenn es auch heute noch gelegentlich in den Köpfen viertelgebildeter Technikanten spukhaft auftritt.

Wie manchem Erfinder und Entdecker, so erging es auch dem des Energiegesetzes, Robert Mayer. Man hat ihn lange Zeit nicht anerkannt und ihm die Entdeckung streitig gemacht; erst das Alter hat ihm spärliche Früchte seines Mühens gegeben. Als Apothekersohn geboren, studierte er Medizin und fuhr 1840 als holländischer Schiffsarzt nach Java. Auf dieser 101 Tage dauernden Reise gab ihm eine eigenartige Beobachtung den Anstoß zu seiner Entdeckung. Er stellte nämlich bei einem Aderlaß fest, daß das Venenblut viel heller als gewöhnlich sei, und erkannte sofort, daß dies auf die viel geringere Oxydation des Blutes in der heißen Zone zurückzuführen ist. Mit der Schlußfolgerung, daß aus denselben Stoffen, den Nahrungsmitteln, sowohl Wärme als Arbeit erzeugt werden kann, steht das Energiegesetz vor ihm. Nun hat selbst das Wunder der Tropenwelt keinen Reiz mehr für den jungen Arzt. Er kehrt sofort in die Heimat zurück, nur erfüllt von dem Gedanken, sich ganz der Erforschung seiner Entdeckung hinzugeben. Seine erste grundlegende Abhandlung: „Über die quantitative und qualitative Bestimmung der Kräfte" wird von Poggendorfs Annalen zurückgewiesen. Aber ein Jahr später erscheint in Liebigs Annalen der Chemie und Pharmazie eine ausführlichere Abhandlung: „Bemerkungen über die Kräfte der unbelebten Natur", der weitere in kurzer Zeit folgen, in denen Mayer die Energieumwandlungen einzeln untersucht und durch Beispiele auch aus der Technik belegt. Wichtig ist, daß er schon in dieser Zeit das Wärmeäquivalent aus dem Verhältnis der spezifischen Wärme der Luft bei gleichbleibendem Druck und gleichbleibendem Volumen berechnet. Unglück in der Familie, vor allem aber die fast vollständige Ablehnung seiner Entdeckung durch die Physiker und Angriffe auf sein Erstrecht an ihr bringen ihn dem Wahnsinn nahe, so daß er nach einem Selbstmordversuch in eine Heilanstalt gebracht werden muß, wo man ihn in grausamster Weise mit Zwangsjacke und Zwangsstuhl behandelt. Vollständig wiederhergestellt zieht sich Mayer nach Heilbronn zurück, um seine ärztliche Praxis wieder aufzunehmen. Erst allmählich erkennt man die Bedeutung des Energiesatzes. Der englische Physiker Tyndall war der erste, der öffentlich auf einem Kongreß gelegentlich der Ausstellung in London 1862 für Mayer eintrat und ihm unumwunden die Priorität zusprach. Mayer selbst hält auf der Naturforscherversammlung in Innsbruck 1869 einen Vortrag: „Über notwendige Konsequenzen und Inkonsequenzen der Wärmemechanik", der selbst bei Helmholtz, der jahrelang ihm die Entdeckung streitig machte, das Wort auslöst, daß Mayer „das Prinzip der Erhaltung der Energie zuerst rein und klar erfaßt und seine absolute Gültigkeit auszusprechen gewagt hat". Die letzten Lebensjahre Mayers verflossen ruhig und in steter Arbeit. 64 Jahre alt verschied er. — Robert Mayer hat das Gesetz der Erhaltung der Energie nicht nur intuitiv erfaßt, sondern es auch richtig formuliert, es eingehend logisch und physikalisch begründet, seine weitgehende Anwendung auf Physik, Chemie, Technik, Physiologie und Kosmik erkannt und das Wärmeäquivalent berechnet. Nach ihm haben Joule durch Reibungsversuche, Hirn durch Stoßversuche das Wärmeäquivalent experimentell festgestellt, Helmholtz und andere haben das Gesetz mathematisch behandelt. Aber keiner von diesen kann mit seinen Arbeiten an das Werk Mayers heranreichen oder es verkleinern. So kann man Robert Mayer mit Recht, nach dem Ausspruch von Düring, den Galilei des 19. Jahrhunderts nennen, ihn, der der exakten Naturforschung das tiefe Wort schenkte: „Wahrlich, ich sage euch, eine einzige Zahl hat mehr wahren und bleibenden Wert, als eine kostbare Bibliothek von Hypothesen." *Gr. Männer* S. 61; *Z* 58 (1914) S. 1602; *Erf. u. Entd.* S. 35; *Weyrauch: Kleinere Schriften u. Briefe von R. Mayer (Stuttgart 1893).* We.

MECHWART, Andreas, geb. 6. Dez. 1834 in Schweinfurt, gest. 15. Juni 1907 in Budapest. Er erhielt, ein gelernter Schlosser, seine höhere technische Ausbildung auf dem Polytechnikum in Augsburg und fand bei der Ganzschen Eisengießerei in Budapest Unterkommen, wo er sich dank seiner Tüchtigkeit bald emporarbeitete. 1869 wurde Mechwart mit der Leitung dieses in eine Aktiengesellschaft umgewandelten Unternehmens betraut. Der neuen Firma, Ganz & Co. A.-G., flossen auch aus Deutschland und Rußland so große Aufträge in Eisenbahnbedarfsgeräten zu, daß sie in Ratibor eine Tochtergesellschaft errichten konnte.

Als im Jahre 1873 der sog. „Wiener Krach" das junge Unternehmen zu vernichten drohte, überraschte Mechwart die Welt mit einer Walzenstuhlerfindung, die eine große Umwälzung in der Mühlenindustrie mit sich brachte und die Fabrik vor dem Untergang bewahrte. Zur Herstellung dieser neuen Mahlmaschine wurde Hartguß verwandt, und bald sah man sich wegen der großen Nachfrage nach Walzenstühlen genötigt, den Betrieb auch auf die Nacht auszudehnen. Das glänzende wirtschaftliche Ergebnis gestattete der Gesellschaft den Ankauf der großen Ungarischen Waggonfabrik, während 1882 die elektrische Fabrik und 5 Jahre darauf eine Maschinenfabrik in Leobersdorf (Niederösterreich) errichtet wurden. Immer mehr vergrößerte sich das blühende Unternehmen, dessen Walzenstühle auf allen fünf Erdteilen verbreitet sind. Besonders bemerkenswert ist auch Mechwarts Erfindung des nach ihm benannten Schaufelpfluges, einer der ersten Dampfpflüge, der wirklich anwendbar und auf dem gerade für Ungarn so wichtigen Gebiete der landwirtschaftlichen Technik bedeutsam war.

Mechwarts hervorragende Verdienste wurden durch Aufstellung eines Denkmales gewürdigt. *Nach Mitt. d. Firma Ganz; Z 51 (1907) S. 1118.* Schu.

MEIKLE Andrew, geb. 1719 in Salton, Past Lothian in Schottland, gest. 27. Nov. 1811 in Houston-Mill in der Nähe von Dunbar. Andrew Meikle war der Sohn von James Meikle, einem Getreidemüller, der 1710 im Auftrage von Andrew Fletcher (1655 bis 1716 in Salton) nach Amsterdam ging, um die holländische Gerstenmüllerei kennen zu lernen. Der Vater errichtete bei seiner Rückkehr in Salton eine Gerstenmühle, die wegen ihres Gerstenmehles berühmt war und jahrzehntelang die einzige Mühle dieser Art in Schottland und Irland blieb.

Andrew Meikle gründete dann selbst eine Getreidemühle in Houston Mill in der Nähe von Dunbar und erhielt im Jahre 1768 zusammen mit Robert Machell ein Patent auf eine Maschine zur Herrichtung von Getreide. Seine Haupterfindung ist die wohlbekannte Trommeldreschmaschine aus dem Jahre 1784. Sechs Jahre vorher hatte er eine andersartige Dreschmaschine konstruiert, welche gleichartig gewesen zu sein scheint mit der von Michael Menzies patentierten aus dem Jahre 1734. Diese erste Maschine von Meikle wurde im Februar 1778 vor geladenen Landwirten aus der Nachbarschaft probiert, aber ohne Erfolg, und man hörte nichts mehr davon.

Um 1784 sah Francis Kinloch, auch Landwirt in East Lothian, auf einer Reise eine Dreschmaschine und ließ zu Hause ein Modell danach anfertigen. Ein Versuch damit mißglückte, die Maschine wurde zu Meikle geschickt, wo sie mit hoher Geschwindigkeit geprüft wurde und bei dem Versuch zerbrach. Meikle sah, wo der Fehler lag, und hatte die Idee, eine Trommel zu bauen, die stark genug war, um schnelle Umdrehungen auszuhalten, und an der Schwingen und Schlägel befestigt sein sollten, um das Getreide „auszuschlagen", nicht auszureiben, wie es bisher Brauch gewesen war. Kinloch benutzte zwar auch eine Trommel, aber in ganz anderer Weise als Meikle. Es folgte ein Streit bezüglich Meikles Verschulden gegen Kinloch. Es wurde auch behauptet, daß Meikle nur die wohlbekannte Flachsschwinge umgeändert hätte zum Gebrauch beim Getreidedreschen, aber nach der Beschreibung, die J. A. Ramson in seinem Werke über landwirtschaftliche Geräte gibt, beruht die Wirksamkeit der Meikleschen Maschine auf der Ausbildung der „Schlägel". Meikle eröffnete seine Ideen seinem zweiten Sohne George, der 1786 eine Dreschmaschine für einen Landwirt in Kilbeggie baute. Im folgenden Jahre baute Meikle selbst eine Dreschmaschine für George Rennie, der 1778 bei dem mißglückten Versuch der ersten Dreschmaschine Zeuge gewesen war. Für diese neue Maschine, die für Pferdeantrieb eingerichtet war, erhielt er 1788 ein Patent in England, und er begann 1789 die fabrikmäßige Herstellung von Dreschmaschinen.

Meikle erfand auch eine Methode zum beschleunigten Zusammenrollen der Windmühlensegel, um bei plötzlichen Windstößen Beschädigungen zu verhüten. Er scheint aber mit seinen Erfindungen nicht viel Geld gewonnen zu haben. Im Jahre 1809 wurde eine Liste aufgelegt, um Spenden für seinen Lebensunterhalt zu sammeln, wobei es sich herausstellte, daß die größten Summen von seinen Freunden James Watt und John Rennie gezeichnet worden waren. Er starb am 27. Nov. 1811 in Houston Mill und wurde auf dem Friedhof von Presonkirk bei Dunbar begraben, wo sich auch ein Grabstein zu seiner Erinnerung befindet. *Nat. Biogr. 37 (1894) S. 213/14.* De.

MEISENBACH, Georg, geb. 27. Mai 1841 in Nürnberg, gest. 24. Sept. 1912 in Emmering bei Bruck (Oberbayern). Meisenbach, ein hervorragender Kupferstecher, gründete 1876 die erste Zinkdruckanstalt in München. Seine Versuche zur Fertigung photomechanischer Wiedergaben nach getönten Vorlagen, z. B. photographischen Abzügen, Ölbildern, Aquarellen, bunten Zeichnungen usw. endeten mit dem Ergebnis, daß sich die Tonwerte der Originale den Farben entsprechend so zerlegen ließen, daß dadurch Druckelemente entstanden, die nach ihrer Übertragung auf Metall in geätztem Zustande als Druckstöcke für den Buchdrucker brauchbar waren. Dies Verfahren wurde dem Erfinder unter dem Namen Autotypie geschützt und verhalf seinem Unternehmen, zu dem er für den weiteren Ausbau des Patents Josef v. Schmädel hinzugezogen hatte, zu hoher Blüte. Von München aus eroberte sich diese neue Technik allmählich die ganze Kulturwelt und brachte dadurch der volkstümlichen Darstellung des Bildes einen nie geahnten Erfolg. — Im Jahre 1891 zog sich Meisenbach krankheitshalber von seiner Tätigkeit zurück und siedelte nach seinem Landsitz in Emmering über. *Nach Mitteilungen der Fa. Meisenbach, Riffarth & Co., Berlin.* Schu.

MELVILLE, George Wallace, geb. 10. Jan. 1841 in New York, gest. 17. März 1912 in Philadelphia (Pa.), besuchte nach Beendigung der öffentlichen Schulen das Polytechnische Institut in Brooklyn und trat dann als Lehrling in die Firma von James Binn in Brooklyn ein. Bei Ausbruch des amerikanischen Bürgerkrieges wurde er dritter Ingenieur in der Marine, wo er bis zum 62. Jahre blieb und bei seinem Abgang den Rang und die Stellung eines Kontreadmirals, Chefingenieurs und Leiters der Abteilung für Dampfmaschinenwesen der amerikanischen Armee inne hatte. Von ihm ging die Anregung aus, den Dampfer der Südstaatler „Florida" im Hafen von Bahia zu rammen. Drei Polarunternehmungen machte er mit. Die zweite an Abenteuern reiche Expedition an Bord der „Jeannette", die mit dem Untergang des Dampfers und mit dem Tode fast der ganzen Besatzung endete und wo Melville sich durch besondere Tapferkeit und Ausdauer auszeichnete, brachte ihm einen Namen ein. Die dritte Hilfsexpedition, die die verschollene Greely-Expedition suchen sollte, war glücklicher und brachte innerhalb von zwei Monaten die noch Überlebenden.

Von nun ab beschäftigte sich Melville vor allem mit der Lösung technischer Probleme in der amerikanischen Marine. Unter seiner Leitung sind bis zum Spanischen Krieg über 60 Schiffe mit einer Kraft von über 350 000 PS erbaut worden. Er hat die ersten amerikanischen Dreischraubenkreuzer „Columbia" und „Minneapolis" entworfen und zum ersten Male während des Spanischen Krieges eine schwimmende Maschinenwerkstatt, den „Vulcan", gebaut. In gleicher Weise war er auch der erste, der in den großen amerikanischen Kriegsschiffen Wasserrohrkessel verwandte. Während seiner Tätigkeit in der Marine hat er sich auch sehr für die volle Anerkennung des Ingenieurstandes und die Einreihung der Marineingenieure in den Offizierstand eingesetzt. Nach seinem Rücktritt war er als beratender Ingenieur in Philadelphia zusammen mit W. H. Macalpin tätig. Während dieser Zeit wurde u. a. der bekannte Melville-Macalpin-Geschwindigkeitsreduktor mit Übertragungsgetriebe und Dynamometer entwickelt. *Journ. Amer. Soc. of Naval Eng. 22 (1912) S. 477.* Wi.

MENZEL, Carl, geb. 7. Jan. 1844 in Witzen (Kreis Sorau), gest. 8. Juni 1923 in Lommatzsch. Mit 14 Jahren trat er als Lehrling in den Dienst einer Glashütte, wo er zunächst die Herstellung von Medizin-, Hohl- und Preßglas erlernte. Später erwarb er sich auch alle notwendigen Kenntnisse für die Erzeugung von Tafelglas und wandte sich besonders diesem Gebiet zu, wo er es zu großen Erfolgen brachte. Bereits mit 30 Jahren erhält er eine Stelle als Hüttenmeister, und sein Ziel ist es von nun an, selbständig zu werden.

Im Jahre 1897 wird ihm dieser Wunsch erfüllt, als er mit Unterstützung der Stadt Lommatzsch in dieser sein „Carlswerk" gründen konnte. Jetzt konnte er erst seine reichen technischen und kaufmännischen Erfahrungen recht zur Geltung bringen und zur Gründung weiterer bedeutender Unternehmungen schreiten.

Menzels Verdienst besteht vor allem darin, daß er Deutschland hinsichtlich des Bezuges von Trockenplattenglas vom Ausland vollkommen unabhängig gemacht hat, ein Verdienst, das namentlich beim Ausbruch des Weltkrieges voll zur Geltung kam; denn die „Carlswerke" lieferten während des

Krieges in erster Linie das Glas zur Herstellung von Röntgenplatten zur Untersuchung Verwundeter und von Fliegerplatten für die Luftflotte zur Aufnahme wichtiger Punkte. Daneben erfreut sich das Lommatzsche Glas großer Beliebtheit für mikroskopische und physikalische Zwecke, als Belegeglas und für die Herstellung von Fensterglas.

Im Jahre 1917 wurde Menzel wegen seiner großen Verdienste um die Glasindustrie zum Kgl. Sächsischen Kommerzienrat ernannt. *Die Glashütte 41 (1911) S. 557; Sonderdruck Riesaer Tafelglasfabrik E. Menzel (Eckstein Verlag, Berlin); Briefe seines Sohnes.* Mch.

MERCER, John, geb. 21. Febr. 1791 in Dean bei Blackburn, gest. 30. Nov. 1866. Sein Vater war Handstuhlweber, später Landwirt und starb früh. John wurde zuerst Garnspuler und dann Handstuhlweber. Er lernte rechnen, lesen, schreiben und Musik. 1807 versuchte er, orangefarbene Stoffe, die er an seinem Bruder bewunderte, nachzufärben und, nachdem ihm dies gelungen war, besorgte er sich Farben und färbte in Lohn für die Weber seiner engeren Heimat. 1809 trat er als Lehrling in eine Druckerei in Oakenshaw ein, wurde aber durch die Eifersucht seiner Kollegen daran gehindert, viel zu lernen. Dann setzte die Kontinentalsperre Napoleons dem Unternehmen so zu, daß Mercer mit anderen entlassen werden mußte. Er wurde wieder Weber und erfand viele geistvolle Verbesserungen in der Weberei. Er beschäftigte sich in dieser Zeit mit Mathematik, schloß sich 1815 einer religiösen Sekte an und verheiratete sich. Er wurde nun wieder Färber, ohne die Handweberei ganz aufzugeben. 1814 wurde er durch Parkinsons „Chemical Pocket-Book" in die Chemie eingeführt, für die er bis zu seinem Tode eine leidenschaftliche Vorliebe hatte. Seine erste chemische Erfindung war ein Verfahren, Baumwollstoff mit Schwefelantimon orange zu färben. Er schuf hiermit das erste Orange für Baumwolle überhaupt. Das Verfahren wurde vielfach benutzt, ohne daß Mercer einen Vorteil davon gehabt hatte. 1818 trat er von neuem, diesmal aber als Chemiker, in seine alte Firma in Oakenshaw ein. Hier erfand er das schon vor ihm von Koechlin in Frankreich entdeckte Verfahren der Ausfärbung mit Bleichromat nochmals, ferner einige Farbverfahren mit Manganverbindungen, die noch heute als Bronzefarben gebraucht werden, verbesserte die Indigofärberei und machte noch mehrere Erfindungen von geringerer Bedeutung. 1825 wurde Mercer in seiner Firma zum Teilhaber gemacht und verblieb dabei bis 1848. Mercers großes Interesse an wissenschaftlicher Chemie wurde gefördert durch Dr. Lyon Plaifair, der ihn in einen Kreis von Chemikern einführte, dem Mercer 1841 die erste Theorie der Katalyse vortrug. Mercers Beobachtungen veranlaßten 1843 Plaifairs Entdeckung einer neuen Gruppe von Verbindungen, der Nitroprusside. 1847 wurde Mercer Mitglied der Chemischen Gesellschaft.

Mercer, dem bei der Auflösung seiner Firma 1848 beträchtliche Mittel zufielen, hatte nun Zeit genug, seinen wissenschaftlichen Plänen nachzugehen. Er untersuchte die Einwirkung von Natronlauge, Schwefelsäure und Zinkchlorid auf Baumwollstoff, Papier und andere pflanzliche Erzeugnisse. Diese zusammen mit Robert Hargreaves ausgeführten Versuche führten 1850 zur Entdeckung des heute als Mercerisierung bekannten Verfahrens zur Veredlung von Baumwolle und zur Herstellung des Pergamentpapiers. Mercer fand, daß Baumwollstoff durch Eintauchen in konzentrierte Natronlauge dichter, kürzer, durchscheinender und fester wird und Farbstoffe in erhöhtem Maße aufnimmt. Von seiner Entdeckung führte allerdings noch ein weiter Weg zu der Mercerisierung, wie sie heute ausgeübt wird. Diese ist hauptsächlich nach den Erfindungen der Fabrik von Thomas & Prevost in Krefeld so abgeändert und ausgeführt worden, daß sie mit Mercers Erfindung nur wenig mehr gemein hat. Während Mercer die erhöhte Aufnahmefähigkeit für Farbstoffe des mit Natronlauge behandelten Baumwollfadens feststellte und ausbaute, legt man heute auf den Glanz des gestreckten Fadens den Hauptwert.

1852 wurde Mercer Mitglied der Royal Society. 1858 entdeckte er die reduzierende Einwirkung des Lichtes auf Eisenpersalze. Andere wichtige Entdeckungen Mercers sind die der Löslichkeit von Zellulose in ammoniakalischen Kupferlösungen, die Erzeugung des geschwefelten Öles für Alizarinausfärbungen und anderes mehr.

Mercer war ein tief religiöser, selbstloser und liebenswürdiger Charakter. Obwohl er mehrere Erfindungen patentieren ließ, ließ er seine Entdeckungen von anderen mitbenutzen. *Nat. Biogr. 13; Meliands Textilberichte über Wissensch., Ind. u. Handel 2, S. 313, 339, 365.* Sa.

MERCK, Louis, geb. 8. Nov. 1854 in Darmstadt, gest. 15. Sept. 1913 am gleichen Ort, war ein Enkel des Gründers der gleichnamigen Fabrik, Heinrich Emanuel Merck. Nach dem Besuche des Gymnasiums seiner Vaterstadt widmete er sich zunächst dem pharmazeutischen Berufe. Er erhielt in verschiedenen Apotheken seine fachliche Ausbildung, absolvierte die pharmazeutische Staatsprüfung in Straßburg und promovierte im Jahre 1883 auf Grund einer Arbeit aus dem Gebiete der Alkaloidchemie zum Doktor der Philosophie. Im gleichen Jahre trat er dann noch in die Firma ein. Merck war zunächst in der Leitung der eigentlichen Fabrikation tätig und hatte die Aufgabe, an der wissenschaftlichen Durchdringung und technischen Vervollkommnung des mehr und mehr anwachsenden Betriebes mitzuwirken. Im Jahre 1897 übernahm er die kaufmännische Leitung des Werkes. Unter Mercks Führung geschah der Ausbau zu einem neuzeitlichen Großunternehmen. An Stelle des durch die Ausdehnung Darmstadts räumlich beschränkten alten Werkes sind die neuen Anlagen zwischen Darmstadt und Arheiligen getreten, die bei Mercks Tode bereits über 2000 Personen beschäftigten. Die Handelsbeziehungen des Unternehmens sind nicht zuletzt durch seine Auslandsreisen über die ganze Welt ausgedehnt worden und die Erzeugnisse des Werkes haben zur hohen Geltung der deutschen chemischen Wissenschaft beigetragen. Neben der Arbeit für die eigene Firma hat Merck auch noch verdienstvolle Arbeit im Reichsgesundheitsrat, als Ausschußmitglied bei der Bearbeitung des deutschen Arzneibuchs und der Reichsarzneitaxe, als Mitarbeiter des ehemaligen Kaiserlichen Statistischen Amts, als Mitglied des Deutschen Museums sowie als Vorstandsmitglied verschiedener industrieller Berufsorganisationen geleistet. *Zeitschr. f. angew. Chemie 26 (1913) S. 648; Nachruf der Firma.* Bs.

MERGENTHALER, Ottmar, geb. 11. Mai 1854 in Hachtel bei Mergentheim in Württemberg, gest. 28. Okt. 1899 in Baltimore, ist der Erfinder der Linotype, der ersten betriebsfähigen Setzmaschine, mit deren Vollendung er das so viel und so schwer umkämpfte Problem durch Schaffung einer vollkommen den Handsatz ersetzenden Maschine in einer bisher unübertroffenen Weise löste. Nachdem er bei seinem Vater, der Lehrer war, in der Volksschule seines Heimatortes eine gute Vorbildung erhalten hatte, erlernte er von 1868 bis 1872 das Uhrmacherhandwerk in Bietigheim. Während seiner Lehrzeit arbeitete er mit außerordentlichem Fleiß und Eifer. Neben seiner Lehrwerkstatt, in der er unter der Anleitung eines trefflichen Meisters eine dem damaligen hohen Stande des Handwerks entsprechende, vielseitige und gediegene Fachausbildung erhielt, besuchte er auch fleißig die Fortbildungsschule und nahm überhaupt jede sich ihm bietende Bildungsmöglichkeit wahr. Da er jedoch in Deutschland keine Gelegenheit sah, sich seinen Wünschen entsprechend weiterzubilden und emporzuarbeiten, ging er nach beendeter Lehrzeit 1872 zu Verwandten nach Amerika, wo er in Washington in eine Fabrik für elektrische Apparate eintrat. In dieser Anstalt lief ein Auftrag zum Bau einer Versuchsmaschine ein, die Stahltypen in Pappe abprägen sollte, mit der Absicht, die geprägten Pappstreifen zusammenzustellen und zum Abguß stereotypierter Druckplatten zu verwenden. Diese Arbeit brachte Mergenthaler auf den Gedanken zur Herstellung einer Setzmaschine, und im Jahre 1883 erbaute er eine solche, bei der zwar die Prägung in Pappe beibehalten war, die abzuprägenden Buchstaben aber nicht mehr auf

Scheiben, sondern auf Metallstäben angeordnet waren. Diese Stäbe, die mehrere Buchstaben trugen, fielen bei der Bedienung eines Tastenbrettes so tief nach unten, daß sich die gewünschten Buchstaben in einer Zeile anordneten. Von der fertigen Zeile wurde der Abdruck auf einen Pappstreifen herbeigeführt. Die geprägten Pappzeilen wurden außerhalb der Maschine auf Metallstreifen abgegossen, die zur Prägung benutzten Typenstäbe wurden mechanisch in das Sammelmagazin zurückgebracht. Den nächsten Fortschritt bildete eine Maschine, bei der an Stelle der Patrizen Matrizenstäbe verwendet wurden und bei der auch der Abguß in der Vorrichtung erfolgte. Da die Buchstabenstäbe ständig zu Störungen Veranlassung gaben, wurde im Jahre 1885 eine Maschine gebaut, bei der nunmehr Einzelmatrizen gesammelt wurden, deren jede nur ein Buchstabenbild trug und die nach dem Abguß durch einen selbsttätigen Verteiler wieder in die Kanäle des Magazins zurückgeführt wurden. Dieses Modell, das bereits in größerer Zahl gebaut worden war, benutzte zum Transport der Matrizenträger noch Preßluft. Im Jahre 1890 wurde diese Hilfskraft durch freifallende Matrizen von der in allen Fachkreisen bekannten Form ersetzt und es entstand das einfache, in großer Zahl gebaute Modell, das als erste betriebsfähige Setzmaschine seinen Siegeslauf durch die Welt antreten sollte.

Das Setzmaschinenproblem hat vor und nach Mergenthaler viele Köpfe beschäftigt. Trotz angestrengtester geistiger Arbeit sind aber die meisten Erfinder erfolglos geblieben, und es ist das unbestreitbare Verdienst Mergenthalers, daß er den einmal von ihm als erfolgversprechend erkannten Weg unbeirrt, trotz aller sich auftürmenden Schwierigkeiten bis zum Ziele verfolgte. Leider hielt sein Körper den ungeheuren, an ihn herantretenden Anstrengungen nicht stand. Bereits im Jahre 1888 erkrankte er schwer. Zwar erholte er sich noch einmal, aber Überanstrengungen bei der Überwindung der immer wieder auftretenden fast unübersteigbar erscheinenden Hindernisse warfen ihn erneut aufs Krankenlager, so daß er sich im Jahre 1896 völlig von den Geschäften zurückziehen mußte. Er siedelte nach Arizona über, um im südlichen Klima Gesundung zu finden und eine Geschichte seiner Erfindung zu schreiben. Leider ging durch eine Feuersbrunst sein Haus mit allen Urkunden in den Flammen auf. Obgleich körperlich schon gebrochen, blieb sein reger Geist unausgesetzt weiter bei der Vollendung seiner Erfindung tätig. Er erholte sich nicht mehr und starb im 46. Lebensjahre. Obwohl er seine Erfolge in Amerika errang, blieb er im Herzen stets ein guter Deutscher und im Zusammenhang mit der alten Heimat. *O. Schlotke: Mergenthaler im „Modernen Buchdrucker" (Berlin).* Ni.

MERTON, Wilhelm, geb. 14. Mai 1848 zu Frankfurt a. M., gest. 15. Dez. 1916 ebenda. Nach dem Besuch des Gymnasiums eignete er sich seine ersten kaufmännischen Kenntnisse im väterlichen Geschäft — Metallhandel und Bankgeschäft — an, ging dann mehrere Jahre nach London, wo sein Bruder sich niedergelassen hatte, und kehrte 1876 in in seine Vaterstadt zurück. Als Teilhaber trat er jetzt in das Geschäft seines Vaters ein, wandelte es im Jahre 1881 in eine Aktiengesellschaft, die „Metallgesellschaft" um, die er durch Energie und Wagemut so auszudehnen wußte, daß sie ihre Interessen über die ganze Welt erstreckte. Das Unternehmen befaßte sich hauptsächlich mit dem Handel mit unedlen Metallen, wie Blei, Zink, Kupfer und Zinn; daneben wurde auch Silberhandel in erheblicher Bedeutung getrieben. Durch seine Tatkraft vergrößerte Merton das Geschäft so erheblich, daß sich Frankfurt bald zu einem der wichtigsten Plätze des Metallweltmarktes emporschwang.

Schon frühzeitig hatte sich Merton mit Sozialpolitik befaßt und versäumte nie, unermüdlich bei allen Gelegenheiten darauf hinzuweisen, daß industrielle Wohlfahrtspflege, Sorge und Verständnis für die Arbeiter eine der vornehmsten Pflichten des Kaufmanns sei. Er selbst ging dabei mit dem besten Beispiel voran, indem er 1890 das Institut für Gemeinwohl, 1891 die Gesellschaft für Wohlfahrtseinrichtungen, 1895 die gemeinnützige Rechtsauskunftstelle und 1899 die Zentrale für private Fürsorge gründete. Auch das soziale Museum und das Institut für Gewerbehygiene wurden von ihm im Jahre 1902 ins Leben gerufen. Der Gedanke, daß große Reformen nicht durch Bearbeitung von Einzelfällen, sondern nur durch wissenschaftliche Ergründung und Verbreitung der Ergebnisse durch Lehre erreichbar sind, bestimmte ihn zur Mitwirkung an der Schaffung einer Akademie für Sozial- und Handelswissenschaften in Frankfurt a. M., aus der sich später die Universität entwickelt hat. Auf Bestimmung und Lehrplan der Universität hat Merton einen unverkennbaren Einfluß ausgeübt; so verdanken ihm die Lehraufträge für Armenwesen und für Sozialfürsorge, ferner für Sozialpolitik und endlich der Lehrstuhl für Pädagogik ihre Entstehung. *Wilhelm Merton zum Gedächtnis, Reden bei der Gedächtnisfeier der Stadt Frankfurt (Main) am 2. Jan. 1917 (Englert & Schlosser, Frankfurt Main).* Cr.

MESSMER, Jacob Friedrich, geb. 3. Aug. 1809 in Karlsruhe, gest. 17. Okt. 1881 in Grafenstaden. Er erhielt seine Ausbildung auf dem Lyzeum und der Polytechnischen Schule in Karlsruhe. Im Anschluß daran betätigte er sich praktisch als Mechaniker und unterrichtete gleichzeitig an der Polytechnischen Schule. Im Auftrage der Regierung unternahm Meßmer mehrere Reisen durch England und Frankreich, um die bedeutendsten Fabriken dieser Länder kennen zu lernen, und errichtete nach seiner Rückkehr in Karlsruhe Werkstätten zur Anfertigung mathematisch-physikalischer Apparate. Praktisch wie auch theoretisch betätigte er sich unermüdlich. Er konstruierte für die ersten Zucker- und Spinnereifabriken seines Heimatlandes neue und verbesserte Maschinen und vollendete 1838 die dreifüßige Kreisteilmaschine. Das Karlsruher Unternehmen trat er im gleichen Jahre an seine Mitarbeiter ab, um in dem Straßburger Betrieb von Rolle und Schwilgué mitzuarbeiten. Als dieses an eine Gesellschaft überging, wurde er zum technischen Direktor ernannt. Durch Ankauf einer Fabrikanlage mit bedeutender Wasserkraft erweiterte sich das Unternehmen erheblich. Zur selben Zeit begründete Meßmer eine Lehranstalt für junge Techniker. Unter Meßmers geschickter und weitsichtiger Leitung überstand die Fabrik die schweren wirtschaftlichen Krisen der Jahre 1848/49; sie war inzwischen in den Besitz des Barons Renouard de Bussières übergegangen. Sie wurde in den folgenden Jahren mustergültig ausgebaut, insbesondere wurden viele in der damaligen Zeit noch wenig bekannte Wohlfahrtseinrichtungen erbaut und eingeführt. — Die französische Nordbahn und andere französische Bahnen, auch Baden bezogen aus der unter Meßmers Leitung stehenden Fabrik ihre Lokomotiven. Nach dreißigjähriger Tätigkeit übergab Meßmer die Direktion seinem Schwager und Schüler Brauer. Auch weiterhin verfolgte er alle technischen Fortschritte mit dem wärmsten Interesse. Seine Lebhaftigkeit und Originalität behielt er bis zu seinen letzten Lebenstagen. *ADB 21 (1885) S. 500.* Ca.

MEYER, Jean Jacques, geb. 1804 in Mülhausen, gest. 1877 in Paris, der als elsässischer Maschinenbauer sehr bekannt geworden ist, gründete 1834 in Mülhausen eine Fabrik, die nur für den Bau von Dampfmaschinen bestimmt war. Als ausgezeichneter Konstrukteur wurde er besonders durch seine vom Regler beeinflußte Steuerung (1841) und seine Doppelschiebersteuerung mit rechtem und linkem Gewinde (1842) bekannt. Auch im Lokomotivbau hat Meyer sich hervorragend betätigt. Für die Eisenbahn Straßburg-Basel wurden ihm zwei Lokomotiven in Auftrag gegeben, bei denen er durch seine Verbesserungen Brennstoffersparnisse bis zu 40 vH erzielte. Eine Krisis im Jahre 1843 brachte ihn zum Konkurs; eine Aktiengesellschaft führte das Werk unter dem Namen „Expansion" noch 3 Jahre unter Leitung Meyers weiter; bei der Liquidation wurden die Werkeinrichtungen von Andreas Koechlin übernommen.

Nachdem Meyer noch 1844 auf der Pariser Industrieausstellung die goldene Medaille erhalten hatte, wobei auch eine sehr lobende Aufzählung seiner Erfindungen veröffentlicht wurde, verließ er 1846 Mülhausen und gründete mit seinem Sohne Adolf in Wien eine neue Maschinenfabrik, die sich ebenfalls dem Lokomotivbau widmete. Seinen Lebensabend verbrachte er in Paris. *Entw. Dm. 1 S. 226; Hist. méc. S. 96; Histoire Documentaire de l'Industrie de Mulhouse (Mülhausen i. Els. 1902) 2 S. 885.* Hä.

MIDDENDORF, Friedrich, geb. 20. März 1842 in Bardenfleth (Oldenburg), gest. 12. Febr. 1903 in Berlin. Er wurde im Jahre 1890 vom Vorstande des Germanischen Lloyd dazu berufen, als technischer Direktor der noch jungen deutschen Schiffsklassifikationsgesellschaft neben den alten ausländischen Klassifikationsgesellschaften Geltung und Ansehen bei den Reedern zu verschaffen. Middendorf hat dieses Ziel erreicht und hat sich damit ein bleibendes Verdienst um den deutschen Handelsschiffbau erworben.

Schon Middendorfs Vater war Schiffbauer, der in Leer in Ostfriesland eine Holzschiffwerft besaß. Hier machte der Sohn eine dreijährige Lehrzeit durch, ging dann auf See und bezog mit 18 Jahren das Polytechnikum in Hannover, wo er sechs Semester Schiffbau und Maschinenbau studierte. Er war als Ingenieur bei der Reiherstiegwerft von 1863 bis 1865 und dann als Betriebsingenieur bei der Werft von C. Waltjen & Co., Bremen, tätig. Er blieb bei dieser Firma, als sie in die Aktiengesellschaft „Weser" überging und rückte zum Prokuristen auf. Alle von der A.-G. „Weser" in den Jahren von 1872 bis 1890 gebauten Handelsschiffe sind von ihm entworfen, außerdem hat er den Bau einer großen Anzahl von Kriegsschiffen, darunter der Küstenpanzer „Beowulf" und „Frithjof", geleitet. Hiernach wurde Middendorf zum Direktor des Germanischen Lloyd berufen, womit er bei allen den Schiffbau oder den Schiffahrtsbetrieb betreffenden Fragen zu Rate gezogen wurde. Auf ihn gehen die gesetzlichen Vorschriften für Zahl und Bauart der wasserdichten Schotte und für die Festlegung einer Tiefladelinie bei Handelsschiffen zurück. Wissenschaftliche Arbeiten von Middendorf sind: 1. Bemastung und Takelung der Schiffe. (Berlin 1903.) 2. Steuervorrichtungen der Seeschiffe, insbesondere der neueren großen Dampfer. (Jb. Schiffb. 1 [1900], S. 143.) 3. Widerstand der Schiffe und Ermittelung der Arbeitsleistung für Schiffsmaschinen. (Jb. Schiffb. 1 [1900], S. 355.) *Z 47 (1903) S. 333.* Schm.

MIDDLETON, Hugh, Sir, s. Myddelton.

MILLER, Ferdinand v., geb. 18. Okt. 1813 in Bruck bei München, gest. 11. Febr. 1887 in München. Einer Uhrmacherfamilie entstammend, wuchs er unter ärmlichen Verhältnissen auf, kam als zehnjähriger Knabe zu seinem Oheim Stiglmaier nach München und trat dort mit 13 Jahren bei einem Goldschmied in die Lehre. Nach einem Wechsel des Lehrherrn wurde ihm sein Wunsch sich in der Feiertagsschule weiterzubilden, gewährt, aus der er am Schluß mit dem ersten Preise — 150 Gulden — hervorging. In nächtlicher Arbeit fertigte er sein Gesellenstück und trat nach fünfjähriger Lehrzeit, von der ihm sein Meister ein Jahr erlassen hatte, in die Gießerei und Ziselierwerkstätte seines Onkels ein, der später die Leitung der neu errichteten Kgl. Bayerischen Erzgießerei übernahm. Neben seiner praktischen Tätigkeit besuchte Miller die Akademie der Künste. 1834 wurde er nach Paris geschickt, um ein neues Gußverfahren und die Kunst des Feuervergoldens zu erlernen. Zunächst als Gießer, dann als Former eignete er sich rasch alles Nötige an, obwohl man ihm darin nicht gerade entgegenkam. Vor seiner Rückkehr nach München besuchte er noch London und reiste von dort über Gent nach Antwerpen und Brüssel, überall weitere Kenntnisse sammelnd.

Mehr und mehr kam die Münchener Erzgießerei unter seinen Einfluß und, nachdem sich Stiglmaier zurückgezogen hatte, auch unter seine Leitung. Seine erste Arbeit mißlang, beim zweiten Guß derselben Statue wäre er von der stürzenden Figur beinahe erschlagen worden. Schwere finanzielle Sorgen hatte Miller durchzumachen, doch nichts konnte ihn in seinem Lebensmut und in seiner Tatkraft erschüttern; seinem Wahlspruch: Rast' ich, so rost' ich, blieb er bis an sein Lebensende treu. Das hervorragendste Werk, das ihn bald in der ganzen Welt berühmt machte, war der im Auftrage König Ludwigs I. ausgeführte Guß der Schwanthalerschen Kolossalstatue der Bavaria vor der Ruhmeshalle zu München. Diese schwere Aufgabe, für die es gänzlich neue technische Wege zu beschreiten galt, löste Miller glänzend.

Inzwischen erwarb er die Kgl. Erzgießerei käuflich und war nun freier Herr seiner Kunst, die ihm aus allen Ländern Aufträge für Denkmäler, Brunnen und Statuen einbrachte. Seine umfassende ehrenamtliche Tätigkeit neben seinem anstrengenden Berufe verdient besondere Erwähnung. In der Münchener Gemeinde sowohl wie im Bayerischen Landtag und später als Mitglied des Reichstags trat er stets mit Begeisterung für die Interessen der Kunst und des Handwerks ein. Die erste große Kunstgewerbeausstellung — 1876 in München — war sein Werk. Ebenso hat die neue Münchener Kunstakademie ihre Entstehung ihm zu verdanken. An öffentlichen Anerkennungen fehlte es nicht: Sein Heimatsort Bruck und die Stadt Weimar machten Miller zum Ehrenbürger. Als höchste Auszeichnung verlieh ihm 1875 Ludwig II. den erblichen Adel. König Ludwig III. verfügte später die Aufstellung einer Marmorbüste Millers in der Bayerischen Ruhmeshalle. Seiner glücklichen Ehe mit Nanny Pösl, einer Landshuter Geheimratstochter, entsprossen 14 Kinder. Der Älteste, Ferdinand von Miller, wurde der Nachfolger seines Vaters in der Erzgießerei; der zehnte Sohn, Oskar von Miller, ist der bekannte Ingenieur, dessen größte Arbeiten die Wasserkraft-Elektrizitätsversorgung Süddeutschlands und die Gründung des Deutschen Museums sind. — Ein Herzschlag setzte dem Leben des unermüdlichen Mannes, der mit Recht den Beinamen „der Erzgießer" trug, ein Ziel. *Beitr. 5 (1913) S. 174; Zentr. Bauv. 7 (1887) S. 72.* Schu.

MILLER, Patrick, geb. 1731 in Glasgow, gest. 9. Dez. 1815 in Dalswinton (Dumfriesshire, Südschottland). Patrick Miller fing als mittelloser Junge seine Laufbahn als Matrose an. Später finden wir ihn als einen reichgewordenen Bankier wieder, der sich nun immer stark mit allem, was die Schiffahrt angeht, beschäftigt. Er war einer der Hauptteilhaber der Carron Iron Company und scheint an den dort unternommenen Versuchen zur Verbesserung der bis dahin gebräuchlichen schweren Geschütze und der sich hieraus ergebenden Erfindung des „Carronade-Geschützes" von General Robert Melville teilgenommen zu haben. Da ihn diese Frage stark interessierte, rüstete er das Kaperschiff „Spitfire" aus, das mit sechzehn dieser Geschütze ausgestattet war. Am 19. April 1779 wurde das Schiff aber von der „Surveillante" gekapert. Viel Zeit und Geld ist von Miller für Schiffbauversuche ausgegeben und aufgewendet worden; sein Ziel hierbei war, Schiffe mit zwei oder drei Rümpfen zu bauen, die zwischen den miteinander verbundenen Schiffskörpern Ruderräder besaßen, die von Hand betrieben wurden. Im Oktober 1786 lief das erste Doppelboot vom Stapel. Später ließ Miller noch mehrere ähnliche Versuchsschiffe mit großen Kosten bauen. Eine größere Arbeit über die Versuche, die von dem Künstler Alexander Nasmyth, dem Vater von James Nasmyth illustriert war, ließ Miller 1787 an alle führenden Stellen und an alle fremden Regierungen verbreiten. In ihr erwähnt er auch, daß seiner Meinung nach „die Kraft der Dampfmaschine zum Antreiben der Räder angewendet werden könnte". Er weist auf die von ihm nach dieser Richtung hin geplanten Versuche hin. Am 14. Okt. 1788 fand dann auf dem kleinen Landsee der Millerschen Besitztum bei Dalswinton in Südschottland die denkwürdige Fahrt des Doppelbootes statt. Angetrieben wurde das Schiff von einer von A. Symington gebauten Dampfmaschine. Die näheren Umstände dieser Fahrt und die Gründe für das Scheitern der weiteren Versuche sind aus dem Leben Symingtons bekannt. Später interessierte sich Miller für Fragen, die mit allgemeinen Verbesserungen in der Schiffahrt zusammenhingen, und nahm im Jahre 1796 ein Patent, das sich auf Schiffe mit flachen Böden, großer Wasserverdrängung und geringem Tiefgang bezieht. Daß diese Schiffe mit Dampf betrieben werden sollten, ist nicht vermerkt. Neben diesen schiffstechnischen Fragen interessierten ihn auch stets landwirtschaftliche Probleme. *Entw. Dm. 1 S. 74, 629; Nat. Biogr. Wi.*

MITSCHERLICH, Alexander, geb. 28. Mai 1836 in Berlin, gest. 31. Mai 1918. Er war der jüngste Sohn des großen Chemikers Eilhard Mitscherlich, der Professor an der Berliner Universität war. Da sein Onkel Gustav Mitscherlich dort den Lehrstuhl für Arzneimittellehre innehatte und kein geringerer als Alexander v. Humboldt sein Pate war, war es kein Wunder, daß sich Alexander von Jugend auf zu den Naturwissenschaften hingezogen fühlte. Sein Vater selbst überwachte seine chemischen Studien, die er mit der 1861 abgelegten Doktorprüfung abschloß, und entließ ihn nur ungern 1862 nach Göttingen, wo er Wöhlers Assistent wurde. Im selben Jahre besuchte er die Londoner Weltausstellung und arbeitete 1862 bei Wurtz in Paris über die Einwirkung des Chlors auf Glykol. Noch im selben Jahre wurde er nach Berlin zurückgerufen, wo er sich habilitierte und die Vorlesungen seines erkrankten Vaters als Stellvertreter hielt. Seine Habilitationsarbeit behandelte die Spektralanalyse chemischer Verbindungen. Im Gegensatz zu Bunsen und Kirchhoff stellte er fest, daß die Spektra der Metalle verschieden sind von denen ihrer Verbindungen, sofern diese sich bis zur Lichtentwicklung nicht zersetzt haben. Diese und andere spektralanalytische Arbeiten und manche treffliche Beobachtung verschafften ihm den Zulauf einer Menge von jungen Chemikern, die er im eigenen Laboratorium, z. T. aus seinen eigenen Mitteln, arbeiten ließ. Dadurch wurden dieselben stark aufgebraucht und er nahm gerne 1868 einen Ruf an die neugegründete Forstakademie in Hann.-Münden an.

Hier arbeitete er jene Erfindung aus, die ihm dauernden Ruhm sichert: das Sulfit-Zellulose-Verfahren. Er stellte in einer kleinen Glasapparatur fest, daß saurer schwefligsaurer Kalk die krustenbildenden Bestandteile des Holzes, das sog. Lignin, auflöst und die Zellulose ungelöst zurückläßt. Die Untersuchungen wurden durch den Krieg 1870 unterbrochen. Mitscherlich meldete sich als Freiwilliger und zeichnete sich so aus, daß er das Eiserne Kreuz erhielt und zum Offizier befördert wurde. Nach der Heimkehr nahm er die Arbeiten über die Zellulosegewinnung wieder auf, diesmal mit der Absicht, sie zu einem technischen Verfahren auszuarbeiten, von dem er sich auch eine Aufbesserung seiner bescheidenen Einkünfte versprach. Nachdem er sein Sulfitverfahren im eisernen Laboratoriumsdruckkessel erprobt hatte, baute er in der Rießmüllerschen Düngerfabrik eine Versuchsanlage, in der alle Teile der modernen Zellulosefabrik entstanden. Die großen Druckkessel und Rieseltürme wurden erprobt und alle Einzelheiten der Apparatur und des Verfahrens festgelegt. Eine mustergültige Geheimschrift enthielt alles Wissenswerte über das neue Verfahren und setzte die Käufer desselben in den Stand, von vornherein störungsfrei zu arbeiten. Rasch entstand eine Zellstoffabrik nach der anderen und Mitscherlich erntete überschwengliches Lob. Aber mit dem Erfolg kamen auch Sorgen, Mitscherlich geriet kurz vorher noch in Zahlungsschwierigkeiten und wurde nur dank seiner eisernen Ausdauer ihrer Herr. Schlimmer noch waren seine Kämpfe um den patentrechtlichen Schutz seiner Erfindung. Die Zahl der unausführbaren Patente über Zellulosegewinnung aus Holz war bereits Legion, und es war seinen Neidern leicht gemacht, ihm bei der wenig glücklichen Abfassung der Patentschrift das Erfinderrecht streitig zu machen. Nach 15jährigem Rechtsstreit mußte ein Teil des Patentes für nichtig erklärt werden und andere zogen Nutzen aus seinem Werk. Durch die billige Herstellung des Zellstoffs aus Holz wurde die moderne Papierindustrie erst ermöglicht, die vorher als Rohstoff nur Lumpen gekannt hatte. In größtem Maßstabe wird Zellstoff ferner zur Herstellung der Nitrozellulose und der Kunstseide nach Mitscherlichs Verfahren erzeugt.

Auch später arbeitete Mitscherlich immer noch daran, das Verfahren zu vervollkommnen. 1878 regte er die Vergärung der Sulfitablaugen an, um deren Zuckergehalt zur Alkoholgewinnung nutzbar zu machen. Heute ist der „Sulfitspiritus" ein lohnendes Nebenprodukt der Zellstoffabriken. 1898 gründete er in Hof a. S. eine Fabrik, die aus der Ablauge Papierleim herstellte.

Mitscherlich hatte infolge seiner Rechtsstreitigkeiten solche Schwierigkeiten im Amte, daß er es 1883 niederlegte. Er zog sich nach Freiburg i. B. zurück, wo er ein stilles Gelehrtenleben führte. Wortkarg, gründlich ging er seinen Problemen nach. Er arbeitete ein Verfahren zur Herstellung verspinnbarer Holzfasern aus und fand ein Mittel, die Extraktgerbung zu beschleunigen. Er arbeitete eine eigenartige Methode der Elementaranalyse aus und stellte in langjährigen eingehenden Untersuchungen den Verbrennungspunkt vieler Körper fest. Diese Untersuchungen führte er bis in sein 80. Lebensjahr fort.

Mitscherlich ist mit Scheibler und Hofmann zusammen Gründer der Chemischen Gesellschaft gewesen. *Chem. Z. 40 (1916) S. 457; Zeitschrift f. angew. Chemie 29 (1916) S. 229. Sa.*

MITSCHERLICH, Eilhard, geb. 7. Jan. 1794 in Neuende b. Jever, gest. 28. Aug. 1863 in Schöneberg, war der Sohn eines Pfarrers. Er besuchte in Jever das Gymnasium und bezog 1811 die Universität Heidelberg, um Philologie und Orientalia zu studieren. Eine ihm während eines kurzen Studienaufenthaltes in Paris erweckte Hoffnung, mit einer Gesandtschaft, die Napoleon I. nach Persien zu schicken beabsichtigte, in den Orient zu kommen, schlug fehl; er beschloß deshalb, sein Studienfach zu wechseln und Medizin zu studieren, um sich nach vollendeter Ausbildung als Arzt in Persien zu betätigen. Zu diesem Zweck ging er nach Göttingen, und hier war es die Chemie, überhaupt das Studium der Naturwissenschaften, die einen so großen Reiz auf ihn ausübten, daß er sich gänzlich diesen Fächern widmete und sich 1818 in Berlin habilitierte. In diese Zeit fallen die ersten Anfänge seiner Entdeckung des Isomorphismus, womit er so sehr die Aufmerksamkeit des großen schwedischen Chemikers Berzelius erregte, daß sich dieser für ihn beim Minister verwandte, mit dem Erfolg, daß Mitscherlich ein zweijähriges Stipendium zur Erweiterung seiner Forschungen in Stockholm erhielt. Mitscherlich kam zu der Ansicht, daß Isomorphismus, d. h. die Eigenschaft, daß chemisch verschieden zusammengesetzte Körper in gleichen oder ähnlichen Formen kristallisieren, überall da möglich sei, wo eine gleiche Zahl von Atomen zur Verbindung zusammentreten. Für diese Untersuchungen war es von großer Wichtigkeit, den flachen Winkel mit größter Genauigkeit festzustellen; Mitscherlich verbesserte das von Wollaston konstruierte Reflexionsgoniometer und konnte mit diesem Instrument die Winkel von Kristallen bis auf wenige Sekunden bestimmen; er beobachtete mit seiner Hilfe, daß sich in allen Kristallsystemen, mit Ausnahme des regulären, die Kristallwinkel mit der Temperatur ändern. Diese kristallographischen Studien führten ihn weiter zur Entdeckung des Dimorphismus (Formverschiedenheit bei gleicher Zusammensetzung), an diese knüpften sich seine Untersuchungen über die Metallurgie des Kupfers und schließlich die Auffindung der ersten künstlichen Mineralien, die sich in Schmelzproben fanden und von früheren Beobachtern für eine sekundäre Bildung der feuerflüssigen Maße gehalten wurden. Auch in der organischen Chemie hat Mitscherlich Großes geleistet, ihm verdanken wir die Entdeckung vieler aromatischen Verbindungen, wie z. B. die Zerlegung der Benzoësäure in Kohlensäure und Benzol; durch weitere Untersuchungen entdeckte er das Nitrobenzol, aus dem er durch Reduktion das Azobenzol darstellte, durch Behandlung des Benzols mit Schwefelsäure die Benzolsulfosäure. Von besonderer Bedeutung ist die von ihm hieraus gezogene Analogie zwischen Benzoësäure und Benzolsulfosäure. Hervorragend sind seine Arbeiten über Dampfdichte (Dichte des Schwefeldampfes, Arsentrioxyd).

Der zweijährige Aufenthalt in Schweden und insonderheit mehrere Reisen mit seinem Lehrer Berzelius in die schwedischen Bergwerke (Falun) brachten für Mitscherlich in hohem Maße die Anregung zu seinen oben erwähnten Darstellungen der künstlichen Mineralien. 1821 nach Berlin zurückgekehrt, wurde er sogleich außerordentlicher Professor und erhielt 1825 den Lehrstuhl Klaproths übertragen, womit er später noch eine Professur der Physik und Chemie an der Militärakademie verband. Sein Hauptinteresse galt der Lösung metallurgischer und geologischer Probleme, wie z. B. der Änderung der Erdoberfläche, Entstehung der Vulkane, Bildung von Geisern, Mineralquellen und Erzgängen. Er beabsichtigte, eine geologische Geschichte der Eifel zu schreiben und daraus die allgemeine Theorie der Vulkane zu entwickeln, doch ist es zur Veröffentlichung dieses Werkes nicht gekommen; nur kleine Abhandlungen zeugen von seinem eingehenden wissenschaftlichen Studium auf diesem Gebiet. Genannt werden muß aus seiner schriftstellerischen Tätigkeit das „Lehrbuch der Chemie", das die Grundlage vieler später erschienener gleichartiger Werke bildet. Er verwandte in diesem Buche zum ersten Male in Deutschland den später allgemein benutzten Holzschnitt für seine Zeichnungen. Nach 1½jährigem schwerem Herzleiden starb Mitscherlich im Herbst 1861. *ADB 22 (1885) S. 14.* Ca.

MOHR, Christian Otto, geb. 8. Okt. 1835 zu Wesselburen (Holstein), gest. 3. Okt. 1918 zu Dresden. Mit sechzehn Jahren bezog Mohr die Polytechnische Schule in Hannover, um nach Beendigung seiner Studien in den Dienst der hannoverschen und oldenburgischen Staatsbahnen zu treten. Während seiner zehnjährigen Tätigkeit bei diesen Bahnen gaben die umfangreichen Neubauten Gelegenheit, die ihm als Bauingenieur zufallenden Aufgaben glänzend zu lösen. Seine Befähigung für die Lösung statischer Aufgaben und die von ihm entworfene und als erste eiserne Fachwerkkonstruktion bei Lüneburg ausgeführte Eisenbahnbrücke, sowie sein Werk über „Durchlaufende Träger" lenkten die Aufmerksamkeit der Fachwelt auf ihn. Mit zweiunddreißig Jahren (1887) erhielt er einen Ruf als Professor für technische Mechanik, Trassieren und Erdbau an das Polytechnikum in Stuttgart. Im Gegensatz zum analytischen Verfahren lehrte Mohr die graphostatische Behandlung von Konstruktionsaufgaben und hatte einen begeisterten Kreis von Schülern um sich. Mohr wirkte nicht nur als mitreißender Lehrer, sondern war zugleich ein bahnbrechender Forscher. Die zeichnerische Darstellung der Biegelinie, die er seit 1868 anwandte, ist noch heute ein Hilfsmittel aller Konstrukteure. 1873 wurde er nach Dresden an die spätere Technische Hochschule berufen, wo er nach dem Tode Zeuners dessen Vorlesungen über Mechanik und Festigkeitslehre fortsetzte. Nach dreiunddreißigjähriger Lehrtätigkeit setzte er sich zur Ruhe, um als Forscher zu leben. Alljährlich veröffentlichte er in den Fachzeitschriften eine Reihe von Beiträgen, die hohe Anerkennung bei den Fachgenossen fanden. Klarheit und Kürze, Einfachheit und Übersichtlichkeit waren die Merkmale seiner Arbeiten, die durch die Anwendung neuer graphischer Methoden in den wesentlichsten Zügen die Grundlage der heutigen Baustatik bilden. In Anerkennung seiner Verdienste wurde er als einer der ersten zum Dr.-Ing. Ehren halber ernannt. *Z 62 (1918) S. 577; Dt. Bauz. 52 (1918) S. 381.* Gro.

MOHR, Eugen, geb. 1840, gest. 3. Juli 1898 bei Königsberg. Mohr gehörte zu den erfahrensten Wasserbaubeamten des preußischen Staates. Ausführende Bautätigkeit war ihm zum Selbstbedürfnis geworden; er verstand es, unter diesem inneren Antrieb zielbewußt immer die zunächst notwendigen Entwurfarbeiten in kürzester Zeit bis zu einem Punkt zu fördern, wo sogleich der Bau selbst beginnen konnte. Die erste Gelegenheit zur selbständigen Ausführung bot sich ihm, als er Ende der siebziger Jahre die Stellung eines Wasserbauinspektors in Tiergartenschleuse bei Oranienburg bekleidete. Unmittelbar an die großen Erweiterungsbauten der märkischen Wasserstraßen schloß sich unter seiner Leitung der Bau des Oder-Spree-Kanals zur Schaffung eines den Anforderungen der Schiffahrt entsprechenden Wasserweges von Berlin zur Oder. Zu Anfang der neunziger Jahre wurde Mohr mit der Leitung der Kanalisierung der oberen Oder betraut, um alsdann an einem Entwurf für den masurischen Seenkanal in Ostpreußen zu arbeiten, jedoch hat ihn der Tod nicht zur Vollendung dieser Pläne kommen lassen. *Zentr. Bauv. 18 (1898) S. 331; Z 42 (1898) S. 818.*

MOHS, Friedrich, geb. 29. Jan. 1773 zu Gernrode am Harz, gest. 29. Sept. 1839 zu Agordo in Südtirol. Erst im Jahre 1796 wurde es ihm ermöglicht, nach Halle zu gehen, um dort Mathematik, Physik und Chemie zu studieren, dann wandte er sich 1798 nach Freiberg, besonders um Werner zu hören. 1801 nahm er eine Steigerstellung bei dem Bergbau zu Neudorf im Harz an, verließ aber bald diese für ihn aussichtslose Stellung und wandte sich nochmals nach Freiberg, nachdem er die Aufforderung erhalten hatte, an der Errichtung eines wissenschaftlichen bergbaulichen Institutes in Dublin mitzuarbeiten. In diese Zeit fällt seine meisterhafte „Beschreibung der Grube Himmelsfürst bei Freiberg". Der Plan, Dublin betreffend, kam nicht zur Ausführung, infolgedessen nahm er 1802 den Auftrag an, die umfängliche Mineraliensammlung des Wiener Bankiers van der Null zu ordnen und zu beschreiben. Die Beschreibung wurde in zwei starken Bänden 1804 zu Wien gedruckt. Mohs wurde durch diese Arbeit in seiner schon in Freiberg gefaßten Absicht bestärkt, das von Werner aufgestellte System der Mineralogie zu vervollkommnen. Diesem Gedanken war ein großer Teil seiner späteren Arbeiten gewidmet. Die nächsten Jahre brachte Mohs vorwiegend auf Reisen zu. Unter anderem untersuchte er die Porzellanerdevorkommen der Umgegend von Passau. Auch erhielt er durch den Erzherzog Johann den Auftrag, die ansehnliche Mineraliensammlung des neu gegründeten Johanneums in Graz zu ordnen, 1812 wurde er dort als Professor der Mineralogie angestellt. Von Mohs stammt die bekannte „Härteskala der Mineralien".

1818 nahm Mohs als Nachfolger des im Jahre vorher verstorbenen Werner die Professur für Mineralogie an der Bergakademie in Freiberg an. Hier veröffentlichte Mohs seinen „Grundriß der Mineralogie" in zwei Teilen 1822 und 1824. Dieses Werk erschien in neuer Bearbeitung als „Leichtfaßliche Anfangsgründe der Naturgeschichte des Mineralreiches", Wien 1832, und erlebte auch noch eine weitere Auflage 1836/39, 2. Teil bearbeitet von Zippe. Seine Vorträge wurden als außerordentlich klar, logisch geordnet und fließend von den Studierenden mit Eifer besucht. Die zuletzt erwähnte und auch andere seiner Arbeiten wurden ins Englische übersetzt.

1826 nahm Mohs einen Ruf an die Universität Wien an, fing im Juni 1828 dort seine Vorlesungen an und führte sie bis 1835 fort; damals wurde er der Hofkammer im Münz- und Bergwesen als Bergrat zugeteilt. Während des ganzen Wiener Aufenthaltes führte er zahlreiche Reisen aus, die ihn im Jahre 1837 noch wieder nach Sachsen und nach Freiberg führten. Obwohl seine Gesundheit sehr geschwächt war, unternahm er doch, namentlich um den Vulkanismus an Ort und Stelle zu studieren, Ende Juni 1839 eine Reise, die ihn bis nach Sizilien führen sollte. Doch schon in Agordo erlag er am 29. Sept. einer schweren Dysenterie. *Festschrift der Bergakademie (Freiberg 1866); Fuchs: Friedrich Mohs und sein Wirken in wissenschaftlicher Hinsicht (Wien 1843).* Tr.

MOLARD, Claude Pierre, geb. 6. Juni 1758 in Cernoises bei St. Claude (Jura), gest. 13. Febr. 1837 in Paris. Molard war zunächst Direktor der Maschinensammlung, die Vaucanson der Regierung testamentarisch vermacht hatte. Er war einer der Gründer des Conservatoire des Arts et Métiers in Paris, dessen Hauptleitung er im Jahre 1801 übernahm und bis zur Reorganisation des Institutes im Jahre 1816 beibehielt. Am 25. März 1816 trat er in die Abteilung für Mechanik der Akademie der Wissenschaften ein. In den Jahren 1801, 1820 und 1824 war er Mitglied der Prüfungskommission für die Erzeugnisse der Industrie. Eine große Anzahl von Maschinen und Vorrichtungen für die Industrie verdanken wir seiner Erfindungsgabe, von denen folgende besonders zu nennen sind: Eine Textilmaschine zum Weben von Damastleinen, eine mehrspindlige Bohrmaschine, um mehrere Kanonenrohre gleichzeitig zu bohren, drehbare Backtröge, Mühlen mit flachen Mühlsteinen zur Zerkleinerung des Kornes, eine Maschine zur Herstellung von parallelen Flächen, die Malus später zu seinen Versuchen über die Strahlenbrechung des Lichtes benutzte. Viele Berichte und Arbeiten von Molard sind in dem „Bulletin de la Société d'Encouragement" und in den „Mémoires de la Société Centrale d'Agriculture" enthalten.

Von seinen Werken sind besonders zu erwähnen: „Description des machines et des procédés specifiés dans les brevets d'invention dont la durée est expirée", Paris 1812, I. Teil, „Notices sur les diverses inventions de feu de Jean-Pierre Droz, relatives à l'art des monnayages", Versailles 1823. *Nouv. Biogr. 35 S. 790; Biogr. Univ. 28 S. 517 u. 518.* De.

MOND, Ludwig, geb. 7. Jan. 1839 in Cassel, gest. 11. Dez. 1909 in London, besuchte die Realschule und die Polytechnische Schule seiner Vaterstadt bis 1855 und studierte dann ein Jahr lang bei Kolbe in Marburg und drei Jahre lang bei Bunsen in Heidelberg Chemie. Nach Beendigung seiner Studien trat er in eine kleine Sodafabrik in Ringenkuhl bei Kassel ein und begann dort 1860 mit Untersuchungen über die Verwertung des Schwefels der Sodarückstände. Nachdem er noch in verschiedenen Fabriken Deutschlands und Hollands als Analytiker und Betriebsleiter tätig gewesen war, ging er von 1862 bis 1863 nach England. In der Sodafabrik von Hutchinson & Co. in Widnes vervollkommnete er das ihm patentierte Schwefelgewinnungsverfahren, das etwa 15 Jahre lang in vielen Sodafabriken nach Leblanc ausgeführt wurde. Dann hielt er sich vier Jahre lang meist in Holland auf, wo er eine Sodafabrik baute und leitete und kehrte nun, jung verheiratet, zu Hutchinson nach Widnes zurück. Hier vervollkommnete er sein Schwefelgewinnungsverfahren weiter. 1872 lernte er Solvay kennen, dessen neues Sodaverfahren mit Hilfe von Ammoniak gerade seine Feuerprobe bestanden hatte. Nach gründlicher Prüfung desselben beschloß Mond, seine Einführung in England zu übernehmen und gründete zu diesem Zwecke mit John T. Brunner, den er als befähigten Kaufmann in der Fabrik von Hutchinson kennen gelernt hatte, die Sodafabrik Brunner, Mond & Co. in Winnington bei Northwich, die bald zur größten Europas wurde und etwa 4000 Arbeiter beschäftigte bei einem Aktienkapital von 200 Millionen Mark. Sieben Jahre lang arbeitete Mond an der Vervollkommnung des Ammoniaksodaverfahrens. Als sein Werk von vollem Erfolg gekrönt war, machte er sich an die Arbeit, den großen Ammoniakverbrauch seiner Fabriken auf billige Weise zu decken. Nach vergeblichen Versuchen, den Luftstickstoff wirtschaftlich nutzbar zu machen, gelang es ihm, den Stickstoff der Brennstoffe durch Vergasung derselben mit Luft und viel Dampf als Ammonsulfat zu gewinnen. Mit den großen Gasmengen, die dabei erzeugt wurden, versorgte er in Staffordshire über hundert Fabriken. Bei bedeutungsvollen Arbeiten, die das Problem, Elektrizität unmittelbar aus Kohle zu erzeugen, betrafen, machte er die Entdeckung, daß Kohlenoxyd sich mit Nickel zu einer gasförmigen Verbindung, dem Nickelkarbonyl verbindet. Mond arbeitete diese Erfindung nach zwei Seiten aus: In der Mond Nickel Co. in Clydach (South Wales) stellte er nach diesem Verfahren Nickel von 99,9 vH Reinheit in größtem Ausmaße her; ferner stellte er im Laboratorium die Karbonyle anderer Metalle z. T. unter bis dahin für unüberwindlich geltenden Schwierigkeiten dar.

Ludwig Mond war unermüdlich und streng wissenschaftlich in seinen Arbeiten, ein scharfer Denker und geschickt in der Erörterung. Ebenso große Ansprüche wie an sich selbst stellte er an seine Mitarbeiter und Untergebenen; er war anhänglich an seine Freunde und hatte für alle ein warmes Herz. Ein Unglücksfall, bei dem drei Arbeiter durch das giftige Nickelkarbonyl umkamen, erschütterte ihn so sehr, daß er sich kaum von diesem Schlage erholte. Immer war er bei der Hand, wenn es galt, Elend zu lindern oder für wissenschaftliche und soziale Zwecke Geld herzugeben. Er war Mitglied der chemischen Gesellschaften Englands, Deutschlands und Italiens und wurde durch hohe öffentliche Ehrungen ausgezeichnet. *Chem. Z. 33 (1909) S. 139; Journ. chem. Soc. 113 (1918) S. 318.* Sa.

MONGE, Gaspard, Comte de Péluse, geb. 10. Mai 1746 in Beaune, gest. 28. Juli 1818 in Paris. Gaspard Monge war der Sohn eines Kaufmannes. Er besuchte in seiner Heimatstadt eine Schule der Oratorianer, später eine gleichartige in Lyon und wurde an dieser Anstalt mit 16 Jahren als Lehrer der Physik angestellt. Bereits mit 14 Jahren stellte er einen so geschickt aufgenommenen Plan von Beaune her, daß er damit die Aufmerksamkeit eines Ingenieuroffiziers auf sich lenkte, der ihn an die Schule des Geniekorps nach Mézières empfahl. Er erfand hier das graphische Défilement und wurde darauf Hilfslehrer und 1768 Professor der Mathematik an der Kriegsschule, 1780 gleichzeitig Professor der Hydraulik in Paris. Nachdem er in die Akademie der Wissenschaften aufgenommen war, wurde er auch noch zum Examinator der Marinezöglinge ernannt. Den Ausbruch der Revolution begrüßte Monge mit großer Begeisterung, ihm wurde die Leitung des Marineministeriums übertragen; in dieser Stellung wurde ihm der Auftrag zuteil, an Ludwig XVI. das Todesurteil vollstrecken zu lassen. 1793 trat er von dem Amt zurück, um sich ganz seinen theoretischen Forschungsarbeiten widmen zu können. Im folgenden Jahr gründete er die École Polytechnique und übernahm selbst die Vorlesungen über die darstellende Geometrie und die Theorie der Oberflächen. 1795 unternahm Monge eine wissenschaftliche Reise nach Italien und gab die erste wissenschaftliche Erklärung der „Fata morgana" genannten Luftspiegelung. Nach Frankreich zurückgekehrt folgte er Bonaparte nach Ägypten und traf alle Vorbereitungen und wissenschaftlichen Arbeiten für diesen Feldzug.

Monges Forschungstätigkeit auf dem Gebiete der darstellenden Geometrie ist von grundlegender Bedeutung. Er erhob diese und die Infinitesimalgeometrie erst zu einer Wissenschaft, wie er auch der Differentialgeometrie ganz neue Bahnen wies. Von seinen Veröffentlichungen seien hier u. a. nur genannt: „Traité élémentaire de statique" (1788), „Géométrie déscriptive" (1795), „Théorie des ombres et de la perspective" (1847), „Application de l'analyse à la géométrie des surfaces du premier et deuxième degré" (1785). *Nouveau Larousse illustré 6 S. 165; Biogr. Univ. 28 (1860) S. 615; Nouv. Biogr. 35 (1861) S. 974; Dupin: Essai historique sur les travaux scientifiques de Monge (Paris 1819).* Ca.

MONTGOLFIER, Joseph Michel, geb. 1740 in Frankreich, gest. 28. Juni 1810 in Balaruc bei Montpellier;
MONTGOLFIER, Jacques Étienne, geb. 7. Jan. 1745 in Vidalon-les-Annonay, gest. 2. Aug. 1799 in Servières. Die beiden Brüder, die zuerst dem Menschen die Möglichkeit geschaffen haben, in die Luft emporzusteigen, entstammen einer alten, angesehenen französischen Familie. Einer ihrer Vorfahren, Jean Montgolfier, hatte in türkischer Gefangenschaft, in die er als Teilnehmer am zweiten Kreuzzuge im Jahre 1147 geraten war, in Damaskus die Technik der Papierfabrikation kennen gelernt und sie nach seiner glücklichen Rückkehr in Frankreich, in Ambert, zur Einführung gebracht. Dem Vater der beiden Brüder, Pierre Montgolfier, verdankte die Papierfabrikation in Annonay ihre außerordentliche Blüte. Joseph Montgolfier zeigte von Jugend an ein nicht ganz leicht verständliches Wesen. Entschlußfreudigkeit stand neben Zaghaftigkeit, hoher persönlicher Mut neben Ängstlichkeit. Eine Eigenschaft aber war stets bei ihm stark ausgeprägt: seine Ausdauer im Verfolgen eines Zieles, das er sich einmal gesteckt hatte. Die Schule behagte ihm gar nicht. Das ging so weit, daß er eines Tages

als 13jähriger Junge plötzlich durchging. Erst als er durch Zufall bald nach seiner Rückkehr auf eine arithmetische Schrift aufmerksam geworden war, erwachte sein Lerneifer und es entwickelte sich seine Liebe zur Mathematik, Physik und Naturwissenschaft. In Étienne schuf er sich ein chemisches Laboratorium, lebte seinen Versuchen und fand daneben durch Herstellung verschiedener Salze und Farbstoffe die Möglichkeit zu einer äußerst bescheidenen Daseinsführung in der gewollten Einsamkeit. Als Joseph von seinem Vater zurückgerufen wurde, damit er ihm in der Papierfabrikation, die immer größere Ausdehnung annahm, helfen könnte, folgte er diesem Ruf nur ungern, und auch der Vater mußte bald einsehen, daß er in seinem Sohne, dessen Kopf stets nur voll von Plänen und Entwürfen steckte, nicht die erwünschte Unterstützung fand. Joseph gründete dann selbst in Rives und Voiron neue Papierfabriken. Um diese Zeit hat er auch einen Absprung mit dem Fallschirm, der allerdings schon seit mehr als 150 Jahren bekannt war, vom Dache seines Hauses in Annonay gemacht. — Étienne Montgolfier ist das Verdienst zuzuschreiben, daß er den Strom des allzu fruchtbaren Erfindergenies seines Bruders in brauchbare Bahnen gelenkt hat. Étienne war nach sehr erfolgreichem Studium Architekt geworden und hat sich vielfach beim Bau von Kirchen, Privat- und Fabrikgebäuden bewährt. Er trat später an Stelle seines Bruders Joseph in die Fabrik seines Vaters ein und hat dort als Fabrikloiter fruchtbringend gearbeitet. Im Anfange dieser Tätigkeit begann auch die gemeinsame Arbeit der beiden Brüder an den Problemen der Luftschiffahrt. In der weiteren Entwicklung ist der Anteil des Einzelnen an dem Erfolg kaum mehr festzustellen, um so weniger als Joseph und Étienne sich immer jeder Nachforschung in dieser Richtung widersetzt haben und stets ihre Erfindung nur als gemeinsames Werk betrachtet wissen wollten. Der erste Gedanke stammt wohl von Joseph, der sich zunächst auch mit der mechanischen Lösung des Problems befaßt hat. Hiervon gibt ein Schreiben an die Akademie in Lyon Kenntnis, in dem es heißt: „Wie uns das Aufsteigen einer Rakete oder eines Wasserstrahles aus einer Feuerspritze zeigt, daß wir Mittel haben, uns Leistungen zu verschaffen, die größer sind als es der einfachen Menschenkraft entspricht, so müssen wir derartige gesteigerte Leistungen tiefer auch für die Luftschiffahrt geeignet machen können. Einstweilen aber, bis irgendein gelehrter, geschickter Mechaniker sich mit diesem Problem beschäftigt, haben wir, einer meiner Brüder und ich, uns vorgesetzt, ein Fahrzeug zu bauen, in dem wir eine Luftart einschließen könnten, die leichter ist als die atmosphärische Luft." Den Anstoß zu diesem Gedanken hatte ein Werk des englischen Physikers Priestley gegeben, das in den Jahren 1774 bis 1777 unter dem Titel „Observations on Different Kinds of Air" erschienen war. Dieses Buch hatte Étienne durch Zufall in die Hand bekommen, hatte es auch sofort seinem Bruder zugeleitet, und schon war der schlummernde Funke entzündet. Joseph und Étienne faßten den Ballon, den sie sich sogleich aus einem leichten Papierstoff fertigten und zunächst mit Wasserdampf zu füllen versuchten, als eine mit einer Hülle umgebene Wolke auf. Der Wasserdampf erwies sich als ungeeignet, da er sich an den Wänden der Hülle kondensierte. Erst als Joseph Ende des Jahres 1782 mit Hilfe von Stroh- und Wollfeuer die Luft im Innern des Ballons erhitzte, kam der Erfolg: der erste Ballon stieg empor in die Lüfte. Am 5. Juni 1783, gelegentlich einer Tagung der Provinzialstände in Annonay, folgte dann die erste gelungene Auffahrt vor breiterer Öffentlichkeit und am 19. Sept. 1783 unter großem Gepränge vor dem versammelten Hof und einer riesigen, begeisterten Menschenmenge ein Aufstieg in Versailles, bei dem ein Lamm, ein Hahn und eine Ente die ersten Passagiere bildeten. Der erste Flug mit Personen fand bereits bald danach am 21. Nov. 1783 statt, und am 19. Jan. 1784 folgte sogar eine Auffahrt mit sieben Personen, darunter zum ersten Male auch Joseph Montgolfier. Mit ungezählten Auszeichnungen wurden jetzt die beiden Brüder geehrt, vor allem durch den König und durch die Pariser Akademie der Wissenschaften, die sie zu ihren korrespondierenden Mitgliedern ernannte. Nach diesen Tagen des Glanzes kamen aber mit der Revolution für die königstreuen Montgolfiers schwere Zeiten. Étienne Montgolfier, der sich auf der Liste der Proskribierten befand, wurde zwar durch seine Arbeiter gerettet, durch die ausgestandenen Schrecken hatte aber seine Gesundheit derart gelitten, daß er bereits am 2. Aug. 1799 in Servières starb. Joseph Montgolfier gab danach jede Beschäftigung mit seinem Warmluftballon und auch die Tätigkeit in der heimatlichen Papierfabrikation auf und widmete sich nur noch anderen wissenschaftlichen Arbeiten. Als deren Frucht schenkte er der staunenden und zunächst sehr ungläubigen Gelehrtenwelt den hydraulischen Widder. Neue Ehren wurden Joseph zuteil: die ordentliche Mitgliedschaft der Akademie der Wissenschaften, das Kreuz der Ehrenlegion aus Bonapartes Hand. Josephs nimmermüdem Geist sind dann noch mehrere kleinere Erfindungen entsprungen, bis er am 28. Juni 1810 in dem Bade Balaruc bei Montpellier seine Augen schloß. Erwähnt sei in diesem Zusammenhange noch, daß auch die Nachkommen der Montgolfiers sich um die Entwicklung der Luftfahrt verdient gemacht haben. Von Marc Séguin, einem Neffen, dem Erfinder des Röhrenkessels, haben wir eine Denkschrift an die Akademie der Wissenschaften — im Jahre 1866 im Cosmos veröffentlicht, — die die Lösung des von seinem Onkel bereits erfaßten Prinzips der Luftschiffahrt mit Fahrzeugen, die schwerer als die Luft sind, behandelte. Laurent Séguin endlich und sein Bruder Louis, ebenfalls Nachkommen der Montgolfiers, sind die Erfinder des Gnomemotors, der in den Anfängen der französischen Flugzeugtechnik eine so bedeutende Rolle gespielt hat. Z 54 (1910) S. 1109; Hist. méc. S. 295. Bs.

MONIER, Joseph, geb. 1823 in St. Quentin la Potérie, gest. 13. März 1906 in Paris. Monier war Besitzer einer großen Gärtnerei in Paris. Er beabsichtigte, die Haltbarkeit und das Gewicht seiner Blumenkübel zu verbessern und glaubte das am besten durch die Einfügung eines Drahtnetzes von geringer Stärke in die Zementwände der Kübel zu erreichen. Da der Versuch über Erwarten gut gelang, dehnte er dieses Verfahren auch auf die Herstellung größerer Wasserbehälter aus. 1867 wurde ihm die Erfindung patentiert, und nun folgte eine große Reihe neuer Konstruktionen dieser Bauweise, wie u. a. Behälter, Decken, gerade und gebogene Balken, Röhren, Gewölbe, Eisenbahnschwellen, für die er Patente erhielt. 1875 stellte Monier die erste Brücke dieser Art her. In seinen Patentzeichnungen finden wir schon alle jene Elemente, die in den verschiedenen Systemen heute noch bei den einzelnen Konstruktionsarbeiten angewandt werden. Die Bauweise erhielt nach ihm den Namen „Monierbau".

Monier galt lange Zeit als der geistige Urheber des Eisenbetons. Obgleich es feststeht, daß schon zwanzig Jahre früher in Frankreich und wie in England Verbundkörper aus Eisen und Beton patentiert und im Bauwesen angewandt worden sind, so hat Monier durch seine Unternehmungen und Anregungen namentlich in Deutschland und Österreich maßgebend für die Einführung und Ausbreitung dieser Bauweise gewirkt, die durch ihn erst eine wissenschaftliche Begründung erfahren hat. Sein Lebensabend wurde durch mannigfaches persönliches Ungemach getrübt, er starb völlig verarmt im 84. Lebensjahr. *Mörsch: Der Eisenbetonbau (Stuttgart 1908) S. 216; Daub: Die Vergangenheit des Hochbaues (Stuttgart 1911) S. 70; Zentr. Bauv. 26 (1906) S. 250.* Ca.

MORIN, Arthur, geb. 17. Okt. 1795 in Paris, gest. 7. Febr. 1880 in Paris. Nachdem er seine erste Erziehung in Italien erhalten hatte, wurde er nach der Rückkehr nach Frankreich im Jahre 1814 Zögling der Pariser Polytechnischen Schule und im Jahre darauf Schüler der École d'Application in Metz. Nach langjährigem Dienst bei den ersten Pontonierbataillon wurde er an der Metzer Artillerie- und Ingenieurschule der Nachfolger von Poncelet und begann in dieser Stellung seine bedeutenden Arbeiten auf dem Gebiete der Mechanik. Im Jahre 1843 wurde er Mitglied der Akademie der Wissenschaften und nach dem Tode von Poncelet Direktor des Conservatoire des Arts et Métiers in Paris. Seine in den Jahren 1863 und 1864 auch im Auslande betriebenen Studien über das Gewerbeschulwesen veröffentlichte er unter dem Titel „Enquête sur l'enseignement professionel". Bis zu seinem Tode widmete er seine Arbeiten als Mitglied der Akademie der Wissenschaften und als Direktor dem Conservatoire des Arts et Métiers in gleicher Weise mit aller Hingabe wie wen in den vielen öffentlichen Ämtern in Kommissionen und dem Lehramte. Besonders hervorgehoben zu werden verdient seine Tätigkeit als Präsident der internationalen Kommission zur Festlegung von metrischen Normalmaßen und -gewichten und seine fördernde Arbeit bei den internationalen Ausstellungen 1855 und 1867. Die großartigen Modellsammlungen des Conservatoire erfuhren durch ihn eine weitgehende Vervollständigung und systematische Ordnung.

Durch seine fortgesetzten Bemühungen, die wissenschaftlichen Arbeiten seiner Vorgänger Navier, Coriolis, Poncelet in einfacher Form weiteren Kreisen zugänglich zu machen, hat er die Technik ganz erheblich gefördert. Seine sehr sorgfältig und mit ausgezeichneten Meßmitteln durchgeführten Versuche, besonders über die rollende und gleitende Reibung, sind in ihren Ergebnissen noch heute vielfach Grundlage der Rechnung. Von seinen Schriften sind besonders hervorzuheben: „Aide-mémoire de mécanique practique", erschienen 1838 zu Paris, worin er die Arbeiten seiner Lehrer verwertete und ergänzte, und die „Leçons de mécanique pratique". Seine Untersuchungen über die Reibung sind festgelegt in in dem Werke „Nouvelles expériences sur le frottement, faites à Metz", das während der Jahre 1833 bis 1835 veröffentlicht wurde. Später folgten Arbeiten über die Leistungen horizontaler und vertikaler Wasserräder und über die Zugwiderstände der Räderfuhrwerke auf Land- und Kunststraßen, bei deren Untersuchungen er sein weit bekannt gewordenes Federdynamometer verwendete. Im Jahre 1863 erschien ein zweibändiges Werk unter dem Titel: „Études sur la ventilation", in dem er die Belüftung öffentlicher und privater Gebäude behandelte. Die hierzu gehörenden Untersuchungen über Anemometer veröffentlichte er 1865 in den „Annales du Conservatoire des Arts et Métiers". Das Leben Morins ist ausgezeichnet durch eine außerordentliche Arbeitskraft und durch eine umfassende Beherrschung des gesamten Arbeitsgebietes der praktischen Mechanik zu einer Zeit, als in Frankreich die Industrie ungeheuer aufblühte. Er hat daran hervorragenden Anteil. *Gesch. Mech.; Hist. méc.; Bull. de la Société d'Encouragement 1880.* De.

MORSE, Samuel Finley Breese, geb. 27. April 1791 in Charlestown (Mass.), gest. 2. April 1872 in Poughkeepsie (New York). Er war der Sohn eines Geistlichen und widmete sich der Malerei. Zur Weiterbildung reiste er wiederholt nach der alten Welt. Auf der Rückkehr von einer dieser Studienreisen führte ihn im Jahre 1832 der Zufall auf dem Segelschiff mit dem Professor Charles T. Jackson aus Boston zusammen, der an Bord zur Vertreibung der Langeweile mit einigen elektrischen Geräten experimentierte, Versuche, denen Morse teilnahmsvoll zusah.

Seine geringen Erfolge als Maler zwangen ihn, es auf einem anderen Gebiete zu versuchen: 1835 baute er einen telegraphischen Apparat. Dieser Morsetelegraph bestand aus einer ziemlich großen Malerstaffelei, an der rechts unten ein durch ein Gewicht betriebenes altes Uhrwerk angebracht war. Mittels einer Schnur zog sich über dem länglichen, oben offenen Staffeleikasten ein Papierstreifen hin. Da das Gewicht wegen Raummangels keine genügende Fallhöhe hatte, führte Morse die Schnur über eine rechts oben an dem Malgerät befestigte kleine Rolle und brachte außerdem an der in der Mitte der Staffelei befindlichen Holzlatte einen Elektromagneten an, vor dem ein hölzernes Dreieck hing, das unten einen Schreibstift und in der Mitte genau gegenüber den Polen des Elektromagneten zwei Eisenstückchen trug. Zog der Papierstreifen unter dem Schreibstift hindurch, so entstand ein gerader Strich. Sobald Strom durch den Apparat gelassen wurde, drückte der Magnet das vor seinen Polen angebrachte Eisen und damit den Schreibstift nach hinten, wodurch eine schräg nach hinten gerichtete Linie entstand. Wurde der Strom ausgeschaltet, so kehrte das Pendel wieder in seine alte Lage zurück, wobei der Stift einen schief nach vorwärts gehenden Strich zeichnete, der dann in der Ruhelage des Pendels in eine gerade Linie überging. Das Schließen des Stroms bewirkte mithin das Aufzeichnen eines Winkels. Setzte man für jeden Buchstaben eine bestimmte Anzahl solcher Winkel fest, so konnte man telegraphieren.

Obwohl dieses erste Modell recht schlecht und unzuverlässig arbeitete, bewies es doch die Möglichkeit, auf diesem Wege mit Hilfe der Elektrizität zu telegraphieren. Morse, der nur geringe Kenntnisse auf dem Gebiete der Physik und der Elektrizität hatte, setzte sich mit dem in demselben Hause wohnenden Chemieprofessor L. Gale in Verbindung, und es gelang ihnen, den Apparat so zu verbessern, daß er 1837 mit Erfolg vorgeführt werden konnte. Das Gerät wurde nun immer weiter vervollkommnet. Bald waren die Schwierigkeiten jedoch so groß geworden, daß Morse sich zur Bestreitung seines Lebensunterhaltes wieder der Malerei zuwenden mußte. Im Jahre 1843 konnte mit Unterstützung der Regierung der Bau der ersten Versuchslinie zwischen Washington und Baltimore durchgeführt werden, auf der 1844 die erste Depesche befördert wurde. Der Erfolg war in jeder Hinsicht durchschlagend, und Morse konnte eine Telegraphengesellschaft gründen, die sich mit der Herstellung seiner alle anderen Systeme rasch verdrängenden Apparate befaßte.

Morse hatte das seltene Glück, die Früchte seiner Erfindung noch bei Lebzeiten genießen zu können. Er wurde bald technischer Direktor der New York and New Foundland Telegraph Company und Professor der Naturgeschichte am Yale College in Newhaven.

Frei von wirtschaftlichen Sorgen starb er hochbetagt auf seinem Landsitz in Poughkeepsie. *Erf. u. Entd. S. 58; Jeans: Lives of the Electricians (London 1887) S. 231.* Schu.

MÜLLENSIEFEN, Gustav, geb. 1799 in Iserlohn, gest. 1873 in Crengeldanz, war zuerst in einer Bremer Handelsfirma tätig und errichtete 1825 mit seinem jüngeren Bruder Theodor zusammen in Crengeldanz die noch heute bestehende Glasfabrik Gebr. Müllensiefen, die sich aus den bescheidensten Anfängen heraus zu einem bedeutenden Unternehmen entwickelte. Sehr zustatten kam der Fabrik die günstige Lage zur Kohle, die auf Betreiben des Vaters (Peter Eberhard Müllensiefen) gewählt worden war. Nach Ausscheiden von Theodor Müllensiefen im Jahre 1865 führte Gustav Müllensiefen zunächst das Unternehmen allein weiter, bis es dann auf seine Söhne und später auf seine Enkel überging. Die

Tätigkeit von Gustav Müllensiefen war auch von großer Bedeutung für den sich damals erst langsam entwickelnden westfälischen Bergbau. Er war nicht nur an kleinen Bergwerken mit Stollenbetrieb beteiligt, sondern gehörte auch zu denjenigen, die immer wieder neue Schächte anlegen ließen, und besaß eine Reihe heute noch bestehender Bergwerke. Zahlreiche Namen in Westfalen erinnern noch an seine Tätigkeit. Auch im öffentlichen Leben beteiligte sich Gustav Müllensiefen. Bei Gründung der Handelskammer Bochum wurde er zum ersten Vorsitzenden ernannt, ein Amt, das er jahrelang bekleidete. In der Verwaltung der Stadt Witten war er als Mitglied des Magistrats dauernd tätig. *Nach Mitt. d. Firma Gebr. Müllensiefen G. m. b. H.* Mch.

MÜLLER, Hermann, geb. 22. Febr. 1823 in Leisnig, wo der Vater Stadtschullehrer war, gest. 10. Mai 1907 zu Freiberg. Nach dem Besuch der Thomasschule zu Leipzig studierte er in den Jahren 1841 bis 1845 auf der Bergakademie zu Freiberg, dann arbeitete er ein Jahr praktisch auf der Grube Churprinz Friedrich August Erbstollen bei Freiberg. In den Jahren 1846 bis 1850 wurde er mit ganggeologischen Untersuchungen beschäftigt, deren Ergebnisse er in B. v. Cottas Gangstudien veröffentlichte. 1851 wurde er als Assessor im Bergamte Schneeberg und 1853 am Bergamte Freiberg angestellt, 1858 wurde er Obereinfahrer. Bei Errichtung des Freiberger Bergamtes als Landesbergamt im Jahre 1868 wurde Müller diesem als Referent für den Erzbergbau zugewiesen. Als solcher hat er, zuletzt mit dem Titel Oberbergrat, bis 1887 gewirkt. Er trat mit dem Wunsche in den Ruhestand, seine umfangreiche Arbeit über die Erzgänge des Freiberger Reviers vollenden zu können.

Daneben leitete Müller 1871 bis 1873 den Betrieb der Gruben „Churprinz Friedrich August Erbstollen" und „Beihilfe Fundgrube", außerdem vom Jahre 1871 ab den Betrieb des Rothschönberger Stollens, dessen Vollendung im Jahre 1877 durch Anwendung des Bohrmaschinenbetriebes wesentlich beschleunigt wurde.

Müllers Haupttätigkeit war die Erforschung der Erzlagerstätten, im besonderen der Erzgänge. Er untersuchte namentlich den Einfluß des Nebengesteins auf die Erzführung der Gänge und die Beziehungen zwischen Thermalquellen und Gängen. Wenn er auch in erster Linie die Erzvorkommen des Erzgebirges studierte, deren bester Kenner er sicher war, so hatte er auch Gelegenheit, auf vielfachen Reisen nach Spanien, Schlesien, Norwegen, nach der Rheinprovinz, nach dem Ural, nach Böhmen, Schweden, Ungarn und Serbien andere Verhältnisse kennen zu lernen.

Seit 1877 war er Mitarbeiter bei der von Credner geleiteten geologischen Landesaufnahme Sachsens. Er bearbeitete die Erzvorkommen; seine Studien sind in den Erläuterungen zur Geologischen Spezialkarte niedergelegt, z. T. in besonderen Heften, wie sein Hauptwerk „Die Erzgänge des Freiberger Bergrevieres".

Müller war erster Ehrendoktor der Freiberger Bergakademie, diese Ehrung wurde damals noch gemeinsam mit der Technischen Hochschule Dresden verliehen. *Sächs. Jahrbuch (1907); Z. f. prakt. Geologie (1907) S. 169.* Tr.

MUELLER, Otto H., geb. 18. Aug. 1829 in Friedrichstadt bei Magdeburg, gest. 17. Juni 1897 in Gmunden, war der Sohn eines königlichen Rentmeisters. Er zeigte als Kind eine so ausgeprägte musikalische Begabung, daß sein Vater beschloß, ihn Musik studieren zu lassen. Umgewandelt wurde diese Neigung jedoch beim Anblick des ersten Dampfschiffes, das so eindrucksvoll auf ihn wirkte, daß er beschloß, Ingenieur zu werden. Er trat mit 16 Jahren als Volontär in die Maschinenfabrik der Vereinigten Hamburg-Magdeburger Dampfschiffahrts-Gesellschaft in Buckau ein; neben der praktischen Arbeit bildete er sich, soweit es ihm möglich war, theoretisch und zeichnerisch weiter und erreichte eine große Fertigkeit im Hand- und Linearzeichnen. 1848, nach bestandener Gesellenprüfung, beschaffte er sich durch Akkordarbeit die Mittel zu einer Reise nach Berlin, um sich an der dortigen Gewerbeakademie ein Stipendium zu erwerben. Die Buckauer Fabrikleitung wurde aufmerksam auf seine Leistungen — er hatte sich durch seine Zeichnungen die kleine und die große Medaille der Berliner Akademie der Künste erworben, — berief ihn in ihre Konstruktionsabteilung und ernannte ihn bald zum Oberingenieur und Nachfolger Brami Andreaes. Müllers Ruf als Konstrukteur war bereits nach Österreich gedrungen. J. J. Ruston berief ihn als Oberingenieur für seine neu zu erbauende Fabrik nach Prag. Hier wirkte er unermüdlich mit nur ganz wenigen Hilfszeichnern und führte fast alle Konstruktionsarbeiten selbst aus. Die Prager Fabrik erwarb sich bald einen weit über die Grenzen Österreichs hinausgehenden Ruf. Wesentlich sind die Änderungen, die Mueller an Dampfmaschinen einführte; er war einer der ersten, der seine Maschinen nach vorher entworfenen Indikatordiagrammen konstruierte. 1857 erbaute er die erste wirkliche Verbundmaschine und führte im selben Jahre in Österreich die Corlissmaschine ein. 1866 siedelte er nach Pest über, um den Bau und die Leitung der „Ersten Ungarischen Maschinenfabrik und Eisengießerei-A.-G." zu übernehmen, fand hier jedoch keine Befriedigung und ließ sich 1870 als Zivilingenieur in Budapest nieder. Jetzt hatte er Gelegenheit, sich seinen Wünschen entsprechend zu betätigen und sich vor allen Dingen eingehend mit dem Studium der Dampfwirtschaft zu befassen. Unter eigener Haftung übernahm er den Umbau von Betriebsmaschinen und Kesseln auf Kohlenersparnis, stets mit großem Erfolg. 1890 wurde er vom Verein deutscher Ingenieure nach England geschickt, um dort die Ursachen des Zusammenbruchs der Maschinen der „City of Paris" zu erforschen und darüber zu berichten. Nach einer 1893 erfolgten Amerikareise erschien gleichfalls ein Aufsatz über die „Amerikanische Dampfschiffahrt".

Otto H. Mueller war nicht im eigentlichen Sinn ein „Erfinder", seine Erfolge bestanden vielmehr in der richtigen Anwendung des Bekannten auf dem Boden der Erfahrung. Er war geistesfrisch und tätig bis zu seinem Tode, der ihn von einem schweren Leiden erlöste. *Z 41 (1897) S. 989.* Ca.

MULVANY, William Thomas, geb. 11. März 1806 in Dublin, gest. 30. Okt. 1885 in Pempelfort bei Düsseldorf. Sein Vater war Maler und Professor an der Dubliner Akademie. Er bemühte sich, seinem ältesten Sohne William Thomas eine vorzügliche Erziehung angedeihen zu lassen. Nach Verlassen der Schule sollte er Medizin studieren und besuchte die Trinity-Universität in Dublin. Geldverluste zwangen den Vater, den Sohn von der Universität abzuberufen. So kam Mulvany mit 19 Jahren zu dem Berufe eines Landmessers, wo er sich unter der damals straffen militärischen Leitung für seine Laufbahn als Staatsbeamter vorbereiten konnte. In rasch aufsteigender Bahn wurde Mulvany bereits als 36 jähriger zum Kommissar der öffentlichen Arbeiten für Irland ernannt und stand somit an der Spitze der gesamten Ingenieurarbeiten. Seine Arbeit galt besonders umfassenden Drainage-Arbeiten, daneben Förderung des Verkehrs auf den Wasserstraßen wie auf dem Lande und Hebung der Fischzucht. Infolge politischer Verhältnisse nahm Mulvany 1853 seinen Abschied. Auf Reisen nach dem Kontinent wurde er auf die Kohlenschätze des Ruhrgebietes aufmerksam. 1855 siedelte er nach Düsseldorf über und gründete im Verein mit irischen Kapitalisten die Gewerkschaft „Hibernia" in Gelsenkirchen; bald darauf begann er den Ausbau der Zeche „Shamrock" in Herne. Die großartige Entwicklung der rheinisch-westfälischen Montanindustrie förderte er in hervorragender Weise. 1865 bildete er die Preußische Bergwerks- und Hütten-Aktiengesellschaft, welche die Zechen Erin, Hansa und Zollern, das Hüttenwerk Vulkan und einen bedeutenden Besitz an Erzgruben zusammenfaßte. In großzügiger Weise wurden unter Mulvanys Leitung die Betriebsanlagen verbessert und ausgebaut, und die ersten Jahre brachten auch durchaus befriedigende Ergebnisse. Doch wurde die Gesellschaft in die unheimliche Finanzkrise der siebziger Jahre hineingerissen und löste sich 1876 wieder auf. Im Jahre 1871 gründete er mit Vertretern aller größeren Industrien in Gemeinschaft mit den drei führenden rheinischen Eisenbahngesellschaften den Verein zur Wahrung der gemeinsamen wirtschaftlichen Interessen in Rheinland und Westfalen. Mulvanys Hauptinteresse galt den Verkehrsfragen, besonders dem wechselseitigen Ausgleich der Verladung auf Eisenbahnen und Wasserstraßen. Für die Eisenbahnen kämpfte er hauptsächlich um niedrige Tarife, da er im billigen Verkehr nach den Nordseehäfen die Grundlagen für den Kohlenexport und den Kampf gegen die englische Vorherrschaft auf diesem Gebiet erkannte. Für seine Kanalprojekte hatte er als Mittelpunkt Dortmund und von dort Wasserstraßen nach der Ems, Weser-Elbe und dem Rhein vorgesehen. Der Rhein-Seeverkehr fand ebenfalls in ihm einen eifrigen Vorkämpfer. Daneben fand er noch Zeit zu einer lebhaften kommunalen Tätigkeit. Der Düsseldorfer Hauptbahnhof und der Rheinhafen gehen im wesentlichen auf Mulvanys Pläne zurück. Zu erwähnen ist noch, daß Mulvany Mitgründer der Nordwestlichen Gruppe des Vereins Deutscher Eisen- und Stahlindustrieller war; 1873 veranstaltete er die erste Zusammenkunft der Hütten-Industriellen Rheinland-Westfalens und Schlesiens. Persönlich blieb Mulvany stets der schlichte, unermüdlich arbeitende Mann, dessen aufrichtiges Wesen und persönliche Liebenswürdigkeit ihm überall Achtung und Vertrauen gewannen. Deutschland, besonders das rheinische Industriegebiet, verdankt ihm die Durchsetzung der heimischen Gedankenwelt mit Ideen des wirtschaftlich damals so viel mehr geschulten englischen Volkes. *Bloemers: W. Th. Mulvany (Essen 1922); St. u. E. 5 (1885) S. 597, 820.* Hä.

MURDOCK, William, geb. 21. Aug. 1754 in Bellow-Mill (Schottland), gest. 15. Nov. 1839 auf Sycomore Hill in Handsworth. Sein Vater war ein angesehener Mühlenbauer; das erste in Großbritannien gegossene eiserne Getriebe stammte von ihm und wurde später von Murdock in seinem Garten mit viel Stolz gezeigt.

William Murdock zeigte von früh auf starke mechanische Befähigung. Die ihm vermittelte Erziehung war recht unbedeutend; sein späteres Können hat er sich im Laufe der Jahre selbst angeeignet. Im Jahre 1776 bewarb er sich bei Watt in Soho um eine Stelle als Mechaniker. Watt war nicht anwesend; Boulton empfing ihn und wollte ihn gerade abweisen, als er in den Händen Murdocks einen eigentümlichen Hut bemerkte. Der junge Mann erklärte ihm, daß er den Hut auf einer von ihm selbst gebauten Drehbank aus Holz gedreht habe. Boulton war interessiert und stellte ihn mit einem Lohn von 15 sh die Woche im Betrieb, 17 sh für auswärtige und 18 sh für Arbeiten in London ein.

Fünfzig Jahre blieb Murdock bei Boulton & Watt; er schlug alle ihm von anderen Seiten gemachten zum Teil weit vorteilhafteren Angebote aus und wurde der technische Sachverständige bei allen wichtigeren Unternehmungen in Soho. Watt hatte große Schwierigkeiten mit den Hüttenbesitzern und Grubenarbeitern. Nur Murdock gelang es, durch seine Geschicklichkeit technische Mängel schnell zu beseitigen und durch ein sehr diplomatisches Vorgehen die Unternehmer zum Zahlen zu bewegen. Die Differenzen mit den Arbeitern legte er meist mit den gleichen Eigenschaften schnell bei. Einmal machte er aber auch von seinen sehr großen Körperkräften Gebrauch und hatte mit dem Hauptradelsführer einen Zweikampf, den Murdock gewann. Von da an waren alle gut Freund mit ihm.

1784 beschäftigte er sich mit der Konstruktion einer Lokomotive und probte sie im Sommer dieses Jahres mit gutem Erfolg aus. Watt bat Boulton, Murdock vorsichtig zu veranlassen, von dem Projekt im Interesse des guten Fortgangs seiner anderen Arbeiten Abstand zu nehmen. Diese Arbeiten mußten schließlich tatsächlich wegen Mangels an Zeit unterbleiben. 1785 erfand Murdock die oszillierenden Dampfmaschinen; im Jahre 1799 erhielt er ein Patent auf ein verbessertes Verfahren in der Konstruktion von Dampfmaschinen, dessen wichtigster Punkt die Verwendung des D-Schiebers war. Murdock war es auch, der zum erstenmal die Dampfmäntel mit den Zylindern in einem Stück gegossen hat.

Bereits im Jahre 1792 stellte er seine ersten Versuche mit verschiedenen Gasarten für Beleuchtungszwecke an. Angeregt wurde er hierzu durch einige chemische Experimente, die er zusammen mit Boulton ausführte. Seine Arbeiten mußte er nachts durchführen; der Tag war mit anderen Aufgaben ausgefüllt. 1794 schlug er Watt und Boulton vor, ein Patent für Gas zu Beleuchtungszwecken zu nehmen; doch auch hierfür hatten beide keine Zeit. Später haben sie aber viel Geld für die Herstellung von Gaserzeugungsapparaten verwendet.

Im Jahre 1802, anläßlich des Friedens zu Amiens, ließ Murdock die Gesamtfront der Fabrikanlage zu Soho mit Gas erleuchten. Diese Beleuchtungsart wurde daraufhin in der Fabrik eingeführt; vom Jahre 1805 an wurde Gas das allgemeine Beleuchtungsmittel der englischen Industrie. 1808 hielt Murdock seinen berühmten Vortrag über Leuchtgas vor der Royal Society von Edinburgh und erhielt die Goldene Rumford-Medaille.

1809 entdeckte er, daß Fischhaut als guter Ersatz für die kostspieligen Hausenblasen dienen könne und fuhr nach London, um den Brauern die Herrichtung zu erklären. Bei dieser Gelegenheit kam er auf den Gedanken, die Straßen Londons als Tretmühlen zu benutzen, um die durch Menschen und Tiere beim Gehen aufgewendete Kraft nutzbringend zu verwerten. 1810 erhielt er sein Patent für das Bohren von Steinen. Der von ihm hier durch Zufall entdeckte Rostkitt für Gußeisen wurde berühmt und in großen Mengen in Soho hergestellt.

Noch viele andere Erfindungen und Anregungen, die später erst in die Praxis eingeführt wurden, rühren von Murdock her. So der Gedanke der atmosphärischen Eisenbahn, der später von seinem Schüler Samuel Clegg in der London Pneumatic Despatch Company ausgeführt wurde. Murdock hatte sich auch eine Maschine für das Zusammenpressen von pulverisiertem Torf gebaut. Aus dieser Masse konnte er sehr schöne Münzen, Halsketten usw. von wundervollem Glanz herstellen, die dem besten Jet glichen.

Er war ähnlich veranlagt wie Watt; er trug immer Pläne mit sich herum; Tag und Nacht konnte er an ihrer Ausführung arbeiten und dabei Essen und Schlafen vergessen. *Liv. Eng. 4 S. 422; Em. Eng. S. 174; Entw. Dm. 1 S. 128.* Wi.

MURRAY, Matthew, geb. 1765 bei Newcastle-on-Tyne gest. 20. Febr. 1826 in Holbeck (Leeds). Er trat zu einem Grobschmied in die Lehre und nach Beendigung seiner Lehrzeit um das Jahr 1789 in die Dienste der großen Flachsspinnereien von Marshall in Leeds. Hier führte er zum Anfeuchten der Transportrollen der Flachsspinnmaschinen durch ein Gewicht belastete Schwämme ein und schuf so den Vorläufer der Naßspinnmaschine. In einem Patent von 1793 beschreibt er auch eine Karde. 1809 erhielt er von der Society of Arts die goldene Medaille für eine Flachshechelmaschine. 1795 gab Murray seine Stellung bei Marshall auf und in Verbindung mit James Fenton und David Wood, die das erforderliche Kapital gaben, rief er die Firma Fenton, Murray & Wood (später Fenton, Murray & Jackson) ins Leben, die nicht nur Spinnereimaschinen, sondern auch Dampfmaschinen baute. Allmählich wurde dieses Unternehmen eine so schwere Konkurrenz für Boulton & Watt, daß sie alles an die Murraysche Fabrik angrenzende Gelände ankauften, um auf diese Weise ein weiteres Anwachsen der Konkurrenzfirma zu vermeiden. 1801 und 1802 nahm Murray auf verschiedene durchgeführte Verbesserungen Patente, die aber zum Teil von der Firma Boulton & Watt als eine Verletzung ihrer Rechte angefochten wurden. Murray suchte nach einem Wege, um die bisher nötigen vier Ventile zur Steuerung der Maschine durch ein einziges Organ zu ersetzen. Er ließ die vier Rohrleitungen, von denen eine zum Kessel, die zweite zum Kondensator, die beiden anderen über und unter den Kolben führten, in eine Platte münden, überdeckte diese mit einer zweiten durch die äußere Steuerung beweglichen Platte, die so mit Vertiefungen versehen war, daß sie, entsprechend verschoben, die vier Rohrenden in der gewünschten Weise miteinander in Verbindung brachte. So entstand der einfache Muschelschieber, der ihm 1802 patentiert wurde. Die Maschinen, die Murrays Werk, auch Round Foundry genannt, verließen, waren fast unverwüstlich. So war eine im Jahre 1813 in Water Hill Mill (Leeds) aufgestellte Maschine bis zum Jahre 1885 ununterbrochen in Betrieb. 1811 betraute Blenkinsop Murray mit dem Bau der Lokomotiven für die 3½ Meilen lange Strecke zwischen den Middletons-Gruben und Leeds. Die Lokomotive war mit zwei doppelt wirkenden Zylindern ohne Schwungrad gebaut. Die Fortbewegung erfolgte durch Antrieb eines Zahnrades, das in eine längs der Schienen verlegte Zahnstange eingriff; die einfache Reibung wurde beim Transport schwererer Züge nicht für ausreichend angesehen. Schließlich hat Murray auch Schiffsmaschinen gebaut. Die von ihm 1813 für ein Dampfboot gelieferten Antriebmaschinen liefen bis April 1817, als ein Kessel explodierte und mehrere Menschen tötete. Auch an der Erfindung der Hobelmaschine wird Murray ein Anteil zugeschrieben. Im Jahre 1814 war eine solche in seiner Fabrik im Betrieb. *Entw. Dm. 1 S. 378, 458, 777; Nat. Biogr. 39 (1894); Ind. Biogr. S. 258.* Wi.

MUSHET, David, geb. 1772 zu Dalkeith bei Edinburgh, gest. 1847. Mit 19 Jahren war er Buchhalter bei den Clyde-Eisenwerken bei Glasgow, die damals erst zwei kleine Hochöfen in Betrieb hatten, tätig. Aus Liebe zur Technik arbeitete er mit eisernem Fleiß an der Erweiterung seiner technischen Kenntnisse. Hauptsächlich beschäftigten ihn Schmelzversuche in Tiegeln. Bald konnte er sich etwas entfernt vom Werk einen eigenen Versuchsofen bauen, an dem er nachts arbeitete. Seine Vorgesetzten schätzten dies Streben ihres jungen Angestellten wenig und ordneten an, daß alle Versuchseinrichtungen zu zerstören seien, um sie nicht wieder aufzubauen. Mushet begann jetzt, die Ergebnisse seiner Arbeiten in dem Philosophical Magazine zu veröffentlichen und wurde so der erste englische Fachschriftsteller, der auch auf literarischem Gebiet das Eisenhüttenwesen sehr wesentlich gefördert hat. Nachdem Mushet die Clyde-Werke verlassen hatte, gründete er bei Glasgow ein eigenes Eisenwerk, bei dem er aber sein ganzes Vermögen verlor. Als er dies Werk baute, gelang ihm 1801 eine folgenschwere Entdeckung; er fand, daß der Kohleneisenstein, Blackband genannt, der bis dahin als lästige Beigabe zur Kohle auf die Halde kam, ein wertvolles Eisenerz sei. Er untersuchte ihn und veröffentlichte seine chemische Zusammensetzung. Als später Neilsons Winderhitzung gestattete, das Erz vorteilhaft zu verarbeiten, war damit der Grund zur machtvollen Eisenindustrie in Schottland und Wales gegeben. Die umfassenden Arbeiten Mushets erstreckten sich auf die verschiedensten Gebiete des Eisenhüttenwesens. Besonders eingehend beschäftigte er sich mit der Gußstahlerzeugung, dessen Verwendbarkeit zu hochwertigen Werkzeugen er bereits angab.

Sein jüngster Sohn Robert Mushet wurde der Nachfolger seines Vaters in der Förderung des Eisenhüttenwesens. Er verbesserte auch wesentlich das Bessemerverfahren, wurde aber als Eindringling scharf verfolgt. Er konnte aus Mangel an Mitteln seine wichtigen Patente nicht aufrechthalten und mußte im Alter eine Rente von Bessemer annehmen. Als Anerkennung für seine großen Verdienste erhielt er die goldene Bessemermünze. Der Name Robert Mushet ist vor allem eng verbunden mit der Geschichte des Edelstahls. Er zeigte, wie bester Werkzeugstahl durch Zusätze von Wolfram, Titan, Molybdän zu erzielen sei. Mit diesem Mushetstahl erreichte man schon in den fünfziger Jahren in England und Amerika auf schweren Werkzeugmaschinen hohe Schnittleistungen. *Joh. Gesch. Eis.; Gesch. Eis. 4; Ind. Biogr.* C. M.

MYDDELTON (oder Middleton), **Hugh Sir,** geb. 1559 (oder 1560) in Hênllan (Denbigh, in der Nähe von North Wales), gest. 10. Dez. 1631 in London. Nachdem er die übliche Erziehung der damaligen Zeit genossen hatte, wurde Myddelton nach London geschickt, um das Handwerk eines Goldschmiedes zu erlernen, das damals auch Kenntnisse im Münzwesen bedingte. In Bassishaw oder Basinghall Street übte er das erlernte Gewerbe selbständig aus, nebenher spekulierte er auch mit Schiffsladungen. Seinem Heimatsort Denbigh bewahrte er ein freundliches Andenken und unterhielt auch die besten Beziehungen dorthin. Er war wohl die Haupttriebkraft dazu, daß dieser Ort im Jahre 1596 zur Stadt mit einem Sitz im Parlament erhoben wurde. Aus Dankbarkeit und Anerkennung dieses Dienstes wurde er zum ersten Ratsherrn ernannt.

Sir Hughs Lebenswerk war die Planung und Durchführung des New-River-Kanals nach London. Der Wassermangel in der sich schnell ausdehnenden Stadt wurde immer empfindlicher und obwohl in den Jahren 1605/06 das Parlament bereits seine Zustimmung zur Herleitung neuer Wasserquellen gegeben hatte, wurde nichts unternommen. Schließlich erbot sich Myddelton, der als Mitglied des Parlaments die Vorlagen bereits mit großem Interesse durchberaten hatte, die Arbeit auszuführen. Unter der Bedingung, daß die Arbeit vier Jahre nach Beginn fertig sein müßte — also im Frühjahr 1613 —, wurden ihm von dem betreffenden Parlamentsausschuß alle Rechte an diesem Bau übertragen. Der erste Spatenstich wurde am 21. April 1609 vorgenommen. Mit unermüdlicher Energie verfolgte Myddelton in diesen Jahren die übernommene Arbeit, wobei er aber große Schwierigkeiten mit den Land- und Gutsbesitzern hatte, durch deren Land er mit dem neuen Kanal mußte. Man brachte diese Klagen und Beschwerden sogar vor das Parlament, das aber zu jener Zeit infolge politischer Unruhen keinen Sinn hierfür hatte. Diese Schwierigkeiten hinderten das Vorankommen mit seinen Arbeiten, und die im Zusammenhang hiermit nötigen Ausgaben überschritten bei weitem seine hierfür ausgesetzten Mittel, so daß er sich sowohl um Verlängerung der gesetzten Frist wie um Gewährung von Geldmitteln an den zuständigen Parlamentsausschuß wenden mußte. Die Verlängerung wurde ihm am 28. März 1611 gewährt; wegen der finanziellen Hilfe wurde er an den König Jakob verwiesen, der sich am 2. Mai 1612 bereit erklärte, die Hälfte aller entstandenen sowie noch entstehenden Kosten zu übernehmen. Am 1. Okt. 1613 war die Arbeit beendet. Der Kanal hatte 10 Fuß Breite und wahrscheinlich 4 Fuß Tiefe. Er bekam sein Wasser von den Shadwell- und Amwellquellen in der Nähe von Ware und legte dann einen Weg von etwa 38¾ Meilen zurück, um mit einem kleinen Fall bei Ishington sein Wasser in einen Behälter, der „The New River Head" genannt wurde, abzugeben. Bei allen späteren Änderungen und Erweiterungen blieben der Grundgedanke, die Wege und die Wasserquellen aber ungefähr die gleichen wie zu Zeiten Myddeltons.

1617 übernahm er von der Regierung und von einigen Bergwerkgesellschaften mehrere Silber- und Bleibergwerke in Pacht, die in der Nähe von Plynlimmon lagen und durch Abenteurer vollkommen abgewirtschaftet worden waren. Es gelang ihm, sie teilweise wieder in Betrieb zu setzen und zu recht ertragreichen Unternehmen zu gestalten. 1620 versuchte er mit Hilfe von holländischen Arbeitern ein überschwemmtes Stück Land auf der Isle of Wight zu entwässern. 1622 wurde Myddelton von König James in den Adelstand erhoben. *Nat. Biogr. 39 (1894) S. 436.* Wi.

N

NAGEL, August Christian, geb. 21. Dez. 1836 in Hamburg, gest. 5. Febr. 1912 ebenda. Sein Vater war der Mühlenbaumeister Carl Ludwig Nagel, damals Pächter einer Dampfmühle, die er Ende der zwanziger Jahre als „bauführender Mechaniker" hatte errichten helfen. C. L. Nagel war außerdem Mitglied der Hamburger „Technischen Kommission", deren Aufgabe die Überwachung von Bau und Betrieb gewerblicher Anlagen war, und ein weit über Hamburgs Grenzen hinaus geachteter Kenner des Mühlenwesens. Er war einer der ersten Pioniere des Turbinenbaues in Deutschland; die nach ihm benannte Radialturbine mit innerer Beaufschlagung und unterer Wasserzuführung erreichte einen Wirkungsgrad von 70 vH, während die Wasserräder alter Bauart es auf höchstens 30 vH brachten. Die erste Turbinenanlage führte er 1839 bei Neumünster aus.

A. C. Nagel wuchs in der väterlichen Mühle auf und war so von Kindheit an mit dem technischen Betrieb aufs engste vertraut. Nach Vollendung seiner theoretischen Ausbildung am Polytechnikum Hannover ließ er sich 1862 in Hamburg als Zivilingenieur nieder. 1864 vereinigte er sich mit Reinhold Hermann Kaemp, der als Assistent des Maschinenmeisters Gruson, des nachmaligen Gründers des Grusonwerkes in Magdeburg-Buckau, beim Bau der Berlin-Hamburger Eisenbahn nach Hamburg gekommen war. Nagel war hervorragend nicht nur als Konstrukteur, sondern auch als Experimentator, während Kaemp mit besonderem Geschick die geschäftliche Seite des Ingenieurberufes meisterte. 1871 trat als dritter Teilhaber der schon einige Jahre vorher als Mitarbeiter tätige Ingenieur Adolf Linnenbrügge aus Hannover in die Firma ein, dessen Fähigkeit sich beim Entwerfen ganzer Mühlen- und Fabrikanlagen bewährte; er übernahm weiter die Berechnung und Konstruktion der Turbinen und Kreiselpumpen.

Auf dem Gebiete des Mühlenbaues erzielte die Firma Nagel & Kaemp durch die von Nagel konstruierte Zentrifugalsichtmaschine gute Erfolge, die durch Zuhilfenahme der Fliehkraft eine erhebliche Mehrleistung auf kleinerer Grundfläche, überdies auch ein sehr viel schärferes Aussichten der Kleie ermöglichte. Zu den Aufträgen aus Deutschland kamen recht ansehnliche Bestellungen aus Rußland und Skandinavien. Als Mitte der siebziger Jahre die Einführung der Walzenstühle zum Schroten und Ausmahlen an Stelle der alten Mahlgänge eine Umwälzung in der Getreidemüllerei hervorrief, ging Nagel seinen eigenen Weg, indem er die stellbare Walze in einem Bügel lagerte und so statt zweier Einstellvorrichtungen an den Lagern nur eine in der Mitte des Bügels brauchte. Daneben führte Nagel in seinem Dismembrator eine neue Zerkleinerungsmaschine in die Müllerei ein, bei der zwei in konzentrischen Ringen mit Schlagstiften besetzte Scheiben einander gegenüberstanden, von denen die eine feststand, während die andere mit hoher Drehzahl (rund 8000 Uml/min) umlief. Seiner Zeit vorausgeeilt war Nagel mit seinen Bemühungen, den Transport des Getreides auf pneumatischem Wege herzustellen. Die größten Schwierigkeiten bestanden in der Trennung der Produkte von dem Luftstrom. Bei seinen Versuchen war Nagel zu ziemlich günstigen Ergebnissen gelangt, so daß er diese Förderart beim Umbau der Viktoriamühle in Budapest anwenden wollte. Das Unternehmen mißlang, die Mühle mußte ein zweites Mal — jetzt im alten bewährten Stil — umgebaut werden. Durch diese verfrühte Maßnahme erlitt das Vertrauen der Fachkreise einen so schweren Stoß, daß nach einigen Jahren der Mühlenbau ganz aufgegeben werden mußte.

Neben der Müllerei war schon frühzeitig die Hartzerkleinerung in den Bereich der Firma getreten. Nach dem ersten Auftrag, den 1866 die Hemmoorer Zementfabrik erteilte, gewann die Firma in überraschend kurzer Frist auch auf diesem Gebiete bedeutenden Ruf. Der Bau von Wasserkraftmaschinen und Zentrifugalpumpen wurde ebenfalls mit Erfolg betrieben. Für den Antrieb der schnellaufenden Maschinen verwandte Nagel schon sehr früh geleimte Riemen mit Spannrollen.

Das Geschäft wurde in der Weise geführt, daß die Firma ihre Originalkonstruktionen verschiedenen Fabriken zur Ausführung übergab und hierzu außer den Zeichnungen auch für Gußstücke die im eigenen Besitz verbleibenden Modelle lieferte. Die Aufstellung am Bestimmungsorte geschah durch eigene Monteure der Firma. Bald ergab sich aber auch das Bedürfnis der fabrikmäßigen Herstellung, und so ging man an den Bau einer eigenen Fabrik, die 1875 in Betrieb kam; das Ingenieurbureau blieb unabhängig daneben bestehen und erteilte der Fabrik seine Aufträge. Als Kaemp auszuscheiden wünschte, wurde das Unternehmen 1889 in eine Aktiengesellschaft umgewandelt, in deren Aufsichtsrat Nagel und Kaemp eintraten. Die Aktiengesellschaft erweiterte bald beträchtlich das Arbeitsgebiet und nahm insbesondere mit bestem Erfolge den Kranbau auf. Der Betrieb des Hamburger Hafens erforderte bewegliche und rasch arbeitende Krane, und es gelang der Firma, durch die Arbeit ihres leitenden Kranbauingenieurs Otto Kammerer, einen vorzüglichen Dampfkran zu schaffen. Gleichzeitig nebenher gingen die Bestrebungen, den elektrischen Strom als Kraftquelle für Hebezeuge zu verwenden. 1881 errichteten Nagel & Kaemp in Altona den ersten elektrischen Kaikran der Welt. Daneben blieben die Hauptarbeitsgebiete der Firma die Einrichtung von Portlandzementfabriken und der Mühlenbau; besonders Reismühlen und Zuckerrohrmühlen (die sog. Filipinas) wurden in großem Maßstabe gebaut.

Nagel hielt bis in sein hohes Alter noch die engste Fühlung mit seinem Werk aufrecht. Bei ihm vereinigte sich ein nie versagendes heiteres Temperament mit erstaunlicher Arbeitskraft. Wie kein Mißgeschick imstande war, ihn auf die Dauer niederzudrücken, so vermochte auch der glänzendste geschäftliche Erfolg nicht, sein seelisches Gleichgewicht zu stören. *C. Naske: 60 Jahre Nagel & Kaemp (Hamburg 1924).* Hä.

NAPIER, David, geb. 1790, gest. 23. Nov. 1869 in ensington, London. Zusammen mit seinem Vetter Robert Napier gründete er in Govan (Glasgow) die damals bekannte Marineingenieur- und Schiffsbaufirma Napier & Sons. David war der erste, der im Jahre 1818 die britische Küstenschiffahrt sowie die Paketdampfschiffahrt für den Postdienst einführte. In gleicher Weise hat er die Dampfschiffverbindung zwischen Greenock und Belfast eingerichtet. Diesem Zwecke diente zunächst der Dampfer „Rob Roy" mit 90 t und 30 PS; kurze Zeit darauf veranlaßte Napier den Bau des Dampfers „Talbot", den er mit zwei 30 PS-Dampfmaschinen versah — lange Zeit galt dieser Dampfer als vorbildlich. Der berühmte Dampfer des David Bell „Comet" erhielt die Schiffskessel ebenfalls von Napier. Es folgten eine Reihe anderer Dampfer, die Napier mit den Schiffsmaschinen versah, so „Robert Bruce" mit 150 t, „Superb" mit 240 t und zwei je 35 PS-Maschinen usw. 1826 konstruierte Napier die Antriebsmaschinen für den damals größten Dampfer „United Kingdom", der 160 Fuß lang, 26½ Fuß breit war und 200 PS Antriebskraft besaß. David Napier erfand auch die Turmmaschine, die eine der ersten, wenn nicht die erste Maschine war, die die Anwendung der Oberflächenkondensation bei Schiffsmaschinen versuchte. Kurz vor seinem Tode interessierte Napier sich noch für einen Plan, durch Prahme die Beseitigung der Abfälle und des Abfallwassers von Glasgow durchzuführen. *Nat. Biogr.* 40 (1894) S. 94. Wi.

NAPIER, John, geb. 1550 in Merchiston, Schottland, gest. 4. April 1617 dortselbst. John Napier of Merchiston war Mathematiker und hat nach zwanzigjährigem Studium im Jahre 1614 ein Buch „Mirifici Logarithmorum Descriptio" veröffentlicht, das die von ihm erfundenen Logarithmen enthielt, deren Einfluß auf die Entwicklung der Mathematik von unschätzbarem Wert war. Die Größe der Napierschen Tat kann erst richtig gewürdigt werden, wenn man bedenkt, daß er nichts von Algebra, der Exponentialtheorie und der Versinnbildlichung von Zahlenpotenzen durch Indizes wußte. Nach Fertigstellung seines Werkes vernichtete Napier sämtliche Unterlagen. Als sein Buch erschien, wurde es zuerst als Zauberei betrachtet; es war seinem Zeitalter so weit voraus, daß es unfaßbar erschien, daß Menschenhirn und Menschenhand es geschaffen haben könnten. Die Vorläufer von Napier waren Chuquet 1484, Boethius 1499, Rustolff 1525, Stifel 1544 und die „Progress Tabulen" von Jobst Bürgi; besonders diese kamen nahe an die Napierschen Logarithmen heran. Napier hat ferner ein längeres Werk über die Apokalypse geschrieben. Von größter Bedeutung ist auch die von Napier eingeführte Schreibweise der Dezimalbrüche geworden. Vor seinen Logarithmen hat Napier die Rechenstäbchen erfunden, kleine hölzerne und metallene Stäbchen, die über und über mit ziffernbedeckten Papierrollen beklebt waren — die Vorläufer des heutigen Rechenschiebers. *Engg.* 117 (1914) S. 159. Wi.

NAPIER, Robert, geb. 18. Juni 1791 in Dumbarton, gest. 23. Juni 1876 in West Shandon (Glasgow). Robert war der Sohn eines angesehenen Schmiedemeisters. Er erhielt eine gute Allgemeinerziehung und nebenher von einem Freund seines Vaters Unterricht in Mathematik und technischem Zeichnen. Im Jahre 1807 trat Napier auf eigenen Wunsch eine fünfjährige Lehrzeit bei seinem Vater an. Nach Beendigung seiner Lehre ging er nach Edinburgh und kam schließlich auch zu George Stephenson. In seinem Bemühen, den Kessel einer Dampfmaschine herzustellen, versagte er, kehrte zu seinem Vater zurück und erwarb im Jahre 1815 eine eigene Schmiedewerkstatt in Greyfriars' Wynd bei Glasgow. Später übernahm er den Betrieb seines Vetters David in Gallowgate, wo er im Jahre 1823 seine erste Dampfmaschine für den Dampfer Leven baute. In den nächsten Jahren lieferte er für verschiedene neuerbaute Dampfer die Antriebsmaschinen; 1830 trat er der Glasgow Steam-Packet Company bei und baute fast sämtliche Maschinen für die Dampfer, die zwischen Glasgow und Liverpool verkehrten. Bereits 1834 gab Napier einen Bericht über die Möglichkeit eines Dampferverkehrs zwischen Nordamerika und England ab, aber erst im Jahre 1840 kam dieser Plan durch die Gründung der Cunard Company zur Durchführung, die auf Anraten von Napier vier Postdampfer von je 1200 t und 400 PS bauen ließ. Fünfzehn Jahre lang versorgte Napier sämtliche Schaufelraddampfer dieser Gesellschaft mit den erforderlichen Maschinen. Um das Jahr 1841 herum wandte sich Napier auch dem Schiffbau zu und eröffnete eine eigene Werft in Govan. 1843 verließ sein erster Dampfer von 680 t „Vanguard", die Werft, dem im Laufe der Jahre über dreihundert Dampfer folgten. Zunächst waren es Schaufelrad-, später Schraubendampfer. Er baute Handel- und Kriegsschiffe für die englische und auch für auswärtige Regierungen sowie für große Handelsgesellschaften und erhielt viele Anerkennungen und hohe Auszeichnungen für diese Arbeiten. *Nat. Biogr.* 40 (1894) S. 74. Wi.

NASMYTH, James, geb. 19. Aug. 1808 in Edinburgh, gest. 7. Mai 1890 in London, stammte aus einer alten schottischen Adelsfamilie. Seine Vorfahren, auch sein Vater, waren stark künstlerisch veranlagt, und als Erbe dieser Befähigung hat er in seinem späteren Leben für Kunst das größte Interesse gezeigt. Er hat selber gemalt und war in seinen technischen Zeichnungen stets von größter Klarheit und Übersichtlichkeit. Schon mit sechzehn Jahren arbeitete er an technischen Problemen. Den Kamin seines Schlafzimmers hatte er in seiner Gießerei umgestaltet. Er reiste im Lande umher, um bekannte Dampfmaschinen in Betrieb zu sehen; er suchte die Bekanntschaft berühmter Ingenieure und sparte all sein Geld, um technische Vorlesungen an der Universität zu besuchen. Mit 19 Jahren waren seine Dampfmaschinenmodelle bereits zu regelrechten Dampfmaschinen ausgewachsen, die in der Nachbarschaft praktisch betrieben wurden.

Mit 20 Jahren trat er bei Maudslay als persönlicher Assistent für seine privaten Experimente ein und blieb hier zwei Jahre bis zum Tode Maudslays, um sich dann selbständig zu machen.

Sein Anfangskapital betrug 60 Pfund. Er baute seine eigenen Werkzeugmaschinen und eröffnete in Manchester seine Werkstatt. Vor allem befaßte er sich hier mit dem Bau von Dampfmaschinen, Dampfkesseln und Werkzeugen für die Eisen- und Stahlbearbeitung, für die große Nachfrage bestand.

Beim Bau des damaligen Riesendampfers Great Britain beauftragte man ihn, Werkzeugmaschinen zu entwerfen, die groß genug sein mußten, um die erforderlichen, sehr umfangreichen Dampfmaschinen zu bauen. Im Verlaufe des Baues stellte man dann mit Schrecken fest, daß man keine Schmiedevorrichtung besaß, die den verlangten Anforderungen entsprach. Nasmyth entwarf seinen Dampfhammer, der aber erst zwei Jahre später gebaut wurde. Ein Franzose hatte vorzeitig Kenntnis von dem Plan erlangt und ohne Erlaubnis den ersten Dampfhammer vor Nasmyth gebaut. Nasmyths Dampfhammer leistete in 4½ Minuten die Arbeit, für die der frühere Fallhammer 12 Stunden gebraucht hatte.

Zu seinen Erfindungen sind zu zählen: das Schleppen von Schiffen mit der Kette, die biegsame Welle aus gewickeltem Stahldraht, der keilförmige Schieber für Wasserrohre, der Dampfhammer, der durch R. Wilsons Hahnsteuerung verbessert wurde, und die im Jahre 1843 erbaute Dampframme, deren wechselnde Formen, wenn auch in verschiedenen Fabriken hergestellt, allgemein nach ihm genannt werden.

Aus seinem Geschäft erwarb Nasmyth ein ausreichendes Vermögen, um sich bereits mit 48 Jahren zurückzuziehen und fortan nur seinen Neigungen — Astronomie, Kunst und Erfindungen — widmen zu können. Er wurde ein berühmter Mondforscher. Mit J. Carpentier zusammen gab er 1874 das bekannte Werk „The Moon considered as a Planet" heraus, das in viele Sprachen übersetzt wurde. Auch seine Mond- und Sonnenkarten machten viel von sich reden. Im Zusammenhang mit diesen Forschungen versuchte er sich auch im Bau großer Teleskope. Kurz vor seinem Tode schrieb er seine Lebensgeschichte, die von Smiles herausgegeben wurde, der ihn als typischen Vertreter des self-made-man pries. *Em. Eng.* S. 228; *Eng.* 106 (1908) S. 314; *Ind. Biogr.* S. 275; *Zentr. Bauv.* 10 (1890) S. 199; *Nat. Biogr.* 40 (1894) S. 116; *Entw. Dm.* 1 S. 133, 580. Wi.

NATHUSIUS, Gottlob, geb. 30. April 1760 in Baruth, gest. 23. Juli 1835 in Althaldensleben bei Magdeburg. Nathusius entstammte einem alten zur Reformationszeit eingewanderten schwedischen Geschlecht. Sein Vater bekleidete das Amt eines Akziseeinnehmers. Seine Mittel erlaubten es nicht, dem Sohn eine kostspielige Ausbildung zuteil werden zu lassen. Mit 14 Jahren trat Gottlob Nathusius als Handlungslehrling in ein Berliner Kaufmannshaus ein; nach beendeter Lehrzeit (1780) widmete er sich neben seiner kaufmännischen Tätigkeit naturwissenschaftlichen Studien, hauptsächlich der Physik und Chemie und trat dann als Buchhalter in das Sengewaldsche Handlungshaus in Magdeburg ein, das er nach dem Tode des Inhabers mit seinem Schwager unter der Firma „Richter und Nathusius" weiterführte. In jene Zeit fiel die Aufhebung des Tabakmonopols in Preußen; Nathusius ergriff die günstige Gelegenheit zur Gründung einer Tabakfabrik in Magdeburg. Auf Grund seiner technischen Kenntnisse war es ihm möglich, neue Bereitungsmethoden einzuführen, die eine wesentliche Vereinfachung der Zubereitung und eine Verbesserung des Fabrikates herbeiführten. Eine Gefahr drohte seinem Unternehmen, als 1795 der Staat abermals Schritte zur Monopolisierung des Tabaks unternahm; Nathusius wurde zum Direktor sämtlicher Fabriken des Staates und zum Mitglied der Tabakadministration ernannt, doch machten sich bald in der Kommission unliebsame Bestrebungen bemerkbar, die für die gesamte Tabakindustrie von den schwersten Folgen waren, so daß er seine Mitwirkung versagte. Durch den bereits 1797 erfolgten Regierungswechsel kam es kaum zur Ausführung der Pläne, die wirtschaftliche Freiheit wurde der Tabakindustrie wieder eingeräumt, und kurze Zeit, bis ihm der hauptsächlich in Westfalen immer stärker hervortretende Wettbewerb die Einschränkung dieses Betriebszweiges ratsam erscheinen ließ, erlebte das Unternehmen nochmals einen bedeutenden Aufschwung. Das durch die Einschränkung frei werdende Betriebskapital wandte Nathusius jetzt zum Ankauf eines großen landwirtschaftlichen Besitzes an, mit dem er bald eine Anzahl wirtschaftlicher Betriebe verband, wie Spiritus- und Likörfabrik, Bier- und Essigbrauerei, Mahl- und Ölmühlen, Ziegelei und Steingut- nebst Porzellanfabrik. Die technische Leitung dieser Anlagen behielt er stets selbst in Händen. Gleichfalls legte er eine Runkelrübenzuckerfabrik an, deren Betrieb während der Kontinentalsperre sehr einträglich für Nathusius war. Nach Aufhebung der Sperre benutzte er die Anlagen teils zur Herrichtung einer Zuckerraffinerie, teils zu einer Einrichtung für Obstweinbereitung. In seinem Wohnzimmer in Hundisburg stellte er die ersten Versuche der Zuckerrübenfabrikation an; auf einem Blumentopfuntersatz in der Ofenröhre gewann er im Winter 1812 den ersten Zucker. Die von Achard ausgeführten Versuche in gleicher Richtung führten zur Entstehung der außerordentlich bedeutenden Rübenzuckerindustrie und der völligen Verdrängung des Rohrzuckers durch den einheimischen Rübenzucker. Erwähnenswert ist noch die durch Nathusius erfolgte Einführung der Zichorie. Er ließ den Samen von Berlin kommen, gab den Leuten Anweisungen zum Bau und erwarb sich damit ein großes Verdienst, denn die Zichorie wurde eine bedeutende Erwerbsquelle für die ganze Gegend.

Nathusius' Vorliebe für industrielle Gründungen trat mit den Jahren immer mehr in den Vordergrund; er war viel mehr ein Mann der Produktion als der Spekulation. Er starb nach kurzem Krankenlager in einem Alter von 75 Jahren.

E. v. Nathusius: *J. G. Nathusius* (Stuttgart 1915); *ADB* 23 (1886) S. 271. Ca.

NAVIER, Louis Marie Henri, geb. 15. Febr. 1785 in Dijon, gest. 23. Aug. 1836 in Paris. Naviers Vater, ein angesehener Advokat in Dijon, starb, als sein Sohn erst 14 Jahre alt war. Dadurch kam Navier in die Obhut seines Onkels Gauthey, eines berühmten Brücken- und Kanalbauers, dessen sorgfältiger Erziehung er es zu verdanken hatte, daß er bereits 1802 im Alter von 17 Jahren in die Pariser École Polytechnique aufgenommen wurde; 1804 trat er in die École des Ponts et Chaussées ein, 1808 erwarb er den Grad eines ordentlichen Ingenieurs für Straßen- und Brückenbau. 1813 begann er seine literarische Tätigkeit durch Herausgabe eines von seinem Onkel Gauthey hinterlassenen Werkes „Traité de la construction des ponts". Im Jahre 1819 wurde er Professor der Mechanik an der École des Ponts et Chaussées; im gleichen Jahre legte er sein „Mémoire sur la flexion des verges élastiques courbes", 1821 ein „Mémoire sur les lois de l'équilibre et du mouvement des corps solides élastiques", 1823 einen „Rapport et mémoire sur les ponts suspendus" der Pariser Akademie vor, deren Mitgliedschaft er 1824 erlangte.

Nachdem er bereits seit 1810 mehrere praktische Arbeiten, hauptsächlich Brückenbauten, ausgeführt hatte, wurde ihm der Bau einer Kettenbrücke von 155 m Spannweite über die Seine in Paris übertragen. Unglücklicherweise begann 1826, noch vor Vollendung der Brücke, ein Landpfeiler etwas zu weichen, so daß die ganze Brücke wieder abgetragen werden mußte. Dadurch wurde das Urteil seiner Zeitgenossen über Navier sehr ungünstig beeinflußt, bis 1837 Prony nach gründlicher Untersuchung den Unfall als unglückliches Ereignis bezeichnete, das der Erbauer der Brücke nicht vorhersehen konnte.

1830 erhielt Navier die Professur für Analysis und Mechanik an der École Royale Polytechnique, 1834 wurde er Inspecteur Divisionnaire des Ponts et Chaussées.

Navier kann als Begründer der wissenschaftlichen Elastizitätslehre und der Baumechanik bezeichnet werden. In seiner ersten oben genannten Arbeit behandelt er das Verhalten einer elastischen, an beiden Enden eingespannten Rute mit schwacher und mit starker Krümmung. Die gewonnenen Ergebnisse überträgt er auf Stäbe und prismatische Körper durch Einführung der „neutralen Faserschicht". Ferner berechnet er u. a. das Kräftespiel beim Bruch eines prismatischen Körpers und die Durchbiegung eines exzentrisch in der Achsenrichtung auf Druck und Drehung beanspruchten Stabes. Die von ihm auf Grund dieser Untersuchung abgeleitete Knickformel ist heute noch neben der Eulerschen in Gebrauch.

In der zweiten Arbeit betrachtet Navier zum ersten Male elastische Körper als Summen kleinster Teilchen (molécules), die durch Anziehungs- und Abstoßungskräfte miteinander in Beziehung stehen.

Das dritte Werk enthält Berechnungen des Gleichgewichtes von Ketten unter verschiedenen Belastungen und bei verschiedener Art der Befestigung und Auflagerung. Außerdem untersucht hierin noch Navier die verschiedenen, bei Kettenbrücken vorkommenden Schwingungen.

Endlich ist noch auf dem Gebiet der Mechanik fester Körper eine Arbeit über die Theorie des Erddruckes und der Gewölbe zu erwähnen.

Auch auf dem Gebiet der technischen Hydrodynamik hat sich Navier betätigt, dabei immer von dem Prinzip der Erhaltung der lebendigen Kräfte Gebrauch machend. Besondere Bedeutung erlangte seine Berechnung der Dicke des Strahles, womit Wasser über die Kante eines Überfalles strömt und seine Theorie über die Bewegung einer elastischen Flüssigkeit in langen Leitungsröhren.

Von den Ausgaben der gesammelten Werke Naviers ist besonders die von Saint-Venant bearbeitete dritte Auflage beachtenswert durch die nach Bedeutung und Umfang oft das Hauptwerk übertreffenden Erläuterungen des Bearbeiters. *Grande Encyclopédie Française.* Erk.

NEGRELLI, Alois, Ritter von Moldelbe, geb. 23. Jan. 1799 zu Primiero in Südtirol, gest. 1. Okt. 1858 in Wien, war der Sohn eines Gutsbesitzers, den der französische Krieg in Not und Sorgen brachte, so daß Alois nur durch Gewährung eines Stipendiums seine Studien beenden konnte, um dann als Bautechniker in den Staatsdienst zu treten. Er arbeitete als Baupraktikant bei Straßen-, Wasser- und Hochbauten in Tirol und ab 1827 als Adjunkt in Vorarlberg. Hier lenkte er durch seine Arbeiten bei der Rheinregulierung, an der auch die Schweiz beteiligt war, wegen seiner Gewandtheit und Rechtlichkeit, wie auch seiner bautechnischen Tüchtigkeit die Aufmerksamkeit der Schweizer Behörden auf sich. Der Kanton St. Gallen ernannte ihn 1832 zum Straßenbauinspektor, nachdem er schon 1826 vom Kanton Zürich in die „Linth-Wasserbaupolizei-Kommission" berufen worden war.

1836 ging Negrelli als Oberingenieur für die „kaufmännischen Bauten" nach Zürich. Neben den großen Bauten, die er hier ausführte (z. B. Münsterbrücke), entwarf er auch den Plan eines einheitlichen Verkehrsnetzes für die Schweiz unter Berücksichtigung der Dampfeisenbahnen, die er auf einer Reise in England, Belgien und Frankreich studiert hatte. Auch außerhalb Zürichs war er als Gutachter vielfach tätig. Beachtenswert ist die von ihm ausgegangene Neugestaltung des Bauvergebungswesens, über die er in der Zeitschr. d. ges. Bauwesens, Zürich 1838, berichtete. 1840 kehrte Negrelli als Generalinspektor der österreichischen Kaiser-Ferdinand-Nordbahn in die Heimat zurück, überhäuft von Ehrenbezeugungen der Schweizer Behörden, Körperschaften und wissenschaftlichen Vereine. 1842 trat er zunächst zeitweilig, bald aber dauernd in den österreichischen Staatsdienst über und leitete die Vorarbeiten und den Bau der nördlichen Staatsbahnlinie (Brünn—Prag—sächsische Grenze). Wiederholt wurde er als Gutachter ins Ausland berufen, so nach Württemberg, Sachsen, in die Schweiz, wo er für den Bau der Schweizer Nordbahn hervorragend arbeitete. Schon 1842 war Negrelli für die Anlage von Gebirgseisenbahnen eingetreten und hatte hierfür die Anwendung von Spitzkehren empfohlen (Wien 1842); seinem entschiedenen Eintreten verdankte Ghega die Genehmigung seines Entwurfes für die Semmeringeisenbahn. Im Revolutionsjahre (1848) wirkte er kurze Zeit im Ministerium für öffentliche Arbeiten, wurde aber dann als k. k. Kommissär für Eisenbahnangelegenheiten in die italienischen Provinzen (Venetien und Lombardei) entsandt. In dieser Stellung und nach Friedensschluß als Vorstand der Oberbaudirektion in Verona, der das gesamte Verkehrswesen und alle Zivilbauten, auch das Kunstreferat unterstanden, hat er in jeder Beziehung Bedeutendes geleistet und bei den Verhandlungen mit den italienischen Staaten wegen der Poschiffahrt, der zentralitalienischen Eisenbahn, der Telegraphenverträge eine hervorragende staatsmännische Begabung bekundet. 1855 wurde Negrelli aus Italien abberufen, bald darnach aber zum Generalinspektor der österreichischen Eisenbahnen ernannt.

Mit Negrellis Namen bleibt dauernd die Geschichte des Suezkanals verbunden. Der von Enfantin ins Leben gerufenen zwischenstaatlichen Studiengesellschaft für den Suezkanal war er als Ingenieur der deutschen Gruppe beigeordnet. Er führte wichtige Erhebungen an Ort und Stelle durch und widmete der Kanalfrage emsige Arbeit, förderte sie auch unermüdlich. Er entwarf den Plan für einen schleusenlosen Kanal in kürzester Linie durch den Isthmus und verhalf ihm durch die Macht seiner sachlichen Darlegungen bei den Verhandlungen der zwischenstaatlichen Kanalkommission (1856) trotz englischer und französischer Gegenvorschläge zum Siege. Dieser Plan wurde die Grundlage für die Ausführung. Der Wali von Ägypten ernannte ihn zum Generalinspektor sämtlicher Kanalarbeiten; mitten in den Vorbereitungen hierfür ereilte ihn der Tod. *Birk: A. v. Negrelli (Wien und Leipzig 1915 und 1925); Beitr. 13 (1923) S. 19; Enz. Eisb. 7 S. 1317.* Bk.

NEILSON, James Beaumont, geb. 22. Juni 1792 zu Shettleston bei Glasgow, gest. 18. Jan. 1865 in Queenshill, ergriff den Beruf seines Vaters, der Maschinenwärter einer Kohlengrube in der Nähe von Glasgow war. Vom 14. Lebensjahr an hieß es, sein Geld selbst zu verdienen und, wenn man weiter kommen wollte, auch für seine geistige Fortbildung zu sorgen. Mit 25 Jahren gelang es ihm, in der ersten gerade neu errichteten Gasanstalt in Glasgow Aufseher zu werden, obwohl er bis dahin kaum von Gas etwas gehört, jedenfalls noch kein Gaslicht gesehen hatte. Erfahrene Fachmänner auf diesem neuen Gebiet der Technik mußten nach und nach sich erst selbst heranbilden. Neilson brachte einen klaren Kopf, große Lernbegier und eine ausgesprochene Vorliebe besonders für die Erforschung der chemischen Vorgänge mit, und so gelang es ihm, lernend und schaffend, das ihm anvertraute Werk weiter zu entwickeln. An der Universität Glasgow studierte er in den wenigen Mußestunden Chemie und Mathematik. In der Gasanstalt ersetzte er die alten kleinen gußeisernen Töpfe durch Tonretorten. Er erfand auch den Schwalbenschwanzbrenner und verbesserte die Gasreinigung. Da er an seinem eigenen Entwicklungsgang selbst den Wert des Wissens erlebt hatte, aber auch wußte, wie schwer es damals war, die Kenntnisse sich zu erwerben, so gründete er 1821 in Glasgow eine Arbeiterbildungsanstalt und schuf damit das Vorbild für viele ähnliche Unternehmungen. Dem Arbeiterbildungswesen blieb er bis zu seinem Tode ein unermüdlicher Förderer.

Mit dem Eisenhüttenwesen kam Neilson um 1824 zum ersten Male in Berührung. Ein Hüttenwerker fragte ihn um Rat, wie er seine Eisenerzeugung verbessern könne. Versuche führten ihn zu der Entdeckung, daß die Verbrennung sich wesentlich verstärken ließ, wenn man die Verbrennungsluft erhitzte, bevor man sie dem Ofen zuführte. Dieser Vorschlag schlug der damaligen praktischen Erfahrung ins Gesicht. Man wußte, daß der Hochofen im Winter besser als im Sommer ging und man suchte deshalb im Sommer den Wind zu kühlen. Jetzt kam ein Außenseiter, der vom Eisenhüttenwesen nichts verstand, und schlug das Gegenteil vor. Man dachte nicht daran, Neilson auf den eigenen Anlagen auch nur einen Versuch zu gestatten. Erst nach vieler Mühe gelang es, entscheidende Versuche durchzuführen, die bereits ahnen ließen, daß es sich hier um einen der größten Fortschritte auf dem Gebiete des Eisenhüttenwesens handelte. 1828 erhielt Neilson ein für ihn glücklicherweise sehr umfassendes Patent auf die Anwendung der Winderhitzung für alle Arten von Feuern, Schmieden, Öfen, bei denen Bälge oder Blasemaschinen angewendet wurden. Neilson verband sich mit angesehenen Eisenhüttenmännern zur Einführung seiner Erfindung. Man verlangte 1 Schilling für jede Tonne Roheisen, hiervon erhielt der Erfinder drei Zehntel. Der Erfolg der Winderhitzung war so durchschlagend, daß sich das Verfahren ungemein schnell verbreitete und den Benutzern große Gewinne eintrug. Trotzdem empfanden sie die Gebühr so drückend, daß sie gegen das Patent rücksichtslos vorgingen. Neilson aber gelang es, diese Anfechtungsklagen abzuwehren und sich die so sehr verdienten steigenden Einnahmen zu sichern, die ihm einen sorgenfreien Lebensabend sicherten und ihm die Möglichkeit gaben, seine großen Bildungsanstalten weiter zu fördern. 1851 zog er sich von der praktischen Berufsarbeit auf sein Landgut zurück, wo er helfend und anregend auf verschiedenen Gebieten weiter arbeitete, bis ihn der Tod abrief. *Ind. Biogr. S. 149; Gesch. Eis. S. 310; Joh. Gesch. Eis. S. 134.* C. M.

NEWCOMEN, Thomas, geb. Febr. 1663 in Dartmouth, gest. Aug. 1729 in London. Von seinen persönlichen Verhältnissen, seinem Charakter wissen wir nicht mehr, als daß er ein bescheidener stiller Mann gewesen sein muß, der äußerst strenge religiöse Anschauungen hatte. Er gehörte zur Sekte der Baptisten, für deren Ausbreitung er, wenigstens in seiner Jugend, so weit ihm sein Beruf Zeit ließ, auch durch öffentliche Predigten tätig war.

Seinem Beruf nach war Newcomen Grobschmied und Eisenhändler. Wie er darauf kam, sich mit der Dampfmaschine zu beschäftigen, darüber berichten uns nur einige unverbürgte Geschichtchen. Nach der einen soll er die Zeichnung einer Saveryschen Maschine zufällig erhalten haben. Er habe danach sich ein Modell angefertigt und durch Versuche an dieser kleinen Maschine sei er schrittweise zu den bedeutsamen Verbesserungen gekommen, die noch heute seinen Namen unvergessen machen. Wie dem auch sei, Tatsache ist, daß Newcomen wohl von den Versuchen Saverys, der ganz in seiner Nähe wohnte, Kenntnis hatte, und daß er ungefähr um die gleiche Zeit wie Savery sich mit dem Projekt befaßte.

Um 1700 baute Newcomen die atmosphärische Kolbenmaschine, bei der durch Balanzier und Gestänge die Kraft vom Arbeitszylinder auf die Pumpe übertragen wurde.

Seine zweite große Erfindung, die Einspritzkondensation, machte er um 1710 und führte sie in der Folge mit gutem Ergebnis bei seinen Maschinen ein. In verhältnismäßig kurzer Zeit hat sich die Feuermaschine in ganz England verbreitet, überall hat sie Hilfe oder doch wenigstens Aufschub der durch die Wasser drohenden Betriebseinstellung gebracht. Newcomens Name ist unzertrennlich verbunden mit den maschinellen Anlagen des damaligen Bergbaues, und doch hat niemand es für die Mühe wert gehalten, der Nachwelt etwas von dem persönlichen Ergehen des Erfinders zu berichten.

Wir wissen nicht, wo und wann Newcomen gestorben ist, auch nicht, ob er arm oder reich sein Leben beendet hat. Wahrscheinlich ist es wohl kaum, daß der bescheidene, stets zufriedene Newcomen irgenwelchen Gewinn aus seiner Erfindung gezogen hat, dazu fehlte ihm der rührige Geschäftssinn und wohl auch weitreichende persönliche Beziehungen, die gerade Savery in ausgesuchter Weise zur Verfügung standen. Als sich in England im Jahre 1920 eine Gesellschaft zur Erforschung der Geschichte der Technik bildete, legte sie sich den Namen „Newcomen Society for the study of the history of Engineering and Technology" bei. In den „Transactions" dieser Gesellschaft finden sich wertvolle technisch-geschichtliche Beiträge. *Gesch. Dm. S. 368; Entw. Dm. 1 S. 117; Newc. Trans. 2 (1921/22) S. 115.* C. M.

NICHOLSON, Peter, geb. 20. Juli 1765 in Prestonkirk (East Lothian), gest. 18. Juni 1844 in Carlisle. Peter Nicholson war der Sohn eines Maurers, der in der Dorfschule seines Geburtsortes erzogen wurde; er zeigte hier eine große Befähigung für Mathematik, und da der Unterricht in der Schule ihm auf dem Gebiete der Geometrie nichts Neues bringen konnte, eignete er sich weitere Kenntnisse durch Selbstunterricht an. Im Alter von 12 Jahren half er dem Vater. Da ihm die Arbeit des Maurers aber nicht zusagte, ging er auf 4 Jahre zu einem Tischler in Linton (Haddingtonshire) in die Lehre. Nach Beendigung der Lehre kam er nach Edinburgh, wo er jede freie Minute für seine mathematischen Studien verwandte. Mit 24 Jahren ging er nach London. Seine Kollegen erkannten sein überlegenes Wissen und veranlaßten ihn, in Soho eine Abendschule für Mechanik zu eröffnen. Kurz darauf gab er sein erstes Werk „The Carpenter's New Guide" heraus, für das er die Tafeln selber graviert hatte. 1800 siedelte er nach Glasgow über, wo er vor allem als Architekt wirkte. 1805 ging er nach Carlisle und wurde auf Empfehlung von Thomas Telford Architekt des Distriktes von Cumberland. 1810 kehrte er nach London zurück und unterrichtete vor allem in Mathematik, Geodätik, Geographie, im mechanischen Zeichnen usw. Auch veröffentlichte er um diese Zeit sein umfassendstes Werk „Architectural Dictionary". 1827 fing er eine größere, auf 12 Abschnitte berechnete Arbeit „The School of Architecture and Engineering" an, die er aber durch den finanziellen Zusammenbruch seines Verlegers, nachdem erst fünf Nummern erschienen waren, einstellen mußte. Durch diesen Zusammenbruch verlor Nicholson große Geldmittel und war wohl aus diesem Grunde gezwungen, sich 1829 auf ein kleines Gut zurückzuziehen, das ihm von Verwandten hinterlassen worden war. 1832 siedelte er nach Newcastle-on-Tyne über, wo er wieder eine Schule eröffnete, die aber keinen rechten Erfolg zu haben schien; denn im Juli 1834 veranstaltete die Stadt eine Subskription für ihn, die ihm 320 £ einbrachte. Eine weitere Anerkennung erfuhren seine unzweifelhaft großen Verdienste, als er 1835 zum Vorsitzenden der Wissenschaftlichen Gesellschaft in Newcastle ernannt wurde.

Das ganze Leben Nicholsons war der Verbesserung der bisher üblichen Bauverfahren gewidmet. Hierbei halfen ihm seine großen mathematischen Fähigkeiten, alte Verfahren zu vereinfachen und neue zu erfinden. Über seine Werke läßt sich kurz folgendes sagen: Er war der erste, der Richtlinien angab für die Herstellung und Anbringung von Tür- und Fensterscharnieren. Er lenkte auch zum ersten Male die Aufmerksamkeit darauf, daß griechische Gesimse nach Kegelschnitten geformt waren und daß die Rundungen der jonischen Kapitäle nach logarithmischen Spiralen aufgebaut sind. Er war der Erfinder der orthogonalen Projektion von Körpern. Er beanspruchte ferner, der Schöpfer eines Verfahrens zu sein, mit dessen Hilfe man rationale Wurzeln berechnen und auch die irrationalen Wurzeln einer Gleichung beliebigen Grades finden kann; über diese Fragen hat er 1819/20 verschiedene Abhandlungen veröffentlicht. Dabei hat er es verstanden, seine Kenntnisse praktisch auszunutzen; über die Ausschließlichkeit seiner Patente mußte er verschiedene Rechtskämpfe und öffentliche Streitigkeiten ausführen, die er später durch vorgeschrittenes Alter nicht mehr in vollem Maße wahrnehmen konnte.

Als Architekt hat er einige bemerkenswerte Bauten und auch eine Holzbrücke über den Clyde bei Glasgow ausgeführt, über die er in seinem bereits erwähnten Werk „Architectural Dictionary" nähere Angaben macht. Überhaupt war er einer der fruchtbarsten Schriftsteller seiner Zeit, von dem eine lange Reihe von Schriften, die fast alle mehrere Auflagen erlebten, herrührt. Sein Sohn Michael Angelo Nicholson, der 1842 starb, trat in die Fußstapfen seines Vaters und führte seine Arbeiten in seinem Sinne weiter. *Nat. Biogr. 41 (1895) S. 23.* Wi.

NIDDA, Otto Ludwig Krug v., geb. 16. Dez. 1810 in Sangerhausen, gest. 8. Febr. 1885 in Berlin, entstammt einer Bergmannsfamilie. Nach dem Besuch des Gymnasiums zu Schulpforta wandte er sich zunächst der Praxis des Bergbaues zu und arbeitete in den Kupferschiefergruben und zugleich auf der Bergschule in Eisleben, erweiterte seine Kenntnisse auf der Mansfeldischen Kupferhütte, in den Steinkohlenbergwerken von Wettin und Löbejün und bezog, mit den verschiedenen Zweigen des Berg- und Hüttenwesens praktisch vertraut, 1831 die Universität Berlin. Schon 1833 erhielt er den Auftrag, die Schwefellagerstätten in Island einer wissenschaftlichen und praktischen Untersuchung zu unterziehen. Er durchforschte bei dieser Gelegenheit die geologischen Verhältnisse der Insel auf das genaueste und berichtete darüber in verschiedenen Abhandlungen. Nach seiner Rückkehr von Island widmete Nidda sich als Bergeleve dem Staatsdienst und trat 1835 bei dem Bergamte Suhl in den praktischen Dienst ein. 1837 erhielt er nach bestandenem Staatsexamen eine Anstellung als Einfahrer in Waldenburg und wurde bald darauf zum Mitglied des dortigen Bergamtes befördert. Während seiner neunjährigen Tätigkeit in Tarnowitz erwarb sich Nidda — er hatte zuerst die Steinkohlenbergwerke, später den Metallbergbau als Betriebsleiter zu verwalten — große Verdienste um die Hebung der dortigen Montanindustrie. Nach ihm ist das Mineral Krugit benannt worden. 1850 bis 1853 versah er in Halberstadt und Siegen die Stelle eines Bergrates und wurde 1860, nach mehrjähriger Tätigkeit in der Bergwerksabteilung des Handelsministeriums, an die Spitze des preußischen Montanwesens gestellt. Nidda ist es zu danken, daß der Bergbau von den hemmenden Fesseln der staatlichen Bevormundung befreit und ihm eine selbständige Entwicklung ermöglicht wurde. Er war in weitestem Maße bestrebt, die sozialen und wirtschaftlichen Verhältnisse der Bergarbeiter zu heben, wovon viele von ihm eingeführte Einrichtungen zeugen. Seine schriftstellerische Tätigkeit erstreckte sich fast ausschließlich auf die erste Zeit seiner praktischen Beschäftigung. Nach fast 50 jähriger Dienstzeit trat Nidda 1878 in den Ruhestand. Er erlag, 75 jährig, einem Schlaganfall. *ADB 23 (1886) S. 640; Z. Berg. 33 (1885) Beilage.* Ca.

NIEPCE, Nicéphore, geb. 7. März 1765 in Châlons sur Saône, gest. 5. Juli 1833 in Gras bei Châlons. Niepce diente lange Zeit in der französischen Armee, machte als Leutnant die Feldzüge in Italien mit und verwaltete 1795 bis 1801 den Distrikt Nizza. Hier erkrankte er sehr schwer. Nach seiner Genesung zog er sich im Jahre 1801 in sein Heimatstädtchen zurück und arbeitete gemeinsam mit seinem Bruder Claude an allerlei Erfindungen. Er kam auf den glücklichen Gedanken, nicht nur flache Gegenstände, die er auf lichtempfindliches Papier legte, abzubilden, wie es Johann Heinrich Schulz, Wedgewood und Davy schon lange vor ihm gemacht haben, sondern auch körperliche Gegenstände auf optischem Wege mit Hilfe der bekannten Camera obscura. Das mit lichtempfindlichem Material bestrichene Papier, welches an der Stelle des optischen Bildes dieses Apparates gebracht wurde, veränderte sich mehr oder weniger stark, je nach der Helligkeit der verschiedenen Stellen des aufzunehmenden Körpers. Freilich bedurfte es stundenlanger Wirkung bei hellstem Licht, um in dieser Weise ein „Lichtbild" zu erhalten. Die Einführung der Camera obscura ist das unsterbliche Verdienst von Niepce. Seine zweite technisch-wissenschaftliche überragende Leistung ist die Erfindung des Asphaltprozesses, des photographischen Kupferdruckes oder der Heliographie. Niepce verwendete für seine Versuche, das Lichtbild der Camera obscura festzuhalten, nicht Verbindungen des Silbers, sondern die von ihm entdeckte Eigenschaft des Asphaltes, lichtempfindlich zu sein. Diese Substanz löste er in Lavendelöl und Petroleum und überzog damit in dünner Schicht Metall- oder Glasplatten. Nach erfolgter Belichtung der Asphaltschicht badete er die Platte wieder in Lavendelöl, wobei die vom Licht getroffenen Stellen sich als unlöslich erwiesen. Seine Arbeiten sind grundlegend geworden für eines der vornehmsten Wiedergabeverfahren, die uns heute zur Verfügung stehen, die Heliogravüre. Im Jahre 1829 lernte Niepce den Dekorationsmaler Daguerre kennen, der sich ebenfalls mit Versuchen, das Bild der Camera obscura festzuhalten, beschäftigte, und schloß mit ihm einen Vertrag zur gemeinsamen Arbeit. In diesem Vertrage wird Niepce als der Erfinder des Verfahrens bezeichnet, während Daguerres Erfindung bis dahin nur in einer Verbesserung der optischen Ausgestaltung der Camera obscura bestand. Die erhofften Fortschritte stellten sich leider nicht ein und ohne seine Pläne erfüllt zu sehen, starb Niepce 1833. *Prelinger: Die Photographie (Leipzig 1914) S. 343; Photogr. Mitt., Zeitschr. d. Vereins z. Förderg. d. Photographie 26 (1889/90) S. 122; Buch der Erfindungen 10 (Leipzig 1901) S. 343; Beitr. 2 (1910) S. 302.* Dr.

NOBEL, Alfred Bernhard, geb. 21. Okt. 1833 in Stockholm, gest. 10. Dez. 1896 in San Remo, entstammte väterlicherseits einer Familie, die durch Geschlechter hindurch den gebildeten Ständen angehörte. Sein Vater, Immanuel Nobel, war Baumeister, Konstrukteur und Chemiker zugleich. Er befaßte sich besonders mit der Bereitung und Anwendung von Sprengstoffen und baute für die russische Regierung im Krimkriege Torpedos und Minen. Alle seine vier Söhne, von denen Alfred Bernhard der dritte war, wurden von ihm dabei beschäftigt.

Nach dem Krimkriege versuchten sich der Vater und die beiden jüngeren Söhne in der schwedischen Heimat mit der Verbesserung der Sprengstoffe. Bis dahin war außer dem altehrwürdigen Schwarzpulver nur die von Schönbein 1846 erfundene Schießbaumwolle gebraucht worden. Das von Sobrero 1846 entdeckte Nitroglyzerin war besonders wegen seiner Giftigkeit unbenutzt geblieben. Die Nobels führten es 1863 als Nobelsches Sprengöl in die Technik ein. Einen sehr wirksamen festen Sprengstoff fanden sie im gleichen Jahre in seiner Mischung mit Schwarzpulver.

Alfred erfand ein Jahr später das bedeutsame Prinzip der Initialzündung durch Zündhütchen, das bald die Zündung von außen vollkommen verdrängte. Leider forderte die neue Erfindung schwere Opfer. Die Fabrik flog 1864 in die Luft, wobei Alfreds jüngerer Bruder und sein Ingenieur Hertzmann ums Leben kamen. Die öffentliche Meinung machte ihm nun so viele Schwierigkeiten, daß er seine Werkstätte auf ein Schiff im Mälarsee verlegen mußte, das zudem wegen des Widerstandes der Uferbewohner seinen Standort dauernd zu wechseln gezwungen war. Aber schon 1865 begründete Alfred Nobel eine neue Fabrik in Vintervikken bei Stockholm, ferner die Fabrik Nobel & Co. in Krümmel bei Hamburg sowie eine Fabrik in Lysaker in Norwegen. Weitere Fabriken in allen Teilen der Erde folgten schnell.

Nobel erkannte in der flüssigen Form des Nitroglyzerins frühzeitig die Quelle seiner großen Gefährlichkeit und fand in einer 1867 durch Zufall entdeckten Mischung mit Kieselgur das Mittel, es handlicher und ungefährlicher zu machen. Das neue Produkt, Dynamit genannt, machte ihn weltberühmt. Er erkannte, daß Kieselgur wegen seiner Unverbrennlichkeit kein ideales Verfestigungsmittel für Nitroglyzerin war und daß es durch einen anderen, am besten einen explosiven Stoff ersetzt werden mußte. Diesen Stoff fand Nobel in der Nitrozellulose. Aber erst in der Form der Kollodiumlösung fand er das geeignete Mittel, das Nitroglyzerin zu einer Gelatine zu verfestigen. Diese sog. Sprenggelatine hat sich als gebräuchlichster Schieß- und Sprengstoff bis heute erhalten.

Nobel arbeitete unermüdlich in seinen Laboratorien in Paris, San Remo und Bofors in Schweden an der Vervollkommnung seiner Erfindungen und machte viele Reisen in alle Welt, um die Ungefährlichkeit seiner Sprengstoffe darzutun und um neue Fabriken zu gründen. Die von seinen älteren Brüdern begründete mächtige kaukasische Petroleumindustrie förderte er durch seine Geldmittel. In Schweden kaufte er die Kanonenfabrik der Gesellschaft Bofors-Gullspang, um Versuche in großem Ausmaße vorzunehmen. Aus seinen Plänen heraus raffte ihn am 10. Dez. 1896 der Tod hinweg.

Alfred Nobel war Weltbürger und, so widersinnig es klingen mag, überzeugter Friedensfreund. Das bekundete er besonders durch sein berühmtes Testament, durch das er die Zinsen seines 35,5 Millionen Mark betragenden Vermögens den jeweilig bedeutendsten Vertretern der Physik, Chemie, Physiologie und Medizin, Literatur und Friedensbewegung vermachte. *Internat. Wochenschr. 1 (1907) S. 1096; Umschau 25 (1921) S. 745; R. Henning: Buch berühmter Ingenieure (Berlin 1923); Trans. ASME 36 (1914) S. 1102.* Sa.

NORDBERG, Bruno, geb. 1857 in Finnland, gest. 30. Okt. 1924 in Milwaukee, studierte auf der Universität Helsingfors, ging aber schon mit fünfundzwanzig Jahren nach Amerika. Zuerst war er Arbeiter auf einem Hochofenwerk, konnte aber schon nach kurzer Zeit bei E. P. Allis in Milwaukee als Ingenieur eintreten. Für die Kupfergruben des oberen Seebezirkes baute er Fördermaschinen und Zweifach-Expansionserzstampfen, von denen einige noch heute im Betrieb sind. 1890 gründete er die Nordberg Mfg. Co., die in der ersten Zeit nur Regulatoren baute, aber sehr bald das Tätigkeitsfeld erweitern konnte. Die Bergwerke hatten solches Vertrauen zu Nordbergs Arbeiten, daß die Firma daneben Aufträge auf Pumpen und auch Dampfmaschinen erhielt. Einen großen Erfolg erreichte Nordberg damit, daß er bei einer Vierfach-Expansions-Wasserwerkpumpanlage für die Stadt Wildwood (Pa.) das Regenerationsverfahren anwandte und rund 21 vH der Dampfwärme in Pumpenarbeit umsetzte. Thurston erwähnte dieses Ereignis, das eine Höchstleistung der Wärmeausnutzung darstellte, im Dezember 1899 in seinem Vortrag „The Steam Engine at the End of the Nineteenth Century". Das Verfahren, das darin besteht, den einzelnen Aufnehmern Dampf abzuzapfen, geriet merkwürdigerweise in Vergessenheit, und erst die Hochdruckdampfturbinen der neueren Zeit griffen darauf zurück. Nordberg war einer der ersten in Amerika, der den Bau von Dieselmaschinen aufnahm. Die größte Fördermaschine und die größte Gleichstromdampfmaschine waren sein Werk. Seine Konstruktionen zeigen eine außerordentliche Beherrschung der Technik mit einer künstlerischen Durchbildung aller Einzelheiten. In Anerkennung seiner Verdienste wurde Nordberg von der Universität des Staates Michigan die Würde eines Ehrendoktors verliehen. *Z 68 (1924) S. 1325; The Iron Age 114 (1924) S. 1241.* Gro.

NORDENFELT, Torsten Wilhelm, geb. 1. März 1842 im Kirchspiel Örby (Westgotland, Schweden), gest. 8. Febr. 1920 in Stockholm. Nach Studien an der Universität in Lund und an der Technischen Hochschule in Stockholm ließ er sich 1866 in London als Kaufmann für den Verkauf von Eisen und Eisenbahnmaterialien nieder. In den achtziger Jahren entwickelte er dann eine großartige und bahnbrechende industrielle Tätigkeit. Er führte in verschiedene Industrien neue Fertigungsverfahren ein, nahm an der Anlegung mehrerer Zellstoffabriken in Schweden teil und errichtete in Schweden sowie in England Fabriken für die Waffenherstellung. Auf diesem Gebiete wurde er ganz besonders bekannt. Nordenfelt gründete und leitete persönlich die Firma ,,Nordenfelt Guns and Ammunition Co. Ltd.", betrieb eine Munitionsfabrik in Dartford und Waffenfabriken, u. a. in London und Bilbao (Spanien). Er arbeitete zusammen mit dem schwedischen Erfinder Palmcrantz für die Herstellung von dessen Maschinengewehren, sein Name ist außerdem mit mehreren Erfindungen in der Artillerie- und Marinetechnik verbunden. Große Aufmerksamkeit erweckte 1885 sein Unterseeboot bei der Vorführung im Öresund; es war das erste Unterseeboot der Neuzeit, das die offene See befahren hat. Er baute mehrere Unterseeboote, von denen eines eine Maschinenstärke von 800 PS. hatte.

Im Jahre 1888 wurde seine oben erwähnte Gesellschaft unter dem Namen ,,The Maxim Nordenfelt Guns & Ammunition Co." mit derjenigen des englischen Waffenfabrikanten Maxim vereinigt. Schon im Jahre 1890 verließ er London und verlegte seine Wirksamkeit nach Paris, wo er bis 1893 ein Konstruktionsbureau für Artilleriewesen inne hatte, worauf er nach Schweden übersiedelte und sich bald vom Geschäftsleben zurückzog. Na.

NÖRDLING, Wilhelm v., geb. 29. Aug. 1821 in Stuttgart, gest. 6. Nov. 1908 in Paris, studierte in Stuttgart und in Paris, verblieb dann in Frankreich, wo er zunächst im Straßenbau, später aber im Eisenbahnbau tätig war. Er baute die Linie von Frouard (bei Nancy) nach Forbach und als leitender Ingenieur der Orléansbahn neben anderen die schwierige Gebirgsbahn von Lyon nach Bordeaux (Cantalbahn). Im Auftrage französischer Gesellschaften war Nördling auch in der Schweiz tätig; er entwarf insbesondere die Pläne für die Eisenbahn Lausanne—Freiburg. Während seines Aufenthaltes in Frankreich veröffentlichte Nördling in den Annales des Ponts et Chaussées (Bd. 14 [1867] S. 312) eine Untersuchung, in der er als erster die Einlegung einer Parabel 3. Grades zwischen Gerade und Kreisbogen als Übergang bei Eisenbahngleisen und die Verschiebung des Kreisbogens gegen seinen Mittelpunkt zu, behufs Erlangung einer Berührung 2. Ordnung in den Endpunkten des Übergangsbogens empfahl. 1870 folgte Nördling einem Rufe als technischer Konsulent des k. k. Handelsministeriums nach Österreich, wurde 1872 Generaldirektor der Theißbahn, kehrte aber schon 1875 in das Handelsministerium zurück, wo er die Stelle eines Generaldirektors des österreichischen Eisenbahnwesens bekleidete. Nördling war ein entschiedener Gegner der Verstaatlichung der Eisenbahnen und schuf bei der Generalinspektion eine eigene Abteilung für das Garantierechnungswesen der Privateisenbahnen. Bei seinen Plänen über den Ankauf von Bahnen nach dem kommerziellen Werte, bei seinen Theorien über die Monopolisierung des Verkehrs und über die Schmalspur fand er nicht die Zustimmung des Parlamentes. Den Kernpunkt des Meinungsstreites bildete die Frage des Scheiteltunnels der Arlbergbahn. Nördling trat für einen hochliegenden, 7 km langen einspurigen Tunnel ein (vgl. Nördlings Abhandlung: Die Alternativ-Trassen der Arlberg-Bahn, Wien 1879) und stellte sich dadurch in Gegensatz zu einer vom Handelsminister einberufenen Versammlung, die sich für einen tiefliegenden 10,27 km langen zweigleisigen Tunnel aussprach. Da der Handelsminister diesem Vorschlage zustimmte, nahm Nördling 1879 seinen Abschied und übersiedelte nach kurzem Aufenthalte in Wien wieder nach Paris, wo er sich mit fachwissenschaftlichen Arbeiten befaßte. Von seinen Veröffentlichungen sind noch zu erwähnen: Über die bosnischen und serbischen Eisenbahnen (Wien 1880); Die Bosnabahn (Wien 1882); Die Selbstkosten des Eisenbahntransports und die Wasserstraßenfrage (Wien 1885); Frankreichs Lokal- und Schmalspurbahnen (Z. f. d. ges. Lokal- und Straßenbahnwesen, Wiesbaden 1886); Étude sur le chemin de fer Metropolitain de Paris (Paris 1887). *Enz. Eisb. 8 S. 364; Österr. Eisenbahnzeitung (1908).* Bk.

NORDWALL, Erik, geadelt mit dem Namen **Nordewall**, geb. 2. Juli 1753 in Över-Kalix (Norrbotten, Schweden), gest. 2. Mai 1835 in Stockholm. Er war der Sohn eines Pfarrers. Nach Studien an der Universität in Upsala wurde er im Jahre 1774 als Auskultant im Bergkollegium angenommen, widmete sich dem Kanalbau und wurde im Jahre 1784 als Nachfolger seines Lehrers Sven Rinman Direktor der Freistadt Eskilstuna. Als Bergmechaniker entwarf er Pläne zu größeren Bauten im Bergbaugebiet. Sein vornehmstes Werk vollzog er, als er den kühnen Plan entwarf, beim Umbau des Trollhätta-Kanals diesen quer durch den Berg hindurchzuziehen. Sein Vorschlag wurde angenommen und die Ausführung ihm anvertraut. Im Jahre 1800 war dieser neue Kanalweg an den gewaltigen Trollhätta-Fällen vorbei beendigt.

Er vollbrachte noch ein bedeutendes Werk, und zwar den Södertelje-Kanal, dessen Ausführung er entwarf und leitete. Nordwall war Mitglied der Kgl. Wissenschaftlichen Akademie. Na.

NORTH, Simeon, geb. 1765, gest. 1852. Simeon North war ein Büchsenmacher in einer kleinen Stadt Berlin in Connecticut, der 1799 einen Auftrag von der Regierung auf die Lieferung von 500 Militärpistolen erhielt. Über 53 Jahre hat North mit der Regierung zusammen gearbeitet. In den ersten Verträgen mit North wird die Austauschbarkeit nicht als solche erwähnt, er begann aber bald — vielleicht beeinflußt durch Whitney — ähnlich wie dieser zu fabrizieren. Er selbst sagt in einem 1808 an das Marineministerium gerichteten Brief: ,,Ich finde, daß ich durch die Spezialisierung des Arbeiters auf ein bestimmtes Teil der Pistole, das er in Serien von 2000 Stück herstellen muß, mindestens ein Viertel der Arbeit erspare gegenüber einer Herstellung in kleinen Mengen, außerdem werden die Werkstücke um ebenso viel besser, als sie rascher fertig werden." Hier findet sich also schon klar das Prinzip der Arbeitsteilung und der Beginn der Austauschbarkeit der Teile ausgedrückt. In einem 1831 North übertragenen Auftrag über 20000 Pistolen lautet eine wichtige Klausel: ,,Die einzelnen Teile der Pistolen müssen so genau zueinander passen, daß jeder Teil einer Pistole auf jede andere Waffe eines Vorrats von 20 000 Stück passen muß." Dies soll der erste Regierungsvertrag gewesen sein, der die Vorschrift der Austauschbarkeit enthält. Nach Mitteilungen war 1815 die austauschbare Fertigung in Norths Werkstätten vollkommen durchgeführt, jedenfalls hat North nicht unwesentlich zu der Einführung dieses Herstellungsverfahrens beigetragen. Auch hatte er einen gewissen Einfluß auf die Einrichtungen der staatlichen Waffenfabriken in Harpers Ferry, außerdem betätigte er sich bei verschiedenen Privatfirmen. *Beitr. 10 (1920) S. 169.* Ca.

NOTTEBOHM, Friedrich Wilhelm, geb. 10. April 1808 in Wattenscheid, gest. 18. Okt. 1875 in Berlin, war der Sohn eines Mechanikers. Nachdem er bis zu seinem 13. Jahre die Elementarschule seines Heimatortes besucht und sich nebenbei mit Arbeiten in Metall, mit Ätzen und Gravieren in Messing und Stahl in der Werkstatt seines Vaters beschäftigt hatte, besuchte er, um sich für das Studium der Theologie vorzubereiten, von 1821 an die höhere Bürgerschule in Bochum. Jedoch wurde ihm durch Vermögensverluste seines Vaters die Möglichkeit eines längeren Universitätsaufenthaltes genommen; er kam mit 15 Jahren zu einem Wegebaumeister in den Dienst, den er bei Veranschlagungsarbeiten und Schreibgeschäften unterstützen mußte. Nottebohm arbeitete bald sehr selbständig, entwarf Projekte zu verschiedenen Kunststraßen, fertigte Pläne und Anschläge für schmalspurige Eisenbahnen des westfälischen Kohlenreviers an und machte Zeichnungen und Beschreibungen von den in der Gegend von Wattenscheid gefundenen fossilen Tierknochen. 1834 legte er das Feldmesserexamen ab und kam dann auf die Berliner Allgemeine Bauschule, bestand 1838 die Vorprüfung als Land- und Wegebaumeister und wurde schließlich Schüler Beuths auf dem Gewerbeinstitut. 1837 unternahm Nottebohm im Auftrage Beuths eine Reise durch die Rheinprovinz und Westfalen anschließend nach Hinterpommern, um sich eine genaue Kenntnis der dortigen Fabrik- und Hüttenanlagen zu verschaffen und um für eine dort anzulegende Lohnspinnerei und Tuchappreturanstalt die erforderlichen Aufnahmen zu machen. Durch eine Choleraerkrankung äußerst geschwächt, ging er zur Kräftigung für kurze Zeit mit seinem Bruder nach Laurahütte und unterstützte ihn dort bei der Aufstellung großer Gebläsemaschinen. 1840 legte Nottebohm die Nachprüfung als Land- und Wasserbauinspektor mit Auszeichnung ab. Er erhielt hierauf den Auftrag, eine Veröffentlichung von Zeichnungen und Beschreibungen ausgeführter Dampfkessel und Dampfmaschinen vorzubereiten und zu diesem Zwecke die westlichen Teile Preußens sowie England und Frankreich zu bereisen. Die Ergebnisse dieser Forschungen finden wir 1841 niedergelegt in ,,Sammlung von Zeichnungen einiger ausgeführten Dampfkessel und Dampfmaschinen nebst Beschreibung derselben und Berechnung der Dampfmaschinen nach der de Pambourschen Theorie", eine Arbeit, die den Verfasser als einen ebenso gründlichen Theoretiker wie erfahrenen Praktiker auf dem Gebiet des Dampfmaschinenwesens erkennen läßt. Im Jahre 1842 erfolgte Nottebohms Ernennung zum Assessor der Königl. Technischen Deputation für Gewerbe. Er widmete sich jetzt auch dem praktischen Eisenbahnbau und leitete die Vorarbeiten, dann die Fertigstellung der Jüterbog-Riesaer Eisenbahn. 1848 übernahm er nach seiner Ernennung zum Regierungs- und Baurat die Stelle eines Technikers bei den Eisenbahnkommissariaten Berlin und Breslau, um schon 1849 als technisches Mitglied der Telegraphenkommission, 1850 als Vorsteher der Telegraphendirektion zu wirken, womit ein neuer Abschnitt erfolgreichster Tätigkeit für ihn begann. Die ständig schärfer hervortretenden Mängel der unterirdischen Leitung forderten eine Änderung des bisherigen Systems; Nottebohm erkannte alsbald die große Sicherheit und Einfachheit des Morseschen Apparates, und allein seinem Eifer und seiner Zähigkeit war die gegen vieles Widerstreben doch bald eingeführte Anwendung dieser bedeutenden Neuerung zu danken, deren Verbesserung er sich mit großem Erfolge angelegen sein ließ. Für die Herstellung eines transportablen Telegraphenapparates für militärische Zwecke, die als der Grundstein für die elektro-magnetische Feldtelegraphie angesehen werden muß, setzte Nottebohm sich mit ebenso großer Tatkraft ein wie für eine den wachsenden Ansprüchen gerecht werdende Ausbreitung des Telegraphennetzes. Hervorragenden Anteil hatte er an der Gründung des Deutsch-Österreichischen Telegraphenvereines, der als Anfang und später lange Zeit als Mittelpunkt des internationalen Telegraphenverkehrs anzusehen ist. 1856, nach achtjähriger Wirksamkeit, schied Nottebohm mit seiner Ernennung zum Geh. Oberbaurat und vortragenden Rat im Handelsministerium aus dieser leitenden Stellung des Telegraphenwesens aus, um sich auf dem Gebiet des gewerblichen Unterrichtswesens hervorragend zu betätigen. Schon nach wenigen Wochen übernahm er die Leitung des Kgl. Gewerbeinstitutes in Berlin und hat sich in den folgenden Jahren der Umgestaltung und Neuerung dieser Anstalt mit großem Erfolge angenommen. Dem Lehrplan wurden nicht nur viele Lehrgegenstände wie der Unterricht für Schiffbauer, Färber, Drucker, in Nationalökonomie, in Kunst- und Literaturgeschichte, kaufmännischer Arithmetik und Handelswissenschaften hinzugefügt, sondern vor allem auch die schon vorhandenen Sammlungen neu geordnet und erweitert. Die Besichtigung der verschiedensten technischen höheren Lehranstalten des In- und Auslandes gaben Nottebohm vorzügliche Kenntnisse über die zukunftreichste Ausgestaltung des Berliner Institutes, das durch die Bezeichnung Gewerbeakademie auch in seiner Namengebung eine Änderung erfuhr. 1868 trat er von der Direktion der Gewerbeakademie zurück, um seine ganze Arbeitskraft der fortschrittlichen Umgestaltung der Provinzialgewerbeschulen widmen zu können, immer von dem ihm stets leitenden Grundsatz ausgehend, ,,daß jeder Stillstand im Leben einen Rückschritt bedeutet".

Nottebohm veröffentlichte die verschiedensten Abhandlungen aus dem gewerbetechnischen Gebiet in den ,,Verhandlungen des Vereins zur Beförderung des Gewerbfleißes". Von zahlreichen in- und ausländischen Staaten wie auch Vereinigungen wurden ihm Ehrungen und Auszeichnungen zuteil. Er starb 67jährig nach kurzem Krankenlager in Berlin. *Gewerbfleiß (1875) S. 37; Chronik d. Kgl. Techn. Hochsch. Berlin 1799—1899 S. 87.* Ca.

O

OECHELHAEUSER, Wilhelm v., geb. 4. Jan. 1854 in Frankfurt a. M., gest. 31. Mai 1923 in Dessau, war der älteste Sohn eines Großindustriellen. Weil ein naturwissenschaftlicher Unterricht am Gymnasium in Dessau fehlte, besuchte er während der letzten Schuljahre die Friedrich-Werdersche Oberrealschule in Berlin und später die Gewerbeakademie. Seine praktische Tätigkeit begann er in dem Gaswerkbaubureau eines Onkels in Berlin, ging aber 1881 als Oberingenieur der Deutschen Kontinental-Gasgesellschaft nach Dessau und wurde als Nachfolger seines Vaters Generaldirektor dieser Werke. Oechelhaeuser gelang es nicht nur, die Gesellschaft auszubauen und die Absatzgebiete zu erweitern, sondern auch in seinem engeren Fachgebiet, der Gastechnik, mit Erfolg zu arbeiten. Am bekanntesten ist der von ihm konstruierte Umlaufregler, der den Gasdruck zwischen Saugrohr und Druckrohr regelt, und der nach ihm benannte „Oechelhaeuser-Motor". Dieser Motor war die erste deutsche Großgasmaschine und wurde von der Berlin-Anhaltischen Maschinenbau-Akt.-Ges. gebaut und auf dem Hüttenwerk zu Hörde in Westfalen aufgestellt. Die Erfindung war von größter Bedeutung, weil sie zum ersten Male ermöglichte, die bisher ungenutzt gebliebenen Hochofengase direkt in der Maschine selbst zur Krafterzeugung zu benutzen. Ebenso wie Oechelhaeuser selbst konstruktiv tätig war, wußte er durch Anregungen und steten Ansporn seine Mitarbeiter für sein Werk zu begeistern. Trotz der vielseitigen Aufgaben, die er als Leiter der Dessauer Gesellschaft zu lösen hatte, wendete er der gesamten Technik und den Bestrebungen des Ingenieurstandes seinen Eifer zu. Als Vorsitzender des Vereines deutscher Ingenieure ist er durch seine Schriften „Neue Rechte — Neue Pflichten", „Technische Arbeit einst und jetzt" und „Aus deutscher Technik und Kultur" über den Kreis seiner Fachgenossen hinaus bekannt geworden. Wie sehr Oechelhaeuser als Gasfachmann anerkannt wurde, beweisen seine Ehrungen von dem Deutschen Verein von Gas- und Wasserfachmännern, der American Light-Association und vielen anderen Fachverbänden und Hochschulen. *Z 67 (1923) S. 701.* Gro.

OERSTED, Hans Christian, geb. 14. Aug. 1777 in Rudkøbing auf der Insel Langeland, gest. 9. März 1851 in Kopenhagen. Oersted verlebte seine Jugend zusammen mit seinem jüngeren Bruder Anders, einem später berühmt gewordenen dänischen Staatsmann. Da Oersteds Vater Apotheker war, gewann auch der Sohn früh Interesse und Verständnis für Physik und Chemie. An der Universität Kopenhagen studierte Oersted Medizin und allgemeine Naturwissenschaften und promovierte dort im Jahre 1799. Als dann die Versuche von Galvani und Volta bekannt wurden und größtes Aufsehen erregten, wandte sich auch Oersted mit Eifer diesem neuen Arbeitsgebiet zu. Im Jahre 1801 wurde er als Assistent an die Universität berufen und erhielt gleichzeitig Mittel zu einer Reise nach Deutschland und Frankreich, die sich bis zum Jahre 1804 erstreckte und für seine Entwicklung von größter Bedeutung wurde. Oersted bekam auf dieser Reise Gelegenheit, viele der bedeutendsten Forscher persönlich kennen zu lernen; u. a. besuchte er den jungen, damals viel bewunderten Forscher Ritter, mit dem ihn bald warme Freundschaft verband, die bis zum Tode Ritters dauerte. Im Jahre 1806 wurde Oersted außerordentlicher Professor der Physik an der Universität Kopenhagen. Er veröffentlichte eine große Anzahl physikalischer und chemischer Abhandlungen und schrieb mehrere Lehrbücher der Physik und Chemie; insbesondere hat er auch viele naturphilosophische Arbeiten veröffentlicht; davon verdienen noch heute genannt zu werden: „Der Geist in der Natur" und „Die Naturwissenschaft in ihrem Verhältnis zur Dichtkunst und Religion". Im Jahre 1815 wurde Oersted Sekretär der königlichen Gesellschaft der Wissenschaften, 1817 ordentlicher Professor an der Universität in Kopenhagen. Der Gedanke, daß ein gewisser Zusammenhang zwischen Magnetismus und Elektrizität vorhanden sein müsse, war nicht neu; vielmehr hatte Oersted, angeregt durch Ritter, bereits im Jahre 1801 mit ihm gemeinsam an der Lösung des Rätsels gearbeitet. Ritter war überzeugt, daß zwischen allen Naturerscheinungen einfache Zusammenhänge beständen, nach denen er in brennendem Eifer suchte, und betonte diese Gedanken oft im Briefwechsel mit Oersted. Jedoch erst im Frühjahr 1820 kam Oersted zu dem gesuchten Ziel. Zunächst waren seine Ergebnisse nur unscheinbar; als er aber die Sache von neuem genau überdachte, sich auch eine besonders kräftige elektrische Batterie beschaffte, gelang es ihm endlich, klar die Ablenkung der Magnetnadel durch den elektrischen Strom zu beobachten und die Gesetze dieser Erscheinung zu finden. Das Ergebnis machte er am 21. Juli des Jahres 1820 zahlreichen Forschern durch eine kurze, nur 2 Quartseiten lange Flugschrift mit dem Titel „Experimenta circa effectum conflictus electrici in acum magneticum" bekannt; seine Beobachtungen ergaben, daß eine Ablenkung der Magnetnadel durch den elektrischen Strom eintrat, verschieden je nach Richtung und Stärke des Stromes und je nach den Polen der Nadel. Dazu gab Oersted eine einfache Regel an, um bei jeder Lage der Stromleitung gegenüber den Polen die Richtung der Kraft zu finden. Kurze Zeit darauf machte Oersted eine weitere Mitteilung unter dem Titel „Neuere elektromagnetische Versuche" und teilte mit, daß ebenso wie ein geschlossener Stromkreis den Magnet drehend beeinflußt, dieser auch auf den Stromkreis wirkt, und daß ferner ein geschlossener Stromkreis als ein Magnet anzusehen sei, dessen beide Seitenflächen zwei entgegengesetzte Pole darstellen. Oersteds Veröffentlichung regte eine Reihe weiterer Forscher zur Mitarbeit an und in unmittelbarer Folge entdeckte dann am 25. September des gleichen Jahres Arago den durch elektrischen Strom erzeugten Magnetismus; Ampère veröffentlichte am selben Tage die elektrodynamischen Grundgesetze für die Wirkung des elektrischen Stromes auf die Magnetnadel. Unter den sonstigen zahlreichen Arbeiten Oersteds ist die Konstruktion des Piëzometers zu erwähnen, ferner seine Untersuchungen über Klangfiguren und über die Zusammendrückbarkeit von Wasser und Gasen. Auf Oersteds Vorschlag und Betreiben wurde die Errichtung der Polytechnischen Hochschule in Kopenhagen im Jahre 1829 beschlossen und er selbst zum ersten Direktor der Hochschule, die er bis zu seinem Tode leitete, ernannt. Neben seinen wissenschaftlichen Studien beschäftigte sich Oersted mit Dichtung, Sprachforschung und Philosophie und hat nicht geringen Einfluß auf seine Zeit geübt. Oersted war ein eifriger Wahrheitsucher, ein bescheidener Charakter, der die vielen Ehrungen, mit denen man ihn überhäufte, nicht suchte, sondern allein seinen Lohn in der Zufriedenheit fand, die ihm die Beschäftigung mit der Wissenschaft gab. Eine Lungenentzündung führte den Abschluß seines erfolgreichen Lebens herbei. Eine kurze Lebensbeschreibung findet sich im dänischen Pantheon; der Schriftwechsel Oersteds, besonders auch mit Ritter, wurde unter dem Titel „Correspondance de H. C. Oersted avec divers savants, publiée par M. C. Harding" 1920 herausgegeben. *Oersteds gesammelte naturwissenschaftlichen Schriften (Sondershausen 1856); Ostw. Klass. Bd. 63; Hauch & Forchhammer: Oersteds Leben (Spandau 1853).* Bn.

OEYNHAUSEN, Karl August Ludwig Freiherr von, geb. 4. Febr. 1795 zu Grevenburg bei Höxter, gest. 1. Febr. 1865 ebenda. Ein durch Gaben des Geistes und der Seele, durch Ausdauer, Wohlwollen und Milde ausgezeichneter Bergmann, dessen langjähriger dienstlicher Tätigkeit der Preußische Staat Leistungen auf den verschiedensten Gebieten zu danken hat.

Er entstammte einem uralten westfälischen Adelsgeschlechte. Nachdem er das Gymnasium besucht hatte, entschloß er sich, das Bergfach zu seinem Berufe zu wählen, begann 1812 seine praktische Beschäftigung auf den Gruben bei Eisleben und bezog dann die Universität Göttingen, wo er besonders dem Studium der Naturwissenschaften und der Mathematik bis zum Jahre 1816 mit regem Eifer oblag, mit einer Unterbrechung von einigen Monaten in den Jahren 1813 und 1814, die er dem Dienste zur Befreiung des Vaterlandes widmete. 1816 nach Schlesien berufen und zuerst beim Bergamte zu Waldenburg beschäftigt, ging er 1817 nach Tarnowitz in Oberschlesien. Hier hat er sich ganz besondere Verdienste um die geognostische Untersuchung Oberschlesiens und des angrenzenden uslandes erworben, über die er im Jahre 1822 eine Arbeit veröffentlichte.

Nachdem Oeynhausen am 1. April 1820 das Bergassessor-Examen bestanden hatte, kam er zum Westfälischen Oberbergamt, machte von hier ausgedehnte Studienreisen durch Deutschland, Nordfrankreich, Belgien und Großbritannien und wurde 1824 unter Ernennung zum Oberbergamtassessor bei der Oberberghauptmannschaft, der Ministerialabteilung für das Bergwesen im Ministerium des Innern, beschäftigt. Zahlreiche Schriften und Aufsätze geognostischen, bergmännischen und hüttenmännischen Inhaltes stammen aus dieser Zeit und zeugen von außergewöhnlicher Arbeitskraft. 1827 wurde er technischer Hilfsarbeiter bei der Oberberghauptmannschaft Berlin, 1828 bei dem Oberbergamte zu Bonn, kam im gleichen Jahre nach Dortmund und wurde hier zum Oberbergrat ernannt. Als solcher kam er 1830 an das Oberbergamt zu Halle und 1831 an das zu Bonn, dem er 10 Jahre lang angehörte. 1841 wurde er Geheimer Bergrat und Vortragender Rat im Finanzministerium, dem die Berg-, Hütten- und Salinenverwaltung inzwischen zugeteilt war, 1845 Geheimer Oberbergrat, dann 1847 Berghauptmann und Direktor des Oberbergamtes zu Brieg, das im Jahre 1850 nach Breslau verlegt wurde, und dessen Leitung er 1856 mit der des Oberbergamtes zu Dortmund vertauschte. In dieser Amtseigenschaft trat er besonders ein für die Ermäßigung der Eisenbahntarife, für die Erweiterung der Eisenbahnverbindungen innerhalb der Kohlenreviere und für den Plan eines Kanals vom Rhein nach der Weser.

Kränklichkeit veranlaßte ihn, im Juni 1864 seine Entlassung aus dem Staatsdienste zu nehmen und sich auf sein Familiengut Grevenburg zurückzuziehen, wo er wenige Monate später starb.

Außer durch verschiedene andere Auszeichnungen wurde von Oeynhausen dadurch geehrt, daß ihm die philosophische Fakultät der Universität Berlin im Jahre 1860 die Doktorwürde ehrenhalber verlieh.

von Oeynhausens Name ist für immer verknüpft mit den Bohrungen auf Salz und Sole bei der Saline Neusalzwerk und dem Orte Rehme, denen er sich viele Jahre hindurch, unabhängig von seinem Amt und Wohnort, mit treulicher Sorge gewidmet hat. In zäher Tatkraft wußte er alle sich den Unternehmen entgegenstellenden Schwierigkeiten zu überwinden, indem er sogar oft persönlich eingriff. Zahlreiche Verbesserungen an den Bohrgeräten, die sich weiterhin erhalten haben, sind ihm zu verdanken, so vor allem die nach ihm benannte Rutschschere (Wechselstück), deren Wesen darauf beruht, daß das Gestänge durch ein Zwischenstück geteilt und das Obergestänge durch ein Gegengewicht ausgeglichen wird.

Mit den unter seinem ständigen Einfluß stehenden Bohrungen eng zusammenhängend war die Begründung des Königlichen Solbades bei Neusalzwerk, welches am 18. Mai 1845 eröffnet wurde. Mit ganzer Hingabe hat von Oeynhausen der Ermöglichung dieses Werkes obgelegen und hat sogar das für die Badehäuser und die Parkanlagen erforderliche Gelände teilweise auf seinen eigenen Namen erworben. Nur zu gerechtfertigt war es, daß dieses Bad, sein ureigenstes Werk, durch Bestimmung des Königs Friedrich Wilhelm IV. vom 25. Aug. 1848 den Namen „Bad Oeynhausen" erhielt. Dieses, inzwischen zum Weltbade gewordene, und die gleichnamige Stadt werden den Ruhm des verdienten Mannes zu allen Zeiten verkünden. *O. Liesenhoff: K. v. Oeynhausen (Berlin 1895).* So.

OHM, Georg Simon, geb. 16. März 1789 zu Erlangen, gest. 6. Juli 1854 zu München. Ohm stammte aus einer alten Bürgerfamilie, die immer die Schlosserei ausgeübt hatte. Sein Vater Johann Wolfgang hatte im Alter von über 40 Jahren angefangen, noch nebenbei Mathematik zu treiben, und es so weit gebracht, daß er darin seine beiden Söhne vollständig unterrichten konnte. Professor Langsdorff prüfte den fünfzehnjährigen Georg Simon und stellte ihm ein Zeugnis aus, worin er besonders die Leistung des Vaters bewundert und der Hoffnung Ausdruck gibt, daß seine beiden Söhne ein zweites Brüderpaar Bernoulli werden möchten.

1805 bezog Ohm die Universität Erlangen, mußte jedoch wegen Mangels an Mitteln bereits 1806 eine Lehrstelle für Mathematik an einer Erziehungsanstalt in der Schweiz annehmen. 1811 kehrte er nach Erlangen zurück, promovierte und hielt als Privatdozent Vorlesungen über Mathematik, bis er wieder durch die Sorge um seinen Unterhalt gezwungen wurde, 1813 als Lehrer für Mathematik an die Kgl. Realstudienanstalt nach Bamberg zu gehen. Der dortige mathematische Lehrdrill sowie der Auftrag, aushilfsweise am Progymnasium Lateinunterricht zu erteilen, verstimmte ihn sehr. Trotzdem vollendete er hier sein Erstlingwerk: „Grundlinien zu einer zweckmäßigen Behandlung der Geometrie als höheres Bildungsmittel."

Diese Arbeit verschaffte ihm 1817 einen Ruf als Oberlehrer der Mathematik und Physik an das Gymnasium in Köln. Hier konnte er nun 9 Jahre lang erfolgreich lehren. Zu seinen Schülern gehörte unter anderen auch Dirichlet.

Das Lehramt befriedigte jedoch Ohm nicht vollständig; er suchte nach einem Arbeitsgebiet, wo er seinen unermüdlichen Forschungsdrang betätigen konnte. Nach längerem Schwanken zwischen Mathematik und Physik wandte er sich letzterer zu. In den Jahren bis 1820 schuf er die experimentellen Grundlagen zur Theorie der galvanischen Kette. Um diese auszubauen, suchte er 1826 um einen einjährigen Urlaub nach, der ihm auch gewährt wurde. Im Mai 1827 erschien seine „mathematische Bearbeitung der galvanischen Kette". In dem ersten darin enthaltenen Gesetz, das heute in der von Kirchhoff stammenden Form schlechthin als „Ohmsches Gesetz" bezeichnet wird, behandelt Ohm die Zusammenhänge zwischen Spannung, Stromstärke und Leitungswiderständen; den Begriff „Widerstand" führte er zuerst in die Elektrizitätslehre ein unter der Bezeichnung „reduzierte Länge". Das zweite Gesetz gibt an, wie man die elektrischen Größen Spannung und Stromstärke in jedem Querschnitt einer galvanischen Verbindung berechnen kann.

Ohms Leistung wurde zunächst wenig anerkannt. Da er auch nicht der damals herrschenden Naturphilosophie Hegels zustimmte, schlugen seine Bemühungen, in Berlin in die akademische Laufbahn überzutreten, fehl und es kam sogar so weit, daß er die Enthebung von seiner Lehrstelle in Köln erbat. 6 Jahre lebte er nun als Privatmann in Berlin in recht bedrängten Verhältnissen. Erst 1833 berief ihn Ludwig I. von Bayern als Professor der Physik an die Polytechnische

Schule in Nürnberg, 1834 übertrug er ihm auch die Lehrstelle für Mathematik und 1839 das Rektorat.

Inzwischen wurden Ohms Untersuchungen im Auslande allmählich bekannt; die Royal Society zeichnete ihn durch Verleihung ihrer höchsten Anerkennung, der Copley-Medaille, aus und ernannte ihn einstimmig zu ihrem auswärtigen Mitglied. Nun erst fand Ohms Theorie der galvanischen Kette überall Beachtung und nach dem Vorgehen Londons auch äußere Anerkennung.

In Nürnberg begann Ohm Untersuchungen über die Schwingungen tönender Körper. Er — nicht Helmholtz, der ausdrücklich auf Ohm hinweist — entdeckte, daß fast alle Töne aus mehreren übereinander gelagerten Schwingungen bestehen und zeigte, wie man Grund- und Obertöne durch Anwendung der von Fourier entwickelten harmonischen Reihen berechnen kann.

Während Ohm an einem leider unvollendet gebliebenen, groß angelegten „System der Molekularphysik" arbeitete, wurde er 1849 nach München als Konservator für die Sammlungen der Akademie der Wissenschaften, als Referent für die Telegraphenverwaltung in das Ministerium und gleichzeitig als ordentlicher Professor für Physik und Mathematik an die Universität berufen. Das Jahr 1852 brachte eine mathematische Abhandlung über Interferenzerscheinungen in Kristallplatten.

In den letzten Jahren seines arbeitreichen Lebens schrieb Ohm noch an einem Kompendium der Physik, das als Leitfaden für die Hörer seiner Vorlesungen gedacht war.

Am 6. Juli 1854 beendete ein Schlaganfall sein Leben, das zum größten Teil Kampf gegen widrige und bedrückende Verhältnisse war und erst spät bescheidenen Ruhm brachte, der Wissenschaft aber unschätzbare Fortschritte geschenkt hat. *C. M. v. Bauernfeind: Gedächtnisrede auf G. S. Ohm (München 1882); ETZ 16 (1895) S. 571; Festschr. z. 40. Hauptvers. d. V. d. I. Nürnberg 1899 S. 149.* Erk.

OPEL, Adam, geb. 9. Mai 1837 in Rüsselsheim, gest. 8. Sept. 1895 ebenda, der Begründer der Opelwerke in Rüsselsheim, die zuerst Nähmaschinen, dann außerdem Fahrräder und schließlich auch Kraftwagen bauten.

Den Werdegang der Firma Adam Opel kann man als Musterbeispiel für die Entwicklung industrieller Unternehmen im Westen von Deutschland ansehen. Als junger Mann von 20 Jahren war Adam Opel 1857 nach Belgien und namentlich Frankreich ausgezogen, um praktisch den Maschinenbau in diesen Ländern kennen zu lernen. 1862 brachte er von seinen Reisen soviel Kenntnis der Konstruktion von Nähmaschinen mit, daß er es wagen konnte, in einer eigenen kleinen Werkstatt die erste selbstgebaute Nähmaschine herzustellen, die noch heute im Heimatmuseum zu Rüsselsheim aufbewahrt wird. Die Maschine arbeitete mit einem großen Exzenter an der Stirnplatte und breiter, flacher Nadel- und Stoffdrückerstange. Das Schiffchen hatte eine gebogene Form und bewegte sich in stehendem Bogen von vorn nach hinten. 1886 führte Adam Opel als erster in Deutschland die Fabrikation von Fahrrädern ein, die trotz ihrer langen Vorgeschichte erst um diese Zeit durch England und die Vereinigten Staaten zu großer Verbreitung für Sportzwecke gebracht worden waren. Der Erfolg dieser Fabrikation war so groß, daß um 1892 fast der ganze deutsche Rennsport von Rüsselsheim aus mit Fahrrädern versorgt wurde.

Den Bau von Kraftfahrzeugen haben die Opelwerke erst nach dem Tode von Adam Opel aufgenommen. Er hinterließ fünf Söhne, die das Erbe großzügig erweitert und das Unternehmen ihres Vaters zu dem leistungsfähigsten unter den deutschen Automobilfabriken entwickelt haben. *Allgem. Automobil-Zeitg. (1912) Nr. 35; Adam Opel u. sein Haus 1862—1912, Festschrift.* He.

OTTO, Nikolaus August, geb. 14. Juni 1832 in Holzhausen, im Nassauischen, gest. 26. Jan. 1891 in Köln. Otto, der in bescheidener Stellung in Köln tätige junge Kaufmann, wurde durch die 1861 in den deutschen Zeitungen erscheinenden Berichte von der Lenoirschen Gasmaschine so gepackt, daß von seinem immer technisch-naturwissenschaftlich interessierten Sinn der Gedanke Besitz ergriff, eine mit der Dampfmaschine wettbewerbfähige Gaskraftmaschine zu schaffen. So aus seiner eingeschlagenen Laufbahn gerissen, baute er ein kleines Gasmaschinchen, und als dies sich in Gang bringen ließ, gab er einem gelernten Mechaniker eine genau nach seinen Angaben auszuführende kleine Versuchsmaschine in Auftrag, deren Arbeitsweise schon dem Viertakt entsprach. Da sich aber auch diese Maschine wegen der starken Stöße als für den Betrieb ungeeignet erwies, ging er in seiner Konstruktion auf die atmosphärische Maschine zurück, und hierauf nahm er in den Jahren 1861 bis 1864 in verschiedenen Staaten Patente. Den für eine industrielle Verwertung derselben nunmehr notwendigen Geldgeber und insbesondere technisch erfahrenen Mitarbeiter fand er in dem Kölner Ingenieur Eugen Langen, mit dem zusammen er 1864 die Firma N. A. Otto et Comp. gründete. Die zunächst sehr ungünstigen Aussichten des unter großen Schwierigkeiten sich vollziehenden Werkstattbetriebes verbesserten sich, als sich auf der Pariser Weltausstellung 1867 bei vergleichender Prüfung die Ottosche Gasmaschine der Lenoir Maschine gegenüber als unverhältnismäßig sparsamer im Gasverbrauch erwies und mit der goldenen Medaille ausgezeichnet wurde. In der Folge traten aber wieder Rückschläge im Geschäftsgang ein, so daß man 1869, um den Betrieb entsprechend durchhalten zu können, einen weiteren Teilhaber aufnahm. Im gleichen Jahre wurde eine eigene Fabrik in Deutz bei Köln erbaut. 1872 erfolgte die Gründung der Gasmotorenfabrik Deutz Aktiengesellschaft, deren erste Direktoren Otto und die Brüder Langen wurden und für die man auch Daimler gewann, der den jungen Maybach mitbrachte. Daimler stellte den nunmehr beginnenden Großbetrieb auf die größte Genauigkeit ein, unter Wahrnehmung aller möglichen Fabrikationsvorteile. Otto, dem die kaufmännische Oberleitung oblag, suchte nebenher immer weiter nach technischen Verbesserungen und Vervollkommnungen und kam — in Anbetracht der auf höchstens 3 PS beschränkten Leistungsfähigkeit und des geräuschvollen Betriebes der atmosphärischen Maschine — wieder auf seine erste Idee der im Viertakt arbeitenden, direkt wirkenden Maschine zurück. Die 4. Aug. 1877 patentierte Viertaktmaschine, die aufs neue große fabrikationstechnische Schwierigkeiten verursachte, erregte auf der Pariser Weltausstellung 1877 allgemeine Bewunderung wegen ihrer der atmosphärischen Maschine gegenüber bedeutenden Raum- und Gewichtsersparnis und ihrer hohen Leistungsfähigkeit.

Anfang der achtziger Jahre mußte ein langwieriger Patentprozeß geführt werden, der damit endete, daß der Hauptanspruch des Deutzer Patentes für nichtig erklärt wurde; das Verdienst Ottos als des tatsächlichen Schöpfers der praktisch verwertbaren Viertaktmaschine wird hierdurch in keiner Weise geschmälert. Otto, der, obgleich von einer ungewöhnlichen Bescheidenheit, unter dieser Anfechtung seiner ehrlichen Leistung sehr litt, konnte, wenn ihm auch kein langes Leben mehr beschieden war, doch noch die Widerstandskraft der von ihm geschaffenen Firma gegenüber dem nunmehr einsetzenden starken Wettbewerbe feststellen. *Z 35 (1891) S. 205; Beitr. 11 (1921) S. 1.* C. M.

OWEN, Samuel, geb. 12. Mai 1774 im Dorfe Northon (Shropshire, England), gest. 15. Febr. 1854 in Stockholm. Als Sohn eines Landwirtes bekam er so gut wie keinen Schulunterricht, kam mit achtzehn Jahren in die Tischlerlehre, wurde Modelltischler in Boulton & Watts Werkstätten in Soho bei Birmingham und machte sich dort mit der Theorie der Wattschen Dampfmaschine vertraut.

Im Jahre 1806 veranlaßte ihn der bekannte schwedische Erfinder Edelcrantz, sich in Stockholm niederzulassen.

Dort war er zuerst einige Jahre als Werkmeister tätig und errichtete nachher eine eigene Eisengießerei nebst Maschinenwerkstatt, die die verschiedenartigsten Maschinen herstellte.

Seine Berühmtheit besitzt Owen als Begründer der schwedischen Dampfschiffindustrie; beim Bau seiner ersten Fahrzeugmaschine hatte er die Idee des Schraubenantriebs vor Augen, 27 Jahre vor John Ericsson, aber der Versuch mit der Schiffschraube fiel so ungünstig aus, daß Owen sich künftig an den Bau von gewöhnlichen Fahrzeugen mit Schaufelrädern hielt. Sein erster Dampfer wurde im Jahre 1817 fertig und machte aufsehenerregende Fahrten auf dem Mälarsee. Durch seine Tatkraft wurde Schweden dasjenige Land in Europa, das nächst England am frühesten Dampferindustrie und Dampferverkehr besaß.

In den späteren Jahren seines Lebens hatte er wegen seiner Freigebigkeit und seiner kostspieligen Versuche mit wirtschaftlichen Schwierigkeiten zu kämpfen, bis er von den schwedischen Reichsständen eine lebenslängliche Pension erhielt. Owen wurde im Jahre 1831 als Mitglied in die Kgl. Wissenschaftliche Akademie gewählt. *Nordisk Familjebok (Stockholm 1914).* Na.

P

PACINOTTI, Antonio, geb. 17. Juni 1841 zu Pisa, gest. 24. Mai 1912 zu Pisa. Als Sohn des Professors der Physik Luigi Pacinotti in Pisa wuchs Antonio in einer wissenschaftlichen Umgebung heran, die ihn frühzeitig zu einem selbständigen Forscher machte. Den Ringanker für elektrische Maschinen, die wichtigste Leistung seines Lebens, erfand er schon im Alter von 19 Jahren.

Es war die Zeit, als man die magnetelektrische Maschine für größere Leistung einzurichten suchte, z. B. als Lichtmaschine für Leuchttürme. Während die Handmaschine zur Zeichengebung mit dem Doppel-T-Anker von Werner Siemens die zweckmäßigste, bis heute in zahllosen Anwendungen unveränderte Form erhalten hatte, konnte die größere Maschine für Gleichstrom nicht genügen, da sie nur gleichgerichteten Wellenstrom lieferte. Der junge Pacinotti ersetzte die zu einem einzigen Bündel gehäufte Ankerwicklung durch eine Vielheit von Spulen, die zusammen in gleichmäßiger Verteilung einen Ring bildeten. Durch Schleiffedern elektrisch geteilt und bei der Drehung zwischen den Magnetpolen dauernd in diesem Zustande erhalten, lieferten die parallel geschalteten Ringhälften schon bei mäßig großer Spulenzahl praktisch gleichbleibenden Strom. Mit seinem eisernen Kerne und daraus vorstehenden Zähnen konnte der Ringanker von Pacinotti als Vervielfältigung des Doppel-T-Ankers betrachtet werden. Für die bauliche Entwicklung der Dynamomaschine ist der Ringanker und allgemein die durch ihn gekennzeichnete Bauweise von größter Bedeutung geworden, namentlich in der besonderen Form der Trommel, die v. Hefner-Alteneck 1872 erfand und die alleinherrschend geworden ist. Pacinotti beschrieb sein neues Maschinenelement 1864 in der Zeitschrift Nuovo Cimento. Wiewohl er von dem Werte seiner Erfindung überzeugt war, vermochte er doch, durch das inzwischen übernommene Lehramt gebunden, nichts zu ihrer Verwertung zu tun. Den Schritt, sich dafür ganz einzusetzen, wollte er offenbar nicht wagen. So zog Gramme in Paris den ersten Nutzen von dem Ringanker, indem er ihn in Dynamomaschinen nach Werner Siemens mit großem Erfolge verwendete.

Pacinotti wurde 1862 Assistent für Astronomie in Florenz, 1864 Professor der Physik in Bologna, von da ging er in gleicher Eigenschaft 1873 nach Cagliari, um dann 1882 den durch den Tod seines Vaters frei gewordenen Lehrstuhl in Pisa zu übernehmen. Die weitere Durchbildung der Dynamomaschine hat er mit Aufmerksamkeit verfolgt, ohne noch Erhebliches dazu beizutragen. Andererseits wurde ihm mit dem Aufblühen der Elektrotechnik die verdiente öffentliche Anerkennung zuteil, so von Werner Siemens schon gelegentlich der Weltausstellung in Wien 1873, dann 1881 auf der elektrischen Ausstellung in Paris, wo Lord Kelvin die Bedeutung des Ringankers für die elektrischen Maschinen nachdrücklich hervorhob. *Z 55 (1912) S. 175; ETZ 33 (1912) S. 629.* Ro.

PAGE, Charles Grafton, geb. 25. Januar 1812 in Salem (Mass.), gest. 5. Mai 1868 in Washington (D.C.). Im Jahre 1832 promovierte Page auf der Harvard-Universität, worauf er in Boston Medizin studierte. 1838 ließ er sich in Virginia nieder, wo er seinen medizinischen Beruf zwei Jahre lang ausübte und dann einen Ruf erhielt, den Lehrstuhl für Chemie an der Columbia-Universität in Washington (D.C.) zu übernehmen. 1840 wurde er Prüfer am Patentamt, wo außer ihm zu der Zeit nur noch zwei andere in dieser Eigenschaft tätig waren. Er blieb hier bis zu seinem Tode. Schon als Knabe hatte er stets für wissenschaftliche Untersuchungen große Vorliebe gezeigt und im Alter von 10 Jahren eine elektrische Maschine gebaut. Sein ganzes Leben hindurch führte er seine Studien weiter und war schließlich als Autorität auf diesem Gebiete bekannt. Viele Jahre hindurch war er mit der Verbesserung einer Maschine für die wirkungsvolle und wirtschaftliche Anwendung des Elektromagnetismus als Antriebskraft beschäftigt. Bei seinem Tode waren diese Arbeiten so weit gediehen, daß er sie für den Antrieb einer Maschine und bis zu einem gewissen Grade auch als Triebkraft für Lokomotiven benutzen konnte; u. a. wird von ihm die Erfindung des Rühmkorff-Induktors beansprucht. Page war ein eifriger Mitarbeiter der wissenschaftlichen und literarischen Zeitschriften seiner Zeit, besonders des American Journal of Science. Er war der Verfasser des Werkes „Psychomancy, Spirit Rappings, and Table-Tappings Exposed", das 1853 in New York erschien. *Am. Biogr. 4 (1888) S. 623.* Wi.

PAJEKEN, Julius Friedrich, geb. 16. Sept. 1843 in Bremen, gest. 16. Dez. 1902 in Berlin. Als Sohn eines Sprachlehrers geboren, wandte Pajeken sich frühzeitig dem technischen Berufe zu. Als 16 jähriger ging er zu Studienzwecken nach Amerika und arbeitete in den Jahren 1859 bis 1862 praktisch in New York und College Point. Nachdem er nach seiner Rückkehr bis 1866 am Polytechnikum in Hannover Maschinenbau studiert hatte, ging er als Ingenieur nach Manchester zu Beyer, Peacock & Co., kehrte aber bereits 1867 zurück und trat nunmehr bei Schwartzkopff in Berlin in das Zeichenbureau ein. Bis 1870 war er hier als Konstrukteur, danach bis 1879 als Betriebsingenieur tätig. Die folgenden Jahre bis 1888 finden ihn zunächst als Ingenieur bei sächsischen Maschinenbau-Werkstätten. Im Oktober 1888 trat er dann in Berlin in die Firma Ludw. Loewe & Co ein. Seine Arbeit in diesem Hause wurde richtunggebend für den gesamten deutschen Werkzeugmaschinenbau. In den neunziger Jahren unternahm er mehrere Reisen nach Amerika, als deren Ergebnis er den bis dahin so gut wie unbekannten Serienbau von Werkzeugmaschinen an Stelle der Einzelanfertigung aufnahm. Gleichzeitig stellte er den Grundsatz auf, daß im Werkzeugmaschinenbau Einzelteile austauschbar gefertigt werden müßten. Diese Idee ist zuerst durch Pajeken bei der Firma Ludwig Loewe in die Wirklichkeit umgesetzt worden. Diese Maßnahmen erforderten weiter die Einführung der Grenzlehren. Ebenso wurde nach seinen Angaben die Normung verschiedener Maschinenteile und Bedienungselemente in die Wege geleitet.

In großzügiger Weise veranlaßte Pajeken den Bau der neuen Werkstätten in der Huttenstraße, die 1898 bezogen wurden. Diese Werkstätten machten damals großes Aufsehen, da hierbei die Grundsätze für Fabrikbauten auf eine vollständig neue Grundlage gestellt wurden. Die Neubauten wurden seinerzeit von einem hervorragenden Kaufmann als „zu opulent" bezeichnet, der auch zahlenmäßig nachwies, daß die neuen Werkstätten sich niemals rentieren könnten. Diese Behauptung ist durch die Erfahrung der folgenden Jahre glänzend widerlegt worden. Beachtenswert ist auch die Tätigkeit Pajekens für die innere Organisation des Betriebes. Bis zuletzt unermüdlich im Dienste der Firma Ludw. Loewe & Co. tätig, wurde Pajeken als Neunundfünfzigjähriger durch den Tod aus der Arbeit gerissen. *Nach persönl. Mitt.* Hä.

PAPIN, Denys, geb. 22. Aug. 1647 in Blois (Frankreich), gest. 1712 in England, war der Sohn eines königlichen Beamten, der ihn bereits 1662 auf die Universität Angers schickte, um Medizin zu studieren. Ende der sechziger Jahre erhielt er hier den Doktortitel. Bald darauf finden wir ihn in Paris, wo er das Glück hatte, mit dem großen Physiker Huygens bekannt zu werden, dem er bei seinen Versuchen mit der Luftpumpe wertvolle Hilfe leistete. Papins scharfe Beobachtungsgabe und seine große Geschicklichkeit in der Herstellung von Apparaten und der Durchführung von Versuchen zeigte sich bereits hier. Damals lernte Papin in Paris auch Leibniz kennen, mit dem er später in fruchtbaren Gedankenaustausch trat. Sein reger Geist führte ihn bald auf die Wanderschaft. 1675 war er zum erstenmal in London, wo er bessere Bedingungen für sein Schaffen zu finden hoffte. Eine lange Reihe von Versuchen mit der Luftpumpe führte er hier für den großen Physiker Boyle aus. Die Kgl. Akademie der Wissenschaften ernannte ihn auf den Vorschlag Boyles 1680 zu ihrem Mitglied. Ein Jahr darauf widmete ihr Papin sein Werk, das die Erfindung des Digestors, des „Papinschen Topfes", enthielt. Von London führte ihn seine Wanderlust nach Venedig, wo er mit anderen Gelehrten eine Akademie der Wissenschaften gründete. Drei Jahre später kehrte er nach London zurück, wo er in enger Verbindung mit der Gesellschaft der Wissenschaften weitere Wärmeversuche durchführte. Da inzwischen die Aufhebung des Ediktes von Nantes ihm, dem Reformierten, die Rückkehr in das Vaterland unmöglich machte, folgte er jetzt dem Rufe des Landgrafen von Hessen an die Universität zu Marburg, wo er hoffte, seine Erfindungen praktisch durchführen zu können. 1688 hat er in Marburg als Professor der Mathematik „Über den Nutzen der mathematischen Wissenschaften, insbesondere der Hydraulik" seine Antrittsvorlesung gehalten. Aber auch hier wurden seine Hoffnungen nicht erfüllt.

Seine wissenschaftliche und technische Tätigkeit führte ihn u. a. zu der Erfindung der Zentrifugalpumpe und eines Zentrifugalventilators. Er beschäftigte sich mit der Kraftübertragung auf große Entfernungen, und vor allem führten ihn Arbeiten mit der Huygensschen Pulvermaschine, die er seinerzeit bereits dem Minister Colbert vorgeführt hatte, zur Erfindung der atmosphärischen Maschine, der ersten Wärmekraftmaschine. 1690 veröffentlichte er seine neue Erfindung, deren Wirkungsweise er durch den Versuch nachwies. Klar beschrieb er auch bereits die weitgehende Anwendungsmöglichkeit dieser Maschine. Er wollte mit ihr Wasser und Gestein aus den Bergwerken fördern und gegen den Wind rudern. Die Hauptschwierigkeit sah er in der Herstellung der großen Zylinder und empfahl die Gründung einer besonderen Fabrik, die lediglich Dampfzylinder herstellen sollte. Aber bald beschäftigten ihn andere Arbeiten und Unternehmungen, und die Dampfmaschine war vergessen. Erst 1698 wurde sie wieder aufgenommen und sehr gefördert, als er durch Leibniz Neues über die Saverysche Maschine erfuhr. Die Konstruktion und Ausführung Papins beweist seine wissenschaftlich weitgehenden Kenntnisse. Die Versuche im Juni 1706 zeigten die Leistungsmöglichkeit der Maschine, aber zugleich auch die Mängel der technischen Herstellung. Das Interesse des Landgrafen wandte sich anderen Dingen zu, und Papin fehlten die Mittel, die Versuche weiter fortzuführen. Er war in seinen Erwartungen getäuscht, hoffte aber noch, in England Erfolge erzielen zu können. Sein Abschiedsgesuch wurde genehmigt. Er wollte mit einem kleinen Boot, das er mit Ruderrädern ausgerüstet hatte, die Reise nach London antreten. Von einer Verwendung der Dampfkraft bei diesem Boot sah er ab, wie er ausdrücklich hervorgehoben hat. Erst später wollte er auch die Dampfkraft zum Antrieb eines Bootes benutzen. Sein Boot wurde in Münden von Schiffern zerstört, die ihm nicht gestatten wollten, in die Weser einzufahren. Am gleichen Tage noch reiste er von Münden über Bremen nach England. Zum dritten Mal in London, begann für ihn die schwerste Zeit seines Lebens, ein Kampf um das Leben. Überreich an Ideen, hoffte er bei der Akademie Unterstützung zu erhalten. Er erntete Demütigungen und lernte zu arbeiten, bloß um sich am Leben zu erhalten. Sein letzter Brief schließt mit den Worten: „Ich bin in einer traurigen Lage; selbst wenn ich das Beste leiste, ziehe ich mir nur Feindschaft zu. Doch dem sei wie ihm wolle, ich fürchte nichts, denn ich vertraue auf Gott, der allmächtig ist." Papin hat die schwierigsten und weitestgehenden Aufgaben der Technik in den Kreis seiner Unternehmungen gezogen. Gewissenhafte wissenschaftliche Arbeit, nicht zufälliges Finden, führte ihn zu seinen Erfindungen und Verbesserungen. Seine reiche Phantasie hat ihm die Anwendung seiner Entdeckungen in umfassender Weise gezeigt, aber immer wieder erlebte er, wie weit die Wirklichkeit hinter den Erwartungen zurückblieb. Die ausführende Technik konnte noch nicht leisten, was seine Ideen erforderten. Die Tragik seines Lebens war, zu früh geboren zu sein. *Gesch. Dm. S. 354; Entw. Dm. 1 S. 290; Liv. Eng. 1 S. 290; Gerland: Leibnizens und Huygens' Briefwechsel mit Papin (Berlin 1881); Jäger: Papin und seine Nachfolger in der Erfindung der Dampfmaschine (Stuttgart 1902).* C. M.

PARACELSUS s. Hohenheim.

PASCAL, Blaise, geb. 19. Juni 1623 zu Clermont in der Auvergne, gest. 19. Aug. 1662 zu Paris. Sein Vater war ein hochgebildeter Mann, der sich ganz der Erziehung seines frühreifen Sohnes widmete und mit ihm 1631 nach Paris übersiedelte, um ihn mit den vorzüglichsten Geistern der Hauptstadt in Verbindung zu bringen. Trotz der Bestrebungen seines Vaters, ihn dem klassischen Altertum zuzuführen, machte Blaise Pascals Beschäftigung mit der Mathematik solche Fortschritte, daß er mit 16 Jahren bereits eine Abhandlung über die Kegelschnitte schreiben konnte. Aus den Jahren 1642 bis 1645 stammen seine Berichte über die Rechenmaschine, deren Bau ihm bereits im Alter von 18 Jahren gelang. Angeregt durch die Torricellische Lehre vom Luftdruck, schloß er auf den mit der Beobachtungshöhe sich ändernden Druck und stellte als erster Höhenmessungen mit dem Barometer an (1648). Als Mathematiker war er außerordentlich fruchtbar. Seine Abhandlung über die Cykloide, seine gemeinsam mit Fermat durchgeführten Arbeiten an der Bestimmung der Beschaffenheit der figurierten Zahlen, das arithmetische Dreieck, legten den Grund zur Wahrscheinlichkeitsrechnung und zur analytischen Geometrie. Aber die übermäßigen Anstrengungen des Geistes machten ihn reizbar und kränklich, erweckten in ihm das Bedürfnis nach asketischer Selbstzucht, und seine weltflüchtige Stimmung brachte ihn zu den Jansenisten nach Port-Royal. Diese Verbindung ließ ihn zwar seine mathematischen Studien nicht ganz aufgeben, aber er widmete sich bis zu seinem Tode doch vornehmlich Arbeiten, die in seinen Schriften „Les Provinciales" und „Pensées sur la religion" ihren Ausdruck fanden. *Gesch. Mech.; Bossut: Discours sur la vie et les ouvrages de Pascal (Paris 1781).* De.

PASLEY, Charles William Sir, geb. 8. Sept. 1780 in Eskdalemuir (Schottland), gest. 19. April 1861 in London.

Pasley zeigte schon als Knabe eine außerordentliche Begabung; er las mit 8 Jahren das griechische Testament und schrieb als Zwölfjähriger eine Geschichte der Fehden seiner schottischen Heimat und übersetzte sie in das Lateinische. 1794 bezog er die Lateinschule von Selkirk und trat 1896 in die Militärakademie in Woolwich ein. Während eines mehrjährigen Aufenthaltes in den englischen Kolonien nahm er an verschiedenen Feldzügen teil. 1807 veröffentlichte Pasley einen Aufsatz über Neuerungen an optischen Telegraphen, 1810 folgte eine Abhandlung über die Kriegspolitik Englands, gleichzeitig erschien eine Arbeit über die französischen Telegraphenstationen an der flandrischen Küste. 1811 wurde Pasley den Militärwerkstätten in Plymouth zugeteilt und versuchte mit größtem Eifer, sich in der Kriegsbaukunst zu vervollkommen, vor allem auch dem Unterrichtswesen eine Verbesserung angedeihen zu lassen. 1812 wurde er zum Direktor der Militärwerkstätten ernannt. Er begann mit der Herausgabe der „Military Instruction", die neben Abschnitten über Geometrie auch Aufsätze über Festungsbauten und allgemeines Bauwesen enthielt. Ferner beschäftigte Pasley sich eingehend mit Versuchen von Sprengungen unter Wasser und reinigte u. a. die Themse von alten Wracks. Ungefähr um dieselbe Zeit, als Aspdin seine erste Anlage in Wakefield errichtete, begann Pasley als Leiter der Kurse für Baukunde an der Ingenieurschule Chatham Versuche mit Wassermörtel, die er 1838 veröffentlichte. Aus 5 Raumteilen gepulverter trockener Kreide mit zwei Teilen feuchten Medway-Tones erhielt er einen ausgezeichneten Roman-Zement. Er arbeitete weiter und dehnte die Versuche auf andere Mischungen aus, doch scheint bei allen der Wassergehalt des Tones wenig berücksichtigt worden zu sein. Wie bei dem Parker-Zement wurde die Rohmischung nur schwach gebrannt und die z. T. gesinterten Stücke entfernt. Die Verwendung von Stoffen ganz verschiedener Feuchtigkeitsgrade nach Raumteilen bedingte häufige Fehlschläge. Nicht Pasleys Forscherarbeiten auf diesem Gebiet, sondern vor allem seine Anregungen, den Zement auch für Betonarbeiten, für die Einführung von Steineisendecken (besonders für leichte Gewölbe) zu verwenden, sind von großer Bedeutung; er erschloß dadurch diesem Mörtel ganz neue ausgedehnte Verwendungsgebiete. Die handliche, jedem zugängliche Veröffentlichung der Untersuchungen trug wesentlich zur Verbreitung der Pasleyschen Arbeiten bei. 1846 wurde Pasley zum Kommandierenden Ritter des Bath-Ordens ernannt. Bis 1855 blieb er noch Mitglied der Prüfungskommission der Kriegsschule der Ostindischen Kompagnien. 1853 wurde er zum Oberstkommandierenden der königl. Genietruppen und schließlich zum General der Armee ernannt. Seit 1844 war er Ehrendoktor der Oxforder Universität und Mitglied der Königl. Gesellschaft der Wissenschaften. *Gesch. Zem. S. 179.* Ca.

PASSOW, Hermann, geb. 5. März 1865 zu Halberstadt, gest. 1. Sept. 1919 zu Blankenese, bedeutender Chemiker, verlebte den größten Teil seiner Kindheit in Bremen und später in Jena. In Würzburg und Jena studierte er Chemie und Naturwissenschaften und beendete 1889 sein Studium mit der Doktorpromotion. Er war dann kurze Zeit auf einer landwirtschaftlichen Versuchsstelle tätig und wandte sich dann der Zementindustrie zu. Sein starker Drang nach Selbständigkeit ließ ihn Wege zu einer unabhängigen Betätigung suchen. Er trat im Jahre 1899 als Teilhaber in ein Erdfarbenwerk in Blankenburg im Harz ein und begründete gleichzeitig eine technische Versuchsanstalt, die ihren Wirkungskreis in der Zementindustrie suchte. Bald darauf übernahm er die Leitung der Zementfabrik Westerwald in Haiger. Hier machte er seine erste Erfindung zur Herstellung von Zement aus Hochofenschlacke, zu deren praktischer Ausbeutung er im Jahre 1901 die Zementfabrik Hana in Haiger begründete; dem Aufsichtsrate dieses Werkes hat er bis zu seinem Tode angehört. Die weitere Verwertung seiner Erfindung übertrug Passow der Brennofenbauanstalt in Hamburg, welche für den Ausbau der Erfindung ein Laboratorium begründete, dessen Leitung er übernahm. Schon bald aber trennte sich Passow von der Brennofenbauanstalt, indem er das Laboratorium zu eigen übernahm und es nach Blankenese verlegte. Unter Passows tatkräftiger Leitung wurde das Laboratorium bald der Mittelpunkt aller Bestrebungen zur Herstellung von Zement aus Hochofenschlacke.

Passow hat das Ziel seiner Arbeit frühzeitig darin erblickt, den Zementen aus Hochofenschlacke die Gleichberechtigung mit dem Portlandzement zu erkämpfen. Während die Verwertung der Hochofenschlacke zur Herstellung hydraulischer Bindemittel bis dahin rein erfahrungsgemäß betrieben worden war, stellte Passow diese Industrie auf wissenschaftlichen Boden und schuf damit die Grundlage, von der aus eine erfolgreiche Weiterentwicklung überhaupt erst möglich war. Er fand bei seinen Untersuchungen den grundlegenden Unterschied zwischen der glasigen und entglasten Modifikation der Schlacke und zeigte, daß jene durch schnelle Abkühlung entsteht und hydraulisch zu erhärten vermag, während diese sich bei der langsamen Abkühlung bildet und keine hydraulischen Eigenschaften zeigt. Passow baute auf diese Erkenntnis sein Verfahren zur Herstellung von Zement durch Luftgranulation auf, das ihm durch mehrere Patente geschützt wurde; und wenn auch diese Patente später durch andere Verfahren überholt worden sind, so ist doch der wissenschaftliche Wert seiner Forschungen unbestritten. *St. u. E. 39 (1919) S. 1364.* Dr.

PASTOR, Konrad Gustav, geb. 2. Juni 1796 in Burtscheid bei Aachen, gest. 20. Januar 1890 in Lüttich, bedeutender Industrieller und langjähriger Leiter der Cockerill-Werke in Seraing bei Lüttich. Er erhielt seine erste technische Ausbildung in Deutschland, kam aber schon früh infolge verwandtschaftlicher Beziehungen in Verbindung mit den Brüdern Cockerill, die 1807 in Lüttich eine Maschinenfabrik errichtet und sie durch Angliederung anderer industrieller Werke in kurzer Zeit zu einem bedeutenden Unternehmen entwickelt hatten. Durch seine Umsicht und Tatkraft gewann er bald deren ganzes Vertrauen und wurde 1822 nach England geschickt, um die neuesten Erfahrungen beim Bau von Dampfmaschinen und der Erzeugung von Gußstahl kennen zu lernen. Nach seiner Rückkehr baute er in Seraing, das zum Mittelpunkt des Cockerillschen Unternehmens geworden war, Kokshochöfen und Steinkohlenpuddelöfen und betrieb zugleich die Einrichtung eines Eisenwerkes. 1829 wurde er Generaldirektor der Werke in Seraing und ist in dieser Stellung bis zum Jahre 1866 tätig gewesen. Mit geschickter Hand führte er das Unternehmen durch zahllose Schwierigkeiten zu großer Blüte. Die schwere Finanzkrise von 1839, die über das junge Königreich Belgien hereinbrach, erschütterte auch die Cockerillschen Unternehmungen, die im folgenden Jahre beim Tode seines Schwagers John Cockerill, des seit 1834 alleinigen Besitzers, in Liquidation gehen mußten. Durch Abstoßung des gesamten Besitzes, mit Ausnahme der Werke in Seraing und Lüttich, gelang es Pastor, den Kern des Unternehmens zu retten und auf der Grundlage der Serainger Anlagen die „Société Anonyme des Établissements John Cockerill" zu bilden, deren Aufstieg zu einem Unternehmen von Weltruf vornehmlich das Ergebnis seiner rastlosen, von großen Gesichtspunkten getragenen Tätigkeit war. Eine der letzten und zugleich wichtigsten unter den zahlreichen Neuerungen und Verbesserungen, die unter seiner Leitung erfolgten, war die gegen den hartnäckigen Widerstand seines Verwaltungsrates durchgesetzte Anlage eines Stahlwerkes nach dem Verfahren von Bessemer, dessen ganze Tragweite er als einer der ersten erkannte und richtig beurteilte. Bei seinen Untergebenen genoß er größte Hochachtung und Liebe, die bei verschiedenen Gelegenheiten spontan zum Ausdruck kam. Von seiner großartigen Fürsorge für sie zeugt u. a. das 1849 errichtete große Krankenhaus der Gesellschaft. Wegen seiner Verdienste um die Hebung der belgischen Industrie wurde ihm 1861 das große Ehrenbürgerrecht von Belgien verliehen. Auch andere

Ehrungen wurden ihm in reichem Maße zuteil. 1866 zog er sich im Alter von 70 Jahren von den Geschäften zurück. Bei ungeschwächter Gesundheit war ihm noch im Kreise seiner zahlreichen Familie ein langer schöner Lebensabend beschieden, ehe er, nahezu 94jährig, 1890 in Lüttich starb. *H. F. Macco: Beiträge zur Genealogie rheinischer Adels- u. Patrizierfamilien, Bd. 4 (Aachen 1905) S. 150; St. u. E. 10 (1890) S. 174.* Wa.

PAUL, Lewis, gest. 1759 in Brook Green (Kensington); Geburtsort und Geburtsjahr sind unbekannt. Paul verlor seinen Vater, der nach John Mortimer ein französischer Flüchtling, nach Grothe deutscher Abstammung sein sollte, in sehr jungen Jahren und wurde unter der Vormundschaft des Lord Shaftesbury und seines Bruders Maurice Ashley Cooper erzogen. Um das Jahr 1729 erfand er eine Maschine zur Bildung der Kanten von Gewebestoffen. 1738 ließ er sich ein Patent geben auf eine Maschine für ein „völlig neues Verfahren zum Spinnen von Wolle und Baumwolle". Im wesentlichen bestand dieses Verfahren nach der Patentbeschreibung darin, daß die Wolle oder Baumwolle zuerst durch Kardieren in lange lockere Bänder von gleichmäßiger Dicke verwandelt wird. Diese werden dann zwischen ein paar Walzen gestreckt, die sie im Verhältnis der Geschwindigkeit, mit der sie umlaufen, ausziehen und einem zweiten Walzenpaar überliefern, das weit schneller umläuft und dadurch die Baumwollenschnur in einen dünnen Faden von beliebiger Feinheit verlängert. Zuweilen hatten die nachfolgenden Walzen außer jener rotierenden Bewegung, die den Faden auszieht, noch eine in der Walzenachse sich verschiebende, wodurch er eine geringe Zwirnung erhielt; zuweilen war auch nur ein Walzenpaar vorhanden, und die Spindel, die den Faden zwirnte, zog ihn zugleich, indem sie schneller fortrückte, in die Länge. Das Patent ist von L. Paul als Inhaber und Sam Gay und J. Wyatt als Zeugen unterzeichnet. Später erhob Wyatt den Anspruch, Erfinder dieser ersten Spinnmaschine zu sein. Er behauptete, daß er nur aus Mangel an technischen Hilfsmitteln gezwungen war, sich mit Paul zu verbinden.

Paul, Wyatt und einige Geldgeber, wie z. B. ein Drucker Thomas Warren und D. Robert James, schlossen sich zusammen und eröffneten erst in Northampton und dann in Birmingham Spinnereien, die aber schließlich eingehen mußten, da die Paulschen Spinnstühle gegenüber den Arkwrightschen nicht bestehen konnten. 1748 nahm Paul noch ein Patent auf eine Kardiermaschine für Baumwolle, Wolle und andere Faserstoffe, das zum ersten Male den Gedanken einer kontinuierlich arbeitenden Kardiermaschine mit Kamm zum Abstreifen des Materials enthält. 1758 erhielt Paul sein drittes Patent, das wieder eine Spinnmaschine betrifft, die durch Zeichnungen und ausführliche Beschreibungen in der Patentschrift geschildert ist. *Nat. Biogr. 44 (1895) S. 74; Beitr. 12 (1922) S. 86.* Wi.

PAULI, Friedrich August v., geb. 6. Mai 1802 in Osthofen bei Worms, gest. 26. Juni 1883 in Kissingen, entstammte einer Predigerfamilie. Er war der jüngste von zwölf Geschwistern. Mit neun Jahren kam er auf die Lateinschule nach Grünstadt, zwölfjährig auf das Gymnasium zu Kaiserslautern und zeigte hier eine hervorragende Begabung für Mathematik. Da nach dem Tode seines Vaters die Geldmittel zur Fortsetzung seines Studiums fehlten, nahm ihn ein älterer Bruder zu sich nach London in die kaufmännische Lehre, bemerkte aber bald seine großen Fähigkeiten auf dem Gebiete der angewandten Mechanik und bestimmte ihn deshalb, zu ihr überzugehen. In der Werkstatt Whites und bei dem Physiker Dalton erhielt er den praktischen und theoretischen Unterricht. Nach beendigter Lehrzeit und durch den Tod seines Bruders gezwungen, sich durch seine eigene Kraft sein Brot zu verdienen, errichtete er eine Metalldreherei, die ihm aber kaum den zum Leben notwendigen Unterhalt einbrachte. Er beschloß deshalb, in die Heimat zurückzukehren und sich dem Ingenieurfach zu widmen. Nach 1½ jährigem Studium der reinen und angewandten Mathematik und Naturwissenschaften in Göttingen machte er seine praktischen Studien in Speyer, ging zur Erweiterung und Befestigung seiner Kenntnisse ein halbes Jahr nach München, wo er bei verschiedenen Mitgliedern der Akademie Vorlesungen über Physik, Chemie und Mineralogie hörte. Fraunhofer bot ihm Beschäftigung in seinem Institut an, doch schon ein Jahr danach starb Fraunhofer und Pauli kehrte in die Pfalz zurück. 1827 rief man ihn als Hilfsingenieur zur Ministerialbausektion nach München, um bei dem Entwurf eines Donau-Main-Kanals mitzuwirken. Nach fünfjähriger Mitarbeit und nachdem Pauli ein Jahr als Vorstand der Kgl. Bauinspektion Reichenhall gewirkt hatte, wurde er 1833 als Professor der höheren Mechanik an die Universität München und zum zweiten Vorstand der Kgl. Polytechnischen Hochschule berufen, ferner wurde ihm das Rektorat der neugebildeten Kreisgewerbeschule für Oberbayern übertragen. Paulis Verdienste um das technische Bildungswesen in Bayern sind von der allergrößten Bedeutung; genannt seien hier nur seine Mitwirkung bei der Ein- und Durchführung der Gewerbe- und polytechnischen Schulen, seine in den Ingenieurkursen gehaltenen Vorträge über Straßen-, Brücken- und Wasserbau, und endlich das Praktikum, welches er immer dann abhielt, wenn er die ihm untergeordneten Bausektionen besichtigte. Doch schon nachdem er erst ein Jahr seine lehramtliche Tätigkeit in München ausgeübt hatte, wurde er als dirigierendes Mitglied der Eisenbahnbaukommission nach Nürnberg berufen, welcher zur Aufgabe gestellt war, eine Lokomotiveisenbahn von Hof über Bamberg und Nürnberg bis Augsburg, gegebenenfalls bis Lindau, zu bauen. In Anerkennung seiner großen Leistungen wurde ihm 1847 mit Verleihung des Ritterkreuzes des Zivilverdienstordens der persönliche Adel verliehen. Zwei größere wissenschaftliche Reisen in Eisenbahnangelegenheiten nach England, Irland und in die Schweiz waren für die Erweiterung seiner eisenbahntechnischen Erfahrungen und Forschungen von großer Bedeutung. Nach der Englandreise legte er in zwei Berichten die für deutsche Verhältnisse große Unzweckmäßigkeit der „atmosphärischen Eisenbahn" dar. In Verfolg der schweizer Erfahrungen und eigenen Beobachtungen (rauhe Alb bei Geißlingen) über Bewegungsmittel auf steilen Strecken gab er 1851 ein Gutachten ab, worin er den von den beiden englischen Ingenieuren Stephenson und Swinburne vorgeschlagenen Seilbetrieb auf solchen Strecken einer scharfen Kritik unterzog und auch, wie sich später zur Genüge herausgestellt hat, Recht behielt.

Besonders bekannt geworden ist Paulis Name durch die nach ihm benannte Brückenkonstruktion, den sog. Pauliträger. Dieser Träger besteht aus einem Balkenfachwerk, bei welchem alle Stäbe einer Gurtung oder beider Gurtungen gleiche Beanspruchungen erleiden. Pauli wollte hierdurch konstante Gurtungsquerschnitte und möglichst vorteilhafte Ausnutzung des Materials erreichen. Die beiden Gurtungen solcher Träger treffen sich in den Auflagern, so daß besonders Segmentträger oder Linsenträger in Betracht kommen. Die erste gelungene Ausführung dieses Systems war die 1857 fertiggestellte Eisenbahnbrücke über die Isar bei Großhesselohe. Die Bauleitung hatte hier wie bei der nächstfolgenden großen Brücke, der Rheinbrücke bei Mainz (1861/62), der junge Ingenieur Heinrich Gerber. In dem Stromgebiete des Rheines und der Donau fand der Pauliträger bald ausgedehnte Anwendung.

1854 zum Direktor der Kgl. Eisenbahnbaukommission, 1856 gleichzeitig auch zum Vorstand der Obersten Baubehörde im Staatsministerium des Innern ernannt, legte er diese Ämter, nachdem die Eisenbahnbaukommission der Generaldirektion der Kgl. Verkehrsanstalten einverleibt war, nach 19jähriger Vorstandschaft nieder, um sich ausschließlich der Verwaltung des ordentlichen Staatsbaudienstes zu widmen. Unter Paulis Mitwirkung kam 1872 die Verordung der Trennung des Hoch- und Tiefbaus an der Technischen Hochschule in München zustande, doch fühlte er sich zu ihrer Durchführung nicht mehr rüstig genug. Er starb nach kurzer Krankheit im 82. Lebensjahre. *Beitr. 10 (1920) S. 94; ADB 25 (1887) S. 250; Lueger. 7, S. 54.* Ca.

PENN, John, geb. 1805 in Greenwich, gest. 23. Sept. 1878 in Lee. Penns Vater hatte schon 1799 begonnen, in einer eigenen kleinen Fabrik Windmühlen und Wasserräder sowie Mühleneinrichtungen und Arbeitsmaschinen zu bauen; auch beschäftigte ihn frühzeitig die Konstruktion von Dampfmaschinen. Sein Sohn John lernte in dieser Umgebung schon in jungen Jahren, sich am Amboß und Schraubstock zu betätigen und war bald als geschickter Maschinenbauer bekannt. 1825, mit 20 Jahren, unternahm er es, in der kleinen Fabrik in Greenwich die erste größere Schiffsmaschine zu bauen; 5 Jahre später wandte er der Konstruktion dieser Maschinen sein ganzes Interesse zu. Mit Perkins zusammen stellte er verschiedene Dampfüberhitzungsversuche an, sie erkannten, daß der Heißdampf die Hanfliderung des Kolbens verbrannte und deshalb auf beide Kolbenseiten gleichzeitig wirkte; zu einem entscheidenden Ergebnis führten diese Untersuchungen damals nicht. Penn stattete dann einige von Thomas Ditchburne erbaute Schiffe mit oszillierenden Maschinen aus, die sich durch ihre den bisherigen Typen weit überlegenen Leistungen auszeichneten. Eine erhebliche Verbesserung erfuhren diese oszillierenden Maschinen durch die von Penn eingeführte Steuerung. Der Schieberkasten wurde statt zwischen Zapfen und Zylinder auf dem Rücken oder den Seiten des Zylinders angeordnet, so daß die Tragzapfen des Zylinders näher aneinander rückten und die ganze Anlage dadurch standfester wurde. Statt eines Schieberkastens auf dem Rücken wurden später bei größeren Maschinen auch zwei Schieber auf beiden Seiten des Zylinders in der Nähe der Zapfen angebracht. Ebenso grundlegend war die Verbesserung des Schieberantriebes durch die nach ihm benannte Pennsche Kulisse. Schon einige Jahre vor dem Tode seines Vaters (1843) übernahm Penn die väterliche Fabrik und wurde bald darauf von der englischen Admiralität beauftragt, die Maschinen des „Black Eagle" nach seiner Bauart umzubilden. Er verstand es, das wenig taugliche Fahrzeug in ein für damalige Zeiten außerordentlich schnell und sicher fahrendes Schiff umzuwandeln und legte mit dieser wohlgelungenen Verbesserung den Grundstein für die späteren nahen Geschäftsbeziehungen zwischen seiner Firma und den meisten Seemächten der Welt. Um 1850 erregte die von Penn erbaute Trunkmaschine ohne Zahnradübersetzung große Aufmerksamkeit. Auch führte er bereits in den fünfziger Jahren die Anwendung des überhitzten Dampfes bei Schiffmaschinen in weiterem Umfang ein.

Penn galt als unermüdlicher Arbeiter voll Energie und Unternehmungsgeist, den jedoch im entscheidenden Augenblick niemals die kühl sachliche Überlegung verließ. Zur Erweiterung seiner Kenntnisse unternahm er mehrfach eingehende Besichtigungsreisen der bedeutendsten Fabriken des In- und Auslandes. 1872 nahm er seine beiden ältesten Söhne in die Fabrik auf, die den Namen „John Penn & Sons" erhielt. Drei Jahre später zog er sich von den Geschäften zurück. Erblindung und Lähmung konnten ihn auch in seinen letzten Lebensjahren nicht davon zurückhalten, auf seiner Yacht „Pandora" weite Fahrten zu unternehmen. Er starb im Alter von 73 Jahren, von denen er sechzig in harter Arbeit nicht nur für sich, sondern auch zum Nutzen seines Landes verbracht hatte. *Eng. 87 (1899) S. 81; Entw. Dm. 1 S. 132.* Ca.

PERCY, John, geb. 1817 in Nottingham, gest. 19. Juni 1889 in Bayswater, war der Sohn eines Rechtsanwaltes und studierte in Edinburgh zunächst Medizin. Mit 21 Jahren erwarb er den medizinischen Doktorgrad. Er studierte dann einige Zeit in Paris und unternahm im Anschluß hieran eine botanische Reise durch die Pyrenäen. Nach seiner Rückkehr ließ er sich in Birmingham nieder, wo er einige sehr bemerkenswerte zoologische Untersuchungen durchführte. Diese physiologischen Arbeiten wurden 1851 durch seine Berufung an die neugegründete School of Mines in London plötzlich unterbrochen. Bereits einige Jahre vorher hatte er sich mit einer chemischen Erklärung metallurgischer Prozesse beschäftigt. Diese Arbeiten waren so erfolgreich, daß er mit 34 Jahren Dozent für Metallurgie wurde; die nächsten 28 Jahre widmete er sich ausschließlich dieser Wissenschaft. Er gewann Weltruf, vor allem durch seine umfassenden, auch in deutscher und französischer Sprache erschienenen Werke über Brennstoffe, Kupfer und Zink (1861), über Eisen und Stahl (1864) und noch einige Jahre später über Blei, Silber und Gold. Vom Iron and Steel Institute, dessen Vorsitzender er 1886 war, erhielt er in Anerkennung seiner Verdienste um die Metallurgie die Goldene Bessemermedaille; kurz vor seinem Tode erhielt er von der Society of Arts die Albertmedaille.

Nicht nur in Fachkreisen, sondern in gleicher Weise in politischen, literarischen und Künstlerkreisen war er wegen seiner vielseitigen Interessen und seines umfassenden Wissens geschätzt und geehrt. *Engg. 47 (1889) S. 732.* Wi.

PERES, Peter Daniel, geb. 22. Juni 1776 in Solingen, gest. 6. März 1845 daselbst. Sein Vater hatte ein Spezereigeschäft. In dem Pensionat eines lutherischen Pfarrers in Mülheim-Ruhr erhielt Daniel Peres Erziehung und Unterricht. Gleich nach dem Abschluß dieser Ausbildungszeit begann er auf eigene Rechnung und unter seinem Namen den Handel mit Solinger Waren. Er hatte auf mannigfachen Geschäftsreisen sehr bald einen klaren Überblick über die Konkurrenzfähigkeit Solinger Fabrikate England gegenüber gewonnen, wo das Meßmacherhandwerk, zumal in der zweiten Hälfte des 18. Jahrhunderts, infolge verschiedener technischer Fortschritte einen bedeutenden Aufschwung genommen hatte. Es gelang ihm nach achtjährigen Bemühungen, das Mittel zu entdecken, womit in England dem Stahl die sogenannte „schwarze englische Politur" gegeben wurde. Diese Nacherfindung wurde unter den durch die Natur gebotenen anders gearteten Voraussetzungen für Peres viel schwieriger als die dem reinen Zufall zu verdankende Ersterfindung des Engländers Robert Hinchliffe in Sheffield, der die dazu erforderlichen Mittel als fertiges Naturprodukt in England vorfand, während Peres erst auf chemischem Wege zu der Herstellung dieses Poliermittels gelangte. Um die Jahrhundertwende konnte er daran denken, seine Erfindung geschäftsmäßig zu verwerten. Da es für einen „Unprivilegierten" schwierig war, selbständig in der Solinger Industrie vorzugehen, sah Peres sich genötigt, die herzogliche Regierung in Düsseldorf um Gewährung einiger Rechte zu bitten, die ihm 1801 zugestanden wurden. Das unmittelbar darauf errichtete Fabrikgebäude zum Schleifen und Polieren des Stahles wies den bis dahin errichteten Schleifkotten gegenüber wesentliche Verbesserungen und Vorteile auf. Peres berichtet selbst von den unerwarteten Schwierigkeiten, mit denen er anfänglich beim Schmieden, Feilen und Härten des Stahles zu kämpfen hatte und die er erst durch mühsame Arbeit und durch die Unterstützung geschickter Mitarbeiter überwand. Außer Scheren nahm Peres nach und nach Degengefäße, Schermesser und Lichtscheren in Bearbeitung und trat 1805 an die Regierung mit der Bitte um Erlaubnis zur Federmesserfabrikation heran. Die verschiedensten Nachrichten der damaligen Zeit berichten uns von der guten Qualitätsarbeit der Peresschen Erzeugnisse, die sich mit jedem in- oder ausländischen Erzeugnis dieser Art messen konnten. Jedoch immer neue Widerstände traten ihm in den Weg. Je mehr sein Fabrikbetrieb an Bedeutung zunahm, um so mehr waren die privilegierten Solinger Kaufleute darauf bedacht, ihn nach Kräften zu schädigen. Da sie die Herstellung der ihm einmal zugestandenen Gegenstände nicht hindern konnten, versuchten sie, sich u. a. seiner Warenzeichen, die ihm als unprivilegierten Fabrikanten nicht in die Meßmacherzeichenrolle eingetragen werden konnten, und seines Namens zu bemächtigen. Langwierige und erbitterte Prozesse knüpften sich an diese Maßnahmen; jedoch mehr als unter den Streitigkeiten der Zünfte hatte Peres unter den bald einsetzenden politischen Wirren zu leiden. Die allgemein schlechter werdende Geschäftslage machte sich stetig fühlbarer bemerkbar, hinzu kam, daß sein Geheimnis der Stahlpolitur an die Öffentlichkeit gedrungen war und von der finanziell auf sehr viel breiterer Basis stehenden Solinger Konkurrenz, die nicht die Erfinder- und Forscherverluste erlitten hatte, jetzt nach Kräften und mit Erfolg ausgewertet wurde. Daniel Peres sah sich infolgedessen genötigt, die bisherige Fabrikation allmählich aufzugeben und sich ausschließlich auf den Vertrieb von Solinger Stahlwaren zu verlegen. Ein großer Teil des früheren stattlichen Vermögens war als verloren anzusehen, und es bedurfte in den nachfolgenden Jahren der unermüdlichen Reisetätigkeit des inzwischen mit in die Fabrik eingetretenen Sohnes, um die Firma vor Schlimmerem zu bewahren.

Wenn es auf diese Weise Daniel Peres trotz aller Arbeit und technischer Erfolge auch nicht vergönnt war, für sich geschäftliche Vorteile zu erzielen, so wurden ihm doch Anerkennungen anderer Art in reichem Maße zuteil. Auch weiterhin beschäftigten ihn die verschiedensten technischen Verbesserungen, so ist u. a. noch eine genaue Ausarbeitung „Die beste Mörtelzusammensetzung" von ihm vorhanden. 1839 erkrankte Peres an einem Nervenleiden, das zu beinahe völliger Lähmung führte; 1845 wurde er von diesem schweren Leiden erlöst. *Beitr. 7 (1916) S. 84.* Ca.

PÉRIER, Jaques Constantin, geb. 2. Nov. 1742 in Paris, gest. 17. Aug. 1818 in Paris, widmete sich zusammen mit seinem jüngeren Bruder, Auguste Charles, den technischen Studien. Ihre erste Konstruktion war eine Zentrifugalpumpe, die großes Aufsehen hervorrief. 1777 besuchte Périer W. Wilkinson in Broseley, um sich von ihm atmosphärische Maschinen anfertigen zu lassen. Doch da er bald die Vorzüge der Wattschen Dampfmaschinen erkannte, versuchte er, Wilkinson zu überreden, ihm diese in Frankreich noch nicht patentierten Maschinen zu bauen; Wilkinson lehnte dies, da er mit Watt befreundet war, ab. So kam die Dampfmaschine erst 1780 nach Frankreich. Périer errichtete zwei Maschinen genau nach den Wattschen Angaben, während er eine „mit Änderungen, die er selbst erdacht hatte", aufstellte. 1785 wurden in den Périerschen Fabriken schon Maschinen mit Drehbewegung gebaut; in ihrer eigenen Gießerei konnten Zylinder bis zu 30 Zoll Durchmesser hergestellt werden. In dieser Zeit entstanden auch die Wasserwerkmaschinen für die Stadt Lyon. Périer erhielt die ersten drei in Frankreich erteilten Dampfmaschinenpatente. Er war der Gründer der ersten Dampfmaschinenfabrik Frankreichs und einer bedeutenden Eisengießerei in Lüttich. 1788 riefen die Brüder Périer eine Aktiengesellschaft ins Leben, die es zur Entlastung der Seine-Mühlen, deren Arbeit durch einen strengen Winter sehr erschwert wurde, unternahm, durch Aufstellung von Dampfmaschinen das Seine-Wasser in die verschiedenen Viertel von Paris zu leiten. Doch nachdem die Not des Winters überstanden war, zerstörten die Müller von Corbeille die Maschinen, da sie in der neuen Einrichtung eine Schädigung ihrer Interessen erblickten. Ludwig XVI. ernannte Périer zum Mitglied der Akademie der Wissenschaften. Das während der Revolutionszeit durch die Herstellung von annähernd 1200 Kanonen erworbene große Vermögen verlor Périer fast gänzlich durch die völlige Entwertung der Staatspapiere. Périer starb nach dreijährigem Krankenlager im siebenundsiebzigsten Lebensjahr. *Biogr. Univ. 32 S. 481; Entw. Dm. 1 S. 220.* Ca.

PERKIN, William Henry, geb. 12. März 1838 in Shadwell bei London, gest. 14. Juli 1907 in Sudbury, war während der Tätigkeit A. W. Hofmanns am Royal College in London dessen Schüler. Bereits im Jahre 1853 wurde Perkin als besoldeter Assistent Hofmanns an die Chemical Society berufen. 1854 hatte er sich unabhängig hiervon zu Hause ein eigenes Laboratorium errichtet, wo er selbständige Studien trieb. Hier hat er, kaum dem Knabenalter entwachsen, bereits 1855 eine Reihe von Experimentaluntersuchungen durchgeführt und war so glücklich, im Jahre 1856 den ersten Anilinfarbstoff, das Anilinviolett (auch mauve genannt) zu entdecken, zu patentieren und unmittelbar darauf seine Fabrikation anzubahnen. Kurze Zeit darauf trat er von seiner Stellung in der Chemical Society zurück, entschlossen sich hinfort nur der fabrikationstechnischen Seite seines Berufes zu widmen. Mit Hilfe seines Vaters und eines älteren Bruders eröffnete er dementsprechend eine chemische Fabrik in Grennford Green, die später infolge der großen Nachfrage bedeutend erweitert werden mußte. Er übergab sie daher 1873 der Firma Brooke, Simpson & Spiller, zog sich von da ab gänzlich aus dem Geschäftsleben zurück und lebte nur noch seinen chemischen Forschungen.

Perkin ist einer der Mitbegründer der zu mächtigster Entwicklung gelangten Teerfarbstoffindustrie geworden, die er noch durch wertvolle Erfindungen anderer Farbstoffe förderte. Seine große wissenschaftliche Bedeutung geht aus seinen zahlreichen Arbeiten hervor, durch die er die Konstitution organisch-chemischer Verbindungen, namentlich von Farbstoffen, zu erkennen suchte. Die Synthese eines pflanzlichen Riechstoffes, des Cumarins, sowie die der Zimtsäure gelang ihm. Auch im Bereich der physikalischen Chemie war er tätig; in den letzten 15 Jahren seines an Erfolgen reichen Lebens machte er das Lichtbrechungsvermögen und das magnetische Drehungsvermögen organischer Verbindungen zum Gegenstand eingehender, wissenschaftlich sehr wertvoller Forschungen. Im Laufe der Zeit wurden ihm viele Ehrungen zuteil. 1906, aus Anlaß der fünfzigjährigen Wiederkehr des Tages seiner großen Erfindung, wurde er zum Ehrendoktor englischer, deutscher und amerikanischer Hochschulen gemacht. Eine Summe von 2700 £, von Chemikern aller Länder aufgebracht, wurde der Chemical Society als ein „Perkin Memorial Fund" übergeben. *Nat. Biogr. 2. Suppl. 3 (1912) S. 105; Hwb. Natw. 7 (1912) S. 513.* Wi.

PERKINS, Jacob, geb. 1766 in Newburyport (Mass.), gest. 30. Juli 1849 in London. Seit James Watt hat keine Erfindung auf dem Gebiete der Dampfmaschine so großes Aufsehen erregt wie die Versuche von Perkins mit hochgespanntem Dampf. Er hatte ursprünglich das Handwerk eines Goldschmiedes erlernt, machte aber bald von sich reden durch eine Anzahl von Erfindungen auf dem Gebiete der Mechanik. 1818 kam er nach England mit einem Plan zum Herstellen von Banknoten mittels eines Stahlstichverfahrens. Dies Verfahren fand zuerst keine günstige Aufnahme, wurde aber später in die Praxis mit Erfolg eingeführt. Um 1820 begannen seine Arbeiten an Dampfkesseln und Dampfmaschinen. Das Wasser sollte in einem ständig voll erhaltenen Gefäß nach Perkins Ausdruck „glühend" gemacht, d. h. weit über die Verdampftemperatur erhitzt werden. Bei plötzlicher Druckentlastung mußte dann eine plötzliche Dampfbildung eintreten. Sie wurde dadurch herbeigeführt, daß man ebenso viel frisches Wasser in den Generator preßte, wie oben Dampf austreten sollte. 1822 erhielt Perkins das Patent auf diesen Kessel. Der Dampferzeuger war bei den ersten Maschinen aus bester Bronze gefertigt und für etwa 35 at eingerichtet. Die Druckangaben sind allerdings sehr verschieden und die Berichterstatter sprachen bald von 7, bald von 70 oder gar 140 at. Perkins verstand es ausgezeichnet, für seine Erfindung in allen Ländern zu werben und in den technischen und Tageszeitschriften von sich reden zu machen. Perkins versprach, die neue Maschine solle 90 vH an Brennmaterial, 80 vH an Raumbedarf und Gewicht gegenüber einer Wattschen Maschine ersparen, und fand auch vielfach gläubige Anhänger, die durch Perkins Erfindungen eine Umwälzung auf dem gesamten Gebiete des Kraftmaschinenbaues sahen. Trotz aller Versprechungen scheinen die ersten Maschinen nicht sehr zufriedenstellend gearbeitet zu haben. Wenn es auch gelang, mit dem hochgespannten Dampf Kugeln durch ein dickes Brett zu jagen, so daß man bereits den „neuen Dampf" für die Artillerie als Ersatz des Schießpulvers nutzbar machen wollte, so kamen dadurch für die Maschine noch keine befriedigenden Ergebnisse zustande. 1827 erhielt Perkins ein zweites Patent. Der Dampf wurde jetzt in einem Röhrenkessel erzeugt, und zwar lagen 20 Röhren von 4 Fuß (1,22 m) Länge in drei Reihen nebeneinander. Die Röhren waren aus Gußeisen und hatten quadratischen Querschnitt von 5 Zoll Seitenlänge, bei einer Bohrung von 1½ Zoll. Wie wenig Perkins sich über die theoretischen Grundbegriffe der Dampferzeugung und Überhitzung klar war, zeigt, daß er den Heißdampf vorher durch ein teilweise mit Wasser gefülltes Gefäß gehen ließ, um die nachteilige Wirkung des überhitzten Dampfes auf die Maschinenteile zu vermeiden.

Bei seinen Maschinen wandte Perkins die bekannten Bauarten an. Die ersten Maschinen waren liegend angeordnet. Später baute er auch stehende Dampfmaschinen, und zwar sowohl Bockmaschinen wie Hammermaschinen. Beachtenswert sind die hohen Drehzahlen. Die erste doppeltwirkende Maschine ließ er zuweilen mit 125 bis 150 Umdrehungen laufen. Im Jahre 1834 zog sich Perkins von seinen Geschäften zurück und starb im hohen Alter von 83 Jahren in London. *Entw. Dm. 1 S. 424; Enc. Brit. 18 (1885) S. 549.* Hä.

PETERS, Theodor, geb. 15. Nov. 1841 zu Menden bei Siegburg, gest. 2. Sept. 1908 in Grunewald bei Berlin. Sein Vater besaß ein kleines Hammerwerk in Menden. Nach der infolge des frühen Todes seines Vaters erfolgten Übersiedlung der Mutter nach Berlin absolvierte Peters daselbst das Köllnische Gymnasium und bezog nach einjähriger praktischer Arbeit das Kgl. Gewerbeinstitut, den Vorläufer der heutigen Technischen Hochschule. Noch vor Abschluß seines Studiums zwang ihn die Not, sich eine Erwerbstellung zu suchen, worauf er als Ingenieur, sodann auf Grund seiner Tüchtigkeit ohne jede Kapitaleinlage als Teilhaber bei der Siegener Maschinenbau-A.-G. vorm. A. & H. Oechelhaeuser tätig war, bis er das Amt eines Vorstandsmitgliedes im Verein deutscher Eisenhüttenleute übernahm.

Ein neuer Lebensabschnitt begann für ihn mit seiner 1881 erfolgten Berufung zum Geschäftsführer — später Direktor — des Vereines deutscher Ingenieure, als dessen eifriger Förderer Peters in hohem Maße zu der glänzenden Vereinsentwicklung beitrug. Um das Organ des Vereines, die Zeitschrift, den stetig wachsenden Ansprüchen der neuen Zeit anzupassen, entfaltete Peters eine umfangreiche Tätigkeit und verstand es als Schriftleiter, die Zeitschrift auf eine Höhe zu bringen, die ihr heute einen der ersten Plätze unter den technischen Blättern der Welt sichert. — Hervorzuheben sind ferner seine Arbeiten an der Ausgestaltung des deutschen Patentgesetzes und der Dampfkesselgesetzgebung sowie seine Mitwirkung am Ausbau des technischen Schulwesens, ein Erfolg, der auch durch äußere Ehrungen anerkannt wurde. *Z 52 (1908) S. 1541.* Schu.

PFARR, Georg Adolf, geb. 11. Dez. 1851 in Frankfurt a. M., gest. 11. Dez. 1912 in Darmstadt, wurde als dritter Sohn des Appellationsgerichtsrates Dr. Wilh. Pfarr geboren. Er besuchte 1866 bis 1869 die höhere Gewerbeschule zu Frankfurt a. M., arbeitete dann praktisch ein Jahr bei Collet & Engelhardt in Offenbach und besuchte 1870 bis 1873 das Kgl. Polytechnikum in Stuttgart. Nach einjähriger Tätigkeit als Konstrukteur in einer Fabrik für Holzbearbeitungsmaschinen und nach vorübergehender Beschäftigung auf dem Büro der deutschen Wasserwerkgesellschaft in Frankfurt a. M. wurde er von der Maschinenfabrik J. M. Voith in Heidenheim a. d. Brenz angestellt. Nach 22 jähriger Tätigkeit bei der Firma, deren Weltruf auf dem Gebiete des Wasserturbinenbaues er mitbegründete, verließ Pfarr sie als Direktor, um einem Rufe der Technischen Hochschule Darmstadt auf den Lehrstuhl für Wasserkraftmaschinen Folge zu leisten. Vierzehn Jahre lang lehrte er mit großem Erfolg über Theorie und Bauart der Turbinen und Wasserräder, über Wehr- und Kanalbauten für Wasserkraftanlagen, über Fabrikanlagen, über Papierherstellung und Papiermaschinen und im Anfang auch über Hebemaschinen. Vielfach war Pfarr noch während seiner Tätigkeit an der Hochschule als Berater und Gutachter tätig, so z. B. für die Turbinenanlagen der Leitzach-Werke und von Rheinfelden, für die Entwürfe zum hessischen Rheinkraftwerk Gernsheim; die Entwürfe zu den 12500 PS-Turbinen der Trollhättan-Werke stammen von Pfarr, und die Pläne zur Ausnutzung der Wasserkräfte der Murg wurden von ihm begutachtet. Sein besonderes Werk an der Hochschule Darmstadt ist die Einrichtung des mustergültigen Laboratoriums für Wasserkraftmaschinen und die Einrichtung dauernder Kurse für Papieringenieure. Pfarr hinterließ der Nachwelt einen bedeutenden Schatz an seinem Buch „Die Turbinen für den Wasserkraftbetrieb", das 1908 erschien; es ist heute noch das grundlegende Werk dieses Faches. *Z 57 (1913) S. 161; Frankf. Ztg. 3. März 1912.* Gs.

PHILON VON BYZANZ lebte um 250 v. Chr. Er war ein Schüler des Ktesibios. Philons Pneumatik wie auch Herons Mechanik waren uns bis vor kurzer Zeit nur aus spärlichen Bruchstücken bekannt, da entdeckte man 1894 und 1897, daß noch verschiedene arabische Übersetzungen der griechischen Texte vorhanden waren. Wir erfahren, daß Philon bereits von der Körperlichkeit der Luft, von der Elastizität der Metalle, dem Hebelgesetz, den Hebern und ihrer Wirkung, dem Gesetze der kommunizierenden Röhren, dem intermittierenden Brunnen, Druckpumpen (Heronsball), einer eintönigen Sirene, verbunden mit oberschlächtigem Wasserrad etwas wußte. Philon stellte ein Thermoskop her, das auf der Ausdehnung der Luft durch die Wärme beruhte, ferner konstruierte er eine Art von Tauchglocke und eine Reihe von Automaten und erfand das Cardanische Kreuzgelenk (Cardanische Ringe). In seiner „Lehre vom Geschützbau" beschreibt er ein von ihm erfundenes Pfeilgeschütz mit Keilspannung und einem von ihm verbesserten Entspanner, bei welchem neben der Torsionselastizität der Spannnerven die Elastizität metallener Schienen zur Erzeugung der Triebkraft benutzt wird. In seiner Schrift über Festungsbau und Festungskrieg behandelt er die Gestaltung der Festungsfronten, die verschiedenen Flankierungsanlagen sowie die Anlage von Außenwerken. Er gibt der Anwendung des Erdbaues derjenigen des Mauerbaues den Vorzug. Philon erwähnt auch zum ersten Male die Eisengallustinte; er spricht von einer „geheimen Schrift", die dadurch entstehe, daß man mit einer Galläpfelauflösung schreibe, die Schrift trocknen lasse und dann mit der Lösung eines eisenhaltigen Kupfersalzes in Berührung bringe. Philon schrieb ein großes Werk über die gesamte Mechanik „Mechanica syntaxis"; erhalten ist nur das 4. Buch vom Geschützbau, ein Auszug aus dem Teil über Festungsbau und ein kleiner Abschnitt über die Luftdruckwerke. *Beitr. 3 (1911) S. 172; Entw. Natw. (1910) S. 150; Diels: Antike Technik (Leipzig 1914) S. 15; Handb. Natw.* Ca.

PIEDBOEUF, Jean Louis, geb. 31. Juli 1838 in Jupille (Belgien), gest. 20. Aug. 1891 auf seinem Landsitz Grünewald bei Elberfeld, bedeutender Industrieller und Dampfkesselfabrikant. Sein Vater, Jean Pascal Piedboeuf, war durch das nach ihm benannte Kesselsystem in der technischen Welt weithin bekannt. Die von ihm betriebene Kesselschmiede in Jupille, die erste in Belgien, war durch seinen Vater, Jaques Piedboeuf, der auch der Firma den Namen gegeben hat, begründet worden. Er selbst gründete mit seinem bald darauf verstorbenen Bruder Jaques Pascal das Werk in Aachen, das zu den ältesten Kesselfabriken Deutschlands gehört. Sein Sohn Louis, der eine ausgesprochene Begabung für Naturwissenschaften und Technik zeigte, erhielt seine technische Ausbildung auf der „École des Mines de l'Université" in Lüttich. Nach vierjährigem, mit Auszeichnung abgeschlossenem Studium trat er als diplomierter Berg- und Hütteningenieur in die Praxis, zunächst bei dem Walzwerke Sclessin in Belgien. Nachdem er dann noch in der Aachener Filiale seines Vaters tätig gewesen war, begründete er 1863 in Düsseldorf eine eigene Kesselfabrik, die mit den neuesten hydraulischen Anlagen zum Pressen von Kesselböden und zum Nieten ausgerüstet wurde und unter seiner tatkräftigen Leitung rasch emporblühte. Neben die Kesselschmiede trat bald ein Blechwalzwerk und in den siebziger Jahren noch eine Röhrenfabrik. Von den durch Piedboeuf veranlaßten Neuerungen sei erwähnt, daß er als erster auf dem Puddelwerk die von ihm verbesserte Boetius-Feuerung in die hüttenmännische Praxis eingeführt hat. Neben seiner angestrengten geschäftlichen Tätigkeit fand er noch Zeit zu schriftstellerischen Arbeiten. Eine Reihe von Abhandlungen über wärmetheoretische, geologische und andere Fragen ist von ihm erschienen, 1883 auch ein interessantes Büchlein über „Petroleum in Central-Europa, wo und wie es entstanden ist, mit specieller Anwendung auf die deutsche Petroleum-Industrie". Im technischen Vereinsleben betätigte er sich eifrig, bei seinem Tode war er Vorstandsmitglied des Vereins deutscher Eisenhüttenleute. Obwohl von Geburt Belgier, hing er mit ganzem Herzen an seinem Adoptivvaterlande Deutschland, zu dessen industrieller Entwicklung er in entscheidenden Jahren an seinem Teile beigetragen hat. *St. u. E. 11 (1891) S. 784.* Wa.

PIELER, Franz, geb. 11. Mai 1835 zu Arnsberg, gest. 1910 zu Ruda in Oberschlesien. Ein durch Umsicht, Tatkraft und Fachkenntnis ausgezeichneter Bergmann, dessen Name durch die von ihm erfundene Pielerlampe unvergessen bleibt.

Pieler machte, nachdem er das Gymnasium seiner Vaterstadt 1854 mit dem Zeugnisse der Reife verlassen hatte, die vorgeschriebene Ausbildung als Bergbaubeflissener durch, wurde 1862 Bergreferendar und 1865 Bergassessor und erhielt seine erste Anstellung als Beamter der Preußischen Staats-Bergverwaltung in Burbach, wo er 1867 Berggeschworener wurde. Von hier 1871 als Bergrevierbeamter nach Dillenburg versetzt und 1872 zum Bergmeister ernannt, leitete er gleichzeitig die dortige Bergschule, nahm aber 1873 seinen Abschied aus dem Staatsdienste, um sich im Privatbergbau zu betätigen: er war erst 10 Jahre lang Bergwerksdirektor der Vereinigungsgesellschaft für Steinkohlenbergbau im Wurmrevier zu Aachen, dann 2 Jahre Bergwerksdirektor der Aktiengesellschaft Union zu Dortmund und trat 1885 als Generaldirektor in die Dienste des Grafen Ballestrem zu Ruda in Oberschlesien, wo er als Leiter von dessen bedeutenden Grubenbesitz bis zu seinem Tode segensreich wirkte und von maßgebendem Einfluß auf den gesamten oberschlesischen Steinkohlenbergbau war. Neben sonstigen Auszeichnungen wurde ihm 1900 der Charakter als Bergrat verliehen.

In die Zeit seiner Aachener Tätigkeit fällt die Erfindung der nach ihm benannten Lampe, einer Alkohollampe, die zur Untersuchung der Grubenwetter auf Schlagwetter dient: sie ist ein überaus empfindlicher Schlagwetteranzeiger; denn schon bei einem Grubengasgehalt von ¼ vH bildet sich an der Alkoholflamme eine Aureole von 30 mm Höhe und bei 2¼ vH Grubengasgehalt reicht die Aureole bei 140 mm Höhe bis an die obere Fläche des Drahtkorbes der Lampe. Sie findet daher auch heute noch vielfach Verwendung. So.

PIEPENSTOCK, Caspar Diedrich, geb. 1756 gest. 1821.
PIEPENSTOCK, Hermann Diedrich, geb. 6. Aug. 1782, gest. 4. Sept. 1843. Caspar Diedrich Piepenstock war einfacher Arbeiter gewesen, der sich durch seinen erstaunlichen Geschäfts- und Unternehmungsgeist zu einem bedeutenden Fabrikanten emporgearbeitet hatte. Er betrieb anfangs einen Hausierhandel, hauptsächlich nach Holland, mit selbst gefertigten Haarnadeln, Haken und Ösen, bei dem ihn der heranwachsende Sohn Hermann Diedrich unterstützte. Dieser Handel war so einträglich, daß Caspar Piepenstock nach Beendigung der napoleonischen Herrschaft von seinem allerdings in harter Arbeit verdienten Geld einige Fabrikanlagen gründen konnte, so z. B. eine Fingerhut- und Messinggußwaren- wie Näh- und Stricknadelfabrik. Er starb an der Spitze vieler Unternehmungen als reicher und angesehener Mann.

Sein Sohn Hermann Diedrich legte 1828 in Neuöge ein Weißblechwerk an, es war nach der Dillinger Hütte das zweite Unternehmen, das überhaupt in Deutschland Weißblech herstellte. 1834 nahm Piepenstock einen gewissen Dietzsch als Teilhaber auf. Dieser war vorher an der Dillinger Hütte gewesen und brachte die Kunst der Weißblechfabrikation von dort nach Oege. 1839 gründete er in Hoerde auf dem Grundstück der alten, schon vor 1300 erbauten Burg der Grafen von der Mark unter der Firma „Piepenstock & Comp." das Puddel- und Walzwerk „Hermannshütte". Das Unternehmen vergrößerte sich schnell und besaß bald über 300 Walzen für die Herstellung verschiedener Eisengattungen und 7 große Maschinenscheren; damit verbunden war eine Werkstatt zum Montieren der Eisenbahnräder und Achsen und eine ausgedehnte Maschinenwerkstatt. 1846 wurde die Firma in eine Kommanditgesellschaft „Piepenstock & Cie." umgewandelt, an der bedeutende Kölner Firmen beteiligt waren; 1852 erfolgte die Gründung des Harder Bergwerks- und Hüttenvereines, einer Aktiengesellschaft, der als Kernpunkt die Hermannshütte angehörte. Diese Umgestaltungen erlebte Hermann Diedrich Piepenstock nicht mehr; er starb, nachdem er sich eine führende Stellung in der westfälischen Großindustrie erworben hatte, im 61. Lebensjahr, und zwar kinderlos, so daß der Stamm erlosch. *Hoerder Bergwerks- und Hüttenverein, 50 Jahre seines Bestehens als Aktiengesellschaft (Hoerde 1902) S. 4; Gesch. d. Industr. im Märkischen Sauerland 3 (Hagen 1908) S. 193; Gesch. Eis. 4 (1899) S. 350, 703, 874.* Ca.

PINTSCH, Julius, geb. 12. Okt. 1847 zu Berlin, gest. 29. Jan. 1912 ebenda. Seine Vorbildung erhielt er auf der Höheren Bürgerschule in Stralau, dem späteren Andreas-Realgymnasium, und durch ein dreijähriges Chemiestudium an der Kgl. Gewerbeakademie in Berlin. Im Jahre 1870 trat er in das väterliche Geschäft ein. Hier beschäftigte er sich eingehend mit den Fragen der Gaserzeugung. In der Folgezeit entstanden unter seiner Leitung die Gaswerke zu Schwerte und Saaz. Mehrere Jahre stand er an der Spitze des Gaswerkes zu Danzig. Aber auch den anderen Arbeitsgebieten seiner Firma, die besonders im Bau von Geräten für die Orientierung der Schiffe auf See, dem Bau von Seezeichen aller Art, mit Erfolg tätig war, widmete er, nachdem er 1879 zusammen mit seinen beiden älteren Brüdern Richard und Oskar von dem Vater als Mitinhaber in die Firma aufgenommen worden war, seine ganze Arbeitskraft. Seine Tätigkeit auf gewerblichem Gebiet, die namentlich der Kriegsmarine zugute kam, brachte ihm viele äußere Ehrungen ein. Als die Firma Pintsch 1907 in eine Aktiengesellschaft umgewandelt wurde, trat er in ihren Vorstand ein, zog sich aber 1911 aus gesundheitlichen Gründen von dieser Stellung zurück, um bis zu seinem Tod dem Aufsichtsrat der Gesellschaft anzugehören. *Mitt. d. Berl. Bez. Vereins d. V. d. I. (1912); ETZ 33 (1912) S. 172; Jb. Schiffb. 14 (1913) S. 95.* Schz.

PINTSCH, Richard, geb. 19. Febr. 1840 in Berlin, gest. 6. Sept. 1919 ebendort, war der älteste der vier Söhne Richard, Oskar, Julius und Albert des Klempners Julius Pintsch, die in dem 1843 gegründeten väterlichen Geschäft, der späteren Julius Pintsch A.-G., groß geworden sind. Nach dem Abschluß einer vierklassigen höheren Bürgerschule kam er im 15. Lebensjahr zu seinem Vater in die Lehre. Nach seiner Militärdienstzeit trat er selbst durch konstruktive und fabrikatorische Verbesserung von Gasapparaten und -messern schöpferisch hervor. In diese Zeit fielen die ersten Versuche zur Einführung der Gasbeleuchtung für Eisenbahnwagen; bis zum Jahre 1870 entwickelte er dafür ein betriebsicheres System nebst zugehöriger Apparatur, das bahnbrechend geworden ist. Von Erfolg gekrönt waren seine Versuche zur Übertragung des Beleuchtungssystems auf die Markierung der See- und Wasserwege. Durch seine Freundschaft mit Auer von Welsbach an den ersten Versuchen mit Gasglühlicht beteiligt, gelang es ihm ferner, 1886 den ersten brauchbaren Gasbrenner nach dem Bunsenprinzip zu schaffen. Sein Bruder Oskar hatte ebenfalls in enger Zusammenarbeit mit ihm an den technischen Fortschritten im Gasfache starken Anteil. Die Dresdener Zweigniederlassung wurde von 1867 bis 1872 von Oskar Pintsch geleitet.

Bei der reichen schöpferischen Tätigkeit hat es Richard Pintsch an Anerkennungen seitens der Öffentlichkeit in Gestalt von Orden und Ehrenzeichen, Plaketten, Denkmünzen usw. nicht gefehlt. *Z 63 (1919) S. 1187; Gewerbfleiß 98 (1919).* Schz.

PISTORIUS, Johann Heinrich Leberecht, geb. 1777 zu Lohburg bei Magdeburg, gest. 1858 zu Weißensee bei Berlin. Er war anfangs Kaufmann und erwarb später ein Gut bei Weißensee, das mit einer Brennerei verbunden war. Pistorius, der die Experimentalvorträge des landwirtschaftlichen Chemikers Professor Hermbstädt gehört und auch sonst chemische Studien betrieben hatte, suchte das nach althergebrachten Grundsätzen betriebene Brennereigewerbe nach wissenschaftlichen Gesichtspunkten zu verbessern. Sein Verdienst ist es, an Stelle der alten, von der Alchemie überlieferten Destillationsapparate einen Destillier- und Rektifizierapparat geschaffen zu haben, der es gestattete, in einem einzigen Arbeitsgange aus 10prozentiger Maische 85prozentigen Spiritus zu erzeugen. Obwohl seine Apparatur bis heute vielfach verbessert worden ist, ist sie in mancher kleinen Brennerei unverändert im Betriebe. Pistorius ließ sich den Apparat 1817 in Preußen patentieren und seit 1819 von dem Berliner Kupferschmied Carl Justus Heckmann bauen und vertreiben. 1821 gab er in seiner Schrift „Praktische Anleitung zum Branntweinbrennen" eine ausgezeichnete Beschreibung des damaligen Brennereiwesens, seines Apparates und seiner Erfahrungen. Brennereibesitzer aller Länder besuchten ihn, um seinen mustergültigen Betrieb und seine Erfindung kennen zu lernen, die er offenherzig jedermann vorführte.

Sein Lehrer Hermbstädt schildert ihn als einen Mann von scharfer Urteilskraft, gündlicher Ausbildung und einer lobenswerten Großzügigkeit. *Delbrück: Brennerei-Lexikon S. 565.* Sa.

PITTLER, Julius Wilhelm v., geb. 21. Juni 1854 in Preuß.-Eylau, gest. 1906 in London. Er erlernte nach beendeter Schulzeit die Landwirtschaft, die ihm bald nicht mehr zusagte. Daher verließ er Ostpreußen und ging nach Sachsen, um sich dort dem Maschinenfach zu widmen. Schon im jugendlichen Alter beschäftigte er sich eingehend mit der Konstruktion von Bewegungsmaschinen und stellte bereits im Jahre 1879 auf der Gewerbe- und Industrieausstellung zu Altona eine Tütenmaschine aus, die in großen Massen rein automatisch aus einem ablaufenden Papierstreifen Tausende von Tüten in einer Stunde herzustellen vermochte und großes Aufsehen hervorrief. Später war Pittler in Leipzig damit beschäftigt, die Stickereimaschine zu verbessern; noch heute weisen fast alle diese Maschinen Teile auf, die ihren Ursprung den Ideen Pittlers verdanken. Vier Jahre früher als Daimler und Benz ließ Pittler in Leipzig einen Automobilomnibus laufen, der durch einen Pulvermotor eigener Konstruktion betrieben wurde; jedoch mußte er diese Versuche bald wieder einstellen, da die Polizei dagegen einschritt. Von großer Bedeutung wurde seine Erfindung der „Pittlerdrehbank" und die Verwirklichung und Vervollkommnung seiner Ideen der hydraulischen Kraftübertragung durch eine Rotationsmaschine. 1889 gründete Pittler in Leipzig-Gohlis die Maschinenfabrik W. v. Pittler, die sich später ausschließlich der Herstellung von Werkzeugmaschinen für Metallbearbeitung zuwandte. Besonders Revolverdrehbänke und Automaten für die Massenherstellung gleicher Teile sind in genialer und noch heute kaum übertroffener Weise hier gebaut worden. Er starb, 52jährig, in London. *Nach Mitteilungen der Firma Pittler.* Ca.

PLANTÉ, Gaston Raimond, geb. 22. April 1834 in Orthey (Basses Pyrenées). Nach seiner Schulzeit betrieb er zunächst klassische Studien außerhalb der gewöhnlichen Hochschule und erwarb einen akademischen Grad in physikalischen Wissenschaften. Später widmete er sich vollkommen den Arbeiten im Laboratorium, für die er besonderes Geschick besaß; er baute verschiedene brauchbare Apparate, um wissenschaftliche Forschungen zu unternehmen. Im Jahre 1859 überreichte er der Akademie der Wissenschaften eine sehr wichtige Arbeit über seine Versuche mit elektrischen Apparaten, die besonders dadurch bemerkenswert war, daß Planté sehr eingehend über „Akkumulierung" und „Transformierung" der elektrischen Energie berichtete. Mit dieser Arbeit fußte er auf den Versuchen, die 50 Jahre vorher Ritter über Aufspeicherung der elektrischen Energie, sowie auf denen, die Sinsteden im Jahre 1854 gemacht und beobachtet hatte, daß Bleiplatten in verdünnter Schwefelsäure sich vorzüglich zur Stromaufspeicherung eigneten. Auch Planté benutzte für seine Akkumulatoren dünne Bleibleche, die er jedoch, um eine große Oberfläche zu erhalten, spiralförmig voneinander durch Gummibänder getrennt, aufwickelte. Während nun aber derartige Bleiplatten bei gewöhnlicher Ladung nur recht geringe Strommengen aufzuspeichern vermögen, weil sich sofort eine schützende Superoxydschicht auf den Platten bildet, gelang es Planté, diese Schicht durch wiederholte Ladungen und Entladungen allmählich wesentlich zu verstärken; indem er seine Akkumulatorenplatten so 3 bis 4 Monate lang in verdünnter Schwefelsäure „formierte", erhielt er schließlich Sammler, die eine, für damalige Verhältnisse ganz ungeheure Energie aufzuspeichern vermochten. Damit ist Planté der erste gewesen, der einen Weg zur Herstellung technisch brauchbarer Akkumulatoren entdeckte. Sein ursprünglicher, im Jahre 1859 gegebener Bericht gab jedoch keine Veranlassung, Akkumulatoren in größerem Maße herzustellen, da es zu der Zeit noch nicht möglich war, größere Energiemengen zu erzeugen. Erst als das dynamoelektrische Prinzip durch Siemens entdeckt wurde, entstand gleichzeitig auch das Bedürfnis, ein Gerät zur Aufspeicherung elektrischer Energie zu besitzen. Infolgedessen machte Planté erneut auf seine 20 Jahre zurückliegenden Versuche dadurch aufmerksam, daß er im Jahre 1879 seine frühere Arbeit nunmehr in Form eines Buches, unter dem Titel „Recherches sur L'Électricité" herausgab; erst von da ab beschäftigte sich auch die Technik im allgemeinen mit dem Bau von Akkumulatoren. Im übrigen ist über die Persönlichkeit Plantés noch bekannt geworden, daß er im Jahre 1854 Préparateur du Physique am Conservatoire des Arts et Metiers wurde, und daß er im Jahre 1860 eine Berufung als Professor der Physik an die Association Polytechnique in Paris bekam; jedoch mußte er schon 1862 krankheitshalber seinen Abschied nehmen. Er lebte seitdem als Privatmann in Paris, wo auch starb. *„L'Électricien" (1. 6. 1889).* Bn.

PLATEN, Baltzar Bogislaus Graf von, geb. 29. Mai 1766 auf dem Stammgut Dornhoff auf Rügen, gest. 17. Dez. 1829 in Oslo (Norwegen). Als er den Schwedisch-Russischen Krieg des Jahres 1788 als Fähnrich der schwedischen Marine mitmachte, wurde er bei Hogland verwundet, gefangen genommen und ins Innere Rußlands gebracht. Nach seiner Rückkehr nach Schweden rückte er rasch im Range auf, wurde im Jahre 1795 zum Generaladjutanten ernannt und erwarb sich ein unbestrittenes Ansehen als geschickter, einsichtsvoller und energischer Seeoffizier. Im Jahre 1800 nahm er aber seinen Abschied aus der Marine, widmete sich eine Zeitlang der Land- und Forstwirtschaft, wurde 1801 in die Direktion des Trollhättan-Kanals gewählt und beim Studium des von Daniel av Thunberg ausgearbeiteten Kanalprojektes reifte in ihm allmählich der Gedanke an einen Verkehrsweg zwischen dem Wenersee, dem Wettersee und der Ostsee. Nachdem er auf eigene Kosten die Möglichkeit der Ausführung untersucht hatte, beauftragte ihn der König, den Kanalweg zwischen der Ostsee und dem Wenersee abzustecken. Später wurde Platen in den Verfassungsausschuß des Jahres 1809 gewählt, zum Ministerrat berufen und in Verbindung damit zum Konteradmiral ernannt. In der im folgenden Jahr gegründeten Kanalgesellschaft wurde ihm der Vorsitz übertragen. Auf die Vollendung dieser Kanalanlage verwendete er nachher seine besten Kräfte. Er sah nur, wie die eine Hälfte dieses bekannten Verkehrsweges, die Westgotlandlinie, dem Betriebe übergeben wurde (1822).

v. Platen war ein kräftiger Fürsprecher für eine Union zwischen Norwegen und Schweden. Nachdem diese verwirklicht worden war, wurde er im Jahre 1827 zum Reichsstatthalter in Norwegen ernannt, aber dort wurde ihm, dem früher so eifrigen und begeisterten Unionsfreund, nach kurzer Zeit ein harter Widerstand von seiten des Norwegischen Reichstages entgegengebracht. Er mußte den Schmerz der Enttäuschung durchkosten, und kurz nachher war sein tätiges Leben beendigt. Auf einem Platze, den er in der Nähe der Stadt Motala selbst gewählt hatte, wurde er dicht neben dem Kanaldamm beerdigt. v. Platen besaß einen ausgeprägten Charakter, war voll Kraft und Tatendrang, rechtschaffen und uneigennützig, furchtlos und entschlossen, aber auch etwas schroff und despotisch wie ein Seebär. Er brauste leicht auf, war aber ebenso leicht wieder beruhigt. Er war u. a. Mitglied der Kgl. Lantbruksakademie und der Kgl. Akademie der Wissenschaften, außerdem Ehrenmitglied der Kgl. Kriegswissenschaftlichen Akademie in Stockholm. Na.

PLATTNER, Carl Friedrich, geb. 2. Jan. 1800 zu Kleinwaltersdorf bei Freiberg, gest. 22. Jan. 1858 zu Freiberg. Er wendete sich dem Bergmannstande zu. Da er sich durch Fleiß und Strebsamkeit auszeichnete, wurde ihm der Besuch der Freiberger Bergschule und in den Jahren 1817 bis 1820 der Bergakademie ermöglicht. Dann war er als Hüttengehilfe und weiter als Probierer auf den Freiberger Hütten tätig. Angeregt durch die im Jahre 1820 erschienene Arbeit des Schweden Berzelius über die Anwendung des Lötrohrs in der Chemie und Mineralogie (ins Deutsche übersetzt von H. Rose 1821) und durch die von dem Freiberger Studierenden Harkort 1827 ausgearbeitete quantitative Silberbestimmung mit dem Lötrohre, ergriff Plattner diesen Gegenstand mit der ihm eigenen Gründlichkeit. Nachdem er schon früher in Erdmanns Journal die von ihm aufgefundenen verschiedenen quantitativen Proben mit dem Lötrohr bekanntgegeben hatte, veröffentlichte er 1835 seine berühmte „Probierkunst mit dem Löthrohre", die von ihm selbst noch in zwei weiteren Auflagen und nach seinem Tode zunächst von Th. Richter und später von Kolbeck in weiteren Auflagen (zuletzt 7. Auflage 1907) neu bearbeitet und herausgegeben wurde.

Um sich in der Chemie weiter auszubilden, ging er 1838/39 nach Berlin, um unter H. Rose zu arbeiten. Zugleich trat er dort als Lehrer der Lötrohrprobierkunde auf. Nach seiner Rückkunft nach Freiberg wurde ihm die oberste Probiererstelle als Oberschiedswardein übertragen. 1842 vollendete er nach Lampadius Tode die Vorlesung über Hüttenkunde, die er dann nebst der an der Bergakademie neu eingeführten Vorlesung über Lötrohrprobierkunde endgültig übernahm. Seit 1851 las er auch ein besonderes Collegium über Eisenhüttenkunde. Neben seiner bergakademischen Tätigkeit war er auch als Oberhüttenamtsassessor in Anspruch genommen. 1856 veröffentlichte er „Die metallurgischen Röstprozesse" theoretisch betrachtet. Seine „Vorlesungen über allgemeine Hüttenkunde" wurden nach dem hinterlassenen Manuskript 1860 von Th. Richter herausgegeben. Zahlreiche kleinere Arbeiten finden sich zerstreut in verschiedenen Zeitschriften. *Festschrift der Bergakademie Freiberg 1866.* Tr.

PLINIUS, Gajus Secundus (der Ältere), römischer Schriftsteller, geb. 23 n. Chr. in Cumum (jetzt Como), gest. 25. Aug. 79 in Misenum. Plinius machte als junger Mann die Feldzüge in Germanien mit, bekleidete dann unter Nero und Vespasian verschiedene bürgerliche und militärische Ämter und war zuletzt Befehlshaber der Flotte von Misenum, wo er im Jahre 79 bei dem Ausbruch des Vesuvs den Tod fand. Seine vielen historischen, rhetorischen und grammatischen Schriften sind verloren gegangen, erhalten ist aber ein umfangreiches enzyklopädisches Werk in 37 Büchern unter dem Titel: „Historia naturalis", das eine ungeheure Menge aus zahlreichen griechischen und lateinischen Werken zusammengelesene Notizen — man sagt aus über 2000 Bänden — aus fast allen Gebieten des menschlichen Wissens enthält, einschließlich Astronomie, Geographie und Meteorologie. Er geht weit über den Rahmen der Naturgeschichte hinaus, da er auch die Erfindungen, die Fragen der Technik und die schönen Künste behandelt.

Plinius beschreibt u. a. die bergbauliche Silbergewinnung und die Silbergewinnung durch Abtreiben des Werkbleis. Auch gibt er eine sehr eingehende Schilderung des spanischen Goldbergbaues. Er kannte bereits die Scheidung von Gold und Silber durch Quecksilber (Amalgamation); nach seinen Angaben wurde der goldhaltige Stoff mit Quecksilber in einem irdenen Gefäß geschüttelt und aus dem entstandenen Amalgam das Quecksilber durch Destillation entfernt. Auch die Vergoldung des Kupfers mittels Goldamalgams wird von ihm erwähnt. Daß schon im Altertum Diamanten zum Steingravieren dienten, beweist die Äußerung des Plinius, „daß die Steinschneider die Diamantsplitter in Eisen fassen und ohne Schwierigkeit damit in jeden anderen Stoff graben". Als Beweis für die Krümmung der Erde führt er die Tatsache an, daß auf dem Meer zuerst der Mast und erst später der Rumpf der Schiffe sichtbar wird. Wir erfahren ferner durch ihn, daß es auch früher schon den Kattundruck mit gebeiztem Muster als ägyptisches Fabrikationsverfahren gegeben hat. Plinius überliefert ferner die erste Nachricht von der Anwendung der Mähmaschine; er berichtet, daß auf den großen gallischen Landgütern ein Mähapparat in Benutzung sei, der aus einem mit scharfen Zähnen besetzten, beiderseits in Rädern laufenden Balken besteht. Der durch Zugtiere bewegte Apparat reißt nur die Ähren ab und läßt die Halme stehen. Das Werk ist in vielen Punkten eine unzuverlässige Ausbeutung älterer Schriften, aber dennoch eine unschätzbare Fundgrube für die Kenntnis der antiken Wissenschaft. Die erste Ausgabe im Druck erschien 1469 in Venedig; die erste kritische Ausgabe ist die von Hardouin von 1685, der dann eine Reihe neuerer Ausgaben in allen Sprachen folgten. *Dannemann: Plinius und seine Naturgeschichte in ihrer Bedeutung für die Gegenwart (Jena 1921); Handb. Natw.; „The Americana", Scientific American Compiling Dept. 12 (New York 1906).* Wi.

POHLIG, Julius, geb. 17. Nov. 1842 zu Leichlingen (Kreis Solingen), gest. 30. Jan. 1916, erhielt seine technische Vorbildung auf der Gewerbeschule zu Elberfeld und am damaligen Polytechnikum zu Karlsruhe. Die praktische Laufbahn begann Pohlig mit einer verhältnismäßig kurze Zeit dauernden Tätigkeit in der Friedrich-Wilhelm-Hütte bei Troisdorf, um diese Stellung bald mit einer Lehrtätigkeit an der Siegener Baugewerkschule zu vertauschen. In diesem Zeitabschnitt wurde er durch Herausgabe seines verbreiteten Buches über „Maschinenteile" weiteren technischen Kreisen bekannt. Vom Jahre 1868 ab machte er sich als Zivilingenieur für das Hütten- und Bergwerkfach in Siegen selbständig, ohne vorderhand seine Lehrtätigkeit aufzugeben.

Einen Wendepunkt in seinem Werdegang bedeutete seine Verbindung mit der Firma Th. Otto in Schkeuditz bei Leipzig, die Ende der siebziger Jahre für den Bau von Drahtseilbahnen gegründet wurde. Der Aufstieg dieser Firma zu einem bekannten und leistungsfähigen Unternehmen auf dem Gebiete der Drahtseilbahnen und Verladebrücken ist im wesentlichen auf seine Tatkraft — er leitete die Firma seit 1890 unter seinem Namen als alleinigen Inhaber — und konstruktive Begabung zurückzuführen. Auch nach der Umwandlung des Unternehmens in eine Aktiengesellschaft im Jahre 1898 war Pohlig noch bis 1906 in ihm als Leiter und im Vorstand tätig. *Z 60 (1916) S. 225; St. u. E. 36 (1916) S. 180.* Schz.

POLHEM, Christopher, geb. 18. Dez. 1661 in Wisby (Schweden), gest. 31. Aug. 1751 in Stockholm, eines jener technischen Genies, die sich aus widrigsten Verhältnissen selbst den ihrer Veranlagung gemäßen Weg bahnten. Als Sohn eines früh verstorbenen, verarmten Kaufmannes hatte er nur bis zum zwölften Jahre Gelegenheit zu ordentlichem Schulbesuch, wurde dann Kleinknecht, später Schreiber auf einem Gute, wo man ihn wegen seiner Anstelligkeit mit vierzehn Jahren zum Inspektor machte. Bereits hier in Vansta auf Söderström richtete er sich eine Werkstatt ein, in der er mit selbstgefertigten Werkzeugen, unter anderem einer ganz komplizierten Drehbank, Messer und Scheren herstellte, Uhren ausbesserte, kurz alle Mechanikerarbeiten übernahm. Um auch eine theoretische mechanische Bildung zu bekommen, verschaffte er sich, da damals noch alle Lehrbücher lateinisch geschrieben waren, unter großer Mühe lateinischen Unterricht und bezog 1687 die Universität Upsala zum Studium der Mathematik, Physik und Mechanik. Durch die gelungene Ausbesserung der berühmten astronomischen Uhr in Upsala lenkte er zum ersten Male die öffentliche Aufmerksamkeit auf seine mechanische Begabung. 1690 konstruierte er eine stark vereinfachte Förderanlage für Gruben, bei der er u. a. die teuren und wenig haltbaren Lederriemen durch Holzgestänge ersetzte. Als Anerkennung hierfür wurde ihm vom Bergkollegium ein Jahresgehalt gewährt und eine Studienreise durch die Bergwerksbezirke ermöglicht. 1693, als Bergwerksmechanikus in Falun, führte er seine Förderanlage praktisch durch und machte verschiedene weitere Erfindungen: einen hölzernen Pumpenkolben ohne Lederdichtung, ein Bohrwerk für Pumpenrohre, eine Maschine, um ohne Pulver Gestein zu sprengen, ein Sägewerk u. a. m. 1694 ließ man ihn eine Studienreise durch Holland, England, Deutschland und Frankreich machen, 1697 kehrte er nach Stockholm zurück und richtete dort das „Laboratorium Mechanicum" zur Herstellung von allerlei Instrumenten ein. Von 1700 bis 1716 war er „Kunstmeister" in Falun. Aus dieser Zeit stammen seine meisten bergbaulichen Arbeiten, Förderanlagen, Wasserkünste usw. Nach Möglichkeit war er bestrebt, die Handarbeit der Arbeiter durch Wasserkraft zu ersetzen. Im Jahre 1707 hatte er, von seiner Regierung beurlaubt, den Harz bereist und dort mannigfache Verbesserungen eingeführt. Seine Vorschläge sind in einer Denkschrift: „Herrn Polhammers Vorschläge zur Verbesserung und Erleichterung der bei den Harzischen Bergwerken gewöhnlichen Künste und anderer Maschinen" gesammelt. Zwei junge Leute wurden ihm mitgegeben und 2½ Jahre lang von ihm unterrichtet. — Mit Swedenborg, der uns meist nur als religiöser Grübler bekannt ist, zusammen arbeitete Polhem die Pläne zum Kanal Stockholm-Gotenburg aus und begann auch die Bauarbeiten. Infolge widriger Umstände konnte jedoch das Geld zur Vollendung des Baues nicht beschafft werden; erst im Anfang des 19. Jahrhunderts wurde der berühmte Göta-Kanal fertiggestellt.

Nachdem Polhem selbst den Weg seiner Begabung gefunden hatte, hat er nicht nur in seinem Heimatlande Schweden, sondern auch im Auslande, wohin er als Ratgeber zugezogen wurde, die Technik befruchtet und vorwärts gebracht. Er ist das Vorbild des praktisch schaffenden Ingenieurs; fast alle seine Konstruktionen, mit denen er die Technik bereichert hat, sind von genialer Einfachheit. Bergbau und Metallindustrie, Uhrmacherkunst und Wollmanufaktur, Landwirtschaft und Wasserbau wie die Landesverteidigung haben aus seinem Schaffen Nutzen gezogen. Er starb 1751, fast neunzigjährig, nachdem er 10 Jahre vorher in seinem „patriotischen Testament" die Ergebnisse seiner Lebensarbeit zusammengefaßt hatte. *Beitr. 5 (1913) S. 298; Gesch. Eis. 3 S. 21; Stora Koppabergets Historia.* Hä.

POITEVIN, Alphons Louis, geb. 1820 in Saint Calais, gest. 4. März 1882 in Conflans. Poitevin besuchte die École Centrale und begann nach mit Auszeichnung bestandenem Examen als Chemiker-Ingenieur eingehende Studien auf dem Gebiet der Photographie. Besonders stark beschäftigten ihn die Reaktionen der Chromate mit organischen Substanzen im Licht; er fand 1855 die Grundlagen des „Lichtdruckes" und des „Pigmentdruckes". Nach seiner Patentbeschreibung wird eine Chromatgelatine- oder eine Chromatleimschicht hergestellt, auf diese ein Bild kopiert und die angefeuchtete Schicht mit feiner Farbe versehen, die nur an den belichteten Stellen haftet. Das entstandene Bild kann nach Art der Lithographien auf verschiedene Unterlagen übertragen und zum Druck verwandt werden. Zunächst benutzte er als Pigment Kohle und stellte so die Kohlebilder her. 1861 gelang es Poitevin, auf Chlorsilberpapier, das mit Chromsäure oder essigsaurem Uran präpariert war, durch ein photographisches Verfahren Farben hervorzubringen. Photographische Abdrucke, die er mit Hilfe der Druckerschwärze herstellte, wurden von ihm auf der Pariser Weltausstellung vorgeführt und erregten die Aufmerksamkeit des Herzogs Luynes, der darin die Möglichkeit sah, billige unveränderliche Drucke auf photographischem Wege anzufertigen, und die weitere Lösung des Problems durch Preise anregte. Regnault wies in dem Programm dieser Preisausschreibung besonders auf die Unvergänglichkeit alter mit Lampenschwarz gefertigter Manuskripte hin und gab damit schon einen Weg zur Lösung; der Engländer John Pouncy brachte die Verwendung von vegetabilischer Kohle, Gummiarabicum und Calciumbichromat als Bildschicht, bzw. die Kohle durch lichtechte Pigmente zu ersetzen, in Vorschlag, ein Verfahren, das von Poitevin bereits angegeben war, und so wurde diesem auch, als dem geistigen Urheber aller eingereichten Methoden, eine goldene Medaille zuerkannt.

Poitevins Arbeiten waren die Vorläufer der ganzen modernen Vervielfältigungstechnik und bedeuteten für die gesamte photographische Industrie einen ungeheuren Fortschritt. Er fand die vollste Anerkennung seiner Zeitgenossen, doch verstand er es nicht, seine bedeutende Erfindung zu seinem eigenen Vorteil auszuwerten; er starb, 62jährig, in größter Armut. *Beitr. 2 (1910) S. 319; Gr. Enc. 27 S. 33.* Ca.

POLONCEAU, Antoine Rémi, geb. 7. Okt. 1778 in Reims, gest. 29. Dez. 1847 in Roche. Nachdem Polonceau die Schule seiner Vaterstadt besucht hatte, bezog er die École Polytechnique und hierauf die École des Ponts et Chaussées in Paris und wurde nach bestandenem Ingenieurexamen einer Bauabteilung, die in den Alpen die Verbindungstraßen zwischen Frankreich und Italien herstellen sollte, zugeteilt. Er betätigte sich hier hervorragend bei dem Bau der Simplonstraße. 1806 erhielt er den Auftrag, Marmorblöcke von 10000 kg Gewicht, die Napoleon für ein Denkmal des Generals Dessaix bestimmt hatte, auf den St. Bernhard zu befördern. Die Schwierigkeiten dieser Aufgabe beschreibt er selbst in einer kurzen Abhandlung, die 1844 in dem „Magasin pittoresque" erschien. Ferner erfolgte unter seiner Leitung der Bau der Lautaret- und der Mont Blanc-Straßen und die Fertigstellung der Mont Cenis-Straße. Nach dem Sturze Napoleons versah Polonceau das Amt eines Ingénieur en Chef des Seine-Oise Départements, wurde 1830 Inspecteur Divisionnaire und Mitglied des Generalausschusses für den Straßen- und Brückenbau; 1840 nahm er seinen Abschied. Es ist Polonceaus Verdienst, als erster bei den nach dem Mac Adamschen Verfahren hergerichteten Straßen die Straßenwalze in größerem Umfang angewandt und dann allgemein eingeführt zu haben. Sehr bedeutend sind seine Abhandlungen „Recherches et travaux sur les constructions hydrauliques et l'emploi du béton en remplacement du pilotis" (1829), ferner die „Mémoire sur l'amélioration des routes et chaussées en cailloutis à la Mac Adam (1834) und die „Mémoire sur le nouveau systême de ponts en fonte suivi dans la construction du pont du Caroussel" (1839). *Nouv. Larousse 6 S. 986; Nouv. Biogr. 40 (1862) S. 660.* Ca.

POLONCEAU, Jean Bathélemy-Camille, geb. 29. Okt. 1813 in Chambéry, gest. 21. Sept. 1859 in Viry-Chatillon. Er ist der Sohn des Antoine Rémi Ponceau. Nach dem Besuch der École Centrale arbeitete er mit an dem Bau der Versailler Eisenbahn, deren Leitung ihm bald ganz übertragen wurde; gleichfalls wurde er Direktor des gesamten elsässischen Eisenbahnwesens und nach 1848 Direktor der Eisenbahnverwaltung von Orléans. Verschiedene Verbesserungen an Lokomotiven sind nach seinen Ideen ausgeführt worden. Auch die Lokomotiv-Rundschuppen und vor allen Dingen die Erfindung eines Dachstuhlsystems für rechteckige Schuppen mit Bindersparren aus Holz oder Eisen oder mit eisernen Zugbändern, das später auch bei anderen Baulichkeiten allgemein Anwendung fand und nach ihm Polonceau-Dach genannt wurde, machten seinen Namen allgemein bekannt. *Nouv. Larousse 6 S. 986; Nouv. Biogr. 40 (1862) S. 660.* Ca.

POLSUNOW, Iwan Iwanowitsch (Geburtsjahr und Ort unbekannt), gest. 27. Mai 1766 in Barnaul (Sibirien), war als Schichtmeister in einem sibirischen Bergwerk tätig. Im April 1876 setzte er seinen Vorgesetzten an Hand von Zeichnungen und Kostenanschlägen die großen Vorteile auseinander, die sich im Hüttenwesen erreichen lassen würden, wenn man statt der Wasserkraft eine Dampfmaschine zum Antrieb der Gebläse verwende. Das Bergamt prüfte die Vorschläge und riet, die Maschine sofort auszuführen. Katharina II., der man die bedeutende Erfindung ihres sibirischen Untertans mitgeteilt hatte, ernannte Polsunow zum „Obermechaniker", schenkte ihm 400 Rubel und ließ sofort die Geldmittel zum Bau der Maschine anweisen. 1765 war die Maschine fertig. Im Frühjahr 1766 begann man, die Maschine in einem Hüttenwerk Barnauls, einer Kreisstadt im Bezirk Tomsk am Ob, aufzustellen, und am 20. Mai 1766 konnte sie in Betrieb gesetzt werden. Dem bedeutungsvollen Ereignis wohnten die Behörden und viele Zuschauer bei. Nur Polsunow fehlte; ein Blutsturz hatte vier Tage vorher seinem Leben ein Ziel gesetzt. Seine Maschine bewährte sich, abgesehen von Mängeln, die sich leicht abstellen ließen, von Anfang an, und gleich am ersten Tage blieb sie von früh bis abends ununterbrochen im Betrieb.

Polsunows Maschine war eine transportable zweizylindrige atmosphärische Dampfmaschine, die mit Hilfe von direkt durch die Kolben angetriebenen Kettenrädern zwei große Blasebälge betrieb. Sie ist die erste zur Winderzeugung bei metallurgischen Arbeiten verwandte Maschine und ist viele Jahre in Betrieb gewesen. Ein Modell von ihr befindet sich im Bergmuseum zu Barnaul. *Prometheus, Illustrierte Wochenschrift über die Fortschritte in Gewerbe, Industrie und Wissenschaft (1892) S. 810.* Dr.

POLTE, Eugen, geb. 12. Juli 1849 zu Magdeburg, gest. 31. Mai 1911 ebendort, entstammte einer Kaufmannsfamilie. Er besuchte in Weimar die Realschule und war nach der Reifeprüfung von 1867 bis zum Ausbruch des Deutsch-Französischen Krieges in der Fabrik von H. Gruson in Magdeburg-Buckau praktisch tätig. Nach der Rückkehr aus dem Felde besuchte er die Gewerbeakademie in Berlin. Mit 26 Jahren wurde er bei Gruson Oberingenieur des technischen Bureaus, wo er namentlich auf dem Gebiete der Kriegswaffentechnik erfolgreich tätig war. Bei der Einführung eines neuen brisanten Sprengstoffes für Artilleriegeschosse wurde Polte mit der Ausführung der sehr gefährlichen Untersuchungen betraut, und bei einem Schießversuch im Jahre 1887 entging er mit knapper Not dem Tode. Bald gelang es ihm, sich durch Erwerbung einer Armaturenfabrik zu Magdeburg-Sudenburg selbständig zu machen und die erworbenen Kenntnisse und konstruktiven Erfahrungen für die Massenfabrikation von Geschoßhülsen zu verwerten. So wurden Geschützhülsen genau wie Gewehrhülsen hergestellt, nur daß man die Werkzeuge vergrößerte. Zur Bildung der Näpfchen aus einer Platte und zur Verlängerung der Näpfchen wurden Ziehdorne und Ziehringe verwandt, der Boden wurde durch hydraulischen Druck hergestellt. Da eine gleichzeitige Formänderung auf einem großen Querschnitt viel größere Kräfte erforderte als eine punktweise Veränderung, führte er ein Walzverfahren mit rollenden Kugeln ein. Die wesentlichen Formgebungsarbeiten wurden durch bedeutend geringere Druckkraft ausgeführt, außerdem nahm mit verbesserter Härtung die Widerstandsfähigkeit des Messings zu. Für seine technischen Leistungen wurde er durch Verleihung der Würde eines Dr.-Ing. ehrenhalber geehrt. *Z 55 (1911) S. 1457.* Schz.

PONCELET, Jean Victor, geb. 1. Juli 1788 in Metz, gest. 22. Dez. 1867 zu Paris. Er stammte aus sehr armen Verhältnissen, besuchte zunächst die Volksschule, übertraf jedoch seine Mitschüler bald bei weitem und erhielt auf Grund seiner Leistungen und Kenntnisse einen Platz als Externer im Lycée Imperial in Metz. Nach zweijährigem Studium wurde er in die Pariser Polytechnische Schule aufgenommen. Im Jahre 1810 trat er bereits als Ingenieuroffizier in die École d'Application in Metz ein, die er jedoch schon im Februar 1812 wieder verließ, um sofort als Ingenieur zu Befestigungsarbeiten nach der Insel Walcheren an der Mündung der Schelde kommandiert zu werden. Im Juni desselben Jahres erhielt er den Befehl, sich auf den Weg nach Moskau zu machen, um an dem französischen Feldzug teilzunehmen. Nach der Schlacht bei Krasnii, am 11. Nov. 1812, geriet er in Gefangenschaft, wurde in der Stadt Saratow an der Wolga interniert und wohnte dort einundeinhalb Jahre. Obwohl er kein Buch zur Hilfe hatte und ganz auf seine Schulerinnerungen angewiesen war, machte er sich in seinen Mußestunden daran, seine Mathematikstudien wieder aufzunehmen und legte in dieser geistigen Einsamkeit den Grund zu seinem hochberühmten Werke: „Traité des propriétés projectives des figures".

Nach dem Frieden von 1814 kam er nach Metz zurück und nahm im folgenden Jahre an der Verteidigung der Stadt teil. Von 1815 bis 1825 stand er als Platzingenieur in Metz in Dienst und konnte hier seine Forschungen fortsetzen. In den Jahren 1820 bis 1824 erfand er eine Vorrichtung zur möglichst gleichförmigen Bewegung von Klappbrücken und ein noch heute nach ihm benanntes unterschlägiges Wasserrad im eng anschließenden Kreisgerinne. Auf Anordnung des Kriegsministers im Jahre 1824 hielt Poncelet in Metz technisch-wissenschaftliche Vorträge an der technischen Schule und auch volkstümliche Abendvorträge für die Arbeiterschaft. Im Jahre 1827 begann er seine Versuche über den Ausfluß des Wassers aus Gefäßmündungen. Diese hydraulischen Versuche setzte er 1841 in Toulouse fort. Die Akademie der Wissenschaften in Paris schenkte seinen ersten Arbeiten nicht die Beachtung, die sie verdienten, doch wurde er 1825 sowohl von der Schule als auch von der städtischen Behörde in Metz zum Professor für angewandte Mechanik ernannt. Erst die Denkschrift über vertikale Wasserräder, herausgegeben 1827, erregte die Aufmerksamkeit der Akademie der Wissenschaften, und er erhielt den Preis von Monthyon. Im Jahre 1831 wurde Poncelet Bataillonschef im Ingenieurkorps, 1834 Mitglied der Akademie der Wissenschaften in Paris, nachdem er diese Mitgliedschaft bereits 1831 ausgeschlagen hatte. Von 1838 bis 1848 wirkte er als Professor an der Faculté des Sciences in Paris, während er gleichzeitig bis zu den höchsten militärischen

Stellen aufrückte, Kommandant der École Polytechnique in Paris war und die Stelle eines Oberkommandanten der Nationalgarde im Seine-Département bekleidete. Für die Weltausstellung in London im Jahre 1851 wurde er zum Präsidenten der französischen Kommission ernannt und wirkte mit bei den Ausstellungen 1855 in Paris und 1862 in London.

Poncelet förderte die abstrakten und Erfahrungswissenschaften, besonders auf dem Gebiet der Geometrie, der technischen Mechanik, der Hydraulik und der theoretischen Maschinenlehre. Sein erstes berühmtes Werk erschien 1822 mit dem Titel: „Traités des propriétes projectives des figures." Es folgten 1827: „Mécanique appliquée aux machines" und mehrere Werke aus der Zeit seiner Tätigkeit während der Ausstellungen. Am ausführlichsten behandelte er die Hydraulik und die Hydromechanik in Veröffentlichungen während der Jahre 1827 bis 1857. Leider ist ein großer Teil der von Poncelet um 1839 in der Faculté des Sciences gehaltenen Vorträge nicht gedruckt worden, doch gibt der Inhalt einer Reihe von lithographierten Heften, die zu späteren Veröffentlichungen und Übersetzungen dienten, eine Anschauung über die außerordentlich wertvollen Arbeiten über Werkstoffprüfung. Ein anderes Werk, das ausführlich die „Lehre vom Widerstande der Materialien" behandelt, ist 1829 in Metz erschienen unter dem Titel: „Introduction à la mécanique industrielle" und enthielt einen wahren Schatz an Erörterungen und Theorien. Ganz besonders hervorgehoben zu werden verdienen hierin die Untersuchungen über den Einfluß wiederholter Beanspruchungen und Stöße. Von der Bedeutung Poncelets als Förderer der angewandten Mechanik zeugt das Urteil Reuleaux', der 1875 in seiner theoretischen Kinematik die Arbeiten von Poncelet als die Grundsäulen der Mechanik und der theoretischen Maschinenlehre bezeichnete. *Hist. méc.; Gesch. Mech.; Didion: Notice sur la vie et les Ouvrages de J. V. Poncelet (Paris 1869).* De.

POPPER, Josef (Popper-Lynkeus) geb. 21. Febr. 1838 zu Kolin (Böhmen), gest. 22. Dez. 1921 zu Wien. Popper besuchte die Ghettoschule und die christliche Kreishauptschule seiner Vaterstadt, dann die Oberrealschule und das Polytechnikum in Prag, in den Jahren 1858 und 1859 das Polytechnikum in Wien, um sich in Mechanik und Maschinenlehre auszubilden. Da er in Maschinenfabriken keine Anstellung erhalten konnte, wurde er Eisenbahnbeamter, doch verließ er bald seine Stellung infolge Erkrankung, gab (1861) eine „autographische Zeitungskorrespondenz" über wissenschaftliche Vorträge und Versammlungen heraus und übernahm 1866 eine Hofmeisterstelle, die ihm Gelegenheit bot, sich in Volkswirtschaft, Kulturgeschichte, schöngeistiger Literatur, Kunst und insbesondere in Mathematik und Physik tiefer auszubilden. Aus jener Zeit stammt seine unverbrüchliche Freundschaft mit Ernst Mach. Nach Austritt aus der Hofmeisterstelle drängte ihn die Not auf die Erfinderbahn. Von seinen Erfindungen im Gebiete der Technik sind zu nennen: die Kesseleinlagen zur Verhinderung des Anbrennens der Dampfkessel infolge von Schlamm- und Kesselsteinanhäufungen (Dingl. 1878), ein Luftkondensator (Z. Öst. 1887), ein „selbstventilierendes Gradierwerk" (Z. Öst. 1892). Im Jahre 1862 hat Popper als erster in einer bei der Wiener Akademie der Wissenschaften versiegelt hinterlegten Schrift den Gedanken der elektrischen Kraftübertragung ausgesprochen (veröffentlicht in den Sitzungsberichten der Akademie vom Jahre 1882, 26. Band).

In der Zeit von 1879 bis 1899 beschäftigte sich Popper sehr eingehend auch mit Elektrotechnik und Flugtechnik und veröffentlichte mehrere in vielen Fragen wegweisende Abhandlungen. 1878 war sein großes Werk „Das Recht zu leben und die Pflicht zu sterben" erschienen, das den Weg zur Vereinbarung des Gedankens der Staatsfürsorge mit den Forderungen des Einzelmenschen zeigt, und das durch sein im Jahre 1912 im Verlage von C. Reißner in Dresden veröffentlichtes Werk „Die allgemeine Nährpflicht als Lösung der sozialen Frage; eingehend bearbeitet und statistisch durchgearbeitet" eine gründliche Erläuterung und eine sichere Grundlage erhielt. Einen großen dichterisch veranlagten Geist offenbarten seine „Phantasien eines Realisten", die er 1899 unter dem Namen „Lynkeus" (bei Reißner in Dresden) erscheinen ließ, die achtzig frei erfundene Erzählungen enthalten und bereits im Jahre 1909 die 12. Auflage erlebten. Die letzten Lebensjahre verbrachte Popper auf dem Krankenbette; die Geldentwertung brachte ihn überdies in große Not. In seinem Nachlasse fanden sich Werke über „Religion" und „Krieg, Wehrpflicht und Staatsverfassung". *Selbstbiographie von Josef Popper-Lynkeus (Leipzig 1916).* Bk.

PORTA, Giambattista della, geb. um 1538 zu Neapel, gest. 4. Febr. 1615 daselbst, stammte aus einem altadeligen Geschlecht. Nachdem er sich durch das Lesen der Werke alter Naturforscher gebildet und alles, was ihm Neapel für sein Studium bieten konnte, durchforscht hatte, reiste er zur Erweiterung seiner Kenntnisse durch Italien, Frankreich und Spanien. In seine Vaterstadt zurückgekehrt, wurde er der Mitbegründer der Akademien „Otiosi" und „Secreti". In der letzteren fand nur Aufnahme, wer sich durch eine Entdeckung oder Erfindung auf dem Gebiet der Naturwissenschaften ausgezeichnet hatte; sie wurde jedoch nach kurzer Zeit der Zauberei verdächtigt und aufgelöst; Porta mußte das Versprechen geben, fortan diese „unerlaubten Künste" nicht mehr zu betreiben, was ihn indes nicht hinderte, seine physikalischen Studien fortzusetzen. Erst neunzehnjährig, gab er die erste Auflage seiner „Magia naturalis", die aus drei Büchern bestand, heraus, 31 Jahre später erweiterte er das Werk auf 20 Bände. In ihm sind nicht nur sehr beachtliche Forschungen über Optik enthalten, die Porta zur Verbesserung der Camera obscura führten, sondern auch eine für die damalige Zeit recht vollkommene Abhandlung über Magnetismus. Später löste Porta einzelne Abschnitte aus dem Werk zu selbständigen Abhandlungen heraus, von denen „De acris transmutationibus" (Rom 1604) die vollständigste Meteorologie jener Zeit ist; seine Bemerkungen über Ebbe und Flut sind fast die ersten, die wir auf diesem Gebiet überhaupt besitzen. Von Interesse ist ferner eine von Porta herrührende Einrichtung, den Dampf zum Heben von Wasser zu benutzen. 1601 machte Porta die ersten uns bekannten Versuche zur quantitativen Bestimmung, in wieviel Dampf eine bestimmte Wassermenge sich auflöst. Seine optischen Versuche brachten ihn der Erfindung des Fernrohres sehr nahe, er deutet schon scharf darauf hin, daß sich durch eine Vereinigung von Glaslinsen besondere optische Wirkungen erzielen lassen, doch scheint es sich bei seinem Vorschlag noch nicht um ein Fernrohr, sondern um eine Art Brille zu handeln (Heller, Gesch. d. Phys. 1 S. 384). Die Ähnlichkeit des Auges mit der Dunkelkammer hat zuerst Leonardo da Vinci erwähnt; Porta, dem wir die erste Beschreibung der Dunkelkammer verdanken, betrachtete die hintere Wand des Auges als einen Hohlspiegel, von dem aus das Licht in die Mitte des Auges gelange, um dort wahrgenommen zu werden.

Wir finden bei Porta und seinen Zeitgenossen, die sich mit physikalischen und chemischen Dingen beschäftigten, ein seltsames Zusammenwirken von Klarheit und Mystik, von Wirklichkeit und Aberglauben, sie waren auch in bezug auf die Behandlung wissenschaftlicher Dinge die typischen Vertreter ihrer Zeit, die vor der klaren Erkenntnis der Ergebnisse wissenschaftlicher Forschung und ihren Folgerungen noch eine gewisse Furcht hegten. Portas „Magia naturalis" ähnelt deshalb in manchen Teilen einem modernen Zauberbuch, es kommt ihm stets mit darauf an, den Leser zu belustigen oder durch das Überraschende der Erscheinung in Erstaunen zu versetzen. Trotzdem hat er der Wissenschaft durch die Verbreitung des Interesses an den Naturwissenschaften einen großen Dienst erwiesen. Porta starb 1615 in seiner Vaterstadt und wurde in einer Kapelle, die er in der Kirche des heiligen Laurenzius hatte errichten lassen, beigesetzt. *Entw. Dm. 1 (1908) S. 285; Gesch. Masch. S. 254; Entw. Natw. 1 S. 329, 2 S. 8, 13; Handb. Natw.* Ca.

PORTER, Charles T., geb. 18. Jan. 1826 im Staate New York, gest. 29. Aug. 1910, ist bekannt als Konstrukteur des nach ihm benannten Regulators und des ersten wirtschaftlich erfolgreichen Schnelläufers. Von Hause aus Jurist, kam er als junger Rechtsanwalt zufällig mit der Technik in Berührung und gewann soviel Liebe zum Maschinenbau, daß er seinen Beruf, der ihn enttäuschte, aufgab und Ingenieur wurde. Seine erste technische Aufgabe, der Umbau einer Steinmeißelmaschine, zwang ihn, sich mit der Regelung der Kraftmaschine zu befassen. Der unregelmäßige Gang der Dampfmaschine hatte sich auf die Arbeitsmaschine übertragen, was zur Folge hatte, daß die Steinmeißelmaschine den Stein nicht eben, sondern wellenförmig bearbeitete. Die bessere Regulierung der Dampfmaschine wurde von Porter durch den Regler mit Belastungsgewicht erreicht. Porter und sein Mitarbeiter, der Maschinenbauer Allen, haben den Bau der schnellaufenden Maschinen so verbessert, daß die Konstruktion auch hohen Anforderungen in Amerika Genüge leistete. Porter erkannte frühzeitig den Einfluß der Massenwirkung auf den Gang der Maschine und verstand es, die Größe der bewegten Massen mit Rücksicht auf Dampfdruck, Füllung und Geschwindigkeit so zu wählen, daß sich eine möglichst stoßfreie Umkehr der Bewegungsrichtung ergab. Einfache Versuche, mit geringen Hilfsmitteln ausgeführt, ließen ihn klar die Wechselbeziehungen erkennen. Die für die Internationale Ausstellung in London 1862 bestimmte Maschine sollte zuerst mit 200 Uml/min. arbeiten. Schließlich begnügte sich Porter mit 150 Uml/min. und erregte damit das größte Staunen und Mißtrauen seiner Zeitgenossen. In unmittelbarem Zusammenhang mit dieser Porter-Allen-Maschine entstand durch den Ingenieur Richards auf Anregung Porters der erste moderne Indikator.

Durch seine großen technischen Arbeiten kam Porter in Berührung mit bedeutenden Ingenieuren seiner Zeit. Von diesen Beziehungen und dem Werdegang seiner technischen Laufbahn erzählt er in seinem lesenswerten Buche: „Lebenserinnerungen eines Ingenieurs" („Engineering Reminiscences"). Die Verdienste Porters wurden von seinen amerikanischen Fachgenossen durch die Verleihung der John-Fritz-Denkmünze anerkannt. *Porter: Lebenserinnerungen eines Ingenieurs (deutsch von F. u. E. zur Nedden) (Berlin 1912); Entw. Dm. 2 S. 18; Z 59 (1910) S. 1879.* Wf.

PRECHTL, Johann Josef Ritter von, geb. am 16. Nov. 1778 zu Bischofsheim in Bayern, gest. 28. Okt. 1854 zu Wien, Organisator und erster Direktor des K. K. Polytechnischen Institutes (jetzt Technische Hochschule in Wien), hat als erster auf Grund seiner wissenschaftlichen Forschung das Steinkohlenleuchtgas erzeugt und auf dem Festlande zur Anwendung gebracht (1816, im Polytechnischen Institute) und auch das erste Werk über Steinkohlengasbeleuchtung (1817) verfaßt. Prechtl studierte in Würzburg Philosophie und Rechte, beschäftigte sich aber später als Erzieher im gräflich Taaffeschen Hause in Brünn auch sehr eingehend mit Pädagogik und Naturwissenschaft; 1804 erschien seine Schrift „Über die Fehler der Erziehung", 1805 seine preisgekrönte Abhandlung „Über die Physik des Feuers" und seine Studie über den Vogelflug als erstes Ergebnis der auch weiterhin fortgesetzten Versuche über Luftwiderstand. 1809 wurde Prechtl an die neu zu errichtende Real- und Navigationsakademie in Triest berufen, doch schon im nächsten Jahre — als Lehrer der Chemie, Physik und Naturgeschichte an der Realakademie in Wien — beschäftigte er sich mit dem Entwurfe eines Polytechnischen Institutes in Wien, das auch im Herbste 1815 unter seiner Leitung eröffnet wurde. Das Institut bestand aus einer technischen und einer kommerziellen Abteilung; es sollte aber auch ein Konservatorium der technischen Künste und Gewerbe, ein technisches Museum zur Beförderung der Nationalindustrie werden und als Kunstbehörde wirken. An der technischen Abteilung waren acht Lehrkanzeln; die Lernfreiheit ging wesentlich weiter als an der Universität. Am 14. Okt. 1816 wurde der Grundstein für den Neubau des Institutes gelegt. Nachdem 1816 die Gasbeleuchtung eingeführt worden war, wurde 1819 die Dampfheizung in Anwendung gebracht. Die von Prechtl ins Leben gerufenen „Jahrbücher" des Polytechnischen Institutes waren bis 1830 eine führende technische Zeitschrift; von 1830 an widmete sich Prechtl mit allem Eifer der Bearbeitung der „technologischen Enzyklopädie", die 20 Bände und 5 Ergänzungsbände (1860 von Karmarsch herausgegeben) umfaßt und für die er selbst viele Abhandlungen schrieb. Prechtl war auch sonst fachschriftstellerisch sehr fruchtbar; seine vielen Schriften behandeln Optik, Elektrizität, Wärme, Steindruckerei, Porzellanmanufaktur usw. Er wurde 1847 zum wirklichen Mitgliede der Akademie der Wissenschaften gewählt und beim Rücktritt von der Direktion des polytechnischen Institutes (1849) durch die Verleihung des Ritterkreuzes des Leopoldordens ausgezeichnet. Der Österreichische Ingenieur- und Architektenverein hat am 4. Nov. 1903 seine Büste vor der K. K. Technischen Hochschule in Wien aufgestellt. *Z. Öst. 55 (1903) S. 603.* Bk.

PREECE, Sir William, geb. 15. Febr. 1834, gest. 6. Nov. 1913 in Carnarvon (Wales). Er besuchte in London die King's College School und hörte am Royal Institute Vorträge von Michael Faraday über Elektrotechnik. Nachdem er in einem Büro und bei einer Brückenbauanstalt kleinere Stellungen bekleidet hatte, finden wir Preece bei Faraday am Royal Institute als dessen Assistent wieder. Im Alter von 19 Jahren trat er seine erste Stelle bei der Electric & International Telegraph Company an; drei Jahre später war er Leiter eines Bezirkes dieser Gesellschaft, mit 24 Jahren Ingenieur der Channel Islands Telegraph Company. Im Jahre 1870 trat er in Staatsdienste; 1892 war er Chefingenieur und Elektrotechniker der englischen Post, wo er bis zum Jahre 1892 blieb. Bis zu seinem Tode war er dann als beratender Ingenieur tätig.

Kaum volljährig, erfand er ein System von Duplex-Telegraphie; in den sechziger Jahren war er vor allem mit der Einführung von elektrischen Signaleinrichtungen beschäftigt, auf die er eine Reihe von Patenten nahm. Er brachte das erste Bellsche Telephon nach England und setzte sich stark für die Einführung dieses Verständigungsmittels ein. Schon früh interessierte er sich für die drahtlose Nachrichtenübertragung und stellte praktische Versuche bereits im Jahre 1882 an der Küste Englands an; als er von den Marconischen Versuchen hörte, brachte er ihnen von Anfang an größtes Verständnis entgegen und maß dieser Erfindung größte Bedeutung bei. Nicht nur eigene Erfindungen führte er zu seiner Zeit bei der Postverwaltung ein; er war für jede Neuerung interessiert; von einer Forschungsreise nach Amerika brachte er das Delaney-System und die Mehrfachtelegraphie mit und führte sie in England ein. Dem Gedanken der Normung in der Technik stand er von Anfang an fördernd gegenüber; er gründete und übernahm im Jahre 1902 den Vorsitz des elektrotechnischen Normenausschusses. Von Preece rühren u. a. auch eine Reihe bekannter Handbücher für Telephonie und Telegraphie her. *Eng. 116 (1913) S. 517.* W₁.

PRESSEL, Wilhelm, geb. 28. Okt. 1821 in Stuttgart, gest. 16. Mai 1902 zu Pera, besuchte die Gewerbeschule seiner Vaterstadt, erwarb den Lehrbrief als Steinmetzgeselle, entwich — um gegen den Willen seines Vaters sich weiter ausbilden zu können — mit 18 Jahren nach Frankreich und England, übernahm, nach zwei Jahren heimgekehrt, die Vertretung des erkrankten Professors für darstellende Geometrie am Polytechnikum in Stuttgart, wandte sich dann auf Rat des württembergischen Baudirektors Karl v. Etzel der Eisenbahnbaukunst zu und leitete zunächst den Bau der berühmten „Geislinger Steig" (1844 bis 1850), der Vorläuferin der Semmeringbahn. 1853 übertrug ihm Etzel als Oberleiter der Schweizerischen Zentralbahn den Bau des Hauensteintunnels, bei dem er die englische Bauweise mit großem Erfolge anwandte. 1862 folgte Pressel dem Rufe Etzels als Baudirektorstellvertreter der

Franz-Josephs-Orientbahn nach Wien; als solcher leitete er die Entwürfe und Bauarbeiten der Brennerbahn Innsbruck—Bozen; wertvollen Einfluß nahm er auf den Fortschritt des Eisenbrückenbaues und die Vergebungsweise von Bauarbeiten. Nach Etzels Tode (1865) wurde Pressel sein Nachfolger und Baudirektor der Südbahngesellschaft; als solcher ließ er für die Pustertalbahn und für die ungarischen Linien Musterpläne ausarbeiten, insbesondere auch für Holzbrücken, die zur Grundlage für Regelentwürfe geworden sind. Infolge der Anerbietungen des Barons Hirsch verließ Pressel 1869 die Südbahn und befaßte sich mit der Schaffung eines großartig gedachten Eisenbahnnetzes in der Türkei, zog sich aber nach Wien zurück, als er zu der Überzeugung gelangte, daß er nur als Werkzeug eines rücksichtslosen Ausbeutertums dienen sollte. 1872 nahm Pressel die ihm von der türkischen Regierung angebotene Stelle eines kaiserlichen Generaldirektors der ottomanischen Eisenbahnen an und verfaßte den Entwurf des 6800 km langen anatolischen Netzes unter Zugrundelegung einer Spurweite von 1100 mm. So wurde Pressel der Urheber der Bagdadbahn, deren Verwirklichung nun sein ganzes weiteres Leben gewidmet war und um derentwillen er die Stelle eines Generaldirektors der österreichischen Staatsbahnen und die des Baudirektors der Gotthardtbahn ablehnte. Seine Verbindung mit der Türkei und seine Tätigkeit in Konstantinopel, wohin er sich noch wiederholt auf Einladung der türkischen Regierung begab, brachten ihm viele schwere Enttäuschungen und harte Kämpfe mit der im Orient allmächtigen Hochfinanz. Während eines Aufenthaltes in Konstantinopel ereilte ihn der Tod. Von Pressels zahlreichen fachwissenschaftlichen Arbeiten seien erwähnt: „Übergangsbögen bei gekrümmten Eisenbahngleisen" (Eisenbahnztg. 12. Jahrg. S. 173); „Der Bau des Hauensteintunnels" (gemeinsam mit W. Kauffmann, Basel 1859); „Ventilation und Abkühlung langer Alpentunnels" (1881, nur in wenigen Abdrücken); Flugschrift über ein eisernes Oberbausystem (1884); „Das anatolische Eisenbahnnetz" (Ztschr. f. Eisenbahnen und Dampfschiffahrt der österr.-ungar. Monarchie 1888); „Der Ausbau des Alpenbahnnetzes" (ebenda 1894). *Organ (1902) S. 289*. Bk.

PRIESTLEY, Joseph, geb. 13. März 1733 in Fieldhead bei Birstal (Yorkshire), gest. 6. Febr. 1804 bei Philadelphia. Nach dem frühen Tod der Mutter wurde Priestley in dem Hause der Schwester seines Vaters erzogen und unterrichtet. Er studierte Theologie und wurde 1755 Prediger der Independenten zu Needham-Market (Suffsh.), 1761 Lehrer der schönen Wissenschaften an der Akademie in Warrington, 1768 Lehrer einer Dissentergemeinde in Leeds, 1770 Bibliothekar des Lord Shelburn in Paris und schließlich 1780 wieder Pfarrer einer Dissentergemeinde in Birmingham. Durch die Veröffentlichung verschiedener theologischer Schriften, in denen er die Kirche angriff, geriet er mit den führenden Vertretern der Theologie in einen erbitterten Streit, der ihn 1794 veranlaßte, nach Northumberland in Pennsylvanien auszuwandern, wo er mehrere unitarische Gemeinden gründete. Schon von Kindheit an hatte Priestley sich oft und eingehend in das Gebiet der Naturwissenschaften vertieft und mit chemischen und physikalischen Studien befaßt; obwohl ihm eine wirklich systematische Vorbildung fehlte, hat er mit großem Erfolg das schwierige Gebiet der pneumatischen Chemie bearbeitet. Er glich den erwähnten Mangel durch ein außergewöhnliches Geschick zum Experimentieren aus. Seine wichtigsten Forschungen liegen auf dem Gebiet der Gase. 1771 entdeckte er, daß die „fixe Luft", welche sich beim Atmen bildet und die atmosphärische Luft zur Unterhaltung des Lebensprozesses untauglich macht, durch die Pflanzen wieder in zum Atmen taugliche Luft umgewandelt wird. Ferner stellte er das Stickoxyd durch Erhitzen von Kupfer mit Salpetersäure her und schlug es unter dem Namen „Salpeteroxyd" zur Eudiometrie vor. 1774 fand Priestley, daß sich mit Hilfe der Elektrizität aus einigen Flüssigkeiten, z. B. aus Alkohol, Wasserstoff abspalten ließ. In dem gleichen Jahr wandte er zum ersten Male Quecksilber zum Absperren von Gasen an und stellte Ammoniakgas durch Erhitzen von Salmiak mit Ätzkalk und Auffangen der entweichenden Luftart über Quecksilber dar. Es folgte seine Erfindung des Knallgases, des Salzsäuregases, der gasförmigen schwefligen Säure und des Fluorkieselgases, aus welchem er in Verbindung mit Wasser die Kieselfluor-Wasserstoffsäure erhielt, und des Stickstoffoxyduls (Lachgas) bei Einwirkung von Eisen auf salpetrige Säure. Am folgenreichsten und für das ganze Gebiet der Chemie von allergrößter Bedeutung war die Entdeckung des Sauerstoffes, die von Scheele und Priestley fast gleichzeitig und unabhängig von einander gemacht wurde. Ferner untersuchte er die Absorption der Gase durch Flüssigkeiten und wies nach, daß unter gewöhnlichem Barometerdruck ein gegebenes Volum Wasser ein gleiches Volum Kohlensäure absorbiert. Nachdem 1776/77 Lassone und Lavoisier das Kohlenoxyd in unreinem Zustande erhalten hatten, stellte Priestley dieses Gas 1799 in reinem Zustande dar.

Zahlreiche wissenschaftliche Abhandlungen sind Zeugen von Priestleys umfassenden Kenntnissen; außer seinen bedeutenden theologischen Schriften, die ihn uns als feinsinnigen Philosophen erkennen lassen, liegen Werke aus dem Gebiet der Pädagogik, Rhetorik, Geschichte, Naturphilosophie und Politik vor. Besonders genannt seien hier seine technisch-chemisch-physikalischen Veröffentlichungen: „History and present state of electricity" (1767), „History and present state of discoveries relating to vision, light and colours" (1772), „Observations or different kinds of air" (1774 bis 1777). Von der praktischen Verwendbarkeit der Ergebnisse wissenschaftlicher Forschung war Priestley tief durchdrungen. Durch seine scharfe kirchliche und sozialpolitische Stellungnahme wurde er mehrmals in heftige Kämpfe verwickelt; 1791 zerstörte ihm der Pöbel sein Haus mit allem, was seine Forschertätigkeit in den letzten Jahrzehnten geschaffen hatte. In Priestley vereinigten sich seltene geistige Fähigkeiten, die ihn in die erste Reihe der Denker und Forscher seiner Zeit stellten, mit einem nach unbedingter Wahrheitsliebe und Zuverlässigkeit strebendem Charakter. Er starb im 71. Lebensjahr auf seinem Landgut bei Philadelphia. *Enc. Brit. 19 (1885) S. 730; Handb. Natw.; Biographie Joseph Priestley von Corry (Birmingham 1805); Entw. Natw. S. 20, 139, 140, 283.* Ca.

PROELL, Wilhelm Rudolf, geb. 10. Febr. 1845 in Elbing, gest. 14. Sept. 1892 in Dresden. Nach Besuch der Gewerbeakademie in Berlin legte Proell in Rostock die Doktorprüfung ab. 1876 begründete er in Dresden ein Ingenieurbureau, in dem die mannigfachsten technischen Aufgaben bearbeitet wurden. Besondere Verdienste erwarb sich Proell um die Entwicklung der Regulatoren und Einführung des Federregulators. Der von ihm 1884 erfundene pseudostatische Federregler hat sehr große Verbreitung gefunden.

Daneben betätigte Proell sich im Dampfmaschinenbau und arbeitete schon frühzeitig an der Entwicklung der Schnelläufer. Er arbeitete hier besonders mit R. Dörfel in Prag zusammen. 1885 entstand ein liegender Schnelläufer, der mit etwa 230 Umdrehungen in der Minute lief. Proell war auch der erste, der den Achsenregler, welcher bei den amerikanischen Schnelläufern zuerst bedeutende Verbreitung gefunden hatte, von der Schiebermaschine auf die Ventilmaschine übertrug. In Verbindung mit seinen Reglern schuf er eine sehr interessante zwangläufige Ventilsteuerung. Viel verwendet wurde auch sein auf den Schieberkasten aufgebauter Expansionsapparat, der unmittelbar von einem Proellschen Regulator bedient wurde.

Seine literarischen Arbeiten sind meist im Zivil-Ingenieur, in der Zeitschrift des Vereines deutscher Ingenieure und in den Verhandlungen des Vereins zur Förderung des Gewerbfleißes erschienen. Mitten aus großen Arbeiten über Druckluftanlagen raffte den 45jährigen der Tod hinweg. *Entw. Dm.* Hä.

PRONY, Marie Riche de, geb. 22. Juni 1755 zu Chamlet (Rhône), gest. 29. Juli 1839 zu Asnières bei Paris. Sein Vater war Mitglied des Parlamentes zu Dombes. Nach dem Besuch des Gymnasiums zu Toissey-en-Dombes trat Prony 1776 in die Pariser Schule für Straßen- und Brückenbau ein. Hier zeichnete er sich aus, so daß er bereits 1779 Sous-Ingénieur und 1781 Ingénieur en Chef dieser berühmten Bauabteilung Frankreichs wurde. 1794 wurde er Mitbegründer der Pariser polytechnischen Schule und 1795 Mitglied der Akademie der Wissenschaften. Später wurde ihm die Leitung der „École des Ponts et Chaussées" übertragen. Im Auftrage Napoleons beschäftigte er sich während mehrerer Jahre mit den Aufgaben der Austrocknung der Pontinischen Sümpfe und der Wiederherstellung des Hafens von Venedig. Im Jahre 1817 wurde Prony Mitglied des Büros für Maßeinheiten; 1828 wurde er zum Baron und 1835 zum Pair von Frankreich erhoben.

Von 1790 erschien in Paris Pronys Werk „Nouvelle architecture hydraulique". In der ersten deutschen Übersetzung, erschienen 1795 zu Frankfurt a. M., sagt K. C. Langsdorf: „Der erste Teil enthält alles, was bis jetzt von den größten Köpfen in der Theorie der statischen und mechanischen Wissenschaften Brauchbares gesagt worden ist und ist in Rücksicht auf die Theorie als ein vollständiger Lehrbegriff dieser Wissenschaften anzusehen. Die hydraulische Architektur enthält nicht nur die Hydraulik und Hydrotechnik, sondern die gesamte Statik und Dynamik fester und flüssiger Körper und außerdem „eine allgemeine Lehre von den Maschinen und den dabei anwendbaren Kräften". Seine einige Jahre später folgenden wissenschaftlichen Abhandlungen veröffentlichte Prony anfangs in dem „Journal de l'École Polytechnique" und später als besonderes Werk unter dem Titel: „Leçons de mécanique analytique". Außerordentliches hat Prony auch in seinen Veröffentlichungen über die Wassermessung und die Leitung des Wassers in Kanälen und Röhren niedergelegt. Weiter sind zu erwähnen seine Arbeiten über die Entwässerung der Pontinischen Sümpfe und über seine Untersuchungen des Erddruckes.

Weite, noch heute berechtigte Verbreitung gefunden hat die von Prony entworfene und in den „Annales des Mines" (Bd. 12) beschriebene Vorrichtung zum Messen der Leistungen von Maschinen, der Pronysche Zaum, für dessen Brauchbarkeit einzutreten Arago durch die Angriffe von Coriolis veranlaßt wird. Er sagt darüber, daß die Vorrichtung den Konstrukteuren und Käufern das Mittel gibt, die bewegende Kraft auch der stärksten Maschine bei allen Geschwindigkeiten zu messen. Prony habe der Wissenschaft einen außerordentlichen Dienst erwiesen und eine Forderung der praktischen Mechanik erfüllt. *Hist. méc.; Gesch. Mech.; Nouvelle arch. hydr. (Übers. v. Langsdorf, Frankfurt 1795).* De.

PULLMAN, George M., geb. 3. März 1831 in Cautanqua County, gest. 19. Okt. 1897 in Chicago (Ill.). Mit 14 Jahren trat er in die Dienste eines Landkaufmannes. Als Siebzehnjähriger verband er sich mit seinem Bruder, der in Albion (N.Y.) eine Kunsttischlerei betrieb. Im Alter von 22 Jahren war er in einem Transportunternehmen tätig und siedelte 1859 nach Chicago über. Bereits ein Jahr vorher wurde seine Aufmerksamkeit zum ersten Male auf die großen Unbequemlichkeiten gelenkt, die große Reisen im Gefolge hatten: und Pullman beschloß, hier Abhilfe zu schaffen. 1859 baute er zwei alte Tageswagen der Chicago- und Alton-Linie in Schlafwagen um, die solchen Anklang fanden, daß sofort eine große Nachfrage nach ihnen einsetzte. Im Jahre 1863 konstruierte er in Chicago das Modell des Schlafwagens, das in fast der gleichen Gestalt heute noch verwendet wird und seinen Namen mit dem Fortschritt auf dem Gebiet des Eisenbahnwesens untrennbar verknüpfte. Der erste Wagen wurde „Pioneer" genannt und kostete etwa 18000 Dollar. Die Pullman-Palace-Car-Company, deren Präsident er war, wurde 1867 gegründet. Seit 1880 befinden sich die Werkstätten in der von Pullman gegründeten Arbeiterstadt Pullman-City in der Nähe von Chicago. Diese Stadt, die neben den Werkstätten vor allem Arbeiter- und Angestelltenwohnungen enthält, ist nach Pullmans Entwürfen gebaut worden. Sie ist mit ihren großen sozialen Einrichtungen und ihren schönen Anlagen eine Sehenswürdigkeit, die von Fremden viel besucht wird. Das seinerzeit auf der Ausstellung in Philadelphia (1876) berühmteste Ausstellungsstück, die große Dampfmaschine von Corliss, die in nur sieben Monaten gebaut wurde, kaufte Pullman für seine neuen Werkstätten in Pullman-City im Jahre 1880 und setzte sie 1881 als Betriebsmaschine feierlich in Gang. Später war sie noch lange Zeit als Aushilfsmaschine tätig. Die durch die wirtschaftliche Depression, die nach der Weltausstellung folgte, auch in Pullman City einsetzenden Arbeiterentlassungen und Lohnkürzungen riefen einen Streik gegen Pullman im Jahre 1894 hervor. Die Kämpfe waren außerordentlich schwer und kosteten mehreren Personen das Leben. Der Streik wurde schließlich von der Regierung gewaltsam unterdrückt. Pullmans Name wird auch noch in Verbindung mit mehreren öffentlichen Arbeiten genannt. So war er z. B. Präsident der Vereinigung, die die Metropolitan-Hochbahn in New York baute. *Am. Biogr. 5 (1888); Enz. Eisb.; Entw. Dm. 2 S. 13.* Wi.

R

RADCLIFFE, William, geb. 17. Okt. 1761 in Mellor (Derbyshire), gest. 18. Mai 1842 in Mill Gate Hill (Stockport). Radcliffe, der Erfinder der Appretiermaschine, half in seiner Jugend, seinem Vater und seinen Brüdern, die Textilheimarbeiter waren. Mit 24 Jahren machte er sich als Spinner und Weber selbständig. Um das Jahr 1794 war er vor allem mit dem Anfertigen von Musselinketten, die webbereit zurechtgemacht waren und mit dem Herstellen von Musselin für den Markt von Manchester beschäftigt. Zu jener Zeit konnte der Weber nur immer etwa 36 Zoll der Kette auf einmal stärken oder appretieren; er mußte also stets nach verhältnismäßig kurzer Zeit mit der einen Arbeit aufhören, um wieder die andere zu verrichten; er kam nur langsam voran und konnte aus den gleichen Gründen auch keine gleichförmige erstklassige Arbeit liefern. Die erste Verbesserung, die Radcliffe einführte, bestand darin, daß er die ganze Kette, ehe sie auf den Baum gespannt wurde, appretierte; auf diese Weise wurde der große Fortschritt erzielt, daß der Weber jetzt ununterbrochen beim eigentlichen Weben bleiben konnte. Das neue Verfahren war auch so einfach, daß ein junger Mann es in einigen Tagen erlernen konnte. Auch Kinder und Frauen konnten die Arbeit verrichten.

Im Jahre 1794 versuchten zwei auswärtige Kaufleute, von Radcliffe Baumwollgarn zur Ausfuhr zu kaufen. Im Interesse seines Landes lehnte Radcliffe dieses Anerbieten ab und trat auch in späteren Jahren immer wieder für ein Ausfuhrverbot von Rohgarn ein. Nur fertig gewebte „Stückware" sollte ausgeführt werden, um so die Vorteile, die sich aus der in der englischen Textilindustrie herrschenden größeren Geschicklichkeit ergaben, allein beanspruchen zu können. Radcliffe machte auch auf die großen Vorteile aufmerksam, die durch Einführung einer strengeren Arbeitsteilung und durch die Erfindung eines neuen und vereinfachten Appretierverfahrens möglich seien, und erbot sich, diesen seine Aufmerksamkeit zuzuwenden. Er überließ daher die Leitung seines bisherigen Betriebes seinem Teilhaber Roß, kaufte ein neues Grundstück in Hill Gate (Stockport) und führte von Anfang an in der Weise eine Teilung der Arbeit ein, daß er einen Raum für die Vorbereitungsarbeiten der Kette und einen anderen nur für das Weben einrichtete. Die Verfahren in diesen beiden Räumen verbesserte er auch grundlegend. Durch eine Vorrichtung, die von dem talentvollen Assistenten Radcliffes, Thomas Johnson, einem Weber aus Bradbury, geschaffen wurde und die ihre Bewegung von der Drehbank entlehnte, war es möglich, den Stoff gleich nach dem Weben aufzurollen, so daß das Stück stets gleiche Abmessungen erhielt und auch das Gewebe viel gleichmäßiger als vordem ausfiel. Um die Erfindung im Auslande nicht bekannt werden zu lassen, wurde das Patent unter dem Namen von Thomas Johnson angemeldet. Radcliffe setzte sich im Laufe der folgenden Jahre stark für die Einführung seiner Erfindung ein; er hatte aber mit großen Schwierigkeiten und Widerständen der Exporteure des Baumwollgarnes zu kämpfen. Zweimal befanden sich seine Unternehmen in Geldschwierigkeiten, aus denen gute Freunde ihm halfen.

William Radcliffe wird als ein sehr liebenswürdiger, aufrechter und ehrenwerter Mann geschildert, dessen Liebe zu seinem Lande ihm an erster Stelle stand. *Brief Biogr. S. 32.* Wi.

RADINGER, Johann Edler v., geb. 1842 in Wien, gest. 20. Nov. 1901 in Wien, hat durch sein aufsehenerregendes Werk: „Die Dampfmaschinen mit hoher Kolbengeschwindigkeit" (1870) die Grundlage, auf der sich die Dampfmaschine seither entwickelte, geschaffen; die Anregung hierzu hatten ihm die Dampfmaschinen auf der Weltausstellung in Paris (1867) gegeben. Radinger war nach Abschluß seiner Hochschulstudien (1863) bei Professor v. Burg als Assistent eingetreten, hatte dann einige Zeit in der Maschinenfabrik H. D. Schmid in Simmering bei Wien gearbeitet, war 1867 Adjunkt bei Professor v. Grimburg geworden und übernahm 1875 nach dessen Rücktritt die Lehrkanzel für Maschinenbau. Auf der Weltausstellung in Wien (1873) erschien seine für schnellgehende Dampfmaschinen erdachte umlaufende Hahnsteuerung. Klassische Facharbeiten sind seine amtlichen Ausstellungsberichte über Motoren und Dampfkessel, über Dampfmaschinen und Transmissionen (Wien 1873, Philadelphia 1876), die viele neue Gesichtspunkte geltend machten und bemerkenswerten Einfluß auf die Maschinenfabriken des europäischen Festlandes und auf gesetzliche Vorschriften für die Sicherheit des Dampfkesselbetriebes ausübten. Radinger hat eine bedeutende Anzahl von Dampfkesselbauten und auch viele vollständige Fabrikanlagen für verschiedene Industrien in Österreich-Ungarn entworfen; ihm war auch die Bauleitung der maschinellen Einrichtungen der k. k. Hof- und Staatsdruckerei in Wien anvertraut. Als Sachverständigen berief man ihn wiederholt auch in das Ausland, so z. B. für die Streitsache Schichau-Schlick vor das deutsche Patentgericht (1898), und es entstand eine Reihe sachlich anregender Gutachten. Seine letzte fachliche Veröffentlichung betraf die Anwendung neuer Metalle im Maschinenbau (Bericht über die Pariser Weltausstellung 1900). Als Lehrer war Radinger unübertrefflich; seine Vorträge waren gleich seinen Schriften Muster an Klarheit und Formschönheit. Radinger wurde 1896, bald nach Erscheinen der umgearbeiteten dritten Auflage seines Werkes über schnellgehende Dampfmaschinen, durch die Verleihung der großen goldenen Medaille des Vereines zur Beförderung des Gewerbfleißes in Preußen ausgezeichnet und 1900 von der Kaiserlichen Akademie der Wissenschaften in Wien zum korrespondierenden Mitgliede der mathematisch-naturwissenschaftlichen Klasse gewählt. Der österreichische Ingenieur- und Architektenverein errichtete ihm 1903 ein Denkmal an der Schauseite der technischen Hochschule in Wien. *Z. Öst. 53 (1901) S. 827.* Bk.

RAMELLI, Agostino, geb. um 1530 in Mesenzana bei Ponte Tresa, gest. um 1590. Das außerordentlich reich ausgestattete Werk „Le diverse et artificiose machine del capitano Agostino Ramelli, dal Ponte della Tresia, ingenerio del christianissimo Re di Francia et di Pollonia" erschien 1588 in Paris im Selbstverlage des Verfassers. In 195 Kupferstichen im Großfolioformat, deren jedem eine italienische und eine französische Beschreibung beigegeben sind, zeigt er eine große Zahl teils damals bekannter, teils neu entworfener Motoren, Bewegungsmaschinen und Arbeitsmaschinen.

Ramelli hat lange Jahre in den Diensten des ausgezeichneten Heerführers Jakob v. Medici gestanden und unter seiner Leitung Mathematik und Kriegswissenschaften, wozu auch die Ingenieurkunst gehörte, studiert. Leonardo da Vinci hatte 1507 bis 1512 und 1515 bis 1517 in Mailand gelebt und gelehrt; sein Einfluß dürfte also auch auf den jungen Ramelli beim Studium der Ingenieurwissenschaften noch stark nachgewirkt haben. Auch als Ingenieur des Königs von Frankreich war er einer der Nachfolger Leonardos. Sein Werk widmete Ramelli dem König Heinrich III.

Die Maschinen, die Ramelli beschreibt, sind großenteils recht kompliziert, so daß man annehmen kann, daß sie bei einfacherer Bauart günstigere Ergebnisse geliefert hätten. Auch die Festigkeit der Bauteile ist mitunter nicht genügend in Betracht gezogen. Immerhin gibt das Buch eine recht anschauliche Darstellung des damaligen Maschinenbaues. Besonders zu bemerken sind die an verschiedenen Stellen dargestellten Verzahnungen. Die Anwendung der Mechanismen erfolgte in den meisten Fällen zum Antrieb von Pumpen und Wasserhebemaschinen. Als Kuriosität seien die Pumpen mit ringförmig gebogenen Zylindern erwähnt. Auch Getreidemühlen, Stein- und Holzsägemaschinen, Hebezeuge und Kriegsmaschinen sind von Ramelli dargestellt worden. *Gesch. Masch. S. 206.* Hä.

RAMSAY, Sir William, geb. 2. Okt. 1852 in Glasgow, gest. 23. Juli 1916 in London. Durch sechs Generationen finden wir den Beruf des Chemikers stets vom Vater auf den Sohn weitergeführt. William Ramsay erhielt seine Erziehung in Glasgow und ging mit 19 Jahren nach Heidelberg, später nach Tübingen, um bei Bunsen und Fittig Chemie zu studieren. 1872 kehrte er als Assistent des Anderson College nach Glasgow zurück; nebenher war er auch Dozent an der dortigen Universität. 1880 wurde er Professor der Chemie am University College in Bristol; mit noch nicht 30 Jahren war er Dekan seiner Fakultät. Bis zum Jahre 1887 blieb er in Bristol; dann nahm er den Ruf als Nachfolger von Thomas Graham und Alexander Williamson auf den Lehrstuhl für Chemie an der Londoner Universität an und blieb hier, bis er sich im Jahre 1913 gänzlich vom öffentlichen Leben zurückzog. Einen Markstein in der Geschichte der Chemie bildet seine Entdeckung, daß die Luft neben Sauerstoff und Stickstoff noch die sog. Edelgase Argon, Krypton, Henon und Helium enthält. Helium fand er auch in Mineralien auf. Während seiner Londoner Zeit hat er die bedeutendste Arbeit seines Lebens, seine Untersuchungen über die Verwandlung von Radium-Emanation in Helium, vollbracht, die ihm die höchsten Ehren, den Adel, den Nobelpreis und in der breiteren Öffentlichkeit den Namen eines „modernen Alchimisten" eingebracht haben. Bei diesen Untersuchungen leistete ihm das von Kirchhoff und Bunsen gefundene Verfahren der Spektralanalyse große Dienste. *Engg. 102 (1916) S. 84.* Wi.

RAMSBOTTOM, John, geb. 11. Sept. 1814 in Todmorden (Yorkshire), gest. 20. Mai 1897 in Fernhill. Bevor Ramsbottom in den Dienst der Manchester-Birmingham-, später London- and North-Western- Railway trat, arbeitete er bei der Lokomotivfirma Sharp, Roberts & Co. in Manchester. Bereits mit 28 Jahren bekleidete er den verantwortlichen Posten des Chefs der Lokomotivabteilung der Manchester- und Birmingham-Eisenbahn und wurde 1857 Nachfolger von Trevithick in der berühmten Werkstatt in Crewe. In dieser Stellung hat er für die Entwicklung des Lokomotivbaues Außerordentliches geleistet. Er schuf nicht nur neue Lokomotivformen, sondern beschäftigte sich vor allen Dingen auch stets mit dem Gedanken der möglichst einfachen und wirtschaftlichen Handhabung und Arbeit seiner Maschinen. Er erkannte die Notwendigkeit der Austauschbarkeit einzelner Maschinenteile und arbeitete ein System für die Einführung geeichter Normalmaße aus, wie es bis zu der Zeit im Maschinenbau noch nicht bekannt war. Von großer Bedeutung war Ramsbottoms Verbesserung des Metallkolbens für Dampfmaschinen; sein Kolben bestand aus drei Ringen und einem Kolbenkörper, er war wesentlich leichter und kostete nur ungefähr ein Drittel soviel wie die bis dahin angewandten Metallkolben. Die Bauart bewährte sich so vorzüglich, daß sie bald allgemein eingeführt wurde. 1863 konstruierte Ramsbottom den ersten wagerechten Hammer, bei welchem zwei auf Rollen geführte Hammerbären durch die Wirkung dahinter befindlicher Dampfkolben gegeneinander getrieben wurden, während das Schmiedestück genau in der Aufschlagmitte auf einer Drehscheibe ruhte. In seiner 1864 erschienenen Abhandlung: „On improved traversing cranes" gab er genaue Regeln für die Anlage von Laufkränen für die Innenräume von Fabriken, Lokomotiv- und Eisenbauwerkstätten, für Gießereien usw. Ramsbottom baute vorwiegend solche Krane, die mit Seiltransmissionen von einer feststehenden Dampfmaschine aus betrieben wurden. Ferner ist besonders der zwischen den Schienen angeordnete Wassertrog, aus dem der Tender während der Fahrt gefüllt werden konnte, auf ihn zurückzuführen. Auch Verbesserungen an der Tunnelbelüftung lagen auf dem Gebiet seiner Tätigkeit. Ramsbottom war Mitglied und Berater der verschiedensten Ingenieurvereinigungen; äußere Ehrungen wurden ihm in mannigfacher Art zuteil, so ernannte ihn die Universität Dublin zum Master of Engineering. Er starb, 83jährig, auf seiner Besitzung Fernhill. *Eng. 63 (1897) S. 751; Z 41 (1897) S. 692; Handb. Natw.; Stokert: Handb. d. Eisenbahnmaschinenwesens (Berlin 1908) 2 S. 452.* Ca.

RAMSDEN, Jesse, geb. 6. Okt. 1735 in Salterhelble bei Halifax (Yorkshire), gest. 5. Nov. 1800 in Brighton. Sein Vater war Gastwirt. Schon als Knabe beschäftigte sich Jesse Ramsden mit Vorliebe mit mathematischen Arbeiten; da es seinem Vater jedoch nicht möglich war, ihm eine kostspielige Ausbildung zuteil werden zu lassen, gab er ihn mit 16 Jahren zu einem Schneider in die Lehre; nach Ablauf der Lehrzeit wurde Jesse Gehilfe in einem Schneidergeschäft. 1758 wechselte er seinen Beruf und ging nochmals als Lehrling zu einem Kupferstecher und Instrumentenmacher namens Burton, bei dem er sich so anstellig zeigte, daß er seinen Meister bald an Geschicklichkeit übertraf. Es gelang ihm, nach einigen Jahren ein Geschäft auf eigene Kosten zu übernehmen und in kurzer Zeit zu einem der bedeutendsten Unternehmungen für den Bau von optischen und mathematischen Instrumenten zu gestalten. Ramsden vervollkommnete die von Hooke erfundene Kreisteilmaschine, so daß mit derselben ein Kreis von Sekunde zu Sekunde geteilt werden konnte. Indes war die Herstellung der bei der Bewegung zusammengreifenden Teile so schwierig, daß oftmals die Genauigkeit der Maschine darunter litt. Zur Herstellung des Schneckenrades seiner Kreisteilmaschine verwandte er einen schneckenförmigen Fräser. Ferner verbesserte er den Sextanten, indem er nicht bloß der Bewegung der Alhildade und des drehbaren Spiegels einen gleichmäßigen und sicheren Gang verlieh, sondern den Limbus und Nonius mit seiner Kreisteilmaschine viel feiner und genauer teilte, als es früher möglich war. Auch mit der Vervollkommnung des Fernrohres befaßte sich Ramsden eingehend; für das Okular benutzte er zwei plankonvexe Crownglaslinsen, die mit ihren konvexen Flächen einander zugewandt waren. 1789 erbaute er für das Observatorium in Palermo ein Azimutalinstrument mit Vollkreis, bei welchem über einem dreifüßigen Horizontalkreis ein fünffüßiger Vertikalkreis spielte; Piazzi hat dieses Instrument für die Beobachtungen zu seinem Sternenkatalog benutzt. 10 Jahre später konstruierte Ramsden eine Längenteilmaschine. Seine Forschungen über die Teilmaschine beschrieb Ramsden in „Description of an engine for dividing mathematical instruments" (London 1777). *Nat. Biogr. 47 S. 265; Enc. Brit. 20 (1886) S. 267; Handb. Natw.* Ca.

RANKINE, William John Macquorn, geb. 5. Juli 1820 in Edinburgh, gest. 24. Dez. 1872 in Glasgow. Er studierte auf der Akademie zu Ayr in Schottland und den Universitäten in Glasgow und Edinburgh. Seine großzügige Auffassung wissenschaftlicher Aufgaben trug ihm schon mit 16 Jahren eine goldene Medaille für eine Abhandlung über die „Undulatory Theory of Light" ein. Nach Beendigung seiner Studien bildete sich Rankine als Schüler namhafter Ingenieure zum Zivilingenieur aus. Nachdem er sich an bedeutenden Bauten von Eisenbahnen und Wasserwerken erfolgreich beteiligt hatte, wurde er 1852 Professor für Ingenieurwesen und Bergbau in Glasgow. In weiteren Kreisen wurde er zuerst durch eine 1849 der Royal Society in Edinburgh übergebene Arbeit: „Über die mechanische Theorie der Wärme" bekannt. Rankine ging von der Annahme aus, daß die Wärme in einer wirbelnden Bewegung der Moleküle bestehe, und leitete daraus einige wertvolle Sätze ab. Hierher gehört in erster Linie der Nachweis der Kondensation gesättigten Wasserdampfes während seiner adiabatischen Ausdehnung. Ferner suchte er den Exponenten der Laplace-Poissonschen Gleichung für gesättigte Wasserdämpfe rechnerisch zu bestimmen. In seinem berühmten, 1859 zuerst erschienenen Buche: „Manual of the steam engine" hebt er — wohl zum ersten Male in einem Lehrbuch — die sog. beiden Hauptsätze der mechanischen Wärmetheorie deutlich hervor. Neben der Lehrtätigkeit, die er bis zu seinem Tode in Glasgow ausübte, entwickelte er eine lebhafte schriftstellerische Tätigkeit, der die meisten Gebiete des Maschinen- und des Schiffbaues Anregung und die theoretischen Grundlagen der Fortentwicklung verdanken. *Entw. Dm. 2 S. 710.* Schm.

RAPS, August, geb. 23. Jan. 1865 zu Köln, gest. 20. April 1920 in Berlin. Aus Künstlerkreisen entsprossen, zeigte August Raps schon in der Jugendzeit eine ausgesprochene Begabung für die technische Kunst und den Drang zum selbständigen Schaffen. Das Betätigungsfeld für seine Neigungen suchte er zunächst in der physikalischen Richtung. Er studierte in Bonn und Berlin, hier auch unter Helmholtz, erwarb 1888 den Doktorgrad und wurde Assistent von Kundt in Berlin. Seiner Art entsprechend widmete er sich besonders der Ausbildung des physikalischen Gerätes; ein von ihm selbst hergestellter neuer Spektralapparat fand den Beifall seines Lehrers Helmholtz, seine Quecksilberluftpumpe diente längere Zeit der Glühlampentechnik als wichtiges Werkzeug. 1893 erhielt er einen Ruf als Professor der Physik an die Technische Hochschule in Dresden. In dieser Zeit war Wilhelm v. Siemens auf ihn aufmerksam geworden, der damals nach einer Kraft zur Belebung der Stammabteilungen von Siemens & Halske suchte.

Die Firma Siemens & Halske verdankte ihren Aufstieg in erster Linie der wissenschaftlich-praktischen Pflege der elektrischen Telegraphie durch Werner Siemens. Das neue Telephonwesen war in den Grundgeräten sorgfältig entwickelt; für deren ausgedehnte Anwendung aber unter Beachtung der im Wesen des Telephones begründeten besonderen wirtschaftlichen Bedingungen war wenig geschehen. Diese Rückständigkeit zu beheben, wählte Wilhelm v. Siemens in Raps den geeigneten Mann. Am 1. Juli 1893 mit Aussicht auf die allmähliche Erweiterung seines Wirkungskreises bei Siemens & Halske eingetreten, befaßte sich Raps zuerst erfolgreich mit der Bearbeitung bestimmter technischer Gegenstände, lenkte aber bald seinen Blick auf die ganze geschäftliche Leitung des Betriebes. Indem er die Einrichtung und Gliederung eines Werkes, wie dessen Beziehungen zur Außenwelt, als eine technische Aufgabe im weiteren Sinne auffaßte, gelang es ihm in verhältnismäßig kurzer Zeit, ein planmäßiges Fortschreiten des verwickelten Betriebes zu erzielen, so daß ihm schon 1896 die verantwortliche oberste Leitung des Berliner Werkes übertragen wurde. Durch seine Vorbildung befähigt, den Kern einer technischen Aufgabe schnell zu fassen, und in seiner Gestaltungslust immer geneigt, eine neue Aufgabe selbst in die Hand zu nehmen, behielt er doch unausgesetzt das Ganze im Auge und beschränkte seinen Eingriff auf die Punkte, deren besondere Förderung ihm jeweilig notwendig erschien. Seiner Führernatur gelang die richtige Auswahl seiner Mitarbeiter, denen er hochherzig große Selbständigkeit einräumte und so den Ansporn zu besten Leistungen gab. Mit seinem Mitdirektor Dr. Franke, ebenfalls einem Schüler von Helmholtz, entwickelte er die Leitung des stetig zunehmenden Werkes (bei seiner Verlegung nach Siemensstadt „Wernerwerk" genannt) mit seinen immer zahlreicheren Erzeugnissen zu einer besonderen Kunst, deren Ergebnis die stetige Vergrößerung des Werkes war. Seine Belegschaft stieg unter Raps von 750 auf fast 14 000 Köpfe.

Fast alle Zweige des Werkes haben im Laufe der Jahre unter dem unmittelbaren Mitschaffen von Raps dessen fördernden Einfluß erfahren. Sein eigenstes Feld wurden die Signalgeräte für Bergwerke, Handelsschiffe und namentlich für die Kriegsmarine. Die Wichtigkeit dieser Geräte war schon von Werner Siemens erkannt, der auch noch ihre Ausbildung begann. Raps kam aber in die Zeit der gesteigerten Anforderungen der Marine, besonders in artilleristischer Hinsicht. Am Zeichentische, in der Werkstatt und nachher auf dem Schiffe selbst hat Raps persönlich das Gerät für die Navigierung des Schiffes und die Feuerleitung entworfen, ausgeführt und erprobt und es in unermüdlicher Arbeit zu einer Überlegenheit gebracht, die selbst vom Feinde anerkannt wurde. *Franke: August Raps; Archivakten der Fa. Siemens & Halske.* Ro.

RATHENAU, Emil, geb. am 11. Dez. 1838 in Berlin, gest. am 20. Juni 1915 ebenda. Nach Abschluß des Gymnasiums machte Rathenau eine vierjährige Lehrzeit in der Maschinenfabrik Wilhelmshütte bei Sprottau durch. Von 1860 an studierte er am Polytechnikum Hannover und an der Technischen Hochschule Zürich den Maschinenbau und arbeitete dann einige Zeit als Ingenieur bei Borsig in Berlin. Sehr vielseitige Anregung holte er sich hierauf in England, wo er mehrere Jahre in der großen Schiffsmaschinenfabrik von John Penn in Greenwich und auch in anderen Betrieben erfolgreich tätig war. Nach Hause zurückgekehrt, erwarb er die Maschinenfabrik Weber in Berlin, die er, nachdem er sie geschäftlich sehr hoch gebracht hatte, in der Gründerzeit nach 1871 an eine Aktiengesellschaft verkaufte. Er selbst begab sich nun auf Reisen, um Anregungen und Eindrücke für ein seiner starken Organisationskraft würdiges künftiges Arbeitsfeld zu suchen. Das erste Telephon, das er auf der Weltausstellung in Philadelphia 1876 sah, schien ihm zunächst das hierfür Gegebene zu sein, und er wandte sich an die maßgebenden Berliner Stellen mit dem Anerbieten, auf eigene Rechnung eine Fernsprechzentrale in Berlin anzulegen. Er wurde zunächst abgewiesen, doch wurde ihm bald darauf die Einrichtung einer solchen Zentrale auf Staatskosten übertragen. Sein Interesse hatte sich aber inzwischen in noch höherem Maße der Frage der elektrischen Beleuchtung zugewandt, nachdem er auf der Pariser Weltausstellung 1878 die erste elektrische Bogenlampenbeleuchtung gesehen hatte. Als 1881 auf der ersten elektrotechnischen Ausstellung in Paris die Glühlampenbeleuchtung von Edison auftauchte, erwarb Rathenau schnell entschlossen die Edisonpatente für Deutschland und gründete mit einigen kapitalkräftigen Bankfirmen zusammen eine Studiengesellschaft, um das neue System zu erproben und das Publikum mit den Vorzügen der neuen Beleuchtung bekanntzumachen. Nachdem durch verschiedene kleinere private Einrichtungen in Berlin und die 1882 gelegentlich der Münchener elektrischen Ausstellung vorgeführte elektrische Theaterbeleuchtung sein Gedanke schon bekannter geworden war, rief Rathenau die „Deutsche Edison-Gesellschaft für angewandte Elektrizität" ins Leben, mit 5 Millionen Mark Gründungskapital. Mit der bis dahin allein das Gebiet der Elektrotechnik beherrschenden Firma Siemens & Halske schloß er die neue Fabrikation sachlich verteilende Verträge ab. Es wurde nun die Glühlampenfabrik gebaut und eine elektrische Zentralstation angelegt. Die Berliner Elektrizitätswerke wurden gegründet, die erst 1915, kurz vor Rathenaus Tode, die Stadt übernahm. Die geschäftlich vorteilhafte Verbindung zwischen dem Fabrikationsgeschäft der deutschen Edisongesellschaft, seit 1887 in Allgemeine Elektricitäts-Gesellschaft (AEG) umbenannt, und dem Stromerzeugungs- und Liefergeschäft der Berliner Elektrizitätswerke (BEW) wurde noch inniger, als 1887 die AEG die Aktien der BEW übernahm. Neben der elektrischen Beleuchtung wandte Rathenau sein Interesse und seine Initiative auch der elektrischen Kraftübertragung zu. In der AEG wurde das Drehstromsystem ausgebildet; das Eindringen der Elektromotoren in alle Industrien, besonders auch in das Verkehrswesen, wurde gefördert; unter Ausbildung der Elektrochemie schuf Rathenau die Aluminiumindustrie usw. Als wirtschaftliche Grundlage für die ihm vorschwebende, noch viel weitergehende Elektrisierung des Lebens gründete er die Elektro-Treuhand-A.-G.

Der unfehlbar sichere Blick für die technischen Möglichkeiten, sowie das hervorragende kaufmännische und insbesondere organisatorische Talent bestimmten einen Mann wie Emil Rathenau zum Pionier solch großer technisch-wirtschaftlicher Umwälzung, wie es das Eindringen der Elektrizität in den technischen Alltag bedeutete. Die Art und Weise, wie er sein Betätigungsfeld suchte, fand und bearbeitete, kennzeichnet den Menschen Rathenau, der, persönlich schlicht und unkompliziert, in seiner Lebensarbeit seinem geschäftlichen Genius folgte. *Z 59 (1915) S. 617.*
C. M.

RATHGEBER, Joseph, geb. 26. Febr. 1810 zu Ering am Inn, gest. 11. Mai 1865 zu München. Er kam am Anfang der dreißiger Jahre nach München und gründete hier zwischen der Marstall- und der Wurzerstraße die „Rathgeber-Schmiede". Der Huf- und Wagenschmied verstand es bald, nicht nur seine Schmiede zu vergrößern, sondern auch eine Dreherei, Schreinerei und Lackiererei anzugliedern und auszubauen. Die Möglichkeit, in der Fabrik Wagen vollständig fertig zu bauen, setzte Rathgeber in die Lage, mit der Eröffnung der Augsburg-Münchener Eisenbahn sich auf dem Gebiete dieses neuen Verkehrsmittels einzuführen. Er erkannte die Bedeutung und ging mit Rührigkeit und Umsicht an den weiteren Ausbau seines Betriebes. Zunächst in einem gemieteten Schuppen an der Südwestecke des sog. Maffei-Angers, dann in neuen im Jahre 1852 errichteten Gebäuden an der Marsstraße, arbeitete er unter der Firma „Waggonfabrik Rathgeber in München". In den folgenden Jahren ging die Entwicklung schnell weiter. 1854 lieferte die Maschinenfabrik J. A. Maffei die Betriebsmaschine, im gleichen Jahre konnte die Ausstellung im Münchener Glaspalast beschickt werden. 1856 erfolgte ein Auftrag des Fürsten von Thurn und Taxis; Österreich-Ungarn, die Schweiz, die Großherzoglich Badische Staatsbahn und andere wurden Abnehmer. Mit außerordentlichem Geschick und in rastloser Arbeit mit seinen Meistern hat Joseph Rathgeber sich in die durch die stürmische Entwicklung der Eisenbahn gestellten neuen Aufgaben hineingefunden, und manche Einrichtungen und Konstruktionen aus der Werdezeit des von ihm Geschaffenen sind Jahrzehnte lang im Betriebe geblieben. Als er mit 55 Jahren starb, konnte er seinem ältesten Sohne die aufblühende Fabrik hinterlassen. *Beitr. 8 (1918) S. 64.* De.

RATHGEBER jun., Joseph, geb. 25. Febr. 1846 zu München, gest. 5. Nov. 1903 zu München. Er mußte seine Studien am Polytechnikum in Stuttgart im Jahre 1865 abbrechen, um beim Tode seines Vaters die Leitung der „Waggonfabrik Jos. Rathgeber in München", die sein Vater gegründet hatte, zu übernehmen. Es gelang ihm trotz seiner Jugend, mit der ausgezeichneten Unterstützung seines Werkmeisters Schmidt, den Betrieb auf seiner Höhe zu halten. Große Aufträge der Firma Fried. Krupp in Essen, Lieferungen für den einheimischen Heeresbedarf während des Krieges 1870/71 machten bald eine weitere Vergrößerung der Fabrik notwendig. Eine zweite Betriebsmaschine wurde eingebaut, 1872 war die Arbeiterzahl auf 700 gestiegen. Das Aufblühen der gesamten deutschen Industrie brachte neue Aufträge. Aber die auf die Gründerjahre folgende Krisenzeit machte sich auch für die Fabrik in schweren Rückschlägen fühlbar. Joseph Rathgeber jun. hat es verstanden, über die schweren Zeiten unter unendlichen Schwierigkeiten hinwegzukommen. Neben dem Eisenbahnwagenbau, der fast ganz darnieder lag, übernahm die Fabrik Bauarbeiten, die Ausführung von Wohnungseinrichtungen, Eisenkonstruktionen, den Bau von Glashäusern, landwirtschaftlichen Maschinen, Brauereieinrichtungen. Erst gegen Ende der siebziger Jahre belebte sich der Eisenbahnwagenbau ein wenig. Im Jahre 1879 wurde nach dem Entwurf der Lokomotivfabrik Krauß & Co. der erste eiserne Personenwagen gebaut, im Anfang der achtziger Jahre wurde die erste Dampfheizeinrichtung geliefert, große Bestellungen für die oberitalienische Bahn brachten neues Leben in das Geschäft. Daneben aber behielt Jos. Rathgeber die Arbeiten für die in der Krisenzeit aufgenommenen Gebiete bei und hatte um die Mitte der achtziger Jahre einen großen Teil seines Betriebes beschäftigt mit dem Bau von Kühlanlagen, Lafetten, Kesseln, besonders für das Ausland. Die Fabrik erwies sich bald wieder als zu klein für die Anforderungen und es gelang ihm der Erwerb eines Grundstückes für einen Neubau in Moosach. Seine Erkrankung im Jahre 1901 verhinderte die Ausführung des Baues, der erst 1911, acht Jahre nach seinem Tode, beendet werden konnte. Jos. Rathgeber jun. hinterließ die Fabrik finanziell vollkommen gesichert seiner Witwe und seinen Geschwistern. *Beitr. 8 (1918) S. 64.* De.

RAYDT, Wilhelm, geb. 1. Febr. 1842 in Lingen (Ems), gest. 21. April 1908 in Stuttgart. Er besuchte das Gymnasium seiner Vaterstadt und studierte an der Technischen Hochschule Hannover und den Universitäten Berlin und Göttingen, wo er zum Dr. phil. promovierte. Dann wurde er als Lehrer für Physik und Mathematik am Realgymnasium zu Hannover angestellt.

Hier beschäftigte er sich mit dem Problem der Verflüssigung von Kohlensäure auf maschinellem Wege, wobei er sich einer Natterschen Pumpe bediente. Nachdem diese Versuche zu befriedigenden Ergebnissen geführt hatten, dachte er daran, mit Hilfe der flüssigen Kohlensäure gesunkene Schiffe zu heben, und zwar besonders das im Jahre 1878 untergegangene Kriegsschiff „Großer Kurfürst". Angeregt durch Wilhelm Bauer, der vorgeschlagen hatte, Lasten vom Meeresgrunde durch Hohlkörper zu heben, nahm er 1878 ein Patent auf Hebung von Schiffen durch Ballone, die unter Wasser mit Kohlensäuregas gefüllt wurden. Nach seinen Berechnungen konnte ein solcher Ballon von nur 6 m Durchmesser 113 t heben. Das Gas wollte er aus flüssiger Kohlensäure entwickeln, die unter Wasser durch ein Ventil in den Ballon eingelassen wurde. Trotz der Zweifel der Ingenieurwelt an der Ausführbarkeit des Planes, flüssige Kohlensäure im Kompressor darzustellen, ließ er 1879 nach Angabe in der Hannoverschen Maschinenfabrik vorm. G. Egestorff einen solchen bauen. Der Zylinder faßte 1 l und lieferte stündlich 5 kg flüssige Kohlensäure. Die erste Kohlensäure wurde in einem aus Grusonschem Hartguß bestehenden Zylinder von 50 l gesammelt. Mit dieser Kohlensäure gelang es ihm 1879, 40 t schwere Körper vom Meeresgrunde zu heben. Eine zur Verwertung dieses Patentes gegründete Bergungsgesellschaft war aber nicht lebensfähig.

Von dauernder Bedeutung waren seine 1880 patentierten Erfindungen, die Kohlensäure zur Bierabfüllung und zur Herstellung künstlicher Mineralwässer zu verwenden. 1881 gründete er gemeinsam mit der Chemischen Fabrik Kunheim & Co. zur Ausbeutung dieser Erfindung die Aktiengesellschaft für Kohlensäure-Industrie in Berlin, die später flüssige Kohlensäure in großem Maßstabe herstellte.

Zu gleicher Zeit wandte Friedrich Krupp, der Besitzer der Essener Weltfirma, der flüssigen Kohlensäure sein Interesse zu. In seinen Werken entstand nach Raydts

Angaben 1885 die erste mit Kohlensäure betriebene Eis- und Kältemaschine und das Reduzierventil. Im selben Jahre erfand Raydt auch einen mit flüssiger Kohlensäure betriebenen Handfeuerlöscher, der von der Maschinenfabrik Deutschland vertrieben wurde.

Diese Jahre zählten zu Raydts glücklichster Zeit, später wurde er in aufreibende Prozesse verwickelt, die ihm einen Teil der erhofften Gewinne raubten. Er wurde später Teilhaber der Hannoverschen Kohlensäure-Industrie Franz Heuser u. Co., bis er 1895 nach Süddeutschland übersiedelte, um die bedeutenden Eyacher Kohlensäurequellen auszubeuten. Er lebte in Stuttgart, wo er sich wegen seines lauteren und biederen Charakters und seiner politischen Tätigkeit in der nationalliberalen Partei großen Ansehens erfreute. *N. Wender: Die Kohlensäure-Industrie (Berlin 1901) S. 28; Zeitschrift f. d. gesamte Kohlensäure-Industrie 14 (1908) S. 277. Sa.*

READ, Nathan, geb. 1759 in Warren (Mass.), gest. 1849 in Belfast (Maine). Er war der Sohn gutgestellter Eltern und trat mit neunzehn Jahren in das Harvard College ein, um Theologie zu studieren. Nachdem er seine Studien mit Auszeichnung beendet hatte, blieb er als Lehrer bis 1787 an dieser Hochschule, die er dann verließ, um Medizin zu studieren. Nach einem Jahr gab er dieses Studium auf und eröffnete eine Apotheke in Salem (Mass.), die er bis 1795 weiterführte. Während dieser Zeit beschäftigte er sich viel mit technischen Experimenten. 1788 baute er ein Boot mit Seitenrädern auf einer doppelten Kurbelwelle für Handbetrieb. Zur gleichen Zeit experimentierte er mit einer Dampfmaschine und einem Dampfkessel, die er gebaut hatte und die er sowohl auf einem Boot wie auf einem Wagen verwendete. Angeregt durch Fitchs Versuche mit einem Einrohrkessel, der in Ziegelsteine eingemauert war, erkannte er, daß Dampfantrieb für Wasserfahrzeuge nur mit einer Maschinenausrüstung möglich sei, die viel leichter als die von Fitch gebaute sein müßte. Seine Versuche führten zur Konstruktion eines Vielröhrenkessels aus Kupfer oder Eisen, bei dem 78 Röhren kreisförmig angeordnet waren. Dieser Kessel war nicht nur viel leichter als die bisher von Watt, Fitch und anderen Zeitgenossen hergestellten, sondern es war auch möglich, mit ihm einen höheren Dampfdruck zu erzielen. Statt des bis dahin erreichten Überdruckes von 8 bis 10 Pfund (0,56 bis 0,70 at) erzielte Read 15 bis 20 Pfund (1,05 bis 1,40 at). Er hatte also eine Kraftquelle geschaffen, die sich ohne Kondensator zum Antrieb von Schiffen und Fahrzeugen verwenden ließ. Read baute dann das Modell einer Hochdruckdampfmaschine für Dampfeinlaß an beiden Seiten, die sowohl mit wie auch ohne Kondensator laufen konnte. Er fertigte auch ein Modell eines Schaufelradbootes mit Kettenantrieb an. Im Jahre 1790 beantragte Read ein Patent für seinen Vielröhrenkessel, für einen verbesserten Zylinder und ein Boot mit Kettenantrieb. 1791 erhielt er die gewünschten Patente, ebenso Fitch, Rumsey und Stevens, die alle Patente für die Anwendung der Dampfkraft zum Antrieb von Schiffen beantragt hatten. Read machte aber keine Anstrengungen, Nutzen aus seiner Erfindung des Vielröhrenkessels zu ziehen. Er war wohlhabend und nicht ehrgeizig und gab sich deshalb keine besondere Mühe, sich auf technischem Gebiet durchzusetzen. Er wurde Kongreßmitglied, Richter und später Hauptrichter in Hancock City. 1807 zog er nach Belfast, (Maine), wo er einen schönen Landsitz hatte, auf dem er im hohen Alter von 90 Jahren starb. *Entw. Dm. 1 S. 73. Em. Eng. S. 29. Wi.*

RÉAUMUR, René Antoine Ferchault de, geb. 28. Febr. 1683 in La Rochelle, gest. 17. Okt. 1757 in de la Bermondiaire (Maine). Als Sohn eines Präsidialrates geboren, war Réaumur ebenfalls zur juristischen Laufbahn bestimmt, vertauschte aber, einem inneren Drange folgend, das Studium der Rechte mit dem der Mathematik und Naturwissenschaft. 1703 kam er nach Paris und erntete hier mit drei geometrischen Abhandlungen solchen Beifall, daß er 1708, erst 25 Jahre alt, in die Akademie der Wissenschaften gewählt wurde, deren eifrigstes und tätigstes Mitglied er war. Seine eingehenden Studien auf den verschiedensten Gebieten der Technik wurden die Grundlage eines umfassenden Werkes, das nach seinem Tode unter dem Titel „Description des arts et métiers faites et approuvées par Messrs. de l'Académie Royale des Sciences" erschien.

1708 bis 1715 machte Réaumur interessante Beobachtungen über die Seetiere und fand u. a. die Purpurschnecke wieder auf. Nebenher gingen technische Studien über die Seilerei (1711), die Golddrahtherstellung (1712), luft- und wasserdichtes Papier (1715), über Goldstaub führende Flüsse in Frankreich (1718) usw. Am wichtigsten aber waren seine Versuche über das Eisen, die er 1715 begann, mit dem Ziele der Erzeugung guter Stahlsorten. Diese Versuche führten ihn zur Entdeckung der bis dahin geheimgehaltenen und in Frankreich überhaupt nicht bekannten Zementstahlfertigung und weiter zur Erfindung des schmiedbaren Gusses. Seine Erfahrungen veröffentlichte er 1722 in zwei ausgezeichneten Abhandlungen „L'art de convertir le fer forgé en acier et l'art d'adoucir le fer fondu". Mit diesen Werken schuf Réaumur die gediegene wissenschaftliche Grundlage des Eisenhüttenwesens und wurde als Führer und Meister auf diesem Gebiet weit über Frankreichs Grenzen hinaus anerkannt.

Die französische Akademie der Wissenschaften hatte sich zur Aufgabe gestellt, besonders das gewerbliche Leben in jeder Weise zu fördern, und gewährte vor allem auch den Abhandlungen auf dem Gebiete der Eisenhüttenkunde einen weiten Spielraum. Daneben bestand die Absicht, ein Werk zu schaffen, in dem alle Zweige des gewerblichen Lebens eingehende Beschreibung und Erklärung finden sollten. In Réaumur sah die Akademie den geeigneten Mann für diese Aufgabe und beauftragte ihn mit der Herausgabe des Werkes. Aber das Werk war zu groß für die Kraft eines Menschen; so kam es, daß bei Réaumurs Tode eine große Sammlung von Bruchstücken fertiger, halbfertiger und erst begonnener Arbeiten vorlag. Die Akademie beauftragte nunmehr eine ganze Anzahl Gelehrter mit der Herausgabe des überaus wertvollen Materiales, das unter dem Titel „Description des arts et métiers" in einzelnen Heften nacheinander erschien. Durch Justi wurde dieses Werk ins Deutsche übertragen; der erste Band der deutschen Ausgabe erschien 1762.

Am bekanntesten ist Réaumurs Name durch sein Thermometer. Bei einem Weingeistthermometer hatte er den Unterschied zwischen Gefrierpunkt und Siedepunkt des Wassers in 80 gleiche Teile eingeteilt, ganz ähnlich dem bald danach angegebenen Thermometer von Celsius, das 100 statt 80 Grade vorsah.

Neben seinen technischen Arbeiten beschäftigte Réaumur sich mit Vorliebe mit naturwissenschaftlichen Studien. Als Beleg hierfür diene seine ausgezeichnete Geschichte der Insekten (Mémoires pour servir à l'histoire des insects, Amsterdam 1737—1748, avec 276 planches), ein zwölfbändiges Werk, sowie eine 1749 veröffentlichte Arbeit über Vogelzucht und künstliche Brütung.

Nach ruhigem, den Wissenschaften gewidmetem Leben, welches er meist auf seinem Gute Saintogne, teils auch auf dem Landgute Bercy bei Paris verbrachte, starb Réaumur im Alter von 70 Jahren plötzlich durch einen Sturz vom Pferde. Der Nachruf der Akademie rühmte besonders seinen edlen Charakter, seine große Sittenreinheit, Bescheidenheit und Liebenswürdigkeit. *Mém. de l'Acad. des Sciences (1757); Gesch. Eis. 3 S. 6; St. u. E. 37 (1917) S. 667.* Hä.

REBHANN, Georg Ritter von Aspernbruck, geb. 7. April 1824 in Wien, gest. 29. Aug. 1892 in Wien, bekannt durch seine Theorie des Erddrucks und der Futtermauern, die er 1871 veröffentlichte und die noch heute wegen der Einfachheit ihrer zeichnerischen Durchführung in Anwendung steht; ein anderes fachliterarisch klassisches Werk ist die schon 1856 erschienene Theorie der Holz- und Eisenkonstruktionen, die neben anderen neuen Gedanken insbesondere die Lehre über den Biegungswiderstand auf neue Grundlagen stellte. Er hatte sich nach Beendigung seiner Studien am Polytechnischen Institute (jetzt Technische Hochschule) dem Staatsbaudienste gewidmet, in dem er bis zum Baurate vorrückte. 1852 habilitierte er sich als Privatdozent für die damals noch wenig beachtete „Baumechanik", für die er die Hörer von Jahr zu Jahr in größerer Zahl zu gewinnen verstand; 1866 übernahm er auch die Vorträge über „Spezielle Theorie der Brückenkonstruktionen"; 1868 wurde er zum ordentlichen Professor für diese Gegenstände ernannt; von 1879 an, nach Emil Winklers Berufung nach Berlin, lehrte er „Baumechanik" und „Brückenbau" bis zu seinem Tode. Als Ingenieur im Staatsbaudienste war er nicht nur bei den Vorarbeiten, den Entwürfen und der Bauausführung schwieriger Straßen, Brücken, Fluß- und Wildbachregelungen tätig, sondern wurde auch zur Mitwirkung bei Beurteilung technisch-wissenschaftlicher Gegenstände und bei Lösung praktisch wichtiger Fragen herangezogen, so anläßlich des Einsturzes hoher Stützmauern auf der Reichstraße bei Porto Re, beim Baue der mächtigen Stützmauern bei Tarvis, beim Umbau der 2000 m langen hölzernen Savebrücke bei Agram, bei der Beurteilung der Wettbewerbentwürfe für die Aspernbrücke über den Donaukanal in Wien, deren Bau seiner Leitung unmittelbar unterstand. Rebhann beteiligte sich auch dauernd an Baustoffuntersuchungen, insbesondere an Untersuchungen über Zemente, Naturbausteine und Ziegelsteine, wobei er sein Hauptaugenmerk auf die inländischen Erzeugnisse richtete; die Ergebnisse seiner Forschungen veröffentlichte er in der Zeitschrift des österreichischen Ingenieur- und Architekten-Vereins (vgl. Jahrgänge 1864 und 1866); er war auch ein sehr tätiges Mitglied der vom Österr. Ingenieur- und Architekten-Vereine eingesetzten Ausschüsse für einheitliche Lieferung und Prüfung von Portlandzement und Romanzement (1890), für Aufstellung von Trägerformen, für Brückenbaustoffe usw. Als Lehrer verstand er es, auch die schwierigsten Aufgaben unter Wahrung ihrer wissenschaftlichen Eigenart einfach und durchsichtig zu lösen. Rebhann war schon im Jahre 1855 von der Universität Gießen zum Doktor der Philosophie und zum Magister der freien Künste h. c. ernannt worden. Der Österreichische Ingenieur- und Architekten-Verein hat ihm 1903 vor der Technischen Hochschule in Wien ein Denkmal gesetzt. *Z. Öst. 55 (1903) S. 605.* Bk.

REDEN, Friedrich Wilhelm Graf v., geb. 23. März 1752 zu Hameln, gest. 5. Juli 1814 in Michelsdorf im Riesengebirge. Sechzehn Jahre alt, lernte er zwei Jahre lang im Oberharz den Bergbau praktisch und theoretisch kennen, und studierte 1770 bis 1773 an den Universitäten Göttingen und Halle Naturwissenschaften. Im Dezember 1773 bestand er in Hannover das erste und im April 1774 das zweite Staatsexamen für höhere Verwaltungsbeamte. 1774 bereiste er Holland, 1775 und 1776 Belgien, Frankreich und England, wo er sich eifrig mit dem Berg-, Hütten- und Maschinenwesen beschäftigte. 1777 war er Hilfsarbeiter an der Kammer in Hannover. Auf Veranlassung seines Onkels, des preußischen Bergwerksministers v. Heinitz, trat er in preußische Dienste und wurde 1781 zum preußischen Kammerherrn und unbesoldeten Oberbergrat ernannt. Zunächst ging er nach der Bergakademie Freiberg, um unter Werners Leitung geologische und mineralogische Studien zu betreiben und den hochentwickelten sächsischen Erzbergbau kennen zu lernen. 1779 war Reden Hilfsarbeiter im Bergwerksdepartement in Berlin. Als solcher begleitete er im Sommer dieses Jahres den Minister v. Heinitz auf seiner ersten großen Dienstreise nach Schlesien, deren Ergebnisse die Grundlage für die Vorschläge zur Neueinrichtung der schlesischen Bergbehörden und zur Neubelebung des schlesischen Bergbaues wurde. Zur Durchführung dieser Umgestaltung wurde Reden als Leiter des schlesischen Oberbergamtes in Breslau ausersehen und zum kommissarischen Direktor des Oberbergamtes ernannt. Auf sein Betreiben wurde auch das staatliche Hüttenwesen dem Oberbergamte unterstellt. 1780 ordnete Reden die ihm unterstellten Behörden, verbesserte die Betriebe und richtete den staatlichen Eisenausfuhrhandel nach den anderen Provinzen ein. Vor allem aber bereiste er die Provinz, um Vorschläge zu machen, neuen Bergbau ins Leben zu rufen.

An zwei Stellen versuchte Reden, alten verlassenen Erzbergbau in größerem Maßstabe wieder aufzunehmen, im Landeshuter Kamm und in Oberschlesien. An erster Stelle wurde ihm mangels ausreichender Lagerstätten nur ein zeitweiliger bescheidener Erfolg zuteil. In Tarnowitz dagegen gelang ihm die dauernde Wiederaufnahme des Bleierzbergbaues unter unsagbaren Schwierigkeiten in jahrzehntelanger Arbeit. 1784 wurden die ersten Erze angetroffen und der Gotthelfstollen, der die zusitzenden Wasser abführen sollte, angesetzt. Diese Stollenarbeit bis zum Durchschlage mit den Hauptgruben hat 21 Jahre gedauert. Inzwischen mußte Maschinenarbeit die immer mehr zunehmenden Wasser heben. Nach und nach waren 5 Feuermaschinen bis zur größten Art tätig, die Wasser zu bewältigen, eine Arbeit, die Weltruf erlangte. 1786 wurde von Reden die Friedrichshütte zum Schmelzen der Erze erbaut, fortlaufend verbessert und vergrößert. Preußen wurde hierdurch frei vom Bezuge fremden Bleies.

Neben der Fürsorge für den Erzbergbau wurde von Reden der Steinkohlenbergbau unermüdlich gefördert, nicht allein technisch, sondern auch wirtschaftlich. Die Versorgung von Berlin und Breslau mit Steinkohlen regelte er durch Niederlagen und eine geordnete Schiffahrt auf der Oder, schuf Abfuhrwege, baute Kanäle und legte Revierstollen. Vor allem wurden die beiden Kohlengruben, die Königsgrube bei Königshütte und die Luisegrube bei Hindenburg ins Leben gerufen. Diese beiden großzügig angelegten Grubenanlagen wurden die Grundlage nicht nur für den Betrieb der Friedrichshütte, sondern auch für den der Eisenhütten zu Gleiwitz und Königshütte.

Redens größte Tat ist jedoch die Begründung der oberschlesischen Eisengroßindustrie mit Zuhilfenahme der Erfahrung englischer Fachleute. Er selbst ging 1789 nach England und studierte fast ein Jahr lang das dortige Hütten- und Maschinenwesen. Nachdem er die Luppenherdarbeit durch Holzkohlenhochofen und Frischfeuer ersetzt, den Kuppelofen eingeführt und Kokereiversuche erfolgreich durchgeführt hatte, gründete er die Gleiwitzer Hütte mit Kokshochofenbetrieb, deren Bau er persönlich leitete. Zwei Hochöfen mit Zylindergebläse, eine Gießerei und Kanonenfabrik mit zwei Kuppelöfen, ein Draht- und Walzwerk und ein Blechhammer wurden errichtet. Außerdem entstand hier eine größere Ausbesserwerkstätte, die unter der Leitung des genialen Maschinenbauers Holtzhausen sich zu einer mustergültigen Maschinenfabrik auswuchs. Auf Grund seiner Erfahrung baute Reden eine zweite Eisenhütte in Oberschlesien, die Königshütte mit drei Kokshochöfen, welche 1802 in Betrieb genommen wurde. Es ist dies die erste Hütte, die statt der Wasserkraft Dampf als Betriebskraft verwendete.

Bei den Huldigungsfeierlichkeiten für Friedrich Wilhelm II. wurde Reden für seine Verdienste um den Bergbau Schlesiens in den Grafenstand erhoben. Nach dem Tode des Ministers v. Heinitz wurde Reden 1802 Leiter des Bergwerksdepartements. Als Minister baute Reden die schlesischen Berg- und Hüttenwerke weiter aus, insbesondere die Königshütte, gründete 1804 in Berlin eine große Eisengießerei und setzte die ihm 1805 unterstellten Salinen technisch und wirtschaftlich wieder auf einen guten Stand. Im Januar 1806 eröffnet, Reden den von ihm erbauten Stichkanal der Spree nach den Rüdersdorfer Kalkwerken. Als Napoleon in Berlin einzog, glaubte Reden, dem Staate am besten zu dienen, wenn er im Amte blieb. Er mußte jedoch, um die Zerstörung seiner Werke zu verhindern, Napoleon den Treueid schwören. Friedrich Wilhelm III. legte ihm diese Handlung übel aus und entließ ihn bei der Behördenneuordnung durch Kabinettsorder vom 20. Aug. 1807 aus Sparsamkeitsgründen ohne Pension. Als später der König die Beweggründe Redens näher kennen lernte, verlieh er ihm unter Anerkennung seiner hervorragenden Verdienste um das preußische Berg- und Hüttenwesen am 8. Nov. 1810 den großen Roten Adlerorden. Eine Verwendung im Staatsdienste fand jedoch nicht wieder statt.

Reden zog sich nach seiner Entlassung auf sein Landgut Buchwald zurück, das er nur noch ganz vorübergehend verließ. Er starb am 5. Juli 1814 und wurde unter großer bergmännischer Feierlichkeit im Parke seines Gutes beerdigt. Auf dem Redenhügel bei Königshütte wurde ihm ein Denkmal errichtet. Es stellt Reden in bergmännischer Tracht, aus oberschlesischem Eisen gegossen, dar. Der Sockel trägt die Inschrift: „Dem Begründer des schlesischen Bergbaus. Die dankbaren Gruben- und Hüttengewerken und die Knappschaften Schlesiens." *Wutke: Festschrift zum 12. Allg. Deutschen Bergmannstage, Bd. 5 (Breslau 1913); Z. Berg. Bd. 40, 43, 48, 49, 50; Beitr. 14 (1925) S. 22.* Schw.

REDTENBACHER, Ferdinand, geb. 25. Juli 1809 in Steyr, gest. 16. April 1863 in Karlsruhe. Unter den großen Hochschullehrern, die die Wissenschaft des Maschinenbaues begründet und auf selbständige Füße gestellt haben, steht Ferdinand Redtenbacher an erster Stelle. Ihm ist es zu danken, daß man sich endgültig von der französischen Schule, die in den technischen Wissenschaften nur eine praktische Anwendung der Mathematik sah, befreit und eine eigene Lehre geschaffen hat, der die Mathematik nur eine Hilfswissenschaft ist. Als Sohn eines Eisenhändlers besuchte Redtenbacher zunächst die Normalhauptschule seiner Geburtstadt und lernte dann in einem Spezerei- und Schnittwarengeschäft vier Jahre lang, worauf er aus entschiedener Neigung zur Technik den kaufmännischen Beruf aufgab und 1825 als Zeichner bei der k. k. Baudirektion zu Linz eintrat. Durch Privatstudien bereitete er sich zum Besuch des Polytechnikums in Wien vor, das er von 1825 bis 1829 besuchte, worauf er noch bis 1833 als Assistent bei Prof. Arzberger in Wien blieb. Dann ging Redtenbacher als Lehrer der Mathematik und des geometrischen Zeichnens an die obere Industrieschule in Zürich, wo er bis 1841 verblieb, um dann einem Ruf der badischen Regierung an die Polytechnische Schule in Karlsruhe zu folgen. Hier hat er bis zu seinem Tode als erfolgreicher Lehrer gewirkt, der nicht nur durch sein überragendes Wissen, sondern auch durch seine Persönlichkeit auf seine Schüler bedeutenden Einfluß ausgeübt hat. Vor allem hat er die Maschinenbauwissenschaft als besondere Lehre ausgestaltet, die technische Mechanik gefördert, eine Sammlung von Bewegungsgetrieben angelegt und auch die Studenten auf das Studium der Grenzgebiete der Technik und auf die kulturelle Bedeutung der Technik hingewiesen. „Meine Bestrebungen als Lehrer richten sich nicht allein auf die wissenschaftliche Theorie der Maschine, mir liegt die Kultur des industriellen Publikums im allgemeinen am Herzen. In der Anwendung der Naturkräfte hat man in der Tat bereits eine große Virtuosität erlangt, aber an der humanen Entwicklung des industriellen Publikums fehlt es noch sehr", schrieb er einmal in sein Tagebuch. Auch an der Reform der Schule, die die spätere Technische Hochschule vorbereiten sollte, hat er sich mit Eifer beteiligt. Von 1857 bis 1863 war er Direktor der Polytechnischen Schule. Sein Nachfolger in Karlsruhe war Grashof, einer seiner größten Schüler Franz Reuleaux.

Von seinen für die damalige Zeit grundlegenden Werken seien genannt: „Die Resultate für den Maschinenbau" 1848, deren letzte Ausgabe 1875 von Grashof bearbeitet und erweitert wurde; „Die Prinzipien der Mechanik und des Maschinenbaus" 1852; „Die Gesetze des Lokomotivbaues" 1855; „Der Maschinenbau", 3 Bände 1862 bis 1865, in denen er die teilweise in Einzelschriften niedergelegten Studien und Erfahrungen zusammenfaßte und deren letzter Band erst nach seinem Tode erschien. Beachtenswert ist auch ein Vortrag: „Geistige Bedeutung der Mechanik und geschichtliche Skizze der Entdeckung ihrer Prinzipien", den er gelegentlich der Einweihung des neuen Maschinenbausaales in Karlsruhe 1859 gehalten hat. Auch mit Statik und Dynamik der Molekularkräfte hat er sich beschäftigt und seine Gedanken darüber in einer eigenartigen Schrift: „Dynamidensystem" 1867 niedergelegt. *Biographische Skizze, Erinnerungsschrift von Rudolf Redtenbacher (München 1879); Grashof: Redtenbachers Wirken (München 1866); Z 9 (1865) S. 246.* We.

REED, Edward James, Sir, geb. 30. Sept. 1830 in Sheerness, gest. 30. Nov. 1906 in London. Reeds Vater war Schiffbauer auf den Werften in Sheerness und ließ seinem Sohn eine ausgezeichnete Ausbildung in diesem Fach angedeihen. Zunächst trat James Reed als Lehrling auf den Werften in Sheerness ein; nach Absolvierung seiner Lehrzeit studierte er an der „School for Mathematics and Naval Construction" in Portsmouth. Nachdem er einen untergeordneten Posten an der Sheerness-Werft ausgefüllt hatte, wurde er Redakteur des „Mechanics Magazine". 1860 wurde er Sekretär der neugegründeten „Institution of Naval Architects". Im Jahre 1862 reichte er dem damaligen Ersten Lord der Admiralität Pläne für einen neuen Kriegsschifftyp ein und wurde daraufhin im Jahre 1863 zum Chefkonstrukteur der Marine ernannt. Das Problem das Schlachtschiffbaues zu jener Zeit lag darin, Schiffe zu bauen, die nicht nur schwere Geschütze tragen konnten, sondern auch eine stärkere Armierung, um den schwereren Geschossen standzuhalten. Reeds Plan, der ihm die leitende Stellung in der Marine einbrachte, schlug einen Schiffstyp vor, der die Kosten um 30 vH. verminderte unter Beibehaltung oder sogar Erhöhung der Gefechtstärke. Er führte das sog. Gürtel- und Batteriesystem ein, das die Wasserlinie des Schiffes vom Bug bis zum Heck schützte und Geschütze von geringerer Anzahl, aber desto größerem Kaliber in einer Batterie konzentrierte, die aus breitseitig und querschiffs angeordneten Panzerwänden bestand. Hierdurch wurden alle wichtigen Maschinenteile des Schiffs durch Panzer geschützt und dabei sowohl an Kosten wie an Gewicht gespart. Nachdem er seine Neuerungen im Kriegsschiffbau durchgeführt hatte, trat Reed 1870 von seinem Posten zurück. Von dieser Zeit an arbeitete er für die verschiedensten Völker. Er baute für Deutschland, Rußland, Japan, Chile, Brasilien und Haiti Kriegsschiffe und für die indische Regierung Truppentransportschiffe gebaut. Reed hat viele Bücher nicht nur über Schiffsbau, sondern auch Reisebeschreibungen, eine Novelle und Gedichte geschrieben. Es wurde ihm sowohl von der englischen, wie auch von auswärtigen Regierungen eine große Anzahl hoher Auszeichnungen verliehen. Er starb an einem Herzschlag. Sein einziger Sohn, E. T. Reed, ist der bekannte Mitarbeiter und Zeichner der englischen Zeitschrift „Punch". *Engg. 82 (1906) S. 770.* Wi.

REGNAULT, Henri Victor, geb. 21. Juli 1810 in Aachen, gest. 19. Jan. 1877 in Auteuil, war der Sohn eines Hauptmanns im französischen Ingenieurkorps, der im russischen Feldzug 1812 fiel. Der zweijährige Knabe wurde mit seiner Schwester von einem Kriegskameraden des Vaters, Baptiste Clement, aufgenommen und später als Gehilfe in einem Handlungshaus untergebracht. Diese Tätigkeit sagte Regnault jedoch nicht zu; in freien Stunden eignete er sich die Grundlehren der Mathematik und Naturwissenschaften an. Nach Absolvierung der Schule besuchte Regnault zwei Jahre die „École des Mines" und ging dann zu seiner praktischen Ausbildung in die Kohlengruben von Anzin. Auf einer Reise durch Sachsen studierte er eingehend das dortige Berg- und Hüttenwesen. Als Praktikant arbeitete er in dem berühmten Laboratorium Justus v. Liebigs. Nach der Rückkehr nach Paris begann er seine selbständigen Arbeiten. In der organischen Chemie und in der Wärmelehre vollbrachte er seine bedeutendsten Leistungen. Die eben bekanntgewordene Substitutionstheorie wurde durch seine Versuche sehr gefördert und Regnault entdeckte dabei das Kohlenstoff-Tetrachlorid. Vollste Bewunderung der Fachwelt fand seine Lösung der Frage: mit dem geringsten Aufwand von Wärmeenergie die größte Menge mechanischer Arbeit zu erzielen. Die bisher unbekannten physikalischen Eigenschaften des Wassers und des Dampfes wurden von ihm untersucht; die Ergebnisse bildeten bis in die letzten Jahre die Grundlagen für die Berechnung der Dampfmaschinen. Die Dichte der Gase bestimmte er mit einer Genauigkeit, die mit den besten späteren Bestimmungen bis auf ein Zehntausendstel übereinstimmte. Regnaults Hauptarbeit, die Bestimmung der Eigenschaften des Wassers, brachte ungeheure wissenschaftliche Erkenntnisse auch auf verwandten Gebieten, so daß seine Berichte drei Bände der Mémoires de l'Institut de France mit je rd. tausend Seiten füllten. Die Einzelheiten seiner Versuche teilte er ausführlich mit, um einer späteren Zeit die Möglichkeit zu geben, Vorgänge, die er nicht erklären konnte, klarer zu durchschauen. 1840 wurde Regnault zum Mitglied der französischen Akademie der Wissenschaften gewählt und übernahm gleichzeitig den Lehrstuhl für Physik. Zum Direktor der Porzellanmanufaktur in Sèvres berufen, verbesserte er die Herstellung des Prozellans durch Einführung des Vakuums bei der Formerei größerer Stücke und durch Benutzung reduzierter Gase beim Brennen farbig dekorierter Gegenstände. Bei der Einführung und Vervollkommnung der Gasbeleuchtung in Paris war er erfolgreich tätig. Beinahe wäre Regnault ein Opfer seines Berufes geworden. Nach einer Explosion in seinem Laboratorium fand man ihn blutüberströmt auf, und nur langsam erholte er sich von einer schweren Gehirnerschütterung; sein sprachliches Ausdrucksvermögen hatte darunter sehr zu leiden. Nach einigen Jahren vollständiger Ruhe begann er wieder seine experimentellen und wissenschaftlichen Forschungen. Für seine Versuche über die Fortpflanzungsgeschwindigkeit des Schalles in der Luft wurden ihm von den Pariser Behörden das Leitungsnetz für Leuchtgas und die Röhrenleitungen der Marne-Kanalisation zur Verfügung gestellt. Bei seinen Versuchen über die Bestimmung des Arbeitsäquivalentes der Wärme kam er auf eine nur wenig von dem jetzt angenommenen Werte von 427 abweichende Zahl. Nachdem er den Gipfel seiner Leistungsfähigkeit erreicht hatte und ihm viele äußere Ehrungen zuteil geworden waren, schwebte ein Unstern über seinem Geschick. Seine Gattin, die Tochter seiner Pflegeeltern Clement, wurde ihm 1866 durch den Tod entrissen, und in den Kämpfen von 1870 fiel sein Sohn Henri. Ein harter Schlag für einen Mann der Wissenschaft war die Zerstörung seines Laboratoriums in Sèvres mit allen Instrumenten und sorgfältig geordneten Schriften. Gebeugt durch diese Schicksalsschläge zog er sich nach seinem Häuschen bei Genf zurück. Hier erlitt er einen Schlaganfall, der nach langem Siechtum zum Zerfall seiner geistigen Kräfte und zu seinem Tode führte. *Physikalische Zeitschrift 2 (1910) S. 770; Beitr. 2 (1910) S. 58.* Gro.

REICHENBACH, Carl Ludwig Frhr. v., geb. 12. Febr. 1788 in Stuttgart, gest. 19. Jan. 1869 in Leipzig, entstammt einer alten bayerischen Adelsfamilie. Gelegentlich einer Studienreise kam er im Jahre 1818 im chemischen Laboratorium des Wiener polytechnischen Instituts mit dem Altgrafen Hugo zu Salm-Reifferscheidt in Berührung, der über einen großen landwirtschaftlichen Besitz und verschiedene Fabriken verfügte, darunter mehrere Eisenwerke und Gießereien. Der Altgraf suchte damals nach einem rationellen Holzverkohlungsverfahren für seine Güter. Reichenbach gelang es, in den Salmschen Eisenwerken Blansko eine günstig arbeitende Holzverkohlungsanlage einzurichten, bei der Buchenholz im Innern eines gemauerten Ofenraumes, der von Heizröhren durchzogen ist, zur trockenen Destillation gebracht wurde. Die Holzkohle war damals noch für die österreichischen Eisenhütten unentbehrlich, da Steinkohle nicht gefördert wurde und man zur Verkokung der Braunkohle keine geeigneten Verfahren kannte. Reichenbach suchte die bei der Holzverkohlung abfallenden Nebenprodukte wirtschaftlich zu verwerten; im Laufe dieser Arbeiten gelang ihm die Entdeckung des Paraffins und der Methoden zu seiner Gewinnung aus dem Holzkohlenteer. Unter den sonstigen Produkten, die er im Buchenholzteer entdeckte, ist besonders das Kreosot zu erwähnen. Neben seinen chemischen Arbeiten betrieb er eifrig die Ausgestaltung der Eisenwerke und des Grubenbaues, errichtete zahlreiche neue Kuppelöfen, Walzwerke, Gießereien und Werkstätten. Seine besondere Sorgfalt galt der Eisengießerei. — In späteren Jahren widmete Reichenbach sich besonders philosophischen und okkultistischen Forschungen und nahm mit fortschreitendem Alter mancherlei sonderbare Eigenschaften an, die ihn der Umwelt entfremdeten. Er starb, 79jährig, auf einer Reise nach Leipzig, wo er für seine philosophischen Ideen wirken wollte. *Prof. A. Bauer: v. Reichenbach (Wien 1917).* Hä.

REICHENBACH, Georg Friedrich v., geb. 24. Aug. 1771 in Durlach, gest. 21. Mai 1826 in München. Als Sohn eines Schlossermeisters hatte Reichenbach schon während des Besuches der Bürgerschule wie auch während seiner Ausbildungszeit auf der Militärakademie in Mannheim, die reichlichste Gelegenheit, seine praktisch technischen Fähigkeiten auszubilden. Durch die Sternwarte Mannheim zu besonderem Interesse für astronomische Instrumente angeregt, fertigte er schon 1789/90 einen Spiegelsextanten, auch die zu dessen Vollendung notwendige Teilmaschine selbst ausführend. Von der Militärakademie aus, wo man seine technische Begabung erkannt hatte, schickte man ihn nach England zum Studium des dortigen Maschinenbaues. Unter sehr großen Schwierigkeiten zeichnete er in Soho eingehende Skizzen der Wattschen Dampfmaschine. Nach seiner Rückkehr aus England wurde er zunächst im Zusammenhang mit den kriegerischen Ereignissen der Zeit auf technisch-militärischem Gebiete verwendet. Unter anderem konstruierte er das erst Jahrzehnte später praktisch ausgenutzte gezogene Vorderladergewehr.

Bereits 1800 hatte er das von ihm gesuchte Prinzip der Teilmaschine gefunden. Mit Utzschneider und Liebherr zusammen gründete er 1804 das mathematisch-mechanische Institut in München, dem eine von Fraunhofer geleitete optische Anstalt in Benediktbeuren angegliedert wurde. Aus diesen Werkstätten gingen zunächst Reichenbachs bahnbrechende, in den Fachkreisen der ganzen Welt Aufsehen erregende und von ihnen begehrte astronomische und geodätische Instrumente hervor, die sich durch Einfachheit der Anordnung und Konstruktion, durch Festigkeit und Genauigkeit auszeichneten. Reichenbachs Theodolit verdrängte die bis dahin allgemein für Messungen verwendeten Bordakreise vollkommen. Sein Meridiankreis vereinigte alle Instrumente einer Sternwarte in sich.

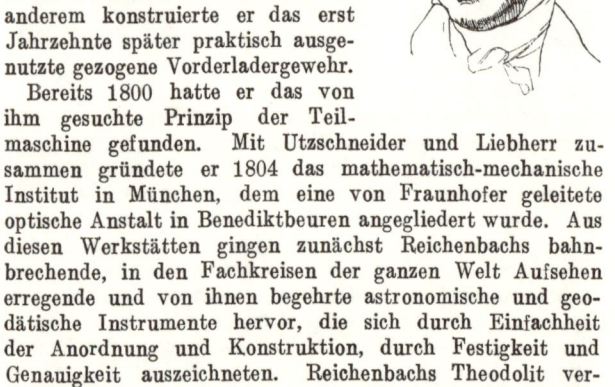

Wie seine geodätischen Instrumente zunächst der damals in Angriff genommenen Landesvermessung Bayerns zugute kamen, so konstruierte Reichenbach, ebenfalls im praktischen Dienste seiner engeren Heimat, die verschiedenen Typen der Wassersäulenmaschine, die, wenn auch heute von den modernen Turbinen überholt, damals eine ganz neue Lösung darstellte, um die gegebenen großen Druckhöhen mit je einer einzigen Maschine zu bewältigen. — Auf den verschiedensten Gebieten, wo er ein praktisches Bedürfnis erkannte, setzte sich Reichenbach in praktischer Arbeit wie auch in theoretischen Schriften ein. Die Konstruktion der damals noch wenig gebräuchlichen eisernen Röhrenbrücken ließ er sich angelegen sein. Er baute eine Dampfmaschine zur Bewegung des Prägestockes der Münze und ein arbeitendes Modell für die Universität Landshut. Er übernahm die Wasserversorgung der Stadt Augsburg, wie er sich auch in München kleineren

Aufgaben der Wasserversorgung widmete. Er fertigte einen Entwurf für die Gasbeleuchtung Münchens, eine Skizze zur Aufstellung des Münchener Obelisken usw. Ein Projekt zum Rhein-Donau-Kanal beschäftigte ihn lebhaft, ebenso die Frage der Dampfschiffahrt. Der technische Unterricht und die Organisation einer polytechnischen Schule lagen ihm am Herzen. — Ein Schlaganfall riß den seit zwei Jahren an einem erlittenen Berufsunfalle Kränkelnden aus seinem an Plänen und Erfüllungen so reichen Leben. *W. v. Dyck: Georg v. Reichenbach (München 1912); ADB 27 (1888) S. 656.* C. M.

REINECKER, Julius Eduard, geb. 27. Juli 1832 in Mieskau bei Halle a. S., gest. 7. Sept. 1895 in Chemnitz, ist der Begründer der Fabrikation von Präzisionswerkzeugen. 1859 übernahm er in Chemnitz eine Zeugschmiede und ein damit verbundenes Geschäft mit Eisenwaren. Das Handelsgeschäft gab Reinecker aber bald auf und widmete sich mehr und mehr der Anfertigung von Werkzeugen für die Metallbearbeitung. Die damals in Chemnitz aufblühenden Maschinenfabriken waren jedoch nur in ganz geringem Maße seine Abnehmer, da es damals noch allgemein üblich war, die erforderlichen Werkzeuge im eigenen Betriebe herzustellen. Reinecker verfolgte beharrlich sein Ziel, nur bestkonstruierte und bestausgeführte Werkzeuge herzustellen, und konnte bald einen umfangreichen Kundenkreis in Norddeutschland, Österreich, Ungarn, Rußland, der Schweiz usw. zählen, der der Firma jahrzehntelang, teilweise bis heute, treu blieb. Im Jahre 1871 war der Umfang des Betriebes so angewachsen, daß ein neuer Raum für die Fabrik gesucht werden mußte. Bald war auch dieses neue Werk zu klein, so daß Reinecker 1890 an die Neuanlage einer Werkzeug- und Werkzeugmaschinenfabrik größten Stiles ging. Zu der Herstellung von Fräserschleifmaschinen und Hinterdrehbänken kam seit 1892 der Bau von Fräsmaschinen. Diese waren in der Konstruktion und ganz besonders in der Genauigkeit ihrer Ausführung auf der ganzen Welt unerreicht. Die Weltausstellung in Chicago 1893 brachte denn auch Reinecker einen durchschlagenden Erfolg. — Reinecker hatte seine ganze Arbeit auf die Erkenntnis eingestellt, daß besonders bei der Metallbearbeitung das allerbeste Material selbst bei höchstem Preis im Betriebe das billigste sei, einmal durch die größere Lebensdauer, dann auch, weil es genauere Arbeit ermögliche. Für die Vervollkommnung seiner Erzeugnisse scheute er kein Opfer, selbst wenn der Wettbewerb durch billigere Ware Aufträge hereinholte. Ihm selbst war es nicht mehr vergönnt, die größte Blütezeit des allein durch seine Energie hochgebrachten Werkes zu erleben; er starb, 63 Jahre alt, bis zuletzt in voller Rüstigkeit für sein Werk arbeitend. *Festschr. z. 39. Hauptvers. d. V. d. I. Chemnitz 1898, S. 220.* Hä.

REIS, Johann Philipp, geb. 7. Jan. 1834 in Gelnhausen, gest. 14. Jan. 1874 in Friedrichsdorf b. Homburg. Nach Besuch der Volksschule schickte der Vormund den frühverwaisten, aufgeweckten Knaben in das Institut Garnier in Friedrichsdorf bei Homburg vor der Höhe, wo ihn besonders die fremden Sprachen anzogen. Mit 14 Jahren kommt er nach Frankfurt a. M. ins Hasselsche Institut. Hier beschäftigt er sich vor allem mit Mathematik und Naturwissenschaften, und der Wunsch wird in ihm wach, nach Karlsruhe auf das Polytechnikum zu gehen. Aber die Mittel sind nicht vorhanden; man gibt ihn nach Frankfurt in ein Farbengeschäft als Lehrling. Auch hier läßt sein Lerneifer nicht nach; er nimmt Privatstunden in Mathematik, Chemie und Physik, arbeitet bei einem Drechsler, um sich für seine Versuche die nötige Handfertigkeit zu verschaffen, und geht schließlich nach beendigter Lehrzeit auf die Gewerbeschule von Dr. Poppe in Frankfurt, wo er den Entschluß faßt, Lehrer zu werden. An diesem Entschluß hält er auch fest nach seiner Militärzeit bei den hessischen Jägern in Kassel; da bietet ihm sein früherer Direktor Garnier eine Lehrerstelle an seinem Institut an, die er freudig annimmt. Auch als Lehrer läßt er von seinen Lieblingsstudien nicht ab. Er legt sich ein kleines Laboratorium an, beschäftigt sich mit Reibungselektrizität und Galvanoplastik und baut auch eine kleine Dampfmaschine. Nachdem er 1858 geheiratet und sich in Friedrichsdorf ein Haus gekauft hat, richtet er sich in einer kleinen Kammer seiner Scheune eine Werkstatt mit Dreh- und Hobelbank ein.

Es war im Jahre 1860, als er sich besonders mit der Tätigkeit der Gehörwerkzeuge beschäftigte. Dabei kam ihm der Gedanke, die Luftschwingungen des Schalles in elektrische Stromstöße umzusetzen und dadurch auf weitere Entfernungen fortzuleiten. Ein alter Faßspund wurde durchbohrt und am einen Ende mit einer Membran aus tierischer Blase geschlossen. Gegen diese Membran legte sich ein leicht drehbarer Hebel, dessen anderes Ende mit einer einstellbaren Blattfeder einen elektrischen Kontakt bildete. Sprach man in die Höhlung des Spundes, so kam entsprechend den Schallschwingungen die Membran und mit ihr der Hebel in Schwingungen, wodurch der Kontakt in sehr schneller Folge abwechselnd geöffnet und geschlossen wurde. Diese Stromstöße führte Reis nun einer Drahtspule zu, die um eine Stricknadel gewickelt war, die ihrerseits in das Schalloch einer Geige hineingesteckt war. Die ankommenden Stromstöße versetzten die Stricknadel in Schwingungen, und der Kasten der Geige wirkte als Resonanzboden, wodurch diese Schwingungen als Töne hörbar wurden. Reis benutzte dabei die Erscheinung, daß Eisen, das sehr raschen magnetischen Änderungen unterworfen wird, einen Ton von sich gibt. Dieses sogenannte galvanische Tönen war zuerst von Page 1838 beobachtet worden. Später verbesserte Reis seinen Apparat, indem er die Membran im Deckel eines Kastens anbrachte, dessen eine Seitenwand einen Schalltrichter trug, während er die Geige durch einen Resonanzkasten, zuerst in Gestalt einer Zigarrenkiste, ersetzte. So gelang es, auf Entfernungen von etwa 100 m nicht nur Töne, sondern auch bei feiner Einstellung der Kontakte des Gebers gesprochene Worte zu übertragen.

Am 26. Oktober 1861 führte Reis seinen Apparat dem Physikalischen Verein in Frankfurt vor, dessen Mitglied er geworden war. Man bezeichnete die Erfindung zwar als interessant, sprach ihr aber jede praktische Bedeutung ab. Auch wiederholte Vorträge änderten daran nichts, erst der Reissche Vortrag auf der Naturforscherversammlung in Gießen 1864 brachte dem unermüdlichen Erfinder Beachtung.

Reis ließ seine Apparate von dem Mechaniker Albert in Frankfurt bauen und zum Verkauf anbieten, aber nur wenige wurden gekauft. So sah sich der Erfinder enttäuscht und seine Erfindung verkannt; für ihren hohen Wert für das Wirtschaftsleben schien jedes Verständnis zu fehlen. Gegen Ende der sechziger Jahre kränkelte er; er hatte sich eine Lungenschwindsucht zugezogen, von der er vergeblich in dem Taunuskurort Soden Heilung suchte. Gerade 40 Jahre alt geworden, raffte ihn der Tod hinweg. Ohne Gepränge trug man den Erfinder zu Grabe, aber die Saat sollte bald aufgehen. Im Jahre 1876 brachte Graham Bell, ein englischer Physiker, ein verbessertes Telephon auf die Weltausstellung zu Philadelphia, das großes Aufsehen erregte. Ein Jahr später bereits ließ sich der Generalpostmeister des Deutschen Reiches, Heinrich v. Stephan, eine Telephonleitung in Berlin einrichten; 1881 wurde das erste deutsche Fernsprechamt in Berlin mit 94 Teilnehmern eingerichtet.

Wenn auch Bells Verbesserung an die Stelle der mechanischen Stromunterbrechung die Erzeugung von Stromänderungen durch die magnetische Beeinflussung der Eisenmembran setzte, so war doch Reis der erste, dem es gelang, auf elektrischem Wege Schallschwingungen zu übertragen. Sein Geber feierte bald eine Wiederauferstehung im Mikrophon von Hughes 1878, nur sein Empfänger wurde ersetzt durch das Bellsche Telephon. Dabei darf aber nicht vergessen werden, daß auch unter den Reisschen Versuchsapparaten sich eine Ausführungsform findet, bei der durch den ankommenden Strom eine Stahlfeder in schnelle Schwingungen versetzt wird, ähnlich wie bei Bell die eiserne Membran. Auch der Name Telephon rührt von Reis her.

Philipp Reis erging es wie den meisten Erfindern, er hat die Früchte seiner Erfindung nicht mehr geerntet. Aber doch hat man ihn nicht vergessen. Vier Jahre nach seinem Tode errichtete der Physikalische Verein dem Erfinder ein Grabdenkmal in Friedrichsdorf und brachte an seinem Sterbehaus eine Gedenktafel an. Ein würdiges Denkmal setzte ihm auch Silvanus Thompson in seinem Buche: „Philipp Reis, the inventor of the telephone" (London 1883), worin er den schärfsten Beweis dafür führt, daß Reis die erste elektrische Übertragung von Tönen und Worten ausgeführt hat. *Erfinder S. 146.* We.

REITHMANN, Christian, geb. 9. Febr. 1818 zu Fieberbrunn bei St. Johann (Tirol), gest. 30. Juni 1909 in München, war wie sein Vater Uhrmacher. Durch erfolgreiche neue Bauarten von Uhren gelang es ihm, in einem 1848 gegründeten eigenen Unternehmen gut vorwärts zu kommen. Zum Betriebe seiner Arbeitsmaschinen, die er selbst entworfen hatte, verwendete er schon im Jahre 1852 eine Kraftmaschine, deren Antrieb durch elektrische Entzündung eines Wasserstoffgas-Luftgemisches im Zylinder bewirkt wurde. Bald ersetzte er das teure Wasserstoffgas durch Leuchtgas. So entstand 1856 sein Gasmotor, der 1873 durch Einführung des Viertaktes mit Kompression wesentlich verbessert wurde. In der Entwicklung des Gasmotors wurde dadurch ein neuer Abschnitt eingeleitet. *Journal f. Gasbeleuchtung u. Wasserversorgung 52 (1909) S. 681.* Schz.

REMY, Carl Wilhelm, geb. 6. Dez. 1747 in Bendorf, gest. 1817 in Neuwied, trat 1771 in das von seinem Vetter und Schwager Heinrich Wilhelm Remy vom Grafen Wied 1760 gepachtete Eisenwerk auf dem Rasselstein am Wiedbach ein und übernahm nach dessen 1779 erfolgten Tode die Leitung des Werkes, der heutigen Rasselsteiner Eisenwerks-Gesellschaft. Er war ein energischer und tätiger Geschäftsmann, dem es gelang, 1784 das bis dahin nur gepachtete Eisenwerk durch Kauf für die Firma H. W. Remy und Konsorten zu erwerben und durch Zukauf weiterer Werke zu vergrößern. Sein Hauptverdienst für die deutsche Industrie besteht darin, daß er das von seinem Vetter aus England eingeführte Verfahren zum Walzen von Blechen, das England einen großen Vorsprung in der Schwarz- und Weißblechfabrikation verschafft hatte und mit dem sich Heinrich Wilhelm jahrelang erfolglos abgemüht hatte, als erster in Deutschland in Betrieb brachte. Nach seinem Tode wurde sein Sohn Christian Friedrich (geb. 9. Nov. 1783, gest. Dez. 1861) Leiter des Werkes, der in Deutschland 1824 den ersten Puddelofen mit Steinkohlen und ein Stabeisenwalzwerk erfolgreich in Betrieb nahm. Die Schienen für die erste deutsche Eisenbahn (Nürnberg—Fürth 1835) wurden auf dem Rasselstein gewalzt. *Denkschrift zur Erinnerung an die 150jährige Zusammengehörigkeit des Rasselsteiner Eisenwerks mit der Familie Remy (Rasselstein b. Neuwied 1910); Beitr. 3 (1911) S. 86; 8 (1918) S. 118.* Lo.

RENNIE, John, geb. 7. Juni 1761 in Phantassie am Tyne (Schottland), gest. 4. Okt. 1821 in London. Schon von frühester Jugend an bastelte und baute Rennie. Nachdem er mit 12 Jahren die Schule verlassen hatte, trat er, seinem dringenden Wunsche entsprechend, in die Lehre von Andrew Meikle, der die Dreschmaschine mit Dreschtrommel erfand. Zwei Jahre blieb er hier, eignete sich aus Büchern theoretische Kenntnisse in der Mechanik an und trat daraufhin in die höhere Schule von Dunbar ein. Nach weiteren zwei Jahren kehrte nach Hause zurück und setzte seine Studien selbständig fort. Er überwachte für Meikle manche Mühlenaufstellung, erwarb sich hierdurch große praktische Erfahrung und wandte sich dann der Ausführung von Mühlwerken auf eigene Rechnung zu. Obwohl er auf diese Weise viel zu tun bekam, genügte ihm die Tätigkeit eines „Landmühlarztes" nicht und er bezog die Universität zu Edinburgh. Durch eine Empfehlung kam er nach Beendigung seines Studiums nach Soho zu Boulton und Watt; er nahm ein Angebot Watts an, die Einrichtung der Albionmühle zu leiten. Alle zu dieser Einrichtung erforderlichen Hilfsmittel arbeitete er während der Jahre 1784 bis 1788 allein aus. Die Mühle hatte 20 Mahlgänge von je 4 Fuß 6 Zoll (rd. 1,5 m) Durchmesser, wovon in der Regel 12 im Gange waren. Die beiden Betriebsmaschinen von Watt hatten je 50 PS, konnten stündlich 150 Scheffel Weizen vermahlen und besorgten den Transport des Getreides und Mehles bis in das Schiff. Die Albionmühle wurde infolgedessen als eines der größten Wunderwerke angestaunt. Die Vollendung dieser Arbeit, in der zum ersten Male an Stelle von Holz genau bearbeitete guß- und schmiedeeiserne Zahnräder Verwendung fanden, ist als ein Wendepunkt in der Geschichte des Maschinenbaues zu bezeichnen. Am 3. März 1791 brannte die Mühle nieder, und Rennie errichtete an ihrer Stelle eine Maschinenfabrik. Um diese Zeit wandte sich Rennie indessen immer mehr dem Beruf des Zivilingenieurs zu. Gegen Ende 1791 zog man ihn bei der Ausführung wichtiger Kanalbauten zu Rate. Der Kennet- und Avon-Kanal, der Rochdale-Kanal und der Lancaster-Kanal entstanden in den nächsten Jahren und wurden von Rennie mit größter Sorgfalt ausgeführt. Von besonderer Bedeutung waren seine im Jahre 1799 eingereichten Vorschläge zur Verbesserung der Schiffahrt auf dem Clyde. Seine nächste Arbeit war die Entwässerung des etwa 75 000 acres großen in Lincolnshire gelegenen Sumpflandes „The Wash". Acht Jahre nahm der Bau dieser Anlage in Anspruch. Die Gesamtlänge der Hauptkanäle betrug über 100 Meilen und die Kosten beliefen sich auf 580 000 Pfd. Sterl., doch verzinste sich dieses Anlagekapital durch einen Mehrertrag des Landes von 110 000 Pfd. Sterl. jährlich mit rd. 20 vH. Rennie war auch einer der ersten, der anläßlich des Baues der London Docks im Jahre 1801 Dampfmaschinen zum Wasserpumpen, Rammen usw. benutzte.

Seine erste Brücke führte er mit gußeisernen Bogen 1803 über den Witham bei Boston aus. Andere Brückenbauten folgten. Bei der Eröffnung der Waterloobrücke am 18. Juni 1817 wurde ihm vom Prinzregenten die Ritterwürde angeboten, die er aber ablehnte. Vor allem seiner Tätigkeit als beratender Ingenieur der Admiralität ist es zuzuschreiben, daß die großen Vorurteile in der Marine beseitigt wurden und die Dampfkraft auch hier allgemein Eingang fand. Er war persönlich anspruchslos und bescheiden. Seine Arbeiten und seine Berichte sind immer Muster von Gründlichkeit und Klarheit. Sein Leben entsprach seinem Wahlspruch: „Der Mensch lebt, um zu arbeiten." *Liv. Eng. 2 S. 110.* Wi.

RENNIE, George, geb. 3. Dez. 1791 in London, gest. 30. März 1866 in London. George Rennie, der älteste Sohn John Rennies, erhielt seine Ingenieurausbildung an der Universität von Edinburgh. Im Jahre 1811 trat er in das Unternehmen seines Vaters ein und unterstützte ihn bei der Ausführung verschiedener großer Projekte. Auf eine Empfehlung von Watt und Sir J. Banks hin erhielt George Rennie im Jahre 1818 den Posten eines Maschineninspektors und Eisenverwalters der Kgl. Münze. Nach dem 1821 erfolgten Tode des Vaters schlossen sich die beiden Brüder George und John zusammen, um die großen Unternehmungen ihres Vaters zu vollenden. Um 1826 wurde ihnen nach den Entwürfen von Harrison der Bau der Grosvenor-Brücke über den Dee bei Chester übertragen. Auch als Eisenbahningenieur verfügte Rennie über große Erfahrungen und baute u. a. die Verbindung von Manchester nach Liverpool. 1846 wurde er zum leitenden Ingenieur der Eisenbahn von Namur nach Lille ernannt. Seine größte Befähigung lag aber mehr auf dem Gebiet des Maschinenbaues; er baute im Auftrage der englischen und auch fremder Regierungen u. a. viele Dampfmaschinen für Kriegs- und Handelsschiffe. In seinem Betriebe sind die Maschinen für den Dampfer „Archimedes" gebaut worden, mit dem die Schrauben des Sir Francis Pettit erprobt wurden. Als Folge baute Rennie für die Admiralität den Dampfer „Dwarf", das erste Schiff der englischen Marine mit Schraubenantrieb. Auch die ersten Maschinen zur Herstellung von Biskuit und anderen Nährmitteln sind aus den Werkstätten Rennies hervorgegangen. Als Mitglied der „Royal Society" und der englischen Ingenieurvereine hat Rennie eine Reihe wissenschaftlicher Abhandlungen verfaßt, so eine Untersuchung über die Reibung von Metallen und anderen Substanzen. Er starb an den Folgen eines Straßenunfalles. *Nat. Biogr. 48 (1896) S. 18.* Wi.

RENNIE, John, Sir, geb. 30. Aug. 1794 in London, gest. 3. Sept. 1874 in Bengeo bei Hertford. Wie sein älterer Bruder George erhielt John zunächst eine gute Allgemeinerziehung, um dann in das Unternehmen seines Vaters zur praktischen technischen Ausbildung einzutreten. 1813 wurde John Rennie der Gehilfe Hollingworths, des Erbauers der Waterloo-Brücke. 1815 half er seinem Vater beim Bau der Southwark-Brücke. 1819 ging er auf Reisen, um die großen technischen Einrichtungen des Kontinents kennen zu lernen. 1821, nach dem Tode des Vaters, führte er mit seinem Bruder das Unternehmen weiter, wobei er sich vor allem dem Brückenbau und der Weiterführung der von seinem Vater begonnenen Hafenbauten widmete. Zu seinen wichtigsten Arbeiten gehört die Errichtung der Londoner Brücke, die bereits vom Vater entworfen war. Bei Eröffnung der Brücke im Jahre 1831 wurde Rennie in den Adelstand erhoben. Als Nachfolger seines Vaters wurde er auch beratender Ingenieur der englischen Admiralität und in dieser Eigenschaft vollendete er verschiedene Arbeiten und Bauten in Sheerness, Woolwich, Plymouth, Ramsgate, Lincolnshire usw. Auf dem Gebiet des Eisenbahnwesens war er ebenfalls tätig; so baute er in Gemeinschaft mit seinem Bruder die Bahn von Liverpool nach Manchester, doch hatte er auf diesem Gebiet keine größeren Erfolge aufzuweisen. Wie sein Bruder war auch John Rennie Mitglied der führenden technischen Vereine; als Vorsitzender der Institution of Civil Engineers gab er als Antrittsvortrag einen Gesamtüberblick der Berufsgeschichte des Ingenieurs. Eine ganze Reihe anderer Berichte liegen von ihm vor, die sich vor allem auf seine im Beruf durchgeführten Arbeiten stützen. Im Jahre 1862 zog er sich aus dem Berufsleben zurück. *Rennies Autobiographie (London 1875); Nat. Biogr. 48 (1896) S. 20.* Wi.

RESSEL, Josef Ludwig Franz, geb. 30. Juni 1793 zu Chrudim in Böhmen, gest. 10. Okt. 1857 in Laibach, besuchte das Gymnasium in Linz, dann die Bombardierschule zu Budweis, studierte an der Universität in Wien Landwirtschaft, Staatsrechnungswissenschaft, Chemie, Naturgeschichte und Technologie, trat 1814 in die Forstakademie zu Mariabrunn (Österreich) über und wurde 1817 k. k. Distriktsförster von Pletteriach (Krain). 1820 erhielt Ressel die Vizewaldmeisterstelle bei der k. k. Staatsgüterverwaltung in Laibach, von wo er schon im nächsten Jahre nach Triest versetzt wurde. Hier beschäftigte er sich eingehend mit der Ausnutzung des Wassers, wie mehrere Abhandlungen von ihm aus jener Zeit beweisen. Am 11. Febr. 1827 erhielt Ressel das Patent für eine Schraube ohne Ende zur Fortbewegung der Schiffe, um das er am 28. Nov. 1826 nachgesucht hatte. Noch im selben Jahre änderte er die Anordnung der Schraube, die er statt im Vorderteile nunmehr im Hinterteile des Schiffes anbrachte. Mit Hilfe des Großkaufmannes Ottavio Fontana erbaute er das Schiff „Civetta" mit seiner Schraube, die von einer 6 PS-Dampfmaschine angetrieben wurde. Bei der Erprobung im Jahre 1829, bei der eine Geschwindigkeit von 11,13 km erreicht wurde, zwang eine Beschädigung des Dampfkessels zur Einstellung der Fahrt. Schwierigkeiten, welche die Behörde weiteren Fahrten bereitete, veranlaßten Fontana, sich vollständig zurückzuziehen, und beraubten Ressel, der mittellos war, der Möglichkeit, seinen Gedanken zu verfolgen. Ressel, der einen ungemein regen, schaffensfrohen Geist besaß, beschäftigte sich unermüdlich mit den verschiedenartigsten Fragen und erwarb in der Zeit bis 1845 eine große Zahl von Patenten auf technologische, mechanische und maschinelle Erfindungen, betrieb auch mathematisch-physikalische Studien; hierüber berichtet ausführlich und fachlich die im Jahre 1893 vom Komitee für die Zentenarfeier Josef Ressels herausgegebene Denkschrift, die auch an der Hand von Urkunden und wissenschaftlichen Gutachten den Nachweis führt, daß Ressel nicht nur der Zeit, sondern auch dem Wesen nach der erste war, der die noch heute übliche Schraubenanordnung erdacht und ausgeführt hat; die Verdienste von Sauvage, Smith und Ericsson, die ihre Patente 1830, 1834 und 1836 erhielten, werden durch diese Darlegung in keiner Weise geschmälert. Ressel wurde 1848 Marineunterintendant und erhielt 1852 den Titel eines Marineforstintendanten; er starb am 3. Okt. 1857 auf einer Dienstreise an Malaria. 1863 wurde ihm in Wien (vor der Technischen Hochschule), 1924 in Chrudim ein Denkmal gesetzt. Die oben erwähnte Denkschrift enthält ein Verzeichnis des umfangreichen, Ressel betreffenden Schrifttums. Bk.

REULEAUX, Franz, geb. 30. Sept. 1829 in Eschweiler bei Aachen, gest. 20. Aug. 1905 in Berlin. Einer der Altmeister der Technik, zu dessen Füßen noch viele der heute lebenden Techniker gesessen haben und die impulsive Kraft seines weitreichenden Wissens, seines schöpferischen Könnens und vor allem seiner machtvollen Persönlichkeit auf sich haben wirken lassen, ist Franz Reuleaux, der Vater der Kinematik. Gerade in unserer heutigen Zeit der Hochschulreform ist es angebracht, das Andenken an einen der großen Schöpfer der deutschen technischen Wissenschaften wieder zu beleben, der es mit anderen — nur Redtenbacher, Zeuner und Karmarsch seien genannt — verstanden hat, dem immer stürmischer und breiter sich verästelnden Baum der Technik einen kraftvollen und lebenspendenden Stamm in der wissenschaftlichen Erfassung der Mannigfaltigkeit der Formen zu geben.

Aus einer alten Technikerfamilie in Eschweiler bei Aachen stammend, legte Reuleaux schon während seiner Lehrtätigkeit am Polytechnikum in Zürich 1856 bis 1864 den Grund zu seiner 1875 erschienenen „Theoretischen Kinematik", diesem großartigen, heute noch als klassisch und nicht veraltet zu bezeichnenden Werke, in dem er die von französischen Mathematikern begründete Bewegungslehre einer vollständigen Umgestaltung unterwirft und sie der Maschinenlehre unmittelbar dienstbar macht. Alle Bewegungen, auch die der verwickeltsten Maschinen, führt er auf einfachste Umschlußpaare, das Zylinderpaar, das Prismenpaar und das Schraubenpaar zurück und bildet aus diesen die kinematischen Ketten, aus den Ketten durch Zwangschluß und durch Feststellung eines Gliedes den Mechanismus oder das Getriebe. Eine Maschine besteht dann aus einer Anzahl solcher Getriebe, die im Zwanglauf miteinander arbeiten. In dem immer weiter gehenden Ersatz des Kraftschlusses durch den Paar- oder Kettenschluß sieht Reuleaux geradezu das Entwicklungsprinzip der gesamten Technik. Erst die scharf umrissenen kinematischen Grundgesetze haben Klarheit in die verworrene Vielfältigkeit der Getriebe gebracht, die man bis dahin nur einzeln untersuchen und beschreiben, nicht aber auf allgemeine Gesetze zurückführen konnte. Damit war auch eine großzügige Systematik aller Getriebe gegeben, ja Reuleaux schreckte nicht zurück vor dem kühnen Gedanken, der kinematischen Analyse die Synthese an die Seite zu stellen und das Erfinden neuer Mechanismen zu einer Wissenschaft zu machen. Der zweite Band der Kinematik erschien erst 1900 und behandelt die praktischen Beziehungen der Kinematik zu Geometrie und Mechanik; er stellt eine Fundgrube von Mechanismen aller Art dar, die heute noch nicht erschöpft ist. Ein dritter Band, die angewandte Kinematik enthaltend, ist leider unvollendet geblieben.

Reuleaux' Bedeutung erschöpft sich nicht in seiner Zwanglauflehre. Nachdem er 1868 Direktor der Berliner Gewerbeakademie, der späteren Technischen Hochschule, geworden war, widmete er sich neben seiner Lehrtätigkeit auch der Förderung des deutschen Gewerbfleißes in Wort, Schrift und Tat. Sein mutvolles Wort: „Billig und schlecht" über die deutschen Erzeugnisse auf der Weltausstellung in Philadelphia 1876 hat im rechten Augenblick unsere Industrie aufgerüttelt und zur Qualitätsarbeit angespornt, der sie später ihre Weltstellung verdankte. Auch an der Schaffung eines Reichspatentgesetzes, an der Erstarkung des deutschen Kunstgewerbes und an der Verbreitung eines allgemeinen Verständnisses für die Technik und ihren Kulturwert hat Reuleaux mitgearbeitet. Sein weitschauender Geist, sein umfangreiches Wissen und nicht zuletzt seine meisterhafte Beherrschung der Sprache gaben ihm überall die Führerrolle. Die technische Sprache verdankt ihm viele ausdrucksvolle Begriffsbezeichnungen (wie Verbund, Zwanglauf, Druckmittel, Fritter usw.) und eine durchgreifende Reinigung von unnötigem Fremdtum. Seine prächtigen Reiseschilderungen (Indien, Australien), seine gediegenen Sprachstudien, seine Kultur- und Kunststudien enthalten eine Fülle scharfsinniger Beobachtungen und geistreicher Betrachtungen.

Das Vordrängen neuer jugendlicher Kräfte hat ihm seine letzten Lehrjahre an der Berliner Technischen Hochschule oft verbittert. Heute sehen auch seine einstigen Gegner ein, daß er Bahnbrecher auf dem Gebiete der technischen Wissenschaften war. Seine volle Bedeutung wird man erst erkennen, wenn die Technik wieder Zeit und Muße zu Sammlung und Zusammenfassung findet. Dann wird man auf Reuleaux' Lehre weiter bauen. *Weihe: Reuleaux und seine Kinematik (Berlin 1925); Beitr. 11 (1921); Z. 57 (1913).* We.

REYNOLDS, Edwin, geb. 23. März 1831 in Mansfield (Conn.), gest. 19. Febr. 1909 in Milwaukee, besuchte bis zum sechzehnten Jahre die öffentlichen Schulen und nahm, da er nach keiner Richtung hin besondere Neigungen hatte, danach eine Stelle als Landarbeiter an. Von hier trat er fast durch Zufall als Lehrling in eine kleine Maschinenwerkstatt von Anson P. Kimney ein. Nach dreijähriger Lehrzeit finden wir ihn als Arbeiter und später als Meister und Monteur in verschiedenen Betrieben. Im Jahre 1857 trat Reynolds als Leiter in die Firma Stedman & Co. in Aurora (Ind.) ein, wo er sich vor allem mit der Konstruktion von Pumpanlagen beschäftigte, die als die Grundlage seiner späteren epochemachenden Arbeiten anzusehen sind. 1872 war Reynolds Leiter der Corliss Steam Engine Company in Providence (R. I.), zu jener Zeit der größten Maschinenfabrik der Vereinigten Staaten. Von hier ging er zu den Reliance Works (E. P. Allis & Co.) in Milwaukee, die er zu ungeahnter Blüte brachte und wo er sein großes Können zum ersten Male frei und ungehemmt entfalten konnte. Er baute hier die verschiedensten Maschinen, vor allem die Reynolds-Corliss-Maschineneinheiten für Hochöfen, für Bergbau, Druckluft-, Pumpbetriebe usw. Im Jahre 1888 baute er die erste Dreifach-Expansions-Pumpmaschine für Wasserwerke. Die von ihm entworfene und für die Joliet Steel Company erbaute Gebläsedampfmaschine war eine vollständige Abkehr von allem bisher auf diesem Gebiet üblichen. Reynolds war bekannt durch seine ganz außerordentlich schnelle Auffassungsgabe. *Power and the Eng. (1909) S. 421/4; Beitr. 1 (1909) S. 279.* Wi.

REYNOLDS, Osborn, geb. 1842 in Belfast, gest. 21. Febr. 1912 in Watchett (Somerset). Er erhielt seine Erziehung in Dedham und studierte dann in Queens College Cambridge. Bekannt ist Reynolds vor allem durch seine wertvollen Forschungsarbeiten auf dem Gebiete der hydrokinetischen Wissenschaft. Er war der erste, der praktisch beweisen und demonstrieren konnte, daß die Art des Wasserlaufs von seiner Geschwindigkeit abhängt. Von Reynolds rührt auch die Erfindung einer Turbopumpe aus dem Jahre 1875 her. Es handelt sich hier um eine Serientype mit Ventilführungsrippen. Aber erst im Jahre 1887 wurde sie als Modell für das maschinentechnische Laboratorium des Owens College gebaut. Die erzielten Erfolge waren gut, so daß die Pumpanlage seit 1893 in der Praxis Eingang fand. Viele wissenschaftliche Arbeiten von Reynolds sind bekannt geworden, so seine „Laws of Resistance in Parallel Channels", seine „Theory in Lubrication" usw. Er war Professor der technischen Wissenschaften an der Manchester-Universität. Im Jahre 1888 erhielt er die Goldene Medaille der Royal Society. *Eng. 113 (1912) S. 194.* Wi.

RICHTER, Theodor Hieronymus, geb. 21. Nov. 1825 zu Dresden, gest. 25. Sept. 1898 zu Freiberg, wandte sich ursprünglich der pharmazeutischen Laufbahn zu, studierte dann 1843 bis 1847 auf der Bergakademie Freiberg und fand darauf Anstellung auf den Freiberger Hütten. Hier wurde er 1853 Hüttenchemiker; daneben wurde ihm vertretungsweise die Abhaltung der Vorlesungen und Übungen über Lötrohrprobierkunde übertragen, nachdem sein berühmter Lehrer Plattner erkrankt war. 1857 wurde er zum Oberhüttenamtsassessor, außerdem 1863 zum ordentlichen Professor an der Bergakademie ernannt. 1866 rückte er zum Vorstande des Hüttenlaboratoriums auf. Diese Stellung legte er nieder, nachdem er 1873 auch zum Professor für Hüttenkunde und metallurgische Probierkunde ernannt worden war. Von demselben Jahre ab führte er vertretungsweise die Direktorialgeschäfte der Bergakademie, 1875 übernahm er die Direktion und führte sie bis 1896 erfolgreich weiter. Er hat sich nur eines kurzen Ruhestandes erfreut, der leider auch durch Krankheit getrübt war.

Berühmt wurde Richter durch die gemeinsam mit F. Reich erfolgte Entdeckung des neuen Elementes Indium in der schwarzen Freiberger Zinkblende im Jahre 1864 (Journ. prakt. Chem. 89 (1863) S. 441; 90 S. 172; 92 (1864) S. 480. Richter gab nach dem hinterlassenen Manuskript die „Vorlesungen über allgemeine Hüttenkunde von Carl Friedrich Plattner" heraus (Bd. 1 1860, 2 1863) und bearbeitete Plattners Probierbuch mit dem Lötrohre in 4. und 5. Aufl. 1865 und 1876. In diesem Jahre wurde er von der Universität Leipzig zum Dr. phil. h. c. ernannt. 1891 wurde er zum Geheimen Bergrat befördert; er erhielt hohe sächsische und ausländische Orden. *Chem. Z. 23 (1898) S. 835.* Tr.

RIEBECK, Karl Adolf, geb. 7. Sept. 1821 in Clausthal, gest. 28. Jan. 1883 in Halle a. S. Er wurde als Sohn eines Steigers und Markscheidergehilfen in Clausthal im Harz geboren (nach anderen Angaben am 27. Sept. 1821 in Harzgerode). 1835 begann er seine Tätigkeit als Bergjunge im Unterharzer Eisensteinbergbau des anhaltischen Fiskus und wurde später Lehrhäuer auf der Grube Albertine. Als 18 jähriger ging er in die Welt und brachte es bis zum Steiger und Obersteiger, ohne mehr als die gewöhnliche Dorfschulbildung genossen zu haben. 1856 wurde er Berginspektor der sächsisch-thüringischen Aktiengesellschaft für Braunkohlenverwertung und kam damit in das Hauptarbeitsfeld seines Lebens. Zu dieser Zeit war die Braunkohlenschwelerei noch ein wenig entwickeltes Gewerbe, dessen Anfänge ins 18. Jahrhundert zurückreichten. Krünitz berichtet 1788 als erster, daß man durch Destillation von Schwelkohlen Bergöl (d. i. Schwelteer) herstellen konnte. v. Reichenbach entdeckte 1830 dessen wichtigste Bestandteile, das Paraffin und das Kreosot. Er setzte sich auch für die Verwendung des so gewinnbaren Paraffins für die Kerzenfabrikation ein. Erst gegen 1850 wurde die Braunkohlenschwelerei in Mitteldeutschland in mehreren kleineren Fabriken betrieben, in deren eine Riebeck als Berginspektor eintrat.

1858 trat Riebeck aus und machte sich selbständig. Er verstand es, aus der Braunkohlenschwelerei eine Großindustrie zu entwickeln. Zunächst pachtete er eine kleine Tagebaugrube im Weißenfelser Revier und erwarb dann in rascher Folge Braunkohlengruben, besonders Schwelkohlengruben im Hallenser Bergrevier. Er baute neue Schwelereien, erweiterte die Fabrik Webau und errichtete zwei weitere Mineralölfabriken in Reussen und Oberröblingen a. See. Durch seinen tatkräftigen Unternehmungsgeist und seine hervorragende Organisationsgabe wurde er bald der Führer der mächtigen sächsisch-thüringischen Braunkohlenindustrie, die in größtem Ausmaße Paraffin, Mineralöl und Briketts herstellte. Sein Unternehmen umfaßte nach seinem Tode die Mehrzahl der deutschen Braunkohlenschwelereien. Riebeck starb 62 Jahre alt als Kommerzienrat, Bergwerks-, Fabrik- und Rittergutsbesitzer. *Mitt. d. Riebeckschen Montanwerke; Scheithauer: Die Schwelteere (Leipzig 1922).* Sa.

RIEDINGER, August, geb. 9. Okt. 1845, gest. 15. Jan. 1919 in Augsburg. Er studierte am Polytechnikum in Zürich und trat dann in die Maschinen- und Bronzewarenfabrik seines Vaters L. A. Riedinger ein, die er nach dessen Tod 1879 übernahm.

Überaus vielseitig begabt, betätigte er sich im Maschinenbau, im Ballonwesen und auf chemischem Gebiet. Auf dem Gebiet des Maschinenbaues verdanken wir Riedinger die Aufnahme der Kohlensäure für Kälteerzeugungsmaschinen. Die erste Maschine dieser Art hat er dem Deutschen Museum später überwiesen. Ferner führte er die regulierbare Kurbelschmierung aus feststehenden Ölgefäßen unter Verwendung einer hohlen Gegenkurbel ein. Weiter beschäftigte er sich mit der Einführung von Druckluftanlagen für industrielle und gewerbliche Zwecke und hat eine solche großen Stils in Offenbach a. M. errichtet, die zum Teil heute noch in Betrieb ist.

Auf dem Gebiet des Luftfahrwesens war er durch Errichtung einer Versuchswerkstätte und durch systematische Durchführung von Strömungsversuchen bahnbrechend. Unter Aufwendung erheblicher Geldopfer, wobei sogar seine weltbekannte Kunstsammlung nicht geschont wurde, schuf er den in allen Staaten patentierten Drachenballon, der für Beobachtungszwecke bei den Militärbehörden fast der ganzen Welt Eingang gefunden hat, nachdem er von der deutschen Militärbehörde in Berlin drei Jahre lang ausprobiert und schließlich 1896 als tauglich anerkannt worden war. 1897 gründete August Riedinger dann die Ballonfabrik, die sich Weltruf erwarb durch ihre vorzüglichen Lieferungen von Kugelballonen für Sportzwecke, patentierten Fesselballonen, Motorballonhüllen für Parseval- und Schütte-Lanz-Luftschiffe und Gaszellen für Starr-Luftschiffe. Riedinger stand in enger Beziehung zum Grafen Zeppelin, für dessen erste Luftschiffe er die Hüllen lieferte.

Auf chemischem Gebiete förderte Riedinger die Verwendung des Blaugases in Industrie und Gewerbe für Heiz-, Löt-, Schweiß- und Beleuchtungszwecke. Seiner Vaterstadt leistete Riedinger durch die Erhaltung und mit großem Opfermut ausgeführte Instandsetzung des Hotels „Drei Mohren" noch in seinen letzten Lebensjahren einen großen Dienst. *Beitr. 14 (1924) S. 174.* Ha.

RIEDINGER, Ludwig August, geb. 19. Nov. 1809 in Schwaigern bei Heilbronn a. N., gest. 20. April 1879 in Augsburg. Aus eigener Kraft hat er sich vom bescheidenen Modell-Tischlerlehrling zum Großindustriellen emporgeschwungen.

Nach Beendigung seiner Lehrzeit fand Riedinger, der schon mit 15 Jahren beide Eltern verloren hatte, Anstellung als Modellschreiner in der Baumwollspinnerei der Gebrüder Hartmann in Heidenheim an der Brenz. Er nützte die Gelegenheit, den mechanischen Betrieb der Baumwollspinnerei gründlich kennen zu lernen, so gut aus, daß er 1837 für eine Verbesserung der Vorspinnmaschine eine öffentliche Anerkennung erhielt und seine Firma ihm die Stelle eines Werkmeisters in der neugegründeten Spinnerei in Herbrechtingen übertrug. In gleicher Eigenschaft wurde er 1839 an die Mech. Baumwoll-Spinnerei und Weberei Augsburg berufen, wo man ihm schon drei Jahre später die Stelle des technischen Direktors übertrug, da man seine hervorragende Begabung erkannt hatte. Nun war es Riedinger möglich, neben der Verbesserung des technischen Betriebes und der Steigerung der Leistungsfähigkeit des ihm anvertrauten Unternehmens auch für das Wohlergehen seiner Arbeiterschaft zu sorgen; er gründete Kranken- und Versorgungskassen, sowie Anstalten zur Belehrung und Erholung der Arbeiter. Daß im Sturmjahre 1848 die Augsburger Arbeiter trotz der allgemeinen Geschäftsstockung und verschiedener revolutionärer Aufreizungen Ruhe und Ordnung hielten, war Riedingers Einfluß zu danken, den er sich durch seine Fürsorge für die Arbeiter erworben hatte.

Um diese Zeit beteiligte sich Riedinger an den Versuchen, die Professor Pettenkofer in München zur Erzeugung von Gas aus Holz und Steinkohle anstellte. Als diese günstige Ergebnisse zeigten, gab er seine Stellung auf, kaufte einen vor dem Wertachbruckertor gelegenen Eisenhammer und begann dort die Herstellung von Gasapparaten, deren Konstruktion er wesentlich verbesserte. Bald gab es in fast allen Gegenden Europas zahlreiche Städte, die sich Gaswerke von L. A. Riedinger hatten errichten lassen. Auch die Herstellung von Gaslustres, Kandelabern und Kronleuchtern nahm Riedinger auf, wodurch sich seine mechanische Werkstätte allmählich zur Maschinen- und Bronzewarenfabrik entwickelte. Ferner stellte er auch vorzügliche Neuerungen für die Brauereieinrichtungen her und beteiligte sich in hervorragender Weise an der Gründung und Einrichtung verschiedener großer Spinnereien und Webereien in Bayern, so z. B. in Bayreuth, Bamberg und Kolbermoor. Er selber richtete 1864 eine mechanische Buntweberei in Augsburg ein, mit der er bald auch eine eigene Färberei und später auch eine Baumwollspinnerei verband.

Aus dieser vielseitigen Tätigkeit, die ihm zahlreiche Anerkennungen eintrug, riß ihn ein Schlaganfall, dessen Folgen er wenige Tage später erlag. *Beitr. 14 (1924) S. 174.* Ha.

RIEFLER, Sigmund, geb. 9. Aug. 1847 in Maria Rain (Allgäu), gest. 21. Okt. 1912 in München. Riefler war ein Sohn des Reißzeugfabrikanten Clemens Riefler; er erwarb seine wissenschaftliche Vorbildung von 1865 bis 1869 an der Technischen Hochschule und der Universität zu München. Im Jahre 1876 übernahm er zusammen mit seinen beiden Brüdern das väterliche Geschäft. Durch seine epochemachenden Erfindungen verschaffte er dem Unternehmen Weltruf. Nachdem u. a. 1877 das von ihm erdachte Rundzirkelsystem in den Handel gebracht war, siedelte er im folgenden Jahre nach München über, um hier mit den wissenschaftlichen Instituten in Fühlung zu kommen und ihre Bedürfnisse an feinmechanischen Geräten kennenzulernen. Aus dieser Zusammenarbeit gingen eine Reihe grundlegender Konstruktionen auf dem Gebiete der Präzisionsuhrentechnik hervor. 1889 baute er die erste Präzisionsuhr mit freier Hemmung, die den Antrieb des Pendels ausschließlich durch Biegung der Aufhängefeder bewirkte und deren wissenschaftliche Grundlagen von Riefler bereits im Jahre 1868 geschaffen worden waren. Von weiteren Arbeiten sind besonders das Quecksilberkompensationspendel aus dem Jahre 1891 und das Nickelstahlkompensationspendel vom Jahre 1898 zu erwähnen, durch die die bis dahin nicht gekannte Genauigkeit erzielt werden konnte.

Bei dieser erfolgreichen Tätigkeit blieben auch die äußeren Ehrungen nicht aus. 1894 erhielt Riefler die John-Scott-Medaille des Franklin-Instituts, 1900 die goldene Delbrück-Denkmünze des Vereins zur Beförderung des Gewerbfleißes in Preußen und 1897 verlieh ihm die Universität München die Würde eines Dr. phil. h. c. *Bayerisches Industrie- u. Gewerbeblatt. Neue Folge 44 (1912) S. 431.* Schz.

RIEHN, Wilhelm, geb. 17. Juni 1841 in Estebrügge (Hannover), gest. 24. Dez. 1920 in Hannover. Er war der Sohn eines praktischen Arztes, besuchte das Gymnasium in Stade und bereitete sich durch praktische Arbeit in Maschinenwerkstätten und auf einer Schiffswerft für den Beruf eines Schiffbauers vor. Von 1860 bis 1863 besuchte er die Polytechnische Schule in Hannover und trat, mit glänzenden Zeugnissen ausgerüstet, in die Dienste der Hamburg-Magdeburger Dampfschiffahrts-Gesellschaft, die ihn hauptsächlich in ihrer Maschinenfabrik in Buckau beschäftigte. 1868 trat er als Kgl. Baumeister in den Dienst des Oberbergamtes Clausthal und führte hier größere betriebstechnische Anlagen aus. 1872 machte er sich gemeinsam mit zwei Fachgenossen, als Zivilingenieur selbständig und arbeitete besonders auf dem Gebiet des Berg- und Hüttenwesens.

Bei der Erweiterung der damaligen Polytechnischen Schule in Hannover, im Jahre 1879, wurde Riehn für das Lehrgebiet Schiffbau berufen und begann seine Lehrtätigkeit, die er bis 1910 ausübte, im Herbst des Jahres. Außer dem Fach Schiffbau las er über Bau und Theorie der Kraftmaschinen, Aufzugmaschinen und Pumpen und über Maschinenorgane. Von seinen vielen Hunderten von Schülern, denen er seine reichen praktischen Erfahrungen in schlichten Worten mitteilte, denen er das theoretische Wissen klar und eindringlich vermittelte, wurden besonders seine aufrichtige Freundschaft und sein Humor geschätzt.

Der große Umfang seines Lehrauftrages gestattete ihm keine umfassenderen wissenschaftlichen Arbeiten. Seine Veröffentlichungen sind zu finden in der Zeitschrift für das Berg-, Hütten- und Salinenwesen, im Zivil-Ingenieur und in der Zeitschrift des Vereines deutscher Ingenieure. Noch aus dem Jahre vor seinem Tode finden wir eine Arbeit über die Beziehungen zwischen der Reaktions-Strahltheorie und den Flügelblatt-Theorien. *Z 65 (1921) S. 297.* De.

RIETSCHEL, Hermann, geb. 19. April 1847 zu Dresden, gest. 18. Febr. 1914 in Charlottenburg. Seine technische Vorbildung erhielt er auf dem Polytechnikum zu Dresden und der Gewerbeakademie zu Berlin. Nach Beendigung seiner Studien gründete er 1871 ein eigenes Installationsgeschäft für Gas- Wasser- Heizungs- und Lüftungsanlagen, das sich unter dem Firmennamen Rietschel & Henneberg bald zu einem führenden Unternehmen der Zentralheizungstechnik entwickelte. 1880 zog sich Rietschel aus dem Geschäft zurück, um sich besser seinen wissenschaftlichen Neigungen widmen zu können. Auf Grund seiner wissenschaftlichen Arbeiten, namentlich auf dem Gebiete der Schulhygiene, wurde er 1885 auf den Lehrstuhl für Heizung und Lüftung an der Technischen Hochschule zu Charlottenburg berufen. Als sein Lebenswerk ist der „Leitfaden zum Berechnen und Entwerfen von Lüftungs- und Zentralheizungsanlagen" zu betrachten, das noch heute, durch den Nachfolger auf dem Lehrstuhl, Prof. Dr. Brabbée, fortgeführt, grundlegend und als Nachschlagewerk unübertroffen ist. Zahlreiche Ehrungen durch die verschiedenen Vereine und Verbände, in denen er eine führende Rolle spielte, galten „dem bahnbrechenden Begründer der Wissenschaft des Heizungs- und Lüftungsfaches". 1907 verlieh die Hochschule seiner Vaterstadt Rietschel die Würde eines Dr.-Ing. E. h. *Z 58 (1914) S. 725; Dt. Bauz. 48 (1914) S. 171; Gesundheits-Ingenieur 33 (1910) S. 749.* Schz.

RIGGENBACH, Nikolaus, geb. 21. Mai 1817 zu Gebweiler, gest. 25. Juli 1899 zu Olten. Auf dem Gymnasium brachte es Riggenbach nur bis zur 5. Klasse, und auch für den Kaufmannsberuf zeigte er wenig Talent. Als kaufmännischer Lehrling in einer Bandfabrik fand er Interesse an Maschinen, und es gelang ihm, eine kostenlose Lehrstelle bei einem Bandstuhlschreiner in Basel zu erhalten, wo er drei Jahre lernte, um sich dann in Lyon in einer Präzisionswerkstätte weiterzubilden. Hier wie während seiner darauf folgenden Pariser Jahre, war er eifrig bemüht, neben der praktischen Arbeit durch Selbststudium seine theoretischen Kenntnisse zu vervollkommen. 1840 fand er Anstellung an der Keßlerschen Maschinenfabrik in Karlsruhe, wo er viele Jahre verweilte und sich besonders erfolgreich mit den Präzisionsarbeiten des Lokomotivbaues befaßte. 1853 wurde er als Chef der Maschinenwerkstätte an die neue schweizerische Zentralbaugesellschaft nach Olten berufen. Die Oltener Werkstätte, die er nach einer längeren, für seine technische Weiterbildung sehr wichtigen Reise nach England und zu den Probefahrten der Semmeringbahn antrat, zeigte bald aufsehenerregende Leistungen.

Der erste Anstoß zu der Riggenbachschen Erfindung der Zahnradlokomotive datiert aus den Jahren 1855 bis 1857, als er am Bau des Hauensteintunnels mitwirkte. Hier kam er, angesichts des Umstandes, daß die Räder bei den beträchtlichen Steigungen auf den Schienen glitten, auf den Gedanken, eine Zahnstange, die in ein am Eisenbahnwagen angebrachtes Zahnrad eingreift, anzubringen, worauf er kleine Modelle einer solchen Zahnradbahn baute. 1863 wurde in Frankreich der Zahnstangenbetrieb patentiert. Die Durchführung seiner Idee, einer Zahnradbahn auf den Rigi, die zäh zu betreiben ihn eine Reise nach Amerika bestärkt hatte, wurde schließlich von einer „Gesellschaft zum Bau der Bahn Vitznau-Rigikulm" in die Hand genommen, und am 21. Mai 1870 fand die erste Probefahrt der Rigibahn statt; 1871 wurde diese dem Betrieb übergeben. Als die 1873 gegründete „Internationale Gesellschaft für Bergbahnen", deren Direktor Riggenbach geworden war, nach anfänglich glänzenden Geschäften sich im Jahre 1880 im Zusammenhang mit der allgemeinen Wirtschaftskrise auflöste, ließ sich Riggenbach, der gerade aus Indien von den Vorbesprechungen für einen dort geplanten Bahnbau zurückkehrte, in Olten als Zivilingenieur nieder. Innerhalb 5 Jahren baute er jetzt 14 neue Bergbahnen für die verschiedensten Länder. Während er manche Entwürfe nur an Hand von Geländekarten und Plänen fertigstellte, machte er beruflich noch mehrere Reisen in fremde Länder, u. a. gelegentlich einer in Algerien zu bauenden Bahn nach Afrika. Nachdem er 1898 mit der Eröffnung des ersten Teiles der Jungfraubahn noch erlebt hatte, welch weite Perspektiven seine Erfindung der Menschheit auftaten, starb „der alte Mechaniker", als den er sich selbst bezeichnete, hochgeehrt in der Fachwelt, ein 82jähriger. *Hennig: Buch ber. Ing. (Berlin 1923); Z 43 (1899) S. 940; Schweizer eigener Kraft (Neuenburg).* C. M.

RILLIEUX, Norbert, geb. 1806 in New-Orleans (Louisiana), gest. Nov. 1894 in Paris. Rillieux studierte in Paris und erfand bereits 1830 den Mehrkörper-Verdampfapparat. Vorher kannte man außer dem Eindampfen über direktem Feuer noch das Verfahren Howards (1813), das in der Beheizung geschlossener Gefäße und Absaugen der Dämpfe durch Vakuum bestand. Dadurch wurde der Siedepunkt herabgesetzt und die Zersetzung mancher Lösungen, z. B. der Zuckerlösungen, durch hohe Siedetemperaturen verhindert. Ein anderer Fortschritt in der Beheizung war Haletts Erfindung der Dampfschlange, durch die Dampf hindurchgeleitet wurde, der bei seiner Verflüssigung erhebliche Wärmemengen abgeben konnte. Rillieux knüpfte an beide Erfindungen an und vereinigte drei geschlossene, mit Dampf beheizbare Kocher so, daß der Dampf des ersten den zweiten, der Dampf des zweiten den dritten Kocher beheizte (Triple-effet). Er erzielte so eine bedeutende Ersparnis an Brennmaterial.

Rillieux fand in Frankreich für seinen Gedanken kein Verständnis und ging nach Amerika zurück. Nach großen Schwierigkeiten konnte er 1843 sein Verfahren in Louisiana zum erstenmal mit Erfolg vorführen. Im selben Jahre erhielt er in den Vereinigten Staaten ein Patent auf seine Apparate, das 1848 im Patent Office Report veröffentlicht wurde. Aber es dauerte noch lange, bis Rillieux' Erfindung in der Zuckerindustrie, die damals allein an seinem Verfahren interessiert war, Gemeingut wurde. An Hand von Zeichnungen wurde die Apparatur in Deutschland nachgeahmt und sogar patentiert. Aber der „Erfinder" hatte den Gedanken des Triple-effet mißverstanden, denn er beheizte mit den Brüdendämpfen des ersten Kochers den zweiten und dritten Kocher zugleich. Inzwischen hatte die französische Zuckerindustrie mit Rillieux-Apparaten gute Erfahrungen gemacht, aber erst 1879 fand der Triple-effet Anwendung in Deutschland. Jetzt begann die Zeit für eine Reihe von Verbesserungen, besonders Rillieux war eifrig tätig. Er bildete mit seinem Mitarbeiter Lexa ein ganz neues Verfahren zur Ausnutzung der in den Saftdämpfen aufgespeicherten Wärme aus. Sein neues Verfahren wurde 1882 in Ouval (Böhmen) zuerst ausgeführt. Trotz der Vernichtung der deutschen Patente Rillieux' aus formellen

Gründen gebührt ihm das Hauptverdienst an der Entwicklung der Verdampfung in Mehrkörper-Apparaten. Die berühmte „Duplizität der Entdeckungen" spielte aber auch hier mit, denn unabhängig von Rillieux arbeitete von 1829 bis 1848 Pecqueur dieselbe Apparatur aus. Rillieux starb, fast 90 Jahre alt, in Paris. *Schallehn: Jahrbuch der Zuckerfabriken (Magdeburg) Enz. Chem. 12 S. 354.* Sa.

RIMROTT, Fritz, geb. 20. Sept. 1849 zu Aschersleben, gest. 14. Sept. 1923 zu Wernigerode im Harz. Nach Besuch der Realschule seiner Vaterstadt legte er die Reifeprüfung auf der Gewerbeschule in Halberstadt ab. Sodann studierte er das Maschinenbaufach auf der Kgl. Gewerbeakademie in Berlin. Nach Ablegung der ersten Hauptprüfung im Jahre 1875 trat er als Maschinenbauführer in den Dienst der preußisch-hessischen Staatseisenbahnverwaltung. Er stieg hier von Stufe zu Stufe und kam 1904 nach Ernennung zum Oberbaurat zur Eisenbahndirektion Berlin, der damals — vor der Errichtung des Eisenbahnzentralamtes — der Entwurf und die Beschaffung der Eisenbahnfahrzeuge für den gesamten Bereich der preußischhessischen Staatsbahnen oblag.

Sein reiches Wissen auf maschinentechnischem Gebiet und seine große Betriebserfahrung hatte er schon frühzeitig bei der Konstruktion der sog. Rimrott-Mallet-Lokomotive bewiesen. Später trat er besonders mit Arbeiten über Schmalspur-, Förder- und Straßenbahnen hervor. 1907 wurde er zum Präsidenten der Eisenbahndirektion in Königsberg ernannt und kam 1908 in der gleichen Stellung nach Danzig.

Sein erfolgreiches Wirken wurde von der Regierung durch Ernennung zum Wirkl. Geh. Oberbaurat mit dem Rang der Räte I. Kl. und von der Technischen Hochschule Danzig durch Verleihung der Würde eines Dr.-Ing. ehrenhalber anerkannt. 1920 trat er in den Ruhestand, den er in Wernigerode am Harz verlebte. *Dt. Bauz. 51 (1917) S. 55; Z 58 (1923) S. 1085.* Gu.

RINGHOFFER, Emanuel Ritter v., geb. 25. Dez. 1823 zu Prag, gest. 1. Dez. 1903 zu Wien, war einer der ältesten verdienstvollen Lehrer der technischen Wissenschaften. Ringhoffer besuchte das k. k. Polytechnikum (die jetzige Technische Hochschule) und die Akademie der bildenden Künste in Wien, war 1845 bis 1850 Assistent der Lehrkanzel für Bauwissenschaften an der erstgenannten Lehranstalt und wurde 1850 für das gleiche Fach an die k. k. deutsche technische Lehranstalt in Brünn berufen, von wo er 1864 an das Polytechnische Landesinstitut (jetzt Deutsche Technische Hochschule) zu Prag ging. An der Ausführung größerer Bauten beteiligte sich Ringhoffer nicht; er lebte ganz seiner Lehrtätigkeit. 1864 erschien sein damals rühmlichst bekanntes Werk „Lehre vom Hochbau", das 1872 eine zweite Auflage erlebte. 1882 trat Ringhoffer in den Ruhestand, bei welcher Gelegenheit er den Orden der Eisernen Krone III. Klasse erhielt; später wurde er in den Ritterstand erhoben. *Wochenschr. f. d. öffentl. Baudienst (Wien) 1903.* Bk.

RINGHOFFER, Franz Freiherr, geb. 22. Nov. 1844 in Smichow, gest. 23. Juli 1909 ebenda, einer der hervorragendsten Männer der Maschinenindustrie Böhmens und ältester Sohn des im Jahre 1873 verstorbenen Franz Freiherrn v. Ringhoffer, der den Grund zu den großartigen Fabrikunternehmungen der Firma F. Ringhoffer in Smichow (Prag) legte. Ringhoffers erste Tätigkeit in diesem Unternehmen fällt in das Jahr 1868; als öffentlicher Gesellschafter trat er 1872 ein; von 1873 an, in welchem Jahre sein Vater starb, leitete er als Chef gemeinsam mit seinen Brüdern Emanuel und Viktor die Firma. In der Genieakademie technisch geschult, brachte Ringhoffer allen Neuerungen im Maschinenbau werktätige Teilnahme entgegen. Die Waggonfabrik — 1854 gegründet — gewann unter ihm Weltruf und die Maschinenfabrik zählte unter seiner weitblickenden und großzügigen Leitung zu den hervorragendsten ihrer Art; sie nahm als eine der ersten mit Collmann den Bau moderner Ventildampfmaschinen auf, war führend im Schnelläuferbau, in der Anwendung der Überhitzung usw. Ringhoffer traf bei allen umfangreichen Bauten und bei Einführung neuer Fabrikationszweige selbst die Entscheidung. 1892 wurde er lebenslängliches Mitglied des Herrenhauses. Die Deutsche Technische Hochschule Prag ernannte Ringhoffer in Würdigung seiner Verdienste um die Förderung des Maschinenbaues im Jahre 1906 zum Ehrendoktor der technischen Wissenschaften. *Technische Blätter (Prag 1909) S. 184.* Bk.

RINMAN, Sven, geb. 12. Juni 1720 in Upsala, gest. 20. Dez. 1792 in Eskilstuna (Schweden). Rinman war einer der vorzüglichsten Förderer des schwedischen Eisen- und Bergwerkbetriebes. Nachdem er mit zwanzig Jahren zum Auskultanten im schwedischen Bergkollegium angenommen war, unternahm er 1746 bis 1747 auf Kosten einiger bedeutender Gruben- und Hüttenbesitzer eine Studienreise nach Holland, Deutschland und Frankreich. Während dieser Zeit machte er sich mit den dort verwendeten Arbeitsverfahren an den hervorragendsten Bergwerken, Eisenhütten und Fabriken vertraut. Im Jahre 1750 wurde er zum Direktor des Hällefors-Silberbergwerks, 1751 zum Aufsichtsrat der Hochöfen im Bezirk Västerbergslagen und 1782 zum Bergrat ernannt. Rinman schloß selbst an mehreren Orten neue Gruben auf, gründete eine Menge Hüttenwerke und brachte mehrere meist von ihm selbst gemachten Erfindungen zur Anwendung, u. a. bezüglich Alaunherstellung aus Schiefer, Walzen von Kupferblech, Verzinnung von Eisenblech, Verbesserung im Schmelzprozeß bei der Stahlfabrikation, Schmieden von Gärbstahl mit Steinkohle, Damaszieren und Vergoldung von Stahlarbeiten, Bohrmaschinen für Kanonen usw. Von ihm stammt auch die erste Methode, geschnittene Nägel, „cut nails", aus Blech herzustellen. Durch seine großen Erfahrungen gilt er als einer der Großen in der Blasrohrchemie. Der deutsche Hüttenmann Cramer erwähnt schon 1739 das Blasrohr, aber erst durch die Arbeiten der schwedischen Hüttenmänner Rinman, Swab, Cronstedt und Gahn wurde die Blasrohrchemie gegründet, später von Berzelius weiter entwickelt. Durch seine Ratschläge und Vorarbeiten trug er wesentlich zur Gründung der Freistadt Eskilstuna (Schwedens Solingen) bei und wurde im Jahre 1784 Direktor dieser Stadt.

Persönlich war Rinman die Gewissenhaftigkeit und Anspruchslosigkeit selbst. Er übte innerhalb seines Tätigkeitskreises eine schriftstellerische Tätigkeit von wirklicher Bedeutung aus, besonders auf dem Gebiete der Eisen- und Stahlbearbeitung samt deren Mechanik. Er wurde im Jahre 1753 Mitglied der Kgl. Wissenschaftlichen Akademie in Stockholm. *Gesch. Eis. 3.* Na.

RITTER, Georg Dietrich August, geb. 11. Dez. 1826 in Lüneburg, gest. 26. Febr. 1908 ebenda. Ritter gehört zu den Männern, die in der zweiten Hälfte des 19. Jahrhunderts durch ihre Arbeiten auf dem Gebiete der technischen Mechanik und ihre erfolgreiche Lehrtätigkeit für die Schaffung eines wissenschaftlich gut durchgebildeten Ingenieurstandes und damit für den raschen Aufstieg deutscher Industrie und Technik Hervorragendes geleistet haben. — Als Sohn eines Salinenassessors und Hauptmanns a. D. geboren, erhielt Ritter seine erste Ausbildung am Gymnasium seiner Vaterstadt. Von 1842 bis 1843 machte er als angehender Seemann einige Reisen nach Amerika, besuchte von 1843 bis 1846 zum Studium des Maschinenbaues die Polytechnische Schule in Hannover und wandte sich dann praktischer Ingenieurtätigkeit zu. In den Jahren 1846 bis 1850 war er nacheinander bei der Egestorffschen Maschinenfabrik in Linden, der Hannoverschen Bahnhofsmaschinenwerkstatt, der Maschinenfabrik von Richard Hartmann in Chemnitz und auf dem Zeichenbureau der Leipzig-Dresdener Bahn in Leipzig beschäftigt. Im Herbst 1850 bezog er noch einmal die Universität Göttingen und schloß dieses Studium im Herbst 1853 mit der Promotion zum Dr. phil. und der Ablegung der Gymnasiallehrerprüfung ab. Zunächst ging er als Lehrer für darstellende Geometrie, Physik und Geometrie an die Baugewerkschule in Nienburg, vertauschte aber schon Ostern 1854 die Lehrtätigkeit wieder mit der Praxis und arbeitete bis zum Sommer 1855 als Maschineningenieur in Rom und Neapel. 1856 erhielt er einen Ruf als Lehrer an die Polytechnische Schule in Hannover. Hier übernahm er in den ersten drei Jahren den Unterricht in Maschinenbau und Elementarmechanik; später trat an die Stelle des Maschinenbaues die höhere Mechanik. In dieser Stellung wirkte Ritter mit Erfolg bis 1870. Neben seiner Lehrtätigkeit entfaltete er eine reiche literarische Wirksamkeit, die seinen Namen bald in weitere Kreise trug. 1863 erschien erstmals seine „Elementare Theorie und Berechnung eiserner Dach- und Brückenkonstruktionen" (6. Aufl. 1904), 1865 vor allem dann sein „Lehrbuch der technischen Mechanik", das bis 1900 acht Auflagen erlebte und das seinerzeit meist benutzte Lehrbuch war. — Als Ende der sechziger Jahre die Rheinisch-westfälische Polytechnische Schule in Aachen entstand und 1869 Ritters Amtsgenosse von Kaven zu deren Einrichtung und Leitung berufen wurde, war es dessen lebhafter Wunsch, Ritter zur Übernahme eines Lehramtes an der neuen Anstalt zu gewinnen. Die Verhandlungen waren auch von Erfolg, und Ritter trat bei Eröffnung der Hochschule im Oktober 1870 als ordentlicher Lehrer der Ingenieurmechanik in den Lehrkörper ein. In dieser Stellung hat er 29 Jahre überaus segensreich gewirkt und ist einer der großen Lehrer geworden, denen die deutsche Technische Hochschule ihre Eigenart verdankt: ihren Schülern eine gründliche mathematisch-naturwissenschaftliche Bildung zu geben, diesen Unterricht aber nicht als Selbstzweck zu betreiben, sondern ihn in den Rahmen der Gesamtausbildung organisch einzugliedern. Ritter hat sich dadurch um die Heranbildung eines tüchtigen Ingenieurstandes große Verdienste und einen Namen erworben, den seine zahlreichen Schüler stets mit großer Verehrung nannten. Dabei war er verschlossenen eher schroffen Wesens, ein hochgewachsener, kerniger Niedersachse, vollständig in seinem Beruf aufgehend, an sich und andere in bezug auf Wissen und Können hohe Anforderungen stellend. Seine wissenschaftlichen Interessen waren nicht auf sein engeres Fach beschränkt. Er hat sich viel und eingehend auch mit physikalischen Fragen beschäftigt und in den „Annalen der Physik" umfangreiche Arbeiten aus dem Gebiet der mechanischen Wärmetheorie und über die Konstitution gasförmiger Weltkörper veröffentlicht. Außer den genannten Werken erschien in den Jahren 1873 bis 1876 noch sein „Lehrbuch der höheren Mechanik" (2 Bände, 3. Aufl. 1899). Seine Bücher wurden, außer ins Englische und Französische, auch ins Holländische, Ungarische und Russische übersetzt. Am 1. Oktober 1899 trat er wegen vorgerückten Alters in den Ruhestand und siedelte nach seiner Vaterstadt Lüneburg über. Hier erlebte er 1903 noch die Freude, daß ihn die Technische Hochschule Dresden „in Würdigung seiner grundlegenden und hervorragenden Arbeiten auf dem Gebiete der technischen Mechanik und der Statik der Baukonstruktionen" zu ihrem Ehrendoktor machte. Bald nach Vollendung seines 80. Geburtstages ist er 1908 gestorben. — Von den Leistungen auf seinem engeren Fachgebiet ist die nach ihm benannte „Schnittmethode" in der Theorie der Fachwerke am bekanntesten geworden und wird seinen Namen in der Wissenschaft erhalten. *Unter Benutzung von Personalakten der Techn. Hochschule Aachen.* Wa.

RITTER, Johann Wilhelm, geb. 16. Dez. 1776 zu Samitz bei Hainau i. Schles., gest. 23. Jan. 1810 in München. Nach dem ersten Schul- und Gymnasialunterricht mußte Ritter, der Sohn eines Pastors, zunächst darauf verzichten, sich den mathematischen Wissenschaften zu widmen. Von 1791 bis 1795 erlernte er die Pharmazie in Liegnitz. 1796 bezog er die Universität Jena und studierte dort Medizin bis zum Jahre 1798; doch war es ihm vor allem darum zu tun, sich allgemein in das Gebiet der Naturwissenschaften, dem er sich später ausschließlich zuwandte, zu vertiefen. Im Jahre 1797 sah er den ersten galvanischen Versuch, der starken Eindruck auf ihn machte und ihn so sehr anzog, daß von da ab der Galvanismus und seine Gesetze zum Hauptgegenstand seiner ungemein gründlichen Forschungen und vieler sehr bedeutender Veröffentlichungen wurden. Bis zum Jahre 1805 verblieb Ritter in Jena, wo er Privatvorlesungen über sein neues Arbeitsgebiet hielt; dazwischen liegt nur ein kürzerer Aufenthalt in Weimar und Gotha, der in das Jahr 1802 fällt. Ritter war der erste, der eine zutreffende Erklärung für die Wirkungsweise der Voltasäule gab; worüber er indessen in einen jahrelangen Streit mit dem Erbauer der Säule selbst geriet, der sich der Ritterschen Auffassung nicht anschließen mochte. Ritter war ferner Entdecker der Trockensäule, die viel später zu Unrecht Zamboni zugeschrieben und nach diesem benannt wurde. Er war ebenso der erste, der die „Dignität des Spektrums", d. h. die chemische Wirkung der Lichtstrahlen verschiedener Wellenlängen erkannte und erforschte. Weiter hat er auch eine große Anzahl von physiologischen Beobachtungen vorgenommen, hat die mannigfache Wirkung des elektrischen Stromes auf die Nerven und Muskeln des Körpers studiert und war auf diesem Gebiete Entdecker vieler wichtiger Erscheinungen, worauf Dubois-Reymond 40 Jahre später wieder hinwies und woran er dann ausdrücklich seine eigenen weiteren Forschungen anknüpfte. Ritter führte diese Beobachtungen mit Einsetzen seiner ganzen Person durch, gefährdete sogar wiederholt seinen Körper und schädigte dadurch seine Gesundheit auch wohl dauernd. Sehr gründlich hat Ritter sich weiter mit der Farbenlehre beschäftigt und hat darüber auch mit Goethe verschiedene Briefe gewechselt, da er dessen Ansichten über die Farbenlehre teilte; er beriet Goethe auch bei der Einrichtung seines physikalischen Kabinetts und entwarf einen ausführlichen Plan dafür. Ritter beobachtete bereits Polarisationserscheinungen, stellte Niederschläge von Metallen in Säurelösung durch elektrischen Strom her, fand also das Grundphänomen der Galvanoplastik, erkannte auch bereits im Jahre 1805 klar die Grundlagen für das Ohmsche Gesetz (Gilberts Annalen 19 [1805] S. 22).

Unter den vielen Studien Ritters hat die Entdeckung der Ladungssäule, die das Urbild unseres heutigen Akkumulators ist, besondere Bedeutung. Den Grundgedanken für die Aufspeicherung elektrischer Energie durch chemische Umwandlung entdeckte Ritter schon 1802. Äußerlich war seine Ladungssäule jener Voltas sehr ähnlich; doch bestand die Rittersche „A-Säule" nur aus Kupferplatten, etwa in Talergröße, die er, voneinander durch „kochsalznasse Papplatten" getrennt, aufeinander stapelte. Wenn diese Säule während einer gewissen Zeit mit den Polen einer Voltasäule verbunden gewesen war, so ließ sich aus der vorher spannungslosen Kupfersäule Strom entnehmen. Ritter gab eine Theorie für diese Aufspeicherung; doch war es nunmehr Volta, der eine zutreffende Theorie für Ritters Ladungssäule gab, wenngleich Volta die Bedeutung des Apparates völlig unterschätzte. Ritter aber hatte in der Tat damit den ersten Akkumulator hergestellt, wenn auch nicht unter Verwendung der Metalle und der Flüssigkeiten, die wir heute für Akkumulatoren benutzen. Ritter untersuchte die Arbeitsweise seiner Ladungssäule auf das gründlichste und stellte eine Anzahl von Erscheinungen fest, die erst viele Jahre später am eigentlichen Akkumulator von neuem beobachtet wurden.

Die zahlreichen und umfangreichen Arbeiten des jungen Forschers erregten in der wissenschaftlichen Welt großes Aufsehen. Ritter wurde Mitglied zahlreicher naturforschenden Gesellschaften des In- und Auslandes. In Jena richteten die Studenten ein Gesuch an Schiller, das dieser an Goethe weiterreichte, damit Ritter Professor an der Universität wurde. Indessen folgte Ritter im Jahre 1805 einem Rufe an die Bayerische Akademie der Wissenschaften als Hofrat, Professor und als ordentliches Mitglied der physikalischen Klasse. Er hat dort mit großem Fleiß seine bisherigen Arbeiten fortgesetzt, beschäftigte sich aber in der Folge auch noch mit der tierischen Elektrizität und später mit der Wünschelrute. Daneben stand Ritter dauernd in lebhaftem Verkehr und Austausch mit den Dichtergrößen seiner Zeit, vor allem mit Schlegel, Tieck, Baader, Novalis und Herder, aber auch mit Schiller und Goethe; ja der jugendliche Ritter wurde in diesem Kreise geradezu als aufgehender Stern gepriesen; in einem Briefe an Schiller nennt Goethe ihn „eine Erscheinung zum Erstaunen, einen wahren Wissenshimmel auf Erden". In regem, freundschaftlichen Briefwechsel stand Ritter mit dem dänischen Physiker Oersted; die Briefe Ritters an Oersted wurden 1920 in Kopenhagen unter dem Titel: „Correspondance de H. C. Oersted avec divers savants, publiée par M. C. Harding" herausgegeben. Im Laufe der Jahre geriet Ritter immer mehr in Not, große wirtschaftliche Schwierigkeit, dazu auch beginnende Krankheitserscheinungen machten ihm je länger, je mehr zu schaffen, bis er schließlich in bitterste Armut versank; er starb, nur 33 Jahre alt, in großer Verlassenheit an Lungenschwindsucht und hinterließ seine Frau mit vier unmündigen Kindern. Von den überaus zahlreichen Veröffentlichungen Ritters seien nur die folgenden als besonders bedeutungsvoll hervorgehoben: „Versuche mit chemischen Batterien" [Vogts Magazin für Naturkunde 2 (1800), 4 (1801), 6 (1803)]; „Über die Wirkung der Voltaschen Säule" [Gilberts Annalen 1b und 7 (1801)], „Versuche mit einer Voltaschen Batterie mit 600 Lagen" [Gilberts Annalen Ib 13 (1803)], „Über die Ladungsfähigkeit von Metallen, elektrischer Erdpolarität" [Gilberts Annalen 15 (1803)].

Aus all den unermüdlichen Arbeiten Ritters geht hervor, daß er ein Naturforscher und Experimentator von großer Bedeutung war, wenngleich diese Erkenntnis sich erst in neuerer Zeit durchzusetzen beginnt. Persönlich war Ritter ein außerordentlich fein empfindender, ernst angelegter, edler Mensch, der lebenslang seinen Freunden treu ergeben war. Seine innersten Seelenregungen, seine herben Enttäuschungen, glühenden Hoffnungen und tiefen Empfindungen hat Ritter in ergreifender Weise in einem Buche geschildert, das er kurz vor seinem Tode fertigstellte und das wohl erst nach seinem Ableben unter dem Titel „Fragmente aus dem Nachlasse eines jungen Physikers" 1810 erschien. Treffend sagt Ostwald von Ritter: „Er war ein Mann, der seine ganze Person für seine Ideale einsetzte, dessen ganzes Leben nur den einen Zweck kannte: die Erforschung der Wahrheit."

Nach seinem Tode gerieten Ritter und sein Forschungswerk bald völlig in Vergessenheit; zuerst hat dann Dubois-Reymond wieder auf ihn als den bewundernswerten Physiologen aufmerksam gemacht in seinem Werke: „Untersuchungen über tierische Elektrizität" (Berlin 1848). Viel später erst hat Ostwald in „Abhandlungen und Vorträge" (Leipzig 1904) sehr eingehend über Ritter und seine Forschungsarbeit berichtet, hernach Olshausen in einer Dissertation über „Friedrich von Hardenbergs (Novalis) Beziehungen zur Naturwissenschaft seiner Zeit" (Leipzig 1905) und Jul. Schiff über „Goethes chemische Berater und Freunde" (Deutsche Rundschau 1912 S. 456) und „Die romantischen Naturforscher Ritter und Schubert und ihre Beziehungen zu Goethe" (Nord-Süd 1920). *Graf v. Klinckowström*: *Ritters Beziehungen zu Goethe (Jahrb. d. Goethe-Ges. 1921)*; *derselbe*: *J W. Ritter und der Elektro-Magnetismus (Leipzig 1922)*; Beitr. 14 (1924) S. 242. *Beckmann*: *Zur Gesch. d. Akkumulators*. Bn.

RITTINGER, Franz Ritter v., geb. 23. Jan. 1811 zu Neutitschein in Mähren, gest. Dez. 1872 in Wien, studierte unter großen Geldschwierigkeiten Philosophie und Rechtswissenschaft, ging aber dann — seiner besonderen Vorliebe für Mathematik und Physik folgend — an die Bergakademie in Schemnitz, an der er sich auch mit der damals noch jungen Wissenschaft der „descriptiven Geometrie" (darstellenden Geometrie) befaßte, auch ein Buch „über freie Perspektive" veröffentlichte. Im Jahre 1840 wurde Rittinger zum Pochwerksinspektor von Schemnitz ernannt; nach seinen Plänen wurden viele Pochwerke umgebaut und neu eingerichtet; er bereicherte die nasse Aufbereitung der Erze um zwei neue Vorrichtungen: die Waschtrommel und den Spitzkasten. 1848 zum Kunstmeister bei den staatlichen Bergbauunternehmungen ernannt, wurde er zur Erfindung der einachsigen Pumpe geführt (Jahrbuch der geologischen Reichsanstalt in Wien 1850). Als Bergoberamtsvorsteher in Joachimsthal (1849) entwarf er die Pläne zur Erbauung von Wassersäulenmaschinen, die bald zur Förderung und Wasserhebung in Anwendung kamen. 1850 zum Sektionsrate für das Kunstbau-Aufbereitungsfach beim Ministerium für Landeskultur und Bergwesen ernannt, machte er seine Erfahrungen für das gesamte staatliche Bergwesen geltend. Der Besuch der Weltausstellungen 1851, 1855 und 1862 regte ihn zu mehreren wichtigen Verbesserungen in der nassen Aufbereitung an, durch deren Einführung namhafte Ersparungen an Arbeitskraft erzielt wurden; hierzu gehören insbesondere seine Rohrturbinen, Zentralventilatoren, direkt wirkenden Dampfmaschinen mit Schiebersteuerung durch Dampf, die Verwertung der beim Abdampfen entweichenden Dämpfe zur Heizung usw. 1867 erschien Rittingers „Lehrbuch der Aufbereitungskunde in ihrer neuesten Entwicklung und Ausbildung". Besondere Aufmerksamkeit schenkte er dem Unterrichte an der österreichischen Bergakademie; sein Antrag auf Errichtung einer einzigen vollständigen Bergakademie in Wien blieb erfolglos. 1872 trat Rittinger als Ministerialrat in das Ackerbauministerium, an das die Verwaltung der Staatsbergwerke mit Ausnahme der Salinen überg ng. Rittinger, der auf dem Sondergebiete der Erzaufbereitung als Fachmann europäischen Ruf genoß, starb unerwartet im 61. Lebensjahre. *Z. Öst. (1873) S. 21*. Bk.

ROBERT, Julius, geb. 4. Juni 1826 in Himburg b. Wien, gest. 9. Febr. 1888 in Seelowitz. Sein Vater Florentin Robert war von angesehener französischer Herkunft, seine Mutter entstammte einer Augsburger Patrizierfamilie und starb bereits in seinem sechsten Lebensjahre. Er machte schon frühzeitig mit seinen Eltern große Reisen, die tiefe Eindrücke in ihm zurückließen. 1836 bezog er das Gymnasium in Grenoble, kehrte 1844 nach Österreich zurück und studierte am Wiener Polytechnikum Chemie und Technologie bei Schrötter und Redtenbacher. Er beendete seine Studien in Paris am Conservatoire des Arts et Métiers bei dem berühmten Chemiker Chevreul.

Sein Vater hatte eine Farbwarenfabrik in Himburg b. Wien geleitet und später die Leitung der Seelowitzer Zuckerfabrik übernommen, die eine Rohzuckerfabrik, Raffinerie und Spiritusbrennerei umfaßte. Sein Sohn trat bei ihm ein, und beide erreichten in rastloser Zusammenarbeit, daß Seelowitz immer mehr in den Ruf einer Hochschule der Zuckerfabrikation kam. Sie erprobten jedes Verfahren, das auf dem Gebiete der Zuckerindustrie auftauchte, und bereicherten diese Industrie durch eigene Erfindungen und Forschungen.

Bereits in der Kampagne 1847/48 hatte man neben dem überlieferten Pressverfahren die sog. „grüne Mazeration", ebenso die damals neue Schützenbachsche Mazeration trockener Schnitte eingeführt. Beide Verfahren bewährten sich nicht, deshalb wurde die grüne Mazeration zu dem sog. Seelowitzer Verfahren umgestaltet. Trotzdem konnte man die Saftgewinnung nicht entscheidend verbessern, obwohl die neue Scheidung und Saturation mit Kalk und Kohlensäure, sowie die Behandlung der Säfte mit Chlorkalzium, Schwefelsäure, löslichem Kalkphosphat, Baryt usw. eingehend geprüft wurden. Bei dieser Gelegenheit wurde auch einer der ersten modernen Kalköfen gebaut und in Betrieb genommen. Auch die Filtration und die Raffination wurden studiert und 1856 eine Methode der Affination ausgearbeitet, die mit einigen Abänderungen noch heute in Gebrauch ist. Die Entzuckerung der Melasse nach dem Osmoseverfahren wurde bereits versucht, mußte aber wegen des Mangels an geeigneten Pergamentpapieren eingestellt werden. In dieser Zeit stellte Florentin Robert eine Mehrkörper-Vakuum-Verdampfanlage Rillieux' auf. Er führte dabei die Siederöhren in senkrechter Stellung aus. Die so veränderten Verdampfer hatten eine ausgezeichnete Wirkung.

Julius Robert kam auf Grund pflanzenphysiologischer Studien auf den Gedanken, die Entzuckerung der Rübenschnitzel durch Diffusion vorzunehmen. In der Kampagne 1864/65 wurde das Diffusionsverfahren zum ersten Male mit bestem Erfolge erprobt und so ausgebaut, wie es noch heute im Betriebe angewandt wird.

Bereits 1867 war es in 27 Fabriken in Betrieb. Alle Versuche, Robert die Erfindung streitig zu machen, scheiterten. Er hat in edelmütigster Weise die Lizenzgebühren für die österreichischen Fabrikanten gering bemessen und den Gesamterlös dem österreichischen Rübenzuckerverein überwiesen. Dieser sollte die eine Hälfte der eingehenden Summen zur Förderung der technischen Wissenschaften, die andere für menschenfreundliche Zwecke verwenden. Julius Robert erkannte, daß die Rübenschnitzel eine möglichst große Oberfläche haben mußten, um die Diffusion des Zuckersaftes aus den Zellen zu erleichtern. Er ersann und baute deshalb eine Schnitzelmaschine, die statt der bisher üblichen Fingermesser nach allen Seiten scharf schneidende Messer verwandte. Er führte auch als erster den von Mitscherlich erfundenen Polarisationsapparat, der überhaupt erst eine gute Betriebskontrolle ermöglichte, in den Fabrikbetrieb ein.

Im Jahre 1870 starb Roberts Vater. Er übernahm nun dessen Tätigkeit einschließlich der Großhandlung Robert & Co. und wurde auch an seiner Stelle zum Präsidenten des „Zentralvereins" gewählt. Dieses Amt behielt er bis zu seiner schweren Erkrankung 1887 bei.

Julius Robert wandte später sein Interesse der Landwirtschaft zu. Die Roberts hatten 1865 die 5000 Hektar große Herrschaft Seelowitz gepachtet, Julius machte ein Mustergut daraus durch Anlegung von Kanälen, Gräben, Meliorationen, Berieselung der Felder mit den Abwässern der Zuckerfabrik, Planierungen, Einführung des Dampfpfluges, der gerade neu aufkommenden Feldbahnen und der neuesten landwirtschaftlichen Maschinen. Seinen mustergültigen Leistungen hat er in dem Buche „Darstellung des Pachtgutes Seelowitz" ein noch heute geschätztes Denkmal gesetzt. Leider wurde er 1887 geisteskrank, im folgenden Jahre erlöste ihn der Tod. Julius Robert vereinigte in sich die besten Seiten deutschen und französischen Geistes: er war gewandt, vielseitig und von verbindlichem, ausgeglichenem Benehmen, bescheiden, gründlich und gewissenhaft. Er besaß eine umfassende Bildung und tiefes Naturgefühl.
Schallehn: Jahrbuch d. Zuckerfabriken (Magdeburg). Sa.

ROBERTS, Richard, geb. 22. April 1789 in Carreghova (Nordwales), gest. 1857. Sein Vater, William Roberts, war Schuhmacher und Zolleinnehmer. Schon als Knabe zeigte Richard Roberts seine technische Begabung durch die Herstellung eines Spinnrades für seine Mutter.

Mit 16 Jahren wurde er Zeichner in dem Eisenwerk von John Wilkinson in Bradley, dann Zeichner in dem Horseleyschen Eisenwerk bei Tipton, später wurde er Modelltechniker in Manchester. Nachdem er noch verschiedene andere Stellen innegehabt hatte, fing er in Manchester auf eigene Rechnung ein Geschäft für die Herstellung von Werkzeugen und Modellen an und gründete gemeinsam mit Thomas Sharp 1828 eine Werkzeug- und Lokomotivfabrik unter der Firma Roberts & Cie. 1852 gab er das Maschinengeschäft auf und betätigte sich als beratender Ingenieur.

Roberts erhielt fast 30 Patente auf den verschiedensten Gebieten des Maschinenbaues. Sein Hauptverdienst besteht darin, Samuel Cromptons Erfindung, die Mulemaschine, selbsttätig gemacht zu haben. Seine durch zwei Patente geschützten Erfindungen ermöglichten es ihm, eine selbsttätige Mulemaschine herzustellen, die für die damalige Zeit einen hohen Grad von Vollkommenheit aufwies und auch jetzt noch die Grundlage aller neuzeitlichen Entwürfe bildet.

Weitere Patente erhielt er auf mechanische und von Hand angetriebene Webstühle, Maschinen zum Vorbereiten und Spinnen von faserigen Stoffen, Dampfmaschinen, Lokomotiven, Geräte zum Durchlochen und zum Schneiden von Blechtafeln, Schlagmühlen und Mangmaschinen, Butterlässer, Schraubenpropeller, Kriegschiffe, Dampfkessel, Rettungsboote u. a. m. Da Roberts sehr viele kostspielige Versuche anstellte, wird vermutet, daß er in seinen späteren Jahren **in Not geriet.** *Brief Biogr. S. 38; Beitr. 12 (1922) S. 80.* Sl.

RÖCHLING, Karl, geb. 25. Febr. 1827 in Saarbrücken, gest. 26. Mai 1910 in Saarbrücken. Als Sohn des Geh. San.-Rats Dr. Christian Röchling genoß er eine sorgfältige Erziehung. Bis zum 17. Jahre besuchte er das Gymnasium seiner Vaterstadt und trat dann bei dem Eisenhüttenwerk Karcher & Westermann in Metz in die Lehre. Hier legte er den Grund zu seinen umfassenden Kenntnissen der Eisenverhüttung. Nachdem er mehrere Jahre in Rotterdam und Le Havre tätig gewesen war, trat er als Teilhaber in das Kohlen- und Bankgeschäft C. Schmidtborn in Saarbrücken ein, aus dem später die Firma Gebr. Röchling erwuchs. Mitte der fünfziger Jahre errichtete er gemeinsam mit der Firma Haldy die Hochofenanlage in Pont-à-Mousson, die später durch eine große Röhrengießerei erweitert wurde. 1852 begründete Röchling mit der gleichen Firma die Koksofenanlage zu Altenwald und 1860 die Gasfabrik zu Saargemünd. An allen drei Werken blieb die Firma Röchling maßgebend beteiligt.

Im Jahre 1874 war das Eisenwerk in Völklingen als Aktiengesellschaft gegründet worden, hatte aber 1878 stillgelegt werden müssen. Karl Röchling erkannte die günstige Lage des Werkes zwischen der kanalisierten Saar und der Staatsbahn Saarbrücken—Trier in der Nähe der staatlichen Kohlengruben, die eine Entwicklung in großem Ausmaße ermöglichte, und erwarb 1881 das Werk. Auf der Grundlage von gekauftem Roheisen wurde die Anlage als Puddel- und Schweißwerk ausgebaut und die Erzeugung von Trägern aufgenommen. Schon damals wollte Röchling ein Thomasstahlwerk bauen, da dies trotz höherer Anlagekosten billigere Selbstkosten verbürgte. Aber die Notwendigkeit, gleichzeitig Trägermaterial aus Schweißeisen für den Handel zu liefern, zwang ihn, den technischen Fortschritt dem kaufmännischen Interesse zu opfern. Das Werk entwickelte sich so schnell, das schon 1889 mit 70 000 t Trägern der größte Versand dieser Art von allen Werken Deutschlands erzielt wurde. Der Wunsch, im Roheisenbezug unabhängig zu sein, führte bereits 1882 zur Errichtung des ersten Hochofens, der im folgenden Jahre dem Betrieb übergeben wurde. Gleichzeitig fand in den Jahren 1882 bis 1885 die Erwerbung von Erzkonzessionen bei Algringen in Lothringen statt. Als erster an der Saar erkannte Karl Röchling, daß die Entwicklung der Koksofenindustrie auf die Gewinnung des in den Gasen enthaltenen Teers und Ammoniaks hindränge. Nach zahlreichen gemeinschaftlich mit Karl Gerhard durchgeführten Versuchen wurde eine brauchbare Bauart gefunden, so daß schon 1886 Koks in regelmäßiger Erzeugung in Regenerativöfen gewonnen wurde. Bei dieser Anlage wurden auch zum ersten Male in Deutschland die Koksofengase zum Antrieb von Gaskraftmaschinen benutzt; der erste Motor von 8 PS wurde 1892 in Betrieb genommen. 1890 wurde dann das Thomas-Stahlwerk erbaut und im folgenden Jahre dem Betriebe übergeben. Die Grundzüge der Anlage waren so wohldurchdacht, daß mehrere Jahrzehnte hindurch die Anordnung des Stahlwerkes als mustergültig angesehen werden konnte; lediglich Einzelheiten, wie der Einbau elektrischer Krane usw. wurden geändert. Innerhalb einer Zeitspanne von kaum zehn Jahren war zweimal ein vollkommener Wandel auf dem Völklinger Werk durchgeführt. Zu den bisherigen Erzeugnissen trat rasch nacheinander die Herstellung von Stabeisen, Oberbaumaterial und Draht. 1898 zwangen die steigenden an das Werk gestellten Ansprüche zur Errichtung eines weiteren Hochofenwerkes in Lothringen, der Carlshütte bei Diedenhofen. Die außerordentliche Entwicklung der Röchlingschen Eisen- und Stahlwerke ist das Ergebnis der unentwegten Tatkraft und des zielbewußten Vorgehens Carl Röchlings, der die selbstgestellten Aufgaben mit Anspannung aller Energie durchführte. Bis ins hohe Alter erfreute er sich voller körperlicher und geistiger Rüstigkeit. Noch an seinem Todestage war er am Vormittage in üblicher Weise seinen Geschäften nachgegangen, als der Tod den 83jährigen bei der Mittagsruhe unerwartet abrief. *St. u. E. 27 (1907) S. 253; 30 (1910) S. 937.* Hä.

ROEBUCK, John, geb. 1718 in Sheffield, gest. 17. Juli 1794 in Borrowstonnes. Sein Vater, John Roebuck, war ein wohlhabender Sheffielder Stahlwarenschmied, der gern gesehen hätte, wenn sein Sohn sein Gewerbe erlernt hätte. Dieser hatte aber mehr Neigung zum Studium, besuchte die Sheffielder Grammatikschule und eine höhere Schule in Northampton. Dann studierte er in Edinburgh Medizin, wurde aber durch seine Lehrer Cullen und Black zur Chemie hingezogen. In Leiden schloß er 1742 seine medizinischen Studien ab und ließ sich in Birmingham als Arzt nieder. Trotz seiner guten Praxis ließ ihn die alte Liebe zur Chemie nicht los; besonders zog ihn die angewandte Chemie mächtig an, und er erfand u. a. ein günstiges Verfahren, Gold und Silber zu raffinieren und die geringen Mengen, die bisher verloren gingen, wieder zu gewinnen. Später gründete er gemeinsam mit dem Kaufmann Garbett ein großes Laboratorium, verbunden mit einer Edelmetallschmelze. Bald war er der beratende Chemiker der Birminghamer Industrie, die durch seine Ratschläge beträchtlich gefördert wurde. Seine Einführung der Bleikammern in die Schwefelsäureindustrie ist von dauernder Bedeutung. Die Schwefelsäure hatte der deutsche Mönch Basilius Valentinus bereits in der zweiten Hälfte des 15. Jahrhunderts sowohl durch Kalzinieren von Vitriolstein mit Kiesel wie durch Verbrennung von Schwefel mit Salpeter erzeugt. Aber erst Joshua Ward stellte sie in England 1740 fabrikmäßig her. Er verbrannte Schwefel und Salpeter über Wasser und fing die Dämpfe in großen Glasbehältern auf. Roebuck ersetzte diese 1746 durch Bleikammern von 6 Fuß im Quadrat, in denen er die Schwefelsäure zum Viertel des bisher üblichen Preises herstellen konnte. Dadurch fand sie besonders großen Absatz in der Leinenbleiche, wo sie an Stelle der sauren Milch verwandt wurde. Roebucks Bleikammern haben sich trotz aller Fortschritte in der Gewinnung der Schwefelsäure bis auf den heutigen Tag behauptet. Garbett und Roebuck hielten ihr Verfahren geheim und errichteten 1749 auch in Prestonpans bei Edinburgh eine Fabrik. Doch wurden die wesentlichen Teile der Erfindung bekannt und sowohl in England wie Schottland seit 1756 benutzt. Deshalb mußte 1771 ein Patentanspruch Roebucks zurückgewiesen werden. Das House of Lords bestätigte diese Entscheidung 1774.

Nun wandte Roebuck sein Interesse der Eisenindustrie zu. Diese gebrauchte von altersher Holzkohle als Brennstoff, doch hatten Dud Dudley und Abraham Darby bereits Steinkohle dazu benutzt. Roebuck war einer der ersten, der sie in größerem Ausmaß gebrauchte. Vor allem hat er sie mit als erster benutzt, um Schmiedeisen aus Gußeisen herzustellen. Nachdem Roebuck seiner Schwefelsäurefabrik in Prestonpans eine Töpferei angegliedert hatte, ging er ans Werk, das erste schottische Hüttenwerk zu bauen. Mit mehreren Gesellschaftern gründete er in der Nähe der Mündung des Carronflusses in den Firth of Forth die großen, heute noch blühenden Werke. Kohle und Erz wurden in der Nähe gegraben, Wasserkraft lieferte der Carron. Am 1. Jan. 1760 wurde der erste Hochofen in Betrieb gesetzt und schon im ersten Jahre konnte der ganze schottische Eisenbedarf gedeckt werden. Erhebliche Schwierigkeiten bereitete die Beschaffung der durch die Größe der Öfen bedingten Gebläseluftmengen; deshalb ließ er durch Smeaton ein für damalige Zeiten großartiges Gebläse bauen. Die Erzeugnisse der Carron-Werke waren mustergültig, die Werke selbst bald die größten von Großbritannien. Die Schiffshaubitzen (= carronades) haben von ihnen ihren Namen.

Leider verleiteten diese Erfolge Roebuck, sich in ein anderes großzügiges Unternehmen einzulassen, das ihm zum Verderben wurde. Er erwarb Gerechtsame für Kohle- und Salzbergbau in Borrowstonnes in Linlithgowshire. 1764 zog er mit seiner Familie dorthin und begann mit dem Abteufen eines Schachtes. Aber einbrechendes Wasser drohte das Bergwerk zu ersäufen. Die benutzte Newcomen-Pumpe reichte nicht aus, und er wandte sich an James Watt, von dessen Plänen, eine Dampfmaschine zu erbauen, er gehört hatte. Er ermutigte Watt in jeder Weise, und dieser wäre ohne Roebucks Unterstützung und Ermutigung sicher nicht Herr der sich ihm bietenden Schwierigkeiten geworden, wie er später dankbar anerkannte. Roebuck beteiligte sich zu zwei Dritteln an Watts Erfindung, doch kam sie zu spät, um Roebucks Bergwerk vor dem Ersaufen zu retten. Er geriet in Zahlungsschwierigkeiten, die noch durch mißlungene Versuche, Soda aus Salz herzustellen, vergrößert wurden. Er verlor sein und seiner Frau Vermögen, einschließlich seiner Anteile an den Werken in Carron, Prestonpans und Birmingham. Seinen Anteil an Watts Erfindung trat er an Boulton ab, der später Watts Teilhaber wurde. Roebuck verwaltete später im Auftrage seiner Gläubiger gegen eine kleine Rente die Borrowstonnes- Kohlen- und Salzwerke weiter. Später betätigte er sich noch mit recht gutem Erfolg in der Landwirtschaft.

Roebuck war Ehrenbürger von Edinburgh und Mitglied der Royal Society von London und Edinburgh, in deren „Philosophical Transactions" er auch seine wissenschaftlichen Arbeiten veröffentlichte. Er war begeisterungsfähig, wohltätig, mitfühlend und besaß eine Seelenstärke, die ihn auch im Unglück nicht verließ. *Nat. Biogr. 17 S. 93.* Sa.

ROENTGEN, Gerhard Moritz, geb. 7. Mai 1795 zu Esens in Ostfriesland, gest. 28. Okt. 1852 bei Haarlem in Holland. Die Eltern, ein Pastorenehepaar von nicht gewöhnlicher geistiger und künstlerischer Begabung, vermachten dem Sohn wohl geistige, aber keine materiellen Güter. Roentgen mußte schon frühzeitig daran denken, sich sein Geld selbst zu verdienen. Er wollte Seeoffizier werden und erhielt seine Ausbildung auf einer holländischen Kriegsschule, da inzwischen Napoleon Friesland mit Holland vereinigt hatte. Die Vorgesetzten erkannten seine geistigen Fähigkeiten und sandten ihn 1818 auf zwei Jahre nach England, damit er dort den Schiffbau eingehend studieren könne. Als junger Leutnant erwarb er sich die goldene Medaille mit der Beantwortung einer mit der Einführung der Dampfschiffahrt in Holland sich befassenden Preisaufgabe. Die Regierung beauftragte ihn nochmals, in England die neuesten Anwendungen der Dampfkraft zu studieren, und verlangte von ihm eine Denkschrift über die Aussichten, die Dampfmaschine auf Kriegsschiffen zu benutzen. Der Inhalt der Denkschrift, in der Roentgen den Rat gab, Schiffe ganz aus Eisen zu bauen und das Schiff wenigstens 3 Fuß unter und 3 Fuß über der Wasserlinie stark zu panzern, erschien damals der gelehrten, zur Beurteilung berufenen Kommission als unerhört phantastisch. Am 1. Jan. 1824 wurde Roentgen auf seinen Wunsch ehrenvoll aus der holländischen Marine entlassen, da er die Stellung des technischen Direktors einer der neugegründeten niederländischen Dampfschiffahrtsgesellschaften angenommen hatte. Hier schuf er die berühmte Mehrfach-Expansionsmaschine und verstand, sie vorteilhaft in den praktischen Betrieb einzuführen. Die Gesellschaft, zuerst nur als Reederei gedacht, kam bald zu einer Reparaturwerkstatt und entschloß sich auch, ihre Schiffe selbst zu bauen. Auf der Insel Fijenoord gegenüber Rotterdam wurde die Schiffswerft und Maschinenfabrik erbaut, und hier entstand unter Roentgens Angaben und Leitung in den Jahren 1828 und 1829 die erste Verbundmaschine mit Zwischenkammern. Diese Maschinenanordnung wurde 1834 in Frankreich und England patentiert. Roentgens Rat wurde bald überall begehrt. Als technischer Beirat stand er u. a. auch der Kölnischen Dampfschiffahrtsgesellschaft und der Gutehoffnungshütte in Sterkrade helfend zur Seite. Die Dampfer seiner Werft befuhren bald Donau, Elbe und Wolga. 1840 wurde auch das erste Seedampfschiff für die niederländisch-indische Marine gebaut. Auch Kriegsschiffe für die französische und russische Marine hat Roentgen geschaffen. Von unermüdlicher, gegen die eigene Gesundheit rücksichtsloser Arbeit vorangetrieben, brachen seine Nerven zusammen. Eine schwere Geisteskrankheit, die sich 1847 bemerkbar machte, führte ihn 1849 als unheilbar in eine Irrenanstalt bei Haarlem. Hier starb 1852 der friesische

Pastorensohn und große Ingenieur Roentgen. *Gesch. Dm. S. 427.* C. M.

RÖNTGEN, Wilhelm Konrad v., geb. 27. März 1845 zu Lennep, gest. 10. Febr. 1923 in München, entstammte einer niederrheinischen Familie, deren Handwerkerkunst schon Goethe lobend erwähnt hat. Von kristallener Klarheit im Denken und unbeirrbarer Gründlichkeit im Forschen, dabei wortkarg und zurückhaltend, wurde er zum Meister der Meßkunst, zum Entdecker der Röntgenstrahlen, die von ihm selbst X-Strahlen genannt wurden. Sein Vater weist ihn frühzeitig auf technische Aufgaben hin und läßt ihn an Stelle einer Lateinschule die Maschinenbauschule in Apeldoorn (Holland) besuchen. In Zürich studiert er dann, wird von der ihm geistesverwandten Vortragsweise des (späteren) Prof. R. Clausius, des Entdeckers des zweiten Hauptsatzes der Wärmelehre, so stark berührt, daß er, der technischen Laufbahn entsagend, sich der reinen Wissenschaft, dem Gebiete der Physik, ganz zuwendet. Er wird Assistent von Kundt, geht mit ihm nach Würzburg und Straßburg, wo er sich 1874 habilitiert; er übernimmt das Extraordinariat für theoretische Physik und wird 1888 Nachfolger von Kohlrausch in Würzburg. In die Würzburger Jahre fällt seine Entdeckung der Röntgenstrahlen, die durch die Beobachtung zustande kam, daß ein Bariumplatin-Cyanürschirm, der sich im Strahlungsfeld einer Hittortschen Entladungsröhre befand, aufleuchtete. Mit dem Entdeckungsjahre dieser Strahlen 1895 setzte eine erstaunliche Entwicklung der Physik ein. Die klinische Anwendung der Röntgenstrahlen hat umwälzend auf die Gestaltung der ganzen Chirurgie gewirkt; sie erwies sich besonders segensreich für die im Kriege Verwundeten. Die technische Anwendung seiner Entdeckung hat Röntgen zeitlebens aufmerksam und anerkennend beobachtet, aber beteiligt hat er sich an ihrem Ausbau nicht. Zugunsten der Allgemeinheit hat er sogar auf jeden Patentanspruch verzichtet.

Die wichtigsten Eigenschaften der Röntgenstrahlen hatte Röntgen bereits in den zwei kurzen Bemerkungen festgelegt, die er 1895 der Würzburger medizinisch-wissenschaftlichen Gesellschaft vorlegte: Die Röntgenstrahlen, auch als äußere Kathodenstrahlen zu bezeichnen, rufen Fluoreszenzerscheinungen hervor, breiten sich geradlinig aus, werden weder zurückgeworfen noch gebrochen, durchdringen die Körper umgekehrt proportional ihrer Dichte und erzeugen sogenannte sekundäre Strahlen an der Oberfläche des Metalls, das von ihnen getroffen wird; von einem Magneten oder elektrischen Felde werden sie nicht abgelenkt.

Röntgen hatte mit fast beispielloser Gründlichkeit die X-Strahlen auf ihre wichtigsten Eigenschaften hin so durchforscht, daß andere Forscher noch ein Jahrzehnt lang nichts wesentlich Neues ermitteln konnten; erst die Anwendung einer eleganten Methode von Prof. Laue, Kristalle als Beugungsgitter für Röntgenstrahlen zu verwenden und so die spektrale Zusammensetzung des Röntgenlichtes und die Wellenlänge eines Spektrums zu ermitteln, brachte den nächsten bedeutsamen Fortschritt. Die Röntgenstrahlen enthüllten die Kristallstruktur und wurden zum Anlaß, die bisher herrschenden Anschauungen über den Atombau zu ändern.

Noch heute vielfach maßgebend sind Röntgens Angaben von Werten der spezifischen Wärme der Luft, für die Zusammendrückbarkeit der Flüssigkeiten und über den Einfluß hohen Druckes und tiefer Temperatur auf die innere Reibung des Wassers. In das Gebiet der Festigkeitslehre gehört die kleinere Arbeit von dem Verhältnis der Querkontraktion zur Längsdilatation beim Kautschuk. Röntgen lieferte umfangreiche Arbeiten aus der Kristallphysik (Piëzo- und Pyroelektrizität) über die elektrische Doppelbrechung von Quarz und über die Leitfähigkeit von Quarz und Kalkspat nach Bestrahlung mit Röntgenstrahlen. Er grübelte über physikalischen Grundfragen, über den letzten Problemen von Ruhe und Bewegung und suchte nach dem Träger der elektromagnetischen Erscheinungen. 1888 legte Helmholtz der Berliner Akademie Röntgens Arbeit über die magnetischen Wirkungen eines bewegten Dielektrikums im elektrischen Felde vor, die kurz und gedrängt gehalten über langjährige schwierige Versuche berichtete. Auf Röntgens Arbeiten stützt sich die Elektronentheorie. Röntgen hatte als erster den Nobelpreis erhalten, wurde 1900 an die Universität nach München berufen, wurde 1920 Ehrendoktor der philosophischen Fakultät der Universität Frankfurt a. M. und verblieb in München, ungeachtet anderer ehrenvoller Berufungen, bis zu seinem Tode. *Die Naturwissenschaften 4 (1916) S. 1, 13; 8 (1920) S. 961; Physikal. Zeitschr. 24 (1923) S. 353; Z 59 (1915) S. 293; ETZ 44 (1923) S. 184.* Mi.

RONALDS, Sir Francis, geb. 21. Febr. 1788 in London, gest. 8. Aug. 1873 in St. Mary's Villa in Battle (Sussex). In einer Privatschule in Chestnut erhielt Ronalds seine Erziehung. Schon früh zeigte er eine starke Neigung für experimentelle Arbeiten und erwarb sich viele Erfahrungen sowie eine große Fertigkeit in praktischer Mechanik und im technischen Zeichnen. Im Jahre 1814 machte er die Bekanntschaft von Jean André de Luc, der ihn bewog, sich ganz der praktischen Elektrizitätslehre zu widmen, und bereits in diesem und im nächsten Jahre veröffentlichte er in Tilloch's „Philosophical Magazine" einige Abhandlungen über Elektrizität. Eine davon behandelt die Anwendung einer elektrischen Säule als Antriebskraft für Uhren. Vor allem ist aber der Name Ronalds als des Erfinders des elektrischen Telegraphens bekannt.

1753 wurde in der englischen Zeitschrift „Scot's Magazine" von einem gewissen „C. M.", vermutlich Charles Morrison, ein elektrischer Telegraph vorgeschlagen, der mit statischer Elektrizität arbeiten sollte; danach wurden Verbesserungen von Volta, Le Sage, Lomond, Cavallo, Salva u. a. vorgenommen. Im Jahre 1816 legte Ronalds im Garten seines Hauses in Hammersmith acht (englische) Meilen Draht aus, der in Glasröhren isoliert war, und umgab ihn mit einer pechgefüllten Holzrinne, um es zu ermöglichen, den Draht durch eine Elektrisiermaschine statisch zu laden. Die Leitung war normalerweise geladen; an beiden Enden wurde sie mit einem Cantonsschen Kugelelektrometer verbunden, so daß man die Leitung plötzlich an einem Ende entladen konnte und die Wirkung sofort am anderen Ende sichtbar wurde. Um den Apparat so auszugestalten, daß es möglich wurde, mit ihm verschiedene Signale zu übertragen, wurden zwei Scheiben, auf denen Worte, Buchstaben und Zahlen vermerkt waren, mit den Sekundenzeigern zweier Uhren verbunden, die als Taktgeber arbeiteten. Auf diese Weise drehten sich die Scheiben synchron vor den Telegraphisten an beiden Enden der Leitung. Vor jeder der rotierenden Scheiben befand sich eine feste Scheibe, die an einer bestimmten Stelle durchbrochen war, so daß zu jedem Zeitpunkt nur immer ein Zeichen sichtbar wurde. Ronalds Vorrichtung erwies sich als durchaus praktisch, und der geniale Gedanke der synchron rotierenden Scheibe, der heute beim Typentelegraphen von Hughes verwandt wird, stammte von ihm. Der einzige Mangel an dieser Erfindung war die verhältnismäßige Langsamkeit, mit der eine Reihe von Zeichen übertragen werden konnte.

Am 11. Juli 1816 bot Ronalds Lord Melville, dem damaligen ersten Lord der englischen Admiralität, an, seine Erfindung vorzuführen. Nach einigem Briefwechsel erhielt er indessen am 5. August 1816 von dessen Sekretär die Antwort: „Telegraphen aller Art sind heute (d. h. nach Beendigung des französischen Krieges) völlig unnötig und keine weiteren als der bisher im Gebrauch befindliche (ein Semaphore-Telegraph) werden angenommen!" Ronalds veröffentlichte im Jahre 1823 einen Bericht über seine Erfindung „Descriptions of an Electric Telegraph and of some other Electrical Apparatus", in dem er auch auf diese Antwort der Admiralität einging.

In der Zeit von 1816 bis 1823 weilte Ronalds viel im Auslande, vor allem, um Bücher über Elektrizität und verwandte Fragen zu sammeln. Seine Bücherei, die später sehr umfangreich und berühmt wurde, vermachte er nach seinem Tode seinem Schwiegersohn, der sie der heutigen Institution of Electrical Engineers überwies. 1825 erfand und patentierte Ronalds ein Gerät zur Anfertigung perspektivischer Zeichnungen, das er 1826 verbesserte und „Mechanical Perspective" nannte. Zu Anfang des Jahres 1843 wurde Ronalds zum Direktor ehrenhalber und Leiter des meteorologischen Observatoriums in Kew ernannt. Während dieser Zeit beschäftigte er sich mit einem System der fortlaufenden automatischen Registrierung für meteorologische Instrumente vermittels Photographie und am 4. Sept. 1845 begann das erste Instrument dieser Art seine regelmäßige Arbeit. 1847 arbeitete Ronalds in Gemeinschaft mit Dr. William Radcliffe Birt ein Verfahren aus, um für die Zwecke der meteorologischen Beobachtung einen Drachen in konstanter Höhe zu halten. 1852 trat Ronalds von dieser Stelle zurück und ist, von kleineren Arbeiten abgesehen, nicht mehr an die Öffentlichkeit getreten. Nach seinem Tode fand man noch eine Reihe unveröffentlicher Handschriften über verschiedene Fragen seines Fachgebietes vor.

Im Laufe der Jahre wurde seine Erfindung des elektrischen Telegraphen in England von Wheatstone und William Fothergill Cooke verbessert. Von diesen beiden Forschern rührt der erste elektrische Telegraph her, der 1837 öffentlich in England benutzt nurde. Der Grundgedanke der Erfindung geht aber unzweifelhaft auf Ronalds zurück, was auch nach den berühmten Reden von Gladstone im Februar 1870 dadurch anerkannt wurde, daß man ihn in den Adelsstand erhob. *Nat. Biogr. 49 (1897) S. 201.* Wi.

ROSCOE, Henry, Sir, geb. 7. Jan. 1833 in London, gest. 18. Dez. 1915 in West Honley (Surrey). Die Familie der Roscoes ist eine alte englische Gelehrtenfamilie. Sein Großvater William Roscoe war ein hervorragender Botaniker und weit über Englands Grenzen hinaus bekannter Kunstgeschichtler; seines Vaters juristische Werke galten längere Zeit für grundlegend im englischen Rechte. Dementsprechend erhielt Henry eine sehr sorgfältige wissenschaftliche Ausbildung, und zwar nicht in einer humanistischen Lehranstalt, sondern in einer der ersten modernen Schulen in Liverpool, wo der Unterricht in den Naturwissenschaften eine Hauptrolle spielte. Nach Absolvierung dieser Schule bezog er 1849 die Universität in London. Schon vorher hatte er sich viel mit chemischen Experimenten beschäftigt, so daß er sich auch hier diesem Fache widmete. Schon nach zwei Jahren wurde er als Assistent der allgemeinen chemischen Abteilung beschäftigt. Die entscheidende Wendung in seinem Leben trat ein, als er 1853, nach Ablegung der Prüfung als Bachelor of Arts, nach Heidelberg übersiedelte. Hauptsächlich Bunsens Ruf war es, der ihn anzog. Bald wurde er Assistent und vertrauter Freund Bunsens; auch mit Kirchhoff und Helmholtz, die er hier kennen lernte, knüpfte er die freundschaftlichsten Beziehungen an. Der deutschen Wissenschaft galt seine ehrliche Bewunderung. Als er 1856 nach England zurückkehrte, bot er seinen Einfluß auf, um eine Neuordnung der Art des Hochschulunterrichtes zu erreichen. Der Gebundenheit der alten englischen Hochschulen (Oxford und Cambridge) stand die Lehr- und Lernfreiheit der deutschen Hochschulen gegenüber. Führend bei der Umgestaltung der englischen Hochschulen von Erziehungsanstalten zu Forschungsanstalten ist die Universität Manchester vorgegangen, an der Roscoe dreißig Jahre lang wirkte, zuerst als Chemieprofessor, später als Prinzipal oder ständiger Rektor. Vor allem war es sein Ziel, daß die Studenten an selbständige wissenschaftliche Arbeit in den Laboratorien und Versuchsanstalten gewöhnt wurden und daß die Professoren nicht nur Lehrer, sondern auch Forscher waren. Der technische Unterricht, der bei uns in besonderen Technischen Hochschulen erteilt wird, ist in den modernen englischen Universitäten mit den übrigen Wissenschaften in einer Lehranstalt vereinigt. Auch bei der Neugestaltung der Londoner Universität hatte Roscoe bestimmenden Einfluß; 1896 bis 1902 war er hier Vizekanzler. Besonders die Ausgestaltung und Leitung seiner chemischen Laboratorien in Manchester und London blieb vorbildlich. Wissenschaftlich bedeutend sind vor allem seine Arbeiten auf dem Gebiete der Spektralanalyse. Er war der erste, der dies Verfahren zur Bestimmung der Metallbeimengungen im Hüttenwesen benutzte. Besonders an der Entdeckung und Verwendung des Vanadiums hat er grossen Anteil. Auch am politischen Leben seines Vaterlandes nahm Roscoe regen Anteil und war ein Jahrzehnt lang Mitglied des englischen Unterhauses. Ein bezeichnendes Licht auf seine geistige Einstellung wirft der letzte Abschnitt seiner Lebenserinnerungen: Die Friedensmission der Naturwissenschaften. Ohne jemals seinen Standpunkt als national denkender Engländer zu verlassen, erkannte er den Vorsprung deutscher Wissenschaft gern an und suchte ihren Fortschritt für die englischen Verhältnisse nutzbar zu machen. Bis in sein hohes Alter erfreute er sich größter Rüstigkeit und starb auf seinem Landsitz, fast 83 Jahre alt. *Roscoe: Ein Leben der Arbeit, Erinnerungen (Leipzig 1919); Engg. 100 (1915) S. 684.* Hä.

RÜHLMANN, Christian Moritz, geb. 15. Febr. 1811 in Dresden, gest. 16. Jan. 1896 in Hannover. Rühlmann, verdienstvoll als Lehrer und Schriftsteller auf dem Gebiete der technischen Mechanik und Maschinenlehre, stammt aus einfachen Handwerkerkreisen. Er besuchte die Bürgerschule und von 1829 ab die „Technische Bildungsanstalt" seiner Vaterstadt, wo er sich neben den allgemeinen Fächern vorwiegend der reinen Mathematik und Mechanik widmete. Gleichzeitig hörte er Vorlesungen an der dortigen Bauschule. Nach Abschluß seines Studiums wählte er das Lehrfach der Mathematik zum Lebensberuf. 1835 erhielt er die Stelle eines Hilfslehrers der Mathematik an der Dresdener Technischen Bildungsanstalt und machte im gleichen Jahr mit Unterstützung der Regierung seine erste technische Studienreise durch Österreich und Bayern. Bereits 1836 wurde er als ordentlicher Lehrer der angewandten Mathematik an der neu errichteten Kgl. Gewerbeschule in Chemnitz angestellt. Ehe er dort seine Vorträge über Mechanik und Maschinenlehre begann, hatte er Gelegenheit, seine schon früher an der Dresdener Medizinischen Akademie begonnenen philosophischen Studien durch den Besuch der Universität Leipzig abzuschließen. Von da an widmete er sich vorwiegend der mechanischen Technologie und dem Maschinenwesen, wozu ihm Chemnitz als Mittelpunkt der sächsischen Industrie reiche Gelegenheit bot. In den Jahren 1837 und 1838 machte er wieder in amtlichem Auftrage ausgedehnte Reisen durch Frankreich, Belgien und die Schweiz und wurde nach seiner Rückkehr als Techniker für Zoll- und Privilegiensachen verpflichtet. 1840 erwarb er in Jena den philosophischen Doktorgrad. Im gleichen Jahre nahm er einen Ruf als Lehrer der Maschinenlehre und angewandten Mathematik an die Höhere Gewerbeschule in Hannover an, wobei ihm der Professortitel verliehen wurde. In dieser Stellung ist er 56 Jahre ununterbrochen tätig gewesen und hat an der Entwicklung dieser zunächst mit bescheidenen Lehrzielen gegründeten Anstalt zur Technischen Hochschule hervorragenden Anteil genommen. Zur Zeit als Rühlmann seine Lehrtätigkeit begann, war das technische Bildungswesen, insbesondere das höhere, noch sehr wenig entwickelt. Die Technik selbst wurde meist rein empirisch und handwerksmäßig betrieben. Rühlmanns Verdienst liegt nun nicht so sehr in der Ausgestaltung großer eigener Schöpfergedanken, als vielmehr darin, daß er als einer der ersten die Bedeutung der theoretischen Wissenschaften, namentlich der Mathematik, für die Grundlegung einer wissenschaftlichen Technik erkannt und deren Entwicklung außer in seiner Lehrtätigkeit durch eine ungemein fruchtbare literarische Wirksamkeit gefördert hat. Von besonderem Nutzen war dabei, daß er in ständiger enger Berührung mit dem praktisch-industriellen Leben blieb und dadurch über dessen Bedürfnisse stets aufs genaueste unterrichtet war. Schon bald nach seiner Übersiedlung nach Hannover (1841) wurde er zum Mitglied der Direktion des Gewerbevereins ernannt und 1842 in die Eisenbahnkommission berufen. Im Auftrag der Regierung hat er zahlreiche technische Studienreisen unternommen und von 1844 an als Berichterstatter oder Preisrichter fast alle Welt- und größeren Industrieausstellungen besucht. Seinen Ruf als technischer Schriftsteller hat er namentlich durch zwei Werke begründet, von denen das erste, die „Allgemeine Maschinenlehre" (4 Bände) in den Jahren 1862 bis 1875 erschien. Hier ist ein durch umfassende Quellenstudien gewonnenes riesenhaftes Material in systematischer, gemeinverständlicher Weise, ohne erhebliches mathematisches Beiwerk und unter Verwendung zahlreicher Abbildungen zu einer historisch-technischen, auch das volkswirtschaftliche Element berücksichtigenden Gesamtdarstellung des Maschinenwesens verarbeitet. Bei dem Fehlen größerer Vorarbeiten konnte ein solches Werk nur einem Bienenfleiß und ordnenden Sammelsinn wie dem Rühlmanns gelingen. Es stellt in seiner Weise und für seine Zeit ein Meisterwerk dar, dessen Wert für uns nur dadurch etwas beeinträchtigt wird, daß die kritische Durchdringung des Stoffes nicht immer genügend erfolgt ist. Durch dieses Werk, das bald eine zweite Auflage in 5 Bänden (1875 bis 1896) erlebte, ist Rühlmann zum Begründer der historischen Schule der Technik geworden. — Von seinem zweiten, derselben Richtung angehörenden Hauptwerk, den „Vorträgen über Geschichte der technischen Mechanik und der theoretischen Maschinenlehre sowie der damit in Zusammenhang stehenden mathematischen Wissenschaften" ist leider nur der erste, die technische Mechanik behandelnde Teil (1885) erschienen. Rühlmann hebt im Vorwort mit besonderem Nachdruck den bildenden Wert geschichtlicher Betrachtung der technischen Wissenschaften hervor und berichtet über die guten Erfahrungen, die er selbst damit in seinem Unterricht gemacht hat. Die chronologische, mit zahlreichen Quellenangaben versehene Darstellung der einzelnen Entwicklungsstufen der Mechanik ist durchsetzt mit kurzen Lebensbeschreibungen hervorragender Vertreter der Mathematik und Mechanik, die die Lektüre des Buches besonders reizvoll machen. Neben diesen und anderen selbständigen Werken hat Rühlmann zahlreiche Aufsätze in Zeitschriften und Sammelwerken veröffentlicht. Lange Jahre war er Redaktionsmitglied der „Mitteilungen des Gewerbevereins für das Königreich Hannover". — An dem technischen Vereinsleben hat er stets mit besonderem Eifer teilgenommen. U. a. gehörte er zu den Gründern des Hannoverschen Architekten- und Ingenieurvereins, dessen Ehrenmitglied er später wurde. Äußere Ehren sind ihm im Laufe seines langen Lebens in reichem Maße zuteil geworden. Schon 1846 ernannte ihn die Stadt Hannover zu ihrem Ehrenbürger. Am 1. April 1886 konnte er in voller Rüstigkeit das Jubiläum seiner 50jährigen Lehrtätigkeit feiern. Noch zehn weitere Lebensjahre waren dem rastlos tätigen Manne vergönnt. Im Patriarchenalter ist er 1896 kurz vor der Vollendung des letzten Bandes der 2. Auflage seiner „Allgemeinen Maschinenlehre" gestorben. *ADB 53 (1907) S. 587/93; Z 40 (1896) S. 137/8; Zentr. Bauv. 16 (1896) S. 37/8.* Wa.

RÜHMKORFF, Heinrich Daniel, geb. 15. Jan. 1803 in Hannover, gest. 20. Dez. 1877 zu Paris. Einer einfachen Familie entstammend, erlernte der junge Rühmkorff das Drechslerhandwerk und ging nach Schluß der Lehrzeit mit 18 Jahren wie üblich auf die Wanderschaft. Ausgesprochene Veranlagung ließ ihn bald die Grenzen seines Handwerkes überschreiten und führte ihn mehr und mehr in das Gebiet der Feinmechanik. Mit großem Fleiße immer um seine Fortbildung bemüht, vollendete er seine Ausbildung in Werkstätten von Ruf im In- und Auslande. Am meisten angezogen fühlte er sich von Paris, in dem er wiederholt längeren Aufenthalt nahm, um sich schließlich 1839 hier selbständig zu machen.

Paris war damals der geeignetste Boden für Männer von Rühmkorffs Art. Es bildete den Mittelpunkt der naturwissenschaftlichen Forschung; eine Reihe von Physikern und Chemikern mit klangvollen Namen bedurften zur Verwirklichung ihrer Ideen der Hilfe des verständnisvollen und geschickten Mechanikers. Verhältnismäßig schnell gelang es Rühmkorff, Fühlung mit den Gelehrten zu bekommen, die ebenso seine Erfindungsgabe wie die Sorgfalt seiner Ausführungen, dazu aber auch seine Uneigennützigkeit kennen und schätzen lernten. Hier kam die Künstlernatur Rühmkorffs zum Ausdruck. Er gab sich immer ganz der Aufgabe hin und begnügte sich mit dem bescheidensten Nutzen; er ist auch trotz des Aufblühens seiner Werkstatt ohne erhebliche Hinterlassenschaft gestorben. Den ihm 1864 von der französischen Regierung als seltene Auszeichnung zugesprochenen „Voltapreis" von 50 000 Frs. verwendete er ganz für neue wissenschaftliche Arbeiten.

So hat Rühmkorff die Ausführung vieler neuer Untersuchungen ermöglicht, und seine physikalischen Geräte sind überallhin verbreitet gewesen. Am engsten aber ist sein Name verknüpft mit dem nach ihm benannten, weil von ihm am erfolgreichsten gepflegten Induktorium. Dieses in der Grundlage höchst einfache Gerät, das sich bald nach Faradays Entdeckung der Induktion zu entwickeln begann, der Vorläufer des heutigen technischen Transformators, hat gleichwohl zu seiner Ausbildung viel Mühe und Scharfsinn erfordert. Dem gesteckten Ziele, höhere Spannungen zu induzieren, um die Kluft zwischen Reibungselektrizität und Voltaelektrizität zu überbrücken, stellte sich namentlich die schwierige Isolierung der Windungen entgegen. Es ist wesentlich Rühmkorffs Verdienst, zuverlässige Induktorien jeder Größe hergestellt zu haben. Er verwendete sie auch für praktische Zwecke, wie zum Minenzünden und später für Gasmotoren, ihre eigentliche Bedeutung erhielten sie aber in Verbindung mit den gleichzeitig von Geissler verfertigten Röhren in der Untersuchung von Gasen und dem Erforschen der Strahlungserscheinungen im luftverdünnten Raume. — Nach kurzzeitiger Unterbrechung seines Aufenthaltes in Paris während des Krieges von 1870/71 nahm Rühmkorff seine Arbeiten dort wieder auf und betrieb sie bis zu seinem Tode. *E. Kosack: Heinrich Daniel Rühmkorff, ein deutscher Erfinder (Hannover 1903).* Ro.

RÜMELIN, Theodor, geb. 20. Mai 1877 in Besigheim am Neckar, gest. 9. Nov. 1920 in München. Rümelin entstammte einer alten Beamtenfamilie, sein Vater war Professor. Er widmete sich anfangs der militärischen Laufbahn, eine Fußverletzung nötigte ihn jedoch, den Beruf zu wechseln; er wandte sich dem Studium der Ingenieurwissenschaften zu und besuchte die Technische Hochschule Stuttgart. Nachdem er dort die Staatsprüfungen bestanden und mehrere Jahre praktisch, vornehmlich im Tief- und Wasserbau, u. a. beim Bau des Mannheimer Industriehafens und der Rheinbrücke bei Ruhrort tätig gewesen war, wurde ihm 1906 von der Bauunternehmung Sager & Woerner die selbständige Leitung der 6000-PS-Wasserkraftanlage bei Moosburg an der Isar übertragen. An diese Arbeit schloss sich eine Reihe weiterer bedeutender Aufträge, wie der Ausbau der 12000-PS-Wasserkraftanlage Trostberg-Tacherting an der Alz, der ihm die Anregung zu seiner ausgezeichneten Doktorarbeit „Wie bewegt sich fließendes Wasser" (Z 50 [1916] S. 338) gab; ferner beteiligte Rümelin sich auch an einem Wettbewerbentwurf für das Walchenseekraftwerk. Bis zum April 1918 war er Assistent im Wasserbaulaboratorium der Technischen Hochschule Charlottenburg, gleichzeitig Lehrer für Mathematik und Physik an der Kadettenanstalt in Lichterfelde. Alsdann unternahm er in München im Auftrage einer Privatgesellschaft die Untersuchungen über eine Ausnutzung der Wasserkräfte der sogenannten mittleren Isar zwischen München und Moßburg. Nachdem er in kürzester Zeit, bereits Anfang 1919 die Entwurfsarbeiten abgeschlossen hatte, gingen diese in den Besitz des Staates über, der Rümelin mit der Ausführung seiner Pläne beauftragte. Aus seiner wissenschaftlichschriftstellerischen Tätigkeit seien hier seine Anbahnung planmäßiger Forschungsarbeiten in den vielumstrittenen Fragen der Rauhigkeitswerte in Kanälen, die von ihm eingeleitete Statistik von Wasserkraftanlagen auf Grund einer eigenen Systematik und die auf Grund des drohenden Verlustes der Rheinwasserkräfte zwischen Basel und Straßburg von ihm unternommenen umfassenden Untersuchungen und Vorschläge über den „Staffelausbau" des Rheines genannt. Ferner sind seine Veröffentlichungen in der von ihm herausgegebenen Zeitschrift „Die Wasserkraft" wie auch sein kurzgefaßtes Werk „Wasserkraftanlagen" zu beachten. Rümelin starb nach kurzer Krankheit im Alter von 43 Jahren. *ETZ 41 (1920) S. 1021; Z 64 (1920) S. 1063; Zentr. Bauv. 40 (1920) S. 612.* Ca.

RUMFORD, Benjamin Thompson, Graf v., geb. 26. März 1753 in North-Woburn (Mass.), gest. 14. Aug. 1814 in Auteuil bei Paris. Rumford wurde, da er in sehr jungen Jahren seine Eltern verlor, von Verwandten unter der Leitung eines tüchtigen Lehrers erzogen und unterrichtet. Schon früh zeigte er eine besondere Begabung für Mathematik und Physik. Mit 13 Jahren trat er bei John Appleton in Salem (Mass.) als Kaufmannslehrling ein. Nach beendeter Lehrzeit arbeitete Rumford drei Jahre in einem Bostoner Geschäft und gründete dann, erst zwanzigjährig, in Concord (heute Rumford) eine Elementarschule, an der er selbst als Lehrer wirkte. Während seiner Lehrzeit und auch in den nachfolgenden Jahren beschäftigte er sich in seiner Freizeit eingehend mit mathematisch-physikalischen und medizinischen Studien und erwarb sich auf diesen Gebieten große Kenntnisse. Nochmals wechselte er jedoch seinen Beruf; er trat durch Vermittlung eines Verwandten als Major in das Heer ein, kämpfte bei dem Ausbruch der Freiheitskriege auf englischer Seite und nahm nach Friedenschluß, da er am Kriegshandwerk viel Freude und Befriedigung fand, in österreichischen Diensten am Österreichisch-Türkischen Feldzug teil. Schließlich gelangte er 1784 in den Dienst des Kurfürsten Karl Theodor von Bayern, bei dem er 16 Jahre blieb. Im Laufe dieser Zeit wurde ihm das Amt eines Staatsrates und Kriegsministers übertragen, auch wurde er in den Reichsgrafenstand erhoben. Die während seiner militärischen Laufbahn nie ganz vernachlässigten physikalisch-technischen Studien kamen den unter seiner Leitung unternommenen Reformen verschiedener staatlicher Einrichtungen, u. a. der Militärwerkstätten in Mannheim und der mit den besten Maschinen ausgestatteten Kanonengießerei in München zugute. Der sozialen Fürsorge widmete er sich in hohem Maße, legte im Interesse der Armen Manufakturen an, verbreitete den Anbau von Kartoffeln, baute Arbeiterhäuser, richtete öffentliche Speiseanstalten ein u. a.

Rumford kehrte 1799 nach England zurück und widmete sich von dieser Zeit an fast ausschließlich seinen wärmetheoretischen Untersuchungen. Er war schon damals zur Widerlegung der zu seiner Zeit herrschenden Ansicht, daß sich Wärme nur bei Luftzutritt zu entwickeln vermöge, dadurch gekommen, daß er ein Metallstück (Kanonenrohr) bei völligem Luftabschluß unter Wasser bohren ließ und dabei die auffällige Beobachtung machte, daß das bei der Bohrarbeit den Metallkörper umgebende Wasser bis zum Sieden erhitzt wurde. Er kam zu der Erkenntnis, daß alle Wärmeerscheinungen in Wirklichkeit Bewegungserscheinungen sind. Eine im Anschluß hieran verfaßte Abhandlung, „Untersuchung über den Quell der durch Reibung erzeugten Wärme" erregte großes ufsehen und rief zahlreiche führende Wissenschaftler zur Gegnerschaft auf. Rumford hatte dabei, ohne selbst ganz die Tragweite seiner Entdeckung zu kennen, die Gleichwertigkeit von Wärme und mechanischer Arbeit zahlenmäßig bestimmt. 1794 konstruierte er das nach ihm benannte Photometer, das eine Verbesserung des Lambertschen Schattenphotometers darstellte. Es folgten wissenschaftliche Untersuchungen über Kaminfeuerung und den Wärmeeffekt der verschiedenen Brennstoffe; Rumford verringerte die Tiefe der Kamine, schrägte die Seitenwandungen unter 45 Grad ab und verkleinerte die Rauchabzugsöffnung auf 15 cm Weite (Rumfordsche Kamine).

1800 rief er in London die Royal Society ins Leben; drei Jahre blieb er an der Spitze dieser Vereinigung, zu der damals noch Dr. Thomas Young und Sir Humphry Davy zählten. 1810 siedelte er nach Auteuil in Frankreich über und begann hier sein großes Werk „Über die Natur und die Wirkungen der Ordnung", das aber nie ganz vollendet wurde. Bereits in früheren Jahren hatte er als Mitglied des Nationalinstitutes verschiedene wichtige Abhandlungen, die sich auf die Wärme und ihre Anwendung sowie die Adhäsion der Moleküle in Flüssigkeiten bezogen, veröffentlicht. Von diesen verdient besonders die 1804 vorgetragene „Mémoire sur la chaleur" erwähnt zu werden, die seine Stellungnahme zur Wärmefrage und ihre große Bedeutung hervorhebt. Im April 1811 berichtete er über eine nach seinen Untersuchungen vollkommenste Art der Radfelgen, die 40 Jahre später allgemein Anwendung fand. Auch auf das Gebiet des Lichtes erstreckte sich Rumfords Forschertätigkeit (Rumfordsche Lampe mit parallelen Dochten). Durch physikalische Versuche stellte er Regeln auf, nach denen gewisse Farben angenehm auf unser Auge wirken. Schließlich ist als seine Erfindung hier noch die Konstruktion des Kalorimeters und Thermoskops zu nennen.

Der Name des Benjamin Thompson Graf von Rumford wird in der deutschen, englischen und auch französischen Geschichte als Soldat, Staatsmann, Naturwissenschaftler und Philosoph anerkannt. *Ellis: Memoir of Sir Benjamin Thompson (Boston 1874); ADB 29 (1898) S. 643.* Wi.

RUSSELL, John Scott, geb. 8. Mai 1808 in der Vale of Clyde bei Glasgow, gest. 8. Juni 1882 in Ventnor (Isle of Wight). Er war Sohn eines Geistlichen und ursprünglich auch für diesen Beruf vorgesehen. Seine Neigung für Mechanik und für Naturwissenschaften war aber so groß, daß er als Lehrling in eine Maschinenwerkstatt eintreten durfte. Er erhielt im Anschluß daran eine ausgezeichnete wissenschaftlich-technische Ausbildung an den Universitäten von Edinburgh und Glasgow, wo er bereits mit 16 Jahren promovierte. Behelfsweise füllte er im Alter von 24 Jahren den Lehrstuhl für Physik aus und eignete sich hierbei die Klarheit und Schärfe des Ausdruckes an, die später alle seine Vorträge auszeichneten. Um diese Zeit fing er seine berühmten Untersuchungen über die Art und Natur der Wellenbewegung an, die ihn schließlich nach etwa 20 000 Untersuchungen zu seinem Wellensystem führten. Die Royal Society von Edinburgh hatte die Durchführung dieser Experimente auf ihre Kosten unternommen. Ihren Niederschlag fanden sie in der Arbeit „On the Laws by which Water opposes Resistance to the Motion of the Floating Bodies", die ihm die Goldene Medaille der Royal Society einbrachte. Verschiedene Schiffe wurden nun nach den Russellschen Theorien gebaut, das erste, „Wave" genannt, im Jahre 1835. Sein größtes und berühmtestes Schiff ist die „Great Eastern", die er zusammen mit J. K. Brunel erbaute. Russell war ebenfalls einer der ersten Befürworter des gepanzerten Schiffes; an dem Bau des ersten englischen Panzerkreuzers, des „Warrior", war er maßgeblich beteiligt. Seine letzte Arbeit im Schiffbau war der Trajektdampfer auf dem Bodensee zwischen Deutschland und der Schweiz. Auch auf anderen Gebieten des Ingenieurwesens hat Russell Bedeutendes geleistet. So war er einer der Hauptveranstalter der Großen Ausstellung in England 1851; die von ihm im Jahre 1873 errichtete Kuppel der Wiener Ausstellung mit einer Spannweite von 360 Fuß galt als größte der Welt. Seine vielen literarisch-wissenschaftlichen Arbeiten sind über die Grenzen Englands bekannt, so sein großes Werk „Modern System of Naval Architecture for Commerce and War". *Engg. 32 (1882) S. 583.* Wi.

RŽIHA, Franz Ritter v., geb. 28. März 1831 zu Hainspach in Böhmen, gest. 22. Juni 1897 auf dem Semmering. Nach Besuch der Technischen Hochschule in Prag trat er 1851 beim Bau der Semmeringbahn in die Praxis ein, ging dann zum Bau der Karstbahn, 1856 zu dem der Wilhelmsbahn in Preußen und baute ab 1857 als Unternehmer an der Ruhr-Sieg-Bahn in Westfalen. 1861 in den Braunschweiger Staatsdienst aufgenommen, war er von 1866 an als herzoglicher Oberbergmeister in der Verwaltung der umfangreichen staatlichen Kohlengruben tätig. Ržiha hatte sich von Anfang an vorwiegend mit Tunnelbauten befaßt und schon 1861 beim Bau der Eisenbahn von Kreiensen nach Holzminden die nach ihm benannte Tunnelbauweise mit eisernem Einbau angewendet. 1869 kehrte Ržiha nach Österreich zurück, machte hier Vorarbeiten für mehr als 500 km Eisenbahnen in Böhmen, baute auch einige Strecken, wurde 1874 als Oberingenieur in das österreichische Handelsministerium und 1878 als Professor des Eisenbahn- und Tunnelbaues an die Technische Hochschule in Wien berufen, wo er bis zu seinem Tode wirkte. Sein bedeutsamstes Werk, ist sein „Lehrbuch der Tunnelbaukunst" (1871), durch das dieser Wissenszweig eigentlich erst begründet und aus dem Stande des bloßen Handwerks emporgehoben wurde. In seinen anderen zahlreichen schriftstellerischen Arbeiten pflegte Ržiha auch die geschichtliche Richtung; sein dreibändiges Werk über Eisenbahnober- und -unterbau (1876, Bericht über die Wiener Weltausstellung) zeugt von großer Gründlichkeit in der Quellenforschung und von philosophischem Geiste in der Behandlung technischer Aufgaben. Besonders wertvoll sind seine Forschungen auf dem Gebiete des Erdbaues, über die er in reichsdeutschen und österreichischen Fachzeitschriften berichtete. An großen technischen Zeitfragen, wie Bau des Arlbergtunnels, Wasserversorgung Wiens, Wiener Verkehrsfragen usw. nahm Ržiha als Gutachter entscheidenden Anteil. Er beschäftigte sich auch mit kunstgeschichtlichen Forschungen, wie seine „Studie über Steinmetzzeichen" (1879 und 1883) beweist, in der er den Schlüssel für die Zeichen der verschiedenen Bauhütten lieferte. Ržiha war korrespondierendes Mitglied des Berliner Vereins für Eisenbahnkunde. *Z. Öst. (1897) H. 27; Zentr. Bauv. 17 (1897) S. 289.* Bk.

S

SACK, Rudolf, geb. 7. Dez. 1824 in Kleinschkorlopp (Sachsen), gest. 24. Juni 1900 zu Leipzig-Plagwitz, war der Sohn eines ländlichen Kleinbesitzers. Nachdem der Vater ein Bauerngut geerbt hatte, mußte Rudolf Sack während des Tages rüstig auf dem Felde arbeiten. Während der Wintermonate kam er einmal nach Leipzig. Hier hatte er Gelegenheit, bei einem Feldmesser Mathematik und Mechanik kennen zu lernen, und zeigte bald reges Interesse für diese Wissenschaften. Mit 17 Jahren verließ er das Elternhaus und ging als Verwalter auf fremde Güter. Er fand keine Befriedigung in der althergebrachten Ackerwirtschaft, sondern versuchte, von ihm vervollkommnete Arbeitsgeräte einzuführen. Als Dreiundzwanzigjähriger kam er zu den Eltern zurück und baute hier den ersten Pflug nach seinen eigenen Ideen. Die Dorfschmiede in Loeben war die Werkstätte, und schon der erste Pflug, der 1845 hier entstand, zeigte Ansätze zu allen späteren Verbesserungen. Mit Ausnahme der Räder war er vollständig aus Eisen und hatte als Neuheit die Selbstführung, die stellbare Achse, den verschließbaren Stellrahmen, die Spindelstellung für das Gründellager und außer einem Vorschneider Friktionsräder zur Aufhebung der Reibung an Furchenwand und Sohle. Sack verbesserte seinen Pflug soweit, daß nicht nur die Erde aufgerissen, sondern die Schollen auch umgeworfen und gekrümelt wurden, was durch eine einfache Änderung des Vorderwagens erreicht wurde. Um die Zahl der landwirtschaftlichen Geräte zu verringern, baute er einen Kultivator, der Glattwalze, Aufreißer und Stachelwalze vereinigte. Eine Wendung brachte das Jahr 1857. Aus Rußland wurden 120 Pflüge bei Sack bestellt. Da die Dorfschmiede in Loeben zu klein und der Transport der Pflüge von Loeben nach Kiew zu schwierig war, ging Sack nach England, wo unter seiner Leitung der Auftrag ausgeführt wurde. 1863 kam er mit fünf Arbeitern nach Leipzig, und sein Name, der nun schon Ruf hatte, verschaffte der Werkstätte einen Aufschwung, daß ständige Erweiterungen notwendig wurden. Neben der Entwicklung des Pflugbaues, die 1868 in dem Sackschen Universalpflug einen Denkstein erhielt, kamen aus seiner Werkstätte die modernsten landwirtschaftlichen Maschinen der Zeit. Sein Werk wurde von seinen Söhnen weitergeführt. *Die Landmaschine 4 (1924) S. 757.* Gro.

SAVERY, Thomas, geb. um 1650 in Shilston bei Modbury, gest. 15. Mai 1715 in Westminster. Ein näheres Geburtsdatum läßt sich nicht feststellen, wie überhaupt die vorhandenen Angaben über diesen Erfinder trotz genauer Nachforschungen der interessierten englischen Kreise zum Teil noch ungenau und widersprechend sind. — Savery war der Sohn angesehener Eltern und erhielt eine sorgfältige Erziehung. Er widmete sich dem militärischen Ingenieurwesen, da er sich stets besonders für die Naturwissenschaften und deren technische und wirtschaftliche Anwendung interessiert hatte. Eine seiner ersten Arbeiten war eine Uhr, die bis vor kurzem sehr gut lief. Beim Auseinandernehmen stellte ein Uhrmacher fest, daß sie von besonderer Konstruktion, sehr gut gebaut sei und von viel Geist zeuge. Saverys erstes Patent rührt vom Jahre 1696 her und bezieht sich auf eine Erfindung zum Schleifen und Polieren von Glas und Marmor und auch für das Rudern von Schiffen mit größerer Leichtigkeit und Schnelligkeit als bisher. Der zweite Teil dieser Erfindung bestand aus einem Paar Schaufelrädern, die von Hilfskräften durch das Drehen eines Spills bedient wurden. Die von Savery im Jahre 1698 unter dem Titel „Navigation Improved" gegebene Beschreibung und Entgegnung auf die gegen diese Erfindung erhobenen Einwände, erwähnt noch zwei weitere Erfindungen: eine Aufzugvorrichtung zum Transport schwerer Geschütze und eine Vorrichtung zum schnelleren Laden und Abfeuern von Schiffsgeschützen. Bezeichnend ist die Stellung der Marine zu diesem Patent. Es wurde abgelehnt mit der Begründung, „wie sich überhaupt unberufene Leute anmaßen könnten, für sie Erfindungen machen zu wollen"!

Seine bedeutendste Erfindung ist seine Feuermaschine, die im Juli 1698 patentiert und auf 14 Jahre geschützt wurde. Ein Jahr später wird das Modell dieser Wasserhaltungsmaschine „The Miners Friend" der Royal Society im Beisein des Königs vorgeführt. In Anerkennung der vielen von ihm geleisteten und noch zu leistenden Arbeiten wird dieser Schutz daraufhin um weitere 21 Jahre verlängert. Savery hat auf diese Weise als erster die Dampfkraft für kleine Leistungen eingeführt, wenn er auch noch keine besonderen Erfolge hiermit erzielen konnte. Diese waren erst durch die Verbesserungen von Newcomen möglich. Noch einige weitere Erfindungen rühren von Savery her: so ein Ofen mit Kohle statt Holzheizung für einen größeren Bäckereibetrieb, um ununterbrochen und in größeren Mengen backen zu können. Gedacht wurde dabei an Feldbäckereien usw. Savery war auch der erste, der als Maß der Arbeitsleistung den Ausdruck „Pferdestärke" eingeführt hat. Aus alten Zeitschriften geht hervor, daß Savery um das Jahr 1700 eine eigene Fabrik für die Herstellung seiner Dampfpumpen besaß. *Gesch. Dm. S. 367; Entw. Dm. 1 S. 292; Newc. Trans. 3 (1922/23) S. 97.* Wi.

SCHARRER, Johannes, geb. 30. Mai 1785 in Hersbruck, gest. 30. März 1844 in Nürnberg, war der Sohn eines Schlächtermeisters und Bierbrauers. Nachdem er die Lateinschule zu Hersbruck besucht hatte, trat er, seinen praktischen Neigungen folgend, als Lehrling in ein Nürnberger Geschäftshaus ein und gründete 1809 mit seinem Schwager Sigmund Amberger ein eigenes Unternehmen. 1818 von seinen Mitbürgern zum Magistratsrat erwählt und fünf Jahre später als zweiter Bürgermeister an die Spitze der Verwaltung berufen, widmete Scharrer seine ganze Kraft den kommunalen Aufgaben und setzte mit großer Tatkraft die Gründung einer technischen Schule durch, von dem Grundsatz ausgehend, daß Gewerbe und Industrie wieder in lebendige Beziehung zur Kunst und zu den Naturwissenschaften treten müßten, um Nürnbergs Ruf von neuem zu begründen. 1823 erfolgte die Eröffnung der „Polytechnischen Schule", die im wesentlichen nach Scharrers Plänen aufgebaut war. In den ersten Jahren seines Bestehens hatte das Institut noch mit erheblichen Schwierigkeiten zu kämpfen, vor allem unter der starken Opposition der zünftigen Gewerbe zu leiden, die in seiner mechanischen Werkstatt eine Beeinträchtigung erblickten, doch gelang es Scharrers Energie, seinem Organisationstalent und seiner gründlichen Sachkenntnis, der Lehranstalt einen weit über Nürnbergs Grenzen gehenden Ruf zu verschaffen. Großes Interesse schenkte Scharrer der Frage der Regulierung des nationalen Handelssystems; er trat für den Freihandel ein und legte seine Ansichten 1828 in einer Abhandlung nieder, ebenfalls nahm er in einer Denkschrift 1829 zu der Abänderung des Münzwesens entscheidend Stellung.

1832 faßte Scharrer den Plan, durch eine Lokomotiveisenbahn die Verbindung zwischen Nürnberg und Fürth herzustellen. Die günstigen Geländeverhältnisse, seine genaue Kenntnis der bei der Liverpool-Manchester-Bahn gewonnenen Erfahrungen, der bedeutende Personen- und Güterverkehr zwischen beiden Städten und die nur geringen Baukosten erleichterten die Durchsetzung seiner Ideen. In der 1833 gegründeten „Ludwigs-Eisenbahn-Gesellschaft" wurde Scharrer zum stellvertretenden Direktor gewählt. Mit Denis zusammen führte er die Projektierungsarbeiten aus. 1836, nach einjährigem mit Dampf- und Pferdekraft wechselndem Betriebe, wurde Scharrer zum Direktor der Eisenbahngesellschaft ernannt. Die letzten Jahre seiner Tätigkeit wurden Scharrer durch häufige Krankheiten erschwert; er erlag, 59jährig, einem Nervenschlag. *ADB. 30 (1890) S. 601.* Ca.

SCHEELE, Karl Wilhelm, geb. 9. Dez. 1742 in Stralsund, gest. 21. Mai 1786 in Köping (Schweden). Scheele war kein Techniker im eigentlichen Sinne, aber seine umfassende Forschungsarbeit wurde von der größten Bedeutung für die großartige Entwicklung der chemischen Industrie einer späteren Zeit.

Nachdem er das Gymnasium in Stralsund besucht hatte, kam er mit vierzehn Jahren in die Apothekerlehre nach Gotenburg (Schweden). Dort wurde er von einem lebhaften Interesse für chemische Studien und Experimente erfaßt, und als er acht Jahre später an der Apotheke in Malmö eine Stelle erhielt, führte er seine ersten chemischen Untersuchungen aus, und zwar über die Oxalsäure, worüber er eine Abhandlung verfaßte (1768). In demselben Jahre hatte er nach einem Verfahren, das noch heutzutage zur Herstellung von Pflanzensäuren verwendet wird, die Weinsäure isoliert. Einige Jahre später wurde er in einer Apotheke in Upsala als Chemiker angestellt und führte dort eine große Zahl äußerst bedeutungsvoller Untersuchungen aus, durch welche er binnen kurzem einer der berühmtesten Chemiker seiner Zeit wurde. Er zeigte, daß Phosphor aus Knochen hergestellt werden konnte (1770) und entdeckte die Fluorwasserstoffsäure (1771). Während der Jahre 1772 bis 1774 machte er sich berühmte, in den Annalen der Chemie unvergleichliche Untersuchung über Braunstein, durch die er der Entdecker des Chlors und der Metalle Mangan und Barium wurde. Im Anschluß an diese Untersuchungen entdeckte er die Arsensäure und den Arsenwasserstoff.

Im Jahre 1775 siedelte Scheele als Vorstand der dortigen Apotheke nach Köping über, wo er bis zu seinem Tode blieb. Schon im Anfang seines Aufenthaltes in Köping schrieb er seine berühmte „Chemische Abhandlung von der Luft und dem Feuer". Das Manuskript war schon 1775 fertig, aber der Druck war erst zwei Jahre später beendigt (in Leipzig), und durch diese Verzögerung ging er des Prioritätsrechts mehrerer wichtiger Entdeckungen verlustig, z. B. der epochemachenden Entdeckung des Sauerstoffs, der im August 1774 von Priestley hergestellt wurde, aber von Scheele vor 1773 erkannt war, möglicherweise schon 1771. Bei seinen fortgesetzten Arbeiten beschäftigte er sich mit Untersuchungen über phosphoreszierende Substanzen, die Einwirkung des Sonnenlichts auf Chlorsilber, über Schwefelwasserstoff und Knallgold, deren genaue Zusammensetzungen zuerst von ihm entdeckt wurden. Weiter entdeckte er die Harnsäure und die Cyanursäure. Er fand einen neuen Grundstoff, Molybdän, und zeigte, daß Graphit aus Kohle besteht und daß das Roheisen Kohlenstoff enthält. Er lernte die Milchsäure und die Schleimsäure kennen (1780), weiter entdeckte er die Blausäure (1782), das Glyzerin (1783), die Zitronensäure, die Apfelsäure, die Zuckersäure und die Gallussäure. Während dieser Forschungen auf dem Gebiete der organischen Natur, die die ersten Grundsteine der organischen Chemie waren, ließ er nicht ganz die anorganische Chemie beiseite, denn im Jahre 1781 entdeckte er das Metall Wolfram und wies nach, daß die Kaltbrüchigkeit des Eisens durch Phosphor verursacht ist.

Scheele konnte sich im allgemeinen einer sehr guten Gesundheit erfreuen, aber gegen Ende des Jahres 1785 hatte er schwer an Gicht zu leiden und mußte im Februar des folgenden Jahres sich ins Krankenbett legen. Er starb, nur 43 Jahre alt. Kein Chemiker vor oder nach Scheele hat so viele wichtige, bahnbrechende Entdeckungen gemacht. Dessenungeachtet waren seine Instrumente und Geräte bei der Anstellung von Experimenten äußerst einfach. Seine meisten Abhandlungen sind in den Veröffentlichungen der Kgl. Akademie der Wissenschaften in Stockholm veröffentlicht. Sie wurden in mehrere Sprachen übersetzt, 1788 bis 1789 von Hebenstreit in Leipzig in lateinischer Sprache herausgegeben. Seine Briefe und Aufzeichnungen wurden von A. E. Nordenskjöld zusammengestellt und im Jahre 1892 publiziert. Scheele wurde als Mitglied in die Gesellschaft der deutschen Naturforscher und Ärzte (1778) und in die Accademia delle Scienze in Turin (1784) aufgenommen.

Scheele war eine edle und feine Persönlichkeit und gleichzeitig äußerst bescheiden in seinen Ansprüchen. Na.

SCHEERER, Theodor, geb. 28. Aug. 1813 zu Berlin, gest. 19. Juli 1875 zu Dresden. Nach dem Besuch der Gewerbeschule zu Berlin 1826 bis 1829 bezog Scheerer 1830 bis 1832 die Freiberger Bergakademie. Darauf ging er zur Vollendung seiner Studien nach Berlin zurück. Dann finden wir ihn bis 1838 als Hüttenchemiker beim Blaufarbenwerk Modum in Norwegen. Schon damals veröffentlichte er einige wissenschaftliche Abhandlungen in Poggendorfs Annalen. 1839 nahm er seine Studien an der Universität Berlin nochmals auf und erwarb dort den Grad eines Dr. phil. Sodann ging er ein Jahr auf Reisen und wurde 1841 als Lektor der Metallurgie, metallurgischen Technologie und Probierkunst an die Universität Christiania berufen. Hier wandte er sich mit Vorliebe der Mineralanalyse zu und entdeckte eine Anzahl neuer Mineralarten. Mit Marchand arbeitete er auf dem Gebiet der Atomtheorie, ferner beschäftigte er sich mit eisenhüttenmännischen Studien, mit der Untersuchung der Gichtgase und mit den Wirkungen der erwärmten Gebläseluft. Auch seine Forschungen über Isomorphie fallen in diese Zeit.

1847 kehrte er nach Freiberg zurück und vollendete hier den ersten Band seines „Lehrbuches der Metallurgie", das bedauerlicherweise nicht zum Abschluß gelangte. 1848 erhielt er die Professur für Chemie an der Bergakademie Freiberg, die er bis zum Jahre 1873 innegehabt hat. Hier setzte er seine mineralogisch-chemischen Forschungen fort, er beschäftigte sich namentlich mit dem Studium der Pseudomorphosen, gleichzeitig wirkte er als Mitarbeiter an „Wöhler-Liebig-Poggendorffs Handwörterbuch der Chemie", auch verfaßte er ein „Löthrohrbuch". Veranlaßt durch den damaligen Oberberghauptmann Freiherrn v. Beust wandte er sich seit 1858 der Genesis der Gesteine, insbesondere der Gneise und der Erzgänge des sächsischen Erzgebirges zu. Die Festschrift der Bergakademie vom Jahre 1866 enthält seine hierher gehörige Arbeit „Über die chemische Constitution der Plutonite".

Scheerer war in seltenem Maße ein glücklicher Humor eigen, verbunden mit poetischer Tiefe. Ihr verdanken wir „Akademische Bilder aus dem alten Freiberg" und „Theorie und Praxis in Kunst und Wissenschaft, wie im Menschenleben", beide ebenfalls Festgaben vom Jahre 1866. Im letzten Jahrzehnt seiner wissenschaftlichen Tätigkeit beschäftigte sich Scheerer namentlich mit der Untersuchung gesteinsbildender Silikate. Nach 25jähriger Tätigkeit an der Bergakademie zwang ihn 1873 ein Augenleiden, seiner akademischen Tätigkeit zu entsagen. Er ging nach Dresden, wo er zwei Jahre darauf starb. Die Beerdigung fand in seinem geliebten Freiberg statt. *Journ. f. prakt. Chem. 120 (1875) S. 459.* Tr.

SCHEMMERL, Joseph, Ritter von Leythenbach, geb. 1752 in Laibach, gest. 1837, widmete sich der Straßen- und Wasserbaukunst und unternahm große Studienreisen nach Holland und England, trat in den Staatsbaudienst, wurde Kameralingenieur, Straßeninspektor und schließlich Hofbauratsdirektor, Hofbaubuchhaltungsvorsteher und Hofrat. Von seinen Bauten sind die Regulierung und Schiffbarmachung der Save (1772), der Brückenbau bei Tschermosch über die Save, die großen Umbauten an der Triester Reichsstraße in Niederösterreich, Steiermark und Krain, die bahnbrechend wirkten, und der Bau des Wiener-Neustädter Schiffahrtkanals bemerkenswert. Neben dem großen Werke über Straßenbau: „Ausführliche Anweisung zur Entwerfung, Erbauung und Erhaltung dauerhafter und bequemer Straßen" (3 Bände, Wien 1807) verfaßte er mehrere Schriften über Strombau, Schiffbarmachung der Flüsse und über Wasserbau im allgemeinen. *Birk: A. Negrelli 1 (Wien 1915).* Bk.

SCHICHAU, Ferdinand, geb. 30. Jan. 1814 in Elbing, gest. 23. Jan. 1896 in Elbing, gründete im Jahre 1837 eine Maschinenbauanstalt, die er mit den stolzen Worten ankündigte: „Unterzeichneter fertigt Dampfmaschinen, sowohl Wattsche Maschinen als Kondensationsmaschinen mit Expansion und Hochdruckmaschinen, eiserne Wasserräder jeder Art, Pferdegöpel, hydraulische Pressen, Walzwerke, Apparate zum Abdampfen des Zuckers im luftverdünnten Raum usw., auch übernimmt derselbe, ganze Anlagen als Ölmühlen, Sägemühlen, Runkelrüben-Zuckerfabriken einzurichten."

Als man in den fünfziger Jahren des vergangenen Jahrhunderts zum Eisenschiffbau überging, vollendete er im Jahre 1855 mit dem Dampfer „Borussia" den ersten in Preußen gebauten Schraubendampfer. Danach nahmen die Schiffsbestellungen von Jahr zu Jahr zu. Besonders auf dem im Jahre 1877 begonnenen Bau von Torpedobooten leistete Schichau Unerreichtes. Eine ganze Reihe von Kriegsschiffen der deutschen und russischen Kriegsmarine sind in den Schichauwerken entstanden. Daneben sind Tausende von Lokomotiven hier gebaut worden. Der Mann, der dieses alles zuwege gebracht hat, war der Sohn eines Handwerkers (Gelbgießers) und als solcher für das Handwerk bestimmt; er zeigte jedoch früh eine Genialität und besuchte nach seiner Lehrzeit eine Lateinschule sowie das Gewerbeinstitut in Berlin. Danach ging er nach England und gründete bei seiner Rückkehr sein Werk. Am 23. Januar 1896 ist er im hohen Alter von 82 Jahren entschlafen, allseits anerkannt als ein Fürst der Arbeit. *Z 40 (1896) S. 193.* Schm.

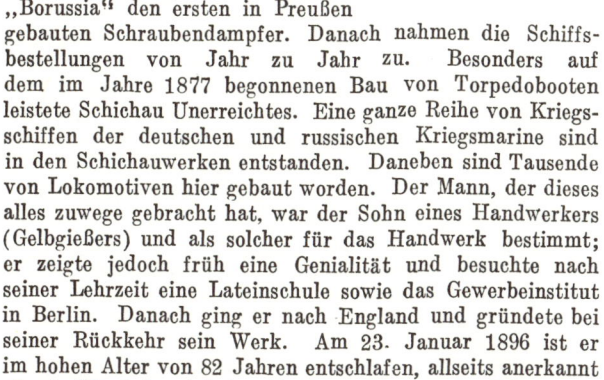

SCHIESS, Ernst, geb. 14. Sept. 1840 in Magdeburg, gest. 9. Sept. 1915 in Erkrath bei Düsseldorf. Ernst Schieß entstammte einer Bankierfamilie. Nachdem er bis 1858 das Gymnasium seiner Vaterstadt besucht hatte, arbeitete er zunächst praktisch bei einem tüchtigen Schlossermeister und studierte dann bis 1861 an der Technischen Hochschule in Hannover sowie den Polytechniken Karlsruhe und Zürich Maschinenbau. Da die Aussichten eines geeigneten Unterkommens in der Industrie für den jungen Ingenieur ungünstig waren, arbeitete er vorübergehend als Lokomotivheizer. Der Wunsch, sich im Auslande umzusehen, führte ihn nach Belgien, aber auch hier fand er keine Stellung; das veranlaßte ihn, sein Glück in England zu versuchen, wo er kurze Zeit bei einem Zivilingenieur und dann in Manchester in einer altangesehenen Maschinenfabrik, die Pressen, Hämmer und auch Werkzeugmaschinen herstellte, Beschäftigung fand. Das Ende des Jahres 1865 brachte dann die entscheidende Wendung für ihn. Albert Poensgen, der ihm schon mehrmals mit Rat zur Seite gestanden hatte, bot ihm eine neben seinem eigenen Werk gelegene, nicht mehr lebensfähige Maschinenfabrik zum Kauf an. Trotz Abratens seines Vaters übernahm Schieß die Fabrik und eröffnete am 1. Januar 1866 unter der Firma „Ernst Schieß" seinen Betrieb. Anfänglich hatte das junge Unternehmen, da ihm jede Beziehung zur rheinisch-westfälischen Industrie fehlte, mit großen Schwierigkeiten zu kämpfen. Neben den von seinem Vorgänger übernommenen kleinen Maschinenaufträgen und Ausbesserungsarbeiten, mußte Schieß auch die Anfertigung von Straßengittern und anderen Schlosserarbeiten mit in seinen Betrieb aufnehmen. Den ersten Erfolg hatte er bei den Eisenbahnen; es gelang ihm, kleine Lokomotiven mit stehendem Kessel, die für Wasserstationen geeignet waren, einzuführen; für die Industrie baute er zunächst kleine Dampfmaschinen. Der Krieg mit Österreich zwang das Unternehmen vorübergehend wieder zur Übernahme schlossermäßiger Arbeiten. Inzwischen war Schieß immer mehr mit den Verhältnissen der rheinisch-westfälischen Industrie vertraut geworden; er hatte erkannt, daß hier dem Werkzeugmaschinenbau noch eine große Zukunft offen stand. Das führte ihn zu dem Entschluß, sein Unternehmen ganz auf dieses Arbeitsgebiet einzustellen; er erwarb das Grundstück, auf dem auch heute noch die Fabrik steht; kaum hatte er die erste Fabrikanlage darauf fertiggestellt, da brach der Deutsch-Französische Krieg aus, der durch Einberufung wehrkräftiger Arbeiter den Betrieb anfangs stark hemmte. Jedoch nach dem Krieg begann der allgemeine deutsche industrielle Aufschwung. Eine eigene Gießerei wurde errichtet (1872), die Eisenbahnverwaltungen, Hütten- und Walzwerke, bald auch der Schiffsbau zählten zu den Auftraggebern des Schießschen Unternehmens, das sich schließlich so stark vergrößerte, daß die Umwandlung in eine Aktiengesellschaft ratsam erschien (1906). Ganz besonderes Ansehen erwarb sich Schieß durch die Konstruktion von großen Werkzeugmaschinen zur Bearbeitung schwerer Maschinenteile.

Nicht nur seinem Werk, sondern auch den verschiedensten Fachvereinigungen hat Schieß bis zu seinem Tode mit Rat und tatkräftiger Unterstützung zur Seite gestanden. Er war ferner an der Düsseldorfer Industrieausstellung (1902) hervorragend beteiligt, ebenso als Mitglied des Ausstellungsausschusses der Weltausstellung in Brüssel (1910). Auszeichnungen wurden ihm in reichem Maße zuteil. Schieß starb wenige Tage vor der Vollendung seines 75. Lebensjahres auf seinem Landsitz Erkrath bei Düsseldorf. *St. u. E. 35 (1915) S. 1020; Z 59 (1915) S. 830.* Ca.

SCHILLING, Nicolaus Heinrich, geb. 12. Aug. 1826 zu Neuendeich (Elbe) unweit Glückstadt im Holsteinischen, gest. 3. Juli 1894 in München. Sein Vater war Schullehrer. 1828 siedelte er nach Vierlanden, Bezirk Zollenspieker bei Hamburg, über. Nicolaus Heinrich wurde schon von seinem Vater in Latein und Mathematik unterrichtet und besuchte von 1838 an die „Gelehrtenschule" in Glückstadt. Vermessungsarbeiten, die damals an der Elbe vorgenommen wurden, erweckten sein besonderes Interesse. Er konnte sich an diesen Arbeiten beteiligen und fand seine erste Anstellung als Gehilfe beim Bau der Altona-Kieler Eisenbahn. Beim Wiederaufbau Hamburgs nach dem großen Brande 1842 wurde er mit Vermessungsarbeiten beauftragt und fand dann in Hamburg als „Wasserbaukonstrukteur" unter Baurat Hübbe Anstellung. Er besuchte zur weiteren Ausbildung die Polytechnische Schule in München bis 1848, um 1850 bei der Hamburger Gaskompanie als Inspektor des Beleuchtungswesens einzutreten. Seine Studien über Gasbeleuchtung führten 1858 zur Gründung des „Journals für Gasbeleuchtung" mit R. Oldenbourg in München. 1859 übernahm er die Stelle als Direktor der Gasbeleuchtungsgesellschaft in München und brachte dieses Unternehmen, das er in schlechtestem Zustande angetroffen, zu großer Blüte. 1860 erschien sein Handbuch der Steinkohlengasbeleuchtung in erster Auflage, der noch zwei weitere Auflagen folgten. 1866 wurde er von der Universität München für seine literarisch-wissenschaftliche Tätigkeit zum Ehrendoktor ernannt. Das Münchener Gaswerk war fortan unter Schilling und später im Verein mit Dr. H. Bunte die Pflegestätte wissenschaftlicher Arbeiten im Gasfach, aus denen u. a. 1878 der „Münchner Generatorofen" hervorging. Schilling betätigte sich auch vielseitig im Vereinsleben, vor allem im Deutschen Verein von Gas- und Wasserfachmännern. Im Polytechnischen Verein in Bayern wurde auf seine Anregung der Bayr. Dampfkessel-Revisionsverein 1870 gegründet. Schilling war als Berater in Gasfragen überall als Autorität geschätzt. Er gehörte dem Deutschen Verein von Gas- und Wasserfachmännern und dem englischen Gasinstitut als Ehrenmitglied an. *Nach Mitt. d. Familie.* Schi.

SCHLICK, Otto, geb. 16. Juni 1840 in Grimma in Sachsen, gest. 10. April 1913 in Hamburg. Schlick ist durch Forschungen bekannt geworden, die die Beseitigung von Schwingungserscheinungen beim Schiff zum Gegenstand hatten. Sein Massenausgleichverfahren ist auf fast allen Postdampfern und Kriegsschiffen mit Kolbenmaschinen eingeführt worden. Sein Schiffskreisel hat weitestgehende Beachtung gefunden, obwohl er sich nicht eingebürgert hat.

Schlick wurde als jüngstes unter sechs Kindern geboren und sein Vater, der sich bereits zur Ruhe gesetzt hatte, erzog mit besonderer Sorgfalt den Knaben, in dem sich frühzeitig die angeborene technische Begabung offenbarte. Er beschloß, Schiffbauingenieur zu werden, und bezog hierzu nach beendeter Schulzeit im Jahre 1858 die Technische Hochschule Dresden. Schon in jungen Jahren zeigte Schlick ungewöhnlichen Unternehmungsgeist, Fleiß und Selbstbewußtsein. So gründete er mit 29 Jahren in Dresden eine Flußschiffswerft, und nachdem er sie eine Zeitlang mit Erfolg betrieben hatte, trat er beim Stabilimento Tecnico in Budapest und Fiume ein. Im Jahre 1875 wurde er Direktor der damaligen Norddeutschen Werft in Kiel — heute Germaniawerft —, die er bis 1892 leitete. 1892 bis 1896 leitete er das Bureau Veritas in Hamburg, 1896 bis 1908 war er Direktor des Germanischen Lloyd. Hiernach zog er sich in den Ruhestand zurück. Schlick war Eisenschiffbauer und hat ein „Handbuch für den Eisenschiffbau" (Leipzig 1890 und 1902) herausgegeben. Daneben hat er vielfach vor Fachverbänden und in Fachzeitschriften über seine Untersuchungen auf dem Gebiete der Schiffsvibrationen berichtet. (Die Untersuchung der Vibrationserscheinungen von Dampfern. Leipzig 1903. — Der Schiffskreisel. Schiffb. 1908.)

Schlick war ein kunstsinniger Mann, dem die Malerei Freude machte. Er hatte große Hochachtung vor den Leistungen anderer, während er seinen eigenen Erfindungen keine besondere Bedeutung beimaß und Augenblicke hatte, in denen er mutlos verzweifelte. Ihm war nicht der Gewinn, sondern der technische Erfolg das Ziel, das er erstrebte. An äußeren Ehren hat es Schlick im Leben nie gefehlt. *Jb. Schiffb. 15 (1914) S. 102.* Schm.

SCHLICKEISEN, Carl, geb. 13. Aug. 1824 in Trier, gest. 1909 in Berlin, kam 1840 nach Berlin und gründete eine kleine Maschinenfabrik. Er baute hauptsächlich Pressen für Dränröhren und kam dabei auf den Gedanken, eine Vorbereitungsmaschine für die Tonbearbeitung zu schaffen. 1854 hatte er diesen Plan ausgeführt und ließ sich die „Schraube für plastische Körper", wie der patentamtliche Ausdruck für die Schneckenpresse lautete, patentieren. Schlickeisen konnte mit seiner Maschine den rohen Ton kneten, mischen und formen. Nach vielen Versuchen konnte er 1858 durch ein Trockenmetallmundstück mit vorgespannten Drähten Tonstränge herstellen. Da die Zuführung des Arbeitsmaterials Schwierigkeiten bereitete, konnten die Ziegelpressen, die anfangs mit menschlicher oder tierischer Kraft, später mit Dampf getrieben wurden, nur senkrecht gebaut werden. Erst als Schlickeisen 1865 die Speisewalze einführte, wurde die Arbeitsweise gleichmäßig, und nun konnten wagerechte Maschinen in Betrieb genommen werden. Auch die heute zu hoher Vollkommenheit entwickelten Torfpressen wurden in den achtziger Jahren von Schlickeisen nach dem Gedanken seiner Ziegelpresse zuerst gebaut. Auch auf seinem Sondergebiet, der Herstellung von Dränröhren, war Schlickeisen in der Zwischenzeit schöpferisch tätig. Das von ihm zuerst gebrauchte lange, konisch zulaufende Mundstück ersetzte er durch ein bewässerndes Mundstück und beseitigte dadurch alle Mängel in der Herstellung. Wenn die Ziegelpressen inzwischen auch viele Veränderungen erfahren haben, so sind die Grundelemente doch Schlickeisens Werk. Seine erste Maschine ist im Deutschen Museum in München aufgestellt. Sein Bestreben, die Ton- und besonders die Ziegelindustrie zu fördern, wurde durch die von ihm eingeführten vielseitigen Arbeitsverfahren und Maschinen gefördert. Den Berufsgenossen war er ein treuer Berater, und mit dem Erfinder des Ringofens, Friedrich Hoffmann, gilt Schlickeisen als einer der Großen in der Ziegelindustrie. *Tonindustrie-Zeitung 48 (1924) S. 710.* Gro.

SCHMIDT, Gustav, geb. 16. Sept. 1826 zu Wien, gest. 27. Jan. 1883 in Prag, besuchte 1841 bis 1846 das Wiener Polytechnische Institut (jetzt Technische Hochschule), studierte gleichzeitig an der Universität Mathematik, Astronomie und Physik und war auch praktisch tätig. 1846 ging er an die Berg- und Forstakademie in Schemnitz (Ungarn) und nach Unterbrechung infolge der Revolution (1848) an die Montanlehranstalt in Vordernberg, an der er 1849 nach ihrer Verlegung nach Leoben und Erweiterung zur Bergakademie zum Assistenten für bautechnische Fächer ernannt wurde; hier veröffentlichte er in Haidingers Abhandlungen (1850) eine Arbeit über das schiefwinklige Koordinatensystem. 1851 trat er für die Kunstmeisterstelle bei dem k. k. Oberbergamte Joachimstal an, und nun begann für ihn ein Wanderleben, das erst 1864 mit einer Berufung an das Kgl. Böhm. Ständ. Polytechnische Institut (jetzt Deutsche Technische Hochschule) zu Prag seinen langersehnten Abschluß fand. Während dieser vielen Zickzackwege seiner Lebensbahn, die ihn bald in die praktische Tätigkeit, bald in die Bureaus des Ministeriums führten, oblag Schmidt auch dem Studium des Maschinenbaues bei Prof. Redtenbacher (Karlsruhe 1856 bis 1858) und hielt selbst Vorträge über Berg- und Hüttenwesensmechanik und Maschinenkunde (in Příbram 1859/60), über mechanische Wärmetheorie und Theorie der Dampfmaschinen (in Wien 1860, in Leoben 1861, in Riga 1862/63). Aus seiner „Wanderzeit" stammen viele Aufsätze mechanischen und maschinentechnischen Inhaltes, u. a. auch sein hervorragendes selbständiges Werk „Theorie der Dampfmaschinen" (Freiberg 1861), das auch das Hauptwerk seines Lebens bildet. Am Polytechnischen Institut in Prag führte er den Unterricht im Maschinenbau im Sinne Redtenbachers ein und begründete auch die dazu erforderliche Lehrmittelsammlung. 1873 übernahm er die ihm mehr zusagende Lehrkanzel für Mechanik und Maschinenlehre, setzte aber auch seine Vorträge über mechanische Wärmetheorie fort. Schmidt blieb in beständiger Fühlung mit der Praxis, die ihm reiche Anregung zu wissenschaftlichen Untersuchungen und Veröffentlichungen, insbesondere auf dem Gebiete der mechanischen Wärmetheorie und der Dampfmaschinenlehre bot; er hinterließ wertvolle Arbeiten über elektrische Kraftübertragung (Kais. Akademie d. Wissenschaften, Wien 1882). Schmidt hat sich um die Neugestaltung der Technischen Hochschule, um die wissenschaftlichen Vereine in Böhmen und um Wohltätigkeitsanstalten Prags sehr verdient gemacht. *Koristka: G. Schmidt (Prag 1886).* Bk.

SCHMIDT, Wilhelm, geb. 18. Febr. 1858 in Wegleben bei Halberstadt, gest. 16. Febr. 1924 zu Bethel bei Bielefeld. Sein Vater war Fuhrunternehmer und Landwirt und konnte dem Sohne nur eine Erziehung zuteil werden lassen, die ihm als Berufsziel das eines Schlossermeisters vorschweben ließ. Nach Beendigung seiner Lehrzeit als Schlosser kam er jedoch auf der Wanderschaft in große Städte und lernte, wo er konnte, jede Minute seiner freien Zeit benutzend. Gelegentlich lernte ihn in Dresden der Kunstmaler Albert Ehrhardt kennen, der auf seine Begabung und sein Streben aufmerksam wurde und ihn bei Zeuner einführte. Dieser nahm sich seiner an und brachte ihn mit Lewicki in Beziehung, dem Schmidt viel Belehrung und Anregung verdankt. Ein Jahr später, 1879, konnte Schmidt während seiner Militärdienstzeit an seiner ersten Erfindung, die die rotierende Dampfmaschine betraf, arbeiten und mit Unterstützung der Technischen Hochschule in Dresden und des Kriegsministers ein Modell der Admiralität in Berlin vorführen. Nach der Militärzeit arbeitete er bei der Sächsischen Maschinenfabrik in Chemnitz und darauf im technischen Bureau der Maschinenfabrik M. Ehrhardt, deren Inhaber der Sohn seines väterlichen Freundes war. Nach 1½ Jahren trieben ihn jedoch seine Ideen in eine selbständige Laufbahn. Er hatte auch das Angebot Ehrhardts, ihn auf seine Kosten auf einer technischen Schule ausbilden zu lassen, abgelehnt und begann seine Laufbahn als Zivilingenieur in Cassel-Wilhelmshöhe 1883. Zunächst beschäftigte ihn die Heißluftdampfmaschine, die er für das Kleingewerbe nutzbar machen wollte, und er konstruierte unter Anwendung hochgespannter Dämpfe die sog. Strahlmaschine. Er hatte die Erkenntnis gewonnen, daß die volle Dampfausnutzung erst bei Temperaturen von über 300 Grad erreicht werde; nachdem er 1889 noch einmal eine Heißluftdampfmaschine entworfen hatte, wandte er die Idee des hochüberhitzten Dampfes auf die reine Dampfmaschine an. 1892 trat er mit seiner Heißdampfmaschine in die Öffentlichkeit, bildete sie in den folgenden Jahren in einer von den gewöhnlichen stark abweichenden Form durch und fand erst 1896 wieder den Anschluß an die gewöhnlichen Dampfmaschinen. Ende der neunziger Jahre übertrug er die Überhitzung auf den Lokomotivbau, baute zuerst Langkesselüberhitzer, dann Rauchkammerüberhitzer und seit 1903 Rauchrohrüberhitzer in der heute üblichen Form. Auch auf den Gebieten der Verbrennungsmaschine und der Hochdruckdampfmaschine arbeitete er mit Erfolg.

Seine Erfindungen versuchte er in verschiedenen Unternehmungen auszuwerten. 1895 trat er als Teilhaber in die Eisengießerei und Maschinenfabrik von W. L. Schröder, Aschersleben, ein, um neben der Einführung des Heißdampfes in ortsfesten Maschinen durch Erteilung der Ausführungsrechte für seine Patente an in- und ausländische Firmen gründlich an Versuchen weiterarbeiten zu können. 1898 gründete er mit Hilfe von deutschen Banken die Ascherslebener Maschinenfabrik, trat schon 1899 wieder aus und verwertete seine Patente vornehmlich im Auslande. 1910 gelang ihm die Rückübertragung seiner Patente an seine deutsche Gesellschaft, die Schmidtsche Heißdampfgesellschaft m. b. H. in Cassel-Wilhelmshöhe. Später gründete er mit seinen Mitarbeitern eine amerikanische Gesellschaft zur Verwertung seiner amerikanischen Patente und blieb deren Präsident bis kurz vor dem Eintritt Amerikas in den Weltkrieg.

Nachdem ihm die Einführung des Heißdampfes in den Lokomotivbau gelungen war, wandte er sich seinem Lieblingsgedanken, den Hochdruckdampf im Dampfmaschinenbetrieb einzuführen, wieder zu. Von den vielen ihm zuteil gewordenen Ehrungen seien die Grashof-Denkmünze des Vereines deutscher Ingenieure und die goldene Medaille der Akademie des Bauwesens hier erwähnt. Eine tiefgehende religiöse Auffassung durchdrang seine ganze Lebensarbeit. Von einer schweren Krankheit befreite ihn der Tod 1924. *Z 68 (1924) S. 249.* De.

SCHNEIDER, Joseph Eugène, geb. 29. März 1805 in Blidestroff (Lothringen), gest. 27. Nov. 1875 in Paris. Schneider war durch den frühen Tod seiner Eltern sehr jung darauf angewiesen, sich seinen Unterhalt zu verdienen. Er trat gleich seinem älteren Bruder Adolph in die Bank des Barons Seillière ein. Unermüdlicher Eifer und große Begabung verhalfen ihm zu einem schnellen Fortkommen, und schon mit 25 Jahren wurde er mit der Leitung der Eisenhämmer in Bazeilles (bei Sedan) betraut. 1836 kaufte er zusammen mit seinem Bruder die Metall-Hüttenwerke von Creusot, die sich in einem sehr verwahrlosten Zustand befanden und von ihnen unter der Firma „Gebrüder Schneider u. Cie." als Kommanditgesellschaft auf Aktien, deren Geschäftsführer sie waren, in Betrieb genommen wurde. Das Unternehmen wies unter ihrer geschickten Leitung sehr große Erfolge auf. Als Adolph Schneider 1845 starb, war Eugène alleiniger Leiter des Betriebes und verstand es, diesen in wenigen Jahren durch ununterbrochene Erweiterungen zu einem der bedeutendsten Hüttenwerke der Welt zu gestalten, das Maschinen-, wie auch Lokomotivfabriken und Geschützgießereien umfassend für die französische Heeresausrüstung von ähnlicher Bedeutung wie Krupp für Deutschland wurde. In diese Jahre fällt auch der Anfang von Eugène Schneiders politischer Wirksamkeit. Mehrmals trat er als Abgeordneter des Saône-Loire-Bezirkes in die Öffentlichkeit und hat sich insonderheit auch während der schweren Krisenjahre des französischen Staates an der Staatsleitung hervorragend beteiligt. Der Niederbruch des französischen Kaiserreiches veranlaßte ihn, sich in das Privatleben zurückzuziehen; er übernahm wieder die Leitung der Werke in Creusot, die er auch während der Zeit seiner starken politischen Inanspruchnahme niemals ganz hatte fallen lassen, unterstützt von seinem Sohn Heinrich und seinem Schwiegersohn Desseilligny. Er war außerdem Präsident des Verwaltungsrates der Société générale. 1868 wurde ihm das Großkreuz der Ehrenlegion verliehen. 1874 erlitt er einen Schlaganfall, der eine Lähmung zur Folge hatte und 1875 den Tod herbeiführte. Die Arbeiter seiner Werke und die Einwohner von Creusot errichteten ihm 1879 ein Denkmal. *Gr. Enc. 29 S. 765; Dict. Cont. S. 1637.* Ca.

SCHNIRCH, Friedrich, geb. 1791 zu Patek (a. d. Eger in Böhmen), gest. 1868. Mit steten Geldschwierigkeiten kämpfend, konnte er seine Ausbildung an der Mittelschule und seine Studien am Polytechnischen Institute (jetzt Technische Hochschule) in Wien zu Ende führen; in den durch Geldnot und Kränklichkeit erzwungenen Unterbrechungen beschäftigte er sich mit Feldvermessungen. 1821 trat er als Ingenieur in die Dienste des Grafen Magnis auf Herrschaft Straßnitz in Mähren. Hier erbaute er 1824 an Stelle einer hölzernen Jochbrücke von 96 Fuß (rd. 30,4 m) Länge die erste Kettenbrücke auf dem Festlande, der in den Jahren 1825 bis 1827 mehrere eiserne Kettendächer nach einer ihm geschützten Bauweise (in Straßnitz, Neuschl in Ungarn, Turas in Mähren und in Böhm. Brod) folgten. 1827 wurde Schnirch k. k. Straßenkommissar; in dieser Stellung entwarf er eine Kettenbrücke über die Moldau in Prag, deren Entwurf zu Meinungsverschiedenheiten mit Clark (London) und Gerstner (Vater, Prag) führte und erst in den Jahren 1839 bis 1841 zur Ausführung kam. 1831 baute Schnirch die Kettenbrücke zu Jaromierz in Böhmen. Nach kurzer Tätigkeit bei der Prager Baudirektion wurde Schnirch in die Generaldirektion der österreichischen Eisenbahnen berufen und bei den Vorarbeiten für Eisenbahnen, bei der Einrichtung der ersten Telegraphenlinien und bei der Untersuchung der für Siebenbürgen in Betracht kommenden Eisenbahnlinien (1856) beschäftigt. Im Jahre 1842 hatte Schnirch für die geplante Eisenbahn- und Straßenbrücke über die große Donau bei Floridsdorf (bei Wien) eine Kettenbrücke mit übereinander liegenden Fahrbahnen vorgeschlagen; beide Bahnen sollten mit hohlen gußeisernen Säulen und starken Schrauben untereinander gegen Biegung fest verbunden werden, so daß bei Befahrung der Lokomotiv-Brückenbahn auch die darüber liegende Straßenbrückenbahn gegen Biegung mitbeansprucht würde. Der Entwurf kam nicht zur Ausführung. Schnirch verfolgte den Gedanken weiter und gelangte zu dem — ihm patentierten — „Hängebrückensystem mit versteiften Kettenwänden" (1858), nach dem die Eisenbahnbrücke über den Donaukanal im Zuge der Wiener Verbindungsbahn erbaut wurde (1860); der Grundgedanke dieser Bauweise ist die Verstrebung zweier untereinander aufgehängter Ketten durch diagonale Strebenglieder in Dreieckform. Die Brücke mußte im Jahre 1884 wegen bedenklicher Abnahme ihrer Betriebssicherheit abgetragen werden. *J. Fanta: Die erste Kettenbrücke für den Lokomotivbetrieb (Wien 1860).* Bk.

SCHÖNBEIN, Christian Friedrich, geb. 18. Okt. 1799 in Metzingen bei Reutlingen, gest. 29. Aug. 1868 in Wildbad. Schönbein erhielt bis zu seinem 14. Lebensjahr im elterlichen Hause und auf der Schule seines Heimatortes eine gründliche Erziehung. Er trat dann als Lehrling in eine chemische

Fabrik in Böblingen ein. 1820 nach annähernd siebenjähriger Lehrzeit fand er in der chemischen Fabrik des bekannten technischen Schriftstellers Dingler eine Anstellung; die reichhaltige Bibliothek Dinglers bot ihm in den Feierstunden neue Anregung und Gelegenheit zur Vervollkommnung seiner chemisch-mathematischen und lateinischen Studien. Nach kurzer Zeit jedoch übernahm er die Leitung der chemischen Arbeiten in der Fabrik von F. N. Adam in Hennhofen bei Erlangen, und hier kam Schönbein, angeregt durch die nahen Beziehungen zur Erlanger Universität, der Wunsch, sich ganz der wissenschaftlichen Forschung zu widmen. 1821 ging er nach Tübingen, um Physik und Chemie zu studieren, doch schon nach wenigen Semestern kehrte er nach Erlangen zurück, um bei den ihm befreundeten Chemikern Kastner und Pfaff sich ausschließlich mit den chemischen Studien zu beschäftigen. Während dieser Zeit trat er in ein nahes Freundschaftsverhältnis zu dem Philosophen Schelling, dessen Umgang einen bestimmenden Einfluß auf seine naturphilosophischen Anschauungen ausübte. Nach zweijährigem Studium wurde Schönbein Lehrer der Physik und Chemie an der Erziehungsanstalt zu Keilhau bei Rudolstadt, später in Epsom in England. In Paris, wo er Gay-Lussac, Ampère und Thénard hörte, beschloß er seine ausländischen Studien. 1829 berief man ihn nach Basel, wo er bald den Doktorgrad und 1835 die ordentliche Professur für Physik und Chemie erhielt.

Mehr als 300 wissenschaftliche Abhandlungen zeugen von der großen Forschertätigkeit Schönbeins. Er stützte sich nicht auf die schon vorhandenen Theorien und benutzte auch nicht die dazu üblichen technischen Hilfsmittel, sondern versuchte, durch seine Beobachtungsgabe und eigene Theorien zu dem erwünschten Ergebnis zu kommen. Seine ersten Versuche galten dem edelmetallähnlichen Verhalten des Eisens zur Salpetersäure, das er als Passivität bezeichnete. Die elektrische Eigenschaft des passiven Eisens führte ihn zu zahlreichen Versuchen; so stellte er in der Streitfrage um die Entstehung des galvanischen Stromes eine neue Theorie der Voltaschen Säule auf und machte zwischen elektrischer Spannung, die durch Berührung, und elektrischem Strom, der durch chemische Zersetzung hervorgebracht werden kann, eine genaue Unterscheidung. Von seinen galvanischen Versuchen verdienen hier noch besondere Erwähnung seine Säule mit passivem Eisen, die Anwendung von Superoxyden zu galvanischen Elementen und seine Gasketten. Von der größten Bedeutung war seine nach unendlichen Mühen gemachte Entdeckung des Ozons. Diese Forschungen führten ihn endlich zu der Theorie von der Polarisation des Sauerstoffes, die die Grundlage zu späteren wichtigen Entdeckungen auf dem Gebiet des Wasserstoffsuperoxydes und verschiedener sehr empfindlicher Ozonreagentien bildete. Aus rein theoretischen Gründen kam Schönbein zu der Annahme, daß ein Gemisch von Schwefel- und Salpetersäure stark oxydierende Eigenschaften haben müsse, was sich in hohem Maße bei der Einwirkung auf Baumwolle bestätigte. Diese „Schießbaumwolle" wurde bald darauf auch von anderen Chemikern entdeckt, doch führten zum Teil gemeinsam fortgesetzte Versuche zu Lebzeiten der Erfinder nicht zu einem für den Kriegsgebrauch erwünschten Ergebnis. Schönbein starb fast 79jährig in Wildbad, wo er von einem Gichtleiden Heilung suchte.
Ed. Hagenbach: C. F. Schönbein, Rektoratsrede d. Univ. Basel 1868; Pet. Merian, Verh. d. nat. Ges. Basel 5 S. 341; ADB 32 (1891) S. 256. Ca.

SCHÖNHERR, Louis, geb. 22. Febr. 1817 in Plauen i. Vogtl., gest. 8. Jan. 1911 zu Thoßfell (Sachsen), erlernte in seiner Heimatstadt das Handwerk eines Webers. Er bemühte sich frühzeitig, einen Webstuhl zu konstruieren, bei welchem die Handarbeit des Webers erleichtert wurde. Mit seinem Bruder Wilhelm zusammen baute er solche nach ganz neuem Prinzip konstruierte Webstühle, ohne sonderlichen Erfolg zu haben. 1840 traten beide Brüder bei der Sächs. Maschinenbau-Kompanie in Chemnitz ein, und hier gelang es Louis Schönherr, erstmalig einen mechanischen Webstuhl für die Tuchindustrie herauszubringen. 1851 gründete Schönherr dann eine eigene Fabrik, die diese neuartigen Webstühle herstellte und sich rasch entwickelte. Besonders der Tuchwebstuhl wurde von Schönherr zur höchsten Vollkommenheit entwickelt. Daneben pflegte das Werk den Bau von Spezialwebstühlen, die zur Herstellung von Möbelstoff dienten. Seit 1855 ist eine Gießerei mit der Webstuhlfabrik verbunden. Dem Schönherrschen mechanischen Webstuhl ist es zu danken, daß die Bedienung des Webstuhls zu einem großen Teil mechanisiert und damit die Möglichkeit gegeben wurde, die Weberei aus einer Heimarbeit in Fabrikarbeit umzuwandeln. *Festschr. z. 39. Hauptvers. d. V. d. I., Chemnitz 1898 S. 247.* Hä.

SCHUCKERT, Johann Siegmund, geb. 18. Okt. 1846 in Nürnberg, gest. 17. Sept. 1895 in Wiesbaden, war Sohn eines Büttners. Schon frühzeitig ging Schuckert als Feinmechaniker auf Wanderschaft und arbeitete in Stuttgart, Hannover, Berlin und Hamburg. 1866 kam er nach Nürnberg zurück und trat als Werkmeister in die Telegraphenbauanstalt von Krage ein. Doch schon nach drei Jahren führte ihn sein Wandertrieb nach Amerika, wo er u. a. auch bei Edison tätig war, der damals auch Telegraphenapparate und Schreibmaschinen baute. 1873 kehrte er von dort zurück mit der Absicht, nach dem Besuch der Wiener Weltausstellung dauernd nach Amerika überzusiedeln. Er blieb jedoch dann in Nürnberg und gründete im gleichen Jahr eine eigene Werkstatt, in der er Vermessungsinstrumente, Distanzmesser, Schrittzähler, ein selbst erdachtes Dynamometer baute und auch Nähmaschinen wieder instand setzte.

1874 setzt Schuckerts Beschäftigung mit elektrischen Maschinen ein, die von weittragender Bedeutung werden sollte. Er baute nach eigenen Entwürfen eine dynamoelektrische Versuchsmaschine für Handbetrieb, die sich sehr gut bewährte. Ein Jahr später lieferte er die ersten betriebsfähigen Dynamomaschinen; die eine war fast 20 Jahre in der galvanoplastischen Anstalt Wellhöfer in Betrieb, die andere bestand eine glänzende Probe als Beleuchtungsmaschine. Schuckert verbesserte die Dynamomaschine, indem er den breiten Grammeschen Ring durch einen Flachring ersetzte. 1878 wurde die Werkstatt vergrößert und die Herstellung von Bogenlampen, zunächst für Einzellicht nach dem System Dornfeld aufgenommen. Dann erwarb Schuckert das alleinige Ausführungsrecht der Krizik-Gleichstrombogenlampe, bei der die abbrennenden Kohlenstifte ohne Räder- und Federwerk nur durch die magnetische Anziehung zweier konischer Eisenkerne gleichmäßig nachgeschoben wurden. Schuckert vervollkommnete die Lampe, die heute noch als Krizik-Schuckert-Bogenlampe zu den einfachsten und zuverlässigsten Konstruktionen zählt. Schuckert hatte damals als erster, der Gleichstrombogenlampen anwandte, großen Erfolg.

Als die elektrische Glühlampe aufkam, war Schuckert der erste, der 1883 mit der Parallelschaltung von Glühlampen und der paarweisen Verbindung von Bogenlampen die Frage der Stromverteilung richtig löste. Um die gleiche Zeit wurde das Arbeitsfeld der Fabrik durch die Aufnahme von Regel- und Meßapparaten wiederum erweitert. Ein Haupterstellungszweig blieb jedoch der Elektromotorenbau, aus dem sich bald auch die Ausführung von Kraftübertragungen und der Bau elektrischer Zentralen entwickelte. Die erste von Schuckert ausgeführte elektrische Kraftübertragung erregte 1882 auf der Elektrizitätsausstellung in München Aufsehen; auf 5 km Entfernung lieferte dort eine mit Wasserkraft betriebene Dynamomaschine den Strom zum Ausstellungsgebäude und speiste tagsüber die Maschinen und abends 11 Bogenlampen. 1887 setzte Schuckert mit dem Bau elektrischer Kraftwerke ein und baute als erste Ausführung die Zentrale in Lübeck und im folgenden Jahre Kraftwerke in Hamburg, Bremen, Barmen, Hannover und Düsseldorf.

1886 übernahm Schuckert die Erfindung von Professor Munker zur Herstellung von Parabolspiegeln aus Glas, konstruierte mit Munker gemeinsam eine Schleifmaschine, mit der die innere und äußere Fläche von Glasspiegeln parabolisch geschliffen werden konnte und nahm erfolgreich den Bau elektrischer Bogenlichtscheinwerfer auf. Auf der Chicagoer Weltausstellung von 1893 war Schuckerts Scheinwerfer mit einem Spiegeldurchmesser von 1500 mm die mächtigste Lichtquelle; der Scheinwerfer wurde damals für den Leuchtturm von Sandy-Hook angekauft.

Schuckert führte ferner die Akkumulatoren in den Großbetrieb ein, schuf den Doppelzellenschalter als Verbindungsglied zwischen Batterie und Maschine, benutzte 1890 in Hannover zum ersten Male das Dreileitersystem zur Teilung der Spannung am Akkumulator und verwendete erstmalig 1891 in Altona auf eigene Verantwortung und mit vollem Erfolg einen blanken Kupferdraht als Mittelleiter.

Die Werkstatt hatte sich um diese Zeit bereits zu einem bedeutenden Unternehmen entwickelt. 1888 wurde das Unternehmen zur Schuckert & Co. Kommanditgesellschaft unter der Leitung von Schuckert und Wacker und 1892, nachdem inzwischen eine große Fabrikanlage erbaut war, zur „Elektrizitäts-Aktiengesellschaft vorm. Schuckert & Co. in Nürnberg" umgewandelt. Schuckert zog sich im gleichen Jahre aus Gesundheitsrücksichten von der Geschäftsleitung zurück und trat in den Aufsichtsrat der Firma ein, die 1903 mit dem Siemensschen Unternehmen in Berlin zu den Siemens-Schuckert-Werken G. m. b. H. vereinigt wurden. *Festschrift z. 40. Hauptversammlg. d. VDI Nürnberg 1899; ETZ 18 (1897) S. 667, 32 (1911) S. 1114; Z 39 (1895) S. 1181. No.*

SCHÜLE, Joh. Heinrich Ritter von, geb. 13. Dez. 1720 zu Künzelsau (Württemberg), gest. 17. April 1811 zu Augsburg. Unermüdlicher Fleiß und Zähigkeit bis zur Rücksichtslosigkeit waren neben kaufmännischem Scharfblick und Begabung für geschmackvolle Farben und Zeichnungen die Eigenschaften, die es dem Sohne eines Nagelschmiedes ermöglichten, der bedeutendste Kattunfabrikant seiner Zeit in Deutschland zu werden.

Mit 19 Jahren kam Schüle 1739 als kaufmännischer Lehrling nach Straßburg, war dann als Kaufmannsgehilfe in Kaufbeuren und heiratete 1745 die Tochter eines Augsburger Handelsmannes, dessen Tuchausschnittgeschäft er übernahm. Zur Vergrößerung dieses Geschäftes veranlaßte Schüle durch Gewährung höherer Preise die Augsburger Weberschaft zur Herstellung feinerer und breiterer Gewebe, die er zunächst nach eigenen Zeichnungen und Farbenzusammenstellungen bedrucken ließ. Durch Zuteilung von Arbeit an das städtische Zucht- und Arbeitshaus erlangte er eine der damals zünftig kontingentierten 16 Druckergerechtigkeiten. Durch mannigfache Verbesserungen und Erfindungen in der Farbenbereitung, durch geschmackvolle Muster steigerte er den Umfang seines Geschäftes immer mehr und sicherte sich die tüchtigsten künstlerischen und technischen Kräfte. Der Druck mit Kupferplatten und die Fertigkeit, Gold und Silber auf Kattun zu bringen, kamen in seiner Manufaktur zuerst in Anwendung. Bald erstreckten sich seine Handelsverbindungen über ganz Europa, was ihm nur durch weitgehende Ausnutzung der Augsburger Kapitalkraft möglich war. Deshalb verlegte er für ganz kurze Zeit sein Unternehmen nach Heidenheim a. d. Br., war nur für wenige Jahre, einem Wunsche des Kaisers Josef II. entsprechend, an einer österreichischen Kattunfabrik beteiligt und lehnte es auch ab, einer Einladung Friedrichs des Großen zur Niederlassung in Preußen Folge zu leisten. Durch einen zwanzigjährigen wechselvollen Prozeß mit der Augsburger Weberzunft erzwang er die Einfuhrfreiheit für ausländische Kattune in das reichsstädtische Gebiet, ohne welche er von der auf alte Rechte pochenden Weberzunft abhängig war. 1792 übergab er seine Fabrik an seine Söhne, die indessen den Schwierigkeiten jener Zeiten nicht gewachsen waren, weshalb er 1802, in seinem 83. Lebensjahr, die Leitung des Unternehmens wieder selbst übernahm und dieses bis zu seinem Tode fortführte. *Beitr. 14 (1924) S. 155.* Ha.

SCHWARTZKOPFF, Louis, geb. 5. Juni 1825 in Magdeburg, gest. 7. März 1892 in Berlin. Schwartzkopffs Vater war Holzhändler. Nach bestandenem Abiturientenexamen und der Absolvierung des freiwilligen Dienstjahres bei den Pionieren in Magdeburg ging Schwartzkopff nach Berlin, um sich zunächst zwei Jahre auf dem unter Beuths Leitung stehenden Gewerbeinstitut weiter zu bilden und dann von 1845 bis 1847 bei Borsig praktisch zu arbeiten. Mit der Montage von Lokomotiven, Probefahrten auf diesen und einer halbjährigen Tätigkeit als Lokomotivführer schloß Schwartzkopff seine eigentliche Lehrzeit ab. Er fand auch sogleich eine Anstellung als Maschinenmeister an der neu erbauten Magdeburg-Wittenberger Bahn, deren Direktor der Reg.-Rat v. Unruh war. Mit diesem und August Borsig zusammen unternahm Schwartzkopff seine erste Studienreise nach England, von der er, erfüllt mit neuen Plänen und Ideen, nach Magdeburg zurückkehrte. In diese Zeit fällt auch seine Beschäftigung mit dem Plattenmanometer, an dessen Entwicklung er hervorragenden Anteil hat. Im Oktober 1852 begründete er in der Chausseestraße in Berlin eine Maschinenfabrik und Gießerei. Kurze Zeit vereinigte Schwartzkopff sich mit dem ehemaligen Borsigschen Gießermeister Nitsche, nach dessen Austritt 1854 mit seinem Studienfreund Knoblauch, der aber schon 1855 starb, von da ab blieb er alleiniger Inhaber der Fabrik. Seit 1855 trat der Maschinenbau in den Vordergrund, große Aufträge, hauptsächlich auf Bergwerkmaschinen, gingen aus Westfalen und Oberschlesien ein; neben Ventilatoren und Pumpen wurden große Krananlagen, Dampfhämmer und Dampframmen gebaut. Aber auch schwere Zeiten blieben dem anfänglich sehr glücklich fortschreitenden jungen Unternehmen nicht erspart. Die große amerikanische Krisis des Jahres 1858 machte sich stark bemerkbar; 1860 vernichtete ein Brand die Fabrik fast vollständig; jedoch Schwartzkopff überwand mit zäher Energie und festem Glauben an die Zukunft alle diese Schwiergkeiten. 1861 trat Emil Kaselowsky, ein Schüler Redtenbachers, als Ingenieur in das Werk ein und gewann sehr bald als Leiter des Konstruktionsbureaus maßgebenden Einfluß auf die großen technischen Leistungen des Unternehmens. Interessante und wichtige Neuerungen, trugen den Ruf der Firma weit über die Grenzen des Vaterlandes. Durch den Bau der Artilleriewerkstätten und der Gewehrfabrik in Spandau (1861) traten neue wichtige Aufgaben an Schwartzkopff heran, die er in hervorragender Weise löste. Inzwischen hatte er auch mit dem Lokomotivbau begonnen. 1867 wurde die erste Lokomotive in Betrieb genommen, bereits 1879 konnte die tausendste das Werk verlassen. 1869 erfolgte die Gründung des sog. „Neuen Werkes" in der Ackerstraße, 1870 die Umwandlung des Unternehmens in eine Aktiengesellschaft. Louis Schwartzkopff blieb Generaldirektor, Lemelson, Kaselowsky und Serno waren seine Direktoren. Schwartzkopffs persönliche Tätigkeit erstreckte sich nunmehr wesentlich auf die geschäftliche Vertretung seiner großen Schöpfung, doch beteiligte er sich auch weiterhin mit regem Interesse an den Aufgaben des Maschinenbaues und auch an den Verbesserungen der Haswellschen Maschinenpresse. Noch einmal hatte die Fabrik schwere Zeiten, die durch den Niedergang der Industrie (1877) entstanden, zu überstehen. Durch den Auftrag einer ausländischen Militärverwaltung auf sogenannte Kontaktminen wurde ein neues großes Arbeitsgebiet erschlossen und schließlich der Torpedobau mit in den Betrieb aufgenommen.

1888 legte Schwartzkopff sein Amt als Generaldirektor nieder, desto eifriger widmete er sich gemeinnütziger Tätigkeit. Als Vorsitzender und Aufsichtsratsmitglied hat er den verschiedensten bedeutenden industriellen Unternehmungen mit Rat und Tat zur Seite gestanden; 1884 wurde er in den Staatsrat berufen. Er stand in der ersten Reihe derer, die in unermüdlicher Arbeit sich für die von Bismarck eingeleitete Wendung, von dem System der internationalen zu der nationalen Wirtschaftspolitik zu gelangen, einsetzten. Schwartzkopff besaß eine seltene Menschenkenntnis und das Geschick, tüchtige Mitarbeiter zu ermitteln und an den rechten Platz zu stellen. Seine Werkstätten waren Pflanzstätten eines gediegenen Maschinenbauerstandes, für seine Beamten und Arbeiter war er ein väterlicher Freund, stets bereit zu helfen und zu raten, soweit es in seinen Kräften stand. In den Kreisen der deutschen Industriellen genoß er wegen seiner hervorragenden Verdienste um die gemeinsame Sache höchste Achtung. Mit Schwartzkopffs Tode schloß ein Lebenslauf, reich an Arbeit und Erfolg, lehrreich für jeden deutschen Bürger, mustergültig für das nachwachsende Geschlecht. *Entw. Dm. 1 S. 188; Z 36 (1892) S. 417; St. u. E. 12 (1892) S. 299.* Ca.

SCHWIEGER, Heinrich, geb. 12. Mai 1846 zu Quedlinburg, gest. 16. Sept. 1911 in Wiesbaden. Nach Erledigung des Gymnasiums besuchte Heinrich Schwieger die Bauakademie in Berlin in der Absicht, sich dem Bauingenieurwesen zu widmen. Er machte dazu den regelmäßigen Ausbildungsgang durch und wurde nach den vorgeschriebenen Prüfungen 1870 zum Bauführer, 1875 zum Baumeister ernannt. Dann zunächst bei verschiedenen Bahnbauten beschäftigt, wurde er nach Berlin zum Bau der Berliner Stadtbahn versetzt, wo er bis zu deren Vollendung 1882 tätig war. Er erlangte dabei die besondere Wertschätzung von Dircksen, dem Oberleiter der Arbeiten, der ihn deshalb gleich danach auch als seinen ersten Gehilfen zu den großen Bahnhofumbauten in Köln heranzog. In dieser Zeit machte er ihn auch mit Werner Siemens bekannt, der in dem jungen Baumeister gleich den geeigneten Mann ahnte, um seine Pläne für elektrische Straßen- und Stadtbahnen tatkräftig zu fördern. Diese Erwartung hat sich auch erfüllt; Heinrich Schwieger ist ein Vorkämpfer auf dem neuen technischen Gebiete geworden. Er erfaßte schnell die Eigenart des elektrischen Bahnbetriebes, seine technischen und wirtschaftlichen Bedingungen, und konnte schon nach kurzer Frist mit ausgedehnten Entwürfen an die Öffentlichkeit treten. Zunächst unter Beurlaubung vom Staatsdienste entwarf Schwieger im Auftrage von Siemens & Halske für die elektrische Ausstellung in Wien vom Jahre 1883 ein Netz elektrischer Hoch- und Untergrundbahnen für Wien, während gleichzeitig im Prater eine Straßenbahn in Betrieb gesetzt wurde. Bald danach trat Schwieger unter Ausscheiden aus dem Staatsdienste vollständig bei Siemens & Halske ein und wirkte nun längere Zeit in Wien, mit neuen Entwürfen und Vorträgen unermüdlich bestrebt, Verständnis für das elektrische Bahnwesen wachzurufen. In Wien war er wegen bestehender anderweitiger Konzessionen vorläufig ohne Erfolg, er ermöglichte dagegen 1889 eine Anlage in Budapest mit neuartiger Stromzuführung in versenktem Kanal unter der einen Schiene und ebenso konnte er dort 1896 seine erste Unterpflasterbahn vollenden. Das Geschick, das er beim Einleiten und Durchführen dieser Unternehmungen nicht nur in technischer, sondern auch in politischer und wirtschaftlicher Hinsicht erwies, veranlaßte Siemens & Halske, ihn auch mit der Ausführung zahlreicher Zentralen in Österreich zu betrauen, denen sich Straßenbahnen in verschiedenen Orten anschlossen. Unter den verwickelten Verhältnissen, die das Gemeindeleben Wiens bot, hat in der Folge Schwieger sich dort ebenso den Dank seiner Firma wie der Stadt selbst verdient.

Neben der ausgedehnten Tätigkeit in Österreich-Ungarn vermochte die erstaunliche Leistungsfähigkeit Schwiegers auch in Deutschland wichtige Bahnbauten zu fördern. Dahin gehörte namentlich die schon seit 1880 von Werner Siemens angestrebte Berliner Hochbahn, die unter Schwiegers Oberleitung als Hoch- und Untergrundbahn zu großen Abmessungen heranwuchs und, seit 1897 in Ausführung genommen, 1902 eröffnet werden konnte. Ebenso entstand die Hamburger Hochbahn nach seinen Entwürfen. Die 1894 vollendete Barmer Bergbahn, die erste elektrische Zahnradbahn, war schon vorher ein weiteres Zeichen seiner vielseitigen Baukunst gewesen. An den Schnellbahnversuchen, die längere Zeit um die Jahrhundertwende bei Berlin stattfanden, hatte er, jetzt hier seinen Hauptwohnsitz nehmend, hervorragenden Anteil.

In seltener Vereinigung von technischer Kunst, weitblickender wirtschaftlicher Einsicht, diplomatischer Gewandtheit und wagemutigem Führertum hat Heinrich Schwieger bei den von ihm mit Erfolg geleiteten Unternehmungen immer das Vertrauen seiner Firma wie der beteiligten Behörden und Geschäftskreise besessen. Von seiner Gesinnung gegen die Schar seiner Mitarbeiter, die er sich zum Teil selbst herangebildet hatte, zeugt seine 1909 gemachte Stiftung, deren Bestimmung ist, weniger bemittelten Angestellten der Firma einen ländlichen Erholungsaufenthalt zu ermöglichen. *Linz: Heinrich Schwieger; Archivakten der Fa. Siemens & Halske.* Ro.

SCHWILGUÉ, Jean Baptiste, geb. 18. Dez. 1776 in Straßburg, gest. 5. Dez. 1856 in Straßburg. Schwilgué zeigte schon früh eine leidenschaftliche Neigung für technische Wissenschaften und besonders für die Uhrmacherei. Ohne Hilfe irgendeines Lehrers erwarb er durch seine Intelligenz und die Geschicklichkeit seiner Hände soviel Kenntnisse, daß er zur Zeit der Gründung des städt. Gymnasiums in Schlettstadt im Unterelsaß den Lehrstuhl für Mathematik einnehmen konnte, ohne vorher ein Prüfungszeugnis erworben zu haben. Trotzdem seine Zeit durch seine Tätigkeit als Professor und durch die Leitung einer Uhrmacherwerkstatt sehr in Anspruch genommen war, versuchte Schwilgué während mehrerer Jahre hartnäckig, das Problem der Wiederinstandsetzung der astronomischen Uhr am Straßburger Münster zu lösen. 1822 unterbreitete er seine diesbezüglichen Pläne und Berechnungen dem König Ludwig XVIII. und beschäftigte sich mit diesem seinem Lieblingswerk bis zur endlichen Fertigstellung. Von 1808 bis 1825 war er Eichmeister. Im Jahre 1827 verließ er Schlettstadt und nahm mit dem Straßburger Rollé zusammen die Fabrikation von Brückenwagen auf. Diese beiden Gelehrten begründeten den guten Ruf des Fleckens Grafenstaden in der Nähe von Straßburg, wo ihr Vorgänger Quintenz schon um 1818 eine Werkstatt zum Bau von Brückenwagen betrieben hatte. Schwilgué verbesserte diese Brückenwagen ganz bedeutend und besonders dadurch, daß er die Auflager des Wagebalkens während des Auffahrens und Abfahrens der Fahrzeuge entlastete. Die heutigen Vorrichtungen zum Wiegen von beladenen Wagen und Eisenbahnwagen gehen auf Schwilgué zurück. Seit 1838 widmete er sich völlig den Wiederherstellungsarbeiten an der Uhr am Straßburger Münster und am 2. Okt. 1842 lief dieser bewundernswerte Mechanismus, den er von Grund auf wieder hergestellt hatte, zum ersten Male vor dem „Congrès scientifique de France", der sich zu diesem Zwecke in Straßburg versammelt hatte. Diese Uhr, die nicht nur Stunden, Tage, Monate, Jahre durch allegorische Figuren anzeigt, sondern auch den Gang der Planeten und ihrer Trabanten, die kirchlichen Feste, die Tag- und Nachtgleichen und vieles andere, wird nur durch ein einziges Gewicht von einem Kilogramm angetrieben und einmal im Jahre aufgezogen. Der wahrhaft wissenschaftliche Anteil an der Wiederherstellung dieser Uhr, die er in einem 1843 herausgegebenen Werke beschreibt, gebührt Schwilgué, der für die ganzen Arbeiten übrigens jede Bezahlung ablehnte. Im Jahre 1843 gründete er eine Werkstatt für den

Bau von Präzisionsinstrumenten und öffentlichen Uhren, aus der auch der ihm im Jahre 1844 patentierte mechanische Zählapparat hervorging, bestimmt zum Zählen der Hübe von Dampfmaschinenkolben und der Umdrehungen von Wasserrädern. *Hist. méc.; Ch. Schwilgué: Notices sur mon père (Straßburg 1857).* De.

SEFSTRÖM, Nils Gabriel, geb. 2. Juni 1787 im Kirchspiel Ilsbo in Helsingland (Schweden), gest. 30. Nov. 1845 in Stockholm. Nach Studien an der Universität in Upsala wurde er dort im Jahre 1813 zum Doktor der Medizin promoviert. Er übte dann in Stockholm den Beruf eines Arztes aus, war gleichzeitig Lehrer der Chemie und der Naturgeschichte an der Königlichen Kriegsakademie in Karlberg (bei Stockholm) und wurde im Jahre 1820 zum Lehrer, später zum Vorstand der Bergakademie in Falun ernannt. Im Jahre 1839 kehrte er nach Stockholm zurück und wurde Vorstand des Mineralienkabinetts und chemischen Laboratoriums des Bergkollegiums.

Sefström war einer von Berzelius' geschicktesten Schülern, stand in chemischer Bildung auf der Höhe seiner Zeit und trug in einer glänzenden Weise zur Einführung wissenschaftlicher Forschungsmethoden in die Eisenindustrie bei. Besonders bemerkenswert sind seine Untersuchungen über die Entstehung und Konstitution der Schlacken. Auch nahm er an den Verbesserungen in den Arbeitsmethoden der praktischen Metallurgie einen hervorragenden Anteil. Seine wichtigste Entdeckung ist die des Metalls Vanadium, welches er im Jahre 1830 in Eisen, aus Eisenerz von Taberg in Småland (Schweden) hergestellt, entdeckte. Dieser Grundstoff war schon im Jahre 1801 vom Spanier del Rio in einem Bleimineral von Mexiko angetroffen worden, wurde aber von ihm sowie von anderen zeitgenössischen Chemikern mit Chrom verwechselt.

Sefström redigierte fünfundzwanzig Jahre lang die Annalen des Schwedischen Eisenkontors. Seit 1815 war er Mitglied der Kgl. Akademie der Wissenschaften in Stockholm und seit 1841 der Kgl. Akademie der Wissenschaften in Berlin. Na.

SEGER, Hermann August, geb. 26. Dez. 1839 in Posen, gest. 30. Okt. 1893 in Berlin, ein Sohn des Appellations-Gerichtsrates Carl Friedrich Seger, erhielt seine Schulbildung an der Realschule in Posen und der Provinzialgewerbeschule in Frankfurt a. O. 1859 bezog er die Gewerbeakademie in Berlin und studierte Chemie besonders bei Rammelsberg und Adolf von Baeyer. Hiernach übernahm er zunächst die Leitung des Alaun- und Vitriolwerkes Kreuzkirche bei Neuwied. Nachdem er in Rostock 1868 promoviert hatte, arbeitete er kurze Zeit in einer chemischen Fabrik in Schweden.

Aus Schweden zurückgekehrt, widmete Seger sich hauptsächlich der Tonindustrie. Er erkannte, daß wissenschaftliche Forschung hier noch sehr wenig Eingang gefunden hatte. In einer Reihe deutscher Tonwarenfabriken lernte er den derzeitigen Stand der Bearbeitungstechnik, die Eigenschaften des Rohmaterials und die Anforderungen an die Erzeugnisse kennen. Zur Erweiterung seiner Kenntnisse unternahm er Studienreisen nach Belgien, England und Ungarn. Wieder in Deutschland, trat er in das Laboratorium der von Friedrich Hoffmann und Türrschmiedt geleiteten „Deutschen Töpfer- und Ziegler-Zeitung" ein. In Zusammenarbeit mit diesen beiden Männern schuf er die moderne Tonchemie. Er stellte die Zusammensetzung der Tone und Kaoline auf Grund der von Aron erfundenen „rationellen" Analyse fest. Weitere bedeutende Arbeiten behandeln die Bildung der Tone aus den Gesteinen und die Bedeutung der Kristallbildung für die Tonwaren. Seine Abhandlungen und vielfachen Berichte über praktische Erfahrungen in Deutschland und auf seinen Auslandsreisen veröffentlichte er in dem von ihm geleiteten „Notizblatt" des deutschen Vereins für Fabrikation von Ziegeln, Tonwaren, Kalk und Zement. 1877 legte er die Schriftleitung dieses Blattes nieder und gründete mit Aron zusammen eine eigene Zeitschrift, die „Tonindustrie-Zeitung". In einer Reihe von Aufsätzen klärte er den Einfluß der reduzierenden und oxydierenden Ofengase sowie der Schwefelsäure auf die Brennerzeugnisse Auch für die Verwendung des Hoffmannschen Ringofens setzte Seger sich stark ein. Seit 1878 war ihm die Leitung der chemisch-technischen Versuchsanstalt der Kgl. Porzellan-Manufaktur Berlin übertragen. Hier untersuchte er die Zusammensetzung der Massen für Steingut und Hartporzellan und schuf eine neue Art von Weichporzellan, das als Seger-Porzellan bekannt ist und sich besonders für farbigen Brand eignet. Die Bleiglasuren und Bleimaillen ersetzte er durch Borsäure-Baryt-Glasuren und bleifreie Emaillen. Am bekanntesten ist sein Name durch die Erfindung der Segerkegel (1886). Dies sind kleine Tonpyramiden von verschiedenem Schmelzpunkt, der für jeden einzelnen genau bekannt ist. Diese Kegel sind bis heute für die Messung hoher Temperaturen ein beliebtes Hilfsmittel geblieben.

Im Jahre 1890 war seine Gesundheit durch Überarbeitung schwer erschüttert. Er legte sein Amt nieder, um sich jetzt ausschließlich der „Tonindustrie-Zeitung" zu widmen. Zusammen mit seinem Freunde Cramer führte er hier noch beachtenswerte Untersuchungen über das Seger-Porzellan, Biskuitmasse und Dinassteine durch und schuf den nach ihm benannten Laboratoriums-Gasofen. *Tonindustrie-Zeitung 17 (1893) S. 1307, 1335; Chemiker-Z. 17 (1893) S. 1623; Seger: Gesammelte Schriften (Berlin 1896).* Sa.

SEGNER, Johann Andreas v., geb. 9. Okt. 1704 in Preßburg, gest. 5. Okt. 1777 in Halle, studierte an ungarischen Hochschulen und zuletzt in Jena Medizin und erwarb in Jena 1730 den Grad eines Doktors der Medizin. In Preßburg und Debreczin war er kurze Zeit als praktischer Arzt und Stadtphysikus tätig; er gab dann seiner besonderen Neigung für das eingehende Studium der Mathematik und Naturwissenschaften nach und ging nach Jena zurück, um dort den Magistergrad zu erwerben und Vorlesungen zu halten; er erhielt 1733 eine außerordentliche Professur in der philosophischen Fakultät. 1735 folgte er einem Ruf an die neu gestiftete Universität Göttingen als Professor der Naturlehre und Mathematik und hielt gleichzeitig auch medizinische Vorlesungen. In Göttingen verblieb Segner 20 Jahre, bis er als Professor der Naturlehre und Mathematik mit dem Charakter als Geheimrat und dem preußischen Adelsdiplom nach Halle berufen wurde. Segner war als Schriftsteller sehr fruchtbar; er gab medizinische Bücher heraus und schrieb eingehende mathematische, physikalische und astronomische Abhandlungen. Seine bedeutendsten eigenen Arbeiten liegen auf dem Gebiete der Hydraulik. Am bekanntesten ist der Entwurf des von ihm erfundenen und nach ihm benannten Wasserrades, das wohl kaum in einer Sammlung physikalischer Apparate fehlt. Dieses Rad war eine Anwendung der von Johann Bernoulli aufgestellten Theorie von der Reaktion ausfließender Flüssigkeiten; aus ihm hat sich die wichtigste hydraulische Kraftmaschine, die Turbine, entwickelt. Zu erwähnen ist auch, daß Segner der erste war, welcher die Dauer des Lichteindruckes im Auge ziffernmäßig zu bestimmen suchte und sie auf 30 Tertien in einer halben Stunde festlegte. Ebenfalls hat er die von Thomas Young ausgesprochene Ansicht, daß die Größe der Tropfenbildung mit der Größe der Kapillaranziehung zusammenhänge, experimentell für Wasser und Weingeist geprüft und bestätigt gefunden. *ADB 33 (1891) S. 609; Beitr. 5 (1913) S. 54.* Ca.

SÉGUIN, Marc, geb. 20. April 1786 in Annonai, gest. 24. Febr. 1875 in Annonai. Er war der Neffe der Gebrüder Montgolfier, der Erfinder des mit erwärmter Luft gehobenen Luftballons, die die geistigen Anlagen des jungen Séguin sehr förderten. Im Jahre 1820 trat er in der Industrie durch den Bau der Hängebrücke von Tournon hervor, machte damit die erste Probe auf die Haltbarkeit dieser Art von Bauwerken und beschäftigte sich in der folgenden Zeit auch mit den Aufgaben der Schiffahrt. Von 1824 bis 1827 wirkte er an dem Bahnbau von Étienne nach Lyon. Der Staat hatte für diese Bahnlinie eine Lokomotive von Stephenson als Modell aus England kommen lassen. Séguin steigerte die Leistungsfähigkeit dieser Lokomotive durch den Einbau des von ihm erfundenen Rauchröhrenkessels, den er 1827 zum Patent anmeldete. Er erhielt das Patent im Jahre 1828. Im gleichen Jahre wurde derselbe Kessel von dem englischen Ingenieur Booth erfunden, nach dessen Angaben die im Jahre 1829 preisgekrönte Lokomotive „Rocket" mit diesem Kessel gebaut wurde. Die Erfindung wurde von beiden unabhängig voneinander gemacht, und das Vorrecht gebührt, nach Angaben des französischen Patentamtes, dem französischen Ingenieur. Nach Beendigung des Bahnbaues wandte Séguin sein Interesse der Dampfschiffahrt zu, die er auf der Rhône einführen wollte. Er hatte sich zunächst in Montbard, dann an der Côte d'Or seßhaft gemacht und wurde 1845 auswärtiges Mitglied der Akademie der Wissenschaften in Paris. In seinem Werk „Von dem Einfluß der Eisenbahnen und der Kunst, sie zu zeichnen und zu bauen", einem Buch, das er neben anderen während seiner praktischen Tätigkeit verfaßt und im Jahre 1839 herausgegeben hatte, gibt Séguin die Grundlagen an, die notwendig sind zur Bestimmung des mechanischen Wärmeäquivalentes, ohne aber den Wert selbst zu bestimmen. J. B. Dumas sagt, daß Séguin als erster die Grundgedanken der Theorie der Wärmemechanik mit Bestimmtheit zum Ausdruck gebracht habe. Seine Arbeiten, bei denen er durch seine drei Brüder unterstützt wurde, sind gerade auf dem Gebiete des Lokomotivbaues bedeutend, so daß ihm einer der ersten Plätze in der Geschichte des Eisenbahnwesens zukommt. *Hist. méc.; Entw. Dm. 1 S. 233; Mallet: machine à vapeur.* De.

SEHMER, Theodor, geb. 6. Juli 1847 in Saarbrücken-St. Johann, gest. 29. Mai 1907 in Partenkirchen. Nach dem Besuch einer Saarbrücker Privatschule kam er in ein französisches Pensionat in Friedrichsdorf bei Homburg v. d. H., legte dann vor der Regierung zu Trier sein Examen zur Berechtigung zum einjährig-freiwilligen Militärdienst ab und trat als Kaufmannslehrling in ein Bankgeschäft in Saarbrücken ein. Bis zum Ausbruch des Deutsch-Französischen Krieges war Sehmer in Hâvre in Stellung. Infolge einer schweren Erkrankung aus dem Kriegsdienst entlassen, gehörte Sehmer nach seiner Gesundung einige Jahre der Maschinenfabrik Kautz & Westmeyer, St. Johann, als Teilhaber an, bis er 1876 mit L. Ehrhardt zusammen die Maschinenfabrik in Schleifmühle gründete. Obwohl seiner Ausbildung nach Kaufmann, machte ihn die Eigenart dieses Unternehmens nach und nach zu einem tüchtigen Ingenieur, der durch die Schule des Lebens und der Erfahrung volles Verständnis für die Technik hatte und dessen Bestreben stets dahin gerichtet war, genaue Arbeit unter möglichster Ausnutzung der Arbeitsmaschinen zu erzielen. Außerdem ließ sich Sehmer die Förderung noch anderer industrieller Unternehmungen angelegen sein, wie der Mannesmann-Werke zu Bous, Meguin & Cie. in Dillingen und der Saarbrücker Gußstahlwerke, die er sämtlich mitbegründete. Die Erkenntnis der Notwendigkeit der Wahrung gemeinsamer wirtschaftlicher Vorteile ließ ihn tatkräftig für den Zusammenschluß der Maschinenfabriken in Verbände zu einheitlicher Preisfestsetzung usw. eintreten. Ferner sind Sehmer die Zusammenstellung und Durcharbeitung der allgemeinen Lieferungsbedingungen für den Maschinenbau zu verdanken. *Nach Mitt. von G. Sehmer; Jb. Schiffb. 9 (1908) S. 48.* Schu.

SELLERS, Coleman, geb. 28. Jan. 1827 in Philadelphia (Pa.), gest. 28. Dez. 1907 in Philadelphia (Pa.) Bis zum siebzehnten Jahre besuchte Sellers die West Chester School und arbeitete dann zwei Jahre auf dem Lande, wo er seine erste Erfindung, eine Harke mit metallenen Zähnen auf Rädern machte. Mit 19 Jahren trat er in das Walzwerk seiner älteren Brüder, die Globe Rolling Mill in Cincinnati (Ohio) ein. In den drei hier verbrachten Jahren hat er sich eine umfassende Kenntnis vom Wesen des Eisens angeeignet und rückte bis zum Abteilungsleiter empor. In die Lokomotivwerkstatt von Niles & Co. trat er als Meister ein; im Jahre 1856 war er erster Ingenieur der Werkzeugmaschinenfabrik seines Vetters, William Sellers & Co. in Philadelphia, wo er 30 Jahre blieb und viele Erfindungen und Verbesserungen im Herstellungsverfahren machte, die mit dazu beitrugen, daß die Firma zu einer der führenden Amerikas wurde. Das von E. Bancroft herrührende Hängelager, das heute überall als Sellerslager bekannt ist, fand er hier bereits vor; die Sellerskupplung gab Coleman Sellers 1857 an. Mit diesen beiden Bauelementen gab er dem Transmissionsbau eine wesentlich vollkommenere technische Grundlage. Nicht minder erfolgreich war Sellers im Werkzeugmaschinenbau tätig. Hier arbeitete er besonders auf gute und zweckmäßige Formgebung hin. 1858 interessierten ihn stark photographische Fragen; er baute einen Apparat, der als Vorläufer unseres heutigen Kinematographen anzusehen ist. Er mikroskopierte und baute einen eigenen Sauerstoffapparat, da Sauerstoff zu jener Zeit nicht im Handel zu haben war. Im ganzen hat er mehr als zwanzig Patente genommen, und zwar auf Injektoren, Drehbrücken, automatische Steuerung für Dampfhämmer, hydraulische Pressen usw. 1889 wurde Sellers aufgefordert, an den Arbeiten zur Ausnutzung der Kräfte der Niagarafälle teilzunehmen. Die vorhandenen Anlagen wurden studiert, die eingehenden Pläne durchgearbeitet und ein Konstruktions- und Baubureau eingerichtet, dessen Leitung Sellers übernahm. Aus dem Überfluß seiner Ideen konnte er das zum Ziele führende herausarbeiten und ohne kostspielige Irrwege die Gesellschaft zum Erfolge führen. Von der größten bis 1893 erbauten Dynamomaschine von 2000 PS. ging er in kühnem Sprunge zu einer 5000pferdigen Bauart über. Die ersten drei Turbinen dieser Bauart, die 1895 in Betrieb kamen, hatten vollen Erfolg. Auch als Gelehrter hatte Sellers einen Namen von Ruf. Seit 1858 war er Mitglied des Franklin-Institutes, von 1870 bis 1874 war er Vorsitzender, 1899 wurde er Ehrenmitglied dieser Vereinigung. 1886, als er aus Gesundheitsrücksichten aus der Firma Sellers schied, schuf das Stevens-Institut für Technologie einen Lehrstuhl für „Praktisches Ingenieurwesen" (Engineering Practice) und berief Sellers. 1887 wurde er von diesem Institut, 1899 von der Universität in Pennsylvania zum Ehrendoktor ernannt. *Franklin Inst.: C. Sellers (Philadelphia 1908); Z 52 (1908) S. 1038.* Wi.

SELLERS, William, geb. 19. Sept. 1824 in Upper Darby (Delaware County, Pa.), gest. 24. Jan. 1905 in Philadelphia. William Sellers war zu seiner Zeit einer der bedeutendsten Ingenieure in den Vereinigten Staaten. Whitworth hat ihn einmal den „größten Maschinenbauer der Welt" genannt. Sellers erhielt seine Schulbildung in einer Privatschule. Seine Lehrzeit absolvierte er in der Maschinenfabrik seines Onkels, John Morton Poole, in Wilmington (Del.). Mit einundzwanzig Jahren, 1845, übernahm er die Leitung der großen Maschinenfabrik von Fairbanks, Bancroft & Co. in Providence (R. I.), und 1848 eröffnete er eine eigene Fabrik für Werkzeugmaschinen und Mühlengetriebe in Philadelphia. Später verband er sich mit Edward Bancroft zu der Firma Bancroft & Sellers. Als Bancroft im Jahre 1856 starb, erhielt die Firma den Namen William Sellers & Co., und 1886 wurde sie in eine Gesellschaft umgewandelt, der William Sellers als Präsident vorstand. Im Jahre 1868 gründete Sellers die Edgmoor Iron Co. und wurde deren Präsident. Diese Firma lieferte bei der amerikanischen Jahrhundertfeier 1876 die gesamte Eisenkonstruktion für die Gebäude der Ausstellung in Philadelphia und das ganze Eisenmaterial für die von ihr gebaute Brooklynbrücke. Im Jahre 1873 wurde Sellers auch Präsident der Midvale Steel Co., Nicetown (Phil.), die er vollkommen umorganisierte und die dann unter seiner Leitung die erste Firma war, die der Regierung brauchbares Material für ihre Stahlgeschütze liefern konnte. Die Edgmoor Iron Co. war zuerst für die Fabrikation von Schmiedeisen eingerichtet, stellte sich später auf Brückenbau und auf die Fabrikation von Kesseln jeder Art um. Jeder Schritt in dieser Entwicklung verlangte neue Maschinen und neue Verfahren und wurde durch Sellers erfolgreich durchgeführt. Er fand immer wieder Verbesserungen für die Maschinen und

Werkzeuge und machte hierbei manche bedeutungsvolle Erfindung. U. a. erfand er eine neue hydraulische Anlage zur Anfertigung von geschmiedeten Wellen und Ösenschrauben. Dann wurden hydraulische Nietmaschinen, Krane, Bohrer, Bohrmaschinen und viele andere Werkzeugmaschinen notwendig, und immer hatte Sellers neue Vorschläge und Verbesserungen an der Hand. Im ganzen hat er, allein und in Verbindung mit anderen, 90 Patente in Amerika, und viele in Europa erhalten. Berühmt wurde Sellers durch das Sellers- oder United States Normalschraubengewinde. Seine auch im Ausland am meisten bekannte Erfindung ist wohl sein Schneckenantrieb für Hobelmaschinen, der 1862 patentiert wurde.

Sellers war ein Mann von großem Selbstbewußtsein, der sehr auf seinen Ruf bedacht war. Seiner Ansicht nach mußte eine Maschine, die zweckentsprechend war, auch schön sein. Alles Überflüssige wurde abgelehnt. Er war eine überragende Erscheinung und ein strenger Vorgesetzter, der seine Befehle auf das genaueste befolgt haben wollte. Auf der Jahrhundertausstellung in Philadelphia hatte Sellers 33 verschiedene von ihm erfundene Werkzeugmaschinen ausgestellt. Er war Mitglied und eine Zeitlang Präsident des Franklin-Institutes, das er vor dem finanziellen Zusammenbruch bewahrte. *Journ. Franklin Inst.: William Sellers (May 1905); Copley: Taylor Biography (New York, 1923).* Wi.

SELVE, Gustav, geb. 28. Febr. 1842 zu Peddensiepen bei Lüdenscheidt, gest. 7. Nov. 1909 in Bonn, war der älteste Sohn des Mühlenbesitzers Diedrich Selve. Gustav Selve entwickelte sich kraft seiner starken kaufmännischen und technischen Begabung zu einem der bedeutendsten Unternehmer in der deutschen Metallindustrie.

Nachdem er die Gewerbeschule zu Iserlohn besucht hatte, trat er, 19jährig, in das von seinem Vater unter der Firma Basse & Selve 1861 eröffnete Messingwalzwerk Bärenstein in Westfalen ein; hier erwarb er sich die genauen Kenntnisse, wie ein solches Werk eingerichtet und betrieben wird. Er wurde 1872 Teilhaber der Firma und 2 Jahre nach dem Tode seines Vaters 1883 der alleinige Inhaber des Werkes. Unter seiner Führung wurden die bisher eingeleiteten Unternehmungen und eingerichteten Werke so ausgebaut und erweitert, daß die Firma Weltruf gewann; noch heute ist ihr Betrieb der einzige in Deutschland, der Konzentrate von Nickelerzen auf Rohnickel verarbeitet und der Industrie zur Weiterverarbeitung zuführt.

Die Firma nimmt auf den Gebieten der Kupfer-, Messing- und Aluminiumindustrie, und zwar auf jedem dieser Gebiete, eine führende Stellung ein. Ist die Firma auch auf Rohstoff-Versorgung vom Auslande angewiesen, so sind ihre Erzeugnisse vom Halberzeugnis bis zur hochveredelten Ware noch in fernen Erdteilen bekannt, aber ihr Hauptabsatzgebiet ist deutscher Boden. Gustav Selve hat weitgehend Sorge getragen für das Wohl jedes seiner Angestellten. Er baute gesunde und billige Wohnungen, er schuf eine Unterstützungskasse für seine Arbeiter und deren Angehörige, er richtete Schulen ein und förderte den Kampf gegen die Tuberkulose. Gustav Selve starb 1909 in Bonn, wohin er seit 1896 seinen Wohnsitz verlegt hatte. *Z 53 (1909) S. 2109; Festschrift der Fa. Basse & Selve 1861 bis 1911.* Mi.

SENEFELDER, Alois, geb. 6. Nov. 1771 zu Prag, gest. 26. Febr. 1834 in München. Nachdem sein Vater, ein Schauspieler, von Prag nach München übergesiedelt war, erhielt er hier eine sehr gute Erziehung und zeichnete sich sowohl auf der Schule als auch auf der Universität, wo er die Rechte studierte, durch außerordentliche Begabung aus. Infolge des Todes seines Vaters mußte er das Studium aufgeben und wandte sich dem Schauspielerberuf zu. Gleichzeitig war er schriftstellerisch auf dem Gebiete der dramatischen Kunst, jedoch ohne äußeren Erfolg, tätig. Da er seine mittellose Familie unterstützen mußte, wurde seine Lage immer trauriger, er konnte seine Arbeiten nicht mehr drucken lassen. Sein reger Geist verfiel deshalb auf den Gedanken, seine geistigen Erzeugnisse selbst zu vervielfältigen. Nach mannigfachen drucktechnischen Versuchen verfiel er auf den Gedanken, mit einer fetthaltigen Tinte auf Kupferplatten spiegelverkehrt zu schreiben, die Schrift hoch zu ätzen und abzudrucken. Infolge der hohen Materialkosten mußte er sich nach einem anderen Stoff umsehen, und das Schicksal gab ihm ein Plattenmaterial in die Hand, das noch heute die Grundlagen des Steindrucks bildet, nämlich den Solnhofer Kalkschiefer. Zuerst versuchte er, und zwar mit gutem Erfolg, auch den Steinplatten die Schrift hoch zu ätzen und abzudrucken, wozu er eine besondere Druckmaschine, die sog. Stangenpresse, erfand. Bald machte er die Entdeckung, und zwar im Jahre 1797, daß ein geschliffener Solnhofer Stein, den er mit seiner Fetttinte beschrieben und mit Gummiwasser überstrichen hatte, nur an den beschriebenen Stellen Druckfarbe aufnahm, an den unbeschriebenen aber abstieß. Mit diesen grundlegenden Entdeckungen, auf die sich noch heute die Lithographie aufbaut, hatte er den Steindruck erfunden. Senefelder blieb aber hierbei nicht stehen. Im nächsten Jahre erfand er die Steingravierung, die besonders in der Kartographie eine große Bedeutung gewann, und im Jahre 1799 das Kreideverfahren, d. h. die Herstellung künstlerischer Lithographien von gekörnten Steinen, eine Arbeitsweise, die für die graphische Kunst von allerhöchster Bedeutung wurde, da sie dem Künstler das unmittelbare Arbeiten auf dem Stein ermöglichte. Auch das Umdrucken von Drucksachen auf Stein, die in anderen Verfahren hergestellt werden, erfand er. Die nächsten Jahre seiner Tätigkeit waren der Verbreitung seiner Erfindungen im Auslande gewidmet. Den gewünschten pekuniären Erfolg brachten sie ihm jedoch nicht, da er sich geistig in immer neuen Erfindungen zersplitterte und den geschäftlichen Teil vernachlässigte. In München hatte sich inzwischen, obwohl er ein bayerisches Privilegium erhalten hatte, eine staatliche Konkurrenzdruckerei gebildet. Der hierüber entbrennende Streit wurde dadurch aus der Welt geschafft, daß der Erfinder im Jahre 1809 eine staatliche Anstellung und die Aufsicht über diese Anstalten erhielt, wodurch er endlich in eine sorgenfreie Stellung kam.

Nun ging er auch daran, sich ein Heim zu gründen, und heiratete im Jahre 1810. Leider wurde ihm seine Frau nach kurzer Ehe wieder entrissen. Aber er verheiratete sich bald ein zweites Mal mit einer Frau, die mit ihrer nüchternen Weltanschauung ein gutes Gegengewicht gegen seinen allzu beweglichen und unruhigen Geist bildete. Unausgesetzt jedoch blieb er tätig an der Vervollkommnung und Verbreitung des Steindrucks. Im Jahre 1817 begann er, ein Lehrbuch des Steindrucks zu schreiben, das die Krönung seines Lebenswerkes bedeutet. In diesem Werke gab er eine genaue Beschreibung seiner Erfindungen, der zum Druck notwendigen Hilfsmittel sowie ihrer Anwendungsmöglichkeiten und fügte dem Ganzen einen Anhang von 20 Tafeln bei, in denen von den besten Lithographen und Künstlern die verschiedenen Verfahren des Steindrucks mustergültig wiedergegeben wurden. Wenngleich er die Lithographie zu größter Vollendung gebracht hatte, blieb er in seiner Werkstatt unausgesetzt tätig und arbeitete an Versuchen, künstliche Steinplatten zu erzeugen und ein Farbendruckverfahren, den sog. Ölgemäldedruck, künstlerisch und technisch durchzuarbeiten. Auch versuchte er ständig, seine Erfindung im Auslande, besonders in Frankreich und Österreich, zu verbreiten. Mitten in seiner rastlosen Tätigkeit ereilte ihn der Tod.

Es war ihm wie wenigen vergönnt gewesen, seine Erfindung bis auf die höchste Stufe der Vollendung zu entwickeln und sie in aller Welt verbreitet zu sehen. Materielle Erfolge konnte er indes nicht erzielen, da sein reger Geist an der

Ausbeutung gelöster Fragen kein Interesse hatte und rastlos zu neuen Problemen schritt. Wie er aus einer unbekannten Familie sich wie ein Meteor zu hellem Glanz erhob, so vererbte sich sein Geist auch nicht auf seine Nachkommen, die alle unbedeutend in kleinen Verhältnissen gestorben sind. *C. Wagner: Senefelder (Leipzig 1914).* Ni.

SERLO, Albert Ludwig, geb. 14. Febr. 1824 zu Crossen a. d. Oder, gest. 14. Nov. 1898 zu Charlottenburg. Verdienstvoller Bergmann und Verfasser des ersten deutschen Werkes über Bergbaukunde.

Serlo wurde nach dem frühen Tode seines Vaters im Schindlerschen Waisenhause zu Berlin erzogen und bestand am dortigen Gymnasium zum Grauen Kloster Ostern 1843 die Abiturientenprüfung, um sich der bergmännischen Laufbahn, zuerst auf den Kupferschiefergruben bei Eisleben und dann in Berlin auf der Universität und der allgemeinen Bauschule zu widmen. Hier wurde er 1846 zum Bergexpektanten ernannt und bestand 1847 bei der Regierung zu Potsdam die Feldmesserprüfung. Er war dann praktisch auf Salinen tätig und wurde 1851 Oberbergamtsreferendar und als solcher noch in demselben Jahre zum Salinenfaktor und Mitglied des Salzamtes zu Königsborn bestellt. Nachdem er Belehrungsreisen nach den süddeutschen Salinen unternommen, legte er im März 1856 seine Bergassessor-Prüfung ab, wurde als Hilfsarbeiter in die Bergabteilung des Ministeriums für Handel, Gewerbe und öffentliche Arbeiten berufen, wo er hauptsächlich an der Herausgabe der Zeitschrift für das Berg-, Hütten- und Salinenwesen mitwirkte. Am 16. Okt. 1856 wurde er zum Bergmeister beim Bergamte zu Bochum, 1857 zum Oberbergrat und Mitglied des Oberbergamtes zu Dortmund ernannt. In die Zeit seines Aufenthaltes in Westfalen fallen ausgedehnte Studienreisen nach Belgien, Nordfrankreich und England. Nach seiner Rückkehr wurde er im Jahre 1861 Direktor des Bergamtes zu Saarbrücken und nach dessen Umänderung in eine Bergwerksdirektion deren Vorsitzender. Von 1865 bis 1866 für kurze Zeit nochmals Hilfsarbeiter im Ministerium, trat Serlo am 1. Sept. 1866 an die Spitze des Oberbergamtes zu Breslau und wurde dort im folgenden Jahre zum Berghauptmann und Oberbergamtsdirektor ernannt. Zwölf Jahre segensreichsten Wirkens für den schlesischen Bergbau und für dessen Entwicklung hat er hier verbracht, bis er im Jahre 1878 als Oberberghauptmann und Ministerialdirektor an die Spitze der preußischen Bergverwaltung berufen wurde. Von besonderer Bedeutung war hier sein Wirken als Vorsitzender der zur Untersuchung über die Lage der deutschen Eisenindustrie eingesetzten Kommission, sowie später der preußischen Schlagwetterkommission. Schweres körperliches Leiden zwang Serlo leider schon am 1. Dez. 1884, in den Ruhestand zu treten. Aber mit Interesse verfolgte er noch von seinem Ruhesitz in Charlottenburg aus bis zu seinem Tode alle wichtigeren Ereignisse und Neuerungen im Bergbau.

Das Hauptverdienst Serlos liegt auf schriftstellerischem Gebiet. Denn er war es, der den ganzen umfangreichen Stoff der Bergbaukunde zum ersten Male in ein Lehrbuch zusammenfaßte, bescheidenerweise von ihm „Leitfaden der Bergbaukunde" genannt. Das zweibändige Werk blieb lange Zeit das einzige in seiner Art, ist in mehrere fremde Sprachen übersetzt worden und in 4 Auflagen erschienen. Viele Studierende des Bergfaches hat es in die Bergwissenschaften eingewiesen, vielen praktischen Bergleuten war es ein unentbehrlicher Berater, bis es von neueren Bergbaukunden verdrängt worden ist. Aber noch heute nimmt das Werk einen hervorragenden Platz in der bergmännischen Literatur ein. Serlo wurde im Jahre 1869 durch die Verleihung des philosophischen Ehrendoktors seitens der Universität Breslau geehrt. Sein Name lebt fort in der Grube Serlo bei Saarbrücken und in der Serlo-Hütte zu Gleiwitz. So.

SERPOLLET, Léon, geb. 1859, gest. 11. Febr. 1907 in Paris, durch besonders große Beharrlichkeit in der Verfolgung der Idee des Dampfkraftwagens mit Schnellverdampfer-Kessel ausgezeichneter, weitblickender Ingenieur. Der Name Serpollet dürfte mit der Frage des Dampfbetriebes von Kraftwagen immer verknüpft bleiben. Schon 1883 hatte Serpollet den Gedanken, durch Einspritzen von Wasser in eine rotglühende Röhre Dampf für den Betrieb von Kraftwagen zu erzeugen, an einem Dreirad verwirklicht, und 1889 stellte er zwei solche Räder auf der Internationalen Ausstellung zu Paris aus. Aus dem Dreirad entwickelten sich schnell größere Fahrzeuge, wovon etwa ein Dutzend für Serpollets Freunde gebaut wurden und eines 1890 die Fahrt Paris—Lyon und zurück ausführte.

Zu jener Zeit schien der Dampfbetrieb für Kraftwagen noch große Vorzüge gegenüber dem Betrieb mit Benzinmotoren zu haben; da aber die Dampffahrzeuge zu schwer wurden, verlegte sich Serpollet vorzugsweise auf den Bau von Omnibussen und Lastkraftwagen. Mehrere Bahngesellschaften und insbesondere die Pariser Omnibus-Gesellschaft stellten solche Omnibusse in den Verkehr; diese mußte sie aber nach einiger Zeit auf behördlichen Befehl wieder aus dem Betrieb ziehen, weil die Fahrzeuge zu starkes Geräusch verursachten. Auf den Vorortlinien zu Paris sind aber Straßenbahnwagen mit Dampfbetrieb noch längere Zeit gelaufen. Auch Eisenbahntriebwagen mit solchen Dampferzeugern sind wiederholt, u. a. auch auf deutschen Bahnen, in Betrieb gewesen.

Da alle diese Versuche wirtschaftlich wenig Erfolg brachten, befaßte sich Serpollet in späteren Jahren ausschließlich mit der Herstellung schnellfahrender Personenwagen mit Dampfbetrieb. Er verbesserte seine Dampferzeuger durch Verwendung von flachen statt der bisherigen runden Rohre und bildete namentlich die Regelung der Zufuhr von flüssigem Brennstoff und Speisewasser vorbildlich durch. Die letzte Form dieser Regelung bestand darin, daß man mit dem Wagen anfahren konnte, ohne überhaupt den Pumpenhebel zu bewegen. Auch in bezug auf die Linienführung für schnelle Kraftwagen hat Serpollet Vorbildliches geleistet. Sein Dampfwagen hat zu jener Zeit Rekordgeschwindigkeiten erreicht. Daß er trotzdem keinen wirtschaftlichen Erfolg erzielen konnte, lag an der großen Überlegenheit der Kraftwagen mit Verbrennungsmaschinen, die damals sehr schnelle Fortschritte gemacht haben. Über diese Schwierigkeiten haben ihm auch die geschäftlichen Verbindungen mit Gardner und später mit der Firma Darracq nicht hinweghelfen können. *P. Souvestre: Histoire de L' Automobile (Paris 1907).* He.

SEVERIN, geb. Sept. 1782, gest. 14. Sept. 1861 in Berlin. Severin hat seine dienstliche Tätigkeit mit dem Bau des Leuchtturmes auf Hela begonnen. Alsdann war er mit der Beaufsichtigung und Leitung gewerblicher Anlagen beschäftigt; ferner lehrte er an dem Gewerbeinstitut in Berlin. Enge Freundschaft verband ihn mit Beuth. 1828 erfolgte seine Ernennung zum Geh. Oberbaurat. Severins vielseitigen Kenntnissen, die sich über alle Teile des Bauwesens und der Gewerbetätigkeit erstreckten, eröffnete sich in dieser Stellung ein weites Feld günstiger Wirksamkeit. 1849 wurde ihm der Vorsitz der Oberbaudeputation übertragen. 1858 erfolgte seine Pensionierung. Fünf Jahre führte Severin den Vorsitz des Vereins für Eisenbahnkunde in Berlin, 1856 ernannte ihn dieser zu seinem Ehrenpräsidenten.

1826 veröffentlichte Severin im Auftrage und auf Kosten der Preußischen Regierung ein sehr umfassendes und durch zahlreiche Zeichnungen besonders wertvolles Werk über Dampfmaschinen; es erschien unter dem Titel: „Abhandlungen der Königlichen Technischen Deputation für Gewerbe." I. Teil. Severin starb nach kurzer Krankheit wenige Tage vor der Vollendung seines achtzigsten Lebensjahres. *Zeitschr. f. Bauwesen 12 (1862) S. 310; Entw. Dm. 2 S. 717; Matschoß: Gesch. d. Kgl. Pr. Techn. Deputation f. Gewerbe (Berlin 1911).* Ca.

SHARP, Abraham, geb. 1651 in Little Horton bei Bradford (Yorkshire), gest. 15. Juli 1742 dortselbst. Zunächst war Sharp Handelslehrling in Manchester, dann siedelte er nach Liverpool über und wurde dort Lehrer für Mathematik.

Auch seine freie Zeit widmete er ausschließlich dieser Wissenschaft. In Liverpool traf er John Flamsteed, der ihm, wie es scheint, eine Stellung in den Werften von Chatham vermittelte. Vom Jahre 1677 war er der Gehilfe Flamsteeds auf der neuerrichteten Sternwarte zu Greenwich. 1688 führte er die Teilung auf dem von Flamsteed angewandten Mauerquadranten aus, dem ersten genaueren astronomischen Instrumente. Im August 1690 verließ Sharp das Laboratorium, um in London Mathematik zu lehren; später ließ er sich als Privatgelehrter in seiner Vaterstadt nieder, wo er sich eine eigene Sternwarte errichtete und in engster Zusammenarbeit mit den Wissenschaftlern seiner Zeit eine Reihe wertvoller astronomischer Instrumente errechnete, entwarf und zum Teil baute. John Smeaton sagte, daß er der erste gewesen sei, der genaue und feine Teilungen auf wissenschaftlichen Instrumenten anbrachte. Sharp schrieb im Jahre 1717 „Geometry Improved", das unter dem Pseudonym von A. S. Philomath erschien. Ferner rühren von ihm eine Tafel der natürlichen und logarithmischen Sinus, Tangenten usw. her; die Zahl π berechnete er auf 72 Stellen. Er starb in seiner Heimatstadt im hohen Alter von 92 Jahren. *Nat. Biogr. 51 (1897) S. 400; Biogr. Lit. Hwb. S. 917.* Wi.

SIEMENS, Carl von, geb. 3. März 1829 in Menzendorf, gest. 31. März 1906 in Mentone. Entgegen seinen drei älteren Brüdern hat sich Carl weniger mit eigener Neuschöpfung technischer Gegenstände im engeren Sinne befaßt, seine Entwicklung führte ihn vielmehr hauptsächlich zur geschäftlichen Ordnung und Leitung in den Siemensbetrieben, wozu ihn sein technisches Verständnis in Verbindung mit seiner wirtschaftlichen Begabung besonders befähigte. So war die Ausdehnung der Siemensfirmen, ihre innere Kräftigung, ihr Zusammenhang und ihre Wirkung für das Ansehen des deutschen Namens im Auslande zu wesentlichem Teile ihm zu danken.

Auf dem Gymnasium zu Lübeck und danach in Berlin zeigte Carl eine starke Neigung zu chemischen Arbeiten und nahm lebhaften Anteil an Werners Schaffen. Er wurde frühzeitig dessen „getreuer und immer zuverlässiger" Gehilfe und unterstützte ihn besonders bei der Anlage der ersten unterirdischen Telegraphenleitungen. Er wandte sich dann ganz der elektrischen Telegraphie zu, trat auch 1850 für kurze Zeit in den Staatsdienst, um dann aber endgültig von der jungen Firma Siemens & Halske gefesselt zu werden. Man vertraute ihm schon 1851 die Vertretung auf der Londoner Weltausstellung an. Hier und in Paris für die Einführung der Erzeugnisse von Siemens & Halske arbeitend, erhielt er 1853 von Werner den Auftrag, ihn selbst bei den eingeleiteten Telegraphenarbeiten in Rußland zu vertreten. Trotz seiner Jugend verstand Carl das Vertrauen des allmächtigen Grafen Kleinmichel zu gewinnen und es durch kaum erwartete schnelle und zuverlässige Ausführung der Linien zu rechtfertigen, deren Rußland dringend bedurfte. An den Bau schloß sich der Vertrag mit der russischen Regierung zur Unterhaltung der Linien auf 12 Jahre. Die damit gegebene Gewähr für längere Dauer der Beziehungen führte von selbst zur Anlage eigener Werkstätten in Petersburg. Diese für den Aufstieg von Siemens & Halske so bedeutungsvoll gewordene Zweigniederlassung entwickelte Carl als Teilhaber des Hauptgeschäftes unter den eigenartigen russischen Verhältnissen so günstig, daß sie beim Bau der indoeuropäischen Linie vollwertig mit den anderen Zweigen der Firma zusammenwirkte. Daneben betrieb Carl das ihm und Werner gesondert gehörende große Kupferwerk Kedabeg im Kaukasus, dessen hüttentechnischen Teil er nach eigenem Verfahren ausbildete. Zunächst aus Rücksicht auf seine Familie, dann aber auch auf Wunsch der anderen Brüder vertauschte Carl 1869 Rußland mit England, um hier in den Betrieb von Siemens Brothers wirksam einzugreifen. Die Folge war der Ausbau des Kabelwerkes in Woolwich und die starke Betonung der Kabelunternehmungen, die das nächste Jahrzehnt für Siemens Brothers kennzeichneten. Mit dem eigenen Kabeldampfer Faraday wurde 1874 unter Carls persönlicher Führung das erste in Amerika selbst landende transatlantische Kabel verlegt, wobei es zum Erstaunen der technischen Welt gelang, das gebrochene Kabel aus fast 6000 m Tiefe wieder aufzuholen.

1880 entschloß sich Carl zur Rückkehr nach Petersburg, von wo an das dortige Haus einen erneuten und anhaltenden Aufschwung nahm. Nach der Einführung der Kabelerzeugung wurde der jetzt im Berliner Werke aufblühende Starkstrom mit großem Erfolg in Petersburg gepflegt, wo außerdem das Eisenbahnsicherungswesen festen Fuß faßte.

Als Werner Siemens 1890 von der Leitung des Gesamtgeschäftes zurücktrat, übergab er die laufende Führung seinem Bruder Carl und seinen beiden Söhnen Arnold und Wilhelm. Deshalb siedelte Carl nach Berlin über und wirkte hier mit seinen Neffen, seit 1897 als Vorsitzender des Aufsichtsrates der nunmehrigen Aktiengesellschaft Siemens & Halske bis nahe vor seinem Tode im alten Geiste des Bruderkreises. Seine Bedeutung würdigte der Kaiser von Rußland 1895 durch Verleihung des erblichen Adels. *R. Ehrenberg: Die Unternehmungen der Brüder Siemens (Jena 1906) Bd. 1; L. v. Winterfeld: Entwicklung der Tätigkeit der Firma Siemens & Halske 1847—1897 (1913); ADB 55 (1910) S. 224.* Ro.

SIEMENS, Friedrich, geb. 8. Dez. 1826 in Menzendorf, gest. 24. Mai 1904 in Dresden. Zehn Jahre jünger als der älteste Bruder Werner, stand Friedrich in den Entwicklungsjahren schon unter dem Einfluß der Verhältnisse, die der frühe Tod der Eltern mit sich brachte. Ohnehin wegen seiner Schwächlichkeit ungewöhnlich spät in Lübeck auf die Schule gekommen, unterbrach er eigenmächtig die schulmäßige Ausbildung, indem er sich mit fünfzehn Jahren als Schiffsjunge verheuerte. Mehrjährige Seefahrt kräftigte zwar seine Gesundheit, aber eigene Einsicht und Werners Fürsorge gaben ihm Anlaß und Möglichkeit, das für höhere Ausbildung Versäumte nachzuholen. Seit 1844 studierte er unter Werners Leitung Mathematik und naturwissenschaftliche Fächer. Er ging im Herbst 1848 zu Wilhelm Siemens nach England, um dort für das Telegraphengerät der inzwischen gegründeten Firma Siemens & Halske Absatz zu suchen. Er wurde so der Mitarbeiter von Wilhelm, teils unmittelbar unter diesem schaffend, teils als Angestellter einer Fabrik, die wärmetechnische Erfindungen Wilhelms ausführte. Damit gelangte er vollständig in dessen Ideenkreis, der sich auf die „Regenerierung" der Wärme bezog, d. h. auf die Nutzbarmachung der Abwärme in den verschiedensten Formen. Selbst in hohem Grade erfinderisch veranlagt und unablässig forschend, stand er bald ebenbürtig neben Wilhelm, für den er auch vielfach außerhalb Englands tätig war. Da löste ein Zufall im Herbst 1856 den für sein Leben entscheidenden Gedanken aus, der sich unbewußt unter seinen wärmetechnischen Arbeiten vorbereitet haben wird. Es kam in Frage, für ein metallurgisches Verfahren eine möglichst hohe Ofentemperatur zu schaffen, und Friedrich schlug dafür die Erwärmung der Verbrennungsluft mit der Abwärme vor, um gleich danach auch das dazu wirksamste Mittel herzustellen, den absatzweise wechselnd mit der Frischluft und Abluft in unmittelbare Berührung kommenden Wärmespeicher. Die Bedeutung der Erfindung für das Hüttenwesen war begründet in der physikalischen Lösung der Aufgabe auf dem wirtschaftlichsten Wege. Gleichwohl bedurfte es noch der schweren Arbeit eines runden Jahrzehnts, bis die Regenerativfeuerung in ihrem Wesen und Werte voll gewürdigt war. Denn um ihre Vorzüge zu entfalten, konnte sie nicht den Einrichtungen, die das jeweilige Verfahren erforderte, einfach angefügt werden, sondern war organisch dafür auszugestalten, und die

Verfahren selbst erfuhren dabei rückwirkend umgestaltende Änderungen. In der Anwendung der neuen Feuerung für die verschiedensten Zwecke arbeiteten die Brüder in der ersten Entwicklungszeit gemeinschaftlich, dann teilten sie sich in die Aufgaben nach Ländern, was 1863 die Übersiedelung Friedrichs nach Deutschland zur Folge hatte. Während ferner Wilhelm sich besonders um die Stahlerzeugung bemühte, wandte sich Friedrich der Glastechnik zu, die er vollständig umbildete. An Stelle des alten Hafenbetriebes führte er für die Massenware in Glas den ununterbrochen arbeitenden Wannenbetrieb ein und ermöglichte durch die verhältnismäßig leicht herstellbare hohe Temperatur die Benutzung schwerer schmelzbarer, billiger Rohstoffe, womit auch die Erzeugung schwerer Glaskörper wie Dachziegel und dergleichen wirtschaftlich wurde. Nach anderer Richtung bereicherte Friedrich 1877 die Glastechnik durch sein Preßhartglasverfahren, das einzige auf die Dauer bewährte. Er suchte seine Erfindungen möglichst in eigenen Fabriken auszubilden und auszunutzen und ließ deshalb große Glashütten bei Dresden und in Böhmen entstehen. Von allgemeiner und großer Bedeutung für die ganze Feuerungstechnik war sein in den achtziger Jahren entwickeltes Verfahren der freien Flammenentfaltung. Es läßt die Flamme im Gegensatze zu den bis dahin gebräuchlichen Anschauungen besonders durch Strahlung wirksam werden und bringt sie mit dem Schmelzgut erst nach vollkommenem Verbrennen in Berührung.

Über einen Teil seiner Arbeiten hat er in Vorträgen und Einzelschriften berichtet. In weiteren Kreisen bekannt wurde seit 1874 sein Ofen zur Feuerbestattung, bei dem durch Zuführung lediglich von hocherhitzter Luft eine rauch- und geruchlose Einäscherung erfolgt. Eine kürzere Dauer hatten die seit 1879 auftretenden Regenerativgaslampen infolge der in derselben Zeit sich entwickelnden elektrischen Beleuchtung. Dagegen werden die Grundsätze, die Friedrich Siemens für die Heizung der Wohnungen entwickelte und zunächst durch seinen Gaskamin mit Benutzung der strahlenden Wärme von Gasflämmchen verwirklichte, der hygienischen Bedeutung wegen nicht unbeachtet bleiben. Von überraschender Eigenart sind mehrere Wärmemotoren von Friedrich. Aus seinem Zusammenarbeiten mit Wilhelm an der Regenerativdampfmaschine war ihm die Neigung für dieses Gebiet geblieben. Die außerordentlich einfachen Motoren, die nur für kleine Leistungen bestimmt waren, sind aber wegen ihrer verhältnismäßig großen Abmessungen nicht in umfangreicheren Gebrauch gekommen.

Nach dem Tode von Wilhelm 1883 hatte Friedrich noch dessen Unternehmungen weiterzuführen, die außerhalb des Geschäftsbereiches von Siemens Brothers lagen.

Forschen und Schaffen war auch das Wesen von Friedrich Siemens, und um sich besonders für wissenschaftliche, das Glas betreffende Arbeiten, die er zum Teil zusammen mit Werner betrieb, mehr Freiheit zu verschaffen, veräußerte der Schöpfer der heutigen Glasindustrie 1888 seine Glashütten an eine Aktiengesellschaft, der er noch über ein Jahrzehnt beratend zur Seite stand. Die Technische Hochschule in Dresden verlieh ihm 1900 als erstem die Würde eines Dr.-Ing. E. h. *R. Ehrenberg: Die Unternehmungen der Brüder Siemens (Jena 1906); Beitr. 10 (1920) S. 42; 11 (1921) S. 207; ADB 55 (1910) S. 219.* Ro.

SIEMENS, Werner v., geb. 13. Dez. 1816 in Lenthe (Hannover), gest. 6. Dez. 1892 zu Charlottenburg. Als Sohn des Domänenpächters Ferdinand Siemens erhielt Werner wie seine Brüder die ausgeprägte Neigung für die Naturwissenschaften unverkennbar von dem Vater, der sich auf der Universität für eine vertiefte Behandlung seines Berufes vorbereitet hatte. Zunächst im Hause unterrichtet, bezog Werner verhältnismäßig spät das Gymnasium in Lübeck. Hier trat in der Bevorzugung bestimmter Lehrfächer schon deutlich seine Veranlagung hervor, die sich bald zu der Berufswahl des Technikers verdichtete. Unter den wenigen damaligen Möglichkeiten, eine technische Ausbildung zu erwerben, wählte Werner eine der militärischen Laufbahnen, wohl nicht nur aus Gründen der Sparsamkeit, sondern auch aus soldatischer Neigung. Er trat im Herbste 1834 bei der preußischen Artillerie ein und sah in den folgenden Jahren auf der Artillerie- und Ingenieurschule unter hervorragenden Lehrern (Ohm, Magnus, Erdmann u. a.) seine Hoffnung auf gründlichen wissenschaftlichen Unterricht erfüllt.

Der junge Offizier fand in seiner eigenen Waffe reichliche Anregungen für seine technische Veranlagung. Von dauernder Bedeutung ist sein Chronoskop zum Messen von Geschoßgeschwindigkeiten (1842) geworden und sein verbessertes Verfahren zur Herstellung von Schießbaumwolle (1845). Der erwachte Schaffensdrang führte ihn auch auf andere Gebiete der Technik, zugleich der Wunsch, nach dem frühen Tode der Eltern für die jüngsten Geschwister besser sorgen zu können. Er arbeitete dabei meist mit seinem Bruder Wilhelm zusammen, geriet aber, selbst durch sein Dienstverhältnis beengt, trotz teilweise verführerischer Erfolge (Galvanostegie), in schwierige Lage, aus der er sich unter Aufgabe der „Jagd nach Erfindungen" fest und besonnen befreite, um sich gesammelter eingehenden Studien hinzugeben. Alle diese Erstlingsleistungen, auch wo sich ihr Urheber über die wirtschaftliche Notwendigkeit täuschte (Differenzregulator für Dampfmaschinen), ähnelten aber nicht den haltlosen Gebilden so mancher „Erfinder", sie zeigten vielmehr in Entwurf und Durchführung schon unverkennbar die in Werner Siemens vollendete Vereinigung von schöpferischer Kraft auf wissenschaftlicher Grundlage, kühner aber besonnener Unternehmungslust und Nachhaltigkeit im Verfolgen der Ziele.

Entscheidend für Werner Siemens war 1847 seine Berufung in die kurz vorher eingesetzte Telegraphenkommission des preußischen Generalstabes. Er verdankte das zunächst seinem ersten sicher arbeitenden Zeigertelegraphen (1846) und der Isolierung der unterirdisch zu führenden Leitungen mit der eben bekanntgewordenen Guttapercha. Namentlich aber seine Beherrschung der elektrischen Erscheinungen (erste Beobachtung der Ladung von Leitungen) machte ihn bald zum führenden Mitgliede der Telegraphenkommission. Nach einer Unterbrechung der Versuche bei Berlin durch seine teils soldatische, teils technische Teilnahme am Kriege gegen Dänemark im Sommer 1848 (erste Minensperre des Kieler Hafens mit elektrischer Zündung) baute er in dienstlichem Auftrage im Winter 1848/49 mit vollem Erfolge die erste lange Linie Europas, Berlin-Frankfurt a. M., kurz danach auch noch die Linie Berlin-Verviers. Die Entwicklung des neuen technischen Zweiges voraussehend, nahm er jetzt seinen Abschied, um auch persönlich in die schon 1847 mit dem Mechaniker Halske und mit bescheidenen Mitteln begründete Firma Siemens & Halske einzutreten.

Die schöpferische Pflege, die Werner Siemens der Vervollkommnung des Telegraphengerätes und der Ausbildung der Meß- und Sprechverfahren angedeihen ließ, wie seine fruchtbare Teilnahme am wissenschaftlichen Ausbau der Elektrizitätslehre, verschafften ihm schon in wenigen Jahren einen ausgezeichneten Ruf im In- und Auslande. Dafür war die Einladung zur persönlichen, von entscheidendem Erfolge begleiteten Teilnahme an englischen Kabellegungen Ende der fünfziger Jahre ein besonders deutliches Zeichen. Die Rückwirkung auf die junge Firma zeigte sich in deren schnellem Aufblühen. Dabei blieben wohl die Leistungen in der Erzeugung von Telegraphengerät im weitesten Sinne die geschäftliche Grundlage der Firma, wirtschaftlich bedeutsamer wurden aber die darauf beruhenden Unternehmungen. Den Anfang bildeten die von Werner Siemens frühzeitig eingeleiteten, weit ausgedehnten, besonders stark während des

Krimkrieges geförderten Linienbauten in Rußland, die unter dem Bruder Carl Siemens zu der Zweigniederlassung in Petersburg führten. In anderer Form und etwas langsamer entwickelten sich die Beziehungen zu England, wo unter Wilhelm das Zweiggeschäft Siemens Brothers besonders das Herstellen und Verlegen von Seekabeln pflegte. Nach dem Ausscheiden von Halske 1867 waren die drei Firmen gemeinschaftlicher Besitz der drei Brüder. In dem Bau der indoeuropäischen Telegraphenlinie (10 000 km) während der Jahre 1868 bis 1870 gab die Gesamtfirma unter Oberleitung von Werner Siemens den greifbarsten Beweis ihres Könnens.

Die Grundlage für ein gedeihliches gewerbliches Schaffen sah Werner Siemens immer im technischen Fortschritt. Unausgesetzt bemühte er sich um die Vervollkommnung des Telegraphenwesens, löste neuartige Aufgaben (Alkoholmesser nach Volumen und Gehalt, elektrischer Entfernungsmesser für die Küstenartillerie) und nahm junge, entwicklungsfähige Zweige auf (u. a. Blockgerät für Eisenbahnen um 1870). In seiner Vielseitigkeit fand er selbst noch Zeit, sich an den schöpferischen Arbeiten seiner Brüder zu beteiligen.

Von größter Bedeutung wurde seine Erfindung der dynamoelektrischen Maschine, mit der er die Starkstromtechnik einleitete. Selbst gleich die Tragweite seiner Erfindung übersehend, eröffnete er durch seine Differenzregelung für Bogenlampen (1878 durch v. Hefner-Alteneck verwirklicht) ein erstes allgemeines Anwendungsfeld für den Starkstrom („Teilung des elektrischen Lichtes"), der elektrischen Kraftübertragung gab er seit 1879 den wirkungsvollsten Anstoß durch Ausführung von Versuchsbahnen und anderen Anwendungen. Im Laufe der achtziger Jahre noch vielfach mit Versuchen über neue Formen seiner Dynamomaschine beschäftigt, legte er mit seinen Abhandlungen über den Elektromagnetismus aus 1881 und 1884 den Grund zur genauen Berechnung elektrischer Maschinen überhaupt. Mit tatkräftiger Anteilnahme förderte er in seinem letzten Jahrzehnte die Entwicklung der nun entstehenden elektrischen Zentralen. Die zunehmende Ausdehnung der von ihm gegründeten Firma (1879 kam noch die Zweigniederlassung in Österreich hinzu) war der äußere Lohn für sein schöpferisches Mühen. In zahlreichen Veröffentlichungen hat Werner Siemens über seine technischen und wissenschaftlichen Arbeiten berichtet. In seinen späteren Jahren gab er seiner Liebe zur reinen Forschung einen weiteren Spielraum und behandelte auch außerhalb seines engeren Arbeitsfeldes liegende Fragen aus den Gebieten der Strahlung und Kosmologie, wie solche biologischwirtschaftlicher Art. Sein Allgemeinsinn bekundete sich in der maßgebenden Mitwirkung an dem Deutschen Patentgesetz (1877) und in der hochherzigen Schenkung zur Begründung der Physikalisch-Technischen Reichsanstalt.

Das Verdienst von Werner Siemens um die Leistungen und das Ansehen der deutschen Technik und ihrer Vertreter ist kaum zu überschätzen. Von den äußeren Ehrungen, die seine Laufbahn begleiteten, seien nur erwähnt die Ernennung zum Ehrendoktor der Berliner Universität (1860), die erstmalig einem Nichtfachgelehrten zuteil werdende Berufung in die Akademie der Wissenschaften (1874), die Verleihung des Ordens Pour le mérite für Wissenschaften (1886). Kaiser Friedrich erhob ihn 1888 in den erblichen Adelstand. *Archivakten Siemens & Halske. Werner Siemens: Lebenserinnerungen; Wissenschaftliche und technische Arbeiten (Berlin 1889); C. Matschoß: Werner Siemens, Lebensbild und Briefe (Berlin 1916); Ehrenberg: Die Unternehmungen der Brüder Siemens (Jena 1906); ADB 55 (1910) S. 203.* Ro.

SIEMENS, Wilhelm (Sir William), geb. 4. April 1823 zu Lenthe bei Hannover, gest. 19. Nov. 1883 in London. Ursprünglich zum Kaufmann bestimmt, wurde Wilhelm von dem älteren Bruder Werner angeregt, sich der Technik zu widmen. Nach einer ungleichmäßigen Vorbildung, erst auf dem Gymnasium in Lübeck, dann auf der Handelsschule in Magdeburg, dabei von Werner selbst in Mathematik unterrichtet, studierte er auf dessen Veranlassung in den Jahren 1841 und 1842 in Göttingen Physik und Chemie und trat dann zur fachlichen Ausbildung in eine Maschinenfabrik in Magdeburg ein. Schon durch Werners Beispiel gleich zu selbständigem Schaffen angeregt, gewann er dadurch dessen Vertrauen bald in solchem Grade, daß seine Reise nach England beschlossen wurde zur Verwertung von Werners Erfindungen. Er wagte im Februar 1843 die Reise, zwanzig Jahre alt, ohne Verbindungen in dem fremden Lande, mit sehr knappen Mitteln, der Landessprache wenig kundig, und kam nach einigen Monaten zurück mit dem Erlös von 1500 Pfund für Werners Vergoldungsverfahren. Dieser Erfolg der Gemeinschaftsarbeit der beiden Brüder veranlaßte Wilhelm schon im nächsten Jahre, ganz nach England überzusiedeln, das ihm damals allerdings viel größere Aussichten bieten mußte. Die Hoffnungen richteten sich besonders auf die Verwertung des Differenzreglers von Werner und eines Druckverfahrens zum beliebigen Vervielfältigen von Druckwerken. Beide Erfindungen waren wohl durchdacht und sorgfältig ausgebildet, die Brüder hatten aber ihren wirtschaftlichen Wert überschätzt und waren jetzt nicht wieder vom Glücke begünstigt. Auch mit anderen Neuerungen erging es Wilhelm nicht besser, aber mit bewundernswerter Einsicht und Festigkeit wußte der jugendliche Erfinder das drohende Verhängnis zu vermeiden und, wie zur gleichen Zeit Werner, auf festeren Boden einzulenken. Beide vollzogen nicht eine Abkehr von den Wegen, die ihren Gaben entsprachen, wohl aber beschränkten sie ihre Kraft auf weniger zahlreiche Gegenstände und stellten deren Durchbildung auf möglichst sichere wirtschaftliche Grundlagen. Gleichwohl hat Wilhelm noch manchmal bei seinen Unternehmungen in Gefahr geschwebt. Den beiden Brüdern waren sehr ähnliche Eigenschaften verliehen, nur waren sie bei Wilhelm weniger harmonisch gemischt als bei Werner. Wilhelms Tätigkeit im Verfolgen seiner Pläne war nicht immer weise begrenzt, und sein Wagemut neigte zur Wagehalsigkeit.

Bei dem Ernste seiner Bestrebungen und mit seiner großen Gewandtheit, die er schon bei seinem ersten Besuche bekundet hatte, gelang es Wilhelm bald, in der neuen Heimat festen Fuß zu fassen und in Fachkreisen zur Beachtung zu kommen. In enger Verbindung mit einsichtigen Fabrikanten suchte er Verwertung seiner Neuerungen, zunächst mit bescheidenem, aber allmählich wachsendem Erfolge. Den breitesten Raum in seinen Arbeiten nahm bis zum Ende seines Lebens die Wärmetechnik ein, und hier wieder war das zuerst von Stirling für Motoren angegebene „Regenerativ"-Verfahren immer der erkennbare rote Faden. Darauf beruhende Kondensatoren und Verdampfer mit erhöhter Wärmeausnutzung brachten beachtenswerte, doch nicht durchschlagende Erfolge. Den größten Wert aber legte Wilhelm auf seine Regenerativdampfmaschine, der er seit 1846 über ein Jahrzehnt vergeblich seine Hauptarbeit widmete. Der Mißerfolg war durch den damals noch unfertigen Zustand der Wärmelehre (zweiter Hauptsatz) verschuldet. Um so glücklicher war Wilhelm mit dem seit 1851 gebauten, auf einfacher Grundlage beruhenden Wassermesser für städtische Anlagen, mit dem er zur rechten Zeit einem immer lebhafter werdenden Bedürfnis entgegenkam. Während sich damit seine Stellung in England befestigte, wirkte er gleichzeitig als Vertreter von Siemens & Halske in Berlin, seit 1853 als Teilhaber des englischen Hauses. Er leitete dieses von da an bis zuletzt unabhängig von seinem ihm allein gehörenden Ingenieurgeschäfte.

Wilhelms geistige Beweglichkeit verbunden mit Gründlichkeit machte ihn zum wirksamsten Verkünder der Arbeiten seines Bruders Werner, wie umgekehrt der schnell erstarkende Ruf der Berliner Firma ihn wieder förderte. In der Telegraphentechnik nahm er von vornherein besonders das Kabelwesen zum Ziel und vermittelte zunächst die persönliche Teilnahme Werners an englischen Kabellegungen. Nachdem dann die Zweigniederlassung 1858 zur Errichtung eigener Werkstätten übergegangen war, begann sie 1864 — nunmehr unter dem Namen Siemens Brothers — auch mit dem Bau eines eigenen Kabelwerkes in Woolwich, das in den folgenden Jahren vervollständigt wurde. Trotz anfänglichen Mißgeschickes wurde nun die Herstellung und das Legen von Kabeln für eigene Rechnung die fruchtbare, wenn auch manchmal gefahrvolle Haupttätigkeit der englischen Firma. Dafür ließ sie nach den Angaben Wilhelms das in langen Jahren vielfach bewährte besondere Kabelschiff „Faraday" bauen. — An der Durchführung der indoeuropäischen Telegraphenlinie hatte Wilhelm hervorragenden Anteil. Die Dynamomaschine Werners würdigte er zwar in ihrer ganzen Bedeutung, doch war zu seinen Lebzeiten der englische Boden für die umfangreichere Entwicklung des Starkstromes noch nicht günstig.

Während die Tätigkeit auf dem Boden der gemeinsamen Firma Wilhelm als weitblickenden und erfolgreichen Unternehmer zeigte, war die Wärmetechnik das Feld, auf dem seine wichtigsten schöpferischen Leistungen erwuchsen. Sein jüngerer Bruder Friedrich, der ihn als Gehilfe unterstützte, erfand 1856 die sog. „Regenerativfeuerung" mit Vorwärmung der Verbrennungsluft durch periodisch einschaltbare Wärmespeicher. Die damit gegebene Möglichkeit, hohe Temperaturen auf wirtschaftlichem Wege zu erzielen, hat Wilhelm in ausgedehntem Maße für das Eisenhüttenwesen fruchtbar gemacht. Indem er die Feuerung und alle Einzelheiten des Ofens den Bedingungen des metallurgischen Vorganges anpaßte und keine Mühen und Kosten scheute, sie in eigenen Versuchswerken (in Birmingham und London) zu erproben, wurde er Urheber von tiefgreifenden Änderungen auf diesem Gebiete. Am wichtigsten ist das von ihm im Zusammenhange mit Martin in Sireuil entwickelte, weit verbreitete Stahlverfahren geworden (Lösung von Schrott in Roheisen), während das von Wilhelm mit besonderer Liebe gepflegte Verfahren der unmittelbaren Stahlerzeugung bis jetzt auf reine und reiche Erze beschränkt blieb. — In seinen letzten Lebensjahren befaßte sich Wilhelm als einer der ersten mit der Verwendung des elektrischen Stromes im Hüttenwesen.

Seine zahlreichen Veröffentlichungen zeigen die Vielseitigkeit und den Gedankenreichtum von Wilhelm Siemens. Auch er hat sich später mit kosmologischen Fragen befaßt und über die Erhaltung der Sonnenenergie eigenartige, in Fachkreisen viel erwogene Ansichten geäußert. Durch seine Leistungen und seine lebendige Förderung der wissenschaftlich-technischen Entwicklung war er zu hohem Ansehen gelangt. Außer vielen anderen Ehrungen, die dem Deutschen zuteil wurden, erhielt er in seinem letzten Lebensjahre die englische Ritterwürde. In der Westminsterabtei wurde ein Gedenkfenster für ihn eingesetzt. *C.W. Siemens: Scientific Works (London 1889); W. Pole: Wilhelm Siemens (Berlin 1890); R. Ehrenberg: Die Unternehmungen der Brüder Siemens (Jena 1906); L. v. Winterfeld: Entwicklung und Tätigkeit der Firma Siemens & Halske 1847—1897 (1913); ADB 55 (1910) S. 203.* Ro.

SIEMENS, Wilhelm v., geb. 30. Juli 1855 in Berlin, gest. 14. Okt. 1919 in Arosa (Schweiz). Als zweiter Sohn von Werner v. Siemens stand Wilhelm von Jugend auf unter dem Einflusse eines innigen Familienlebens und hoher geistiger Anregungen. Des Vaters Hoffnung für die Fortführung seiner Schöpfung beruhte auf seinen drei Söhnen, doch übte er auf sie keinerlei Zwang in der Berufswahl aus. — Wilhelm besuchte das Gymnasium in Charlottenburg und danach in Straßburg, häufig behindert, wie auch später noch mehrfach, durch gesundheitliche Störungen, die längeren Aufenthalt im Süden nötig machten. Nach einem ersten Semester in Heidelberg und gekräftigt durch das folgende soldatische Dienstjahr nahm er im Herbste 1876 in Leipzig seine Fachstudien auf, vornehmlich in Mathematik und Physik. Schon als Schüler hatte er einen ungewöhnlich nachdenklichen Sinn gezeigt. Dieser Zug ließ ihn auf der Universität die üblichen Grenzen schulmäßiger Ausbildung weit überschreiten. Bemerkenswert war schon damals seine häufige Befassung mit volkswirtschaftlichen Fragen. — An die Universität Berlin übergesiedelt, beschränkte Wilhelm sich mehr auf die Physik, arbeitete auch unter Helmholtz im Laboratorium im Hinblick auf das nächste Ziel, der Nachfolger seines Vaters in der wissenschaftlichen Arbeit bei Siemens & Halske zu werden.

Ende 1879 trat Wilhelm in die Firma ein, wie der ältere Bruder Arnold schon im Jahre vorher getan hatte. In dieser Zeit eröffnete Edison mit der ersten brauchbaren Glühlampe Ausblicke auf die umfassende Entwicklung der elektrischen Beleuchtung. Er wandte bald seine ganze Aufmerksamkeit der Glühlampe zu, die seiner physikalischen Vorbildung besonders entsprach. Auf sein Betreiben begründeten Siemens & Halske die erste Erzeugungsstätte für Glühlampen in Deutschland.

Von einer längeren Studienreise nach Amerika zurückgekehrt, wurde Wilhelm 1884 als Teilhaber in die Firma aufgenommen. Seiner starken Neigung, wissenschaftliche und technische Fragen persönlich zu lösen, gab er nur so weit Raum, wie die Anforderungen des großen Betriebes im ganzen gestatteten. Mit dem Auftreten des Transformators erkannte er die künftige Bedeutung des Wechselstromes und sorgte, entgegen manchen Widerständen in der Firma selbst, für die rege Pflege dieser Stromart, entwarf auch schon 1886 eine Bauweise für elektrische Bahnen mit Zuführung von Hochspannung zum Wagen, die nach Ausbildung geeigneter, damals noch fehlender Motoren die elektrischen Vollbahnen ermöglichte. Er nahm sich mit Erfolg des Patentwesens an und führte schon nach einigen Jahren selbständig schwierige geschäftliche Verhandlungen. So konnte Werner Siemens 1890 seinem Wunsche genügen, sich von der laufenden Leitung der Firma zurückzuziehen und sich mehr seinen wissenschaftlichen Arbeiten zu widmen. An die Spitze der Firma traten nun mehr Carl, Arnold und Wilhelm v. Siemens.

Die Nachfolge des Vaters brachte Wilhelm in dem folgenden Jahrzehnt ebensoviel entscheidende Erfolge wie schwere, verantwortungsreiche Mühen. In schneller Folge entstanden die städtischen Zentralen; ihr Bau verlangte neue geschäftliche Formen, die Steuerung der Firma durch das klippenreiche Finanzwesen verlangte besondere Geschicklichkeit und Festigkeit. Durch Umwandlung der bisherigen Kommanditgesellschaft in eine Aktiengesellschaft nahm die Firma 1897 ohne wesentliche innere Änderungen eine beweglichere Form an. Die Kopfzahl der in den deutschen und österreichischen Betrieben Beschäftigten war in den letzten 25 Jahren von 600 auf 7500 gestiegen. In dem Zusammenschlusse der Starkstrombetriebe von Siemens & Halske und Schuckert 1903 zu den Siemens-Schuckert-Werken fand Wilhelm die glückliche Form der breiteren Grundlage bei Wahrung der Selbständigkeit beider Firmen. Von der technischen Entwicklung der Zweige, die er besonders gefördert hat, zeugten nach außen am deutlichsten die neuartigen Straßenbahnbauten in Österreich-Ungarn, die 1902 eröffnete große Hoch- und Untergrundbahn in Berlin, ebenso die um die Jahrhundertwende bei Berlin stattfindenden Schnellbahnversuche. Gleichzeitig hatte er auch dem Schwachstrom im alten Berliner Werk, später Wernerwerk, neue Kräfte zugeführt, das von da einen ungeahnten Aufschwung nahm.

Neben der Führung der schnell wachsenden Firma mit allen Zweigniederlassungen verzichtete Wilhelm nicht auf die persönliche Betätigung für wichtige Forschungsarbeiten. Er leitete selbst längere Versuche zur Weiterbildung der Gleichstrommaschine, nach eigener Idee ließ er den Schnelltelegraphen entwickeln, der während des Krieges seine ganze Leistungsfähigkeit erwies, die Tantallampe, die erste Glühlampe mit gezogenem Metallfaden, verdankte Wilhelm v. Siemens ihre Entstehung.

Der Krieg sah Wilhelm auf der Höhe seines Könnens und Wirkens. Die Schwere der Anforderungen der Kriegszeit erhellt allein aus der Tatsache, daß der Konzern nur in Deutschland rund 60 000 Menschen beschäftigte. Die Güte des Gefüges zeigte sich allen Anforderungen gewachsen. Zu den vielen Kriegsgeräten, auf die sich die Werke umzustellen hatten, lieferte wieder Wilhelm Beiträge eigenen Schaffens. Weiteren Kreisen bekannt davon wurde sein schon vor Jahren begonnenes und jetzt vervollkommnetes Lenkboot zum Sprengen feindlicher Schiffe, das an der flandrischen Küste mit Erfolg zur Wirkung kam.

In reiferen Jahren wandte sich Wilhelm v. Siemens mit seinem Wissen und seinen abgeklärten Erfahrungen auch mit wirtschaftlichen Schriften an die Öffentlichkeit, so über Patentwesen und Steuerfragen. Er ließ während des Krieges fünf längere Schriften über wirtschaftlich-politische Tagesfragen erscheinen. Seine noch umfangreicheren Niederschriften über Steuerwesen, die ihn bis zuletzt beschäftigten, konnte er nicht mehr selbst abschließen.

Wilhelm v. Siemens starb fern von seinem Wirkungskreise in Arosa, nach der Überanstrengung der Kriegszeit in seiner Lebenskraft gebrochen durch den Sturz des Vaterlandes. Wie sein Vater war er zum Geh. Regierungsrat ernannt und besaß außer vielen anderen Auszeichnungen die Doktorwürde der Universität Berlin und der Technischen Hochschule Dresden. *L. v. Winterfeld: Entwicklung und Tätigkeit der Firma Siemens & Halske 1847—1897 (1913); A. Rotth: Wilhelm v. Siemens (Berlin 1922).* Ro.

SIEVERT, Paul Theodor, geb. 7. Dez. 1850 in Zittau, gest. 11. Jan. 1910 in Dresden, besuchte das Gymnasium in Zittau und trat nach seiner Teilnahme am Kriege 1870/71 im Jahre 1873 in Deuben in die Wasserglasfabrik seines Onkels ein, die er zwei Jahre später selbst übernahm. Bald verließ er in seiner Tätigkeit die Pfade des Althergebrachten und bahnte sich und seiner Industrie mit unermüdlicher zäher Ausdauer neue Wege. Es gelang ihm zunächst, durch Konstruktion eines neuen Ofens die Wasserglasfabrikation zu verbessern, wodurch er bald der bedeutendste Fabrikant auf diesem Gebiete in Deutschland wurde. Seine größten Erfindungen liegen jedoch auf dem Gebiete der Herstellung von Tafelglas, die er in den achtziger Jahren aufnahm. Erwähnt seien in diesem Zusammenhang die Verfahren zur Herstellung von gläsernen Röhren und Stangen sowie von Buntglas durch Aufwalzen von farbigen Glaskörnern auf flüssige Glasmasse, das sog. Asbestverfahren, und eine der bedeutendsten Siewertschen Erfindungen: das Druckluft-Blasverfahren. Dieses Verfahren führte endlich zum ersehnten Ziele der maschinellen Herstellung von Tafelglas. Sievert war nicht nur ein Bahnbrecher auf dem Gebiete der Glastechnik, sondern auch ein vielseitig begabter Mensch mit feinem Verständnis für Kunst und Wissenschaft und ein groß und edel angelegter Charakter. *Dresdener Anzeiger, 20. März 1910 (Dr. Klein); Mitt. d. Glastechn. Ges.* Mch.

SIGL, Georg, geb. 13. Jan. 1811 zu Breitenfurt bei Wien, gest. 9. Mai 1887. Sigl war der Sohn armer Eltern. Bereits mit 12 Jahren verwaist, erlernte er bei einem Verwandten frühzeitig das Schlosserhandwerk. Den Siebzehnjährigen führte seine Wanderschaft in die Schweiz, nach Bayern und schließlich nach Wien zurück, wo er in eine Fabrik eintrat, die sich mit dem Bau von Buchdruckschnellpressen befaßte. Von 1837 bis 1840 war er dann zuerst Werkführer und sodann wegen seiner Tüchtigkeit Teilhaber bei dem bekannten Maschinenfabrikanten Dingler in Zweibrücken (Pfalz). In das Jahr 1840 fällt Sigls Übersiedelung nach Berlin, wo er eine kleine Maschinenfabrik gründete, die bald eine hervorragende Stellung unter den deutschen Schnellpressenfabriken einnahm.

Sigls Annahme, daß Österreich ein noch viel besseres Feld für den Bau und Absatz von Schnellpressen sein würde als Deutschland, wurde bestätigt, als er 1846 in Wien eine Schnellpressenfabrik übernahm. Das Unternehmen wuchs rasch, besonders dadurch, daß Sigl auch Abnehmer für seine anderen Erzeugnisse fand, denen er sich inzwischen zugewandt hatte. Dampfmaschinen (darunter eine von 1000 PS im Jahre 1867), Dampfkessel, Werkzeugmaschinen, Pumpen, Bremsen, Eisenbahnbrücken und andere Maschinen und Einrichtungen, die damals wegen ihrer guten Ausführung allgemeines Aufsehen erregten, gingen in großer Zahl aus dem ständig wachsenden Unternehmen hervor. Auch den Rohstoffbezug erleichterte sich Sigl durch Ankauf von Bergbauunternehmungen und Hochöfen.

1867 übernahm Sigl die Günthersche Lokomotivfabrik in Wien, die bald einen großen Aufschwung nahm und in den Jahren 1870 bis 1875 etwa 1000 Lokomotiven lieferte. Über 5000 Arbeiter beschäftigte er zu dieser Zeit in seinen Werken, die so zu jener Zeit eines der größten Unternehmungen Österreichs waren. *Beitr. 8 (1918) S. 94.* Gs.

SINGER, Isaac Meritt, geb. 27. Okt. 1811 in Oswego (N. Y.), gest. 23. Juli 1875 in Torquay (Engl.). Von Singer ist vor allem zu sagen, daß er es verstanden hat, die Nähmaschine in die Praxis einzuführen. Als Mechaniker erkannte er die Mängel der verschiedenen bis dahin bestehenden Systeme; er versuchte zum ersten Male die selbsttätige Fortschiebung des Stoffes durch feine Stahlzähnchen. Noch deutlicher als die Mängel der Maschine selbst sah er aber, daß die Einführung nur durch eine großzügig angelegte Fabrik möglich sei. Singer fing mit einem Betriebskapital von 40 Dollar an, die er sich geliehen hatte. Die zu überwindenden Schwierigkeiten waren sehr groß, und nur allmählich gewann er an Boden. Als er sich seinem Ziele bereits näher sah, erfuhr Elias Howe von seinem Unternehmen und verlangte von ihm eine Entschädigung von 25 000 Dollar wegen Patentverletzung. Die nun folgenden Prozesse zogen sich in die Länge; im Jahre 1854 wurden sie zugunsten von Howe entschieden und die Firma I. M. Singer mußte für jede Maschine eine bestimmte Lizenzgebühr an den Erfinder zahlen.

Singers Verteidiger, sein späterer Teilhaber Edward Clark, hatte früh den großen Wert der Nähmaschine für die industrielle Entwicklung der Welt erkannt und auch die Tatsache, daß nur der unmittelbare Weg, die Erzeugnisse in die Hände des Verbrauchers zu bringen, schließlich den gewünschten Erfolg herbeiführen könne. Im Jahre 1856 gründete er das Miet- und Abzahlungssystem für Nähmaschinen, das sich schnell in der ganzen Welt einführte und sich für viele Kreise von großem Wert erwiesen hat. *W. Köhler: Die Deutsche Nähmaschinenindustrie (München 1913); Am. Biogr. 5 (1888) S. 543.* Wi.

SINSTEDEN, Wilhelm Josef, geb. 6. Mai 1803 zu Cleve, gest. 12. Nov. 1891 in Xanten, war der Sohn des Kreisdirektors, besuchte die Gymnasien zu Köln und Cleve, studierte seit 1823 Medizin als Eleve des Königl. Chirurg. Friedrich-Wilhelm-Seminariums in Berlin, wirkte seit 1827 als Unterchirurg an der Charité, später beim 1. Garderegiment zu Fuß, wurde 1871 verabschiedet und lebte seit 1878 in Xanten. Sinsteden hat neben seiner Berufsarbeit sich eingehend mit dem Studium der Induktionsapparate, der Selbstunterbrecher und der elektromagnetischen Maschinen beschäftigt. Er war der erste, der als Polarisationszellen Blei in verdünnter Schwefelsäure benutzte und feststellte, daß eine derartige Zelle besonders geeignet ist, um verhältnismäßig große Mengen elektrischer Energie aufzunehmen. Dadurch entdeckte er die Grundlagen für den eigentlichen Bleiakkumulator. Über seine Untersuchungen mit der Bleizelle berichtete er in einem Aufsatz „Über den Grad der Kontinuität und die Stärke des Stromes eines größeren magnet-elektrischen Induktionsapparates und über die eigentümliche Wirkung der Eisendrahtbündel in den Induktionsrollen dieser Apparate". *Annalen der Physik und Chemie von Poggendorff, Bd. 92 S. 17.* Bn.

SKODA, Emil Ritter v., geb. 19. Nov. 1839 in Pilsen, gest. 8. Aug. 1900 in Eger. Skoda war ein Neffe des berühmten Klinikers Prof. Joseph v. Skoda. Er besuchte die Realschule in Pilsen und studierte dann auf den Technischen Hochschulen Prag und Stuttgart. Nach Beendigung dieser Ausbildungszeit verbrachte er einige Jahre als Ingenieur in der Sächsischen Maschinenfabrik vorm. Richard Hartmann in Chemnitz und im Grusonwerk in Magdeburg-Buckau. 1866 wurde er mit der Leitung der Maschinenfabrik des Grafen Ernst Waldstein in Pilsen betraut, die er zwei Jahre später für sich erwarb. Damals war die Fabrik eine unbedeutende Anlage mit nur 32 Arbeitern. Durch Skodas rastlose dreißigjährige Tätigkeit und durch seine geniale, alle Fortschritte des modernen Erfindungsgeistes ausnutzende Leitung hat er sein Unternehmen zu einem der angesehensten und ersten Europas gestaltet. Die Werke sind in mehrere Gruppen gegliedert. Das Hauptwerk ist die große Gußstahlhütte, eine der größten Europas; sie liefert Stahlguß auch nach Deutschland und England, namentlich für den Bau von Handelsschiffen. Die Geschütz- und Gußstahlkanonenabteilung war für Österreich von ähnlicher Bedeutung wie für Deutschland die Werke Krupps. Außer diesen Hauptzweigen betreibt die Firma Skoda noch den Maschinenbau mannigfachster Art, sie baut Brücken und Kessel und richtet Zuckerfabriken und Bierbrauereien ein. 1899 wurde das Unternehmen in eine Aktiengesellschaft umgewandelt, deren Präsident und Generaldirektor Emil v. Skoda bis zu seinem Tode war. *St. u. E. 20 (1900) S. 929.* Bk.

SLABY, Adolf, geb. 18. April 1849 in Berlin, gest. 4. April 1913 in Charlottenburg, der Sohn eines schlichten Buchbindermeisters, war einer der bahnbrechenden Vorarbeiter auf den Gebieten der Funkentelegraphie und der Gasmaschine. Seine Begabung für Mathematik und Naturwissenschaften trat schon hervor, als er noch das Realgymnasium in Berlin besuchte. Nach der Reifeprüfung studierte er an der Kgl. Gewerbeakademie in Berlin. Da er unbemittelt war, unterrichtete er gleichzeitig die drei Söhne des Maschinenfabrikanten Ludwig Schwartzkopff, siedelte in dessen Haus über und hielt Freundschaft mit dieser Familie bis an sein Lebensende. Auf Nottebohms Empfehlung hin wurde er 1873 als Lehrer der Mathematik und Mechanik an die Kgl. Gewerbeschule in Potsdam berufen und habilitierte sich 1876 als Privatdozent an der Gewerbeakademie zu Berlin. Aus seinen Versuchen mit Heißluft- und Gasmaschinen haben sich seine großen Arbeiten über die Theorie der Gasmaschine „Kalorimetrische Untersuchungen über den Kreisprozeß der Gasmaschinen" ergeben. Angeregt durch Mitteilungen über Werner Siemens' praktische Erfolge in der Entwicklung der Dynamomaschinen, der Bogenlampen usw., beschäftigte er sich eingehend mit dem Studium der Elektrotechnik. Er wurde 1883 als ordentlicher Professor an der Technischen Hochschule zu Charlottenburg mit der Errichtung des ersten Lehrstuhles für Elektrotechnik betraut und 1884 Direktor des von ihm gegründeten Laboratoriums. Seine hervorragende Rednergabe, die sachliche Klarheit mit poetischer Form zu verbinden verstand, unterstützt von auffallender Geschicklichkeit im Experimentieren, sicherten ihm immer wieder das ungeteilte Interesse seiner Hörer, mit denen ihn auch kameradschaftliches Fühlen verband. Er wurde an den kaiserlichen Hof gezogen, und mit durch seinen Einfluß wurde Kaiser Wilhelm veranlaßt, den Technischen Hochschulen in Deutschland die volle Gleichberechtigung mit den Universitäten und ihm Stimme und Sitz im Herrenhaus zu gewähren. Er leitete erfolgreich von 1883 bis 1889 die Verhandlungen des Vereins zur Beförderung des Gewerbfleißes und führte im Verein deutscher Ingenieure von 1906 bis 1908 den Vorsitz.

Slaby gewann Einfluß auf die Entwicklung von Industrie und Technik, da er es verstand, wissenschaftliche Forschung unmittelbar der Praxis dienstbar zu machen. Für alle geschichtlich interessierten Zeiten wird sein Name mit dem Gebiete der Funkentelegraphie unlösbar verbunden sein. Begünstigt durch seine Freundschaft mit Preece, dem Chefingenieur der englischen Telegraphenverwaltung, konnte er den ersten Versuchen über drahtlose Telegraphie beiwohnen, die Preece gemeinsam mit Marconi ausführte. Die volle Bedeutung der Erfindung sofort übersehend, erforschte er zunächst die physikalischen Grundlagen und ersann dann den technischen Ausbau neuer Verfahren, um drahtlos Zeichen zu übertragen. Er und sein Assistent Graf Arco schufen das erste deutsche System. Die technischen und wissenschaftlichen Ergebnisse dieser Arbeiten hat er unter dem Titel: „Die Abstimmung funkentelegraphischer Sender" veröffentlicht. Seine Resultate und die gleichzeitig von Professor Braun in Straßburg gewonnenen Ergebnisse wurden vereinigt und die deutsche Gesellschaft für drahtlose Telegraphie gegründet. So bekam Deutschland ein eigenes System der Funkentelegraphie und wurde von dem gefürchteten englischen Monopol unabhängig. *Z 1913 S. 766; Annalen 1913 S. 173.* Mi.

SMEATON, John, geb. 8. Juni 1724 in Austhorpe Lodge bei Leeds, gest. 28. Okt. 1792 dortselbst. Sein Vater war Rechtsanwalt. John erhielt eine sehr gute Erziehung und sollte auch Rechtsanwalt werden. Er zeigte aber schon in früher Jugend Anlagen zum Ingenieur, einem Beruf, der damals so gut wie unbekannt war. Während er noch zur Schule ging, konstruierte er eine Drehbank und eine Dampfmaschine. Nachdem er drei Jahre lang in einem Anwaltsbureau den Beruf seines Vaters studiert hatte, nahm er eine Stellung als Feinmechaniker in einer Werkstatt für wissenschaftliche und mathematische Instrumente an. 1750 machte er eine eigene Werkstatt auf, in der er feinmechanische und Präzisionsinstrumente anfertigte. In dieser Zeit machte er sich einen Namen als Wissenschaftler, indem er der Royal Society über diese Instrumente Berichte lieferte. 1754 reiste Smeaton nach Belgien und Holland, um die Wasserwege in diesen Ländern zu studieren. Seine dort gemachten Erfahrungen verwandte er dazu, Wasserstraßen in England zu verbessern und auszubauen, Entwässerungsanlagen zu errichten usw.

Berühmt wurde Smeaton durch die Erbauung des Eddystone-Leuchtturms (1756 bis 1759). Während der Erbauung experimentierte er mit verschiedenen Bindemitteln und fand einen unter Wasser abbindenden Zement, der im wesentlichen aus gleichen Teilen Kalk (am besten Blaulias) und Traß oder Puzzolanerde bestand. Im Anschluß an diesen Bau wurde Smeaton in stärkerem Maße zum Bau von Brücken, Häfen und Wasserbauten herangezogen. Am bekanntesten sind seine Brücken in Perth, Banff und Coldstream in Schottland, der von ihm erbaute Firth-Clyde-Kanal und die Hafenanlagen von Ramsgate. Um die Fundamente der Brücken gegen zerstörende Einflüsse zu schützen, benutzte er den sog. Schichtenaufbau.

Auch als Maschinenbauer war Smeaton tätig und entwarf und baute jede gewünschte Maschine, von der Schiffspumpe und dem Feuerlöscher bis zur Drehbank und Dampfmaschine. Er versuchte, die Newcomensche Dampfmaschine zu verbessern und konnte das auch bis zu einem gewissen Grad erreichen, wurde aber durch die von ihm neidlos anerkannte Überlegenheit der Wattschen Dampfmaschine aus dem Felde geschlagen.

Auf dem Gebiete des Mühlenbaues verbesserte er viele der hierbei verwandten Maschinen und entwarf und baute neue Mühlen jeder Art. Er hat allein 43 Wassermühlen und eine Windmühlenanlage entworfen und gebaut. Da die Arbeiter damals noch nicht nach Zeichnungen zu arbeiten verstanden, fertigte Smeaton Modelle aus Holz von den verschiedenen Teilen, nach denen sie arbeiten konnten. Smeaton war ein unermüdlicher Arbeiter. Auf Geld legte er wenig Wert und schlug die glänzendsten Angebote nach dem Auslande ab. In seinen Mußestunden beschäftigte er sich viel mit Astronomie. Lange ehe er starb, hatte sich sein Ruf in ganz Europa verbreitet. *Entw. Dm. 1 S. 119; Liv. Eng. 2 S. 84; Gesch. Zem. S. 59, 163.* Wi.

SMILES, Samuel, geb. 23. Dez. 1812 in Haddington, gest. 16. April 1904 in Kensington, London. Er hatte zehn Geschwister; sein Vater, der früh starb, war Papierfabrikant, später Kaufmann. Samuel Smiles studierte Medizin und ließ sich nach beendigtem Studium als Arzt in Haddington nieder. Da in diesem Städtchen von 3000 Einwohnern bereits acht Ärzte waren, so konnte er als jüngster nicht durchkommen und entschloß sich daher nach einigen Jahren, eine nur gering bezahlte Stelle als Schriftleiter einer kleinen Provinzzeitung in Leeds anzunehmen. Schon damals begann er, Vorträge zu halten und aus diesen Vorträgen kleine Schriften zusammenzustellen. In die Zeit des Kampfes gegen die Kornzölle und in die Kinderjahre des Eisenbahnwesens fiel sein Hauptschaffen. Er geriet in die Wellen beider Bewegungen hinein und war vor allem auf sozialem Gebiet ein machtvoller Kämpfer. Er lernte viele Menschen kennen, die später eine wichtige Rolle gespielt haben, und ging von seinem Schriftleiterposten zunächst in das Sekretariat der Eisenbahnlinie Leeds-Thirsk über; später wurde er Sekretär der großen South-Eastern-Bahn. Während dieser Zeit wurde der Londoner Bahnhof Charing Cross gebaut, den man damals fast wie ein Weltwunder betrachtete. Seine ersten bedeutenderen schriftstellerischen Arbeiten lagen in der Zeit vor dem Krimkriege, und seine ersten Bücher entstanden in den abendlichen Stunden nach dem anstrengenden Eisenbahndienst. Sein Buch „Self Help", das später in Riesenauflagen abgesetzt und in achtzehn Sprachen übersetzt wurde, fand erst den Weg in die Öffentlichkeit, als Smiles Name als Verfasser einer Lebensbeschreibung der Stephensons bekannt wurde. Auch dieses Buch fand einen für die damalige Zeit großen Absatz und ermutigte Smiles, nach der Richtung hin weiterzuarbeiten. Es folgte eine ganze Reihe weiterer Beschreibungen von großen Erfindern und Industriellen, wie z. B. Boulton, Watt, Rennie, James Nasymth usw. Zunächst erschien sein Buch „Industrial Biography", mit dem Untertitel „Iron Workers and Tool Makers". 1874 erschien die fünfbändige Gesamtausgabe „Lives of the Engineers". Bei der Abfassung dieser Schriften sowie seiner vielen Bücher wie Self Help leitete ihn der soziale Gedanke. Die Lebensbeschreibung von Männern, die aus kleinsten Anfängen sich selbst durch eigene Kraft hochgebracht hatten, sollte dem Leser zeigen, wie auch in ihm die gleichen Möglichkeiten schlummern können. Die anderen Schriften, unter denen noch die lebensphilosophischen, „Character", „Duty", „Thrift" und „Conduct" zu nennen sind, wurden als Evangelien der Selbsthilfe bezeichnet und in großen Auflagen abgesetzt. Smiles hatte einen starken Willen und eine unermüdliche Arbeitskraft. 1866 trat er von der South-Eastern Bahn zurück und wurde einige Zeit darauf Präsident des National Provident Institution, bis ihn ein Schlaganfall zum Rücktritt zwang. Einige Jahre war er durch die eingetretene Lähmung fast arbeitsunfähig; durch zähe Energie raffte er sich aber wieder auf und hat sich dann noch zwanzig Jahre lang schriftstellerisch betätigt. Im Jahre 1904 ist er, zweiundneunzigjährig, gestorben. *Nat. Biogr. 2. Suppl. Bd. 3.* Wi.

SMITH, Francis Pettit, Sir, geb. 9. Febr. 1808 in Hythe, gest. 12. Febr. 1874 in South Kensington. Smiths Vater war Posthalter in Hythe und ließ seinen Sohn in einer Privatschule in Ashford (Kent) erziehen. Nach Beendigung seiner Schulbildung war er zunächst Landwirt in Romney Marsch, später in Hendon (Middlesex). Schon in seiner Kindheit hatte sich Smith beim Bau kleiner Schiffsmodelle große Geschicklichkeit angeeignet; besonders im Ersinnen der Antriebverfahren war er sehr erfinderisch. Im Januar 1835 baute er ein Schiffsmodell, das von einer Schraube, die man durch eine Feder in Tätigkeit setzte, angetrieben wurde, und das sich als so erfolgreich erwies, daß Smith die Überzeugung gewann, der Schraubenantrieb sei in dieser Form den zu der Zeit üblichen Schaufelrädern vorzuziehen. Daß auch andere Erfinder schon vor ihm sich mit dem gleichen Gedanken beschäftigt hatten, und daß sich zu gleicher Zeit John Ericsson auf dem nämlichen Gebiet praktisch betätigte, wußte Smith nicht. Er wähnte sich als den alleinigen Erfinder und glaubte so stark an seine Idee, daß er seine Landwirtschaft aufgab und sich mit höchster Begeisterung an die praktische Durchführung seiner Erfindung machte. Im Jahre 1836 hatte er sein erstes Modell bedeutend verbessert und führte es einigen Freunden auf dem kleinen Landsee seines Gutes in Hendon vor. Am 31. Mai des gleichen Jahres nahm er in London ein Patent „zum Antrieb von Schiffen mittels einer unter der Wasseroberfläche arbeitenden Schraube". Sechs Wochen später nahm Kapitän Ericsson in London ein ähnliches Patent für seine Erfindung. Smith setzte sich jetzt mit aller Macht daran, seine Erfindung so schnell wie möglich zu vervollkommnen. Mit der finanziellen Hilfe eines Mr. Wright und der technischen eines Mr. Thomas Pilgrim baute er in kurzer Zeit ein kleines Schiff von 10 t, stattete es mit einer zweigängigen Holzschraube aus und ließ es von einer Dampfmaschine von etwa 6 PS antreiben. Im November 1836 wurde es der Öffentlichkeit vorgeführt. Ein Unfall mit der Schraube führte Smith zu der Folgerung, daß er mit einer verkürzten Schraube bessere Ergebnisse erzielen dürfte. Dementsprechend wechselte er die Schraube im Jahre 1837 gegen eine eingängige aus. Um die Überlegenheit dieser neuen Antriebsart unter allen Umständen zu beweisen, fuhr der kleine Dampfer in zum Teil sehr stürmischem Wetter nach Ramsgate und von da nach Dover und Hythe und zurück, wo er sich sowohl bei ruhigem wie aufgeregtem Wasser bewährte.

Vor allem die technische Welt hatte sich von Anfang an gegen diese Neuerung gewandt. Durch seine in aller Öffentlichkeit durchgeführten Versuche war aber die Aufmerksamkeit der Admiralität für das Problem erweckt worden, und um sich ein endgültiges Bild über die Vorteile des Schraubenantriebes zu verschaffen, schlug man den Bau eines größeren Schraubendampfers vor. Es bildete sich eine kleine Gesellschaft, und der Bau eines neuen Schraubendampfers „Archimedes" mit 237 t, mit eingängiger Schraube und 80-PS-Maschine wurde beschlossen. Die Admiralität wollte sich für die neue Antriebsart entscheiden, wenn der Dampfer dauernd eine Geschwindigkeit von 5 Knoten einhalten könne. Nach verschiedenen Probefahrten auf der Themse und bei Sheerness, wobei „Archimedes" die doppelte Geschwindigkeit erzielte, wurde er nach Portsmouth gebracht und in Wettbewerb gesetzt mit dem damals schnellsten kleinen Schaufelradboot „Vulkan", das er aber mit Leichtigkeit besiegen konnte. Diese ersten Versuche fanden im Oktober 1839 statt, weitere wurden im folgenden Jahre unternommen und führten schließlich zu dem Ergebnis, daß sich die Admiralität von dem Vorteil der Schiffsschraube völlig überzeugt erklärte. Trotz allem konnte sich diese Behörde aber nur schwer entschließen, die Folgerungen aus dieser Erkenntnis zu ziehen, und erst im Jahre 1841 gab sie den Auftrag, den ersten kleinen Schraubendampfer, den „Rattler", zu bauen. Inzwischen unternahm der Dampfer „Archimedes" noch weitere Probefahrten nach den wichtigsten Häfen in Großbritannien, fuhr auch nach Amsterdam und über den Golf von Biskaya nach Oporto und erregte überall größtes Aufsehen. In Bristol besichtigte Sir J. K. Brunel den Dampfer und war von der Erfindung so eingenommen, daß er sofort seinen im Bau befindlichen Überseedampfer „Great Britain" für die Aufnahme des Schraubenantriebes einrichten ließ. Der Dampfer „Rattler" lief 1843 vom Stapel, und am 28. März 1844 wurde Smiths vierflügelige Schraube mit vollem Erfolg ausprobiert. Im Anschluß daran erhielt Smith den Auftrag, unter seiner Leitung 20 Kriegsschiffe mit diesen Schrauben zu versehen.

Bis zum Jahre 1850 wirkte Smith bei der Admiralität als Sachverständiger für diese Fragen. Er erhielt aus seiner staatlichen und auch privatgeschäftlichen Betätigung nur sehr geringe Entschädigung. Überdies lief im Jahre 1856 sein Patent, das bereits einmal verlängert worden war, ab, und Smith zog sich nach Guernsey zurück, um sich wieder der Landwirtschaft zu widmen. Da er aber auch hier Mangel litt, war er gezwungen, die ihm angebotene Stelle eines Direktors des patentamtlichen Museums in South Kensington zu übernehmen, die er bis zu seinem Tode behielt. Eine kleine Anerkennung seiner großen Verdienste erhielt er im Jahre 1855 durch Lord Palmerston, der ihm eine Pension von 200 £ aussetzte; 1857 wurde ihm eine öffentliche Anerkennung in Gestalt einer von der Fachwelt veranstalteten Sammlung in Höhe von etwa 3000 £ überreicht, und im Jahre 1871 wurde er in den Adelsstand erhoben. *Nat. Biogr. 53 (1898) S. 35; Smiles: Men of Invention and Industry (London 1884) S. 61.* Wi.

SMITH, James, geb. 3. Jan. 1789 in Glasgow, gest. 10. Juni 1850 in Kingencleugh (Ayrshire). Da er seinen Vater schon mit zwei Monaten verlor, wurde er von einem Onkel, Archibald Buchanan, einem Schüler Arkwrights und Leiter der Baumwollfabriken in Deanston (Perthshire), erzogen. James Smith besuchte die Universität in Glasgow und wurde mit 18 Jahren als Leiter der Deanston-Werke eingesetzt. Er reorganisierte die Fabrik und verbesserte ihre Verfahren. Auch noch in späteren Jahren, als er sich schon längst von der Textilindustrie der Landwirtschaft zugewandt hatte, interessierte ihn dieser Zweig der Technik. So sind die in seinem Patent vom Jahre 1834 enthaltenen Verbesserungen des Selfaktors, besonders die Benutzung der Mangelräder für den Wageneinzug, so bedeutsamer Art, daß sein Selfaktor mit vollem Recht neben der Bauart von Roberts als fast ebenbürtig erscheint. Von da ab unterscheidet man diese beiden Arten von Selfaktorbauarten. Noch erfolgreicher war Smith aber als Erfinder landwirtschaftlicher Geräte und Maschinen, deren ständige Verbesserung er fast sein Leben lang betrieb.

Schon im Jahre 1812 bewarb er sich, wenn auch ohne Erfolg, an einem Wettbewerb für die Schaffung einer Mähmaschine. Sein Modell wich insofern von den üblichen ab, als es nicht gezogen, sondern von hinten gestoßen wurde; das Getreide wurde mittels eines horizontal drehenden Zylinders geschnitten. Im Jahre 1813 unternahm Smith einen zweiten Versuch, doch auch dieses Mal gewann er keinen Preis. Die sinnreiche Bauart der Maschine wurde aber anerkannt und erregte in den beteiligten Kreisen, besonders auch in St. Petersburg, Aufsehen. Von James Smith rühren auch bemerkenswerte Arbeiten auf dem Gebiete der Entwässerung her. 1823 kam er in den Besitz eines arg vernachlässigten und verwilderten Gutes in Deanston, das er nach einem bestimmten Plan unter Anwendung eines von ihm erfundenen, tiefe Schollen aushebenden Pfluges in einigen Jahren zu einer Musterwirtschaft gestaltete, die 1831 nach der Veröffentlichung einer berühmt gewordenen Abhandlung „Thorough Draining and Deep Working" von Fachleuten aus England, Europa und sogar aus Amerika besichtigt wurde. 1834 gab er vor dem House of Commons einen Bericht über sein Verfahren ab, der äußerst beifällig aufgenommen wurde. Außer dem genannten Pflug und einigen weiteren Ackerbaugeräten rührten von ihm u. a. ein Wasserrad für eine Baumwollfabrik in Greenock, die Schaffung einer Fischtreppe usw. her. Von 1842 an war er in London als „Landwirtschaftsingenieur" tätig und wurde viel als Sachverständiger für die gesundheitlichen Verhältnisse großer Städte herangezogen. Er befürwortete auch die Verwendung von Abwässern für landwirtschaftliche Zwecke. Bei einem Besuch seines Vetters starb er ganz unerwartet und ließ eine Reihe unvollendeter, erst im Entwurf vorliegender Arbeiten zurück. *Nat. Biogr. 53 (1898) S. 58; Beitr. 12 (1922) S. 81.* Wi.

SOLVAY, Ernest, geb. 16. April 1838 in Rebecq-Roguin bei Brüssel, gest. 26. Mai 1922 in Brüssel. Das in größtem Maßstabe ausgeführte Arbeitsverfahren der chemischen Großindustrie ist das Ammoniaksodaverfahren, die Schöpfung Ernest Solvays.

Solvay ist in eigenartiger Weise durch die Umgebung, in der er seine Jugendzeit verbrachte, an diese Erfindung gekommen und sozusagen in sie hineingewachsen. Er wurde als Sohn eines Steinbruchbesitzers geboren, der auch eine Salzsiederei betrieb. Er wuchs also, wie er selbst sagte, inmitten des Chlornatriums auf. Den anderen Hauptrohstoff für seine Erfindung fand er in der Gasfabrik von Schaerbeck bei Brüssel vor, die sein Onkel Smet leitete.

Er trat nach seiner Schulzeit, ohne höhere Fachbildung genossen zu haben, in die Gasfabrik Schaerbeck ein, wo er sich besonders mit der Verwertung des Gaswassers beschäftigte und daraus Salmiakgeist und Ammoniumbikarbonat herstellte. Was lag nun näher, als das neu gewonnene Erzeugnis mit dem vom väterlichen Betriebe her bekannten Siedesalz zusammen zu bringen? Er erhielt so Natriumbikarbonat, das sich durch gelindes Erhitzen leicht in Soda überführen ließ. Solvay erkannte die Bedeutung seiner Erfindung sofort und suchte die Mitwirkung der belgischen Regierung zu gewinnen. Auf deren Rat hin studierte er die Literatur und mußte erkennen, daß er bereits mehrere, wenn auch wenig erfolgreiche Vorgänger hatte. So hatte Fresnel 1811 die Reaktion zwischen Chlornatrium und Natriumbikarbonat als Mittel zur Sodaherstellung empfohlen, Dyar und Hemming 1832 ein englisches Patent genommen und vergeblich die Fabrikation versucht. Weiter scheiterten mit Versuchen im Großen Kunheim in Berlin, Gaskell und Deacon in Widnes, Boker in Leeds und Schlösing und Rolland in Puteaux bei Paris. Solvay lernte aus den Fehlern seiner Vorgänger, nahm 1861 sein erstes Patent und begründete 1863, erst 25 Jahre alt, mit Hilfe von Freunden die Gesellschaft Solvay & Co. mit einem Kapital von 136 000 Frs. Erst zwei Jahre später konnte er in Couillet den Betrieb eröffnen und brachte es 1866 auf eine Tagesleistung von 1500 kg Soda. Von 1870 an begann der Siegeszug der Ammoniaksoda über die ganze Erde, der in wenigen Jahrzehnten das alte Leblancverfahren aus der chemischen Technik verdrängte. In diesem Jahre begründete Honigmann in Grevenberg bei Aachen die erste deutsche Ammoniaksodafabrik mit vervollkommneten Apparaturen. 1872 entstanden die Fabriken in Dombasle bei Nancy und die Werke von Brunner, Mond & Co. in Winnington bei Northwich, die bald die größten Sodafabriken der Welt wurden. In Amerika hat Solvays Verfahren von Anfang an eine Monopolstellung gehabt. Der Fortschritt, den das neue Verfahren brachte, spiegelt sich am besten in den Handelspreisen für die Soda wieder, die sich von 600 M je Tonne im Jahre 1850 bis auf 250 M im Jahre 1864, 230 M 1878 und 80 M 1894 senkten.

Solvays schöpferischer Geist ließ ihn aber nicht in dem Goldsegen, der sich aus allen Ländern über ihn ergoß, erschlaffen. Er erwarb sich Verdienste um die Gasverflüssigung, die Vervollkommnung der Alkalielektrolyse und die Gewinnung der Nebenprodukte beim Kokereibetriebe. Sein Einfluß auf dessen Entwicklung ist durch das Ofensystem Semet-Solvay gekennzeichnet.

Einen weiten Blick über die Fragen der chemischen Technologie hinaus bewies Solvay mit seinen weitreichenden wissenschaftlichen und sozialen Bestrebungen. Er war ein philosophischer Kopf, der alle seine Werke mit dem Werk der Besserung des Loses der Menschheit zu krönen hoffte. Diesem Zwecke dienten seine mit vielen Millionen bedachten Stiftungen für biologische, physikalische und pädagogische Studien. Er hatte die seltene Gabe der Menschenkenntnis und fand für jeden Platz den rechten Mann. So war er befähigt, bis zu seinem am 26. Mai 1922 erfolgten Tode an seinen Ideen zum Besten der Menschheit zu arbeiten. *Chem. Z. 46 (1922) S. 533; Revue Mètallurgique 19 (1922) S. 696.* Sa.

SÖMMERING, Samuel Thomas v., geb. 28. Jan. 1755 in Thorn, gest. 2. März 1830 zu Frankfurt a. M. Als Sohn eines Thorner Arztes und Kreisphysikus studierte er in Göttingen Medizin, hörte aber auch mathematische und physikalische Vorlesungen. Nach bestandenem Examen machte er eine längere wissenschaftliche Reise nach England und übernahm 1779 eine Professur für Anatomie am Collegium Carolinum in Braunschweig. 1784 wurde er an die Universität Mainz berufen. Bei deren Auflösung zog er nach Frankfurt a. M., wo er bis 1805 als Arzt tätig war, und siedelte dann im gleichen Jahr als Mitglied der Kgl. Akademie der Wissenschaften nach München über. Als deren Mitglied wurde er von dem bayerischen Ministerpräsidenten Graf Montgelas aufgefordert, einen Telegraphen zu konstruieren. Während man zu jener Zeit an einen optischen Telegraphen nach dem System von Claude Chappe dachte, kam Sömmering als erster auf den Gedanken, die Elektrizität zum Telegraphieren zu verwenden, indem er als Stromquelle eine Voltasche Säule und als Leitungen Messing- oder Silber- und Kupferdrähte benutzte. Der Apparat bestand aus 27 Drähten (25 Buchstaben des Alphabets, einer für den Punkt, der andere für das Wiederholungszeichen), die von unten in ein mit Wasser gefülltes Gefäß hineinragten. Die einzelnen Drähte konnten durch eine einfache Vorrichtung mit einer galvanischen Batterie, der Voltaschen Säule, so verbunden werden, daß der Strom durch den Draht und das Wasser hindurchfloß. Dadurch entstanden an dem betreffenden Draht infolge der Wasserzersetzung Blasen und durch Beobachtung der Reihenfolge der Drähte, an denen Blasen auftauchten, konnte man das telegraphierte Wort ersehen. Am 8. Juli 1809 war es möglich, zum ersten Male mit Hilfe der Elektrizität ein Telegramm durch den Metalldraht hindurchzusenden. Der erste Telegraph befindet sich heute im Reichspostmuseum zu Berlin. *Erfinder S. 63.* Cr.

STANHOPE, Charles, Third Earl of, geb. 3. Aug. 1753 in London, gest. 15. Dez. 1816 in Chevening (Kent.). Die erste Erziehung erhielt Stanhope in Eton. 1763 starb sein älterer Bruder Philip; Charles übernahm die Pairwürde und erhielt den Titel eines Lord Mahon. 1764 siedelte die ganze Familie nach Genf über, wo er unter Le Sage studierte, der in ihm eine besondere Vorliebe für die exakten Wissenschaften erweckte. Im Alter von 18 Jahren löste Stanhope eine von der Kopenhagener Gesellschaft der Wissenschaften gestellte Preisaufgabe über die Pendeluhr. 1773 schrieb er in Genf ein im Jahre 1775 erschienenes Werk „Betrachtungen über Mittel, um Falschmünzereien bei Goldmünzen zu verhindern". Er schlug hierbei vor, der Münze ein nur wenig erhabenes Relief zu geben und das Datum einzudrücken. Kurze Zeit darauf kehrte die Familie Mahon nach England zurück und in den nächsten Jahren beschäftigte sich Charles vor allem mit der Politik; seine demokratische, fast revolutionäre Gesinnung brachte ihm viele erbitterte Gegner ein.

Viel Geld und Zeit verwendete Stanhope auf die Durchführung seiner Forschungen und Versuche; durch ein besonderes System von Eisenplatten versuchte er, Gebäude vor Feuer zu schützen. 1792 schrieb eine englische Zeitschrift, daß seine Versuche, Schiffe durch Dampfmaschinen und ohne Masten und Segel anzutreiben, so erfolgreich ausgefallen seien, daß man im Begriffe stehe, unter seiner Leitung ein neues Schiff dieser Art von 200 t zu bauen. Die Spitzen der Admiralität sprachen sich in den Jahren 1795/96 günstig über seine Erfindungen aus. Am 21. Mai erklärte Stanhope vor dem House of Lords, daß er einen Dampfer erfunden hätte, „111 Fuß lang, der nur rund 7 Fuß Wasser zöge und schneller als irgendein Schiff der Marine führe". Die Einzelheiten dieser Schiffsversuche sind 1807 in einer Beschreibung „über Schiffe und Dampfer" niedergelegt.

Bekannt wurde er vor allem durch die Erfindung der nach ihm benannten Druckerpresse. Gerade mit diesem Gebiet hat er sich eingehend beschäftigt und auch viel nützliche Hilfsmittel erfunden, die er der Öffentlichkeit und der Fachwelt ohne jegliche Entschädigung zur Verfügung stellte. Sein erster Mitarbeiter hierbei war Robert Walker, ein sehr erfindungsreicher Mechaniker in London. Mit seiner Hilfe gelang es, das Stereotypverfahren so zu verbessern, daß es im Laufe der Zeit ein unentbehrlicher Teil jeder Druckerei wurde. Von Stanhope rührt auch eine eiserne Handpresse her, die Stanhope-Presse, sowie eine besondere Art von Buchstaben und Buchstabenkästen. Dieses System wurde etwa im Jahre 1810 bei der Oxford Preß eingeführt, erwies sich aber ebenso wie das Verfahren von J. Walter als undurchführbar. Auch in späteren Jahren beschäftigte er sich noch ständig mit diesen Fragen, und zwar entweder in der Werkstatt von Andrew Wilson, dem Leiter seines Unternehmens in Wild Court, oder auf seinem Landsitz in Chevening, wo er eine eigene Gießerei errichtet hatte. Im Jahre 1806 veröffentlichte er die „Principles of the Science of Tuning Instruments with fixed Tones", und 1779 erschien der erste Band seiner „Grundsätze der Elektrizität". Der in Aussicht gestellte zweite Band dieses Werkes folgte aber nicht. In dem ersten Band beschäftigte sich mit den Fragen elektrischer Entladungen bei Gewitterstürmen usw. Ein öffentlicher Versuch der Experimente von Franklin und Stanhope über Blitzableiter und verwandte Fragen soll im Pantheon unter der Leitung des Elektrikers Edward Nairne stattgefunden haben.

Schließlich verdient noch eine Aufgabe Erwähnung, der er in mehr als 30 Jahren seines Lebens nachgegangen ist: die Rechenmaschine. Er hat zwei Maschinen konstruiert: eine zum genauen Ausrechnen schwieriger Additionen und Subtraktionen, die andere für ebensolche Multiplikationen und Divisionen. Eine von ihm erfundene mikroskopische Linse trägt seinen Namen. Er beschäftigte sich ferner mit Verfahren zur Herstellung von Zement, mit einem Mittel, um die Wunden an Bäumen zu heilen usw. In Gemeinschaft mit Robert Fulton hatte er den Plan eines Kanals von seinem Gut bei Holsworthy (Devonshire) nach dem Bristol-Kanal entworfen, der u. a. eine Verbesserung der bis dahin üblichen Kanalschleusen enthielt.

Äußerlich zeichnete er sich durch auffallende Einfachheit aus. Er hatte in weiten Kreisen große Sympathien; seine Freigebigkeit war fast ohne Grenzen, nur mit seinen Kindern konnte er sich nicht verstehen. Er brachte ihnen keine Neigung entgegen und ließ sie schließlich alle enterben. Er starb an der Wassersucht am 15. Dez. 1816 in Chevening und wurde hier in größter Einfachheit beigesetzt. *Nat. Biogr. 54 (1898) S. 1.* Wi.

STEINBEIS, Ferdinand v., geb. 5. Mai 1807 zu Ölbronn, gest. 7. Febr. 1893 in Leipzig. Wirken und Schaffen und dazu Anregen, war der Inhalt des erfolgreichen Lebens dieses hervorragenden Ingenieurs und unermüdlichen Förderers von Württembergs Gewerbe und Industrie, der mit gründlichem technischen Wissen ein außergewöhnliches Verwaltungstalent und eine tiefgehende Kenntnis der sozialen und wirtschaftlichen Verhältnisse seiner Zeit vereinigte. Nach einer glänzenden Ingenieurlaufbahn als Leiter der Fürstl. Fürstenbergischen Hüttenwerke und der Stummschen Eisenwerke in Neunkirchen, auf denen er u. a. die ersten betriebsicheren Kokshochöfen in Deutschland und ein vorbildliches Schienenwalzwerk nach eigenen Entwürfen errichtet hatte, folgte Steinbeis 1848 einer Berufung an die soeben gegründete Zentralstelle für Gewerbe und Handel in Stuttgart, zu deren Präsident er 1855 aufrückte. Über die Aufgaben, die er sich in seinem neuen Wirkungskreis in der weitblickenden Voraussicht stellte, daß für Württemberg die Zeit des Überganges vom Agrarstaat zum Industriestaat gekommen sei, hat sich Steinbeis in seinem groß angelegten Buch „Die Elemente der Gewerbeförderung, nachgewiesen an der belgischen Industrie" (1853) zusammenhängend ausgesprochen. Wenn auch in diesem engen Rahmen nicht alle die Maßnahmen und Einrichtungen aufgeführt werden können, die Steinbeis zur Durchführung seiner Ziele getroffen hat, so seien doch wenigstens genannt: die Errichtung von Handels- und Gewerbekammern sowie einer Waren- und Effektenbörse für den Tagesverkehr, die Einführung der Nähmaschine und der Handstrickmaschine, die Gründung und Leitung des „Gewerbeblattes" und der Württembergischen Handelsgesellschaft zur Förderung der Ausfuhr. Daneben hat Steinbeis insbesondere die württembergische Leinen- und Webwarenindustrie, die Metallwarenfabrikation, die Holz-, Leder-, Seifen-, Zement- und Tonwarenindustrie so weitgehend gefördert oder neubelebt, daß er vielfach als ihr eigentlicher Schöpfer bezeichnet werden muß. Schließlich sind noch ganz besonders drei Arbeitsgebiete zu nennen, die gewissermaßen die Grundpfeiler aller seiner Maßnahmen bildeten: Die Förderung des Ausstellungswesens und seine Ausnutzung für die heimische Industrie, die Gründung von gewerblichen Fortbildungsschulen sowie von Web- und Zeichenschulen mit einem so vorzüglichen Lehrplan und in einem solchen Umfange, daß noch heute dreiviertel der in Württemberg bestehenden Schulen unmittelbar auf ihn zurückgehen und die Gründung und der Ausbau des „Württembergischen Musterlagers", der ersten derartigen Einrichtung Deutschlands, die für viele Länder vorbildlich geworden ist und heute als „Landes-Gewerbemuseum" in hoher Blüte steht.

1880 legte Steinbeis, ausgezeichnet durch hohe Ehrungen und die Ehrenbürgerbriefe von Ulm, Reutlingen, Blaubeuren und Vaihingen, seine Ämter nieder. Als er hochbetagt am 7. Februar 1893 starb, hatte Württemberg einen seiner Besten verloren. *R. Piloty u. Fr. Müller: v. Steinbeis. Sein Leben und Wirken (Tübingen 1907); O. Frommel: Steinbeis. Ein Gedenkblatt.* Wch.

STEINER, Friedrich, geb. 3. Sept. 1849 in Linz an der Donau, gest. 9. Aug. 1901 in Prag-Smichow, war der Sohn eines Bergrates und erwarb sich nach Besuch der Ingenieurschule an der Technischen Hochschule in Wien das Ingenieurdiplom (1875), war Konstrukteur für Eisenbahnbau und Brückenbau (unter Dr. E. Winkler), Privatdozent für graphische Statik und graphisches Rechnen, welche Wissenszweige er durch seine Abhandlung über die graphische Zusammensetzung der Kräfte (Wien 1876) förderte und unternahm mit Hilfe eines Reisestipendiums und als Berichterstatter für die Weltausstellung in Philadelphia (1876) eine Studienreise nach Amerika, als deren Ergebnis eine Abhandlung über die amerikanischen Brücken- und Dachkonstruktionen erschien. 1878 wurde Steiner an die deutsche Technische Hochschule berufen, an der er Straßen-, Eisenbahn- und Brückenbau vortrug; er versuchte, seine Hörer durch die übungsweise Herstellung von Brückenteilen aus Preßspan (Karton) auch praktisch auszubilden. Eingehend befaßte er sich mit der Geschichte der Ingenieurwissenschaften („Bilder aus der Geschichte des Verkehrs", Prag 1879) und insbesondere mit „Photogrammetrie" („Die Photographie im Dienste des Ingenieurs", Wien 1893). Daneben entfaltete er eine geradezu aufreibende praktische Tätigkeit auf dem Gebiete des Brückenbaues (Untersuchung älterer bedeutender Brücken, Entwürfe neuer Brücken), der Baustoffuntersuchung (Berichterstatter auf dem Kongreß des internationalen Verbandes für Materialprüfung in Stockholm 1898), der Grundwasserbewegung (Entwürfe für Flußregelungen und Wasserversorgungen), der Tiefbohrtechnik und der Sanierung von Mineralquellen, auf welchem Felde er bemerkenswerte Erfolge erreichte (z. B. Bilin, Homburg, Wildungen). Seiner Feder entstammen zahlreiche Abhandlungen als Ergebnisse seiner wissenschaftlichen Studien und Reisen durch fast alle Staaten Europas und nach Amerika, und seiner werktätigen Anteilnahme an fast allen großen Industrieausstellungen; er veröffentlichte sie zumeist in der „Zeitschr. d. österr. Ing.- u. Arch.-Ver." und in den „Techn. Blättern" (Prag). Im Buchhandel erschienen u. a.: „Das Taxometer (Spannungsmesser)" (Wien 1877), „Theorie des Oberbaues" (Prag 1883, Umarbeitung des Winklerschen Lehrbuches über Weichen und Kreuzungen), „Konstruktion der Fachwerkbrücken" (2. Aufl., Leipzig 1890), „Vademecum für Bauingenieure" (Wien, 2. Aufl.; 3. Aufl. von Prof. Birk bearbeitet). Steiner war Mitarbeiter des „Handbuchs der Ingenieur-Wissenschaften", Gründer des „Exkursionsfonds für Hörer der Ingenieurschule in Prag" und Mitglied der Gesellschaft zur Förderung deutscher Wissenschaft, Kunst und Literatur in Böhmen (jetzt: Deutsche Gesellschaft für Wissenschaft und Kunst in der Tschechoslowakischen Republik). Steiner, eine ungewöhnlich anregende, für alles Neue empfängliche Natur, dabei von rastloser Tätigkeit starb nach kurzem schweren Krankenlager. *Z. Öst. 53 (1901) S. 614; Die K. K. Deutsche Technische Hochschule in Prag (1906) S. 373.* Bk.

STEINHEIL, Hugo Adolf, geb. 12. April 1832 in München, gest. 4. Nov. 1893 in München, Sohn von Karl August Steinheil, besuchte das Gymnasium in München und das Gymnasium St. Anna in Augsburg (1849). Er widmete sich dem Studium der Ingenieurwissenschaften und am Polytechnikum in München und nach der Berufung seines Vaters nach Wien an der dortigen Universität und dem Polytechnikum. 1851 hat er in der Schweiz, wo sein Vater die Telegraphen einrichtete, 19jährig und jünger als alle Schüler, den Unterricht an die Telegraphisten erteilt und war dann als Telegraphenoberinspektor in Oberitalien tätig. Ende 1852 nach München zurückgekehrt, machte er das Staatsexamen als Ingenieur und bereitete sich auf seinen eigentlichen Beruf vor, die praktische Optik. Als Abschluß dieser Studien promovierte er an der Universität München 1855 als Doktor der Philosophie. In der von C. A. Steinheil im Jahre 1855 gegründeten Werkstätte war Adolf Steinheil von Anfang an eifriger Mitarbeiter, von 1862 an leitete er sie selbständig. Er ist der Begründer der strengen Rechnung in der Optik, die jetzt allgemein als die Steinheilsche Methode bezeichnet wird. Sie hat dazu geführt, daß die Steinheilsche Werkstätte Weltruf erlangte, weil Steinheil mit ihrer Hilfe neue Wege beschreiten konnte, die zu vielen Verbesserungen führten. So war er der Konstrukteur der überall bekannten Steinheilschen Lupen, der monozentrischen Okulare, der Fernrohrobjektive mit vorausstehender Flintglaslinse usw.

Als im Jahre 1887 in Paris der Internationale Kongreß zur Herstellung der photographischen Himmelskarte tagte, wurde Steinheil dorthin berufen; dort wurden die von ihm aufgestellten Bedingungen für die Objektive beschlossen. Er hat dann auch eine Reihe von Objektiven an Sternwarten geliefert, die sich an diesem internationalen Unternehmen beteiligten. Die größten Verdienste A. Steinheils liegen aber auf dem Gebiete der photographischen Optik. Das im Jahre 1865 erschienene Periskop war das erste Weitwinkelobjektiv; der von ihm im Jahre 1866 errechnete Aplanat hat auf der ganzen Welt Verbreitung gefunden und ist erst nach Jahrzehnten verdrängt worden, als die Erfindung neuer Glasarten ein noch größeres Gesichtsfeld zu erreichen gestattete. Doch sind heute noch alle billigeren photographischen Kameras mit Aplanaten ausgestattet. Auch für Reproduktionsphotographie hat er neue Objektive geschaffen, die diese Technik wesentlich förderten.

Der erste Spektralapparat für Kirchhoff stammt aus der Steinheilschen Werkstätte und seitdem haben bis in die neueste Zeit viele Spektroskope und Spektrographen die Steinheilsche Werkstätte verlassen, wie auch an den meisten Sternwarten der Erde Instrumente und Objektive von Steinheil in Benutzung sind.

A. Steinheil hat seine Berechnungsmethoden in dem mit E. Voit herausgegebenen „Handbuch der angewandten Optik" niedergelegt. Er war Mitglied des Kuratoriums der Physikalisch-Technischen Reichsanstalt in Berlin und Mitglied der Akademie der Wissenschaften in München.

Die Steinheilsche Werkstätte wird seit A. Steinheils Tod von dessen Sohn Rudolf Steinheil im Geiste der Gründer weitergeführt. *Nach Mitt. d. Firma C. A. Steinheil Söhne.*

STEINHEIL, Karl August, geb. 12. Okt. 1801 in Rappoltsweiler (Elsaß), gest. 12. Sept. 1870 in München, war der Sohn eines Generalrentmeisters. Er erhielt einen vielseitigen Privatunterricht, wurde 1817 zwei Jahre zur Erlernung der französischen Sprache nach Frankreich gebracht und faßte hier, durch den Verkehr in sehr gebildeten Kreisen stark angeregt, den Entschluß, zu studieren. Mit 18 Jahren kehrte er nach München zurück und legte nach zweijährigem eifrigem Arbeiten die Gymnasialabschlußprüfung ab. In Erlangen, wo er sich dem Studium der Rechtswissenschaften widmete, fand er in seinem Fachgebiet keine Befriedigung, sondern wandte sein Interesse immer mehr den naturwissenschaftlich-mathematischen Fächern zu. Dieser Neigung nachgebend, bezog er 1823 die Universität Göttingen, um Astronomie zu studieren, doch schon im nächsten Semester vertauschte er, da Gauß keine Vorlesungen hielt, Göttingen mit Königsberg. Seine Entwürfe von Sternkarten dienten den später in Berlin bearbeiteten akademischen Sternkarten als Vorbild. Da es ihm seine Vermögensverhältnisse erlaubten, ganz seinen eigenen Studien zu leben, baute er sich nach der Doktorpromotion in Perlachseck eine Privatsternwarte, die er mit Instrumenten eigener Konstruktion ausstattete. Nach dem Tode seines Vaters siedelte Steinheil nach München über; seine Abhandlung „Elemente der Helligkeitsmessungen am Sternhimmel" wurde von der Göttinger Sozietät der Wissenschaften preisgekrönt, er wurde zum außerordentlichen Mitglied der Münchener Akademie und der Göttinger Sozietät und 1832 ohne eigene Bewerbung zum ordentlichen Professor der Physik und Mathematik und zum Konservator der mathematisch-physikalischen Sammlung des Staates ernannt. Auf einer wissenschaftlichen Reise kam er mit Gauß und Weber in Göttingen in nähere Berührung. Von Gauß lernte er die magnetischen Terminbeobachtungen kennen, die er alsbald in Bayern einführte. Er verbesserte den durch Gauß und Weber erfundenen Telegraphen durch Anbringung kleiner Farbapparate an die aufschlagenden Nadeln, so daß sichtbare Zeichen zum Ablesen für den Telegraphisten entstanden; außerdem wandte er noch Glöckchensignale an. Als seine größte Entdeckung auf dem Gebiete der Telegraphie ist anzusehen, daß man zur Herstellung eines geschlossenen Stromes zwischen zwei Stationen nur einen Draht nötig habe und die Rückleitung dem Boden überlassen könne. Durch diese wichtige Entdeckung ist die Ausführung galvanischer Telegraphen im großen eigentlich erst möglich geworden, weil die Herstellungskosten auf die Hälfte reduziert, die Sicherheit der Mitteilung aber infolge des geringen Widerstandes der Leitung mehr als verdoppelt wurde. Eine weitere wichtige Erfindung für die praktische Telegraphie war die des Translators, d. h. einer Vorrichtung, welche eine Depesche selbsttätig auf eine neue Linie überträgt; Steinheil löste diese Aufgabe durch den nach ihm benannten Translator. Durch seine „Blitzplatten" machte er den Einfluß des Blitzes auf die galvanischen Leitungen unschädlich. 1838 stellte Steinheil die ersten galvanischen Uhren her. Durch sein „Pyroskop" ermöglichte er der auf dem Petersturme in München stationierten Feuerwache mit großer Genauigkeit den Ort der Brandstätte zu bestimmen. Längs der Eisenbahn von München nach Naunhofen legte Steinheil einen Kontrolltelegraphen an, der die Geschwindigkeit des Zuges sowie seine Aufenthaltszeit an den Zwischenstationen feststellte. Auch der Photographie kamen Steinheils Arbeiten zugute. Das erste Daguerreotyp, das in Deutschland hergestellt wurde, war von ihm. — Er führte die Vergoldung mittels einer galvanischen Batterie ein. Die bayerischen Maße und Gewichte legte er durch genaue Vermessung und Vergleiche mit den französischen Gewichts- und Maßeinheiten fest; 1846 berief ihn die neapolitanische Regierung gleichfalls zur Regulierung ihrer Maße und Gewichte. Auch auf dem Gebiete der Alkoholometrie hat Steinheil Bedeutendes geleistet, ferner führte er eine optisch-aräometrische Gehaltsprobe für Biere durch. — 1849 trat Steinheil als Sektionsrat und Chef des Telegraphendepartements in das Handelsministerium zu Wien ein und stellte in Österreich ein einheitliches Telegraphensystem her. 1851 folgte er dem Ruf der Schweizer Regierung zur Einrichtung ihres Telegraphenwesens, bereits nach sechs Monaten war das Hauptnetz fertiggestellt und 80 Beamte, die Steinheils ältester Sohn, Dr. Adolf Steinheil, ausbildete, tätig. 1852 nach München in seine alte Stellung zurückgekehrt, benutzte er seine Zeit jetzt hauptsächlich zur Förderung der Instrumentalastronomie; 1854 gründete er, auf besonderen Wunsch des Königs, eine optische und astronomische Werkstatt in München, die, seit 1862 von Steinheils Sohn Adolf geleitet, die ihr gestellten Aufgaben glänzend erfüllt hat. Steinheil war ein durchaus uneigennütziger Charakter; bei Veröffentlichungen seiner Erfindungen setzte er sich stets über die zunächst liegenden persönlichen Vorteile hinweg und genoß in hohem Maße die Anerkennung seiner Fachgenossen. *ADB 35 (1893) S. 720.* Ca.

STEINMETZ, Charles Proteus, geb. 9. April 1865 in Breslau, gest. 23. Okt. 1923 in Schenectady, N.R. Sein Vater ließ ihm eine ausgezeichnete Erziehung angedeihen; er studierte Mathematik, Chemie, Physik, Maschinenbau, Astronomie und Medizin. Als begeisterter Anhänger von Marx, der er zeitlebens blieb, mußte er unter dem Sozialistengesetz aus Deutschland nach Zürich fliehen, wo er sein Studium beendete. Im Jahre 1889 kam er als unbemittelter und nicht der Sprache mächtiger Einwanderer in Amerika an. Nur ein Einführungsbrief der Elektrotechnischen Zeitschrift sollte ihm die Wege ebnen. Er fand bald Anstellung bei der Osterheld & Eichemeyer Manufacturing Company in Yonkers (N.J.), zunächst als Zeichner, später als Ingenieur und Leiter der Forschungsabteilung der Firma. Schon nach einem Jahre konnte Steinmetz, in dessen verwachsenem Körper große Energie und Ausdauer schlummerten, seinen ersten fachwissenschaftlichen Vortrag in Englisch halten. Bei der Verschmelzung der Firma Osterheld & Eichemeyer mit der General Electric Co. trat Steinmetz zu diesem Konzern über, wo er bis zu seinem Tode, also dreißig Jahre lang, leitender Ingenieur war.

Steinmetz galt als der hervorragendste Vertreter der Vereinigten Staaten auf dem Gebiet der Elektrotechnik; er war Ehrendoktor der Harvard-Universität und zeitlebens Professor der Elektrophysik am Union College in Schenectady. Etwa zweihundert Patente rühren von ihm her; seine wissenschaftlichen Forschungen auf dem Gebiet der theoretischen und praktischen Elektrotechnik sind bekannt und wertvoll. Die Ergebnisse sind in einer Reihe von Büchern und wissenschaftlichen Aufsätzen niedergelegt.

Aber nicht nur fachlich war Steinmetz interessiert. Grenzgebiete fanden in gleicher Weise seine besondere Aufmerksamkeit. So hat er noch im Jahre 1922 vier Vorlesungen über die Einstein-Theorie veröffentlicht, eine der verständlichsten Arbeiten über die Frage der nicht-euklidischen Geometrie. Im Jahre 1889 veröffentlichte Steinmetz ein Buch in deutscher Sprache: „Astronomie und Meteorologie" und 1916 ein mehr wirtschaftlich gehaltenes Buch „America and the New Epoch". In diesem Buch spricht er als der Vertreter einer die Welt als Einheit umfassenden Wirtschaftslehre, der die Lösung des sozialen Problems im Miteinanderarbeiten der arbeitgebenden und -nehmenden Klassen sucht. — Sein Begräbnis war seiner überragenden Bedeutung entsprechend. Fünf Minuten lang ruhte in sämtlichen Betrieben der General Electric Co. die Arbeit. *Electrical World (1923) S. 930; Power (New York) 58 (1923) S. 711.* Wi.

STELZNER, Alfred Wilhelm, geb. 20. Dez. 1840 in Dresden, gest. 25. Febr. 1895 zu Wiesbaden, wo er Heilung suchte. Der Vater war höherer Beamter. Stelzner besuchte in Dresden die Kreuzschule und dann die damals bestehende untere Abteilung der Polytechnischen Schule, hier erfreute er sich des Unterrichtes von Geinitz. 1859/64 besuchte er die Bergakademie Freiberg, an der v. Cotta, Reich und Breithaupt ihn besonders fesselten. Er bestand die Prüfung als Bergingenieur mit seltener Auszeichnung. Seine von ihm erweiterte Prüfungsarbeit „Über die Granite von Geyer und Ehrenfriedersdorf und die Zinnerzlagerstätten von Geyer" wurde von der Gangkommission als erstes Heft der Beiträge zur geognostischen Kenntnis des Erzgebirges veröffentlicht. Dann arbeitete Stelzner kurze Zeit in der k. k. geologischen Reichsanstalt, kehrte aber nach Freiberg zurück, um einen einjährigen praktischen bergmännischen Kursus auf der Grube Himmelfahrt zu machen. 1866 begutachtete er das Kobalterzvorkommen von Modum in Norwegen. Am 1. Sept. dieses Jahres wurde er als Bergakademieinspektor mit der

Verwaltung der Sammlungen und der Bibliothek betraut, auch hatte er mineralogische und petrefaktologische Übungen abzuhalten, weiter lehrte er an der Bergschule Mineralogie und Geologie. In dieser Zeit erwarb er den Doktorgrad durch seine Dissertation „Quarz mit Trapezoёderflächen, eine paragenetische Studie".

Ende 1870 folgte er einem Rufe als Professor für Mineralogie und Geologie an die Universität Cordoba in Argentinien. In den Jahren bis 1874 durchquerte er als Forscher zweimal die argentinischen und die chilenischen Cordilleren bis an die Küste des Stillen Weltmeeres. In seinen 1885 erschienenen „Beiträgen zur Geologie der Argentinischen Republik" hat er die sicheren Grundlagen für die Geologie des von ihm bereisten Teiles der südamerikanischen Cordilleren geschaffen.

Im Herbst 1874 kehrte Stelzner nach Freiberg zurück als Nachfolger Bernhard v. Cottas auf dem Lehrstuhle für Geologie. Leider setzte bereits 1895 der Tod seinem erfolgreichen Wirken ein Ziel.

Stelzner war eine außerordentlich kritische Natur, infolgedessen ist die Zahl seiner Veröffentlichungen verhältnismäßig nur klein. Er wandte als einer der ersten die mechanische Gesteinsanalyse mittels schwerer Flüssigkeiten in größerem Umfange an und vertiefte andererseits das Studium der Erzlagerstätten durch mikroskopische Untersuchungen. Bekannt ist seine Kontroverse mit Sandberger über die Lateralsekretion (Die Lateralsekretionstheorie und ihre Bedeutung für das Pribramer Ganggebiet. Freiberg 1889).

Wegen seiner ausgedehnten Kenntnis der Erzlagerstätten wurde er 1894 als Sachverständiger zu den Verhandlungen der deutschen Silberkommission hinzugezogen. Leider hat Stelzner seine Vorlesungen über Lagerstättenlehre nicht selbst veröffentlicht; sie erschienen erst 1904 bis 1906. (Stelzner, Alfred Wilhelm: Die Erzlagerstätten. Unter Zugrundelegung der hinterlassenen Vorlesungsmanuskripte und Aufzeichnungen bearbeitet von Alfred Bergeat, Leipzig 1904 bis 1906.)

Stelzners Vorträge waren außerordentlich anziehend. Er verstand es vortrefflich, seine Schüler ständig zu fesseln. Seine hervorragende Lehrgabe offenbarte sich namentlich auf den von ihm geleiteten und aufs sorgfältigste vorbereiteten Exkursionen, die er mit den Studierenden in das Erzgebirge, nach Böhmen, Thüringen und Bayern unternahm. Trotz angestrengtester Tätigkeit während des Tages hatte er des Abends immer noch Sinn für studentische Fröhlichkeit. Dieser enge Zusammenschluß zwischen Lehrer und Schülern blieb auch nach Schluß der Studienzeit bestehen. Durch die Berichte und Sendungen seiner Schüler aus allen Ländern der Welt konnte Stelzner die Freiberger Lagerstättensammlung zu einer solchen Vollständigkeit ausbauen, daß sie zu einem viel beneideten Kleinod der Bergakademie wurde. Seine Büste, von Schillings Meisterhand gefertigt, wurde 1897 in der Lagerstättensammlung aufgestellt. *Zeitschr. f. prakt. Geologie (1895) S. 221 u. (1897) S. 429; Leopoldina 31 (1895).* Tr.

STEPHAN, Heinrich v., geb. 7. Jan. 1831 in Stolp, gest. 8. April 1897 in Berlin, war der Sohn eines Handwerkmeisters und Ratsherrn. Alle Fragen des Verkehrswesens interessierten ihn außerordentlich, und so trat er nach Absolvierung der lateinischen Schule seiner Vaterstadt 1848 als Posteleve in den Postdienst ein, wurde 1858 zum Postrat befördert, 1862 in das Generalpostamt versetzt und 1870, erst 39 Jahre alt, von Kaiser Wilhelm I. zum Generalpostdirektor des Norddeutschen Bundes ernannt. Schon früh entfaltete Stephan eine lebhafte schriftstellerische Tätigkeit; seine „Geschichte der Preußischen Post", seine Schriften über das Verkehrswesen im Altertum und Mittelalter, über Ägypten, ferner sein Leitfaden für die schriftlichen Arbeiten im Postwesen sind die Früchte eines eingehenden Studiums.

1866 leitete er die Verhandlungen mit den Fürsten v. Thurn und Taxis, die zur Überführung der Thurn-und-Taxischen Post auf den Preußischen Staat führten. Die Einrichtung von Postagenturen, Posthilfsstellen und fahrenden Landbriefträgerposten zur Verbesserung des Postverkehrs mit der Landbevölkerung sind auf v. Stephan zurückzuführen. Anfang der siebziger Jahre begründete er das Postmuseum. Als Graham Bell den Fernsprecher erfand, war es v. Stephan, der dessen Bedeutung erkannte und die Einführung bei der Reichspost anordnete. Schon vorher hatte er in Preußen die Postkarte eingeführt. Seine eigenste Schöpfung ist der Weltpostverein. Er war der Einberufer der 1874 in Bern tagenden Konferenz, die zur Vereinheitlichung der internationalen Postbeziehungen und zur Gründung des Weltpostvereins führten. 1879 gründete er in Gemeinschaft mit Werner v. Siemens den Elektrotechnischen Verein, dessen Ehrenvorsitzender er bis zu seinem Tode war. Der Plan, einheimische Reedereien durch Gewährung jährlicher Beihilfen zur Unterhaltung deutscher Dampferlinien nach Ostasien und Australien zu veranlassen, ging von Stephan aus. 1885 wurde ein entsprechendes Gesetz angenommen und bereits 1886 traten die Reichspostdampferlinien nach diesen Ländern ins Leben, denen später eine solche nach Afrika folgte.

Stephan hat auch sehr früh die Möglichkeiten eines Luftverkehrs erkannt. In einem 1874 im Berliner wissenschaftlichen Verein gehaltenen Vortrag „Weltpost und Luftschiffahrt" sagte Stephan: „Die Vorsehung hat den ganzen Erdball — im Gegensatz zu den Meeren — mit schiffbarer Luft umgeben, und das sollte der Technik den Anlaß geben, den Weg zu finden, um den Luftozean durchschiffen zu können."

Ausgestattet mit einer hervorragenden Organisationsfähigkeit beherrschte Stephan nicht nur die Technik seiner eigenen großen Betriebsanstalt vollkommen und verstand es, sie in ungeahnter Weise zu vervollkommnen und Deutschland wie dem Auslande nutzbar zu machen, sondern besaß auch die Gabe, die Menschen zu gewinnen und zur Mitarbeit an seinen Plänen zu begeistern. Er verfügte über große Beredsamkeit und Schlagfertigkeit. Anfang 1897 machte sich ein sehr schmerzhaftes Leiden fühlbar, das ihn aber nicht abhielt, im Reichstage seinen Etat noch selbst zu vertreten. Eine zweimalige Operation konnte ihm keine Heilung bringen; im April des gleichen Jahres starb er kurz nach der zweiten Operation, bis zuletzt in seinem Amte rastlos tätig. *Beitr. 12 (1922) S. 51; Krickeberg: H. v. Stephan (Dresden 1897); ETZ 18 (1897) S. 217.* Cr.

STEPHENSON, George, geb. 8. Juni 1781 in Wylam-on-Tyne, gest. 12. Aug. 1848 in Chesterfield bei Newcastle. Stephenson wurde als Sohn eines Grubenarbeiters geboren; er erhielt keinerlei Schulbildung und mußte schon vom achten Jahre an auf der Grube mit verdienen. Mit 14 Jahren war er bereits Hilfsheizer und hatte es in wenigen Jahren zum Maschinenwärter einer Newcomen-Maschine gebracht. Nebenher fand er immer noch Zeit, durch Schuhflicken und andere Hilfsarbeiten einiges hinzuzuverdienen, er bastelte auch viel herum; im Alter von 18 Jahren besuchte er Abendschulen, um Lesen, Schreiben und Rechnen zu lernen. Ein ungewöhnlich stark entwickelte Gabe, zu beobachten und das Wesentliche zu erkennen, sowie ein gutes Gedächtnis halfen ihm vorwärts und ließen ihn das Versäumte bald nachholen. 1803, bei der Geburt seines einzigen Sohnes Robert, war George Stephenson bereits erster Ingenieur der Killingworth-Gruben. Im Jahre 1805 war George Stephensons Name als „Maschinendoktor" durch seine bisherigen Arbeiten, vor allem durch die von ihm an Maschinen und den bisherigen Grubenbahnen durchgeführten Verbesserungen so bekannt, daß er von den verschiedensten Seiten um Rat gebeten wurde und sein Wirkungsbereich sich weit über die eigene Firma erstreckte. 1812 wurde er zum Maschinenmeister der Killingworth-Gruben mit einem Einkommen von 100 £ im Jahre nebst freier Wohnung und freien Kohlen ernannt. Indem er nebenher auch noch andere kleinere Arbeiten, so das Ingangsetzen von Uhren ausführte, brachte er es auf 150 £ im Jahre. Er legte großen Wert darauf, seinem Sohn eine gute Erziehung angedeihen zu lassen; denn Stephenson sah das Lernen von der Nützlichkeitseite an. Was ein leitender Ingenieur wirklich brauchte, das sollte sein Sohn lernen.

In die Jahre von 1806 bis 1813 fielen seine ersten Versuche, an Stelle der Pferdekraft in den Gruben Dampfkraft zu verwenden. Vor ihm und auch zu seiner Zeit waren viele andere Ingenieure mit der Lösung der gleichen Frage mit mehr oder minder großem Erfolg beschäftigt; so der Franzose Cugnot, die Engländer Moore und Murdock, der Amerikaner Evans. Trevithick, der Schüler Murdocks, kam der Lösung am nächsten. Von George Stephenson ist zu sagen, daß er durch sein hervorragendes technisches Verständnis und seine nie erlahmende Energie das Problem am erfolgreichsten löste. Im Jahre 1813 baute er für eine Nachbargrube seine erste „wandernde Maschine", den „Blücher", die am 25. Juli 1814 seine erste Fahrt erfolgreich unternahm; sie konnte 30 t Kohlen mit 4 Meilen Stundengeschwindigkeit bei einer Steigung von 1 : 450 ziehen. Seine im Jahre 1815 gebaute zweite Maschine war bereits weit leistungsfähiger, lehnte sich aber noch immer an die von Trevithick an; bei seiner dritten Maschine vom Jahre 1816 war die Kupplung der Räder durch eine außen angebrachte Verbindungsstange bewirkt. Sie war nunmehr über die von Trevithick hinausgelangt. Im ganzen baute Stephenson in den Jahren 1814 bis 1825 auf verschiedenen Gruben 55 Maschinen, davon 16 Lokomotiven. Um diese Zeit beschäftigte er sich auch mit der Herstellung einer Sicherheitsgrubenlampe, die er angeblich vor Humphry Davy erfand.

1821 wurde die Stockton- und Darlington-Eisenbahn in Angriff genommen und Stephenson als leitender Ingenieur gewonnen. Am 23. Juni 1823 gründete er mit zwei Teilhabern die erste Lokomotivfabrik der Welt, die zunächst für die Stockton-Bahn drei Lokomotiven zu bauen hatte. Am 27. Sept. 1825 wurde die Bahn feierlich eingeweiht. Der erste Zug bestand aus 38 Wagen, meist Frachtwagen, die unter Stephensons Führung von seiner „Locomotion" gezogen wurde. Von Anfang an war die Bahn von Erfolg und Gewinn begleitet und brachte auch Stephenson die verdienten Erfolge.

Um diese Zeit tauchten Pläne für den Bau der Manchester-Liverpool-Bahn auf. Viele Jahre mußte um die Erlaubnis zum Bau gekämpft werden. In Soho verlangte man sogar, die Regierung solle den Hochdruckdampf verbieten, da er für Leben und Gesundheit gefährlich sei! Erst 1828 hatte man sich endgültig gegen Tierkraft und für die Lokomotive entschieden. In dem folgenden Wettrennen zu Rainhill siegte die Stephensonsche Maschine „Rocket" gegen drei andere Wettbewerber, u. a. auch gegen die Maschine „Novelty" von Ericsson.

Bis kurz vor seinem Tode war Stephenson an der Verbesserung und dem Bau neuer Eisenbahnlinien und Lokomotiven rastlos tätig. Die letzten drei Jahre seines Lebens verbrachte er auf seinem großen Landsitz Tapton House, wo er sich der Landwirtschaft und Tierzucht, seinen alten Lieblingsbeschäftigungen, mit vielem Eifer widmete. Bis in sein hohes Alter hinein besaß Stephenson herkulische Kräfte, und es gab für ihn kaum ein größeres Vergnügen, als jemand zum Zweikampf aufzufordern. *Entw. Dm. 1 S. 779; Wm. Pole: The Life of Robert Stephenson (London 1864) 2 Bde.; J. G. H. Warren: A Century of Locomotive Building by Robert Stephenson & Co. 1823 bis 1923 (Newcastle 1923); Liv. Eng. 3 S. 68.* Wi.

STEPHENSON, George Robert, geb. 20. Okt. 1819 in Newcastle-on-Tyne, gest. 26. Okt. 1905 in Cheltenham. George Robert Stephensons Vater war ein Bruder George Stephensons; George Robert war daher von Anfang an aufs engste mit der ersten Entwicklung des Eisenbahnwesens in England und darüber hinaus verbunden. Ähnlich wie sein Onkel war er mit zwölf Jahren in einem Kohlenbergwerk als Helfer beschäftigt; mit fünfzehn Jahren beaufsichtigte und bediente er eine Fördermaschine, die sein Vater konstruiert hatte. Da es dem Vater um diese Zeit etwas besser ging, war er in der Lage, seinen Sohn das King William's College in Castletown besuchen zu lassen. Mit achtzehn Jahren, nach dem Tode des Vaters, trat George Robert Stephenson im Jahre 1837 in das Unternehmen des Onkels ein, das um diese Zeit auf dem Höhepunkt seiner Entwicklung stand. Schon nach einem Jahre Bureaudienst sandte ihn George auf den Bau der Manchester- und Leeds-Eisenbahn. 1843 wurde er Mitarbeiter des Unternehmens seines Vetters und George Parker Bidders und hat im Laufe der nun folgenden Jahre an den vielen eingegangenen zum Teil berühmt gewordenen Aufträgen mitgearbeitet und sein Teil zum Gelingen beigetragen. Besonders hervorzuheben sind seine Arbeiten in Dänemark und in Neu-Seeland — hier war er der Bauleiter der ersten in diesem Lande gebauten Eisenbahn. U. a. baute er für Said Pascha in Alexandrien einen besonders großen Badepalast aus Eisen und Glas, wobei die Baustoffe allein 70 000 £ kosteten.

Lange Jahre war er maßgeblich beteiligt an der 1823 begründeten Firma „Robert Stephenson & Co.". In den großen Arbeiterunruhen 1870 hat er viel dazu beigetragen, die Unternehmerorganisationen zu gründen, die auftretende Schwierigkeiten und Streikgefahr gemeinschaftlich schlichten und beilegen sollten. Die Firma Stephenson entwickelte sich immer erfolgreicher und hatte großen Anteil an dem damaligen Emporblühen dieses Zweiges der Industrie. Sie lieferte ihre Lokomotiven und Schiffsmaschinen nicht nur nach fast allen Staaten Europas, sondern auch in sehr starkem Maße nach Indien, Ägypten, kurz nach allen Teilen der Welt.

Im Jahre 1886 wurde die Firma Stephenson eine G. m. b. H., deren Vorsitzender George Robert war. *J. G. H. Warren: A Century of Locomotive Building by Robert Stephenson & Co. 1823 bis 1923 (Newcastle 1923); Engg. 80 (1905) S. 597.* Wi.

STEPHENSON, John, geb. 4. Juli 1809 in County Armagh (Irland), gest. 31. Juli 1893 in New Rochelle (N. Y.). Als John Stephenson zwei Jahre alt war, wanderten seine Eltern nach Amerika aus; in den öffentlichen Schulen von New York erhielt er seine erste Erziehung, die er später an der Wesleyan-Universität in Middletown (Conn.) fortsetzte. Da sein Vater ihn für einen kaufmännischen Beruf bestimmt hatte, lernte er vom 16. bis 19. Jahre in einem offenen Geschäft. Seine technische Befähigung und Neigung drängte ihn aber nach der mechanischen Laufbahn hin, und schließlich gelang es ihm, seinen Vater zu überreden, ihn zu einem Wagenbauer in die Lehre zu geben. 1831, nach Beendigung seiner Lehrzeit, machte sich Stephenson selbständig und baute für Abram Brower ein Gefährt zur Personenbeförderung, das er „Omnibus" nannte. Im Jahre 1832 baute er den ersten Pferdebahnwagen „John Mason" für die Stadt New York, und zwar für die neu gegründete „New York and Harlem Railroad". Dieser erste Pferdebahnwagen war ein leichter, zweiachsiger Abteilwagen mit zwei hoch angebrachten Kutscherböcken, um ein Wenden des Wagens an den Endpunkten zu vermeiden. Die „New York and Harlem Railroad" ist später zur Dampfvollbahn ausgebaut worden. Auch in den folgenden drei Jahren baute er die Wagen für die neuerrichteten Straßenbahnlinien in Brooklyn, Jamaica, Paterson (N. J.), Matanzas (Cuba) u. a. Die anfänglich fast ausschließlich angewandten gußeisernen Führungsstücke, die in Amerika bis gegen 1870, in Deutschland bis etwa 1874 vorwiegend in Gebrauch waren, konnten durch die Anwendung nur einer Feder keine genügende Abfederung des Wagens herbeiführen. Man ging daher um das Jahr 1871 zu den Achshalterkäfigen über, die zuerst von John Stephenson hergestellt wurden.

1843 hatte Stephenson geschäftliche Verluste, die er aber durch verdoppelten Fleiß in kurzer Zeit wieder einbringen konnte. Von da ab war sein Unternehmen sehr erfolgreich, und er konnte sich im Laufe der Jahre ein Vermögen von mehreren Millionen Dollar schaffen. Sein Name wurde in der ganzen zivilisierten Welt bekannt, und die von ihm privatim ausgeübte Wohltätigkeit stiftete viel Gutes. Allgemein war er als der „Ehrliche John Stephenson" genannt. *Am. Biogr. 7 (1901) S. 255; Beitr. 5 (1913) S. 214 bis 215.* Wi.

STEPHENSON, Robert, geb. 16. Okt. 1803 in Willington Quay, gest. 12. Okt. 1859 in London. Seinem Vater, George Stephenson, war eine gute Erziehung und fachliche Ausbildung seines Sohnes von größter Wichtigkeit; er scheute kein Opfer, um ihm diese angedeihen zu lassen. Vater und Sohn lernten die Aufgaben gemeinsam; wichtige Vorträge und Vorlesungen schrieb der Sohn nieder, um sie auch dem Vater zugänglich zu machen. Robert Stephenson hat seinem Vater alle Mühe reichlich vergolten, indem er viele Jahre gemeinsam mit ihm arbeitete und schließlich einer der angesehensten Ingenieure seiner Zeit wurde.

Seine erste Ausbildung erhielt er in dem Bruceschen Institut zu Newcastle. Im Jahre 1818, nach Verlassen der Schule, wurde er zu Wood in Killingworth in die Lehre gegeben, um den Betrieb der Kohlenbergwerke praktisch kennen zu lernen. 1820 besuchte er die Universität zu Edinburgh. Nachdem er einige Zeit an der Universität studiert hatte, unterstützte Robert den Vater beim Bau der Stockton-Darlington-Eisenbahn. Aber schon im Jahre 1824 fuhr er nach Südamerika, um in Columbien einige Bergwerksarbeiten zu leiten. Hier hatte er mit außerordentlich großen Schwierigkeiten in bezug auf die herrschenden Arbeits- und Arbeiterverhältnisse zu kämpfen und war schließlich froh, als er nach Ablauf seiner dreijährigen Vertragszeit im Jahre 1827 von seinem Vater dringend gebeten wurde, nach England zurückzukehren, um die Leitung der Fabrik in Newcastle zu übernehmen. Auf seiner Heimreise traf er mit Richard Trevithick zusammen, der sich in größter Not befand und dem er durch seine Hilfe die Heimreise ermöglichte. Um diese Zeit wurde die berühmte Stephensonsche Lokomotive „Rocket" gebaut, bei der er zum Erfolg dieses Werkes viel half. Nachdem George Stephenson sich von den Geschäften zurückgezogen hatte, galt Robert als führender Mann auf dem Gebiete des Eisenbahnwesens.

Seine größten und bekanntesten Werke liegen auf dem Gebiet des Brückenbaues; Robert Stephenson gilt als der größte Brückenbauer seiner Zeit. Die schöne Hochbrücke über den Tyne bei Newcastle und die Victoria-Brücke bei Berwick sind zwei der erfolgreichsten Brückenbauten aus der Anfangszeit seiner Betätigung auf diesem Gebiet. Bei dem geplanten Bau einer Eisenbahn-Brücke zur Überbrückung der Meerenge von Conway und Menai entschied er sich nach reiflichen Überlegungen für die Form der Hohlträger, mit der sein Name stets eng verbunden sein wird. Bei dem Bau dieser Brücke ging Stephenson unter Mitwirkung von Hodgkinson, Fairbairn und Clarke äußerst sorgfältig zu Werk; seine großen Bemühungen wurden durch die feierliche Eröffnung der Menai-Brücke am 5. März 1850 gekrönt. Auf ähnlichen Grundlagen war auch die große Victoria-Brücke über den St. Lawrence-Strom in Montreal gebaut. Der Bau war 1854 begonnen und 1859 beendet worden. Viele Jahre lang galt diese Brücke als die längste der Welt. Auch in Ägypten errichtete er zwei Brücken. Für das von ihm erfundene System der Eisenbahnbrücken aus Hohlplatten erhielt er anläßlich der französischen Ausstellung im Jahre 1855 die Große Goldene Medaille. 1847 wurde er Mitglied des englischen Unterhauses. Im gleichen Jahre war er auch Gründungsmitglied der Institution of Civil Engineers. *Wm. Pole: The Life of Robert Stephenson (London 1864) 2 Bde.; J. G. H. Warren: A Century of Locomotive Building by Robert Stephenson & Co. 1823—1923 (Newcastle 1923); Liv. Eng. 3 S. 355; Z 3 (1859) S. 313.* Wi.

STEVENS, Edwin Augustus, geb. 28. Juli 1795 in Castle Point (Hoboken), gest. 8. Aug. 1868 zu Paris. Edwin hatte von seinem Vater John Stevens neben einer ausgezeichneten technischen Befähigung sein kaufmännisches Geschick geerbt. Im Alter von 30 Jahren übernahm er das große Transportsystem, das unter dem Namen „Union Line" bekannt war. Mit 35 Jahren wurde er Leiter und Schatzmeister dieser Gesellschaft, der späteren Camden- und Amboy-Eisenbahnen, die er mit allen Mitteln förderte und sie sehr erfolgreich gestaltete. Im Jahre 1812 beschäftigte er sich unter der Leitung seines Vaters mit Versuchen über Panzerplatten. Als 1841 Feindseligkeiten mit England drohten, nahm Edwin diese Arbeiten wieder auf. Hierbei fand er, daß ein Eisenbelag von 4½ Zoll dem 64-Pfund-Geschoß der damaligen Schiffskanone auf 30 Ellen Entfernung widerstehen könnte. Kurze Zeit darauf wurden Robert und Edwin Stevens von der Regierung beauftragt, nach ihren Ideen ein Kriegsschiff mit Geschütz und Panzer zu bauen. Hierfür wurden 250000 Dollar ausgesetzt. Inzwischen aufgekommene wirksamere Geschosse machten einen stärkeren Panzer nötig; die begonnenen Arbeiten kamen deshalb nur langsam voran und im Jahre 1856 starb Robert. Neue Verhandlungen mit der Regierung zogen sich sehr schleppend hin. Obwohl die Familie Millionen in diesen Bau gesteckt haben soll und Edwin ihn mit einer weiteren Million Dollar zur Fertigstellung dem Staate New Jersey vermacht hat, ist die „Battery" nie zum Stapellauf gekommen und wurde 1881 abmontiert. Außer diesen kriegstechnischen Arbeiten erfand er auch den „Stevenspflug", der zu seiner Zeit großen Eingang in die Landwirtschaft fand. Er stiftete 650000 Dollar für die Gründung und Errichtung des Stevens-Institutes, heute eines der führenden technischen Bildungsstätten Amerikas. *Mort. Mem.; Em. Eng. S. 57.* Wi.

STEVENS, John, geb. 1749 in New York, gest. 6. März 1838 in Hoboken (N. J.), war der Sohn reicher und angesehener Eltern und genoß eine vorzügliche Erziehung. Er studierte am heutigen Columbia-College, und zwar sowohl Technik wie die Rechte. Bereits in jungen Jahren nahm er im öffentlichen Leben hervorragende Stellungen ein. Er war Mitglied der New York Bar, während der Revolution war er Schatzmeister von New Jersey. Im Jahre 1787, also im Alter von fast 40 Jahren, sah er Fitchs Dampfboot und faßte eine starke Neigung für die Dampfschiffahrt. Sein erstes Dampfboot, das in Gemeinschaft mit Livingstone, N. T. Roosevelt und M. I. Brunel gebaut und 1798 fertiggestellt wurde, entsprach nicht den Erwartungen. Sein zweites Schiff war nach vielen Versuchen im Jahre 1804 fertig. Es hatte doppelte vierflüglige Schrauben, die vielen später gebauten überlegen waren. Die erste doppeltwirkende Maschine mit Kondensation für dieses Schiff wurde vom Vater eines Passagiers des ersten Schiffes, Abram Hewitt, auf den Sohowerken zu Belleville gebaut. Im Jahre 1803 bekam John Stevens in den Vereinigten Staaten und 1805 in England die Patente für den in diesem Schiff benutzten „Vielröhrenkessel". 1811 errichtete er die erste Dampffähre der Welt zwischen Hoboken und New York. Ungefähr von dieser Zeit an setzte er all sein Bemühen und sein großes Vermögen daran, Fultons Monopol zu bekämpfen und zu brechen.

Ehe die Genehmigung für den Eriekanal erteilt und die Arbeiten begonnen wurden, machte er auf die Überlegenheit der Eisenbahn aufmerksam und befürwortete statt des Kanales eine doppelgeleisige Bahn zwischen Albany und dem Eriesee. In Gemeinschaft mit seinem inzwischen herangewachsenen Sohn Robert nahm er die Dampfschiffahrt auf dem Delaware auf und gestaltete sie zu einem geschäftlichen Erfolg. Im Jahre 1813 entwarf er die Pläne für das erste gepanzerte Schiff, das völlig dem „Monitor"-Typ entsprach. Um die gleiche Zeit baute er sein Doppeldeckfährboot mit einem durch Pferdekraft betriebenen Schaufelrad. 1817 bekam er das erste amerikanische Baurecht für eine Eisenbahn vom Delaware nach dem Raritan, die aber nicht zur Ausführung kam. 1823 erhielt er das Recht zum Bau einer zweiten Eisenbahn zwischen Philadelphia und Lancaster, dem Anfang der späteren großen Pennsylvania Railroad. Im Alter von 77 Jahren baute er eine Lokomotive mit seinem Vielröhrenkessel. Sie lief 12 Meilen in der Stunde auf einer Kreisbahn und trug sechs Passagiere. Es war die erste Lokomotive, die in Amerika gebaut wurde und die tatsächlich auf dem Bahngeleise eine Last ziehen konnte.

John Stevens, als Jurist erzogen, immer ein Mann der Tat, hatte alle Eigenschaften, die einen großen Ingenieur auszeichnen. In seinen Söhnen Robert L. und Edwin A. Stevens fand er glänzende Nachfolger. *Morton Mem.; Em. Eng. S. 51*. Wi.

STEVENS, Robert Livingston, geb. 18. Okt. 1787 in Hoboken, gest. 20. April 1856 dortselbst. Bereits mit siebzehn Jahren, im Jahre 1804, wurde Robert Assistent seines Vaters John Stevens und half bei der Konstruktion des ersten Schraubendampfers. Infolge des Fultonschen Monopols durften die Stevens den Hudson nicht mehr befahren. Im Juni 1809 brachte Robert den Dampfer „Phoenix" trotz stürmischen Wetters nach dem Delaware; damit wurde die erste Seereise eines Dampfschiffes vollbracht. Die „Savannah" fuhr im Mai 1819 über den Ozean nach Liverpool. Sein Ruhm als Dampfschiffbauer wuchs ständig. Ein Vierteljahrhundert stand er an der Spitze der Schiffbaukunst seines Landes. Von ihm rührt vor allem die konstruktive Durchbildung der amerikanischen Balanziermaschine her, die auch heute noch den großen amerikanischen Flußdampfern ein eigenartiges Gepräge gibt. 1844 baute Robert die Dampfyacht „Maria", die sich durch große Schnelligkeit auszeichnete. Vordem hatte er sich auch mit militär-technischen Fragen beschäftigt und im Jahre 1812 bereits der amerikanischen Regierung sein Perkussionsgeschoß verkauft.

1830 wurde Robert Direktor und Oberingenieur der vereinigten Camden- und Amboy-Eisenbahnen. Kurz darauf ging er nach England, um anstatt der bis dahin üblichen hölzernen oder mit dünnem Eisen belegten Steinschienen Eisenschienen zu kaufen. Amerika besaß zu der Zeit noch keine ausreichenden Walzwerke. Um die bisherige Art des Befestigens zu vereinfachen, schuf er die Stevens- oder amerikanische Schiene, die die Grundform der heute noch üblichen Eisenbahnschiene hat. In England sah er Stephensons Lokomotive „Planet" und bestellte für Amerika eine gleiche, den „John Bull". Anfangs ließ man einen Reiter auf einem Rennpferd vor dem Zug reiten, damit kein Unglück durch Überfahren entstehen könne. Steven leitete 35 Jahre lang mit großem Erfolg die Geschäfte der Eisenbahnverwaltung. *Morton Mem.; Em. Eng. S. 51.* Wi.

STEVIN, Simon, geb. 1548 in Brügge, gest. 1620 in Leyden oder im Haag. Über seine Lebensschicksale ist nur wenig bekannt; man erfährt aus einzelnen seiner Schriften, daß er in Antwerpen kaufmännisch beschäftigt war, daß er große Reisen durch Nordeuropa gemacht hat, daß er auch amtliche Stellungen einnahm, wie die eines Vorstandes der Waterstaet (Oberwasserbaumeister) und zuletzt eines Generalquartiermeisters; von seinem Ausbildungsgang hören wir nichts. Stevin war Mathematiker, der es sich besonders angelegen sein ließ, seine Wissenschaft für die Praxis des Lebens brauchbar zu machen. Um 1600 konstruierte er einen mit Segeln versehenen Wagen, der „mit 28 Personen besetzt 14 Wegstunden, nur durch die Kraft des Windes getrieben, so schnell fuhr, daß kein Pferd mitkommen konnte". Seine Zeitgenossen sahen in dieser Konstruktion Stevins größtes Werk, während erst die Nachwelt die Bedeutung seiner mathematischen Arbeiten erkannte. Er zeigte, wie man die Wurzel einer Gleichung näherungsweise berechnen könne, indem man von der dem Range nach höchsten Ziffer zu der niedrigen fortschreitend dieselben der Reihe nach ermittelt. Er unterschied das stabile von dem labilen Gleichgewicht, wenn ihm auch diese Namen noch fremd waren, er führte einen anschaulichen und geistreichen Beweis für das Gleichgewichtsgesetz der schiefen Ebene und stellte Größe und Richtung einer Kraft durch eine gerade Linie dar; eine 1859 herausgegebene Abhandlung enthielt eine Andeutung des Satzes vom Parallelogramm der Kräfte. Mach erwähnt, daß Stevin auf seinem eigenen Wege die wichtigsten Sätze der Hydrostatik und deren Ableitungen fand. Er entdeckte das hydrostatische Paradoxon (daß eine wie immer begrenzte Flüssigkeitssäule auf die Grundfläche den gleichen Druck ausübt wie ein Zylinder von gleicher Höhe und gleicher Basis). Den seitlichen Wasserdruck verstand er zu messen und versuchte, Ebbe und Flut durch Mondanziehung zu erklären. Wir dürfen Stevin wohl ohne weiteres als den Begründer einer vollständigen Theorie der Statik ansprechen, die für unsere heutigen Forschungen und Berechnungen mathematischer und physikalischer Art von der höchsten Bedeutung ist. Neben diesen Arbeiten sind seine militärischen Schriften, seine Schrift über Buchhaltung, seine Anleitung zum Rechnen mit Dezimalbrüchen erwähnenswert. Für die Niederlande von höchster Wichtigkeit war seine Erfindung der Verteidigung mittels eines Schleusensystems. Die Rechnung mit Dezimalbrüchen war durch seine fein durchdachte Theorie für die menschliche Gesellschaft gewonnen, ihm ist ihre Einführung in das praktische Leben zu danken. *ADB 36 (1893) S. 158; Mach: Die Mechanik in ihrer Entwicklung (Leipzig 1897); Handb. Natw.* Ca.

STINNES, Hugo, geb. 20. Febr. 1870 zu Mülheim a. d. Ruhr, gest. 10. April 1924 zu Berlin. Nach Besuch des Gymnasiums in seiner Heimatstadt und nach kurzer kaufmännischer Lehrzeit in Koblenz lernte Stinnes die Bergmannsarbeit auf der Zeche Wiethe. 1889 besuchte er die Bergakademie in Berlin und trat 1891 in die Firma Mathias Stinnes ein. Mit 23 Jahren gründete er eine eigene Firma, die „Hugo Stinnes G. m. b. H.", leitete aber die Bergwerksbetriebe der Familienzechen weiter. Seine ersten Unternehmungen schuf er auf den Gebieten des Bergbaues, des Kohlenhandels und der Schiffahrt. Nachdem Stinnes den größten Teil der Aktien der Deutsch-Luxemburgischen Bergwerks- und Hütten-A.-G. erworben hatte, gewann er großen Einfluß auf diese. Seinen Kohlenzechen gliederte er auf diese Weise die Eisen- und Stahlherstellung an.

1898 wurde unter seiner Führung die Rheinisch-Westfälische Elektrizitäts-A.-G. gegründet, die die Regierungsbezirke Düsseldorf und Köln fast vollständig mit Strom versorgt; außerdem wurde von dieser die Ferngasversorgung vieler Städte des bergischen Landes und der Ausbau der Straßenbahnen und Kleinbahnen des Rhein- und Ruhrgebietes durchgeführt.

Durch Begründung der A.-G. für Seeschiffahrt und Überseehandel baute Stinnes seine Transport- und Handelsmöglichkeiten aus; 1920 wurde eine umfangreiche Exportabteilung angegliedert mit ausländischen Geschäftsstellen und Vertretungen. Die durch den Friedensvertrag geschaffene Lage führte zu einer engen Verbindung der Deutsch-Luxemburgischen Bergwerks- und Hütten-A.-G. mit der Gelsenkirchener Bergwerks-A.-G. in der Rhein-Elbe-Union. Durch Interessengemeinschaft mit dem Siemens- Schuckert-

Konzern wurde die Siemens-Rhein-Elbe-Schuckert-Union gebildet und hierdurch ein Elektromontantrust geschaffen, dessen einzelne Glieder jedoch volle Handelsfreiheit behielten.

Vom Ruhrbergbau ausgehend, hat er auf allen Gebieten der Deutschen Volkswirtschaft: außer Industrie, Handel, Schiffahrt auch Land- und Forstwirtschaft, Fuß gefaßt. Sein Ziel war, in einem einheitlich geleiteten Unternehmen die Rohstoffe zu gewinnen und zum Fertigerzeugnis zu verarbeiten, selbst die Transportmittel zu bauen und zu besitzen und die eigenen Waren als eigener Händler auf dem Weltmarkt zu bringen. Über Deutschland hinaus hat er in Österreich, Italien, der Schweiz, Ungarn und in den Balkanländern Einfluß gewonnen. Stinnes war ein eifriger Förderer der deutschen Forschungstätten, besonders der Kohlenforschung. *Glückauf 60 (1924) S. 347; St. u. E. 44 (1924) S. 489; Brinckmeyer: Hugo Stinnes (München 1921); Raphael: Le roi de la Ruhr (Paris 1924).* Gw.

STROBACH, Paul v., geb. 9. März 1776 in Brzno in Böhmen, gest. 14. Okt. 1854 in Wien, war der Sohn eines herrschaftlichen Maurermeisters. Er besuchte die böhmische Schule in Brzno, dann das Dominikanerkloster in Gabel. Da ihm sein Vater nicht die Mittel zum Studium zur Verfügung stellen konnte, hat er sich seine reichen Kenntnisse unter großen Entbehrungen und Kämpfen erwerben müssen. Sein besonderes Interesse galt dem Straßen- und Brückenbau und wir sehen ihn als Ingenieur auf den böhmischen Schlachtfeldern der französischen Kriege mit der Herstellung der Straßen für die Heere beschäftigt. Er leitete den Bau der ersten Fahrkettenbrücke bei Saaz und übernahm 1850 die Verwaltung von drei Baudirektionen, die ihm auch die Regulierung der Wasserstraßen, die einer Verbesserung dringend bedurften, zur Aufgabe stellte. Er hat Häuser, Spitäler und Denkmäler erbaut und den Grundplan zu Prags Vorstadt Karolinental gelegt. 1832 wurde Strobach zum Oberbaudirektor, 1835 zum Wirklichen Gubernialrat ernannt. Er erhielt den Auftrag, die Straßen in Österreich und Mähren ebenso wie die nach seinen Angaben in Böhmen erbauten Verkehrswege herstellen zu lassen. Im gleichen Jahre wurde auch die große Elbogener Kettenbrücke in Angriff genommen, zum Teil der Bau von ihm selbst geleitet, und schon Ende des Jahres 1836 konnte sie dem Verkehr übergeben werden. Durch eigene Energie ist es Paul v. Strobach gelungen, sich vom Maurergesellen zum Oberleiter der Vereinigten Baudirektionen Böhmens heraufzuarbeiten; 1843 erhob ihn der Kaiser von Österreich in den erblichen Adelsstand. *Beitr. 4 (1912) S. 196.* Ca.

STROOF, Ignaz, geb. 5. April 1838 in Köln, gest. 12. Nov. 1920. Nachdem er das Gymnasium seiner Vaterstadt besucht hatte, studierte er Chemie und Ingenieurwissenschaften in Karlsruhe und Gießen. Dann trat er als Chemiker bei dem Österreichischen Verein für chemische und metallurgische Produktion ein, dessen Direktor Schaffner gerade damals sein bekanntes Verfahren, den Schwefel der Sodarückstände zu gewinnen, ausarbeitete. Doch bereitete ihm die Scheidung des Schwefels von dem Gips Schwierigkeiten. Stroof riet ihm, den Schwefel durch überhitztes Wasser unter Druck herauszuschmelzen, was auch zum Ziele führte. Nach einigen Jahren trat Stroof in die Belgische Schwefelsäure- und Düngerfabrik in Ruysbroeck ein, dann nahm er 1871 die Anstellung als technischer Leiter der Chemischen Fabrik Griesheim an, der er bis zu seinem Lebensende treu blieb. Griesheim stellte damals Säuren und Leblancsoda her. Stroof führte als Rohstoff für die Schwefelsäurefabrik an Stelle der westfälischen Schwefelkiese diejenigen von Rio Tinto ein und sicherte die Aufarbeitung der Kiesabbrände 1876 durch Gründung der Duisburger Kupferhütte. Die Betriebe der Griesheimer Fabrik erweiterte er durch Anlagen zur Gewinnung von Anilin- und Chlorprodukten 1881, reinem Schwefelsäure-Monohydrat (auf Anregung Lunges) 1885, Drehöfen für die Sodaherstellung 1885, eine Sprengstoffabrik usw. Der Verein zur Wahrung der Interessen der chemischen Industrie zählte ihn 23 Jahre lang zu seinen Vorstandsmitgliedern und ernannte ihn zum Ehrenmitglied.

Dauernde Verdienste erwarb Stroof sich auch um die Entwicklung der elektrochemischen Industrie. Er errichtete und betrieb als erster eine Anlage zur Elektrolyse von Lösungen von Kali- und Natriumchlorid und stellte mit Hilfe von Diaphragmen daraus Kali und Natronlauge, Chlor und Wasserstoff her (1884 bis 1888). Die Anfänge der Elektrolyse liegen zwei Jahre weiter zurück. Höpfner und nach ihm Breuer arbeiteten darüber auf der Duisburger Kupferhütte. Letzterer erfand das von der Chemischen Fabrik Matthes & Weber patentierte Diaphragma. Stroof übernahm die schwierige Aufgabe, diese Laboratoriumsversuche zu einem technischen Verfahren auszubauen. Er hatte in 4 Jahren andauernder Versuche alle Einzelheiten des Baues und Betriebes selbst erprobt. Die erste, 1888 errichtete Anlage hatte 200 PS. Es bedurfte Stroofs ganzer Überredungskunst, um die beiden dazu nötigen Dynamos von 1000 Amp. und 65 Volt von der elektrotechnischen Fabrik Schuckert in Nürnberg erbaut zu bekommen. Zur Aufarbeitung der großen Chlormengen baute er gut schließende Chlorkalkkammern und schuf eine Vakuum-Verdampfapparatur mit Salzabscheidung, die auch heute noch gebraucht wird. Gar oft schien das Verfahren an den geldlichen Schwierigkeiten zu scheitern. Erst 1891 war es gesichert und die Chemische Fabrik Elektron, deren Teilhaber Stroof war, konnte gegründet werden. Im selben Jahre konnte er die Anlage auf 510 PS. erweitern und neben Chlornatrium auch Chlorkalium durch Elektrolyse darstellen. Schwierigkeiten bereitete hier der Absatz, er kam erst in Fluß, nachdem Stroof den Seifensiedern die Vorteile der Benutzung des fertigbereiteten Ätzkalis an Stelle der Pottasche klargemacht hatte. Die Anoden waren aus Retortengraphit hergestellt worden, der aber nicht in ausreichenden Mengen zur Verfügung stand. Stroof arbeitete deshalb in Gemeinschaft mit den Brüdern Lanc ein Verfahren zur Herstellung künstlicher Anodenkohlen aus, wobei die Herstellung der Maschinen und der Bau der Brennöfen Schwierigkeiten machte, die aber in zäher Arbeit 1893 überwunden wurden. Jetzt konnte an eine Erweiterung der Anlagen gedacht werden, welche aber auf Stroofs Rat nicht in Griesheim, sondern im mitteldeutschen Braunkohlengebiet, in Bitterfeld, vorgenommen wurde, wo die elektrische Energie viel billiger erzeugt werden konnte. Die 1893 mit 2000 PS. gebaute Anlage konnte bereits 1914 verdoppelt werden. Stroofs Elektrolyse-Verfahren ist seitdem in allen Ländern eingeführt worden. Die großen Mengen des bei der Elektrolyse abfallenden Wasserstoffgases suchte Stroof in der Luftschiffahrt, im autogenen Schneidverfahren usw. nutzbar zu machen. Auf seine Veranlassung ist auch 1896 in Griesheim die Herstellung von Phosphor im elektrischen Ofen eingeführt worden.

1899 legte Stroof die technische Leitung nieder, blieb aber im Aufsichtsrat der vereinigten Fabriken Griesheim-Elektron noch lange tätig.

Er schuf auch in den verschiedenen Zweigen der Verwaltung Neues, z. B. in der Fabrikbuchführung und in den sozialen Einrichtungen. Die Universität Berlin verlieh ihm die Würde eines Dr. phil., die Technische Hochschule Karlsruhe den eines Dr.-Ing. E. h. Die Bunsengesellschaft verlieh ihm die Goldene Bunsen-Denkmünze. *Pistor: Chemische Industrie 43 (1920) S. 495; Enz. Chemie 3 S. 406; Chem. Zeitg. 45 (1920) S. 57.* Sa.

STROUSBERG, Bethel Henry, geb. 1822 in Neidenburg, gest. 1884 in Berlin, besuchte in Königsberg die Schule. Nach dem Tode seines Vaters trat er in ein großes Londoner Import- und Exportgeschäft ein, sammelte dort reiche Kenntnisse in allen Geschäftszweigen und unterrichtete sich eingehend über die Bedürfnisse und Leistungsfähigkeit überseeischer Märkte. Er war auch schriftstellerisch tätig und gab verschiedene Zeitschriften heraus. 1861 kam er als Bevollmächtigter englischer Geldleute nach Deutschland, um die Eisenbahn Insterburg-Tilsit zu bauen; danach folgte bald der Bau der ostpreußischen Südbahn. Das Vertrauen der Berliner Finanzkreise zu Strousbergs tatkräftigem und genialem Angreifen der großen Aufgaben wuchs ständig, und man übergab ihm bald darauf den Bau der Berlin-Görlitzer Bahn, der Strecken Halle-Sorau-Guben und Hannover-Altenbeken. Die Linie Brest-Grajewo, die ungarische Nordostbahn und rumänische Eisenbahnen baute er mit russischem Gelde. Durch den Ankauf von Hütten, Kohlenzechen, Stahlwerken und Lokomotivfabriken versuchte er, billigere Herstellungsmöglichkeiten zu schaffen und sich unabhängig von fremden Industrien zu machen. Sein Spekulationsgeist ging sogar so weit, daß er nicht mit dem Ankauf der für seine Zwecke unmittelbar nutzbaren Unternehmungen halt machte, sondern man kann beinahe sagen, alles, was nur käuflich war, wie Zeitungen, Markthallen, Schlachthäuser, Bibliotheken usw. brachte er in seinen Besitz, um es selbst in Betrieb zu nehmen oder mit Gewinn wieder zu verkaufen. Ein jähes Ende, von dem er sich nicht mehr erholte, wurde Strousbergs großzügigen und weit über die Grenzen Deutschlands hinausragenden Unternehmungen durch den Börsenkrach des Jahres 1873 bereitet, der ihm so schwere Verluste brachte, daß er gezwungen war, kurz nacheinander seine einträglichsten und größten Industriewerke zu verkaufen und 1875 zugleich in Deutschland, Österreich und Rußland den Konkurs anzumelden. Dieser allmächtige und einstmals sehr reiche Mann starb zweiundsechzigjährig in Berlin in tiefster Armut. *Beitr. 14 (1924) S. 65; Dr. Strousberg und sein Wirken, von ihm selbst geschildert (Berlin 1876).* Ca.

STRUTT, Jedediah, geb. 1726 in Blackwell (Derbyshire), gest. 6. Mai 1797 in Derby. Im Jahre 1740 kam Strutt auf sieben Jahre in die Lehre eines Stellmachers in Findern bei Derby. Nach Beendigung seiner Lehrzeit wurde er Landwirt; während dieser Zeit machte ihm sein Schwager Woollatt, ein Strumpfwarenhändler in Findern, auf einige fehlgeschlagene Versuche aufmerksam, gerippte Strümpfe auf dem Strumpfrahmen herzustellen. Strutt, der eine stark ausgeprägte technische Neigung hatte, bemühte sich nun nach der gleichen Richtung hin und nahm am 19. April 1758 und 10. Jan. 1759 in Gemeinschaft mit Woollatt zwei Patente auf „eine Maschine, die mit einem Satz rotierender Nadeln ausgestattet war und an einem Strumpfrahmen befestigt wurde, um gerippte Strümpfe und andere gerippte Stoffe herzustellen". Die Grundlagen dieser Erfindung kehren in verbesserten Modellen und auch in anderen Maschinen immer wieder. Strutt persönlich und seinem späteren Teilhaber Need erwiesen sie sich als recht einträglich; sie begannen eine eigene Fabrikation, die schnell Absatz und Eingang fand.

Etwa um das Jahr 1768 verweigerten Finanzmänner aus Nottingham Richard Arkwright weitere Kredite, da sie im Zweifel waren, ob seine Versuche zu einem praktischen Ergebnis führen würden. Man gab ihm den Rat, sich an den Strumpffabrikanten Need, dem Teilhaber Strutts, zu wenden. Strutt erkannte die Bedeutung der Arkwrightschen Erfindung und nahm ihn als dritten Teilhaber in seine Gesellschaft auf. Nach Berücksichtigung verschiedener von Strutt vorgeschlagener Verbesserungen nahm Arkwright am 3. Juli 1769 sein berühmtes Patent und errichtete kurz darauf die Werke in Cromford und später in Belper. Nach Lösung der Teilhaberschaft im Jahre 1782 blieb das Unternehmen in Belper in den Händen von Strutt. *Nat. Biogr. 55 (1898) S. 64.* Wi.

STRUTT, William, geb. 1756 in Derby, gest. 29. Dez. 1830 dortselbst. Jedediahs ältester Sohn, hat viel von der großen mechanischen Befähigung seines Vaters geerbt. So hat er ein System zur Lüftung und Heizung großer Gebäude ausgearbeitet, das zum erstenmal mit großem Erfolg in dem Krankenhaus zu Derbyshire eingeführt wurde. Im Laufe der Jahre hat er das Verfahren zur Herstellung von Öfen stark verbessert und im Jahre 1806 schließlich den Belper-Ofen erfunden. Von ihm rührt auch eine Form der selbsttätigen Mule-Spinnmaschine her. William Strutt war befreundet mit Erasmus Darwin, Robert Owen, Samuel und Jeremy Bentham; für alle wissenschaftlichen Fragen zeigte er stets großes Interesse und wurde zum Mitglied der Royal Society ernannt. *Nat. Biogr. 55 (1898) S. 64.* Wi.

STUMM-HALBERG, Carl Ferdinand, Freiherr v., geb. 30. März 1836 in Saarbrücken, gest. 8. März 1901 auf Schloß Halberg bei Saarbrücken. Die Familie Stumm steht seit 1715 mit dem Eisenhüttengewerbe in engster Verbindung. Zuerst lag das Feld ihrer Tätigkeit im Hunsrück. 1806 erwarben die Gebrüder Stumm, Friedrich Philipp, Christian Philipp und Johann Ferdinand, das Neunkircher Eisenwerk und kamen so ins Saargebiet. Friedrich Philipp Stumm war die Seele der Firma. Bereits 1806 hatte er neben dem Neunkircher Eisenwerk die Halberger Hütte und die Fischbacher Hütte erworben; seit 1828 war er zusammen mit seinem Sohne Hauptaktionär der Dillinger Hütte geworden, so daß er auch hier bestimmenden Einfluß hatte. Sein Sohn Carl Friedrich leitete die Werke der Familie bis zu seinem Tode 1848. Da Carl Ferdinand damals erst 12 Jahre alt war, übernahm Carl Friedrichs Schwager, Carl Böcking, die Leitung des Hauses, bis 1858 Carl Ferdinand selbst an die Spitze der Eisenwerke trat, die er bis 1871 zusammen mit Carl Böcking, seitdem allein führte. Besonders die Neunkircher Eisenwerke, der eigentliche Stammbesitz der Familie, haben ihm außerordentliche Fortschritte zu danken. Zunächst wurden die alten Walzwerke verbessert und erweitert, 1866 kam ein neues vorzügliches Drahtwalzwerk in Betrieb. 1870 begann der Bau einer eigenen Koksofenanlage, die das Werk von den staatlichen Kokslieferungen unabhängig machte und vorbildlich ausgestaltet war. Stumm bemühte sich, alle Fertigungs- und Förderanlagen in seinem Werke so auszugestalten, daß die Eisenerzeugung mit einem Mindestaufwand von Kosten vor sich gehen konnte. Einen besonderen Aufschwung nahmen die Werke, nachdem die Engländer Thomas und Gilchrist 1878/79 das basische Bessemerverfahren gefunden hatten. Stumm sicherte sich die Patente und begann noch 1880 den Bau eines basischen Stahlwerkes; Ende 1881 wurde der erste Satz Thomasstahl erblasen. Für dieses Verfahren lieferten die lothringischen Eisenerzgruben ein ausgezeichnetes Material; Stumm sicherte sich infolgedessen umfangreiche Mutungen in Lothringen und Luxemburg. Die Schweißeisenerzeugung, die in den achtziger Jahren noch einen Teil der Erzeugung ausgemacht hatte, wurde vollkommen durch Flußstahl und Flußeisen verdrängt. Auch Träger über NP 40 konnten nach der 1894 erfolgten Aufstellung eines neuen schweren Walzwerkes aus Flußeisen hergestellt werden.

Außer den eigentlichen Hüttenwerkmaschinen legte Stumm den größten Wert darauf, die Förderanlagen innerhalb der Werke sowie die Verkehrsmittel zwischen Erzeugungsstellen, Weiterverarbeitungsstellen und Abnehmern auszugestalten, da er hierin eine Grundbedingung für die wirtschaftliche Ausgestaltung der Werke sah. Als Präsident der Aktiengesellschaft der Dillinger Hüttenwerke und als Haupteigentümer der Halberger Hütte hat er auch diesen Werken in der Zeit der Entwicklung zu neuzeitlichen Großbetrieben wertvolle Dienste geleistet.

Neben seiner Tätigkeit als Techniker und Industrieller ist Stumm auch im politischen Leben stark hervorgetreten. Von 1867 mit einer achtjährigen Unterbrechung bis zu seinem Tode hat er dem Deutschen Reichstage angehört; außerdem war er Mitglied des Preußischen Herrenhauses und seit 1890 des Preußischen Staatsrates. Im Wirtschaftsleben nahm er als Vorsitzender der Handelskammer Saarbrücken und verschiedener Verbände der Eisenindustrie eine hervorragende Stellung ein. Enge persönliche Freundschaft verband ihn mit Kaiser Wilhelm II. Im Volke nannte man ihn den „König Stumm". *St. u. E. 21 (1901) S. 321; 100 Jahre Neunkircher Eisenwerk (Saarbrücken 1906); Die Dillinger Hüttenwerke 1685 bis 1905.* Hä.

STURROCK, Archibald, geb. 30. Sept. 1816 in Forfarshire, gest. 1. Jan. 1909 in London, trat mit 16 Jahren als Lehrling bei der East Foundry in Dundee ein und wurde bereits mit 24 Jahren Assistent des Obermaschinenmeisters der Great Western-Bahn. Hier oblag ihm unter der Leitung von Gooch 1843 bis 1850 der Ausbau und die Verwaltung der großen Eisenbahnwerkstätten in Swindon. Auf Empfehlung von Brunel wurde er 1851 Obermaschinenmeister der Great Northern-Bahn. Unter seinen Lokomotivneubauten sind die bekanntesten die von 1853 ab in größerer Zahl gebauten 2A-1 - Schnellzuglokomotiven. Bekannter ist Sturrock durch seine Versuche, die Zugkraft der Lokomotive durch Ausnutzung des Tendergewichtes zu erhöhen. Nach Vorschlägen, die Flachat schon 1859 in Paris gemacht hatte, versah er von 1863 an etwa 50 seiner Güterzuglokomotiven mit einem zweiten Triebwerk am Tender. Leider waren die Kessel der verwendeten Lokomotiven so klein, daß der Triebtender stets nur für kurze Strecken ausgenutzt werden konnte. Man baute daher später die Tendertriebwerke, die auch bei der französischen Ostbahn versucht worden waren, wieder aus. Doch sehen wir heute nach 60 Jahren die Gedanken von Sturrock in Amerika wieder aufleben.

Sturrock war ein stiller, verschlossener Charakter. Er trat nie öffentlich hervor, selbst nie in engen Fachkreisen, so daß die Fachwelt nach seinem 1866 erfolgten Übergang in den Ruhestand kaum wieder etwas von ihm hörte. Er wird aber als eifriger Sportler geschildert, der noch bis zu seinem 83. Jahre auf Jagd und zum Angeln ging. *Eng. 107 (1909) S. 35; Engg. 87 (1909) S. 44.* Me.

STYFFE, Knut, geb. 13. Jan. 1824 in Karlsfors (Westgotland, Schweden), gest. 3. Febr. 1898 in Stockholm. Nach juristischen und bergwissenschaftlichen Studien, teils an der Universität in Upsala, teils an der Bergakademie in Falun, war er am Sala-Silberbergwerk als Bergfiskal, später an der Technischen Hochschule in Stockholm als Laborator der Chemie tätig. Mit nur 32 Jahren wurde er zum Generaldirektor und Vorstand der letztgenannten Lehranstalt ernannt und blieb bis 1890 an dieser Stelle.

Während der Zeit, wo Styffe Leiter der Technischen Hochschule war, machte diese eine durchgreifende Umgestaltung und Erweiterung durch, und mit seiner hervorragenden Organisationsgabe und seinen gründlichen Kenntnissen verstand Styffe die Entwicklung der Hochschule in die richtigen Bahnen zu führen, und trug dadurch wesentlich zu dem raschen Aufschwung der schwedischen Industrie in den letzten Jahrzehnten des 19. Jahrhunderts bei. Die Hochschule erhielt neue moderne Räume und die Anzahl der Lehrer wurde bedeutend vermehrt. Im Jahre 1869 wurde die Bergakademie in Falun nach Stockholm verlegt und mit der Technischen Hochschule vereinigt.

Styffe hat eine nicht unbedeutende schriftstellerische Tätigkeit ausgeübt, welche Wissenschaftlichkeit mit praktischem Sinn in einer ausgezeichneten Weise verbindet. Besonders erwähnenswert ist seine auf der Grundlage mehrjähriger Versuche ausgearbeitete Abhandlung „Über die Elastizität, Dehnbarkeit und absolute Stärke des Eisens und des Stahls", im Jahre 1866 in den Annalen des Schwedischen Eisenkontors veröffentlicht; diese Abhandlnng ist mit Rücksicht auf die der Materialprüfung in jener Zeit zur Verfügung stehenden Hilfsmittel geradezu als klassisch zu bezeichnen.

Er war Mitglied der Kgl. Akademie der Wissenschaften und der Kgl. Lantbruksakademie und erhielt im Jahre 1865 die große goldene Medaille des Eisenkontors. Na.

SUALEM, Rennequin (Renkin), geb. 29. Jan. 1645 in Jemeppe bei Lüttich, gest. 29. Juli 1708 in Bougival. Als Sohn eines einfachen Zimmermanns geboren und im gleichen Beruf erzogen, meisterte Sualem mit außergewöhnlichem Verständnis die technischen Mittel und Kenntnisse seiner Zeit. Im Auftrage Ludwig XIV. erbaute dieser des Lesens und Schreibens unkundige Praktiker 1681 bis 1685 die größte Wasserkraftmaschine des 17. und 18. Jahrhunderts, die zum Betrieb der Versailler Wasserkünste dienende „Maschine von Marly". Dieses einzigartige Pumpwerk, nach Leupold „einer der mächtigsten und kostbahresten Wasser Künste in Europa", das Besucher aus allen Ländern anzog, wurde durch 14 Wasserräder von 12 m Durchmesser angetrieben und hob in der ersten Zeit seines Bestehens täglich 3200 cbm Wasser mit 221 durch Gestänge betätigten Saug- und Druckpumpen auf 162 m Höhe. Die umfangreiche Anlage geriet nach dem Tode Ludwig XIV. immer mehr in Verfall, bis sie am 24. Aug. 1817, nach 132jährigem Betrieb, abgebrochen wurde.

Wenn die Maschine von Marly auch keinen bahnbrechenden neuen Konstruktionsgedanken aufweist, so bleibt Sualem doch das Verdienst und der Ruhm, mit kühnem Wagemut ein solches Riesenwerk in einer Zeit verwirklicht zu haben, in der die Leistung eines Wasserrades nur in seltenen Ausnahmefällen 10 PS betrug. *Renkin Sualem la machine de Marly, Congrès international des mines, de la métallurgie, de la mécanique et de la géologie appliquées (Lüttich 1905), Bd. 4; Beitr. 3 (1911) S. 131.* Wch.

SULZER-HIRZEL, Johann Jakob, geb. 16. Nov. 1806 in Winterthur (Schweiz), gest. 29. Juni 1883 in Winterthur. Der Name Sulzer läßt sich in Winterthur bis ins 14. Jahrhundert zurückverfolgen. Der erste Sulzer, der sich gewerblich betätigte, war ein Gastwirtsohn Salomon Sulzer (1757 bis 1807), der Theologie studiert hatte. Schon im Begriff, seine Antrittspredigt zu halten, entschloß er sich, den Gelehrtenberuf mit dem Handwerk zu vertauschen und wurde Messinggießer; 1775 macht er sich in Winterthur als solcher selbständig. Die Unruhen der Revolution und der napoleonischen Kriege ließen das Geschäft nicht zur rechten Entwicklung kommen, Sulzer siedelte daher 1806 nach Dieuze (Lothr.) über, um in die dortige Saline einzutreten, und überließ das Geschäft seinem 24jährigen Sohne Jakob. Unter Jakob Sulzer blieb der Betrieb noch recht klein und handwerkmäßig, obwohl hier bereits eine erfreuliche Entwicklung einsetzte. In der Werkstatt arbeitete er mit Vorliebe an der Drehbank. Den größten Wert legte er darauf, seinen beiden Söhnen, Johann Jakob und Salomon, eine gute Erziehung angedeihen zu lassen; nach der Schulzeit begann für Johann Jakob die Lehrzeit beim Vater, denn eine ausgesprochene Liebe zum technischen Beruf ließ in ihm gar nicht den Gedanken an die Möglichkeit eines anderen Berufes aufkommen. Vor allem suchte er die Geheimnisse des Eisengusses zu ergründen. 1827 trat er nach Handwerksbrauch die Wanderschaft an, die ihn zuerst nach Bern, von da über Genf nach Lyon und Paris führte. Seiner Beobachtungsgabe gelang es, hinter die Geheimnisse des Eisengusses zu kommen, und so wurde aus dem Messinggießer ein Eisengießer. In Paris, wohin er 1830 kam, ließ er sich in die „École des Arts et Métiers" aufnehmen und hatte besonders seinem Lehrer Leblanc sehr viel zu danken. Durch ihn erhielt er auch nach 1½jähriger Lernzeit an der Schule eine Anstellung in den berühmten Werkstätten von Edwards in Chailott. In der Fabrik wurden Dampfmaschinen und Arbeitsmaschinen für alle Industriezweige, besonders die Mühlenindustrie, hergestellt, ferner hydraulische Pressen usw.; auch die Gewehrherstellung war eingerichtet. Auch Salomon Sulzer, der im väterlichen Geschäft ein tüchtiger Gießer geworden war, ging auf die Wanderschaft und lernte in der Schweiz und in Frankreich, besonders aber bei Schlumberger im Elsaß. Im April 1832 kehrte Johann Jakob in die Heimat zurück, und Neujahr 1834 beschlossen Vater und Söhne, eine eigene Eisengießerei zu errichten, die noch im gleichen Jahre dem Betrieb übergeben wurde. Zum Teil ohne und gegen den Willen des am althergebrachten Handwerksmäßigen hängenden Vaters wurden technische Neuerungen geschaffen, durch die es gelang, den Wirkungskreis des Geschäftes rasch auszudehnen. 1839 wurde eine neue größere Gießerei errichtet und die bisherige Gießhalle als mechanische Werkstatt eingerichtet. Der Vater blieb dem Messingguß treu, Salomon widmete sich hauptsächlich der Eisengießerei, während Jakob immer mehr der geistige Leiter des ganzen Geschäfts wurde und sich besonders den Ausbau der eigentlichen Fabrik angelegen sein ließ. In den vierziger Jahren reiste er viel im Auslande, besonders in Deutschland, Frankreich und Österreich. 1849 besuchte er zum ersten Male England. Zwei Monate lang nahm er die gewaltigen Fortschritte der Industrie in sich auf, die damals noch der aller anderen Staaten weit voraus war. Immer wieder drängte sich ihm die Bedeutung der ampfkraft auf. Durch Vermittlung seines Schwagers Gottlieb Hirzel, der bei Maudslay, Sons & Field tätig war, gewann er den jungen englischen Ingenieur Charles Brown zur Einführung des Dampfmaschinenbaues in Winterthur. Mit Brown erhielten die Gebr. Sulzer ein technisches Genie, dessen Leistungen für die Entwicklung der Dampfmaschine kaum hoch genug angeschlagen werden können. Er fand bei Sulzer eine gut eingerichtete Gießerei und Kesselschmiede, aber keine Maschinenfabrik, die auch nur annähernd mit den englischen Werkstätten hätte verglichen werden können. Brown baute die denkbar mannigfachsten Werkzeugmaschinen und Dampfmaschinen mit hervorragendem Erfolge.

In Winterthur war 1851 nur eine kleine 4 pferdige Dampfmaschine, die in Mülhausen gebaut war. In den fünfziger Jahren entstand dann bei Gebr. Sulzer eine ganze Anzahl stehender und liegender Dampfmaschinen von $\frac{1}{2}$ bis 25 PS von sehr guter konstruktiver Durchbildung. Anfangs der sechziger Jahre beschäftigten sich die Gebr. Sulzer sehr eifrig mit dem Entwurf von Ventilmaschinen, bei denen der Füllungsgrad vom Regulator eingestellt werden sollte. Die erste Sulzermaschine mit Ventilsteuerung wurde 1865 fertiggestellt; sie entwickelte die für damalige Verhältnisse sehr ansehnliche Kraft von 165 PS. Die weitere konstruktive Durchbildung lag in den Händen von Charles Brown und Jakob Sulzers Sohn Heinrich. Als Sulzermaschine wurde die Ventildampfmaschine überall bekannt und richtunggebend für den Dampfmaschinenbau. Besonders führte auch die Anwendung des Heißdampfes zu großen Erfolgen der Firma Sulzer.

Neben der Dampfmaschine waren die Hauptarbeitsgebiete der Kesselbau, der Bau von Zentralheizanlagen, der Bau von Textilmaschinen und zeitweise die Geschütz- und Geschoßfabrikation und der Bau von Gasanstalten. Die ersten Kessel mit Überhitzer entstanden hier in den sechziger Jahren; die erste Zentralheizung wurde 1841 für das Gymnasium in Winterthur ausgeführt.

Großen Wert legte Jakob Sulzer stets auf die Belehrung und geistige Bildung der Arbeiter. Viele Jahre leitete er selbst den Zeichenunterricht an der Winterthurer Gewerbeschule. Mit hervorragender Menschenkenntnis verstand er es, sich seine Mitarbeiter heranzuziehen. In stetiger Linie entwickelte sich die Fa. Gebr. Sulzer aus kleinen handwerklichen Anfängen zur heutigen Weltfirma dank der Persönlichkeitswerte, die in der Familie Sulzer vorhanden waren und sich vom Vater auf den Sohn vererbten. Zuverlässigkeit der Arbeit war Sulzer stets eine Grundbedingung, so daß er an seinem Lebensabend mit Stolz seinem Sohne sagen konnte: „Mit dem festen Grundsatz, alles aufs beste zu besorgen, hat unser Geschäft sich einen seltenen guten Namen weithin verschafft." *Beitr. 2 (1910) S. 148; Schweizer eigener Kraft (Neuenburg 1906).* Hä.

SULZER-STEINER, J. Heinrich, geb. 19. März 1837 in Winterthur (Schweiz), gest. 11. Mai 1906 in Bern. In der Geschichte der Firma Gebrüder Sulzer ist in der zweiten Generation Heinrich Sulzer der hervorragendste Führer. Er ist der älteste Sohn des Begründers der Firma, Johann Jakob Sulzer-Hirzel; neben ihm standen in der Leitung des Werkes seine Brüder Albert Sulzer(-Großmann), Eduard Sulzer(-Ziegler) und Jakob Sulzer(-Imhoof). Nach Besuch der höheren Schule seiner Vaterstadt trat Heinrich Sulzer 1853, im 16. Lebensjahre, als Lehrling in das väterliche Geschäft ein. Sein Vater und Charles Brown waren ihm zwei vorzügliche Lehrmeister. 1856 ging er nach Karlsruhe, um am dortigen Polytechnikum zu studieren. Nach beendetem Studium ging er 1858 auf den Rat seines Vaters nach Nürnberg in die Cramer-Klettsche Maschinenfabrik, wo er in Werder einen besonders hervorragenden Ingenieur fand, der ihm gern mit seinem Rat zur Seite stand. Nach der Nürnberger Zeit war er eine Zeitlang im Konstruktionsbureau des Österreichischen Lloyd in Triest tätig und benutzte hier zugleich die Gelegenheit, italienisch zu lernen. Ehe Heinrich Sulzer in das väterliche Geschäft eintrat, sollte er noch England kennen lernen. Mit einem Gießermeister der Winterthurer Fabrik reiste er 1859 nach Manchester; nach einigen Monaten folgte ihm der Vater, und beide zusammen bereisten zwei Monate lang die wichtigsten Industriegegenden Englands. Vater und Sohn blieben während der Reise und Studienjahre stets in engstem Gedankenaustausch über die Angelegenheiten der Fabrik.

So ausgezeichnet vorbereitet trat Heinrich Sulzer 1860, nach seiner Rückkehr aus England, in die Fabrik ein. Die ersten Jahre seiner Tätigkeit an dieser Stelle galten hauptsächlich den Dampfmaschinenkonstruktionen. Zusammen mit Charles Brown schuf er die Sulzersche Ventildampfmaschine, die sich bald Weltruf eroberte. Die für alle späteren Ausführungen grundlegende einfache Steueranordnung rührte von Heinrich Sulzer her. 1867 lernte er in Paris Corliss kennen, der der Sulzer-Maschine rückhaltlos seine Anerkennung aussprach. Später angestellte Vergleichsversuche zwischen Corliss-Maschinen und Ventilmaschinen ergaben einen wesentlich geringeren Dampfverbrauch der Ventilmaschine. Neben dem Dampfmaschinenbau widmete Heinrich Sulzer sich schon früh mit besonderer Liebe der Anlage von Heizungen und behielt die Leitung dieser Abteilung des Werkes bis zum Tode bei. 1866 wurde durch die Gebrüder Sulzer die Dampf-Wasserheizung eingeführt, die auf der Pariser Weltausstellung mit der goldenen Medaille ausgezeichnet wurde. Bei einer großen Anzahl von Maschinen und industriellen Anlagen hatte Heinrich Sulzer Gelegenheit, sein hervorragendes konstruktives Talent zu beweisen.

Neben dieser Bearbeitung einzelner Gebiete nahm mehr und mehr die Führung des Gesamtunternehmens seine Kräfte in Anspruch. Sein Onkel Salomon Sulzer war bereits 1867 aus Gesundheitsrücksichten ausgeschieden; sein Vater Johann Jakob zog sich 1872 ebenfalls zurück. Seit diesem Jahre stand Heinrich Sulzer als Senior an der Spitze des Unternehmens, unterstützt von seinen Brüdern und einem Stabe von Männern, die er in seinem Hause zu gewinnen gewußt hatte. Als er in die leitende Stellung eintrat, beschäftigte die Fabrik etwa 500 Arbeiter, bei seinem Tode waren in Winterthur mehr als 3500 Arbeiter und Angestellte, in dem Ludwigshafener Zweigwerk etwa 1000 Menschen tätig. Trotz des immer wachsenden Umfanges des Geschäftsbetriebes wahrte er sich bis zu seinem Lebensende den Überblick über das Ganze und die einzelnen Zweige.

Mit den technischen und organisatorischen Fähigkeiten vereinigte sich bei Heinrich Sulzer eine edle Menschlichkeit, die sich vor allem in einer über das Gewöhnliche hinausgehenden Sorge um das Wohl seiner Arbeiter und Angestellten äußerte. Uneigennützig stellte er sich stets in den Dienst der Allgemeinheit und seines Faches. Unter den vielen Ehrungen, die ihm zuteil wurden, sei erwähnt, daß ihm der Verein deutscher Ingenieure im Jahre 1906 seine höchste Auszeichnung, die Grashof-Denkmünze, verlieh. *Beitr. 2 (1910) S. 148; Z 50 (1906) S. 929; Schw. Bauz. 47 (1906) S. 246.* Hä.

SVEDBERG, Emanuel (v. Swedenborg), geb. 29. Jan. 1688, in Stockholm, gest. 29. März 1772 in London, war der Sohn eines angesehenen Hofgeistlichen und hervorragenden Theologen. Schon als Knabe zeigte er einen ungewöhnlichen Ernst und unterhielt sich am liebsten über Glaubensfragen, ohne irgendwelchen Hang zum Mystizismus zu zeigen. Neben klassischen Studien beschäftigte sich Svedberg mit Vorliebe mit Mathematik und Naturwissenschaften, erwarb 1709 die Doktorwürde in Upsala, ging die nächsten vier Jahre auf Reisen nach England, Holland und Frankreich und gründete, zurückgekehrt, ein wissenschaftliches Archiv, von dem in den Jahren

1716-1718 sechs Bände erschienen sind. Karl XII. erkannte seine vorzüglichen Kenntnisse in der Mechanik und ernannte ihn 1716 zum Assessor des Bergkollegiums. Zu dieser Zeit leistete er dem König einen außerordentlichen Dienst durch den Transport der zur Belagerung von Friedrichshall erforderlichen schweren Geschütze und Belagerungsmaterials über das Gebirge. 1719 wurde er von der Königin unter dem Namen v. Swedenborg in den Adelsstand erhoben. Er hat von seinem Adel nie Gebrauch gemacht, stand in hohem Ansehen, bekannte die freiesten Ansichten über Regierung und Staatswesen, hielt sich aber von der Politik fern. Zumeist lebte er dem Studium und den Wissenschaften und hatte die umfassendsten Kenntnisse in Mathematik, Astronomie, Physik, Chemie, Mineralogie, Kristallographie, Metallurgie, Mechanik, Nautik und Nationalökonomie. Er besuchte längere Zeit die Bergwerke von Schweden und einen großen Teil Europas und schrieb während dieser Reise fünf Abhandlungen und vier Bücher, darunter das berühmte Buch „Prodromus principiorum rerum naturalium", in welchem er die Erscheinungen der Chemie und Physik auf geometrischen Grundsätzen aufbaute; ein Buch behandelte den Schiffbau, ein anderes Buch eine neue Art der Meridianbestimmung. Nach seiner Rückkehr nahm er den Sitz im Bergwerkskollegium ein, dessen er sich erst jetzt als würdig erachtete. 1729 wurde Swedenborg Mitglied der schwedischen Akademie der Wissenschaften. Seine Wißbegierde trieb ihn bald wieder ins Ausland. In Leipzig verfaßte er 1734 ein großes Werk „Opera philosophica et mineralia". Der erste Teil dieses Werkes gibt ein Bild seiner Naturphilosophie, der 2. und 3. Band sind durchaus praktisch gerichtet und behandeln das Eisen und das Kupfer. Das Buch „De Ferro" ist das erste und älteste Handbuch der Eisenhüttenkunde. Die Arbeiten für den ersten Band des Werkes ließen ihn die verborgenen Geheimnisse der Natur erforschen und veranlaßten ihn, über das Unendliche, über die letzten Gründe und den Zusammenhang zwischen Körper und Seele zu schreiben. Er unternahm dann neue Auslandreisen, schrieb nach seiner Rückkehr 1740 ein großes Werk über das Tierreich, studierte den Bau des Körpers und begründete eine Geometrie und Mechanik desselben. 1745 begab er sich nach London und veröffentlichte das seltsame Buch „De cultu et amore Dei", das sich mit der Seele, der Erkenntnis und dem Bilde Gottes beschäftigte. Zu dieser Zeit schließt der erste Abschnitt seines Lebens. Seit dem Jahre 1745 hatte Swedenborg häufig Visionen und führte Zwiegespräche mit Engeln, die ihm erschienen. Die Gespräche schrieb er nieder. Die wissenschaftlichen Arbeiten hatten damit ihr Ende erreicht. Seinen ganzen Geist widmete er nun der Erklärung Gottes und der Menschennatur und schrieb darüber eine erstaunliche Zahl von Schriften. Das Suchen nach Wahrheit und das Bekennen der Wahrheit trat bei dem Gelehrten Swedenborg und dem Propheten Swedenborg einheitlich hervor.

Schon 1747 hatte er seine amtlichen Stellungen aufgegeben und widmete sich nur der Gründung seiner neuen Kirche, deren Lehre, von Pietismus und Rationalismus beeinflußt, einen starken Zug zum Okkulten hatte. Auf einer Reise, die er im Interesse seiner Lehre unternommen hatte, starb er in London. *Gesch. Eis.; Guinchard: Schweden (Stockholm 1913).* Wf.

SWAB, Anton v., geb. 29. Juli 1702 bei Fahlun (Schweden), gest. 28. Jan. 1768 in Stockholm. Swab legte das bergwissenschaftliche Examen an der Universität Upsala ab und wurde 1723 dem Berg- und Hüttenamt zu Stockholm als Auskultant (Referendar) zugeteilt. In Bergwerken Norwegens, Finnlands, Deutschlands, Österreichs, Italiens und Englands vervollkommnete er in fast zehnjähriger praktischer und theoretischer Arbeit seine berg- und hüttenmännischen Kenntnisse. 1736 in die Heimat zurückgekehrt, erfolgte seine Ernennung zum Bergmeister des südlichen Distriktes von Schweden. Um das Jahr 1740 gründete Swab eine Aktiengesellschaft zum Zwecke der Steinkohlenausbeutung in Schonen (Südschweden). Er errichtete das erste Goldwerk in Schweden, Adelfors, dessen goldführende Adern er selbst entdeckt hatte. Anton v. Swab war der Erfinder einer Methode, metallisches Zink aus Zinkblende herzustellen; auch ist ihm die Einführung eines neuen Schmelzverfahrens bei dem Silberbergwerk in Sala zu verdanken. Er war der erste, der mit vollem Erfolg Schlacke (besonders Fahluner Kupferschlacke) als Baumaterial für Wohnhäuser verwandte. 1748 wurde Swab zum Assessor, 1757 zum Bergrat ernannt, 1751 in den Adelsstand erhoben. *Nordisk Familjebok (Stockholm 1918); C. Sahlin: Fahlun in Gamla svenska städer 3 (Stockholm 1911).* Sn.

SWAN, Joseph Wilson Sir, geb. 31. Okt. 1828 in Sunderland, gest. Mai 1914 in London, Sohn des John Swan. Swan ist vor allem berühmt geworden als einer der Pioniere der elektrischen Glühlampe. Nachdem als Vorläufer schon in den fünfziger Jahren der Deutsche Göbel und der Amerikaner Starr die ersten erfolgreichen Versuche mit Glühlampen gemacht hatten, waren Swan und Edison die ersten, die in den Jahren 1871 bis 1881 praktisch brauchbare Glühfadenlampen in größerer Zahl auf den Markt brachten, ihre Herstellung planmäßig begannen und so den raschen Aufschwung der elektrischen Glühlampenindustrie begründeten. Als Glühfaden benutzten sie ebenso wie ihre Vorgänger einen fein abgespalteten Bambusfaden. Ferner sind Swan noch eine Reihe anderer Erfindungen und Verbesserungen für die praktische Anwendung der Elektrizität zu verdanken; so wird z. B. zum Teil heute noch neben der Edisonfassung für Glühlampen die Swanfassung verwendet. Bei dieser wird die Glühlampe nicht mittels Gewinde, sondern durch einen Bajonettverschluß in der Fassung befestigt; sie eignet sich deshalb besonders für Glühlampen, die starken Erschütterungen ausgesetzt sind.

Besonders grundlegende Erfindungen hat Swan auch auf dem Gebiet der Photographie und der photographischen Druckverfahren gemacht. Er schuf die Grundlage des Autotypieverfahrens und gab die Mittel zur Herstellung empfindlicher Trockenplatten für photographische Zwecke an. Diese beiden Leistungen Swans haben die Lichtbildtechnik außerordentlich gefördert und ihm den Ehrennamen eines Pioniers der Photographie eingetragen. Von seinen Landsleuten wurde Swan sehr geehrt; er erhielt die höchsten Auszeichnungen und war korrespondierendes Mitglied und Präsident der führenden wissenschaftlichen Vereinigungen. *ETZ 35 (1914) S. 662.* No.

SWEET, John Edson, geb. 21. Okt. 1832 in Pompey bei Syrakus (Amerika), gest. 8. Mai 1916 in Syrakus. Sweet besuchte die Distriktschule seiner Heimat, arbeitete dann auf einer Farm und ging später zu einem Zimmermann in die Lehre. Einige Jahre betätigte er sich hierauf als Architekt und Baumeister im Süden, kehrte jedoch nach Ausbruch des Bürgerkrieges 1861 nach dem Norden zurück. 1873 wurde er zum Direktor der Mechanischen Werkstätten des Sibley College der Cornell-Universität erwählt. 1872 baute er seine erste schnellaufende Dampfmaschine, die sog. „Straight Line Engine", die ihren Namen nach der in ihrer Formgebung stetig wiederkehrenden geraden Linie erhielt. Kaum bei irgendeiner anderen Maschine hat der Erbauer es verstanden, sich soweit von allem, was bis dahin Gebrauch war, freizumachen, und wohl selten sind bei einer Maschine so viele Neuerungen gleichzeitig versucht worden wie bei dieser Straight Line Engine. 1874 gab Sweet diese Stellung auf, um die Straight Line Engine Co. in Syrakus zu gründen, deren Präsident er von ihrer Gründung bis zu seinem Tode blieb. Anfangs gab es nur drei verschiedene Größen, eine Beschränkung, durch die die Serienfabrikation sehr begünstigt wurde; die Leistungen lagen in der starken Veränderlichkeit der Umlaufzahl zwischen 125 und 25 PS. In Europa dauerte es eine gewisse Zeit, ehe man es für möglich hielt, daß sich Dampfmaschinen auch bei hohen Umlaufzahlen in dauernd brauchbarem Zustand erhalten ließen, doch nachdem man sich von der Richtigkeit dieser Angaben überzeugt hatte, nahmen sehr bald viele Firmen den Bau von diesen Schnelläufern auf.

Sweet wurde in Anerkennung seiner hervorragenden Konstruktionen und seiner grundlegenden Arbeiten auf dem Gebiet der Entwicklung der Dampfmaschinen mit hoher Umdrehungszahl 1914 die John-Fritz-Denkmünze verliehen, im gleichen Jahre ernannte ihn die Syrakuser Universität zum Doktor of Engineering. Sweet war Mitbegründer und dritter Präsident der American Society of Mechanical Engineers. *Trans. ASME 38 (1916) S. 1321; Entw. Dm. 2 (1908). S. 206.* Ca.

SYMINGTON, William, geb. 1764 in Leadhills (Lanarkshire), gest. 22. März 1831 in London. Sein Vater war Werkmeister des Bergwerkes der Lead Mining Co. und ließ seinem Sohn eine gute und im Hinblick auf seine technische Befähigung vor allem praktische Erziehung zuteil werden. Mit 21 Jahren baute Symington mit Hilfe seines Vaters und dem finanziellen Beistand des Leiters der Bergwerke einen Dampfwagen, der in den Straßen seines Heimatsortes als Wunderwagen umherlief. Im Hinblick auf sein Patent vom Jahre 1784 versuchte Watt die Arbeiten Symingtons nach dieser Richtung hin zu unterbinden; es gelang aber nicht; denn im Jahre 1787 erhielt Symington sein erstes Patent auf eine verbesserte Dampfmaschine, bei der er durch Ketten und Sperrklinken die rotierende Bewegung erlangte.

Um diese Zeit wurde Symington einem reichgewordenen Bankier in Edinburgh, Patrick Miller, vorgestellt, der sich für alle Verbesserungen und Erfindungen an Geschützen und Kriegsschiffen interessierte. Durch Vermittlung des Hauslehrers Taylor erhielt Symington von Miller den Auftrag, ein Dampfschiff zu bauen. Alle drei arbeiteten an diesem Plan, und am 14. Oktober 1788 wurde es auf einem kleinen Landsee in Südschottland in Betrieb gesetzt. Symington hatte die Maschine erbaut und sie auf dem von Miller hergestellten Doppelboot aufgestellt. Taylors Hauptverdienst ist es, daß er Miller auf die Anwendbarkeit der Dampfmaschine aufmerksam gemacht hat.

Die Maschine erregte großes Aufsehen. Da sie nur soviel „wie ein Pferd" zu leisten vermochte, wurde sie bald durch eine größere ersetzt. Die Versuche hatten jedoch schließlich keinen praktischen Erfolg; die Schaufelräder waren zu schwach und zerbrachen zu schnell.

Symington war von den Mißerfolgen schwer getroffen; in den folgenden zwölf Jahren hören wir nichts von ihm. Im Jahre 1801 interessierte sich Lord Dundas, der Leiter der Forth & Clyde Canal Co, für Dampfboote und beauftragte Symington, eine Dampfmaschine für seine Zwecke zu entwerfen. Das Patent von 1787 wurde fallen gelassen und 1801 ein neues genommen. Die bisherigen Mängel wurden beseitigt und im Jahre 1802 machte die „Charlotte Dundas" ihre ersten Probefahrten im Clyde-Canal. Die Gesamtkosten beliefen sich auf £ 363, 10 sh, 10 d. Das Boot bewährte sich zwar, aber da man befürchtete, die vom Boot aufgeworfenen Wellen würden die Kanalufer zu sehr beschädigen gab man auch diese Pläne auf. Trotzdem bestellte der Duke of Bridgewater acht solcher Dampfboote für seinen Kanal und Symington faßte Hoffnung. Kurz vor Beginn der Arbeiten starb sein Auftraggeber. Symington stand wieder vor dem Nichts. Bis zum Jahre 1825 fristete er ein kümmerliches Dasein. Er erhielt dann aus der Schatzschatulle erst 100 £, später noch einmal 50 £. Auch von den Londoner Dampfschiffbesitzern wurde er unterstützt. Wie viele andere große Erfinder starb er verbittert, arm und enttäuscht. *Entw. Dm. 1 S. 74, 79; Cassier's Magazine 14 (1898) S. 525.* Wi.

T

TAAKS, Otto, geb. 10. Sept. 1849 in Norden (Ostfr.), gest. 28. Febr. 1924 in Hannover, war der Sohn eines Obergerichtsanwaltes. Nachdem er auf dem Gymnasium zu Aurich die Reifeprüfung bestanden hatte, absolvierte er ein praktisches Jahr als Baueleve in Leer und Essen und bezog dann die Bauakademie in Berlin. Am Kriege 1870 nahm er als Kriegsfreiwilliger im Werderschen Korps teil. Nach Rückkehr aus dem Felde beendete er das Studium und ließ sich nach Ablegung der zweiten Staatsprüfung als Zivilingenieur in Hannover nieder. Sein besonderes Interesse galt den Be- und Entwässerungsarbeiten; in Goslar schuf er u. a. eine der ersten biologischen Kläranlagen des Kontinents. Auch der Bau von Schlachthöfen, Industrieanschlußbahnen, Kleinbahnen, Schiffahrtkanälen und der Bau und die Einrichtung ganzer Fabrikanlagen wurde ihm übertragen; genannt seien hier nur die Entwürfe und Vorarbeiten für die Schiffahrtwege Hunte-Ems-Kanal, für einen Rhein-Nordsee-Kanal von Wesel zur Ems. 1906 wurde er auf der 47. Hauptversammlung des Vereines deutscher Ingenieure zum Kurator des Vereines ernannt und hat stets dem häufig von ihm ausgesprochenen Grundsatz, daß „ein Mann, der sich selbst eine gesicherte Stellung geschaffen habe, nicht nur verpflichtet sei, Geld für Steuern abzuführen, sondern auch Arbeit für die Allgemeinheit zu leisten", gelebt, und als Kurator des Vereines sich mit voller Hingabe diesen Aufgaben gewidmet. Er begründete den Deutschen Ausschuß für technisches Schulwesen. Die Technische Hochschule Hannover ehrte ihn 1906 durch Ernennung zum Dr.-Ing. E. h. Der Tod erlöste ihn, fünfundsiebzigjährig, von einem schweren Leiden. *Z 68 (1924) S. 381.* Ca.

TALBOT, William Henry Fox, geb. Febr. 1800 in Harrow, gest. 17. Sept. 1877 in Laycock Abbey. Talbot war das einzige Kind begüterter Eltern, die ihm eine sorgfältige Erziehung angedeihen ließen. Er besuchte das Trinity College in Cambridge und zeichnete sich dort mehrmals durch hervorragende mathematische Arbeiten aus; auch beschäftigte er sich frühzeitig mit optischen und chemischen Untersuchungen. 1830 beschreibt Talbot die Spektren der durch verschiedene Stoffe gefärbten Flammen und sagt: „Danach zögere ich nicht, zu behaupten, daß die optische Analyse die kleinsten Mengen dieser Stoffe (Strontium, Lithium) mit ebensoviel Genauigkeit unterscheiden kann wie irgend eine andere bekannte Methode." Seine Versuche führten ihn zu den bedeutendsten Erfindungen auf dem Gebiete der Photographie. So wurde die Daguerrotypie allmählich von der durch Talbot erfundenen Papierphotographie verdrängt. Er überzog einen Bogen Papier mit einer Schicht Silbernitrat und setzte ihn den Sonnenstrahlen aus, nachdem er einen Gegenstand vor dem Papier angebracht hatte, der einen scharf begrenzten Schatten warf; die belichteten Stellen wurden dann geschwärzt, während die im Schatten befindlichen weiß blieben. Die ersten Gegenstände, die Talbot auf diese Weise abzubilden suchte, waren Blumen und Blätter. Als er bemerkte, daß die erhaltenen Bilder infolge der weiteren Einwirkung des Lichtes nur von kurzer Dauer waren, suchte er nach einem Verfahren, sie heller oder wenigstens beständiger zu machen. Er fand bald diesem Zweck entsprechende Chemikalien, die ihm zum Fixieren seiner Bilder dienten. 1839 gelang es ihm, in der Gallussäure einen Entwickler für Papiernegative ausfindig zu machen, ferner entdeckte er die das Chlorsilber übertreffende Lichtempfindlichkeit des Bromsilbers, mit dem er in der Kamera leicht Papiernegative erhielt. Die Entwicklung des Jodsilberbildes durch Gallussäure bildete ein Analogon zu der Quecksilberentwicklung Daguerres. Der Hauptvorteil war der, daß von dem erhaltenen negativen Bilde, das alle dunklen Teile des aufgenommenen Gegenstandes hell zeigte — und umgekehrt —, nun positive Abdrücke in beliebiger Zahl auf Chlorsilberpapier gemacht werden konnten. Talbot gab dem Verfahren wegen seiner Schönheit den Namen „Kalotypie", später nannte man es dem Entdecker zu Ehren Talbotypie. 1843 wandte er sein Verfahren zur Herstellung von Vergrößerungen an und gab bald darauf das erste mit photographischen Papierbildern illustrierte Werk heraus. Auch die Entdeckung, daß mit Chromaten behandelter Leim bei der Belichtung unlöslich wird, geht auf Talbot zurück. Er benutzte zuerst die Chromgelatine als photochemisches Schutzmittel bei Ätzungen auf Stahl und ebnete dadurch der Heliogravüre (Photogravüre) den Weg. Talbot hat die Ergebnisse seiner Forschungen in verschiedenen Abhandlungen niedergelegt; in dem Journal of Science erschien 1826 „Some Experiments on Coloured Flame", 1827 „Monochromatic Light"; in dem Philosophical Magazine eine Anzahl chemischer Schriften, wie z. B. „Chemical Changes of Colour". Auch mit archäologischen Studien befaßte sich Talbot eingehender und stellte der Royal Society, die ihm in Anerkennung seiner Erfindungen 1842 die „medal of the Royal Society" verlieh, verschiedene Arbeiten dieses Gebietes zur Verfügung. *Enc. Brit. 23 (1888) S. 27; Entw. Natw. 1 S. 299; 2 S. 406; 4 S. 324; Handb. Natw.; Beitr. 2 (1910) S. 307.* Ca.

TAYLOR, Frederic Winslow, geb. 20. März 1856 in Germantown (Philadelphia), gest. 21. März 1915 in Boxly (Philadelphia). Seine Erziehung erhielt Taylor in Amerika und Europa. Ursprünglich war geplant, ihn Jura studieren zu lassen; seine schlechten Augen zwangen ihn aber, hiervon abzusehen. Er wurde Lehrling und machte eine vierjährige Lehrzeit als Modellmacher und Maschinenbauer durch. Vom einfachen Arbeiter arbeitete er sich immer höher; nebenher studierte er und erhielt vom Stevens-Institut für Technologie den Grad des Maschinenbauingenieurs. Von Jugend auf war sein Streben darauf gerichtet, alles auf zweckmäßigste Art und Weise zu erledigen. Dieses Streben fiel in seiner Fabrikarbeit auf fruchtbaren Boden. und in ständigem Bemühen, unterstützt durch seine allmählich immer größere Bewegungsfreiheit, schuf er in mehr als 30 Jahren sein System der „Wissenschaftlichen Betriebsführung" oder, wie es allgemein genannt wurde, das „Taylorsystem", das auch heute noch Gegenstand heftigen Meinungstreites ist. Jahrelange Untersuchungen über die zweckmäßigste Schnittgeschwindigkeit und den geeignetsten Vorschub dienten dem Aufbau seines Systemes. Als Nebenergebnisse dieser Forschungsarbeit sind über 100 Patente zu nennen. Die größte Erfindung machte er zusammen mit Maunsel White in den Jahren 1898 bis 1900, wo der Taylor-White-Schnelldrehstahl entdeckt wurde, der beiden Erfindern ein Vermögen einbrachte.

Von seinen Schriften sind vor allem die Bücher: Shop Management (Die Betriebsleitung), The Art of Cutting Metals (Über Dreharbeit und Werkzeugstahl) und The Principles of Scientific Management (Die Grundsätze wissenschaftlicher Betriebsführung) international bekannt geworden. Seine „Grundsätze wissenschaftlicher Betriebsführung" waren zwei

Jahre nach ihrem Erscheinen in 12 Sprachen übersetzt. Seine Bestrebungen werden in den Vereinigten Staaten von seinen Schülern und Mitarbeitern weitergeführt. Vor allem dienen die „Taylor-Society" in New York und die „Frederic W. Taylor Cooperators" in Boxly (Philadelphia) diesem Ziele. *F. B. Copley: F. W. Taylor (New York 1923).* Wi.

TAYLOR, Philip, geb. 1786 in Norwich, gest. 1. Juli 1870 in St. Marguérite b. Marseille. Nach seiner Schulzeit in Norwich sollte er in Tavistock Medizin studieren, mußte aber hierauf verzichten, da er den Anblick der Leiden nicht ertragen konnte. Er kehrte deshalb nach Norwich zurück und trat dort in eine Drogerie ein. Hier erfand er die hölzernen Pillenschachteln. 1813 verheiratete er sich und zog 1815 nach Stratford bei London als Teilhaber der chemischen Fabrik seines Bruders John. Er wohnte in der benachbarten Gemeinde Bromley und empfing dort die berühmtesten Physiker und Chemiker seiner Zeit. Hier erfand er auch das Ölgas, das seinerzeit ein vielgebrauchtes Leuchtmittel war und noch heute zur Beleuchtung von Eisenbahnwagen benutzt wird. 1824 nahm er auf einen Apparat zur Erzeugung dieses Gases ein Patent. Es wurde in Theatern, öffentlichen Gebäuden, ferner in Bristol und New York zur Straßenbeleuchtung bis 1828 gebraucht. Dann wurde es durch das Steinkohlengas verdrängt.

1816 und 1818 nahm er Patente auf ein Verdampfungsverfahren mit Hilfe von gespanntem Dampf und ließ sich 1824 eine liegende Dampfmaschine patentieren. Später, 1821, wurde er Direktor der Themse-Tunnel-Gesellschaft und 1825 der British Iron Company, bei der er ein Verfahren für Eisenerzeugung ausarbeitete und zum Patent anmeldete. Nachdem er in den Zusammenbruch dieser Gesellschaft hineingezogen worden war, ging er nach Paris, wo er Maschinenfabriken gründete und, gleichzeitig mit Neilson und Mac Intosh in London ein Patent auf die Zuführung heißen Windes zu den Hochöfen nahm. Leider wurde sein Patent bestritten und erst kurz vor seinem Erlöschen im Jahre 1832 anerkannt. 1834 unterbreitete er Louis Philippe einen Plan, Paris von der Marne aus mit Wasser zu versorgen. Einen ähnlichen Plan hatte er vorher für London ausgearbeitet, doch sind beide nicht ausgeführt worden. 1834 baute er die Maschinen einer Mühle in Marseille ein und wurde Teilhaber der Firma, die aber durch behördliche Schikanen bald zugrunde ging. Taylor gründete später mit seinen Söhnen Maschinenfabriken in Marseille und kaufte 1845 eine Schiffswerft bei La Seyne bei Toulon, die bald kräftig emporblühte. Von 1847 bis 1852 wohnte er in San Pier d'Arena bei Genua, wo er für die sardinische Regierung Fabriken errichten sollte, aber wegen der politischen Wirren nach Marseille zurückkehren mußte; er zog sich dann bald aus dem Geschäfte zurück und übertrug es der „Compagnie des Forges et Chantiers de la Méditerrannée". Er war als „Papa Taylor" bei seinen Arbeitern sehr beliebt und ein eifriger Förderer aller technischen Fortschritte seiner Zeit. *Nat. Biogr. 55 (1898) S. 456.* Sa.

TELFORD, Thomas, geb. 9. Aug. 1757 in Westerkirk bei Eskdale (Dumfriesshire), gest. 2. Sept. 1834 in Westminster (London). Sein Vater war ein armer Schäfer und starb kurz nach Thomas Telfords Geburt. Seine Mutter schlug sich kümmerlich durch das Leben. Schon in frühester Jugend wurde Thomas als Hirtenjunge und zur Hilfe benachbarter Bauern herangezogen. Ganz unregelmäßig besuchte er die Schule seines Heimatortes und lernte nur das Notwendigste. Mit etwa 15 Jahren wurde er einem Maurermeister in Langholm in die Lehre gegeben, wo er durch seinen Fleiß, seine Klugheit und vor allem durch seine starke Vorliebe für Literatur die Aufmerksamkeit einer Dame in Langholm erweckte, die ihm ihre kleine Bibliothek zur Verfügung stellte. Vor allem interessierten ihn Gedichte, damals und auch später noch versuchte er sich mit recht gutem Erfolg selber in dieser Kunst. Mit 22 Jahren wurden die ersten Gedichte des Maurergesellen im „Edinburgh Magazine" abgedruckt.

Nachdem er ausgelernt, ging er im Jahre 1780 nach Edinburgh, nach weiteren zwei Jahren nach London. Im Jahre 1784 wurde er zum Aufseher beim Bau einer Reihe von Regierungsgebäuden ernannt. Sir William Pulteney, ein Großgrundbesitzer, berief ihn 1786 nach Shrewsburg, um sein dortiges Besitztum umzubauen. Während dieser Zeit erhielt Telford durch die Fürsprache von Pulteney den Posten eines Landvermessers in Shropshire. Die schwierigen und vielseitigen Arbeiten, die mit dieser Stelle verbunden waren, führte er so erfolgreich durch, daß er im Jahre 1793 zum Leiter, Ingenieur und Architekten des Ellesmere-Kanals ernannt wurde, der die Flüsse Mersey, Dee und Severn verbinden sollte. Der Kanalbau war die größte Arbeit dieser Art, die damals in England unternommen wurde. Die von ihm errichteten Aquädukte bei Chirk und über den Dee wurden von seinen Zeitgenossen zu den „kühnsten Versuchen menschlicher Erfindungskunst" gerechnet. Im Jahre 1800 war Telford in London, um vor einem Sonderausschuß des Unterhauses über die Möglichkeiten einer Entwässerung des Hafens von London sein Urteil abzugeben. Hiermit im Zusammenhang stand der Plan, die alte Londoner Brücke durch eine neue zu ersetzen. Auf Grund seiner in Shropshire gesammelten großen Erfahrungen im Brückenbau — seine erste eiserne Brücke baute er hier in den Jahren 1795/98 über den Severn bei Bridgnorth — machte er jetzt den Vorschlag, eine neue Londoner Brücke zu errichten und zwar aus Eisen und mit einem einzigen Bogen. Nach anfänglichem Widerstand erteilte man ihm diesen Auftrag, der aber nie zur tatsächlichen Ausführung gekommen ist.

In der Folge konnte sich Telford einem Vorhaben widmen, das ihm stets am Herzen gelegen hatte: der Entwicklung seines Heimatlandes. Durch einen von Sir William Pulteney, den Leiter der British Fisheries Society, abgegebenen Bericht wurde Telford im Jahre 1801 beauftragt, von Schottland eine ausgedehnte geodätische Übersicht aufzustellen. Die Ergebnisse der äußerst sorgfältig und gründlich betriebenen Arbeit wurden in einem ausführlichen Bericht niedergelegt, der 1803 dem Parlament vorgelegt wurde. Man ging sofort an die Durchprüfung und Ausführung seiner Vorschläge heran, die u. a. auch die Ausführung des Caledonian-Kanals, und, was fast noch wichtiger war, umfassende Brückenbauten und die Anlage von Straßen im Hochland und im nördlichen Teil von Schottland in sich schlossen. Telford wurde zum ausführenden Ingenieur dieser drei Aufgaben bestimmt. Dank seiner nie erlahmenden Schaffenskraft und der freudigen Mithilfe aller beteiligten Kreise war das Gesicht des schottischen Hochlandes und des nördlichen Teiles dieses Landes in 18 Jahren völlig verändert. 920 Meilen gute Landstraßen und 120 Brücken waren als Verkehrsmittel zu den bestehenden hinzugefügt worden. Telford wirkte in dieser Zeit nicht nur als Ingenieur, sondern in erheblichem Maße auch als Volkswirt und Sozialreformer. Jährlich wurden von ihm etwa 3200 Leute eingestellt und in dem Gebrauch von Werkzeugen unterrichtet.

Die nächste Arbeit, die er übernahm, war die Verbesserung der schottischen Häfen und Fischereistationen, die er 1808 durch die Errichtung der großen Fischereistation in Wick begann und im Jahre 1814 in Dundee beendete. In den dazwischenliegenden sechs Jahren war er an den Häfen von Aberdeen, Peterhead, Banff, Leith, Edinburgh usw. beschäftigt. Die größte von ihm in Schottland durchgeführte Arbeit war aber unzweifelhaft die Errichtung und der Bau des Caledonian-Kanals, der 1804 begonnen, aber erst im Oktober 1822 dem Schiffsverkehr übergeben wurde. Fast 1 000 000 Pfund Sterling hatte der Bau gekostet — doppelt so viel, wie der Voranschlag verlangt hatte. Überdies blieb der von Telford erwartete große wirtschaftliche Erfolg fast völlig aus. Das Projekt war eine große Enttäuschung in seiner sonst so erfolgreichen Laufbahn.

Hand in Hand mit diesen Unternehmungen in Schottland gingen ähnliche Arbeiten in England. Vor allen Dingen verdienen in dieser Beziehung zwei Arbeiten Erwähnung, die er als Nachfolger Brindleys am Grand Junction-Kanal und am Birmingham-Kanal ausführte. Auch auf dem Kontinent wurde er als Autorität auf seinem Gebiet zu vielen wichtigen Arbeiten herangezogen. Um die Verkehrsmöglichkeiten auszubauen und zu verbessern, beschloß im Jahre 1814 ein Parlamentsausschuß, 50 000 Pfund für die Instandsetzung und den Ausbau der Straßen zwischen Carlisle und Glasgow zu bewilligen. Der größte Teil dieser Arbeiten, es handelte sich etwa um 70 Meilen Wege, wurde Telford übertragen. Die Hebung des Verkehrs ließ die Notwendigkeit einer Überbrückung der Enge von Menai erkennen, die Telford in Form einer Hängebrücke ausführte. Der erste Stein zu diesem Unternehmen wurde im August 1819 gelegt. 1826 war die Arbeit erst beendet. Sie zählte zu den größten und neuartigsten Bauten der damaligen Zeit. Um dem Wettbewerb der schnell entstehenden Eisenbahnen begegnen zu können, wandten sich die Kanalbesitzer an Telford, der das bestehende Kanalsystem daraufhin noch stark ausbaute und verbesserte. Bis in sein hohes Alter hinein war Telford unermüdlich mit neuen großen Aufgaben beschäftigt. Im Alter von 70 Jahren führte er noch eine ganze Reihe von Brücken aus, so in Tewkesbury, in Gloucester, in London usw.

Er wird als ein äußerst liebenswürdiger, humorvoller Mensch geschildert, der seine Arbeit um der Arbeit willen liebte. Seine Liebe für Literatur, vor allem für die Dichtung, hielt sein Leben lang an; bei seinen schwierigsten und größten Arbeiten konnte man ihn abends beim Lesen von Klassikern finden, mit denen er zum Teil persönlich in Verbindung stand. Er war Mitbegründer des späteren Institute of Civil Engineers. Sein Grab ist in der Westminster-Abtei, wo auch eine Statue von ihm aufgestellt ist. *Nat. Biogr. 56 (1898) S. 6; ,,Life" Autobiographie, bearbeitet von Ed. T. Rickman (London 1838); Liv. Eng. 2 S. 287.* Wi.

TENNANT, Charles, geb. 3. Mai 1768 zu Ochiltree (Ayrshire), gest. 1. Okt. 1838 zu Glasgow. Er wurde zu Hause und später in der Pfarrschule seines Heimatortes erzogen, erlernte in Kilbachan die Seidenfabrikation und in Wellmeadon die Fabrikverfahren der Bleicherei. Später eröffnete er mit Cochrane und Paisley eine Bleicherei in Darnley.

Der alte Bleichprozeß bestand im ,,Bäuchen" der Stoffe in schwachem Alkali und Rasenbleiche. Gegen Ende des 18. Jahrhunderts wurde die Rasenbleiche durch die Chlorbleiche nach Berthollet (1787) ersetzt. Dieser verwandte zuerst eine Auflösung von Chlor in Wasser, später in verdünnter Pottaschelösung (Eau de Javelle).

1798 nahm Tennant ein Patent für Herstellung einer Bleichflüssigkeit, die durch Einleiten von Chlor in Kalkmilch unter Rührung erhalten wurde und die eine ausgezeichnete Bleichwirkung hatte. Es stellte sich aber heraus, daß ein Bleicher in Lancashire das Verfahren im geheimen schon einige Jahre gekannt und ausgeübt hatte. Infolgedessen verlor Tennant einige Prozesse, die er gegen Nachahmer seines Verfahrens angestrengt hatte, doch erkannten die Bleicher von Lancashire seine Verdienste später an und überreichten ihm ein metallenes Tafelservice als Zeichen ihrer Anerkennung. 1799 wurde ihm ein Patent auf Herstellung eines trockenen Bleichpulvers erteilt, das durch Einwirkung von Chlorgas auf trockenen, gelöschten Kalk entsteht. 1800 zog er nach St. Rollox bei Glasgow, wo er in Gemeinschaft mit Mackintosh, Cowper und Know die bekannten chemischen Werke zur Darstellung des Chlorkalks und verschiedener Alkaliverbindungen gründete. Bis zu seinem 1838 erfolgten Tode baute er das Werk aus. Ferner machte er sich durch Förderung des Eisenbahnbaues verdient; er wohnte auch der Eröffnung der ersten Bahnlinie von Liverpool nach Manchester bei. *Enc. Brit 26 (1911) S. 618; Walkers Memoir. of disting. Men of Science of Great Britain living in 1807/08 (1862) S. 186.* Sa.

TETMAJER, Ludwig v., geb. 14. Juli 1850 zu Krompach (Ungarn), gest. 31. Jan. 1905 in Wien, besuchte (1868 bis 1872) das Polytechnikum in Zürich, betätigte sich 1873 bei der schweizerischen Nordostbahn, wurde dann Assistent unter Culman, Wild und Pestalozzi, habilitierte sich für Statik, wurde 1878 Honorarprofessor und 1881 ordentlicher Professor am eidgenössischen Polytechnikum. Als solcher begann er mit dem Ausbau des Versuchslaboratoriums und der Ausgestaltung des Prüfungswesens der Baustoffe, worin überhaupt der Schwerpunkt seiner gesamten Wirksamkeit liegt. Die ersten Veröffentlichungen hierüber erschienen in der ,,Schweizerischen Eisenbahn", später Schweizerische ,,Bauzeitung" und von 1884 in den selbständigen ,,Züricher Mitteilungen"; die drei ersten Hefte (1884 bis 1886) berichteten über die ausgeführten Prüfungen von natürlichen und künstlichen Steinen, von schweizerischen Bauhölzern, von Eisen, Stahl und anderen Metallen; die Versuchsergebnisse führten zu vielen wertvollen, neuartigen Folgerungen. Weitere Hefte besprechen die ,,Methoden und Resultate der Prüfung von Draht und Drahtseilen" und den mustergültigen Neubau seiner Materialprüfungsanstalt (1891). 1895 wurde Tetmajer zum Präsidenten des neu gegründeten internationalen Verbandes für die Materialprüfung der Technik gewählt und in Stockholm (1897) und in Budapest (1901) in diesem Amte bestätigt. 1901 folgte Tetmajer einem Rufe an die Technische Hochschule in Wien, an der er eine vorzüglich ausgerüstete Versuchsanstalt schuf. Mitten in seinen Bestrebungen, in Österreich ein ,,Zentral-Laboratorium für technische Materialprüfung" zu schaffen, ereilte ihn der Tod. Ein Hauptverdienst Tetmajers beruht auf dem ganz besonderen Eifer, den er der schwierigen Aufgabe der Zerknickung zuwendete; er stellte auf Grund zahlreicher Versuche für die meist gebrauchten Baustoffe empirische Formeln auf, die allgemeine Anwendung fanden; auch mit seinen Studien über hydraulische Bindemittel erwarb er sich große Verdienste, ebenso durch die Biegungsproben mit ganzen Blechträgern und genieteten Säulen. Von Tetmajers vielen Veröffentlichungen (insbesondere in der ,,Schweizer Bauzeitung" und in den erwähnten ,,Mitteilungen der eidgen. Materialprüfungsanstalt" sowie in selbständiger Ausgabe) seien hier nur die Werke über ,,äußere und innere Kräfte an statisch bestimmten Trägern" und über ,,angewandte Elastizitäts- und Festigkeitslehre" hervorgehoben. Als Professor war Tetmajer wegen seiner Beredsamkeit und der mächtigen Anregung seiner Darlegungen sehr beliebt. *Z. Öst. 57 (1905) S. 85; Schweiz. Bauz. 45 (1905) S. 65.* Bk.

THOMAS, Sidney Gilchrist, geb. April 1850, gest. 1. Febr. 1885 in Paris, erhielt eine rein humanistische Hauptschulbildung auf dem Dulwich College, da er für den ärztlichen Beruf erzogen werden sollte. Der frühzeitige Tod des Vaters zwang den Siebzehnjährigen, die Beamtenlaufbahn im Rechtsfach einzuschlagen, wobei er in seiner freien Zeit die Rechtswissenschaften gründlich studierte, während er sich in den Abendstunden seinen Lieblingswissenschaften, der Chemie und Metallurgie, widmete. Experimente machte er zuerst in seinem eigenen kleinen Laboratorium, später bildete er sich in den Laboratorien von Arthur Vacher und George Chaloner an der Birkbick-Institution weiter aus, so daß er die Prüfungen der Royal School of Mines bestehen konnte.

Während er den Vorlesungen in der Birkbick-Institution beiwohnte, kam ihm 1870 zum ersten Male der Gedanke von der Entphosphorung des Roheisens, wohl durch die Äußerung des vortragenden Chaloner, daß der, dem es gelänge, den Phosphor in der Bessemerbirne zu entfernen, sein Glück machen werde. Streng wissenschaftlich sammelte er zunächst alles bisher auf diesem Gebiete Versuchte, und es gelang ihm dann, durch eigene Versuche festzustellen, daß Kalkstein mit einer kleinen Menge Wasserglas vermischt sich zur Herstellung eines basischen Futters eignen dürfte. 1876 verband er sich mit seinem Vetter Percy J. Gilchrist, einem Chemiker der Crown-Avon- und später der Blaen-Avon-Eisenwerke, zwecks Ausführung größerer Versuche, die er selbst von London aus leitete, während Gilchrist sie praktisch ausführte. Nachdem man zunächst die basische Ausfütterung an kleineren Tiegeln erprobt hatte, wurde im Sommer 1877 ein kleiner Konverter von 6 Pfund Inhalt mit dem neuen Futter versehen. Die Voraussetzungen Thomas' bestätigten sich dabei in vollstem Umfange, so daß dann, nachdem auch die Versuche in einem festen 200-kg-Konverter erfolgreich waren, endlich ein drehbarer Konverter von 500 kg Fassung verwendet wurde. Viele Versuche mit den verschiedensten basischen Materialien schlossen sich an, und es ergab sich schließlich, daß magnesiahaltiger Kalkstein den hohen Temperaturen der Bessemerbirne am besten widerstand. Auch heute noch ist im wesentlichen der von Thomas angegebene totgebrannte Dolomit der Rohstoff des basischen Birnenfutters. Im November 1877 nahm Thomas sein erstes Patent, dem später mehrere nachfolgten. Am 28. März 1878 hielt Lowthian Bell vor dem Iron and Steel Institute einen Vortrag über Entphosphorung von Roheisen in einem mit Eisenoxyd ausgefütterten Ofen. Im Laufe der Diskussion machte Thomas die ersten Mitteilungen über die Ergebnisse der Gilchristschen Versuche. Die Versammlung hatte für den 28jährigen, der es wagte, die Lösung der Entphosphorungsfrage, an der sich die größten Hüttentechniker bisher vergeblich versucht hatten, als vollendete Tatsache hinzustellen, nur ein mitleidiges Lächeln. Mai 1879 wurde wiederum vor dem Institute über weitere Erfolge berichtet, die nunmehr reges Interesse fanden. Richards, Direktor der Firma Bolkow, Vaughan & Co., mit dem Thomas auf der Versammlung des Iron and Steel Institute im September 1878, die anläßlich der Weltausstellung in Paris abgehalten wurde, zusammengekommen war, gebührt das Verdienst, das neue Verfahren in die Praxis eingeführt und den Beweis seiner Rentabilität geliefert zu haben. Die erste basische Charge wurde am 13. Mai 1879 in Middlesbro erblasen und in Deutschland am 22. Sept. 1879 gleichzeitig in Hoerde und auf den Rheinischen Stahlwerken in Ruhrort.

Thomas' Gesundheit war nie besonders stark gewesen, sie wurde durch die zahlreichen unausgesetzten Reisen und die damit verbundenen dauernden Aufregungen sehr erschüttert. Auf den Rat der Ärzte brachte er den Winter 1882 in Australien zu. Den Sommer des nächsten Jahres verlebte er wieder in England, den Winter mit Mutter und Schwester in Algier, wo er sich in Bir el Droodj ein vollständiges Laboratorium eingerichtet hatte. Hier beschäftigte er sich vorzüglich mit der Gewinnung von Phosphorsäure aus der Thomasschlacke. Im Sommer 1884 siedelte er dann nach Paris über, um sich einer Kur zu unterziehen, die anfangs scheinbar gut anschlug, später aber den fortschreitenden körperlichen Verfall doch nicht aufzuhalten vermochte, so daß Thomas am Morgen des 1. Febr. 1885 verschied.

Freundlichkeit und Liebenswürdigkeit vereinigten sich bei ihm mit einem freien, ungezwungenen Auftreten. An Ehrungen und Anerkennungen fehlte es ihm nach seinen Erfolgen nicht. Das Iron and Steel Institute verlieh ihm die goldene Bessemermedaille und zwar auf Vorschlag Bessemers selbst. *Z 29 (1885) S. 227; Engg. 59 (1885) S. 146; St. u. E. 5 (1885) S. 177; Joh. Gesch. Eis.* Lo.

THOMPSON, Joseph W., geb. 23. Dez. 1833 in Columbiana County (Ohio), gest. 15. Juli 1909 in Salem (Ohio). Thompsons Name ist eng verbunden mit der Entwicklung der schnellaufenden Dampfmaschine im besonderen und des neuzeitigen Dampfmaschinenwesens in Amerika im allgemeinen. Er erhielt eine sehr einfache Erziehung in den damaligen amerikanischen Distriktschulen; alle Kenntnisse, die er in späteren Jahren besaß und mit denen er arbeitete, hat er sich selber durch unermüdliches Lernen und zähen Fleiß angeeignet. Seine fachliche Ausbildung war nicht viel besser. Am 1. April 1851 trat er in eine kleine Maschinenbauwerkstätte in Salem (Ohio) ein, die auf das einfachste eingerichtet war und kaum die notwendigsten Werkzeuge besaß. Nur zu oft mußten zur Durchführung der einlaufenden Aufträge erst die entsprechenden Werkzeuge angefertigt werden. Die hauptsächlichste Unterweisung, die der junge Thompson erhielt, bewegte sich nach der Richtung, wie man eine Arbeit nicht machen sollte. Wie sie zu machen ist, das wurde ihm nur in den allerseltensten Fällen gezeigt oder gesagt. Nach Erledigung seiner dreijährigen Lehrzeit ging er zu der zweiten, fast ebenso einfachen und rückständigen Maschinenbauanstalt in Salem, zu der Firma Sharps, Davis & Bonsall über, zunächst als Maschinenwärter, später wurde er hier Zeichner und Erfinder aller möglichen Maschinen und Hilfseinrichtungen für Maschinenbauanstalten. Von einer neunmonatigen militärischen Dienstzeit abgesehen, blieb er dieser Firma während ihres Bestehens treu, die sich schließlich durch ihre besonders wirtschaftlich arbeitenden direktwirkenden Antriebmaschinen einen gewissen Ruf erwarb. Im Anschluß an einige von Joel Sharp entworfene und gebaute vertikale Gebläsedampfmaschinen, deren Zeichnungen und Modelle bei einer Feuersbrunst völlig zerstört wurden, entwarf Thompson zum ersten Male selbständig Konstruktionszeichnungen für größere und wichtige Anlagen.

Im Jahre 1871 wurde die Buckeye Engine Company gegründet, die auch die Firma Sharps, Davis & Bonsall mit noch einigen anderen Aktionären aufnahm. Als erste Aufgabe dieser neuen Firma erhielt Thompson den Auftrag, eine erstklassige selbsttätig gesteuerte Maschine zu entwerfen, die dem Konzern eine führende Stellung in ihrem Fach gewinnen sollte. Nach einigen Versuchen, mit denen etwa um 1872 begonnen wurde, baute man schließlich eine Dampfmaschine, die die Charakteristiken der heutigen Buckeye-Maschine bereits aufwies, einen Zylinder von 12×20 Zoll hatte und auf der Industrieausstellung in Cincinnati 1875 ausgestellt wurde. Im nächsten Jahre, 1876, wurde eine zweite Maschine mit einem Zylinder von 16×32 Zoll auf der Jahrhundertausstellung in Philadelphia gezeigt. Durch diese Arbeiten wurde der Name Thompsons bekannt; er ist untrennbar mit der Entwicklung und praktischen Einführung des Achsenreglers verbunden. Auf diese Erfindungen nahm er in den Jahren 1872, 1875 und 1878 im ganzen drei Patente. Außerdem hat er noch eine ganze Reihe von kleineren zum Teil nicht patentierten Erfindungen gemacht; vor allem verdient hier der von ihm konstruierte „Thompsonindikator" Erwähnung, der ihm mehr Ruhm einbrachte und in noch weiteren Kreisen bekannt wurde als seine unzweifelhaft viel größere und wichtigere Arbeit der Buckeye automatischen Dampfmaschine.

Alle seine Arbeiten zeichneten sich durch höchste Vollkommenheit aus; nie war er mit einer Sache zufrieden, wenn sie das Bestehende nicht übertraf, gleichgültig ob es sich um seine Berufsarbeit, seine privaten Studien oder um Vergnügungen in seiner Freizeit handelte. Astronomie interessierte ihn besonders lebhaft, und er schuf hier eine ganze Reihe von Instrumenten und Werkzeugen für seinen eigenen Gebrauch. So rührt von ihm ein Teleskop mit einer sechszölligen Öffnung her, das noch heute in Salem benutzt wird. Zu seinem Privatvergnügen beschäftigte er sich mit der Frage eines mechanischen Klaviers und einer ebensolchen Orgel. Er löste das Problem, wenn auch in etwas roher Form, und benutzte ein derartiges Klavier viele Jahre lang in seinem Heim. *"Power and the Engineer" (25. Jan. 1910) S. 198; Entw. Dm. 1. S. 199.* Wi.

THOMPSON, Robert William, geb. 1822 in Stonehaven (Kincardineshire), gest. 8. März 1873 in Edinburgh, war der Sohn eines kleinen Fabrikanten. 1836 wurde er nach den Vereinigten Staaten gesandt, um dort seine Ausbildung zum Kaufmann zu erhalten. Nach kurzer Zeit kehrte er aber wieder zurück und begann seine Selbstausbildung, wobei ihm ein in der Mathematik sehr bewanderter Weber half. Nach einer kurzen praktischen Lehrzeit in Werkstätten in Aberdeen und Dundee war er von einem Vetter bei dem Niederreißen des Dunbar Castle beschäftigt. Die hierbei vorkommenden Sprengarbeiten brachten ihn auf den Gedanken, die Ladungen durch Elektrizität zu entzünden. 1841 kam er nach London, wo Faraday ihn zur Fortsetzung der unternommenen Arbeiten sehr ermutigte und Sir William Cubitt verschaffte ihm in Verbindung mit den an den Doverklippen vorgenommenen Sprengarbeiten eine Stellung. Kurze Zeit war er daraufhin als beratender Ingenieur in Glasgow tätig, trat dann in die Dienste von Robert Stephenson und machte sich im Jahre 1844 als Eisenbahningenieur selbständig. In dieser Zeit fertigte er eine Reihe von geodätischen Arbeiten und Übersichtsplänen des östlichen Teiles von England an. Die Eisenbahnpanik machte seinem Unternehmen ein Ende. Im Dezember 1845 erfand er einen Gummireifen, der aber zunächst wegen des hohen Preises für Gummi kaum Eingang fand. 1849 ließ Thomson sich einen Füllfederhalter patentieren. 1852 ging er als Vertreter einer Maschinenbauanstalt nach Java, um dort Zuckermaschinen aufzustellen. Er baute für die dortige Zuckerindustrie so vorzügliche neue Maschinen, daß er den Anstoß zu einem mächtigen Aufblühen dieses Industriezweiges gab. Bis zu seinem Tode lieferte er stets die besten Maschinen nach Java. Die holländischen Behörden wollten Thomson nur unter der Bedingung die Erlaubnis zur Aufstellung eines Uferkranes geben, daß er die Verpflichtung übernahm, ihn jeden Abend zu entfernen. Er konstruierte daher den ersten fahrbaren Dampfkran, den er jedoch nicht patentieren ließ. Als er nach einiger Zeit wieder einmal nach England kam, fand er zwei große Fabriken mit der Herstellung dieser Dampfkrane beschäftigt. 1860 kam er nach England, um ein Schwimmdock zu bestellen, das aus verschiedenen Arten von Platten, die untereinander austauschbar waren, bestehen sollte. Zwei Docks wurden mit gutem Erfolge nach diesem Plan gebaut.

1862 zog Thomson sich von seinen Geschäften zurück und ließ sich in Edinburgh nieder. Aus den folgenden Jahren rühren eine Reihe von wichtigen Patenten her, so 1863 ein Patent auf Erzeugung und Anwendung motorischer Kraft, das 1865 ergänzt wurde durch ein Patent auf „Änderungen in der Konstruktion von Dampfkesseln" und 1866 auf „Verbesserungen von Dampfmessern". Um die Zuckerrohre in Java transportieren zu können, erfand Thomson einen Traktor, der auch die von ihm erfundenen Luftreifen verwandte. Diese Maschine, auf der eine weitere Reihe von Patenten ruhte, erwies sich als äußerst zweckentsprechend und fand schnellen Eingang in die Industrie. *Nat. Biogr. 56 (1898) S. 268.* Wi.

THUNBERG, Daniel av, geb. 15. Mai 1712 auf Tunsjö (Angermanland, Schweden), gest. Jan. 1788 in der Nähe von Karlskrona (Schweden). Er war der Sohn schwedischer Bauern. Seine Studien begann er an der Universität in Upsala im Jahre 1731 und widmete sich anfänglich der Theologie; sein Interesse zog ihn aber mehr und mehr zur Mechanik. Im Jahre 1745 erhielt er eine Stellung in Polhem's Laboratorium Mechanicum und zwei Jahre später wurde er als Baumeister an den Festungsbauarbeiten in Finnland angestellt. Dort beschäftigte er sich hauptsächlich mit Dockbauarbeiten in der Festung Sveaborg und mit Ausbaggerung von Flüssen. Im Jahre 1748 erhielt er den Titel eines Schloßbaumeisters, wurde 1773 zum Generaldirektor ernannt und 1776 geadelt. Seit 1759 widmete er sich hauptsächlich den Dockbauarbeiten in Karlskrona.

Er war Mitglied der Kommission, welche im Auftrage der schwedischen Stände einen Entwurf für einen Kanalweg an den Trollhättan-Fällen vorbei nebst Schleusenwerkanlage auszuarbeiten hatte; das Projekt, welches später zur Ausführung kam, war zum großen Teil von ihm entworfen Während der Jahre 1773 bis 1779 war ihm die Leitung der Bauarbeiten dieses Kanals übertragen. Als Baltzar v. Platen später den Göta-Kanal baute, folgte dieser in der Hauptsache dem Plan, der ursprünglich von Thunberg ausgearbeitet war. Na.

THURSTON, Robert Henry, geb. 25. Okt. 1839 in Providence[1] (R. I.), gest. 25. Okt. 1903 in Ithaca. Während seines Studiums an der Brown-Universität machte er in seiner freien Zeit im Betriebe seines Vaters gleichzeitig eine Lehre als Former, Modellmacher, Maschinist und Zeichner durch. Nach Beendigung seines Studiums war er zwei Jahre in dieser Fabrik tätig. Der Bürgerkrieg sah ihn als Freiwilligen bei der amerikanischen Marine, wo er auch noch fünf Jahre nachher als Marineingenieur beschäftigt war. Hier kam ihm die Erkenntnis von der Notwendigkeit gründlichster technischer Forschungsarbeit, der er schließlich sein Leben widmete. Im Jahre 1866 übernahm er eine Assistentenstelle für exakte und angewandte Philosophie an der Universität Annapolis, wo er kurz darauf die Professur für dieses Fach erlangte. 1871 wurde er Professor der Mechanik am Stevens-Institut für Technologie in Hoboken, wo er bis zum Jahre 1885 blieb, um Leiter des Sibley College an der Cornell-Universität zu werden. In diesem Amte, das er bis zum Tode inne hatte, führte er die Hochschule zu hohem Ansehen.

Auf literarischem Gebiet war Thurston äußerst rege. Seine Arbeiten füllen Bände und sind von tiefem wissenschaftlichem Wert. Zu seinen bekanntesten Arbeiten gehören: History of the Steam Engine, Manual of Steam Boilers, Manual of the Steam Engine usw. An dem vom United States Board eingesetzten Ausschuß zur Untersuchung von Metallen, vor allem zur Erforschung von Reibungsverlusten usw., nahm er als führendes Mitglied teil; ebenso war er maßgeblich beteiligt an dem Untersuchungsausschuß zur Feststellung der Ursachen von Dampfkesselexplosionen. Thurston war der erste Vorsitzende der American Society of Mechanical Engineers. Er starb an seinem 64. Geburtstag durch Herzschlag, kurz ehe die zu einer kleinen Geburtstagsfeier eingeladenen Gäste erschienen waren. *Am. Mech. 20 (1903) S. 1537.* Wi.

TORRICELLI, Evangelista, geb. 15. Okt. 1608 in Faenza (oder in Piancaldoli), gest. 25. Okt. 1647 in Florenz. Er wurde von seinem Onkel, dem Pater Don Jacopo, in den Wissenschaften, namentlich in der Mathematik unterrichtet und ging mit etwa 20 Jahren nach Rom, wo er unter Benedetto Castelli, einem Schüler Galileis, Mathematik studierte. Seine erste Abhandlung, Trattato del moto, über den freien Fall und den Wurf, worin er Galileis Lehre weiter ausbildete, wurde durch Castelli dem erblindeten Galilei vorgelesen, der sie sehr lobte und Torricelli veranlaßte, zu ihm nach Florenz zu kommen. Aber nur 3 Monate war Torricelli bei Galilei, als dieser am 8. Jan. 1642 starb. Der Großherzog Ferdinand II. von Toscana ernannte nunmehr Torricelli zum Nachfolger Galileis als Professor der Mathematik an der Akademie in Florenz, jedoch hatte er dieses Amt nur fünf Jahre inne, da er bereits mit 39 Jahren nach kurzer Krankheit starb. Er wurde in der St.-Lorenzo-Kirche in Florenz beigesetzt. Seine Vaterstadt Faenza hat ihm ein Denkmal errichtet.

Torricellis Hauptverdienst ist die Erfindung des Barometers, das er in einer Abhandlung: Instrumenti per conoscer l'alterazioni dell' aria 1643 beschreibt. Er ging von der von Galilei gemachten Beobachtung aus, daß das Wasser nur auf etwa 10 m dem Kolben einer Pumpe folgt, und wollte das Wasser durch Quecksilber ersetzen. Der Versuch wurde auf seine Veranlassung von Viviani mit einem Quecksilber gefüllten Rohr ausgeführt, das am oberen Ende verschlossen war, unten aber in Quecksilber eintauchte. Dabei sank das Quecksilber bis auf 1½ Ellen Höhe und blieb dann stehen, über sich einen leeren Raum lassend, der als „Torricellische Leere" bezeichnet wurde. Die kleinen Schwankungen der Säule erklärte Torricelli sofort als Schwankungen des Luftdruckes, jedoch war es erst Pascal und Otto v. Guericke möglich, die Lehre vom horror vacui vollständig zu beseitigen.

Das Hauptwerk Torricellis sind die Opera geometrica (Florenz 1644). Außerdem veröffentlichte er noch eine Reihe von Abhandlungen über den Wind, über den Ausfluß des Wassers aus einer Gefäßwand, über die Quadratur der Parabel und der Cykloide, über den Inhalt eines hyperbolischen Kegels, sowie Vorlesungen allgemeinerer Art: vom

Ruhme, Lobrede auf die Mathematik, Lobrede auf das goldene Zeitalter. Man hat ihn den zweiten Galilei genannt. *Z 52 (1908) S. 1634; Gesch. Natw. 2 S. 192.* We.

TOSI, Franco, geb. 21. April 1850 in Mailand, gest. 25. Nov. 1898 in Legnano, erwarb sich auf dem Polytechnikum in Zürich seine fachliche Ausbildung. Nach einer Studienreise durch England war er von 1873 bis 1876 bei der Firma Decker & Co. in Cannstadt tätig und auch beim Bau der Brücken der Gotthardbahn beschäftigt. 1876 trat er als technischer Leiter der kurz vorher gegründeten Eisengießerei und Maschinenfabrik von Cantoni Krumm & Co. in Legnano ein und hat dieses Unternehmen, das anfangs mit großen Schwierigkeiten zu kämpfen hatte, zu einer der bedeutendsten Dampfmaschinenfabriken Italiens gemacht. Die Zahl der Arbeiter stieg unter seiner Leitung von fünfzig auf zwölfhundert. 1894 ging das Unternehmen in den alleinigen Besitz Tosis über. Eine große Zahl höchst beachtenswerter Maschinenkonstruktionen sind aus seiner Fabrik hervorgegangen; die Tosi-Dampfmaschinen, die hauptsächlich für den Antrieb von Dynamomaschinen bestimmt waren, erwarben sich weit über Italiens Grenzen hinaus die größte Anerkennung. Tosis besonderes Interesse galt den Wohlfahrtseinrichtungen seiner Arbeiter, einem Gebiet, das in der damaligen Zeit noch verhältnismäßig wenig beachtet wurde. Durch die Hand eines entlassenen Arbeiters fiel er, erst 48jährig, einem Meuchelmord zum Opfer. *Entw. Dm. 1 S. 241; Z 43 (1899) S. 54; ETZ 19 (1898) S. 858.* Ca.

TOWNE, H. R., geb. 28. Aug. 1844 in Philadelphia, gest. 15. Okt. 1924 in New York. Towne stammte aus einer der ältesten amerikanischen Familien, die im Jahre 1640 aus Yarmouth (England) ausgewandert war und sich in Salem (Mass.) niedergelassen hatte. Henry Towne wurde zunächst in Privatschulen erzogen und kam dann auf die Universität in Pennsylvania, die er nach Beendigung seiner Studien mit einem Kursus an der Sorbonne in Paris tauschte. Seine Werkstattausbildung erhielt er in dem Werk seines Vaters, in den Port Richmond Iron Works. Nach Beendigung seiner Ausbildung war er zunächst mit der Aufstellung von Maschinen in den Marinewerften zu Boston, Portsmouth und Philadelphia beschäftigt, die in den Jahren 1862 bis 1865 durchgeführt wurden. In den Jahren 1866 bis 1867 durchreiste Towne Europa, um den dortigen Stand der Ingenieurwissenschaften kennen zu lernen. Sein Begleiter war der bekannte amerikanische Ingenieur Robert Briggs. Das Ergebnis dieser Reise war die Veröffentlichung einer wichtigen Untersuchung über Transmissionen mit Riemenantrieb, die von beiden gemeinsam in dem Journal des Franklin-Instituts im Januar 1868 niedergelegt wurde. Im gleichen Jahre wurde Towne Teilhaber der bekannten Schloßfabrik Yale, die er nach dem kurz darauf erfolgten Tode seines Teilhabers unter dem Namen Yale & Towne Manufacturing Co. weiterführte. Er übernahm 30 Arbeiter und Angestellte; bei seinem Tode waren 4000 Menschen dort beschäftigt.

Schon im Jahre 1870 fing er bei seinem kleinen Werk in Stamford an, systematisch jene Betriebs- und Verwaltungsverfahren einzuführen, die heute in der ganzen Welt als ein notwendiger Bestandteil jeder ordnungsmäßigen Betriebsführung gelten. Nach 15 Jahren eifriger Arbeit und Forschung auf diesem Gebiet faßte Towne die gewonnenen Ergebnisse in einem Vortrage „The Engineer as an Economist" zusammen, den er im Mai 1886 auf der Hauptversammlung der American Society of Mechanical Engineers in Chicago hielt. Dieser Vortrag, dem geschichtlicher Wert zukommt, war nicht nur der erste seiner Art, er enthielt auch zum ersten Male die Aufforderung, die Lehre vom Betrieb oder von der Arbeit als Wissenschaft anzusehen und dementsprechend eine eigene Literatur auf diesem Gebiet zu begründen und zu pflegen. Unter der Zuhörerschaft befand sich ein neues Mitglied der American Society of Mechanical Engineers, ein junger Ingenieur von 20 Jahren — Frederick W. Taylor. Ohne Zweifel ist Taylor von H. R. Towne stark in seinen Arbeiten beeinflußt worden.

H. R. Towne war eines der eifrigsten Mitglieder des amerikanischen Ingenieurvereins, dessen Präsident er im Jahre 1889 war. Von ihm rühren eine ganze Reihe wichtiger und bedeutsamer technischer Vorträge her. Erwähnt sei an dieser Stelle seine Denkschrift, die er diesem Verein 1906 vorlegte unter dem Titel „Our Weights and Measures and the Metric System", wo er eingehend und mit höchster Überzeugung gegen die zwangsweise Einführung des metrischen Systems in die amerikanische Industrie vorging. Towne erreichte in seltener geistiger Frische und Beweglichkeit ein Alter von 80 Jahren. Es war ihm vergönnt, die von ihm vor mehr als 50 Jahren angefangene Arbeit zum vollen Erfolge zu führen und die von ihm vertretenen Ansichten und Grundsätze zum Allgemeingut der Menschheit werden zu sehen. *Mech. Engg. 46 (1924) S. 933.* Wi.

TRAPPEN, Alfred, geb. 19. Juni 1828 in Hörde, gest. 28. Mai 1908 in Honnef. Er erhielt eine gute Bildung auch nach technischer Richtung auf der damaligen berühmten Elberfelder Real- und Gewerbeschule. Da die Mittel der Eltern zum Besuch des Berliner Gewerbeinstituts nicht langten, trat er 1845 bei seinem Vetter Kamp in die Maschinenfabrik von Kamp & Co. in Wetter als Lehrling ein. Es sollte ihm beschieden sein, fast 60 Jahre seiner Berufstätigkeit diesem Unternehmen zu widmen, das von Harkort ins Leben gerufen. später als Märkische Maschinenbauanstalt weit über Deutschland hinaus mit seinen Leistungen bekannt war und dann in die Deutsche Maschinenfabrik überging. Eine große Zahl technischer Konstruktionen auf den verschiedensten Gebieten ist hier von Trappen geschaffen worden. Hierher gehören die großen Förder- und Wasserhaltungsmaschinen für den immer mehr sich entwickelnden Steinkohlenbergbau. Sehr wichtig wurden Trappens Arbeiten für die mit den Eisenbahnen aufstrebende Hüttenindustrie. Die von ihm gebauten Walzenzugmaschinen und Dampfhämmer waren berühmt. In den siebziger Jahren, in denen es so ungemein schwer war, in Deutschland nach den Gründerjahren noch Absatz zu finden, suchte Trappen sich neue Arbeitsgebiete in Rußland zu schaffen. Er baute dort große Eisenwerke, und auch hier begründete er mit seinem großen technischen Können und seiner persönlichen Zuverlässigkeit den Ruf deutscher Ingenieurkunst. Am Ende seines an Arbeit und Erfolgen reichen Lebens konnte er seinen Lieblingswunsch erfüllen und auf eigener Scholle in schöner Umgebung in Honnef am Rhein sein Leben beenden. In den langen Jahren seines berufstätigen Lebens hat Trappen auch für die Heranbildung hervorragender Ingenieure gesorgt. *Z 52 (1908) S. 1242. Matschoß: Ein Jahrhundert deutscher Maschinenbau (Berlin 1919).* C. M.

TREBRA, Friedrich Wilhelm Heinrich v., geb. 5. April 1740 zu Allstedt im Weimarischen, gest. 16. Juli 1819 zu Freiberg. Er wurde auf der Klosterschule zu Roßleben unterrichtet und studierte dann 7 Semester in Jena neben Jurisprudenz Philosophie, Mathematik und Naturlehre. Dann wandte er sich nach Freiberg, um an der im Sommer 1766 gegründeten Bergakademie als erster eingeschriebener Hörer seine Studien fortzusetzen. Schon im Juli 1767 wurde er zum Auditor beim Freiberger Bergamte und am 1. Dez. desselben Jahres zum Bergmeister in Marienberg ernannt. Seine dortige Wirksamkeit hat er später in seinem Werke „Bergmeister-Leben und- Wirken in Marienberg, Freiberg 1818" vortrefflich geschildert. Es gelang ihm, in den 12 Jahren bis 1779 den dortigen Bergbau namentlich auch durch Heranziehen holländischer Gewerken in glänzender Weise zu heben. In dieser Zeit verfaßte er 1770 zu der von Charpentier entworfenen Karte „Erklärungen der Bergwerks-Charte von dem wichtigsten Teil der Gebürge im Bergamtsrefier Marienberg".

Im März 1769 wurde v. Trebra unter Beibehaltung seiner Marienberger Bergmeisterstelle als Bergkommissionsrat in das Oberbergamt zu Freiberg berufen. Am 11. und 12. Mai desselben Jahres führte er gelegentlich der Huldigung des Kurfürsten Friedrich August III. eine Bergparade, bestehend aus 3000 Berg- und Hüttenleuten. 1773 erfolgte seine Ernennung zum Vizeberghauptmann. Als solcher erhielt er den Auftrag, den alten Ilmenauer Bergbau zu begutachten. Hier lernte er Goethe kennen, mit dem er lange Jahre einen Briefwechsel unterhielt.

Im August 1779 trat v. Trebra in den hannöverschen Dienst und stieg im Jahre 1791 zum Wirklichen Kgl. Großbritannischen und Kurbraunschweigisch-Lüneburgischen Berghauptmann in Zellerfeld auf. Diese Stelle legte er 1795 nieder, um auf seinem Stammgute Bretleben a. d. Unstrut zurückgezogen zu leben. Während seiner hannöverschen Zeit schrieb er sein berühmtes Werk, das schon 1787 ins Französische übersetzt wurde, „Erfahrungen vom Innern der Gebirge, nach Beobachtungen gesammelt, mit 8 Kupfertafeln, 1785". Auch nahm er an einer Kommission von Fachleuten verschiedener Länder teil, welche die zu Glashütte bei Schemnitz in Ungarn durch Ignaz Edlen von Born eingeführte Amalgamation von Silbererzen studieren sollte. Das Ergebnis dieser Arbeiten wurde von dem Schweden Ferber 1787 veröffentlicht in der Schrift „Ist es vorteilhafter, die silberhaltigen Erze und Schmelzhüttenprodukte anzuquicken als sie zu verschmelzen?" Diese Reise zeitigte aber auch das Ergebnis, daß die Teilnehmer eine Vereinigung zur Herausgabe einer Zeitschrift „Bergbaukunde" gründeten, von der v. Born und v. Trebra gemeinsam 1779/80 zwei Bände herausgaben.

Im Jahre 1795 trat v. Trebra in den Ruhestand und zog sich auf sein Gut Bertleben a. d. Unstrut zurück. Doch wurde er nach dem Tode des Berghauptmanns v. Heynitz im Jahre 1801 wieder als Oberberghauptmann nach Sachsen berufen. Diese Stellung hat er bis zu seinem Tode inne gehabt. *Biedermann: v. Goethe und das sächsische Erzgebirge (1877) S. 6; Wappler: Mitt. d. Freiberger Altertumsvereins (1905) H. 41.* Tr.

TREDGOLD, Thomas, geb. 22. Aug. 1788 in Brandon bei Durham, gest. 28. Jan. 1829 in London. Tredgold besuchte die Dorfschule seines Heimatsortes; mit 14 Jahren kam er zu einem Kunsttischler in Durham in die Lehre. Seine freie Zeit benutzte er, soweit er es ermöglichen konnte, zu mathematischen und bauwissenschaftlichen Studien. Nach beendeter Lehrzeit wanderte er nach Schottland und arbeitete dort 5 Jahre als Tischler und Zimmermannsgeselle; hierauf ging er nach London und trat in das Geschäft eines Verwandten, William Atkinson, ein, in dem er 6 Jahre blieb. Während dieser Zeit erweiterte und vertiefte er alle Erfahrungen, die er im Laufe der Jahre auf dem Gebiet der Bau- und Ingenieurwissenschaften gesammelt hatte, machte sich fast alle einschlägige Literatur zu eigen und beschäftigte sich nebenbei mit chemischen, mineralogischen und geologischen Studien. 1820 veröffentlichte er eine Arbeit: „Elementary Principles of Carpentry", in der er eingehend den Widerstand von Hölzern bei der Verwendung für Boden-, Dach- und Brückenkonstruktionen behandelte. Außer Berlows „Essay on the Strength of Timber and other Materials" (1817) war Tredgolds Arbeit der erste ernsthafte Versuch in England, das Problem des Widerstandes, auf praktische und wissenschaftliche Untersuchungen gestützt, zu ergründen, sie ist lange eine vorbildliche Grundlage für diese Forschungen geblieben. Diesem Werk folgte 1822 „A Practical Essay on the Strength of Cast Iron and other Metals", eine Abhandlung, die hauptsächlich auf Thomas Youngs Arbeiten gegründet ist.

Durch die bedeutende Zunahme des geschäftlichen Betriebes und die ebenfalls stetig anwachsende Nachfrage nach wissenschaftlicher Literatur wurde Tredgold 1823 veranlaßt, aus Atkinsons Unternehmen auszuscheiden und fortan sich seiner literarischen Betätigung zu widmen. Es folgte eine Reihe bedeutsamer Veröffentlichungen, wie „Principles of Warming and Ventilating Public Buildings" (1824), „A Practical Treatise on Railroads and Carriages" (1825) und sein wichtigstes Werk „The Steam Engine" (1827), das 1838 in zweiter, sehr erweiterter Fassung veröffentlicht wurde und sich auch schon mit Schiffsmaschinen und Lokomotiven befaßte. Es wurde auch ins Französische übersetzt und galt lange Zeit als das beste und vollständigste Werk über Dampfmaschinen.

Tredgold starb 1829 wohl infolge völliger Überarbeitung. Seine unermüdlichen Bemühungen, die wissenschaftliche Erforschung der Technik zu fördern, hatte ihm keine Reichtümer eingetragen. Er hinterließ seine Familie in ärmlichsten Verhältnissen. *Enc. Brit. 27 (1911) S. 234; Nat. Biogr. 57 (1899) S. 167; Entw. Dm. 2 S. 716.* Ca.

TREVITHICK, Richard, geb. 13. April 1771 in Illogan (Cornwall), gest. 22. April 1833. Sein Vater hatte eine angesehene Stellung in verschiedenen Bergwerken inne und war nicht unvermögend. Der junge Richard wuchs indes ohne besondere Schulung oder Aufsicht auf und lief in den Bergwerken und Maschinenräumen herum, wo er sich einige technische Kenntnisse aneignete. Als der Vater sein großes Interesse für die Technik wahrnahm, war er klug genug, ihn darin zu bestärken. Richard wurde der Leitung William Murdocks unterstellt, der zu jener Zeit in Redruth Dampfpumpen für Boulton & Watt aufstellte. Da Trevithick alle Anlagen zu einem geschickten Mechaniker und Ingenieur hatte, lernte er von Murdock viel, unter anderem hat er scheinbar auch das geistreiche Modell eines Dampfwagens, das Murdock während dieser Zeit anfertigte, gesehen. Kurz darauf bekleidete er trotz seiner jungen Jahre den damals neu entstandenen Posten eines Betriebs- und Montageingenieurs für die von Boulton und Watt gebauten Dampfmaschinen. Die großen Gewinne, die Watt durch seine Dampfmaschinen erzielte, ließen seinen Ehrgeiz nicht ruhen, und er ging daran, mit seinem Kollegen Bull eine direktwirkende Dampfpumpe zu bauen, mit der er die Wattschen Patente zu umgehen hoffte. Die Pumpe war mechanisch durchaus ein Erfolg, aber er verlor die von Watt gegen ihn angestrengten Prozesse. Einige Jahre später gründete er mit seinem Vetter Andrew Vivian eine Maschinenfabrik in Camborne. Trevithick verbesserte die Dampfmaschine in vielen Punkten. Im Jahre 1802 nahm er ein Patent, das die Verwendung der Expansionskraft des Dampfes direkt, ohne Zuhilfenahme eines Kondensators, und zwar „für den Antrieb von Wagen und für andere Zwecke", schützte. Trevithick benutzte zu diesem Zweck einen schmiedeeisernen Kessel, ähnlich wie ihn vorher schon Evans in Amerika verwendet hatte. Diese Kessel wurden noch viele Jahre später als Trevithick-Kessel bezeichnet und arbeiteten so wirtschaftlich, daß eine Gesellschaft ihm in Anerkennung des Nutzens, den sie aus seinem Kessel gezogen hatte, ein Geschenk von 300 £ machte. Trevithick benutzte diesen Kessel u. a. auch beim Bau eines Dampfwagens, der der Personenbeförderung dienen sollte. Am Weihnachtsabend des Jahres 1801 wurden mit Hilfe dieses Dampfwagens, „Captain Dicks Puffer" genannt, zum ersten Male Personen durch Dampfkraft befördert. Diese Lokomotive wurde dann in London vorgeführt. Sein unzweifelhafter Erfolg wurde aber von ihm selbst zunichte gemacht. Ohne ersichtlichen Grund zog Trevithick seinen Dampfwagen aus der Hauptstadt zurück, verkaufte Maschine und Wagen und ging nach Cornwall zurück. Dieser merkwürdige Charakterzug war es, der ihm sein Lebenswerk vernichtete und ihn immer an der Tür des Erfolges zwang, das Angefangene fortzuwerfen. Aus diesem Grunde hat er auch nie den Ruhm geerntet und die Belohnung erhalten, die ihm auf Grund seiner Erfindungen gebührten. Trevithick ging jetzt nach Süd-Wales, um eine Schmiedemaschine, die er gebaut hatte, zu montieren. Dann fing er mit der Konstruktion der ersten Eisenbahnlokomotive an. Die Lokomotive war 1804 fertig und war ein erstaunlicher Erfolg. Sie bestand aus einem kompakten, sehr einfachen Mechanismus, arbeitete mit Hochdruckdampf und konnte Wasser und Kohlen für eine längere Fahrt mit sich führen und schwere Lasten mit einer Geschwindigkeit von fünf englischen Meilen ziehen. Die verschiedenen Unfälle, die bei ihrer Benutzung passierten, waren Folgen der zu schwachen eisernen Schienen, die das Gewicht der Maschine nicht aushielten. Nach einigen dieser Unfälle wurde die Maschine schließlich für ortfesten Betrieb verwendet.

Statt seinen Erfolg auszunutzen, kehrte Trevithick auch hier wieder zum allgemeinen Maschinenbau zurück. Sein Maschinengeschäft in Cornwall ging sehr gut, und gerade das schien ihn nicht zu befriedigen. Nachdem er eine Reihe von Verbesserungen eingeführt hatte, gab er es auf und begab sich nach London. 1808 erhielt er zwei Patente für das Laden und Entladen von Schiffen mit Maschinen und im Jahre 1809 ein weiteres für den Bau von mechanisch angetriebenen Schiffen. Während er in London war, machte er den Versuch, einen Tunnel unter der Themse zu bauen, der Versuch scheiterte aber. Er zog sich enttäuscht nach Camborne zurück und arbeitete wieder eifrigst an der Verbesserung der Dampfmaschine.

Die kleinen leichten Hochdruckmaschinen fanden damals auch in Südamerika Eingang. Die Silberbergwerke in Peru waren an der Grenze angelangt, wo man mit den gewöhnlichen Mitteln des Wassers nicht mehr Herr werden konnte und drohten zu versaufen. Gewöhnliche Dampfmaschinen waren zu schwer, als daß sie bei dem Mangel an Straßen hätten bis zu den Gruben gebracht werden können. Einer der Hauptinteressenten sah damals in London Trevithicks Hochdruckmaschine, erwarb sie und brachte sie nach Peru, wo sie sich über Erwarten gut bewährte. Weitere neun Maschinen wurden gekauft, und im Oktober 1816 folgte Trevithick selbst seinen Maschinen nach Peru, wo man ihm unbegrenzte Reichtümer in Aussicht stellte. Begeistert wurde er mit fürstlichen Ehren empfangen. Da begann der Krieg Perus gegen die spanische Herrschaft. Die spanischen Truppen besetzten die Bergwerke und zerstörten die Maschinen; Trevithick mußte flüchten. Nach größten Mühen gelangte er nach Cartagena und traf hier einen Landsmann — Robert Stephenson, den Sohn des Mannes, dem die Welt den Sieg der Lokomotive verdankt. Als sein Gast kehrte er nach England zurück. Unterwegs traf sie ein Schiffbruch, er konnte nichts als das nackte Leben retten. Im Oktober 1827 landete Trevithick wieder in England. Arm und vom Unglück niedergeschlagen versuchte er, von der Regierung eine Geldunterstützung zu erlangen, um so die Mittel zur Ausführung neuer Ideen zu erhalten. Die Erfolglosigkeit dieser Bemühungen vernichtete seine letzten Hoffnungen. Bei seinem Tode hinterließ er keine Reichtümer, wohl aber eine Schuld von 60 £. Eine Geldsammlung unter den Fachgenossen der nächsten Umgebung deckte die Kosten der letzten Ruhestätte des großen Erfinders. *Gesch. Dm. S. 401; Entw. Dm. 1 S. 131; Liv. Eng. 3 S. 3; Em. Eng. S. 190.* Wi.

TRICK, Josef, geb. 10. Sept. 1812 in Gebweiler i. Elsaß, gest. 20. April 1865 in Eßlingen a. N. Trick verlor schon im dritten Lebensjahre seine Eltern und wurde von Verwandten erzogen. Er besuchte die Schulen in Gebweiler und kam frühzeitig ins praktische Leben, indem er als junger Mann in die Maschinenfabrik der Gebrüder Schlumberger eintrat. 1831 erhielt er eine Stelle bei Escher, Wyss & Co. in Zürich und 1841 zog ihn Redtenbacher als Gehilfen an die Polytechnische Schule nach Karlsruhe.

In der Zeit der stärksten Inanspruchnahme E. Keßlers in Karlsruhe durch die übernommene Gründung und Leitung der Maschinenfabrik Eßlingen, suchte dieser nach zuverlässigen Kräften, denen er konstruktive Aufgaben überlassen konnte. Seine Wahl fiel u. a. auch auf J. Trick, den er 1847 für die Maschinenfabrik Eßlingen als Konstrukteur gewann, und der schon in den ersten Jahren seiner Anstellung sein nicht geringes konstruktives Talent bewies. Von ihm stammt die Ausarbeitung der 3/3-gekuppelten Lokomotive für die Geislinger Steige, ein Lokomotivereignis in der damaligen Zeit, dem noch ein kühner Entwurf für einen Vierkuppler zum selben Zweck vorausging.

In allen Trickschen Lokomotiventwürfen sind trotz der als gegeben vorausgesetzten Keßlerschen Bauart viel eigene Gedankengänge zu finden, die auf eine ausgezeichnete Auffassungsgabe und scharfe Beobachtung schließen lassen. Bekannt ist die Trick-Steuerung, eine mit dem Engländer Allan gleichzeitig, aber vollständig von diesem unabhängig gemachte Erfindung, zum erstenmal 1858 an der ersten eigentlichen Schnellzuglokomotivgattung der württembergischen Staatsbahn in Anwendung gebracht. Ferner ist seine Erfindung der Trick-Schieber, der für den Lokomotivbau infolge der doppelten Schieberöffnung von grundlegender Bedeutung geworden ist. *Mayer: Eßlinger Lokomotiven, Wagen und Bergbahnen (Berlin 1924); Beitr. 14 (1924) S. 217.* Mr.

TRIEWALD, Marten, geb. 18. Nov. 1691 in Stockholm (Schweden), gest. 8. Aug. 1747 daselbst. Er widmete sich zuerst dem kaufmännischen Beruf, kam nach London und erhielt im Jahre 1716 die Stelle eines Inspektors in einem Steinkohlenbergwerk in Newcastle, wo er Mechanik studierte, die „Feuermaschinen" (Dampfmaschinen) genau untersuchte und in manchem ihre Konstruktion verbesserte. Er kehrte im Jahre 1726 nach Schweden zurück und baute in Dannemora eine „Feuer- und Luftmaschine" für das Lenzpumpen von Gruben als erste Dampfmaschine in Schweden. Später wurde er zum Director Mechanicus ernannt, widmete sich eine Zeitlang der Eisenindustrie in Västmanland, wurde 1735 Hauptmann-Mechanicus der Pioniere und erhielt eine jährliche Pension von den schwedischen Ständen. Triewald wurde im Jahre 1729 in die Kgl. Gesellschaft der Wissenschaften in Upsala aufgenommen, war einer der sechs Stifter der Kgl. Akademie der Wissenschaften in Stockholm (1739) und Mitglied der Royal Society in London. Er war ein bedeutender Schriftsteller auf technischem und wirtschaftlichem Gebiete. Viele von seinen Aufsätzen wurden in den Veröffentlichungen der Kgl. Akademie der Wissenschaften veröffentlicht. Na.

TSCHIRNHAUS, Ehrenfried Walter v., geb. 10. April 1651 in Kießlingswalde bei Görlitz, gest. 11. Okt. 1708 in Dresden. Tschirnhaus entstammte einer im damaligen Fürstentum Görlitz alteingesessenen und wohlhabenden Familie; sein Vater war kurfürstlich sächsischer Rat und Landesältester des Fürstentums. Nach anfänglich von Hauslehrern erhaltenem Unterricht besuchte Tschirnhaus das Gymnasium zu Görlitz und studierte dann in Leyden Mathematik. Von 1672 bis 1673 stand er als Freiwilliger in holländischen Diensten; mit 24 Jahren kehrte er in die Heimat zurück, um bald darauf eine mehrjährige Reise durch Europa zu unternehmen. 1684, nach dem Tode seines Vaters, übernahm er die ererbten Güter und widmete sich von nun an ganz seinen eigenen Forschungsarbeiten. Bedeutende Summen verwandte er auf die Herstellung physikalischer, vor allem optischer Apparate. Bei seinen Untersuchungen über Brennlinien und Brennspiegel hatte er Schleifmaschinen erfunden, mit denen sich optische Gläser von ungewöhnlicher Größe herstellen ließen. Es gelang ihm, nach längeren Bemühungen vom Staate Mittel zur Errichtung von drei Glashütten zu erhalten, wodurch jährlich 20 000 Taler, die für die Glaseinfuhr aus Böhmen aufgewandt werden mußten, dem Lande erhalten blieben. Seine aus Kupfer verfertigten Hohlspiegel — der größte bildet heute noch eine Sehenswürdigkeit Dresdens — erreichten einen Durchmesser von 3 und eine Brennweite von 2 Ellen; innerhalb 5 Minuten vermochten sie einen Taler zu schmelzen. Tschirnhaus' Linsen wiesen bis 80 cm Durchmesser auf. Im Brennpunkt einer solchen Linse verbrannte ein Diamant von 140 Gran Gewicht in einer halben Stunde. Diese Versuche führten Tschirnhaus auch zu theoretischen Untersuchungen, deren Ergebnisse er in verschiedenen Arbeiten der Leipziger Acta Eruditorum und in den Mémoires der Pariser Akademie veröffentlichte. Ferner beschäftigte er sich mit dem Tangentenproblem und löste Gleichungen dritten und vierten Grades, indem er alle Glieder zwischen denjenigen höchsten und niedrigsten Grades fortschaffte. Auch war er an der Erfindung des Meißener Porzellans beteiligt. Böttger, dem diese Entdeckung zumeist zugeschrieben wird, ging ihm bei den Versuchen zur Hand.

Neue quellenmäßige Untersuchungen (s. Peters, Reinhardt, Diegart) haben diesen „durch den Biographen Böttgers bewirkten merkwürdigen Personenwechsel in der Erfindungsgeschichte des Porzellans" aufgeklärt. Während des 18. Jahrhunderts galt Tschirnhaus allgemein als der Entdecker des sächsischen Porzellans.

Als Philosoph erwarb sich Tschirnhaus eine gewisse Bedeutung durch seine „Medicina mentis" (Amsterdam 1687). Mit Spinoza und Leibniz verbanden ihn persönliche Beziehungen. Der Einfall der Schweden in Sachsen unter Karl XII. hat Tschirnhaus' Besitzungen und Fabriken wahrscheinlich stark in Mitleidenschaft gezogen; genauere Nachrichten darüber fehlen uns. *ADB 38 (1894) S. 722; Handb. Natw.; Entw. Nat. 2 S. 291.* Ca.

TULLA, Johann Gottfried, geb. 20. März 1770 in Nöttingen b. Pforzheim, gest. 27. März 1828 in Paris. Tulla entstammte einer Familie, in der seit langer Reihe alle Erstgeborenen evangelische Pfarrer waren. Der älteste bekannte Ahnherr, Cornelius Tulla, aus Hasselt in den Niederlanden gebürtig, mit Margaretha Stockfeld aus Stockholm verehelicht, stand in schwedischen Kriegsdiensten. Johann Gottfried Tulla sollte ebenfalls Theologe werden, seine Neigung zog ihn jedoch zum Studium der Geometrie. Vom Markgrafen Karl Friedrich wurde er 1792 auf Empfehlung des Ingenieur-Majors Bordet zu Langsdorf, dem später in Heidelberg tätigen Mathematiker, zur Ausbildung in Mathematik und Mechanik gesandt. Im Sommer 1794 unternahm er eine wissenschaftliche Bildungsreise längs des Rheines nach Holland und Hamburg, wo er mit Woltmann bekannt wurde, studierte den folgenden Winter in Freiberg an der Bergakademie Bergbau und Maschinenwesen, reiste mit Langsdorf nach Norwegen, studierte noch einen Winter in Freiberg und kehrte 1796 nach Karlsruhe zurück. Eine Sendung zu dem hessischen Rheinbauinspektor v. Wiebeking im Sommer 1797 zur Teilnahme an Wassermessungen im Rheinstrom verschaffte ihm die Bekanntschaft dieses ausgezeichneten Wasser- und Brückenbaumeisters. Nach sehr gut bestandener Geometerprüfung wurde er 1797 als Rechnungsratadjunkt für die markgräflich-baden-badenschen Landesteile angestellt. Die obere Leitung der Wasser- und Straßenbauten hatten damals, nach dem Vorbilde Frankreichs, Genieoffiziere. In dieser Stellung hatte er reichlich Gelegenheit, die größtenteils höchst unbefriedigenden Zustände an den Wasserläufen, vor allem am Rhein kennen zu lernen.

Der Rhein war damals von Basel bis Mainz ein unbändiger Wildstrom, der sein Bett dauernd verlegte und in zahllosen, weit ausbiegenden Armen zwischen Kiesbänken und Inseln dahinfloß. Überschwemmungen, Verwüstungen von Feldern und Dörfern, Versumpfungen mit Fieber im Gefolge, Zerstörungen von Wegen waren die Regel, so daß die Verlegung von ganzen Ortschaften in Erwägung gezogen werden mußte. Hier fand Tulla sein Lebensziel. Er suchte zunächst für ein wissenschaftlich gebildetes Ingenieurkorps zu wirken durch Verbesserung des Unterrichts der Ingenieureleven in der Mathematik und Physik. In diesem Bestreben wurde er der Gründer einer Ingenieurschule, aus der später, zusammen mit der von dem Architekten Weinbrenner errichteten Bauschule, die Technische Hochschule Karlsruhe entstand. Er beschäftigte sich ferner mit der Messung der Geschwindigkeit des fließenden Wassers, mit der Frage der Vermehrung der Geschwindigkeit des rektifizierten Rheines, mit Faschinenbau, der Wirkung von Flußsperren, der Theorie der Hydrotechnik, dem Transportwesen und dergl. Dabei erfand er ein Transportschiff, das mittels einer starken Dampfmaschine durch mehrere Räder in Bewegung gesetzt werden sollte und zum Schleppen anderer Schiffe bestimmt war, hauptsächlich auf dem Rhein. Im Oktober 1799 übergab Tulla der badischen Regierung einen Bericht hierüber mit der Bitte um ein Gutachten der englischen Admiralität. Eine Antwort ist nicht zurückgekommen. Professor Langsdorf bezeichnete die Einrichtung zum Betreiben der Schiffe mittels Dampfmaschinen als vollkommen zweckmäßig. Erst 1804 machte Fulton in Paris seine ersten Versuche mit seinem Dampfschiff! 1803 wurde Tulla Oberingenieur, mit dem Titel Hauptmann, im Ingenieurdepartement des vergrößerten Kurfürstentums Baden und erhielt die Leitung über den Fluß- und Rheinbau. Durch Begradigungen und Eindeichungen an den Schwarzwaldflüssen erzielte er sehr beträchtliche Verbesserungen der Landeskultur.

Im Jahre 1807 nahm er einen Ruf nach der Schweiz an, um den Wallenstädter See abzusenken und die Versumpfungen des unteren Linthtals zu beseitigen. Er leitete die Arbeiten nach seinen Entwürfen selbst ein und hatte vollen Erfolg. Auch bei anderen wasserbaulichen Unternehmungen in der Schweiz wurde er zu Rate gezogen. Das gleiche geschah in Württemberg. Im eigenen Vaterlande ruhten die Arbeiten größeren Umfangs unter den damaligen Zeitläufen. Doch arbeitete Tulla Pläne für die „Rektifikation" des Rheins von Hüningen bis Mannheim aus und reichte sie dem für die Angelegenheiten des Grenzstromes in Straßburg errichteten französischen Magistrat du Rhin ein. 1813 trat der Major Tulla an die Spitze der Wasser- und Straßendirektion im ganzen Großherzogtum. Als Mitglied der badisch-französischen Grenzberichtigungskommission wußte er die französischen Mitglieder von der Notwendigkeit und Nützlichkeit zu überzeugen, den Rhein nach gemeinschaftlichen Grundsätzen zu behandeln. Sein Hauptlebenswerk, die Rektifikation des Rheins, fand er endlich im Jahre 1817 zu beginnen Gelegenheit, als sich Baden und Bayern über die Gradlegung des Rheins in der Gegend von Neuenburg durch sechs Durchstiche nach Tullas Plane in einem Staatsvertrage einigten. Seine Arbeiten hatten den schönsten Erfolg für die Landeskultur. 1823 wurde er Oberst. Ein zweiter Staatsvertrag von 1826 sicherte die gemeinschaftliche Fortsetzung der Rheinrektifikation längs der badisch-bayerischen Grenze. Diese Arbeiten wurden von Tulla bald begonnen, das Ende hat er nicht mehr erlebt. Auf der badisch-französischen Grenzstrecke kamen die Arbeiten infolge der Eifersucht der französischen flußbauleitenden Ingenieuroffiziere zunächst nicht in Gang. Tulla verzichtete deshalb freiwillig auf die Ehre des Entwurfs zugunsten der französischen Ingenieure, „um die große Wohlfahrt der Rheinkorrektion den Rheinuferbewohnern zu sichern". Erst 1818 erkannte die französische Regierung die Zweckmäßigkeit des Tullaschen Entwurfes an, und 1821 wurden Probedurchstiche bei Plittersdorf und Kehl vereinbart. Der Vertrag mit Frankreich von 1840 brachte dann einen raschen Fortschritt. Der Mangel an Geldmitteln, abfällige Urteile ausländischer Ingenieure, der zuweilen sogar gewaltsame Widerstand der Bewohner des Rheintales selbst, die durch die Verlegung des Stromlaufs und die Eingriffe in Grundbesitz, Fischerei und Schiffergewerbe vielfach berührt wurden, der Einspruch Preußens, das eine Vergrößerung der Hochwassergefahr und Versandung am Niederrhein befürchtete, hemmten Tullas Werk oft. Seine durch den langen Kampf erschütterte Gesundheit erlag; er begab sich im Oktober 1827 nach Paris, um sich einer Blasensteinoperation zu unterziehen. Dort starb er und wurde auf dem Friedhof Montmartre beigesetzt. Ein Denkstein bezeichnet die Stelle; mit ihm starb sein Geschlecht in Baden aus. Auf der Insel Maxau und auf dem Schloßberge in Breisach sind dem Bezwinger des Rheinstromes Denkmale gesetzt.

Tullas Grundgedanke bei dem Rheinausbau war, der Wassermenge ein einheitliches ungeteiltes Bett und einen möglichst kurzen Weg zum Abfluß zu schaffen. Er „begradigte" deshalb den Rhein in stärkstem Maße durch Durchstiche.

Der Erfolg dieser Eingriffe war in der Tat ganz überraschend groß. Das vermehrte Gefälle vertiefte das Bett gewaltig. Die Überflutungen wurden gemildert, das Grundeigentum war gesichert, die Landeskultur konnte sich heben, die Sumpffieber der Rheinebene schwanden. Freilich wurden diese ungeheuren Vorteile nicht ohne gewisse Nachteile errungen. Die gewaltigen in Bewegung gesetzten Geschiebemassen erzeugten Verwilderungen des Stromes weiter unterhalb und erzwangen neue Maßregeln, die heute noch nicht abgeschlossen sind. Die starke Absenkung des Rheinwassers hatte auch Schädigungen der anliegenden Ländereien bei durchlässigem Boden zur Folge. Vor allem wurde die Schiffahrt durch die wandernden Kiesbänke und die übergroße Strömung stark beeinträchtigt. Wir wissen heute wohl, daß dem Rheinstrom Gewalt angetan worden ist durch die allzu große Streckung. Man hätte ihn mit geringeren Mitteln in vollkommenerem Maße regeln können. Aber diese vertiefte Kenntnis vom Wesen eines lebenden Stromes war vor 100 Jahren — und auch viel später — noch nicht vorhanden. Der Oberrhein ist ein Forschungsgegenstand allerhöchster Bedeutung geworden. Angesichts der Not der Rheinanwohner bleibt Tullas Werk eine Großtat des Strombaues für die Landeskultur.

Von Tulla ist außer zwei Aufsätzen über die Rektifikation des Rheins vom Jahre 1822 und 1825 nichts im Druck erschienen. Seine Entwürfe trugen stets den Stempel der Großzügigkeit, er strebte nach der vollkommensten Lösung, nach der dauerhaftesten Ausführung, wobei auch ästhetische Rücksichten mitsprachen. Feind aller halben Maßnahmen, verfolgte er seine Pläne unbeugsam. „Der Tadel wird vergehen, das Gute aber bestehen" war sein Wahlspruch. Tulla stand mit vielen ausgezeichneten Männern des In- und Auslandes in freundschaftlicher Verbindung und lehrreichem Briefwechsel über seine Kunst. Er lebte in größter Einfachheit und hinterließ kaum soviel, daß er anständig begraben werden konnte. *L. v. Weech: Badische Biographien 2 S. 360 (Heidelberg 1875); Nekrolog auf J.G. Tulla, (Karlsruhe 1830).* Se.

TUNNER, Peter Ritter v., geb. 10. Mai 1809 in Deutsch-Feistritz bei Peggau in Steiermark, gest. 8. Juni 1897 in Leoben. Sein Vater Peter war Eisenhochofen- und Hammerwerkbesitzer zu Salla und Obergraben bei Röblach in Steiermark, wo schon sein Großvater eine Nagelschmiede angekauft hatte, die er zu einem Hammerwerk erweiterte. Hier verbrachte Tunner seine erste Jugend und besuchte die Dorfschule zu Piber, um dann mit 12 Jahren in die Unterrealschule zu Graz einzutreten, deren beide Jahrgänge er mit vorzüglichen Erfolgen durchlief. Nach durch Erzmangel veranlaßter Auflösung seines Hochofenbetriebes siedelte der Vater als Verweser des fürstlich Schwarzenbergschen Berg- und Hüttenwerkes nach Turrach über, wo der Sohn nach Beendigung der Grazer Schulzeit mit 14 Jahren durch eigenes Mitarbeiten die Eisen- und Stahlfrischarbeiten erlernte. Die Erfolge, die er dort erzielte, veranlaßten die Gebrüder v. Rosthorn, den jungen Tunner auf ihr Eisenwerk Frantschach in Kärnten zu holen, damit er dort die Herdfrischerei verbessere. Seine Arbeiten befriedigten derartig, daß sie ihn während seines Besuches des polytechnischen Institutes in Wien 1828 bis 1830 unentgeltlich in das Haus des Mathias v. Rosthorn aufnahmen. Nach Beendigung seiner Studien kehrte er wieder nach Turrach zu seinem Vater zurück, um zunächst einige Studienreisen nach Salzburg und Tirol zu machen. Während seines Aufenthalts in Neuberg, wo er die Frischarbeit am Schwallboden durch eigene Betätigung erlernen wollte, erkrankte er und mußte April 1831 vom Vater nach Turrach zurückgeholt werden. Nach seiner Genesung folgte er einer Einladung des Herrn Franz v. Rosthorn zur Ordnung seiner Mineraliensammlung nach Wolfsberg in Kärnten, wo er völlige Erholung fand. Ende 1831 brachte er als Werkführer das sehr heruntergekommene Werk Mauterndorf im Salzburgischen wieder in die Höhe und übernahm dann die Leitung des Schwarzenbergschen Stahlhammers, der zu Katsch bei Murau neu erbaut worden war. Er brachte ihn in den drei Jahren, die er an seiner Spitze stand, zu hoher Blüte.

Hier erging auch durch den Erzherzog Johann an ihn der Ruf zur Übernahme der ersten Professur für Berg- und Hüttenwesen des neu gegründeten Johanneums in Graz, der heutigen Technischen Hochschule. Bevor er seine Lehrtätigkeit aufnahm, machte er in den Jahren 1835 bis 1838 verschiedene große Studienreisen im In- und Auslande, wobei er Gelegenheit nahm, mit den bedeutenden Hochschullehrern seiner Zeit fruchtbare Verbindungen anzuknüpfen. Inzwischen hatte man sich entschlossen, den Unterricht für Berg- und Hüttenkunde an einen Ort zu verlegen, der mitten in einem Bergwerksbezirk lag, nach Vordernberg, und hier nahm Tunner mit der Eröffnung der „Steiermärkisch-ständischen Montanlehranstalt" am 4. Nov. 1840 seine für die ganze Entwicklung des österreichischen Hüttenwesens so bedeutungsvolle Lehrtätigkeit auf. Acht Jahre war er der einzige Leiter und Lehrer dieser Anstalt mit bestem Erfolg. Die Schule entwickelte sich ausgezeichnet, die Lehrerfolge Tunners verschafften ihr dauernd wachsenden Zulauf, so daß auch der Lehrkörper vergrößert werden mußte. Die Vordernberger Verhältnisse wurden dabei allmählich zu eng, so daß die Anstalt mit dem 1. Nov. 1849 nach Leoben verlegt werden mußte. Tunner wurde Direktor dieser neuen 1861 zur selbständigen Bergakademie, 1890 zur Hochschule erhobenen Anstalt, die dann 1904 unter gleichzeitiger Änderung ihres Namens in „Montanistische Hochschule" mit allen Rechten einer solchen ausgestattet wurde. Infolge des unglücklichen Ausganges des Krieges von 1866 ging die Besucherzahl so stark zurück, daß Tunner sich ganz von der Lehrtätigkeit zurückzog, sich lediglich seinen Direktoratsgeschäften widmete und sich in der Öffentlichkeit als Abgeordneter des Landtags und seit 1867 auch des Reichsrats betätigte. Mit dem 1. Juli 1874 trat er nach vierunddreißigjähriger Lehrtätigkeit in den Ruhestand, den er bis an sein Lebensende in Leoben, wo er ein eigenes Heim besaß, zubrachte. Seit Gründung der Landschaftlichen Berg- und Hüttenschule in Leoben war Tunner auch Direktor dieser Anstalt; diese Stelle behielt er bis 1880, blieb aber bis 1893 im Kuratorium. 1887 konnte er noch, von schwerer Krankheit genesen, an der fünfzigjährigen Jubelfeier der Leobener Bergakademie teilnehmen, zu der fast 300 seiner ehemaligen Hörer erschienen waren. 1892 erlitt er den ersten Schlaganfall, von dem er sich aber wieder erholte, bis er an den Folgen eines im Februar 1897 erlittenen weiteren Schlaganfalls im Juni desselben Jahres sanft entschlief. Zahlreich sind seine Veröffentlichungen in Zeitschriften und Buchform, von denen sein Werk „Die Stabeisen- und Stahlbereitung" oder „Der wohlunterrichtete Hammermeister", das 1858 in zweiter Auflage erschien, bahnbrechend war. Dauernd war er bemüht, Neuerungen und Verbesserungen in seinem Fache einzuführen, die er auf seinen Reisen kennen gelernt hatte. Er gilt als Erfinder des Zement- und Glühstahlprozesses, der bis 1879 zu Donawitz zwecks Erzeugung von Material für den Gußstahlprozeß in größerem Umfang angewendet wurde. Auch Bessemers weltbewegende Erfindung, deren Bedeutung er sofort erkannte, brachte er in Österreich zur Verbreitung und leitete auf der ersten Bessemerhütte in Turrach am 19. Nov. 1863 selbst erfolgreich die erste Schmelzung. Bis in seine letzten Lebensjahre verfolgte er die Fortschritte des Hüttenwesens mit lebhaftestem Interesse, die er auch literarisch behandelte. Noch 1896 stand er mit Freunden und Fachgenossen im Briefwechsel.

Tunner ist trotz aller Erfolge und der vielfachen Ehrungen, 1864 wurde er in den erblichen österreichischen Ritterstand erhoben und wurde Mitglied sämtlicher bedeutenden wissenschaftlichen Gesellschaften der Welt, stets ein einfacher und schlichter Mann geblieben mit warmem Herzen für sein Vaterland und seine Schüler. Er war ernst und in sich gekehrt und im gewöhnlichen Verkehr wortkarg, dabei ein guter Menschenkenner, stets wohlwollend und stets gerecht. Sein Vortrag war klar und fesselnd durch das Einflechten persönlicher praktischer Erfahrungen in die wissenschaftlichen Ausführungen. Die Leobener Hochschule verdankt ihren Ruhm in erster Linie Tunners Lehrtätigkeit und Leitung, darüber hinaus verdankt Österreich seiner Mitarbeit die große Entwicklung seiner Montan- und Hüttenindustrie. *Beitr. 6 (1914/15) S. 95.* Lo.

U

UTZSCHNEIDER, Josef von, geb. 2. März 1763 in Rieden am Staffelsee, gest. 31. Jan. 1840 in München, war der Sohn eines Landwirtes. Seine Schulzeit absolvierte er anfangs auf der Dorfschule seines Heimatortes, dann auf der Lateinschule zu Polling und schließlich, nachdem er in das Haus seines Onkels, eines Priesters, nach München gekommen war, auf dem dortigen Gymnasium und von 1778 bis 1780 auf der Marianischen Landesanstalt. Auf der Universität Ingolstadt erwarb er sich die Würde eines Lizentiaten beider Rechte und Doktors der Philosophie. Da er sich während der Universitätszeit als Verwalter des Gutes Schwaiganger der Herzogin Marie Anna von Pfalzbayern betätigte, war er in seinen Fachstudien vorwiegend Autodidakt. In den sehr wichtigen politischen Verhandlungen zwischen Friedrich dem Großen und der Herzogin Marie Anna war Utzschneider als Geheimschreiber tätig. Nach Abschluß seiner Studien versah er die Stelle eines Repetitors der Mathematik und Physik; bald darauf erhielt er die Professur für Kameralwissenschaften an der den Namen der Herzogin tragenden Militärbildungsanstalt in München. Durch Aufdeckung regierungsfeindlicher Absichten des in Ingolstadt neu entstandenen Illuminatenordens, dem er selbst kurze Zeit angehört hatte, setzte sich Utzschneider großer Erbitterung weiter Kreise aus und beschloß deshalb, in preußische Dienste überzutreten. Die Herzogin verhinderte ihn an diesem Vorhaben und veranlaßte seine Ernennung zum Hofkammerrat. Die Übernahme des für einen Einundzwanzigjährigen verantwortungsvollen Amtes nötigte Utzschneider, sich eingehend mit dem Studium der Staats- und Volkswirtschaft zu befassen. Anfänglich arbeitete er bei der Forstdeputation, kultivierte mehrere Moosgründe in Oberbayern und trat mit großer Energie für die Gründung von Forstschulen ein. Utzschneiders Pläne für eine nutzvolle Urbarmachung des Donaumooses bei Schrobenhausen, sowie seine tatkräftige Unterstützung bei der Aufstellung eines neuen Salinenvertrages brachten ihm die Ernennung zum ersten Administrator des kurfürstlichen Hauptsalzamtes Berchtesgaden ein. Unermüdlich arbeitete er an der Hebung des Salzbergbaues, des Sudwesens und der Forstwirtschaft. 1798 an die Hofkammer zurückgerufen, wurde er von dem Nachfolger des Kurfürsten, Maximilian Josef, zum Vorstand der Mauth- und Commerzdeputation ernannt, aber schon im Juli desselben Jahres an das Finanzministerium versetzt, wo er mit dem Referat der Landschaftsachen betraut wurde. In diesem Amt mußte er sich fast ausschließlich mit der Ordnung der in Bayern gänzlich zerrütteten Finanzwirtschaft und Einigung der nach verschiedenen Verfassungen regierten Landesteile befassen. Utzschneider hatte die härtesten Kämpfe auszufechten und mußte schließlich doch seinen Widersachern weichen.

Von nun an widmete er sich als Privatmann mit glücklichstem Erfolge der Erweiterung der Industrie. Zwei Monate nach seiner Entlassung aus dem Staatsdienst erhielt er die Konzession zur Gründung einer Lederfabrik, die unter den günstigsten Vorbedingungen bald zu einem bedeutenden Unternehmen emporblühte. Aus der Bekanntschaft mit Georg Reichenbach und Josef Fraunhofer erwuchs die Gründung und Unterstützung einer der für die gesamte optische und astronomische Wissenschaft bedeutendsten Unternehmungen. Das mathematisch-mechanische Institut, „Reichenbach, Utzschneider, Liebherr" erlangte bald einen weit über die Landesgrenzen hinausgehenden Ruf. Der fünfzehnjährige Fraunhofer erhielt auf Utzschneiders Betreiben eine gründliche mathematisch-mechanische Ausbildung und wurde dann von ihm mit der Leitung der in Benediktbeuren neu errichteten optischen Werkstatt beauftragt. Dem Einfluß Utzschneiders auf die Neugestaltung und Entfaltung der optisch-mechanischen Wissenschaft verdankt Bayern den Ruf als Mittel- und Ausgangspunkt dieses Gebietes. 1807 wurde Utzschneider von neuem in den Staatsdienst berufen. Die Errichtung eines groß angelegten Salinenbaues und die seinem Freunde Reichenbach übertragene Herstellung der Solenleitung, vor allem aber die durch Utzschneiders tatkräftiges und schnelles Handeln zwischen dem französischen Bevollmächtigten und ihm als Vertreter Bayerns zustande gekommene Vertrag, der die Verwaltung der bayerischen Salinen in den Händen Bayerns beließ, waren von hoher Bedeutung; ohne diesen Vertrag hätte der gesamte Salzhandel vielleicht eine ganz andere Richtung genommen. Maßgebend war Utzschneiders Einfluß auf die Steuerregulierung Bayerns. Um hierbei die für die Landesvermessung nötige Zahl gut ausgebildeter Geometer zu haben, erwirkte er die Genehmigung zur Errichtung von Geometerschulen. 1811 wurde Utzschneider zum Vorstand der neugebildeten Staatsschuldenkommission ernannt, unter Beibehaltung aller übrigen Ämter, die er jedoch sämtlich nach dem unglücklichen Ausgang des Russischen Feldzuges und der daran schließenden Verhandlungen niederlegte.

Zum zweitenmal in das Privatleben zurückgekehrt, überließ Utzschneider das mechanische Institut ganz seinem Freunde Reichenbach, während er mit dem optischen Werk noch lange verbunden blieb. Er errichtete ferner eine Tuchmanufaktur, bald darauf das „Utzschneider-Brauhaus" und später eine Essigfabrik. Schon 1805 hatte Utzschneider den realen Besitz des aufgelösten Klosters Benediktbeuren gekauft und versuchte jetzt, dort eine landwirtschaftliche Musteranstalt zu errichten. Gleichzeitig ließ er sich die Weiterbildung der den Schulen entwachsenen jungen Leute angelegen sein und ermöglichte ihnen in Benediktbeuren eine kostenlose Ausbildung in Mathematik, Physik und Naturgeschichte. Auch war Utzschneider einer der ersten in Bayern, der für die Gewinnung des Zuckers aus Zuckerrüben eintrat.

Nochmals kehrte Utzschneider in das öffentliche Leben zurück, und zwar in das Amt des zweiten Bürgermeisters von München, das er jedoch schon 1823 wieder niederlegte. Er übernahm auf eine Aufforderung König Ludwigs I. dann als letztes staatliches Amt die Stelle eines Vorstandes der ehemaligen „Polytechnischen Zentralschule", die nach ihrer Umgestaltung im wesentlichen nach seinen Plänen eingerichtet war, und aus der sich später die heutige „Technische Hochschule" entwickelt hat.

Utzschneiders tatenreiches Leben endete durch einen Unglücksfall; er wurde auf einem Wege zur Sitzung durch Scheuwerden der Pferde aus dem Wagen geschleudert und starb zwei Tage später an den Folgen der Verletzungen. Eine reichbegabte seltene Natur, gehörte Utzschneider für sich allein nur Bayern, im Bunde mit Reichenbach und Fraunhofer aber der ganzen Welt an. *Bauernfeind: Josef von Utzschneider und seine Leistungen auf staats- und volkswirtschaftlichem Gebiet (München 1880); Kunst- u. Gewerbeblatt (1840) S. 137; ADB 39 (1895) S. 420.* Ca.

V

VAUCANSON, Jacques de, geb. 24. Febr. 1709 zu Grenoble, gest. 21. Nov. 1782 zu Paris. Er zeigte schon sehr früh Veranlagung zum Erfinder und zum Konstrukteur. Aus seiner Jugend ist der Bau einer Uhr und die Anlage einer Wasserversorgung für seine Vaterstadt bekannt. Im Jahre 1735 begab er sich nach Paris und studierte dort Anatomie, Musik und Mechanik. Allerlei Musikautomaten und Hilfsmittel für das Theater machten ihn bekannt, und seine Fähigkeiten veranlaßten den Kardinal Fleury, ihn 1741 zum Inspecteur des Manufactures de Soie zu ernennen. In dieser Stellung begann seine fruchtbarste Tätigkeit, und er schuf neben Vorrichtungen zum Zwirnen Maschinen zum Spulen, zum Herstellen von endlosen Ketten und zum Weben. Berühmt geworden ist seine Maschine zum Weben von Mustern, die unter Ausschaltung von jeglicher menschlichen Geschicklichkeit und Intelligenz arbeitete. Die Idee, die dem Bau dieser Maschine zugrunde lag, wurde später von Jacquard glücklich verwertet.

Seit 1746 war er Mitglied der Académie des Sciences; für die Sammlung dieser Gesellschaft ließ er Beschreibungen verschiedener der von ihm erfundenen Maschinen drucken. Unter seinen zahlreichen Maschinenbauten ist besonders hervorzuheben, daß er, wahrscheinlich als erster, das Fräsen anwendete. Ein Fräser, der von Vaucanson im Jahre 1785 hergestellt sein soll, befindet sich noch im Besitze der Brown & Sharpe Manufacturing Co. Seine Sammlung von Maschinen und Automaten wurde leider bei seinem Tode zerstreut, und nur wenige Stücke sind noch im Conservatoire des Arts et métiers in Paris erhalten. *Nouv. Biogr. 45 (1866) S. 1019; Nouv. Larousse.* De.

VEITH, Rudolf, geb. 1. Juni 1846 in Bobischau (Kreis Habelschwerdt), gest. 13. März 1917 in Berlin. Er besuchte bis 1865 das Mathiasgymnasium in Breslau und arbeitete dann ein Jahr lang als Maschinenbau- und Hütteneleve in Malapane, um seine Vorbildung auf der Provinzialgewerbeschule in Schweidnitz zu beenden. Während des Krieges 1870/71 genügte er seiner Militärdienstpflicht bei der Kriegsmarine und lernte den Betrieb von Schiffsmaschinenanlagen an Bord S.M.S. „Friedrich Carl" aus eigener Anschauung kennen. Nach dem Kriege bezog er 1871 bis 1874 die Kgl. Gewerbeakademie in Berlin. Hier beschäftigte er sich besonders mit dem Schiffsmaschinenbau. Nach abgelegter Prüfung trat er 1874 in die Maschinenfabrik von Egells ein, wo er in der Abteilung für Schiffsmaschinenbau beschäftigt wurde. Bereits 1875 trat Veith in den Dienst der Kaiserlichen Marine über und war nacheinander bei der Werft Wilhelmshaven, bei der Werft Danzig, dann als Baubeaufsichtigender bei der Schichauwerft in Elbing und seit 1890 bei der Kaiserlichen Werft Kiel tätig. Auf Grund seiner bei Schichau gewonnenen Erfahrungen im Bau von Torpedobooten wurde er 1891 dem Torpedoressort zugeteilt und 1898 zum Leiter der Konstruktionsabteilung bei der Torpedoinspektion ernannt. Seine erste Tat war die Einführung der Wasserrohrkessel. Er hatte selbst in England die maßgebenden Kesselfabriken, besonders die Thornykroft-Werft besichtigt und entschied sich auf Grund der hier gesammelten Erfahrungen für Einführung der engrohrigen sog. Marinewasserrohrkessels, den er selbst entwarf. — Als mit Beginn des neuen Jahrhunderts die Entwicklung der Dampfturbinen einsetzte, erkannte Veith sofort ihre Überlegenheit gegenüber den Kolbenmaschinen für den Antrieb von Kriegsschiffen und setzte alle Mittel in Bewegung, um sie zunächst für Torpedoboote nutzbar zu machen. 1905 gelang es ihm, das erste deutsche Turbinenboot S 125 für die Marine bereitzustellen, welches allen anderen damals im Dienst befindlichen Booten in Deutschland wie im Ausland an Schnelligkeit überlegen war. In dieser Zeit fanden unter seiner Leitung die ersten Versuche für die deutschen Unterseeboote statt. Er nahm persönlich an den Tauchfahrten mit dem ersten von der Germaniawerft gebauten Boot teil. 1906 wurde er nach Berlin in das Reichsmarineamt berufen und hier an die Spitze der gesamten Maschinenbautechnik der Marine gestellt. Seine Erfahrungen im Dampfturbinenbau machte er nun auch für die Linienschiffe und Kreuzer nutzbar und erreichte es, daß sämtliche neu gebauten Linienschiffe, kleinen und großen Kreuzer einheitlich mit Turbinen und engrohrigen Wasserrohrkesseln ausgestattet wurden. Nach Lösung dieser Aufgabe wandte er sich neuen Arbeiten zu. Die Einführung der Ölfeuerung, später auch der Zusatzölfeuerung, geht auf ihn zurück. Die konstruktive Entwicklung der Schiffsölmaschine ist ebenfalls großenteils seiner Tatkraft zu danken.

In Anerkennung seiner Dienste um den deutschen Schiffbau verlieh ihm der Verein deutscher Ingenieure 1915 die Grashof-Denkmünze, seine höchste Auszeichnung. „Veith verstand es," hieß es bei Überreichung der Denkmünze, „die Zwangsjacke des Staatsdienstes zu sprengen und dem Fortschritt, wie er sich in der Industrie verkörpert, zu folgen und ihn sich dienstbar zu machen." Im Jahre 1913 mußte er sich einer schweren Operation unterziehen, von der er niemals ganz wieder hergestellt wurde. Trotzdem hat er noch 4 Jahre lang die Anstrengungen seines Dienstes auf sich genommen. *Z 61 (1917) S. 445; Jb. Schiffb. 19 (1918) S. 116.* Hä.

VON VELSEN, Gustav, geb. 11. Dez. 1847 zu Unna, gest. 13. Sept. 1923 zu Berlin-Zehlendorf, in einer langen Reihe von Jahren als Leiter der preußischen Berg-, Hütten- und Salinenverwaltung von ausschlaggebender und entscheidender Bedeutung für diese.

Von Velsen trat im Jahre 1870 als Bergeleve in den preußischen Staatsbergdienst ein, wurde, nachdem er am Kriege 1870/71 mit Auszeichnung teilgenommen, 1872 Bergreferendar und 1874 Bergassessor. Als solcher zunächst Hilfsarbeiter bei der Berginspektion zu Zabrze, dann beim Oberbergamt zu Bonn, wurde er nach Rückkehr von einer längeren Studienreise durch Nordamerika, Indien, China und Japan mit der Leitung der größten Grube Oberschlesiens, der Königin-Luise-Grube, betraut, der er als Bergwerksdirektor und Direktor der Berginspektion zu Zabrze, später als Bergrat und Oberbergrat, 12 Jahre lang in besonders segensreicher Tätigkeit vorstand. In dieser Zeit (1884) war es auch, daß er bei einem Grubenunglück auf der Deutschlandgrube unter Einsetzung seines eigenen Lebens sich an der Rettung mehrerer Bergleute beteiligte und dafür die Rettungsmedaille am Bande erhielt.

Weiter auf der Stufenleiter der Ämter steigend, wurde er 1891 Vorsitzender der Bergwerksdirektion zu Saarbrücken und Geheimer Bergrat, 1896 Berghauptmann und Direktor des Oberbergamtes zu Halle und trat dann 1900 als Oberberghauptmann und Ministerialdirektor im Ministerium für Handel und Gewerbe an die Spitze der preußischen Bergverwaltung. 1910 wurde er hier durch die Verleihung des Charakters als Wirklicher Geheimer Rat mit dem Prädikat

Exzellenz ausgezeichnet und trat am 1. Oktober 1917 nach 17jähriger ergebnisreicher Amtsführung in den Ruhestand, den er bis zu seinem Tode in Berlin-Zehlendorf verlebte.

Die Bedeutung von Velsens liegt hauptsächlich auf dem Gebiete des Staatsbergbaues, den er nach jeder Richtung hin zu entwickeln und zu mehren trachtete. So war er es, der als Berghauptmann in Halle den staatlichen Kalisalzbergbau bei Bleicherode in das Leben rief, um dann als Oberberghauptmann für die Erwerbung niederrheinisch-westfälischer Steinkohlenfelder für den preußischen Staat einzutreten und rastlos zu wirken. Im Jahre 1902 wurden die wertvollen Grubenfelder im Vest Recklinghausen erworben, wo die staatlichen Steinkohlenbergwerke zu Gladbeck, Buer, Waltrop und Zweckel errichtet wurden und Zeugnis von dem Streben und Schaffen von Velsens ablegen. Später erfolgte der Erwerb des Kaliwerkes Vienenburg und dann nach zäher Überwindung zahlreicher Schwierigkeiten der der Bergwerkgesellschaft Hibernia zu Herne.

von Velsens Verdienste sind durch zahlreiche Auszeichnungen anerkannt worden, mehrere Schächte und Gruben tragen seinen Namen So.

VERMUYDEN, Cornelius, Sir, geb. um 1595 in St. Maartensdyk auf der Insel Tholen (Seeland), gest. 6. April 1683 in London. Geburts- und Sterbedaten sind nicht mit voller Sicherheit festzustellen, wie überhaupt über den Ingenieur Vermuyden die Meinungen auch heute noch auseinandergehen. Sein Geburtsort bot ihm gute Gelegenheit, die Grundsätze der Entwässerungs- und Deicharbeiten kennen zu lernen. Die erste Nachricht über seine Tätigkeit in England rührt vom Jahre 1621 her. Im September des gleichen Jahres war die Themse über ihre Ufer getreten und hatte die Dämme durchbrochen. Vermuyden wurde zur Wiederinstandsetzung hinzugezogen. Ein Jahr darauf erklärte er seine Arbeit für vollendet und beanspruchte als Gebühr 3600 Pfund. Die Abnahmekommission erhob jedoch Einspruch und setzte auseinander, daß er nur wenig geleistet hätte und sperrte ihm sein Geld. Im Juli 1625 übergab ihm aber der König von England als Entschädigung einen großen Teil des von ihm geretteten Landes. Um die gleiche Zeit hatte er einen neuen Auftrag übernommen, 145 000 ha Marschland in Northampton, Lincoln und Cambridge zu entwässern, von denen er und seine Mitarbeiter im ganzen 28 000 ha bei Gelingen der Aufgabe erhalten sollten. Im Jahre 1626 übernahm es Vermuyden auch noch, Hatfield Chase auf der Insel Axholme zu entwässern. Die Arbeitskräfte wurden aus Holland herangezogen. Die Einwohner der betreffenden Gegenden, die bis dahin vom Fisch- und Wildfang in den Marschländern gelebt hatten, bereiteten ihm große Schwierigkeiten, der Widerstand gegen die ausländischen Arbeitskräfte war groß, diese selbst waren unzufrieden, da sie nicht ihren eigenen Gottesdienst hatten. Obendrein hatte Vermuyden Schwierigkeiten mit seinen Teilhabern und mit der Öffentlichkeit, die an seinem Können zweifelten, so daß er schließlich von dem großen Unternehmen zurücktrat und Hatfield Chase verkaufte. Indessen wurde er im Jahre 1628 oder 1629 geadelt.

Trotz dieser Enttäuschung beschäftigte sich Vermuyden nach wie vor mit ähnlichen Arbeiten. Um 1629 war er mit der Entwässerung großer Strecken in Worcestershire beschäftigt, auch erhielt er den Auftrag, die „Great Fens" urbar zu machen. Bei allen diesen Arbeiten hatte er die gleichen Schwierigkeiten zu bestehen, so daß schließlich Francis Russell, dem vierten Earl of Bedford, die Aufsicht über die Arbeiten gegeben wurde; Russell ernannte aber Vermuyden wieder zu seinem ausführenden Ingenieur, der die Arbeit im Jahre 1637 als beendet erklärte. Aber auch diesmal soll das noch nicht der Fall gewesen sein; es erfolgten heftige Angriffe gegen die Arbeitsweise Vermuydens; auch neuere Fachwissenschaftler haben seine Verfahren als abwegig erklärt, bis schließlich Charles I. die Sache in seine Hände nahm. Als Ergebnis der Untersuchung setzte König Charles Vermuyden wieder auf seinen Posten. Der Ausbruch des Bürgerkrieges bereitete den begonnenen Arbeiten aber ein plötzliches Ende; nach Beendigung des Krieges wurden sie von dem Sohn von Russell fortgeführt. Vermuyden war wieder Leiter des Unternehmens und fing im Jahre 1649 die Arbeiten an, die 1652 fertig waren. Er blieb bis zum Jahre 1655/56 noch in den Diensten von Russell; um diese Zeit wurde eine Abrechnung von ihm über die ihm zur Ausführung seiner Arbeiten übergebenen Gelder verlangt; als er diese Abrechnung nicht zu leisten imstande war, wurden ihm sämtliche ihm gehörenden Ländereien zur Tilgung seiner Schulden eingezogen.

Politisch hatte sich Vermuyden im Sinne eines Bundes zwischen England und Holland betätigt, aber auch hier keinen Erfolg erzielt. Nach dem Fehlschlagen aller dieser Arbeiten und seiner Pläne versank Vermuyden in Vergessenheit und Not, in der er bis zu seinem Tode blieb, den einzelne Geschichtschreiber in das Jahr 1655 oder 1656 verlegen, andere dagegen auf den 6. April 1683. *Nat. Biogr. 58 (1898) S. 256.* Wi.

VICAT, Louis Joseph, geb. 31. März 1786 in Nevers, gest. 10. April 1861 in Grenoble, war der Sohn eines Unteroffiziers. Bis zu seinem 16. Lebensjahr besuchte er die Zentralschule zu Grenoble. Er wanderte dann nach Toulon, um als Freiwilliger bei der Marine einzutreten; abschreckende Erzählungen eines Steuermannes über den von ihm erwählten Beruf veranlaßten Vicat, diesen Plan aufzugeben. Der Präfekt seines Heimatortes wurde durch Zufall auf seine Begabung für Mathematik und Physik aufmerksam und bestimmte ihn zu dem Besuch der École Polytechnique in Paris, von wo er 1806 auf die École des Ponts et Chaussées überging. Nachdem er in Italien und in Paris zu Vorarbeiten und Wasserbauten herangezogen war, erhielt er 1808 eine Stelle als Ingenieuraspirant beim Bau des Kanals von Dormida im Département Montenothe. 1809 als Ingenieur 2. Klasse nach Périgueux versetzt, geriet er mit seinem Vorgesetzten wegen der nach seiner Berechnung falschen Linienführung der Straße und des Brückenprojektes über die Dronne in Meinungsverschiedenheiten und ergriff deshalb die sich ihm bietende Gelegenheit, für den Bau der steinernen Brücke über die Dordogne nach Souillac überzusiedeln. Die geschickte Lösung dieser Aufgabe — die Dordogne hat bei Hochwasser eine besonders starke Stromgeschwindigkeit und wühlt das Flußbett bis auf den Felsen auf — trug Vicat große Anerkennung ein. In dieser Zeit befaßte er sich gleichfalls sehr erfolgreich mit eingehenden Arbeiten über die natürlichen und künstlichen Wasserkalke. Er wurde mit der Untersuchung und Herstellung der für die Kanalbauten in der Bretagne notwendigen Kalke beauftragt; diese Tätigkeit führte zu der Gründung der Fabrik für hydraulische Kalke in Doué. Vicat wurde 1827 zum Ingenieur en Chef 1. Klasse befördert und mit dem Bau einer Drahtseilbrücke über die Dordogne bei Argentat betraut; 1830 veröffentlichte er eine Beschreibung dieser Konstruktion. Nach jahrelanger Beschäftigung auf dem Gebiete der chemischen und geologischen Untersuchungen erhielt er den Auftrag, alle bestehenden Kalksteinbrüche Frankreichs wissenschaftlich zu durchforschen. Er verhalf durch den Nachweis zahlreicher Fundstätten von hydraulischen Kalken der gesamten Kalkindustrie zu einer lebhaften Entwicklung. Aus dieser Zeit stammen verschiedene Veröffentlichungen, z. T. Neubearbeitungen einiger schon 1818 herausgegebener Werke, wie „Recherches expérimentales sur les chaux de construction, les bétons et les mortiers ordinaires", ferner 1833 ein Sonderdruck aus den Annales des Ponts et Chaussées eine Abhandlung über die Kräftewirkungen bei Festigkeitsversuchen, wobei Zugkräfte, Druckkräfte und Querkräfte unterschieden sind. Mit „Recherches sur les calcaires argileux incomplètement cuit et sur les chaux-limites" betrat Vicat das Gebiet der Zemente, mit dem er sich auch weiterhin in verschiedenen Schriften noch eingehend befaßte. Frankreich ehrte die bedeutenden Leistungen Vicats durch mannigfache Auszeichnungen. *Gesch. Zem. S. 78, 131, 170* Ca.

VIGNOLES, Charles Blacker, geb. 31. Mai 1793 in Woodbrook (Wexford), gest. 17. Nov. 1875 in Hythe (Hampshire). Sein Vater, ein Abkömmling der Hugenotten, war ein höherer Offizier im Monmouthshire-Regiment. Er starb in den Kämpfen auf Westindien; seine Frau folgte ihm eine Woche später in den Tod, und der damals erst 18 Monate alte Charles Blacker geriet in französische Gefangenschaft, von wo er vom Regiment seines Vaters ausgelöst werden mußte. Bereits zu dieser Zeit führte man ihn in den Listen des englischen 43. Regimentes unter Gewährung der halben Löhnung. Nach England zurückgekehrt, wurde er von seinem Großvater Charles Hutton erzogen, der ihn um 1807 zur Ausbildung auf sieben Jahre zu einem Rechtsanwalt gab. Schon nach drei Jahren verließ Vignoles aber diese Stellung und begann ein Studium in Sandhurst, von wo er schon nach kurzer Zeit zu seinem Regiment berufen wurde. Bis zum Jahre 1816 blieb er nun in militärischen Diensten, machte verschiedene Gefechte mit und kam auch nach Kanada. Vom Mai 1816 blieb er noch in loser Verbindung mit der Armee, bis er 1833 alle Verbindungen nach dieser Richtung hin löste. Während seiner Militärzeit war er von 1816 an mit Vermessungarbeiten in South Carolina (Ver. St. A.) und den angrenzenden Staaten beschäftigt. Als Folge dieser Arbeiten veröffentlichte er 1823 in New-York seine „Observations on the Floridas" mit einer Landkarte, die die beste je von diesem Land veröffentlichte war. Im Mai 1823 kehrte er nach Europa zurück und arbeitete 1825 eine Zeitlang bei der Firma Rennie an den Entwürfen für die geplante Eisenbahn nach Brighton; während dieser Zeit unternahm er auch Vermessungsarbeiten für die Liverpool- und Manchester-Eisenbahn. In Gemeinschaft mit John Ericsson ließ er sich im Sept. 1830 ein neues Verfahren patentieren, um mit der Eisenbahn große Steigungen zu befahren, indem er zwischen den beiden Fahrschienen eine dritte anbrachte, die von zwei durch die Lokomotive angetriebenen Rollen umfaßt wurde. Nachdem Vignoles sodann seine Arbeiten am Oxford-Kanal und einer Nebenlinie der Wigan-Eisenbahn (der späteren North Union-Eisenbahn) beendet hatte, wurde er im Jahre 1832 leitender Ingenieur der Dublin- und Kingston-Eisenbahn, der ersten irischen Linie, die am 17. Dez. 1834 der Öffentlichkeit übergeben wurde. Vignoles genoß um diese Zeit den Ruf, einer der führenden Ingenieure zu sein, und war dementsprechend an einer Reihe der wichtigsten Arbeiten dieser Zeit beteiligt. Zu diesen gehörten 1835 bis 1840 die Sheffield,- Ashton-under-Lyne- und die Manchester-Eisenbahn mit dem damals längsten Tunnel in England. Auch außerhalb Englands übte er seine beratende Tätigkeit als Eisenbahnfachmann aus, besonders in Deutschland und Frankreich. In Deutschland wurde er durch das von ihm im Jahre 1845 erstattete Gutachten über die württembergischen Eisenbahnen bekannt. Seine wohl berühmteste Arbeit war die Schaffung der nach ihm benannten Vignoles-Schiene, eine Art von Breitfußschiene. Die ersten Schienen dieser Art wurden in England unter der Aufsicht von Stevens gewalzt und für die am 9. Okt. 1832 eröffnete Cambden-Amboy-Bahn in Amerika verwendet. Im Jahre 1834 führte Vignoles das Profil dieser Stevensschiene in England ein; die von nun ab nach Vignoles benannten Schienen wurden auf Holzlangschwellen verlegt, denen Querschwellen zur Unterstützung dienten. Sie fanden aber in England nicht recht Eingang, da man dort stets die Doppelkopfschiene bevorzugt hatte.

Das Verdienst der Einführung der Vignoles-Schiene in Deutschland gebührt dem Erbauer der Bahn Leipzig-Dresden, Th. Kurz, und dessen Assistenten Köhler. Köhler sah auf einer Reise in Amerika diese Breitfußschienen und erkannte sofort ihre Vorzüge. Seitdem hat sich die unmittelbar auf den Querschwellen befestigte Vignoles-Schiene auf dem größten Teil des Festlandes und in Amerika eingebürgert.

Im Jahre 1841 erhielt Vignoles den ersten Lehrstuhl in England für Ingenieurwesen an der Universität, wo er seine Eröffnungsrede am 10. Nov. des gleichen Jahres hielt. In den Zeiten der Eisenbahnhochkonjunktur 1846 bis 1848 wurden von Vignoles eine Reihe Eisenbahnen gebaut. 1847 kam er nach St. Petersburg, wohin er in den nächsten fünf bis sechs Jahren des öfteren fuhr und wo er einen großen Mitarbeiterstab hatte. Seine wichtigste Arbeit in Rußland war der Bau der Hängebrücke bei Kiew über den Dnjepr, der damals größten Brücke dieser Art. 1853 bis 1855 baute er die erste Eisenbahn in der West-Schweiz. Die bereits 1854 begonnenen Vorarbeiten für die Bahia- und San Francisco-Eisenbahn in Brasilien wurden erst 1857 fortgesetzt und 1861 beendet. In Spanien baute er eine Eisenbahnlinie in Gemeinschaft mit Thomas Brassey und 1865 die wichtige Linie von Warschau nach Terespol. Von diesem Jahre an zog er sich vom Berufsleben zurück.

Charles Blacker Vignoles war Mitglied der bestehenden wissenschaftlichen Vereinigungen, an deren Arbeiten er regen Anteil nahm. Eine besondere Vorliebe hatte er für astronomische Fragen, an deren Lösung er beteiligt war. Um die Sonnenfinsternis vom 22. Dez. 1870 beobachten zu können, schloß er sich der Regierungsexpedition an, die mit ihrem Dampfer „Psyche" an der Küste von Sizilien Schiffbruch erlitt. *Nat. Biogr. 58 (1899) S. 309; Enz. Eisb. 10 S: 202.* Wi.

VILALRD aus Honnecourt, ein Techniker des 13. Jahrhunderts, verfaßte eine Handschrift, aus deren noch erhaltenen 33 Blättern die Kenntnis von der Existenz dieses Maschinenbauers stammt, eine Einzelerscheinung in seiner Zeit vor der Einführung des Schießpulvers. Die Handschrift mit Maschinenzeichnungen, eine der ältesten dieser Art, die uns erhalten ist, besitzt die Bibliothèque Nationale zu Paris. Unter den dargestellten mechanischen Einrichtungen befinden sich u. a. interessante Sägewerke, ein Hebezeug, bei dem die Last durch eine Mutter, die auf einer senkrechten Spindel läuft, gehoben wird, ein damals wohl unvermeidliches „perpetuum mobile" usw. Wir erfahren vom Verfasser, daß er viel gereist und auch einmal in Ungarn gewesen sei. Seine Tätigkeit als Baumeister läßt sich an der Notre-Dame-Kirche von Cambrai nach 1227 und an der Kathedrale zu Saint-Quentin bis 1257 nachweisen. Dem Dialekte nach in dem Villard schrieb, stammt er aus dem Honnecourt in der Picardie. In Deutschland hat zuerst in größerem Ausmaße Jähns den Kodex zu seiner „Geschichte der Kriegswissenschaften" benutzt. *Z. Öst. 58 (1906) S. 429; Beitr. 10 (1920) S 177.* Be

VILLEFOSSE, Antoine Maria Héron de, geb. 21. Juni 1774 in Paris, gest. 6. Juni 1852 in der Normandie, studierte Bergbaukunde und wurde 1801 Ingénieur des Mines. Zum Schutze des Harzer Bergwesens wurde er 1803 als technischer Kommissär dorthin geschickt. 1807 ernannte Napoleon ihn zum Generalinspektor aller Bergwerke zwischen der Weichsel und dem Rhein. Er siedelte 1809 nach Clausthal über und sammelte in dieser Stellung das Material für seine umfassende schriftstellerische Tätigkeit, die einen ganz hervorragenden geschichtlichen Wert besitzt. Schon 1808 hatte Villefosse eine Bergwerks- und Hüttenkarte des Harzes herausgegeben; über das Gebiet zwischen Rhein, Elbe und Erzgebirge veröffentlichte er 1815 ähnliche Karten. Viele Aufsätze erschienen im Journal und den Annales des Mines. Sein Hauptwerk über den Mineralreichtum entstand aus Studien über den Harz 1807 und einem Bericht über das Bergwerks- und Hüttenwesen des Königreiches Westfalen, zwei weitere Teile folgten 1809. Héron de Villefosses „Mineralreichtum" ist das erste größere Werk auf diesem Gebiet. Der dritte Teil enthält die erste vergleichende Industriestatistik, während im vierten die Grundsätze des Bergwerkeigentums, der Bergverwaltung und des Bergrechtes behandelt sind. Dieser erste Band enthält den ökonomischen, der zweite und dritte den technischen Teil des Werkes. Nach Napoleons Sturz wurde Villefosse Kabinettsekretär Ludwigs XVIII. und schließlich Generalinspektor I. Klasse und Vizepräsident des Conseil des Mines. Er nahm 1834 seinen Abschied und zog sich in die Normandie zurück, wo er, 87jährig, starb. *Gesch. Eis. 4 S. 19.* Ca.

VISCHER, Peter (der Ältere), geb. um 1465 in Nürnberg, gest. 7. Jan. 1529 ebenda. Peter Vischer ist wohl eigentlich das Haupt der berühmten Rotgießerfamilie der Vischer in Nürnberg zu nennen. Sein Vater, Hermann Vischer der Ältere, war in Nürnberg eingewandert und hatte dort 1453 das Bürger- und Meisterrecht erworben. Der Sohn ergriff gleich ihm das Erzgießerhandwerk und bestand 1489 die Meisterprüfung. Kurze Zeit betätigte er sich auf Veranlassung des Kurfürsten Philipp von der Pfalz in Heidelberg. Nach der Rückkehr in seine Vaterstadt begann sein Hauptlebenswerk in der eigenen Gießerei, das ihm, unterstützt von 5 Söhnen, seine kulturgeschichtliche und künstlerische Bedeutung für alle Zeiten sicherte. Über seine Lebensverhältnisse ist nur sehr wenig bekannt. Aus den Angaben Neudörfers erfahren wir, daß er „gegen Jedermänniglich freundlichen Gesprächs" gewesen sei und „im Gießen auch dermaßen berühmt, daß wenn ein Fürst herkam oder ein großer Potentat, er es selten unterließ, daß er ihn nicht in seiner Gießhütte besuchet". Fast alle Bildwerke Peter Vischers sind nicht, wie man annehmen sollte, Bronze-, sondern Messinggüsse. Bemerkenswert ist der große künstlerische Wandel, der sich im Laufe der Zeit an seinen Werken bemerkbar machte; während seine ersten großen Arbeiten ihn uns vollkommen als Vertreter des streng gotischen Stils erkennen lassen, offenbart er sich in seinen späteren Werken als begeisterter Anhänger der aus Italien stammenden Kunstrichtung, der Renaissance. Von seinen Werken sei hier nur als eines seiner berühmtesten, das prachtvolle Grabmal des heiligen Sebaldus in der Sebalduskirche in Nürnberg erwähnt, das mit seiner hochansteigenden Spitze an das Sakramenthäuschen des berühmten Steinmetzmeisters Adam Kraft in der Lorenzkirche erinnert; Vischer soll angeblich beabsichtigt haben, damit den Beweis zu erbringen, daß, was die Steinmetzen in ihrem Kunsthandwerk leisten, er auch in dem seinen vollbringen könne.

Unter seinen Söhnen zeichneten sich Hermann der Jüngere, Peter der Jüngere und Hans Vischer aus. Während die beiden ersten sich auch vornehmlich künstlerisch in der Werkstatt ihres Vaters betätigten, arbeitete Hans Vischer hauptsächlich als Techniker und überwachte das Gießen, Ziselieren und Montieren der großen Werke. Mit der Zeit gingen die Aufträge immer spärlicher ein, Hans Vischer, der alleinige Erbe der berühmten Gießhütte, sah sich schließlich genötigt, 1549 mit der Bitte an den Rat heranzutreten, ihm zu gestatten, auf einige Jahre nach Eichstädt überzusiedeln. Da der Rat ihm das Versprechen abnahm, außerhalb der Mauern Nürnbergs sein Erzgießerhandwerk nicht auszuführen, endete mit seinem Fortzug die große Zeit der Vischerschen Gießhütte, die in so hohem Maße zum Ruhm der deutschen Kunst beigetragen hat. *ADB 40 (1896) S. 17.* Ca.

VITRUVIUS (Pollio), geb. um 70 v. Chr. Wahrscheinlich ist Vitruvius in Forma, einer Stadt in der Campagna, geboren, die jetzt Mola di Gaeta heißt. Die Veroneser beanspruchen ihn jedoch ebenfalls als ihren Mitbürger und haben ihm zu Ehren ein Denkmal errichtet. Vitruv scheint eine gute Erziehung genossen zu haben. Daß er zum Zwecke der Erweiterung seiner Kenntnisse und Erfahrungen viel reiste, geht aus seinen Schriften hervor. Von den Entwürfen, die er für alle möglichen Anlagen und Gebäude machte, scheint nur einer ausgeführt worden zu sein, und zwar eine Basilika bei Famum Fortunae (jetzt Fano) in Umbria. In vorgeschrittenem Alter schrieb er sein Werk „De architectura", das 1486 zum ersten Male in Rom gedruckt wurde. In den zehn Büchern dieses wahrscheinlich dem Augustus gewidmeten Werkes gibt er in der Hauptsache griechische, zum Teil auch eigene römische Technik und behandelt neben Tempel-, Staats- und Privatbauten auch die Mechanik von Wasserwerken, Sonnenuhren, Maschinen usw. Er gibt nicht nur Beschreibungen der Anlagen, sondern auch Einzelheiten über die damals vorhandenen Instrumente und die Arten der Anwendung. Sein Stil in diesem Werk ist ungleich und oft schwer verständlich, um so mehr, als die zu den technischen Beschreibungen gehörigen Zeichnungen fehlen. Außer diesem Originalwerk ist noch ein aus späterer Zeit stammender Auszug, „Epitome Vitruvii", auf uns gekommen. Von diesen Werken sind inzwischen auch neuere Ausgaben in deutscher Sprache und auch in anderen Sprachen herausgegeben worden. So die „10 Bücher über Architektur", die von L. Prestel übersetzt und erläutert wurden und 1912 in Straßburg erschienen. *J. G. Schneider: Vitruvius (Leipzig 1801/07) 3 Bde.; Rose (2. Aufl., Leipzig 1899), hierzu ein „Index Vitruvianus" von Nohl (1876); Newc. Trans. 2 (1921/22) S. 45/51.; Bodo Ebhardt: Vitruv (Berlin-Grunewald 1919); „The Americana" Scientific American Compiling Dept. (New York 1906) 16.* Wi.

VOITH, Friedrich v., geb. 3. Juli 1840 in Heidenheim a. d. Brenz, gest. 17. Mai 1913 ebenda, war der Sohn des Mechanikers J. M. Voith. Er besuchte das Polytechnikum in Stuttgart und trat 1864 in das väterliche Geschäft, die Maschinenfabrik J. M. Voith zu Heidenheim, ein. Das kleine Werk, das damals nur 35 Arbeiter beschäftigte und dessen Haupttätigkeit in Ausbesserung und Neubau der Maschinen und Triebwerke für Webereien, Spinnereien, Papierfabriken usw. bestand, wurde von Friedrich Voith, der die Leitung bald vollständig übernahm, auf eine achtunggebietende Höhe gebracht. Heute beschäftigt das Werk über 3000 Arbeiter und Beamte. Die Haupterzeugungsgebiete waren zunächst Maschinen für Papierfabriken und Holzschleifereien, schließlich aber Wasserturbinen; letztere haben hauptsächlich den Weltruf der Firma begründet. 1900 wurde eine Versuchsanstalt für Turbinen und Regler errichtet; 1907 folgten zwei weitere große Laboratorien in Hermaringen a. d. Brenz für niedriges Gefälle und in der Brunnenmühle bei Heidenheim für hohes Gefälle. 1903 wurde eine zweite Fabrik in St. Pölten in Niederösterreich errichtet. Ein besonderer Markstein für die Entwicklung des Werkes ist die Lieferung der 11500 PS-Turbinen für die Niagarafälle. An diesen Auftrag schlossen sich zahlreiche aus allen Ländern der Welt. 1913 wurde Voith vom König von Württemberg der persönliche Adel verliehen. Im Alter von 72 Jahren ist Voith in Heidenheim, dem Ort seiner Geburt und seines späteren Wirkens, gestorben. *Z 57 (1913) S. 965.* Gs.

VOLTA, Alessandro, geb. 18. Febr. 1745 in Como, gest. 5. März 1827 daselbst. Volta entstammte einem vornehmen lombardischen Geschlecht, über das bis zum Jahre 1420 ein ausführlicher Stammbaum vorhanden ist. Sein Vater war Philippo Volta, seine Mutter Madalena, Gräfin Inzaghi. Sein Bruder Luigi, sehr begabt und tüchtig, war Erzdiakon an der Kathedrale in Como. Volta besuchte die Königliche Schule und Universität seines Heimatortes und studierte Naturwissenschaften. Schon in der Jugendzeit hatte er sich mit den bis dahin bekannten elektrischen Erscheinungen beschäftigt und wandte sich, als er nach Beendigung seiner Studien im Jahre 1774 Professor der Physik in Como geworden war, mit größtem Eifer der weiteren Durchforschung dieses Gebietes zu. Im Jahre 1776 entdeckte er das Elektrophor, das angeblich allerdings Wilke 1762 auch schon in Vorschlag gebracht hatte. 1777 erfand er die elektrische Pistole, mit welcher er „entflammbare Luft" mit dem elektrischen Funken entzündete. Im gleichen Jahre baute er die Wasserstofflampe und das Eudiometer für die Untersuchung von Gasen. Im Jahre 1779 wurde Volta zum Professor der Physik an die Universität Pavia berufen, wo er 1782 das Elektroskop und den Kondensator erfand, wodurch es möglich wurde, sehr geringe Mengen der Elektrizität, die sich sonst nicht feststellen ließen, zu beobachten. Im Jahre

1788 veröffentlichte Volta eine Untersuchung über die Elektrizität des Wasserdampfes. Um Gedankenaustausch mit fremden Gelehrten zu pflegen, machte Volta mehrfach große Reisen ins Ausland, besuchte im Jahre 1782 Frankreich, Deutschland, Holland und England. Bei dieser Gelegenheit wurde Volta Mitglied verschiedener berühmter Gesellschaften, insbesondere auch der Akademien der Wissenschaften in Berlin und in London. Inzwischen hatte Galvani bereits im Jahre 1780 seine Beobachtungen an den zuckenden Froschschenkeln gemacht, worüber er indessen erst 1791 seine berühmt gewordene Veröffentlichung folgen ließ. Galvanis Theorie für die Erklärung seiner Beobachtungen ging dahin, daß bei Berührung der Froschschenkel Entladungen, wie bei der Leidener Flasche, einträten, während Volta die Erscheinung auf die bloße Berührung der Metalle miteinander zurückführte. Im Jahre 1793 veröffentlichte Volta die erste Zusammenstellung einer Spannungsreihe und am 20. März 1800 teilte Volta in einem Briefe an Bansk (Philos. trans. 1800, II, 405—431 der Königlich-Englischen Gesellschaft) die Herstellung der nach ihm benannten Säule, mit, durch welche, wie Volta sich ausdrückt, es möglich wurde, Schläge, die der Entladung einer Leidener Flasche ähnlich sind, aber unaufhörlich wirken, zu erzeugen. Volta beschreibt in dieser Mitteilung eingehend die Herstellung seines Apparates, den er entweder so baute, daß Metallplatten verschiedener Art in Säulenform, voneinander durch Filzplatten getrennt, aufgestapelt wurden, oder daß eine „Tassenkrone", wie er es nannte, gebildet wurde, bei welcher sich verschiedene Metalle, leitend miteinander verbunden, in Gläsern, die mit Flüssigkeit gefüllt waren, befanden. Den Grund für die Wirksamkeit seiner Säule glaubte Volta ausschließlich in der Berührung der verschiedenen Metalle zu erkennen, während er die für die Strombildung wesentlichen chemischen Vorgänge zunächst übersah, ja später diesen jede Bedeutung für das Arbeiten der Säule absprach; demgegenüber gab als erster der junge deutsche Forscher Ritter eine zutreffende Erklärung, ohne indessen Voltas Zustimmung zu finden. Voltas Veröffentlichungen erregten in der ganzen wissenschaftlichen Welt ungeheures Aufsehen und veranlaßten zahllose Physiker jener Tage, sich mit diesem Gebiete eingehend zu beschäftigen. Volta selbst wurde durch diese Arbeiten zu einem der bedeutendsten Physiker, der von seinen Zeitgenossen mit Ehrungen aller Art überhäuft wurde. Bei einem Vortrage, zu dem ihn die Akademie der Wissenschaften nach Paris geladen hatte, war auch Napoleon, damals als erster Konsul, anwesend, der ihm eine besondere goldene Medaille überreichen ließ. Im Jahre 1804 legte Volta sein Lehramt nieder; 1810 wurde er auf Veranlassung Napoleons in den Grafenstand erhoben und zum Senator des Königreiches von Italien, 1814 zum Direktor der physikalischen und mathematischen Wissenschaften an der Universität Pavia ernannt. Seine letzten Tage verlebte Volta in seinem Heimatsort Como, wo er an einem Schlaganfall unerwartet im Alter von etwas über 82 Jahren starb. Eine ausführliche Beschreibung des Lebens Voltas wurde 1829 in Como veröffentlicht unter dem Titel: „Della Vita del Conte Alessandro Volta", ferner von Zanino Volta: Alessandro Volta, Mailand 1875 und 1879: Alessandro Volta a Parigi, sowie: Porlezza Vita di Alessandro Volta, Como 1897. Sehr eingehend beschäftigte sich mit Voltas wissenschaftlichen Veröffentlichungen Ostwald in „Elektrochemie, ihre Geschichte und Lehre", Leipzig 1896. Joh. Bosscha veröffentlichte: „La Correspondance de A. Volta et M. van Marum" Leyde — A. W. Sijthoff 1905. Im Jahre 1899 fand in Como zur Feier der hundert Jahre vorher geschehenen Entdeckung Voltas eine Elektrizitätsausstellung statt, zu welcher alle von Volta herrührenden Apparate und persönlichen Erinnerungsstücke herbeigeschafft waren. Ausführliche Berichte über alles, was sich aus dem Nachlasse Voltas zusammenfand, wurden, erläutert durch viele Abbildungen, erstattet in „Società Storica per la Provincia e Antica Diocesi di Como Raccolta Storica Volume Quarto"; dazu hat Righi eine ausführliche Besprechung über Volta und sein Element gegeben. Die Ausstellung mit samt den Erinnerungsstücken wurde zum größten Teil ein Raub der Flammen. Bn.

VOPELIUS, Richard v., geb. 19. Okt. 1843 zu Sulzbach (Saar), gest. 16. Aug. 1911 in St. Blasien, studierte in den Jahren 1861/64 in Karlsruhe, Heidelberg und Bonn und trat dann nach Studienreisen in England und Frankreich 1867 in die von seinem Bruder Ed. Vopelius 1865 gegründete Tafelglashütte ein. Mit welchem Ernst und Erfolg er sich auf diesem Tätigkeitsgebiet bewährte, zeigt die Tatsache, daß er zum Vorsitzenden des Verbandes der Glasindustriellen Deutschlands und der Glasberufsgenossenschaft gewählt wurde. Eine besondere Bedeutung für die deutsche Industrie hatte seine Mitarbeit an dem vom Reichsamt des Innern eingesetzten Ausschuß für die Vorbereitung und Begutachtung handelspolitischer Maßnahmen. Vopelius war ein überzeugter Verfechter der gleichmäßigen Berücksichtigung und Pflege aller Faktoren, des Wirtschaftslebens, und in diesem Sinne hat er sich besonders bei der Gestaltung des deutschen Zolltarifs und der Handelsverträge eingesetzt. Dem Zentralverband deutscher Industrieller gehörte er von 1882 an, von 1904 bis 1909 bekleidete er dort das Amt des ersten Vorsitzenden. Er war ein Mann der Arbeit und der Hingabe an die Interessen der Allgemeinheit. *Die Glashütte 41 (1911) S. 757; Mitt. d. Familie.* Mch.

W

WATT, James, geb. 19. Jan. 1736 in Greenock am Clyde, gest. 19. Aug. 1819 in Heathfield bei Birmingham. Unter den großen Baumeistern am Riesenbau der neuzeitigen Technik verdient der geniale Schotte, an erster Stelle genannt zu werden. Als Ergebnis seiner Lebensarbeit entstand die Dampfmaschine, die wie selten eine menschliche Tat von Grund aus umgestaltend auf die menschliche Arbeit eingewirkt hat.

Watts Vater war Zimmermann und Schiffbauer. In der Werkstatt des Vaters erwarb er sich schon als Knabe große Handfertigkeit und Sicherheit in der Benutzung der Werkzeuge. Zuerst in Glasgow, später in London erlernte er den Beruf eines Feinmechanikers so weit, daß er, zwanzigjährig, daran denken konnte, sich in Glasgow niederzulassen. Da er nach den Zunftgesetzen in der Stadt sein Gewerbe als nicht zünftig Ausgebildeter und Ortsfremder nicht betreiben durfte, gewährte die Universität ihm Schutz und Unterkunft und Arbeitsmöglichkeit. Hier war es, wo 1759 zuerst das Problem „Dampfmaschine" in seinen Gedankenkreis trat und ihn seither so fest packte, daß er 1765 einem Freunde schrieb: „Alle meine Gedanken sind auf die Maschine gerichtet, ich kann an nichts anderes mehr denken."

Von der Fragestellung ging Watt planmäßig den Königsweg des Versuches; mit denkbar einfachsten Mitteln zwang er die Natur zur Antwort und leitete in logischer Folgerung aus diesen Versuchsergebnissen die technischen Lösungen seiner Aufgabe ab. Der vom Arbeitszylinder getrennte Kondensator war erfunden, und mit ihm wurde aus der unbeholfenen Newcomenschen atmosphärischen Feuermaschine die Dampfmaschine, die Beherrscherin der mechanischen Welt. Die ersten Versuche, eine brauchbare Dampfmaschine nach seiner Idee herzustellen, schlugen zwar fehl. Nicht an der Idee lag es, sondern lediglich an der Ausführung. Watt selbst war Feinmechaniker, sein erster und einziger Gehilfe ein alter Klempner; andere Werkzeuge, als in diesen beiden Berufsarten damals gebraucht wurden, standen nicht zur Verfügung. 1769 wurde Watt das denkwürdige Patent auf seine Dampfmaschine erteilt, das die Grundlagen der Fabrikation bildete.

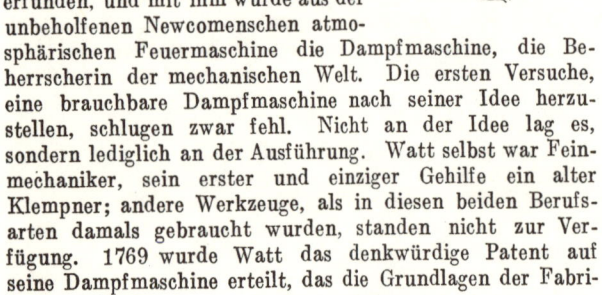

Was er im Beruf verdiente, verschlang die Maschine. Jahrelang mußte er durch Übernahme von Landmesserarbeiten an Kanalbauten versuchen, sein und der Seinen Leben zu fristen. Ein gutes Schicksal führte ihn mit Matthew Boulton zusammen, einem hervorragenden Techniker und erfolgreichen Unternehmer. Dieser erkannte die ungeheuren Entwicklungsmöglichkeiten der Wattschen Erfindung, und mit unvergleichlicher Tatkraft widmete er sich der Aufgabe, die Dampfmaschine in großem Stile in die Praxis einzuführen. In Soho bei Birmingham entsteht die erste Dampfmaschinenfabrik der Welt. Jahrzehntelang war es die Sehnsucht jedes Ingenieurs in Deutschland, Frankreich und Amerika, hier an der Quelle die neue geheimnisvolle, allen nur denkbaren Arbeitsmaschinen Leben spendende Kraftmaschine studieren zu können.

Boulton mußte noch mit vielen Jahren schwerster Sorge den endlichen Erfolg vorausbezahlen. Was seine anderen Fabriken verdienten, fraß die Dampfmaschine. Etwa 800 000 M., eine für damalige Verhältnisse riesige Summe, verschlang das Werk, bevor man ans Verdienen denken konnte. Watt, fast sein Leben lang ein kranker Mann, litt körperlich und seelisch schwer in diesen sorgenvollen Entwicklungsjahren seiner Erfindung. Eine sensible Gelehrtennatur, mit der schöpferischen Freude am Erfinden und Gestalten, hatte er eine starke Abneigung gegen alles, was Geschäft hieß. Jede neue Erfindung brachte neue Sorgen, und so ist es zu verstehen, wie der große Erfinder schließlich gegen neue Aufgaben sich angstvoll wehrte. Die Dampfmaschine war als Wasserhaltungsmaschine entwickelt worden. Boulton wollte sie als Betriebsmaschine angewendet sehen. Schweren Herzens entschloß sich Watt, auch an diese Aufgabe heranzutreten. Für die Umwandlung der hin- und hergehenden in drehende Bewegung enthielt Watts Patent von 1781 nicht weniger als fünf verschiedene Lösungen; die bekannteste hiervon ist das „Sonnen- und Planetenradgetriebe" geworden. 1782 kam die erste Maschine mit Drehbewegung auf dem Bradley-Eisenhammer John Wilkinsons in Betrieb. 1783 folgte eine Fördermaschine, 1784 eine Ölmühle. Inzwischen hatte die Wasserhaltungsmaschine ihren Siegeslauf durch Europa angetreten. 1783 waren alle Wasserhaltungsmaschinen in Cornwall bis auf eine durch Wattsche Dampfniederdruckmaschinen ersetzt. Wattsche Maschinen ersparten $3/4$ der Kohlen auch guter atmosphärischer Maschinen.

Sobald der Erfolg der Maschine deutlich vor aller Augen stand, begannen auch die Angriffe auf das Patent. Jahrelange schwerste Kämpfe begannen, die in London vor dem Parlament auszufechten waren und schließlich mit dem Siege Watts endeten. Das letzte Jahrzehnt des achtzehnten Jahrhunderts brachte dann auch den materiellen Erfolg. Mit dem Jahrhundert lief das Patent und damit der Arbeitsvertrag mit Boulton ab. Watt sehnte sich nach Ruhe, und nicht einen Tag länger blieb er in Soho. Sein Sohn wurde sein Nachfolger und führte mit Boulton die Fabrik weiter. Er selbst aber zog sich in die Nähe auf ein von ihm erworbenes bescheidenes Landgut in Heathfield zurück, um seinen Neigungen zu leben. Regen Geistes verfolgte er noch fast 20 Jahre lang von hier aus die Entwicklung der Technik und Wissenschaft und pflegte eifrigen Verkehr mit gelehrten Freunden. Als Kind in der Werkstatt aufgewachsen, konnte er auch als Greis nicht ohne Werkstatt leben. Seine Drehbank, sein Zeichentisch, alle seine Werkzeuge und Arbeitsgeräte stehen heute noch unberührt, so wie sie Watt vor 100 Jahren verlassen hat. Leider geht gerade jetzt durch die Zeitungen die Nachricht, daß die Arbeitsstätte Watts industriellen Neubauten zum Opfer fallen soll. Jedes Jahr einmal führte ihn sein Weg nach London, oft nach seiner schottischen Heimat. Überall fand er begeisterte Freunde aus allen Gebieten menschlicher Tätigkeit, die in ihm, wie Walter Scott als selbst erlebten Eindruck von einem seiner Besuche in Glasgow erzählt, den vielseitig gebildeten großen Gelehrten, Forscher und Erfinder bewunderten, ihn zugleich aber liebten ob seiner bescheidenen menschlichen Größe, die in seiner Hilfsbereitschaft gegen alle, die ihn um Rat ersuchten, und in seiner großen menschlichen Güte zum Ausdruck kam. — Das englische Volk, in dem richtigen Gefühl für die Größe seines James Watt, gab dem großen

Ingenieur einen Platz in der Westminster-Abtei, mitten unter den großen Kriegshelden, Staatsmännern und Dichtern. *Entw. Dm. 1 S. 120, 339; Z 63 (1919) S. 783; Z 40 (1896) S. 973; Liv. Eng. 4. S. 218; Erf. u. Entd. S. 61.* C. M.

WEBB, Francis William, geb. 1835 in Staffordshire, gest. 4. Juni 1906 in Bournemouth, war der Sohn eines Geistlichen. 1856 trat er in den Werken von Crewe der London- und Nord-West-Bahn in die Lehre. Abgesehen von einer kurzen Unterbrechung blieb er während seines ganzen Lebens im Dienste dieser Eisenbahngesellschaft, bei der er bis zur Stellung des ersten Maschineningenieurs aufrückte. Als solcher führte er eine Menge Verbesserungen in den Stahlwerken und Gießereien der Bahn ein. Eine sinnreiche Einrichtung für das Gießen von Rädern, eiserne Schwellen und eine große Menge von Erfindungen mannigfacher Art sind die Gegenstände seiner Patente. Für die Einführung des Flußeisens im Kesselbau setzte er sich mit großer Beharrlichkeit ein. Besondere Verdienste erwarb er sich um die Einführung der Verbundlokomotive. Die erste Lokomotive dieser Art war 1881 eine Dreizylinder-Verbundmaschine mit einer Laufachse und zwei Triebachsen. Zwei außenliegende Hochdruckzylinder trieben die hintere Treibachse, während der unter der Rauchkammer liegende Niederdruckzylinder mit der vorderen Treibachse verbunden war. Eine Anfahrvorrichtung war nicht vorhanden. Diese Bauart bewährte sich nicht sehr, so daß Webb später zur Vierzylinderbauart überging. Neben seiner fachlichen Tätigkeit war Webb auch in der Selbstverwaltung seiner Heimat tätig, in der er zwei Jahre den Rang eines Mayor von Crewe innehatte. In einer Reihe von industriellen und technischen Vereinigungen bekleidete er bis an sein Lebensende leitende Posten und stellte so seine Tatkraft und Willensstärke in den Dienst der Allgemeinheit. *Z 50 (1906) S. 1165.* Gn.

WEBER, Max Maria v., geb. 25. April 1822 in Dresden, gest. 18. April 1881 zu Dresden. „Erziehet ganze Menschen, die an allgemeiner Bildung und Lebensform auf der Höhe des Völkerlebens und der zivilisierten Gesellschaft stehen und macht aus diesen dann Techniker — das ist das ganze Geheimnis und die alleinige Lösung des Problems!" Diese aufrüttelnden, kraftvollen Worte verdanken wir Max Maria v. Weber, dem Dichteringenieur, aber auch dem Vorkämpfer für die Anerkennung des deutschen Ingenieurs. Wie Max Eyth hat Weber es verstanden, aus einer erfolgreichen Berufsarbeit den Stoff für seine Muse zu ziehen, Arbeit und Kunst, Technik und Poesie zu vereinigen, die Welt der technischen Arbeit im glänzenden Gewande der Dichtkunst darzustellen, und dadurch ihr einen Pfad zu Sinn und Herz der Menschheit zu bereiten. Durch alle seine Schriften geht auch das Bemühen, den Ingenieur auf seinem vergessenen Posten im Staatsgetriebe aufzurütteln und ihm und den übrigen Menschen zu zeigen, wie unbedingt notwendig seine Mitwirkung an der Leitung unseres Staats- und Wirtschaftslebens ist. — Max Maria v. Weber war der Sohn des großen Komponisten Carl Maria v. Weber, dessen Frohnatur und Kunstverständnis, wenn auch auf anderem Gebiet, er als bestes Erbgut erhielt. In Dresden empfing er seine erste Ausbildung und besuchte daselbst das Technische Institut, die heutige Technische Hochschule. Nach weiterem Studium an der Universität Berlin arbeitete er praktisch bei Borsig, machte dann eine größere Studienreise ins Ausland und trat 1845 in den sächsischen Eisenbahndienst. Hier hat er eine reiche Tätigkeit entfaltet, dem kräftig aufblühenden Eisenbahnwesen ein eifriger Helfer und Lehrer, seinen Beamten ein sorgender Vater, der sich all ihrer Nöte mit Aufopferung annahm. Schwierigkeiten, die man dem rastlos vorwärts drängenden Manne vom grünen Tisch aus in den Weg legte, veranlaßten ihn, 1870 in österreichische Staatsdienste zu treten, aber auch hier stieß der gerade unbestechliche Mann auf Widerstand, so daß er schon nach 5 Jahren den österreichischen Dienst verließ. Der preußische Handelsminister bot ihm eine Referentenstelle in seinem Ministerium an, in der er die Vorarbeiten für die beabsichtigten großen Wasserstraßen in Deutschland zu machen hatte. Von einer Reise zum Studium der amerikanischen Wasserwege zurückgekehrt, überraschte ihn, am Schreibtisch arbeitend, der Tod.

Die Reihe seiner technischen Erzählungen und Novellen eröffnete Weber mit dem Buche: „Werke und Tage." Hierin zeigt sich Weber als Meister der Darstellung technischer Dinge und technischer Arbeit in allgemein verständlicher Form. Diese Aufsätze, denen später noch die Bücher: „Schaffen und Schauen" und „Vom rollenden Flügelrade" folgten, sind uns besonders wertvoll, denn sie haben mit dazu beigetragen, weiteren abseits der Technik stehenden Kreisen die Poesie der Technik vor Augen zu führen und zu zeigen, daß hinter all dem lärmenden Getöse der Technik Menschengeist und Menschenwille steckt, aber auch Menschenschicksal mit allem Leid und aller Freude, die redliche Arbeit bieten kann. Nach seinem Tode wurden die besten dieser Erzählungen in dem prächtigen Buche „Aus der Welt der Arbeit" (Berlin, Grothe) zusammengefaßt, zu dem Ernst v. Wildenbruch, der Schwiegersohn Webers, das Vorwort schrieb. Auch viele technischen und volkswirtschaftlichen Schriften verdanken wir Weber. Man fängt heute, wenn auch langsam, an, den Wert technischer Erziehung, technischen Denkens und Schaffens zu verstehen, man erkennt die hohen ethischen und sozialen Güter, die in der Welt der Arbeit liegen, den Idealismus, von dem sie durchdrungen sind. So steht Max Maria v. Weber da als Vorkämpfer für eine neue Kultur, die sich auf der Technik aufbaut und den Menschen die volle Freiheit erringen wird; eine neue Kultur, errichtet von ganzen Menschen, hervorquellend aus der Welt der Arbeit. *C. Weihe: M. M. v. Weber (Berlin 1922).* We.

WEBER, Wilhelm Eduard, geb. 24. Okt. 1804 in Wittenberg, gest. 23. Juni 1891 in Göttingen. Sein Vater war Professor der Theologie in Wittenberg. Wilhelm Weber besuchte die Unterrichtsanstalten des Waisenhauses in Halle, wohin sein Vater nach Aufhebung der Universität Wittenberg gezogen war; 1822 wurde er als stud. math. in Halle immatrikuliert. Zusammen mit seinem älteren Bruder Ernst Heinrich hatte er schon während der Schulzeit Versuche über Wellenbewegungen angestellt und die Ergebnisse in einer Abhandlung „Wellenlehre auf Experimente gegründet" 1823 veröffentlicht. Nachdem er 1826 zum Doktor promoviert war, erfolgte zwei Jahre später seine Ernennung zum außerordentlichen Professor in Halle. Durch verschiedene Arbeiten und Vorträge wurde Gauß in Göttingen auf ihn aufmerksam und bewirkte 1831 seine Berufung als Ordinarius der Physik nach Göttingen. Gemeinsam mit Gauß widmete er sich von nun an hauptsächlich der Erforschung des Erdmagnetismus. Im Verlauf dieser Arbeiten entstand der erste elektrische Telegraph, der, aus zwei Kupferdrähten bestehend, die über die Dächer der Stadt geleitet wurden, bei den gleichzeitig angestellten magnetischen, galvanischen und elektromagnetischen Untersuchungen den telegraphischen Verkehr zwischen dem Physikalischen Institut und dem magnetischen Observatorium der Sternwarte vermittelte. 1837 wurde Weber wegen seines Protestes gegen die Aufhebung der Verfassung — als einer der „Göttinger Sieben" — seines Amtes enthoben; er blieb zunächst als Privatmann in Göttingen, sah sich jedoch, obwohl ihm die gemeinsame Arbeit mit Gauß unersetzlich war, schließlich aus finanziellen Gründen gezwungen, einen Ruf als Professor der Physik nach Leipzig anzunehmen. Während dieser Zeit erschien seine erste Abhandlung über „Elektrodynamische Maßbestimmungen", worin er sein elektrodynamisches Grundgesetz aufstellte; es folgte in der zweiten Abhandlung die Rückführung der elektrischen Größen auf die Einheit von Länge, Zeit und Maß.

Das politisch bedeutsame Jahr 1848 brachte auch die Rückberufung Webers nach Göttingen mit sich, der er Ostern 1849 Folge leistete, um sich hier bis zu seinem Tode seinen wissenschaftlichen Arbeiten zu widmen. Erwähnt seien hier noch seine Untersuchungen über Magnetismus und Diamagnetismus, ferner eine gemeinsam mit Rud. Kohlrausch unternommene Arbeit, die als Verhältnis der absoluten elektromagnetischen und elektrostatischen Stromeinheit die Lichtgeschwindigkeit fand, eine Beziehung, die später durch die Maxwellsche Elektrodynamik ihre innere Begründung erfuhr. Webers Werke sind von der Göttinger Kgl. Gesellschaft der Wissenschaften (Berlin 1892 bis 1894) herausgegeben worden.

Anläßlich der sechzigsten Wiederkehr seiner Doktorpromotion wurde Weber zum Kgl. Preußischen Wirklichen Geheimen Rat mit dem Titel Exzellenz ernannt. Ein Gauß-Weber-Denkmal wurde 1899 in Göttingen errichtet. *ADB 41 (1896) S. 358; Handb. Natw. 10 S. 557; Entw. Natw. 4 S. 111.* Ca.

WEDDING, Hermann, geb. 9. März 1834 in Berlin, gest. 6. Mai 1908 in Berlin. Sein Vater war Direktor der Staatsdruckerei in Berlin, sein Großvater der um die Entwicklung der oberschlesischen Eisenindustrie sehr verdiente Oberbaudirektor Johann Friedrich Wedding. Hermann Wedding besuchte das Gymnasium zum Grauen Kloster in Berlin, nach dessen Absolvierung er sich 1853 dem Studium der Naturwissenschaften widmete. Wohl auch dem Einfluß Karstens, des Verfassers der bekannten Eisenhüttenkunde, einem alten Freunde der Familie Wedding, ist es zuzuschreiben, daß sich der junge Student dem Berg-, Hütten- und Salinenfach zuwandte, wo Gelegenheit gegeben war, die angewandten Naturwissenschaften weiter zu betreiben. Am 7. Oktober 1853 wurde Hermann Wedding als „Beflissener" beim Oberbergamt Breslau angenommen und dem damals unter der Leitung Wachlers stehendem Kgl. Hüttenwerk Malapane (O.-S.) zur Ausbildung überwiesen. Nach gut bestandener Prüfung erfolgte Weddings Ernennung zum Kgl. Expektanten, als welcher er zur praktischen Betätigung auf der Friedrichsgrube nach Tarnowitz versetzt wurde, von dort zwecks weiterer praktischer Arbeit nach der Friedrichshütte, der Rybniker Eisenhütte, der Königshütte und Königsgrube. Nach zweijähriger Tätigkeit verließ er Oberschlesien, um in Berlin bei den Gardepionieren seiner militärischen Dienstpflicht zu genügen und das Universitätsstudium zu beginnen, das er in Berlin und Freiberg zu Ende führte. Am 7. April 1859 promovierte er in Berlin zum Dr. phil. und kam dann nach Waldenburg, von wo er eine längere Studienreise über Belgien nach England machte. Im März 1861 legte er in Breslau die Bergreferendarprüfung ab. Er kam dann zum Oberbergamt Bonn, machte mit dem damaligen Chef der Bergbehörde, dem Oberberghauptmann Krug von Nidda, 1862 eine für seine ganze Entwicklung bedeutungsvolle weitere Reise nach England. Nach seiner Rückkehr erhielt er mitten in den Vorbereitungen für das Bergassessorexamen einen Ruf an die neugegründete Berliner Bergakademie als Vertreter des erkrankten Professors Keibel, dessen Nachfolger er später wurde. Nach seiner Ernennung zum Bergassessor erfolgte am 5. Dezember 1863 seine Berufung als Dezernent für das Hüttenwesen in das preußische Handelsministerium. Nach Ausscheiden des von ihm hochgeschätzten Oberberghauptmanns Krug v. Nidda verließ auch er seine Stellung im Ministerium, um sich seinen Vorlesungen über Eisenhüttenwesen voll widmen zu können. Wedding war ein begeisterter Lehrer, der sich durch zahlreiche literarische Arbeiten hohe Verdienste um sein Fach erworben hat, besonders durch sein bekanntes „Ausführliches Handbuch der Eisenhüttenkunde", dessen erster Band der ersten Auflage 1864 erschien. 1871 gab er noch einen „Grundriß der Eisenhüttenkunde" heraus, die gleichfalls weitestgehende Verbreitung gefunden hat. Daneben erschienen von ihm noch kleinere Werke und Arbeiten in den verschiedenen technischen Fachschriften. Von 1867 bis an sein Lebensende gehörte er der Kgl. Technischen Deputation für Handel und Gewerbe an, ebenso dem Kaiserl. Patentamt seit dessen Gründung (1877). Sein Streben war, in dauernder Fühlung mit Männern der Praxis und durch umfangreiche Reisen durch die Industrieländer der Welt die wissenschaftliche Eisenhüttentechnik zu entwickeln. Er war Ehrenmitglied des Vereins Deutscher Eisenhüttenleute, des Iron and Steel Institute, dessen goldene Bessemermedaille er besaß, und anderer wissenschaftlicher Vereine des In- und Auslandes. Als Lehrer begeisterte er durch die Lebendigkeit seines Vortrags und verstand, selbständiges Denken und Forschen bei seinen Hörern anzuregen. *St. u. E. 28 (1908) S. 713; Sb. Gewerbfleiß 87 (1908) S. 177.* Lo.

WEDDING, Johann Friedrich, geb. 13. März 1759 zu Lenzen (Priegnitz), gest. 21. Sept. 1830 in Kattowitz. Seine Schulbildung erhielt Wedding größtenteils in Berlin, wo er das Gymnasium zum Grauen Kloster besuchte; seine praktische Lehrzeit machte er wahrscheinlich auf einem der damals zahlreichen kleinen Eisenwerke des flachen Landes zwischen Elbe und Oder durch. Er beschäftigte sich hauptsächlich mit dem Studium des Maschinen- und Wasserbauwesens. 1779 als Baukondukteur in den Staatsdienst übernommen, wurde ihm zunächst die Leitung der Bauten auf den Werken zu Himmelstedt (Neumark) übertragen; 1781 wurde er auf zwei Jahre zur Anlegung einer Eisen- und Stahlwarenfabrik für einen gewissen Kopisch beurlaubt. Seine Hauptwirksamkeit lag in Oberschlesien. 1784 wurde er von dem Minister von Heinitz als Wasserbausachverständiger nach Dembiohammer an der Malapane entsandt. Sehr bald wurden ihm in Oberschlesien selbständige Entwürfe und Ausführungen übertragen, von denen der Bau und Wiederaufbau der Kgl. Silberhütte „Friedrich" bei Tarnowitz die Hauptaufgabe bildete. Besonders bemühte Wedding sich, die vorhandenen Maschinen gründlich zu studieren und nach Möglichkeit die Handarbeit durch Maschinenarbeit zu ersetzen. Auf Grund der erzielten Erfolge sandte der Minister von Heinitz 1790 Wedding nach England, um die dortigen Maschinen zu besichtigen und auf die Möglichkeit von Verbesserungen hin zu prüfen. Ein Zylindergebläse und ein eisernes Hammergerüst wurden neben anderen Vorrichtungen für Schlesien bestellt.

Auf Grund der in England gesammelten Erfahrungen empfahl Wedding, auch in Schlesien mit Koks an Stelle von Holzkohle Roheisen zu erzeugen. Unweit Gleiwitz wurde der erste Kokshochofen nach Weddings Plänen errichtet und 1796 vollendet. Die ersten Versuche gelangen zwar nicht zur Zufriedenheit, da gegenüber den als Beispiel dienenden englischen Verhältnissen nur arme und schlechte Erze, unvollkommener Koks und namentlich ein viel zu schwaches Gebläse zur Verfügung standen. Die Versuche wurden indes fortgesetzt und führten schon im folgenden Jahre zu guten Ergebnissen. Der von Wedding gebaute Gleiwitzer Hochofen war der erste des europäischen Festlandes, in dem im Dauerbetriebe Roheisen mit Koks erschmolzen wurde. Eine größere Hüttenanlage mit Dampfmaschinengebläse wurde 1799 bis 1800 in der „Königshütte" genannten Anlage bei Chorzow errichtet. Auch diese Anlage wurde unter Weddings Leitung und nach seinen Plänen mit gutem Erfolge durchgeführt. Für die gute Ausführung erhielt Wedding eine besondere Anerkennung in Gestalt einer Prämie von 800 Talern. 1818 legte Wedding die unmittelbare Leitung der „Königshütte" nieder und verzog nach seinem Gute Kattowitz, blieb aber weiter mit dem oberschlesischen Hüttenwesen in engster Fühlung. Nachdem Wedding noch 1829 sein fünfzigjähriges Dienstjubiläum hatte feiern können, starb er im folgenden Jahre auf seinem Gute. Glücksgüter hinterließ er seiner Familie nicht; auch das Gut, dessen unterirdischen Schätze nicht erkannt wurden, ging der Familie verloren. *Gewerbfleiß 78 (1899) S. 252.* Hä.

WEDGWOOD, Josiah, geb. 12. Juli 1730 zu Burslem (Stafford), gest. 3. Jan. 1795 in Etruria. Er war der Sohn eines Töpfers und lernte als solcher das primitive Töpferhandwerk. Durch einen Unfall, der ihn eines Beines beraubte, wurde er gezwungen, seine Tätigkeit an der Scheibe aufzugeben; er beschäftigte sich seitdem mit der Herstellung kleiner Gebrauchsgegenstände und hatte Zeit und Anregung zum Nachdenken. Im Jahre 1759 begann er einen eigenen Betrieb in Burslem und erlangte nach und nach durch eifriges Lesen und Lernen Kenntnisse in der praktischen Chemie, die ihn in den Stand setzten, die Güte seiner Waren zu heben und Dauerhaftigkeit, Farbe und Glanz zu verbessern. Seine Erzeugnisse, unter denen sich besonders die sog. Jasper Ware auszeichnete, fanden in England und auf dem Kontinent reichlichen Absatz, so daß immer neue Arbeitskräfte in der Landschaft angesiedelt werden konnten und bald eine blühende Industrie entstand. Durch seine eigenen Tonwarenfabriken gründete er das Städtchen Etruria, dem er durch sein Eintreten für den Bau des Grand-Trunk-Kanales gute Verbindungswege für den Transport der Rohstoffe und der Fertigware geschaffen hatte. Im Jahre 1768 erfand er das nach ihm benannte Steinzeug und 1782 ein Pyrometer. Wedgwood ist durch seine Arbeit der Schöpfer der englischen Tonwarenindustrie geworden. *Liv. Eng.* De.

WEISBACH, Julius Ludwig, geb. 10. Aug. 1806 in Mittelschmiedeberg b. Annaberg, gest. 24. Febr. 1871 in Freiberg i. Sa. Weisbach gehört in die erste Reihe der Männer, die im 19. Jahrhundert durch ihre Leistungen auf dem Gebiete der angewandten Mathematik und Mechanik die wissenschaftlichen Grundlagen für die glanzvolle Entwicklung des Maschinenbaues gelegt und durch ihre Lehrtätigkeit zur Heranbildung eines Stammes praktischer Ingenieure beigetragen haben. — Er war das achte Kind eines Schichtmeisters auf dem Mittelschmiedeberger Eisenhammer und zeigte schon früh große geistige Anlagen. Nach dem Besuch der Volksschule und des Annaberger Lyzeums kam er 1820 auf die Bergschule in Freiberg, wo neben dem Klassenunterricht auch die praktische Erlernung des Bergbaues betrieben wurde. Von 1822 bis 1826 studierte er an der Bergakademie und vollendete seine Ausbildung durch weitere mathematische und naturwissenschaftliche Studien in Göttingen und Wien. Nach deren Beendigung unternahm er 1830 eine halbjährige bergmännische Fußreise durch Österreich-Ungarn und kehrte dann nach Freiberg zurück. Den verlockenden Antrag, beim Eisenhüttenwerk Lauchhammer einzutreten, lehnte er ab. Als Privatgelehrter, seinen Unterhalt durch Mathematikstunden verdienend, begann er, sich mit der Anwendung der analytischen Mechanik auf technische Probleme zu beschäftigen. Nachdem er schon 1832 an der Bergakademie vertretungsweise Vorträge über Mathematik gehalten hatte, wurde ihm 1833 endgültig der Lehrstuhl für angewandte Mathematik und Bergmaschinenlehre übertragen. Zu diesen Vorträgen kamen später solche über Markscheidekunst, Kristallographie, darstellende Geometrie und Maschinenbaukunst. Weisbach besaß in hohem Maß die Gabe klarer, lichtvoller Darstellung, die seinen Vortrag auch dem durchschnittlich Begabten verständlich machte. Meisterhaft war seine Art, technische Aufgaben durch Anwendung mathematischer Untersuchung zu lösen. Diese Eigenschaften treten besonders in seiner ausgebreiteten literarischen Tätigkeit hervor und begründeten schnell seinen Ruf als eines der besten technischen Schriftsteller seiner Zeit. 1835 bis 1836 erschien sein erstes größeres Werk, das „Handbuch der Bergmaschinenmechanik", das im ersten Band die „Grundlehren der allgemeinen Mechanik" und im zweiten eine „Mathematische Maschinenlehre" brachte. In diesem Werke bediente sich Weisbach der höheren Analysis, deren Vorzüge in Anwendung auf den Gegenstand er im Vorwort mit besonderem Nachdruck hervorhebt. Im Gegensatz hierzu ist die Behandlungsweise in seinem Hauptwerk, dem „Lehrbuch der Ingenieur- und Maschinenmechanik", durchweg die elementar-mathematische. Als Ergänzung erschien 1848 unter dem Titel „Der Ingenieur" eine Tabellen- und Formelsammlung. — Von bahnbrechender Bedeutung wurden Weisbachs experimentelle Forschungen auf dem Gebiete der praktischen Hydraulik. Sie sind zusammengefaßt in dem zweibändigen Werk „Untersuchungen in dem Gebiete der Mechanik und Hydraulik" (1842—43) und betreffen die für die praktische Mechanik wichtigsten Bewegungs- und Ausflußgesetze des Wassers. Ein wichtiges Ergebnis seiner Versuche war der Nachweis der Veränderlichkeit der Kontraktions- und Ausflußkoeffizienten und die Aufklärung der Verhältnisse der sog. „unvollkommenen Kontraktion" beim Ausfluß durch Schutzöffnungen. Wertvoll war auch die Einführung des Begriffs eines „Widerstandskoeffizienten" in die Rechnung. Später hat Weisbach seine Untersuchungen auch auf den Ausfluß atmosphärischer Luft (namentlich für hüttenmännische Zwecke) ausgedehnt. — Kaum weniger Hervorragendes hat Weisbach auf dem Gebiete der Geodäsie und Markscheidekunst geleistet. Er wies u. a. zuerst nach, daß man geometrische Messungen in der Grube sicherer als mit Kompaß und Gradbogen mit Theodolit und Libelle ausführen könne, und wurde damit der Begründer der „neuen Markscheidekunst". — Neben den Hauptwerken erschienen zahlreiche kleinere Schriften und über 50 größere Abhandlungen in Zeitschriften, vornehmlich im „Civilingenieur". — Weisbach war auch an der europäischen Gradmessung beteiligt und hat als Mitglied der sächsischen Gradmessungskommission die Neuvermessung des Königreichs Sachsen geleitet. — Zahlreiche Ehrungen waren die Folge seines umfassenden Wirkens. Er war korrespondierendes Mitglied der Akademien in Petersburg, Stockholm und Florenz. Die Universität Leipzig ernannte ihn 1859 zum Ehrendoktor. Die erste vom Verein deutscher Ingenieure 1860 verliehene Ehrenmitgliedschaft wurde ihm zuteil. *ADB 41 (1896) S. 522; Gesch. Mech. S. 415; Undeutsch: Zum Gedächtnis J. L. Weisbachs (Freiberg 1906).* Wa.

WELLNER, Georg, geb. 19. März 1846 zu Prag, gest. 7. Sept. 1909 in Brünn. Wellner besuchte das Gymnasium und das Polytechnische Institut in Prag, war dann in verschiedenen großen Maschinenfabriken Böhmens tätig und wurde 1876 an die Deutsche Technische Hochschule in Brünn berufen, wo er zunächst als Dozent, dann als außerordentlicher und ab 1880 an als ordentlicher Professor für theoretische Maschinenlehre und Maschinenkunde wirkte; 1886 übernahm er die Lehrkanzel für Maschinenbau. Er befaßte sich vorwiegend und erfolgreich mit der Lösung der Luftschiffahrtsfragen. Aufsehen erregte seinerzeit die von ihm erfundene Segelradflugmaschine; das Segelrad besitzt im Kreise trommelartig um die Achse angeordnete Tragflächen, deren Vorderkanten sich bei der Drehung jedesmal in den oberen Stellungen nach außen, also nach oben, und in den unteren Stellungen nach innen, also ebenfalls nach oben stellen; das Triebwerk entspricht demjenigen der Morganruder bei Raddampfern, nur ist die Wirkungsweise der schwingenden Flächen ganz anders. Die Versuche rechtfertigten nicht die gehegten Erwartungen, lieferten aber im Zusammenhange mit den praktischen Studien Wellners wertvolle Ergebnisse über den Luftwiderstand. Er hat viele Abhandlungen in den Fachblättern veröffentlicht. Als Buch erschien seine Arbeit „Über die Möglichkeit der Luftschiffahrt" (Brünn 1880 und 1882). Wellner war auch Abgeordneter im böhmischen Landtage. *Nach Mitt. d. Rektorates der Deutschen Techn. Hochschule in Brünn; Z. Öst. 1893, 1894.* Bk.

WENNSTRÖM, Jonas, geb. 4. Okt. 1855 in Hällefors, (Westmanland, Schweden), gest. 22. Dez. 1893 in Västeras (Schweden). Nach Universitätsstudien widmete er sich der Elektrotechnik und machte auf diesem Gebiete bahnbrechende Erfindungen, zu deren Ausnutzung in Stockholm eine Aktiengesellschaft gegründet wurde, die nach einigen Jahren in die „Allmänna svenska elektriska aktiebolaget" (Aséa) in Västeras aufgenommen wurde, wo Wennström die Stellung eines Oberingenieurs übernahm.

Schon im Jahre 1881 konstruierte er einen Dynamo nach einem bis zu dieser Zeit unbeachteten Grundgedanken. Er gab in dieser Maschine dem Magnetismus einen kurzen und geräumigen Weg im Maschinengestell und verminderte außerdem den Luftzwischenraum, wodurch der magnetische Widerstand sowie die magnetische Zerstreuung und folglich auch die erforderliche Magnetisierungsarbeit vermindert wurde. Dies alles hatte aber eine verminderte Umdrehungszahl und einen erhöhten Wirkungsgrad zur Folge.

Seine wichtigsten Erfindungen sind mit der Übertragung elektrischer Energie in großen Entfernungen mit Hilfe des Dreiphasenstromes verbunden. Dieses Problem wurde zu gleicher Zeit von dem italienischen Physiker Galileo Ferraris, dem Deutschen Dolivo-Dobrolowsky und dem Kroaten Nikola Tesla bearbeitet. Wennströms schwedisches Patent, im Jahre 1890 veröffentlicht, bezog sich auf das Dreiphasensystem in dessen ganzem Umfange, die Generatoren, die Transformatoren und die Motoren mit einbegriffen, während die anderen Erfinder sich nur mit einzelnen Berechnungen und Konstruktionen der Dreiphasenmaschinen beschäftigten. Im Sommer 1890 war seine Versuchsmaschine fertig. Mit dem Dreiphasenmotor entstanden anfangs einige Schwierigkeiten, aber in Gemeinschaft mit seinem Landsmann, dem rühmlichst bekannten Ingenieur und Erfinder Ernst Danielsson, gelang es ihm im Jahre 1892, einen vollständig brauchbaren Drehstrommotor zu konstruieren. Die im folgenden Jahre vollendete, in jeder Hinsicht gelungene Anlegung für Kraftübertragung zwischen Hällsjön und Grängesberg bestand aus einer turbo-elektrischen Kraftzentrale von 300 PS, die mittels Wechselstromes von 9500 V Spannung in einer fünfzehn km langen Kraftleitung auf die Dreiphasenmotoren im Grubendistrikt von Grängesberg übertragen wurden. Diese Kraftanlage übertraf sogar die im Jahre 1891 ausgeführte berühmte Kraftübertragung zwischen Lauffen und Frankfurt a. M. und war die erste ihrer Art für industrielle Zwecke. Wennström machte auch Erfindungen auf dem Gebiete der Elektrometallurgie und konstruirte außerdem einen elektromagnetischen Erzscheider. Na.

WERDER, Johann Ludwig, geb. 17. Mai 1808 zu Narwa (Rußland), gest. 4. Aug. 1885 in Nürnberg. Werder, der Sohn eines aus der Schweiz nach Rußland eingewanderten Gutsverwalters, kam neunjährig, nach dem Tode seiner Eltern, nach Küßnacht in die Schweiz zu einem Onkel, in dessen Werkstätte er nach Abgang von der Volksschule das Schlosserhandwerk erlernte. Nach seiner Gesellenzeit in Basel, Salzburg und München wurde er Werkführer der Spinnerei Troßbach u. Mannhardt in Gmunden am See. 1840 befaßte er sich in München mit der Herstellung orthopädischer Heilapparate. Nachdem er seit 1843 wieder bei Mannhardt tätig gewesen, wurde er 1844 in die Eisenbahnbetriebswerkstätte Nürnberg berufen, deren Leitung er 1845 übernahm. 1848 erfolgte sein Eintritt als technischer Direktor in die Maschinenfabrik Klett & Co., die ihm großenteils ihre in den nächsten Jahrzehnten erfolgende hohe Entwicklung verdankte. Werder widmete sich dem Waggonbau und dem Maschinenbau, dem Brücken- und Hochbau mit gleich ausgezeichnetem Erfolge. 1849 baute er die große eiserne Eisenbahnbrücke bei Großhesselohe, 1851 die Eisenkonstruktion der Schrannenhalle, 1854 die des Glaspalastes in München. Seine rationellen Fabrikationsverfahren beim Waggonbau, die von ihm konstruierten Materialbearbeitungsmaschinen usw. erleichterten die notwendige typisierende Massenfabrikation. Eine von ihm erfundene Drahtstiftmaschine, auf der er seinerzeit eine Drahtstiftfabrikation im kleinen aufgebaut hatte, war der Ausgangspunkt der 1850 gegründeten Drahtstiftenfabrik Klett & Co., Nürnberg. Auf dem Gebiete des Maschinenbaues befaßte er sich besonders mit Kesselkonstruktionen. Berühmt wurde die „Werdersche Patentlokomobile". Zu seinen heute noch bekanntesten Erfindungen gehört die Materialprüfungsmaschine zur Prüfung des Tragvermögens und der Sicherheit eiserner Tragbolzen für Brücken. Dem deutschen Heerwesen wurde seine Erfindergabe fruchtbar durch das 1869 in Bayern eingeführte „Werdergewehr" sowie das Ende der 70er Jahre von ihm konstruierten Artilleriefahrzeuge.

1865, nach Umwandlung der Firma Klett & Co. in die Maschinenbaugesellschaft Nürnberg Klett & Co., wurde Werder Teilhaber, und nach deren Umwandlung in die Maschinenbau-Aktiengesellschaft Nürnberg und Süddeutsche Brückenbau-Aktiengesellschaft trat er in den Verwaltungsrat dieser Gesellschaften ein, das Amt eines technischen Direktors offiziell niederlegend. Die letzte Arbeit seines Lebens galt der Einrichtung der nachmals sehr emporblühenden Scharnier- und Schlösserfabrik für seinen Sohn Jakob Werder.

Ebenso hervorragend wie seine technische Begabung, die ihn als Autodidakten auf dem Wege des Versuches die schwierigsten technischen Fragen restlos lösen ließ, war das Organisationstalent Werders, mit dem er den wachsenden Großbetrieb zu gestalten und zu leiten verstand. Und ebenso wie sein geniales Können und seine rastlose Hingabe an die Arbeit allen, die mit ihm zusammenarbeiteten, Gegenstand der Bewunderung und Aneiferung war, so wurde seine vornehme, gütige Persönlichkeit, die tief im Religiösen wurzelte, allgemein geschätzt und geehrt. *Beitr. 5 (1913) S. 244.* C. M.

WERNER, Alfred, geb. 12. Dez. 1866 in Mülhausen (Elsaß), gest. 15. Nov. 1919 in Zürich. Werner wurde in kleinen Verhältnissen als Sohn eines Fabrikinspektors geboren, der nebenbei etwas Landwirtschaft betrieb. Die Liebe zur Chemie erwachte früh in ihm und trieb ihn dazu, sich Taschengeld zu verdienen, um ein kleines Laboratorium einzurichten. Mit 18 Jahren hatte er schon eine kleine selbständige Arbeit fertig, die er Professor Noelting vorlegte und die dessen Beifall fand. Während seiner Dienstzeit als Einjährig-Freiwilliger in Karlsruhe studierte er an der dortigen Technischen Hochschule und später an der Züricher Universität Chemie. Hier genoß er bei Lunge, Treadwell und Hantzsch eine vorzügliche Ausbildung. Bei Lunge machte er 1889 seine Diplomarbeit und wurde dann dessen Assistent. Gleichzeitig promovierte er bei Hantzsch über die räumliche Anordnung von Atomen in Stickstoffverbindungen. Nachher arbeitete er noch ein Semester bei Berthelot im Collège de France, ging dann nach Zürich zurück, wo er sich 1892 an der Technischen Hochschule habilitierte. In der Habilitationsschrift: „Beiträge zur Theorie der Affinität und Valenz" entwickelte er bereits einen Teil der Grundzüge seines späteren neuen Lehrgebäudes, ja, sogar in seiner Doktorarbeit sind sie nachweisbar. Die im folgenden Jahre erschienenen „Beiträge zur Konstitution anorganischer Verbindungen" verschafften dem 27 jährigen den Professortitel und zwei Jahre später die Beförderung zum Ordinarius.

In einer Zeit stürmischer Entwicklung der organischen Chemie konnte sich Werner nicht entschließen, seine ganzen Kräfte dem Ausbau der anorganischen Chemie zu widmen. Wir sehen bis gegen das Jahr 1900 immer wieder organisch-chemische Veröffentlichungen von ihm erscheinen, dann fiel die Entscheidung zugunsten der anorganischen Forschung. Werners große Tat ist die Aufstellung der Koordinationslehre, die den Aufbau der größeren Molekülkomplexe, besonders in der anorganischen Chemie zu erklären gestattet. Diese können Verbindungen höherer Ordnung genannt werden im Gegensatz zu den Verbindungen erster Ordnung, die nur aus zwei verschiedenen Atomarten bestehen, von denen einige auch durch andere Atome oder Atomgruppen (Radikale) ersetzt werden können. Während die hergebrachte Valenzlehre den Aufbau der einfachen Moleküle erklärt, versagt sie bei denen höherer Ordnung, die aus mehreren kleineren Molekülen zusammengesetzt sind. Werner nimmt nun an, daß die Verbindungen erster Ordnung, die scheinbar gesättigt sind, noch eine Anzahl von freien Valenzen, den sog. Nebenvalenzen, haben, deren Zahl für jedes Element bestimmt ist. Mit Hilfe dieser Nebenvalenzen können sich nun Atome verschiedener Moleküle zusammenschließen. Zuweilen ist diese Bindung zwischen Atom und Atom „indirekt", nämlich dann, wenn sich ein anderes Molekül, z. B. NH_3 und H_2O dazwischen geschoben hat. Er führte ferner den Begriff der Koordinationszahl ein, die angibt, wieviel Haupt- und Nebenvalenzen von dem Hauptatom der Molekülbindung, dem „Zentralatom" ausgehen. Werner kam auf Grund dieser Voraussetzungen zu überraschend einfachen Deutungen scheinbar unentwirrbarer Verhältnisse: er konnte mit Leichtigkeit die Zusammensetzung der Hydrate, Doppelsalze, Metallammoniake, Heteropolysäuren, Chinhydrone, Verbindungen der Nitrokörper mit Kohlenwasserstoffen, der Farblacke usw. erklären. So entstand eine neue Stereochemie, die der hergebrachten in nichts nachstand. Werner entdeckte hierbei auch von ihm vorausgesehene optisch-aktive Metallverbindungen. Wichtig ist auch seine Entdeckung, daß die Metallionen in wässeriger Lösung mit Wassermolekülen verbunden sind, was wieder der Anlaß zur Aufstellung einer neuen Hypothese der elektrolytischen Dissoziationen war.

Werner hat Jahrzehnte um Anerkennung seiner Lehre kämpfen müssen. In fast zweihundert Veröffentlichungen hat er ein derartig erdrückendes Beweismaterial für die Richtigkeit seiner Koordinationslehre beigebracht, daß sie heute unbestritten dasteht. Geschlossen dargestellt hat er seine Lehre in den Büchern „Neuere Anschauungen auf dem Gebiete der anorganischen Chemie" und „Stereochemie". Später hat es ihm an Anerkennung nicht gemangelt, es ergingen ehrenvolle Berufungen an ihn, er war mehrfacher Ehrendoktor, Mitglied gelehrter Gesellschaften und 1913 Nobelpreisträger. Von überall her strömten ihm die Schüler zu, denen er ein ausgezeichneter, wohlwollender Lehrer war. Der Andrang war so groß, daß ihm an Stelle des alten ein neues chemisches Institut erbaut werden mußte. Leider zwang ihn eine langsam zehrende Krankheit, in den letzten fünf Jahren, Laboratorium und Hörsaal zu meiden. Er starb auf der Höhe seines Ruhmes, erst 53 Jahre alt.

Werner war ein selbständiger klarer Denker und unermüdlicher Arbeiter, offen und gerecht, wenn auch äußerlich oft rauh. Dabei war er lebensfreudig und nie einer Zerstreuung abgeneigt. *Zeitschr. f. Elektrochemie 26 (1920) S. 514; Zeitschr. f. angewandte Chemie 33 (1920) S. 37; Helvetica chimica acta 3 (1920) S. 196.* Sa.

WESTINGHOUSE, George, geb. 6. Okt. 1846 in Central Bridge (New York), gest. 12. März 1914 in New York. Sein Urgroßvater, aus dem Geschlecht von Wistinghausen, kam 1755 aus Westfalen nach Amerika und wurde der Gründer eines starken Geschlechtes von Farmern. George Westinghouse war der Sohn eines Erfinders und Gründers einer Fabrik für landwirtschaftliche Maschinen. Die Umgebung ließ ihn in den Beruf eines Maschineningenieurs hineinwachsen. Nachdem er von 1863 bis 1865 am Bürgerkriege beim Unionheere teilgenommen hatte, besuchte er für zwei Jahre das Union College. Seine erste bedeutsame Erfindung, die von den Bethlehem Steel Works ausgeführt wurde, war eine Vorrichtung, um entgleiste Güterwagen wieder auf die Schienen zu bringen. Durch das Erlebnis eines Zusammenstoßes von zwei Güterzügen wurde er auf den Gedanken der Eisenbahnkraftbremse gebracht und arbeitete die ersten Patente für die Druckluftbremse im Jahre 1867 aus. Die Arbeiten führten 1869 zur Gründung der Westinghouse Air Brake Co. und zur Errichtung eigener Werkstätten in Pittsburg. In den Jahren nach der ersten Ausführung der selbsttätigen Westinghouse-Bremse im Jahre 1872 brachten erfolgreiche Versuche die Einführung der Bremse in England und auf dem europäischen Festlande und später die Gründung weiterer Fabriken in Amerika, England, Deutschland und anderen Ländern. Während der Entwicklung der Druckluftbremse arbeitete Westinghouse auf vielen anderen Gebieten. Druckluftgesteuerte Signale, die Zentralkupplung für die Züge der New Yorker Untergrundbahnen, die unablässige Verbesserung seiner Bremsen bis zur Schnellbremse und die Ausnutzung elektrischer Kraft für seine Erfindungen befruchteten die allgemeinen Arbeiten auf diesen Gebieten des Verkehrswesens ungemein. Im Beginn der sechziger Jahre wandte sich Westinghouse besonders der Starkstromtechnik zu. Die Bevorzugung des Wechselstromes und die Erwerbung der Patente von Goulard, Gibbs und Tesla sicherten ihm bedeutende Erfolge in der Anlage von Großelektrizitätswerken. Die Verwendung von hochgespanntem Wechselstrom für elektrische Bahnen, der unmittelbare Antrieb von Stromerzeugern durch schnellaufende Dampfmaschinen, die Benutzung von Dampfturbinen, besonders der Doppelstromturbine, die Ausbildung der Doppelpfeilräder für Turbinenschiffsantriebe und andere große Arbeiten auf vielen Gebieten des Ingenieurwesens verdanken seinem Geiste und seiner Arbeitskraft die bedeutendsten Fortschritte. Von seinen Mitarbeitern wird besonders sein gerader Charakter und seine Arbeit am Gemeinwohle hervorgehoben. Er war gegen Ende seines Lebens Präsident von 30 Gesellschaften, in deren Diensten etwa 50 000 Menschen standen. In Anerkennung seiner Verdienste wurden ihm verliehen die John-Fritz-Denkmünze, die Edison-Denkmünze und vom Verein deutscher Ingenieure die Grashof-Denkmünze. *Z 66 (1922) S. 932; Eng. 117 (1914) S. 315; Engg. 97 (1914) S. 391; Trans. ASME 36 (1914) S. 1115.* De.

WHEATSTONE, Charles, geb. Febr. 1802 zu Gloucester, gest. 19. Okt. 1875 in Paris, der Sohn eines Instrumentenhändlers, arbeitete in seinen jungen Jahren in einer Fabrik musikalischer Instrumente. Er wurde dadurch zu Untersuchungen über die Anwendung der Gesetze der Akustik in der Musik angeregt. Im Jahre 1823 beschrieb er ein vollständiges System eines Telegraphen und veröffentlichte seine ersten Abhandlungen über akustische Fragen. Im gleichen Jahre gründete er in London eine Fabrik für Saiteninstrumente. 1833 erschien von ihm eine wichtige Arbeit über die Chladnischen Klangfiguren, im Jahre 1834 seine ihn in weiten Kreisen bekanntmachende Arbeit über die Art der Elektrizität und die Fortpflanzung des elektrischen Lichtes. Im gleichen Jahre wurde er Professor der Experimentalphysik in King's College London. Er wurde Mitglied der Kgl. Gesellschaft und gab die Anregung zur Erfindung des Stereoskopes. 1837 erlangte er mit Cook das erste englische Patent auf den elektrischen Nadeltelegraphen. Er erfand noch verschiedene andere Instrumente, wie z. B. elektrische Uhren, selbsttätige Aufzeichnung von Thermometer- und Barometerständen und das Chronoskop. Bekannt ist die Wheatstonesche Brücke zur Bestimmung des elektrischen Widerstandes. 1868 wurde er in den Ritterstand erhoben. *Jeans: Lives of the Electricians (London 1887).* Wf.

WHEELWRIGHT, William, geb. 1798 in Newburyport (Mass.), gest. 26. Sept. 1873 in London (Engl.). Ursprünglich wurde Wheelwright einem Drucker in die Lehre gegeben, ging aber von hier bald zur Handelsmarine über und führte mit 19 Jahren ein Schiff, das nach Rio de Janeiro fuhr. 1823 war er Führer des Schiffes „Rising Empire", das in der Nähe der Mündung des La-Plata-Flusses kenterte. In Buenos Aires angelangt, wurde er jetzt als Ladungsaufseher eines Schiffes eingestellt, das nach Valparaiso fuhr. Von dieser Zeit an lebte er vor allem in den südamerikanischen Staaten. 1824 bis 1829 war er Konsul der Vereinigten Staaten in Guayaquil (Ecuador). Ein Jahr später siedelte er nach Valparaiso über. 1829 gründete er einen Passagierdienst zwischen Valparaiso und Cabija und bemühte sich vom Jahre 1835 an, eine Dampferlinie an der Westküste Südamerikas zu schaffen. Indessen dauerte es drei Jahre, bis er von den Ländern am Stillen Ozean die erforderlichen Konzessionen erlangt hatte. Da es ihm nicht glückte, amerikanisches Kapital für das Unternehmen zu gewinnen, fuhr er im Jahre 1838 nach England, wo er mehr Erfolg hatte. Sein Plan umfaßte die Schaffung einer Linie über den Isthmus von Panama und führte schließlich zur Gründung der Pacific Steam Navigation Co. mit einem Anfangskapital von 250 000 Dollar. 1840 begleitete er seine beiden neuen Dampfer „Chili" und „Peru" durch die Meerenge von Magellan und wurde in Valparaiso und Callao mit ungeheurem Jubel empfangen. Da aber hier für die Dampfer keine Kohle zu erhalten war, waren sie gezwungen, drei Monate im Hafen zu liegen. Wheelwright entschloß sich daher, eigene Bergwerke in Chile zu betreiben, die sich als sehr ergiebig zeigten. 1845 wurde die Schiffslinie bis nach Panama ausgedehnt.

Im Jahre 1842 entwarf Wheelwright den Plan einer Eisenbahn von Santiago nach Valparaiso, die er nachher auch selber baute. Auch in den folgenden Jahren entstanden unter seiner Anweisung und Leitung eine Reihe der wichtigsten südamerikanischen Eisenbahnlinien. 1872 beendete er die Arbeiten einer schon jahrelang geplanten Eisenbahnlinie, die 30 Meilen lang war und von Buenos-Aires nach Ensenada an der atlantischen Küste führte. Ferner legte er die ersten Telegraphenlinien und die ersten Gas- und Wasseranlagen in Südamerika.

Im Laufe seines Lebens gab er für wohltätige Zwecke rund 600 000 Dollar aus. Etwa ein Zehntel seines Vermögens, rd. 100 000 Dollar, hinterließ er für den Bau einer wissenschaftlichen Schule in Newburyport. Eine Abhandlung „Statements and Documents relative to the Establishment of Steam Navigation in the Pacific" wurde 1838 in London veröffentlicht und seine Arbeit „Observations in the Isthmus of Panama" im Jahre 1844 dortselbst. Der Botschafter für die argentinische Republik in England und Frankreich hat eine Biographie von Wheelwright unter dem Titel „Life and industrial labours of William Wheelwright in South America", im Jahre 1876 in Paris herausgegeben, die später auch in englischer Sprache erschien. *Am. Biogr. 6 (1889) S. 457.* Wi.

WHITE, William H., Sir, geb. 2. Febr. 1845 in Devonport, gest. 28. Febr. 1913 in London, gilt als einer der größten Schiffbauer seiner Zeit. Ohne jegliche technische Ausbildung kam White mit vierzehn Jahren als Schiffbauerlehrling zur Royal Dockyard. Die zu jener Zeit eingerichteten theoretischen Weiterbildungskurse besuchte er mit solchem Erfolg, daß er im Jahre 1863 ein Stipendium zum Besuch der Royal School of Naval Architecture erhielt. Als Privatsekretär des Konstruktionschefs der Admiralität, Sir Edward Reed, hatte er Gelegenheit, maßgeblich an der Entwicklung der Panzerplattenkreuzer mitzuarbeiten. Seine kurz darauf erfolgten Stabilitätsuntersuchungen haben auch heute noch Wert. Neben seiner hauptamtlichen Tätigkeit hatte er in den Jahren 1870 bis 1881 eine Professur für Schiffbau an der bereits erwähnten Royal School inne. 1881 war White Chefkonstrukteur, im Jahre 1883 stand er Lord William Armstrong in der Gründung der bekannten Elswick-Kriegsschiffwerft bei. 1885 kehrte er als Direktor der Marinekonstruktionsabteilung zur Marine zurück, wo er 17 Jahre blieb. Mehr als 245 Schiffe, die einen Gesamtwert von rd. 100 Millionen engl. Pfund darstellen, wurden zu seiner Zeit erbaut. In die damals unübersichtliche und rückschrittliche Lage brachte er Ordnung und einen neuen Geist hinein. Die Kriegsschiffe der Royal Sovereign-Klasse konnten 20 Jahre lang das Feld in jedem Wettbewerb behaupten und wurden erst durch die Dreadnoughts im Jahre 1905 überholt.

Die Interessen Whites auf dem weiteren Gebiet des Ingenieurwesens sind auch bekannt. Nach Rückkehr von einer Forschungsreise aus Frankreich veranlaßte er, daß alle neuen Schiffe an Stelle der bisher verwendeten Zylinderkessel jetzt mit Wasserrohrkesseln ausgestattet werden mußten. Weiter arbeitet er an der Einführung der Turbine für die Kriegsschiffe, einer der wichtigsten Punkte in der Entwicklung der Großkampfschiffe. Nach Rücktritt von der Marine betätigte sich White in der Privatindustrie, wo er u. a. beratend an der technischen Ausstattung der Dampfer Lusitania und Mauretania mitwirkte. Viele Auszeichnungen wurden ihm zuteil, u. a. auch die höchste Auszeichnung der amerikanischen Ingenieure, die John-Fritz-Medaille. *Shipbuilder 8 (1913) S. 214.* Wi.

WHITEHEAD, Robert, geb. 3. Jan. 1823 in Bolton-le-Moors (Lancashire), gest. 14. Nov. 1905 in Beckett bei Shrivenham (Berkshire). Sein Vater, Besitzer einer Baumwollbleicherei, gab Robert mit 14 Jahren dem Ingenieurbüro Richard Ormond & Sons in Manthesterer in die Lehre. Sein Onkel, William Smith, war Leiter des Unternehmens und achtete sehr darauf, daß er eine gründliche praktische Ausbildung erhielt. Nebenher besuchte Robert Whitehead die Abendklassen des Mechanics' Institute, wo er sich eine außergewöhnliche Fertigkeit im konstruktiven Zeichnen erwarb. Nach Beendigung seiner Lehrzeit folgte er im Jahre 1844 seinem Onkel, der inzwischen Leiter der Firma Philip Taylor & Sons geworden war, nach Marseilles. Nach weiteren drei Jahren machte er sich in Mailand selbständig, wo er Verbesserungen an den Seidenwebstühlen durchführte und auch Maschinen zum Entwässern der lombardischen Sümpfe entwarf. Die ihm hierauf von der österreichischen Regierung gewährten Patente wurden jedoch 1848 von der italienischen Revolutionsregierung für nichtig erklärt. Von Mailand begab sich Whitehead nach Triest, wo er dem österreichischen Lloyd zwei Jahre lang diente; von 1850 bis 1856 war er Leiter der Strudhoff-Werke. 1855 gründete er im Auftrage einiger Triester Kapitalisten in Fiume die Gesellschaft Stabilimento Tecnico Fiumano. Während dieser Zeit entwarf und baute er die Maschinen für verschiedene österreichische Kriegsschiffe, die von so hervorragender Bauart waren, daß man ihn 1864 einlud, sich an den Arbeiten des Kapitäns Lupuis zur Schaffung eines „Feuerschiffs" oder eines schwimmenden Torpedos zu beteiligen. Da ihm dieser Gedanke undurchführbar erschien, lehnte er seine Mitarbeit ab, machte sich aber mit seinem Sohn John und einem Mechaniker an eine Reihe äußerst geheimgehaltener Versuche, die 1866 zur Erfindung des „Whitehead-Torpedos" führten.

Die Überlegenheit seiner Erfindung im Gegensatz zu den bisher üblichen Torpedos zeigte sich sehr schnell. Die Konstruktion hatte aber noch einen Fehler: es war schwer, den Torpedo in einer bestimmten einheitlichen Tiefe zu halten nachdem er einmal abgeschossen war. Durch die Erfindung einer einfachen, aber sehr sinnreichen Vorrichtung, die er „Balance chamber" nannte, konnte er im Jahre 1868 auch den letzten Mangel seines Torpedos beheben. Noch im selben Jahre nach den Versuchen mit dem Kanonenboot „Gemse" erwarb die österreichische Regierung die Rechte — aber nicht die ausschließlichen — zum Bau der Torpedos; 1871 folgte England, 1872 Frankreich, 1873 Deutschland und Italien, und im Jahre 1900 hatten fast alle europäischen Länder sowie die Vereinigten Staaten, China, Japan und die südamerikanischen Republiken das Baurecht erworben.

Inzwischen hatte Whitehead im Jahre 1872 in Verbindung mit seinem Schwiegersohn Graf G. Hoyos die Stabilimento Tecnico-Werke in Fiume gekauft, die sich von da ab ausschließlich dem Bau von Torpedos und den hierzu gehörigen Hilfskonstruktionen widmeten. Sein Sohn John wurde später der dritte Teilhaber des Konzerns. 1890 wurde ein Zweigwerk in Portland-Harbour unter der Leitung des Kapitäns Galway errichtet, und 1898 wurde die Stammfabrik in Fiume völlig umgebaut und dabei bedeutend vergrößert. Im Laufe der Jahre verbesserten Whitehead und sein Sohn die Erfindung des Torpedos noch bedeutend. 1896 erfand er den „Servo-Motor", der an dem Steuergetriebe befestigt und auf diese Weise dem Torpedo einen genaueren Weg durch das Wasser ermöglichte. Die um diese Zeit von ihm entworfenen Torpedos besaßen eine Geschwindigkeit von 18 Knoten für 500 m. 1884 betrug diese Geschwindigkeit bereits 24 Knoten und 1889 29 Knoten bei 900 m. Trotz aller Verbesserungen zeigten die Torpedos immer noch gewisse Eigenwilligkeiten, und erst im Jahre 1896 nach der Erfindung des Gyroskops durch Obry war diese Waffe vollkommen und konnte von da ab jeder auch der strengsten Kritik standhalten. Whitehead erwarb und verbesserte diese Erfindung bedeutend; in seiner jetzigen Form ist das Whitehead-Torpedo eine Waffe von äußerster Präzision. Sie zerstreute auch die letzten Zweifel in dieser Beziehung anläßlich ihrer praktischen Anwendung beim Fall von Port Arthur im Russisch-Japanischen Kriege am 9. Febr. 1904. Im Laufe seines Lebens erhielt Whitehead viele und höchste Auszeichnungen, vor allem vom österreichischen Kaiser, aber auch von fast allen anderen europäischen Ländern. *Nat. Biogr. 2, Supplement 3 (1912) S. 650.* Wi.

WHITNEY, Eli, geb. 8. Dez. 1765 in Westborough (Mass.), gest. 8. Jan. 1825 in New Haven (Conn.). Die ersten Jahre seines Lebens ähneln denen vieler später zur Bedeutung gelangten amerikanischen Ingenieure. Whitney stammte von gutgestellten Eltern ab, die eine Farm in den Neu-England-Staaten besaßen. Trotz hoher technischer Befähigung wurde er zum Landwirt bestimmt. Bei Ausbruch des Unabhängigkeitskrieges eröffnete er mit Erlaubnis seines Vaters eine kleine Werkstatt zur Herstellung von Nägeln, die so gut ging, daß er sich bald einen Gehilfen nehmen mußte. Als die Nachfrage nachließ, wandte er sich der Herstellung von Messerklingen und Haarnadeln zu; besonders bei diesen entwickelte er hohe Geschicklichkeit und verdiente gut. Mit diesem Geld und durch Stundengeben wurde es ihm möglich, an der Yale-Universität zu studieren, wo er im Jahre 1792 mit Auszeichnung promovierte. Whitney nahm unmittelbar im Anschluß hieran eine Stelle als Hauslehrer im Süden an; als er dorthin kam, war die Stelle bereits besetzt und er völlig mittellos 1000 km von der Heimat entfernt. Die Witwe von General Greene gewährte ihm Obdach, und sie und der in ihrem Hause tätige Hauslehrer Miller unterstützten ihn auch, als er sich kurz darauf damit beschäftigte, eine Maschine zum Entkernen der grünsamigen Baumwolle zu erfinden. Bis dahin geschah das nur von Hand, und zwar brauchte ein Neger eine Stunde zum Entkernen eines Pfundes Baumwolle. Die schließlich von Whitney erfundene Baumwollentkernmaschine konnte durch eine einfache Wasserkraftanlage von 2 PS und mit einem Mann Bedienung 5000 Pfund im Tage entkernen, also die bisherige Arbeit von 1000 bis 1500 Mann leisten. Die Bedeutung seiner Erfindung kann nicht hoch genug eingeschätzt werden; schuf sie doch erst die überragende Stellung der amerikanischen Baumwollindustrie.

Whitney selbst hatte mit der Erfindung kein Glück. Ehe sie patentiert war, wurde die Maschine aus seiner Werkstatt entführt und nachgebaut. Nur mit Mühe gelang es ihm, in den einzelnen Staaten Patente zu erlangen; die in Gemeinschaft mit Miller errichtete Fabrik verbrannte; schwere Patentstreitigkeiten sind zu seinen Ungunsten entschieden worden, und der Kongreß lehnte es ab, ihm die Patente zu verlängern.

Whitney hatte rechtzeitig eingesehen, daß er auf diesem Felde nichts mehr erreichen konnte. Er wandte sich deshalb an die amerikanische Regierung und bat um Berücksichtigung bei der Vergebung ihrer Munitionsaufträge; er erklärte sich bereit, einen Auftrag auf 10- bis 15000 Gewehre zu übernehmen. Seinem Gesuch wurde entsprochen. 10 000 Gewehre wurden bestellt, von denen 4000 in einem Jahre und der Rest in zwei Jahren geliefert werden sollten. Er errichtete in New Haven große und für die damalige Zeit gänzlich neuartige Werkstätten und wich ganz allgemein von den bisher üblichen englischen Verfahren ab. In seinen Werkstätten wurden die Gewehre nicht mehr von gelernten Büchsenmachern von Anfang bis zu Ende hergestellt, sondern die Arbeiten wurden in Teilmaßnahmen zerlegt, in Serien fertig gearbeitet und, was das Besondere war, die Teile wurden mit Hilfe der neuen Maschinen und mit Hilfe von Lehren austauschbar gestaltet. Bereits andere, so der amerikanische Büchsenmacher Simeon North, hatten nach dieser Richtung hin gearbeitet; Whitney ist es, dem die erste praktische Durchführung der austauschbaren Fertigung zu danken ist.

Nach Überwindung anfänglicher Schwierigkeiten konnte Eli Whitney seinen Betrieb zu einem sehr erfolgreichen Unternehmen entwickeln. Seine Werkstätten waren ein Wallfahrtsort in- und ausländischer Ingenieure. Viele neuartige Werkzeugmaschinen waren hier zu sehen. Seine um 1818 gebaute Fräsmaschine ist wahrscheinlich die erste Maschine dieser Art, die in Amerika in Gebrauch war. Sein gewinnendes und liebenswürdiges Wesen hat ihm viele Freunde eingebracht. Dabei waren seine Interessen nicht einseitig auf technische Probleme gerichtet; er nahm starken Anteil an Fragen der Literatur, Kunst, Religion, Wissenschaft und Politik. *Beitr. 10 (1920) S. 155; Am. Biogr. 6 (1889) S. 489.* Wi.

WHITTEMORE, Amos, geb. 19. April 1759 in Cambridge (Mass.), gest. 27. März 1828 in West Cambridge. Sein Vater war ein kleiner Farmer, der es durch großen Fleiß dahin brachte, seinen Kindern eine verhältnismäßig gute Erziehung angedeihen zu lassen. Whittemore arbeitete zunächst auf der Farm seines Vaters, zeigte aber von Anfang an große technische Befähigung. Er entschloß sich, Gewehrmacher zu werden, und trat in eine entsprechende Lehre ein. Lange vor Beendigung der vereinbarten Lehrzeit gab ihm sein Meister den Rat, sich selbständig zu machen, da er ihn nichts Neues mehr lehren könne. Die folgenden Jahre versuchte er sein Heil in diesem und jenem Gewerbe mit mehr oder minder großem Erfolg; schließlich interessierte er sich in Gemeinschaft mit seinem Bruder und noch fünf anderen für die Herstellung von Baumwoll- und Wollkarden. Whittemore erkannte hierbei von Anfang an, daß die bisher sehr kostspielige und dabei höchst unvollkommene Herstellung der Karden von Hand maschinell auszuführen sein müßte. Er verwandte in der Folge alle seine Zeit für die Lösung dieser Frage; er sprach und träumte nur von der maschinell hergestellten Karde. Alles hatte er schließlich zusammen; nur eine kleine Teiloperation, das Biegen des Drahtes, wollte ihm nicht gelingen. Als er schon fast verzweifeln wollte, zeigte ihm eine plötzliche Eingebung die Lösung.

Das fertiggestellte Modell war bereits so scharf durchdacht, daß es viele Jahrzehnte fast unverändert benutzt wurde. 1797 erhielten er und seine Mitarbeiter einen Patentschutz auf 14 Jahre, der später auf eine besondere Eingabe hin noch um 14 Jahre verlängert wurde. Whittemore reiste nach England, um die Maschine auch hier zu schützen zu lassen, was ihm aber nicht gelang. Nach Amerika zurückgekehrt, verband er sich mit seinem Bruder und einem Kapitalisten, und im Jahre 1812 wurde die „New York Manufacturing Company" mit einem Kapital von 800000 Dollar ins Leben gerufen. Die Geschäftslage war günstig, und Whittemore verkaufte seine Anteile und seine Patente für 150000 Dollar. Er zog sich auf einen kleinen Landbesitz in West Cambridge zurück und widmete sich hinfort nur noch seiner Familie und seinen astronomischen Arbeiten. Amos Whittemore war von ruhigem und versöhnlichem Charakter; er sprach nicht viel; oft konnte man ihn in tiefes Nachdenken versunken sehen, aus dem er nur schwer zu reißen war. *Self-made Men (New York 1858); Am. Biogr. 6 (1889) S. 492.* Wi.

WHITWORTH, Sir Joseph, geb. 21. Dez. 1803 in Stockport, gest. 22. Jan. 1887 in Monte Carlo. — Mit 14 Jahren trat Whitworth in die Baumwollspinnerei seines Onkels ein, hielt es vier Jahre hier aus, ging dann zum Maschinenbau über, der ihn seit jeher stark gefesselt hatte, und arbeitete in mehreren Maschinenfabriken in Manchester und London. 1833 gründete er in Manchester eine eigene Werkzeug- und Werkzeugmaschinenwerkstätte, die er in kurzer Zeit durch die hier geschaffenen Präzisionsinstrumente, Lehren und durch seine Untersuchungen über Maße und Gewichte zu hohem Ansehen brachte. Das von ihm geschaffene und nach ihm benannte Gewindesystem, das zum ersten Male eine gewisse Ordnung und Einheitlichkeit in die bisher nach Faustregeln arbeitenden Maschinenwerkstätten und -fabriken brachte, hat heute noch seine führende Stellung neben dem metrischen und anderen Systemen. Im Jahre 1877 wurde der Wert der Whitworthschen Fabrik auf rd. 5 Mill. Mark geschätzt. Sir Joseph war sehr autokratisch; eine eigene Meinung außer seiner gab es hier nicht. Sein erster Betriebsleiter, der bereits 24 Jahre in seinen Diensten stand, wurde einfach entlassen, weil er während einer langen schweren Krankheit Whitworths einige Veränderungen vorgenommen hatte, obwohl diese Änderungen sich später als Verbesserungen erwiesen.

Wichtig sind auch seine um 1850 vorgenommenen Studien an gezogenen Gewehren und Kanonen; besonders wertvoll ist die Feststellung der Beziehungen zwischen Drall und Geschoßlänge. In den Kreisen der Stahlfabrikanten machte er durch sein Verfahren, den Stahl in flüssigem Zustand zu komprimieren, viel von sich reden. Sir Joseph Whitworth war einer der größten Ingenieure, die England im 18. Jahrhundert hervorgebracht hat. *Am. Mach. 26 (1903) S. 1158, 1179, 1284; Stahl u. Eisen 7 (1887) S. 158.* Wi.

WICHERT, Carl, geb. 10. Mai 1843 in Königsberg, gest. 18. Juni 1921 in Nauheim, besuchte Gymnasium und Provinziale Gewerbeschule seiner Vaterstadt und studierte das Maschinenbaufach in Berlin. 1872 trat er als Kgl. Eisenbahnmaschinenmeister in den höheren Staatsdienst ein und wurde drei Jahre später von Bromberg, wo er das maschinentechnische Bureau der dortigen Eisenbahndirektion geleitet hatte, in das Ministerium für Handel, Gewerbe und öffentliche Arbeiten berufen. 1879 zum Eisenbahnmaschineninspektor befördert, trat er hierauf zum Betriebsamte der Berliner Stadt- und Ringbahn über. Dank Wicherts Tätigkeit konnte die Stadtbahn im Jahre 1881 dem Betrieb störungslos übergeben werden.

1883 kam Wichert als Eisenbahndirektor zur Eisenbahndirektion Berlin, wo er innerhalb sechs Jahren Gelegenheit fand, seine hervorragenden Kenntnisse nutzbringend zu verwerten. Um die Einrichtung und Ausstattung der Personenwagen, die Einführung der automatischen Luftdruckbremse (System Carpenter, dann Westinghouse und zuletzt Kunze-Knorr) und die einheitliche Regelung des Werkstätten- und Betriebsstoffwesens hat er sich äußerst verdient gemacht. Ferner stellte er die für den Eisenbahnverkehr so bedeutungsvollen Untersuchungen über Reibungskoeffizienten zwischen Rad und Schiene an. 1907 wurde Wichert, inzwischen zum Oberbaudirektor ernannt, mit der Leitung des Maschinenwesens, das nunmehr von der Bauabteilung getrennt wurde, betraut. In Anerkennung seiner Verdienste um die Ausbildung des deutschen Eisenbahnmaschinenbaues ernannte ihn die Technische Hochschule zu Berlin zum Dr.-Ing. E. h. im Jahre 1906.

Außerhalb seiner Tätigkeit war Wichert ordentliches Mitglied der Akademie des Bauwesens, lange Jahre hindurch Vorsitzender des Vereins deutscher Maschineningenieure und zuletzt Abteilungsvorsteher im Technischen Oberprüfungsamt. *ETZ 27 (1906) S. 294; Organ (1919) S. 375; Ztg. d. Vereins deutscher Eisenbahn-Verwaltungen 1 (1918) S. 420.* Be.

WIEBE, Friedrich Carl Hermann, geb. 27. Okt. 1818 zu Thorn i. Westpr., gest. 26. März 1881 zu Berlin. Wiebe war der Sohn eines Gerichtsassessors, besuchte das Gymnasium in Elbing und lernte dann bei dem Mühlenbaumeister Wulff in Danzig in den Jahren 1836 bis 1839 praktisch die Müllerei und den Mühlenbau, der damals noch als Handwerk galt. Nachdem er als Geselle freigesprochen war, bezog er 1839 das Gewerbeinstitut (jetzige Technische Hochschule) in Berlin. 1842 bestand er seine Prüfung als Mühlenbaumeister und begann in Berlin seine praktische Tätigkeit, die ihm rasch Erfolge brachte, so daß er bereits 1844 einen Hausstand gründen konnte.

In den Jahren 1843 bis 1847 gab Wiebe sein erstes Werk „Archiv für den praktischen Mühlenbau" heraus, 1845 wurde er von Beuth als Lehrer der Maschinenbaukunde an das Gewerbeinstitut, 1846 auch an die Allgemeine Bauschule berufen. 1851 erhielt er, wohl als erster in Preußen, den Titel als Kgl. Professor der Maschinenbaukunde. 1854 bis 1860 entstand seine „Lehre von den einfachen Maschinenteilen", 1858 „Die Maschinenbaumaterialien und ihre Bearbeitung", 1861 „Die Mahlmühle" und 1868 die „Theorie der Turbinen". Daneben gab er seit 1868 bis zu seinem Tode in fortlaufenden Lieferungen, insgesamt 130 Heften, sein „Skizzenbuch für den Ingenieur und Maschinenbauer" heraus.

Neben einer ungewöhnlich aufopfernden und gewissenhaften Lehrtätigkeit stellte Wiebe seine gewerbliche Arbeit nie ganz ein, sie blieb das Band, das ihn ständig mit der schaffenden Praxis verband und dadurch seinem Vortrag einen für die Schüler besonders wertvollen frischen Zug verlieh. Daneben fand er noch Zeit, die Pläne für die Militärproviantmühlen der fünf Hauptfestungen Preußens zu liefern.

Als 1879 die Gewerbeakademie und die Bauakademie zur Technischen Hochschule vereinigt wurden, ernannte die Regierung Wiebe zum ersten Rektor für das Jahr 1879/80, und das Lehrerkollegium wählte ihn im nächsten Jahr für das gleiche Amt. In verschiedenen Kommissionen und Vereinen war er ein immer tätiges und förderndes Mitglied.

Während Wiebes Jugendzeit in die Jahre des wirtschaftlichen Niederganges der deutschen Industrie fiel, begann eben um die Zeit, da er als Lehrer berufen wurde, eine neue Entwicklung des Maschinenbaues, die verlangte, daß der Lehrer unvergleichlich mehr geben mußte, als er selbst lernend empfangen hatte. Mit Geschick wußte Wiebe aus dem raschen Wechsel der Erscheinungsformen das Entwicklungsfähige herauszugreifen, das Erfahrungswissen planvoll und theoretisch zu verarbeiten und aus dem bisherigen Maschinenbauhandwerk eine Kunst zu schaffen. Seine literarischen Arbeiten stehen hoch über den Werken früherer Lehrer, die meist die Abmessungen der Maschinenelemente als unveränderliche Erfahrungsgrößen mitteilten, und verfallen auch nicht in den gerade zu seiner Zeit sehr häufigen Fehler, nach langen theoretischen Abhandlungen aus der Mechanik den Konstrukteur letzten Endes auf Korrekturkoeffizienten und Verhältniszahlen zu verweisen. Wiebe zeigte vielmehr an Hand guter in- und ausländischer Vorbilder die an die einzelnen Konstruktionen zu stellenden Anforderungen und die Wege, die Theorie und Erfahrung zu einer einfachen und brauchbaren Lösung weisen.

Einfach und anspruchslos wie seine Lehre waren auch sein Leben und sein Charakter. *Feier zur Übergabe der Büste Wiebes in der Technischen Hochschule Berlin (Berlin 1899).* Erk.

WIEBE, Friedrich Ernst Adolf, geb. 17. März 1826 in Tiegenhof im Marienburger Werder, gest. 8. Juli 1908 in Heiligendamm i. M. Er war der Sohn eines Rechtsanwalts und Notars. — Einer seiner Vorfahren war wahrscheinlich der Ingenieur und Mühlenbauer Adam Wybe aus Harlingen, der 1616 bis 1653 beim Rat von Danzig tätig war und unter anderem die erste Seilbahn zur Erdbewegung für den Festungsbau verwendet hat. — Sein Oheim Eduard Wiebe gehörte zu den ersten Bahnbrechern des Eisenbahnwesens, sein ältester Bruder Hermann war ein hervorragender Maschinenbauer und ist als erster Rektor der Berliner Technischen Hochschule gestorben. Adolf Wiebe legte 1844 die Abgangsprüfung am Elbinger Gymnasium ab, studierte ein Jahr an der Königsberger Universität, machte seine Lehrzeit als Feldmesser beim Neubau des Elbing-Oberländischen Kanals durch und bestand 1847 die Feldmesserprüfung, woran sich die praktische Beschäftigung als Feldmesser in Tilsit schloß. Erst danach konnte er im „tollen Jahre" 1848 das zweijährige Studium an der Bauakademie beginnen; dann legte er seine Bauführerprüfung ab und nach zweijähriger praktischer Tätigkeit beim Neubau der Dirschauer Weichselbrücke und dem vorgeschriebenen dritten Studienjahr die Baumeisterprüfung in der Richtung des Wasser-, Wege- und Eisenbahnbaues. Nach mehreren Jahren Bautätigkeit mußte er sich 1856 noch einer Ergänzungsprüfung im Hochbaufach unterziehen, die zur Weiterbeförderung als unerläßlich galt. 1857 verließ er den Eisenbahndienst bei der Direktion Bromberg und wandte sich dem Wasserbaufach zu. Von 1857 bis 1866 leitete er das neugeschaffene Meliorationsbauamt in Ostpreußen und trat dann zur Regierung in Frankfurt a. O. über; aus dem Staatsdienst beurlaubt, führte er danach 1872 bis 1875 die schwierigen Eisenbahnbauten in der Oderniederung bei Stettin aus und wurde 1875 Geheimer Baurat und Vortragender Rat, 1888 Oberbaudirektor für den Wasserbau. 1896 schied er aus dem Staatsdienst als Wirklicher Geheimer Rat mit dem Prädikat Exellenz. Seine Hauptleistung war die Kanalisation der Unterspree Berlin—Spandau und die Verbesserung des Spreelaufes innerhalb Berlin. Für die Durchführung der Großschiffahrt durch die Stadt, die unschädliche Abführung des Hochwassers, die Verbesserung der großstädtischen Straßen, die Erleichterung des Baues der Stadtbahn und die städtische Kanalisation waren diese Maßnahmen von entscheidender Bedeutung. Auch die anderen märkischen Wasserstraßen förderte Wiebe tatkräftig; 1875 konnten bei günstigen Wasserständen Fahrzeuge mit rund 100 t Ladefähigkeit von der Elbe nach Berlin und zur Oder gelangen, 1896 dagegen jederzeit Kähne von 400 bis 500 t verkehren. Auch die Oderschiffahrt verdankt ihm viel durch Ausbau schlechter Stromstrecken der mittleren Oder, durch Anlage des Oder-Spree-Kanals und durch Einrichtung der Oder bei Breslau und des oberen Stromlaufs für die Großschiffahrt bis zu dem von ihm geplanten Koseler Umschlaghafen. Aber auch die Hochwasserverhältnisse wurden verbessert, wie er überhaupt stets die Landeskulturinteressen zu fördern suchte. Seine Bestrebungen, für die Weichsel unter Abschluß der Nogat einen einheitlichen ungeteilten Stromlauf zu schaffen zum Schutze seiner heimatlichen Niederungen gegen Hochwasser und Eisgang, eilten ihrer Zeit weit voraus, mehr als drei Jahrzehnte mußten noch vergehen, ehe sie verwirklicht waren.

Wiebe war Dirigent der Ingenieurabteilung der Akademie des Bauwesens, Präsident des Technischen Oberprüfungsamtes, Mitglied des Zentraldirektoriums der Vermessungen, ferner Ehrenmitglied des Vereins für Gewerbefleiß in Königsberg, des Architektenvereins und des Vereins für Eisenbahnkunde sowie des Zentralvereins zur Hebung der deutschen Fluß- und Kanalschiffahrt. *Zentr. Bauv. 28 (1908) S. 393.* Se.

WIEBE, Hermann Friedrich, geb. 17. April 1852 in Hamburg, gest. 17. Sept. 1912 in New York. Wiebe besuchte in Hamburg Bürgerschule, Propolytechnikum und Gymnasium, 1870 bis 1873 die Technischen Hochschulen in Berlin, Aachen und Karlsruhe. 1876 trat er bei der Kaiserlichen Normal-Eichungs-Kommission ein und wurde hier hauptsächlich mit Untersuchungen über die Prüfung von Fieberthermometern und Petroleumprobern beschäftigt. 1887 trat Wiebe zu der neugegründeten Physikalisch-Technischen Reichsanstalt über, promovierte 1894 in Tübingen, wurde 1895 zum Professor und 1906 zum Geheimen Regierungsrat ernannt.

An der Reichsanstalt galt Wiebes Wirken hauptsächlich der Thermometrie und der Petroleumprüfung. Er führte zunächst die Vergleichung der Quecksilberthermometer mit dem Luftthermometer in dem Gebiet von 100 bis 300° durch, später dehnte er die Arbeiten bis 500° aus, wobei er eine noch heute kaum überbotene Genauigkeit erreichte. Die genauen Messungen waren nur möglich durch seine Vorarbeiten für die Anfertigung nachwirkungsfreier Thermometergläser durch Dr. Schott in Jena. Wiebe stellte fest, daß außer den bereits bekannten reinen Natrongläsern auch die reinen Kaligläser, die sich leichter herstellen und verarbeiten lassen, fast vollkommen frei von Nachwirkungen sind.

Außer dem großen Prüfungslaboratorium für Thermometer richtete Wiebe an der Reichsanstalt auch die Prüfungslaboratorien für Manometer, Indikatoren und Kalorimeter ein, wobei er namentlich bei der Prüfung der Manometer bis 500 kg/cm² eine bis dahin unerreichte Genauigkeit erzielte.

1908 wurde Wiebe zum Vertreter des Deutschen Reiches in der Internationalen Kommission zur Vereinheitlichung der Untersuchung von Petroleumprodukten ernannt. In dieser Stellung förderte er unermüdlich die in Frage kommenden wissenschaftlichen Untersuchungen und erreichte unter anderem, daß der deutsche Typus des Abelschen Petroleumprobers, der Abel-Pensky-Apparat, 1912 auf der Wiener Tagung der internationalen Petroleumkommission für die Flammpunktprüfung von Leuchtölen angenommen wurde. Auch die Untersuchung der für die Prüfung der Erdöle in Betracht kommenden Zähigkeitsmesser förderte Wiebe eifrig.

Um auf seinem Hauptarbeitsgebiete, der Temperaturmessung mit Quecksilberthermometern, die Fortschritte des Auslandes der deutschen Industrie zu übermitteln, unternahm er im Jahre 1910 eine Studienreise nach Amerika, deren Ergebnisse er in zahlreichen Vorträgen und Veröffentlichungen niederlegte. *Petroleum 8 (1912).* Erk.

WILKINSON, John, geb. 1728 in Little Clifton, Cumberland, gest. 14. Juli 1808 in Bradley. Sein Vater Isaac Wilkinson, aus einfachen Verhältnissen hervorgegangen, war im Hochofenwesen tätig: seine sämtlichen Verwandten waren ebenfalls Eisenhüttenleute. Isaac betätigte sich nebenbei als Landmann, wie es die Hüttenleute in den Zeiten der alten Holzkohlenöfen nicht selten taten. Über die ersten Lebensjahre John Wilkinsons ist nichts bekannt. Kurz vor seinem zehnten Jahre siedelte die Familie nach Blackbarrow in Lancashire über, wo noch heute der einzige Holzkohlenhochofen Großbritanniens in Betrieb ist. Dort war der Vater als Topfgießer tätig, als welcher er 1738 ein Patent auf ein kastenartiges Bügeleisen aus Eisenguß nahm. Dem Sohne John ließ er eine vorzügliche wissenschaftliche Ausbildung zuteil werden bei einem Dr. Rotherram in Kendal. Wahrscheinlich trat John im Anschluß daran bei seinem Vater in die Lehre. Das väterliche Geschäft blühte so auf, daß er 1747 mit drei Bekannten zusammen in der Nähe von Blackbarrow einen Hochofen erbauen konnte. Nach zwei Jahren machte er sich aber wieder frei, um ein eigenes Hochofenwerk Wilson House in der Nähe von Lindal zu erwerben. So hatte John Gelegenheit, an mehreren Orten unter verschiedenen Verhältnissen seine praktischen Kenntnisse zu erweitern. Als er erwachsen war, ging er nach Shropshire, dem damaligen Mittelpunkt der englischen Eisenindustrie. Es gelang ihm, zu Kapital zu kommen und die Werke in Bradley, auf denen er arbeitete, käuflich zu erwerben. Auch der Vater hatte inzwischen mit mehreren Patenten, einem Zylindergebläse, dem Vorläufer des bekannten Smeatonschen Gebläses und einem Sandformverfahren Erfolge gehabt. Er geriet jedoch später in finanzielle Schwierigkeiten, so daß er am Ende seines Lebens ganz von seinen Söhnen John und William abhängig war. Sie scheinen 1761 oder 1762 die väterlichen Werke unter dem Namen „New Bersham Co." ganz übernommen zu haben, die sie neu organisierten und erweiterten. Der Vater starb 1784 in Bristol. 1763 brachte John Wilkinson die Heirat mit seiner zweiten Frau ein ansehnliches Vermögen, das ihm die Pachtung eines Hochofens in Willey, nicht weit von Coalbrookdale in Shropshire, ermöglichte. Außer Gußwaren stellte er hier auch Schmiedeisen nach dem damals üblichen Frischverfahren her. Kurz darauf hatte er bei seinen Hochöfen in Bradley den großen Erfolg, Steinkohlen statt Holzkohlen zum Eisenschmelzen verwenden zu können. Allerdings benutzte er rohe Steinkohle. Das Arbeitsverfahren mit verkokter Kohle wurde erst 1828 nach Einführung der erhitzten Gebläseluft allgemeiner.

In Willey nahm John Wilkinson 1774 sein erstes Patent auf ein neues Verfahren zum Gießen und Ausbohren eiserner Kanonen, das bald auch auf das Bohren von Maschinenzylindern übertragen wurde und die Herstellung genauer Dampfzylinder, wie sie die neue Erfindung Watts damals forderte, erst ermöglicht hat. Die erste aus der Firma Boulton & Watt hervorgehende Zylindergebläse-Dampfmaschine kam 1776 auf Wilkinsons Werk in Willey in Betrieb. Auch die erste Anwendung der neuen Wattschen Dampfmaschine in Verbindung mit einem Stielhammer zum Eisenschmieden erfolgte 1783 auf dem Wilkinsonschen Werk in Bradley. Wilkinson setzte sich auch für den Bau der ersten eisernen Brücke der Welt ein, die auf Vorschlag von Abraham Darby III über den Severn 1779 gebaut wurde. Die Einführung des Eisens in den Bootbau geht ebenfalls auf Wilkinson zurück, der 1787 ein kleines eisernes Boot in Willey zu Wasser ließ.

1789 erhielt John Wilkinson ein Patent auf gezogene Geschütze und 1790 ein solches auf Ziehen von Bleirohren. Als vielseitiger Erfinder betätigte er sich bis zu seinem Tode. Seine Patente beziehen sich auf Walzverfahren, Eisenschmelzverfahren, Verwendung der Schlacken, der Frischherde und Schweißöfen, wobei der benutzte Ofen dem heutigen Kuppelofen schon ziemlich ähnlich war, Salzpfannenfeuerung u. a. m. Sie alle aufzuzählen, ist unmöglich, sie lassen aber einen hervorragenden technischen Ideenreichtum erkennen. Alle Erfindungen sind auf Grund eingehender Versuche entstanden. Auch als Landwirt hat er sich vielseitig auf seinen verschiedenen Gütern erfolgreich betätigt. Zwistigkeiten mit seinem Bruder führten schließlich zum Auflösen der Bersham-Werke. John Wilkinson war sehr reich geworden und galt als zuverlässiger Geschäftsmann von ungewöhnlichem geschäftlichem Scharfsinn, gepaart mit großem Organisationstalent. Große Menschenkenntnis unterstützte ihn bei der Auswahl seiner Mitarbeiter, und eine seltene Energie ließ ihn seine Pläne rücksichtslos durchführen. Er war freigebig und sorgte für seine alten Arbeiter durch Aussetzen von Pensionen, ebenso unterstützte er seine in Not geratenen Verwandten wiederholt und reichlich. Er starb an Altersschwäche in seinem Hause zu Bradley. Er war im letzten Viertel des 18. Jahrhunderts wohl der angesehenste Fachmann auf dem Gebiete des Eisenhüttenwesens. Sein Bruder William ist bekannt durch die erstmalige Anwendung von Kuppelöfen zum Umschmelzen des Eisens in Gießereien und seine Beziehungen zum Grafen Reden und Oberschlesien. *Beitr. 8 (1911) S. 215; Gesch. Eis. 3.* Lo.

WILLANS, Peter William, geb. Nov. 1851 in Leeds (Yorkshire), gest. 23. Mai 1892 in Thames Ditton. Peter William Willans gehörte zu den erfolgreichsten Ingenieuren seiner Zeit, dessen Laufbahn durch einen Unglücksfall leider zu früh beendet wurde. Er erhielt seine erste Ausbildung in der Leeds Grammar School. Nach Beendigung seiner Erziehung trat er als Lehrling bei Carrett & Marshall, die spätere Firma Hathorn, Campbell Davey ein. Im August 1872 fing er seine Laufbahn als Ingenieur bei der Firma John Penn Sons in Greenwich an, wo er zunächst im Konstruktionsbureau beschäftigt wurde und schließlich sein Patent auf eine dreizylindrige Dampfmaschine erhielt. Kurze Zeit darauf trat er als Teilhaber in die Firma von A. Ward, die unter dem Namen Willans & Ward bekannt wurde, ein, wo er indessen nur kurze Zeit blieb. Er trat dann zu der Firma von Hunters & English in Bow über, die die Herstellung der Willans-Maschine für Marinezwecke aufnahm. 13 Jahre vor seinem Tode, im Jahre 1880, machte er sich in Gemeinschaft mit M. H. Robinson in Thames Ditton selbständig. Hier erfand er die nach ihm benannte Maschine, deren Ausbildung und Einführung seine Lebensarbeit werden sollte. Es war eine kleine einfachwirkende dreikurbelige Maschine mit Umsteuerung, die in dem ersten Patent (Nr. 1572) 1880 beschrieben ist. 1882 fügte Willans die Luftpufferwirkung zwischen Kreuzkopf und Zylinder hinzu, wodurch die Beschleunigung bei dem aufwärts gerichteten Leerganghub aufgenommen und ein sehr ruhiger und gleichmäßiger Gang erreicht wurde. Die heutige für den großen Erfolg ausschlaggebende Form gab Willans seiner Maschine 1884 und 1885 durch eine vollkommen zentral angeordnete Kolbenschiebersteuerung. Damit war die Entwicklung der Willans-Maschine beendet. Alle späteren Verbesserungen änderten nichts mehr am Wesen der Maschine. Auch wissenschaftlich äußerst wertvolle Untersuchungen und literarische Arbeiten auf dem Gebiete der Dampfmaschine kennzeichnen ihn als einen weit über das Durchschnittsmaß hervorragenden Ingenieur. Hierher gehören neben vielen anderen zwei der Institution of Civil Engineers überreichte Aufsätze: „Economy Trials on a non condensing steam engine" und „Economy Trials on a condensing steam engine", die in den Proceedings der genannten Gesellschaft, Bd. 93 u. 94, zu finden sind. Zu früh für die Technik entriß ein Unglücksfall 1892 den großen Ingenieur seiner verdienstvollen Arbeit. Die Firma wurde 1893 in eine Aktiengesellschaft umgewandelt und 1897 eine neue große Fabrik in Rugby gegründet.

Als Mensch zeichnete er sich durch ein gewinnendes freundliches Wesen aus, so daß er überall, vor allem auch in den Kreisen der Arbeiter, die größten Sympathien besaß. *Entw. Dm. 2 S. 219; Engg. 53 (1892) S. 661.* Wi.

WINKLER, Clemens, geb. 26. Dez. 1838 zu Freiberg, gest. 8. Okt. 1904 zu Dresden. Winkler stammte aus einer alten hüttenmännischen Familie. Der Vater war bei der Geburt des Sohnes Oberschiedswardein, d. h. erster Chemiker bei den Freiberger Hüttenwerken, übernahm jedoch bald in seinem Geburtsorte Zschopental als Blaufarbenwerksfaktor die Leitung des Werkes. 1848 ging er in gleicher Stellung nach dem Blaufarbenwerke Pfannenstiel bei Aue im Erzgebirge. Den ersten Unterricht erhielt Clemens Winkler im Hause, von 1851 ab besuchte er das Gymnasium zu Freiberg, dann die Realschule zu Dresden und die Gewerbeschule zu Chemnitz (heute Gewerbeakademie). Bevor er im Herbst 1857 die Bergakademie bezog, nahm er unter Leitung seines Vaters in Pfannenstiel an einem praktisch-chemischen Kurse teil, wie sie von Zeit zu Zeit für die jüngeren Beamten, die „Blaufarbenwerkszöglinge", abgehalten wurden.

In Freiberg fand Winkler vielfache Anregung, in Scheerers Laboratorium, bei Plattner im Lötrohrblasen, bei Fritsche in Hüttenkunde und im Probieren. In den Familien seiner beiden Oheime, des Mineralogen Breithaupt und des berühmten Lehrers der Mechanik Weisbach, verkehrte er viel. 1859 wurde er Assistent beim Blaufarbenwerk Oberschlema, 1862 Hüttenchemiker und 1864 Hüttenmeister in Pfannenstiel. In demselben Jahre erwarb er in Leipzig auf Grund seiner Arbeit „Über Siliciumlegierungen und Silicium-Arsenmetalle" den Doktorgrad.

Am 1. Sept. 1873 übernahm er an der Bergakademie Freiberg die Professur für theoretische und analytische Chemie sowie für chemische Technologie. In dem alten Silberbrennhause richtete er sein mustergültiges Laboratorium ein. Winkler war ein Meister des fesselnden Vortrages, den er durch zahlreiche Experimente erläuterte; im Laboratorium hielt er die Praktikanten zur peinlichsten Ordnung und Sauberkeit an. Im Umgange war Winkler außerordentlich zuvorkommend und liebenswürdig, dabei war er ein Freund der Geselligkeit und der Musik. In den Jahren 1896 bis 1899 reorganisierte Winkler als Direktor die Bergakademie; auf seinen Antrag wurde in Freiberg das Wahlrektorat eingeführt. Ledebur wurde erster Wahlrektor. 1902 sah sich Winkler aus gesundheitlichen Gründen genötigt, in den Ruhestand zu treten, er ging nach Dresden, wo er am 8. Okt. 1904 schwerer Krankheit erlag.

Winklers wissenschaftliche Arbeiten sind außerordentlich zahlreich. Vielfach beschäftigten ihn Mineral- und Gesteinsanalysen. Am bekanntesten ist wohl seine „Untersuchung des Eisenmeteoriten von Rittersgrün" geworden (Sächs. Jahrbuch 1879 S. 171). Bei der Untersuchung des neuen Minerales Argyrodit aus der Grube Himmelsfürst bei Freiberg entdeckte er 1886 das neue Element Germanium. Dies war besonders bedeutungsvoll für die Bestätigung des von den Russen Mendelejeff aufgestellten Systems von der Periodizität der Elemente. Diese Entdeckung hat am meisten dazu beigetragen, um Winklers Namen in den weiteren Kreisen bekanntzumachen (Journ. f. prakt. Chemie 1886/87).

Nach der Entdeckung des Indiums durch Reich und Richter im Jahre 1864 hatte Winkler die Eigenschaften dieses neuen Metalles und seiner Verbindungen mit der ihm eigenen Gründlichkeit studiert (Journ. f. prakt. Chemie [1865] S. 67). Auch die beiden eng verwandten Metalle Nickel und Kobalt beschäftigten ihn vielfach. Er bestimmte das Atomgewicht beider Metalle neu (Zeitschr. f. anorgan. Chem. 1895/98).

Außer der Gewichtsanalyse wandte er seine Aufmerksamkeit auch der Elektroanalyse und der Maßanalyse zu (Die Maßanalyse nach neuem titrimetrischem System, 1883 — Praktische Übungen in der Maßanalyse, 1. Aufl. 1888, 2. Aufl. 1898, 3. Aufl. 1902). Außerordentlich eingehend beschäftigte sich Winkler mit dem Studium der Industriegase, sowohl was ihre Verwertung und Unschädlichmachung betrifft als auch mit ihrer Analyse. Auch die Grubenwetter zog er in den Bereich seiner Arbeiten. Schon 1867 veröffentlichte er: „Untersuchungen über die chemischen Vorgänge in den Gay-Lussacschen Kondensationsapparaten der Schwefelsäurefabriken." Epochemachend war seine Veröffentlichung „Versuche über die Überführung der schwefligen Säure in Schwefelsäureanhydrid durch Kontaktwirkung behufs Darstellung von rauchender Salpetersäure"(Dinglers polyt. Journ. 1875, Bd. 128, S. 128). In gemeinsamer Arbeit mit den Freiberger Hütten der Badischen Anilin- und Soda-Fabrik und deren Ingenieur Rudolf Knietsch wurde das Verfahren weiter ausgebildet und dadurch das bisherige Monopol des böhmischen Freiherrn v. Starck gebrochen. Die wissenschaftlichen Ergebnisse auf dem Gebiet der Gasanalyse veröffentlichte er in seinem „Lehrbuch der technischen Gasanalyse", 1. Aufl. 1885, 2. Aufl. 1892, 3. Aufl. 1902.

Auch der Geschichte des Hüttenwesens schenkte er Beachtung, er schrieb: „Geschichtliche Mitteilungen über die erloschenen Silber-, Blei- und Kupferhütten des Erzgebirges und Voigtlandes, 1871."

An äußeren Ehren hat es Winkler nicht gefehlt; es ergingen an ihn zahlreiche Berufungen an andere Hochschulen, denen er jedoch nicht Folge leistete.

Dankbare Schüler und zahlreiche Verehrer aus den Kreisen der Industrie errichteten ihm im Herbst 1910 in den Anlagen vor dem altersgrauen Schlosse Freudenstein in unmittelbarer Nähe seines Laboratoriums ein Denkmal in Gestalt eines Obelisken aus hellgrauem Marmor mit einem Medaillon, das den charaktervollen Kopf zeigt, und einer allegorischen Darstellung der chemischen Wissenschaft von der Meisterhand Carl Seffners. *Brunck: Berichte der Deutschen chemischen Gesellschaft (1907), H. 18; Wappler: Freiberger Altertumsverein, H. 42.* Tr.

WINKLER, Paul, geb. 30. Aug. 1852 in Fürth, gest. 16. April 1915 in Fürth, besuchte die Lateinschule und später die Handelsschule in Fürth, trat 1866 in das väterliche Geschäft ein (Glasfabrik Christian Winkler & Sohn), ging 1868 als Volontär nach Norddeutschland, war viel auf Reisen, die ihn nach Frankreich, Holland, Belgien, Österreich-Ungarn, England und Nordamerika führten und wurde in den siebziger Jahren Teilhaber im Geschäft seines Vaters. Die deutsche, insbesondere die bayerische Glasindustrie verdankt Winkler viel. Unter Hintansetzung eigener Interessen stellte er seine ganze Arbeitskraft, seine Kenntnisse und Erfahrungen in ihren Dienst. Er war Vorsitzender der Vereinigung Bayerischer und Böhmischer Spiegelglasfabriken in Fürth, des Bayerisch-Böhmischen Rohglashüttenverbandes in Weiden und des Verbandes der Glasindustriellen Deutschlands. Der Glasberufsgenossenschaft gehörte er seit dem Jahre ihrer Gründung 1885 an; seit 1911 war er auch dort Vorsitzender des Vorstandes. Winkler erkannte frühzeitig den Wert des Zusammenschlusses der Arbeitgeber, wie er überhaupt allen sozialpolitischen Fragen weitestgehende Förderung angedeihen ließ. Er war Mitbegründer und Vorstandsmitglied des Arbeitgeberverbandes Deutscher Tafelglasfabriken, Mitglied der Handelskammer in Fürth, Ausschußmitglied des Zentralverbandes Deutscher Industrieller und Vorstandsmitglied des Mitteleuropäischen Wirtschaftlichen Verbandes in Deutschland.

Für die großen und mannigfachen Verdienste Winklers wurden ihm zahlreiche Ehrungen und Anerkennungen zuteil. *Nach Mitt. d. Kommerzienrats Chr. Winkler u. d. Glastechnischen Gesellschaft.* Mch.

WITT, Otto Nikolaus, geb. 31. März 1853 in St. Petersburg, gest. 22. März 1915 in Berlin, wurde als Sohn eines aus Holstein stammenden Apothekers, der im russischen Ministerium eine hohe Stelle bekleidete, und einer deutschrussischen Mutter in St. Petersburg geboren. 1864 verließ er mit seinen Eltern die Geburtsstadt und siedelte nach München und dann nach Zürich über. Hier besuchte er das Gymnasium und die Industrieschule, die den deutschen Oberrealschulen entspricht, und bezog 1871 das Eidgenössische Polytechnikum, das er nach zwei Jahren mit einer guten Ausbildung verließ. 1873 war er als Analytiker in der Duisburger Eisenhütte Vulkan tätig und 1874 als Farbchemiker in der Kattundruckerei von Gabriel Schiesser in Hardt bei Zürich. Seiner hier erwachten Liebe zu den Farbstoffen ist er bis zuletzt treu geblieben. Seine wissenschaftlichen Neigungen veranlaßten ihn, 1874, wieder zum Polytechnikum zurückzukehren, wo er selbständige Arbeiten über „Derivate des m-Dichlorbenzols" und „Aromatische Nitrosamine" veröffentlichte, die ihm 1875 den Doktortitel der Universität Zürich einbrachten.

Im selben Jahre trat er in die Dienste der kleinen Farbenfabrik von Williams, Thomas & Dower in Brentfort bei London. Bald wurde er erster Chemiker in deren Star-Chemical-Works. Er erfand hier 1876 die wichtigen Azofarbstoffe Chrysoidin und bald darauf die Tropäoline. 1879 trat er in die Farbenfabrik Leopold Cassella & Co. in Frankfurt ein und siedelte bald darauf an die Chemieschule in Mülhausen i. Els. über. In dieser Zeit arbeitete er über Indophenol, Neutralrot und Neutralviolett. Er war hier auch zum ersten Male als Lehrer tätig.

Von 1882 bis 1885 war er wissenschaftlicher Leiter des Vereins chemische Fabriken in Mannheim-Waldhof, wo unter ihm und Caro die Azo-Farbenindustrie schnell emporwuchs.

Aber der Zug zur Wissenschaft war stärker. 1886 habilitierte er sich als Privatdozent an der Technischen Hochschule Berlin, wurde 1888 Dozent und 1891 ordentlicher Professor.

1876 erschien seine bedeutende Arbeit „Zur Kenntnis des Baues und der Bildung färbender Kohlenstoffverbindungen", die die Grundlagen unserer Anschauungen über die Chromophor- und Auxochromtheorie bildet, ohne die die Entwicklung der Farbstoffchemie nicht denkbar wäre. In seiner Lehrtätigkeit hat Witt dauernd weiter an ihr mitgearbeitet. Er führte die α-Naphtholsulfosäure und das Benzidin als Farbstoffkomponente ein, ferner das Dinitranilin. Er erfand 1889 neue beizenziehende Azofarbstoffe zur direkten Ausfärbung auf Wolle und klärte in vielen, bis an sein Lebensende reichenden Arbeiten den Bau zahlreicher Farbstoffe auf.

1905 konnte Witt das großzügig ausgestattete chemischtechnische Institut der Technischen Hochschule Berlin einrichten.

1906 vertrat er das Deutsche Reich auf dem Internationalen Kongreß für angewandte Chemie in Rom. 1909 in London. Im selben Jahre war er Präsident der Deutschen chemischen Gesellschaft.

Witts Begabung erschöpfte sich nicht in der angewandten organischen Chemie. Er verfaßte Werke über „Die chemische Technologie der Gespinstfasern", „Die chemische Industrie des Deutschen Reiches im Beginne des 20. Jahrhunderts", leitete die Zeitschrift „Chemische Industrie" und den populärwissenschaftlichen „Prometheus". Seine eigenen, meist in dieser Zeitschrift erschienenen Aufsätze gab er unter dem Titel „Narthekion, nachdenkliche Betrachtungen eines Naturforschers" heraus.

Witt war Fachmann auf den Gebieten der Sprengstoffindustrie, der Keramik- und Mörtelindustrie und hat als erster diesen ältesten chemischen Gewerben einen breiten Raum in seinen Vorlesungen gewährt. Den jungen Industrien der Kunstseiden und des Luftstickstoffs hat er reges Interesse entgegengebracht. Als Fachmann auf dem Gebiete des Gutachterwesens und des Patentrechts genoß er großes Ansehen.

Nicht zu vergessen ist seine Fertigkeit in den Arbeiten des Laboratoriums. Er liebte es, sinnreiche Apparate zu bauen und selbst aus Glas zu blasen. Ihm verdankt man u. a. die durchlöcherten Filtrierplatten, Rührer, Pressen u. a. m.

Seinem an Arbeit und Erfolgen reichen Leben machte in seinem 62. Lebensjahre ein Herzschlag ein vorzeitiges Ende *Chem. Z. 37 (1913) S. 381, 39 (1915) S. 441; Zeitschr. f. angew. Chem. (1915) S. 193.* Sa.

WITTENBAUER, Ferdinand, geb. 18. Febr. 1857 zu Marburg a. d. Drau, gest. 16. Febr. 1922 in Graz, studierte an den Technischen Hochschulen in Graz und Wien, später an den Universitäten in Berlin und Freiburg i. Br., habilitierte sich 1880 als Privatdozent an der technischen Hochschule in Graz, wurde 1887 außerordentlicher, 1891 ordentlicher Professor der allgemeinen und technischen Mechanik. 1917 verlieh ihm die Deutsche Technische Hochschule in Prag die Würde eines Ehrendoktors. Wittenbauers wissenschaftliche Arbeiten liegen fast ausschließlich auf dem Gebiete der Kinematik und Dynamik starrer Körper; er hat die ersten eigentlichen dynamischen Methoden zur Untersuchung der Getriebe ausgearbeitet. Bemerkenswert sind auch seine Arbeiten auf dem Gebiete der Elastizitätslehre. Sein dreibändiges Werk: „Aufgaben aus der technischen Mechanik" verbindet seinen Namen dauernd mit dem Mechanikunterrichte an unseren deutschen Hochschulen; es bringt in reicher Mannigfaltigkeit eine Fülle von Beispielen aus allen Gebieten in mannigfachen Formen. Neben dieser wissenschaftlichen Tätigkeit ließ er aber auch sein reiches Innenleben in einer Reihe epischer und dramatischer Dichtungen auswirken, von denen erwähnt seien: „Flaschenzug und Zirkelspitze", „Der Narr von Nürnberg" (1896), „Das Gispele" (1900), „Die Hübscherin und ihr Gärtlein" (1902); „Filia Hospitalis" (1902), „Der Privatdozent" (1905). Von den beiden letzteren Werken (Schauspiele) hatte insbesondere „Der Privatdozent" einen großen nachhaltigen Erfolg. *Ingenieur-Zeitschrift (Teplitz) 3 (1923) S. 60.* Bk.

WITTFELD, Gustav, geb. 24. Okt. 1855 in Aachen, gest. 24. Sept. 1923 zu Berlin-Wilmersdorf. Seine Schul- und Hochschulbildung erhielt er in seiner Vaterstadt Aachen. Nach Beendigung des Studiums trat er in den Staatsdienst. 1895 wurde er als Hilfsarbeiter in das preußische Ministerium der öffentlichen Arbeiten berufen, wo ihm 1904 das Dezernat für Elektrotechnik bei der Staatsbahn übertragen wurde. Unter seiner Führung und Mitwirkung wurden die ersten Strecken auf der preußischen Staatsbahn elektrifiziert. Er machte sich hauptsächlich verdient um die Elektrifizierung der Bahnen Berlin-Potsdamer Ringbahnhof—Gr.-Lichterfelde-Ost, Dessau—Bitterfeld—Halle—Leipzig, Niedersalzbrunn—Lauban—Görlitz. Wittfeld setzte sich frühzeitig für die Verwendung minderwertiger Brennstoffe in Kraftwerken ein. Er sorgte für die Einführung des Triebwagenverkehrs auf Strecken geringen Verkehrs. In jeder Beziehung wurde die Verwendung der Elektrizität im Eisenbahnwesen von ihm gefördert. In Anerkennung seiner Verdienste wurden ihm von der Technischen Hochschule Berlin die Würde eines Dr.-Ing. ehrenhalber verliehen. *Z 67 (1923) S. 1085.* Gu.

WÖHLER, August, geb. 22. Juni 1819 in Soltau, gest. 21. März 1914 in Hannover, Sohn eines Lehrers, studierte in Hannover an der Höheren Gewerbeschule das Maschinenbaufach. Ein Stipendium machte ihm zur Bedingung, während des vierten Studienjahres halbtägig, während des fünften Jahres ganztägig in der Werkstatt an Drehbank und Schraubstock zu arbeiten. Nach Beendigung der Studien war er bei den Bauarbeiten für verschiedene neue Eisenbahnlinien in Hannover und Preußen sowie bei Borsig in Berlin tätig, wurde 1843 zur Erlernung des Lokomotivfahrens von seiner Regierung nach Belgien geschickt und dann als Lokomotivführer und Maschinenmeister verwendet. 1847 trat er als Obermaschinenmeister zur Niederschlesisch-Märkischen Eisenbahn über und wurde bei Übernahme dieser Bahn durch den preußischen Staat mit übernommen. In dieser Stellung führte Wöhler in Frankfurt a. O. die ersten Versuche auf dem Gebiete der Materialprüfung durch. Nach voraufgegangenen Untersuchungen über die Einwirkung der Schienenstöße auf die Eisenbahnräder sowie Drehungsbeanspruchungen der Achsen während der Fahrt begann Wöhler 1856 mit den denkwürdigen Dauerversuchen über die Festigkeit von Eisen und Stahl, die er an Probestäben sowohl für ruhende, wie für vielfach wiederholte Belastungen ausführte. Alle Apparate und Hilfsmittel hierfür mußte er selbst schaffen; ihre sinnreiche und zweckmäßige Anordnung zeugt für seine konstruktive Begabung. Die Maschinen sind später in die Königl. Preußische Versuchanstalt, das jetzige Materialprüfungsamt in Soltau überführt. Die Gründung der Versuchanstalt war s. Z. von Wöhler gefordert und eine unmittelbare Folge seiner erfolgreichen Versuche gewesen. Das Ergebnis der bis 1870 fortgesetzten Dauerversuche sind die jedem Ingenieur bekannten „Wöhlerschen Gesetze", die Aufschluß geben über das Verhalten der Konstruktionsmaterialien bei auftretenden Beanspruchungen und Schwingungen. Gleichzeitig gab er erstmalig für gewisse Belastungsarten bestimmter Materialien zulässige Spannungen und Dehnungen an. Um die Bedeutung dieser Arbeiten, die die Grundlage der heute in jeder Fabrik unentbehrlichen Materialprüfungen bilden, zu verstehen, muß man sich klar machen, daß erst hierdurch die Möglichkeit zu einer wissenschaftlichen Grundlage beim Konstruieren gegeben war, während vor Wöhler noch recht viel dem „Gefühl" des Konstrukteurs überlassen war. Wöhler setzte in jahrelangen Kämpfen auch durch, daß 1876 gewisse Festigkeitsvorschriften für Eisen und Stahl als maßgebend in die Lieferbedingungen der Eisenbahnverwaltungen aufgenommen wurden. Die hierdurch eingeführte „Klassifikation von Stahl und Eisen" zwang die Hüttenwerke, ihre Erzeugnisse zu kontrollieren, die Einflüsse verschiedener Beimengungen auf Härte, Festigkeit und Dehnung zu studieren und führte damit gleichzeitig zu neuer Entwicklung des Eisenhüttenwesens.

Auch auf anderen Gebieten hat Wöhler mit großem Erfolge gearbeitet. Er stellte durch Versuche über Bremswirkung fest, daß die Reibung zwischen Schiene und langsam rollendem Rad etwa doppelt so groß ist wie zwischen Schiene und gleitendem Rade. Bereits 1855 hatte er in seiner Theorie rechteckiger Brückenbalken die ersten richtigen Formeln zur Berechnung der Durchbiegung von Gitterbalken gebracht.

1869 bis 1874 war Wöhler als Direktor der Norddeutschen Wagenfabrik in Berlin, seit 1874 als Eisenbahndirektor und oberster technischer Beamter der Reichseisenbahnen in Straßburg tätig. Auch in dieser Zeit arbeitete er viel über Materialprüfungs- und andere technische Fragen und veröffentlichte wiederholt sehr beachtete Artikel über Schlagproben sowie über Zugkraft von Lokomotiven u. a. m. 1889 schied er, siebzigjährig, aus dem Reichsdienst aus und lebte seitdem in Hannover, wo er, fast fünfundneunzigjährig, starb. Die Technische Hochschule Berlin ehrte seine Verdienste durch Verleihung der Ehrendoktorwürde 1901, als erstmalig in dieser Form hervorragender Ingenieure gedacht wurde; der Verein deutscher Ingenieure verlieh ihm 1896 seine höchste Auszeichnung, die goldene Grashof-Denkmünze. Der Akademie des Bauwesens gehörte er seit 1881 als Mitglied an. *Beitr. 8 (1918) S. 35; Z 58 (1914) S. 601; St. u. E. 34 (1914) S. 760; Zentr. Bauv. 34 (1914) S. 242.* Hä.

WÖHLER, Friedrich, geb. 31. Juli 1800 zu Eschersheim b. Frankfurt a. M., gest. 23. Sept. 1882 zu Göttingen. Er war der Sohn eines feingebildeten und hochangesehenen Mannes, des hessischen Stallmeisters und Tierarztes August

Anton Wöhler, der außerdem Leiter des Hoftheaters in Meiningen war, angeblich sogar dessen Gründer. Die Stadt Frankfurt ehrte ihn durch Errichtung der Wöhler-Stiftung zur Ausbildung junger Leute des Gewerbe- und Handelsstandes.

Seine sorgfältige Erziehung erfolgte sowohl im Vaterhause wie in Schule und Privatunterricht. Wohl wenige Leute haben solche Lehrer gehabt wie der junge Wöhler: Er genoß den Unterricht des Geschichtsforschers Schlosser, des Archäologen Grotefend und des Geographen Ritter. Trotzdem war er ein schlechter Schüler und befaßte sich lieber mit chemischen Experimenten und seiner mineralogischen Sammlung. Schon als Knabe fand er in der böhmischen Schwefelsäure das sehr seltene Selen und im Zink Spuren von Cadmium.

1820 bezog er die Universität Marburg zum Studium der Medizin, machte aus seiner Stube aber eine Art Laboratorium, in welcher er das Jodcyan entdeckte und das wurmartige Aufschwellen des Schwefelcyanquecksilbers. Im folgenden Jahre studierte er bei Gmelin in Heidelberg und arbeitete wieder über ein Vorkommen des Selens und über Cyansäure. Seine Ausbildung vollendete er bei dem berühmtesten Chemiker seiner Zeit, dem Schweden Berzelius. Hier sah er dem Meister die Kunst der wissenschaftlichen Methode ab und gewann an ihm einen treuen Freund. Im Juli 1824 begleitete er Berzelius und die Brüder Brogniart auf einer geologischen Reise durch Skandinavien.

Im Herbst 1824 kehrte er, von Berzelius mächtig angeregt, in die Heimat zurück, um sich in Heidelberg zu habilitieren, folgte aber dann statt dessen einem Ruf an die Gewerbeschule in Berlin. Ihn lockten deren reiche Hilfsmittel und der Umgang mit Männern wie Mitscherlich, Rose, Magnus u. a. Hier gelang ihm die Darstellung des Aluminiums durch Einwirkung von Kalium auf Aluminiumchlorid und später die Darstellung von Beryllium und Yttrium auf demselben Wege. Mit Seherblick erkannte er die Gebrauchsfähigkeit des Aluminiums für technische Zwecke und suchte es, leider ohne Erfolg, an Stelle des Eisens als Werkstoff einzuführen. Das überlieferte Verfahren der Phosphorgewinnung aus Harnrückständen ersetzte er durch dasjenige aus Knochenasche, Sand und Kohle. Neben verschiedenen schönen anorganischen und organischen Arbeiten fällt in diese Zeit diejenige Leistung, die seinen Namen unsterblich machte, nämlich die Darstellung von Harnstoff aus Cyansäure und Ammoniak 1828. Der Wert dieser Arbeit liegt in der Feststellung, daß die Körper, die im Leibe der Tiere und Pflanzen entstehen, auch aus anorganischen Stoffen künstlich dargestellt werden können. Bis dahin hatte man das für unmöglich gehalten und für ihre Entstehung die Mitwirkung einer besonderen Lebenskraft angenommen.

In dieser Zeit schloß Wöhler den Freundschaftsbund mit seinem großen Fachgenossen Justus Liebig. Beide Männer waren von gleicher Genialität und ergänzten sich doch aufs beste, sie waren die Typen des romantischen und des klassischen Forschers. Liebig war leidenschaftlich und erfüllt von Eifer, ja von Ungestüm und Phantasie in seinen Arbeiten, während Wöhler mit kühler Berechnung planmäßig ans Werk ging.

In gemeinsamer Arbeit erkannten die Freunde die Isomerie der Cyansäure und der Knallsäure und untersuchten diese und andere Säuren eingehend. In derselben Zeit erschien Wöhlers theoretisch wichtige Abhandlung „Über die Dimorphie der arsenigen Säure" und über deren Isomorphie mit Antimonoxyd.

Um diese Zeit zog Wöhler mit seiner jungen Frau nach Kassel, da er an der dort neu errichteten Gewerbeschule mehr Gelegenheit zu wissenschaftlicher Arbeit zu finden hoffte. Mit Liebig arbeitete er in seiner Kasseler Zeit gemeinsam über das Bittermandelöl. Durch den Tod seiner Frau wurde ihm aber der Kasseler Aufenthalt so verleidet, daß er seine Stelle aufgab und in Liebigs Laboratorium in Gießen in neuem Wirken Vergessenheit suchte. Die Freunde ergründeten hier die Natur des Benzoyls, das einen nicht isolierbaren Bestandteil der Benzoesäure bildet und den sie „Radikal" nannten. Sie begründeten damit die „Radikaltheorie" der organischen Chemie und fanden hierdurch bald die Wege zu neuen Körperklassen, den Aldehyden, Säurechloriden, Anhydriden und deren Umwandlungsprodukten.

Wöhler verwaltete im Nebenamt in Kassel auch eine Fabrik und förderte hierbei die technische Nickelgewinnung. Er fand hier auch neue Methoden zur Gewinnung von Kaliumpermanganat, reinem Kaliumantimoniat, von Osmium und Iridium, von kristallinischem Chromoxyd u. a. m.

Im Jahre 1836 erfüllte sich in der Berufung auf den erledigten Lehrstuhl für Chemie an der Universität Göttingen ein langgehegter Wunsch Wöhlers. Er war nun Professor einer Hochschule. Neben der Fülle von dienstlicher Tätigkeit fand er hier bald die Muße zu seiner geliebten Forschung. Seine ersten Arbeiten galten wieder dem Bittermandelöl. Er stellte es aus dem Amygdalin her und konnte mit Liebig zusammen feststellen, daß aus demselben mit Hilfe des Ferments Emulsin Bittermandelöl, Blausäure und Zucker entsteht.

Eine weitere gemeinsame Arbeit der Freunde galt der Harnsäure und ihren Abkömmlingen. Diese mustergültigen schwierigen Untersuchungen füllen mehr als 100 Seiten in den von Liebig und Wöhler begründeten „Annalen der Chemie und Pharmazie" aus.

Vielseitig und gründlich blieb Wöhler noch in vielen wissenschaftlichen Untersuchungen, die sich auf alle Gebiete der Chemie erstreckten. Da war kaum ein Element, dem er nicht seine Aufmerksamkeit widmete. Viel Interesse hatte er für die Meteoriten, auch die physiologische Chemie und die Physik verdankt ihm vieles, so z. B. Untersuchungen des unterschiedlichen Verhaltens kristallinischer und amorpher Modifikationen und den Bau eines neuen galvanischen Elementes.

Wöhler versammelte einen immer wachsenden Kreis von Schülern um sich, unter denen sich einige der bedeutendsten Chemiker der folgenden Generation befanden.

Seine litararische Betätigung hielt mit seiner Forschertätigkeit Schritt, er hatte nicht weniger als 280 Veröffentlichungen. Er wirkte an Berzelius' Jahresberichten bis zu dessen Tode als Mitarbeiter mit und übersetzte dessen großes „Lehrbuch der Chemie". Seine Grundrisse der organischen und anorganischen Chemie und seine Übungsbeispiele in der analytischen Chemie erlebten viele Auflagen, z. T. auch in fremden Sprachen. Mit Liebig und Poggendorf gab er die ersten 6 Bände des großen Handwörterbuchs der Chemie heraus.

In den letzten neun Jahren seines arbeitsreichen Lebens zog sich Wöhler mehr und mehr von den Institutsgeschäften zurück und starb 1882 nach kurzer Krankheit. *Berichte d. deutschen chem. Gesellsch. 15, Bd. 2 (1882) S. 3127; Abhandlungen d. kgl. Gesellschaft d. Wissenschaften zu Göttingen 29 (1882) Anhang; ADB 43 (1884) S. 711.* Sa.

WÖHLERT, Johann Friedrich Ludwig, geb. 16. Sept. 1797 in Kiel, gest. 31. März 1877 in Berlin. Nachdem sein Vater, ein ehedem wohlhabender Gutsbesitzer, vermögenslos gestorben war, kam der junge Wöhlert zu einem Tischler in Kiel in die Lehre und wandte sich 1818 als Geselle nach Berlin, wo er Arbeit in der Egellsschen Fabrik fand. Der gleichfalls dort beschäftigte Borsig zog ihn bei Gründung seiner eigenen Fabrik mit zu sich hinüber, so daß Wöhlert Gelegenheit hatte, an der ersten in Berlin durch Borsig erbauten Lokomotive mitzuarbeiten. Nachdem er, an die Kgl. Eisengießerei Berlin berufen, dort einige Jahre als Abteilungsdirigent gewirkt hatte, gründete er 1842, den Kredit der Kgl. Seehandlung in Berlin in Anspruch nehmend, eine eigene Maschinenfabrik und Eisengießerei. Neben dem dort besonders gepflegten Lokomotivbau wurden Dampfmaschinen, Dampfkessel, Dampfschiffe, Brücken, Gußstahlkanonen, Gewächshäuser usw. für das In- und Ausland fabriziert. Die Arbeiterzahl war auf über 1000 gestiegen, als Wöhlert nach 30 Jahren die Fabrik an eine Aktiengesellschaft verkaufte, die sich in den achtziger Jahren auflöste. Die letzten Lebensjahre verlebte Wöhlert, der sich schon 1848 einer Staroperation hatte unterziehen müssen, halb erblindet und schwer leidend. *Entw. Dm. 1 S. 186.* C. M.

WOLF, Rudolf Ernst, geb. 26. Juli 1831 in Magdeburg, gest. 20. Nov. 1910 ebenda. Als Sohn eines Gymnasialprofessors von vornherein für einen gelehrten Beruf bestimmt, äußerte der junge Wolf frühzeitig den entschiedenen Wunsch, ein „Maschinenbauer" zu werden, und trat dann auch nach Absolvierung der Obertertia im Jahre 1847 als Eleve in die Buckauer Maschinenfabrik ein. Während der 2½ jährigen Lehrzeit dort ohne eigentliche Anleitung gelassen, verschaffte er sich doch auf eigene Faust einen vielseitigen Einblick und eine gewisse Praxis. 1849 bis 1851 besuchte er zur theoretischen Ausbildung die Provinzialgewerbeschule in Halberstadt und arbeitete hierauf drei Jahre lang in der Wöhlertschen Maschinenfabrik in Berlin unter Gruson auf den mannigfaltigsten in Betracht kommenden Gebieten. 1854 wurde er Oberingenieur in der Maschinenfabrik von G. Kuhn in Stuttgart-Berg, welcher noch kleine, im Aufsteigen sich befindende Betrieb ihm eine gute Schule für die künftige Selbständigkeit bot. 1862 begann er die Arbeit in der eigenen in Buckau erbauten Fabrik mit 6 Leuten. Aus der Einsicht heraus, daß für ein rationelles Arbeiten irgend welche Spezialisation nötig wäre, stellte er sich besonders auf den von ihm als sehr entwicklungsfähig erkannten Bau von Lokomobilen ein, in deren Konstruktion er von seiner Stuttgarter Tätigkeit her eine gute Praxis hatte. Schon das erste Jahr brachte vier Aufträge auf Lokomobilen; die erste, unter mancherlei Schwierigkeiten fertiggestellte Wolfsche landwirtschaftliche Lokomobile befindet sich heute im Deutschen Museum in München. Im Laufe der Jahre bildete Wolf die bisher in ihren Möglichkeiten stark unterschätzte Lokomobile zu einer hochwertigen, namentlich auch für die Industrie nutzbaren Wärmekraftmaschine aus, alle konstruktiven und wärmetechnischen Fortschritte des allgemeinen Maschinenbaues auf sie übertragend. Außer Lokomobilen lieferte die Wolfsche Fabrik aber auch Einrichtungen für Zuckerfabriken, Brauereien und andere Betriebe, wo immer wieder die Lokomobile als Antriebkraft in Frage kam. Weiterhin baute Wolf Kreiselpumpen und Anlagen für Tiefbohrungen. Als die immer mehr ausgebauten Fabrikanlagen in Buckau nicht mehr zu erweitern waren, wurde 1905 mit dem Bau der neuen, großartigst eingerichteten Fabrik begonnen. Die sozialen Einrichtungen entsprechen dem von Wolf von vornherein an den Tag gelegten Streben, ein mehr als gewöhnliches Zugehörigkeitsverhältnis zwischen Arbeitern und Fabrik herauszubilden. Über die Tätigkeit in seinem Berufe hinaus hat Wolf sich stets weitgehend noch anderen Interessen, namentlich der Mitarbeit in wissenschaftlichen Vereinen, gewidmet. Nachdem 1888 schon sein Leben durch einen Schlaganfall sehr gefährdet war, blieb ihm doch noch ein weiteres zweiundzwanzigjähriges Wirken vergönnt. *Entw. Dm. 2 S. 255; Beitr. 4 (1912) S. 1.* C. M.

WOOD, Nicholas, geb. 1795, gest. 19. Dez. 1865 in Hettenhall bei Durham. Er war der Sohn eines Farmers in Northumberland und erhielt eine gute Erziehung; nachdem er sein Diplom als Bergingenieur (colliery viewer) erworben hatte, wurde er Leiter der Killingworth-Bergwerke und schließlich selbst bedeutender Bergwerksbesitzer.

Das Zusammentreffen mit George Stephenson, der ihm in Killingworth unterstellt war, führte zu dauernder Freundschaft und Zusammenarbeit. Frühzeitig erkannte Wood die Umwälzung, welche auf dem Gebiete des Beförderungswesens die Eisenbahn, insbesondere gegenüber den Wasserstraßen, hervorzurufen bestimmt war. Die Killingworth-Bergwerke waren ja vom Jahre 1814 an das erste Versuchsfeld für Lokomotivbetrieb.

In Wort und Tat trat Wood für die Entwicklung des Eisenbahnwesens ein. Um die zahlreichen Vorurteile zu bekämpfen, verfaßte er, auf Grund eingehender Studien aller damaligen Bahnen und eigener wissenschaftlicher Untersuchungen, 1825 sein Buch „A Practical Treatise on Rail-Roads", das erste wissenschaftliche englische Werk über Eisenbahnwesen, ein Buch, das entsprechend den Fortschritten der Eisenbahntechnik 1832 und 1838 in 2. und 3. Auflage erschien.

Wood galt bald als anerkannter Fachmann, sowohl auf dem Gebiete des Bergbauwesens als auch dem des Eisenbahnwesens. Seine Wertschätzung geht am deutlichsten daraus hervor, daß er 1829, erst 34 Jahre alt, zu den drei Preisrichtern für die Wettfahrten zu Rainhill zählte. Wenn er auch in den nachfolgenden Jahren wenig Gelegenheit zu öffentlichem Hervortreten fand, so wirkte er doch um so mehr in den engeren Fachkreisen und Ingenieurvereinigungen. *Times (1866) S. 339; Liv. Eng. 3 S. 148.* Me.

WOOLF, Arthur, geb. 1766 in Cornwall, gest. 26. Okt. 1837 in The Strand, Guernsey. Woolfs Vater war Zimmermann, er wünschte, daß sein Sohn sich ebenfalls diesem Beruf widmete, und gab ihn deshalb zu einem Tischler in Pool bei Camborne in die Lehre. Nach beendeter Ausbildung ging Arthur Woolf nach London und arbeitete dort bei Joseph Bramah. Da bei ihm die Neigung zum handwerklichen Zimmermannsberuf von der Freude am Konstruieren und der Verrichtung technischer Arbeiten überwogen wurde, wandte er sich immer mehr diesem Gebiet zu und brachte es in kurzer Zeit zum Maschinenmeister (1795). Durch die Einführung eines doppelt wirkenden Zylinders mit Wattscher Kondensation und die Steigerung des Dampfdruckes auf 3 bis 4 at gelang es ihm, die Mehrfach-Expansionsmaschine Hornblowers und Trevithicks bedeutend zu verbessern. Sein Patent vom 17. Juni 1804, in dem er von einer „wissenschaftlichen Entdeckung" spricht, enthält allerdings eine große Überschätzung der Expansionskraft des Dampfes; er hatte von der Wirkung der Expansion und den Eigenschaften des Dampfes nur unklare und zum Teil falsche Vorstellungen. Besonderen Wert legte er darauf, Wärmeverluste der dampfführenden Teile möglichst zu vermeiden; er wandte zu diesem Zweck Dampfmäntel mit besonderer Feuerung an, und ließ sich 1805 die Anwendung eines geheizten Ölbades oder flüssig gehaltenen Metalles patentieren. Der Dampfmantel sollte ein Sicherheitsventil erhalten, um die Temperatur zu regulieren; die Expansionsfähigkeit glaubte er durch eine Steigerung der Temperatur zu erhöhen. Ein besonderer Vorzug dieser Zweifach-Expansionsmaschinen war eine Vorrichtung, die es verhinderte, daß der Dampf bei undichtem Kolben des ersten Cylinders wie in der gewöhnlichen Einzylindermaschine verloren ging und die ihn noch in dem zweiten großen Zylinder zur Wirkung kommen ließ.

Woolfs erste Maschine wurde in der Meuxschen Brauerei in London aufgestellt. 1806 tat er sich mit dem Ingenieur Edwards zusammen, der in Lambeth eine Dampfmaschinenfabrik besaß; 1812 zog Woolf sich aus dem Unternehmen zurück und siedelte in seine Heimat Cornwall über, wo er eine rege Tätigkeit als Zivilingenieur insonderheit auf dem Gebiete des Wasserhaltungsmaschinenbaues entwickelte. In den verschiedensten Gruben führte er seine Mehrfach-Expansionsmaschine ein; die „Consolidated Mines", für die er die damals größte Maschine der Welt errichtete (2228 mm Zylinderdurchmesser und 3 m Hub) setzte ihm eine Pension bis zu seinem Lebensende aus. Berühmt war die genaue und saubere Ausführung seiner Konstruktionen. Man sagte wohl von seinen Maschinen, „sie wären Zierstücke für eine Ausstellung, aber zu schade für die Grubenarbeit". Woolfs Erfindung wurde allmählich von Trevithicks Hochdruck-Einzylindermaschine, die in ihrer Bauart sehr viel einfacher war, verdrängt. Die Zweizylindermaschine hat den Namen Arthur Woolfs dauernd behalten; vor allem in Deutschland werden heute noch Zweifach-Expansionsmaschinen ohne Zwischenbehälter als Woolfsche Maschinen bezeichnet. In Frankreich ließ sich Woolfs ehemaliger Teilhaber, Edwards, die Maschinen 1815 patentieren.

Bis 1833 arbeitete Woolf als technischer Leiter der Maschinenfabrik Harvey & Co. in Hayle, dann zog er sich von allen Geschäften zurück. Sein Wesen soll unzugänglich und schroff und dadurch die Zusammenarbeit mit ihm oft schwierig gewesen sein. *Nat. Biogr. 62 (1900) S. 428; Entw. Dm. 1.* Ca.

WOOTTEN, J. E., geb. 1822 in Philadelphia, gest. 1899. Wootten trat 1845 als Maschineningenieur in den Dienst der Philadelphia- und Reading-Bahn, der er sein ganzes Leben widmete. Schnell rückte er hier bis zum Generaldirektor auf und bekleidete den Posten bis zu seinem Eintritt in den Ruhestand (1886).

Die große Menge Staub- und Feinkohle, welche die Philadelphia- und Reading-Bahn in ihren eigenen Gruben förderte und für die sie wenig Absatz fand, veranlaßte ihn, ähnlich wie Belpaire, seine Lokomotiven für diesen Brennstoff einzurichten. Unter Verwendung der von Zerah Colburn bereits 1855 vorgeschlagenen breiten Feuerkiste und der von John Brandt etwa zur gleichen Zeit ausgeführten Verbrennungskammer führte er 1876 Lokomotivtypen mit breiter Feuerkiste von geringer Tiefe ein, so breit, daß er sich meistens gezwungen sah, das Führerhaus auf die Mitte des Kessels zu verlegen. Die ersten Lokomotiven, die sich ebenfalls für die Verfeuerung von Anthrazit als geeignet erwiesen, bewährten sich so gut, daß fast der ganze Maschinenpark der Philadelphia- und Readingbahn mit solchen Lokomotiven ausgerüstet wurde. *Engg. 67 (1899) S. 15; Locom. Engg. (1911) S. 253 (1913) S. 202.* Me.

WORTHINGTON, Henry Rossiter, geb. 17. Dez. 1817 in New York, gest. 7. Dez. 1880 in Brooklyn. Sein Vater besaß eine Mühle. Worthingtons Schulbildung beschränkte sich auf Kenntnisse, die er in der Mittelschule von New York — die Stadt verfügte zu jener Zeit über keine Hochschulen — erwerben konnte. Er betätigte sich zum ersten Male auf technischem Gebiet, indem er sich an einem Preisausschreiben der Stadt New York für ein Kanalboot mit eigener Antriebskraft beteiligte. Mit Hilfe seines Vaters baute er ein Boot mit Dampfmaschine und Schraubenpropeller, das aber wegen des Umherspritzens bei Leerfahrt aufgegeben werden mußte. Er fertigte ein zweites Boot an. Um das Umherspritzen zu verhindern, sah er zwei sehr schmale Schaufelräder dicht hinter der Bugspitze vor, die schräg gestellt waren. Bei diesen Probefahrten kam Worthington auch mit Ericsson in Berührung, der kurz vorher in England seine Versuche mit der Schiffsschraube gemacht hatte. Obwohl Worthington nicht den Preis bekam, brachten ihn seine Versuche mit dem Boot auf die Konstruktion der ersten direkt wirkenden Kesselspeisepumpe, als deren Erfinder er zu betrachten ist. Die Pumpe wurde ihm am 7. Sept. 1841 in Amerika patentiert. Worthington ging nun, von seinem Vater unterstützt, an die Fabrikation dieser Dampfpumpe, und richtete sich in Williamsburg bei New York eine Werkstatt ein, die er zuerst allein, später zusammen mit William H. Baker unter der Firma Worthington & Baker betrieb. Die nach und nach zum Bau seiner Pumpen notwendigen Spezialmaschinen konstruierte er selbst, u. a. auch die erste Wagerechtbohrmaschine. Er baute auch eine Betriebsdampfmaschine, „single exhaust engine" genannt, die damals großes Interesse erweckte. Worthington baute 1847 einen Wasserstandanzeiger, den er „Percussion Gauge" nannte. Eine wichtige und den Erfolg seiner Pumpe entscheidende Neuerung schuf er Mitte der vierziger Jahre mit seiner entlasteten Flachschiebersteuerung. 1850 lieferte er für den Dampfer „Washington" eine Feuerlöschpumpe zum Deckwaschen und als Reservepumpe, deren Bauart unter dem Namen „Washingtonpumpe" bald sehr beliebt wurde, und die bereits mit Gruppenventilen aus Gummi versehen war. Der Erfolg dieser Pumpe brachte ihm zunächst die Kundschaft der damals bedeutendsten Fabrik in New York, der „Novelty Works". 1850 war seine Washingtonpumpe als einzige in der Lage, das große steinerne Trockendock in der Brooklyn Navy Yard auszupumpen. Bei dieser Gelegenheit machte Worthington die Bekanntschaft von James O. Morse, der bei ihm 1854 die erste Wasserwerkspumpmaschine für die Stadt Savannah bestellte. Nach dem Prinzip dieser Maschine werden noch heute weit stärkere Simplex-Speisepumpen für große Dampfer gebaut. Der Erfolg dieser Maschine brachte ihm 1856 einen gleichen Auftrag für die Stadt Cambridge (Mass.). Worthington betrachtete aber seine Wasserwerkspumpen noch nicht als befriedigende Lösung. 1854 gründete Worthington, nach dem Tode seines Teilhabers Baker, die Firma Henry R. Worthington, Hydraulic Works. Der Anstoß zur nächsten, und für ihn endgültigen Verbesserung, war ein Besuch von James P. Kirkwood, dem Leiter der Brooklyner Wasserwerke, im Frühjahr 1857, der gern eine Worthingtonpumpe statt der schon bestellten Cornwaller Schwungradmaschinen haben wollte. Worthington sah eine Gelegenheit, seine Kunst an einer Maschine von ungewöhnlichen Abmessungen zu zeigen. Das Ergebnis war die kreuzweise Verbindung zweier seiner gewöhnlichen Pumpen, derartig, daß die Dampfzylinder sich gegenseitig steuerten und die Pumpen parallel arbeiteten, im Prinzip also die Duplexpumpe. Obwohl diese Pumpe glänzend arbeitete, bekam er den Auftrag nicht. Ein paar Jahre vorher hatte Worthington den Duplexwassermesser erfunden, der als der Vorgänger der Duplexpumpe zu betrachten ist. Die erste Duplexpumpe wurde 1857 an das St. Nicholas-Hotel New York, geliefert. Ihr erfolgreiches und vor allem geräuschloses Arbeiten veranlaßte andere Hotels zu Bestellungen. Durch diesen Erfolg wurde Worthington veranlaßt, seine ganze Fabrikation auf Duplexpumpen umzustellen, zu denen sich bald Duplexwassermesser gesellten. 1876 hatte Worthington bereits 87 Duplexpumpen an 50 städtische Werke geliefert.

Worthington wird als ein intelligenter, energischer Mann geschildert, der sich schnell in jedes Problem hineindenken konnte. Er hatte außerordentlich gewinnende Umgangsformen, eine staunenswerte Meisterschaft der Sprache und einen fließenden humorvollen Stil. Seine Mußestunden widmete er meistens der Literatur. Seine Nachfolger haben aus seiner Fabrik in kurzer Zeit eine Weltfirma gemacht, ein Ziel, dem Worthington, dem jeder geschäftliche Ehrgeiz fernlag, nie zustrebte. Worthington war Mitbegründer der American Society of Mechanical Engineers, deren erster Vorsitzender er war. *Beitr. 1 (1909) S. 36; Entw. Dm. 2 S. 351.* Wi.

WRIGHT, Wilbur, geb. 10. April 1867 in Melville in Henry County (Ind.), gest. 30. Mai 1912 in Dayton (Ohio). Über seine Erziehung, vor allem über seine technische Ausbildung bestehen keine einheitlichen Angaben, da er und sein Bruder Orville stets äußerst zurückhaltend waren; Anfang der neunziger Jahre errichtete er mit diesem Bruder in Dayton eine kleine Fahrradfabrik. Um diese Zeit kommt die Nachricht von dem tödlichen Unfall Lilienthals und erweckt die Aufmerksamkeit der Brüder für eine Sache, die sie schon in jugendlichen Jahren als Spielzeug — ein Schraubenflieger — außerordentlich interessiert hatte. Sie widmen sich einem eingehenden Studium der Werke Lilienthals und anderer älterer Flugtechniker, und unterstützt von Chanute beginnen sie in den Jahren 1900 bis 1902 ihre ersten Gleitflüge in Kitty-Hawk, die sie streng vor jeder Öffentlichkeit schützen. Am 17. Dez. 1903 wurde die erste Fahrt mit einem eingebauten Motor unternommen, die 12 Sekunden dauerte — das erste Mal, daß eine mit einem Menschen besetzte Maschine schwerer als Luft sich aus eigenen Kräften und in freiem

Flug erhoben hatte —, es war auch der erste Drachenflieger, der wirklich zum Fliegen gebracht wurde. Die Versuche, immer in Gegenwart von einigen Zeugen, wurden fortgesetzt und die Flugzeuge verbessert; dabei wurden Verhandlungen mit der amerikanischen Regierung, später auch mit anderen Regierungen und Industriekonzernen zwecks Übernahme der Patente geführt, die aber meistens an den scheinbar zu hohen Forderungen der Brüder scheiterten.

Im Jahre 1907 faßten die Brüder den Entschluß, nach Europa zu kommen und ihre Flugzeuge in aller Öffentlichkeit vorzuführen. Die Patentrechte hatten sie zunächst in Frankreich, dann in Deutschland an Privatgesellschaften verkauft. Ihre ersten Flüge in Le Mans im Jahre 1908 erregten ungeheures Aufsehen. Mit seinem Flug von 2 Stunden und 20 Minuten am 31. Dez. 1908 brach Wilbur alle bisherigen Höchstleistungen und errang den Michelinpreis von 50000 Frs. Flugschulen wurden in Pau, in Rom und in Deutschland auf dem Bornstedter Feld errichtet.

Nicht nur um die eigentliche Flugtechnik, sondern auch um die wissenschaftliche Erkenntnis aërodynamischer Probleme haben sich die Brüder, vor allem Wilbur, verdient gemacht, der durch einen Typhusanfall im Alter von nur 45 Jahren starb. Die Technische Hochschule in München hat beide auf Grund ihrer Verdienste zu Ehrendoktoren der technischen Wissenschaften ernannt. *A. Hildebrand: Die Gebrüder Wright, Berlin 1909; Eng. 113 (1912) S. 602.* Wi.

WYATT, John, geb. April 1700 in Weeford bei Lichfield, gest. 29. Nov. 1766 in Birmingham. Zunächst arbeitete Wyatt als Tischler in seinem Heimatsort, bis ihm 1730 der Gedanke kam, eine Maschine zur Herstellung von Feilen zu bauen. Von einem anderen Erfinder in Birmingham, von Lewis Paul, suchte er finanzielle Hilfe zu erlangen. Schließlich mußte der Gedanke aber doch wegen unüberwindlicher Schwierigkeiten aufgegeben werden. Wyatt war um diese Zeit bereits zusammen mit Paul mit Arbeiten zur Verbesserung der Spinnstühle beschäftigt. Im Juni 1738 nahm Paul ein Patent — das von Wyatt als seins angefochten wurde —, das zum ersten Male den wichtigen Grundsatz umfaßte, beim Spinnen die Transportrollen sich mit verschiedenen Geschwindigkeiten drehen zu lassen. Eine Gesellschaft, der auch Edward Cave und Dr. James angehörten, wurde gegründet, um diese Erfindung in einer Baumwollfabrik in Upper Priory, Birmingham, einzuführen. Auf die Dauer konnte sich der Betrieb aber nicht halten, da die Maschinen von Paul und Wyatt trotz ihrer Genialität doch noch Mängel aufwiesen und von den Arkwrightschen übertroffen wurden. Auch waren die Frachtkosten, die der schlechten Wege- und Transportverhältnisse wegen auf die Waren geschlagen werden mußten, äußerst hoch.

Nach diesem Fehlschlag wandte sich Wyatt nach Soho an Boulton & Watt und wurde 1744 in der Gießerei angestellt. Hier erfand und vervollkomnete er die auf Grund einer besonderen Hebelkombination aufgebaute Waggonwage. Solche Wagen von 5 t Wiegefähigkeit wurden von ihm in Soho gebaut und in Birmingham, Liverpool, Herford, Gloucester und Lichfeld aufgestellt. Wyatt hat auch für den Bau der Westminster-Brücke im Jahre 1736 ein Projekt ausgearbeitet, das allerdings nicht zur Ausführung kam. *Nat. Biogr. 113 (1900) S. 180.* Wi.

Y

YARRANTON, Andrew, geb. 1616 auf dem Landgut Larford (Grafschaft Worcestershire). Mit 16 Jahren kam er zu einem Leinewandhändler in Worcester in die Lehre; jedoch nach einigen Jahren sagte ihm diese Tätigkeit nicht mehr zu und er wurde Landwirt. Als der Bürgerkrieg ausbrach, trat Yarranton in die Parlamentsarmee ein und wurde wegen seiner Tüchtigkeit nach einigen Jahren Hauptmann. Als Cromwell 1648 die Führung übernahm, schied Yarranton aus dem Heer aus; er widmete sich jetzt dem Eisenhandel und trat 1632 in ein Eisenwerk ein, dem er sieben Jahre angehörte.

Da die schlechten Straßen einer Entwicklung der westlichen Grafschaften Englands hinderlich waren, so beschäftigte Yarranton sich eingehend mit der Verbesserung der großen natürlichen Wasserwege. Die erforderlichen Vermessungen nahm er auf eigene Kosten vor und bemühte sich, die örtlichen Besitzer zu veranlassen, ihn mit der Verwirklichung seiner Pläne zu beauftragen. Hierbei wurde seine Tätigkeit durch einen zweijährigen Gefängnisaufenthalt unterbrochen, da er infolge seines Hin- und Herreisens in den Verdacht kam, eine Verschwörung gegen den König hervorzurufen. Im Jahre 1665 war einer seiner Pläne, die Themse mit dem Severn durch einen Kanal zu verbinden; erst im 19. Jahrhundert wurde dieser Plan ausgeführt. Ferner stellte er fest, daß der Handel durch den Ausbau der Häfen bedeutend vergrößert werden könnte; aber auch hier wurden seine Vorschläge zum Ausbau der Themse bei London abgelehnt.

Yarranton arbeitete nun wieder in Eisenwerken. Aus Sachsen, wohin er gereist war, führte er das Zinnwalzen ein und stellte als erster in England Weißblech her. Er verhinderte so, daß das in englischen Gruben gewonnene Zinn in das Ausland geschafft wurde, damit es nach Verarbeitung wieder eingeführt wurde. Seine Rückreise führte ihn durch reiche Industriegegenden Deutschlands und Hollands, wodurch er zu vielen Vorschlägen zur Verbesserung der englischen Industrie angeregt wurde. Diese faßte er in seinem Werke „Englands Improvement by Sea and Land" zusammen, von dem der erste Band 1677, der zweite 1681 erschien. In diesem Werke ist eine große Zahl von Gedanken niedergelegt, die erst bedeutend später verwirklicht werden sollten; jedoch gehören die entwickelten Ansichten zu den Grundlagen des englischen industriellen Wohlstandes. Über sein weiteres Leben ist nur noch bekannt, daß er auf eigenen Gruben und Werken sich der Gewinnung und Verarbeitung des Eisens widmete. Todestag und Ort sind unbekannt. *Ind. Biogr. S. 60.* Gw.

YOUNG, James, geb. 13. Juli 1811 in Drygate (Glasgow), gest. 13. Mai 1883 in Kelly. Er war der Sohn eines Tischlers und erhielt in einer Abendschule eine dürftige Schulbildung, während er tagsüber in seines Vaters Werkstatt arbeitete. 1830 besuchte er die Abendvorlesungen von Thomas Graham an der Andersonian-Universität, dessen Assistent er wurde und dem er an die Universität London folgte. Dann trat er in die Dienste Muspratts und später Tennants in Manchester, für den er ein Verfahren ausarbeitete, Natriumstannat aus Zinnstein herzustellen. 1845 arbeitete er in einem Komitee einer Manchester gelehrten Gesellschaft über die Erforschung der Kartoffelkrankheit und regte an, die Knollen zur Verhütung der Krankheit in eine Schwefelsäurelösung einzutauchen. Zwei Jahre später wurde er deren Mitglied. 1846 gründete er eine extrem liberale Zeitung, den Manchester Examiner.

Ende 1847 forderte sein Freund Playfair ihn auf, eine Petroleumquelle, die in einem Kohlenbergwerk in Alfreton (Derbyshire) auftrat, auszubeuten. Sie ergab damals täglich 1400 l. Nachdem der gleichfalls aufgeforderte Tennant die Ausbeutung als nicht lohnend abgelehnt hatte, machte sich Young mit Meldrum zusammen ans Werk, und sie stellten aus dem Erdöl Schmieröl und Leuchtöl dar, bis die Quelle 1851 erschöpft war. Bereits vorher hatte Young über die Paraffingewinnung durch trockene Destillation bestimmter Kohlensorten gearbeitet und ein Patent darauf genommen. Anfang 1850 untersuchte er eine sog. Bogheadkohle oder Torban Hill Mineral, die eine viel bessere Paraffinausbeute als seine Kohlen ergab. In demselben Jahre gründeten Young und Meldrum in Gemeinschaft mit Binney zwei Unternehmungen in Glasgow und Bathgate, wo sie eine Fabrik errichteten, die sie im nächsten Jahre ausbauten. Young verlegte seinen Wohnsitz ebenfalls nach Bathgate und stellte hier Schmier- und Leuchtöle her.

Paraffin konnte erst 1856 verkauft werden, in größerem Maße erst 1859. Die erfolgreichen Gründer und Erfinder wurden nun in eine Menge von schweren Prozessen verwickelt, in denen ihnen der Grundeigentümer und die Nachahmer ihres Verfahrens ihre Rechte streitig zu machen suchten. Young gewann alle diese Prozesse, übernahm 1865 alle Anteile seiner Geschäftsteilhaber und baute neue und größere Werke in Addiewell bei West Calder. 1866 verkaufte er seine sämtlichen Anteile für 400 000 £ an „Youngs Paraffin, Light- and Mineral-Oil Company". Andere Fabriken übernahmen seine Lizenzen und regten anderwärts die Ausbeutung der Petroleumquellen an.

Auf einer Weltreise, die er 1872 unternahm, entdeckte er, daß das Flachwasser seines Schiffes sauer reagierte und veranlaßte die Zugabe von Kalkmilch dazu, um das Rosten des Eisens zu verhindern. Die englische Flotte hat später dieses Mittel übernommen. Ferner hat er als erster das Eindampfen von Ätzalkalien in eisernen Gefäßen statt in silbernen veranlaßt, was von erheblichem praktischen Nutzen war. 1878 stellte er auf seinem Landgut Kelly in Gemeinschaft mit Professor Forbes Versuche über die Lichtgeschwindigkeit an, die nach einer Abänderung der Fizeauschen Methode vorgenommen wurden und das überraschende Ergebnis hatten, daß blaues Licht sich um 1,8 vH schneller als rotes fortpflanzt.

Young war Mitglied und zwei Jahre lang Vizepräsident der Chemischen Gesellschaft. Er war trotz scheinbarer Kühle seines Temperaments eine begeisterungsfähige und freigebige Persönlichkeit. Besonders großzügig unterstützte er Livingstone auf seinen Afrikareisen. Er errichtete ihm in Glasgow ein Denkmal, ebenso seinem alten Lehrer Graham in London. Wissenschaftliche Institute und Gesellschaften bedachte er mit sehr hohen Summen. *Nat. Biogr. 63 (1900) S. 376.* Sa.

Z

ZEISS, Carl, geb. 11. Sept. 1816 in Weimar, gest. 3. Dez. 1888 in Jena. In Weimar, wo sein Vater Inhaber eines Spielwarengeschäftes war, besuchte Zeiß das Gymnasium und lernte in mechanischen und Maschinenwerkstätten. 1846 kam er nach Jena und eröffnete hier eine feinmechanische Werkstätte. Für die Universität baute er fast alle notwendigen Instrumente und kam dabei mit dem berühmten Mediziner Schleiden zusammen. Die Aufgaben, die ihm die Wissenschaft stellte, erforderten immer feineres, vor allem mikroskopisches Handwerkzeug, und so wurde Zeiß durch Schleiden auf die Optik hingelenkt. Im Anfang baute er „einfache Mikroskope" mit Duplet bzw. Triplet und hatte damit solchen Erfolg, daß von der einen Art 2000 Stück abgesetzt wurden. Die ersten „eigentlichen", d. h. zusammengesetzten Mikroskope, die aus den Zeißschen Werkstätten kamen, hatten die Güte der Erzeugnisse altbekannter Firmen. Mit diesem Schritt war Zeiß noch nicht zufrieden; ihm lag daran, das bisherige Arbeitsverfahren des Versuchs so zu verbessern, daß man auf wissenschaftlicher Grundlage rechnerisch Durchmesser, Dicken und Krümmungen der Linsen bestimmen könne. Gemeinsam mit Abbe, den er als Teilhaber in sein Geschäft aufgenommen hatte, schuf er die Formeln, die als Grundgesetze die Herstellung leiteten.

Die Formeln schienen zu verwickelt, um mit mathematischer Genauigkeit auch nur annähernd, wenigstens der Idee nach, ein Instrument bauen zu können, das nicht beanstandet werden mußte. Nach vielen Versuchen gelang es Zeiß doch, von der ersten Annäherung an das Ideal zur äußersten Genauigkeit zu gelangen.

Der Erfolg dieser jahrelangen Bemühungen blieb nicht aus; während in der ersten Zeit der Arbeiten von Zeiß behauptet wurde, Mikroskope könnten infolge ihrer Kompliziertheit unmöglich auf Grund der Theorie gebaut werden, oder andere Firmen ihren Mikroskopen die Empfehlung mit auf den Weg gaben, sie wären nicht wie in Jena gebaut, so änderte der Ruf der Zeißschen Werkstätte diese Behauptungen bald in das Gegenteil.

Um die Persönlichkeit Carl Zeiß' zu würdigen, muß man bedenken, daß er, ein einfacher schlichter Mann, tagsüber mit Formeln, Zahlen und Zeichnungen arbeitete und abends aus Büchern eine Erweiterung seines Fachwissens suchte. Sein Geschäft, das in den alten Bahnen einen leidlichen Fortgang genommen hatte, stellte er ganz auf seine neue Theorie um, die Zeit und Geld bis zur Erschöpfung beanspruchte. Zwei Versuche, die fehlschlugen, konnten ihn nicht beirren und seiner Schaffenskraft ist es zuzuschreiben, daß aus dem Universitätsmechaniker ein Optiker von Weltruf geworden ist. *Auerbach: Das Zeißwerk u. d. Carl-Zeiß-Stiftung (Jena 1907).* Gro.

ZEPPELIN, Graf Ferdinand v., geb. 8. Juli 1838 auf der „Insel in Konstanz", einem säkularisierten alten Dominikanerkloster, gest. 8. März 1917 in Berlin. Graf Zeppelin entstammt einem ursprünglich in Mecklenburg ansässigen und später in Süddeutschland heimisch gewordenen Geschlecht. Das in schlichtem Stil gehaltene Leben auf dem elterlichen Landsitz Girsberg bei Konstanz, wo Graf Zeppelin seine Jugendjahre verbrachte, weckte in ihm früh den Sinn und das Verständnis für die Natur und regte ihn zu aufmerksamster Beobachtung aller Vorgänge auf dem See und den nahen Bergen an; mit Wind und Wetter wußte er von Jugend auf Bescheid. Auf den Unterricht durch den Hauslehrer folgte der Besuch der Realschule in Stuttgart, hierauf ein zweisemestriger Aufenthalt an dem Stuttgarter Polytechnikum und schließlich der Eintritt in die Ludwigsburger Kriegsschule, von der er im September 1858 als Leutnant zu einem Infanterieregiment kam. Zahlreiche Reisen, deren Hauptzweck stets militärische Studien waren, führten ihn 1861 nach Österreich, Italien und Frankreich, 1862 nach Belgien und England und im folgenden Jahre nach den Vereinigten Staaten, wo er an dem zwischen den Nord- und Südstaaten damals ausgebrochenen Sezessionskrieg teilnahm. Dort machte er bei St. Paul seinen ersten Aufstieg in einem Militärballon. 1870 zeichnete er sich durch die ebenso schneidige wie umsichtige Durchführung eines wichtigen Erkundungsauftrages — 24. und 25. Juli — aus, die seinen Namen zum ersten Male in aller Mund brachte. In glänzender wechselvoller militärischer Laufbahn als Kavallerist, Generalstabsoffizier und Flügeladjutant des Königs von Württemberg wurde Zeppelin 1885 württembergischer Militärbevollmächtigter in Berlin, 1887 Kommandeur einer Kavalleriebrigade in Ulm, dann Gesandter und Bevollmächtigter zum Bundesrat in Berlin, und 1890 wiederum Brigadekommandeur in Saarburg. 1891 schied er aus den militärischen Diensten aus.

Zeppelin war bereits 1873 durch Stefans Schrift „Weltpost und Luftschiffahrt" zu den grundlegenden Gedanken für den Bau eines Luftschiffes angeregt worden. 1892 reifte in ihm der Entschluß, diese Pläne zur Ausführung zu bringen. Abweichend von seinen Vorgängern, die nur das Problem der Lenkbarmachung des Freiballons im Sinne hatten, ging Graf Zeppelin bei Gestaltung seiner Pläne von den Aufgaben aus, die ein lenkbares Luftschiff zu erfüllen hat und die allein maßgebend für dessen Konstruktion und sonstige Einrichtung sein müssen. Nach mühsamen und kostspieligen Vorstudien und Versuchen legte er 1895 den ersten Entwurf eines lenkbaren Luftschiffes einer vom Kaiser befohlenen Kommission vor, drang aber mit seinen Plänen nicht durch. 1896 nahm sich der Verein deutscher Ingenieure des Entwurfes an. Aber auch der von wahrhaft großzügigem, weitblickendem Geist durchdrungene Aufruf dieses Vereines sollte noch keine entscheidende Wendung herbeiführen. Jedoch gelang Graf Zeppelin 1899 die Gründung einer „A.-G. für Förderung der Luftschiffahrt". Am 2. Juli 1900 stieg das erste Zeppelinluftschiff von der Halle in Manzell aus auf. Da die Mittel vollkommen erschöpft waren, sah sich die Gesellschaft noch im gleichen Jahre zur Liquidation gezwungen. Nach unsäglichen Mühen brachte Zeppelin die Mittel für den Bau von zwei weiteren Schiffen auf und endlich 1906 griff, wenn auch zögernd, so doch immerhin fördernd, das Reich ein. Am 1. Juli 1908 konnte die zwölfstündige Fahrt eines Schiffes nach Luzern gemeldet werden, es folgte am 4. Aug. desselben Jahres eine 24stündige Fahrt über Schaffhausen—Basel—Straßburg nach Mainz; auf der Rückfahrt — am 5. Aug. — riß sich während einer Zwischenlandung in Echterdingen das Schiff in einem plötzlich aufgekommenen Sturm von der Verankerung los und wurde gänzlich durch Feuer zerstört. Die unmittelbar darauf in Deutschland einsetzende „Nationalspende" mit einem Erträgnis von über 6 Millionen Mark schuf dem Grafen die Möglichkeit, sein Lebenswerk auf finanziell gesicherter und technisch verbreiterter Basis weiterzuentwickeln. Es erfolgte die Gründung der „Zeppelin-Stiftung" mit der Bestimmung, daß alle Einkünfte daraus der Entwicklung der Luftschiffahrt und deren Verwendung für die Wissenschaft dienen sollten, sowie der „Luftschiffbau Zeppelin G. m. b. H." in Friedrichshafen als Bauwerft.

Das geniale Werk des Grafen Zeppelin hat sich trotz mancher Rückschläge und einer Reihe von Unfällen, von denen verschiedene für die Armee und Marine gebaute Luftschiffe betroffen wurden, in der Folgezeit sieghaft durchgerungen. Besonderes Interesse wandte Zeppelin in seinen letzten Lebensjahren auch dem Bau von Großflugzeugen zu, die 1914 auf der Werft in Seemoos entstanden. Die Zeit, die ihm anfangs alles versagte, hat ihm schließlich vor seinem am 8. März 1917 erfolgten Tode noch volle Erfüllung gewährt. *Z 61 (1917) S. 485; Ann. 80 (1917) S. 139.* Wil.

ZEUNER, Gustav Anton, geb. 30. Nov. 1828 in Chemnitz, gest. 17. Okt. 1907 in Dresden. Zeuner studierte an der Bergakademie Freiberg und absolvierte dort auch den praktisch-bergmännischen Kursus. Nach einigen größeren Reisen und einem längeren Aufenthalt in Paris, wo er von Weisbach, mit dem er befreundet war, bei Poncelet, Regnault und Combes eingeführt wurde, nahm er bis 1855 an allen markscheiderischen Arbeiten Weisbachs, besonders an seinen bahnbrechenden hydraulischen Experimenten teil. 1853 gründete Zeuner zusammen mit Weisbach und Bornemann die Zeitschrift „Civilingenieur", die später in die „Zeitschrift für Architektur und Ingenieurwesen" überging. Bei Errichtung des Eidgenössischen Polytechnikums in Zürich wurde ihm 1855 die Professur der technischen Mechanik und theoretischen Maschinenlehre, gleichzeitig die Leitung der mechanisch-technischen Abteilung übertragen. Vier Jahre später erfolgte seine Ernennung zum stellvertretenden Direktor, 1865 zum Direktor des eidgenössischen Polytechnikums. Auf Zeuners Veranlassung wurde eine Trennung des theoretischen und des konstruktiven Teiles der Maschinenlehre vorgenommen; die „Maschinenbaukunde" übernahm 1856 Franz Reuleaux, der bis 1864 mit ihm zusammen wirkte. 1871 beschloß die sächsische Regierung, für die im Jahre 1765 gegründete Bergakademie Freiberg einen selbständigen, gleichzeitig mit der Verwaltung eines Lehramtes betrauten Direktor zu ernennen. Die Wahl fiel auf Zeuner. Er führte in den folgenden Jahren eine vollständige und zeitgemäße Reorganisation der Bergakademie durch, doch schon 1873 wurde er an das Dresdener Polytechnikum als ständiger Direktor und Professor der Mechanik und theoretischen Maschinenlehre berufen, blieb jedoch bis 1875 gleichzeitig in seiner Stellung an der Bergakademie und erfüllte zwei Jahre die schwierige Aufgabe, von Dresden aus als ständiger Direktor und als Dozent an zwei verschiedenartig organisierten Hochschulen zu wirken. In Dresden wurden unter Zeuner neben der bereits bestehenden Ingenieur-, der mechanischen und chemischen Abteilung noch eine Hochbauabteilung und eine elektrotechnische Sektion der mechanischen Abteilung begründet; während die Abteilungen für Mathematik, Naturwissenschaften und allgemeine Wissenschaften durch Gründung neuer Professuren bedeutend erweitert wurden. Besondere Aufmerksamkeit widmete er der Entwicklung der Lehrerabteilung; für die verschiedenen technischen Fächer wurden besondere Wahlprüfungen eingeführt, eine Einrichtung, die in Dresden damit ihren Ursprung nahm. 1890 erbat Zeuner, um die Einführung des Wahlrektorates zu ermöglichen und nachdem er vorher noch alle vorbereitenden Schritte und insonderheit die Abfassung des neuen Statutes der nunmehrigen „Technischen Hochschule" auf sich genommen hatte, seine Entlassung als ständiger Direktor des Polytechnikums und widmete sich von dieser Zeit an ausschließlich seiner Lehrtätigkeit.

Außer einer großen Anzahl von Abhandlungen, die zum großen Teil im „Zivilingenieur" erschienen, sind u. a. folgende große Werke von ihm zu nennen: „Die Schiebersteuerungen mit besonderer Berücksichtigung der Lokomotivensteuerung" (1858), in dem er die Anordnung der Schiebersteuerung behandelt und Methoden angibt, um mit Hilfe der Schieberdiagramme die zweckmäßigsten Verhältnisse der Steuerung herauszufinden. Die Grundlage für sein Diagramm, das ihn schon in jungen Jahren in den meisten Technikerkreisen des In- und Auslandes bekanntmachte, bildet der Satz, daß die für die Schieberausweichung gewonnene Gleichung die Polargleichung eines Kreises ist. „Grundzüge der mechanischen Wärmetheorie" (1859); 3. Auflage unter dem neuen Titel „Technische Thermodynamit" (Leipzig 1887 bis 1890); „Über das Wanken der Lokomotiven" (1861), „Abhandlungen aus der mathematischen Statistik" (1869). Vorlesungen über Theorie der Turbinen (Leipzig 1890).

Zeuner sind die mannigfachsten Ehrungen zuteil geworden, die Städte Zürich und Freiberg ernannten ihn zu ihrem „Ehrenbürger", die Universität Bologna und die Technische Hochschule Dresden zum Doktor ehrenhalber, ferner war er Ehrenmitglied des Vereines deutscher Ingenieure, sowie Inhaber der Grashof-Denkmünze dieses Vereines; auch zahlreichen in- und ausländischen wissenschaftlichen Akademien und Fachvereinigungen gehörte er als Mitglied an. Zehn Jahre nachdem er in den Ruhestand getreten war, starb er in einem Alter von 79 Jahren. *Nach Mitteil. s. Sohnes Dipl.-Ing. F. Zeuner-Dresden; Entw. Dm. 1 S. 712.*

ZIESE, Carl H., geb. 2. Juli 1848 in Moskau, gest. 15. Dez. 1917 in Elbing, war ein hervorragender Konstrukteur, der mit seinen Konstruktionen den Weltruf der Schichauwerke Elbing, Danzig und Pillau begründete und damit den Anlaß zum großzügigen Ausbau der Werke gab, die bei seinem Eintritt in die Firma 600 Arbeiter und bei seinem Tode nach 45jähriger Tätigkeit 16000 Arbeiter beschäftigten. Die von den Anlagen bedeckte Fläche wuchs in dieser Zeit von 5 ha auf 130 ha, womit die Schichauwerke eines der größten Werke in Privathand geworden sind. Am 2. März 1876 vermählte sich Ziese mit Ferdinand Schichaus Tochter Elisabeth; nach Schichaus Tode im Jahre 1896 gingen die gesamten Schichauwerke in Zieses Besitz über.

Zieses Vater, der aus Schleswig stammte, besaß eine Fabrik in Moskau. Bei seinem Tode infolge eines Betriebsunfalls verkaufte die Mutter die Fabrik und siedelte nach Kiel über, wo Carl Ziese die Schule besuchte und drei Jahre als Lehrling in der Maschinenfabrik von Scheffel & Howaldt tätig war. Während seiner Lehrzeit nahm Ziese Privatunterricht. Danach kam er zur Firma John Elder & Co.-Glasgow, die noch heute unter dem Namen „Fairfield Shipbuilding Co." besteht. Unter John Elders persönlicher Leitung war sein technisches Bureau in jener Zeit damit beschäftigt, die von ihm selbst eingeführte Verbund-Schiffsmaschine konstruktiv bis in alle Einzelheiten auszugestalten. Danach arbeitete Ziese in dem Patentbureau von Hunt in Glasgow. Seine Tätigkeit in England wurde durch den Ausbruch des Deutsch-Französischen Krieges beendet, wobei Ziese als Obermaschinisten-Applikant auf dem Kanonenboot „Chamäleon" Dienst tat. In den Jahren 1871 bis 1873 besuchte Ziese die Berliner Gewerbeakademie und ging danach als Leiter des Maschinenbaus zu Schichau.

Dieser nahm auf Zieses Betreiben den Torpedobootsbau auf, der die Firma in allen Teilen der Welt bekannt machte. 1877 konstruierte Ziese die ersten Verbund-Schiffsmaschinen für die deutsche Marine, im Jahre 1881 die erste Dreifachexpansionsmaschine auf dem europäischen Festland und kurze Zeit später die erste Vierfachexpansionsmaschine. Außer Torpedobooten haben die Schichauwerke unter Zieses Leitung auch eine Reihe anderer Spezialschiffe bis zu den größten Abmessungen gebaut und sich durch ihre sorgfältige Arbeit einen Ruf erworben, darunter flachgehende Flußdampfer, Bagger aller Art, besonders Saugbagger Bauart Frühling, Schlachtschiffe, Fahrgastdampfer usw. Auch den Lokomotivbau hat Ziese energisch weiterbetrieben. Abgesehen von der Leitung seiner Werke hat Ziese eine große Anzahl von Ehrenämtern übernommen. Außer vielen anderen Auszeichnungen hat Ziese im Jahre 1910 die Grashof-Denkmünze des Vereines deutscher Ingenieure erhalten. *Jb. Schiffb. 20 (1919) S. 178; Z 62 (1918) S. 109.* Schm.

ZIMMERMANN, Johann v., geb. 27. März 1820 in Pápa (Ungarn), gest. 2. Juli 1901 in Berlin, wurde als Sohn deutscher Eltern in einem kleinen ungarischen Städtchen geboren und sollte nach Absolvierung des dortigen Gymnasiums sich dem geistlichen Stande widmen. Trotz hoher Begabung zeigte er wenig Neigung hierzu. Er trat in die Fabrik eines Vetters in Großwardein für Turmuhren und landwirtschaftliche Maschinen ein. Gleichzeitig erhielt er Zeichenunterricht, so daß er Gesehenes und eigene Ideen aufzeichnen konnte. Die nächsten Jahre sehen ihn dann auf Studienreisen in Wien, München, Leipzig und Dresden. 1839 trat er in Chemnitz in die Sächsische Maschinenbau-Kompanie ein. 1844 machte er sich selbständig und eröffnete zunächst eine kleine Fabrik für Spinnmaschinenzylinder. Die schlechten Geschäftsverhältnisse des Jahres 1848 veranlaßten ihn, diesen Geschäftszweig aufzugeben. Von da an widmete er sich als einer der ersten in Deutschland ausschließlich dem Bau von Werkzeugmaschinen und wurde dadurch der Begründer der sächsischen Werkzeugmaschinenindustrie. Er stellte zunächst Drehbänke und Bohrmaschinen her. 1854 mußte er bereits seine Fabrik vergrößern und schuf eine Fabrikanlage mit Galerien und fahrbarem Laufkran, die damals noch ohne Vorbild war und typisch für die Einrichtung anderer Fabriken wurde. Größten Wert legte er auf gute Ausbildung seiner Lehrlinge und Arbeiter, förderte sie in jeder Weise und wußte ihren Ehrgeiz zu wecken. Die peinliche Ordnung und Sauberkeit in seiner Fabrik wurde zwar mitunter bespöttelt, trug aber an ihrem Teil zu der Erzielung eines erstklassigen Fabrikates. Im Jahre 1862 war Zimmermann mit seinen Maschinen in Konstruktion und Bearbeitung so weit, daß er glaubte, den Wettkampf mit den Engländern aufnehmen zu können, und ging trotz schwerster Widerstände mit seinen Maschinen zur Londoner Ausstellung. Das Preisgericht, dem Sir John Whitworth selbst angehörte, erkannte ihm die große goldene Preismedaille zu. Diese erste internationale Anerkennung hat nicht nur Zimmermann selbst persönliche und geschäftliche Erfolge gebracht, sondern hat den Ruf der deutschen Werkzeugmaschinen in der Welt begründet. Ein Hauptarbeitsgebiet für Zimmermann waren zeitweise auch die Holzbearbeitungsmaschinen. Sowohl für Metall- wie für Holzbearbeitung hat Zimmermann vieles neu schaffen müssen, was wir heute bei Werkzeugmaschinen für selbstverständlich halten. Die Zimmermannschen Maschinen vereinen höchste Genauigkeit mit solidester und dauerhaftester Konstruktion und haben hierdurch den auf der Londoner Ausstellung erworbenen Weltruf stets gerechtfertigt. — 1871 ging die Maschinenfabrik in den Besitz einer Aktiengesellschaft über, deren Generaldirektion Zimmermann noch bis 1878 führte. Dann siedelte er nach Berlin über und starb hier. Vom Kaiser von Österreich wurde ihm in Anerkennung seiner Verdienste um die Herstellung von Werkzeugmaschinen, besonders für die Waffenindustrie, der erbliche Adel verliehen. *Festschr. z. 39. Hauptvers. d. VDI Chemnitz 1898, S. 204.* Hä.

ZIMMERMANN, Robert, geb. 1851 in Hamm, gest. 5. Jan. 1912 in Pulverbeck bei Eutin. Schon in früher Jugend übersiedelte er mit seinen Eltern nach Danzig und besuchte hier das Gymnasium. Der Wunsch seines Vaters, ihn auf der Universität studieren zu lassen, ging nicht in Erfüllung, da er, statt Griechisch und Latein zu lernen, lieber aus Borke und weichem Holz kleine Schiffsmodelle schnitzte und auf den Gewässern seiner Vaterstadt schwimmen ließ. Er äußerte früh den Wunsch, Schiffbauingenieur zu werden, und arbeitete dann auch praktisch auf der Klawitterschen Werft in Danzig. Nach einigen Monaten Seefahrt bezog er die Provinzialgewerbeschule in Danzig und danach die Schiffbauabteilung der Kgl. Gewerbeakademie in Berlin. 1873 begab er sich nach Beendigung seiner Studien nach Schottland und trat hier in das technische Bureau der Firma Caird & Co. in Greenock ein, die damals für den Norddeutschen Lloyd große Schiffsneubauten ausführte. Er trat 1882 als Chef des Konstruktionsbureaus zur Barrow Shipbuilding Co. über und blieb hier, bis er 1884 von der Germaniawerft in Kiel als Direktor dorthin berufen wurde. In Kiel trat er mit den Marinekreisen in enge Berührung. Unter seiner Leitung wurden eine Serie Torpedoboote, das Panzerschiff Wörth, der große Kreuzer Kaiserin Augusta und verschiedene Schiffe für die Kriegs- und Handelsmarine gebaut. Seine besondere Liebe galt dem Bau von Segelyachten, wie er auch persönlich den Segelsport leidenschaftlich betrieb. 1895 übernahm er den Posten des Schiffbaudirektors der damals größten Werft Deutschlands, des Stettiner Vulcan. Die Schiffe, die unter seiner Leitung in Stettin gebaut wurden, haben dem Vulcan bzw. den betreffenden Reedereien für lange Jahre das blaue Band des Ozeans gesichert. Eines seiner bedeutendsten Werke ist die Anlage der großen Helling für die Stettiner Werft, die sich durch die beständige Vergrößerung der gebauten Schiffe als notwendig erwiesen. Die Wasserverhältnisse der Oder und der Ostsee veranlaßten den Vulcan, die Errichtung einer Werftanlage an der Nordsee ins Auge zu fassen. Bei den Vorbereitungsarbeiten für diese Werft, für welche in Hamburg der geeignetste Platz gefunden wurde, hat Zimmermann sehr intensiv mitgearbeitet und seine reichen Erfahrungen in den Dienst seines Werkes gestellt. Im Jahre 1909 zog er sich aus Gesundheitsrücksichten von der Last der Geschäfte zurück und errichtete am Eutiner See inmitten der Holsteinischen Schweiz sein Heim. Die Ruhe war ihm nur kurze Zeit beschieden; nach wenig mehr als zwei Jahren setzte ein Gehirnschlag seinem Leben ein Ende. *Jb. Schiffb. 14 (1913) S. 102; Z. Schiffb. 13 (1912) S. 293.* Hä.

ZYPEN, Jean François Ferdinand van der, geb. 28. Nov. 1816 in Lüttich, gest. 19. März 1863 in Köln-Deutz. Van der Zypen ist der Mitbegründer der „Eisenbahnwagen- und Maschinenfabrik Van der Zypen & Charlier". Schon sein Großvater Ferdinand befaßte sich in Brüssel mit Wagen und Kutschenbau, der Vater verlegte das Geschäft nach Lüttich, und dort übernahm es der Sohn und führte es zunächst mit Erfolg weiter; u. a. hatte er die Wagen für die Personenpost Lüttich—Aachen zu stellen. Der zunehmende Wettbewerb der Eisenbahn veranlaßte ihn, das Lütticher Geschäft aufzugeben und zusammen mit Albert Charlier das erwähnte Unternehmen in Köln-Deutz zu gründen. Seine alten Erfahrungen im Wagenbau kamen der jungen Firma auf dem Gebiet des Eisenbahnwagenbaues sehr zustatten. Heute ist mit dem Enkel des Gründers Ferdinand van der Zypen, dem Mitinhaber Paul Eugen Albert van der Zypen, bereits die fünfte Generation im Wagenbau tätig. Die Söhne Julius und Eugen, die nach dem Tode Ferdinand van der Zypens gemeinsam mit den Söhnen Paul und Max Charlier die Firma Van der Zypen & Charlier leiteten, waren 1866 ausgetreten und hatten die Räderfabrik Gebr. van der Zypen in Köln-Deutz gegründet; aus dieser Neugründung wurde 1903 durch Vereinigung mit der Wissener Eisenhütten-A.-G. die Firma „Vereinigte Stahlwerke van der Zypen u. Wissener Eisenhütten A.-G.". No.

Beiträge zur Geschichte der Technik und Industrie / Jahrbuch des Vereines Deutscher Ingenieure

Herausgegeben von Conrad Matschoß, Berlin

BAND X 1920

204 Seiten mit 84 Textabbildungen und 11 Bildnissen.

Originalpreis: gebunden RM 8,—
Vorzugspreis für V.D.I.-Mitglieder: gebunden RM 7,20

Aus dem Inhalt:

Friedrich Harkort. Der große deutsche Industriebegründer und Volkserzieher. Von Prof. Dipl.-Ing. Conrad Matschoß. — Die Brüder Siemens und die Wärme. Von August Rotth, Bln.-Siemensstadt. — Holzschutz. Seine Entwicklung von der Urzeit bis zur Umwandlung des Handwerks im Fabrikbetriebe. Von Dr.-Ing. Dr. phil. Friedrich Moll, Bln.-Südende. — Heinrich Gerber, Altmeister der deutschen Eisenbaukunst. Von Baurat Dr.-Ing. L. Freytag, Nürnberg. — Der amerikanische Werkzeugmaschinen- und Werkzeugbau im 18. und 19. Jahrhundert. Von Dr.-Ing. Bertold Buxbaum, Charlottenburg. — Technische Darstellungen aus alten Miniaturwerken. Von Dr.-Ing. Hugo Th. Horwitz, Wien.

BAND XI 1921

236 Seiten mit 164 Textabbildungen, 8 Bildnissen und 3 Bildtafeln.

Originalpreise: broschiert RM 7,—, gebunden RM 8,—
Vorzugspreise für V.D.I.-Mitglieder: broschiert RM 6,30, gebunden RM 7,20

Aus dem Inhalt:

Elektrische Bahnen. Ihre Entwicklung bei der Gesellschaft Siemens & Halske im Zeitraum 1878—1884. Von Prof. Dr. Ad. Thomälen, Karlsruhe. — Die technische Verwaltung der österreichischen Reichsstraßen im 18. Jahrhundert. Von Prof. Dr. e. h. Alfred Birk, Prag. — Die Erfindung der Buchdruckerkunst vom technischen Standpunkte. Von Baurat Dr. Nicolaus, Berlin. — Der englische Werkzeugmaschinen- und Werkzeugbau im 18. und 19. Jahrhundert. Von Dr.-Ing. Bertold Buxbaum, Charlottenburg. — Georg Egestorff. Von Geh. Reg.-Rat Prof. Dr.-Ing. Alwin Nachtweh, Hannover. — Die Brüder Siemens und das Siemens-Martin-Verfahren. Von Obering. August Rotth, Berlin. — Die prähistorische Kupfergewinnung und ihre Darstellung im Deutschen Museum. Von Dipl.-Ing. Friedrich Orth, München.

V·D·I-VERLAG G·M·B·H BERLIN SW 19
BEUTHSTRASSE 7

Beiträge zur Geschichte der Technik und Industrie / Jahrbuch des Vereines Deutscher Ingenieure

Herausgegeben von Conrad Matschoß, Berlin

BAND XII 1922

216 Seiten mit 164 Textabbildungen und 12 Bildnissen.
Originalpreise: broschiert RM 7,—, in Ganzl. gebd. RM 10,—
Vorzugspreise für V.D.I.-Mitglieder: broschiert RM 6,30, in Ganzl. gebd. RM 9,—

Aus dem Inhalt:

Aus der geschichtlichen Entwicklung des Eisenhüttenwesens Oberschlesiens an Hand der Geschichte der Königshütte. Von Obering. Illies, Amberg. — Heinrich v. Stephan. Von Wirkl. Geh. Rat Minist.-Dir. a. D. Giesecke, Berlin. — Zur Geschichte der Solinger Klingen- und Waffenindustrie. Von Dipl.-Ing. Fritz Sommer, Solingen. — Das Wasserwerk der Stadt Halle (1467). Von E. L. Antz, Ziv.-Ing., Berlin. — Friedrich Anton Frh. v. Heinitz. Von Prof. A. Schwemann, Geh. Bergrat, Aachen. — Bergmännische Kunst. Von E. Treptow, Geh. Bergrat, Freiberg.

BAND XIII 1923

152 Seiten mit 64 Abbildungen.
Originalpreise: broschiert RM 7,—, in Ganzl. gebd. RM 9,—
Vorzugspreise für V.D.I.-Mitglieder: broschiert RM 6,30, in Ganzl. gebd. RM 8,10

Aus dem Inhalt:

Justus Liebig als Förderer der chemischen Industrie. Von Prof. Dr. B. Rassow, Leipzig. — Die Geschichte des Suezkanals. Von Hochschulprof. Dipl.-Ing. Dr. e. h. Alfred Birk, Prag. — Die Firma Voigt & Haeffner. Das Werden eines Ingenieurs und eines Unternehmens zur Frühzeit der Elektrotechnik. Von Dr.-Ing. H. Voigt, Wilhelmshöhe. — Aus der Geschichte der Kupferverarbeitung und ihren Aufgaben. Am Lebenswerk von C. I. Heckmann dargestellt von Dr.-Ing. e. h. Baurat Eugen Hausbrand. — Die Schreibmaschine bis 1900. Von Ober-Reg.-Rat Pfeiffer, Erfurt.

BAND XIV 1924

278 Seiten mit 196 Textabbildungen und 14 Bildnissen.
Originalpreis: in Ganzleinen gebunden RM 16,—
Vorzugspreis für V.D.I.-Mitglieder: gebunden RM 14,40

Aus dem Inhalt:

Die geschichtliche Entwicklung der Eisenbahnbremsen. Von Ministerialrat a. D. Staby, München. — Alfred Krupp als Maschinenbauer. Von Wilhelm Berdrow, Weseby. — Der Eisenbahnkönig Strousberg und seine Bedeutung für das europäische Wirtschaftsleben. Von Dipl.-Ing. Direktor Reitböck, Völklingen a. d. Saar. — Aus der Geschichte Augsburgs, seiner Gewerbe und seiner Industrie. Von Dipl.-Ing. Friedrich Haßler, Augsburg. — Carsten Waltjen. Von Dr.-Ing. W. Schmidt, Berlin. — Emil Keßler, ein Begründer des deutschen Lokomotivbaues. Von Dr.-Ing. Max Mayer, Eßlingen.

V·D·I-VERLAG G·M·B·H BERLIN SW 19
BEUTHSTRASSE 7